Heinz Dieter Haupt

Deutschlands Weg zur Bombe

Chimäre oder Realität?
Vom Dritten Reich bis zur Bundesrepublik

Die Geschichte alternativer Kernwaffenentwicklungen in Deutschland im Kontext der internationalen Forschung

Literareon

Bei Fragen zur Produktsicherheit wenden Sie sich bitte an unsere Adresse: Literareon im utzverlag GmbH · Herr Matthias Hoffmann · Nymphenburger Straße 91 · 80636 München · Telefon: 0049-89-27779100 oder www.literareon.de

Bibliografische Information der Deutschen Nationalbibliothek:
Die Deutsche Nationalbibliothek verzeichnet diese Publikation in der Deutschen Nationalbibliografie.
Detaillierte bibliografische Daten sind im Internet über http://dnb.d-nb.de abrufbar.

Titelabbildung: kotoffei | stock.adobe.com

Printed in EU
Literareon im utzverlag
Tel. 089 – 30 77 96 93 | www.literareon.de

ISBN 978-3-8316-2328-0

„Die Welt um uns herum ist hochkompliziert geworden, der Bedarf an differenzierten Antworten wird infolgedessen immer größer.
Aber gerade bei den Themen, die am heftigsten diskutiert werden, ist der Informationsstand des Bürgers erschreckend gering... Stattdessen gefallen wir uns in Angstszenarien. Kaum eine neue Entdeckung, bei der nicht zuerst nach den Risiken und Gefahren, keineswegs aber nach den Chancen gefragt wird. Kaum eine Anstrengung zur Reform, die nicht sofort als ‚Anschlag auf den Sozialstaat' unter Verdacht gerät.
Ob Kernkraft, Gentechnik oder Digitalisierung: Wir leiden darunter, dass die Diskussionen bei uns bis zur Unkenntlichkeit verzerrt werden – teils ideologisiert, teils einfach ‚idiotisiert'.
Solche Debatten führen nicht mehr zu Entscheidungen, sondern sie münden in Rituale, die immer wieder nach dem gleichen Muster ablaufen.
Diese Rituale könnten belustigend wirken, wenn sie nicht die Fähigkeit, zu Entscheidungen zu kommen, gefährlich lähmen würden. Wir streiten uns um die unwichtigen Dinge, um den wichtigen nicht ins Auge sehen zu müssen."

Roman Herzog (ehemaliger Bundespräsident) in seiner „Berliner Rede" vom 26. April 1997.

Inhalt

Vorwort

Das vorliegende Werk beschäftigt sich mit einem brisanten Abschnitt kernphysikalischer Entwicklungen auf dem Gebiet der Waffentechnologien. Hierbei wird das Augenmerk besonders auf taktische Wirkmittel innovativer Art gelegt. Im Allgemeinen sehen wir in Atomwaffen stets die große, alles Leben vernichtende Waffe, die ganze Regionen auszulöschen in der Lage ist und diese über unüberschaubare und von uns kaum mehr zu erfassende Zeiträume kontaminiert. Eine Ansicht, die im Grunde auch zutrifft, wenn man als Waffentyp von denen aus dem strategischen Arsenal spricht, die genau diese Zielsetzungen verfolgen. Deren Einsatz bleibt aufgrund ihrer destruktiven wie auch radiotoxischen Auswirkungen auf die Biosphäre nicht im Verborgenen. Ihr Einsatz gilt als Ultima Ratio eines eskalierenden Konfliktes. Aus Sichtweise der Militärs sind deshalb taktische Waffen mit geringer Sprengkraft und weitaus geringerem Einfluss auf die Natur erheblich interessanter. Ihre Zweckbestimmung ist es, partielle Schadenswirkung mit geringeren Kollateraleffekten in einem sehr diskreten Zielobjekt, also einer eng umrissenen Lokalität, herbeizuführen. Dies können beispielsweise Regierungsobjekte oder infrastrukturelle Einrichtungen sein, auch militärischer Natur, bei denen ein konventioneller Waffeneinsatz zu aufwendig oder unzureichend wäre, wie bei der Zerstörung eines weitläufigen, untertägigen Bauwerkes – eines Bunkers beispielsweise. Die abstrakte Bedrohung durch transkontinentale Kernwaffen ist schleichend einer latenten aus Klein- und Kleinstwaffen gewichen – den im Volksmund als „Mininukes" titulierten. Ihr Einsatz ist wesentlich wahrscheinlicher, da ihre Auswirkungen deutlich geringer sind als die einer „großen" Waffe. Hinzu kommt die im Allgemeinen unbekannte Tatsache, dass sich das Spektrum der Kleinkernwaffen anderer Wirkungsprinzipien bedienen kann, als das bei den so genannten „großen" der Fall ist. Dadurch wird die Nachweiswahrscheinlichkeit einer Anwendung extrem herabgesetzt. Diese Konstruktionsformen wie auch der Gedanke an alternative Zündmethoden entstammen nicht erst unserer Epoche, sondern wurden quasi parallel mit der Entwicklung der ersten größeren Kernwaffen geboren. Ihr Nährboden war dabei gar nicht einmal die Notwendigkeit einer Reduktion der Bauform oder des Spaltmaterials, vielmehr ist deren Schaffung der kriegsbedingten Mangelwirtschaft eines Staates geschuldet. Die Grundidee der verkleinerten Kernwaffe geht auf das Deutsche Reich zurück. Und genau hiermit werden wir uns auf den folgenden Seiten beschäftigen.

Mit dem Erscheinen von Rainer Karlschs Buch „Hitlers Bombe" im Jahre 2005 und fortfolgend dem ergänzenden Werk „Für und Wider Hitlers Bombe" von den Herausgebern Rainer Karlsch und Heiko Petermann, 2007, setzte ein bis zum heutigen Tage nicht endender Diskurs über die in diesen Büchern abgehandelten wesentlichen Kernthemen ein. Hierbei geht es um die Funktionsweise des von den Forschungsgruppen um Walther Gerlach, Erich Schumann, Kurt Diebner und Otto Haxel vorgeschlagenen Weges zur Einleitung einer Kernfusion mittels Hohlladungssprengkörper in kugelsymmetrischer und konischer Bauweise und/oder in einer subkritischen Spaltstoffanordnung als *booster*.

Bisher haben Geschichtswissenschaftler zwar die Forschungstätigkeiten als solche gewürdigt, deren Resultate jedoch abwertend als einen physikalisch nicht gangbaren Pfad zu einer thermonuklearen Reaktion befunden. Die von dem oben genannten Personenkreis beschrittene Forschung erwies sich diesem Kontext zufolge als Irrweg und sei deshalb ungeeignet für die Realisierung einer kerntechnisch praktikablen Apparatur.

Alle von Rainer Karlsch aufgestellten Theorien um ein derartiges Konstrukt waren deshalb ad absurdum zu führen. Auch die im Folgenden erschienene Literatur – sowohl das oben erwähnte zweite Buch als auch diejenigen Günter Nagels – und die Nennung der zu diesem Theorem führenden Quellen änderten an der negierenden Grundhaltung zu der vorgeschlagenen Konstruktionsweise nichts.

Bei der visuell einseitigen Betrachtung der Ereignisse allein aus der Sichtweise der Historik werden jedoch sowohl die Errungenschaften der Physik als auch die politischen Einflüsse nicht ausreichend gewürdigt. Um sich einen weiterreichenden Überblick zu verschaffen, genügt es nicht, allein die Geschehnisse bis zum Kriegsende aufzuarbeiten, sondern es ist durchaus zu hinterfragen, was die Beteiligten in der Folgezeit bis weit in die Ära der Bundesrepublik hinein getan haben – und vor allem wie sie es getan haben.

Bei missbilligender Würdigung der Folgeentwicklung einerseits sowie einer nicht hinreichenden Übersicht in der Kernphysik besteht die Gefahr, stets vier qualitative Fehler zu begehen:

- Die Konstruktionen der Gruppe Schuhmann/Diebner/Trinks u. a., mittels Hohlladungen eine Schockwellenkompression durch Implosion zu Fusionszwecken zu nutzen, wird primär dem Versuch, sie mit zeitgenössischen Bombenentwürfen der USA in Einklang zu setzten, unterworfen. Diese unterliegen aber einem gänzlich differierenden Grundprinzip (reine Kernspaltung mit einer als „kritische Masse“ bezeichneten Menge spaltbaren Materials), so dass ein direkter Vergleich nur eingeschränkte Validität besitzt. Gleichzeitig wird die Tatsache, dass auch die Nagasaki-Bombe „Little Boy“ bereits nach dem Hohlkugel-Hohlladungs-Prinzip der Kompression (unter Ausnutzung konvergenter Schockwellen durch zusätzliche Sprenglinsen zur Verdichtung des Spaltstoffes, der ausgangs sowohl geometrisch als auch kernphysikalisch subkritisch gewesen ist) konstruiert worden war, gerne ausgelassen. Dagegen müssen die gewaltigen Anlagen in Hanford und Oak Ridge sowie Los Alamos und die Konzentration der Forschung im direkten Vergleich stets für die deutsche Mangelentwicklung auf diesem Gebiet herhalten (was durch die Literatur u. a. von Günther Nagel bereits widerlegt worden ist). Auch die Zahlen der Beteiligten am Manhattan Project erreichen, je nach Zweck, überraschende Höhen. Im Archiv des LANL finden sich die tatsächlichen Angaben. Es muss dabei Berücksichtigung finden, dass dort alle Handwerker (zum Bau der Einrichtungen) – sowohl alle Zulieferer und Fertigungsbetriebe von Komponenten als auch indirekte, das Kernthema tangierende Forschungen (wie im Bereich der Sprengmittel zur Implosion) sowie (die häufig im deutschen Raume ausgebildeten) Wissenschaftler – aufsummiert werden. In das Uranprojekt in Deutschland waren offenkundig lediglich etwas über 100 Personen involviert… Jedoch werden die engen Verflechtungen mit den Hochschulen, Instituten, Forschungseinrichtungen und auch der Industrie einerseits sowie die Machtfülle der leitenden Institutionen andererseits nur marginal miteinbezogen. Die am Bau oder der Zulieferung beteiligten Personen werden im deutschen Uranprojekt nicht explizit aufgeführt.

- Die uns heute zur Verfügung stehenden direkten Quellen zum deutschen Uranprojekt weisen eindeutig und offensichtlich auf den zum Kriegsende hin erlangten Wissensstand und die damaligen Konstruktionen hin. Es gab weder den funktionierenden Reaktor noch eine Bombe. Doch die Wahrheit ist nie offensichtlich – schon gar nicht, wenn sicherheitspolitische Erwägungen beteiligter Regierungen das Ruder übernehmen! Praktisch alle zugänglichen Aktenbestände zu diesem Thema sind von den Alliierten einst in Beschlag genommen worden. Es kann ohne Anmaßung davon ausgegangen werden, dass die Alliierten diese Bestände umfangreich sichteten, klassifizierten und nur *die* Teile der Öffentlichkeit sukzessiv zugänglich machten, die in keiner Weise für die damalige Sicherheit und Integrität des betreffenden Staates ein Gefährdungspotential darstellten. Ebenso hat sich die kumulierte Geschichtsschreibung der deutschen Nuklearwissenschaften von 1940–50 dem tradierten militärgeschichtlichen Kontext zu stellen. Die Grundlagen für diesen Kontext fundieren allerdings weitestgehend auf der Darstellung der Alliierten. Es ist, wie bereits angesprochen, durchaus nicht zur Gänze abwegig, dass auf diesem Wege suggestible und manipulative „Korrekturen" des Kontextes stattgefunden haben, die teilweise zu unkritisch übernommen worden sind. Gerade die Wiederentdeckung des Schumann-Nachlasses sowie die Freigabe diverser Patente beteiligter Wissenschaftler (das allerdings schon in den 1970ern) kulminieren in einer Erweiterung des betrachteten Horizontes. Eine weitere massive Quelleneinschränkung zu miniaturisierten Kernwaffen oder innovativen Fusionsreaktionen ergibt sich zwangsläufig aus deren militärischer Brisanz. Sie unterliegen der Geheimhaltung. Aus diesen Gründen findet die aktuelle historische Aufarbeitung dieses Themas mit eingeschränktem Sichtfeld statt (wobei anzumerken ist, dass dennoch umfangreiches Material, teilweise direkt aus den betreffenden Institutionen, zur Verfügung steht).

- Die literarische Aufarbeitung der ALSOS-Mission durch die unmittelbar an ihr beteiligten Protagonisten – welche die Fähigkeiten und Resultate der deutschen Forschungen negieren – ist nicht frei von politischen Interessen und persönlichen Motiven: Die erste Veröffentlichung erschien 1947, dann 1962 und wieder 1969 – im Anschluss folgten später weitere Derivate diverser Autoren. Bei den gewählten Zeitpunkten der Veröffentlichungen sollte man parallel dazu die gegebene politische Situation betrachten, und zwar die des Kalten Krieges. Betrachtet man die Veröffentlichungszeitfenster in Bezug auf ALSOS im Kontext des Ost-West-Konfliktes, wäre folgende politisch motivierte Hypothese denkbar: Die originalen ALSOS-Berichte (besser: die Zusammenfassung aus der Sicht der Beteiligten) erschienen im Kontext der politischen Ereignisse jener Jahre. In alle Konflikte mit der kommunistischen Hemisphäre war Deutschland (beide Nationen) direkt oder zeitlich nahe involviert. In der politischen Situation des Kalten Krieges war es ein opportunes Mittel, seinen jeweiligen Klassenfeind durch vorsätzliche und gezielte Desinformation zu destabilisieren. Und sei es nur deswegen, um westdeutsche Kernphysiker vor dem Zugriff aus dem Osten zu verwahren. Zweifellos waren den Sowjets sowohl deren Namen als auch ihre Resultate aus den 40ern bekannt. Auch hatte die UdSSR mehrere Programme initiiert, um ihrer Habhaft zu werden. Wenn in nun dieser geopolitischen Gemengelage glaubwürdige Berichte der Beteiligten der ALSOS-Mission die Unfähigkeit ebendieser begehrten Gelehrten (und ihrer Studenten) quasi mit Expertise bestätigten, wären die Veröffentlichungen aus einer anderen Sichtweise zu behandeln ... und deren Glaubwürdigkeit wäre eingeschränkt. (Sind diese Werke dahingehend analysiert worden?)
- Diese Forschungen fallen in der Fachliteratur nicht unmittelbar in den Bereich „Thermonukleare Waffen“, so dass sie bei Recherchen zur Kernfusion leicht übersehen werden. Diese Bauform wird hauptsächlich im Bereich der zur Strömungslehre gehörenden Physik abgehan-

delt, da die Schockwellenkompression durch Implosion kein rein spezifisch kernphysikalisches Territorium ist.

Hiermit werden wir uns im folgenden Text intensiver auseinandersetzen. Wir betrachten die in der physikalischen Fachliteratur *bekannte* Funktionsweise der Gashöchstdruckkompression zur Erzielung thermonuklearer Reaktionen auf chemischem Wege und hinterfragen den Wissensstand der an diesem Projekt beteiligten deutschen Wissenschaftler.
Ziel dieser Abhandlung ist es nicht, einen Beweis für die spekulativen Tests im Thüringer Raume im März 1945 zu liefern, sondern vielmehr, die Grundlagen zu eruieren und zu überlegen, ob derartige Tests mit dem beschriebenen Konzept überhaupt realisierbar gewesen wären.

Einleitung

Die Entwicklungsgeschichte der Atombomben (Kernspaltung und Fusion) ist evolutionär und reich an Varianten.
Bei der Kernspaltungswaffe befindet sich der Spaltstoff im „unkritischen" Zustand, entweder in zwei oder mehrere Teile zerlegt und räumlich aufgesplittet (Kanonenrohrprinzip), oder als ballähnliche Hohlkugel. Durch Zusammenschuss bzw. Komprimierung, also durch schlagartiges Zusammenführen des Spaltstoffes, werden beide Varianten „prompt kritisch". Bei fortgeschrittenen Kompressionstechniken kann der Spaltstoff extrem verdichtet werden und so seine in Normalform bestehende „kritische Masse" unterschreiten, man spricht von einer subkritischen Anordnung. Eine zusätzliche Verdämmung verhindert eine durch Aufheizung frühzeitige Expansion des Spaltstoffes (was die „kritische Masse" zusammenbrechen ließe). Zusätzliche Neutronenreflektoren erhöhen die Kernspaltungsrate weiter.
Die Verdichtung des Spaltstoffes erfolgt mit konventionellen Sprengstoffen. Bei der ersten Variante durch lineare Schussladungen, bei der Hohlkugel nach dem Implosionsprinzip durch kugelsymmetrische Gasstrahlfokussierende Hohlladungen.
Die Anwendung subkritischer Spaltstoffmengen ist nicht allein auf den militärischen Sektor begrenzt: Sie ist auch für den kommerziellen Reaktorbau von Interesse, da hierdurch deren technisches Sicherheitskonzept revolutioniert wird. Bei nahezu allen sich in Betrieb befindlichen Leistungsreaktoren zur Energiegewinnung kommt eine kritische Menge an Spaltstoff zum Einsatz, so dass dieser quasi von alleine „läuft". Abschalt-, Regel- und Sicherheitseinrichtungen müssen demnach während des Betriebes aktiv von außen in die Kinetik eingreifen – was die Verfügbarkeit solcher Systeme zur zwingenden Voraussetzung macht.
Einige exotische Reaktorvarianten besitzen zudem das Merkmal der „inhärenten" Sicherheit, das heißt, es können außergewöhnliche Betriebszustände, wie eine Überhitzung, anlagenintern beherrscht werden; z. B.

durch eine bewusste konstruktive Auslegung des Reaktors, durch die die Kernspaltungsrate bei steigender Temperatur bis zum Zusammenbruch abnimmt. Eine weitere Verbesserung stellt ein subkritischer Reaktor dar, dessen Neutronen durch eine externe Quelle, die als Beschleuniger fungiert, generiert werden. Diesen speziellen Bautypus, der bei dem internationalen Projekt MYRRHA im belgischen Mol zur Anwendung kommt, bezeichnet man als ADS (Accelerator Driven System). Da in einem Reaktor, der mit einem solchen Beschleuniger betrieben wird, keine kritische Spaltstoffmasse zum Einsatz kommt, kann er sich bei Ausfall der „aktiven" Systeme nicht verselbstständigen. Den zur Produktion der spaltungsnotwendigen Neutronen notwendige Beschleuniger kann man nach Belieben deaktivieren, sprich abschalten. Die Kernspaltung kommt unmittelbar zum Erliegen – der Reaktor geht aus. Vergleichbar ist dies mit der „aktiven" Kohlezuführung eines konventionellen Kraftwerkes: Fällt die Kohlezufuhr aus, erlischt das Feuer in dem Kessel. Dieses Grundprinzip der subkritischen Bauauslegung lässt sich eben auch auf die Waffentechnik umlegen, indem man entweder den vorhandenen Spaltstoff derart verdichtet, dass er wieder das notwendige Maß an Kritikalität einnimmt, oder eine sinngemäß externe Neutronenquelle hinzuzieht. Auch eine Kombination aus beidem ist sinnvoll. Doch sind Beschleuniger für den Waffenbau aufgrund ihres Volumens unpraktisch. Eine Alternative besteht aus der Erzeugung von Neutronen durch einleitende Fusionsreaktionen.
Um bei einer „klassischen" Wasserstoffbombe eine Kernfusion auf der Basis von D-D oder D-T, also schwerem und überschwerem Wasserstoff, auszulösen, sind enorme Drücke und Temperaturen notwendig. Ursächlich hierfür ist die Erfüllung des Lawson-Kriteriums. Bei der thermonuklearen Waffe wird hierfür eine kleine Kernspaltungsbombe angewandt. Bei der Kernspaltung entsteht hinreichend Energie, um den Fusionsbrennstoff reagieren zu lassen. Einen Teil ihrer Sprengkraft sowie nahezu den kompletten Fallout (Kontamination der Biosphäre durch Spaltprodukte) produziert die thermonukleare Waffe durch den Spaltstoffanteil. Die reine Kernfusion emittiert während ihrer Zündung einen sehr kurzen, aber äußerst energieintensiven Gamma-Strahlungsstoß und hochenergetische Neutronen (weshalb diese Konfiguration auch als Neutronenwaffe dient).

Der für die Initialzündung notwendige Spaltstoff ist, bedingt durch seine aufwendige Produktion (Transmutation bei Plutonium, Anreicherung bei Uran), sehr kostenintensiv. Darüber hinaus unterliegt der Spaltstoff internationalen Restriktionen des multilateralen Atomwaffensperrvertrages und seinen nachfolgenden Kontrakten. Der Fusionsbrennstoff, Wasserstoff und seine Isotope sowie ergänzend z. B. Lithium, sind davon ausgenommen – so dass die reine Kernfusion kein Zuwiderhandeln internationaler Vereinbarungen darstellt (alle bisherigen Anläufe, auch diese Variante der Nuklearwaffen zu sanktionieren, blieben bislang erfolglos). Aus diesen Gründen wäre für die Ingangsetzung der Fusionsreaktion ein alternativer Initiator zur Kernspaltung regierungsseitig von Interesse – was aber mit der Proliferation derartiger Technologie und erhöhter Einsatzwahrscheinlichkeit einhergeht.
Das hier zur Diskussion stehende Prinzip basiert auf dem Trägheitseinschluss zur Plasma-Generierung. Wenn der Fusionsbrennstoff hinreichend verdichtet und erhitzt wird, ist die Fusionsrate ausreichend, um einen signifikanten Teil des Brennstoffes vor seiner thermischen Expansion, der Zerstreuung, zu verbrennen. Diese extremen Bedingungen versucht man durch die explosionsartige Kompression des anfänglich kalten Fusionsbrennstoffes zu erzielen. Das älteste, nicht spaltungsinitiierte Verfahren verwendet herkömmlichen, konventionellen Sprengstoff. Konisch oder sphärisch um den Fusionsbrennstoff angeordnet, wird dieser (nach dem Hohlladungsprinzip) zur Implosion gebracht. Die dabei entstehende Schockwelle läuft zentrisch und fokussiert in den sich dabei verdichtenden Brennpunkt.
Das Implosionsprinzip wird im Kernwaffenbau grundsätzlich in Gestalt von Hohlkugeln für die Verdichtung zur Erzielung der „kritischen Masse" des Spaltstoffes angewandt. Für den hier beschriebenen Fall dient es zur Einleitung einer Kernfusion. Die bekanntesten Bauformen hierbei sind die D-D-Sprengstoffkompressionsanlagen nach UITAS und Voitenko. Die nach diesem oder ähnlichen Prinzipien erzeugten Neutronen können zur Fission – der Kernspaltung – eines Spaltstoffes herangezogen werden, womit der zwingend notwendig erscheinende Begriff „kritische Masse" er-

heblich an Kontur verliert, auch wenn dies für den Laien zunächst kontrafaktisch erscheinen mag.

Wir blicken nun von den Ursprüngen dieser seinerzeit ambitionierten Forschungen bis zu den Entwicklungen während der sich anschließenden Nachkriegszeit – als deren Derivat. Schwerpunkt dabei sind die deutschen Anstrengungen im physikalischen Kontext, vor, während und nach dem Krieg, da sie in unmittelbarem Zusammenhang stehen. Im besonderen Fokus stehen dabei sowohl die kontroversen Ereignisse in Thüringen 1945, denen wir uns im Speziellen zuwenden werden, als auch das kernphysikalische Potential der ortsansässigen Infrastruktur. Auch betrachten wir überblickend die Einbindung der Bundesrepublik Deutschland in das internationale Geflecht der Vertragslandschaften im Hintergrund dieser Waffengattung, die bis in die Gegenwart wirken. Dabei bedienen wir uns eines narrativen Stilbruches:
Anstatt, wie in der tradierten Geschichtswissenschaft üblich, chronologisch vorzugehen, blicken wir in dem ersten Abschnitt auf die real erfolgten Forschungen an diesem speziellen Typus an Kernwaffen, auf dessen prinzipielle Bauartbeschreibung im Vergleich – international wie national – sowie auf das ihn betreffende Vertragswesen. Der zweite Abschnitt beschäftigt sich mit den historischen Fakten auf dem Weg dorthin und bietet einen auf dieses Thema bezogenen Einblick in das Manhattan Project, ein Kompendium über die Forschungslandschaft und deren Organisation während des Nationalsozialismus und dessen wissenschaftliche Arbeiten im Umgang mit jenen Konstruktionen; der dritte Abschnitt geht schließlich der kritischen Frage nach den hypothetischen Geschehnissen in der Agonie des Dritten Reichs und der möglichen Realisierung aus der Sichtweise der Physik nach.

Einführen und vorweggenommen werden soll zum Verständnis der hier behandelten Thematik ein am 15. März 2005 in Berlin geführtes Interview des Journalisten Heiko Petermann mit dem Physiker Friedwart Winterberg, dem wir noch begegnen werden, das die Entwicklung von miniaturisierten Kernwaffen zum Gegenstand hatte. Nachfolgend soll es auszugsweise wiedergegeben werden:

[H. P.] Herr Prof. Winterberg, Sie arbeiten seit über 45 Jahren in den USA. Wie kommen Sie zu dem Thema Diebner und dem Deutschen Kernwaffenprogramm bis 1945?

„Dr. Diebner berief mich 1955 nach meiner Dissertation bei Heisenberg in Göttingen zur Gesellschaft für Kernenergieverwertung in Schiffbau und Schifffahrt (GK SS) in Hamburg. Während unserer zweijährigen Zusammenarbeit hat er mir über seine sprengstoffbetriebenen Implosionsversuche mit schwerem Wasserstoff zur Zündung von thermonuklearen Reaktionen berichtet. Dabei spielt auch genau die kugelsymmetrische Konfiguration, die Karlsch in seinem Buch ‚Hitlers Bombe' zeigt, eine große Rolle. Dass dies auch ganz ohne hoch angereichertes Uran und nur mit Sprengstoff möglich sein sollte, war seit der theoretischen Arbeit des Strömungsforschers Guderley über konvergente Stosswellen aus dem Jahr 1942 bekannt. Von russischen Experimenten dazu hörte man nach dem Ende der Sowjetunion, auch in den USA ist sicher daran gearbeitet worden. Allerdings hat mir Diebner, den ich auch heute noch für einen genialen Experimentator halte, nicht alles erzählt."

[H. P.] Worin liegt die Gefahr einer solchen Bombe?

„Hans Bethe, der maßgeblich an der Entwicklung der Wasserstoff-Bombe beteiligt war, hat sich kurz vor seinem Tod gegen die Forschung zur rein chemischen Zündung von thermonuklearen Explosionen ausgesprochen. Er sah darin eine Beschleunigung in der Verbreitung von Kernwaffen. Das ist unbedingt richtig! Für die rein chemische Zündung von thermonuklearen Reaktionen werden große Mengen an Sprengstoff benötigt. Jedoch kann diese Menge unter Hinzunahme von hoch angereichertem Uran ganz erheblich verringert werden. Im Prinzip kann man damit die kritische Masse bis auf 100 Gramm herabsetzen."

[H. P.] Wie funktioniert eine solche Booster-Bombe?

„In hybriden Fission-Fusion-Bomben wird die Verringerung der kritischen Masse durch eine teilweise Abbremsung der Neutronen in dem aus leichten Kernen bestehenden Fusionsmaterial Lithiumdeuterid erreicht. Das erhöht die Trefferwahrscheinlichkeit in dem Spaltmaterial. Eine dann bereits unterhalb der Zündtemperatur von dem Lithiumdeuterid einsetzende, schwelende thermonukleare Verbrennung führt zur Freisetzung von schnellen Neutronen, die dann wiederum die Kettenreaktion in dem Spaltstoff enorm beschleunigen, was wiederum die neutronenproduzierende Fusionsrate ihrerseits erhöht. Auf diese Weise erhält man in einer Art Schaukelverfahren eine große nukleare Energiefreisetzung. Wie schon gesagt, kann man mit diesem Prinzip die kritische Masse bis auf 100 Gramm herabsetzen."

[H. P.] War das den deutschen Forschern damals schon bekannt?

„Ich glaube nicht, dass die Strahlungsimplosion, die so genannte Teller-Ulam-Konfiguration, den deutschen Wissenschaftlern damals schon bekannt war. Allerdings finden sich Hinweise in den Papieren von Erich Schumann, die Sie bei der Arbeit zu dem Buch gefunden haben. Darin wird bereits 1948/49 von der Zündung einer großen Wasserstoffbombe durch eine kleine Atombombe geschrieben. Das zeigt, wie weit man damals schon war. In meinem Verständnis war es ein Testprogramm, das unbedingt ernst zu nehmen war. Selbst ohne die erwähnte Strahlungsimplosion konnte man die kritische Masse auf dem eingeschlagenen Weg auf nicht viel mehr als ein Kilogramm herabsetzen. Eine abschließende Bewertung der von den deutschen Wissenschaftlern gemachten Experimente kann allerdings bei Unkenntnis der verwendeten Mengen an Spalt- und Fusions-Stoff und ohne Messdaten nicht gemacht werden."
[...]

[H. P.] War diese Booster-Bombe, das „Bömbchen", wie man in der deutschen Presse schrieb, für die Zündung einer großen Wasserstoffbombe tauglich?

„Die Frage würde ich so nicht stellen. Sie wäre sicher mit Ja zu beantworten, wenn die daran arbeitenden Forscher eine genügende Menge an hoch angereichertem Uran gehabt hätten. Sollte dies nicht zutreffen und die Experimente wurden nur mit leicht angereichertem Uran durchgeführt, dann hätte man es mit unterkritischen Anordnungen zu tun, wie sie auch am Nevada Test Side vor nicht allzu langer Zeit getestet wurden. Die mit solchen unterkritischen Anordnungen erzielten Messergebnisse können trotzdem für die Ermittlung der Größe kritischer Anordnungen sehr wichtig sein. Zur Zündung einer Megatonnen-Wasserstoffbombe kann man eine solche unterkritische Anordnung aber nicht verwenden. [...] Auch für die von Feldhaubitzen verschießbaren Atomgranaten wird man auf die kompakten Booster-Bomben nicht verzichten können. Der Umstand, dass man mit den Fission-Fusion-Booster-Bomben die Masse an benötigtem Sprengstoff ganz wesentlich verringern kann, erklärt Bethes Besorgnis."

Lassen Sie uns nunmehr gemeinsam auf die Spurensuche nach der deutschen Kernwaffenentwicklung begeben.

Die durch die Wissenschaft ermöglichte Technik als solche erzeugt das politische Problem.
(C. F. von Weizsäcker)

Abschnitt A

1. Der internationale Weg zur Mininuke auf Basis der militärischen Trägheitsfusion ICF (Inertial Confinement Fusion)

Es gibt verschiedene Wege, Kernwaffen zu miniaturisieren. Dies ist für uns von besonderem Interesse, weil Deutschland, wie noch aufgezeigt werden wird, seinen Fokus aufgrund internationaler Verpflichtungen genau auf diese Technologie richtete. Auch die Konstruktionen und Entwürfe des Zweiten Weltkrieges weisen bereits in diese Richtung. Der seinerzeit populärste, weil scheinbar einfachste Weg war der einer reinen Fusionswaffe, also quasi einer Wasserstoffbombe ohne Spaltmaterial. Dieses Konzept sollen die Deutschen bereits während des Krieges entwickelt und getestet haben. Doch kann das funktionieren? Unter Physikern und Experten wird dies zumeist verneint. Und doch gab es umfangreiche Forschungsanstrengungen auf dem Gebiet, mit dem Ziel, durch Gashöchstdruckkompression thermonukleare Reaktionen mittels Hohlladungstechnik einzuleiten. Die alternative Option bestand in der drastischen Reduzierung der so genannten kritischen Masse des Spaltstoffes. Wir werden sehen, was es damit auf sich hat. Als dritter Pfad stößt nun noch die externe oder zusätzliche Neutronenquelle hinzu. Doch bevor wir nach Deutschland blicken, schauen wir auf den internationalen Entwicklungsstand.

1.1 Der Voitenko-Kompressor

Das physikalische Verfahren der durch Gashöchstdruckkompression eingeleiteten thermonuklearen Reaktionen mittels Hohlladungen wird seit 1964 als Voitenko-Kompressor[1)] bezeichnet – benannt nach dem ukrainischen Wissenschaftler Anatoly Emelyanovich Voitenko. Machen wir einen ersten Ausflug in die Physik:
Voitenko-Kompressoren basieren auf dem Munroe-Effekt,[2)] dem Hohlladungsprinzip, bei dem sich die Explosionsenergie durch einen im Sprengstoff sphärisch ausgebildeten Hohlraum auf dessen Brennpunkt konzentriert und dabei hohe Drücke und Temperaturen generiert, welche die Wirkung des Sprengstoffes verstärken. Dies ist das Prinzip der Panzerfaust. Die Energie der detonierenden Hohlladung wird hierbei in Form einer Schockwelle auf eine sich im Brennpunkt befindliche – im Durchmesser sehr viel kleinere – Metallplatte konzentriert, hinter der sich eine mit dem zu komprimierenden Gas gefüllte Röhre gleichen Durchmessers befindet (Durchmesser und Länge des Rohres sind abhängig von dem zu komprimierenden Gas und dem erwünschten Kompressionsgrad). Der leere Raum zwischen dem Sprengstoff und der Metallplatte (Diaphragma) kann zur Verstärkung der Energieübertragung ebenfalls mit einem Gas gefüllt sein.
Nach dem Prinzip der Impulserhaltung wird die kinetische Energie der Schockwelle auf die Platte übertragen. Vorteilhaft ist es, wenn das Diaphragma – die Metallplatte – aus einem Material möglichst geringer Dichte und leichter Verformbarkeit besteht, da bei festeren und dichteren Werkstoffen ein zu großer Teil der Stoßwelle reflektiert und damit der eigentlichen Kompression entzogen wird. Das Material des Diaphragmas liegt – durch den Hohlladungseffekt auf der physikalischen Grundlage der Mechanik deformierbarer Körper – aufgrund seines anelastischen Verhaltens nunmehr im eigentlichen Sinne in verflüssigter Form vor. Nicht durch das Erreichen seiner materialspezifischen Schmelztemperatur, sondern allein durch Kaltverformung bei sehr hohen Drücken. Die Gasschwaden und Stoßwelle der Hohlladung wirken nun auf das viel kleinere Diaphragma ein, wobei sich die Stoßwelle deutlich schneller bewegt. Dem Impulserhal-

tungssatz entnehmen wir, dass der Gesamtimpuls – das Produkt aus Masse × Geschwindigkeit – eines geschlossenen Systems, wie es hier vorliegt, stets konstant bleibt. Auf das Voitenko-Prinzip übertragen bedeutet das, dass der Impuls der relativ großen Hohlladung (Gasschwaden und Stoßwelle) bei bauartbedingt fixem Volumen nahezu vollständig auf das im Volumen wesentlich kleinere Diaphragma übertragen wird (Wärmeverluste an das umhüllende Material sind dank der extrem kurzen Einwirkzeit nahezu vernachlässigbar). Dies resultiert in einem deutlichen Zuwachs an kinetischer Energie des kleinen Diaphragmas, die sich nach der Impulserhaltung aus der durch die auf sie einwirkenden Stoßwelle – der Geschwindigkeit und Masse des nachströmenden Gases –, die den Impuls (aus der Hohlladung) liefert, und aus dem Druck, der zur Impulssteigerung führt, bildet: Es wird beschleunigt. Das Wirkungsprinzip unterscheidet sich von einem inelastischen Stoß zweier Pendel dadurch, dass eine Kraft (in Form der Gasschwaden) ständig nachschiebt. Stoßwelle und Gasströmung bewegen sich dabei in Überschallgeschwindigkeit. Ein Teil der Impulsenergie wird dabei in Wärme übertragen – weniger auf das quasi verflüssigte Diaphragma, mehr auf das zu komprimierende Reaktionsgas.

Aber auch die auf dieses System einwirkende Stoßwelle ist komplexer Natur: Diese wirkt nämlich nicht in klassischer Sinusform auf ihr Ziel ein, sondern weist eine ausgesprochene Sägezahngeometrie auf. Es ist dies der Fall, weil durch die Detonation der Hohlladung die relativen Druck-, Temperatur- und Geschwindigkeitsdifferenzen zum ursprünglich ruhenden System schlagartig ansteigen. Durch die ebenso schnell anwachsende Amplitude der Stoßwelle tritt an deren Druckspitzen eine merkliche Temperatursteigerung und damit eine Zunahme der Strömungsgeschwindigkeit ein. Die Wellenberge der Stoßwellenschwingung breiten sich schneller, die Täler langsamer aus. An der Front der Ausbreitungsrichtung der Welle entstehen dadurch abrupte Änderungen der Temperatur und des Druckes. In unserem System bedeutet das banalisiert, dass die Stoßwelle nicht kontinuierlich auf das Diaphragma trifft (und fortgesetzt wird), sondern – vergleichbar mit den Schlägen eines Presslufthammers – nur wesentlich schneller.

(Die physikalischen Grundlagen lassen sich beispielsweise in „Gerthsen Physik“ von H. Vogel oder im „Dubbel“ von K. H. Grote und J. Feldhusen, beides Springer-Verlag, nachschlagen.)

Nun wird das Diaphragma gleich einem Projektil durch das anschließende Rohr gedrückt und hierbei das in diesem befindlichen Gas komprimiert. Der Vorgang der Kompression setzt sich dabei aus der materiellen Komponente des Diaphragmas – vorstellbar als eine Kolbenverdichtung in einem Verbrennungsmotor – und der direkten Übertragung der Schockwelle auf das zu verdichtende Medium zusammen. Die auf das Medium übertragene Schockwelle durchläuft dieses, wird am Rohrende reflektiert, läuft zurück bis zum sich nähernden Diaphragma, wird erneut reflektiert (wobei das Diaphragma die Funktion des komprimierenden Kolbens einerseits und bezüglich der Schockwelle die eines Pushers andererseits übernimmt) und wird bis zum Kumulationspunkt der Kompression periodisch mit immer kürzer werdender Wegstrecke, sich dabei beschleunigend, hin und her geworfen, was zu einem aufbauschenden, pumpenden, die Kompression steigernden Effekt führt. Der hier beschriebene Prozess läuft im Bruchteil einer Sekunde ab und entwickelt Kompressionsgeschwindigkeiten von etlichen km/s sowie extrem hohe Temperaturen, die das Gas in ein Plasma verwandeln.

Aufgrund der hohen Geschwindigkeiten und dem extrem kurzen Zeitfenster läuft der Prozess annähernd adiabat ab – das bedeutet, dass nur wenig der bei dem Vorgang entstehenden Wärme an die Umgebung abgegeben wird.

Zur weiteren Temperatursteigerung kann das Gas mittels Laser oder Lichtbogen „vorgeheizt“ werden. Wird Wasserstoff komprimiert, so kann alternativ eine stöchiometrische Knallgasmischung unmittelbar vor dem anlaufenden Kompressionsvorgang zur Prädetonation gebracht werden. Bei der Verwendung von Deuterium kommt diese Anordnung nicht nur zu reinen Fusionszwecken, basierend auf D + D- oder D + T-Reaktionen (D = Deuterium, schwerer Wasserstoff; T = Tritium, überschwerer Wasserstoff), zur Anwendung, es werden ebenso die bei der anlaufenden Fusion in erheblicher Zahl freigesetzten hochenergetischen Neutronen genutzt.

Die Versuchsanordnung kann abweichend auch eine kompakte Probekammer direkt im Brennpunkt der sphärischen Sprengladung besitzen. Ebenso kommen Variationen mit entgegengesetzten Hohlladungen wie auch hohlkugelförmige Anordnungen (anstelle der klassischen Konusform) zur Anwendung.[2),3),4),5),6),9)] In dem Bericht von Sagie und Glass[7)] wird zum Beispiel eine Versuchsanordnung beschrieben, deren Konstruktion nach Angaben der Autoren bereits aus den frühen 50ern stammt. Eine in einer verschraubten, massiven Metallverdämmung installierte sphärische Hohlladung mit etwa 20 cm Durchmesser, ausgekleidet mit einer 3 bis 6 mm starken Sprengstoffschicht aus PETN (Nitropenta) mit ca. 200 g Masse und mit einem metallischen Liner aus Kupfer, überträgt ihre Detonationsenergie in ihrem Brennpunkt auf ein Polyethylen-Diaphragma, das das in der verdämmten Reaktionskammer eingeschlossene Gas, eine stöchiometrische Knallgasmischung aus zunächst H2, später D2 und O2 bei 70 atm (= 70,91 bar), das zur Erzeugung hoher Eingangsdrücke und -temperaturen prägezündet wird, komprimiert.

In einer zweiten Testreihe wurde in einer entweder konvexen oder konischen Kapsel mit einem Volumen von nur 1 mm^3 bei 1 atm Druck D2 eingeschlossen. Dieses wurde mit einer Metallmembran (als Diaphragma), die sich im Brennpunkt befand, gegen den Implosionsraum abgeschirmt. Hiervon versprach man sich eine Steigerung der durch die Schockwellen ausgelösten Kompression.

Die Resultate der Versuchsreihen ergaben die Generierung von Fusionsneutronen aus einer anlaufenden D + D-Reaktion. Die Autoren verweisen explizit darauf, dass der Weg der vom Sprengstoff implizierten Schockwellenkompression der einzige sei, mit dem man Fusionsreaktionen einleiten könne. Des Weiteren verweisen sie in diesem Zusammenhang auf russische Experimente, die bei Schockwellengeschwindigkeiten von bis zu 50 km/s im Fokussionspunkt 3×10^7 n erzeugten. Alternative Varianten zur Erzeugung höchster Drücke und Temperaturen zwecks Kompression seien ansonsten nur durch Elektronenstrahl- und Laserkompression möglich; worüber im Übrigen auch Friedwardt Winterberg mehrfach referiert hat.[11) und andere] Frederick J. Mayer beschreibt in seinem Patent die Funktionsweise einer Hohlkugel nach ganz ähnlichem Prinzip,[10)] ebenso die

Arbeit von Shuzo Fujiwara.[8)] Die Funktionsweise mag auf den ersten Blick sehr abstrakt erscheinen, ist aber für die weiteren Betrachtungen von Bedeutung, wie wir sehen werden.

1.2 Erste Forschungen – erste Schritte

Über die Forschungstätigkeiten innerhalb der Sowjetunion auf diesem Gebiet ist nur sehr wenig veröffentlicht worden. In den genannten Quellen finden sich gelegentlich Hinweise auf russische Arbeiten. Offensichtlich wurde an diesem Hohlladungsprinzip unmittelbar nach Kriegsende wesentlich intensiver geforscht, als dies anfangs in den USA geschah. 1955 berichteten Walsh und Christian über die Kompression einiger Metalle mittels Drücken von 50 GPa (500.000 bar), die durch chemische Sprengstoffe erzeugt worden waren.[12), 13)] Mit der Thematik der Verdichtungsstöße durch konvergente Schockwellen hatten sich 1951 bereits Perry und Kantrowitz beschäftigt, die sich auf deutsche Arbeiten u. a. von Guderley bezogen.[14)] Ebenso beschäftigten sich in den ausgehenden 40ern die Arbeiten von Abraham Hertzberg[z. B. 15)] mit durch Schockwellen initiierten Kompressionen und Irvine Israel Glass.[3), 16)] In den USA waren diese Forschungen von den Theorien des Mathematikers Johann von Neumann angestoßen und von Seth Henry Neddermeyer ab Frühjahr 1944 für die kugelsymmetrische Implosion bearbeitet worden; beide waren am Manhattan Project beteiligt[16), 17), 18)] und befassten sich mit dem Phänomen der sich reflektierenden Schockwelle. Auch die in Santa Monica beheimatete Denkfabrik Rand Kooperation (für die von Neumann auch tätig war) war mit Forschungen in diesem Bereich betraut, wie aus einem Memorandum von Harold L. Brode hervorgeht.[19)] Als ausgewiesener Experte auf dem Gebiet der Schockwellenkompression gilt der Physiker George E. Duvall, der sich an der MIT bereits während des Zweiten Weltkrieges erstmals mit ausbreitenden Schockwellen befasst hatte und seine Forschung ab 1953 in dem im selben Jahr gegründeten Poulter Laboratory des Stanford Research Institutes bei San Francisco fortsetzte. Für seine Arbeiten auf diesem Gebiet wurde er später ausgezeichnet.[20)] Nach einer später von

Glass aufgestellten Zusammenfassung[21]) der Forschung und Entwicklung auf diesem Sektor starteten die Arbeiten in Kanada 1948. Die Forschungen beschränkten sich dabei nicht ausschließlich auf militärisch auswertbare Resultate, sondern auch auf in der Natur entstehende Schockwellen. Dabei standen die militärischen Belange allerdings im Vordergrund: durch Bomben ausgelöste Schockwellen in der Atmosphäre und durch Hohlladungsexplosionen ausgelöste Verdichtungsstöße durch sich reflektierende und überlagernde Schockwellen. Bereits bei den ersten Studien wurden Membranen im Brennpunkt der Hohlladung zur Kompression von verschiedenen Gasen wie Luft, Helium und Wasserstoff verwendet. Man erkannte hierbei die sich bei derartigen Verdichtungen entwickelnden hohen Temperaturen und Drucksteigerungen. Im Folgenden, so Glass weiter, wurde dieses Thema zu einem der zentralen Forschungsschwerpunkte an vielen Universitäten und Instituten. Es kamen dabei diverse Geometrien, zylindrische und konische, zur Anwendung. Die Forscher seien von ihren Resultaten selbst überrascht gewesen: Zum einen gelang es erfolgreich, mittels dieses Wirkungsprinzips Graphit bis zum Diamanten zu verdichten, zum anderen war es nun möglich, Fusionsplasma zu erzeugen und die Machbarkeit von D + D-Reaktionen nachzuweisen – was von der physikalischen Fachwelt in den USA anfangs skeptisch aufgenommen wurde, obgleich man auch in den USA derartige Entwicklungen betrieb.
Was die Kernfusion betrifft, so wurde dieser Weg zur Vereinfachung der Umsetzung mit den Mitteln der Hochspannungsentladung, Teilchenstrahl- und Laserkompression fortgesetzt, wie dies Winterberg beschreibt.[11])

1.3 Die sprengstoffinitialisierte Implosion

Das Prinzip der durch konventionelle Detonation initiierten Implosion (eines Hohlraumes) kam bereits bei der ersten Plutonium-Kernwaffe „Fat Man" zum Einsatz, nachdem die vorangegangene Konstruktion „Thin Man" nach dem Kanonenrohrprinzip der „Little Boy" (aus kernphysikalischen Gründen[22])) gescheitert war. Im September 1943 hatte von Neumann bereits eine Anordnung zweier unterschiedlicher Sprengstoffe, umgeben

von einem Spaltstoff, vorgeschlagen, die im August 1944 in dem Hohlkugelprinzip mündete. Mittels sternförmig angeordneter Hohlladungen, die Sprenglinsen aus einem anderen Sprengstoff enthielten, wurde die Plutonium-Hohlkugel komprimiert. Als Sprengstoffe kamen Baratol und Composit B[23] zum Einsatz. Zweck dieser Anordnung war es, zwei im Brennpunkt zusammenlaufende und reflektierende Schockwellen in das Spaltmaterial zu „pumpen", um dieses bis zur Kritikalität zu verdichten.
Als Neutronenrückstreumantel, dem Reflektor, kam U238 zum Einsatz. Die kritische Masse des Pu239 beträgt ca. 11 kg, dank des Reflektors und der Kompression durch Implosion wurde diese bei Trinity und „Fat Man" bereits auf etwas über 6 kg reduziert.[18] Dank dieser Technik lässt sich die kritische Masse[24], die notwendige Mindestmenge an Spaltstoff, durch die Komprimierung des Spaltmaterials drastisch reduzieren.
Es gilt zu berücksichtigen, dass der Kompressionskoeffizient des Materials nicht konstant bleibt, sondern sich bei sehr hohen Drücken bedeutend verkleinert, so dass sich die Kompressionsfähigkeit des Spaltmaterials bei zunehmendem Druck verbessert.[25, 26] Damit lässt sich auch die kritische Masse von Uran235 – nominell bei ca. 49 kg liegend – reduzieren: mit einem einfachen 10 cm starken Reflektor aus U238 bereits auf 15,7 kg, wobei sich die Effizienz des Reflektormaterials unter Kompression ebenfalls verbessert,[27] mittels sprengstoffindizierter Implosion auf 3 kg, bei unreflektierter Laserkompression auf 0,34 g und bei selbiger mit D + T-Reflektor auf 2×10^{-3} g![11, 28] Bei den so genannten Boosted Fission Weapons wird der Fusionsstoff[29] im Inneren der Spaltstoffhohlkugel eingebracht. Durch die Komprimierung wird der Spaltstoff bis zur Kritikalität verdichtet, die anlaufende Kettenreaktion heizt den Fusionsstoff, welcher ebenfalls bereits extrem verdichtet wurde und sich nahe an der Fusion befindet, über dessen Zündpunkt[30] auf. Der Anteil der Fusionsenergie ist dabei relativ gering, vielmehr zielt man auf die bei der anlaufenden Fusion emittierten Neutronen ab, die ihrerseits das Spaltmaterial ergänzend spalten. Darauf basiert der Boosting-Effekt, bei dem das eingesetzte Spaltmaterial deutlich effizienter ausgenutzt wird.
Die erste derart konstruierte Kernwaffe war die Greenhouse Item, die 1951 im Ewinok-Atoll gezündet wurde. Bei etwa gleicher Spaltstoffmenge

wie bei der „Little Boy“-Bombe (ca. 65 kg auf 80 % angereichertes U235) konnte die Explosionskraft dank der besseren Spaltstoffausnutzung mehr als verdoppelt werden.31) Theoretisch setzt 1,5 g Tritium genug Neutronen frei, um 120 g Pu239 vollständig zu spalten. Nimmt man die aus der Spaltung frei werdenden Neutronen (reflektiert) hinzu, ließen sich 660 g spalten, was einem TNT-Äquivalent von über 11 kT entspräche – vergleichbar mit einer reinen Fission von 4,5 kg Pu239 –, wobei die Fusionsenergie lediglich 0,2 kT beträgt.32) (Auf die weiterführende Entwicklung thermonuklearer Waffen wollen wir hier nicht eingehen.)Das sowjetische Sloika-Prinzip (engl. Layer Cake – Mehrschichtbauweise) sieht die Ummantelung des Kernsprengstoffes mit einer Schicht aus Li6D (Lithium-Deuterid – eine Mischung, die salzartig vorliegt) vor, die wiederum von Natur- oder abgereichertem Uran umhüllt ist. Das primäre Ziel der Li6D-Schicht ist jedoch nicht die Fusion – dazu reicht die aus der innenliegend stattfindenden Fission abgegebene Energie nicht aus – sondern die Produktion hochenergetischer Neutronen zur Spaltung des abgereicherten oder Natururans. Die entsprechenden Reaktionen innerhalb des Li6D werden durch emittierte Spaltneutronen des Kernes initiiert. Eine Verbesserung erfährt das Sloika-Design durch Aufdickung der letzten beiden Mantelschichten: In diesem Fall werden durch die Spaltung des angereicherten bzw. Natururans, der äußersten Hülle, derart viele Neutronen wieder in die inneren Schichten zurückgeworfen, dass in dem Li6D zunehmend Tritium entsteht. Durch diese fortlaufende Interaktion beider Hüllen wird der nukleare Abbrand beider deutlich gesteigert. Der für die eigentliche Zündung verantwortliche Spaltstoff im Kern lässt sich somit deutlich reduzieren – und zusätzlich, wenn er überdies geboostet wird.

Bei der Verwendung von Plutonium (Pu) nutzt man dessen metallurgische Eigenschaften: Da Plutonium chemisch toxisch und seine Handhabung äußerst schwierig ist, wird es zur besseren Verarbeitbarkeit – auch im Hinblick auf die Metallurgie – mit Gallium, Aluminium oder Cer legiert. In dieser Form leichter zu formen, befindet es sich in seiner kristallinen Delta-Phase (Plutonium besitzt sechs Kristallgitterphasen), welche eine geringere Dichte hat (15,9 g/cbm). Während des Kompressionsvorganges und der damit einhergehenden Temperatur- und Drucksteigerung des Materials findet eine kristalline Umwandlung zur Alpha-Phase statt (19,8 g/cbm) – was deutlich zur Überkritikalität beiträgt.33) In Abfolge wurde das Implosionsprinzip weiter verbessert. Die 1948 eingeführte Bauweise eines leeren Raumes zwischen dem Kern und der durch Detonation zu beschleunigenden Masse ließ die Sprengleistung deutlich steigen (bzw. den Aufbau verkleinern) – man spricht hierbei von einem „levitierenden Kern". Diese Bauart ermöglichte, mit dem Boosting-Prinzip kombiniert, eine bessere Spaltstoff-Ausnutzung.34)

1.4 Sphärische und konische Prinzipien der Hohlladung

Die hohe Kompressionsenergie der kugelsymmetrischen Bauformen wird aber nicht nur vom Spaltmaterial selbst absorbiert, sie überträgt sich in Form von konvergenten Schockwellen auch auf das sich im Inneren befindliche Deuterium. Da sich Gase wesentlich leichter und stärker komprimieren lassen als Feststoffe, wirkt sich die Kompression auf diese deutlich gravierender aus.

Um einmal einen Überblick über die sich in einer derartigen Hohlkugelkonstruktion ausbreitende Schockwellenfront zu bekommen, werden wir im Folgenden anhand verschiedener Quellen das Funktionsprinzip erläutern, wobei sich wesentlich auf den Bericht des Dr. Pawel Rodziewicz vom Institut für Chemie der Universität von Bialystok, Polen bezogen wird.35)

Folgender sphärischer Aufbau wird zunächst zu Grunde gelegt:

Eine umhüllende Sprengstoffschicht um eine metallene Hohlkugel aus geeignetem Material (Uran, Stahl, Iridium, Kupfer, Aluminium) als Stoßschale (Pusher/Liner), im Inneren gasförmiges Deuterium oder Tritium. Die Hohlkugel kann selbst aus Spaltmaterial bestehen. Durch die Detonation wird nun eine einzelne Schockwelle durch den Pusher erzeugt und auf das D2 übertragen. Durch entsprechende Gestaltung des Sprengstoffes wird eine konvergente Schockwelle erzeugt. Diese reflektiert sich im Brennpunkt allerdings zu einer invergenten, sie wirkt der konzentrischen

Kompression negativ entgegen. Diese wird aber an dem ebenfalls in Richtung Brennpunkt hin beschleunigten Pusher, der durch den Kompressionsvorgang an Dichte zunimmt, reflektiert und läuft nunmehr wieder zurück. Durch diesen Effekt wird das Gas (wesentlich stärker als ein fester Stoff) zunehmend komprimiert, wobei Temperatur und Druck stark ansteigen (in dem Originalbericht von P. Rodziewicz bezieht sich dieser eingangs auf ein zu komprimierendes Spaltstoffinventar, erwähnt dann später aber deutlich die Übertragbarkeit des konischen Prinzips der sprengstoffinitiierten Fusion auf die Hohlkugel). Verändert man nun diesen Aufbau in der Art, dass nach dem Pusher ein luftleerer Raum (Vakuum) folgt, in dem die innere Kugel quasi freischwebend platziert wird (levitierender Kern) und umgibt man diesen Kern (Pit) mit einer Schicht aus einem Material geringerer Dichte (z. B. Kunststoff oder Li6D – als *soft intermediate layer* bezeichnet) und ggf. einem Neutronenreflektor (wie Beryllium, Uran, Stahl, Graphit, Wolframcarbid), so kann die Wirkungsweise gesteigert werden: Zunächst detoniert wieder die Sprengmittelschicht und beschleunigt den Pusher gen Brennpunkt. Das Vakuum dient als Beschleunigungsstrecke für den Pusher, bis dieser auf den Layer trifft und hier eine erste Schockwelle formt, die gen Zentrum läuft. Nun werden auch die innenliegende Reflektionsschicht und Umhüllung (Tamper) durch den Pusher getroffen – wobei sich eine zweite Schockwelle bildet – und ebenfalls Richtung Brennpunkt beschleunigt und dabei verdichtet. Durch die Kompression des Reflektors steigert sich sein Neutronen-Reflektionsvermögen. Die im Layer erzeugte Schockwelle teilt sich beim Aufprall auf den Tamper, ein Teil läuft nach innen und dient der Verdichtung des Kernes – der andere Teil wird in den nun immer schmaler werdenden und ebenfalls an Dichte zunehmenden Layer reflektiert, wo er wieder auf den Pusher trifft und erneut nach innen läuft, um sich – wie zuvor – an dem Tamper zu teilen. Auf diesem Wege der mehrmaligen Reflexion pumpt man quasi gleich mehrere Schockwellen in den Kern und lässt diesen durch graduelle Druckzunahme in sich kollabieren. Aufgrund der Dichtesteigerung des Systems nehmen die Folge-Schockwellen an Beschleunigung zu. Wenn die jeweiligen Schichtdicken entsprechend ausgelegt worden sind, kann ein zeitgleiches Einlaufen aller derart generierten Schockwellen eine extreme Kompression im Konvergenzzentrum erzeugen. Oder man baut die Schichten so aus, dass sich die Schockwellen nicht im Brennpunkt „treffen", sondern erst nachdem die Anfangswelle aus dem Brennpunkt bereits wieder ausläuft und in dessen unmittelbarer Umgebung auf die folgenden Wellen trifft. Hierbei ergibt sich ein höherer Kompressionsgrad außerhalb des Konvergenzzentrums. Mittels dieser Auslegung lässt sich eine relativ kontinuierliche, nahezu isentrope Kompression des Kernes verwirklichen. Durch den Einbau weiterer Zwischenschichten kann dieser Effekt noch gesteigert werden. Rodziewicz, der sich auf die Veröffentlichungen Sylvester Kaliskis bezieht, schreibt, dass bei einem U235-Kern Verdichtungen in der Größenordnung von 2,5 bis 4 erreicht werden,36) was nicht mit den Angaben von Carey Sublette und Brian Beckett korrespondiert.37) Theoretisch sollen im Konvergenzzentrum noch wesentlich höhere Kompressionswerte zu erzielen sein. Bei gasförmigem, schwerem Wasserstoff seien diese dank der guten Kompressibilität von Gasen nochmals größer; es ließen sich mit derartigen Anordnungen sehr wohl D-T-Fusionsreaktionen auslösen, bei denen je Gramm Fusionsstoff 100 t TNT äquivalent zu erwarten seien (im idealen Fall). Nach Kaliskis Angaben würde die Implosion einer 2 bis 4 cm großen D-T-Kugel mit einer 475 g TNT-Treiberladung bei einer idealen Kompression etwa 950 kg TNT entsprechen.38) In der Realität liegen allerdings die Kompressionswerte unter den theoretischen, da die konvergenten Wellen nicht symmetrisch reflektiert werden und damit in dem zu verdichtenden Medium Turbulenzen verursachen.

Dieses Grundprinzip wird auch bei den so genannten Fusion Boosted Fission Bombs angewandt: Durch den beschriebenen Aufbau wird der Spaltstoff bis zur kritischen Masse komprimiert, die durch die anlaufende Kettenreaktion entstehende Wärme heizt das D-T-Gas im Kugelzentrum – ebenfalls extrem verdichtet – bis zur Einleitung der Fusion auf, die dabei generierten Neutronen dienen weiteren Spaltungen im Spaltstoffmantel. Die Effizienz des eingesetzten Spaltstoffes lässt sich auf diesem Wege maximieren. Alternativ funktioniert das „Boosten" auch bei einer Spaltstoff-Anordnung, die auch nach der Kompression subkritisch bleibt, indem die Fusionsneutronen die Spaltung im Wesentlichen allein auslösen – die Fusion läuft durch die extreme Kompression nur im Ansatz an, erzeugt dabei jedoch ausreichend Neutronen. Bei D-D-Reaktionen muss die kompressionsinitiierte Zündenergie der Fusion aufgrund des schlechteren Fusionsquerschnittes höher ausgelegt werden als bei D-T-Reaktionen, die sich „leichter" durchführen lassen. Die bei der D-D-Fusion freigesetzten Neutronen besitzen eine Energie von ca. 2,5 MeV, was zur Einleitung von Kernspaltungen in U233, U235 oder Pu239 genügt – bei D-T-Fusionsreaktionen werden zudem hochenergetische Neutronen mit 14 MeV abgegeben, die zur Schnellspaltung des Natururans oder abgereicherten U238 führen. Im Waffenbau wird hoch angereichertes U235 oder U233 für den Tamper bevorzugt, obgleich das beschriebene Spaltungskonzept auch bei geringer Anreicherung oder mit Natururan – sofern eine inerte Moderatorschicht aus z. B. Cadmium oder Graphit von innen auf den Spaltstoff aufgetragen wird – funktioniert. Die Neutronenausbeute kann zusätzlich durch den Einsatz von Li6D oder Be9 gesteigert werden.[39), 40)] Neben der sphärischen Bauform besteht die Möglichkeit der konischen bzw. bikonischen Auslegung. Das bedeutet ein geometrisch sehr analoges Design der Hohlladung, ähnlich einer Panzerabwehrwaffe mit zwei einfachen entgegengesetzten Sprengladungen. Die Funktionsweise entspricht dabei den Voitenko-Kompressoren, welche sich dieser Auslegung bedienten. Rodziewicz beschreibt beide Konfigurationen. Der Aufbau ist jenem bei Voitenko verwandten ähnlich:

Die kegelförmige Anordnung beginnt mit einer Sprengstoffschicht, einem dünnen Kupferkegel als Stoßhülle/Pusher – quasi zur Projektilbildung –, es folgt ein luftleerer Raum und darauf ein solider Kupferkegel, unter dem sich im Zentrum die Reaktionskammer befindet, bestehend aus einem mit Goldsockel unterlegten Hohlraum (für die Gasfüllung), der mit einer extrem dünnen Polyethylenschicht abgedeckt ist. Die nun mehrmals mit und ohne Deuterium gefüllte Versuchsanordnung (die keine Profilbildung bei der Schockwelle erzeugte), generierte in den Fällen mit Deuterium-Füllung zwischen $2{,}5 \times 10^4$ und 3×10^7 Fusionsneutronen. Es wurden Drücke bis 35 Mbar und Beschleunigungen der Hülle von 5 km/s gemessen.[41)] Direkt schreibt John Marschall über Kaliskis Experiment, dass Beschleunigungen von 5×10^6 cm/s (also 50 km/s) im Deuterium gemessen wurden und Drücke von bis zu 50 Mbar erreichbar seien. Die Angaben zur Neutronenausbeute sind identisch; erreicht wurden Temperaturen von 500 eV und eine Dichte von 6×10^{22} g/qcm.[42]) Im Deuterium sei eine tausendfache Verdichtung erzielt worden. Zudem weist er auf analoge sowjetische Arbeiten durch den Physiker Lev Vladimirovitch Altshuler an der Staatsuniversität Moskau hin.[43]) Setzt man zwei dieser Apparaturen entgegengesetzt zu einer bikonischen Konfiguration zusammen, so lassen sich nach Kaliski noch weitaus höhere Kompressionswerte erzielen. Bei dieser Auslegung beschäftigte er sich mit der extremen Verdichtung und Reduzierung der kritischen Masse von U235, wobei der bikonische Aufbau mit konvergenter Schockwelle zu einer nahezu symmetrischen Implosion des Kernes bei einer annähernd isentropen Kompression führte. Die bikonische Konfiguration weist demnach bei fast gleichen Resultaten im Vergleich zur sphärischen Anordnung einen wesentlich simpleren Aufbau aus. Somit lasse sich die kritische Masse auf wenige hundert Gramm reduzieren. Der bereits erwähnte Autor Brian Beckett äußert hierzu, dass nach dieser Anordnung bei einem Spaltstoffeinsatz von 200 bis 400 g U235 ein nominelles TNT-Äquivalent von 1 bis 2 kT zu erwarten sei; das Einbringen von Deuterium und/oder Lithium ließe diesen Wert auf 4 bis 5 kT steigen.[44]) Ausführlich beschäftigt sich der israelische Physiker Gabi Ben-Dor in seinem Werk „Shock Wave Reflection Phenomena" mit der Schockwellenreflektion.

Neben seinen eigenen umfangreichen Arbeiten auf diesem Gebiet zieht er auch die von Kaliski heran.[45])

1.5 Konvergente Schockwellen mittels Sprenglinsen

Kehren wir zu der sphärischen Hohlkugel-Bauform zurück. Um eine optimale, zentrierte Kompression im Kugelzentrum zu erreichen, muss durch die Hohlladungs-Konfiguration eine, wie bereits genannt, konvergente Schockwelle generiert werden. Die Detonationsfront einer klassischen konischen Hohlladung läuft mit zunehmender Distanz zum

Sprengpunkt divergent auseinander. D.h., die Schockwelle bleibt nicht fokussiert, sie expandiert. Eine Sprengladungsverteilung mit vielen Detonatoren löst das Problem der sphärischen Auslegung nicht, im Gegenteil: Bei multiplen divergenten Schockwellen entstehen die Druckmaxima an deren Schnittpunkten, nicht im sphärischen Brennpunkt. Dieser Effekt führt zum Kollabieren der Schockwellen und lässt den sphärischen Probanden prädetonieren – die Kugel würde regelrecht „zerplatzen". Eine Kompression im Brennpunkt lässt sich nur durch gezielte Fokussierung der Schockwellen im oder nahe des Brennpunktes erreichen. Um dieses Ergebnis zu erzielen, werden auf der Innenseite der Sprengstoffummantelung (möglichst zahlreich) Sprenglinsen mit einem Sprengstoff geringerer Detonationsgeschwindigkeit (oder höherer – je nachdem, ob die Linsen konkav oder konvex ausgeführt werden) eingebettet. Bestimmt wird die Krümmung der Welle analog zur Optik durch den Scheitelwinkel der Linse. Die Detonation der Linsen, nachdem der Mantel als deren Initiator gezündet wurde, verzögert (oder beschleunigt) nunmehr die Ausbreitung der Wellenfront. Die ideelle Bauform einer derartigen Linse wird in einem Rotationshyperboloid gesehen. Hierbei müssen die Linsen zahlreiche konvergente Schockwellen erzeugen, die in eine einzige sphärische Implosionswelle übergehen und somit zu einer symmetrischen Implosion der Konfiguration führen. Zudem können durch die Wahl des Sprengmittels und der geometrischen Auslegung der Linsen im Zusammenwirken mit dem Sprengmantel konvergente Schockwellen mit unterschiedlicher Geschwindigkeit in das Zentrum eingebracht werden, was den bereits beschriebenen „Pump-Effekt" zusätzlich verstärkt.46),47) Die über Nagasaki abgeworfene sphärische Plutonium-Bombe „Fat Man" besaß bei einem maximalen Durchmesser von 140 cm 32 Sprenglinsen mit einem Gesamt-Sprengstoffinventar (chemisch, einschl. Mantel) von 2.500 kg. Bei den Ivy Mike- und Castle Bravo-Waffentests sollen durch leistungsfähigere Linsen die Sprengstoffmasse auf 1.000 kg gesenkt und der Durchmesser um 40 cm auf einen Meter reduziert worden sein.48) Wesentliche Vereinfachungen lassen sich durch die Anwendung von konischen oder zylindrischen Konfigurationen erzielen, da deren Aufbau zur Erzeugung konvergenter Schockwellen allein durch ihre Formgebung die oben beschriebene

Linsentechnologie nicht benötigt. Diese Vereinfachung des Prozessablaufs machte sich auch Los Alamos für die Kalkulation des sphärischen Prinzips zunutze, indem deren Wissenschaftler eingangs die zylindrische Bauform für ihre Experimente heranzogen.[49)] Die Veröffentlichung einer schwedischen Konstruktion nach Torsten Magnusson wies eine heterogene Sprengstoffummantelung zur Initiierung der notwendigen Kompression auf. In dessen Prinzipskizze ist eine Plutoniumhohlkugel im Inneren von einer ebenfalls kugelsymmetrischen Sprengstoffhülle umgeben, beides in Gestalt einer Kugel in eine weitere elliptische Sprengstoffkonfiguration, in das Gehäuse einer Artilleriegranate, eingebettet. Letztere Anordnung gestaltet somit zwei entgegengesetzte Hohlladungen aus. Der Physiker Magnusson war wissenschaftlicher Leiter der schwedischen Kernwaffenentwicklung innerhalb des L-Programmes (*Laddnings-programmet* – Ladungsprogramm), das direkt dem militärischen Oberbefehlshaber als auch Verteidigungsminister Sven Andersson und Ministerpräsident Tage Erlander unterstanden habe.[50)]

1.6 Schockwellenerzeugung und Hochdruckforschung

Der Forschungsbereich der Schockwellen und Höchstdrücke generierenden „Apparaturen", sowohl zum Zwecke deren wissenschaftlicher Erforschung als auch deren praktischer Nutzbarmachung – auch für militärische Belange –, ist derart umfangreich, dass hier nur exemplarisch auf einige wenige Publikationen hingewiesen werden soll.

Beispielsweise werden höchste Drücke zur Erforschung von Materialverhalten und Reaktionen auf atomarer Ebene in der Physikalischen Chemie angewendet, wie von dem Chemiker Hartwig Kelm beschrieben.[51)] In Kelms Quellenangaben finden sich Arbeiten des Physikers T. C. Poulter wieder, der sich 1957 parallel zu F. J. Willig mit dem Thema der extremen Materialbeschleunigung mittels hochexplosiver Sprengmittel beschäftigte.[52)] Beide werden ebenfalls von Ray Kinslow herangezogen.[53)] Dort werden in Kapitel 1 von A. J. Cable verschiedene Methoden und Konstruktionen zur extremen Beschleunigung vorgestellt. Darunter auch jene von Poulter/Willig beschriebenen, welche sich den Hohlladungseffekt zunutze machen. In einfachster Ausführung und unter Verwendung einer zu beschleunigenden Platte konnten Geschwindigkeiten von 9 km/s erzielt werden; mit konischen Hohlladungen bis zu 16 km/s – wobei die Versuchsanordnung vergleichsweise simpel ausgelegt war.54) Vorab wird ein durch eine Hohlladung beschleunigtes Projektil erläutert. Das Projektil befand sich dabei analog zu den vorangegangenen Konfigurationen nach Voitenko und Kaliski im Brennpunkt der konischen Konfiguration. Am Stanford Research Institute (SRI) wurde mit einer derartigen Bauform, die in ihrem Hohlraum eine Gasfüllung enthielt, das Gas auf 130 km/s beschleunigt.55) Ganz ähnliche Schockwellen-Experimente fanden auch in Deutschland sowohl mit einfachen konischen Hohlladungen als auch mit konvergenten, profilbildenden Anordnungen statt, wobei die Ausbildung und Wirkung von durch Schockwellen erzeugten Drücken und Temperaturen erforscht wurden.56)

1.7 Neutronenerzeugung durch Fusionsreaktionen

Durch die hohen Kompressionsdrücke und Temperaturen können D-D- und D-T-Reaktionen ausgelöst werden. Für die Analyse unseres Eingangsspezifikums sind hier jedoch mehr die dadurch generierten Neutronen von Interesse, weniger die Fusion selbst – da diese nur ansatzweise abläuft.
Als Grundlage kommt in der anschließenden Betrachtung ausschließlich Deuterium und dessen Folgeprodukte als Fusionsstoffe zur Anwendung. Deuterium selbst eignet sich hervorragend als Fusionsbrennstoff; seine extrem geringe Dichte begünstigt zwar das oben beschriebene Kompressionsverhalten, führt aber auch zu Problemen in der Handhabung, speziell der Lagerung. Um eine hohe Mol-Dichte zu erreichen, muss Deuterium aufwendig kryogen gelagert werden. Für die Kompression ist jedoch die

Speicherung als Druckgas ausreichend – wobei man aber bei gleichem Bauvolumen des Brennraumes der Waffe eine deutlich geringere Atomdichte in Kauf nimmt als bei der Tiefkühllagerung. 1 kg Deuterium bei vollständiger Fusion ergäbe theoretisch ca. 82 kt TNT-Äquivalent. Somit ergibt sich bei konstantem Reaktionsvolumen bei reduzierter Stoffdichte ein erheblich geringerer Detonationswert.[57)] Während der Fusion laufen im Nanosekundenbereich folgende Reaktionen ab:

D + D = He3 + n + 3,26 MeV
(n mit einer kinetischen Energie von 2,45 MeV)
D + D = T + p + 4,03 MeV

Beide Reaktionen halten sich dabei in etwa die Waage. Die ebenfalls mögliche Folgereaktion He3 + D tritt bei den geringen Fusionsraten der Kompressionskonfiguration praktisch nicht in Erscheinung, da ihre Zündenergie auf diesem Wege nicht erreicht wird.

Allerdings ist die Folgereaktion

D + T = He4 + n + 17,58 MeV

(n mit kinetischer Energie von 14,07 MeV) möglich, die erheblich schneller abläuft als die D + D-Varianten, wobei sich das in situ generierte Tritium aufbraucht.[58)] Die somit freigesetzten Neutronen stehen wiederum für andere „Anwendungen" zur Verfügung:
Durch Anstoßen mit dem Fusionsstoff können die Neutronen entschleunigt, sprich moderiert, und auf thermische Energien um 20 keV reduziert werden.
Transmutation (d. h. Umwandlung) des Deuteriums zu Tritium durch Neutroneneinfang kommt nicht zum Tragen, da die Neutronen den Neutroneneinfangsquerschnitt des Deuteriums zu schnell unterschreiten. Allerdings können die verlangsamten Neutronen durch das entstehende He3 verschluckt werden – oder durch die den Kern umgebenden Stoffe –, s. w. u. Bei den D + D-Reaktionen tritt aber auch die Umwandlung von

He3 + n = T + p + 0,76 MeV signifikant hervor, wobei hier nur die hochenergetischen 14 MeV-Neutronen reagieren.
Befindet sich in der Umhüllung Lithium, sind weitere Reaktionen und Tritium-Produktion möglich. Das leichtere Li6-Isotop (welches zur effizienten Ausnutzung angereichert werden muss) besitzt einen sehr hohen Einfangsquerschnitt bezüglich moderierter Neutronen – insbesondere bei weniger als 1 MeV – und wandelt sich in Tritium um. Wenn ausschließlich natürliches Lithium (Li7 mit geringem Li6-Anteil) zur Anwendung gelangt, werden Neutronen mit über 4,5 MeV benötigt. Die Tritium-Ausbeute ist in diesem Fall jedoch größer. Die Wahrscheinlichkeit für dieses Ereignis liegt bei 50 %. Auch das im natürlichen Lithium befindliche leichtere Isotop reagiert, allerdings mit extrem niedriger Eintrittswahrscheinlichkeit, so dass dies bei modernen Waffen keine Verwendung findet. Das Prinzip ist aber bei ausreichendem Lithiumüberschuss durchaus möglich, wenn auch wenig effizient.59) Li7 kann jedoch auch direkt mit Deuterium reagieren:

Li7 + D = 2He4 + n + 15,12 MeV

Diese Reaktion ist wahrscheinlicher und dient zur ergänzenden Produktion von Neutronen.60)

Welches Resümee können wir nun aus dem Vorangegangenen ziehen?
Die Forschungen an der mit chemischen Sprengmitteln initiierten Kernfusion durch Höchstdruckkompression wurden und werden umfangreich durch diverse Nationen zu diversen Zwecken61) – hauptsächlich aber zu militärischen – vorangetrieben und haben zu respektablen Ergebnissen geführt. I. I. Glass schrieb im Zuge einer Abhandlung zu den UITAS-Experimenten zu Voitenko-Kompressoren sowie zu deren derivaten Versuchsanordnungen, dass bei deren Testreihen eindeutig Gammastrahlen und Neutronen aus D-D-Reaktionen gemessen wurden und somit die Fusion durch eine mithilfe einer Explosion initiierten Implosion praktisch realisierbar ist – mit überschaubarem Aufwand.62) Das häufig falsch verstandene Funktionsprinzip dieser konischen oder sphärischen Konfigura-

tion stellt keine thermonukleare Waffe im Sinne einer Wasserstoffbombe – gleich welcher Bauart – dar. Vielmehr ist diese Variante als Neutronengenerator zu sehen. Die Fusion setzt nur im Anfangsstadium für ein kurzes Zeitfenster ein, produziert dabei aber einen regelrechten Schwall an Fusionsneutronen, die entsprechend ihres diskreten Energieniveaus ihrerseits Reaktionen in ihrer unmittelbaren Umhüllung hervorrufen können; wie z. B. eine Kernspaltung, die sich (wie oben erwähnt) bereits auch mit Natururan durchführen lässt. Mit leicht angereichertem Spaltstoff und/oder weiteren Materialien wie Lithium etc. lässt sich die Wirkung erhöhen. Die Inertial Confinement Fusion (ICF) durch eine mithilfe einer Explosion initiierten Implosion kann vielmehr als Trigger miniaturisierter Spaltanordnungen betrachtet werden. Parallele sowie evolutionäre Forschungen führten zur Magnetfeldkompression (vgl. Tokamak und Stellarator) oder zu Kompressionen durch Hochstromfunkentladungen, Ionen- oder Elektronenstrahl- und Laserkompressionen.[63), 64)]

1.8 Weiterführende Ambitionen

Lassen Sie uns noch einmal zurück an den Anfang derartiger Forschungen gehen, wie sie u. a. von Johann von Neumann (s. w. o.) „begonnen" worden waren.

Wie wir bereits angesprochen haben, sind in der UdSSR derartige Forschungen bereits kurz nach Kriegsende begonnen worden. So waren z. B. die Physiker N. A. Popov, A. A. Aleksandrov unter der Leitung von L. M. Timonis und A. S. Kozyrev am Chelyabinsk-70-Laboratorium mit derartigen Experimenten beschäftigt, die sich mit der Einleitung einer Kernfusion ohne die Verwendung von Spaltstoff, dafür allein durch eine sprengstoffbetriebene Kompression unter hohem Druck befindlicher Gase beschäftigte.

Dabei wurden Fusionsneutronen in der Größenordnung von 1×10^{13} bis 4×10^{13} gemessen – allerdings kein vollständiger thermonuklearer Abbrand des Fusionsstoffes.[65)] Den Vorschlag für derartige Experimente auf der Basis einer sphärischen Konfiguration zur Erreichung einer Fusion ausschließlich mittels Sprengstoff durch eine Kaskadenexplosion reichte Kozyrev bereits am 25. Juli 1947 bei der zuständigen Stelle ein.66) 1952 waren seine Arbeiten bereits deutlich fortgeschritten.67) Parallel berichtete der US-amerikanische Physiker Samuel Theodore Cohen, der am Manhattan Project beteiligt gewesen war, über sowjetische Forschungen auf diesem Gebiet.68) Der russische Kernphysiker Lev Andreevich Artsimovitch69) gab an, dass die Forschungen an reinen Fusionsexperimenten (ohne Fissionstrigger) seit 1952 liefen. Eine gepulste thermonukleare Reaktion sei auch erreichbar, wenn eine hohe Temperatur während der Implosion und Kompression durch konventionelle Sprengstoffe erzeugt werde, die auf eine Kapsel mit D-D- oder D-T-Füllung einwirke. Diese Reaktionen mit der Freisetzung schneller Neutronen konnten einwandfrei detektiert werden und seien absolut reproduzierbar.70) Nachdem die Fachzeitschrift „Nature" im September 1977 über das Resultat von Kalliskis Forschungstand berichtete, schrieb Kozyrev am 12. Oktober 1978 in einem Brief an die „Nature", dass es ihm und seinem Team bereits 1955 gelungen sei, bei derartigen Experimenten 10^8 n aus einer Kernfusion nachzuweisen, was bis 1963 noch bis auf 3×10^{11} Neutronen je Versuch gesteigert werden konnte. Auch gelang es, in einer kanadisch-israelischen Kooperation immerhin 10^3 und in chinesischen Experimenten bis zu 10^7 Fusionsneutronen je Versuch zu erzeugen – die höchste bekannte Ausbeute wurde 1982 mit 5×10^{13} D + T-Fusionsneutronen in einer sphärischen Mehrschichtkonfiguration erzielt.71)

Auch die ehemaligen Gegner Deutschland und Frankreich befassten sich unmittelbar nach dem Kriegsende mit der Thematik. An dem offiziell am 22. Juni 1959 gegründeten bilateralen Forschungszentrum ISL72) in Saint-Louis nahe Basel wurden als Derivate des Fachbereiches Detonik kernphysikalische und Hohlladungsforschungen durchgeführt. Der Sprengstoffphysiker Dr. Ing. H. V. Hajek73) war von 1946 bis 1949 für das französische Verteidigungsministerium74) auf dem Gebiet der durch Hohlladung ausgelösten Kernfusion tätig. In dem Artikel über Atomhohlladungen aus dem Jahr 1955 (Zeitschrift „Explosivstoffe") berichtet er über die Möglichkeiten zu dieser Thematik. Seiner Darstellung zufolge können Fusionsreaktionen im Brennpunkt mehrerer Hohlladungen bei Einbringung des Fu-

sionsstoffes in ein Hochvakuum in diesem generiert werden. In dem 1960 publizierten Artikel über die Möglichkeiten von Kernreaktionen mittels Hohlladungen geht Hajek in Teilen detaillierter auf seine Forschungen ein. Ebenso erwähnt er seine geheimen Forschungsarbeiten in Frankreich von 1946 bis 1949.[75] Um Temperaturen von mindestens 400.000° Celsius zur Auslösung nuklearer Reaktionen zu erzeugen, bedürfe es zweier entgegengesetzter oder kaskadenförmiger Hohlladungen, die das Brennstoffinventar (U233, Be9 oder Li6) unter Höchstdruck komprimieren. Um die nukleare Zündung zu erleichtern, könne zudem eine zusätzliche Neutronenquelle hinzugenommen werden.[76] Soweit zu Hajeks Arbeiten unter französischer Regie. Am 10. Januar 1946 (!) reichte der französische Artillerieoffizier Louis Jean-Francoise Filloux[77] das Patent 922877[78] beim Ministerium für Industrieproduktion – der Behörde für den gewerblichen Rechtsschutz – ein. Unter dem Titel „Verfahren und Apparatur zum Herbeiführen von Reaktionen oder Stoffumwandlungen mittels aus Explosionen gewonnener Energie" – und insbesondere atomarer Zerfalls- und Umwandlungsprozesse – beschreibt er eine Konstruktion, die im Verwendungszweck explizit als Bombe ausgewiesen wird:
Eine sphärische Konstruktion mit umgebenden Zündern wird außen mit einem hochempfindlichen, nach innen mit einem hochexplosiven Sprengstoff – in mehreren konkaven Lagen – um den sich im Inneren befindlichen Stoff angeordnet. Durch die kaskadenförmige Explosion der Schichten wirken nun die thermischen, mechanischen, chemischen und atomaren Kräfte auf den umzuwandelnden Stoff ein. Die Explosion dieses Stoffes erfolgt aufgrund der extremen Konzentrizität der Detonationswelle – im Besonderen bei radioaktiven Stoffen.
Im Folgenden beschreibt Filloux die Konstruktionsweise sowohl einer hohlkugelförmigen Bombe als auch einer entgegengesetzten Doppelhohlladung für industrielle Zwecke. Interessant sind die „experimentellen Fakten", welche er eingangs als Voraussetzung für seine Anordnung, also letztlich für die empirischen Erkenntnisse, benennt:

- Reihenanordnung von Sprengstoffen mit unterschiedlicher Detonationsgeschwindigkeit

- Konzentration der Detonationswellen (Schockwellen) mittels konkaver Oberflächen-Hohlladung und der daraus hervorgehenden beträchtlichen punktuellen Auswirkung
- Konvergenz der Detonationswellen bis zu deren definiertem energetischen Maximum (dem Schnittpunkt der Wellenfronten)

sowie der Aufbau einer synchronen Zündführung durch Sprengschnüre oder elektrische Zünder.
Für die Realisierung der Plutoniumwaffe „Little Boy" des Manhattan Project, deren Funktionsprinzip, wie oben bereits erläutert, auf der sphärischen Kompression einer Implosion von Sprenglinsen in Form von Hohlladungen beruht, war ein eigenes Testprogramm zur Erforschung des Verhaltens der Druckwellen bei derartigen Implosionen notwendig. Der amerikanische Physiker Robert Serber entwickelte gemeinsam mit dem 1938 aus Italien emigrierten Experimentalphysiker Bruno Rossi das im November 1943 gestartete RaLa-Experiment[79), 80)] (siehe hierzu Kapitel 4). Ziel war es, das Verhalten radioaktiver Nuklide und deren Strahlungsexposition während der Kompression durch sphärische Implosionen mittels konvergierender Schockwellen an unterschiedlichen Materialien zu erforschen. Die Experimente führten zu den ersten Plutonium Pits für Gadget und „Little Boy" und wurden zur weiteren Verbesserung noch bis 1962 fortgesetzt.

1.9 Die Prandtl-Meyer-Kompression

Eine weitere Variante zur Zündung einer Fusionsreaktion ist die nach der Funktionsgleichung von Ludwig Prandtl und Theodor Meyer.[81)] Das Grundprinzip der Verdichtung bzw. Verdichtungsstöße einer Schockwelle ist das „Hineindrehen und Komprimieren" der Strömung an einer konkaven Oberfläche: Die Strömungsrichtung einer Schockwelle verläuft linear und parallel zu einer Oberfläche. Biegt diese Oberfläche nun konkav, also den freien Raum verjüngend, ab, reduziert sich der Strömungsquerschnitt. Die Strömung wird in sich hineingedreht und komprimiert, wobei Verdichtungsstöße auftreten. Im umgekehrten Fall, bei konvexer Vergrößerung des Strömungsquerschnittes, expandiert die Strömung – dies geschieht im Gegensatz zur Verdichtung kontinuierlich.[82]) In der Physik der thermonuklearen Waffen werden ellipsoide Umhüllungen nach den Grundlagen von Prandtl-Meyer auf Basis der Gudderley'schen Schockwellentheorie (s. w. u.) als Reflektionskörper für Gamma- und Röntgenstrahlung sowie Neutronen genutzt.

Eine kleine, primäre Kernspaltungsbombe befindet sich dabei im konkaven Brennpunkt der einen Seite des geometrisch annähernden Ellipsoides – im Brennpunkt der gegenüberliegenden Seite wird der sekundäre Fusionsbrennstoff positioniert. Durch die Detonation der Kernspaltungsbombe wird die Konfiguration zwar letzten Endes zerstört, da aber sowohl deren korpuskulare sowie elektromagnetische Strahlung mit annähernd Lichtgeschwindigkeit emittiert wird – und damit um ein Vielfaches schneller als die Detonationsgeschwindigkeit der Kernspaltung –, werden diese und die Schockwelle von der konkaven Umwandlung konzentrisch auf den Fusionsbrennstoff fokussiert. (Tatsächlich wird der Strahlungsanteil nur bedingt reflektiert – vielmehr wird diese durch Reaktion mit dem Hüllmaterial, z. B. U238, multipliziert.) Nach der Prandtl-Meyer-Funktion verstärkt sich die Stoßfront der Wellen und startet die Fusionsreaktion. (Der Fusionsbrennstoff bei thermonuklearen Waffen wird nicht allein durch die Druckwirkung der Kompression gezündet, sondern durch die Wechselwirkung der Strahlung mit diesem – ein als Strahlungsimplosion bezeichneter Vorgang. Dies ist stark vereinfacht das Teller-Ulam-Prinzip.[83]))Diese ellipsoide Konfiguration kann nach Winterberg auch durch eine Fusionsreaktion ohne Kernspaltungsbombe als Trigger, ausschließlich mit konventionellen Explosivstoffen, eingeleitet werden: Anstelle des nuklearen Sprengsatzes wird hochexplosiver Sprengstoff positioniert. Sekundärseitig wird eine sphärische Schichtanordnung – ebenfalls aus hochexplosivem Sprengstoff, auch in Hohlladungsform – mit sich in ihrem Zentrum befindlichem Fusionsbrennstoff implementiert. Zwischen den Sprengstoffschichten wird ein leichtes, hochatomiges Gas eingebracht. Wird nun die primäre Ladung zur Detonation gebracht, komprimiert die übertragene und verstärkte Schockwelle gemäß der Prandtl-Meyer-Funktion die sphärische Schichtanordnung. Deren Sprengstoffschichten detonieren abfolgend kaskadenartig und verdichten den sich in ihnen befindlichen Fusionsstoff weiter. Parallel wird das in diesen Schichten befindliche Gas komprimiert. Die dabei entstehende Schwarzkörperstrahlung – der spährische Aufbau verhält sich trotz fortlaufender Ablation gleich eines Hohlraumstrahlers – verstärkt sich von Schicht zu Schicht und soll in seinem Maximum, kohärent mit den Schockwellen, den Fusionsbrennstoff komprimieren und Zünden.[84)]

1.10 Zusammenfassung

Die vorangehenden Betrachtungen zur Initiierung einer Fusionsreaktion fokussieren sich primär auf die Einleitung einer solchen mittels konventioneller und hochbrisanter Sprengstoffe. Darüber hinaus sind etliche weiterführende Experimente und Entwicklungen mit dem gleichen Ziel, eine die Kernfusion nutzende Waffe OHNE Kernspaltung zu produzieren, evident und Gegenstand aktuellster Forschungen. Da dieser Bereich nicht Thema dieser Arbeit ist, soll er nur stichpunktartig wiedergegeben werden, damit wir uns einmal ein – wenn auch vages – Bild über die Entwicklungen der taktischen Kernwaffen der vierten Generation auf der Basis der ICF machen können:[85)]

- Magnetischer Einschluss (Magnetfeldkompression) mittels Impulsgeneratoren (Flusskompressionsgenerator)
- Hochenergielaser (der in Kombination mit der Sprengstoffimplosion deutlich leistungsärmer ausgeführt werden kann)
- Hochkompression oder Kernreaktionen durch Isomere und Antimaterie[86)]

Oder eine Kombination aus mehreren Varianten.
Eine hundertfache Verdichtung ist derzeit nur mit Lasern (20 MeV bereits ausreichend), Teilchenstrahlen wie Isomeren und Antiprotonen, und extremen Magnetfeldkompressionen möglich – ausreichend zur Zündung des

Fusionsbrennstoffes. Alternativ lässt sich mit diesem Wert auch 1 g Pu239 auf eine kritische Masse verdichten. Mit konventionellen Sprengstoffen ist bei Plutonium der Kompressionsfaktor 10 erreichbar.[87)] Für eine vollständige Fusion des schweren Wasserstoffes gleich einer thermonuklearen Waffe reicht die Explosivkraft herkömmlicher chemischer Sprengmittel nicht aus. Es gibt jedoch, wie oben gezeigt, hierbei ein ABER:
Durch die Ausnutzung konvergenter Schockwellen durch derivative Konfigurationen des Munroe-Effektes – insbesondere bei Erzeugung mehrerer, zeitgleich ins Zentrum einlaufender Wellenfronten – wird eine derart hohe Kompression des D-D- oder D-T-Gemisches erreicht, dass eine Fusion im Ansatz anläuft. Dabei werden schlagartig Neutronen emittiert, welche von der Fusion herrühren. Jedoch blieb der Energieertrag der thermonuklearen Reaktion stets hinter dem des konventionellen Sprengstoffes.[88)] Effektiver als die reine Kompression ist die Projektilbildung bei derartigen Anordnungen, wie sie von Kaliski, Voitenko oder im UITAS-Verfahren angewandt worden sind. Dieses heute als Impact Fusion bezeichnete Verfahren – ob konisch oder sphärisch – erwies sich als effizienter.[89)] An dieser Stelle muss noch einmal auf die Arbeiten von Kaliski verwiesen werden: Statt das innen liegende „Ziel“ mit nur einer einzigen durch Sprengstoffkompression generierten Schockwelle zu verdichten, ist es praktikabler, durch zwiebelschalenähnliche Schichtungen (sowohl Einlagen aus Materialien geringer Dichte als auch zusätzliche Sprengstofflagen) kaskadenartig mehrere Schockwellen auf das Ziel zu schicken, um einen Pumpeffekt zu kreieren. Die Schlüsseltechnologie beruht also auf der mehrfachen Reflexion der Schockwelle und der graduellen Drucksteigerung. Durch den Schichtaufbau lässt sich eine relativ kontinuierliche Kompression, die um ein Vielfaches stärker ist als eine einfache, erzielen – annähernd wie eine isentrope Verdichtung.[90)] Um eine Fusionsreaktion nach der konischen oder bikonischen Konfiguration von Kaliski[91)] oder vergleichbaren Installationen zu erreichen (durch Sprengstoff wird eine größere Masse auf eine viel kleinere geschossen), sind Impact-Geschwindigkeiten von 200 km/s notwendig.[92)] Wie Kaliski experimentell bewiesen hat, ist dies mit stark vereinfachten zylindrischen Körpern auch gelungen.[93)] (Die Verdichtung lässt sich auch mit Spaltmaterial umsetzten und durch Einlagen von Deu-

terium oder/und Lithium verstärken – nur wenige 100 g Spaltmaterial sind ausreichend.)Wichtig hierbei ist es, zu verstehen, dass ein umfangreicher thermonuklearer Abbrand des Fusionsbrennstoffes mit diesen Konfigurationen nicht erreicht werden kann. Das differenziert diesen Zündvorgang von einer klassischen H-Bombe – bei welcher die Fusionsreaktion wesentlich ist. Aber diese Reaktion muss im eigentlichen Sinne auch gar nicht zur Explosion gebracht werden. Bei den hier in Betracht gezogenen Auslegungen liegt der Schwerpunkt auf dem durch eine einleitende Fusionsreaktion emittierten Neutronenstrom. Erreicht dieser eine gewisse Intensität und Energie – je nachdem, ob D-D- oder von Beginn an D-T-Fusionsbrennstoff zur Verfügung steht (wir erinnern uns: Aus der D-D-Reaktion entsteht zur Hälfte Tritium) – können sie für anschließende Reaktionen herangezogen werden. Unter dieser Betrachtung ist der oben beschriebene Aufbau ein relativ simpler Neutronenmultiplikator.
Bereits bei den Beschreibungen von Kaliski (s. w. o.) wurde der Einsatz von zusätzlichen Materialien in Erwägung gezogen. Bei Einsatz von Be9 kann die Neutronenausbeute gesteigert werden – ebenso bei U238 oder einer Mischung mit Li6D. Bei Verwendung von natürlichem Uran wäre sogar eine Kombination aus Kernspaltungen des U238-Anteils durch schnelle Neutronen sowie im geringen Maße des mit 0,7 % in diesem enthaltenen U235 durch verlangsamte Neutronen denkbar. Eine Leistungssteigerung ließe sich grundsätzlich bei der Verwendung von Transuranen erzielen.

1.11 Ein Exkurs: Leistungsgesteigerte chemische Sprengmittel

Eine wesentliche Beeinflussung der sprengstoffinitiierten Fusion ergibt sich aus der Wahl des eingesetzten Sprengmittels (bzw. bei der Hohlladungs-/Linsen-Konfiguration aus deren Komponenten). Deren chemische Wirkungsweise ist durch die Reaktionsgeschwindigkeit der Elektronen der einzelnen Elemente praktisch limitiert.[94)] Die Detonationsgeschwindigkeiten enden um 10 km/s.

Mit einigen hochgezüchteten Sondersprengstoffen (wie den militärisch genutzten TATB, FOX-7 oder LLM-105) lässt sich allerdings die Gasdruckwirkung steigern. Die meisten chemischen Sprengstoffe haben aber in ihrer molekularen Struktur eine „Unterversorgung" mit einem Oxidationsmittel – eine negative Sauerstoffbilanz. Im optimalen Fall ist diese ausgeglichen (oder positiv, wie beim Nitroglycerin). Das bedeutet, dass für die Explosion Luftsauerstoff notwendig ist. Gewöhnlich wird als Sauerstoffträger Salpetersäure (besser Stickstoffsäure) eingesetzt, da das Stickstoffdioxid leicht Sauerstoff abgibt. TNT besitzt beispielsweise eine negative Sauerstoffbilanz mit einem Sättigungsrad von nur 26 %, Hexogen und Oktogen ca. 80 %, PETN ca. 90 %. Um die Reaktionsleistung zu erhöhen, kann durch Zuschlag von Sauerstoffträgern die negative Bilanz ausgeglichen werden. Als zusätzliche Oxidatoren dienen Amonsalpeter, Natriumnitrat, Chlorate (oder Aluminiumpulver). Ihre Reaktionsgeschwindigkeit mit dem eigentlichen Sprengstoff wird aber wieder durch ihre eigene Reaktionsfähigkeit eingeschränkt. Optimal ist die Zugabe flüssigen Sauerstoffs, Salpetersäure oder Fluor, da diese sofort in die Reaktion eingebunden werden. Alternativ kann die Reaktionsfähigkeit des Sprengstoffes durch Chlor – das selbst extrem reaktionsfreudig auf fast alle chemischen Elemente reagiert – verbessert werden.[95), 96)] Hieraus lässt sich ableiten, dass sich die Leistung der Sprengstoffe auch für die hier behandelte Initiierung einer Kernfusion verbessern lässt. Aktuell ist diese Umsetzung im Zusammenhang mit Supersprengstoffen in den militärischen Fokus gerückt. Mit diesen können wesentlich höhere Detonationsgeschwindigkeiten und Drücke erzielt werden, was sie für die Entwicklung von nicht kernspaltungsgezündeten Fusionswaffen interessant macht. Allerdings sind diese Supersprengstoffe schwer zu produzieren, zu lagern oder zu phlegmatisieren. Hierunter fällt das pSi (poröses Silizium), das mit flüssigem Sauerstoff angereichert sehr viel stärker und schneller reagiert als TNT.[97)] Eine noch stärkere Wirkung hat metallischer Wasserstoff. Wasserstoff gehört im Periodensystem der Elemente zu den Alkalimetallen und liegt in Normalform als zwei-atomiges Molekül vor. Unter extremen Drücken und Temperaturen dissoziieren die Atome und bilden eine metallische Gitterstruktur aus.[98)] Das schwer herzustellende supraleitende Fluid, das in diesem Zustand Quecksilber ähnlich ist, eignet sich dank seines hohen Energiegehaltes als Sprengstoff – mit dem sich eine Fusionsreaktion ohne Kernspaltung durchführen lässt.[99)] Die grundsätzliche Idee, Atomstrukturen unter hohem Druck bei extrem tiefen/hohen Temperaturen synthetisch zu verändern – wie dies beim metallischen Wasserstoff bereits 1935 durch Eugene Wigner und Hillard Bell Huntington theoretisiert worden ist[100)] –, lässt sich jedoch auch auf andere Materialien anwenden. Der Wiener Physiker Karl Nowak (siehe Kapitel 2) hatte in den 40ern bereits experimentell die Möglichkeit erkannt, dass man mittels hohem Druck bei gleichzeitiger starker, kryogener Abkühlung atomare und molekulare Verbindungen aufsprengen und die betreffenden Atome neu „legieren" könne. Auf diese Weise lassen sich die Stoffeigenschaften ändern und stark expansionsfähige Stoffe (gleich Sprengstoffen) durch Superkompression kreieren. Hierdurch wären sehr viel leistungsfähigere Raketentreib- und Sprengstoffe herstellbar.[101)] Heutzutage lässt sich die Leistung militärischer Mittel, wie etwa von Flugkörpern und deren Gefechtsköpfen, ebenfalls durch starke Komprimierung des Treibstoffes oder des Sprengmittels steigern.

---

1) A. E. Voitenko: Generation of high Speed Jets Doklady Akademii Nauk SSSR, in: Sowjetisches Fachjournal (1933–1993), Vol. 158, 1964, und A. E. Voitenko: Acceleration of Gas during its Compression in Conditions of acute Angled-Geometry, in: Defense Technical Information Center, Fort Belvoir, Virginia, USA, 1968.

2) Donald R. Kennedy: History of the Shaped Charge Effect: The first 100 Years, in: Defense Technical Information Center, Fort Belvoir, Virginia, USA, 1990.

3) Charles E. Treanor, J. Gordon Hall: Shock Tubes and Waves, in: Proceedings of the 13th International Symposium, Niagara Falls, 6.–9. Juli 1981. Veröffentlicht durch die State University of New York, USA, 1982.

4) D. R. Sawle: Characteristics of the Voitenko High-Explosive-Gas Compressor, in: Acta Astronautica, Vol 14, 1969, Pergamon Press.

5) L. G. Napolitano: Space Activity-Impact of Science and Technolgy, Universita i Napoli, 1976, Pergamon Press.

6) D. Tasker, C. Johnson, M. Murphy, M. Lieber: Experiments on a Miniature Hypervelocity Shock Tube Los Alamos National Laboratory, in: Havard-

Smithsonian Center for Astrophysics / SAO-NASA Astrophysics Data System, USA, 2013.

7) D. Sagie, I. I. Glass: Explosive Driven Hemispherical Implosions For Generating Fusion Plasmas, University of Toronto, Institute For Aerospace Studies, März 1982. Veröffentlicht durch die International Atomic Energy Agency / INIS.

8) Shuzo Fujiwara: Explosive Technique For Generation Of High Dynamic Pressure, National Chemical Laboratory for Industry, Tsukuba, 1992, Terra Scientific Publishing Company, Tokio, Japan.

9) I. I. Glass, J. C. Poinsot: Implosion-Driven Shock Tube. Detonation wave striking PETN explosive shell producing Implosion Wave in shock tubes, University of Toronto, Institute For Aerospace Studies, Januar 1969, in: NASA Technical Reports Server, USA.

10) Frederick J. Mayer: „Materials Processing Using Chemically Driven Spherically Symmetric Implosions“, Patent 4790735, 13.12.1988, USA.

11) Friedwardt Winterberg: Conjectured Metastable Super-Explosives formed under High Pressure For Thermonuclear Ignition, University of Nevada, Reno, 22.02.2008, und Friedwardt Winterberg: Pure nuklear Fusion Bomb, University of Nevada, Reno, 25.03.2008, und Friedwardt Winterberg: Deuterium Microbomb Rocket Propulsion, University of Nevada, Reno, 02.12.2008, in: arXiv.org der Cornell University Library, Ithaka, New York, USA.

12) John M. Walsh, Russel H. Christian: Equation of State of Metals from Shock Wave Measurements, in: Physical Review, Vol 97, 1955, in: Havard-Smithsonian Center for Astrophysics / SAO-NASA Astrophysics Data System, USA.

13) John M. Walsh, Melvin H. Rice, Robert G. McQueen, Frederick L. Yarger: Shock Wave Copression of twenty seven Metals, University of California, Los Alamos Scientific Laboratory, Januar 1957, in: Physical Revier, Vol. 108, 1957, in: Physical Review Journal Archive, APS.

14) Robert W. Perry, Arthur Kantrowitz: The Production and Stability of Converging Shock Waves, in: AIP Journal of Applied Physics / AIP Publishing LLC, Melville, New York, 1951.

15) Abraham Hertzberg: A Shock Tube Method of Generating Hypersonic Flows Cornell Aeronautical Laboratory, in: Journal of the Aeronautical Science, Vol. 18, 1951, in: Aerospace Research Central / American Institute of Aeronautics and Astronautics, Reston, Virginia.

16) Gabi Ben-Dor: Shock Wave Reflection Phenomena, Ben Gurion University of Negev, Israel, Institute for Applied Research, Heidelberg, Berlin, 1991/2007, Springer-Verlag, im Preface zu Glass und S. 3 und 5 ff. zu Neumann.

17) Stanislaus Ulam: John von Neumann 1903–1957, in: Bulletin of the American Mathematical Society, Vol. 64, 1958, in: AMS Publications – Journals, Providence, Richmond, USA.

18) Bruce Cameron Reed: The History and Science of the Manhattan Project, Alma College, Michigan, USA, Department of Physics, Heidelberg, Berlin, 2014, Springer-Verlag, zu 1.2: zusammenfassend Kapitel 3, 7, zu 1.3: Kapitel 7.11 und 7.12.

19) Harold L. Brode: A Calculation Of The Blast Wave From A Spherical Charge Of TNT, in: U. S. Airforce Project RAND, Research Memorandum. RAND Corporation Santa Monica, Kalifornien, USA, 21.08.1957.

20) George E. Duvall: Biography, in: APS Prizes & Awards, American Physical Society, College Park, Maryland, USA. Online abrufbar. Beispielhaft seien seine Arbeiten „Shock Waves in Solid" (1971) und „Material Behavior in High Speed Impact" (1972) genannt.

21) I. I. Glass: Beyond Three Decades Of Continuous Research At UITAS On Shock Tubes And Waves, Univerity of Toronto, Institute for Aerospace Studies, 1981, in: Defense Technical Information Center, Fort Belvoir, Virginia, USA.

22) Die Spontanspaltungsrate des Plutoniums ist um ein Vielfaches höher als die des angereicherten U235. Die nach dem Kanonenrohrprinzip frontal zusammentreffenden subkritischen Teilmassen reagieren am Ort der Kontaktfront aufgrund des bei der Produktion ebenfalls entstehenden Plutonium-Isotopes 240 derart spontan, dass es bereits jetzt zu einer stark exothermen Reaktion kommt, welche die noch nicht reagierten Restmassen sofort wieder auseinandertreibt. Als Folge „detoniert" nur ein Bruchteil des Pu239, der Rest des kostenintensiven Materials wird quasi zerstäubt. Derartige unvollkommene Fissionen bezeichnen die Amerikaner als „Fizzle". Aus diesem Grund muss der Spaltstoff zeitgleich in Kontakt mit sich selbst gebracht werden, was durch ein Zusammendrücken einer Hohlkugel aus ebenjenem Material geschieht.

23) Baratol: ca. 30 % TNT und Bariumnitrat mit 1 % Wachs phlegmatisiert, Detonationsgeschwindigkeit bei 4.900 m/s, Composit B: 39 % TNT (6.900 m/s), 60 % Hexogen (8.750 m/s) mit 1 % Wachs phlegmatisiert.

24) Die „kritische Masse" beschreibt jene Menge an Spaltmaterial, bei der es zu einer sich selbst erhaltenden Kernspaltung kommt, da das gespaltene Material in dieser spezifischen Stoffmenge kaskadenartig Neutronen freigesetzt, weshalb auch von einer Kettenreaktion gesprochen wird. Die kritische Masse ist variabel und kann durch Verdichtung des Spaltstoffes reduziert werden. Das entscheidende Kriterium ist das Vorhandensein einer ausreichenden Anzahl Neutronen. Der Spaltstoff kann selbstverständlich auch in jeder anderen nicht kritischen Konfiguration gespalten

werden. Hierfür ist eine ausreichend leistungsfähige externe Neutronenquelle notwendig.

25) Die Eigenschaften fester Körper (Elastizitäts- und Festigkeitslehre) und deren Kompressibilität und Kompressionsmodul werden sowohl in der Fachliteratur als auch in Lehrwerken mannigfach beschrieben, so dass auf die Nennung eines expliziten Einzelwerkes verzichtet wird.

26) Pavel Rodziewicz: Polnische Forschungen zur Reduktion der kritischen Masse, in: Rainer Karlsch, Heiko Petermann: Für und Wider Hitlers Bombe. Studien zur Atomforschung in Deutschland, Münster, New York, München, Berlin, 2007, Waxmann Verlag, S. 107.

27) Ebd., S. 101, ebenso einsehbar bei Walter Seifritz: Nukleare Sprengkörper. Bedrohung oder Energieversorgung für die Menschheit, München, 1984, K. Thiemig Verlag. (P. Rodziewicz verwendete ebenfalls diese Quelle.)

28) Friedwardt Winterberg: „Verfahren zur Ingangsetzung und Durchführung von Miko-Spaltungs-Explosionen für kontrollierte, nukleare Energiefreisetzung. Mittel zur Ausführung des Verfahrens und seine Anwendung", Patent 2365115, 29.12.1973, Bundesrepublik Deutschland; Patent 558972, 12.01.1973, Schweiz; Patent 111259, 10.01.1974, DDR.

29) Bevorzugt wird Li6D. Unter Neutroneneinfang wandelt sich das Li6 in Helium und Tritium um. Das Tritium fusioniert wiederum mit dem Deuterium. Dieser Vorgang (D-T), bei dem große Energie- und Neutronenmengen freigesetzt werden, lässt sich wesentlich leichter in der Praxis umsetzten als D-D-Reaktionen, da hierfür eine wesentlich höhere „Zündenergie" notwendig ist. Bei D-D-Reaktionen werden nicht nur Helium und ein Neutron generiert, ebenso häufig tritt die Umwandlung in ein Proton und Tritium auf (was bei geeigneter Konfiguration der Reaktionen p-T, T-T und D-He zu einer deutlich höheren Energieabgabe führt).

$D + D \rightarrow He3\ (0{,}82\ MeV) + n\ (2{,}45\ MeV)$,

$D + D \rightarrow T + p + 4{,}033\ MeV$.

Beide Reaktionen halten sich in etwa die Waage. Damit kann die Reaktion

$D + T \rightarrow He4\ (3{,}52\ MeV) + n\ (14{,}07\ MeV)$

ausgelöst werden. Deren Energieschwelle liegt deutlich niedriger als die der vorherigen. Auch die Reaktion

$He3 + D \rightarrow He4 + p + 18{,}353\ MeV$

ist, wenngleich seltener, möglich. Bei der Verwendung von Lithium können die zuvor erzeugten Neutronen wie folgt reagieren:

$Li6 + n \rightarrow T + He4 + 4{,}78\ MeV$;

$Li7 + n \rightarrow T + He4 + n - 2{,}47\ MeV$.

Ist erst einmal das reaktionsfreudige Tritium im Spiel, läuft die Fusion wesentlich leichter ab als mit reinem Deuterium. In Verbindung mit dem Lithium stellt sich folgender Reaktionskreislauf, der so genannte Jetter-Zyklus (s. w. u.), ein:

T + D → He4 + n
↑ ↓
T + He4 ← Li6 + n

Mit deutlich höheren Zündenergien ließe sich auch Bor mit einem Proton verschmelzen.

30) Die Zündenergie für die zu fusionierenden Isotope beschreibt das Lawson-Kriterium: Die nach John Lawson benannte physikalische Bedingung steht für die in einem Plasma selbsttätig aufrecht erhaltene Kernfusion – was bedeutet, dass die durch Fusion erzeugte Energie innerhalb des Plasmas mindestens gleichwertig dem Energieverlust aus dem Plasma sein muss. Dabei ist es irrelevant, auf welchem Wege das Fusionsplasma eingeschlossen, d. h. gebildet wurde. Abhängig von den verwendeten Isotopen muss ein Mindestwert aus Temperatur, Teilchendichte und Einschlusszeit erreicht werden. Bei einer ideellen D-T-Fusion wären ca. 50 Mio. K (5 keV) notwendig – real liegt der Wert bei gut 10 keV, für D-D-Reaktionen noch um zwei Zehnerpotenzen höher. Die Bedingungen des Lawson-Kriteriums können durch extreme Kompressionszustände in Kernwaffen erzeugt werden.

31) Hans A. Bethe: Memorandum on the History of Thermonuklear Program, in: Federation of American Scientists, Washington D. C., 28.05.1952. Online abrufbar.

32) Carey Sublette: Engineering and Design of Nuclear Weapons, Kapitel 4.3: Fission-Fusion Hybrid Bombs, Version 2.04, Johannesburg, Südafrika, 20.02.1999. Online u. a. über die Rand Afrikans University (seit 2004 University of Johannesburg) abrufbar: www-ing.rau.ac.zu oder nuclearweaponarchive.org. Auch beschrieben in: Andre Gsponek, Jean-Pierre Husni: The Physical Principles of Thermonuklear Explosives, Inertial Confinement Fusion, and the quest for the fourth Generation Nuklear Weapons, Kapitel 1.3: Fission Explosives and Boosting, und Kapitel 1.4: Modern boosted Fission, Explosives Independent Sientific Research Institute, Genf, CH, 2009. Darin wird die Leistungssteigerung des „Boostings" an folgendem Beispiel erläutert (S. 11 f.): Eine Hohlkugel aus 4 kg U235, umgeben von einem Stahlpusher von 4 kg und 10 kg Sprengstoff in einer Hohlladungs-/Linsen-Konfiguration, mit einem Inlay von 2,2 g D-T-Gemisch im Zentrum wird zur Detonation gebracht. Das ergibt 1 kT – ohne das D-T-Boosting wären lediglich 0,1 kT erreichbar. Dabei wird das Uran um das 2,5-fache verdichtet und erreicht eine Fissionstemperatur von 2 keV. Das D-T-Gemisch wird im Inneren um das 30-fache komprimiert (einfache Schockwelle – bei mehrfacher sind höhere Kompressionswerte erreichbar), bei Verwendung von Pu239 liegt das

TNT-Äquivalent bei 10 kT. Auch erwähnt Winterberg die besonderen Vorteile und hervorragenden Resultate des Boostings. Die Technologie sei deshalb heutzutage in allen gewöhnlichen Atombomben zu finden. Friedwardt Winterberg: Vom griechischen Feuer zur Wasserstoffbombe – Hoffnung und Gefahr für die Menschheit (Wehrtechnik und Wissenschaftliche Waffenkunde Bd. 6), Kapitel 28: Die Entwicklung der H-Bombe, hrsg. im Auftrag der Wehrtechnischen Studiensammlung des Bundesamtes für Wehrtechnik und Beschaffung, Herford, Bonn, 1992, S. 87.

33) Richard D. Backer, Siegfried S. Hecker, Delbert L. Harbur: Plutonium. A Wartime Nightmare but a Metallurgist's Dream, in: Los Alamos Science, Vol 7, 1983, in: LANL Archive.

34) Norman Polar, Robert Stan Norris: The U. S. Nuclear Arsenal. A History of Weapons and Delivery Systems Since 1945, Annapolis, 2009, Naval Institute Press, in: USNI. Für diese und weitergehende Informationen wird auf dieses Werk verwiesen.

35) Die folgende Beschreibung stellt lediglich eine exemplarische Übersicht seines Aufsatzes dar. Rodziewicz bezieht sich in seiner Darstellung auf die Veröffentlichungen des polnischen Physikers Sylwester Kaliski. Pavel Rodziewicz: Polnische Forschungen zur Reduktion der kritischen Masse, in: Rainer Karlsch, Heiko Petermann: Für und Wider Hitlers Bombe. Studien zur Atomforschung in Deutschland, Münster, New York, München, Berlin, 2007, Waxmann Verlag, S. 1000 ff. Auch in: B. Vodar, Ph. Marleau: High Preassure Science and Technology, Bd. 2, Oxford, New York, Toronto, Sydney, Paris, Frankfurt, 1980, Pergamon Press.

36) Ebd., S. 98 ff. und 109 ff.

37) Carey Sublette: Engineering and Design of Nuclear Weapons, Kapitel 3.7.5: Methods for Extreme Compression, Kapitel 4.1.6.2: Implosion Assembly, Version 2.04, Johannesburg, Südafrika, 20.02.1999. Online u. a. über die Rand Afrikans University (seit 2004 University of Johannesburg) abrufbar: www-ing.rau.ac.zu oder nuclearweaponarchive.org. Er hält extrem hohe Kompressionen oberhalb von 2 für nicht wahrscheinlich, weißt aber dennoch auf die Entwicklung derartiger Konstruktionen hin. Brian Beckett: Weapons of Tomorrow, Heidelberg, Berlin, 1983, Springer-Verlag bezieht sich dabei allerdings ebenfalls auf Kaliski.

38) Pavel Rodziewicz: Polnische Forschungen zur Reduktion der kritischen Masse, in: Rainer Karlsch, Heiko Petermann: Für und Wider Hitlers Bombe. Studien zur Atomforschung in Deutschland, Münster, New York, München, Berlin, 2007, Waxmann Verlag, S. 114 f.

39) Carey Sublette: Engineering and Design of Nuclear Weapons, Kapitel 4.1.8: Fission Initation Techniques, Kapitel 4.4.5.4.1: Fissionable Tampers Version 2.04, Johannesburg, Südafrika, 20.02.1999. Online u. a. über die Rand Afrikans University (seit 2004 University of Johannesburg) abrufbar: www-ing.rau.ac.zu oder nuclearweaponarchive.org.

40) Peter O. K. Krehl: History of Shock Waves, Explosions and Impact. A Chronological and Biographical Reference, Kapitel 2.6.4: New Generations of Nuclear Weapons, Heidelberg, Berlin, 2009, Springer-Verlag, S. 118 f. Moderne sphärische D-T-Fusionswaffen benötigen keinen Fissions-Trigger mehr, sondern werden allein durch extreme Kompressionsarbeit gezündet. Da kein kostenintensiver Spaltstoff zur Anwendung gelangt, beschreibt er derartige Konstruktionen als relativ simpel in ihrem Aufbau.

41) Pavel Rodziewicz: Polnische Forschungen zur Reduktion der kritischen Masse, in: Rainer Karlsch, Heiko Petermann: Für und Wider Hitlers Bombe, Studien zur Atomforschung in Deutschland, Kapitel 6: Das monokonische Experiment, Münster, New York, München, Berlin, 2007, Waxmann Verlag, S. 115 ff. 42) John Marshall: Kaliski's Explosive Driven Fusion Experiments, Los Alamos Scientific Laboratory, in Kooperation mit dem US Department of Energy, 1979, S. 4 und 5. Online abrufbar: libary.lanl.gov. (Ebenfalls in: Proceedings of the Impact Fusion Workshop, zusammengestellt von A. T. Peaslee Jr., National Security and Resources Study Center, Los Alamos Scientific Laboratory, 10.–12.07.1979, ab S. 441, in: Federation of American Scientists. Online abrufbar: FAS.org.)

43) L. V. Altshuler (09.11.1913–23.12.2003) war zwischen 1946 und 1969 innerhalb des sowjetischen Kernwaffenprogrammes im Russischen Forschungsinstitut für Experimentalphysik in Sarov – Deckname Arzamas 16 – u. a. mit der chemisch initiierten Höchstdruckkompression beschäftigt. Bereits während des Krieges entwickelte er ein Hochgeschwindigkeitsaufnahmeverfahren mittels Röntgenstrahlen, um die Auswirkungen schneller Projektile und Hohlladungsexplosionen analysieren zu können (vgl. hierzu die Arbeiten Hubert Schardins und speziell Walther Trinks'). Über das Thema der Kompression veröffentlichte er mehrere Bücher, z. B.: L. V. Altshuler, V. E. Fortov, R. F. Tunin, A. I. Funtikov: High Pressure Shock Compression of Solids VII. Shock Waves and Extreme Matters of State, Heidelberg, Berlin, 2004, Springer-Verlag. Seine Arbeiten werden auch behandelt in: S. C. Schmidt, R. D. Dick, J. W. Forbes, D. G. Tasker: Shock Compression of Condensed Matter, Proceedings of the American Physical Society, Topical Conference Williamsburg, Virginia, 17.–20.06.1991, Amsterdam, London, New York, Tokio, 1992, Verlag North-Holland. Oder M. V. Zhernokletov, B. L. Glushak: Material Properties under Intensive Dynamic Loading, Heidelberg,

Berlin, 2006, Springer-Verlag. Altshulers Arbeiten auf diesem Gebiet lassen sich in der Literatur bis auf die ausgehenden 40er Jahre zurückverfolgen.

44) Pavel Rodziewicz: Polnische Forschungen zur Reduktion der kritischen Masse, in: Rainer Karlsch, Heiko Petermann: Für und Wider Hitlers Bombe. Studien zur Atomforschung in Deutschland, Kapitel 7: Die bikonische Minibombe, Münster, New York, München, Berlin, 2007, Waxmann Verlag, S. 119 ff.45) Gabi Ben-Dor: Shock Wave Reflection Phenomena, Ben Gurion University of Negev, Israel, Institute for Applied Research, Heidelberg, Berlin 1991/2007, Springer-Verlag. Kaliskis Arbeiten über Schockwellenreflektion werden als Quelle in Kapitel 5.1: Scientific Journals – S. 284 – angegeben.

46) Carey Sublette: Engineering and Design of Nuclear Weapons, Kapitel 4.1.6.2.2.2: Explosive Lense, Kapitel 4.4.4: Implosion Systems, Version 2.04, Johannesburg, Südafrika, 20.02.1999. Online u. a. über die Rand Afrikans University (seit 2004 University of Johannesburg) abrufbar: www-ing.rau.ac.zu oder nuclearweaponarchive.org.

47) Zur Schockwellenkompression siehe ebenfalls die genannten Quellen zu Kapitel 1.5.

48) Carey Sublette: Engineering and Design of Nuclear Weapons, Kapitel 4.2.5.1: Thermonuclear Primaries (Triggers), Version 2.04, 20.02.1999, Johannesburg, Südafrika. Online u. a. über die Rand Afrikans University (seit 2004 University of Johannesburg) abrufbar: www-ing.rau.ac.zu oder nuclearweaponarchive.org.

49) Ebd., Kapitel 4.1.6.2.3.5: Cylindrical Implosion.

50) Roland Kollert: Die Politik der latenten Proliferation. Militärische Nutzung „friedlicher" Kerntechnik in Westeuropa, Wiesbaden, 1994, digital-elektronische Ausgabe März 2017, Deutscher Universitätsverlag, Gabler Vierweg Westdeutscher Verlag, S. 159 ff.

51) Hartwig Kelm: High Pressure Chemistry. NATO Advanced Study Institute Series C: Mathematical and Physical Science, in Kooperation mit der NATO Scientific Affairs Division, Dordrecht, NL, 1978.

52) T. C. Poulter: Apparatus for optical studies at high pressure, oder: Diamond Windows for withstanding very high pressure (beides in $_{51)}$, S. 157) und: Acceleration of small particles with high explosives sowie F. J. Willig: Acceleration of masses to hypervelocities by explosive means (beides in $_{53)}$, S. 20).

53) Ray Kinslow: High-Velocity Impact Phenomena, Tennessee Technological University, Department of engineering science, New York, 1970, Academic Press.

54) Ebd., Kapitel 1: Hypervelocity Accelerators, III. Explosive Accelerators, A: High Explosive and Shaped-Charge Accelerators, S. 11 ff., siehe dazu Fig. 13, 14.

55) Ebd., Kapitel 1: Hypervelocity Accelerators, II. Gun Accelerators, C: Explosive Driven Guns, S. 8 und 9, siehe dazu Fig. 7. Bemerkenswert ist die verblüffende Analogie zu Walter Trinks' und Erich Schumanns Entwürfen!

56) Klaus Thoma, Ulrich Hornemann, Martin Sauer, Eberhard Schneider: Shock Waves-Phenomenology, experimental, and numerical Simulation, Fraunhofer-Institut für Kurzzeitdynamik, Ernst-Mach-Institut EMI, Freiburg i. B. (welche auch für das Bundesministerium der Verteidigung auf dem Gebiet der ballistischen Schutz- und Wirksysteme tätig sind: BMVg, Forschen für die Sicherheit, Einrichtungen und Institute mit wehrwissenschaftlichem Forschungsauftrag, hrsg. als Broschüre von Franz Josef Jung.

57) Carey Sublette: Engineering and Design of Nuclear Weapons, Kapitel 4.4.5.3.1: Pure Deuterium, Version 2.04, 20.02.1999, Johannesburg, Südafrika. Online u. a. über die Rand Afrikans University (seit 2004 University of Johannesburg) abrufbar: www-ing.rau.ac.zu oder nuclearweaponarchive.org.

58) Ebd., Kapitel 4.4.5.1: Fusionable Isotopes.

59) Ebd., Kapitel 4.4.5.2: Neutronic Reactions.

60) Ebd., Kapitel 4.4.5.3.2.2: Natural Lithium Deuteride.

61) Voitenko-Kompressoren dienen auch der Erzeugung von Diamanten aus komprimiertem Kohlenstoff. Lawrence Livermore hat sowohl für den alternativen als auch den militärischen Nutzen Kompressionen mit deutlich geringeren Schockwellen-Geschwindigkeiten erforscht, in: P. S. Brown, M. L. Lohmann: Computational Studies of a Voitenko Compressor, Lawrence Livermore Laboratory, 30.11.1978, für das Nuclear Blast and Shock Simulation Symposium, 28.–30.11.1978, San Diego, Kalifornien, USA.

62) I. I. Glass: Beyond Three Decades Of Continuous Research At UITAS On Shock Tubes And Waves, University of Toronto, Institute for Aerospace Studies, in: Defense Technical Information Center, Fort Belvoir, Virginia, USA, 1981, S. 12.

63) John H. Nuckolls: Early Steps Toward Inertial Fusion Energy (1952–1962), Lawrence Livermore National Laboratory, scitech connect, U. S. Department of Energy, Office of Science and Technical Information (OSTI), 12.06.1998. Online abrufbar: www.osti.gov.

64) Derartige Forschungen zur Erzeugung von Kernfusionen OHNE vorausgehende Spaltung mittels Implosion bzw. Kompression fokussieren sich heute zunehmend auf die Lasertechnik. So arbeitet am LLANL die National Ignition Facility (NIF) an der Schockwellenkompression durch Laser (siehe JANUS, SHIVA, NOVA und MERCURY Laser); ebenso das Laboratory for Laser Energy (LLE) der Universität Rochester, Brighton, NY (OMEGA Laser); die High Power Laser Energy Research

Facility (HiPER) der Europäischen Union im Rutherford Laboratory Oxford, GB und das Laser Mégajoule (LMJ) des CEA in Bordeaux, F.

65) Vladimir N. Mineev, Alexander I. Furtikow: Physikalische Analysen zur Energiefreisetzung bei den deutschen Atomtests von 1945, in: Rainer Karlsch, Heiko Petermann: Für und Wider Hitlers Bombe. Studien zur Atomforschung in Deutschland, Münster, New York, München, Berlin, 2007, Waxmann Verlag, S. 90; und Andre Gesponer, Jean-Pierre Husni: The physical principles of thermonuclear explosives, inertial confinement fusion, and the quest for fourth Generation nuklear weapons, Independent Scientific Research Institute, Genf, CH, 20.01.2009, S. 139.

66) Ebd., S. 91 – speziell Dokument Abb. 5 sowie dazugehörend die Konstruktions-Skizze S. 84, Abb. 1. Ein fortgeschrittener Entwurf ist auf S. 92, Abb. 6 dargestellt.

67) Ebd., S. 92: Bericht von Zeldovich, Frank-Kamenetzky und Zababakhin über Kozyrevs Forschungen.

68) Sam T. Cohen: The Truth About The Neutron Bomb, Kapitel 6: Do The Russians Have The N-Bomb?, William Morrow and Company Inc., New York, 1983, S. 159. L. A. Artsimovich war im September 1957 ebenso wie Cohen bei der zweiten internationalen Konferenz zur friedlichen Nutzung der Kernenergie der UN in Genf. Er hielt dort einen Vortrag über die Forschung der kontrollierten Fusion in der UdSSR (veröffentlicht durch die IAEA: Proceedings of the second United Nations International Conference on the peaceful uses of atomic Energy, Vol. 31: Theoretical and experimental aspects of controlled nuklear Fusion, ab Seite 6 ff.). Cohen war in den USA selbst an ähnlichen Projekten zur Erzielung einer reinen Kernfusion ohne Spaltung beteiligt. Die experimentellen Programme mit unterschiedlichen Zündverfahren hießen DOVE und STARLING.

69) Lev Andreevich Artsimovichs Fachgebiet waren die Plasmaphysik und Kernfusion. Bis 1944 war er am Ioffe Institut in St. Petersburg, anschließend bis 1951 am Kurchatov Institut (Labor Nr. 2) in Moskau am sowjetischen Kernwaffenprogramm tätig. Anschließend forschte er dort an der Fusion. Er gilt als Vater des Tokamak.

70) Sam T. Cohen: The Truth About The Neutron Bomb, Kapitel 6: Do The Russians Have The N-Bomb?, William Morrow and Company Inc., New York, 1983, S. 160, Report from Artsimovich.

71) Pavel Rodziewicz: Polnische Forschungen zur Reduktion der kritischen Masse, in: Rainer Karlsch, Heiko Petermann: Für und Wider Hitlers Bombe. Studien zur Atomforschung in Deutschland, Münster, New York, München, Berlin, 2007, Waxmann Verlag, S. 96, und ergänzend Andre Gesponer, Jean-Pierre Husni: The physical principles of thermonuclear explosives, inertial confinement fusion, and

the quest for fourth Generation nuklear weapons, Independent Scientific Research Institute, Genf, CH, 20.01.2009, S. 139 f.

72) Das ISL (Institut franco-allemand de recherches de Saint-Lois) wurde als bilaterale Forschungseinrichtung für Verteidigungsforschung durch die damaligen Verteidigungsminister Jacques Chaban-Delmas und Franz Joseph Strauß am 31. März 1958 vertraglich gegründet. Hintergrund war die bundesdeutsche Absicht der Wiedereinführung auf dem Gebiet Waffenforschung und -entwicklung (auch auf nichtkonventionellem Sektor) nach der Gründung der Bundeswehr. Der erste deutsche Direktor wurde Hubert Schardin. Tatsächlich war diese Institution bereits am 01. August 1945 seitens Frankreich ins Leben gerufen worden, vor dem Hintergrund, möglichst viele deutsche Forscher an sich zu binden. Unter der Leitung des französischen Direktors General Robert Cassagnon wurden zunächst die Forscher der nach Biberach an der Riß ausgelagerten Technischen Akademie der Luftwaffe (TAL) um die Hohlladungsexperten Hubert Schardin und Rudi Schall angeworben, ebenso Kernphysiker wie Hugo Neuert (ehem. Reichsuniversität Strassburg in Kooperation mit der KWG) und Ewald Fünfer (ehem. TAL) oder der Ballistiker Richard Emil Kutterer (ehem. HWA). Sie arbeiteten anfangs unter der Leitung des Etudes et Fabrikations d'Armement (DEFA).

73) Die Identität von H. V. Hajek konnte im Rahmen dieser Studie nicht geklärt werden. Neben den nachfolgenden Veröffentlichungen über seine Forschungen finden sich ebenfalls Berichte über Napalm in der Allgemeinen Schweizerischen Militärzeitschrift (Bd. 120, Nr. 4/5, Jahrgang April/Mai 1954 – Bibliothek der ETH, Zürich, CH), über Atomhohlladungen in der Zeitschrift Explosivstoffe (Zeitschrift für das Spreng-, Schieß-, Zünd-, Brand- und Gasschutzwesen), Heft 5/6, 1955, Erwin Barth Verlag, Mannheim, S. 65–68 und in den Wehrtechnischen Monatsheften, Bd. 57, 1960, S. 8–21.

74) Roland Kollert: Die Politik der latenten Proliferation. Militärische Nutzung „friedlicher" Kerntechnik in Westeuropa, Wiesbaden, 1994, Deutscher Universitätsverlag, S. 135.

75) Heiko Petermann: Mininukes – Geheimpatente und Hintergründe in der Bundesrepublik Deutschland. Eine erste Bestandsaufnahme, in: Rainer Karlsch, Heiko Petermann: Für und Wider Hitlers Bombe. Studien zur Atomforschung in Deutschland, Münster, New York, München, Berlin, 2007, Waxmann Verlag. Auf S. 334 ff. wird Hajeks Artikel inhaltlich beschrieben.

76) Peter O. K. Krehl: History of Shock Waves, Explosions and Impact. A Chronological and Biographical Reference, Kapitel 3: Chronology – 1955 Germany, Heidelberg, Berlin, 2009, Springer-Verlag, S. 611.

77) Ing. Louis Jean-Francoise Filloux (1869–1957) war Spezialist auf dem Gebiet der Rohrartillerie. Zur Verbesserung dieser reichte er mehrere Patente, wie das Patent 1483169A, 12.01.1922, United States – „Gun Carriage", ein. Nach seinem Studium entwickelte er den 370 mm-Mörser und sein berühmtes 155 mm-GPF (Grande Puissance Filloux), ein schweres Feldgeschütz, das in beiden Weltkriegen sowohl in Frankreich als auch in den USA Verwendung fand. Vom Deutschen Reich wurde es sowohl als Beute als auch als Nachbau von Krupp (15 cm-K16) eingesetzt. Bereits während des Zweiten Weltkrieges wandte er sich physikalischen Problemen zu.

78) Das Patent 922877 wurde im August 2017 aus dem französischen Original ins Deutsche übersetzt von EUROLINGUA/INTERLINGUA, Dortmund (MPA NRW Reg.Nr. Q414 – zertifiziert nach DIN EN ISO 9001:2008 und DIN EN ISO 17100:2015).

79) Die Leitung der Implosionsexperimente unterlagen anfangs Seth Neddermeyer und wurden nach Schwierigkeiten bei der Konstruktion der sphärischen Implosion an den Sprengstoffexperten George Bogdan Kistiakowsky übertragen. In: Lillian Hoddeson, Paul W. Henriksen, Roger A. Meade, Catherine Westfall: Critical Assembly. A Technical History of Los Alamos during the Oppenheimer Years, 1943–1945, Kapitel 8: The Implosion Program Accelerates: September 1943 to July 1944, Cambridge, UK, 1993, Cambridge University Press, S. 129 ff.

80) RaLa: Radioaktives Lanthan – für die Testserie wurde vorwiegend das künstliche, kurzlebige Lanthan-Isotop 140 verwendet, aufgrund seines diskreten Gamma-Spektrums. Aufgrund der durch die Implosion verursachte Kompression des Hohlkugelmaterials erhöhte sich dessen Dichte. Um die Zunahme der Dichte zu evaluieren, nutzte man die sich verändernde Absorption der von dem Lanthan ausgehenden Gamma-Strahlung des verdichteten Materials. Die messbare Intensität der Strahlung nahm mit Dichtezunahme ab – daraus ließen sich die erreichte Dichte und abfolgend der Kompressionsgrad und die Effizienz der Anordnung berechnen. Siehe Kapitel 4, in: J. E. Dummer, J. C. Taschner, C. C. Courtright: The Bayo Canyon/Radioactive Lanthanum (RaLa) Program, Los Alamos National Laboratory, Technical Report, U. S. Department of Energy, Office of Scientific and Technical Information, April 1996. Online abrufbar: www.osti.gov.

81) Ludwig Prandtls Fachgebiet war die Strömungsmechanik an der Georg-August-Universität Göttingen. Während des Zweiten Weltkrieges leitete er als Direktor das Kaiser-Wilhelm-Institut für Strömungsforschung. Theodor Meyer, Physiker und Mathematiker war Student und Mitarbeiter Prandtls in Göttingen. Gemeinsam forschten sie an Gasströmungen mit Überschallgeschwindigkeit – an Gasdynamik und kompressiblen Strömungen – und entwickelten die nach ihnen benannte Prandtl-Meyer-Funktion.

82) Ernst Heinrich Hirschel: Basics of Aerothermodynamics, Kapitel 6.5: Supersonic Tuning: Prandtl-Meyer Expansion and Isentropic Compression, Schweiz, 2015, Springer International Publishing, S. 188 ff. Jerry M. Seitzman: Supersonic Flow Tuning (Arbeit über die Prandtl-Meyer Funktion), Georgia Institute of Technologie, School of Aerospace Engineering, Ben T. Zinn Combustion Laboratory, Atlanta, US, 2001. Online abrufbar: www.seitzman.gatech.edu. Robert D. Zucker, Oscar Biblarz: Fundamentals of Gasdynamics, Kapitel 8: Prandtl-Meyer Flow, Naval Postgraqduate School, Department of Aeronautics and Astronautics, Monterrey, Kalifornien, USAHoboen, New Jersey, US, John Wiley & Sons Inc., S. 207 ff.

83) Die Konstruktion der Wasserstoffbombe geht auf den österreichisch-ungarischen Physiker Eduard (engl.: Edward) Teller aus Budapest zurück. Seine ersten Pläne waren physikalisch undurchführbar – erst die Mithilfe des Lemberger Mathematikers Stanislaw Marcin Ulam und dessen amerikanischen Mitarbeiters Cornelius Joseph Everett (beide entwickelten die geometrischen Grundlagen der Waffenkonfiguration) führte zu einem gangbaren Konzept unter Ausnutzung der Strahlungskompression nach den theoretischen Arbeiten von Adolf Busemann und Karl Gottfried Guderley. Ursprünglich sah Teller 1946 nur die D-D-Reaktion vor – erst in späteren Kalkulationen wurde das besser geeignete Tritium in die Konzeption integriert. Robert Curley: Weapons of Mass Destruktion (The Britannica Guide to War), New York, US, 2012, Britannica Educational Publishing / Rosen Educational Services LCC, S. 31 ff. Harry Friedmann: Einführung in die Kernphysik, Kapitel 14.2: Die Fusionsbombe, Berlin, 2014, S. 278 ff. Friedwardt Winterberg: The Physical Principles of Thermonuclear Explosive Devices, Kapitel 7: Ingnition by Implosion wich only ohne Fission Bomb, University of Nevada, US, Fusion Energy Foundation, New York, US, 1981, S. 27 ff.

84) Friedwardt Winterberg: The Physical Principles of Thermonuclear Explosive Devices, Kapitel 14: The Question of Nonfission Ignition, University of Nevada, US, Fusion Energy Foundation, New York, US, 1981, S. 93 f. sowie ergänzend Kapitel 17: Some Recent Developments.

85) Andre Gesponer: Fourth Generation Nuklear Weapons: Military effectiveness and collateral Effekts, Version ISRI-05-03.17, Independent Scientific Research Institute, Genf, CH, Februar 2009, S.

86) An der Initiierung von Kernreaktionen wie der Fusion durch Antiteilchen – z. B. das Antiproton (Negatron) – wird seit Mitte der 80er intensiv geforscht. Verschiedene waffenfähige Konzepte sind bereits erarbeitet und technisch realisierbar – in Abhängigkeit von den äußerst aufwendig zu generierenden Antiteilchen. So wird bei der Antiproton + Protonreaktion 275-mal mehr Energie

frei als bei einer einzigen D-T-Fusion. Andre Gsponer, Jean-Pierre Husni: The Physical Principles of Thermonuklear Explosives, Inertial Confinement Fusion, and the quest for the fourth Generation Nuklear Weapons, Kapitel 4.4: Antimatter, Independent Sientific Research Institute, Genf, CH, 2009, S. 115.

87) Ebd., Kapitel 4.2: Supercritical and Mikro Fissions Explosives, S. 107 und 109 f.

88) 1982 erreichten sowjetische Forscher mit flüssigem Sprengstoff eine Neutronenausbeute von 10^{13} aus D-T-Reaktionen. Andre Gsponer, Jean-Pierre Husni: The Physical Principles of Thermonuklear Explosives, Inertial Confinement Fusion, and the quest for the fourth Generation Nuklear Weapons, Kapitel 4.7: Pure Fusion Explosives, Independent Sientific Research Institute, Genf, CH, 2009, S. 139.

89) Ebd., S. 140 f.

90) Pavel Rodziewicz: Polnische Forschungen zur Reduktion der kritischen Masse, in: Rainer Karlsch, Heiko Petermann: Für und Wider Hitlers Bombe. Studien zur Atomforschung in Deutschland, Münster, New York, München, Berlin, 2007, Waxmann Verlag, S. 98 f.

91) Ebd., S. 115 ff.

92) Friedwardt Winterberg: The Physical Principles of Thermonuclear Explosive Devices, Kapitel 14: The Question of Nonfission Ignition, University of Nevada, US, Fusion Energy Foundation, New York, US, 1981, S. 85.

93) Die vorab angestellten theoretischen Berechnungen ergaben für die Zylinderkonfiguration und die reine Sprengstoffkompression den idealen Wert einer 10-fachen Verdichtung – in der Praxis aber wahrscheinlich aufgrund frühzeitig zusammenbrechender Symmetrie der konvergenten Schockwelle noch vor Erreichen der Zylinderachse. Das Testergebnis war eine Überraschung: Die symmetrische Konvergenz der Schockwelle ging erst bei einem Radius von 0,4 mm vor der Zylinderachse verloren. An dieser Stelle wurde eine Geschwindigkeit von 180 km/s gemessen und Drücke von etwa 300 Mbar. In der letzten Phase der Implosion, bei bereits eintretendem Symmetriezusammenbruch unmittelbar an der Zylinderachse, waren es sogar 220 km/s. Pavel Rodziewicz: Polnische Forschungen zur Reduktion der kritischen Masse, in: Rainer Karlsch, Heiko Petermann: Für und Wider Hitlers Bombe. Studien zur Atomforschung in Deutschland, Münster, New York, München, Berlin, 2007, Waxmann Verlag, S. 108.

94) Ein Beispiel seien die Detonationsgeschwindigkeiten und Explosionsenergien von Trinitrotoluol: 6,9 km/s – 3,6 MJ/kg, Hexogen/RDX: ca. 8,8 km/s – 5,2 MJ/kg, Oktogen/HMX: ca. 9,1 km/s – 5,6 MJ/kg, Nitropenta/PETN: 8,4 km/s – 5,8 MJ/kg, Nitroglycerin: 7,6 km/s – 6,2 MJ/kg (Daten aus $_{94)}$). In US-Kernwaffen kamen beispielsweise folgende Legierungen zur Anwendung: „Little Boy“:

Composition B (60 % RDX / 40 % TNT) und als Sprenglinse nach Gudderley Baratol (70 % Bariumnitrat / 30 % TNT), Castle Bravo: Cyclotol 75/25 (Mixtur ähnlich Composition B: 75 % RDX [Hexogen] / 25 % TNT).

95) Josef Köhler, Rudolf Meyer, Axel Homburg: Explosivstoffe, 10. Auflage, Weinheim, 2008. Siehe dort unter den angegebenen Schlagwörtern „TNT", S. 340, „Nitroglycerin", S. 211, „Hexogen", S. 168, „PETN", S. 222, „Oktogen", S. 227, „Amonsalpeter", S. 23, „Aluminiumpulver", S. 12, „Sauerstoffträger", S. 247.

96) Friedwardt Winterberg: Vom griechischen Feuer zur Wasserstoffbombe. Hoffnung und Gefahr für die Menschheit (Wehrtechnik und Wissenschaftliche Waffenkunde, Bd. 6), Kapitel 13: Auf dem Weg zu modernen und modernsten Sprengstoffen, hrsg. im Auftrag der Wehrtechnischen Studiensammlung des Bundesamtes für Wehrtechnik und Beschaffung, Herford, Bonn, 1992, Verlag E. S. Mittler & Sohn, S. 41 ff.

97) Die explosive Wirkung des pSi wurde 2001 per Zufall an der Technischen Universität München von Dimitri Kovalev entdeckt. Christina Afting: Laborunfall liefert Supersprengstoff, Die Welt, 03.08.2001. Zur Phlegmatisierung können diverse sauerstoffbindende Substanzen verwendet werden (siehe Patent 10204895 A1, 06.02.2002, Bundesrepublik Deutschland, Joachim Diener, Karl Rudolf, Dimitri Kovalev, Victor Timosnenko u. a.). Die Verwendung als Sprengstoff ist bereits Gegenstand zahlreicher Patente mit unterschiedlicher Nutzung (siehe Patent 102006019856 A1, 08.11.2007, Bundesrepublik Deutschland, Andreas Schüssler, Gerd Siekmeyer).

98) 1996 gelang es erstmals, metallischen Wasserstoff durch sprengstoffinitiierte Schockwellenkompression nachzuweisen. Diese Hochdruckmodifikation ist temperaturabhängig – bei ca. 2.700° Celsius und 1,4 Mbar liegt die metallische Phase vor. S. T. Weir, A. C. Mitchell, W. J. Nellis: Metallization of Fluid Hydrogen at 140 GPa, in: Physical Review Letters 76, 1996, S. 1860 ff. – durchgeführt am LLNL. Am MPI für Chemie ist es Mikhail Erements und Ivan Troyan 2011 gelungen, diese bereits bei 25° Celsius und 2,7 Mbar nachzuweisen. Peter Hegersberg: Hoher Druck macht Wasserstoff metallisch, Max-Planck-Gesellschaft, MPI für Chemie, Mainz, 17.11.2011 (HINWEIS: Dieses Ergebnis wird von anderen Institutionen in Zweifel gezogen. Siehe dazu Ivan Amato: Metallic Hydrogen: Hard pressed, in: Nature, Vol. 486, Nr. 7402, 14.06.2012, S. 174 ff.).

99) Andre Gsponer, Jean-Pierre Husni: The Physical Principles of Thermonuklear Explosives, Inertial Confinement Fusion, and the quest for the fourth Generation Nuklear Weapons, Independent Sientific Research Institute, Genf, CH, 20.01.2009, S. 132 ff. Zum Vergleich: TNT = 3,6 MJ/kg, H2 + O = 10 MJ/kg, Al-Pulver = 16,26 MJ/kg, Metallischer Wasserstoff = 216 MJ/kg. (Der Originalbericht stammt

von Marvin Ross, Charles Shishkevish: Molecular and Metallic Hydrogen, Rand Kooperation, Santa Monica, Kalifornien, USA, in: Defense Technical Information Center, Fort Belvoir, Virginia, USA, Mai 1977.)

100) E. Wigner, H. B. Huntington: On the Possibility of a Metallic Modificaton of Hydrogen, in: A Journal of Chemical Physics, Vol. 3, Nr. 12, 1935, S. 764 f., in: Harvard-Smithsonian Center for Astrophysics / SAO-NASA Astrophysics Data System, USA.

101) Karl Nowak: Verfahren und Einrichtung zur Änderung von Stoffeigenschaften oder Herstellung von stark expansionsfähigen Stoffen Patent 905847, 16.03.1943, übernommen von der Bundesrepublik Deutschland.

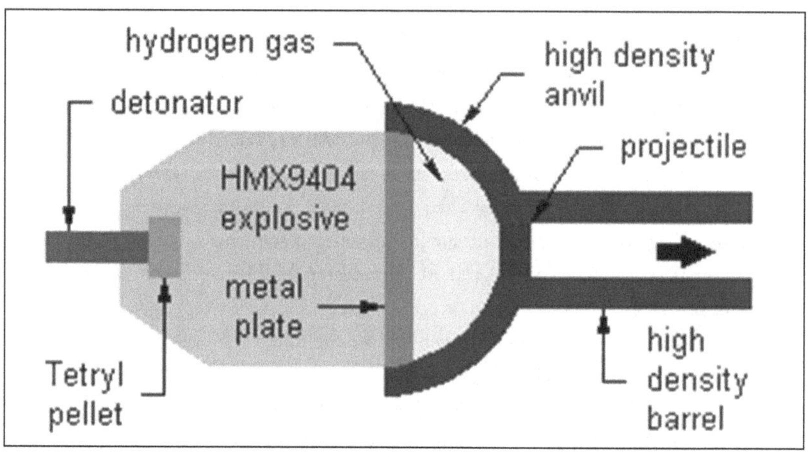

Prinzipskizze des Voitenko-Kompressors. *(Quelle: www.islandone.org)*

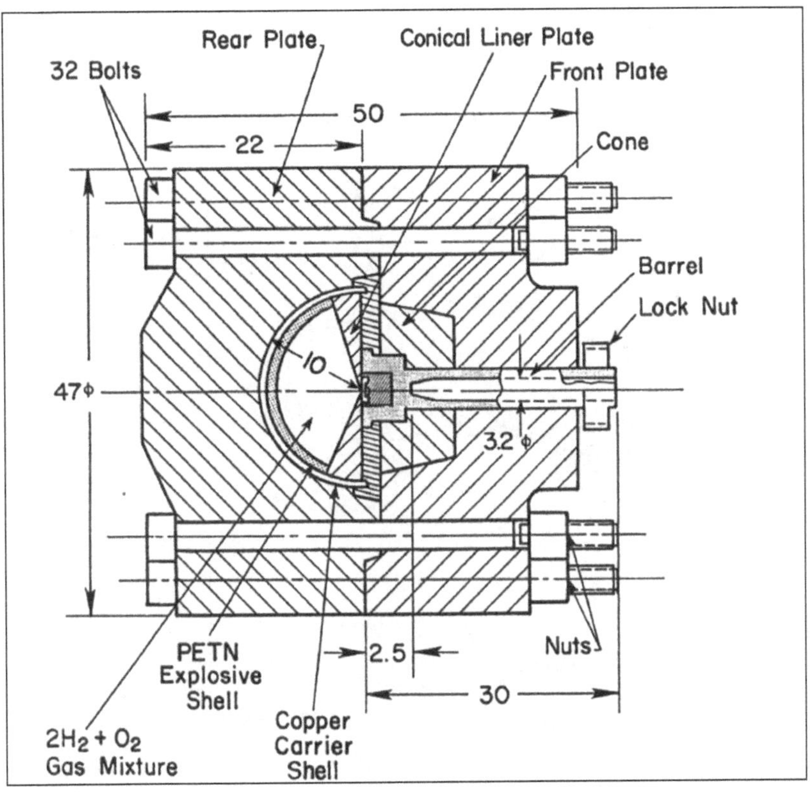

Aufbau eines Voitenko-Kompressors aus dem Programm der UITAS.
(Quelle: D. Sagie, I. I. Glass: Explosive-Driven Hemispherical Implosions For Generating Fusion Plasmas)

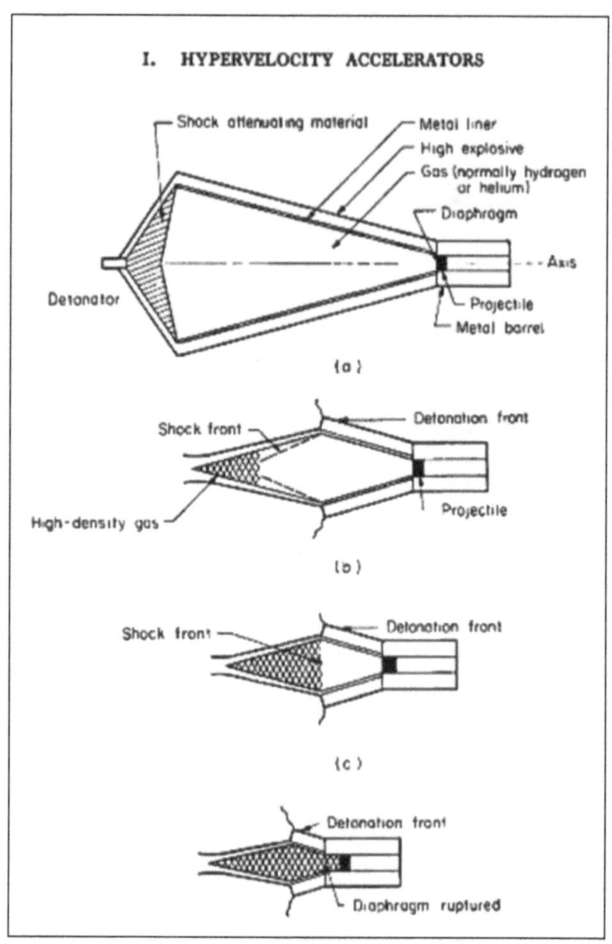

Wirkungsweise der Hohlladungskompression nach Voitenko als Hochgeschwindigkeitsbeschleuniger:
a) schematische Darstellung, b) und c) fortschreitende Druckwelle während der Detonation, d) nach der Detonation.
(Quelle: Ray Kinslow: High Velocity Impact Phenomena)

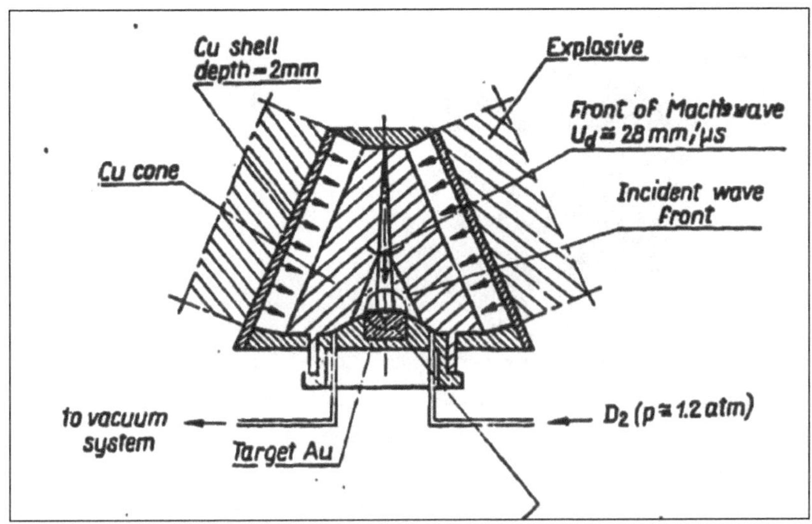

Die monokonische Versuchsanordnung nach Kaliski. Bei der bikonischen wird die Bauform quasi nach unten entgegengesetzt gespiegelt.
(Quelle: John Marshall: Kaliski's Explosive Driven Fusion Experiments, Los Alamos)

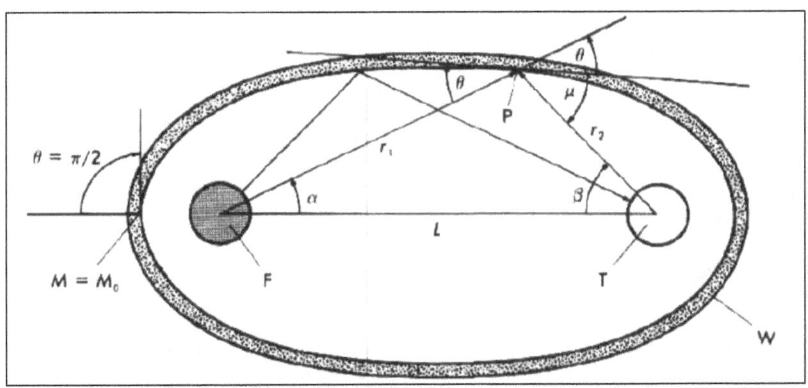

Das Prinzip des Prandtl-Meyer-Ellipsoids zur Fokussierung und Reflexion von Druckwellen. F) stellt eine Kernspaltungskonfiguration, T) den thermonuklearen Sprengstoff, W) die Umhüllung, L) die optimale Distanz von F) und T), P) den Reflexionspunkt der Druckwellen dar.
(Quelle: Friedwardt Winterberg: The Physical Principles of Thermonuclear Explosive Devices)

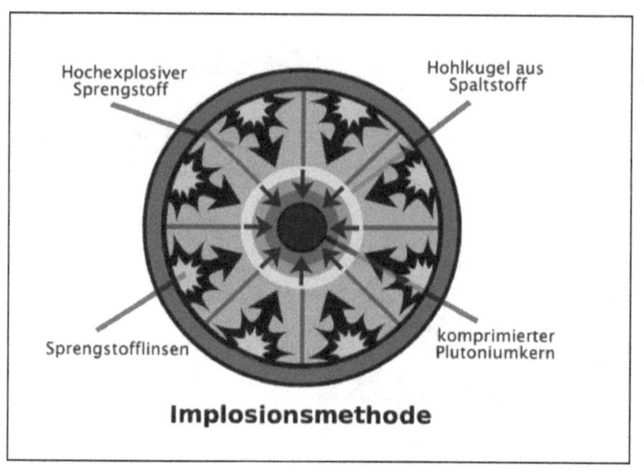

Grundprinzip der Implosionsmethode, wie sie z. B. in der Nagasaki-Waffe „Fat Man" zur Anwendung kam.
(Quelle: Wikipedia Commons: www.Fission bomb assembly methods.svg)

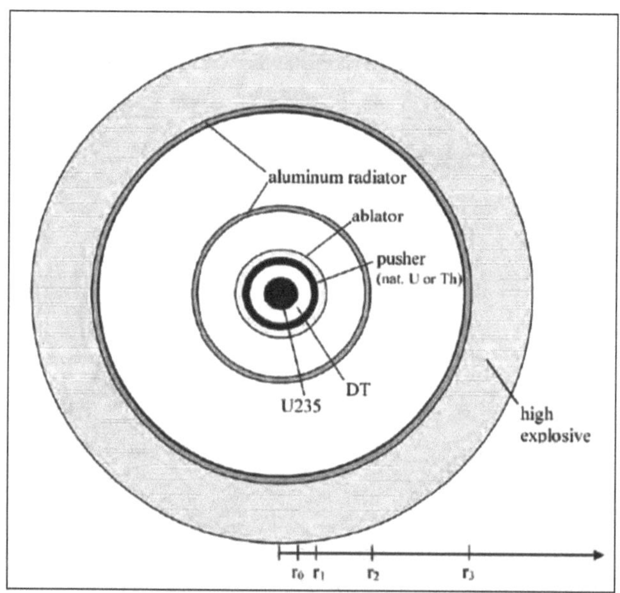

Konzept Winterbergs für eine Mininuke.
(Quelle: Friedwardt Winterberg: The Release of Thermonuclear Energy by Inertial Confinement. Ways Toward Ignitions)

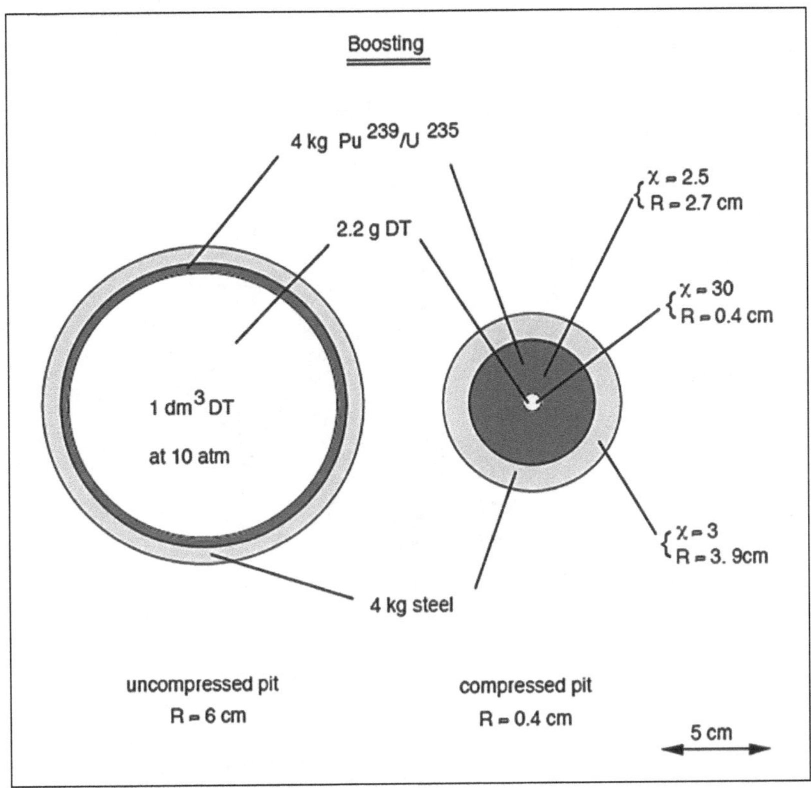

Das Boosting-Prinzip.
(Quelle: Andre Gsponer, Jean-Pierre Hurni: The physical principles of thermonuclear explosives, inertial confinement fusion and the quest for fourth generation nuclear weapons)

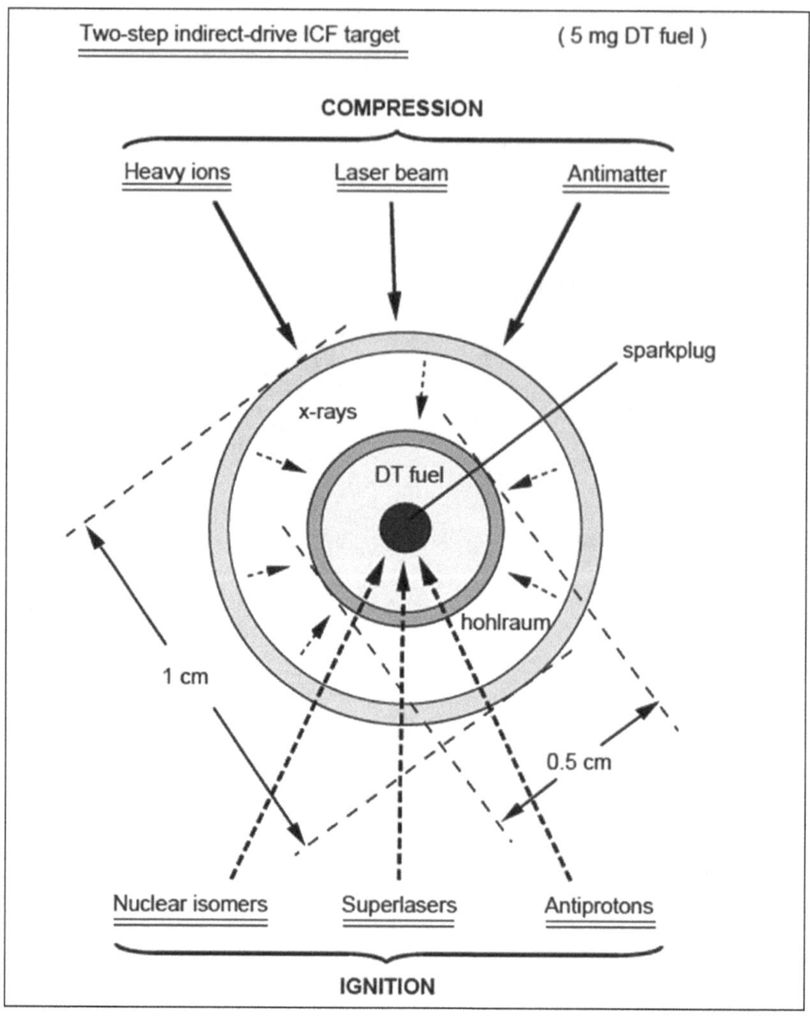

Moderne Variationen zur Zündung einer thermonuklearen Waffe: Die Kompression des subkritischen Spaltstoffes sowie des Fusionsmaterials erfolgt durch gepulste Laserstrahlung, Schwerionenbeschuss oder Antiteilchen. Bei maximaler Kompression erfolgt die Initialzündung ebenfalls durch eine der drei Komponenten – oder durch deren Zusammenwirken.
(Quelle: Andre Gsponer: Fourth Generation Nuclear Weapons. Military effectiveness and collateral effects)

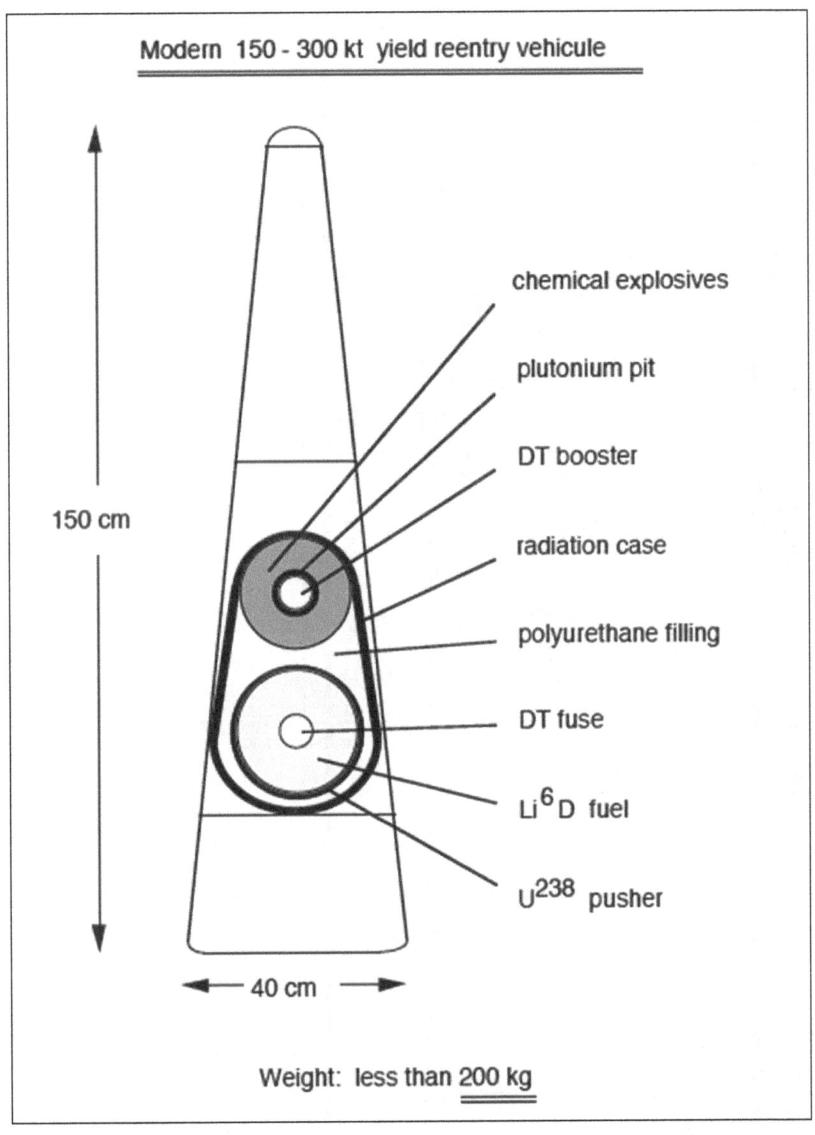

Prinzipskizze eines modernen kompakten thermonuklearen Gefechtskopfes. (Quelle: Andre Gsponer, Jean-Pierre Hurni: The physical principles of thermonuclear explosives, inertial confinement fusion and the quest for fourth generation nuclear weapons)

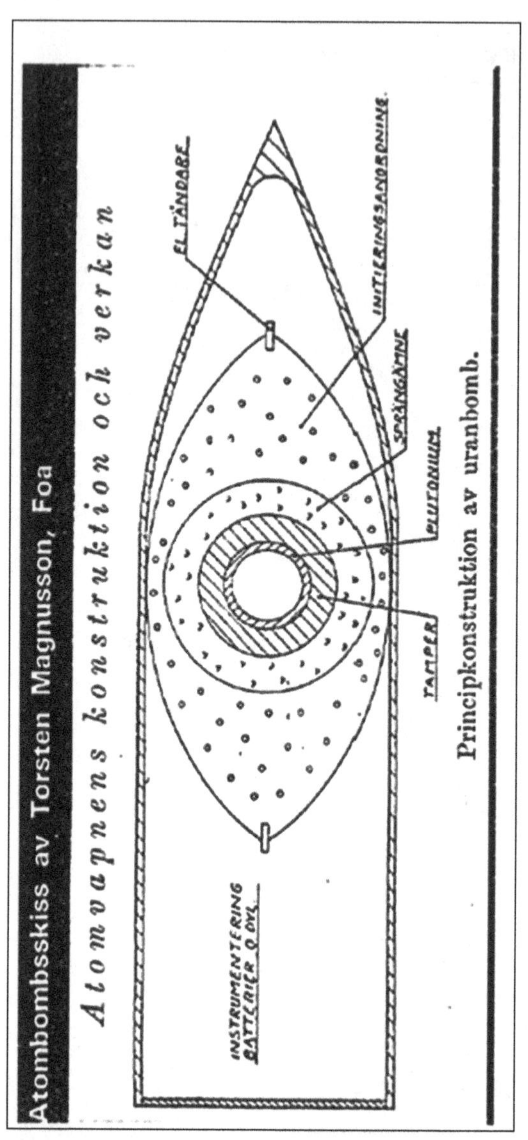

Der Entwurf einer schwedischen Nukleargranate aus den 50er Jahren mit kugelsymmetrischer Spaltstoffanordnung, aber lediglich zwei entgegenwirkenden, elliptischen Hohlladungen zur initialen Einleitung der Kompression.
(Quelle: Robert Kollert: Die Politik der latenten Proliferation)

2. Die deutschen Forschungen seit 1945 bis in die Ära Strauß

2.1 Überblick

In dem vorangegangenen Abschnitt haben wir uns einen Überblick über die grundsätzlichen Konstruktionsspezifikationen und physikalischen Prinzipien der hohlladungsinitiierten Fusionsforschung und Entwicklung adäquater Konfigurationen im Wesentlichen außerhalb Deutschlands verschafft. Wie schon mehrfach angedeutet, haben derartige Aktivitäten auch innerhalb der deutschen Hemisphäre stattgefunden. Hiermit werden wir uns im Folgenden beschäftigen. Als Leitfaden der zu betrachtenden Zeitachse wird sich dabei an das Denken und Schaffen der maßgeblichen Protagonisten gehalten. Allerdings in rückwärtsgewandter Form. Beginnend am Kenntnis- und Sachstand der 1950 bis 60er Jahre wird der Blick zurück zu den Anfängen der Forschungstätigkeit gerichtet.
Ziel ist es, zu hinterfragen, *wann* und *wie weit* derartige Forschungen und Entwicklungen gediehen sind. Der Blick konzentriert sich dabei auf die Aktivitäten der zu priorisierenden Forscher in diesem Spektrum. Auf die Vita der Protagonisten soll hier im Einzelnen nicht eingegangen werden, da diese bereits mehrfach publiziert worden sind. Lediglich in Ausnahmefällen, wenn es der besseren Erläuterung der Zusammenhänge dienlich ist, wird auszugsweise auf diese zurückgegriffen.
Der historische Überblick über die kernphysikalischen Forschungen in diesem Zeitraum, insbesondere vor 1945, sind bereits umfangreich dokumentiert – in den Werken von Günter Nagel[1)] oder zum Teil bei Rainer Karlsch[2)] und Helmut Meier[3)] – so dass er hier nicht wiedergegeben wird.
Zu beachten ist, dass die alliierten Siegermächte nahezu sämtliche Aktivitäten auf dem Gebiet der Kernphysik – mit ganz eng umrissenen Ausnahmen.

2.2 Das politische Umfeld

Die Forschungstätigkeiten an einer nuklearen Waffe während des Dritten Reichs sind von den unter 2.1 genannten Autoren bereits umfassend behandelt worden. Das Ziel, eine „Atombombe“ auf der Basis von U235 oder Pu239 wie „Little Boy“ oder „Fat Man“ in die Verfügungsgewalt des Führers oder der SS zu übergeben, wurde glücklicherweise nicht erreicht. Von 1945 bis 1955 – bis zum Zeitpunkt der Wiedererlangung der eingeschränkten Wehrhoheit der noch jungen BRD – waren kernphysikalische Aktivitäten durch die Siegermächte untersagt. In Artikel III des Kontrollratsgesetzes Nr. 25 vom 29. April 1946 heißt es:

„Grundlegende wissenschaftliche Forschung rein oder wesentlich militärischer Natur ist verboten.“

Im Anschluss begannen die Arbeiten, im Wesentlichen geleitet durch denselben Personenkreis wie vor 1945, von neuem – bzw. wurden sie konsequent fortgesetzt. Es lohnt sich, die politische Situation und die daraus resultierenden Ereignisse zusammenfassend zu würdigen, um den Geist jener Zeit näherzubringen, der sich für den Fortgang der nuklearen Waffenforschung in der BRD verantwortlich zeigt:

Der Wille zur Aufrüstung Westdeutschlands mit Nuklearwaffen wurde 1948 vom ehemaligen Wehrmachtsgeneral Hans Speidel – beruhend auf seinen Kriegserfahrungen – in einer Denkschrift an den späteren Bundeskanzler Konrad Adenauer, der die Positionen Speidels teilte, postuliert. Adenauer misstraute den Siegermächten bezüglich einer vollständigen und umfassenden militärischen Schirmherrschaft zur Prävention und Protektion Westdeutschlands durch deren Waffenarsenale. Gleichzeitig gedachte er, sich nicht vollends in deren Abhängigkeit auf dem Sektor der nationalen Sicherheit zu begeben und zum Vasallen ihrer Politik machen zu lassen. Er bezeichnete einen Verzicht auf ein nukleares Potential als Diskriminierung seitens der Alliierten.[4)] Doch die USA, Frankreich und Großbritannien zeigten sich unnachgiebig, so dass sich Adenauer 1952 auf deren Drängen zu einem ersten restriktiven Kernwaffenverzicht bereit erklärte, der – nie ratifiziert – zwei Jahre später mit der Billigung weitreichender Konzessionen zugunsten Westdeutschlands zu dem ebenfalls gescheiterten Vertragswerk der Europäischen Verteidigungsgemeinschaft (EVG) führte.

Die in dem EVG-Kontrakt behandelte Wiederbewaffnung Westdeutschlands und Gründung einer europäischen Streitmacht geht auf die initiative Winston Churchills zurück, der eine Beteiligung an der europäischen Verteidigungsbereitschaft gegenüber der sowjetischen Bedrohung verlangte. Adenauer sah darin gleichermaßen die Chance zur Wiedererlangung der deutschen Souveränität einschließlich der Beendigung des Kriegs- und Besatzungszustandes. Als Generaldelegierter wohnte Speidel den Verhandlungen bei. Die multilaterale Ratifizierung scheiterte an den Bedenken Frankreichs zur Bewaffnung und Wiederaufrüstung Deutschlands. Als Ausgleich einigten sich die Mitglieder des Brüsseler Paktes 1954 während der Neun-Mächte-Konferenz in London (Londoner Akte) auf die Aufnahme der BRD (und Italiens) in die Westeuropäische Union (WEU) – einem kollektiven militärischen Beistands-Paktes, der 1955 durch die Pariser Verträge in Kraft trat. Es folgte die unmittelbare Aufnahme in die NATO. Adenauer hatte sich auf einen Verzicht einer „Atomwaffenindustrie“ eingelassen, bei gleichzeitigem Fall aller Beschränkungen auf dem „zivilen“ Forschungssektor – der ihm mehr als eine Hintertür für die militärische Option offen hielt (Heisenberg hatte gegen Reglementierungen opponiert).5) Ende 1956 scheiterte der Verteidigungsminister Franz Josef Strauß vor dem NATO-Rat mit seinem Ansinnen auf nukleare Ausrüstung der Bundeswehr. Etwa zeitgleich appellierten mehrere Wissenschaftler, wie Hahn, Heisenberg, von Weizsäcker, gegen eine nukleare Bewaffnung, was sie in ihrer als „Göttinger Manifest“ bezeichneten Erklärung im Folgejahr untermauerten,6) gleichbedeutend einer Zäsur zu Adenauers Ambitionen. Die Göttinger Achtzehn verweigerten der Regierung ihr Mitwirken an der Entwicklung, Konstruktion und Erprobung derartiger Waffen, was die nationale Atomrüstung de facto unrealisierbar erscheinen ließ. Der Weg für ein zivil zu nutzendes Atomprogramm war damit eröffnet worden. Unausgesprochen war dies zugleich der Start des nuklearen Stand-by-Programmes, dessen Kern, falls notwendig, die Umwidmung ziviler Forschungen in militärisch ausgerichtete (latente Proliferation durch das Dual-Use-Konzept) beinhaltet.7)

Parallel hatte sich in der US-amerikanischen Politik Eisenhowers Paradigma „Atoms for Peace" etabliert. Das darin implementierte nukleare Transferprogramm ebnete den Weg für die nukleare Aufrüstung der NATO-Mitglieder, da die USA den Wunsch hegten, die europäischen Verbündeten in das nukleare Wettrüsten mit dem Ostblock einzubeziehen und sie auf eine mögliche Konfrontation mit eigenen Wirkmitteln vorzubereiten.8)

In Frankreich wuchsen in den 50ern die Bestrebungen nach einer Emanzipation der amerikanischen Nuklearvorherrschaft in Europa sowie die fiskalische Einsicht, mit einem autonomen Programm die eigenen Möglichkeiten zu überschreiten. Die bilaterale Einbindung des ehemaligen Widersachers Deutschland (und seines Know-hows) erschien trotz aller Vorbehalte gegen eine nukleare Bewaffnung die am wenigsten schlechte Option zu sein.

Strauß und sein französisches Pendant Bourges-Maunoury vereinbarten während einer Besichtigung der Kernforschungseinrichtung im algerischen Colomb-Bechar – damals unter französischer Riege – eine Zusammenarbeit zur Herstellung „moderner" Waffen. Eine Beteiligung am ISL wurde erwogen und 1959 vertraglich beschlossen. Wie bereits im vorigen Abschnitt beschrieben, gründete Frankreich in St. Louis unmittelbar nach dem Krieg das heutige ISL mit dem primären Ziel, die deutschen Wissenschaftler an sich zu binden. Die Leitung oblag dem ehemaligen Ressortchef für Technische Physik und Ballistik der TAL, Hubert Schardin.

Gegen Ende 1957 erreichten die Kooperationsabsichten militärische Dimensionen: Deutschland sollte sich finanziell als auch wissenschaftlich an Bau und Entwicklung von Kernwaffen beteiligen und würde im Gegenzug in Krisenzeiten gesicherten Zugang zu sich unter französischer Kontrolle befindlichen Waffen erhalten (was nicht im Widerspruch zu Deutschlands Produktionsverzicht von 1954 stand, da dieses sich nur auf dergleichen Aktivitäten innerhalb Deutschlands bezog – nicht jedoch im Ausland). Italien wurde als dritter Partner dieser Atomwaffenkooperation hinzugezogen. Dem Bundestag gegenüber wurde dies verschwiegen und auf Anfrage sogar explizit negiert.9) Politisch war dies ein extrem brisantes wie delikates Thema – beide Nationen agierten mit besonderer Vorsicht zurückhaltend und dementierten dies bei mehreren Gelegenheiten, um weder Dissonanzen mit den USA zu provozieren noch die Nuklearoptionen der NATO zu diskreditieren. Bei der erneuten Machtübernahme de Gaulles 1958 wurden alle Abkommen militärischer Natur beendet (mit Ausnahme aller Aktivitäten des ISL)! Im März 1958 beschloss der Bundestag die Ausrüstung der Bundeswehr mit „modernsten Waffen" (im ursprünglichen Original stand die Bezeichnung „Atomwaffen") zur Erfüllung ihres Auftrages innerhalb der NATO10) – diese hatte zuvor eine nukleare Gleichbehandlung aller Mitgliedstaaten geordert. Damit war der Weg für die nukleare Bewaffnung der Bundeswehr innerhalb der NATO, allerdings unter US-Kontrolle, geebnet. Nicht ohne auch in den USA Kontroversen auszulösen – gerade der Senator J. F. Kennedy opponierte gegen eine deutsche Verfügungsgewalt über derartige Waffen. Schon im Mai 1959 vereinbarten jedoch beide Staaten die Zusammenarbeit auf dem Gebiet der Atomwaffen. Die Bundesregierung machte sich die NATO-Verteidigungsstrategie auf Basis nuklearer Abschreckung wie auch des Einsatzes derselben zu Eigen. Die USA zielten dabei auf ganz andere Motive: Einerseits wollte man allianzpolitisch die Verbündeten stärken und zu mehr Eigenverantwortlichkeit bewegen, andererseits der unkontrollierten Verbreitung von Nuklearwaffen durch Eigenentwicklung (insbesondere Deutschlands) entgegenwirken. Der Non-Proliferation Treaty (NPT) – Kernwaffensperrvertrag – aus den ausgehenden 60ern resultierte aus diesen Erwägungen.

Auf französische Initiative hin war 1957 im Rahmen der Römischen Verträge die Europäische Atomgemeinschaft (Euratom – als einzige nicht EU-Organisation heute noch existent) gebildet worden. Ihre primäre Aufgabe war es, neben der Einbindung und konsequenten Reglementierung der BRD in die Atomgemeinschaft die Unabhängigkeit ziviler wie militärischer Nuklearарbeiten und ihrer Kontrollautonomität gegenüber den anglo-amerikanischen Staaten zu fördern.11) Der Beitritt zum NPT Ende 1969 geschah mit erheblichen Bedenken und Widerstandes der politischen Entscheidungsträger – die Verhandlungen hatten sich jahrelang hingezogen und brachten der BRD etliche Konzessionen –, die Ratifizierung erfolgte wiederum erst einige Jahre danach.[12)] Die Arbeiten an reinen Fusions-„Apparaturen" wie der Laserfusion oder an alternativen Initiatoren sind vom NPT nicht erfasst.[13)]

Doch wie war es in diesem politischen Umfeld um die deutsche kernphysikalische Forschung bestellt? Jegliche Forschungen auf diesem Gebiet waren durch das alliierte Kontrollratsgesetz Nr. 25 von 1946 und nachfolgend durch das Gesetz der Militärregierung aus 1949 verboten. Eine erste Lockerung der Restriktionen trat im März 1950 mit dem Gesetz Nr. 22 der Alliierten Hohen Kommission („Überwachung von Stoffen, Einrichtungen und Ausrüstung auf dem Gebiet der Atomenergie") in Kraft. Unter strenger alliierter Kontrolle durfte eingeschränkt Grundlagenforschung betrieben werden. Werner Heisenberg, der bei Adenauer eine zentrale Rolle als kernphysikalischer Berater innehatte, versammelte im aus dem KWI für Physik neu entstandenen Max-Planck-Institut für Physik (die MPG war 1948 aus der KWG entstanden) in Göttingen zahlreiche namhafte Physiker wie C. F. von Weizsäcker, K. Wirtz u. a. Nachhaltig setzten diese sich für die Aufhebung aller Restriktionen auf dem zivilen Sektor der Kernforschung ein. Diese und weitere Forscher (Mattauch, Kopfermann, Bothe, Gentner, Haxel, Bopp, Regener und Riezler) bildeten 1952 eine für Westdeutschland repräsentative Kommission für Kernphysik. In den nun folgenden Jahren wurden durch diese Gruppe mit Unterstützung des Bundeswirtschaftsministers Ludwig Erhard die administrativen Grundlagen für eine „Atombehörde" und die Entwicklung und Errichtung eines Kernreaktors, bevorzugt in Göttingen, erarbeitet. Zwar wurde die BRD durch die Pariser Verträge offiziell von allen Reglements in der Kernphysik befreit, de jure galt die alliierte Gesetzgebung Kraft des Überleitungsvertrages Artikel 7 aber bis zur Erlassung eines eigenen Gesetzes, des Atomgesetzes, weiter. 1955 wurde das Atomministerium unter Strauß gebildet, mit der ihm ab 1956 zur Seite stehenden Deutschen Atomkommission (DAtK) – ebenfalls mit Strauß als Vorsitzendem. In der interdisziplinär in Fachgruppen unterteilten DAtK fand sich im Arbeitskreis „Kernphysik" die Gruppe um Heisenberg wieder, in der Gruppe „Reaktorbau“ der Personenkreis um Bagge, Diebner und Wirtz. Wissenschaftlich zeigten sich also ganz ähnliche Strukturen und „Rivalitäten“ der Theoretiker gegenüber den Praktikern wie im vorangegangenen Krieg. Die Göttinger Gruppe um Heisenberg sprach sich mit zunehmender Vehemenz gegen die nukleare Bewaffnung aus, was sich 1957, wie bereits erwähnt, im Göttinger Manifest widerspiegelte. Das erst 1960 verabschiedete und im Grundgesetz verankerte Atomgesetz zielte auf die friedliche und zivile Nutzung der Kernphysik hin. Interessanterweise wurden in § 2 „Begriffsbestimmungen“ unter den für das Gesetz relevanten Kernbrennstoffen weder Lithium noch Deuterium aufgenommen. Durch die gesicherte Rechtsgrundlage konnte nun mit der Errichtung von Forschungseinrichtungen und -zentren offiziell begonnen werden – tatsächlich war dies schon Jahre zuvor geschehen (Vorarbeiten in Karlsruhe 1955, Jülicher KFA und Geesthachter GKSS 1956).[14)]

Die von Heisenberg präferierte friedliche Nutzung konterkarierte die Intentionen Strauß'scher Verteidigungspolitik.

Noch während der Geheimverhandlungen mit Frankreich und Italien 1957 wurde im Auftrage des Verteidigungsministers Strauß ein „technisch-wissenschaftlicher Verteidigungsbeirat“ in seinem Ministerium implementiert.

In dessen Fachkommission „Kernphysik und Kerntechnik“ wurden die ehemaligen Forscher des Heereswaffenamtes um Kurt Diebner berufen. Die Forschung und Entwicklung sollte wiederum Diebner koordinieren. Daneben gehörte ihm auch Erich Bagge, Mitbegründer und Leiter der GKSS, ebenfalls Mitglied in Wirtz' Arbeitskreis „Kernreaktoren“ der DAtK und Begründer des Institutes für Kernphysik der Universität Kiel, an.[15)] So sollten außerhalb der „Göttinger Achtzehn“ stehende Wissenschaftler an das Verteidigungsministerium gebunden werden. Für das hier abzuhandelnde Thema ist in diesem Zusammenhang das im Auftrag von Strauß im Februar 1958 von Bagge postulierte kernphysikalische Sofortprogramm zu nennen, das drei Arbeitspunkte umfasste. Unter dem dritten Punkt präferierte er einen reinen Brutreaktor zur Transmutation von Plutonium. Interessanter ist allerdings Punkt zwei, die „Wasserstofffusion“. Seiner Empfehlung nach sollte sich Deutschland von den in England, den USA und der UdSSR beschrittenen Forschungswegen der Kernfusion emanzipieren und die Entwicklung der chemisch initiierten Fusion durch Gasdruck-Stoßwellen mit konvergenten Verdichtungsstößen auf der Grundlage der im Krieg begonnenen Versuche zu forcieren.[16)] Zusätzlich etablierte Bagge im Kernphysikalischen Institut der Universität Kiel eine Abteilung für Fusionsforschung.

Im Juli 1957 beantragte der Münchner Ingenieur Paul Schmidt[17)] beim Arbeitskreis Kernphysik Mittel für Forschungen an durch periodisch gezündete Stoßwellen initiierte Fusionsreaktionen. Von Weizsäcker opponierte heftig, mit der Erklärung, dass mit dieser Methode kein Fusionsreaktor für friedliche Zwecke hergestellt werden könne, allenfalls könne sie für militärische Belange nutzbar gemacht werden.[18)] Mangels Forschungen in Göttingen könne er über die von Bagge geplante Fusion durch kugelförmig zusammenlaufende Stoßwellen, an der man dort auch keinerlei Interesse zeigte, aber keine Aussage treffen. Kurz darauf erklärte er lapidar, dass dieses Prinzip nicht funktionieren würde. Bagge setzte seine Forschungen zur Li6-Gewinnung und der Fusion durch konvergierende Stoßwellen dennoch fort und erhielt 1958 finanzielle Unterstützung durch das Verteidigungsministerium.[19)] Die neue konkurrierende Situation der kernphysikalischen „Tauben" um Heisenberg und der unter Strauß versammelten „Falken" um Bagge und Diebner reflektiert die ministeriale Doppeldiktion und ihre Ambivalenz zur Nutzbarmachung der Kernphysik.

Aber auch auf institutioneller Seite blieb die junge BRD nicht tatenlos: Ganz ähnlich den Ambitionen Erich Schumanns während des Dritten Reiches, die militärischen Interessen mit den zivilen Ressourcen so eng wie möglich zu verbinden, agierte auch das noch jungfräuliche BMVg. Die Bundeswehr zeigte von Anfang an starkes Interesse an einer Kooperation mit dem ISL in Saint-Louis, da es in Deutschland an vergleichbaren Einrichtungen mangelte. Die oben erwähnte bilaterale Zusammenarbeit eröffnete nun neue Wege und Mittel.

Hubert Schardin war dort bereits involviert, Walter Trinks wurde Mitglied in der deutschen Delegation des wissenschaftlichen Beirats des ISL und Kurt Diebner wie Erich Bagge, denen Trinks später folgte, wurden ins BMVg berufen. Der Terminus „Rüstungsforschung" wurde durch den Begriff „Verteidigungsforschung" ersetzt. Parallel zur privatwirtschaftlich betriebenen „Deutschen Forschungsgemeinschaft" (DFG) – einer Selbstverwaltungseinrichtung zur Förderung von Wissenschaft und Forschung –, deren Mitglieder sich in allen wesentlichen Hochschulen und Forschungszentren finden lassen, und der 1948 in Max-Planck-Gesellschaft umbenannten Kaiser-Wilhelm-Gesellschaft – einer wissenschaftlichen Organisation mit eigenen Instituten –, bedurfte es auch wieder der Errichtung wehrwissenschaftlicher Forschungseinrichtungen.

Kurz vor der Gründung der BRD im März wurde auf Initiative von Prof. Dr. Alfons Kreichgauer, einem während des Krieges an der Wehrtechnischen Fakultät der TH Berlin tätigen Akustikwissenschaftlers (auf dem Gebiet Artillerie) eine neue Forschungsgesellschaft ins Leben gerufen. Sie wurde nach dem Physiker und Optiker Joseph von Fraunhofer benannt, der für seine pedantisch-exakte wissenschaftliche Forschung und deren Anwendung für die Umsetzung in innovativen Produkten bekannt geworden war. Ihr erster Präsident wurde Walther Gerlach – von dem wir noch hören werden.

Auf Bitten des BMVg wurde die Fraunhofer-Gesellschaft intensiv in die Verteidigungsforschung eingebunden. Eigens den Interessen und Disziplinen des Militärs geschuldet, etablierten sich die vier folgenden Einrichtungen:

- 1957 wurde aus dem Institut für Physikalische Chemie der Universität Freiburg das Fraunhofer-Institut für Elektrowerkstoffe (IWE) gegründet – das heutige Institut für Angewandte Festkörperphysik (IAF), dessen Aufgabenstellung die Erforschung der physikalischen und chemischen Eigenschaften von Werkstoffen für elektrische Zwecke und Halbleitertechnologien umschlossen,
- 1959 das Institut für Aerobiologie (IAe), welches sich mit Themen der ABC-Abwehr beschäftigte,
- 1957 aus der 1955 gebildeten „Gesellschaft zur Förderung der astrophysikalischen Forschung e. V." das Institut für Hochfrequenzphysik

(FHP) für die Entwicklung von Hochleistungsradaranlagen, heute Institut für Hochfrequenzphysik und Radartechnik (FHR),
- 1959 das Institut für chemische Technologie (ICT) für die Erforschung von Treib- und Explosivstoffen
- und das ebenfalls 1959 geschaffene Ernst-Mach-Institut (EMI) für Kurzzeitdynamik, das sich unter der Leitung Schardins mit Stoßwellen-, Impaktphysik und Werkstoffwissenschaften beschäftigte.

Die Zusammenarbeit mit den Institutionen der Fraunhofer-Gesellschaft wurde seinerzeit innerhalb des BMVg von Dr. Siegfried Glupe koordiniert. Glupe leitete während des Krieges das Referat „Sauerstoffträger, Chemie der Brennstoffe" der von Erich Schumann geleiteten Forschungsabteilung des Heereswaffenamtes.[20)]
Dem BMVg war es für seine eigenen Interessen gelungen, die Wehrwissenschaft erneut eng mit der „zivilen" Forschung zu vernetzen. Diese engen Verzahnungen konnten durch die Einbindung weiterer Forschungs- und fakultativer Einrichtungen erheblich ausgebaut werden.

Dieser kurz gefasste Abriss spiegelt nur ansatzweise das politische Handeln jener Zeit wider und erhebt keinen Anspruch auf Vollständigkeit. Hinter den Kulissen waren die hier grob skizzierten multilateralen Ansätze restriktiver Nuklearpolitik erheblich komplexer.
In diesem geschichtspolitischen Umfeld fanden seit 1945 die Forschungen zur nichtkernspaltungsgezündeten Fusion – inertial confinement fusion (Trägheitsfusion) – statt.

2.3 Personen von Interesse

Im folgenden Kapitel betrachten wir die Aktivitäten der deutschen Wissenschaftler, die der Doktrin Adenauers und Strauß' folgten und parallel zu der „friedlichen" und „zivilen" Kernphysik deren militärische Komponente präferierten.

2.3.1 Die Forschungen Winterbergs

Einer der renommiertesten Physiker auf dem Fachgebiet der Kernfusion ist Friedwardt Winterberg. Unter Heisenberg in München 1955 promoviert, wechselte er danach zu Diebner nach Geesthacht und ging 1959 in die USA (zuerst CIT Cleveland, dann University of Nevada in Reno). Nach eigener Aussage von dem Wasserstoffbombentest der USA von 1952 inspiriert, begann sein Interesse an der nichtkernspaltungsinitiierten Fusion. Da derartige Forschungen Amerikas der Geheimhaltung unterlagen, entwickelte er zwei Theorien, basierend auf Guderleys konvergenten Schockwellen und Rayleighs implodierender Mehrfachumhüllung. 1956 präsentierte er seine Resultate während eines wissenschaftlichen Kolloquiums in Göttingen, das von von Weizsäcker organisiert worden war. Dessen ablehnende Haltung zu diesem Thema ist bereits im vorigen Abschnitt angesprochen worden und war offensichtlich der Grund dafür, seine Forschungen unter Bagge, Diebner und Trinks (die sich im Auftrage Strauß' ebenfalls mit dieser Materie befassten) in Geesthacht fortzusetzen.[21)] Einige seiner Publikationen wurden schon im ersten Kapitel herangezogen. Wie aus diesen bereits herauszulesen ist, war sein Haupttätigkeitsfeld die Kernfusion. Und diese nicht auf den zivilen Sektor gerichtet, vielmehr offenbaren seine Arbeiten, Bücher und Patente die Fokussierung auf das militärische Gebiet. Umfangreich behandelt er dabei die nichtkernspaltungsinitiierte Fusion auf verschiedenen Wegen:

- Kompression durch konvergente Schockwellen durch chemische Sprengstoffe,
- Zündung durch elektrische Entladungen,
- Magnetfeldkompression (Pinch-Effekt),
- Laserkompression (damit ist nicht die Erzeugung des Fusionsplasmas durch Laseraufheizung gemeint)
- sowie durch Reaktionsprozesse durch Teilchenstrahlen.

In seiner Literatur geht er explizit auf die hier von uns betrachteten Forschungen ein: In seinen 1981 und 2010 erschienenen Büchern[22)] beschreibt er mehrfach die zu erreichenden Geschwindigkeiten der Detonationsfront nach dem sphärischen Implosionsprinzip konvergenter Schockwellen. Dabei kann die Schockwelle bei einfacher Konfiguration – wie im vorigen Kapitel beschrieben – bereits auf 20 km/s beschleunigt werden. Bei zwiebelschalenähnlicher Auslegung mit mehreren zusätzlichen Sprengstoff- und Beschleunigerschichten (Pushern) innerhalb der äußeren Hohlladungslinsen wurden über 90 km/s erzielt.[23)] Bei der zwiebelgleichen Mehrschichtanordnung, die bei Implosion die Rayleigh-Taylor-Instabilität[24)] besser überwindet, ist einerseits die Verwendung geeigneter Materialien, andererseits die nach innen hin abnehmende Materialdicke der einzelnen Schichten zu beachten – dadurch wird eine signifikante Steigerung der Kompression erzielt. Wird zudem ein geeignetes Puffergas zwischen den Schichten eingebracht, reduziert dies zwar die Kompressionsgeschwindigkeit insgesamt etwas, reduziert die Instabilität aber zusätzlich.[25)]

Zwar ist die notwendige Zündenergie einer D-T mit einigen 10^6 Joule nicht allzu hoch, jedoch muss diese unterhalb 10^{-8} s auf eine Fläche von weniger als 1 qcm einwirken, was einer Energiedichte von 10^{14} W/qcm entspricht! Neben der Energiedichte ist auch deren Geschwindigkeit relevant.

Beide Faktoren lassen eine rein sprengstoffinitiierte *vollständige* Kernfusion nicht zu – weitere ingenieurstechnische Verstärker sind notwendig.[26)]

Um mit dieser Sprengtechnik eine *vollständige* Fusion zu erzeugen, bedient sich Winterberg in Kombination hierzu einiger physikalischer „Tricks“ (wobei wir bei den einfacheren bleiben wollen). Das im Brennpunkt befindliche Fusionsmaterial wird durch Magnetfeldkompression mittels relativ einfach gehaltener Spulen zum Zeitpunkt der Implosion „vorkomprimiert“ und erhitzt.[27)] Ebenfalls – oder auch in Kombination – kann der Fusionsbrennstoff durch eine Hochspannungsentladung aufgeheizt werden – durch einen Elektronenstrahl mittels Stoßionisation.[28)] Eine Kathode emittiert einen Elektronenstrahl, der den Fusionsbrennstoff durch Wechselwirkung mit diesem ionisiert und ein Plasma erzeugt (auch als „Gasentladung“ oder „Lichtbogen-Entladung“ bezeichnet). Plasmatemperaturen von bis zu 1 bis 5×10^4 K sind dabei möglich. Die notwendige hohe elektrische Energie kann kurzzeitig von Impulsgeneratoren29) bereitgestellt werden. Bei dieser möglichen Kombination reicht für eine vollständige Fusion bereits eine Schockwellengeschwindigkeit von 20 km/s – die durch eine Hohlladungsimplosion mit vereinfachtem Aufbau umgesetzt werden kann – vollständig aus.30) Dabei können die Temperaturen im Inneren auf 10^8 K steigen.31) Die Konfiguration kann dabei sowohl sphärisch wie zylindrisch ausgeführt werden! Des Weiteren schlägt er eine Anordnung ähnlich der Voitenkos vor, bei der eine projektilbildende Hohlladung – ein hoch beschleunigtes Geschoss – impulsartig ein leichtes Gas komprimiert, welches zur Emittierung von Schwarzkörperstrahlung für die Einleitung einer Fusion anregt.32) Die Möglichkeit, sich der Schwarzkörperstrahlung zum Aufheizen des Fusionsbrennstoffes zu bedienen, ist dem Mehrschichtsystem bereits inhärent.

Wie in Kapitel 1 beschrieben, lässt sich durch Kompression auch die kritische Masse von Spaltmaterialien reduzieren: Um die Möglichkeiten dieser Bauform nochmals zu demonstrieren, wird dies hier nochmals anhand eines Beispiels verdeutlicht:33) Eine kugelsymmetrische Konfiguration, bestehend aus einem Kern aus U235 mit 0,5 cm Radius (entspricht 10 g Spaltstoff) wird von einem Pusher aus Natururan mit 1 cm Radius umgeben, der Zwischenraum mit D-T-Gas bei ca. 200 bar gefüllt. Um den Pusher wird direkt eine Ablationsschicht aus Beryllium gelegt und dies wiederum eingeschlossen in eine Aluminiumkugel mit 1,5 cm Radius – der Zwischenraum hier ist evakuiert. Das Ganze ist nochmals in eine große, evakuierte Aluminiumkugel mit 15 cm Radius eingebettet, die mit konventionellem Sprengstoff umhüllt ist. Nach dessen Zündung implodiert die Kugel, wobei die evakuierten (Vakuum) Zwischenräume als Beschleunigungsstrecke dienen. Die durch den Sprengstoff erreichte Detonationsgeschwindigkeit wird konservativ mit 5 km/s (beispielsweise mit TNT erreichbar) angegeben und erreicht bei Kollision der äußeren mit der inneren Aluminiumschicht bereits 50 km/s. Die innere Schicht schlägt auf Ablator und Pusher und beschleunigt diese auf 200 km/s bei gleichzeitiger Emittierung intensiver Schwarzkörperstrahlung. Dadurch beginnt nun die gekoppelte Spaltungs- bzw. Fusionsreaktion. Mit dieser Auslegung lässt sich ein TNT-Äquivalent von 20 t erreichen und stellt umgangssprachlich eine Mininuke dar. Die Leistung kann durch Austausch des Kern- und Pushermaterials durch Plutonium gesteigert werden. Kommt somit Spaltmaterial als Pusher zum Einsatz, findet eine autokatalytische Fusion, ein Kopplungseffekt, statt.[34)] Die durch eine einleitende Fusion freigesetzten Neutronen lösen Spaltprozesse im Pusher aus, dieser emittiert seinerseits durch Kernspaltung weitere Neutronen, welche sowohl zur Kettenreaktion als auch zur Fusion beitragen. Durch die Kernspaltung des Pushers „explodiert" dieser quasi, wobei er zu einer weiteren Kompression der inneren Hohlkugel beiträgt.

Das Spaltmaterial kann bei derartigen Kompressionsprozessen um das 10-fache verdichtet werden, was der 100-fachen Reduktion der kritischen Masse entspricht. Das D-T-Gasgemisch wird sogar um das 100-fache komprimiert.[35)]

Zur Erinnerung: Die hier von Winterberg angegebenen Ergebnisse sind nahezu gleich mit denen, die Kaliski – teils empirisch, teils theoretisch – evaluiert hatte.

Neben den literarischen Arbeiten hat sich Winterberg seine Forschungsergebnisse zahlreich patentieren lassen. Einige sollen hier auszugsweise betrachtet werden.

So sind seine mehrfachen Entwürfe zur Magnetfeldkompression und Hochspannungsentladung[36)] zu nennen – ebenso wie das in seinen Büchern erwähnte Prinzip einer zylindrischen Fusionsanordnung[37)], das sich dem Zusammenschluss zweier konischer Körper bedient, in deren Mitte sich der in einem Magnetfeld vorkomprimierte und mit einem Elektronen- bzw. Laser- oder Teilchenstrahl erhitzte Fusionsbrennstoff befindet. Durch die kombinierten Prozesse wird der Fusionsbrennstoff extrem komprimiert und gezündet.

Einen ganz ähnlichen Entwurf ließ sich Walter Trinks patentieren (zu seiner Person im folgenden Abschnitt mehr), weshalb wir diesen bereits hier betrachten wollen:[38)] Sein Entwurf zeigt im Wesentlichen eine konische Hohlladungskonfiguration, die zur Erzielung hoher Drücke und Temperaturen für die Kernfusion herangezogen wird. Um in Analogie zu Winterberg eine Vorverdichtung zu ermöglichen, wird der Fusionsstoff mit einem Magnetfeld komprimiert. Hierzu wird, stark vereinfacht, eine Spule in den konischen Korpus integriert. Durch Zündung der Hohlladung wird der Fusionsbrennstoff sowohl durch den kollabierenden Raum als auch durch das Komprimieren des Magnetfeldes (siehe Impulsgenerator[29]) zur Zündung gebracht. Neben der devastierenden Option dieser Konfiguration setzte Trinks auch auf eine kontinuierliche Nutzung. Beachtenswert sind zwei Aussagen des Patentes:

- Durch die magnetische Kompression sei es bisher nur zu einzelnen beobachteten Fusionsreaktionen – nachgewiesen durch deren Neutronenemission – gekommen. Mit der hier angesprochenen Konfiguration sollte eine fortlaufende Fusion ermöglicht werden.[39]
- Die Bemühungen, mit der ursprünglichen Auslegung eine *fortdauernde* Kernfusion zu erreichen, war dank der hohen Zündtemperaturen bislang erfolglos geblieben (auf diesen Punkt werden wir noch näher eingehen).[40]

Damit offenbart der Verfasser zum einen theoretische Fachkenntnis auf diesem Gebiet – Trinks und Winterberg waren zeitweise gleichzeitig in Geesthacht tätig, so dass es durchaus möglich ist, dass ihn Winterberg zumindest inspiriert hat –, zum anderen offenbaren sich empirische Erkenntnisse aus Evaluierungen, die den praktischen Versuchen vorausgegangen sein müssen.
Im nachfolgenden Abschnitt werden die in Geesthacht erbrachten Forschungen betrachtet.

2.3.2 Die Wissenschaftler von Krümmel

2.3.2.1 Kurt Diebner

Nachdem Winterberg bei Heisenberg in München promoviert hatte, wechselte er 1955 nach Geesthacht. Wie wir oben gesehen haben, begann sein Interesse an der nicht spaltungsinitiierten Kernfusion schon vor dem Wechsel. Ob das auslösende Moment für diese Entscheidung des gebürtigen Berliners mit der ablehnenden Haltung der Wissenschaftler um seinen Mentor und von Weizsäcker zur nuklearen Aufrüstung Westdeutschlands in Zusammenhang steht, ist zu vermuten. Was zog ihn in das kleine Städtchen Geesthacht an der Elbe?

Als die westlichen Siegermächte 1955 die Wiederbewaffnung und nukleare Forschung gestatteten, waren es nicht nur Adenauer und Strauß, die in dieser Richtung Initiative zeigten, sondern auch die ehemaligen Forscher des Heereswaffenamtes. Im Mai 1955 forderte Kurt Diebner in einem Schreiben an den Präsidenten der schiffbautechnischen Gesellschaft Hamburg die Gründung eines kernphysikalischen Forschungszentrums, wobei er besonders auf seine Reputationen vor 1945 verwies.41) Mit deren Unterstützung und der seines ehemaligen Mitarbeiters Erich Rudolf Bagge sowie Paul Harteck u. a. wurde im Herbst 1955 die privatindustrielle Studiengesellschaft für Kernenergieverwertung in Schifffahrt und Industrie und im Folgejahr – mit dem Wohlwollen der Bundesregierung – die Gesellschaft für Kernenergieverwertung in Schiffbau und Schiffahrt GKSS gegründet. Bagge wurde Geschäftsführer und wurde zudem von Strauß in die Deutsche Atomkommission berufen. Ob die Idee, die GKSS auf dem Grundstück des Dynamit Nobel-Werkes42) in Krümmel zu errichten, auf dessen ehemaligen Mitarbeiter Walter Trinks zurückzuführen ist, sei dahingestellt. Der nuklearen Aufrüstung Franz Josef Strauß' standen die Herren der GKSS positiv gegenüber und schlugen der Regierung ihrerseits eine strategische Ausrichtung der notwendigen Forschungen und Entwicklungen sowie ihrer Waffenkonfiguration vor (s. w. o.). Der ziviltechnische Hintergrund der GKSS wurde durch die Intentionen der

Veröffentlichungen und Patentierungen ihrer Gründer unterminiert. Tatsächlich sind Forschungen auf dem von Bagge vorgeschlagenen Weg[43] intensiv verfolgt worden.

Wenden wir uns zunächst Kurt Diebner zu, der 1956–57 für das neu geschaffene Verteidigungsministerium unter F. J. Strauß tätig war. Auf die Resultate seiner Forschungen und die Richtung seines Engagements in der Kernphysik weisen seine Publikationen und Patente hin. Neben Entwürfen für Reaktoren, auch in England,[44] verfolgte er die mit konvergenten Schockwellen eingeleitete Kernfusion – sowohl für den kontinuierlichen bzw. periodischen Abbrand (Reaktor) als auch für den explosiven (Bombe). Gemeinsam mit dem an die GKSS gewechselten Friedwardt Winterberg verfasste er zwei Patentanmeldungen, zog sie allerdings wieder zurück.[45] In der ersten behandelten beide die Initiierung der Fusionsreaktion auf chemischem Wege, in der zweiten eine Initiierung mit Hilfe elektromagnetischer Zündung.[46]

In der ebenfalls von Diebner ins Leben gerufenen Fachzeitschrift „Kerntechnik" veröffentlichte er 1962 eine Zusammenfassung dieser Forschungen.[47] Nach einem kurzen Resümee der vor 1945 durchgeführten Experimente (s. w. u.) offerierte er mehrere positive Verfahrensweisen: Ähnlich der mehrfachen Schalenanordnung Winterbergs schlug Diebner eine solche mit ineinander verschachtelten Sprengstoffschichten vor, die nacheinander zur Zündung gebracht werden sollen. Auch erwähnte er beinahe beiläufig den möglichen Einsatz von Spaltstoff in seinen Konfigurationen. Komplexer sind die elektromagnetisch unterstützten Konfigurationen. Gemeinsam mit Bagge entwickelte er ein Verfahren zur Auslösung konvergenter Verdichtungsstöße (innerhalb der bisherigen Konstruktion anwendbar) durch schlagartige elektrische Entladungen: Knallfunken (ähnlich einer Zündkerze).

Die radial angeordneten Knallfunkenstrecken erzeugen bei Entladung kugelförmige Verdichtungswellen im Reaktionsgas, die – kumuliert – zu einer konvergenten Welle führen und das bereits anderweitig vorgeheizte Gas komprimieren. Den Gedanken der Forscher zufolge konnte diese Bauweise zu einer periodischen, nahezu kontinuierlichen Fusion führen.[48] In dem Fachartikel wird ein Entwurf zum Vorheizen des Fusionsbrennstoffes durch eine ideale Knallgasmischung aus Deuterium ausgenommen. Durch deren Zündung wird das von außen komprimierte Gas unter hohen Druck und hohe Temperatur gesetzt. Es könne auch Tritium zur Anwendung kommen und die innere Hohlkugel mit Lithium ausgekleidet werden.[49] (In beiden zu den Entwürfen eingereichten Patenten erwähnen ihre Anmelder eingangs, dass die Verfahren zur Einleitung höchster Drücke und Temperaturen im Konvergenzzentrum sphärischer oder zylindrischer Hohlladungsanordnungen bekannt seien. Um aber zu fusionsfähigem Plasma zu gelangen, müsse die Anordnung mehrere Meter groß oder alternativ der Brennstoff vorgeheizt sein.) Daneben werden ein zylindrischer Entwurf mit gleichzeitiger Magnetfeldkompression – die Magnetspule befindet sich im Zylindermantel selbst – sowie der Einsatz von subkritischem, durch die Kompression zur Kritikalität gebrachtem Spaltmaterial als Initiator der Fusion (Boosting-Prinzip) erörtert. Allerdings wurde auch noch eine interessante Konzeption mit Gasentladungen unter Ausnutzung des Pinch-Effektes vorgeschlagen: In der Kugelschalenanordnung sind zwei Kegelstümpfe ausgespart, durch die jeweils eine Elektrode aus Li6 in den mit dem Fusionsbrennstoff gefüllten Raum ragen. Die Verwendung von Li6 hat dabei u. a. den Vorteil, sich an dem Fusionsprozess zu beteiligen. Das Fusionsgas in der inneren Hohlkugel steht hierbei unter hohem Druck. Nun wird die innere Schale durch die Detonation des Sprengstoffmantels und durch die konvergierenden Schockwellen zur Implosion gebracht, was den Fusionsbrennstoff komprimiert. Dieser wird vor Eintreffen der Druckwellen im Konvergenzzentrum vorgeheizt: Gespeist von Hochstromkondensatoren oder Impulsgeneratoren wird zwischen den Elektroden im Gas ein extrem starker Lichtbogen erzeugt. Durch diese konzentrierte Gasentladung ionisiert der schwere Wasserstoff und heizt sich auf. Entlang des Lichtbogens entsteht dabei ein Plasmaschlauch, um den sich ein magnetisches Feld bildet, das diesen Schlauch mittig einschnürt. Dieses als Pinch-Effekt beschriebene Ereignis führt zusätzlich zu einer adiabaten Gaskompression. Somit wird die Fusionsreaktion eingeleitet. Diese Konfiguration ließ sich Diebner Jahre vor Veröffentlichung patentieren.[50] In diesem Patent geht er auf den beschriebenen Entwurf detaillierter ein. So sei als Fusionsbrennstoff nicht nur D-D, sondern auch D-T (explizit erwähnt) wegen seiner niedrigeren Zündtemperatur anwendbar. Die Beschreibung dieser Anordnung beendet er in der Zeitschrift mit einem bemerkenswerten Satz:

„Allerdings war wegen der Verwendung von Sprengstoffen mit einem quasikontinuierlichem Betrieb durch periodische Stoßwellenzündung nicht zu rechnen"51).

Daraus lässt sich schließen, dass die Versuchsanordnung sich **nicht** für einen Dauerbetrieb eignete, sondern lediglich für die spontane Reaktion (Bombe).
Da Diebner darüber hinaus diesen Umstand in der Vergangenheitsform zu Papier brachte, ist die bei vorsichtiger Annäherung empirische Evaluierung evident. Ein ganz ähnliches Verfahren (s. w. u.) finden wir in den Arbeiten von Prof. Dr. Albert George Fischer wieder.
Bereits kurz nach der Berufung Diebners in das Verteidigungsministerium veröffentlichte DER SPIEGEL den Artikel „Die Sonne auf Erden"52). In diesem offenbarte er, dass er seine im Kriege „ergebnislos" gebliebenen Versuche zur Einleitung einer Kernfusion durch Hohlladungen gemeinsam mit Erich Bagge und Paul Harteck nunmehr intensiv fortzuführen beabsichtigte. Zur Lösung des Problems der Einleitung einer Fusionsreaktion gibt Bagge kryptisch an, einen „Dreh" zur Temperatursteigerung bei der Detonation der Hohlladung gefunden zu haben – ohne diesen näher zu benennen. Die in Oberhausen ansässige Firma Babcock & Wilcox erklärte sich bereit, die Versuche umfangreich zu unterstützen.
Während der Verhandlung mit besagter Firma über die Umsetzung eines neuen, gemeinschaftlich mit Bagge entwickelten Reaktorkonzeptes ereilte Diebner ein Schlaganfall, gefolgt von einem weiteren, dem er im Juli 1964 erlag.53)

2.3.2.2 Walter Trinks

Die zweite Person, die sich in Geesthacht eingehend mit der Initiierung von Fusionsreaktionen durch konvergente Verdichtungsstöße beschäftigte, war der Hohlladungsexperte Walter Trinks. Bereits während des Krieges war er unter Erich Schumann als Chef der Waffenforschung des Heereswaffenamtes Leiter von dessen Referat für Hohlladungsforschung und Sprengstoffphysik.[54] Nach zeitweiligen Aufenthalten in der Schweiz und Schweden nach dem Krieg wurde er 1957 ebenfalls in das neu gegründete Bundesministerium der Verteidigung berufen – wie auch der 1964 vom ISL kommende Hubert Schardin (Trinks war ab 1959 Sprecher der deutschen Delegation des Wissenschaftlichen Beirats des ISL).[55], [56] Neben seinen Betätigungsfeldern dort widmete er sich analog zu Winterberg und Dieners – teils gemeinschaftlich mit diesen als auch mit Schumann – demselben Forschungsbereich: der Auslösung von Fusionsreaktionen durch konvergente Verdichtungsstöße mittels chemischer Detonation, wie aus seinen zahlreichen Patentschriften, denen wir uns nunmehr zuwenden, hervorgeht.

Schon in seinen ersten, gemeinsam mit seinem ehemaligen Vorgesetzten Erich Schumann verfassten Patenten zeigt er die Richtung seines Wirkens auf. Zur Erzielung enorm hoher Drücke und Temperaturen wird auf ein bereits bekanntes Prinzip der Kinetik zurückgegriffen: den Impuls einer (durch Sprengstoff) beschleunigten Masse durch Stoßkontraktion auf eine wesentlich kleinere Masse zu übertragen oder – wie in diesem Fall – den Impuls der großen Masse auf eine sehr kleine Fläche wirken zu lassen – wobei er den Vergleich zu einem hydraulischen Widder zieht. Die von ihm vorgeschlagene Vorrichtung basiert auf der Hohlladung, die in verschiedenen geometrischen Formen zur Anwendung gelangen kann. Als Sprengmittel wird in seinem ersten Patent TNT oder Hexogen, weiter unten auch Nitropenta (PETN) vorgeschlagen. Bei einfachen Hohlladungskonfigurationen sei dabei eine Verdopplung der sprengstoffeigenen Detonationsgeschwindigkeiten gemessen worden. Im Folgenden beschreibt er, dass das durch einfachste Auslegung zur Implosion gebrachte Material einer Hohlkugel in einen plastischen Zustand übergehe und es sich durch die Kon-

traktion desselben zum Kugelmittelpunkt enorm beschleunige und somit extreme Drücke und Temperaturen ermögliche. Die sich im Kugelmittelpunkt befindliche Gasmasse werde dabei außerordentlich komprimiert und erhitzt, besonders wenn es sich ausgangs im Stadium des Unterdruckes befinde. In einem Berechnungsbeispiel bezieht er sich nun auf eine Hohlkugel mit 100 cm Durchmesser und 2 cm Wandstärke. Aus seinen Berechnungen ergibt sich – ausgehend von der sprengstoffinitiierten Beschleunigung von konservativen 4 km/s eine finale Innenbeschleunigung mittels Massenkontraktion von 250 km/s bei einem theoretischen Innendruck von 625 Mio. at. Er vergleicht dies mit Analogien der Kavitation in Fluiden. Die bei der Verdichtung und der Verformungsarbeit des Schalenmaterials angenommenen Leistungsverluste der Gesamtenergie betrugen nach praktischen Versuchen nur einen Bruchteil derselben. Als geeignetes Hüllenmaterial mit guten Fließeigenschaften empfiehlt er die Anwendung von Aluminium und die mehrfache – kaskadenförmige – Anordnung der Schalen (wie bei Winterberg vorgesehen).[57)]
Demgegenüber stehe nach seiner Einlassung die bekannte Tatsache, dass sich die unter enormem Druckanstieg befindliche Gasfüllung atomar verändere und den Zustand eines Elektronengases (umschreibt den Verlust der Bindung der Elektronen an ihre Kerne, so dass sie sich frei bewegen können) annehme, was einer weiteren Kompression hinderlich entgegenstünde, aber nach seinen Berechnungen durch die geringen Energie- bzw. Wärmeübertragungsverluste zwischen Umwandlung und Gas und der anhaltenden Beschleunigung (steigender Druck und Temperatur im Innenraum) kompensiert werde. Dies geschehe durch die Übertragung der Beschleunigungsenergie in Form einer Stoß- bzw. Schockwelle in das Gas, die sich bis zum Kollabieren des Innenraums durch Reflexion multipliziere (vgl. dazu die Beschreibungen nach dem UITAS- bzw. Voitenko-Prinzip und nach Kaliski im Abschnitt 1). Eine weitere Steigerung der Kompression erfahre die Konfiguration durch die Einlagerung von Sprenglinsen in die Sprengstoffumhüllung zur Generierung einer konvergenten Schockwelle. Im Einzelnen werden Berechnungen und Verfahrensweisen der experimentellen Konfiguration beschrieben. Interessant ist sein folgender Bezug auf die 100 cm-Hohlkugel aus Eisen, die bereits bei nur 1 cm Wand-

stärke ein Nettogewicht von 250 kg besitze, bei einer Sprengstoffumwandung von 20 cm Stärke zusätzliche 1.500 kg – inklusive einer umhüllenden Verdämmung liege man dann bei ca. 2 t (diese Angaben sind insofern von Bedeutung, als dass wir ihnen noch wiederholt begegnen werden).
Ferner verweist er auf die Tatsache, dass diese Ausführung schon eine extreme Variante umschreibe und dass eine nur halb so große Konfiguration zu den gleichen Kompressionswerten führe und nur 250 kg an Masse besäße – eine nur ein Viertel so große nur noch 35 kg. In einer weiteren von ihm beschriebenen, konischen Konfiguration wird explizit von einer Bombe gesprochen. Die weiteren Anordnungen einschließlich einer doppelt konusförmigen, ähnlich der von Kaliski beschriebenen, werden erläutert. Obwohl er in diesem Patent nicht im Detail die Art der Gasfüllung benennt, weist er ausdrücklich aus, dass die von ihm ersonnenen Vorrichtungen zur Erzeugung von Kernverschmelzungsprozessen58) anzuwenden ist. (Auffallend sind die Parallelen dieser Patentschrift zum Nachlass Erich Schumanns. Die als Fig. 7 in seinem Patent angegebene Auslegung ist ebenfalls älteren Ursprungs. Auch verweist er dabei wiederholt auf bereits durchgeführte Experimente.)

Basierend auf dieser Patentschrift 977825, die wir als Grundlage etwas näher betrachtet haben (und auf die sich die weiteren stets beziehen), folgten eine Reihe weiterer Patentierungen, die Ergänzungen und Verbesserungen zum Inhalt haben und nun auszugsweise betrachtet werden:
In Nr. 977860 werden die in dem Ausgangspatent aufgeführten Konfigurationen mit unterschiedlichen Gasfüllungen ausgeführt.59) Nr. 977864 beinhaltet Detailverbesserungen der kegelförmigen, doppelkegelförmigen und der plattenförmigen Ausführungen,60) Nr. 977859 ebenso für das Mehrkammermodell61) und 977857 nochmals für das Platten- und das konische Modell („Bombe")62). Hierbei kommen die Einbringung und Art der anzuwendenden Sprengstoffe, insbesondere bei dem konischen Prinzip, zur Sprache. Gerade der letztere Entwurf der konischen Vorrichtung, die er selbst als Bombe titulierte, ist Gegenstand weiterer Patentschriften. In Nr. 977858 dient diese der Kohlenstoffkompression (für die Diamantherstellung),63) Nr. 977867 befasst sich mit einer identischen Vorrichtung,

bei der die durch den Hohlladungseffekt beschleunigte Masse aus einem Material hoher Dichte – z. B. einem Schwermetall – bestehen soll.64)

Die bisher genannten Patentschriften sind ihrem Wesen nach eher allgemein gehalten; deutlicher wird dagegen Nr. 97786, weshalb wir diese genauer betrachten: Die vorgeschlagenen Vorrichtungen sind wiederum identisch mit dem Ausgangspatent 977825. Die Verfasser erkennen darin die Problematik der Beschaffung (Anreicherung und Transmutation) von U235 und Pu239 und weisen auf die Reaktion (Fusion) einfacher zu beschaffender und leichterer Kerne wie Wasserstoff (Deuterium), Lithium, Beryllium und Bor hin. Es werden im einzelnen D + D- und Li + D-Reaktionen genannt, aber auch die protoneninitiierte Reaktion von Lithium (zu der wir nochmals zurückkommen werden). Sie offenbaren im Weiteren ihre Kenntnis über das Lawrence-Kriterium (ohne das Kind beim Namen zu nennen) – die Überwindung der Abstoßung der Atomkerne durch extreme Temperaturen und Drücke, die mit ihren Vorrichtungen zu erzielen sind:

„Temperaturen und Drucke der erforderlichen Höhe lassen sich experimentell und kurzzeitig mit sprengphysikalischen Mitteln erreichen und zur Einleitung und Durchführung von Atomkernreaktionen verwenden [...]."

Dieser zitierte Satz impliziert, dass man die entsprechenden „Experimente" mit belastbaren Resultaten bereits empirisch evaluiert hatte.

Bei den Erläuterungen zu genannten Konfigurationen wird dabei auf die vorangegangenen Patente – ohne diese zu benennen – und ihre Verbesserungen Bezug genommen. In einer nachstehenden Kalkulation, bei der 0,5 cbm (9 g) Deuteriumgas bei 0,1 at Ausgangsdruck vollständig reagiert, ergäbe dies ein TNT-Äquivalent von 250 t. Auch Folgereaktionen die von D + D ausgehen, Li7 + p, T + p, Li6 oder Li7 + D, werden ins Kalkül gezogen. Eine Auskleidung der „Druckzelle" (z. B. des Innenraumes der Hohlkugel) mit Beryllium oder Bor, insbesondere aber LiD, wird empfohlen und auf die ebenfalls mögliche Li6-Spaltung hingewiesen. Dass diesen Konfigurationen aber nicht allein die Form einer reinen Fusionswaffe zugedacht war, sondern das Wirkungsprinzip einer Boosted Weapon, wird besonders deutlich bei den Angaben, man möge die durch diese Reaktionen frei werdenden Neutronen in diesen Vorrichtungen derart nutzen, um mit ihnen Spaltungen im U235 im normalen Isotopengemisch (Natururan) vorzunehmen! Zu diesem Zwecke sei die Innenwand der Druckzelle zusätzlich mit einem Moderator (Graphit oder Cadmium) auszukleiden, dann folge das Uran, abschließend sei ein Tamper zur Reflexion der Neutronen vorzusehen.

Die waffentechnische Nutzung der Entwürfe tritt hier in aller Deutlichkeit zu Tage.

Selbst bei einer nicht vollständigen oder nur ansatzweise ablaufenden Fusionsreaktion weisen die Verfasser auf die hohe Neutronenausbeute ihrer Entwürfe hin, die derart als Neutronengeneratoren in Frage kämen und mit denen eine Kernwaffe auf Natururanbasis möglich erscheine.[65)]

Bemerkenswert bei diesem Patent ist erstens die allgemein gehaltene Bezeichnung – wohingegen bei den anderen durchaus auf nukleare Prozesse hingewiesen wird (und diese sich ausschließlich damit beschäftigen) – und zweitens, dass alle bisherigen Patente am selben Tag, dem 13. August 1952, von den Verfassern eingereicht wurden und die Erteilung durch das BMVg allesamt – mit Ausnahme von diesem Patent – am 09. Mai 1961 erneuert wurden. Das Patent 977836 wurde vom BMVg vorgezogen und bereits am 18. Juli 1953 – obwohl es das entsprechende Ministerium noch gar nicht gab – erneut erteilt. Es kann durchaus Kausalität zwischen dem Inhalt der Patentschrift und der vorzeitigen erneuten Erteilung bestehen. Ebenso muss deutlich darauf hingewiesen werden, dass alle Patente im Sommer 1952 erteilt wurden – also bevor sowohl Remilitarisierung als auch Nuklearforschung auf dem Bundesgebiet von den alliierten Siegermächten gestattet wurden. Während der Besatzungsphase und bis zur Gründung der Bundesrepublik Deutschland im Mai 1949, einschließlich des Zeitfensters zur Patentierung, waren kernphysikalische Tätigkeiten, insbesondere waffenfähige, untersagt (woran sich die Siegermächte bezüglich der Reaktorforschung aber nicht unbedingt hielten). Es ist daher durchaus zu vermuten, dass die in den Patenten angesprochenen experimentellen Ergebnisse zu einem noch früheren Zeitpunkt als dem hier definierten Rahmen evaluiert wurden.

Die Resultate der oben patentierten Vorrichtungen führten offensichtlich zum Patent 977870 aus dem Jahr 1959. Das Patent bezieht sich dabei explizit auf das mit der Nr. 977863 und schlägt in Kombination Verfahren zur Steigerung von Druck und Temperatur bereits vor der Detonation mit Hilfe des bereits bei Winterberg beschriebenen Konzeptes der Magnetfeldkompression des Reaktionsgases vor. Die notwendigen Spulen sollen dabei als „magnetische Flasche" innerhalb (aber auch außerhalb bei der nicht näher beschriebenen Befüllung der Vorrichtungen mit ionisiertem, magnetisch vorkomprimiertem Gas/Plasma), eingebettet in die Vorrichtung, zur Installation kommen (die in Frage kommende Flusskompression des stehenden Magnetfeldes bei einer Implosion dieser Art der Konfiguration bleibt unberücksichtigt – siehe hierzu ebenfalls den Abschnitt zu Winterberg).[29)] Da dieses Patent bereits bei Winterberg angesprochen wurde, schauen wir uns eine Aussage einmal im Detail an:

„Die Bemühungen, eine fortdauernde Verschmelzung von Atomkernen, beispielsweise von Deuterium- oder Tritiumkernen, zu erzielen, scheiterten bisher vor allem an der Schwierigkeit, die hohe Zündtemperatur zu erreichen, die erforderlich ist, um eine so intensive Verschmelzung zu erzielen, dass damit genügend Energie frei wird, die eine ununterbrochene Fortsetzung der Verschmelzung gewährleistet, wobei eine beherrschbare und steuerbare Verschmelzung erreicht werden soll."[66)]

Was will uns der Verfasser damit mitteilen (neben seiner etwas naiv anmutenden Hoffnung auf einen regelbaren Fusionsreaktor)?

1. Die Experimente mit den ersonnenen Konfigurationen haben zu keiner fortdauernden und ununterbrochenen Kernfusion geführt – waren also in diesem Sinne gescheitert.
2. Ursächlich wird das *Nichterreichen* der hohen Zündtemperaturen mit diesen Konfigurationen genannt.

3. Es wird indirekt eingeräumt, dass es derartige Bemühungen, also praktische Experimente dieser Art, bis 1959 gegeben hat.

Allerdings lässt die getroffene Wortwahl *„fortdauernd"* und *„ununterbrochen"* – beides wurde nicht erreicht – Raum für die These, dass die Konfigurationen zwar faktisch ungeeignet für eine fortdauernde und ununterbrochene, also kontinuierliche Fusionsreaktion gewesen sind, aber im Gegensatz dazu eine *nicht* fortdauernde – also einmalige – und **nicht** ununterbrochene – also spontane bis herunter auf ein Ereignis reduzierte – Fusionsreaktion ohne vollständige, intensive Verschmelzung erreicht wurde, also nur eine partielle und temporäre Fusion in Betracht zu ziehen ist. Insofern korrespondieren die Resultate mit denen sowjetischer Berichte und Kaliskis Überlieferungen (siehe Abschnitt 1), als dass diese Art der Ausführung eine quasi pulsartige Fusionsreaktion anregt, diese (mangels hinreichender Zündtemperatur) alsbald im Keim erstickt, jedoch eine erhebliche Neutronenexpositionierung zur Folge hat.
Als Fusionsreaktor eigneten sich diese Auslegungen also nicht – als Waffe allenfalls sehr bedingt. Von derartigen Anwendungsmodellen emanzipiert sich die Tatsache einer Neutronenquelle, die selbst kollateral herangezogen werden könnte.
Ungeachtet dieser These bleiben aber die von Trinks, Winterberg und auch Diebner eruierten Erkenntnisse, dass mit derartigen Konfigurationen – also der rein sprengstoffinitiierten, konvergenten Schockwellenkompression durch Implosion – unter Hinzunahme einer zusätzlichen Aufheizung und Kompression des Reaktionsgases die Fusionsreaktion erreichbar ist.
So viel zu diesem Gedankenspiel.

Darüber hinaus reichte Walter Trinks innerhalb dieses Zeitraumes und auch später noch zahlreiche weitere Patente ein, die sich mit der Hohlladungsthematik beschäftigen.

2.3.3 Erich Schumann

Im folgenden Abschnitt werden wir uns explizit nur auf den dieses Kapitel betreffenden Zeitraum befassen. Zur Vita Schumanns wird ergänzend auf Günter Nagel verwiesen,67) auf dessen Werk sich dieser Artikel stützt. In der unmittelbaren Nachkriegszeit entzog er sich zunächst durch wechselnde Wohnsitze dem Zugriff der Alliierten, die aufgrund seiner Aktivitäten rund um das HWA seiner Habhaft werden wollten. Dank seiner früheren Bekanntschaft mit Ernst Telschow, dem ehemaligem Generalsekretär der Kaiser-Wilhelm-Gesellschaft und späteren MPG, entstand der Kontakt zur britischen Besatzungsmacht, der er informative Forschungsergebnisse übergab. Welcher Natur diese waren, bleibt im Verborgenen, bekannt ist jedoch, dass die Briten ihn zu schützen wussten und er trotz mehrfacher juristischer Belastungen – sei es vor dem Internationalen Militärtribunal Nürnberg oder bei mehreren noch folgenden Prozessen – unbehelligt blieb. Im Jahr 1947 entschloss er sich zu einer Veröffentlichung seiner Forschungen während des Krieges in Buchform. Unter dem Arbeitstitel „Die Wahrheit über die deutschen Arbeiten und Vorschläge zum Atom-Energie Problem (1939 bis 1945)“ erläuterte er verschiedene Varianten zur Zündung eines nuklearen Sprengkopfes: Das erste Kapitel „Die Freisetzung von Atomenergie durch Kernspaltung bei schweren Elementen“ umfasste den internationalen Forschungsstand 1939 und den bis Kriegsende erreichten Wissenstand innerhalb des Heereswaffenamtes einschließlich der von Rüstungsminister Albert Speer angeordneten „Versuche im kleinen Maßstab“. Speziell in Kapitel 2, „Die Freisetzung der Atomenergie durch Kernsynthese bei leichten Kernen“, beschreibt er zwei mögliche Alternativen zu deren Auslösung. Zum einen nannte er die Zündung durch einen Uran- oder Plutonium-Trigger – die er als wahrscheinliche Lösung der Amerikaner ansah – und zum anderen die so genannte „X-Zündung“ nach dem Vorschlag von Schumann/Trinks (Möglichkeit der Zündung einer H-Bombe ohne Zuhilfenahme von Uran oder Plutonium). Die beigefügten Skizzen und Zeichnungen finden sich in den gemeinsamen Patenten mit Walter Trinks wieder.68) Um möglichst aktuell zu bleiben, verzögerte er die Veröffentlichung seines Manuskriptes mehrfach, bis er auf das Anraten verschiedener Wissenschaftler, gerade jenes 2. Kapitel nicht zu publizieren – da es gegen die alliierten Kontrollratsbeschlüsse verstieße –, vollständig auf das Erscheinen verzichtete, und zog sein Skript 1950 zurück.69) In einem Schreiben an Hans Winkhaus70) echauffierte sich Schumann darüber, dass er, Winkhaus, davon abriet, die entscheidenden Abschnitte, welche die wissenschaftlichen Erkenntnisse speziell auf dem Gebiet der Waffenentwicklung einer H-Bombe ohne die Verwendung von Spaltstoffen bei Einsatz seiner „X-Zündung" beinhalteten, zu publizieren.71) Bereits 1948 sandte er ein vertrauliches Schriftstück an Ernst Telschow, das eine knappe Rekapitulation seiner und Trinks' sprengphysikalischer Forschungen 1943–44 zum Inhalt hatte: Es müsse bei besonderer Zündführung mit Hohlsprengkörpern möglich sein, Atomenergie durch Reaktion leichter Kerne freizusetzen. Um die Überlegungen von Schumann/Trinks im später von beiden patentierten Konzept einmal deutlich darzustellen, soll hier das Wirkungsprinzip ihres Entwurfes wiedergegeben werden:

Bei der Implosion einer metallischen Hohlkugel durch eine gleichmäßige Zündung der über die ganze Oberfläche aufgebrachten Sprengstoffschicht wird die so sprengstoffphysikalisch gewonnene kinetische Energie von einer großen Masse auf eine wesentlich kleinere Masse übertragen. Dadurch wird für eine kurze Zeit ein hoher Druck auf die metallische Kugel ausgeübt, unter dessen Einwirkung das Metall in den plastischen Zustand gerät und zum Mittelpunkt hin beschleunigt wird. Dabei wird die in die Hohlkugel eingeschlossene Gasmasse außerordentlich rasch verdichtet und dabei sehr hoch erhitzt. Die Wandstärke der Kugelschale aus Eisen soll 1/50 ihres Durchmessers betragen und mit einer Anfangsgeschwindigkeit von 3,2 km/s beschleunigt werden. Nach Trinks' Berechnungen ergäbe dies bei einem Gasdruck (der Füllung) von 1 atm nach erfolgter Kompression einen Energiegehalt von 10^{15} erg/g – gleich dem 10.000-fachen des brisantesten Sprengstoffes; eine Steigerung auf das 100.000-fache –, das bedeutet 10^{16} erg/g sei bei einem Gasunterdruck von 0,1 atm möglich. Nun nennt er die Schwierigkeiten des entstehenden Elektronengases hinsichtlich des zu erreichenden Druck- und Temperatur-Niveaus, welches nach ihren Kalkulationen dennoch 10 Mio. Grad und 10 Mio. atm erreichen kann, so dass ihm bei der implodierenden Hohlkugel kurzzeitig die beiden Reaktionen

$D + D \rightarrow He3 + n$
$D + D \rightarrow H + T$

möglich erscheinen. Im Weiteren folgt das Beispiel mit 9 g D, wie es im Patent Beider wieder zu finden ist, das zu einer Energiefreisetzung von 275 t TNT-Äquivalent führt. Wird zudem Lithium oder Bor herangezogen, sind deutlich größere Energieauswürfe zu erwarten.72)

Die gemeinsam mit Trinks eingereichten Patentschriften fundieren auf seinem persönlichen Nachlass und den seit 1945 als verschollen geltenden Geheimpatenten seiner vorherigen Arbeitsstellen (allerdings erwähnt Schumann in besagtem Schreiben an Ernst Telschow, dass er die geheimen Unterlagen dazu 1945 weisungsgemäß vernichtet habe und er nun, seit 1947, Walter Trinks zu deren Rekonstruktion herangezogen habe). Ursprünglich sah er eine Neupatentierung schon einige Jahre früher vor, man fürchtete aber die Beschlagnahmung als Kriegsbeute durch die Besatzungsmächte – auch dann, wenn der Nachweis zu erbringen wäre, dass die Verfahren erst nach dem Krieg entwickelt worden sind.73)
Die Frage muss erlaubt sein, ob also Teile der oben herangezogenen Patentschriften vorsätzlich derart abgeändert worden sind, dass sie keinen Rückschluss auf eine Evaluierung der Forschungsergebnisse vor dem Mai 1945 zulassen und sich im Gegensatz ausschließlich auf das bereits weiter oben angesprochene Zeitfenster ab Sommer 1945 bis 1952 beziehen – auf eine Zeit also, in der solche Forschungen verboten waren?

In den von Trinks rekonstruierten Forschungsergebnissen des Krieges, auf die sich Schumanns Skript bezieht (und die anschließend in den Patentschriften beider wieder zu finden sind – besonders in 977825), nimmt er Bezug auf die Arbeiten, die mittels Hohlladungen Kernreaktionen mit leichten Kernen zu erreichen suchen und dabei die Schockwellenkompression durch Implosion nutzen. Hierbei wird sich auf die Grundidee

Karl Ramsauers (siehe Kapitel 4) in Kombination mit der Physik der Hohlladung berufen. Mit dem im Grundpatent umschriebenen Verfahren seien derartige Drücke und Temperaturen zu erzielen, wie sie „für Kernverschmelzungsprozesse notwendig" sind, aber auch für die „Diamantensynthese" anwendbar seien. Die weiteren Patente finden bereits im Abschnitt um Walter Trinks Erwähnung (da dieser die Patente rekonstruierte, wurde er in diesem Werk *vor* Schumann aufgeführt). Die Beschreibungen in Schumanns Skript ähneln folglich auch den später eingereichten Patentschriften beider:
Für die Einleitung von Kernreaktionen leichter Elemente werde es bereits ausreichend sein, die Reaktionspartner nur kurzzeitig extremen Drücken und Temperaturen auszusetzen. Aus einem Bericht der Chemisch-Technischen Reichsanstalt während des Krieges gibt er wieder, dass sich nach Zündung eines Sprengkörpers eine Druckstoßwelle mit konstanter Geschwindigkeit (**hier** 8 km/s) durch den betreffenden Körper fortpflanzt. Die bei der Detonation entstehenden Zersetzungsprodukte des Sprengmittels, die so genannten Schwaden, strömen dieser mit bis zu 160.000 atm Druck nach. Im gut evakuierten Raum erreichten diese bis zu 20 km/s.
Die Idee dabei war, dass eine hohe kinetische Energie von einer großen primären Masse unter gleichzeitiger Umwandlung in Druck- und Wärmeenergie auf eine wesentlich kleinere sekundäre Masse übertragen werden soll. Die sich daraus stellende Frage der Verfasser, wie sich ein unter diesen Umständen zu komprimierendes, im Inneren einer mit Sprengstoff beschichteten Hohlkugel verhalte, wird mit dem Kugelbeispiel mit 100 cm Durchmesser bei einem Gesamtgewicht von 2 t – analog ihrem Patent 977825 und der Wirkungsweise, wie sie in dem Schreiben an Telschow beschrieben ist – erläutert und mit (den im Patent genannten) Daten untermauert. Im Weiteren folgt die Auswertung der bis Kriegsende angestrengten Forschungen u. a. auf dem Gebiet der Höchstdruckphysik, die sich mit den elementaren Erkenntnissen des Verhaltens leichter Kerne unter Aussetzung extremster Drücke und Temperaturen beschäftigt.[74)]
Offensichtlich hatten die Verfasser sich nicht nur umfangreiches Wissen auf diesem Gebiet angeeignet, sondern auch den Weg zum Ziel relativ

deutlich dargestellt und strukturiert. Einem Ziel, das sich primär mit einer waffenfähigen Konfiguration beschäftigt.

2.3.4 Paul Schmidt

In der Veröffentlichung Kurt Diebners in der Fachzeitschrift „Kerntechnik“ wird auf den Vorschlag des Ingenieurs Paul Schmidt hingewiesen. In dessen Verfahren erfolgen konvergente Stoßwellen zur Auslösung thermonuklearer Reaktionen in periodischer Abfolge hoher Resonanz durch die Zündung eines explosiven Gasgemisches. Das Gasgemisch wird dabei kontinuierlich in den Stoßwellenraum, z. B. einer kugelsymmetrischen Anordnung, in Form eines dünnen Filmes an der Innenwand, zugeführt. Aus der kurzen Zeitfolge des Zündungsintervalls resultiert eine angenäherte Gleichraumverbrennung, welche einen explosiven Druckanstieg mit damit einhergehender intensiver Stoßwelle in Richtung Konvergenzzentrum zur Folge hat. Innerhalb dieses Zentrums kann der Reaktant, der Fusionsbrennstoff, schlagartig komprimiert werden. Durch eine geeignete Auslegung der Konfiguration gilt es zu verhindern, dass die Detonationsgase ins Konvergenzzentrum gelangen und den Fusionsbrennstoff verunreinigen. Die Periodizität der Zündung regelt sich dabei autark durch die Reflexion der konvergenten Stoßwellen im Zentrum, die divergent Richtung Umwandung laufen um dort von dieser erneut reflektiert werden. Dabei entzündet sich das Gasgemisch von neuem. Diebner weist allerdings darauf hin, dass die aktuell bekannten Brennstoffgemische für den gewünschten Aufheizungseffekt völlig unzureichend seien.[75)]
Doch wie kam der aus Hagen (Westfalen) stammende Prof. Dipl. Ing. Paul Schmidt auf diesen Entwurf?
Nach seinem Studium an der TH München entwickelte Schmidt in den 20ern eine Variante des Staustrahl-Triebwerkes: das Puls- bzw. Verpuffungsrohr; die Technik basiert auf der durch schnelle periodische Kraftstoffzündung erzeugten Druckwelle.[76)] Nach Weiterentwicklung erfolgte der Serienbau ab 1942 als Antrieb der Fieseler 103, der V1.[77)] Zu seinen Triebwerksentwicklungen reichte er nach dem Krieg mehrere Patente

ein und veröffentlichte diese auch in Schriftform.[78]) Die von ihm durchgeführten Experimente zu pulsierenden Antrieben auf der Basis Stoßwellen erzeugender, periodischer Explosionen, die hohe Resonanz erhielten, führten offenbar zu seinem von Diebner (s. o.) wiedergegebenen Konzept für einen thermonuklearen Reaktor, das sich Schmidt patentieren ließ.[79]) (Ob er während seiner Nachkriegstätigkeit in München oder noch davor irgendeinen wie auch immer gearteten Kontakt zu dem dort installierten Arbeitskreis für Höchstdruckphysik Walther Gerlachs hatte, kann nur vermutet werden.) Darin rekapituliert er den Sachverhalt, dass mittels Entzündung fester Explosivstoffe in einer Hohlladung respektive Hohlkugel eine starke Stoßwelle generiert wird. Um die Effekte einer solchen auf Materie multiplizieren zu können, sei die Erzeugung von Stoßwellen in schneller Folge notwendig. Alle bisherigen Verfahren seien dabei nicht zielführend oder benötigen einen zu langen „Anlauf" bis zum Erreichen einer hohen, periodischen Stoßwellenintensität – die seiner Ansicht nach zu Fusionsreaktionen führe. Kernphysikalisch weist das Patent zwar Schwächen auf, von Interesse ist neben den Konstruktionszeichnungen aber der Umstand, dass sich in abgewandelter Weise erneut das Prinzip der Einleitung von Fusionsreaktionen durch konvergente Schockwellenkompression wiederfindet.

Mit ganz Ähnlichem befassten sich auch die folgenden Personen im nächsten Abschnitt.

2.4 Weitere Forschungen mit gleicher Intention

2.4.1 Ulrich Jetter

Dr. Ing. Ulrich Jetter, während des Krieges am KWI für Metallforschung tätig, aber auch mit der Entwicklung der Funk-Messgerätetechnik betraut,[80]) verfasste 1950 erstmals einen öffentlich erschienenen Artikel über das Funktionsprinzip der thermonuklearen Waffe.[81)] Die Bedingungen zur Auslösung thermonuklearer Reaktionen sind diffizil: Zum einen bedarf es einer hohen Zündtemperatur, zum anderen darf die Bindungsenergie der Nukleonen (Protonen + Neutronen) im Kern nicht allzu hoch sein, so dass nur Wasserstoff- und Lithiumisotope in Betracht kommen. Dabei versprechen die Isotope Deuterium und Li6 mit der kleinsten Kernbindungsenergie den höchsten Energiegewinn. Folgende Kernprozesse sind dabei von Interesse:

D + D → He3 + n + 3,5 MeV
D + D → T + p + 4,3 MeV
T + D → He4 + n + 18,8 MeV
Li6 + n → He4 + T + 4,9 MeV
Li6 + D → He4 + He4 + 23,7 MeV
Li7 + p → He4 + He4 + 18,5 MeV[82)]

(Auf Gl. 6, auf die Reaktion vom schwereren Li7 – dem hauptsächlich in der Natur vorkommenden von beiden [zu 92,4 %] – mit einem Proton, wie von Jetter mit aufgeführt, werden wir weiter unten zurückkommen.)
Gl. 5 tritt innerhalb eines Prozesses auf, sofern die Temperatur hoch genug ist.
Wesentlicher sind aber die Prozesse Gl. 3 und Gl. 4, aus denen sich ein Zyklus bildet. Diese Reaktionen laufen durch den großen Wirkungsquerschnitt des Li6 gegenüber Neutronen und der wesentlich geringeren notwendigen Energie der D + T-Fusion (gegenüber D + D) „ungewöhnlich" gut ab. Bei Anwesenheit von hinreichend Neutronen und Tritonen bildet sich folgender Zyklus als Hauptreaktion aus:

n + Li6 → He4 + T
↑ ↓
n + He4 ← D + T
(siehe dazu Kapitel 1.3)

Dieser als „Jetter-Zyklus" bezeichnete Reaktionskreislauf steht ihm zufolge in Konkurrenz mit den unter Gl. 1–3 genannten Reaktionen. Diese verbrauchen zusätzlich Deuteronen unter gleichzeitiger Konversion in Tritonen und Neutronen, die wiederum dem Zyklus zukommen. Wesentlich zur Durchzündung sind eine große Anzahl freier Neutronen – die sich einerseits aus den beschriebenen Reaktionsprozessen reproduzieren, andererseits aus der initialen Fission stammen. Falls diese Neutronenlawine noch unzureichend ist, kann mit Einbringung von zusätzlichen Trigonen, besser aber Beryllium, die Neutronenbilanz verbessert werden, da Be9 mit schnellen Neutronen reagiert und zwei weitere Neutronen emittiert. Der Wirkungsquerschnitt dieser Reaktion ist etwas besser als der der D + n-Reaktion. Interessanterweise verweist Jetter darauf, dass dieses Isotop in Deutschland mit besonderer Sorgfalt kontrolliert werde und schließt somit auf die potentiell bereits erfolgte kernphysikalische Nutzung.

Auch spricht er mehrere zur Auswahl stehende Möglichkeiten der Isotopentrennung des Lithiums an, dessen Trennarbeit einfacher zu realisieren sei als bei Uran.

Er stellt die Funktionsweise seines Reaktionszyklus auf Li6D-Basis als Grundlage der seinerzeit von US-Präsident Truman am 31. Januar 1950 medial angekündigten amerikanischen H-Bomben-Entwicklung dar.[83, 84)]

Allerdings waren die USA noch gar nicht soweit!

Es ist sinnvoll, einen kurzen Blick auf das Geschehen jener Zeit in den USA zu richten:

Deren erste Überlegung beruhte auf der D + T-Reaktion, ausgelöst durch eine Kernspaltungsbombe. Hierbei hätte das Tritium aber extern unter enormem Kostenaufwand erbrütet werden müssen – ebenso konterkariert die relativ kurze Halbwertzeit von etwa 12,32 Jahren ein derartiges Waffenkonzept. Den grundlegenden Gedanken hierzu hatten Enriko Fermi und Eduard Teller bereits 1941. Im Rahmen des Manhattan-Projekts hatten sie diese aber zurückzustellen. 1946 fand in Los Alamos eine Konferenz zum Thema „Superbombe" (d. h. H-Bombe), wie sie von Teller bezeichnet wurde, statt. Zahlreiche Physiker, darunter auch Robert J. Oppenheimer, hielten das Konzept für nicht realisierbar und opportunierten

wiederholt dagegen. Erstmals wurde dabei der theoretische Einsatz von Li6D erwogen. Allerdings gab man weiterhin den von Hans Bethe präferierten Entwurf einer D + T- und D + D-Bombe den Vorzug. Dabei sollte jetzt nur wenig Tritium zum Einsatz kommen, um damit die Folgereaktion D + D auszulösen. Dies schien den beteiligten Protagonisten 1950 – nach Trumans Äußerung – der gangbarere Weg zu sein. Es zeigte sich, dass hier ein gravierender Berechnungsfehler Tellers vorlag; der Anteil an Tritium musste massiv erhöht werden! Die Lösung fanden schließlich Stanislaw Ulam und Karl Gottfried Gudderley.[85)] Dennoch wurde das D + T-Konzept (in flüssiger Form) Bethes bei dem Greenhouse George-Test auf dem Eniwetok-Atoll am 08. Mai 1951 zuerst erprobt und stellte im eigentlichen Sinn den Prototyp des Boostings dar. Der am 24. Mai folgende Greenhouse Item-Test war die erste Boosting-Waffe und verwendete ein gasförmiges D + T-Gemisch. Das Teller/Ulam-Design kam darauf am 01. November 1952 mit kryogenem Deuterium (D + D) beim Ivy Mike-Test zur Anwendung. (Sie war keine praktische Waffe im eigentlichen Sinn, da ihre Reaktanten in einer Art Lagerhaus zusammengebracht wurden.)
Obwohl die mögliche Anwendung bereits vorher schon bekannt war, wurde Li6D nach dem Jetter-Zyklus erstmals in der Zusatzladung SHRIMP des Castle Bravo-Tests am 01. März 1954 eingesetzt. Gezündet wurde sie durch eine mit D + T-Gas gebootete Fissionsbombe (COBRA).[86), 87)] Allerdings scheint man den Jetter-Zyklus vor seiner Veröffentlichung durch Ulrich Jetter in den USA gar nicht gekannt zu haben: In einem Bericht für die IAEA gibt J. Rand McNally Jr. diesen Umstand zumindest in derart an, dass er Jetter als den Urheber des Zyklus darstellt.[88)]

Doch zurück zu Ulrich Jetter.
Da die Arbeiten bezüglich der Anwendung des Lithiumdeuterids in den USA der Geheimhaltung unterlagen, stellt sich die Frage, auf welchem Wege er Kontakt mit dieser Materie bekommen hat. Ein 1950 von Hans Bethe in den USA veröffentlichter Bericht wurde zensiert.[89)] Bis 1951 war er als Schriftleiter der „Physikalischen Blätter" – seinerzeit beim Physik Verlag in Mosbach, Baaden – tätig. Von 1935 bis 1940 studierte er Physik an der TH Stuttgart, an der er 1941 promovierte. Möglicherweise basieren

seine Erkenntnisse auf der Formel-Sammlung Friedrich Berkeis[90], einem zeitgenössischen Physikbuch[91], oder der Schrift Hans Thirrings (s. u.). Eventuell ist er innerhalb des KWI für Metallforschung mit dem Arbeitskreis für Hochdruckphysik Walther Gerlachs der TU München[92] in Kontakt gekommen.

2.4.2 Das Wissen von Hans Thirring

Als eine der möglichen Zugriffsquellen Ulrich Jetters wurde oben auf die Arbeit des österreichischen Physikers Hans Thirring hingewiesen. Aufgrund seiner politischen Haltung gegenüber den Nationalsozialisten wurde er 1938 als Leiter des Institutes für Theoretische Physik an der Universität Wien „zwangsbeurlaubt". Während des Krieges betätigte er sich in beratender Funktion bei der ELIN AG und Siemens. Nach dem Krieg veröffentlichte er mehrere Werke, die sich nahezu alle mit der Kernphysik beschäftigen.[93] Auf sein erstes wollen wir nun eingehen, genauer auf die dort behandelte zusammengefasste Geschichte der deutschen kernphysikalischen Bestrebungen bis dato: Grundlagen der Kernspaltung, Methoden der Isotopentrennung, Nutzung und Gewinnung schweren Wassers, theoretische und praktische Konzeption eines Kernreaktors[94], Transmutation von Plutonium und die Grundlagen einer Kernspaltungswaffe. Er stützt sich dabei nach eigener Einlassung auf den Smyth Report und teilweise auf amerikanische Veröffentlichungen in Zeitschriften[95] und möglicherweise auf die Äußerungen der am deutschen Uranprojekt beteiligten Wissenschaftler. So stammen beispielsweise seine Angaben zur Isotopentrennung durch den Massenspektrographen direkt aus dem Smyth Report.[96] Irrtümlicherweise vermutet er als Spaltstoff-Inlay einer Kernwaffe eine Mixtur aus U235 und Pu239, da dies im Smyth Report nicht explizit getrennt genannt wird.[97] Allerdings schätzt er erstaunlich genau die kritische Masse von Pu239. Die von Thirring beigefügte Skizze einer Bombe stammte allerdings nicht aus diesen Quellen.
Doch unser eigentliches Interesse beginnt erst mit seiner Abhandlung über die „Superbombe": Kompakt gibt er dort die mögliche D + D-Fusion ein-

schließlich einiger Grundlagen, aber auch Hürden bei der Umsetzung an. Als Initialzünder sieht er erstaunlicherweise bereits eine Kernspaltungsbombe vor.98) Als eine etwas simpler umzusetzende Alternative wird die Anwendung von Lithiumhydrid vorgeschlagen. Abweichend von Berkei bezieht er sich auf die Reaktion

$$Li7 + p \rightarrow He4 + He4,$$

wie wir sie auch bei Jetter gesehen haben, und approximiert den hypothetischen Energieauswurf.99)
Zwar erwähnt er amerikanische Messungen für seine Deuterium- und Lithiumhydrid-Reaktionen, den Zusammenhang, daraus eine Fusionswaffe mit Fissionszünder zu visualisieren, kann er zweifelsohne nicht aus amerikanischen Quellen entnommen haben.
Retrospektiv seines im August 1946 verfassten Vorwortes, einheitlich mit dem Lektorat, des Schriftsatzes und des Druckvorganges, lässt sich abschätzen, dass er sein Skript in der zweiten Hälfte des Jahres 1945 verfasst hat – ggf. Teile sogar früher. Das Wissen über die Fusion kann er sich mit einiger anzunehmender Sicherheit bereits vor Veröffentlichung des Smyth-Reports angeeignet haben, da derartige Informationen über die Kernfusion als mögliche Waffenkonfiguration der Geheimhaltung unterlagen.

2.4.3 Karl Nowak

Der Wiener Physiker Karl Nowak beschäftigte sich in den 30er Jahren mit der Forschung der Gasentladung und Elektronenröhren, wie aus zahlreichen Patenten hervorgeht (als Beispiel: „Elektronenröhrenverstärker“, Patent 160793, 15. Oktober 1936, Reichspatentamt Zweigstelle Österreich). Während des Krieges entwickelte er ein Verfahren zur Leistungssteigerung von Sprengmitteln und Kraftstoffen durch chemische Umwandlungsprozesse mittels Superkompression (vgl. Abschnitt 1, Kapitel 1.11). Nach dem Krieg zunächst weiterhin auf dem Gebiet der Elektrotechnik und des Maschinenbaus tätig, wendete er sich dann hingegen der Kernfusion zu. Im Gegensatz zur Magnetfeldkompression, bei der das ionisierte Reaktionsgas durch ein umgebendes Magnetfeld zusammengedrückt wird – und nach dem Stand der Technik, so Nowak, bis dato weit unter der Fusionszündtemperatur geblieben ist (allerdings wurden dabei bereits massive Neutronenemissionen registriert) –, soll diese durch den „Zusammenschuss" der Gasteilchen Deuterium und Tritium mit Hilfe einer Kombination aus Magnetfeldern und Linearbeschleunigern erreicht werden. In Versuchen wurde festgestellt, dass die ionisierten Teilchen beim Durchwandern eines elektromagnetischen Feldes in Abhängigkeit zu ihm eine bestimmte Schwingfrequenz einnehmen, die das Teilchen eine spiralähnliche Wendelbewegung vollführen lässt, dessen Drehsinn von der Magnetfeldausrichtung des Beschleunigers abhängt. Nowak beabsichtigt in seinem ersten diesbezüglichen Patent, den Drehsinn durch eigene Magnetfelder auszurichten, und zwar von zwei Ionenstrahlbündeln, die mit entgegengesetzter Rotation durch einen Linearbeschleuniger aufeinander gerichtet werden. Durch die jeweilige entgegengesetzte Wendelung entstehen um beide Ionenbündel gleichgerichtete Magnetfelder, die analog dem Pinch-Effekt eine Kompressionskraft auf das Ionenfeld ausüben, welche durch ein weiteres umgebendes Magnetfeld noch potenziert werden kann. Resultierend aus der Kompression der Ionenstrahlen und ihrer gegeneinander gerichteten, entgegengesetzten Wendelrichtung seien Fusionsreaktionen wesentlich wahrscheinlicher als in klassischen Beschleunigermethoden.[100)] Eine Verbesserung der Fusionswahrscheinlichkeit erfährt seine Methode wenig später dadurch, dass nun die Ionenstrahlen mit gleichem Umlaufsinn gegeneinander geführt werden. Dem Nachteil der dadurch bedingten deutlich geringeren Relativgeschwindigkeit der Ionen zueinander stehe der Vorteil der gesteigerten Kollisionswahrscheinlichkeit gegenüber. Diese erkläre sich dadurch, dass die Ionen mit gleichem Drehsinn und gleichem Laufbahndurchmesser eher fusionieren würden.[101)] Der Reaktionsquerschnitt lässt sich, auch bei entgegengesetztem Drehimpuls, zudem durch eine elektrische Entladung im Kollisionszentrum, das zu einem Plasma führt, weiter steigern.[102)] Später wird jedoch die Unmöglichkeit einer Generierung eines derart dichten Ionenstrahls erkannt, da die Energiebilanz der Beschleuniger/Magnetfeldapparatur im Vergleich zu den erhofften Fusionsreaktionen deutlich negativer ausfällt. Abhilfe könnten jedoch Ionenstrahlen mit höherer Dichte in Gestalt eines Plasmas leisten.[103)] Schließlich schlägt er als Reaktionskammer keinen linearen Aufbau mehr vor, sondern einen rotationsförmigen, der bereits stark an einen Tokamak erinnert.

Nicht durch eine einmalige Kollision seines Ionenplasmas wie bislang, sondern dank der durch den Einschluss des Plasmas innerhalb einer Kreisbahn durch die sich wiederholende Möglichkeit mehrerer Kollisionen erhöhte Eintrittswahrscheinlichkeit von Fusionsreaktionen sollen diese nun realisierbar gemacht werden.[104)] Auch eine geeignete Ionenquelle liefert er dazu.[105)] Es muss angemerkt werden, das Teile seiner patentierten Ideen zur Erzeugung eines Fusionsplasmas auf Patenten von Vickers und Siemens beruhen.[106)]

(Die hier reflektierten Arbeiten stellen essenziell Nowaks Forschungsbereich dar.)

2.4.4 Eugen Sängers Exkurs in Sachen Kernfusion

Ein wenig aus dem Rahmen dieser Kumulierung von Wissenschaftlern fällt der österreichisch-ungarische Aerodynamiker und Luft- und Raumfahrtpionier Eugen Sänger. Wann und wie er im Laufe seiner wissenschaftlichen Vita den Komplex der Kernfusion tangierte, lässt sich nur vage rekonstruieren.

Während des Dritten Reiches für verschiedene Institutionen des RLM tätig, konzentrierten sich seine Ambitionen im Wesentlichen auf zwei Forschungsfelder:

In dem vom RLM als Pendant zu Kummersdorf und Peenemünde eigens für ihn gegründeten Raketenflugtechnischen Institut Trauen, südlich von Münster in der Lüneburger Heide gelegen, erforschte und entwickelte er Raketentriebwerke, die sich sowohl auf technischem Gebiet wie auch leistungsbezogen dem des A4/V2 als überlegen zeigten. Parallel und nach

Aufgabe des Projektes aufgrund von Diskrepanzen mit seinem Dienstherren widmete er sich der Weiterentwicklung von Hochleistungsstaustrahltriebwerken. In Trauen entwickelte er gemeinsam mit seiner späteren Frau Irene Bredt das mit seinem Namen am häufigsten verbundene Projekt eines Raumfahrzeuges, des Antipodengleiters – ein suborbitaler Bomber namens „Silbervogel" –, der von einer 3 km langen Startrampe aus in die Stratosphäre dringen und auf den dichteren Luftschichten „gleitend" mit einer Nutzlast von etwa 4.000 kg die USA erreichen sollte. Dank einer fehlerhaften Berechnung des Eintrittswinkels in die dichteren Luftschichten wäre das Objekt verglüht – allerdings wäre dieser mathematische Fehler nicht unheilbar gewesen.

Nach dem Krieg arbeitete er als Berater bis 1954 bei verschiedenen Flugzeugherstellern in Frankreich, anschließend wurde er bis 1961 Direktor des Institutes für Strahlantriebe der Universität Stuttgart und gründete 1959 das Institut für Raumfahrtantriebe in Lampoldshausen, 1963 richtete er einen Lehrstuhl als Grundlage des heutigen Instituts für Luft- und Raumfahrt an der TU Berlin ein, war parallel aber auch an Arbeiten für Ägyptens Raketenprogramm unter Nasser beteiligt und entwickelte für die Junkers-Werke das Konzept RT-8 eines Raumgleiters, das sich einige Jahre später bei den Entwicklungen von Rockwells STS – dem Space Shuttle – in Nordamerika wiederfand. Bis zu seinem Tod 1964 beschäftigte er sich mit der Entwicklung von Raketenantrieben.107)

Die von Bernd Schulze analysierte „Geheime Kommandosache Nr. 4268" von Eugen Sänger und Irene Bredt im August 1944 stellt die Entwicklung und den hypothetischen Einsatz des Stratosphärenbombers mit Ziel New York dar.108), 109) Aufgrund des in dem Dokument angegebenen Zielplanes für Manhattan und den dort angegebenen Werten der Energieexpositionierung der Belagsdichte mit Explosivstoffen errechnet Schulze eine potentielle Sprengkraft von etwa 7 kt. Diese ließ sich durch eine größere Anzahl kinetisch beschleunigter 3-t-Bomben realisieren – oder alternativ durch nukleare Einsatzmittel –, was beides mit der angegebenen Gauss-Kurve, der Energiefreisetzung und dem Energiegehalt korrespondieren würde.

(Im August 1944 gab es weder den Stratosphärenbomber, eine Nuklearwaffe dieser Sprengkraft noch eine alternative konventionelle 3.000 kg-Bombe! Die schwerste Abwurfwaffe im Arsenal der Luftwaffe war die 2.500 kg schwere SC2500.) Nach dem Text des Dokuments galt die Berechnung ursprünglich einem konventionellen Sprengstoffbelag. In dem auch von Berndt Schulze wiedergegebenen Originaltext Eugen Sängers wird der Begriff „Bombe" als Abwurflast im Singular verwendet, wohingegen in der amerikanischen Übersetzung das Wort „Bombs" – also im Plural – zu finden ist. Der relativ hohe Wert der Energiefreisetzung von $1{,}4 \times 10^8$ kcal/kg, der in der amerikanischen Übersetzung seitlich des Originals nochmals angegeben ist, ist zudem eines von mehreren Indizien, die für eine nukleare Waffe sprechen. Aus der ab Seite 168 angegebenen Literatur ergibt sich, dass man sich auch mit der Kernphysik auseinandergesetzt hatte. Walter Georgii, ihr direkter Vorgesetzter als Geschäftsführer der Forschungsführung des RLM, unterhielt direkte Verbindung zu Walther Gerlach, dem Beauftragten des Reichsmarschalls für kernphysikalische Forschung. Auch werden im Verteiler des Originals des o. g. Dokuments Hubert Schardin und Werner Heisenberg genannt. Nach der Analyse der in der geheimen Kommandosache Nr. 4268 angegebenen Werte durch Berndt Schulze kommen demnach sowohl konventionelle Wirkmittel (in Form von 140 3-t-Bomben) als auch nukleare Waffen in Frage. Bleibt die Frage, in welcher Form Eugen Sänger mit der Materie Kernphysik in Berührung kam. Interessanterweise publizierte er hierzu 1951 einen Fachartikel.110) In diesem berechnet und beschreibt er die Einleitung einer Fusionsreaktion durch konvergente Stoß- oder Schockwellen, initiiert durch konventionelle Explosivstoffe, in zylindrischen oder sphärischen Konfigurationen. Auch nach Sängers Kalkulationen ergäben sich im Brennpunkt der Verdichtungsstöße extremste Drücke und Temperaturen, die sich bis in den Bereich von thermischen Kernzündtemperaturen steigern ließen. In seinen Überlegungen heißt es, dass ein Teil des reaktionsfähigen Inventars der Anordnung (also dem zu fusionierenden Brennstoff im Inneren) nach dem Durchlaufen der Detonationsfront durch Lumineszenz deflagriert bzw. nuklear reagiert. Als Resultat der Stoßfront dissoziieren die Moleküle des Reaktionsstoffes (er nennt als Beispiel Tritium und U238) und

liegen nunmehr ionisiert vor. In diesem Zustand wird der abstoßende Widerstand der freien Kernteile infolge der Stoßwelle größer werden als die Kompressionswirkung dieser im Konvergenzzentrum, so dass Druck- und Temperatursteigerungen endlich sind.
Er stellt damit die Frage, ob die unter diesen Voraussetzungen zu erreichenden Stoßgeschwindigkeiten der Atome eine nukleare Reaktion auslösen können. Dies scheint ihm bei T-T-Reaktionen noch im Bereich des Erreichbaren zu liegen – alles unter dem Vorbehalt seiner überschlägigen Betrachtung, wie er selbst einräumt.
Was sagt uns dieser Artikel? Möglicherweise hat sich Eugen Sänger, ausgehend von seinem Geheimbericht zum theoretischen Angriffsziel New York, wesentlich intensiver mit der Kernphysik, in diesem Fall mit der Fusion, beschäftigt. Zahlreiche Angaben, wie auch die Berechnungen einer einfach wirkenden konvergenten Schockwelle, korrespondieren zu Teilen mit den Arbeiten von Schumann/Trinks. Da Sänger den Artikel gut ein Jahr vor den meisten von Schumann und Trinks eingereichten Patenten verfasst hatte (und diese erst sehr viel später freigegeben worden sind), bei ihm jedoch keinerlei kernphysikalische Forschungsaktivitäten bekannt sind, scheint er mit den damaligen wissenschaftlichen Kreisen diesbezüglich in Verbindung gestanden zu haben, welche ihm entsprechende Fachkenntnisse zugänglich gemacht haben müssen.
Dies lässt einen vagen Rückschluss auf den damaligen Kenntnisstand zu.

2.4.5 Die Geheimnisse hinter Ronald Richters Thermotron

Um die mysteriösen Arbeiten des österreichischen Physikers Ronald Richter und seinem potentiellen Fusionsreaktor ranken sich Legenden, Halbwahrheiten und Verleumdungen. In zeitgenössischen Veröffentlichungen und Begutachtungen zu seinen Experimenten in Argentinien wird er, woran er aufgrund seiner gar kryptisch anzumutenden Verschlossenheit selbst nicht zur Gänze unschuldig ist, gern als Scharlatan stigmatisiert. In jüngeren Publikationen setzt man sich dagegen zunehmend dezidiert mit seinem Schaffen auseinander, scheinen seine Resultate unter modernen Gesichtspunkten gar nicht so abwegig zu sein. Der folgende Abschnitt behandelt seine Forschungen und deren Erbe nach 1945 – sein Wirken vor dieser terminierten „Demarkationslinie" wird in Kapitel 4 und 5 angesprochen. „Sinn" und „Unsinn" seiner Visionen stehen hier nicht zur Debatte, sondern ein zusammenfassender Überblick über sein Wirken und den physikalischen Hintergrund seiner Experimente.

Nach Kriegsende war Richter zunächst für ein französisches Unternehmen auf dem Gebiet der Kernphysik tätig (auch die anderen Siegermächte zeigten Interesse an ihm, waren aber weder von seiner beruflichen Vita noch von seinen Projekten überzeugt), bevor er durch den persönlichen Kontakt mit dem ehemaligen Chefkonstrukteur Focke-Wulfs, Kurt Waldemar Tank, auf die nuklearen Ambitionen Juan Perons in Argentinien aufmerksam gemacht wurde. Im August 1948 reiste Richter unter falscher Identität nach Buenos Aires. Dort gelang es ihm, Staatspräsident Peron von dem Bau eines Fusionsreaktors zu überzeugen – das Grundprinzip hierfür hatte er nach seinen eigenen Erkenntnissen bereits evaluiert. Perons Motive für die Etablierung eigener kernphysikalischer Aktivitäten sind in den damaligen Ambitionen der Siegermächte und dem wissenschaftlichem Erbe des Dritten Reichs zu finden, dem Argentinien politisch sehr nahe stand. Für Perons Protegé Richter bezog sich dies einerseits auf die Bereitstellung wirtschaftlich tragfähiger kostengünstiger Energie (zwar waren in Argentinien auch Uranvorkommen vorhanden, aber der Weg über die Kernspaltung schien den Verantwortlichen wohl der kostenintensivere zu sein, oder Richters Agitation wusste zu überzeugen), andererseits aber auch auf die Gelegenheit zur politischen Profilierung und Prestige.
Ab dem 20. August 1948 nahm Richter seine Forschungen in einem Labor in Cordoba am Instituto de Aeronautica auf. Der Ort war nicht rein zufällig gewählt, dort waren bereits u. a. Kurt Tank und Reimar Horten tätig, die später auch den ehemaligen General der Jagdflieger, Adolf Galland, hinzuzogen. Nach ungeklärten Einbrüchen in sein Labor suchte der von Peron zum Sonderbevollmächtigten für das Reaktorprojekt eingesetzte

und 1950 zum Leiter der Nationalen Atomenergiekommission Argentiniens (CNEA) ernannte Oberst Enrique Gonzales nach einem geeigneten Standort. Dieser wurde mit der Insel Huemul in dem See Nahuel Huapi, nordöstlich der Stadt San Carlos de Bariloche, am Rande der Anden, gefunden. Dorthin wurden seine Forschungsaktivitäten verlegt, bis zur Einstellung des Programmes Ende 1952 dank negativer Beurteilung seiner Arbeiten durch eine nationale Untersuchungskommission. Peron hatte im März 1951 nach Gonzales' positiver Bewertung eines Testlaufes der Weltöffentlichkeit allzu optimistisch verkündet, dass der Fusionsreaktor liefe. Richter blieb den endgültigen Beweis schuldig, forderte zudem weitere Mittel für den Ausbau seiner Labore und den Aufbau eines größeren Reaktors. Der in politische Bedrängnis geratene Peron, der die finanzielle Unterstützung nur schwerlich beizubringen bereit war – nachdem sich kein internationaler Kooperationspartner hatte finden lassen –, distanzierte sich zunehmend von Richters Projekten, nachdem die kolportierten Resultate deutliche Skepsis in der Fachwelt hervorgerufen hatten.

Die ersten Experimente, die im Grunde eine erweiterte Fortsetzung seiner Aktivitäten während des Krieges darstellten, begannen am 18. April 1949 mit der Vollendung der Versuchsanlage für Lichtbögen in Cordoba, die bis zum 19. Oktober 1950 genutzt wurde und sich schon bald als zu klein erweisen sollte. Bereits im Juli 1949 war der Umzug nach Huemul genehmigt worden.

Ein erstes, großes, zylindrisches Reaktorgebäude ließ er dort dank Baumängeln ungenutzt wieder abreißen. Seine Experimente führte er dennoch in einer kleineren Reaktorstruktur in seinem neuen Labor durch.

Am 29. November 1950 nahm er die Anlage erstmalig in Betrieb. Schon am 02. August 1951 beschloss er den Neubau eines von ihm als „Prozessdaten-Reaktor" bezeichneten neuen Projektes mit höherer Leistung, dessen Inbetriebnahme am 21. Juli 1952 erfolgte, für den der bisherige weichen musste. Seine Reaktoren wurden später als „Thermotron" bezeichnet. Obwohl noch keine belastbaren Resultate hinsichtlich Funktion und Wirtschaftlichkeit vorlagen, begann Richter mit Perons Unterstützung mit der Planung eines Großreaktors in der Region des Flughafens von Bariloche bereits im Dezember 1951! Das Bauwerk wurde nie begonnen. Nachdem der Prozessdaten-Reaktor im August Schaden genommen hatte, wurde Anfang September mit der noch nicht wieder Instand gesetzten Anlage die Vorführung vor bereits erwähnter Kommission ergebnislos durchgeführt, was zu der negativen Beurteilung und zur Einstellung des gesamten Projektes im November führte – der Prozessdaten-Reaktor war nie richtig in Betrieb genommen worden.[111)]

Doch an was arbeitete Richter in Argentinien? Welches Fusionsprinzip hatte er ersonnen, mit dem er scheiterte?

Richters Vision war die stoßwelleninduzierte Kernfusion, also ähnlich dem bisher angesprochenen Prinzip, nur dass diese Stoßwellen nicht mit chemischen Sprengmitteln, sondern durch Lichtbögen, die gleichzeitig das Plasma bilden, eingeleitet werden sollten. Erreicht werden sollte dies durch extremste Hochstrom-Gasentladungen, bei der ein Lichtbogen zur Explosion gebracht und die dadurch entstehenden Schockwellen das Bogenplasma enorm aufheizen sollten. In den senkrecht stehenden Elektroden und quer dazu angeordneten Magnetpolen, ein Polkreuz bildend, zündete bei Entladung ein sich kugelförmig ausbildender Lichtbogen, das Plasma. Da das auf der Insel errichtete Kraftwerk eine zu geringe Ausgangsleistung für seinen Reaktor besaß, setzte er eine Kondensatorbatterie mit geringstmöglicher Induktivität als Ladungspumpe ein, die impulsartig mit hoher Frequenz eine wesentlich höhere Spannung für seine Kreuzpolentladung abgeben konnte. Zur weiteren Leistungssteigerung und -regelung war eine elektrische Drossel (induktiver Wandler) zwischengeschaltet; sie diente einerseits als Zwischenspeicher und zur Zündung von Lichtbögen durch Spannungssteigerung und andererseits auch zur Regulierung und Reduktion der Stromstärke (wahrscheinlich stammte daher die von Richter bevorzugte Bezeichnung „Bremsaggregat"[112)]). Die Kontrollierung der Stromstärke ist bei Lichtbögen wesentlich: Der durch Stoßionisation erzeugte Lichtbogen einer Gasentladung benötigt eine hohe Zündspannung – die folgende Entladung durch Ionisation kann bei unbegrenzter Stromzuführung die Einrichtung zerstören, da sich die Vorgänge explosionsartig ausbreiten.[113)] Hierbei entstehen in dem durch den Lichtbogen generierten Plasma hohe Temperaturen und Drücke, welche durch den Pinch-Effekt noch zunehmen. Die Initialzündung des Lichtbogens setzte

Richter mit eigenen Zündkondensatoren um, mit der Leistungszuführung der Drossel wurde dieser in seiner Wirkung maximiert. Der schnell ansteigende Strom unterlag zunächst dem Skin-Effekt:
Streng nach den Grundlagen der Elektrotechnik ist der Skin-Effekt nur bei hochfrequenten Wechselstromsystemen immanent.
Durch den mit hochfrequentem, starkem Strom beaufschlagte elektrische Leiter ist die Stromdichte im Randbereich des Leiters höher als in seinem Inneren: Die sich am Leiter bildenden elektromagnetischen Felder, die wesentlich für den Stromfluss sind, dringen nicht vollständig in diesen ein, was zur Folge hat, dass sich der Strom primär in den Wandungen des Leiters bewegt. Allerdings tritt er jedoch auch bei Plasmen schon mit sehr geringen Erregerfrequenzen auf, wenn es sich um eine induktive Kopplung durch Leistungsübertragung aus umliegenden oszillierenden Magnetfeldern handelt. Durch sie wird das Gas zunehmend ionisiert, aber nicht mehr homogen, sondern an dessen radialer Außenkante, wobei im dortigen Randbereich auch die Plasmatemperatur steigt.114)
Dies gilt sinngemäß auch für den hier zu betrachtenden plasmagenerierenden Lichtbogen, bei dem der Strom in die Außenwand des Plasmas gedrängt und durch Richters umliegende Elektromagnete beeinflusst wird. Ist die Entladung der Kondensatoren nahezu erreicht und ihr Stromanstieg flacht ab, überwiegt der Pinch-Effekt, d. h. die Selbstkontraktion des Plasmas, das bei Erreichen des Strommaximums nun implosionsartig zusammenbricht – was die Schockwellen hervorruft. Die sich im Plasma befindlichen Atomkerne werden somit schlagartig komprimiert und können miteinander reagieren. Die Richters Plasma radial umgebenden Elektromagnete hätten auf den Lichtbogen theoretisch in zweierlei Weise manipulativ einwirken können:
Grundsätzlich ist dies möglich, da der Lichtbogen elektrisch geladen und somit durch Magnetfelder manipulierbar ist. Zum einen können die Magnetfelder dem Lichtbogen während der ersten Phase überwiegend zur Generierung des Skin-Effektes dienen; zum anderen hätten die Magnetfelder in dem Moment der durch den Pinch-Effekt verursachten Kollabierung des Lichtbogens diesen zusätzlich zusammendrücken, also komprimieren können.

Als Entladungsgas war bei Richter Deuterium vorgesehen, in das der Fusionsbrennstoff injiziert werden sollte. Durch die stoßweise Entladung der Kondensatorbank vor der Drossel war ein stationärer Betrieb nicht möglich – Richter bezeichnete es treffenderweise als „Einzel-Explosionsverfahren".115) Die Details seiner Konstruktion liegen leider im Dunkeln der Geschichte, da Richter die Verfahrensweise, die er mit seiner Schaltung anstrebte, der Nachwelt nicht hinterlassen hat und diese nur anhand elektrotechnischer und physikalischer Grundlagen annähernd rekonstruiert werden kann; einiges bleibt spekulativ. Ob er mit der von ihm ersonnenen Einrichtung jedoch die für eine Fusion notwendige „Zündtemperatur" in seinen Plasma-Eruptionen erreichen konnte, wird angezweifelt.116)
Welche Reaktionen wollte er mit seinem Reaktor hervorrufen?
Schon vor Beginn seiner Experimente in Argentinien hatte er einen mit Neutronenüberschuss arbeitenden Reaktionszyklus mit Lithium entwickelt:

n + Li6 → He4 + T
T + T → He4 + 2n
Li6 + T → 2He4 + n117)

(Man beachte die Analogie zu dem von Ulrich Jetter entdeckten Zyklus.)
Neben der „Reaktionsasche" Helium (He4) entstehen Neutronen und γ-Strahlung.
Sein Ziel war es, derartige Reaktionen mit detonierenden Lichtbögen in Deuteriumgas zu zünden. Zur Auslösung derartiger Kettenreaktionen leichter Kerne kam natürlich auch die Neutronenstrahlung eines Uranreaktors in Betracht, Richter bevorzugte jedoch seine eigene Konzeption.
Um hierbei nicht in einer unkontrollierbaren thermonuklearen Reaktion zu enden, müssten Masse und Volumina des Fusionsbrennstoffes so klein wie möglich gehalten werden, was mit extrem starken Magnetfeldern umsetzbar wäre – die bei Richters Reaktor allerdings nicht aufzufinden sind.
Anfangs verwendete er Lithiumhydrid, erst ab 1951 erfolgten die Arbeiten mit Deuterium. Offenbar erkannte er jetzt, dass seine auf Neutronen basierte Lithiumspaltung in letzter Konsequenz eine Kettenreaktion un-

kontrollierbaren Ausmaßes auslösen würde und korrigierte sich dahingehend, die neutronenfreie Lithiumreaktion auf Protonbasis anwenden zu wollen.
Folgende Reaktionen sind hierbei denkbar:

$$\begin{array}{l} p + Li6 \rightarrow He4 + He3 \\ \uparrow \qquad\qquad\qquad \downarrow \\ p + He4 \leftarrow D + He3 \end{array}$$
[118), 119)]

oder

$$\begin{array}{l} p + Li6 \rightarrow He4 + He3 \\ \uparrow \qquad\qquad\qquad \downarrow \\ 2p + He4 \leftarrow He3 + He3 \end{array}$$
[118)]

oder

$$\begin{array}{l} p + Li6 \rightarrow He4 + He3 \\ \uparrow \qquad\qquad\qquad \downarrow \\ p + 2He4 \leftarrow Li6 + He3 \end{array}$$
[119)]

Da bei diesen Reaktionen keine Neutronen, sondern ausnahmslos elektrisch geladene Kerne zum Tragen kommen, eignen sie sich für den magnetischen Einschluss. Jedoch werden bei Einsatz von Deuterium als Folge unerwünschter D + D-Reaktionen im Plasma sowohl Tritium als auch Neutronen erzeugt, die wiederum miteinander reagieren können. Als „sauberer" Ausweg kommen die deuteriumfreien Reaktionen in Betracht,[120)] für die nun aber eine wesentlich höhere Zündtemperatur notwendig ist. Im direkten Vergleich zu den neutroneninduzierten Reaktionen oder den Produkten der Deuteriumreaktion besitzen die von beiden „Reaktanten" befreiten Abläufe ein um ein Vielfaches reduziertes radiotoxisches Gefährdungspotential für die Biosphäre.
Am 16. Februar 1951 ließ Richter erstmals Li6 in sein reines Wasserstoffplasma injizieren, anschließend in eines aus Deuterium. Bei ersterem Ver-

such will er He3 als Resultat der p + Li6-Reaktion nachgewiesen haben; beim zweiteren eine schnell anwachsende Neutronenvermehrung. Beides sei nach Richter als das Ergebnis einer anlaufenden Kernfusion zu werten. Die vor Oberst Gonzales wiederholten Versuche waren ausschlaggebend für Perons legendäre Presseerklärungen, man habe die Fusion erfolgreich geschafft.[121)] Einer Erweiterung und Vergrößerung von Richters Versuchsanlagen in Gestalt seines von ihm „Prozessdaten-Reaktor" genannten Projektes war zwar noch zugestimmt und es realisiert worden, allerdings mehrten sich bei den Verantwortlichen bereits die Zweifel an der wirtschaftlichen Umsetzbarkeit seiner Visionen. Eine entsprechende Demonstration seiner neu errichteten Anlage vor einer Prüfungskommission scheiterte durch die bei jeder neuartigen Installation auftretenden Kinderkrankheiten. Für Richters Finanziers bedeutete dies jedoch das endgültige Aus seines Projektes.[122)] Ob es mangelndes physikalisches Verständnis der zuständigen argentinischen Administratoren, die mangelnde Finanzmittelbeschaffung, der Einfluss der USA (welche eigens Experten zu den letzten Experimenten entsandt hatten) oder eine Kombination aus allen Varianten war, die zur endgültigen Einstellung dieser Versuchskonzeption führten, sei dahingestellt.

Allerdings hätte das Scheitern Richters nicht zwangsläufig das Ende des von ihm eingeschlagenen Weges bedeuten müssen – wie es denn auf der Basis der p-Li-Reaktionsketten und der Variante des magnetischen Trägheitseinschlusses durch implodierende Lichtbögen tatsächlich geschah. Forschungsaktivitäten auf diesem Gebiet liefen in Folge eher marginal im Hintergrund unter weitgehendem Ausschluss der etablierten Kernphysik ab. Als Beispiele seien der Vollständigkeit halber die Aktivitäten folgender Wissenschaftler genannt:
Die von Dr. Ing. Paul-Jürgen Hahn auf Basis von Richters Forschungen durchgeführten Experimente mittels Stoßentladung Schockwellen in Plasmen zu erzeugen.[123)] Zahlreiche Patente von Prof. Dr. Albert George Fischer über seinen Entwurf eines pulsierenden D-Li-Reaktors[124)], auf Richters Arbeiten fußend – bereits 1956, wenige Jahre nach Richters Scheitern –, der sich auf einen periodisch arbeitenden D-D-Reaktor be-

zog.[125]) Ebenfalls beschäftigte sich der zeitweise für die deutsche Bundesregierung tätige Dipl. Ing. Heinz Werner Gabriel[126]) mit alternativen Reaktorkonzepten, die auf Richters Grundlagen thermonuklearer Prozesse durch D-Li- und p-Li-Reaktionen basieren.[127])

Die Arbeiten Richters haben streng genommen mit der Ausgangsthematik dieses Werkes nur wenig gemein. Sie sollten aber nicht ausgelassen werden, da sie eine interessante wissenschaftliche Retrospektive über die thermonuklearen Anwendungsbereiche des Lithium, insbesondere der Deuterium- und Protium-Reaktionsketten darstellen. Aus diesem Grunde kehren wir im folgenden Kapitel noch einmal zu Roland Richter zurück.

2.4.6 Woran arbeitete Robert Rompe?

Robert Wilhelm Hermann Rompe war ein deutscher Physiker, der politisch dem Kommunismus nahestand – was ihm während des Dritten Reiches trotz wiederholter Verhaftungen (der Verdacht der Spionage konnte zwar nicht nachgewiesen werden, allerdings engagierte er sich heimlich im kommunistischen Widerstand, verübte Industriespionage für die KPD und stand in Kontakt mit dem sowjetischen Militärnachrichtendienst GRU) nicht zum Verhängnis wurde. Innerhalb dieser Ära war er bis Kriegsende bei der OSRAM KG tätig. Nach seinen Forschungen auf dem Gebiet der Lichtbogen-Gasentladungslampen dort galt er gemeinsam mit Max Steenbeck als einer der führenden Wissenschaftler in der Plasmaphysik im deutschen Raum und gilt heute als Erfinder der Quecksilber-Höchstdrucklampe. Parallel beschäftigte ihn von 1939 bis 1945 das Kaiser-Wilhelm Institut für Hirnforschung. Da sich in diesem Institut ein – wie bei Kurt Diebners Forschungsgruppe des Heereswaffenamtes unter der Leitung Erich Schumanns – identischer Kaskaden-Generator zur Atomkernumwandlung befand, der gemeinsam mit der Forschungsabteilung des OSRAM-Gründungskonzerns, den Auer Werken, betrieben wurde, erhielt er auf diesem Wege den Kontakt zu den Arbeiten der Kernphysik, in die er ansonsten nicht involviert zu sein schien.

Unmittelbar nach dem Krieg trat er quasi die Nachfolge Schumanns im II. Physikalischen Institut der Humboldt-Universität Berlin an (welches eigens für wehrwissenschaftliche Forschungen von Schumann eingerichtet worden war). Einen Teil des kriegsbedingt in den Harz evakuierten Aktenbestandes, der die militärwissenschaftlichen Forschungen des Institutes beinhaltete, konnte er zurückführen. Mangels Evidenz lässt sich allerdings nicht mehr sagen, welchen Einfluss der Inhalt dieser Papiere auf seine folgenden Arbeiten hatte. Er belegte wissenschaftliche Führungspositionen innerhalb der neuen SBZ und der späteren DDR und hatte eine Position im Parteivorstand der SED inne. (Auf seine politischen Dissonanzen mit dem DDR-Regime soll an dieser Stelle nicht eingegangen werden.)
Kurz nach der Gründung der DDR insistierte er in dessen regierenden Institutionen, auf dem Gebiet der Kernphysik aktiv zu werden. Dank seiner Intervention wurde der ehemalige Mitarbeiter der Reichspost, Dr. Georg Otterwein, im Auftrag der Akademie der Wissenschaften erneut mit der Errichtung eines Kernphysikalischen Institutes auf dem Terrain des ehemaligen Reichspostforschungsinstitutes in Miersdorf im November 1950 beauftragt.128) Rompe veranlasste, ausgehend von seinen von ihm initiierten Forschungen der Kernfusion, 1957/58 die Neugründung der „VEB Physikalische Werkstätten, Berlin-Rahnsdorf" – deren praktische Aktivitäten aus räumlichen Gründen und Erwägungen der Geheimhaltung nach Falkenhagen verlagert wurden.129) Dort war während des Krieges auf Geheiß Erich Schumanns unter dem Tarnnamen „Seewerk" eine verbunkerte Fabrikationsstätte für die dislozierte Produktion einer äußerst reaktionsfreudigen Chlor-Fluorid-Verbindung, „N-Stoff" genannt (der Anwendung als Kampfstoff und hypergoles Brandmittel und Raketentreibstoff finden sollte, was ihm aber wegen seiner schwierigen Handhabung verwehrt blieb), errichtet worden. Diese sollte später der Sarin-Produktion dienen. Zum Abschluss der notwendigen Umbau- und Erweiterungsmaßnahmen ist es jedoch nicht mehr gekommen.130) Die VEB Physikalische Werkstätten bezogen dort nicht das vom Militär okkupierte Hauptwerk, sondern den zur Infrastruktur gehörigen Hangbunker am Schwarzen See, der ursprünglich die wissenschaftlichen Institute des Seewerks beheimatete. Aufgrund seiner soliden Stahlarmierung wirkte dieser wie ein faradayscher

Käfig, so dass sich die elektromagnetischen Emissionen auf die Umgebung der anvisierten plasmaphysikalischen Experimentieranlagen stark reduzierten. Ab 1959 folgte der Bezug der Einrichtungen, die 1963 mit dem Institut aus der VEB herausgelöst und der „Akademie der Wissenschaften" übereignet wurden.

Einer der Forschungsschwerpunkte dieser VEB wurde in jenen Jahren die Kernfusion. Das hierzu ein Hochtemperaturplasma benötigt würde, war den Wissenschaftlern um Rompe trotz der restriktiven Geheimhaltung der Siegermächte auf diesem Gebiet bewusst. Allerdings schienen sich die Beteiligten über den sie erwartenden exorbitanten Forschungsaufwand einer kontrollierten thermonuklearen Fusion nicht ganz im Klaren gewesen zu sein – das DDR-Regime ließ ab 1966 die monolateralen Arbeiten allmählich beenden.131)

Zwei wesentlichen Forschungsschwerpunkten hatte man sich in jenen Jahren zugewandt:

In einem mit dem Titel „Sphärotron" bezeichneten Projekt sollten im Brennpunkt einer symmetrischen evakuierten Edelstahlkugel mit einem Durchmesser von 1,5 m Fusionsreaktionen durch Beschuss eines Targets, das Deuterium oder Tritium enthielt, mit hochenergetischen beschleunigten Ionen hervorgerufen werden. Die ionengenerierenden Stoß-Kondensatoren waren – igelartig auf den Brennpunkt ausgerichtet – auf der Hohlkugel angeordnet. Dies bedurfte allerdings vorausgehend umfangreiche Forschungen auf den Gebieten der Hochvolt-Stoßstrom-Kondensatoren, Ionenquellen und der Vakuumtechnik.132) Zu diesen in den Bereichen der Hochvolt-Entladungsstrecken und Ionenquellen dürfen die schriftlichen Abhandlungen Rompes zu diesem Thema nicht unbeachtet gelassen werden, zeigen diese doch, inwieweit er sich in die Materie vertieft hatte.133)

Das zweite Großprojekt war die „Adiabatische Impuls-Kompressions-Apparatur AIKA". Grundlage war die schlagartige Kompression eines Hochstrom-Lichtbogens nach der Art von Prof. Dr. Wolfgang Finkelnburg.134) Dieser wurde quer zur Achse eines evakuierten Rohres gezündet, in dem ein möglichst explosionsartig beschleunigter Kolben das Plasma des Lichtbogens adiabat komprimieren und dadurch stark überhitzen und verdichten sollte. In einem Modellversuch war das Konzept mit einem mit

Schießpulver betriebenen Kolben experimentell auf seine Umsetzbarkeit hin verifiziert worden. Nach dem an dem Projekt ab 1961 beteiligten Dr. Hofmann gestaltete sich dieser Alleingang der DDR durch Engpässe in der Materialbeschaffung als problematisch. Die notwendigen Kapazitäten für die Realisierung der mit Druckgas betriebenen AIKA-Testanlage waren nicht ohne weiteres verfügbar. Obgleich die Projekte 1966 offiziell endeten, wurden die Baugruppen der AIKA-Testanlage und das experimentelle Modell 1972 vom Zentralinstitut für Elektronenphysik der ADW Berlin übernommen und die Forschung bis 1986 fortgesetzt. Allerdings waren die auf mechanischem Wege erreichten impulsartig komprimierten Plasmen trotz respektabler Ergebnisse, die auf dem Sektor der Materialforschung Nutzen fanden, für die Kernfusion ungeeignet. Nicht umgesetzt werden konnte die Auslegung der Lichtbogenstrecke nach Roland Richter: zur Widerstandserhöhung des Lichtbogens transversale Magnetfelder und zur Deckung des gesteigerten Spannungsbedarfs (zur Aufrechthaltung des Bogens während der Kompression) die Zwischenschaltung einer induktiven Hochstromdrossel.135)

Diese Kurzdarstellung von Rompes Aktivitäten in Richtung der Kernfusion – sowohl als wissenschaftlicher Nachfolger an Erich Schumanns Institut als auch am Institut in Miersdorf – legen indiziell die Vermutung nahe, dass er sich die dort vorhandenen wissenschaftlichen Erkenntnisse zunutze machte, insbesondere unter der Bezugnahme auf die Rückführung von Teilen der Aktenbestände in Winkhaus' Institut. Daraus kann die Hypothese abgeleitet werden, dass Teile seiner eigenen Arbeiten auf dem Wissen seiner Vorgänger beruhten.

2.5 Fusion Star – der elektrostatische Trägheitseinschluss

In diesem Abschnitt befassen wir uns mit einer alternativen Methode zur Einleitung von Fusionsreaktionen, dem elektrostatischen Trägheitseinschluss (Inertial Electrostatic Confinement – IEC). Dieses Verfahren dient der Erzeugung von niedrig- bis hochenergetischen Neutronen für forschungs- als auch industrielle Zwecke, wobei in dem wissenschaftlichen Kontext der Forschung auch die mögliche militärische Anwendung zu implizieren ist. Die internationalen Entwicklungen der Grundlagen begannen bereits in den Nachkriegsjahren und liegen somit in dem zeitlichen Fenster der Ära Strauß, obwohl der eigentliche „Fusion Star"-Neutronengenerator erst sehr viel später konstruiert wurde.

Das Projekt „Fusion Star" wurde von 1996 bis 2001 durch die DaimlerChrysler Aerospace auf dem Testgelände der heutigen EADS Space Transportations – ehemaliges Versuchsgelände der Deutschen Forschungsanstalt für Luftfahrt (DFL) – im niedersächsischen Trauen durchgeführt. In Trauen war durch den uns bereits bekannten Eugen Sänger ab 1936 als Außenstelle der DFL in Braunschweig-Völkerrode ein Versuchsgelände mit Prüfständen zur Entwicklung von Raketentriebwerken eingerichtet worden. Obwohl Sänger seine dortigen Arbeiten 1942 einstellen musste, wurden die Experimente mit seinen Triebwerken noch bis in den Herbst 1944 fortgesetzt. Die Briten übernahmen die unversehrt gebliebene Forschungseinrichtung bei Kriegsende und zerstörten sie gemäß den Potsdamer Beschlüssen. Die praktische Raketenforschung blieb im Nachkriegsdeutschland bis in die 50er Jahre untersagt, erst dann trat eine Lockerung der restriktiven alliierten Reglements ein. Initiator der westdeutschen Raketenforschung war der aus Frankreich zurückkehrende Eugen Sänger. Nachdem alle wesentlichen Wissenschaftler auf diesem Gebiet entweder in die USA oder die UdSSR geholt worden waren, versuchte Frankreich sich ebenfalls mit deutschen Forschern auf diesem Sektor zu etablieren – analog ihren Bestrebungen in der Kernphysik. Es gelang, die Triebwerksforschung und -entwicklung dank des vorhandenen Basiswissens in der BRD zu installieren. Zwei Standorte kristallisierten sich zur Aufnahme derartiger Forschung dank der beteiligten Unternehmen schließlich heraus: Lampoldshausen in Baden-Württemberg, das durch seine Nähe zur französischen Grenze am ehesten prädestiniert schien und der bereits vorhandene Standort der DFL in Trauen. Während sich letztendlich das später gegründete Testzentrum für Orbitalantriebe Lampoldshausen in der Triebwerksforschung und -entwicklung etablieren konnte und sich für die

Raketentriebwerke des gesamten Ariane-Programms bis heute verantwortlich zeigt, wurde in Trauen eine neue Versuchsanstalt für kleinere, hypergol betriebene Triebwerke, einschließlich Prüfständen, errichtet. Während die eigentliche Triebwerksforschung schließlich in Süddeutschland konzentriert wurde, verblieben einzelne Komponentenentwicklungen, wie z. B. für Satelliten, vor Ort. Aufgrund der sich allmählich ergebenden hervorragenden wissenschaftlichen Kompetenzen der Versuchsanstalt wurden auch artfremde Aufträge bearbeitet, was die Einrichtung in Kontakt mit der Kernphysik brachte. So wurden hier Hochleistungszentrifugen für die Urananreicherung entwickelt und erprobt. Das führte schließlich zur Entwicklung, Konstruktion und Erprobung des „Fusion Star".136)

Doch was verbirgt sich hinter dem „Fusion Star"? Ein auf Fusionsreaktionen basierender Neutronengenerator, bei dem die Kernfusion von D + D oder D + T mittels Hochspannung elektrostatisch hervorgerufen wird. Das Verfahren geht auf den amerikanischen Fernsehtechniker Philo Taylor Farnsworth zurück, der sich mit der Entwicklung und Verbesserung der Kathodenstrahlröhren befasste. Anfang der 50er Jahre, nachdem seine Firma durch die International Telephone and Telegraph Corporation (der heutigen ITT Inc.) übernommen worden war, widmete er sich den damals populären Themen der Kernphysik – speziell der Fusion. Anfang der 60er präsentierte er einen zylindrischen Apparat, der gegen Ende des Jahrzehnts durch Robert L. Hirsch eine wesentliche Verbesserung erfuhr – nun war die Anlage kugelsymmetrisch. Tatsächlich konnten mit dem nun „Fusor" genannten Konstrukt Fusionsreaktionen nachgewiesen werden.137)

Doch wie funktioniert dieses Konzept? Deuterium- oder Tritium-Ionen, die durch ein elektrisches Feld innerhalb eines sehr kleinen Volumens konzentriert sind, werden von außen durch weitere Ionen gleicher Art (D oder T) beschossen. Treffen sie aufeinander, können sie fusionieren. Die Wahrscheinlichkeit einer Fusionsreaktion auf diesem Wege steigt mit zunehmender Spannung der die „Geschoss"-Ionen generierenden Beschleuniger. Mittels dieses Verfahrens, also mit der durch das Ladungspotential zweier gleichgepolter Teilchen hervorgerufenen Abstoßungskraft, lässt sich die bereits weiter oben angesprochene Coulomb-Barriere leichter

überwinden als durch ein Hochtemperaturplasma beim magnetischen Einschluss. Vereinfacht dargestellt wird also ein Deuterium- oder Tritium-Ion mit Wucht auf ein ruhendes Deuterium- oder Tritium-Ion geschossen (während bei der in diesem Werk hauptsächlich betrachteten ICF die Deuterium- oder Tritiumkerne durch Kompression aufeinandergepresst werden). Das Prinzip ähnelt sehr den anfänglichen Beschleunigern, wie denen von Cockroft und Walton, nur dass mit dem Farnsworth-Hirsch-Fusor eine höhere Fusionsausbeute möglich ist und ein quasi stationärer Betrieb erreicht werden sollte. Letzteres blieb Illusion, allerdings gelang es durch sich stetig wiederholende Entladungen, einen periodisch gepulsten Betrieb zu ermöglichen.[138)] Das Konzept eignet sich bislang nicht für die Umsetzung mit einer exothermen Energiequelle – eines Fusionsreaktors als Kraftwerk –, wenn auch in diese Richtung weiterhin geforscht wird. Vielmehr stellt der Fusor eine leistungsstarke und im Aufbau vergleichsweise simple Konstruktion zur Erzeugung niedrig- wie hochenergetischer Neutronen mit hoher Ausbeute dar.
Zurück zu Philo Farnsworth und Robert Hirsch. Die Ideen zur Realisierung ihres Fusors ließen sie sich wiederholt patentieren.[139)] Hirsch realisierte einen Fusor mit sechs Ionenkanonen, die sternförmig um die Kugel angeordnet waren. Mit einer anliegenden Spannung von 150 kV gelang ihm der Nachweis von fast 10^{10} n pro Sekunde durch D + T-Fusion.[140)] Anstelle der umliegenden Beschleuniger – der Ionenkanonen – konstruierte Hirsch eine vereinfachte Variante des Konzeptes: Da die inneren Target-Ionen durch ein elektrisch geladenes kugelförmiges Gitter, der Kathode, in Position gehalten wurden, umschloss er dieses durch eine größere gitterförmige Kugel. Diese diente als weitere Elektrode und stieß durch das Anlegen starker Hochspannung durch Glimmentladung die gewünschten Ionen ab.
Unter einer „Glimmentladung“ versteht man eine Gasentladung zwischen zwei an einer Hochspannungsquelle angeschlossenen Elektroden (den Vorgang der Stoßionisation bei Gasentladungen haben wir bereits gesehen).
Bei späteren Konfigurationen wurden beide Variationen zur Leistungssteigerung gekoppelt. Neben der parallel verlaufenden weiteren Entwick-

lung der zylindrischen Variante wurde die sphärische Auslegung dadurch verbessert, dass man in die äußere Gitterkugel-Elektrode Öffnungen für den Ionenstrahl aussparte. Ursächlich war nicht allein der Gedanke der Leistungssteigerung des Fusors, sondern dies hatte einen ganz pragmatischen Hintergrund. Es galt die Kathodenzerstäubung, das so genannte „Sputtern", zu reduzieren. „Sputtern" bezeichnet einen Vorgang, bei dem durch Bestrahlung mit energiereichen Ionen wiederum Atome aus einem Festkörper, in diesem Fall die gitterförmigen Elektronen, herausgelöst werden. Dadurch erodieren die Elektroden allmählich. Diese Konfiguration wurde als „Star" Methode bezeichnet, da die Ionenstrahlen sternförmig auf das Konvergenzzentrum mit den Target-Ionen gerichtet sind.[141] Hieraus leitet sich der Name „Fusion Star" ab. Ausgehend von den neueren Forschungsaktivitäten der Universitäten von Wisconsin und Illinois, von Gerry Kulcinski und George Hunter Miley, auf dem Gebiet der IEC in den 90ern, mit dem Ziel, mittels IEC einen simpleren und weniger kostenintensiven Fusionsreaktor als das Tokamak-Prinzip (ITER) zu verwirklichen, nahm sich John Sved, ein Experte auf dem Gebiet der IEC bei Daimler-Chrysler Aerospace, der Sache an. Ziel seiner Arbeiten bei Daimler war es, einen Fusor nach der Star-Methode als industriell nutzbare Neutronenquelle zu konstruieren. Ein Kurswechsel in der Firmenphilosophie bei Daimler, einhergehend mit der Trennung der unglücklich verlaufenden betriebswirtschaftlichen Liaison mit Chrysler, führte zur Einstellung des Projekts 2001. Das Konzept führte jedoch zur ersten kommerziellen Nutzung der Kernfusion.[142] Die praktischen Versuche fanden von 1996 bis 2001 in Trauen statt. Dabei absolvierte eine der diversen Fusorkonfigurationen einen achtmonatigen 24-stündigen Dauertest. Offiziell wurden die Tests aus mangelnder ökonomischer Perspektive und Problemen in der Neutronenausbeute eingestellt. Die wissenschaftlichen wie technischen Errungenschaften der Forschungen sowie die weiteren Arbeiten an den Anlagen wurden daraufhin unter der Federführung der Physikalisch-Technischen Bundesanstalt in Braunschweig fortgesetzt.[143] Dennoch scheinen veritable Ergebnisse erzielt worden zu sein. Tatsächlich resultierte aus jenem Projekt ein praktikabler, industriell anwendbarer Neutronengenerator. Der „Fusion Star" ist in der Lage, 5×10^6 2,45 MeV oder $1{,}6 \times 10^8$ 14 MeV Neutronen zu emittieren.[144]) John Sved realisierte als Projektmanager die von ihm entwickelten Neutronengeneratoren während seiner Tätigkeit bis 2016 bei NSD-Gradel-Fusion-Sondermaschinenbau in Luxemburg.[145]), [146])

Die drei vorausgehenden Abschnitte (Richter, Rompe, „Fusion Star“) stehen streng genommen mit der eigentlichen Kernthematik dieses Werkes in keinem direkten Zusammenhang. Jedoch reflektieren diese sowohl das bereits erreichte Niveau des Wissensstandes der Kernfusion als auch die Ambitionen und Visionen, diese zu realisieren. Doch stellen sie interessante Forschungsansätze in die Richtung der durch Hochdruckkompression initiierten Kernfusion (ICF) dar – nur mit anderen Mitteln.

---

1) Günter Nagel: Atomversuche in Deutschland – Geheime Uranarbeiten in Gottow, Oranienburg und Stadtilm, Heinrich-Jung-Verlagsgesellschaft. Derselbe: Wissenschaft für den Krieg – Die geheimen Arbeiten der Abteilung Forschung des Heereswaffenamtes, Stuttgart, 2012, Franz Steiner Verlag.

2) Rainer Karlsch: Hitlers Bombe, München, 2005, Deutsche Verlags-Anstalt (HINWEIS: Dies bezieht sich bei dieser Quelle explizit auf die erste Hälfte dieses Werkes). Rainer Karlsch, Zbynek Zeman: Urangeheimnisse – Das Erzgebirge im Brennpunkt der Weltpolitik 1933–1960, Berlin, 2007, Christoph Links Verlag.

3) Helmut Maier: Gemeinschaftsforschung, Bevollmächtigte und der Wissenstransfer – Die Rolle der Kaiser-Wilhelm-Gesellschaft im System kriegsrelevanter Forschungen des Nationalsozialismus, Göttingen, 2007, Wallstein Verlag. Derselbe: Rüstungsforschung im Nationalsozialismus – Organisation, Mobilisierung und Entgrenzung der Technikwissenschaften, Göttingen, 1998, Wallstein Verlag.

4) Matthias Küntzel: Bonn und die Bombe – Deutsche Atomwaffenpolitik von Adenauer bis Brandt, Frankfurt, New York, 1992, Campus Verlag, S. 19 ff.

5) Ebd., S. 21.

6) Ebd., S. 25.

7) Ebd., S. 27.

8) Roland Kollert: Die Politik der latenten Proliferation – Militärische Nutzung „friedlicher“ Kerntechnik in Westeuropa, Kapitel 3: Atoms for Peace – Atom-Außenpolitik und Proliferation, Wiesbaden, 1994, digital-elektronische Ausgabe

März 2017, Deutscher Universitätsverlag – Gabler Vierweg Westdeutscher Verlag, S. 79.

9) Matthias Küntzel: Bonn und die Bombe – Deutsche Atomwaffenpolitik von Adenauer bis Brandt, Kapitel 1: Adenauer und die Bombe, Frankfurt, New York, 1992, Campus Verlag, S. 29 ff.

10) Ebd., S. 32

11) Ebd., Kapitel 6: Euratom-Streit, S. 209 ff.

12) Ebd., Kapitel 7: Die Ratifizierung, S. 235 ff.

13) Ebd., Kapitel 8: Sperrvertrag und BRD – Eine Bilanz, S. 264.

14) Dieser Absatz beruht auf einer Zusammenfassung des Artikels: „Das forschungspolitische Umfeld" aus der Entstehungsgeschichte des IPP. Online über die Homepage des Max-Planck-Instituts für Plasmaphysik abrufbar.

15) Roland Kollert: Atomtechnik als Instrument westdeutscher Nachkriegs-Außenpolitik – Die militärische-politische Nutzung „friedlicher" Kernenergie in der Bundesrepublik Deutschland, hrsg. von der Vereinigung Deutscher Wissenschaftler, Berlin, 2000, elektronische Version 2002, S. 27.

16) Ebd., S. 28.

17) Paul Schmidt: Periodisch wiederholte Zündungen durch Stoßwellen, in: Arbeitsgemeinschaft für Forschung des Landes Nordrhein-Westfalen, Heft 82, 1959, Springer Fachmedien Wiesbaden. Zudem verfasste er mehrere Patente zu diesem Thema.

18) Roland Kollert: Atomtechnik als Instrument westdeutscher Nachkriegs-Außenpolitik – Die militärische-politische Nutzung „friedlicher" Kernenergie in der Bundesrepublik Deutschland, hrsg. von der Vereinigung Deutscher Wissenschaftler, Berlin, 2000, elektronische Version 2002, S. 31.

19) Ebd., S. 32.

20) Günter Nagel: Wissenschaft für den Krieg – Die geheimen Arbeiten der Abteilung Forschung des Heereswaffenamtes, Stuttgart, 2012, Franz Steiner Verlag, S. 449 ff.

21) Friedwardt Winterberg: Release Of Thermonuclear Energy By Inertial Confinement, The Ways Towards Ignition, Singapur, 2010, World Scientific Publishing, im Preface.

22) Friedwardt Winterberg: The Physical Principles of Thermonuclear Explosive Devices, University of Nevada, Fusion Energy Foundation, New York, 1981. Und Quelle 20).

23) Ebd., Kapitel 14: The Question of Nonfission Ignition, S. 94.

24) Die Rayleigh-Taylor-Instabilität beschreibt eine hydrodynamische Störung an der Grenzfläche zweier aufeinandertreffender Fluide mit unterschiedlicher Dichte. In diesem Fall betrifft es das durch Implosion beschleunigte und einen quasi

fluiden Zustand einnehmende Schichtmaterial, das auf den gasförmigen oder plasmaartigen Kern trifft. Dabei verliert der sphärische Körper seine simultane Imposon und komprimiert asymmetrisch, d. h. er verliert seine Kugelform und kann bizarre Geometrien gleich einer willkürlich zerdrückten Kugel aus Knetmasse einnehmen. Dieser Vorgang reduziert die Verdichtung des inneren Fusionsstoffes.

25) Friedwardt Winterberg: Release Of Thermonuclear Energy By Inertial Confinement, The Ways Towards Ignition, Kapitel 5: Shock and Compression Wales, Singapur, 2010, World Scientific Publishing, S. 108 ff. und 123 f.

26) Ebd., Kapitel 8: Non Fission Ignition, S. 211 f.

27) Friedwardt Winterberg: The Physical Principles of Thermonuclear Explosive Devices, Kapitel 14: The Question of Nonfission Ignition, University of Nevada, Fusion Energy Foundation, New York, 1981, S. 80.

28) Ebd., Kapitel 15: Thermonuclear Microexplosions, S. 104.

29) Impulsgeneratoren können beispielsweise die Bauform von Marx-Generatoren (bei denen der elektrische Impuls durch gleichzeitige Entladung in Reihe geschalteter Kondensatoren erfolgt) oder eines besser geeigneten Flusskompressionsgenerators (bei dem ebenfalls ein aus Kondensatoren gespeister, stromdurchflossener Leiter – eine Spule – pyrotechnisch komprimiert wird; dabei entstehen durch Kompression des Magnetfeldes, das sich dabei durch die auf es einwirkende mechanische Arbeit verdichtet, wobei dessen Feldstärke extrem zunimmt, starke Impulsströme) einnehmen.

30) Friedwardt Winterberg: The Physical Principles of Thermonuclear Explosive Devices, Kapitel 17: Some Recent Developments, University of Nevada, Fusion Energy Foundation, New York, 1981, S. 127.

31) Ebd., Kapitel 14: The Question of Nonfission Ignition, S. 80 (die vorangegangenen Punkte 26, 27 und 29, 30 finden sich auch wieder in: Friedwardt Winterberg: Release Of Thermonuclear Energy By Inertial Confinement, Kapitel 5: Shock and Compression Waves und 8: Non Fission Ignition, Singapur, 2010, World Scientific Publishing).

32) Friedwardt Winterberg: The Physical Principles of Thermonuclear Explosive Devices, Kapitel 14: The Question of Nonfission Ignition, University of Nevada, Fusion Energy Foundation, New York, 1981, S. 83, sowie in ders.: Release Of Thermonuclear Energy By Inertial Confinement, Kapitel 5: Shock and Compression Waves (S. 124) und Kapitel 6: Thermonuclear Ignition and Burn (S. 159), Singapur, 2010, World Scientific Publishing.

33) Friedwardt Winterberg: Release Of Thermonuclear Energy By Inertial Confinement, Kapitel 7: , University of Nevada, Fusion Energy Foundation, New York, 1981, S. 206 f.

34) Ebd., Kapitel 6: Thermonuclear Ignition and Burn, S. 167 ff.
35) Ebd., Kapitel 8: Non Fission Ignition, S. 307.
36) Friedwardt Winterberg: „Apparatus and Method for Ignition of High-Gain Thermonuclear Microexplosions wich Electric-Pulse-Power“, Patent US2008/0112527 A1, 27.12.2006, USA; CA2523057 A1, 23.04.2004, Kanada (durch magnetische Kompression und Hochspannungsentladung wird eine gekoppelte Fission-Fusionsreaktion hervorgerufen); ders.: „Verfahren zur Konzentration und zeitlichen Fokussierung von intensiven Ionenstrahlen zur kontrollierten Freisetzung von Kernenergie und zur Erzeugung ultrahoher Drücke“, Patent 2515180, 08.04.1975, BRD.
37) Friedwardt Winterberg: Release Of Thermonuclear Energy By Inertial Confinement, Kapitel 8: Non Fission Ignition, University of Nevada, Fusion Energy Foundation, New York, 1981, S. 270, ebenso in „Method for the Release of Thermonuclear Energy Combining Impact, Magnetic and Inertial Confinement Fusion“, Patent 4435354, 14.10.1980, USA. Ergänzend dazu „Verfahren zur Zündung von thermonuklearen Mikroexplosionen durch fokussierte Stoßwellen“, Patent 607236, 12.11.1975, CH.
38) Walter Trinks: „Vorrichtung nach Patent 977825“, Patent 977870, 10.04.1959, BRD.
39) Ebd., Zeile 34 ff.
40) Ebd., Zeile 28 ff.
41) Arbeitskreis Atomwaffenverzicht im Grundgesetz, V. i. S. d. P. Holger Kuhr: Atomforschung in Geesthacht – Schleichwege zur Atombombe?, Kapitel 1: 1955–1989 Atomforschung in Geesthacht – von der Grauzone zur Grünzone?, 01.09.1989, Hein & Co, S. 7.
42) 1865 gründete der schwedische Chemiker Alfred Bernhard Nobel in Krümmel bei Geesthacht seine erste Fabrik zur Produktion des von ihm entdeckten Dynamits. Parallel entstanden Sprengstoffe in chemischen Forschungseinrichtungen. In beiden Weltkriegen war es das Werk einer der größten und wichtigsten Sprengmittel-Lieferanten. Nach Beschlagnahmung durch die Briten 1945 wurde das Areal nach erfolgter Demontage bis 1950 geschleift.
43) Roland Kollert: Atomtechnik als Instrument westdeutscher Nachkriegs-Außenpolitik – Die militärische-politische Nutzung „friedlicher“ Kernenergie in der Bundesrepublik Deutschland, hrsg. von der Vereinigung Deutscher Wissenschafter, Berlin, 2000, elektronische Version 2002, S. 28.
44) Siehe: Erich Bagge, Kurt Diener, Kenneth Jay: Von der Uranspaltung bis Calder Hall, Hamburg, 1957, Rowohlt Verlag.

45) Heiko Petermann: Mininukes – Geheimpatente und Hintergründe in der Bundesrepublik Deutschland, in: Rainer Karlsch, Heiko Petermann: Für und Wider Hitlers Bombe. Studien zur Atomforschung in Deutschland, Münster, New York, München, Berlin, 2007, Waxmann Verlag, S. 338 f.

46) Kurt Diebner, Friedwart Winterberg: „Verfahren zur Zündung thermonuklearer Reaktionen mittels konvergenter Detonationsverdichtungsstöße", Patent D 23685, 28.08.1956, BRD, sowie „Verfahren zur elektromagnetischen Zündung von thermonuklearen Brennstoffen", Patent D 24361, 30.11.1956, BRD.

47) Kurt Diebner: Fusionsprozesse mit Hilfe konvergenter Stoßwellen – Einige ältere und neuere Überlegungen, in: Kerntechnik – Isotopentechnik und Chemie, 4. Jahrgang, Heft 3, März 1962, Karl Thiemig Verlag München, S. 89–93 (der Artikel war von Diebner bereits am 29.09.1961 eingereicht worden).

48) Erich Bagge, Kurt Diebner: „Verfahren zur Herstellung hoher Temperaturen und Drücke", Patent 1240194, 21.08.1958, BRD, zu Knallfunken-Verdichtung auch: Erich Bagge, Kurt Diebner: „Verfahren zur Verwertung der Fusionsenergie von Deuterium und Tritium mit Hilfe konvergenter, periodischer Verdichtungsstöße", Patent 1414759, 20.03.1961, BRD.

49) Erich Bagge, Kurt Diebner: „Verfahren zur Herstellung hoher Temperaturen und Drücke", Patent 1248179, 21.08.1958, BRD.

50) Kurt Diebner: „Thermonuclear Reactions", Patent 841387, 30.11.1956, GB.

51) Kerntechnik – Isotopentechnik und Chemie, 4. Jahrgang, Heft 3, März 1962, Karl Thiemig Verlag, München, S. 92.

52) Die Sonne auf Erden (ohne Angabe des Autors), in: Der Spiegel 12, 20.03.1957, S. 50 f. Online bei „Spiegel Online" abrufbar.

53) Günter Nagel: Das geheime deutsche Uranprojekt 1939–1945, hrsg. vom Geschichts- und Museumsverein Zella-Mehlis e. V., Zella-Mehlis, 2016, Heinrich Jung Verlagsgesellschaft, S. 451 f.

54) Günter Nagel: Wissenschaft für den Krieg – Die geheimen Arbeiten der Abteilung Forschung des Heereswaffenamtes, Stuttgart, 2012, Franz Steiner Verlag, S. 40.

55) Ebd., S. 448 ff.

56) Die Bundeswehr zeigte in Ermangelung eigener Institutionen großes Interesse an den Forschungsarbeiten des ISL, Deutschland ging bereits erwähnte Kooperation mit Frankreich auf diesem Gebiet ein. Die ersten bundeseigenen Forschungseinrichtungen mit den Schwerpunkten der Ballistik, Hohlladungsforschung und Sprengstoffphysik wurden in Form des Ernst-Mach-Institutes EMI (dieses unter der Leitung Hubert Schardins allerdings erst 1959 gegründet) der Fraunhofer-Gesellschaft 1949 ins Leben gerufen, deren erster Präsident Walther Gerlach wurde (Quelle 54), S. 450).

57) Erich Schumann, Walter Trinks: „Vorrichtung, um ein Material zur Einleitung von mechanischen, thermischen oder nuklearen Prozessen auf extrem hohe Drücke und Temperaturen zu bringen", Patent 977825, 13.08.1952, erteilt auf Bundesdeutschem Gebiet, erneute Erteilung am 09.05.1961 durch das BMVg. Der vorherige Abschnitt bezieht sich ausschließlich auf dieses Patent. Mit Ergänzung Quelle 57):

58) Walter Trinks: „Vorrichtung nach Patent 977825 zur Behandlung von Material mit hohen Drücken und Temperaturen", Patent 977862, 13.08.1952, erteilt auf Bundesdeutschem Gebiet, erneute Erteilung am 09.05.1961 durch das BMVg. Hier wird für die ursprünglich im Schumannnachlass zu findende Konfiguration Aluminium vorgeschlagen. Ebenfalls: Walter Trinks: „Vorrichtung nach Patent 977825 zur Erzielung hoher Drücke und Temperaturen zwecks Einleitung von mechanischen, thermischen oder nuklearen Prozessen, mittels einer gleichmäßig mit Sprengstoff belegten, die Reaktionskammer umschließenden Hohlkugel", Patent 977839, 13.08.1952, erteilt auf Bundesdeutschem Gebiet, erneute Erteilung am 09.05.1961 durch das BMVg. Hier wird für die ursprünglich im Schumannnachlass zu findende Konfiguration eine Verschachtelung mehrerer ineinander liegender Hohlkugeln mit nach innen abnehmender Wandstärke und jeweiliger Sprengstoffbelegung vorgeschlagen.

59) Walter Trinks: „Vorrichtung nach Patent 977825 zur Einleitung von mechanischen, thermischen oder nuklearen Prozessen, bei der innerhalb einer Reaktionskammer durch die Detonation außen aufgelegter Sprengstoffe hohe Drücke und Temperaturen erzielt werden", Patent 977860, 13.08.1952, erteilt auf Bundesdeutschem Gebiet, erneute Erteilung am 09.05.1961 durch das BMVg.

60) Walter Trinks: „Vorrichtung nach Patent 977825 zur Behandlung von Material mit hohen Drücken und Temperaturen", Patent 977864, 13.08.1952, erteilt auf Bundesdeutschem Gebiet, erneute Erteilung am 09.05.1961 durch das BMVg.

61) Walter Trinks: „Vorrichtung, um ein Material zur Einleitung von mechanischen, thermischen oder nuklearen Prozessen auf extrem hohe Drücke und Temperaturen zu bringen, bei der mehrere Kammern in eine Reaktionszelle einmünden", Patent 977859, 13.08.1952, erteilt auf Bundesdeutschem Gebiet, erneute Erteilung am 09.05.1961 durch das BMVg.

62) Walter Trinks: „Vorrichtung nach Patent 977825 zur Behandlung von Material mit hohen Drücken und Temperaturen", Patent 977857, 13.08.1952, erteilt auf Bundesdeutschem Gebiet, erneute Erteilung am 09.05.1961 durch das BMVg.

63) Erich Schumann, Walter Trinks: „Vorrichtung nach Patent 977825 zur Behandlung von Material mit hohen Drücken und Temperaturen", Patent 977858, 13.08.1952,

erteilt auf Bundesdeutschem Gebiet, erneute Erteilung am 09.05.1961 durch das BMVg.

64) Walter Trinks: „Vorrichtung nach Patent 977825 zur Behandlung von Material mit hohen Drücken und Temperaturen", Patent 977867, 13.08.1952, erteilt auf Bundesdeutschem Gebiet, erneute Erteilung am 09.05.1961 durch das BMVg.

65) Erich Schumann, Walter Trinks: „Vorrichtung zur Behandlung von Material mit hohen Drücken und Temperaturen", Patent 977863, 13.08.1952, erteilt auf Bundesdeutschem Gebiet, erneute Erteilung am 18.07.1953 durch das BMVg.

66) Walter Trinks: „Vorrichtung nach Patent 977825", Patent 977870, 10.04.1959, BRD, erneute Erteilung am 09.05.1961 durch das BMVg.

67) Günter Nagel : Wissenschaft für den Krieg – Die geheimen arbeiten der Abteilung Forschung des Heereswaffenamtes, Franz Steiner Verlag , Stuttgart, 2012, ab S. 452 ff.

68) Ebd., S. 679.

69) Ebd., S. 489 ff.

70) Prof. Hans Winkhaus, jahrelanger Vertrauter von Schumann, war ehemaliger Dekan der WTF an der TH Berlin. Ebd., S. 558. Die Wehrtechnische Fakultät (WTF) der TH Berlin wurde Mitte der 30er aus einem bereits bestehenden Institut durch Dr. Karl Emil Becker gebildet und arbeitete eng mit der Forschungsabteilung des Heereswaffenamtes zusammen. Siehe hierzu Günter Nagel: Wissenschaft für den Krieg – Die geheimen Arbeiten der Abteilung Forschung des Heereswaffenamtes, Kapitel I: Organisation, Stuttgart, 2012, Franz Steiner Verlag, ab S. 19.

71) Ebd., S. 494 f.

72) Ebd., S. 493, dort auszugsweise: Ders.: Sprengstoff- und Fusionsforschung an der Berliner Universität – Erich Schumann und das II. Physikalische Institut, in: Rainer Karlsch, Heiko Petermann: Für und Wider Hitlers Bombe. Studien zur Atomforschung in Deutschland, Münster, New York, München, Berlin, 2007, Waxmann Verlag, S. 254. Rainer Karlsch: Hitlers Bombe, München, 2005, Deutsche Verlags-Anstalt, S. 334, vollständiges Dokument inkl. Skizze. Schumanns Brief enthielt folgende Reaktionsgleichungen:

$D + D \rightarrow He3 + n$

$D + D \rightarrow T + H$

73) Günter Nagel: Wissenschaft für den Krieg – Die geheimen Arbeiten der Abteilung Forschung des Heereswaffenamtes, Kapitel 22: Erich Schumann – eine biographische Skizze, Stuttgart, 2012, Franz Steiner Verlag, S. 497. Hieraus ein Zitat aus Schumanns Nachlass: „Eine offene Anmeldung der Patente hätte dann dazu geführt, dass a) die Besatzungsmächte das Verfahren als Beute beschlagnahmt hätten, auch dann, wenn nachzuweisen war, dass das Verfahren erst

nach Kriegsschluß entwickelt worden ist, b) hätten sich die Bearbeiter nach den Kontrollratsbestimmungen strafbar gemacht […]“.

74) Ebd., S. 199 ff. (der Abschnitt stellt eine in Kürze gehaltene Zusammenfassung des Quelltextes dar).

75) Kurt Diebner: Fusionsprozesse mit Hilfe konvergenter Stoßwellen – Einige ältere und neuere Überlegungen, in: Kerntechnik – Isotopentechnik und Chemie, 4. Jahrgang, Heft 3, März 1962, Karl Thiemig Verlag, S. 92.

76) Das Pulsstrahltriebwerk generiert seinen relativen Schub durch die Zündung eines eingespritzten Kraftstoffes in eine luftdurchströmte Brennkammer. Durch den explosionsartigen Druckanstieg wird eine divergente Stoßwelle erzeugt, die in Lufteinlassrichtung nunmehr ein einfaches aerodynamisches Ventil verschließt, wodurch sich das im Überdruck befindliche, expandierte Gas durch das offene Ende des Rohres entweicht und somit den Vortriebsschub erzeugt. Dies führt zu einem Unterdruck im Brennraum, wodurch sich durch den höheren Staudruck vor dem Triebwerk das Einlassventil wieder öffnet. Das Triebwerk muss sich stets relativ zur Umgebungsluft bewegen und ist nicht Nullstartfähig.

77) Willy J. G. Bräunling: Flugzeugtriebwerke, Grundlagen/Aero-Thermodynamik/ Kreisprozesse/Thermische Turbomaschinen/Komponenten- und Auslegungsberechnungen, Kapitel 1.3: Technische Methoden des Strahlantriebs, Berlin, Heidelberg, New York, 2001, Springer-Verlag, S. 7 f.

78) Beispielhaft seien die folgenden Patente von ihm genannt: „Rückstoßantrieb, insbesondere für Flugzeuge hoher Geschwindigkeit, mit absatzweiser Verbrennung von Kraftstoff-Luft-Gemisch“, Patent 864483, 24.05.1951, BRD, und „Gasturbine mit absatzweiser wiederholter, selbsttätiger Zündung“, Patent 926396, 13.04.1952, BRD. Ergänzend dazu: Paul Schmidt: Periodisch wiederholte Zündungen durch Stoßwellen, in: Arbeitsgemeinschaft für Forschung des Landes NRW, Heft 82, 1959, hrsg. vom Ministerpräsidenten Dr. Franz Meyers, Staatssekretär Prof. Dr. Leo Brandt, Springer Fachmedien.

79) Paul Schmidt: „Einrichtung zum Erzeugen von Stoßwellen in schneller Folge, insbesondere für einen thermonuklearen Reaktor“, Patent 1016376, 14.09.1956, BRD.

80) Ulrich Jetter: Die Zeitgenossen der Wasserstoffbombe, in: Physikalische Blätter, Vol. 10, 12/1954, hrsg. von der Deutschen Physikalischen Gesellschaft, S. 596. Der Artikel enthält eingangs eine Skizze seiner Vita.

81) Ulrich Jetter: Die sogenannte Superbombe, in: Physikalische Blätter, Vol. 6, 05/1950, hrsg. von der Deutschen Physikalischen Gesellschaft, S. 199 ff.

82) Im Original sind noch zwei weitere Reaktionen vermerkt, die aber für die folgende Betrachtung irrelevant sind. Des Weiteren können bei Gl. 5:

Li6 + D → p + Li7 + 5 MeV, p + T + He4 + 2,6 MeV und n + Be7 + 3,4 MeV entstehen, in einer Umhüllung aus Li7 = Li7 + T → 2He4 + 2n + 8,8 MeV oder Be9 + n + 10,4 MeV und Li7 + nfast → He4 + n + T + 2,5 MeV. Oder in einer Umhüllung aus U238 = U238 + nfast → Spaltprodukte + 2,5n + 200 MeV oder U238 + n → Pu239 + 2e + 5,8 MeV. In einem D + T-Plasma ist folgender Zyklus möglich:

D + He3 → p + He4
↑ ↓
n + He3 ← p + T

83) Ulrich Jetter: Die sogenannte Superbombe, in: Physikalische Blätter, Vol. 6, 05/1950, hrsg. von der Deutschen Physikalischen Gesellschaft, S. 199 ff., S. 199 zur Einleitung.

84) Die Thematik wird ebenfalls behandelt in: Friedwardt Winterberg: The Physical Principles of Thermonuclear Explosive Devices, Kapitel 2: Thermonuclear Explosives, University of Nevada, Fusion Energy Foundation, New York, 1981, ab S. 3 ff.

85) Das als Teller/Ulam-Design bekannt gewordene Prinzip beruht auf einer kleinen Kernspaltungsbombe als Zünder, die sich im kleineren Brennpunkt eines quasi ovalen bis elliptischen (birnenförmigen) Gebildes aus neutronenrückstreufähigem Material befindet. In dem gegenüberliegenden größeren Brennpunkt wird die Fusionsmasse platziert. Bei Detonation der Zündungsbombe devastiert dies zwar letztendlich die Konstruktion, die aber von der Fission ausgehende hohe thermische Energiestrahlung, die sich im weichen Röntgenspektrum bewegt, wird mit nahezu Lichtgeschwindigkeit Fusionsmasse ähnlich einer Druckwelle einzuwirken und diese durch Kompression fusionieren zu lassen. Die reelle Druckwelle der Detonation, die sich nur mit hoher Schallgeschwindigkeit ausbreitet, erreicht diesen Bereich erst viel später.

86) Chuck Hansen: Swords of Armageddon, History of the U. S. Development of Nuklear Weapons, Vol. III, 1952–1954, hrsg. durch das National Secure Archive, George Washington University, Washington D. C., USA, Operation Ivy: S. 26 ff., Operation Castel: S. 141 ff. (speziell zu Li6: The CASTLE Bottleneck: S. 208). Online abrufbar: uscoldwar.com, 12.05.2017 (ebenso als Buchausgabe: Chuck Hanson: US Nuclear Weapons: the secret history, Arlington, 1988, Aerofax Verlag).

87) Friedwardt Winterberg: Vom griechischen Feuer zur Wasserstoffbombe – Hoffnung und Gefahr für die Menschheit (Wehrtechnik und Wissenschaftliche Waffenkunde, Bd. 6), Kapitel 28–30, hrsg. im Auftrag der Wehrtechnischen Studiensammlung des Bundesamtes für Wehrtechnik und Beschaffung, Herford,

Bonn, 1992, Verlag E. S. Mittler & Sohn, ab S. 86 (zusammengefasst). (Winterberg schreibt im Widerspruch zu anderen Quellen, das Li6D bereits bei Greenhouse Item zum Einsatz gekommen sei.)

88) J. Rand McNally: Nuclear Fusion Chain Reaction Applications in Physics and Astrophysics, Oak Ridge Laboratory, Tennessee, USA, IAEA/SM-170/49, S. 3.

89) Ulrich Jetter: Die sogenannte Superbombe, Physikalische Blätter, Vol. 6, 05/1950, hrsg. von der Deutschen Physikalischen Gesellschaft, S. 199 ff. und 200, Quellenangabe 3. Bethes Artikel in der Fachzeitschrift „Scientific America" vom April 1950 wurde während des Drucks beschlagnahmt und durfte nur stark verkürzt publiziert werden.

90) Formelsammlung Friedrich Berkei (undatiert), in: Rainer Karlsch: Hitlers Bombe, München, 2005, Deutsche Verlags-Anstalt, S. 330 f. Die Formelsammlung enthält detaillierte Reaktionsgleichungen und überschlägige Berechnungen zur Kernfusion. Er war enger Mitarbeiter Kurt Diebners in Gottow.

91) Hans Adolf Bauer: Grundlagen der Atomphysik, Kapitel I, Abschnitt D 3: Künstliche Atomumwandlung, 2. Auflage, Wien, 1943, Springer-Verlag, S. 91 und 95.

92) Walther Gerlach richtete 1944 am Physikalischen Institut der Universität München einen Arbeitskreis „Umsetzung bei Höchstdrücken und Temperaturen" ein. Das KWI für Eisenforschung war direkt in dessen Arbeiten involviert (siehe Kapitel 4). Auch Alfred Klemm vom KWI für Chemie befasste sich mit der Lithium-Forschung (dessen Eigenschaften und der Isotopentrennung), die er nach dem Kriege fortsetzte.

93) Hans Thirring: 1946: Die Geschichte der Atombombe, 1948: Atomkrieg und Weltpolitik, 1954: Atomphysik in gemeinverständlicher Darstellung, 1963: Kernenergie gestern, heute und morgen.

94) Hans Thirring: Die Geschichte der Atombombe, Wien, 1946, „Neues Österreich" Zeitungs- und Verlagsgesellschaft m. b. H.

95) Ebd., S. 96.

96) Ebd., S. 119. Ebenso in: Henry DeWolf Smith: Atomic Energy for Military Purposes. The Official Report on the Development of the Atomic Bomb under the Auspices of the United States Government 1940–1945 (The Smyth Report), Kapitel 9.28: The Electromagnetic Method and Its Limitation, Princeton University, Department of Physics, New Jersey, USA, 12.08.1945. Online abrufbar: atomicarchive.com.

97) Bei Thirring: S. 124, bei Smyth: Kapitel 12: The Work On The Atomic Bomb, S. 88. Er bezeichnet das Konzept, das sehr an Heisenbergs Schichtanordnung erinnert, als Uranbatterie.

98) Hans Thirring: Die Geschichte der Atombombe, Wien, 1946, „Neues Österreich" Zeitungs- und Verlagsgesellschaft m. b. H., S. 130.

99) Ebd., S. 130–134.

100) Karl Nowak: „Verfahren und Einrichtung zur Erzielung kontrollierter Atomkernfusion", Patent 1414263, 18.12.1959, Österreich.

101) Karl Nowak: „Einrichtung zur Erzielung kontrollierter Atomkernfusion", Patent 228351, 08.06.1960, Österreich.

102) Karl Nowak: „Verfahren und Einrichtung zur Erzielung kontrollierter Atomkernfusion", Patent 1414949, 05.06.1961, BRD; Patent 406462, 05.06.1961, Schweiz; Patent 240989, 21.06.1961, Österreich.

103) Karl Nowak: „Einrichtung zur Erzielung einer nuklearen Reaktion mittels künstlichem Plasma, vorzugsweise zur kontrollierten Atomkernfusion", Patent 340010, 21.05.1970, Österreich; Patent 347539, 02.10.1973, Österreich; Parent 2446291, 27.09.1974, BRD.

104) Karl Nowak: „Verfahren und Einrichtung zur kontrollierten Atomkernfusion mittels künstlichem Plasma", Patent 2755285, 12.12.1977, BRD.

105) Karl Nowak: „Ionenquelle", Patent 333901, 13.08.1973, Österreich.

106) Metropolitan-Vickers Electrical Company Limited, London: „Verfahren zur Durchführung von thermonuklearen Fusionsreaktionen", Patent 205612, 23.09.1957, Österreich; Siemens-Schuckertwerke AG, Berlin und Erlangen: „Anordnung und Verfahren zur Erzeugung einer ringartigen Plasmaströmung in einer kreissymmetrischen Reaktionskammer", Patent 1068824, 12.10.1957, BRD.

107) Zur Vita Eugen Sängers: Michael Grube: Raketenversuchsanstalt Trauen. Online abrufbar: www.geschichtspuren.de. Karl-Heinz Ingenhaag: Eugen Sänger, in: Neue Deutsche Biographie 22, 2005, S. 348 f. Online abrufbar. Matthias Blazer: Vor 75 Jahren begann in Trauen die Forschung in der Luft- und Raumfahrttechnik – Raketenpionier Eugen Sänger arbeitete in der Heide an der Entwicklung schubstarker Antriebe, in: Sachsenspiegel 31, 04.08.2012, Cellesche Zeitung.

108) Eugen Sänger, Irene Bredt: A Rocket Drive Longe Range Bombers (über einen Raketenantrieb für Fernbomber), August 1944, Ainring, Deutsche Luftfahrtforschung UM 3538, Reproduced by TECHNICAL INFORMATION BRANCH BUAER NAVY DEPARTEMENT, hrsg. von Robert Cornog, Santa Monica CA, 16.11.1952, S. 155 ff., Fig. 104.

109) Bernd Schulze: Geheime Kommandosache Nr. 4268. Konventionelle oder nukleare Angriffsplanung?, in: Rainer Karlsch, Heiko Petermann: Für und Wider Hitlers Bombe. Studien zur Atomforschung in Deutschland, Münster, New York, München, Berlin, 2007, Waxmann Verlag, S. 261 ff.

110) Eugen Sänger: Zum Problem der chemischen Zündung thermischer Kernreaktionen, in: Zeitschrift für Naturforschung, Nr. 6a, 1951, S. 302 ff. (der Fachartikel ist mit Eingang auf den 18.04.1951 datiert).

111) Paul-Jürgen Hahn, Rainer Karlsch: Scharlatan oder Visionär? Ronald Richter und die Anfänge der Fusionsforschung, in: Rainer Karlsch, Heiko Petermann: Für und Wider Hitlers Bombe. Studien zur Atomforschung in Deutschland, Münster, New York, München, Berlin, 2007, Waxmann Verlag, ab S. 181 ff. Auch in Paul-Jürgen Hahn: Dr. Ronald Richter, Auftakt der Fusionsforschung. Online abrufbar: www.p-j-hahn.de/richter.

112) Ebd., S. 215.

113) „Stoßionisation" beschreibt in diesem Fall den Vorgang eines in einem elektrischen Feld – zwischen den Elektroden – beschleunigten Elektrons, das auf ein Atom/Molekül des zwischen den Elektroden befindlichen Gases stößt und dieses durch „Ausschlagen" eines ihrer Elektronen ionisiert. Dies kann je nach verwendetem Gas durch Rekombination (dem Umkehrprozess der Ionisation) zu Leuchterscheinungen führen, wie in Gasentladungslampen erwünscht. Falls die neu freigeschlagenen Elektronen jedoch vorher ihrerseits weitere Stoßionisationen hervorrufen, kommt es zu einer stromverstärkenden Kettenreaktion, da die Dichte der freien Ladungsträger (Ione) in dem Lichtbogen explosionsartig zunimmt. Dieser mitunter erwünschte Effekt lässt sich durch eine die Stromstärke beeinflussende Drossel steuern. Im kleineren Format finden wir diesen Aufbau als Vorschaltgerät bei klassischen Gasentladungslampen.

114) Hyo-Chang Lee, Seung Ju Oh, Chin-Wook Chung: Experimental Observation of the skin-Effekt on Plasma uniformity in inductively coupled Plasmas wich a radio frequenzcy bias Plasma Sources Science and Technology, Vol. 21, Nr. 3, Juni 2012, IOP Publishing. Online auf dem International Nuclear Information System INIS, IAEA oder auf www.iop.org abrufbar.

115) Paul-Jürgen Hahn, Rainer Karlsch: Scharlatan oder Visionär? Ronald Richter und die Anfänge der Fusionsforschung, in: Rainer Karlsch, Heiko Petermann: Für und Wider Hitlers Bombe. Studien zur Atomforschung in Deutschland, Münster, New York, München, Berlin, 2007, Waxmann Verlag, S. 215.

116) Ebd., S. 215 und 223 ff.

117) Ebd., S. 192.

118) Ebd., S. 212.

119) Paul-Jürgen Hahn: Kugelblitz und Kernfusion. Online abrufbar: www.p-j-hahn.de/richter.

120) Es besteht die in der Praxis jedoch extrem unwahrscheinliche Generierung von Deuterium und resultierenden Neutronen durch Li6 + He3- und p + p-Reaktionen.

121) Paul-Jürgen Hahn, Rainer Karlsch: Scharlatan oder Visionär? Ronald Richter und die Anfänge der Fusionsforschung, in: Rainer Karlsch, Heiko Petermann: Für und Wider Hitlers Bombe. Studien zur Atomforschung in Deutschland, Münster, New York, München, Berlin, 2007, Waxmann Verlag, S. 213 f.

122) Ebd., S. 216 ff.

123) Paul-Jürgen Hahn. Online abrufbar: www.p-j-hahn.de.

124) Albert George Fischer: „Pulsierender Kernfusionsreaktor", Patent 2329409, 08.06.1973, Bundesrepublik Deutschland; „Pulsierendes Deuterium-Lithium Kernkraftwerk", Patent 2400274, 04.01.1974, Bundesrepublik Deutschland (es folgten weitere Patente mit Detailverbesserungen seines Entwurfes). Anmerkungen zu seiner Person und den differierenden Schreibweisen: geb. 1928 als Georg Albrecht Fischer in Ilmenau (Thüringen), stellte er seinen zweiten Vornamen als Rufnamen vorne an. Sein Vater betrieb dort eine Glashütte und belieferte u. a. Manfred von Ardenne mit Versuchsröhren, weswegen wohl sein späterer Werdegang in der Experimentalphysik zu suchen ist. Während seiner Zeit in den USA ab 1964 nannte er sich in Albert George Fischer um. In Abfolge seines Wirkens an der heutigen TU Dortmund trug er wieder seinen ursprünglichen Namen – Patentschriften liefen jedoch unter seinem amerikanisierten Pseudonym.

125) Albert George Fischer (hier noch Albrecht Fischer): „Periodisch arbeitender thermonuklearer D-D-Reaktor", Patent 1022711, 03.04.1956, Bundesrepublik Deutschland.

126) Heinz Werner Gabriel war Mitarbeiter von Klaus Traube in der Abteilung für Kernreaktoren der AEG und mit an der Errichtung der ersten vier deutschen Siedewasserreaktoren beteiligt – in Fachkreisen wurde er durch seine unkonventionelle Rettung des AKW Lingen bekannt, später geriet er regierungsseitig in die Kritik bei der Aufklärung der Leukämiecluster in der Elbmarsch.

127) Inge Schneider: Kernenergie ohne Radioaktivität – Thermonukleare Prozesse auf der Basis von Lithiumreaktionen, in: NET-Journal, Jg. 18, Heft Nr. 5/6, Mai/Juni 2013, Jupiter-Verlag.

128) In Miersdorf/Zeuthen befand sich das „Institut für physikalische Sonderfragen" vom Reichspostministerium, das sich mit der Kernphysik befasste und in dem Manfred von Ardenne ebenso wie in seinem eigenen Laboratorium in Lichterfelde

(auch von der Reichspost finanziert) Forschungen zur Isotopentrennung und Kernumwandlung betrieb.

129) Günter Nagel: Sprengstoff- und Fusionsforschung an der Berliner Universität – Erich Schumann und das II. Physikalische Institut, in: Rainer Karlsch, Heiko Petermann: Für und Wider Hitlers Bombe. Studien zur Atomforschung in Deutschland, Münster, New York, München, Berlin, 2007, Waxmann Verlag, S. 255 ff.

130) Heini Hoffmann: Geheimobjekt „Seewerk". Vom Geheimobjekt des Dritten Reiches zum wichtigsten Geheimobjekt des Warschauer Paktes, 2. Auflage, Zella-Mehlis/Meiningen, 2008, Heinrich-Jung-Verlagsgesellschaft, zur Geschichte des Seewerks ab S. 69 ff.

131) Ebd., S. 245 ff. und 384 ff.

132) Ebd., S. 252 und 388.

133) Robert Rompe, Walter Weizel, Wolfgang Thouret: Zur Frage frei brennender Lichtbögen, ebenso: Zur Frage der Stabilisierung frei brennender Lichtbögen, Berlin, 1944, Verlag Julius Springer; Walter Weizel, Robert Rompe: Theorie elektrischer Lichtbögen und Funken, Leipzig, 1949, Barth Verlag; Robert Rompe, Gustav Hertz: Einführung in die Plasmaphysik und ihre Anwendung, Berlin, 1965, Akademie-Verlag.

134) Wolfgang Karl Ernst Finkelnburg gilt als ein Pionier auf dem Fachgebiet der Hochstromkohlelichtbögen. Während des Krieges forschte er in diesem Bereich als Direktor des Physikalischen Institutes der Reichsuniversität Straßburg – an die er auch C. F. von Weizsäcker lotste. In der Nachkriegszeit für einige Jahre in den USA tätig, kehrte er 1952 nach Deutschland zurück, übernahm die Leitung der Forschungslaboratorien der Siemens AG Erlangen, wurde dort 1957 Leiter der Kernreaktor-Entwicklung und Mitglied der Deutschen Atomkommission von F. J. Strauß. Er setzte sich maßgeblich für die Errichtung eines Schwerwasserreakors zur Plutoniumgewinnung ein.

135) Heini Hoffmann: Geheimobjekt „Seewerk". Vom Geheimobjekt des Dritten Reiches zum wichtigsten Geheimobjekt des Warschauer Paktes, 2. Auflage, Zella-Mehlis/Meiningen, 2008, Heinrich-Jung-Verlagsgesellschaft, zur Geschichte des Seewerks S. 252 f. und 389 ff.

136) Siehe hierzu: Chronik des Werkes Trauen der EADS Space Transportations – Geschichtliches aus dem Versuchsgelände für Raumfahrtantriebe, hrsg. vom Raumfahrthistorischen Archiv Bremen e. V., 2003, Lemwerder, Stedinger Verlag, S. 8 ff., S. 15 ff., S. 76 ff. Ergänzend hierzu: Hans D. Schmitz: Lampoldshausen – Gestern – Heute – Morgen. Entwicklungs-, Produktions- und Testzentrum für Orbitalantriebe EADS Astrium GmbH Lampoldshausen, Lemwerder, 2009

und 1959–2009, 50 Jahre Lampoldshausen, hrsg. vom Deutschen Zentrum für Luft- und Raumfahrt e. V. der Helmholtz-Gemeinschaft und Institut für Raumfahrtantriebe Lampoldshausen Bernd Kölle, Köln, 2009, Stedinger Verlag.

137) George H. Miley, S. Krupakar Murali: Inertial Electrostatic Confinement (IEC) Fusion – Fundaments and Applications, New York, Heidelberg, Dordrecht, London, 2014, Springer-Verlag, S. 7 f.

138) Ebd., S. 8 ff.

139) Philo T. Farnsworth, Fort Wayne, ITT: „Method and apparatus for Producing Nuclear-Fusions-Reactions“, Patent 3386883, 04.06.1968, United States Patent Office; Robert L. Hirsch, Gene A. Meeks, Fort Wayne, ITT: „Apparatus for Generating Fusion Reactions“, Patent 3530497, 22.09.1970, United States Patent Office.

140) T. A. Thorson, R. D. Durst, R. J. Fonck, A. C. Sontag: Fusion Reactivity Characterization of a Spherically Convergent Ion Focus, University of Wisconsin – Madison, in: IAEA Nuclear Fusion, Vol. 38, Nr. 4, April 1998, S. 495; Robert L. Hirsch: Inertial-Electrostatic Confinement of Ionized Fusion Gases Journal of Applied Physics, Vol. 38, Issue 11, 1967, S. 4522.

141) George Hunter Miley, S. Krupakar Murali: Inertial Electrostatic Confinement (IEC) Fusion – Fundaments and Applications, New York, Heidelberg, Dordrecht, London, 2014, Springer-Verlag, S. 5 f.

142) George Hunter Miley: Life at the Center of the Energy Krisis – A Technologist's Search for a Black Swan, New Jersey, London, Singapur, Beijing, Shanghai, Hong Kong, Taipeh, Chennai, 2013, World Scientific Publishing, S. 99 ff.

143) Chronik des Werkes Trauen der EADS Space Transportations – Geschichtliches aus dem Versuchsgelände für Raumfahrtantriebe, hrsg. vom Raumfahrthistorischen Archiv Bremen e. V., Lemwerder, 2003, Stedinger Verlag, S. 79.

144) Dr. Robert E. LaPointe: Bob's High Voltage Home Page – Inertial Electrostatic Confinement Fusion. Online abrufbar: www.members.tm.net/lapointe. LaPointe ist promovierter Chemiker (Cornell Universität) und Inhaber zahlreicher Patentschriften auf dem Gebiet der Polymerisation.

145) Zu John Sved siehe online: www.linkedin.com/in/john-sved.

146) Broschüre von NSD Gradel: NSD Gradel Fusion Neutron Generators. Online abrufbar: www.nsd-fusions.com.

Erteilt auf Grund des § 30e PatG.
i. d. Fassung v. 9. 5. 1961

BUNDESREPUBLIK DEUTSCHLAND

AUSGEGEBEN AM
8. APRIL 1971

DEUTSCHES PATENTAMT

PATENTSCHRIFT

№ 977 825

KLASSE 12g GRUPPE 2 01

INTERNAT. KLASSE **B 01j** ———

W 9197 IVa/12g

Dr. Dr. Erich Schumann, 2000 Hamburg-Hochkamp,
und Dr. Walter Trinks, 3400 Göttingen
sind als Erfinder genannt worden

Bundesrepublik Deutschland,
vertreten durch den Bundesminister der Verteidigung, 5300 Bonn

Vorrichtung, um ein Material zur Einleitung von mechanischen, thermischen oder nuklearen Prozessen auf extrem hohe Drücke und Temperaturen zu bringen

Patentiert im Gebiet der Bundesrepublik Deutschland vom 13. August 1952 an
Patenterteilung bekanntgemacht am 8. April 1971

Für viele wissenschaftliche und technische Aufgaben wäre es von höchster Bedeutung, wenn man Drücke und Temperaturen erzeugen könnte, wie sie sonst nur im Inneren der Sterne auftreten. Die uns zur Verfügung stehenden Werkstoffe sind nun aber derartig extremen Zustandsbedingungen auf längere Dauer hin nicht gewachsen, und auch bei stärksten Gefäßwandungen darf der Innendruck den Wert der Zerreißspannung des Wandmaterials (größenordnungsmäßig etwa 10000 kg/cm²) nicht überschreiten.

Eine gewisse Überschreitung dieser Grenze gelingt allerdings noch dann, wenn man eine Reihe ineinandergeschachtelter Druckgefäße verwendet, wobei der Druck nach innen zu schrittweise von Gefäß zu Gefäß zunimmt und jede einzelne Gefäßwand nur die jeweilige Druckdifferenz auszuhalten hat. Diese Methode ist von Bridgman (Phys. Rev. (2). 57. 342) mit Erfolg angewendet worden. Sie läßt sich jedoch nicht unbegrenzt durchführen, insbesondere dann nicht, wenn gleichzeitig sehr hohe Temperaturen erreicht werden sollen.

Es dürfte daher wohl kaum möglich sein, in einem irdischen Versuch einen Stoff für längere Zeitdauer einem Zustand auszusetzen, wie er etwa im Sonnenmittelpunkt herrscht. Es ist jedoch nicht immer notwendig, den gewünschten extremen Zustand für längere Zeit aufrechtzuerhalten, es genügt vielmehr häufig, wenn man einen Stoff nur kurzzeitig einem extrem großen Druck bei gleichzeitig hoher Temperatur aussetzt, sofern nur alle Teile gleichmäßig erfaßt

Gemeinsames Patent von Schumann und Trinks, das auf ihren Forschungen aus dem vorangegangenen Krieg basiert. (Quelle: DPMA München)

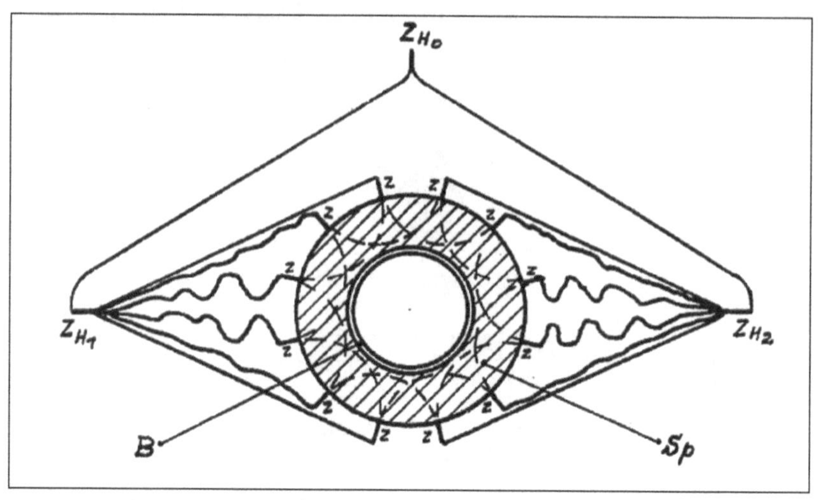

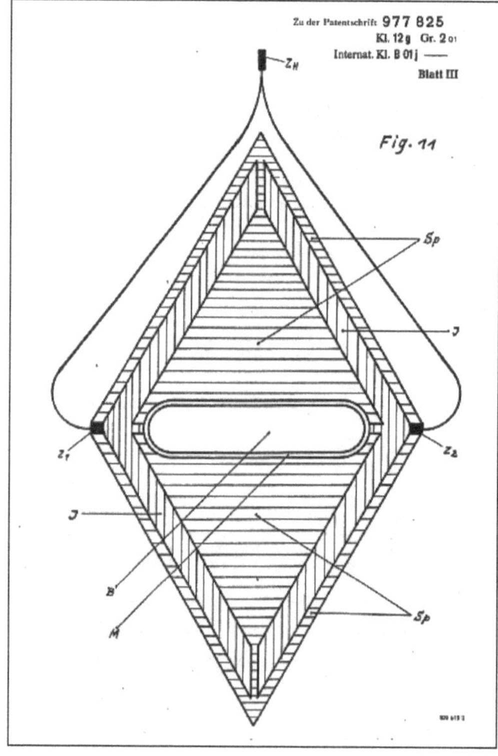

Zwei Entwürfe zur Einleitung thermonuklearer Reaktionen aus dem vorangegangenen Patent: Oben die Schumann-Skizze einer theoretischen Waffenkonfiguration, wie sie bereits in seinem unveröffentlichten Manuskript enthalten ist (s. u.); darunter ein Entwurf, der dem späteren von Kaliski ähnelt. (Quelle: DPMA München, Patent 977825)

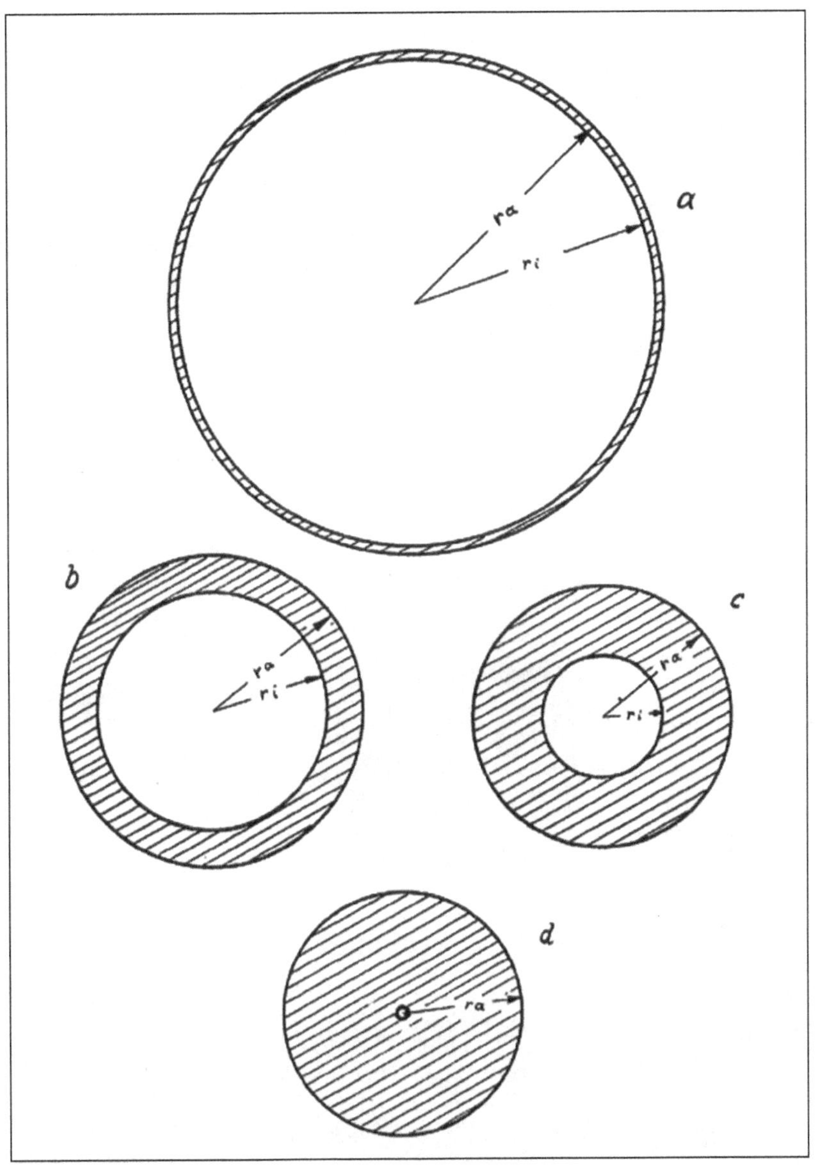

Skizze des Kompressionsvorganges einer Hohlkugel und dem Verhalten des sich dabei verändernden Materials der Umwandung.
(Quelle: DPMA München, Patent 977825)

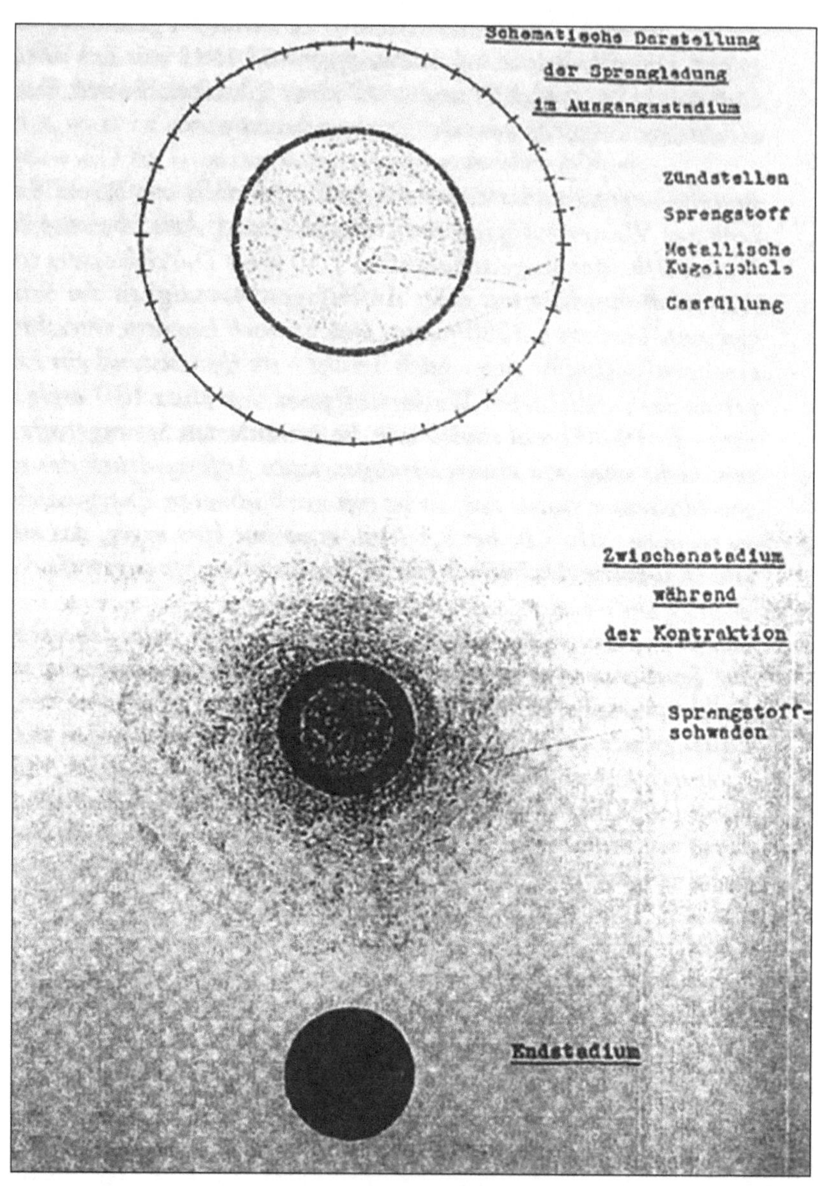

Implosionsprinzip nach Schumann aus seinem Brief an Telchow 1948 auf Basis der von ihm durchgeführten Experimente während des Krieges. Sie ist dem in der obigen Patentschrift ähnlich. *(Quelle: Archiv des MPG, Abt. III, Rep. 83, Nr. 286)*

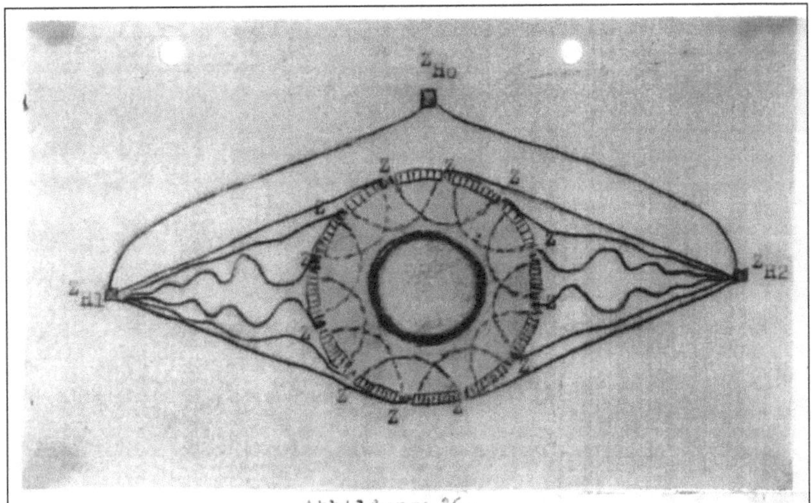

Abbildung: 26a

Schematische Darstellung einer sprengphysikalischen Anordnung zur Erzielung sehr hoher Drucke und Temperaturen: Metallische Hohlkugel, umgeben von einer Sprengstoffschicht mit einer Anzahl von Zündern, welche unter Verwendung von Hilfszündern Z_H und gleichlanger Stücke detonierender Zündschnur gleichzeitig angeregt werden können. Die punktierten Halbkreise in der schraffiert gezeichneten Sprengstoffschicht deuten die Fronten der von den einzelhen Zündern ausgehenden Detonationswellen kurz vor Erreichen der Außenbegrenzung der metallischen Hohlkugel an.

Das Implosionsprinzip Schumanns aus seinem unveröffentlichten Manuskript. Der gemeinsam mit Trinks erarbeitete Entwurf stammte bereits aus dem Jahr 1944. (Quelle: Schumann-Nachlass, BA-MA Freiburg)

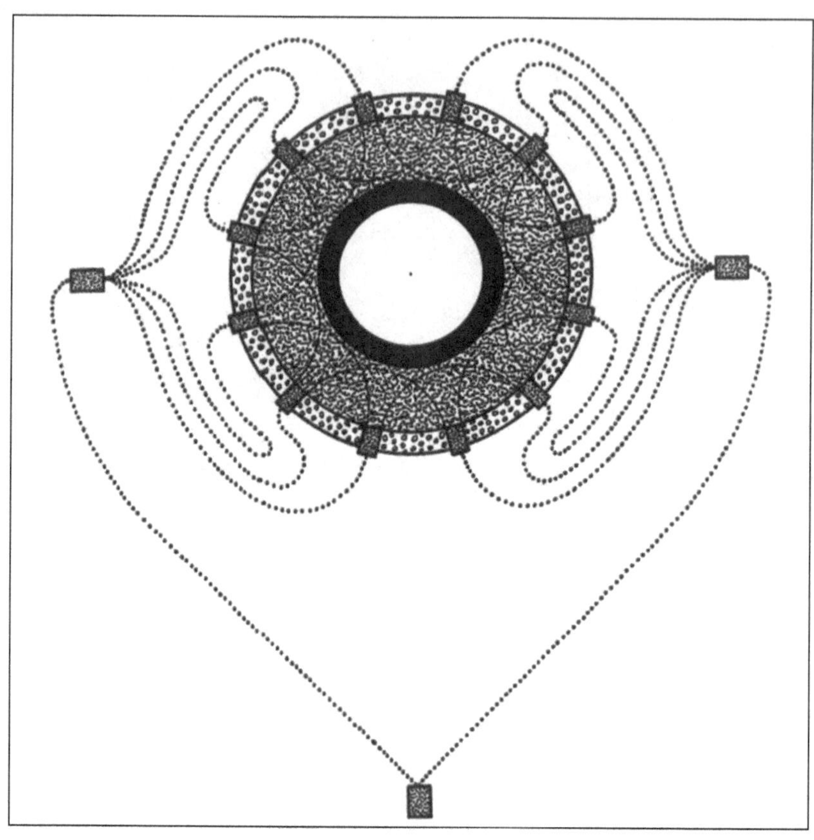

Der vorangegangene Schumann-Entwurf basierte auf einem Implosionskonzept von Trinks, 1944, mittels chemischem Sprengstoff extrem hohe Temperaturen und Drücke zu erreichen. *(Quelle: Schumann-Nachlass, BA-MA Freiburg)*

PATENT SPECIFICATION

DRAWINGS ATTACHED **841,387**

Date of Application and filing Complete Specification: Nov. 20, 1957.

No. 36108/57.

Application made in Germany on Nov. 30, 1956.

Complete Specification Published: July 13, 1960.

Index at acceptance:—Class 39(4), P3E.
International Classification:—G21.

COMPLETE SPECIFICATION

Thermonuclear Reactions

I, KURT DIEBNER, of Eppendorfer Stieg 8, Hamburg 39, Germany, of German nationality do hereby declare the invention, for which I pray that a patent may be granted to me, and the method by which it is to be performed, to be particularly described in and by the following statement:—

This invention relates to a method for the ignition of the thermonuclear fuels deuterium and tritium.

Amongst known attempts for the generation of very high temperatures, two in particular promise to be successful, of which each one currently permits when using a suitable arrangement, the attainment of temperatures of the order of 10^5 °K to 10^6 °K and over. One of these methods is the generation of converging shock waves through suitable ignition of an explosive in the form of a hollow body at its outer shell. The other method consists in generating highly ionised gases by concentrated discharges and making use of the pinch-effect in a restricted space. One possible method of execution recorded in the literature is given by an electric arc burning between two carbon electrodes, between which a condenser battery of high capacity and with a high voltage charge is briefly short-circuited.

The present invention consists in a method for the ignition of the thermonuclear fuels deuterium and tritium, to initiate thermonuclear reactions, wherein converging compression shock waves are produced in a hollow body by solid or liquid explosives, the generation of high temperatures in the centre of convergence of the shock waves being combined with an increase of temperature generated by concentrated electrical discharges in the fusionable nuclear fuels so that the temperature-raising effects are superimposed and temperatures necessary for fusion processes are produced at the centre of the converging shock wave.

The invention further consists in a method for the ignition of thermonuclear fuels to promote thermonuclear reactions therein, which consists in detonating an explosive charge in the form of a hollow body surrounding the thermonuclear fuel, thereby generating a converging shock wave in the interior thereof, and creating a concentrated electrical discharge in the thermonuclear fuel at the centre of convergence of the shock wave in order to attain a temperature sufficient for the ignition of the thermonuclear fuel.

In the accompanying drawings:—

Figure 1 is a diagrammatic view of apparatus for carrying out the method according to the present invention, and

Figure 2 shows a wiring diagram for the apparatus of figure 1.

In carrying the invention into effect according to one convenient mode by way of example, reference 1 (figure 1) denotes an explosive body of spherical shell shape provided with two openings in the shape of a truncated cone, in which a spherically shaped high pressure container 5 is embedded for the uptake of the deuterium 2, perhaps in gaseous form under very high pressure. The spherically shaped high pressure container can however also be dispensed with, and the deuterium can be incorporated directly under pressure into the explosive material. The explosive body 1 can be surrounded by a further spherical shell 6, which tamps the explosive body towards the outside. Two insulated electrodes, for example lithium (lithium 6), between which an electric arc 4 can burn, are introduced into the high pressure container 5. For this purpose the electrode material should have a low nuclear charge number and be as thin as possible in order to maintain at a low level the larger proton reflection with its related higher nuclear charge number. Lithium 6 is furthermore particularly suitable because with it tritium is formed in the thermonuclear combustion process.

An example is shown in Figure 2 of an electric connection for the electric arc and the

[*Price 3s. 6d.*]

Patent von Diebner zur Einleitung thermonuklearer Reaktionen aus dem Jahr 1956. Er ließ sich seine Ideen auch in England schützen. *(Quelle: DPMA München)*

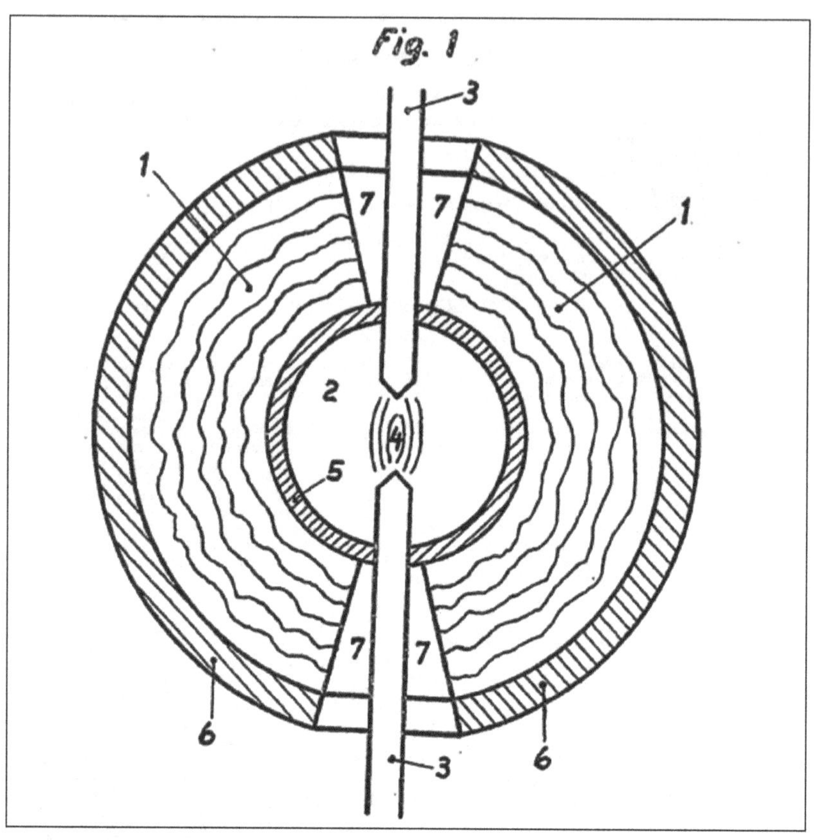

Prinzipskizze einer thermonuklearen Waffe aus diesem Patent: 1) ist der umhüllende Sprengstoff, 2) der mit D2O gefüllte Innenraum, 3) zwei Lithiumelektroden für die Erzeugung eines 4) Lichtbogenplasmas (und dem Pinch-Effekt), 5) Spaltstoff, 6) Umhüllung aus Metall, 7) Aussparungsöffnungen für die Elektroden. (Quelle: DPMA München, Patent 841387)

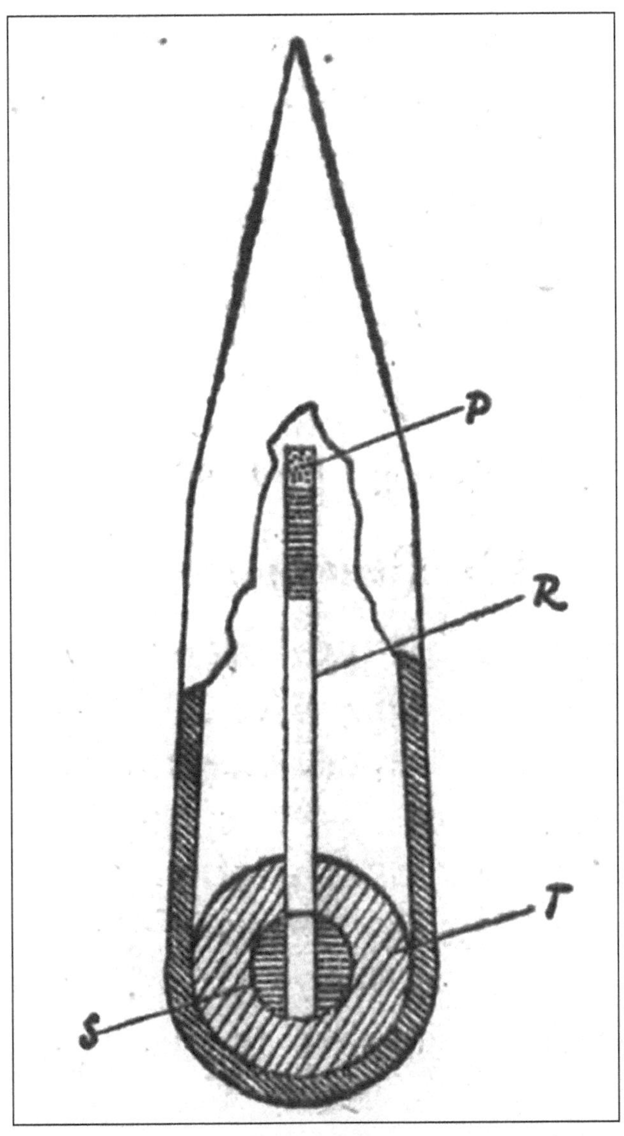

Der Entwurf einer Kernwaffe von Thirring, 1946. P) Durch eine Sprengladung wird Spaltmaterial durch das Kanonenrohr R) in die Spaltstoffkugel S) geschossen. T) ist der umhüllende Tamper. Das Konzept ist mit der Hiroshimabombe „Little Boy" vergleichbar. (Quelle: Hans Thirring: Die Geschichte der Atombombe)

BUNDESREPUBLIK DEUTSCHLAND

DEUTSCHES  PATENTAMT

PATENTSCHRIFT 1 016 376

DBP 1 016 376
KL. 21g 21/10
INTERNAT. KL. G 21

ANMELDETAG: 14. SEPTEMBER 1956
BEKANNTMACHUNG DER ANMELDUNG UND AUSGABE DER AUSLEGESCHRIFT: 26. SEPTEMBER 1957
AUSGABE DER PATENTSCHRIFT: 27. MÄRZ 1958

STIMMT ÜBEREIN MIT AUSLEGESCHRIFT 1 016 376 (Sch 20791 VIII c/21 g)

Einrichtung zum Erzeugen von Stoßwellen in schneller Folge, insbesondere für einen thermonuklearen Reaktor

Patentiert für:

Dipl.-Ing. Paul Schmidt, München

Dipl.-Ing. Paul Schmidt, München, ist als Erfinder genannt worden

1

Die Erfindung bezieht sich auf eine Einrichtung zum Erzeugen von Stoßwellen in schneller Folge innerhalb eines Stoßwellenraumes. Insbesondere bezieht sich die Erfindung auf eine Einrichtung zum Aufheizen und Verdichten des Bereichs in der Mitte eines hohlzylinderartigen oder hohlkugelartigen thermonuklearen Reaktors, um dort Fusionsbedingungen zu erreichen und erforderlichenfalls aufrechtzuerhalten. Die Form des Stoßwellenraumes, insbesondere für einen Reaktor, kann auch ein Ellipsoid sein.

Es ist bekannt, eine einzelne Stoßwelle durch das Zerreißen einer Membran zu erzeugen, die unter höheren Druck gesetzt wird als der anschließende Stoßwellenraum. Die Entzündung festen Explosivstoffes, z. B. in einer sogenannten Hohlladung oder in einem Kugelraum, ist ebenfalls zum Erzeugen einer einzelnen Stoßwelle bekannt. Um durch Stoßwellen erreichbare Zustände der Materie über eine längere Zeit hin auszudehnen und dadurch die Wirkung einer einzelnen Stoßwelle zu verstärken, ist ein Erzeugen von Stoßwellen in schneller Folge geeignet. Ein Erzeugen von Stoßwellen in schneller Folge kann nach einem bekannten Vorschlag durch Schwingungen einer Wand erfolgen, wenn dabei die Wand beim Auftreffen einer Stoßwelle dieser entgegenläuft. Zum gleichen Zweck ist vorgeschlagen worden, die Schicht des Mediums in der Nähe einer reflektierenden Wand periodisch elektrisch derart zu beeinflussen, daß die ankommende Stoßwelle durch eine Schicht ihr entgegenbewegten Mediums verstärkt reflektiert wird.

Die bekannten Mittel zum Erzeugen von Stoßwellen in schneller Folge ergeben erst nach verhältnismäßig langer Zeit durch Stoßwellenresonanz erhöhte Stoßwellenintensitäten. In einigen Fällen der Technik ist es dagegen erwünscht oder erforderlich, stärkere und in verhältnismäßig kurzer Zeit bereits außerordentlich erhöhte Intensitäten von Stoßwellen zu erreichen und aufrechtzuerhalten. Dies ist insbesondere zur Erzielung von Fusionsreaktionen erforderlich. Um diese Aufgabe zu erfüllen, sieht die Erfindung vor, zur Ausbildung von Stoßwellen wiederholt Schichten strömenden explosiven Gemisches zu verwenden.

Des näheren besteht die Erfindung in einer Einrichtung der in Frage stehenden Art, bei der Mittel vorgesehen sind, durch die eine zur Ausbildung einer Stoßwelle dienende dünne Schicht strömenden explosiven Gemisches an einer Stoßwellen reflektierenden Wand des Stoßwellenraumes, vorzugsweise längs der gesamten Ausdehnung der Wand, in periodischer Wiederholung eingeführt und jeweils in ihrer gesamten Ausdehnung gleichzeitig gezündet wird.

Die Anwendung dünner Schichten strömenden explosiven Gemisches hat den Zweck, einerseits eine periodisch wiederholte Bildung von energiereichen

2

Stoßschichten in kurzen Zeitabständen zu erreichen und andererseits eine kurzzeitig erfolgende Entzündung des Gemisches zu erzielen. Die Ausbildung von Schichten in kurzen Zeitabständen gestattet eine entsprechend schnelle Folge von Stoßwellen. Die kurzzeitige Entzündung ergibt infolge angenäherter Gleichraumverbrennung des Gemisches die Ausbildung eines plötzlichen Druckanstiegs und eine entsprechend starke Intensität der erzeugten Stoßwelle. Die Größenordnung für die Zeit der Entzündung einer Schicht liegt hier in der Regel zwischen 10^{-4} bis 10^{-8} Sekunden. Derartig kurze Zeiten der Entzündung sind charakteristisch für die anzuwendenden dünnen Gemischschichten. Um die Größenordnung der Dicke einer dünnen Gemischschicht im Sinne der Erfindung anschaulich zu machen, sei angeführt, daß diese Dicke nur bis zu rund 10% der Ausdehnung betragen mag, welche die Stoßwellen reflektierende Wand besitzt. In vielen Fällen wird die Dicke wesentlich kleiner sein.

Demnach wird die Erfindung nicht berührt von Einrichtungen, die, periodisch wiederholt, Gemischmengen verwenden, deren räumliche Ausdehnung nicht als »dünne Schicht«, wie sie oben definiert ist, bezeichnet werden kann; in der Regel liegen bei diesen andere Aufgabenstellungen vor, wie zum Beispiel das Erzeugen eines Druckstroms heißer Gase, wobei eine Anwendung dünner Gemischschichten technisch unvorteilhaft sein würde.

In den Fig. 1 bis 11 sind beispielsweise einige Einrichtungen zum Erzeugen von Stoßwellen nach der Erfindung dargestellt.

Fig. 1 und 2 geben ein Stoßwellenrohr rechteckigen Querschnitts wieder;

709 913/231

Patent für einen Fusionsreaktorentwurf von Paul Schmidt, 1957. (Quelle: DPMA München)

ÖSTERREICHISCHES PATENTAMT

Kl. 21 g, 4/01

PATENTSCHRIFT NR. 228351

Ausgegeben am 10. Juli 1963

ING. KARL NOWAK IN WIEN

Einrichtung zur Erzielung kontrollierter Atomkernfusion

Angemeldet am 8. Juni 1960 (A 4335/60). – Beginn der Patentdauer: 15. Dezember 1962.

Die Erfindung betrifft eine Einrichtung zur Erzielung kontrollierter Atomkernfusion, bei welcher die Verwendung zweier Bündel beschleunigter Atomionen vorgesehen ist, und besteht darin, daß eine Gegeneinanderführung von zur Verschmelzung bestimmten Atomionen, insbesondere von Tritium- oder Deuteriumionen, innerhalb eines konzentrierenden Magnetfeldes einer umgebenden Spule und innerhalb einer Energieabnahmeeinrichtung erfolgt.

Man versucht derzeit eine kontrollierte Kernfusion durch die Erzeugung hoher Temperaturen zu erzielen. Die Kernfusion von Deuterium soll bei einer Temperatur von etwa 100 Millionen Grad in Gang kommen, die Verschmelzung von Deuterium- mit Tritiumkernen bei etwa 60 Millionen Grad, wenn diese Temperaturen einige Sekunden aufrecht erhalten werden. Den letzten Stand der Versuche bilden Geräte, bei welchen eine ringförmige Gasentladung in Tritiumgas durch ein konzentrierendes Magnetfeld von der Gefäßwand abgehalten wird. Durch Stoßbelastung mit hohem Strom wurden bereits hohe Temperaturen erreicht, jedoch noch keine brauchbare Kernfusion erzielt.

Als andere Möglichkeit der Erzielung von Kernfusionen wurde bereits in Betracht gezogen, die Energie von Deuteriumionen mit Teilchenbeschleunigern auf geeignete Werte zu bringen und sodann damit deuteriumhaltige Objekte zu beschießen oder zwei Deuteriumstrahlen gegeneinander zu jagen (vgl. deutsche Patentschrift Nr. 876279). Auch diese Wege werden jedoch als nicht zum Erfolg führend betrachtet (vgl. Zeitschrift "Atomkernenergie" vom Juni 1958, S 229).

Gemäß der Erfindung wird vorgeschlagen, innerhalb eines Konzentrationsfeldes die Atomionen in Spiralbahnen gleichen Umlaufsinnes gegeneinander zu bewegen. Dies erscheint zunächst widersinnig, weil dadurch die Relativgeschwindigkeiten der Teilchen gegeneinander stark herabgesetzt sind. Die Korpuskel treffen sich im Falle des Zusammenstoßes in einem sehr flachen Winkel, so daß die Beschleunigung viel höher getrieben werden muß, als wenn sich Teilchen in Gegeneinanderbewegung frontal treffen, um eine Fusion zu erzielen. Deshalb wurde die an sich bekannte magnetische Strahlkonzentration für den Bereich aufeinandertreffender Teilchen für Fusion durch Aufeinandertreffen bisher auch noch nicht angewendet. Die Erfindung benützt diesen scheinbaren Nachteil als Vorteil. Die gegeneinandergeführten Ladungsträger werden auf Spiralbahnen gleichen Durchmessers gebracht und treffen sich hiedurch sozusagen auf der Mantelfläche eines Zylinders, so daß die Trefferwahrscheinlichkeit stark erhöht ist.

Ein Ausführungsbeispiel des Erfindungsgegenstandes ist in der Zeichnung schematisch dargestellt. An Hand derselben wird die Erfindung noch weiter erläutert.

In der Fig. 1 bezeichnet 1 ein Gasentladungsgefäß, das beispielsweise mit Deuterium- oder Tritiumgas oder einem andern geeigneten Gas gefüllt ist. In diesem Gefäß findet zwischen der Anode 2 und einer durchbohrten Kathode 3 eine Gasentladung statt, wobei durch eine Bohrung der Kathode Kanalstrahlen austreten, nämlich positive Atomionen des betreffenden Gases. Diese Ladungsträger können gegebenenfalls in bekannter Weise durch magnetische Filter, die hier nicht dargestellt sind (Umlenkungen im Magnetfeld oder in Kombinationen von magnetischen oder elektrischen Feldern ähnlich der Anordnung eines Massespektrographen) nach Intensität geordnet bzw. ausgewählt werden. Durch ein Gitter 4 kann der Ionenstrom gesperrt werden. Das Gitter dient dazu, nur einen Stromstoß begrenzter Dauer, z.B. von einigen Zehntelsekunden bis Sekunden, oder begrenzter Stärke passieren zu lassen. Hinter dem Gitter 4 folgt eine Magnetspule 5, welche den Ionenstrahl beeinflußt und konzentriert. Hierauf tritt der Strahl in einen Beschleuniger 6 ein, etwa einen Linearbeschleuniger, wo ihm die gewünschte Beschleunigung erteilt wird.

Patent zur Erzielung einer Kernfusion von Karl Nowak, 1960.
(Quelle: DPMA München)

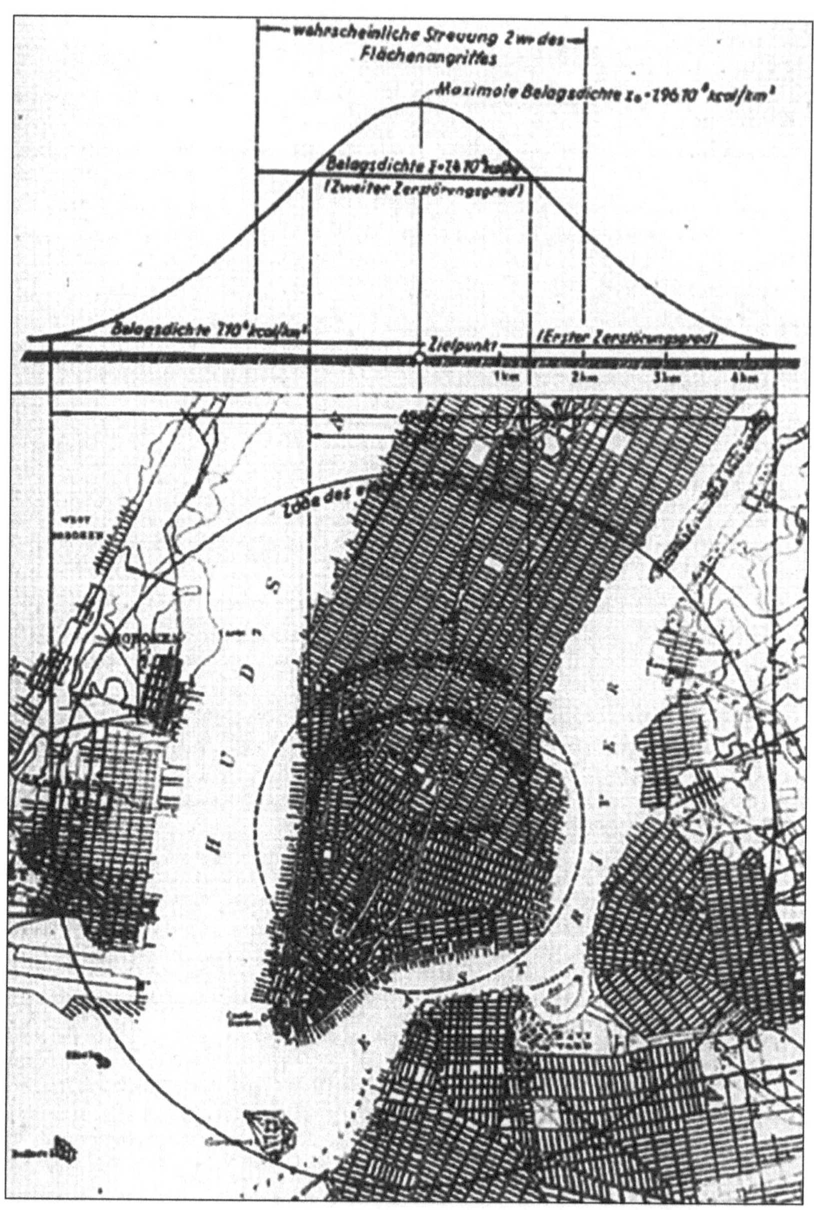

Was plante Eugen Sänger? Sein Planungsentwurf für die Bombardierung Manhattans aus dem Jahr 1944. (Quelle: DPMA München)

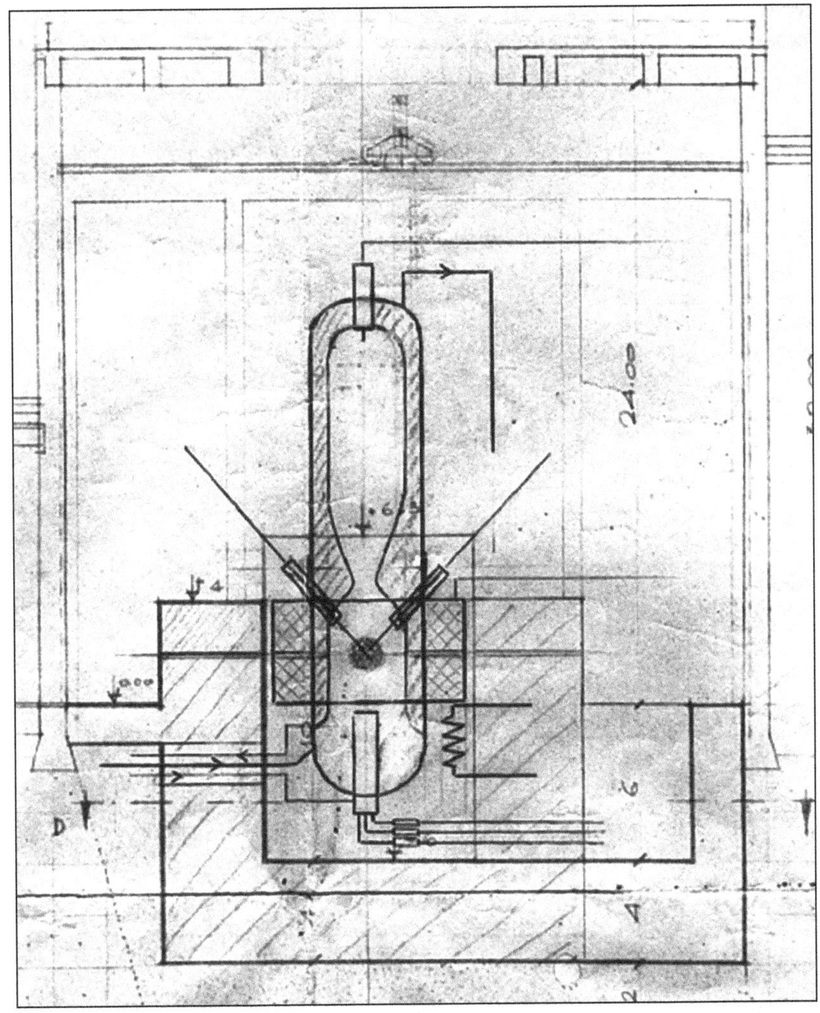

Der Entwurf eines Großreaktors von Richter.
(Quelle: Paul J. Hahn, Dr. Ronald Richter: Der Auftakt der Fusionsforschung)

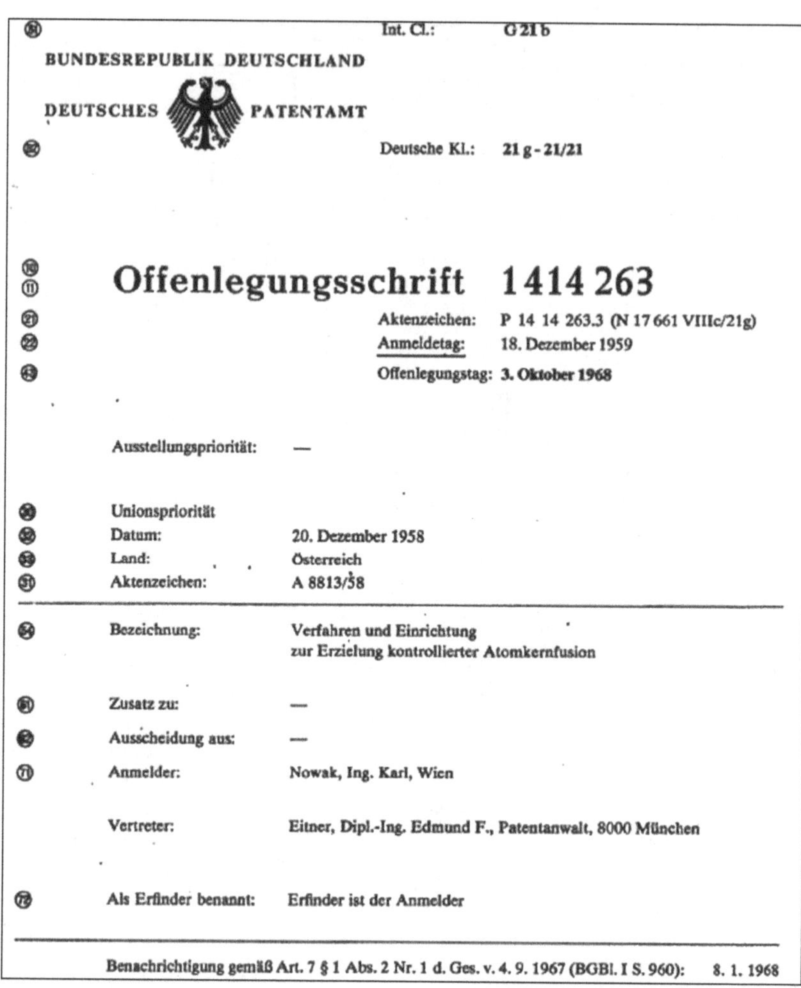

Int. Cl.: G 21 b

BUNDESREPUBLIK DEUTSCHLAND

DEUTSCHES PATENTAMT

Deutsche Kl.: 21 g - 21/21

Offenlegungsschrift 1414 263

Aktenzeichen: P 14 14 263.3 (N 17 661 VIIIc/21g)
Anmeldetag: 18. Dezember 1959
Offenlegungstag: 3. Oktober 1968

Ausstellungspriorität: —

Unionspriorität
Datum: 20. Dezember 1958
Land: Österreich
Aktenzeichen: A 8813/58

Bezeichnung: Verfahren und Einrichtung zur Erzielung kontrollierter Atomkernfusion

Zusatz zu: —

Ausscheidung aus: —

Anmelder: Nowak, Ing. Karl, Wien

Vertreter: Eitner, Dipl.-Ing. Edmund F., Patentanwalt, 8000 München

Als Erfinder benannt: Erfinder ist der Anmelder

Benachrichtigung gemäß Art. 7 § 1 Abs. 2 Nr. 1 d. Ges. v. 4. 9. 1967 (BGBl. I S. 960): 8. 1. 1968

Patent von Karl Nowak aus dem Jahr 1958, das sich mit der Kernfusion mittels Magnetfeldkompression befasst. *(Quelle: DPMA München)*

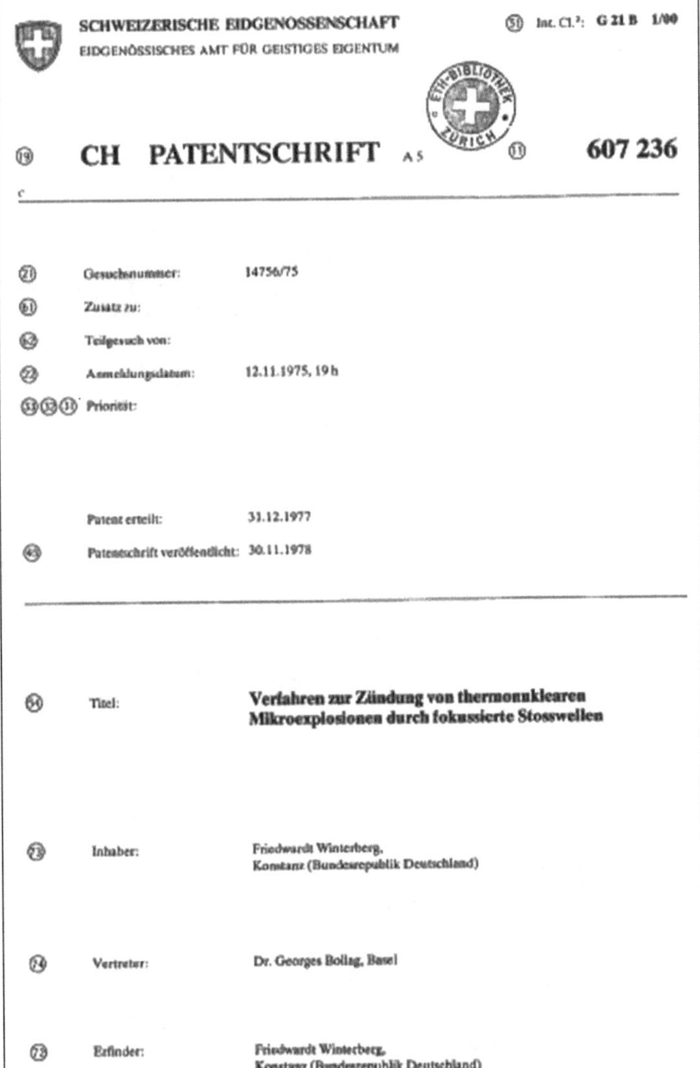

SCHWEIZERISCHE EIDGENOSSENSCHAFT
EIDGENÖSSISCHES AMT FÜR GEISTIGES EIGENTUM

(51) Int. Cl.²: G 21 B 1/00

(19) CH PATENTSCHRIFT A5 (11) 607 236

(21) Gesuchsnummer: 14756/75
(61) Zusatz zu:
(62) Teilgesuch von:
(22) Anmeldungsdatum: 12.11.1975, 19 h
(33)(32)(31) Priorität:

Patent erteilt: 31.12.1977
(45) Patentschrift veröffentlicht: 30.11.1978

(54) Titel: **Verfahren zur Zündung von thermonuklearen Mikroexplosionen durch fokussierte Stosswellen**

(73) Inhaber: Friedwardt Winterberg, Konstanz (Bundesrepublik Deutschland)

(74) Vertreter: Dr. Georges Bollag, Basel

(72) Erfinder: Friedwardt Winterberg, Konstanz (Bundesrepublik Deutschland)

In diesem Patent ließ sich Friedwardt Winterberg 1975 ein Verfahren zur Zündung einer thermonuklearen Miniexplosion mittels konvergenter Schockwellen der Hochdruckkompression schützen. *(Quelle: DPMA München)*

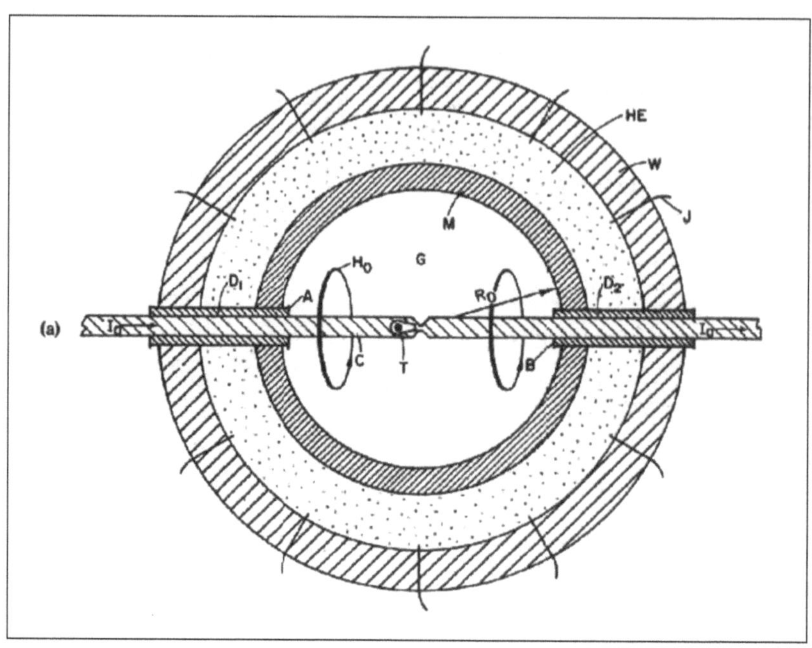

Ein Konzept Winterbergs für die Zündung einer reinen Fusionswaffe ohne Spaltstoff. Es ähnelt dem Prinzip Diebners (s. o.). W) äußere Umhüllung, HE) Sprengstoff, J) elektrische Zünder, M) innere Hohlkugel aus Metall, G) gasförmige DT-Mischung, C) mit Hochstrom I_0 durchflossene Elektroden in Isolationsschichten D_1 und D_2, H_0) Magnetfeld um die Elektroden, T) Li6D-Kern in der linken Elektrodenspitze, das durch den Stromfluss (Lichtbogen und Magnetfeld) extrem erhitzt und komprimiert wird und so die Initialzündung auslösen soll.
(Quelle: Friedwardt Winterberg: The Release of Thermonuclear Energy by Inertial Confinement – Ways Toward Ignitions)

3. Kontrakt vertrackt – eine Zusammenfassung der politischen Vereinbarungen seit dem Zweiten Weltkrieg

Wie verträgt sich jedoch die Konstruktion reiner ICF-Konfigurationen – einerseits mit wissenschaftlicher Zielsetzung, andererseits mit der Umsetzung zumindest hypothetischer, innovativer Waffen – mit den seit dem Zweiten Weltkrieg geschlossenen internationalen Abkommen zur Einschränkung derartiger militärischer Wirkmittel? Inwieweit wären ICF-Waffen von jenen Kontrakten betroffen – oder deren Realisierung politisch tragfähig und legal? Schließen die Internationalen Verträge diese nicht a priori aus? Wie konnte im durch die Alliierten mit Restriktionen belegten Nachkriegsdeutschland an derartigen Systemen geforscht werden (wie es z. B. die Patentschriften offenbaren), und das mit staatlichen Mitteln?
Welche theoretischen Varianten wären zusammengefasst aus den vorherigen beiden Kapiteln denkbar, um eine reine Kernfusion ohne Kernspaltung einzuleiten? Wir führen uns dabei nochmals deutlich vor Augen, dass dies eine rein militärisch ausgerichtete Betrachtung – mit all ihren potentiellen Nachteilen – ist und sich zudem nahe der Proliferation bewegt, und schauen uns anhand von Beispielen deren hypothetische Realisierbarkeit an – ohne Gewähr auf Vollständigkeit und tatsächliche Umsetzung.

Lassen Sie uns gemeinsam in dem nun folgenden Kapitel die Fragen nach der Implementierung derartiger Kernwaffenkonzepte im Kontext der Integration in den internationalen politischen Horizont und den Ambitionen oder Ambivalenzen nachgehen und wie man speziell in Westdeutschland darauf reagierte.

3.1 Der Ursprung der politischen Ambitionen und das Verhalten der Regierungen

In den USA wurden in den Jahren 1952 bis 1992 etliche Millionen Dollar in die Entwicklung reiner Fusionswaffen investiert – „substantial Investment" –, offenbar ohne probate Resultate, wie das US Departement of Energy (DOE) im Jahr 2001 in einem deklassifizierten Statement von 1998 die Öffentlichkeit wissen ließ:

„The U. S. does not have and is not developing a pure fusion weapon and no credible design for a pure fusion weapon resulted from DOE Investment"[1].

Hierzu drängen sich jedoch gleich zwei Gedankengänge auf:
A)
Derartige Waffen scheinen nach dem Stand der Wissenschaft und Technik nicht realisierbar zu sein. Die Umsetzung der ICF (Inertial Confinement Fusion – siehe Kapitel 1) scheint nur mit leistungsstarken Lasern, Z-Pinch und Tokamak machbar zu sein.
B)
Gezielte Desinformation, wie sie zur Zeit des Kalten Krieges zur Anwendung kam, um über die wahren Erkenntnisse hinwegzutäuschen.
Was veranlasste eine US-Behörde wie die DOE, eine negierende Position zu einem hypothetischen Waffensystem einzunehmen und dies kurz darauf in der Öffentlichkeit zu platzieren, ohne dass ein kontroverser Diskurs in dieser Causa darüber geführt worden oder irgendein triftiger Grund dafür visuell greifbar war?
Und das in jenen Jahren?
Die Kontingenz der Information ist möglicherweise der Versuch, die Kernwaffenentwicklung zu transzendieren.
Das Statement der DOE sollte nicht überdeterminiert werden, kontrafaktisch oder nicht, hat es in der Geschichte der Militaria schon des Öfteren Meldungen gegeben, dass ein Staat über ein Waffensystem nicht verfüge

und dies auch nicht entwickle, um es dann einige Zeit später doch in seinen Arsenalen aufzufinden. Abstrus? Man denke da entfernt an Israel, Südafrika, Pakistan, Nordkorea, Iran ....

Doch genau dies ist das virulente Problem der ICF als Waffe.
Reine Fusionswaffen sind nicht vom NPT (Nuclear Non-Proliferation Treaty), dem Kernwaffensperrvertrag, erfasst:
Artikel I regelt lediglich die Verfügbarkeit (Besitz/Produktion) jeder Art von Kernwaffen (nach dieser Definition inkl. ICF) und das Verbot der Weitergabe an Drittstaaten durch so genannte „Kernwaffenstaaten". Der Besitz von ICF-Waffen ist damit erlaubt. Artikel II äußert sich im Kern ähnlich. Hier ist es Nichtkernwaffenstaaten untersagt, sich sowohl in den Besitz als auch in Verfügungsgewalt derartiger Waffen zu bringen. In den folgenden Artikeln wird explizit nur von Spaltmaterial oder dessen Ausgangsstoffen gesprochen, wobei die Forschung bei friedlicher Nutzung der Kernenergie unter Ausschluss der Nutzung für die potentielle Waffenherstellung für Nichtkernwaffenstaaten gestattet ist! Allerdings sind Kooperationen mit Kernwaffenstaaten gestattet – für den Nichtkernwaffenstaat wiederum nur zur friedlichen Nutzung –, findet dies jedoch im Hoheitsgebiet eines Kernwaffenstaates statt, ist diese Regelung genau genommen obsolet, denn der Kernwaffenstaat unterliegt derartigen Reglements ja schließlich nicht.
Der Grundstoff der hypothetischen ICF-Waffen ist allerdings das lebensnotwendige Wasser. Zusätzliche Elemente wie Lithium werden dagegen auch für die zivile Wirtschaft benötigt und sind nicht von dem NPT betroffen, obgleich es spaltbar ist.
Vom CTBT (Comprehensive Nuclear-Test-Ban Treaty), dem Kernwaffenteststopp-Vertrag, sind diese bedingt miteingeschlossen.[2)] 1997 wurden per Definition subkritische Testanordnungen – die also keine wie auch immer geartete Menge an Kernsprengstoffen in kritischem Zustand nutzen, demnach durchaus geboostete oder ICF-Konfigurationen – von dem Verbot ausgenommen:

„The CTBT, in accord wich negotiating record, forbids explosions that produce any nuclear yield. The U. S. interprets this to mean that experiments in which conventional explosive assemble a critical mass of fissionable material are prohibited".

„Subcritical experiments are fully consistent with terms of the CTBT, signed by President Clinton last September at the United Nations. [...]"

Mikroexplosionen von spaltbarem wie auch fusionierbarem Material werden von den Nuklearstaaten als außerhalb der ratifizierten Verträge betrachtet.[3)]
Mitglieder des US-Senats sahen dies im Rahmen der Ratifizierung wie folgt:

„The CTBT is a true zero-yield treaty, bannig all explosions producing any self-sustaining nuklear fission reactions".

Diese Aussage impliziert, dass eine reine „non zero-yield"-Fusionsexplosion von dem Vertrag nicht verboten wird.[4)]
Tatsächlich ist der CTBT bislang nicht in Kraft getreten, da einige der von der IAEA aufgeführten, zur Ratifizierung notwendigen Staaten (die über Kerntechnologie verfügen) diesem weder beigetreten sind noch unterzeichnet haben. Die USA, Israel und China gehören zur Gemeinschaft der verweigernden Nationen. (Vorangegangen war der mit dem CTBT nicht zu verwechselnde Vertrag über das Verbot von Kernwaffenversuchen in der Atmosphäre, im Weltraum und unter Wasser – das Moskauer Atomteststoppabkommen oder auch Nuclear Test Ban Treaty [NTBT]. Dieser 1963 in Kraft getretene Vertrag betraf in seinem Ursprung lediglich Großbritannien, die USA und die UdSSR. Weitere 120 Nationen schlossen sich diesem bislang an, Frankreich und China verweigern sich bis heute.)[5)]
Informationen zu den einzelnen Verträgen finden sich in der Abhandlung des Wissenschaftlichen Dienstes des Deutschen Bundestages Nr. 54/05 vom 08. August 2005.

Da der NPT durch die Überprüfungskonferenzen der IAEA lediglich auf seine Einhaltung hin kontrolliert wird, initiierten mehrere Nichtregierungsorganisationen ein Modell für ein neues multilaterales Vertragswerk, das 1997 durch Costa Rica als offizielles Dokument bei der UNO eingereicht wurde. Erst Ende 2016 begannen per Resolution der UN-Vollversammlung die Verhandlungen zu einem Atomwaffenverbotsvertrag (Treaty on the Prohibition of Nuclear Weapons – TPNW), der im Juli 2017 mit 122 Stimmen auch angenommen wurde. Alle Kernwaffen und NATO-Staaten (bis auf die gegenstimmenden Niederlande) enthielten sich der Verhandlungen und lehnten den Vertrag ab.
In dem Vertrag ist dagegen sehr allgemein gehalten nur von Kernwaffen, sonstigen Kernsprengkörpern oder Kernmaterial die Rede. Anders als die Nuklearwaffenkonvention enthält der Vertrag weder gesetzliche noch technische Maßgaben, Kernwaffen (und ihre Auslegung) betreffend. Es obliegt ergänzenden, noch zu verhandelnden Zusatzbestimmungen, derartige Details zu benennen – das Vertragswerk enthält zumindest eine Öffnung hierfür in der Einräumung solcher Verhandlungen (Artikel 4). Was laut Vertragswesen denn eigentlich Kernwaffen, sonstige Kernsprengkörper oder Kernmaterial sind, liegt in der freien Auslegung der Signatarstaaten.
Interessant ist die in Artikel 2 auch aufgeführte Untersagung nicht nur von Kernwaffen unter der eigenen Verfügungsgewalt, im Eigentum oder Besitz des jeweiligen Staates, sondern auch von der Anwesenheit dieser Waffen auf eigenem Hoheitsgebiet oder in eigener Hoheitsgewalt, die unter der Verfügungsgewalt, Eigentum oder Besitz eines anderen Staates stehen.

In der vorangegangenen Nuklearwaffenkonvention (Nuclear Weapon Convention – NWC) aus dem Jahr 2007, die als Grundlage des TPNW gilt – aber nicht völkerrechtlich bindend ist –, sind per Definition auch kleinste ICF-Waffen eingeschlossen – wenn auch nicht direkt benannt –, und zwar innerhalb des Verbotes von Kernexplosionen (s. w. u.) – was sinngemäß dem CTBT entspricht – und bei der Auslegung des Begriffs „Kerntechnisches Material"; hier wird detailliert auf thermonukleares Material verwiesen, unter dem man jedes durch Druck, Temperatur und

Einschlusszeit fusionierbares Isotop oder Nuklid zu verstehen hat. Auch Materialien, die ohne vorherige Umwandlung zur Herstellung von Kernwaffen geeignet sind, umfasst die Konvention. Damit wäre sie sehr viel präziser und umfangreicher als der im Kern oberflächliche TPNW.
Im Detail heißt es ab Seite 11:

„‚Kernexplosion' bedeutet die Freisetzung einer signifikanten Menge Kernenergie [Energie, die spontan oder durch Interaktion mit anderen Partikeln und/oder elektromagnetischer Strahlung aus dem Kern eines Atoms freigesetzt wird], die schneller als bei chemischen Sprengstoffen oder gleich schnell abläuft – einschließlich Mikrospaltung, Mikrofusion oder Miniaturvorrichtungen beliebiger Sprengkraft."

Folgerichtig wären ICF-Waffen damit abgedeckt.6)

Der amerikanische Physiker und Mathematiker Freeman John Dyson brachte es in seinem Buch „Disturbing the Universe" 1979 auf den Punkt:

„The main thesis of the article is that a permanent test ban would be a dangerous illusion because future improvements in weapons technology would create irresistible pressures towards secret and open violations of any such ban. In other words, fissions-free bombs are the wave of the future, and any political arrangement which ignores denies their birthright is doomed to failure."

Bereits Jahre zuvor hatte er in dem Journal „Foreign Affairs" geschrieben:

„[...] There is theoretical a simple way to escape from the tyranny of the critical mass. This is to burn heavy hydrogen without a fission bomb to ignite it. A fissions-free bomb, containing a small quantity of heavy hydrogen and no fissionable metal, is logically the third major step in weapon development after the existing fission and hydrogen bombs"7).

Die politischen Entscheidungsträger scheinen sich diesbezüglich offensichtlich nicht festlegen zu wollen, um sich diese Generation von auch auf dem taktischen Gefechtsfeld einsetzbaren Nuklearwaffen offen zu halten.

Dem aufmerksamen Leser wird an dieser Stelle bereits eine politische Paradoxie aufgefallen sein: Wird in dem Statement der DOE aus den USA noch das Vorhandensein und die Entwicklung von ICF-Waffen dementiert (was andere Nationen natürlich nicht ausschließt) und dies auch im offiziellen Schrifttum allgemein so kommuniziert, überrascht doch die Konvention mit dem expliziten Bezug des Verbotes von Mikrofusionen. Laut einschlägiger Waffenkunde soll eine Fusion jedoch nur unter Zuhilfenahme einer Kernspaltung anlaufen. Eine Untersagung von Mikrospaltungen schließt also kleinste Fusionen gleich mit aus. Dennoch war es den Urhebern wichtig, Mikrofusionen par excellence aufzuführen.

3.2 Das deutsche Verhältnis im Rahmen der internationalen Atomwaffenverträge

Das nationale Sicherheitsbedürfnis der noch jungen Bundesrepublik strebte nach einer partiellen Autarkie in der Verteidigungspolitik. Ausgelöst wurde dieses in Deutschland als fundamental angesehene Problem einerseits durch die unmittelbare Nachbarschaft des Ostblocks, andererseits durch die westlichen Ambitionen, den ehemaligen Kriegsgegner nicht allzu sehr wieder erstarken zu lassen. Die ambivalente Dialektik jener Zeit war es, Deutschland akzentuiert fern von nuklearer Rüstung zu halten, sie aber in die Bündnispolitik mit ihrer implementierten Nuklearstrategie zu involvieren. Das resultierte in einem politischen Konflikt Deutschlands: der latenten Bedrohung des Ost-West-Konfliktes in seiner gesamten Komplexität. Die Auswirkungen eines konventionell geführten Konfliktes waren noch allgegenwärtig. Das Gefährdungspotential einer nuklearen Konflagration bildete ein abstraktes Szenario. Das geteilte Deutschland befand sich im geostrategischen Brennpunkt der rivalisierenden Blöcke mit seinen spannungsgeladenen, sensibel austarierten Gegensätzen und stellte – und das war insbesondere bei den westlichen Politikern und ihren Bestrebung nach der Überlebensfähigkeit der Bundesrepublik deutlich erkennbar – potentiell das zukünftige Schlachtfeld, während das östliche Deutschland von Moskau als Sprungbrett offensiver Anstrengungen gesehen wurde. Die nukleare Abschreckung wurde für beide Parteien zur existenziellen Angelegenheit. Es herrschten eine latente Abhängigkeit aufgrund der nicht verfügbaren Kernwaffen von den Bündnispartnern und allgegenwärtige Fragen, ob diese im Verteidigungsfall der NATO auch tatsächlich durch den Protektionsstaat USA verfügbar gemacht würden, sowie die berechtigte Befürchtung, dass sich die USA im Rahmen einer lokal begrenzten militärischen Expansion Moskaus, die auf Westdeutschland zu limitieren war, dazu entschließen könne, den Verteidigungsfall nicht auszurufen und damit den Zugriff auf nukleare Wirkmittel durch die Bündnispartner zu unterbinden. Dies verdeutlichte die virulente Abhängigkeit der europäischen Sicherheit von den Zusagen der USA, wobei sich zusehends herauszukristallisieren begann, dass die Verteidigungskonzeption der NATO auf das Wohlwollen der USA angewiesen war und deren Entscheidung von den eigenen Präferenzen diktiert wurde. In der sich daraus ergebenden Deduktion betrachteten die USA ihre europäischen Verbündeten als zumindest sicherheitspolitische Protektorate, insbesondere die Bundesrepublik. Dieser Status manifestierte sich sukzessiv auch in der Handelspolitik. Die Versuche der Bundesrepublik, nach Möglichkeit als gleichwertiger Partner innerhalb der NATO sowohl betrachtet als auch behandelt zu werden, scheiterten an den realen Bedingungen der Mitgliedschaft. Man war weder ein souveräner Staat noch besaß man ein eigenes Abschreckungspotential – womit nukleare Waffen gemeint sind – und war in diesem Punkt zudem auf die Bündnispartner respektive die USA angewiesen. Zwar verbesserte sich die Westdeutsche Position allianzintern allmählich durch den stetig steigenden militärischen Verteidigungsbeitrag, jedoch ließen die anderen Mitgliedstaaten, ausgenommen Frankreich, ostentativ keinen Zweifel an der Subordination der BRD aufkommen. Da sich ein Konflikt zwischen den Großmächten auf eigenem Territorium abspielen musste, war der Griff nach eigenen nuklearen Mitteln zur potentiellen Abschreckung als substanziell existenzerhaltende Ambition durchaus nachvollziehbar. Zumindest wollte man die Option der nuklearen Teilhabe innerhalb der NATO gesichert wissen; auch jenseits eigener Verfügungsgewalt, die es anzustreben galt. Die Involvierung der Bundesrepublik in die nuklearen Fähigkeiten der NATO konterkarierten die internationalen Anstrengungen, dies zu unterbinden, und widersprach der eigenen Aussage bezüglich eines nationalen Kernwaffenverzichts. Um einerseits den international expandierenden Bestrebungen nach nuklearen Waffen einerseits sowie den deutschen Absichten andererseits entgegenzutreten, wurde der NPT initiiert.

Die Bundesrepublik Deutschland tat sich mit dem NPT äußerst schwer. Am 28. November 1969 unterzeichneten die deutschen Vertreter das Vertragswerk in Washington, London und Moskau. Die Ratifizierung durch den Bundestag erfolgte erst nach intensiven Debatten am 20. Februar 1974.[8)]
Doch womit ist die deutsche Reserviertheit zu begründen?

Der NPT definierte den Status des Kernwaffenstaates und differierte ihn im gleichen Kontext von den Nichtkernwaffenstaaten; er konstituierte faktisch eine Zweiklassen-Verteidigungspolitik, die der ersten Staatengruppe eine unausgesprochen dominante und bevormundende Position gegenüber den restlichen Nationen verschaffte. Dies war auch die primäre Befürchtung Wilhelm Grewes, Deutscher Diplomat und Professor für Völkerrecht, der in dem NPT ein Element der internationalen Rechtsungleichheit sah, da es einem wichtigen Kriterium der Selbstbestimmung nach dem Völkerrecht, dem Recht auf die eigene Verteidigung (mit allen Mitteln), zuwider agitierte.[9)]

In einem Memorandum an die UNO aus dem September 1961 hatten die Moskauer Delegierten im Zuge der beginnenden NPT-Verhandlungen ihre Bedenken gegenüber den bundesdeutschen Nuklearambitionen deutlich gemacht. Die Tatsache, dass Bonn seinerzeit die kriegsgeschaffenen Fakten, die neuen östlichen Territorien einschließlich ihrer Grenzen auf ehemaligem Reichsgebiet, nicht anzuerkennen bereit war, wurde in der UdSSR als Zeichen für politischen Revisionismus mit der latenten Gefahr deutschen Strebens, diese zu korrigieren, gesehen. Eine Nuklearbewaffnung Westdeutschlands stellte für Moskau eine qualitativ ganz andere militärische Bedrohungsoption dar als alle anderen Nuklearstaaten. Der sowjetische Vertreter der NPT-Verhandlungsdelegation, Oleg Grinewski, wurde entsprechend deutlich:

„Wir konzipieren den gesamten Vertrag mit dem vorrangigen Ziel, der Bundesrepublik Deutschland jeglichen Zugang zu eigenen Atomwaffen zu verbauen".

Den Moskauer Sorgen verweigerte man sich auch in Paris, London und Washington nicht gänzlich.
Moskau reagierte 1967 mit der durchaus relativierten Forderung, dass man sich aus eigenem Interesse nicht gegen eine Aufnahme der BRD in den NPT stelle, sofern Bonn gegenüber Moskau erkläre, dass man

„auf den Erwerb und auf die Herstellung von Kernwaffen sowie den Zugang zu diesen in direkter und indirekter Form" verzichte.[10)]

Allerdings war es den intensiven wie langwierigen durch Strauß geführten Verhandlungen mit den USA, die den Deutschen Beitritt zum NPT eröffneten, geschuldet, dass es zu einem derartigen Verzug kam.

„Der Wahrheit halber muss gesagt werden, dass die Amerikaner, im Zusammenhang mit diesem Vertrag, mit keinem Land so intensive Konsultationen geführt haben, wie mit uns",

äußerte sich Willy Brandt 1969 hierzu.[11)] Gerhard Flämig, ehemaliger Bundestagsabgeordneter der SPD, brachte es im gleichen Jahr auf den Punkt:

„Der Vertrag in seiner heutigen Fassung ist doch ganz wesentlich anders als seine ursprüngliche Fassung ... Es steht doch fest, dass kein anderes nichtnukleares Land so viel an Vertragsverbesserungen und -interpretationen herausgeholt hat, wie die Bundesrepublik“ 12).

In Bezug auf den NPT standen sich Bonn und Moskau weltpolitisch diametral entgegen; Washington fiel die Rolle des „ehrlichen Maklers“ mit ganz eigener Intention zu. Die USA beabsichtigte und protegierte die Installierung einer nuklearen Multilateral Force (MLF) innerhalb der NATO (zu der es nie kam) anstelle einzelstaatlicher Atomwaffenarsenale – freilich unter ihrer eigenen Kontrolle – unter Einbeziehung der BRD. Um dieses Ziel zu erreichen, musste Westdeutschland Mitglied des NPT werden.
US-Präsident Lyndon Baines Johnson, 1966 intern mit seiner Wiederwahl beschäftigt, und sein Verteidigungsminister Robert McNamara insistierten, auch aus wahlpolitischen Motiven heraus, wiederholt für den NPT. Der amerikanisch-sowjetische Kompromiss unter vorübergehender Ausklammerung einer europäischen Option (vorrangig Frankreich und Westdeutschland betreffend) erfolgte im September. Die Außenminister beider Staaten, David Dean Rusk und Andrei Andrejewitsch Gromyko, verständigten sich auf einer gemeinsamen Basis: Man akzeptiere die nuklearen Anstrengungen der NATO und die zukünftige Einbindung europäischer Staaten, wenn der Transfer von Nuklearwaffen an bestimmte Staaten ausgeschlossen werden könne. 13) Damit war auch die Bundesrepublik gemeint. Als diese davon erfuhr, intervenierten ihre diplomatischen Vertreter energisch. Der deutsche Botschafter, Karl Heinrich Knappstein, machte gegenüber dem State Departement deutlich, die

„Verteidigung Europas habe Vorrang vor Übereinkommen mit der UdSSR, der es nicht gestattet sein sollte, Ziele zu erreichen ohne Gegenleistung auf politischem oder sicherheitspolitischem Gebiet. Solch Übereinkommen mit UdSSR könnte unvorhersehbare politische oder sicherheitspolitische Konsequenzen für Deutschland zur Folge haben, das mit UdSSR unmittelbar konfrontiert ist. Diese Bedrohung wird derzeit durch westliche Solidarität noch eingedämmt“ 14).

Im Klartext stellt dies die Bonner Positionen in jenen Jahren dar: Durch den Osten mit seinem expansiven, annexionistisch-politischen Potential konfrontiert, das sich nach Korea gerade erst wieder im Vietnam-Konflikt offenbarte, war man in dem Bestreben nach Selbstverteidigung (was auch zum politischen Junktim wurde). Zwar hatte man vertraglich der eigenen nuklearen Aufrüstung entsagt, man wollte jedoch die Option der „Hintertür“ gewahrt wissen – einerseits durch die nukleare Bewaffnung innerhalb einer zumindest bilateralen Vereinbarung oder andererseits durch eine nukleare Teilhabe innerhalb der NATO. Zudem verlangte man vollkommene Freizügigkeit der Forschung in der Kernphysik auf allen Gebieten – den militärischen miteingeschlossen. Auch für den zivilen Sektor der Kernphysik, respektive dem Reaktorbau, zeichneten sich hierdurch Restriktionen ab, da sich dem Betreiberland von Kernreaktoren immer der duale Weg zum Bau von Kernwaffen eröffnet. Die amerikanisch-sowjetischen Übereinkommen drohten diese Absichten endgültig zu torpedieren – sah man sie durch den NPT ohnehin schon gefährdet.

Doch genau hier griff im Detail das *constructive misunderstanding*, wie es sowjetische Diplomaten später titulieren sollten. Die Diktion des Vertragswerks wurde bewusst verwässert. Der Inhalt des Artikel I, Kernwaffen oder die Verfügungsgewalt darüber an niemanden unmittelbar oder mittelbar zu übertragen, konnte dahingehend interpretiert werden, dass die Übertragung einem tatsächlichen Verbot unterlag oder ausschließlich dem so genannten Zweischlüsselprinzip (worunter man die Kontrollteilung auf bilateraler Ebene versteht) vorbehalten war. Ebenso verhielt es sich mit der europäischen nuklearen Teilhabe:

Moskau verweigerte die offizielle Anerkennung, akzeptierte aber die Interpretation Washingtons – im Gegenzug verweigerte sich Washington auf einen Europäischen Ausschluss, akzeptierte aber dessen Auslassung im Vertragswerk.[15)]

Nach Vorbild der RAND Corporation hatte man seit 1962 in München die Stiftung Wissenschaft und Politik (SWP) etabliert, die dem Bundeskanzler unterstellt ist. Die SWP ist ein den Bundestag und die Bundesregierung beratendes Organ, das sich auf internationaler Ebene mit der internationalen Sicherheitspolitik und Außenpolitik und den betreffenden Organisationen, wie der UNO, NATO und der EU (vormals EG), beschäftigt. In seinem Aufsatz „Die nuklearen Dilemmas der Bundesrepublik Deutschland" wies SWP-Mitglied Uwe Nerlich genau auf das deutsche Problem des NPT hin: Eine Offenhaltung der nuklearen Option als mögliches Pfand für Verhandlungen einer Wiedervereinigung, im Falle dessen Scheiterns den Status der BRD als Nichtnuklearstaat nicht für alle Zeiten zu manifestieren und der Teilhabe an der nuklearen NATO-Strategie. Vereinfacht gesagt, sollte sich die Bundesrepublik alle Wege offenhalten, sich insbesondere keine Fesseln in den „militärisch verwendbaren Bereichen friedlicher Atomprogramme" und den „nuklearen Waffenwirkungsprogrammen" auferlegen zu lassen.16) Ähnlich argumentierte auch Wolf Häfele des Forschungszentrums Karlsruhe, der Hand der Entwicklung von Brutreaktoren zur Gewinnung von Plutonium, in seinem so genannten „Badenweiler-Papier". Die Plutoniumwirtschaft müsse aufgrund der fehlenden militärischen Option für den zivilen Bereich zugänglich bleiben. Wegen der Importabhängigkeit des Urans von den Amerikanern müsse die auch militärisch anzuwendende Wiederaufarbeitung frei von Reglementierungen des NPT sein. Ferner sollte die EURATOM als einzige Kontrollinstanz des bundesdeutschen Nuklearprogrammes ein entsprechendes Übereinkommen mit der IAEA schließen.17) Die Interessen Bonns fokussierten sich demnach auf die Sicherung der friedlichen Nutzung der Kernenergie und deren möglichst autarken Brennstoffkreislauf sowie die Offenhaltung der militärischen Optionen – dem Stand-By-Programm.

Die Kausalität in der NPT-Kontroverse bestand substanziell darin, dass eine zunehmende Autarkie der Nuklearökonomie ein Potential der Emanzipation gegenüber amerikanischen Interventionen barg, mit denen man den NPT-Restriktionen am Verhandlungstisch wesentlich resoluter entgegentreten konnte. Gleichzeitig avancierte der NPT zur nuklearpolitischen Trophäe. Diejenigen, die dem NPT ablehnend gegenüberstanden, sahen in ihm eine Bedrohung für die ungehinderte Nutzung der Atomenergie; die SPD hingegen machte diesen zur unabdingbaren Voraussetzung für einen Beitritt. Das Stand-By-Programm beinhaltete nichts anderes als die militärische Nutzbarmachung der friedlichen Atomenergie.

Man lehnte aktuell eine nukleare Aufrüstung ganz im Sinne des internationalen Kontextes ab, behalte sich aber die Option auf diese mit eigenen Mitteln vor. Diese Einstellung barg jedoch das ganz reale Risiko, dass andere Staaten es Deutschland gleich täten und somit entgegen der eigentlichen Intention des NPT durch derartige Öffnungsklausulierungen eine Spirale weltweiten nuklearen Wettrüstens auslösten. Dies verdeutlicht die ganze Ambivalenz bundesdeutscher Argumentationslinien und Handlungsstränge mit Blick auf den NPT.18) Gerade die nukleare Rüstungsforschung durfte durch den NPT nicht berührt werden, stellte sie das elementare Fundament des Stand-By-Programmes. Juristisch betrachtet wird die nukleare Rüstungsforschung gerade durch das „Gesetz über die friedliche Verwendung der Kernenergie" (AtG) – kurz „Atomgesetz" – legitimiert, wie es Küntzel schreibt. Das AtG regelt allein den friedlichen Umgang mit der Atomenergie – ohne Validität für den militärischen. Durch Artikel 14 des NPT-Verifikationsabkommens, der ausdrücklich die *Nichtanwendung* der im NPT behandelten Sicherungsmaßnahmen auf Kernmaterial, das *nichtfriedlichen* Zwecken diene, betont, ist dies im Nachhinein im NPT verankert.19) So wurden für derartige Forschungen mit eindeutig militärischem Naturell neben Diebners GKSS, der Beteiligung an dem ISL und den ersten in die Verteidigungsforschung miteingebundenen Fraunhofer-Instituten weitere Einrichtungen, wie das bundeswehreigene Forschungszentrum bei Munster und das Institut für Strahlenschutz in Stol, eingerichtet.

Beide Institutionen dienen der nuklearen Waffenwirkungsforschung, was gleichzeitig implementiert, dass auch das Wissen um die Waffenkonstruktion zumindest vorhanden (wenn nicht selbst erforscht) ist.

In Munster ist 1958 die Erprobungsstelle der Bundeswehr für ABC-Schutz installiert worden, dem heutigen Wehrwissenschaftlichen Institut für Schutztechnologien (WIS), das sich nach wie vor u. a. mit der Kernwaffenwirkung (Radiotoxizität, Sprengwirkung und Elektromagnetismus) befasst und interdisziplinär mit anderen Einrichtungen kooperiert.

(Zur Erforschung der einzelnen Disziplinen verfügt die Bundeswehr über separate Einrichtungen. Für Untersuchungen über die Verträglichkeit und

Effekte elektromagnetischer Wellen – nicht ausschließlich nuklearen Ursprungs – besitzt die Wehrtechnische Dienststelle WTD 81 in Greding (Bayern) ein eigenes Testzentrum. In der WTD 52 Oberjettenberg (Bayern) werden im Bereich für Kurzzeitdynamik die Auswirkungen von Detonationen – auch nuklearer – untersucht. Hierzu steht in der dortigen Untertageanlage eine experimentelle Einrichtung – der Large Blast Simulator – für Druck- bzw. Kompressionswellen – zur Verfügung, der in seiner Leistungsfähigkeit einzigartig in Europa ist. Dieser geht wiederum auf die Entwicklung Walter Trinks' zurück.)[20), 21)]
Das Institut für Strahlenschutz in Stol, Gemeinde Schwedeneck bei Kiel, zu der auch Dänisch-Nienhof – ehemaliger Sitz der Forschungseinrichtung der Kriegsmarine während des Dritten Reichs (s. w. u.) – gehört, wurde 1968 gegründet. Es fußte auf einer Außenstelle des Institutes für reine und angewandte Kernphysik der Christian-Albrechts-Universität (CAU) in Kiel. Mit Mitteln des Verteidigungsministeriums aufgebaut, stand diese Einrichtung unter der Leitung Erich Bagges.[22)] 1974 wurde es unter seinem neuen Namen, Institut für Naturwissenschaftlich-Technische Trendanalysen (INT), in der Fraunhofer-Gesellschaft und durch seine politische Nähe zum Bundesministerium der Verteidigung 1977 in Euskirchen angesiedelt. Das INT ist Teil des Fraunhofer-Verbundes für Verteidigungs- und Sicherheitsforschung VVS.[23)]

Die bundesdeutsche Politik opponierte aufs Heftigste gegen die sich abzeichnenden Folgen bei einem Beitritt zum NPT in seiner von den USA im Jahre 1967 vorgelegten Form.

„Die friedliche Nutzung der Atomenergie sollte durch den Vertrag nicht nur nicht behindert, sondern ihr sollten erweiterte Möglichkeiten eröffnet werden" – auch den Unbeteiligten sollte im Nachhinein deutlich werden, dass Willy Brandt mit seiner am 01. Februar 1967 dem Bundestag vorgetragenen Rede das militärische Potential gleichwohl im Auge hatte. Konrad Adenauer ging am 16. Februar noch weiter, als er den Sowjets unterstellte, dass sie

„über das gesamte atomare Gebiet in Deutschland die Kontrolle erhalten ... und damit bei der rapiden Steigerung der Verwertung von Atomkraft im wirtschaftlichen Leben auch die Kontrolle in größtem Umfang für die deutsche Wirtschaft"

erlangen würden. Er echauffierte sich weiter:

„Ich finde die ganze Sache ungeheuerlich. Das ist wirklich der Morgenthau-Plan im Quadrat".

Einen Tag später verabschiedete der Bundestag die Forderung, dass der Vertrag

„die berechtigten, vitalen Interessen der nicht-nuklearen Mächte ... auf dem Gebiet der friedlichen Atomenergie vertraglich abgesichert berücksichtigen muß".

Sämtliche im NPT aufgeführten, die hoheitlichen Belange intervenierenden Maßnahmen (Kontrollen) dürften nicht

„zu einer Behinderung der deutschen wissenschaftlichen Forschung und der wirtschaftlichen Nutzung auf diesem Gebiet führen"[24].

Zwar liegt die Betonung hier offiziell auf der friedlichen Nutzung, allerdings war es die wahre Intention der Bundesregierung, sich in der Atompolitik weder bevormunden noch den Weg in das Stand-By-Programm verbauen zu lassen.
Während sich die Amerikaner mit den Sowjets über den Inhalt des NPT weitgehend einig waren, begannen die deutsch-amerikanischen Kontroversen in jenem Jahr erst richtig. Die UdSSR machte ihrerseits ihren Beitritt vom Beitritt der Bundesrepublik abhängig. Es war nunmehr die Herausforderung der USA, einen Vertragsentwurf zu konstruieren, der ihren eigenen Interessen gerecht wurde und die Bundesrepublik zufriedenstellte,

ohne die UdSSR herauszufordern. Dieses Unterfangen wurde nach wie vor durch die deutsche Politik erschwert, als denn Strauß den NPT als

„ein neues Versailles und zwar von kosmischen Ausmaßen"

titulierte und der deutsche NATO-Botschafter Wilhelm Grewe die von ihm formulierte Kausalität,

„der politische Status und die wissenschaftlich-technische Entwicklung eines Landes seien an den Besitz von Atomwaffen geknüpft",

aufstellte.[25]) Mit der politischen Situation gegen Ende der 60er Jahre ließen sich in Westdeutschland keine Sympathien für den NPT gewinnen.

„Es scheint uns in der gegenwärtigen Situation in Europa noch weniger geeignet, auf diesen Vertrag einzugehen, als sie es schon vorher wegen der bis dahin noch nicht ganz klaren Interpretation war" – so Helmut Schmidt im September 1969. Den Deutschen bot sich seinerzeit noch eine ganz andere außenpolitische Hürde, nämlich zwei Artikel der UN-Charta betreffend. Eine Anfrage der CDU/CSU-Fraktion an das Auswärtige Amt offenbarte dies:

„Läßt sich die Unterzeichnung des Atomsperrvertrages mit einer Aufhebung der diskriminierenden Rechte der Siegerstaaten auf Grund von Artikel 53 und 107 der UN-Charta verbinden?" – die so genannte Feindstaatenklausel.

(Artikel 53 Absatz 2 definiert alle Staaten, die während des Zweiten Weltkrieges Gegner der Signatarmächte der Charta waren, als Feindstaaten. Explizit waren damit das kaiserliche Japan und das Deutsche Reich gemeint. In Artikel 107 werden alle Maßnahmen der Unterzeichner gegen diese „Feindstaaten" ohne ein UN-Mandat oder den Grundsätzen der Charta [Gewaltverbot gegen ein Mitglied und Einschaltung des UN-Sicherheitsrates] legitimiert; militärische Interventionen eingeschlossen.)

Während der Genfer Konferenz von 92 Nichtnuklearstaaten vom 29. August bis zum 28. September 1968 thematisierte Brandt diese Feindstaatenregelung der UN auf elegante Weise: Bei Nichterwähnung des NPT und unter Einbeziehung der vorangegangenen politischen Ereignisse in der CSSR (Prager Frühling) verlegte er seine Agitation auf das Recht einer westdeutschen Selbstverteidigung.

„Da alle Staaten untereinander auf die Anwendung von Gewalt verzichten sollten, sei es nicht zulässig, den Gewaltverzicht selektiv auf gewisse Staaten zu beschränken. Und auf uns bezogen füge ich außerdem hinzu: Wir billigen niemandem ein Interventionsrecht zu".

Die Bonner Delegation erkämpfte sich in Genf mit der Einbringung einer Resolution zum Gewaltverzicht unter Konsultation der NATO wichtiges Terrain auf dem Weg zur Aussetzung der Feindstaatenklausel.
Die einzig legitime Ausnahmeregelung zum Gewaltverzicht bildete Artikel 51 der UN-Charta.

(Artikel 51 gestattet den Mitgliedern das naturgegebene Recht auf individuelle wie auch kollektive Selbstverteidigung im Falle eines bewaffneten Angriffs, bis der Sicherheitsrat befriedende Maßnahmen ergriffen hat. Bis zu diesem Zeitpunkt steht dem betroffenen Mitglied die Wahl seiner Maßnahmen zur Wahrung seines Selbstverteidigungsrechtes frei.)

Nach bundesdeutscher Auslegung war mit Artikel 51 im Sinne der Selbstverteidigung

„auch das Recht auf nukleare kollektive Verteidigung ausdrücklich bestätigt"[26].

Nach dem Willen der Bundesregierung sollte sich nunmehr Moskau zu Artikel 2 der Charta verpflichten, d. h. zu einem Gewaltverzicht gegenüber dem Territorium der BRD. Das Ergebnis war ein Passus in der Präambel des NPT, das jedem unterzeichnenden Mitglied dieses Vertrages im Ein-

klang mit der UN-Charta jede Gewaltandrohung oder Gewaltanwendung untereinander untersagte.[27])
Genau dieser Sachverhalt wurde kurz nach dem Beitritt der BRD zum NPT mit den 1970 geschlossenen und 1972 ratifizierten Moskauer Verträgen manifestiert. Während sich Bonn zur Unverletzbarkeit von Europas Grenzen bekannte, erklärte Moskau, sich von den in der UN-Charta niedergelegten Grundsätzen leiten lassen zu wollen. Nach Gromykos späterer Interpretation beendete diese Einlassung der Siegermächte deren Interventionsrecht.[28]) Damit endete die „Feindstaaten"-Debatte in Westdeutschland erst einmal und die größten Hürden für einen Westdeutschen Beitritt zum NPT konnten in den langwierigen wie schwierigen Verhandlungen bis 1969 gemeistert werden.

(Die sensible Thematik der „Feindstaatenklausel" beschäftigte Deutschland bis lange nach der Wiedervereinigung. Die Ausarbeitung des Wissenschaftlichen Dienstes des Deutschen Bundestages – „Überleitungsvertrag und ‚Feindstaatenklausel' im Lichte der völkerrechtlichen Souveränität der Bundesrepublik Deutschland" – aus dem Jahr 2006 beschäftigt sich intensiv mit diesen Fragen. Demnach ist der Status „Feindstaat" der betreffenden Nationen mit dem Beitritt zur UNO durch Artikel 2 der Satzung obsolet geworden. In ihm ist die Gleichbehandlung und der Gewaltverzicht der UN-Mitglieder untereinander verankert.)

Welche Auswirkungen hatten nun die bundesdeutschen Bemühungen hinsichtlich des NPT? Dieser Frage versuchen wir nun in zusammengefasster Form nachzugehen.

3.3 Bundeseigene Definition

Einer der fundamentalen Streitpunkte betraf den Terminus der „Verfügungsgewalt" – ob unmittelbar oder mittelbar – des NPT. Eine Nichtweitergabe von Kernwaffen an Nichtkernwaffenstaaten schloss die Bundesrepublik quasi als vollwertiges NATO-Mitglied im Bündnisfall aus der

nuklearen Teilhabe aus. Genau dem war nicht so. Laut NATO-Interpretation wird die nukleare Planung hiervon ausgenommen, solange nicht tatsächlich Kernwaffen *und* die Kontrolle über diese an einen anderen Staat übertragen werden. Daraus resultiert, dass Kernwaffen durchaus in einem anderen Land stationiert werden können, solange sie unter der Kontrolle des betreffenden Kernwaffenstaates verbleiben. Auch muss diese administrative Kontrolle innerhalb der NATO bei den Kernwaffenstaaten verbleiben, was die eindeutige Subordination jener nichtnuklearen Partnermächte zur Voraussetzung machte.
Im Falle eines bewaffneten Konfliktes, einer Entscheidung der NATO darüber, Krieg zu führen, verliert der NPT nach NATO-Interpretation seine Verbindlichkeit. Alle Abkommen diesen betreffend sind dann obsolet. Genau um diesen Punkt war es Bonn in seiner langen Kontroverse vornehmlich immer gegangen: Durch Freigabe der nuklearen Teilhabe durch den US-Präsidenten sollen die Verbündeten in die Lage versetzt werden, wie Atommächte zu agieren. Im Umkehrschluss bedeutet eben dies, dass der NPT im Kriegsfall gegenstandslos wird. Als Dean Rusk 1968 ebenjene Vertragskonditionen an die Öffentlichkeit brachte, fiel neben dieser Auslegung ein weiteres Detail ins Auge: Es wurde in der NATO-Interpretation lediglich von der

„Entscheidung, einen Krieg zu beginnen“ gesprochen, „nicht aber von einer Kriegserklärung [...]. Diese Nuance ist interessant, weil sie die Möglichkeit offen läßt, den Vertrag auch ohne Kriegserklärung außer Funktion zu setzen“.

Hierzu definierte der US-Senat 1969 zwei Termini. Der so genannte *general war* setzt die Teilnahme der Großmächte voraus und legitimiert die Aussetzung des NPT. Dies gelte nicht für einen *limited local conflict*, der ohne die Großmächte und infolgedessen ohne Kernwaffen ausgetragen werde.29) Dies impliziert jedoch genau genommen, dass auch bei einem lokal begrenzten Konflikt durchaus Kernwaffen zur Anwendung gelangen könnten, sobald eine Großmacht involviert wäre…

Die nichtnuklearen Staaten werden in Artikel II des NPT darauf angesprochen, dass sie Kernwaffen weder herstellen noch erwerben noch die Verfügungsgewalt über diese in irgendeiner Form annehmen. Doch auch dieser Artikel offenbart Obsoleszenzen. Denn es ist jenen Nichtnuklearstaaten *nicht* untersagt, die Nuklearstaaten bei ihrer atomaren Aufrüstung, in welcher Form auch immer, zu unterstützen. Selbiges gilt auch für Staaten, die dem NPT nicht beigetreten sind (z. B. Israel). Forschung und Entwicklung sind in einem Nichtkernwaffenstaat durchaus vertragskonform – exterritoriale Aktivitäten in diese Richtung eingeschlossen. Die augenscheinliche Hürde für jene Exterritorialinteressen eines Nichtkernwaffenstaates, dass alle derartigen Exporte nach Artikel III der Kontrolle durch die IAEA unterliegen, wurde dadurch konterkariert, als dass dieser Mechanismus einen ausschließlich materiellen Sachbezug zu friedlichen Anwendungszwecken zur Voraussetzung hat; die militärisch nutzbar zu machende Komponente erneut ausgenommen. Die ursprünglichen Regelungen hätten es den Nichtnuklearen untersagt, sowohl den Nuklearstaaten als auch den NPT nicht beigetretenen Drittstaaten Hilfestellung zur atomaren Waffenentwicklung zu gewähren. Doch das schien selbst den artikulierten Interessen der Großmächte wie den USA selbst zu gewagt – hätte es doch bedeutet, dass man weder auf die Rohmaterialien wie Uran noch auf das waffentechnische Know-how der Nichtnuklearen (hier namentlich Deutschland) hätte zugreifen können – weil vertraglich untersagt.[30)] Es lag also im vitalen Interesse der Protagonisten, den Passus des NPT eindeutig uneindeutig auszuformulieren. War es doch auch in der Bündnispolitik der USA zu suchen, dass der NPT zu keinen allzu intensiven Konsequenzen innerhalb der NATO und deren nuklearer Teilhabe führte.

Jeder (!) Vertragspartei des NPT wurde in Artikel X Absatz 1 ein Rücktrittsrecht eingeräumt. Der betreffende Einzelstaat musste diesen Schritt mit dreimonatigem Vorlauf dem UN-Sicherheitsrat bekannt geben. Die Rücktrittsklausel offeriert diesen Weg, wenn

„[…] durch außergewöhnliche, mit dem Inhalt dieses Vertrags zusammenhängende Ereignisse eine Gefährdung der höchsten Interessen ihres Landes eingetreten ist“.

Ob diese Umstände eines Vertragspartners tatsächlich vorliegen, darüber kann der Betreffende selbst frei entscheiden. Die Bundesrepublik Deutschland ging in ihrer Interpretation der Ausstiegsklausel sogar noch weiter, ohne bei den über den NPT verhandelnden Gremien auf Widerstand zu stoßen. So definierte die Bundesregierung während ihres Beitrittes 1969,

„dass die Bundesrepublik in einer Lage, in der sie ihre höchsten Interessen gefährdet sieht, frei bleiben wird, unter Berufung auf den in Artikel 51 der Satzung der Vereinten Nationen niedergelegten völkerrechtlichen Grundsatz, die für die Wahrung dieser Interessen erforderlichen Maßnahmen zu ergreifen".

Damit hatte man sich eine Hintertür für einen sofortigen Rücktritt unter Umgehung der in Artikel X des NPT vereinbarten Modalitäten geschaffen. Der NPT wurde also demnach durch den Eintritt bestimmter Ereignisse außer Kraft gesetzt, die ihrerseits nicht näher definiert sind – so die allgemeine NATO-Interpretation. Damit wurde die bisherige Regelung, dass es allein dem Präsidenten der Vereinigten Staaten obliege, den Kontrakt auf seine Weisung hin außer Kraft zu setzen, umgangen. Die BRD würde also sofort bei beginnenden Feindseligkeiten in den Status eines Kernwaffenstaates versetzt.31)
Ganz wesentlichen Einfluss hatten die westdeutschen Interventionen auf Artikel III des NPT. In diesem sollte in seiner ursprünglichen Fassung der Export von Materialien und Anlagen – die der militärischen Nutzung zulaufen und zum Waffenbau geeignet seien, welche gemäß den Richtlinien der IAEA deren Kontrolle unterlagen und laut Grundsatz verboten waren – von der IAEA überwacht und ausschließlich friedlichen Zwecken zugeführt werden. Diese Regelung wurde erheblich aufgeweicht: Nun bezieht sich Absatz 1 auf alle Nichtkernwaffenstaaten und verpflichtet diese, Kontrollen durch die Organe der IAEA durchführen zu lassen. Durch die Bestimmungen des NPT werden allerdings den Kontrollen der IAEA Einschränkungen auferlegt. Erlaubt sind Exporte von Material und Anlagen, auch zu militärischer Nutzung, solange daraus nicht unmittelbare Konstruktion von Nuklearwaffen resultiert. Im Interessenbereich Bonns

lag es, das Monitoring primär auf den Materialfluss zu fokussieren und nur stark limitierte Kontrollen im Anlagensektor zuzulassen. Letztere sollten nur dann durch die Safeguards der IAEA erfasst werden, wenn sich in ihnen keine zum Waffenbau geeigneten Mengen an Spaltstoffen befanden. Somit war der Weg für den Export nuklearer Einrichtungen, wie der Anreicherung oder Wiederaufarbeitung von Uran, frei, sofern sie zum Zeitpunkt der Auslieferung nicht bereits mit dem zu verarbeitenden Material in signifikantem Maße beschickt worden waren – was im Maschinen- und Anlagebau generell untypisch ist. Doch es sollte noch besser kommen: Die durchzuführenden Kontrollen wurden zudem noch dadurch beschränkt, dass sie sich nur auf vertragsrelevante Aktivitäten des betreffenden Staates beziehen, solange diese auf seinem Hoheitsgebiet, unter seiner Hoheitsgewalt oder exterritorial disloziert unter seiner Kontrolle ausgeführt werden. Einrichtungen, in die der betreffende Staat, in diesem spezifischen Fall wiederum die Bundesrepublik Deutschland, mit maximal 49 % in einer Minderheitsbeteiligung involviert ist und die sich damit rechtlich in dem Besitz eines Drittstaates befinden, liegen außerhalb des Kontrollspektrums.
In Absatz 2 wird auf die verpflichtende Exportkontrolle aller Vertragspartner von Materialien, wie Anlagen für friedliche Zwecke, an die Nichtkernwaffenstaaten eingegangen. Genau genommen besagt auch dieser Passus, dass erstens Materialien und Anlagen, die einem nichtfriedlichen Zwecke dienen, erneut nicht von der Kontrollregelung erfasst werden und zweitens diese Kontrollen auf Nicht-NPT-Mitgliedsstaaten nicht anzuwenden sind. Mit Rückblick auf Absatz 1 können derartige Exporte an Nichtmitglieder des NPT aber auch adäquaten Kontrollen unterliegen... Diese Auslegung ist allerdings stark interpretationsfähig und wird von den jeweiligen Staaten auch entsprechend behandelt.[32)]

Artikel IV des NPT geht praktisch vollständig auf die Initiative Bonns zurück. Der NPT durfte nach dem Willen der Bundesregierung weder den Informationsfluss der Nuklearstaaten an die Nichtnuklearen in Bezug auf deren Forschungsresultate, die im militärischen Bereich evaluiert und für die zivile Anwendung von Interesse wären, stoppen noch zu Beeinträchtigungen der zivilen Kernexplosion (wie beispielsweise das Quattara-Projekt[33])) der Industrie führen. Kurzum: die Nutzung der „friedlichen" Atomenergie sollte, wie bereits mehrfach betont, frei von allen vertraglichen Restriktionen bleiben. Tatsächlich bezieht sich dieser vertragliche Teil auf die Sicherung des von Bonn protegierten Stand-By-Programmes.[34])

Nach Artikel IV wird nun der Transfer unter den Vertragspartnern sowohl in technologischer wie auch wissenschaftlicher Hinsicht „weitestmöglich" eingeräumt. Bewusst war mit der Semantik des Wortes „weitestmöglich" ein in der Praxis sehr dehnbarer Begriff gewählt worden. Für die USA bedeutete jener Terminus: Kooperation „soweit möglich", sofern weder sicherheitspolitisch laterale Interessen noch Staatsgeheimnisse dadurch verletzt würden. Für die BRD bedeutete dieser Teil des NPT das Fundament, auf dem ihre Stand-By-Option stand; die Forschung und Entwicklung der nuklearen Technologien unterlag keinerlei Einschränkungen – dies galt ausdrücklich nur für die Herstellung vollständiger Nuklearwaffen. Basis dieser deutschen Vertragsauslegung nach Artikel IV war die Erklärung des amerikanischen UN-Botschafters Arthur Joseph Goldenberg, laut der den Vertragspartnern keine Restriktionen

„hinsichtlich der Möglichkeit zur Entwicklung ihrer Fähigkeiten auf dem Gebiete der Kernwissenschaft und -technik auferleg[t]"

und auch von keinem Mitgliedsstaat Forderungen erhoben werden,

„einen Status technologischer Abhängigkeit hinzunehmen oder von Entwicklungen in der Kernforschung ausgeschlossen zu sein".

Wie Matthias Küntzel es ausführt, wird durch den

„[...] NPT weder die Forschung, Entwicklung, Herstellung oder der Erwerb von Komponenten, die auch in Atomwaffen Verwendung finden könnten, in keiner Weise untersagt [...]".

Dieses „Schlupfloch“ eröffnet jedem Staat einen latenten, optionalen Zugriff auf die Realisierung militärisch einzusetzender nuklearer Wirkmittel in einem politischen Worst-Case-Szenario.[35)]
Ein virulenter Widerspruch zur ursprünglichen Intention des Vertragswerkes tritt deutlich zu Tage:
Der *non-proliferation* wird in Artikel IV quasi eine *restricted, contractually permitted proliferation* entgegengestellt. Der NATO-Interpretation folgend befasst sich der NPT inhaltlich nur mit dem, was zu verbieten ist. Demnach wird alles nichtuntersagte gestattet.[36)]

Viele Jahre später kam es zu einer globalpolitischen Zäsur, die, wie man annehmen könnte, zu einer Revision des Ausgehandelten in der nuklearen Aufrüstung führen würde: dem Zusammenbruch der UdSSR und damit des Warschauer Paktes und der Wiedervereinigung Deutschlands. Dessen internationales, mit den Siegermächten abgeschlossenes Abkommen zur Wiedervereinigung, dem 2 + 4-Vertrag (Vertrag über die abschließende Regelung in Bezug auf Deutschland), gilt als weitreichender historischer Meilenstein sowohl deutscher Außen- wie europäischer Friedenspolitik. Erneut kam es bei der diplomatischen Ausgestaltung des Vertragsinhaltes zu Kontroversen bezüglich Deutschlands Verzicht auf ABC-Waffen. Dies war der Bundesregierung gegenüber den ehemaligen Westalliierten ein besonderes Anliegen, schien doch die deutsche Abhängigkeit speziell auf dem nuklearen Sektor ganz zu entfallen. Auf der im August 1990 stattgefundenen NPT-Überprüfungskonferenz in Genf wurde deshalb eine solche ABC-Verzichtserklärung vom Außenminister Hans-Dietrich Genscher abgegeben, die in Bonn jedoch mit einiger Skepsis betrachtet wurde, war man ohnehin schon Mitglied des NPT.[37)] Und daran sollte sich auch nichts ändern, hatte man sich für den bilateralen Vertrag zur Deutschen Einheit mit der Deutschen Demokratischen Republik darüber verständigt, dass der zu paraphierende Modus Operandi nicht nach dem Akt in Artikel 146 des Grundgesetzes (GG) auszuführen sei (nachdem das GG an dem Tage nach einer deutschen Wiedervereinigung seine Gültigkeit verliert, an dem eine durch das deutsche Volk legitimierte Verfassung in Kraft tritt). Dies hätte in Konklusion völkerrechtlich zu einer vollständigen Neu-Ratifizierung aller Staatsverträge führen können, da die Signatar-Organe und deren Institutionalisierung durch das GG in diesem Szenario obsolet geworden wären und sich neu zu konstituieren hätten. Man wählte die Variante über Artikel 23 Satz 2, nach dem das GG in anderen Teilen Deutschlands nach deren Beitritt in Kraft zu setzen sei. Demnach blieb nicht nur das GG erhalten, sondern auch die in ihm benannten staatlichen Institutionen – ergo ergibt sich implizit, dass sämtliche mit der Bundesrepublik geschlossene Abkommen auch im Weiteren rechtsverbindlich bleiben. Dieser Punkt wurde dann auch in Artikel 6 des 2 + 4-Vertrages separat festgeschrieben:

„Das Recht des vereinten Deutschland, Bündnissen mit allen sich daraus ergebenden Rechten und Pflichten anzugehören, wird von diesem Vertrag nicht berührt."

Auch sprach gegen Artikel 146 das Gebären der DDR-Vertreter, einen ABC-Verzicht explizit in einer gemeinsamen Verfassung zu würdigen.
Es gelang den deutschen Delegierten bei den Konsultationen mit den Siegermächten nicht, innerhalb des 2 + 4-Vertrages lediglich einen Verweis auf die Bekräftigung eines derartigen Verzichts niederschreiben zu lassen und diesen ABC-Waffenverzicht anderenorts festzuhalten. Immerhin konnte man sich darauf verständigen, den diesen Verzicht ad infinitum terminierenden Passus „immerwährend" aus dem endgültigen Werk zu streichen und somit keine zeitliche Fixierung vorzunehmen.38) Artikel 3 Absatz 1 lautet wie folgt:

„Die Regierungen der Bundesrepublik Deutschland und der Deutschen Demokratischen Republik bekräftigen ihren Verzicht auf Herstellung und Besitz und auf die Verfügungsgewalt über atomare, biologische und chemische Waffen.
Sie erklären, dass auch das Vereinte Deutschland sich an diese Verpflichtungen halten wird."

Es sei ein kurzer Einwurf gestattet: Genau hier fehlt der zeitliche Bezug. Völkerrechtlich relevant sei die Bedeutung, dass nur von einer „Erklärung“ für den Einhalt dieser „Verpflichtung“ – die an dieser Stelle nicht einmal den Zusatz „unwiderruflich“ erhalten hat – gesprochen wird.
Im dritten Satz wird sich diesbezüglich ausdrücklich auf den NPT berufen:

„Insbesondere gelten die Rechte und Verpflichtungen aus dem Vertrag über die Nicht-verbreitung von Kernwaffen vom 1. Juli 1968 für das vereinte Deutschland.“

Der elegant gewählte Terminus „Insbesondere“ impliziert die gegenüber den vorausgehenden Einlassungen überragende Bedeutung des NPT und ganz besonders der sich aus ihm ergebenden „Rechte“. Dies ist delikat: Besitzt der 2 + 4-Vertrag damit quasi ein weiteres „Schlupfloch“?[39]
Möchte sich die Bundesrepublik trotz der Beendigung des Kalten Krieges die nukleare Option wahren?

Tatsache ist, dass durch den Verlust übergeordneter, multilateraler Kontrollmechanismen ein Vakuum entstanden ist. Gerade im Hinblick auf die weltweite nukleare Aufrüstung von Schwellenländern, besonders im Nahen Osten, und ihre instabile Politik, können sich nichtkalkulierbare Situationen und militärpolitische Lagen ergeben, die eine latente politische Abschreckung wiederum sinnvoll erscheinen lassen können. Der amerikanische Politwissenschaftler John Joseph Mearsheimer, Vertreter des offensiven Neorealismus, befürwortete die atomare Abschreckung: In seinem Buch „The Tragedy of Great Power Politics“ umschreibt er die konkurrierenden, internationalen Verhältnisse der Großmächte untereinander als anarchisches System mit dem Bestreben nach Sicherheit, ohne sich auf die Charaktere einzelner politischer Persönlichkeiten zu stützen. Demnach sei den Großmächten in ihrem eigenen Sicherheitsbedürfnis an hegemoniellem Einfluss auf Zweitstaaten gelegen. Dies verleitet einen Staat jedoch, seine Macht zu erweitern und zu festigen. Ein derartiger Hegemon trete zwangsläufig in Konkurrenz mit Staaten, die seine Dominanz missbilligen oder eigene Hegemonie anstreben. Beispielhaft können hier die USA, Russland, China, Indien oder zunehmend auch die Türkei aufgeführt werden. Zwangsläufig führe die Agonie der Großmachtpolitik in eine Konfliktsituation. Aber auch statuspolitische Erwägungen eines Staates, dem Kreise der Atommächte zugehörig zu sein und sich damit von etwaigen, bestehenden Bindungen an die Großmächte zu emanzipieren, dürfe nicht unterdeterminiert werden.

Wenn sich also, seiner Einschätzung nach, die US-amerikanischen Interessen nach der politischen Wende aus Europa respektive Deutschland abgewandt hätten, wäre ein instabiles Szenario eingetreten.40) Zur Wahrung eines Status Quo sei eine begrenzte nukleare Bewaffnung Europas zu unterstützen gewesen.

„Nach Beendigung des Kalten Krieges liegt in der nuklearen Abschreckung die größte Hoffnung, Krieg in Europa zu vermeiden: Ein wenig Nuklearproliferation ist also notwendig, um den Rückzug der sowjetischen und amerikanischen Atomwaffen aus Mitteleuropa zu kompensieren. Im Idealfall ... [wäre] Deutschland neue Atommacht und sonst niemand."41).

Es liegt also durchaus im politischen Interesse der Westmächte, Deutschland weiterhin im Bestand der nuklearen Teilhabe zu wissen oder in internationalen, kollektiven Strukturen implementiert in die Nuklearbewaffnung miteinzubeziehen. Durch den Ausstieg aus der friedlichen Kernenergie wird auch das Risiko einer möglichen Stand-By-Option zur nuklearen Bewaffnung reduziert. Es verbleiben für ein militärisches wie medizinisches und technisches Potential lediglich wenige Forschungsreaktoren, die gleichfalls allmählich außer Betrieb genommen werden. Eine Kooperation Deutschlands mit einem anderen Staat bliebe hiervon unberührt, ebenso die Entwicklung und Ausrüstung mit ICF-Waffen. Gerade Frankreich hat Deutschland, auch in jüngster Zeit, wiederholt eine Teilhabe an der Force de Frappe angeboten. Emanuel Macron folgte damit den Intentionen von Charles de Gaulle und Nicolas Sarkozy an den deutschen Kanzler.42) Zwar negierte die deutsche Seite offiziell derartige Anstrengungen wie Interessen, eröffnete sich jedoch mit dem Vertrag über die

deutsch-französische Zusammenarbeit und Integration – kurz „Aachener Vertrag" – vom 22. Januar 2019 ein weiteres „Schlupfloch".
Dort heißt es in Artikel 4 Absatz 1 Satz 2:

„Sie leisten einander im Falle eines bewaffneten Angriffs auf ihre Hoheitsgebiete jede in ihrer Macht stehende Hilfe und Unterstützung, dies schließt militärische Mittel ein. Die territoriale Reichweite nach Satz 2 entspricht derjenigen nach Artikel 42 Absatz 7 des Vertrags über die Europäische Union."

Diese Sicherheitsgarantie schließt dem französischem Vernehmen nach Atomwaffen mit ein.[43)]
Der angesprochene Artikel 42 Absatz 7 zu den Bestimmungen über die gemeinsame Sicherheits- und Verteidigungspolitik des EU-Vertrages, in seiner Fassung von Lissabon aus dem Jahr 2007, auf den sich der Aachener Vertrag hier beruft, lautet analog:

„Im Falle eines bewaffneten Angriffs auf das Hoheitsgebiet eines Mitgliedsstaats schulden die anderen Mitgliedsstaaten ihm alle in ihrer Macht stehenden Hilfe und Unterstützung, im Einklang mit Artikel 51 der Charta der Vereinten Nationen [Selbstverteidigungsrecht – s. o.]. Dies lässt den besonderen Charakter der Sicherheits- und Verteidigungspolitik bestimmter Mitgliedstaaten unberührt."

Tradierte sicherheitspolitische Kategorien bleiben weiterhin erkennbar. Derartige Abkommen mit inkludierter perspektivischer Anwendung legitimieren die potentielle Bevorratung nuklearer Wirkmittel und deren Proliferation.

Die ab dem Jahr 2019 durchgeführte Modernisierung der in Deutschland im Rahmen der nuklearen Teilhabe innerhalb der NATO stationierten amerikanischen Kernwaffen des Typs B 61 Mk. 12 (0,3–50 kT) lösten eine neue politische Kontroverse aus. Kritiker befürchteten, dass die geringe Sprengkraft, ihre relativ hohe Zielgenauigkeit und die Befähigung zur Penetrierung gehärteter Objekte ihre Einsatzwahrscheinlichkeit in einem Konflikt erhöht – ganz nach der Ideologie der NATO-Strategie „Eskalieren, um zu deeskalieren" als präventives Einsatzmittel.44) Den von der Bundesregierung quasi im Alleingang angestrebten Prozess des Abzugs aller Kernwaffen aus dem deutschen Hoheitsgebiet, verabschiedet in einem fraktionsübergreifenden Bundestagsbeschluss vom 26. März 2010, ist durch die 2017 getroffene Entscheidung der NATO, auch weiterhin ein nukleares Bündnis sein zu wollen, zur Makulatur geworden, sofern er von den NATO-Partnern überhaupt ernsthaft in Erwägung gezogen worden ist. Durch die 2019 erfolgte Aussetzung des 1988 ratifizierten INF-Vertrages (Intermediate Range Nuclear Force Treaty – betraf die Vernichtung aller nuklearen Trägersysteme mit einer Reichweite von 500 bis 5.000 km) zwischen den USA und Russland und das Auslaufen der 2011 auf der Münchener Sicherheitskonferenz ratifizierten New-START-Vereinbarung (Strategic Arms Reduction Treaty – Beschränkung der strategischen Sprengköpfe und Trägersysteme für die Dauer von sieben Jahren als Ersatz der 2009 bzw. 2011 ausgelaufenen START-1 und SORT [Strategic Offensive Reduction Treaty]) sowie dem nicht zustande gekommenen STA RT-2-Abkommens) wurde die Chance auf eine nukleare Abrüstung obsolet. 2018 beschloss das Pentagon innerhalb des Nuclear Posture Review (NPR) die vermehrte Ausrüstung ihrer Streitkräfte mit Kernwaffen geringerer Sprengkraft. Ein Ausstieg aus der nuklearen Teilhabe der NATO könnte dem Vernehmen der Bundesregierung nach deren Einfluss auf wichtige NATO-Entscheidungen schmälern, wenn nicht ganz nehmen. Dagegen halten die Befürworter eines Ausstieges, dass auch Kanada und Griechenland aus der technischen Teilhabe ausgeschieden sind, was bedeutet, dass diese beiden Staaten keine eigenen Trägersysteme mehr für US-Kernwaffen bereithalten. Ihr Mitspracherecht innerhalb der nuklearen NATO-Konsultationen haben sie nicht verloren. Dass Deutschland im Falle eines Ausstiegs also von wichtigen Entscheidungsprozessen der NATO-Strategie ausgeschlossen wird, gilt als unwahrscheinlich, angesichts der geopolitischen Situation.45)

Ob jedoch die Signatarstaaten aller nuklearer Abkommen, einschließlich des 2 + 4-Vertrages, an die Deutschland vertragsrechtlich gebunden ist, ein

Ausscheren der Bundesregierung aus der Verteidigungsdoktrin der Westmächte respektive USA zulassen würden, bliebe trotz aller pazifistischer Anstrengungen abzuwarten.

3.4 Zusammenfassung der denkbaren ICF-Alternativen und ihrer möglichen Umsetzung

Um die Realisierbarkeit von ICF-Waffen plausibel erscheinen zu lassen, sollen ergänzend zu den Kapiteln 1 und 2 nochmals in vereinfachter, zusammengefasster Weise einige Konfigurationsbeispiele gegeben werden: Der simpelste Aufbau ist der bereits beschriebene Voitenko-Kompressor. In der von Kaliski und nach UITAS dargestellten Art und der entgegengesetzten Bauform zweier aufeinander zu wirkender Hohlladungen, scheinen D + D-Reaktionen möglich zu sein. In der UITAS-Version wurden aus D + D-Reaktionen Fusionsneutronen gemessen (siehe Kapitel 1).46)
Praktikabler, da im Kernwaffenbau bereits etabliert, ist die ebenfalls weiter oben beschriebene Variante der sphärischen Konfiguration – der „Impact Fusion". Mit Höchstdruck-Kompression durch konvergente Schockwellen, ausgelöst durch Hohlladungen bzw. deren Ableger, den Sprenglinsen, kann ein enormer Druck (und Temperatur) im Zentrum erzeugt werden. Für die Einleitung einer Kernfusion scheinen die erreichbaren Zustände aber noch zu gering zu sein. Allerdings liegt es im Bereich des Möglichen, aus den in diesem Falle anlaufenden D + D-Reaktionen Neutronen zu gewinnen, die auf das umhüllende Material einwirken können. Um diese Konfiguration leistungsfähiger werden zu lassen, stehen verschiedene konstruktive wie physikalische Hilfsmittel zur Verfügung: Unter Einbeziehung des Grundsatzes der Impulserhaltung können mehrere in ihrer Masse nach innen geringer werdende Schichtungen (Pusher) angeordnet und auch mehrere konzentrische Lagen Sprengstoff miteingebracht werden, um den Beschleunigungseffekt zu maximieren. Auch kann das Fusionsmaterial im Zentrum von Spaltstoff ummantelt werden, damit sich eine wechsel-

wirkende, interagierende Reaktion einstellt (die D + D-Neutronen lösen Kernreaktionen im Spaltmaterial aus, dessen Temperatur und Neutronen wiederum auf das Fusionsmaterial einwirken und die Reaktionen steigern; dieser Prozess läuft nun kaskadiert ab). Es kann dies neben Pu239 oder angereichertem U235 (minimale Mengen ausreichend) auch Natururan in metallischer Form sein. Anstelle von D + D kann aber auch das niedriger zu zündende D + T-Gemisch zur Anwendung gelangen. Weitere Unterstützung dieses einfachen Prinzips erfahren wir durch die Einbeziehung der Elektrotechnik. Wie bereits von Diebner vorgeschlagen,[47] kann sowohl eine Reihe temperatursteigernder Effekte durch konzentrierte Gasentladungen wie Lichtbögen zur Erzeugung eines Plasmas auf kleinstem Raum unter Ausnutzung des Pinch-Effektes als auch die ergänzend einwirkende Kompression des elektrisch geladenen Plasmas durch starke Magnetfelder ausgenutzt werden. Hier könnte der Flusskompressionsgenerator zum Zuge kommen. Da sowohl die Zündelektroden des Lichtbogenplasmas als auch die komprimierenden Magnetfelder schlagartig mit Strom gespeist werden müssen, ist ein Impulsgenerator zweckmäßig. Für die Magnetfeldkompression des Plasmas ist jedoch auch eine integrale Bauweise denkbar, bei der sich die Magnetspulen in der Konfiguration selbst befinden (z. B. in der letzten Umhüllung). Zum Zeitpunkt der Detonation der Hohlladungen werden diese mit Hochstrom gespeist; die mechanische Energie der Kompression der integrierten Leiterschleife führt, wie an anderer Stelle bereits beschrieben, zu einer starken Energiezunahme in der Spule, was auch zu einer starken Zunahme des Magnetfeldes führt und somit auf das Plasma einwirkt, kurz bevor die eigentliche Detonation die Konstruktion kollabieren lässt. Für den Initialstrom sowohl der Magnetspulen wie auch des Lichtbogens sind externe, leistungsfähige Kondensatoren oder weitere Impulsgeneratoren notwendig.

Neuere Überlegungen bedienen sich dagegen beispielsweise der Röntgen-Strahlung, um in vorkomprimierten Systemen Fusionsreaktionen einzuleiten.

Aber auch Teilchenstrahlen wie Elektronen und Schwer-Ionen, bei denen Deutschland eine führende Position besitzt, werden diesbezüglich erforscht.
Schwer-Ionen, also elektrisch geladene Teilchen möglichst schwerer Elemente, werden mittels Beschleuniger auf ihr Ziel „geschossen" und können dieses durch ihre Masse und kinetische Energie verdichten.48), 49)
Ein weiteres Feld hat sich in dem Bereich der Laser-Technik eröffnet. Einerseits wird die Möglichkeit einer quasi-stationären Fusion für die Reaktortechnik erforscht, die sich aktuell bei der National Ignition Facility (NIF) im Lawrence Livermore National Laboratory oder Laser Megajoule (LMJ) in Bordeaux und der European High Power Laser Energy Research Facility (HiPER) in der Entwicklung befindet, andererseits aber auch die Nutzung für ICF-Waffen.
Dabei offeriert die Anwendung von Hochleistungslasern zwei Verfahrensweisen, die miteinander gekoppelt werden können. Denn mit ihnen kann man das sich in einem z. B. sphärischen Korpus befindliche Fusionsmaterial sowohl komprimieren als auch zünden. Zur Kompression treffen die Laser das Hüllenmaterial, aus dem durch Ablation intensive Röntgenstrahlung in Richtung des Zentrums der Anordnung emittiert wird. Diese bewirken die eigentliche Kompression des Materials bei gleichzeitiger Aufheizung. Die Laser müssen hierfür aber nicht nur extrem symmetrisch fokussiert und simultan das Ziel treffen, sondern es bedarf auch einer enormen Leistung von mindestens 1 MJ. Derart komprimiert kann das Fusionsmaterial nunmehr mit dem Laser zur Zündung – also Fusion – gebracht werden. Hierzu ist „nur" eine Leistung von 1 kJ nötig. Die Krux der Materie liegt in der Bereitstellung der notwendigen interagierenden Laser-Energie für beide Prozesse. Sowohl für die Waffentechnik als auch den quasistationären Beitrieb scheint dieses Prinzip der „Fast Ignition" aufgrund der bereitzustellenden Leistung aktuell keine Option zu sein.
Eine Vereinfachung des Prinzips der „Fast Ignition" besteht in der Vorkomprimierung des Fusionsmaterials auf anderem Wege als mit Lasertechnik. Auch können mittels Laser sekundäre Partikel, wie Ionen, generiert werden.50), 51)

Die nächste Technologie, die zur Zündung von ICF-Konfigurationen führen kann, wird dem Leser die Welt der „Science Fiction" suggerieren und ist doch real: die Anwendung der Antimaterie. Die Existenz des bei der Kernspaltung entstehenden Positrons – dem positiv geladenen Antiteilchen des Elektrons – durch den Paarbildungs-Effekt (bei dem durch Wechselwirkung zwischen einem hochenergetischen Photon der Röntgen- oder γ-Strahlung mit einem Elektron, einem Teilchen des Atomkernes oder einem weiteren hochenergetischen Photon das Elektron/Positron-Paar entsteht) ist bereits seit 1932 bekannt. Dagegen sind die Antiteilchen der Nukleonen, Antiproton und Antineutron, erst Mitte der 50er Jahre nachgewiesen worden. 1970 gelang es in der Sowjetunion erstmals, daraus Antiwasserstoff zu kreieren.[52)] Notwendig sind dafür Hochleistungsbeschleuniger. Teilchen und Antiteilchen haben jedoch die Eigenschaft, wieder zueinander zu finden und sich gegenseitig zu vernichten – man spricht hierbei von der Annihilation: Annihiliert ein Positron mit einem Elektron, werden $2 \times 0{,}511$ MeV in γ-Strahlung (das bedeutet, zwei Gammawellen werden ausgesendet) emittiert; bei Antiproton–Proton-Annihilation sind dies jedoch durchschnittlich 4×187 MeV γ-Strahlung plus 3×236 MeV Pionen (vereinfacht sind Pione Bausteine der Nukleonen).[53)] Doch schauen wir hierfür einmal kurz auf die physikalische Geschichte der potentiellen Nutzung der Antimaterie für die Waffentechnik: Kurz nach dem ersten Nachweis des Antiprotons durch Owen Chamberlain in Berkeley stellte Teller gemeinsam mit seinem Studenten Hans-Peter Dürr die These auf, dass sich bei der Annihilation eines Antiprotons in einem Atomkern von beispielsweise Kohlenstoff oder Uran die Frage nach der Explosion des Nuklides aufwirft. Es sollten noch gut 30 Jahre verstreichen, bis 1985 am European Center for Nuclear Research (CERN) eine Abschätzung der für die Initiierung einer thermonuklearen Reaktion notwendige Mindestmenge an Antiprotonen durchgeführt wurde. Etwa zur selben Zeit wurde von der RAND Corporation eine seit 1983 für die US Air Force ausgearbeitete Studie über die Bewertung der potentiellen militärischen Nutzbarmachung der Antimaterie herausgegeben.

Verschiedene Konzepte der Energiegewinnung durch Antimaterie waren im Juli 1986 Thema bei der Fourth International Conference on Emerging

Nuclear Systems in Madrid, der die Amerikaner trotz Präsentationsankündigungen neuer Forschungsergebnisse fernblieben. Den Beteiligten wurde die Machbarkeit einer thermonuklearen Antimateriewaffe aufgezeigt. Unmittelbar im Anschluss dieser Konferenz gelang es den Wissenschaftlern am CERN erstmals, Antiprotonen in einer elektromagnetischen „Falle" zu fangen und immerhin bereits für etwa zehn Minuten lagernd zu erhalten. In den folgenden zehn Jahren wurden enorme Anstrengungen sowohl in Bezug auf die Produktion, die Lagerung der Antiteilchen als auch den 1996 erstmals synthetisierten Antiwasserstoff aufgewendet. Bei durchgeführten Annihilationstests mit komprimierten Urankernen konnten zwischen 16 und 22 Neutronen je Antiproton erzeugt werden; es wird hieraus als möglich erachtet, Kernspaltungsreaktionen im Sinne einer kleinen, taktischen Fissionswaffe oder -trigger einzuleiten. Sich anschließenden US-amerikanischen Experimenten zufolge ließe sich aus 0,7 g vorkomprimiertem Pu eine Sprengkraft von bis zu 12 t TNT-Äquivalent erreichen – aus etwa 1 mcg Antiprotonen. Die Antiprotonen hierfür ließ man in einer in Los Alamos entwickelten „Falle" aus Genf in die USA fliegen. Gleichermaßen war aber auch das Potential der Antiprotonen für die ICF durch Annihilation mit Fusionsmaterialien wie Deuterium und Tritium oder Li6D zur Erzeugung eines Fusionsplasmas oder der direkten Zündung einer Fusionsreaktion erkannt worden.54)

Um eine derartige Waffe realisieren zu können, wurden verschiedene Wege eingeschlagen und Ideen zu diversen Konfigurationen entwickelt:
Die schon in Madrid vorgeschlagene Auslegung sah die Einbettung des Antihydrogens in das Zentrum einer sphärischen Bauweise – in einer geeigneten „Falle" – vor, umgeben vom Fusionsmaterial Li6D (ca. 100 g) und der Umhüllung.
Komprimiert durch die Sprenglinsen würde das Li6D in Kontakt mit den Antiteilchen kommen, spontan annihilieren und somit die „Zündenergie" für die thermonukleare Reaktion liefern.55)
Die Antiprotonen können jedoch auch auf umhüllendes Material, sowohl ähnlich der Laser- und Schwer-Ionen-Technologie – um durch Ablation Röntgenstrahlung zu erzeugen – als auch zur Auslösung von Kernreaktio-

nen selbst – falls es sich um Spaltmaterial handelt. Im ersten Fall erfolgt die Einleitung der Fusion wie oben beschrieben durch Röntgenkompression; im zweiten Fall durch die Kernspaltung – also eher dem klassischen Prinzip folgend (kein ICF).56)

Grundvoraussetzung bleibt jedoch die Erzeugung derartiger Antimaterie.

Da im Vergleich zur D + T-Fusion, bei der etwa 17,6 MeV an Energie freigesetzt wird, die Annihilation von Antiwasserstoff-Wasserstoff aber ca. 1,88 GeV liefert, scheint sich aller Aufwand im Sinne der Militärs zu rechtfertigen.

Die Erzeugung von Antimaterie führte gerade in den USA zu einer auf wissenschaftlicher Ebene kontroversen Haltung: Hatte die RAND Corporation die Notwendigkeit einer landeseigenen Einrichtung für diese Zwecke mangels perspektivischer Anwendungsmöglichkeiten 1985 noch bestritten, so kritisierten Wissenschaftler aus Los Alamos 2004, dass eine entsprechende Einrichtung am CERN (Genf) vorhanden und sich an der GSI (Darmstadt) bereits in Planung befände – nicht jedoch in den USA.57)

Entsprechende Beschleuniger, die zur Antiproton-Erzeugung fähig sind, entstanden am CERN mit dem Large Hadron Collidier (LHC) sowie dem neueren Antiproton Decelerator (AD), am Institute for High Energy Physics (IHEP) in Serpukhov, Russland, am Fermy National Accelerator Laboratory (FNAL oder Fermilab) nahe Chicago, am Relavistic Heavy Ion Collider (RHIC), am Brookhaven National Laboratory auf Long Island, am Lawrence Livebeides USA und der Facility for Antiproton and Ion Research (FAIR) in Darmstadt. (Die Liste enthält keine Gewähr auf Vollständigkeit.)

3.5 Die politische Absicht hinter den ICF-Waffen

Die vorhergegangenen Darstellungen stellen zugegebenermaßen nur einen Ausschnitt aus den derzeitigen Entwicklungen kleinster, taktischer Kernwaffen unter Einbeziehung der ICF dar. Es handelt sich hierbei um in der Fachwelt öffentlich zugängliches Material. Daraus darf erlaubt sein, den Rückschluss zu ziehen, dass die nicht öffentliche, aus militärischen und sicherheitspolitischen Erwägungen klassifizierte Waffentechnologie umfangreicher und deutlich fortgeschrittener ist als die hier beschriebene. Doch auch die militärischen Entwicklungen unterliegen der Kosten-Nutzen-Analytik. Die Miniaturisierung von Kernwaffen mag deutliche Fortschritte gemacht haben, aber ab einer bestimmten Mindestbaugröße kommen die Konfigurationen in den Bereich experimenteller „Laborwaffen". Man darf nicht aus den Augen verlieren, dass bei klassischen Bauformen die Gewinnung des Spaltstoffes, sei es durch Gewinnung des Plutoniums durch Transmutation von Uran in entsprechenden Reaktoren mit anschließender Separierung oder durch die Trennarbeitsleistung bei der Urananreicherung mit anschließender metallischer Konvertierung, ausgesprochen kostenintensive Abläufe sind, denen die Gewinnung und Lagerung von Antimaterie in nichts nachsteht.

Also warum das alles? Welche Intention verbirgt sich hinter derartigen Konstrukten? Unter Ausblendung jedweder Moralität ergibt sich obligatorisch die Kontingenz militärisch immanenter Werte:
Einerseits bezieht sich das gegenwärtige Konfliktverständnis längst nicht mehr auf einen intensiven Waffengang mindestens zweier Staaten, wie dies in den Weltkriegen tatsächlich oder während des Kalten Krieges imaginär zur Konflagration führte oder diese implizierte und die Entwicklung von Waffentechnologien auf dem strategischen Gefechtsfeld einforderte. Mit anderen Worten jene Art von Nuklearwaffen, mit denen sich die Nuklearmächte gegenseitig in Schach halten, um den „Frieden" zu garantieren. Ein praktischer Einsatz dieser ganze urbane Regionen devastierenden

Militaria erscheint aus heutiger Sicht in Relation zu den machtpolitischen Interessen eher unwahrscheinlich. Jedoch sollte man trotz aller militärischer wie wirtschaftlicher Verflechtungen der Staaten nie die Dynamik eines sich gebärdenden Konfliktes einer Nation oder regionalen Ethnien – vor allem, wenn diese in einem politischem System mehrheitsfähig sind – unterschätzen, wenn nationale Emotionen realmögliche Ambitionen überwiegen; ergo dem Rationalen kontrafaktisches Handeln urplötzlich opportun wird.

Vielmehr droht in einem derartigen Szenario zwischenstaatlicher Rivalitäten nicht die Auslöschung ganzer Landstriche, es läuft auf die Gefahr eines lokal begrenzten Schlages gegen militärische wie wirtschaftliche Infrastrukturen hinaus, dem das zivile Leben zwangsläufig kollateral zum Opfer wird.

Allerdings überwiegen in unserer Zeit mehrheitlich die asymmetrischen Konfliktsituationen, jene also zwischen einzelnen Ethnien, gegen die eigene Staatshoheit oder subversiv gegen einen Dritten gerichtete Auseinandersetzung. Für dieses Feld militärischer Szenarien ist das Arsenal taktischer Waffen konzipiert. Insbesondere zur Ausschaltung von relevanten Punktzielen – sofern sich diese überhaupt als solche definieren lassen.

Kleinste Nuklearwaffen sind in diesem Gefechtsfeld zunehmend denkbar: Konventionelle Gefechtsköpfe, gleich welchem Verwendungszweck sie dienen, unterliegen stets dem Verhältnis des Sprengmittels zu seiner Ummantelung. Diese besteht aus Metall oder ähnlich harten Werkstoffen. Überwiegt beim Nutzungszweck die Flächeneinwirkung, wird der Mantelanteil niedrig gehalten; überwiegt die Penetration, kann

a) der Mantelanteil niedrig gehalten werden, wenn das Sprengmittel hauptsächlich für die Penetration verantwortlich ist (Hohlladung), oder
b) der Mantelanteil ist hoch und sorgt durch seine massive Bauweise selbst für die Penetrationsleistung – in diesem Fall reduziert sich der Sprengmittelanteil erheblich.

Als physikalische Begrenzung gilt die bauartbedingte Auslegung – Flugkörper oder Abwurfwaffe werden durch ihre Länge, ihren Durchmesser und ihr Gewicht reglementiert. Dementsprechend ist der relative Sprengmittelanteil abhängig von dem Typus der Waffe selbst. Von besonderem Interesse ist dies bei bunkerbrechenden oder gegen Seeziele gerichteten Waffen. Gerade bei Ersterer überwiegt die Penetrationsleistung zum Durchbruch durch gehärtete Strukturen. Bei modernen Einrichtungen müsste die Mantelkomponente zwecks Eindringung in das Bauwerk, besonders wenn es in seiner Bauweise aus mehreren Deckschichten besteht, derart massiv ausgeführt werden, dass für die eigentliche Sprengarbeit trotz sich gebender Verdämmungswirkung innerhalb des Objektes kaum noch Platz für das Sprengmittel selbst ist. Einen gewissen Grad der Abhilfe erreicht man durch die Wirkungssteigerung des Sprengmittels selbst oder/und durch eine Vorholladung – dem BROACH-Prinzip. Beides bewirkt zumeist lediglich eine partielle Wirkung im Ziel – meistens ist diese jedoch schon ausreichend. Wenn man das konventionelle Sprengmittel nun durch eine kleine, kompakte Kernwaffe ersetzt, ist konsequenterweise eine letale Wirkung auf das Objekt gegeben – Kollateralschäden inklusive. Gleiches gilt analog für alle taktischen Einsatzmittel.
Anhand dieses Beispiels soll dem Leser die Einsatzvarianz zum Konventionellen erläutert werden.
Inkludiert ist die sich abzeichnende Gefahr der Proliferation sowie die deutlich gesteigerte Einsatzwahrscheinlichkeit. Denn reine ICF-Waffen besitzen, da kein Fall-Out oder EMP entsteht, nur eine lokal begrenzte Expositionierung, sowohl bezüglich ihrer destruktiven Leistung als auch ihrer radiologischen Toxizität, und sind folglich im Einsatz schwer zu identifizieren wie nachzuweisen. Selbst wenn geringe Mengen an Spaltstoff mit zur Anwendung kommen, lässt sich ihre Anwendung nur schwerlich verifizieren.
Andererseits dürfen die politischen Erwägungen nicht unbetrachtet bleiben.
Reine ICF-Waffen gelten nach dem Definitionsverständnis der sie entwickelnden Staaten nicht als Kernwaffen im eigentlichen Sinne, da sie frei von Kernsprengstoffen sind, welche nach allgemein gültiger Auffassung

alle schweren Elemente und deren Isotope ab Protaktinium aufwärts einschließlich aller Transurane einschließen. Ihr Besitz – Entwicklung und Tests – unterlaufen gegenwärtig die ratifizierten und völkerrechtlich bindenden Konventionen und Kontrakte – ganz legitim.
Und genau das eröffnet im Gegenzug auch wieder den Weg zu einer neuen Generation strategischer ICF-Waffen, deren Kosten-Nutzen-Faktor in jedem Fall positiv zu bewerten sein wird…
Ein mögliches derartiges Einsatzszenario betrachtete der Schweizer Physiker Andre Gsponer in Bezug auf den Krieg gegen Jugoslawien, Serbien und den Kosovo in den 90ern. Er verglich Analogien in der Radiotoxizität zwischen nuklearer Munition mit abgereichertem Uran und modernen ICF-Waffen und deren Auswirkungen auf die Biosphäre auf dem Gefechtsfeld. Hierbei errechnete er, dass es bei einer radiologischen Expositionierung beim Einsatz beider Typen quasi kaum einen nachweisbaren Unterschied geben würde, was den Einsatz neuartiger Kernwaffen eventuell schon in diesem Fall oder in zukünftigen Militärmissionen wahrscheinlich macht.58) So sind die Krebsraten in Südserbien im Anschluss des Konflikts signifikant gestiegen, auch Angehörige des italienischen Militärs, die an dem NATO-Feldzug teilgenommen haben, leiden unter den Folgen – wie beispielsweise Leukämie.59)

Deutschland handelt dabei geradezu janusköpfig: Auf der einen Seite vertrat Bundesaußenminister Heiko Maas die Position eines Reformators bzw. Lordsiegelbewahrers mit Blick auf den NPT und die sich bildenden geopolitischen Herausforderungen auf dem nichtkonventionellen Rüstungssektor. Während der Zeit des deutschen Vorsitzes des UN-Sicherheitsrates bemühte man sich im April 2019, die weltweite Proliferation einzudämmen. So findet man im Statement des Außenministeriums den Abschnitt „Neue Technologien erfordern neue Ansätze von Rüstungskontrolle und Vertrauensbildung"60), aber neue Technologien auf dem Gebiet der Kernwaffen sucht man dort vergebens. Man setzt sich primär für die restriktive Anwendung und Einhaltung des NPT ein. Ergänzend arbeitet man seitdem intensiv an der Ausgestaltung eines neuen Vertragswerkes, das den Produktionsstopp von waffenfähigem Spaltmaterial (Fissile Material Cutoff Treaty, FMCT) betrifft. Dies definiert die deutsche Bundesregierung mit der Aussage: „Der Bau einer jeden Nuklearwaffe setzt die vorherige Produktion von waffenfähigem Spaltmaterial voraus. Ein Verbot der Produktion von z. B. hochangereichertem Uran und Plutonium würde demnach einen wirksamen nächsten Schritt auf dem Weg zu einer nuklearwaffenfreien Welt darstellen."[61] Wieder liegt der Fokus einseitig auf der Anwendung der Kernspaltung, moderne ICF-Waffentechnologien werden nicht berücksichtigt.

Beinahe amüsieren könnte man sich deshalb über die seitens der Bundesregierung geübte Kritik an dem ehemaligen US-Präsidenten Donald Trump, der im Februar 2019 Russland Vertragsbruch aufgrund der Entwicklung und Stationierung von bodengestützten Marschflugkörpern vorgeworfen hat und den INF-Vertrag aufkündigte. Der Washingtoner Vertrag über nukleare Mittelstreckensysteme (Intermediate Range Nuclear Forces Treaty, INF) aus dem Jahr 1987 verbot den Vereinigten Staaten und Russland (als Nachfolger der Sowjetunion) den Besitz und die Erprobung von bodengebundenen ballistischen Raketen und Marschflugkörpern mit Reichweiten von 500 bis 5.500 Kilometern – maritime oder luftgestützte waren davon ausgenommen –, so dass dieser Konflikt tatsächlich ein eher akademischer denn realer ist, weil die eigentlichen Trägersysteme nicht grundsätzlich untersagt worden waren.

---

1) National Research Council: Assessment of Inertial Confinement Fusion Targets, Board on Physics and Astronomy, Washington D. C., 2013, The National Academy Press, S. 40. Online abrufbar: www.nap.edu.

2) Beide Verträge sind in ihrem vollständigen Wortlaut online abrufbar unter: www.atomwaffena-z.info, in der Übersetzung des Auswärtigen Amtes der Bundesrepublik Deutschland bzw. international (engl.): www.un.org.disarmament, in der Übersetzung des United Nation Office for Disarmament Affairs (UNODA).

3) Andre Gsponer, Jean-Pierre Husni: The physical principles of thermonuclear explosives, inertial confinement fusion and the quest for fourth Generation nuklear weapons, Independent Scientific Research Institute, Genf, CH, 20.01.2009, S. 61 f.

4) Ebd., S. 67.

5) Zu den einzelnen Verträgen findet sich eine Abhandlung des Wissenschaftlichen Dienstes des Deutschen Bundestages Nr. 54/05 vom 08.08.2005: „Atomwaffensperrvertrag und Atomwaffenteststoppvertrag".

6) United Nations Conference to Negotiate a Legally Binding Instrument to Prohibit Nuclear Weapons, Leading Towards their total Elimination. Online abrufbar: www.un.org.disarmament, in der Übersetzung des United Nation Office for Disarmament Affairs (UNODA). Details zur Resolution, den Verhandlungen und dem vollständigen Vertragswerk des TPNW und des NWC abrufbar.

7) Andre Gsponer, Jean-Pierre Husni: The physical principles of thermonuclear explosives, inertial confinement fusion and the quest for fourth Generation nuklear weapons, Independent Scientific Research Institute, Genf, CH, 20.01.2009, S. 137.

8) Matthias Küntzel: Bonn und die Bombe – Deutsche Atomwaffenpolitik von Adenauer bis Brandt, Frankfurt, New York, 1992, Campus Verlag, S. 201 und 235.

9) Andreas Lutsch: Westbindung oder Gleichgewicht? Die nukleare Sicherheitspolitik der Bundesrepublik Deutschland zwischen Atomwaffensperrvertrag und NATO-Doppelbeschluss, Berlin, Boston, 2020, De Gruyter Verlag, S. 5.

10) Matthias Küntzel: Bonn und die Bombe – Deutsche Atomwaffenpolitik von Adenauer bis Brandt, Frankfurt, New York, 1992, Campus Verlag, S. 45.

11) Ebd., S. 155.

12) Ebd., S. 243.

13) Ebd., S. 102 ff.

14) Ebd., S. 106.

15) Ebd., S. 107.

16) Ebd., S. 112 f.

17) Ebd., S. 115 ff.

18) Ebd., S. 134 f.

19) Ebd., S. 137.

20) Online abrufbar: www.bundeswehr.de. Siehe hier zu den einzelnen Dienststellen WIS, WTD 52 und 81 unter dem Bundesamt für Ausrüstung, Informationstechnik und Nutzung der Bundeswehr (BAAINBw).

21) Walter Trinks, Theodor Netzer: „Verfahren und Vorrichtung zur Simulation von Druck und Temperatur von Explosionen", Patent 446965, 20.09.1964; Walter Trinks, Theodor Netzer, Hans Victora, Hermann Saurer, Heinrich von Paulgerg, Peter Lengrüsser: „Vorrichtung zur Simulierung der Druckwirkung von Stoßwellen bei Kernexplosionen", Patent 1247045, 20.11.1964. Basierend auf diesen Patenten erfolgte die weitere Entwicklung mit anhängigen Patentschriften.

22) Matthias Küntzel: Bonn und die Bombe – Deutsche Atomwaffenpolitik von Adenauer bis Brandt, Frankfurt, New York, 1992, Campus Verlag, S. 138.

23) Fraunhofer Institut für Naturwissenschaftlich-Technische Trendanalysen: 1974 bis 2014 – 40 Jahre Fraunhofer INT, Jahresbericht 2014, 2015, Fraunhofer Verlag. Dort sind auch dessen Geschäftsfelder abgebildet: Wehrtechnische Zukunftsanalyse, Elektromagnetische Effekte und Bedrohungen, Nukleare Effekte in Elektronik und Optik, Nukleare Sicherheitspolitik und Detektionsverfahren u. a.

24) Matthias Küntzel: Bonn und die Bombe – Deutsche Atomwaffenpolitik von Adenauer bis Brandt, Frankfurt, New York, 1992, Campus Verlag, S. 147.

25) Ebd., S. 157.

26) Ebd., S. 194 ff.

27) Ebd., S. 191 f.

28) Ebd., S. 193.

29) Ebd., S. 245 ff.

30) Ebd., S. 249.

31) Ebd., S. 252 ff.

32) Ebd., S. 255 ff.

33) Das Quattara-Projekt betraf eine deutsch-ägyptische Vergleichsstudie zur Errichtung eines Wasserkraftwerkes am Nil. Es sollte hierbei die Umsetzbarkeit nuklearer Sprengungen im Vergleich zu konventionellen Mitteln für einen Kanalbau evaluiert werden. Das Projekt wurde nicht umgesetzt – allerdings existierten auch in anderen Ländern ähnliche Ideen. Ebd., S. 264.

34) Ebd., S. 258 f.

35) Ebd., S. 261 ff.

36) Ebd., S. 262.

37) Ebd., S. 280 f.

38) Ebd., S. 281.

39) Der Vertragstext des 2 + 4-Vertrages ist im Original online auf der Homepage des Auswärtigen Amtes unter der Rubrik „Internationales Recht" als pdf-Datei abrufbar.

40) John J. Mearsheimer: The Tragedy of Great Power Politics (Updated Edition), New York, 2003, W. W. Norton & Company. Vergleiche dort seine politischen Ansichten und Beurteilungen.

41) Matthias Küntzel: Bonn und die Bombe – Deutsche Atomwaffenpolitik von Adenauer bis Brandt, Frankfurt, New York, 1992, Campus Verlag, S. 284 f.

42) Bruno Tertias: Braucht Europa einen eigenen Nuklearschirm? Veröffentlicht am 28.11.2019 auf welt.de, Kategorie „Politik Ausland".

43) Ebd.

44) Johannes Mikeska: ICAN – Hintergrund: Tornado Nachfolge – Kauf nuklearer Trägersysteme für Deutschland. Entscheidungsprozess im Kontext ICAN – Germany, April 2020, S. 7.
45) Ebd., S. 8 ff.
46) D. Sagie, I. I. Glass: Explosive Driven Hemispherical Implosions For Generating Fusion Plasmas, University of Toronto, Institute For Aerospace Studies, hrsg. von der International Atomic Energy Agency / INIS, März 1982, S. 16.
47) Kurt Diebner: Fusionsprozesse mit Hilfe konvergenter Stoßwellen – einige ältere und neuere Überlegungen, in: Kerntechnik – Isotopentechnik und Chemie, 4. Jahrgang, Heft 3, München, März 1962, Karl Thiemig Verlag, S. 91 f. (Der Artikel war von Diebner bereits am 29.09.1961 eingereicht worden.)
48) Friedwardt Winterberg: Conjectured Metastable Super-Explosives formed under High Pressure for Thermonuclear Ignition, University of Nevada, Reno, 22.02.2008. Online abrufbar unter arXiv.org der Cornell University Library, Ithaka, New York, USA.
49) Andre Gsponer, Jean-Pierre Husni: The physical principles of thermonuclear explosives, inertial confinement fusion and the quest for fourth Generation nuklear weapons, Independent Scientific Research Institute, Genf, CH, 20.01.2009, S. 90.
50) Ebd., S. 146 ff.
51) Andre Gsponer: Fourth Generation Nuklear Weapons: Military effectiveness and collateral Effekts, Version ISRI-05-03.17, Independent Scientific Research Institute, Genf, CH, Februar 2009, S. 17 f.
52) Helmut Vogel: Gerthsen Physik, 19. Auflage, Berlin, Heidelberg, New York, 1997, Springer-Verlag, S. 706 f.
53) Andre Gsponer: Fourth Generation Nuklear Weapons: Military effectiveness and collateral Effekts, Version ISRI-05-03.17, Independent Scientific Research Institute, Genf, CH, Februar 2009, S. 24.
54) Andre Gsponer, Jean-Pierre Husni: The physical principles of thermonuclear explosives, inertial confinement fusion and the quest for fourth Generation nuklear weapons, Independent Scientific Research Institute, Genf, CH, 20.01.2009, S. 115 ff.
55) Ebd., S. 118.
56) Ebd., S. 119 f.
57) Andre Gsponer: Fourth Generation Nuklear Weapons: Military effectiveness and collateral Effekts, Version ISRI-05-03.17, Independent Scientific Research Institute, Genf, CH, 02.2009, S. 21.
58) Vgl. Andre Gsponer, Jean-Pierre Hurni, Bruno Vitale: A comparison of delayed radiobiological effects of depleted-uranium munitions versus fourth-generation

nuclear weapons, Independent Scientific Research Institute, Genf, CH, 10.10.2002.

59) Barbara Hug: Thema Uranmunition – nicht mehr tabu. Brief zu: Hunziker G. Tabuthema Uranmunition, Schweizer Ärztetag 2019; 100(16): 598. Schweizerische Ärztezeitung, 08.05.2019. Online abrufbar: https://saez.ch.

60) Bericht der Bundesregierung zum Stand der Bemühungen um Rüstungskontrolle, Abrüstung und Nichtverbreitung sowie über die Entwicklung der Streitkräftepotenziale. Jahresabrüstungsbericht 2019, S. 9. Online abrufbar: https://www.auswaertiges-amt.de.

61) Ebd., S. 23.

Abschnitt B

4. Die Kernphysik vor 1945

4.1 Ein Überblick

Der nun folgende Abschnitt wird sich zunächst mit der Historie der Kernfusion und ihren physikalischen Grundlagen und „Entdeckern" auf internationaler Ebene befassen. Alsdann wird sich differiert den Forschungen der Alliierten (im Überblick, da bereits hinreichend in der Fachliteratur abgehandelt) und den Bestrebungen des Deutschen Reichs zugewandt. Bei Letzterem wird dabei das Augenmerk *nicht* auf die Abläufe der Reaktorentwicklung, die mannigfachen Forschungen rund um die Kernspaltung in jenen Jahren und den administrativen, organisatorischen wie auch infrastrukturellen und logistischen Hintergrund – die allgegenwärtige Mangelwirtschaft, das Paradoxon der parallelen Mehrfachverwaltung und die wechselhaften Forschungsförderung und Schwerpunktgliederung innerhalb des politischen Systems des Dritten Reiches – gelegt. Explizit werden jene physikalischen Teilbereiche „extrahiert", welche sich speziell mit der Kernfusion auf irgendeine Weise in Verbindung bringen lassen. Neben den vorausgehenden, grundlegenden wissenschaftlichen Errungenschaften in dieser Richtung sind dies die ursprünglichen, teils experimentellen und rein empirischen, teils ausschließlich theoretisch evaluierten Forschungsresultate. Auf dem einen Sektor sind dies im Schwerpunkt die Richter'schen Experimente, auf dem anderen Sektor – ausgehend von den theoretischen Grundlagen der Fusion – die Aktivitäten der Einleitung einer Kernfusion für militärische Zwecke mit dem Mittel der Höchstdruckkompression. Dabei werden wir etlichen Personen wie auch deren Arbeiten wieder begegnen, die bereits in Kapitel 2 genannt worden sind. Wie kam es zu der Anwendung des Deuterons und des Lithiums? Wie entstand die Verbindung zum Munroe-Effekt? Und wie weit führte dieser Weg?

Das Kapitel soll dahingehend einen Einblick in die Forschungen dieser Art geben – soweit nach Quellenlage überhaupt möglich. Mit der theoretischen Umsetzbarkeit jener Konstruktionen wird sich abfolgend Kapitel 4 befassen.

In Kapitel 1 wurden bereits die Anwendungen und der Aufbau der durch Höchstdruckkompression mittels konvergenter Schockwellen initialisierten Implosion von sphärischen oder konischen Konfigurationen nach Voitenko oder UITAS betrachtet. Kapitel 2 beleuchtete dagegen die Deutschen Bestrebungen auf ebenjenem Gebiet der Kernphysik *nach* dem Zweiten Weltkrieg. Jedem neutralen Leser dürfte jedoch bereits aufgefallen sein, dass die Ursprünge dieses Denkens und Schaffens in einer früheren geschichtlichen Ära fundiert sein müssen. Kehren wir nun dorthin zurück.

Zum besseren Verständnis des Folgenden wird eine Übersicht gegeben:

Zunächst wenden wir uns der Historie der Kernfusion und der Hinzunahme des Elements Lithium als Fusionsbrennstoff zu. Es erfolgt ein Blick auf die US-amerikanischen Ambitionen parallel zum Manhattan Project. Danach werden die deutschen Forschungen auf diesem Gebiet näher beleuchtet. Hierzu erfolgt eine sachliche Trennung: die Aktivitäten des Roland Richter und die Forschungen um Erich Schumann und Walther Gerlach.

4.2 Die Geschichte der Kernfusion – die frühen Jahre

Die Arbeiten auf dem Weg zur Entdeckung und Erklärung der physikalischen Abläufe und Zusammenhänge sind annähernd genauso alt wie die der Kernspaltung, die zusammengefasst als Vergleich aufgezeigt werden sollen:

Das Fundament auf dem Weg zum Entdecken der Kernspaltung war die Entdeckung eines kleinen Kernteilchens, des Neutrons. Seit 1898, als der neuseeländische Physiker Ernest Rutherford als Teil der Radioaktivität zwei von dem radioaktiven Ursprungselement emittierte Strahlungen entdeckte, auf dessen Basis im Jahr 1903 das α-Teilchen isoliert und identifiziert werden konnte – es handelte sich hierbei um einen Heliumkern –, begann die Bestrahlung nahezu fast aller Elemente des Periodensystems mit den neuen α-Teilchen.[1)] Bei den 1917 von Rutherford durchgeführten Experimenten der Bestrahlung von Stickstoff mit α-Teilchen entdeckte er das Proton. Folgende Reaktion lief dabei endotherm ab:

$$N14 + He4 \rightarrow O17 + H1,$$

wobei das Produkt des einfachen Wasserstoffkernes das Proton ist. Bei weiteren Versuchen stieß er auf ein elektrisch neutrales Teilchen, bei dem es sich allem Anschein nach um ein „kollabiertes Wasserstoffatom" handeln musste, dem der Amerikaner William Draper Harkins 1921 den Namen „Neutron" gab.[2)] Den deutschen Experimentalphysikern Walther Bothe und seinem Studenten Herbert Becker gelang 1928 die Entdeckung einer energiereichen Strahlung. Sie hatten Beryllium (später auch Bor und Lithium) mit α-Strahlen beschossen und dabei die Entstehung einer durchdringenden Strahlung festgestellt, die sie irrtümlich für γ-Strahlung hielten. Diese besaß allerdings mehr Energie als das ursprüngliche α-Teilchen. 1931 wiederholte das französische Ehepaar Irene und Frederic Joliot-Curie das Bothe'sche Experiment mit dem überraschenden Resultat, dass die entdeckte Strahlung keine elektrische Ladung besaß und in der Lage war, leichte Atomkerne aus ihren Verbindungen zu schlagen. Der italienische Physiker Ettore Majorana schlussfolgerte daraus die Entdeckung des neutralen Protons![3)] Es blieb ein Jahr später dem Briten und Schüler Rutherfords, James Chadwick, vorbehalten, das Neutron zu entdecken. In seinen Wiederholungen der gleichen Experimente kam er zu den gleichen Resultaten, stellte jedoch fest, dass die ladungsfreie Strahlung die Masse eines Protons besaß und sich wie ein Kernteilchen verhielt.[4)] Bis zu diesem Zeitpunkt waren alle künstlichen Kernumwandlungen durch den Beschuss mit positiv geladenen α-Teilchen durchgeführt worden, diese vermochten jedoch nur leichte Atomkerne zu transformieren – nun konzentrierte man sich auf Anregung des Italieners Enrico Fermi auf die Anwendung des Neutrons. Dadurch konnten durch Anlagerung eines Neutrons an die bestrahlten Elemente deren Isotope in schwerere Kerne überführt werden – was heute unter dem Fachbegriff „Transmutation" fällt. Aus der Bestrahlung von Uran wollte er künstliche Elemente, so genannte „Transurane", erzeugen, stellte dabei allerdings verblüfft fest, dass die „neuen" Elemente sich nach einer Analyse nicht wie schwerere Kerne – Transurane – verhielten. Dennoch glaubte er, solche entdeckt zu haben. Diese überraschenden Ergebnisse wurden sowohl von den Joliot-Curies wie auch in Deutschland von Otto Hahn und Liese Meitner bestätigt. Die Grundlagen von Rutherford brachten 1933 den ungarischen Physiker Leonard Szilard zu der Annahme, dass ein Neutron in der Lage sein könnte, einen Atomkern zu zerteilen – und wenn bei dieser Teilung nun mehr als ein weiteres Neutron freigesetzt werden würde, sich dieses kaskadenförmig ausdehnen könnte (erst 1939 bestätigte sich seine Annahme bei einem Versuch). Ein Jahr später meldete er gemeinsam mit Fermi ein Patent für einen Kernreaktor in England an, das geheim gehalten werden musste.[5),6)] 1934 stellte die Nuklearchemikerin Ida Noddack ebenfalls die kühne These auf, dass der Urankern unter Neutronenbeschuss in mehrere kleinere Stücke zerfallen könnte:

„Man kann ebenso gut annehmen, dass bei dieser neuartigen Kernzertrümmerung durch Neutronen erheblich andere ‚Kernreaktionen' stattfinden, als man sie bisher bei der Einwirkung von Protonen- und α- Strahlen auf Atomkerne beobachtet hat. Bei den letztgenannten Bestrahlungen findet man nur Kernumwandlungen unter Abgabe von Elektronen, Protonen und Heliumkernen, wodurch sich bei schweren Elementen die Masse der bestrahlten Atomkerne nur wenig ändert, da nahe benachbarte Elemente entstehen. Es wäre denkbar, dass bei der Beschießung schwerer Kerne mit Neutronen diese Kerne in mehrere größere Bruchstücke zerfallen, die zwar Isotope bekannter Elemente, aber nicht Nachbarn der bestrahlten Elemente sind. […] (A)us dem β-strahlenden Element 93 [müsste] das

Element 94 entstehen [...]. Dieses Element sollte man verhältnismäßig leicht chemisch von 93 trennen können."[7)]

Damit nahm sie 1934 (!) nicht nur die Möglichkeit der Kernspaltung vorweg, sondern auch die Erzeugung von Neptunium und Plutonium.
Obwohl weder Fermi noch Hahn Noddack glauben schenkten, intensivierte gerade Hahn mit seinem neuen Assistenten Fritz Strassmann die Reproduktion der Neutronenbestrahlung von Uran. Dabei kamen sie in den folgenden Jahren stets zu dem gleichen Ergebnis: Es entstanden mehrere neue Kerne. Eine Erklärung dafür hatten sie nicht. Es sollten noch einige Jahre bis zur Lösung des Rätsels vergehen: In dem Pariser Labor von Irene Joliot-Curie hatte diese 1938 gemeinsam mit ihrem Kollegen Pavlo Savitch bei der Neutronenbestrahlung von Urankernen ein etwa halb so schweres neues Element entdeckt, das sie für Lanthan hielten. Hahn und Stassmann versuchten nun mehrfach, die Experimente von Curie zu wiederholen – dabei stießen auch sie auf ein durch die Bestrahlung entstehendes leichteres Element, das sie allerdings als Barium identifizieren konnten. Hahn selbst war derart irritiert und hielt die sich ihm aus dem Periodensystem zwangsweise aufdrängende Erklärung für absurd, so dass er die gerade noch vor Hitlers Judenverfolgung nach Schweden geflohene Lise Meitner anschrieb und um Interpretation bat: Ihre Einschätzung sollte die Welt verändern – Hahn hatte den Urankern zum Platzen gebracht! Das Resultat sprach sie mit ihrem Neffen Otto Frisch, der es an Niels Bohr herantrug, durch. Frisch entdeckte, dass die Summe der erzeugten Bruchstücke leichter war als der Ursprungskern – diesen Fehler bei den Massen (heute „Massendefekt" genannt) erklärte er durch das relativ hohe Energieniveau, das bei diesem Vorgang freigesetzt wurde.[8)] Damit war die Basis der Kernspaltung geschaffen.

Parallel verlief der Pfad der Entdeckung der Kernfusion, er begann jedoch früher:
Arthur Stanley Eddington, britischer Astrophysiker, entwickelte auf der Basis der wissenschaftlich etablierten Ansicht, dass Sterne aus glühendem Gas bestehen, 1920 sein Theorem, dass die Fusion von Wasserstoff – aus

welchem durch spektroskopische Beobachtungen nachweislich Sterne bestehen – die Energiequelle sein mochte. Als Reaktionsprodukt vermutete er Helium.[9)] 1928 erklärte der russische Physiker George Anthony Gamow den ein Jahr zuvor von Friedrich Hund entdeckten Tunneleffekt[10)] auf den Grundlagen der gerade erst von Werner Heisenberg und Erwin Schrödinger erarbeiteten Quantenmechanik. Mit diesem Hintergrundwissen beantworteten die beiden Göttinger Studenten, der Brite Robert d'Escourt Atkinson und Friedrich Houtermanns aus Österreich, 1929 die stellare Energiequelle: Beschleunigt man Atomkerne auf so hohe Geschwindigkeiten, dass sie die Coulomb'sche Abstoßung überwinden, können sie mit den Zielkernen verschmelzen – nach Gamow bestand aber die Möglichkeit, diese Geschwindigkeiten durch die Ausnutzung des Tunneleffektes herabzusetzen. Diese Reaktionen traten nach ihren Berechnungen besonders dann auf, wenn die Wärmebewegung der Atomkerne unter extrem hohen Temperaturen ebenfalls entsprechend hoch ist und in ionisierter Form vorliegen. Die bei einer Fusionsreaktion freiwerdende Energie heizt dabei das atomare Gas (Plasma) weiterhin auf und ermöglicht somit Folgereaktionen, wobei sie bei Teilchenbeschleunigern verpufft. Diesen Effekt bezeichneten die beiden Forscher als „thermonukleare Reaktion".[11)] Die bisherigen provisorischen Theorien der sich selbst erhaltenden thermonuklearen Reaktionen der Sterne wurden dann 1938 durch Gamow und den aus Deutschland in die USA geflüchteten ungarischen Physiker Eduard Teller detaillierter verifiziert, die letztendliche Erklärung der Vorgänge innerhalb der Sonne gaben ein Jahr später der ebenfalls in die USA emigrierte deutsche Physiker Hans Bethe und C. F. von Weizsäcker: Wasserstoff fusioniert unter den thermischen Bedingungen allmählich zu Helium unter Abgabe erheblicher Mengen an Wärmeenergie.[12)]

Doch zurück zur Entdeckung des thermonuklearen Effektes – hierzu schauen wir noch einmal auf die ersten Kernspaltungsreaktionen: Noch bevor man mit dem neu entdeckten „Neutron" Atomkerne beschoss, nahm man hierzu (wie oben beschrieben) Heliumkerne – α-Teilchen – oder Wasserstoffkerne – die Protonen. In Zusammenarbeit mit dem irischen Physiker Ernest Walton forschte sein englischer Kollege John Cockroft seit 1928 auf dem Gebiet der Protonenbeschleunigung und entwickelte den nach ihnen benannten Teilchenbeschleuniger. Unter der Anleitung Rutherfords beschossen beide in den Cavendish-Laboratorien 1932 erstmals Lithiumkerne mit Protonen, wobei das Lithium exotherm in zwei Heliumkerne „zertrümmert" wurde – damit war eine für den Richter'schen Prozessreaktor wesentliche Reaktion entdeckt worden: die Lithium-Kernspaltung durch ein Proton (Li7 + p → He4 + He4).13) Doch dabei ließen es die Wissenschaftler um Rutherford nicht: Bereits ein Jahr später folgte der experimentelle Beschuss von Lithium mit dem erst 1931 durch den US-Amerikaner Harold Clayton Urey nachgewiesenen Wasserstoffisotop Deuterium.14) 1934 entdeckten der australische Physiker Marcus „Mark" Laurence Elwin Oliphant und der österreichische Physiochemiker Paul Harteck das Tritium – sie beschossen Deuterium mit Deuteronen, dem eigenen Kern des Deuteriums. Bei anfänglichen Experimenten, bei denen das Deuterium mit Protonen unter Beschuss genommen worden war, hatte man keine signifikante Veränderung gegenüber der Reaktion mit gewöhnlichem Hydrogen als Target feststellen können. Bei den nunmehr von ihnen ausgelösten D + D-Reaktionen registrierten die Forscher zwei unterschiedliche Reaktionsketten, bei denen jeweils Neutronen und Protonen mit hoher Energie emittiert wurden. Bei der Neutronenabgabe entstand zusätzlich ein Heliumkern – He + n (also ein α-Teilchen), bei dem anderen Endprodukt handelte es sich um einen dem Deuteron ähnlichen Kern mit einem zusätzlichen Neutron – das Tritium war entdeckt (im Original: D2 + D2 → H3 + H1; heutige Schreibweise: → T + p);15) ganz nebenbei handelte es sich hierbei um die ersten künstlich durchgeführten Kernfusionsreaktionen. Eine Sensation! Dabei lag die Aufmerksamkeit nicht einmal auf dem Wasserstoffisotop Tritium, vielmehr auf dem hochenergetischen Neutron der zweiten Reaktionskette – dieses Neutron konnte industrieller Nutzung zugänglich gemacht werden, so jedenfalls die damalige Vorstellung.16)

Zeitgleich wurde auch die experimentelle Bestrahlung von Lithium ausgeweitet. Das Ziel hierbei waren eigentlich Reaktionen, bei denen Neutronen – deren Existenz ja ebenfalls erst kurz zuvor nachgewiesen worden war – freigesetzt werden sollten. Auf dem Weg zur Gewinnung freier Neutronen beschossen Horace Richard Clane, Charles Christian Lauritsen und

Andre Soltan nebst Beryllium auch Lithium mit Deuteronen (Li7 + D $\rightarrow$ 2He4 + n). Ebenso war es in jenem Jahr möglich, aus der Rutherford'schen D + D-Reaktion (s. o.) Neutronen freizusetzen.[17] An der Universität Halle arbeiteten derweil Gerhard Hoffmann und Kurt Diebner mit der Bestrahlung von Lithium.[18] In einer zeitgenössischen Publikation veröffentlichte der Physiker Fritz Kirchner die Resultate dieser ambitionierten Grundlagenforschungen. Auch die Reaktion mit dem leichteren Lithiumisotop Li6 + D $\rightarrow$ He4 + He4 war bereits nachgewiesen worden.[19] Ferner stellte auch er fest, dass die Ausbeute an Umwandlungsprozessen bei der D + D-Reaktion am größten war.[20] In England ging Oliphant den von ihm eingeschlagenen Weg ebenfalls weiter. Bei dem Beschuss von Tritium mit Deuteronen stellte er fest, dass sich diese Reaktion zum einen mit einer geringeren Beschleunigungsleistung als bei der D + D-Reaktion initiieren ließ, zum anderen gab sie in der Summe mehr Energie ab als zu ihrer Durchführung aufgewendet werden musste. Ohne es zu wissen, hatte er den Grundstein für die Wasserstoffbombe gelegt.[21] In Deutschland erkannten parallel die AEG das hohe Energiepotential derartiger Reaktionen. Den Grundstein hierzu hatte der Physiker Carl Wilhelm Ramsauer gelegt: 1928 war Ramsauer von der TH Danzig nach Berlin zu den AEG gewechselt, um bei diesen ein zentrales Forschungslabor aufzubauen, dessen Leiter er wurde. Dort führte er als Experte von Stoßprozessen 1933 sein berühmtes Experiment durch; er schoss zwei Gewehrpatronen in einem evakuierten Lauf aufeinander. Die dabei gemessenen Drücke und Temperaturen waren extrem hoch.

In Kiel hatte der Experimentalphysiker Heinrich Rausch von Traubenberg im gleichen Jahr in der Fachzeitschrift „Naturwissenschaften" seinen Artikel über die emittierte Strahlung bei der Zertrümmerung von Lithium publiziert.[22] Auf dieser Basis entwickelten der bis 1936 für die AEG tätige Physiker Arno Brasch gemeinsam mit dem bereits 1933 nach England emigrierten Physiker Fritz Lange der Berliner Universität ein Patent, das die „Anregung und Durchführung von Kernprozessen" zum Thema hatte. Ganz ähnlich zu Oliphants Arbeiten hatten sie die Nutzung der D + D-Reaktion als intensive Neutronenquelle erkannt – aber auch das damit einhergehende außerordentlich hohe Temperaturniveau, das zur praktischen

Anwendung dieser Fusion leichter Kerne notwendig ist. Unter Hinzunahme des Ramsauer'schen Gewehrversuches, bei dem Drücke von bis zu 10 Mio. atm und Temperaturen von 200.000 Grad Celsius gemessen worden waren, regten sie die Einleitung der Fusionsreaktion mittels ebensolchen hohen Drücken und Temperaturen durch extremste Kompression an. Das zu komprimierende Medium sollte sich dabei am zweckmäßigsten in Unterdruck befinden. Zur Erreichung derartiger Kompressionsvorgänge war nicht nur das Gewehrprinzip, in dem sich nun im Kollisionspunkt der Geschosse das zu verdichtende Gas befinden sollte, in Betracht gezogen worden, beide Physiker erdachten sich einen Entwurf einer Funkentladungsstrecke (Lichtbogen), die ihre Energie in Form von Schockwellen in einem nahezu inkompressiblen Fluid übertragen sollte. Diese Flüssigkeit sollte vor der Entladung auf mechanischem Wege ebenfalls so hoch wie möglich, schockartig, verdichtet werden – diese Kompression sollte ebenfalls nach der Ramsauer'schen Methode oder einer länger wirkenden, intensiven Entladung erzeugt werden. Unter diesen Voraussetzungen waren nun die Neutronen generierenden Reaktionen zu erwarten, für die man die Kerne von Wasserstoff, Deuterium, Lithium und Bor in Betracht zog. Als besonders effizient schien die Kombination aus Wasserstoff/Deuteronen mit Lithium oder Bor zu sein. Dabei wurden ebenfalls die stark exothermen und damit potentiell Energie liefernden Komponenten derartiger Fusionen miteinbezogen, um Wärmekraftmaschinen anzutreiben.[23)]
Ab 1935 forschte der in die USA emigrierte Physiker Hans Bethe an den theoretischen Grundlagen der stellaren Kernfusion. 1937 und 1939 resultierten diese Forschungen in dem gemeinsam mit C. F. von Weizsäcker postulierten und nach ihnen benannten „Bethe-Weizsäcker-Zyklus" des Kohlenstoff-Stickstoff-Kreislaufs der Sterne und der beiden Proton-Proton-Fusionsreaktionen – dem „Wasserstoffbrennen" –, bei denen über Zwischenschritte aus Wasserstoff Heliumkerne entstehen.[24)]

In etwa dem gleichen Zeitraum wurden auch Forscher in Frankreich auf diesem Gebiet aktiv: Irene und Frederic Joliot Curie gelang es, in den Jahren 1933 bis 1935 Isotope chemischer Elemente mittels Transmutation künstlich zu erzeugen. 1935 erhielten sie hierfür den Nobelpreis in Chemie. Bei ihren weiteren Versuchen bestrahlten Irene Joliot Curie und der serbische Physiker Paul Savitch (eigentlich Pavel Savic) nun auch Uran mit Neutronen. Dabei hätten sie 1937/38 beinahe die Kernspaltung entdeckt. Durch Transmutation gelang es ihnen jedoch, eine neue Reaktionskette durch den Neutroneneinfang des Urans nachzuweisen. Hierbei entstand aus dem Element 92 (Uran) über β-Zerfall ein Element 93, das sich durch weitere Zerfälle u. a. in das Element 94 umwandelte – das Plutonium –, womit erstmals Transurane nachgewiesen worden waren.[25] Weniger bekannt sind die parallel gelaufenen Aktivitäten zweier weiterer Franzosen, die in der Kernphysik – insbesondere bei der Elementumwandlung durch die Transmutation – die real gewordene Alchemie sahen: der Physiker und Chemiker André Samson Seby Helbronner und der russischstämmige Chemie-Ingenieur Jacques Bergier (eigentlich Yakov Mikhailovich Berger). Seit 1934 forschte Helbronner in seinem durch die Industrie finanzierten Privatlabor in verschiedenen Bereichen der Kernphysik. 1937 holte er Bergier mit in sein Team, dem auch Alfred Eskenazi angehörte. Bis zum Einmarsch der Deutschen im Mai 1940 gelang ihnen auf dem Weg der Transmutation die künstliche Gewinnung von Polonium unter Verwendung von schwerem Wasser, das man aus Norwegen von der Norske Hydro in Vermok bezog. Gemeinsam entwickelten sie ein Konzept für einen schwerwassermoderierten Kernreaktor, ein Verfahren für die Herstellung von Lithium-Deuterid und daraus ableitend eine Fusionsreaktion als theoretische Basis einer Wasserstoffbombe.[26] Vor ihrer Flucht aus Paris übergaben sie die Resultate ihrer Forschungen der französischen Akademie der Wissenschaften:[27] ihr Konzept eines Schwerwasserreaktors und einer Bombe, bei der Deuterium zur Anwendung gelangen sollte.

Neben den mehr oder weniger direkten Forschungen zu Fusionsreaktionen begann in Deutschland der schon im vorigen Kapitel erwähnte Ronald Richter mit seinen Experimenten zur Plasmaphysik. Diese entsprangen jedoch dem puren Zufall:

Die Anfänge seines Interesses an der Forschung auf dem Gebiet der Fusion sind in seiner Studienzeit zu suchen. Der aus dem böhmischen Falkenau stammende Richter studierte Physik, Mathematik und Chemie an der Naturwissenschaftlichen Fakultät der Deutschen Universität Prag, an der er 1935 promovierte. Unter der Leitung von Heinrich Rausch zu

Traubenberg (später in Kiel tätig), der sich sowohl mit der Lithiumzertrümmerung wie auch mit Lichtbogenentladungen für die Hochfrequenztechnologie beschäftigte, entwickelte Richter eine Ionenquelle zur Erzeugung von energiearmen Protonen, mit denen er Lithium beschoss. Er hatte im Anschluss daran vor, Lithium auch mit Deuteronen unter Beschuss zu nehmen. Ab 1936 richtete der böhmische Industrielle Dr. Hugo Apfelbeck in seinen Werken eigens ein Labor für ihn ein; dort entwickelte er ein Verfahren zur katalytischen Verzinkung von Magnesium, für das er eine Hochvoltentladungsanlage nutzte. Um die Möglichkeiten der Hochvoltentladung eingehender studieren zu können, wechselte er zur Firma Brunner, einem in Falkenau ansässigen Chemiewerk. An deren Karbid-Lichtbogenöfen konnte er Versuche an der bei Hochstrom-Lichtbogenentladung auftretenden elektrodynamischen Eigenkontraktion – quasi dem Pinch-Effekt – unter Zuhilfenahme eines externen, den Lichtbogen umschließenden Magnetfeldes durchführen. Im Oktober desselben Jahres sei es nach Richter zu einer Explosion des Lichtbogens gekommen, die – ausgelöst durch dessen das Lichtbogenplasma verdichtenden Schockwellen – zu extremen Temperaturen führte. Ursächlich für diese „Detonation" war wahrscheinlich ein Kabelbruch, in Folge dessen sich die induktive Energie des Magnetfeldes schlagartig auf die Bogenelektroden übertrug. Um nun die enorme Temperatur seines hocherhitzten, komprimierten und ionisierten Plasmas bestimmen zu können, beabsichtigte Richter die Injektion von Deuterium in dieses, um aus der zu messenden Strahlung – die durch die von ihm unter diesen Bedingungen angenommenen Fusionsreaktionen emittiert werden würde – Rückschlüsse auf die Temperaturentwicklung ziehen zu können. Erstmals kam ihm dabei der Gedanke, dieses Konzept könne auch als Basis eines Fusionsreaktors dienen. Die Suche nach weiteren Finanziers führte Richter und Apfelbeck zu dem ebenfalls im Raume Karlsbads aktiven montanindustriellen Otto Eberhardt. Vordergründig für die Arbeiten an der Richter'schen Leichtbatterie auf Lithiumbasis – an der auch das Militär Interesse bekundete – ermöglichte ihm der Einfluss Eberhardts auch die weitere Forschung an seinem Fusionskonzept.

Durch Eberhardt und durch seine finanziellen Zuwendungen an den Gauleiter Thüringens, Fritz Sauckel (dessen Wirtschaftsberater er wurde), gelangte Richter schließlich zu den Suhler Waffenwerken. Die ehemalige Waffenfabrik Simson in Suhl war durch die Nationalsozialisten im Zuge der „Arisierung“ beschlagnahmt und ihre jüdischen Eigentümer enteignet worden; das Werkskapital bildete den Grundstock der Wilhelm-Gustloff-Stiftung (mit dem die gleichnamigen Werke finanziert wurden); Stiftungsführer und Vorsitz teilten sich Sauckel und Eberhardt. Seine weiteren Experimente führten ihn zu einem besseren Verständnis der Plasmaphysik und des Trägheitseinschlusses, scheiterten jedoch an der Möglichkeit, an Deuterium zu gelangen. Nach dem Unfalltod Eberhardts Anfang 1939 endeten seine Forschungen vorerst – zu Kriegsbeginn war er schließlich bei Junkers mit der Entwicklung von Flugzeugenteisung und Korrosionsschutz beschäftigt.[28)]

Bedingt durch den Krieg endeten zunächst alle direkt weiterführenden Ambitionen in diese Richtungen.

4.3 Die Entwicklung in den USA seit Kriegsbeginn

4.3.1 Top Secret: Project Y

Die Anfänge der Fusionsforschungen traten kriegsbedingt zunächst in den Hintergrund, da die Prioritäten der wissenschaftlichen Kompetenz anderweitig gesetzt wurden. Ausgehend von jener legendären Petition Albert Einsteins – die auf das Insistieren Szillards, des eigentlichen Verfassers, und Tellers zurückzuführen ist – an den US-Präsidenten Franklin Delano Roosevelt vom 02. August 1939 und der britischen MAUD-Kommission wurde das „Manhattan Project“ – offiziell erst im Frühjahr 1942 – ins Leben gerufen.[29)]

Das „National Bureau of Standards“ unter Lyman Briggs begann als Folge der Einstein-Petition die Realisierbarkeit einer Uranbombe zu analysieren und bildete unter Anweisung Präsident Roosevelts das Advisory Committee of Uranium. Nach deren positivem Befund übernahm das am 27. Juni 1940 eigens dafür geschaffene „National Research Defense Committee“ (NDRC), tarnungshalber nur S-1 genannt, die Federführung unter der Leitung der vom Präsidenten geschaffenen Urankommission – 1941 in „Office of Scientific Research Committee“ (OSRD) umbenannt, dessen Vorsitz Vannevar Bush innehatte und das Arthur Holly Compton als Leiter des NDRC mit der Konstruktion einer Nuklearwaffe beauftragte. Seine Aufgabe bestand in der notwendigen Grundlagenforschung, der Erforschung der Herstellung des Kernbrennstoffes (sprich die Isotopentrennung des U235 und der Transmutation von Pu239) und letztendlich der Herstellung einer atomaren Bombe. Im Oktober 1941 teilte Bush schließlich Roosevelt mit, dass der Bau einer atomaren Bombe im Bereich des Möglichen war.

Den initiativen „Startschuss“ gaben dabei eigentlich die Wissenschaftler der britischen MAUD-Kommission: Die nach England emigrierten (besser: geflohenen) deutschen Physiker Otto Robert Frisch, Neffe Liese Meitners, und Rudolf Ernst Peierls hatten im März 1940 ein Memorandum verfasst, in dem sie den aktuellen Stand der Forschung in der Kernphysik erörterten, gefolgt von Berechnungen der kritischen Masse von U235, und sich positiv über die Möglichkeit des Baus einer Kernspaltungswaffe in Deutschland äußerten, und das sie Oliphant an der Universität Birmingham übergaben, mit dem sie teilweise zusammengearbeitet hatten. Durch ihn gelangte das Memorandum zu seinem Vorgesetzten, dem Chemiker Henry Tizzard (beide arbeiteten allerdings auf dem Gebiet des Funkwellenortungsradars). Da sowohl durch den britischen als auch französischen Geheimdienst Informationen zu den deutschen Aktivitäten – wie dem Ausfuhrstopp von Uranverbindungen und dem Interesse an schwerem Wasser aus Norske Hydro – vorlagen, schien Eile geboten: Tizzard kontaktierte in Cambridge den Nobelpreisträger George Paget Thomson, dessen Fachgebiet die Kernphysik war.

Am 10. April 1940 konstituierte sich die MAUD-Kommission mit Thomson als Vorsitzenden und unter Einbeziehung des Direktors of Scientific Research des ebenfalls neuen Ministeriums für Flugzeugproduktion unter Lord Beaverbrook (William Maxwell Aitken, 1st Baron Beaverbrook). Ers-

ten Forschungstätigkeiten im Bereich der Isotopentrennung folgten zwei Abschlussberichte im Juli 1941 über die Verwendung von Uran sowohl als Energiequelle als auch für eine Bombe. Obwohl Tizzard bereits die amerikanischen Wissenschaftler über die britischen Resultate auf dem Laufenden hielt und ihnen auch die Ergebnisse der MAUD-Berichte hatte zukommen lassen, stellte der im August in die USA gegangene Oliphant resigniert fest, dass die überreichten Unterlagen die dortigen Forscher nicht erreicht hatten. Erst nach intensivem Gedankenaustausch mit Lawrence in Berkeley insistierte dieser sichtlich beeindruckt bei seinen wissenschaftlichen Kollegen und begann mit eigenen Uranforschungen. Erst jetzt wurden sich die in den USA tätigen Wissenschaftler dem Potential der Atombombe bewusst.
Nach umfangreichen Vorarbeiten auf diesen Gebieten sowie der Frage der industriellen Umsetzbarkeit wurde das gesamte Projekt am 17. Juni 1942 der Army unterstellt: Bush übernahm auch hier den Vorsitz der Abteilung für nukleare Energie des „Joint Committee on New Weapons and Equipment" (JNW) des Chief of Staff (George Catlett Marshall). Wenige Tage später, am 25. Juni, fand am Canergie Institute in Washington D. C. eine Konferenz der Abteilung S-1 statt, bei der sowohl der Army (General Wilhelm Delp Styer) als auch ihrem Präsidenten ein Memorandum überreicht wurde, auf dessen Grundlage man sich nun für den Bau einer Bombe und gegen die wirtschaftliche Entwicklung eines Leistungsreaktors entschied. Dies war der eigentliche Start des Projektes, in das alle nationalen Ressourcen involviert waren, das zentralisiert geleitet war und dem von Roosevelt allerhöchste Priorität beigemessen wurde. Bush hatte eigentlich Styer als Direktor vorgesehen, die militärische Gesamtleitung wurde schließlich General Leslie Richard Groves übergeben, der den kernphysikalischen Arbeiten Julius Robert Oppenheimers (der in Göttingen unter Max Born promovierte), folgte.[30a), 30b), 30c), 30d), 30e)]
In Folge begann der umfangreiche Bau von Fabrikationsanlagen mit eigenen Kraftwerken, neuen Laboratorien und Forschungseinrichtungen, eigener (da der Geheimhaltung unterliegender) Logistik sowie sozialer Einrichtungen bis zur Errichtung eigener Wohnsiedlungen.

Es entstanden gewaltige Anlagen in Oak Ridge (Clinton Engineer Works; Projekte der Isotopentrennung: Y-12 [Elektromagnetisches Trennverfahren], K-25 [Gasdiffusion], S-50 [Thermodiffusion] und der X-10-Graphit-Reaktor [Plutoniumgewinnung]), Chicago (Metallurgische Laboratorien und Reaktoren [Chicago Pile 1 & 2-Graphit-Reaktoren; Chicago Pile 3-Schwerwasser-Reaktor]), Hanford Side (Plutoniumgewinnung und Separation [mittels dreier Graphit-Reaktoren]), Los Alamos (Project Y – Bau und Entwicklung der Bombe), Wendover (Alberta Project [praktische Verfahrens- und Einsatzerprobung der Abwurfwaffe]) sowie auf mehrere Standorte verteilt das Project P-9 zur Schwerwassergewinnung auf Basis der fraktionierten Destillation. In dieser Vorgehensweise ist bereits der Unterschied der amerikanischen zur deutschen Philosophie bei der Umsetzung zu finden:
Während innerhalb des deutschen Uranprogrammes auf umfangreiche Grundlagenforschung und diversitäre Forschungsansätze – wie bei der Evaluierung der ergiebigsten und zugleich einfachsten Methodik der Urananreicherung oder den verschiedenen experimentellen Reaktorkonzepten – Wert gelegt wurde und die produktionsseitige Anwendung dem nachstand, arbeiteten die Amerikaner genau umgekehrt. Sie errichteten großzügige Anreicherungsanlagen und selektierten im laufenden Betrieb die besten Varianten heraus – um diese dann zu erweitern. Gleichermaßen verfuhren sie auch mit dem Reaktorbau: Man wählte ein möglichst einfaches Konzept (graphitmoderiert, gasgekühlt und mit Uranoxid gefüllte Rohre), berechnete den notwendigen Materialbedarf für das Erreichen der Kritikalität und dimensionierte das Ganze dann um das Mehrfache größer – so dass es funktionieren musste. Allerdings muss zugestanden werden, dass den Amerikanern zwei Umstände zum Vorteil gereichten: Erstens war ihr Hinterland frei von Feindeinwirkungen – die Produktion konnte ungestört voranschreiten, zweitens war das industrielle Potential der USA im Vergleich zu den kriegsbedingt grenzwertig ausgelasteten Produktionsstätten Deutschlands geradezu gigantisch. Rohstoffseitig war dagegen Deutschland anfangs im Vorteil, da es den Amerikanern an Uran mangelte, welches aus Belgisch-Kongo bezogen werden musste.
Doch zurück zum Manhattan Projekt:

Der enorme Personalaufwand entsprach teilweise Armeestärke: Im Juni 1944 erreichte es eine Maximalstärke von ca. 129.000 Beschäftigten – einschließlich aller Bauarbeiter zur Errichtung der notwendigen Anlagen (ca. 84.500 Personen), Anlagenbetreiber (ca. 40.500 Personen) und zur Sicherung 1.800 Soldaten. Während die Zahl des Betriebspersonals und der Bauarbeiter von nun ab rückläufig war, nahm die des Militärs zu. Zwischen 1.200 und 2.900 Wissenschaftler waren mit den sich stellenden mannigfachen Aufträgen rund um das Projekt miteingebunden, einschließlich der Metallurgie, Chemie und Sprengstofftechnik – die Kernaufgaben der Physik wurden dagegen von einem recht überschaubaren Kreis von Forschern bewerkstelligt.[31)] Die Basis der gesamten kernphysikalischen Forschungsanstrengungen erfolgte in den Laboratorien von Los Alamos. Mit der Errichtung dieses zentralen Forschungszentrums wurde erst im November 1942 begonnen.

Die personelle Belegung entwickelte sich hier, Project Y heißend, bis 1945 wie folgt:

Das Special Engineer Detachment (SED) der US Army stellte im Maximum 1.823 Techniker aller Berufsstände für ergänzende Tätigkeiten ab.[32)]

Auf dem zivilen Sektor wurden anfangs jeweils 50 Wissenschaftler und Techniker beschäftigt. Bis Ende 1945 erweiterten sich diese Berufsgruppen auf 697 Personen insgesamt – davon 396 Wissenschaftler, zuzüglich aller militärischen Mitarbeiter ergab kumuliert ca. 2.500 Personen,[33)] insgesamt wird die Belegschaft (für die eigens eine eigene „Stadt" errichtet wurde) mit etwa 8.200 Personen beziffert – allerdings gilt es hier zu differenzieren: Mit dieser Zahl sind nicht allein Wissenschaftler und Techniker dargestellt, sondern deren gesamte vor Ort lebenden Familien einschließlich der für die Logistik und Infrastruktur einer Stadt notwendigen Institutionen (Einzelhandel, Ärzte, Schulen, Kino etc.) – selbstverständlich inklusive deren Familien (!).[34)]

Für die weitere Betrachtung der Arbeiten im Project Y unter Bezugnahme auf das Kernthema dieses Werkes werden wir uns nun auf zwei Forschungsbereiche konzentrieren, wobei alle anderen des Manhattan

Projects weitestgehend ausgelassen werden, da sie hier nur von untergeordneter Relevanz sind. Zum einen ist dies der Schwerpunkt der Höchstdruckkompression mittels Hohlladung, zum anderen die beginnenden Forschungen auf dem Gebiet der Kernfusion.

4.3.2 Die Entwicklung der Implosions-Technologie mittels Hochdruckkompression

Zur Realisierung einer Atombombe waren verschiedene Auslegungsdesigns in Betracht gezogen worden. Das Ziel dabei war stets das Erreichen der kritischen Masse durch schlagartige Zusammenführung des spaltbaren Materials. Als einfachste Konfiguration hatte sich dabei das Kanonenrohr-Prinzip herauskristallisiert, wobei ein Teil des Spaltmaterials durch ein Kanonenlauf in das Gros des Spaltmaterials geschossen wurde und somit die kritische Masse ergab. Dieser Weg sollte sowohl für das angereicherte U235 („Little Boy“) als auch für das Pu239 („Thin Man“) beschritten werden, den Oppenheimer favorisierte.[35)] Während das Konzept bezüglich Uran seine Gültigkeit erwies, deuteten die Kalkulationen bei Verwendung von Plutonium bereits im frühen Entwicklungsstadium auf ungeahnte Schwierigkeiten hin, die sich bei der Analyse durch Emilio Gino Segre des in Hanford produzierten Plutoniums verschärften: Es wurde nämlich nicht nur Pu239, sondern auch das aus diesem durch Neutroneneinfang erbrütete Isotop Pu240 gewonnen, und zwar in einer wesentlich höheren Konzentration als das während der Grundlagenforschung anfangs in den Zyklotronen in Berkeley der Fall gewesen war.[36)] Das Pu240 hat die Eigenschaft, durch Spontanspaltung (also Kernspaltung OHNE äußere Indikatoren) zu zerfallen, wobei Neutronen emittiert werden. Wenn diese nun auf Pu239 treffen, können sie ungewollte Kernspaltungen auslösen, die sich zu einer Kettenreaktion ausbilden und damit zur Prädetonation innerhalb der Konfiguration führen. Dadurch wird man notwendigerweise gezwungen, den Anteil an Pu240 zu minimieren und die subkritische Masse möglichst weiträumig aufzuteilen. Für das Kanonenrohrprinzip bedeutete dieser Umstand letztendlich das Aus, da für die Minimierung des Risikos der Prädetonation die Schussgeschwindigkeit innerhalb des Laufes und die Distanz (und damit die Länge des Laufes) der getrennten Massen zu erhöhen war. Ersteres war gleichbedeutend mit der drastischen Steigerung der Mündungsgeschwindigkeit bei den vorhandenen Waffensystemen – was nicht erreichbar war, Letzteres erforderte ein wesentlich längeres Kanonenrohr, welches als Bombe die Transportparameter der B-29 überschritt. Bei einer Sitzung in Los Alamos am 17. Juli 1944 wurde das Ende des Kanonenrohrwaffe „Thin Man" beschlossen und alle Anstrengungen auf ein alternatives Konzept verlegt, das bislang eher halbherzig verfolgt worden war.37)

Bereits von Anbeginn des Projektes war erkannt worden, dass die Zusammenführung der kritischen Masse eine der größten Herausforderungen werden würde. Die Lösungsfindung oblag der Ordonance Division – der Kampfmittelabteilung –, die nicht nur geeignete Verfahren zu entwickeln und erproben hatte, sondern ihre Ergebnisse bis zur Einbaureife einer praktischen Waffe zu forcieren hatte.

In vielen Bereichen wurde Neuland betreten, so dass man sich Wissenschaftler und Ingenieure aller Art an diversen Universitäten bediente. Die Methode der sprengstoffgetriebenen Implosion war dabei die am weitesten von einer realen Umsetzung entfernteste, da so gut wie keine Grundkenntnisse über Sprengmittelgeometrien und das Kompressionsverhalten vorhanden waren. Während eines Treffens der involvierten Forscher im April 1943 präsentierte Seth Henry Neddermeyer erstmals in einer technisch-physikalischen Analyse einen probaten Gegenentwurf zu Richard Chase Tolmans Kanonenrohrentwurf: Tolman und Robert Serber sahen in der komplexen Implosionsmethode, die beide bereits 1942 erörtert hatten, lediglich einen subsidiären Ansatz – durch Implosion im falsch verstandenen Sinn gedachten diese die subkritischen Massen ähnlich dem Kanonenrohr konzentrisch kugelsymmetrisch zusammenzuschießen. Neddermeyers Theorie sah dagegen die Möglichkeit, durch eine mit Sprengstoff umhüllte subkritische Masse zusammenzupressen und durch Kompression des Spaltmaterials einerseits die kritische Masse durch wesentlich geringere Wegstrecken innerhalb der Konfiguration viel schneller zu erreichen, als es bei dem Kanonenrohrprinzip möglich war; andererseits ließ sich das Material erheblich verdichten und die kritische Masse damit deutlich reduzieren.[38), 39)] Dieser allerdings noch sehr neuen Verfahrensweise wurde allgemein mit Misstrauen begegnet und bedurfte der Evaluierung der geeigneten Sprengstoffanordnung.

Die von Neddermeyer präferierte Anordnung sah eine mit Sprengstoff ummantelte zylindrische Basis vor, die aber in den folgenden Testreihen nicht die gewünschten Resultate zeigten.[40)] Auch die ersten sphärischen, kugelsymmetrischen Auslegungen enttäuschten mit ihrem Kompressionsverhalten.[41)] Die sich abzeichnenden Probleme bei der Anwendung des Kanonenrohrprinzips bei Plutonium weckten nun zunehmend das Interesse der theoretischen Physiker wie Bethe, Oppenheimer oder Teller an dem Implosionsverfahren. Der folgende Schritt ging auf Oppenheimer zurück: Er kontaktierte im Juli 1943 den ungarischen Mathematiker John von Neumann (eigentlich Janos Lajos Neumann von Margitta). Dieser war zu jener Zeit im Auftrage des NDRC mit Forschungen über die Auslegung von Hohlladungen zur Panzerbekämpfung beschäftigt. Nach einer Besichtigung von Neddermeyers Arbeiten in Los Alamos im September schlug er den Einsatz von Hohlladungen, die wesentlich höhere Drücke und Geschwindigkeiten generieren konnten, als dies mit Sprengstoffen im Allgemeinen möglich war, für die Kompression vor.[42)] Desgleichen regte er die Konzentration auf die sphärische Konfiguration hin an. Für die weitere Entwicklung der Hohlladung wurde der Leiter des Explosive Research Laboratory (ERL), der für Explosivstoffe zuständigen Abteilung des NDRC, hinzugezogen – der Ukrainer George Bogdanovich Kritiakowsky. Neben der ideellen Geometrie der Hohlladungen mussten messtechnische Verfahren zur Beobachtung und Analyse des Verhaltens und der dynamischen Wirkung der Sprengschwaden entwickelt werden.[43)] Die Arbeiten liefen mit nun leicht gesteigerter Intensität. Allerdings waren auch die folgenden Aktivitäten von ernüchternder Natur. Obwohl es auf theoretischer Basis gelang, nach und nach aller sich stellender Herausforderungen Herr zu werden, galt dies für die Praxis leider nicht. Weder konnten alle Phänomene der Hohlladungsimplosion zur Verdichtung der Masse, insbesondere deren divergente Schockwellenausbreitung, noch die sich daraus ableitende Frage symmetrischer Kompression bis März 1944 gelöst werden. Einen neuen Lösungsansatz brachte Rudolph Ernst Peierls im Februar aus England mit. Er brachte die dort entwickelte Methode zur Berechnung komplexer Druckwellengleichungen mit. Die neuen Kalkulationen erbrachten ermutigende Ergebnisse. So schien es doch möglich zu sein, durch Implosion die sphärischen Spaltstoffmassen erfolgreich zu verdichten – gefolgt von weiteren Ernüchterungen, dass eine symmetrische Detonation einfach nicht gelingen wollte.[44)]

Nachdem es im Juli 1944 zur Zäsur innerhalb des Manhattan-Programmes kam und man aus oben genannten Gründen zur Aufgabe der Kanonenrohrwaffe „Thin Man" für Plutonium gezwungen war, wurde das Implosionsprinzip forciert in Angriff genommen, für das Oppenheimer seit Ende 1943 bereits intensiv insistiert hatte.[45), 46)] Einen wesentlichen Fortschritt gab es bis dato auf diesem Gebiet zu verzeichnen: Um die Sprengwirkung von Hohlladungen weiter zu fokussieren, hatte von Neumann den Einsatz von Sprenglinsen ins Gespräch gebracht. Basierend auf den in Deutschland 1942 veröffentlichten Arbeiten Karl Gottfried Guderleys über implodierende Verdichtungsstöße,[47)] dass sich Druckwellen mathematisch analog zu Licht verhalten und sich demnach bündeln lassen, entwickelten von Neumann und Peierls die Sprengstofflinsen. Damit wurde es möglich, durch Explosion langsamer und schnell detonierender Sprengstoffe konvergente Schockwellen zielgerichtet auf den Brennpunkt einer Hohlkugel zu richten. Diverse Sprengstoffe wurden nun hierfür getestet, bis man sich auf Baratol als den mit der langsameren und Composition B als den mit der schnelleren Detonationsgeschwindigkeit festlegte. Als besonders schwierig und langwierig gestaltete sich die Entwicklung der geeigneten Linsenform.[48)] Im August 1944 entschied sich Groves nach Konsultation von Neumann und einem Besuch von Tolman in Los Alamos, das Programm zu reorganisieren, um der Hohlladungsforschung für die Implosionstechnik entsprechende Priorisierung gewähren zu können.[49)] Innerhalb der Ordonance Division, die nun zur Explosive Division wurde und zu der nun elf Abteilungen zählten, übernahm Neddermeyer mit der Abteilung E-5 die Implosionsforschung, E-9 übernahm die Sprengstoffforschung (Kenneth Tompkins Bainbridge) – für die nun

Kistiakowsky tätig wurde – und Luis Walter Alvarez in der Abteilung E-11 die Detonatorentwicklung und RaLa-Experimente, auf die wir noch näher eingehen werden.[50)] Im Sommer 1944 löste jedoch Kistiakowsky nach einer negativen Beurteilung Neddermeyer als Leiter von E-5 ab, da man mit dem Fortschritt der Arbeiten unzufrieden war. Im September begann eine weitere Umstrukturierung. Nun wurde die Explosive Division in X-Division umbenannt – die Implosionsabteilung X-1 übernahm nun Norris Edwin Bradbury, dem Neddermeyer als technischer Berater beigeordnet wurde. So wurde beispielsweise die Abteilung E-9 zu X-2, zunächst weiter unter Bainbridge, der im März 1945 die Leitung der Trinity Testside übernehmen sollte und dessen Position nun Robert Henderson bekleidete.[51), 52)]
Zurück zur eigentlichen Forschung: Zeitgleich sind die Forschungen an der Implosionsmethode vorangetrieben worden. Die X-Division hatte die Probleme zu lösen, die sich bei den sphärischen, mehrfachen Hohlladungsdetonationen ergaben, wobei die Symmetrie der zu verdichtenden Schockwelle im Vordergrund stand. Im November 1944 begannen hierzu die ersten Sprengtests unter Verwendung von Sprenglinsen, um die Auswirkungen konvergenter Verdichtungsstöße zu evaluieren, zu denen die Theoretische Abteilung – G-Division – bereits ihre Studien zu einer „idealen" sphärisch-konvergenten Schockwelle beisteuerte. Leider wichen die empirischen Werte aufgrund von asymmetrischen Schockwellenausbreitungen und Verwirbelungen des Hohlladungsstrahls von den rechnerischen ab. Diese auftretenden Unregelmäßigkeiten galt es zu untersuchen. Der Einsatz von Sprenglinsen erlaubte erstmalig eine Annäherung an eine konvergierende kugelförmige Detonation – sofern die Hohlladungen mit ihren Linsen simultan gezündet werden konnten. Erstmals lag der Hoffnungsschimmer eines Erfolges auf dem Implosionsprogramm.[53)]
Noch gab es aber keine klare Linie bezüglich der Gestaltung des einzusetzenden Kernsprengstoffes: Folgten die Ideen Neddermeyers und von Neumanns dem Prinzip der sphärischen Hohlkugel, so gab es ab Mai 1944 physikalische Bedenken gegen eine derartige Auslegung: Der britische Physiker und Mathematiker Sir Geoffrey Ingram Taylor wies bei seinem Besuch in Los Alamos in jenem Monat die allzu optimistischen Wissen-

schaftler auf eine Instabilität hin, die sich zwischen dem Plutonium-Kern und dem abgereicherten U238-Mantel (der als Neutronenrückstreufläche – dem Tamper – dienen sollte) ausbildet.54) Infolge seiner Bedenken sollte die Hohlkugel massiver ausgeführt werden, was in der von ihrem Schöpfer Robert Frederick Christy als „Christy Core" bezeichneten massiven Kugel gipfelte.55)

Als sich im November 1944 die Verwendung von Sprenglinsen herauskristallisiert hatte, wurden die Entwürfe für deren Design vorerst „eingefroren". Die bisherigen Formen deckten den bislang zu vermutenden Bedarfshorizont ab. Obwohl hierdurch die Erforschung der Linsenentwicklung erschwert wurde, nahm man diesen Nachteil in Kauf, da nun durch die Festlegung der Linsenformen Berechnungsmodelle für deren Wirkungsweise erstellt werden konnten – durch die mathematischen Resultate wiederum waren die Linsen in Form und Material zu optimieren. Begleitet wurden die so gewonnenen Erkenntnisse von den empirischen Ergebnissen, zu denen insbesondere die RaLa-Experimente zählten.56) Im Februar 1945 wurde von Groves auf einer Konferenz in Los Alamos beschlossen, alle Anstrengungen auf die Linsenimplosion zu konzentrieren. Hierzu war ein detaillierter Zeitplan zu erstellen, der die Komponentenfertigung genau festlegte: Bis zum 15. Februar 1945 waren die Sprenglinsen zu fertigen, die wiederum bis zum 25. Februar für eine elektrische Mehrpunktdetonation in sphärischer Anordnung bereitzustellen waren, um sie praktischen Tests zu unterziehen. Ab dem 04. Juni hatte die Produktion von Linsen höchster Güte zu beginnen, bis zum 15. Juni musste eine Hohlkugel aus Plutonium angefertigt werden. Das ambitionierte Ziel war es, mit der Montage der Trinity-Konfiguration am 04. Juli zu beginnen.57) Die „Gadget" genannte Konfiguration des Trinity-Tests wich dabei ganz erheblich von der späteren „Fat Man" ab: Bei Letzterer wurde die Plutonium-Hohlkugel in einen ebenfalls als Hohlkugel ausgeformten Mantel aus U238 eingebettet – umhüllt von den Sprengladungen. In „Gadget" war die Plutonium-Hohlkugel in einen zylindrischen Stab mit U238 eingebaut, dieser wiederum in einer maßgenauen Aushöhlung in einer massiven Kugel aus ebenfalls U238 eingelassen wurde, die mit Sprengladungen ummantelt war.58) Dieses relativ konservative Design des „Christy Core" war des simpleren Aufbaus und der noch vorhandenen Zweifel an der Implosionsmethode wegen gewählt worden.59)

Die Entwicklung des Hohlladungs-Hohlkugel-Designs war von den bereits angesprochenen experimentellen Tests des RaLa-Programmes begleitet worden: Das Wesen dieser von Serber und dem italienischen Physiker Bruno Rossi vorgeschlagenen Experimente war die Evaluierung des Verhaltens konvergierender Schockwellen zur Erzielung einer symmetrischen, sphärischen Implosion mittels Hohlladungen und Sprenglinsen auf empirischem Wege. Anstelle von Plutonium wurde im Inneren das radioaktive Isotop La140 verwendet – woraus sich der Name der Serie von 254 Tests im Bayo Canyon, TA-10 (Technical Area 10), ab September 1944 bis März 1962 ableitete, von denen 33 bis zum Einsatz der amerikanischen Kernwaffen über Japan durchgeführt worden waren – die nominelle Sprengkraft der Tests variierte dabei. Die häufigsten besaßen dabei 45 kg bis 158 kg TNT-Äquivalent; einige auch 340 kg.60) Der Aufbau der Versuchsanordnung war so ausgelegt, dass er der späteren Waffenkonfiguration gleich war. Im äußeren Mantel war der Sprengstoff in Gestalt von Hohlladungen und Linsen um eine metallische Hohlkugel aus anfangs Stahl, bald aber Cadmium positioniert, in deren Brennpunkt die Lanthan-Probe enthalten war.61) Lanthan war wegen seiner starken γ-Strahlungsintensität mit diskretem Spektrum62) ausgewählt worden. Dispergiertes Lanthan zerfällt darüber hinaus relativ schnell, womit sich die radiotoxische Kontamination einschränken lassen konnte (was sich später als irrig erwies). Gemessen wurde in Abhängigkeit der zunehmenden Wandstärke der metallischen Hohlkugel während des Implosionsvorganges sowohl die Strahlungsexposition außerhalb der Konfiguration als auch die Immission des Kugelmaterials. Da die Strahlung radial-symmetrisch von der Lanthan-Quelle emittiert wird, lassen sich somit Rückschlüsse auf das Implosionsverhalten der Hohlkugel gewinnen. Mit Zunahme der Materialdicke und Dichte während der fortschreitenden Kompression ändert sich deren Strahlungsabsorption und ebenso die nach außen dringende Strahlung.

Anfänglich wurden zur Initialzündung Pimacord-Sprengschläuche verwendet, die aber eine zu große zeitliche Differenz in ihrem Zündverhalten besaßen, eine asynchrone Detonation der Hohlladungen auslösten und damit keine Symmetrie der Implosion ergaben. Auch war anfangs auf das Design des massiven Christi-Pit zurückgegriffen worden, anstatt auf eine Hohlkugel. Dennoch erkannte der amerikanische Physiker Robert Bacher nach den Versuchen im Dezember 1944 deutliche Anzeichen einer Kompression.63) Erst die Anwendung der von Alvarez entwickelten elektrischen Sprengdrähte ab Februar 1945 ermöglichte eine quasi verzögerungsfreie Zündung.64) Die RaLa-Testserie, deren Resultate sich eminent auf die Konfiguration der Implosion des Hohlkugel-Plutoniumkernes auswirkten, wurde zum wichtigsten Einzelexperiment des Manhattan Projects.65)

4.3.3 Die Entwicklung der Fusionstechnologie

Parallel zur Entwicklung der Waffen auf Basis der Kernspaltung verfolgten einige Wissenschaftler den bereits vor Kriegsausbruch von ihnen in Betracht gezogenen Pfad der Kernfusion als möglichen Ansatz zur Realisierung einer nuklearen Waffe. Im Frühjahr 1942 sinnierten Enrico Fermi und Eduard Teller an der Columbia Universität über das noch abstrakte Prinzip einer Fusionsbombe, bei der die D + D-Reaktion durch eine Spaltungsbombe initiiert werden sollte. Enthusiastisch beriet Teller seine Konzeption kurz darauf in Chicago mit dem Physiker Emil John Konopinski, ebenso wie die Möglichkeit, ob eine Kernfusion mit Deuterium durch Kernspaltung auszulösen sei. Konopinski sah dies zwar mit einiger Skepsis, ganz auszuschließen war eine thermonukleare Reaktion allerdings nicht. Der Gedanke war, den Kern der Spaltungswaffe mit Deuterium zu umhüllen – motiviert durch die Überlegung, dass die Produktion des Deuteriums a) kostengünstiger und die Wirkung der Waffe b) erheblich gesteigert werden könnte. Auf von Oppenheimer in Berkeley abgehaltenen Konferenzen zur Kernspaltung von Juli bis September 1942 nahmen auch Teller und Fermi teil. Teller nutzte die Gelegenheit, den Anwesenden sein Bombenkonzept vorzustellen, von dem Dank der Fusion eine wesentlich höhere Spreng- und damit Vernichtungskraft ausgehen würde als von dem noch reichlich unausgegorenen Entwurf der reinen Spaltungsbombe.

Letztere stellte für ihn lediglich ein technisch zu lösendes Problem dar; die physikalische Herausforderung sah er in der kombinierten Fusionswaffe. Auch wurde im Anschluss an die Konferenz mit Bethe, Konopinski und Oppenheimer lebhaft über die potentielle Gefahr debattiert, dass eine künstlich herbeigeführte Fusion von Deuterium möglicherweise auch den atmosphärischen Wasserstoff gleich mitentzünden und damit die ganze Welt zerstören könne – Arthur Compton beruhigte die Gemüter später wieder.66) Eigentlich war Teller im Rahmen des Manhattan Projects Hans Bethe zugeteilt und für Berechnungen mit der Thematik der Spaltungswaffen betraut worden; jedoch beschäftigte er sich weitaus mehr mit seinen Theorien zu einer Fusionswaffe, die er selbst als „Super Bomb" bezeichnete.67) Erneuten Anschub dafür bekam er von Oppenheimer selbst: Schwierigkeiten bei der Beschaffung der Spaltmaterialien wie angereichertes Uran und Plutonium führten diesen zu der Überlegung, es doch mit Deuterium – das wesentlich einfacher und in größeren Mengen zu beschaffen war – zu versuchen. Ihm gelang es, das S-1 Executive Committee zu überzeugen und Ende September 1942 ein diesbezügliches Treffen in Chicago zu arrangieren, um über die weitergehenden Forschungen zu beraten.68) Während Teller gemeinsam mit Konopinski in Chicago aktiv wurde, erfuhr er Unterstützung seitens Bethe, Oppenheimer und Lawrence, die ihm bei der Aufklärung der Wirkungsquerschnitte bei D + T- mit 2Li-Reaktionen am Zyklotron in Harvard halfen. Die Arbeiten an dem Konzept der „Super" unterlagen dabei einer noch größeren Geheimhaltung als die Arbeiten an den „Tube Alloys" – wie das Manhattan Project in Großbritannien genannt wurde.69)

In seinen Berechnungen hatte Konopinski bereits eruiert, das sich die Schwierigkeiten durch die hohe D + D-Zündtemperatur dadurch verringern ließen, wenn in die Fusionsreaktion Tritium (D + T oder T + T) eingebracht würde. Demgegenüber stand jedoch gleich wieder der immense Aufwand bei der Erzeugung des Tritiums (auch unter Einbezug der Gewinnung aus Li6 durch n-Bestrahlung), was den reinen Einsatz des Deuteriums wahrscheinlicher werden ließ. Es war ebenso bekannt, dass bei deiner D + D-Fusion Reaktionsprodukte wie Tritium entstehen, die wiederum Einfluss auf die Fusionsreaktion nehmen. Der Energieauswurf ließ sich dadurch weiter steigern. Als Konsequenz sollte ein Fusionsprogramm in das bestehende Manhattan Project inkludiert werden.[70)]

Vom 15. April bis zum 5. Mai 1943 wurden in Los Alamos eine Reihe von Konferenzen abgehalten, deren Inhalt der weitere Modus Operandi und die Konzentrierung der Forschungsbereiche zum Thema hatten. Auch die thermonukleare Waffe rückte dabei wieder in den Fokus. Die Aussicht, aus 1 kg D eine Sprengkraft von 85 t TNT-Äquivalent zu erzielen – und das mit geringerem Materialaufwand – blieb verlockend. Durch die Tatsache, dass zwei leichte Atomkerne exotherm zu einem schwereren verschmelzen (wobei die freiwerdende Energie in Form von Wärme- und γ-Strahlung emittiert wird) und der Prozess eine gewisse Analogie zu thermochemischen Reaktionen besaß, wurde der Begriff „thermonuklear" eingeführt. Die Spaltungsbombe als „Trigger" – also Initiator – war jedoch zwingend notwendig. Beides sollte in der Entwicklung weiter verfolgt werden.[71)]
Dennoch wurden in Los Alamos bis in den Herbst 1943 keine systematischen Arbeiten an der „Super" durchgeführt.
Die nachrichtendienstlichen Informationen, dass die Deutschen ein hohes Interesse an schwerem Wasser hatten, führte zu einer Intensivierung der Forschungen auf erneute Anregung Oppenheimers.[72)] Dies zeigte sich durch eine von ihm angestrengte Reorganisation innerhalb des Project Y: In fünf Abteilungen gliederte er seinen Forschungsbereich nunmehr auf:
A: Administration
T: theoretische Grundlagen
P: experimentelle Physik
C: Chemie (später im Verbund mit der Metallurgie; CM genannt)
E: Artilleriewesen und Ingenieurswissenschaften[73)]
Teller wurde nun der Abteilung T unter Bethe zugeordnet.[74)] Dort arbeitete er weiterhin gemeinsam mit Konopinski an seiner „Super", wobei er nicht müßig wurde, auf weitere personelle Aufstockungen für seinen Bereich zu insistieren. Tatsächlich gelang es ihm trotz der ablehnenden Haltung der politischen Leitung, sich die zeitweise Unterstützung von Wissenschaftlern wie Ulam zu sichern.[75)]

Die Determinierung einer thermonuklearen Auslegung trat im Folgenden bei der Priorisierung der Kernspaltung weiterhin deutlich zurück. Beeinflusst wurde dieser Standpunkt auch von den Resultaten der Ohio State University, deren Aufgabe die Evaluierung der Eigenschaften einschließlich der theoretischen Zündtemperatur des Deuteriums im Falle einer Fusion war und die mit ihrem Report vom Februar 1944 auf den exorbitanten Aufwand zur Erreichung der Zündtemperatur hinwies. Die Entwicklung sei derart aufwendig, so Tolman, dass sie keine Kriegsrelevanz besitze. Oppenheimer reduzierte als Folge dieser Expertise quasi alle Anstrengungen auf diesem Sektor.76) Dennoch gab er im Mai 1944 gemeinsam mit Groves einen Auftrag zur Produktion von Tritium heraus.77) Unsicherheiten gab es hierbei ganz besonders bei den nur extrapolierten, niedrigeren Reaktionsquerschnitten des Tritiums im Vergleich zu denen des Deuteriums. Empirie sollte Abhilfe schaffen: An einem zu diesem Zweck in Los Alamos errichteten Cockroft-Walton-Beschleuniger mit einer Leistung von 50 keV wurden ähnlich der Versuche Oliphants D + D- und D + T-Reaktionen ausgelöst.

Tatsächlich wurden dabei die vorherigen mathematischen Kalkulationen annähernd bestätigt.78) Die später von Teller angestrengten Analysen zur thermonuklearen Reaktion waren dagegen theoretischen Charakters, ohne konkreten Bezug zu einer praktischen Realisierbarkeit. Gerade der Funktionsweise der thermonuklearen Reaktion hatte man sich dabei zugewandt. So hatte sich seine Abteilung bislang vorrangig mit Kalkulationen für die Spaltbomben zu beschäftigen.79) Über die Priorität der Forschung an der „Super“ wurde weiter kontrovers diskutiert. Schließlich wurde Teller aus Bethes T-Abteilung einer neuen Gruppe F, unter Fermis Leitung, zugewiesen (was bis nach Kriegsende Bestand behalten sollte).80) Doch erst 1946 kam es zu gemeinsamen, mit Bethe postulierten Entwürfen, zu einer „Super“ auf der Basis der bislang angestellten Kalkulationen. Während Bethe einen aufwendigen Entwurf vorschlug, der aus sechs polyederförmig angeordneten Spaltungsbomben mit dem Fusionsmaterial im Zentrum bestand (dieser Aufbau war ursprünglich auch für den Greenhouse-Test vorgesehen), sah Tellers Variante eine klassische Kanonenrohr-Konfiguration mit einem umliegenden Mantel aus dem Fusionsmaterial (hier Li6 + D), umhüllt von U235, vor. Bei allen Berechnungen zum thermonuklearen Abbrand hatten sich jedoch in Tellers Resultaten aus den Jahren 1944 bis 1946 Rechenfehler eingeschlichen, die erst 1950 von Ulam entdeckt und korrigiert werden konnten. Die Lösung wurde Anfang 1951 gefunden, als man erkannte, dass man hochenergetische Radiowellen (Röntgen-γ-Strahlung) nach den Guderley'schen Arbeiten aus dem Jahr 1942 genauso konvergent zusammenführen könnte – wie bereits weiter oben beschrieben – wie Druckwellen. Erst nach der „Entdeckung" der Strahlungskompression durch Ulam wurde die „Große Super" – nach dem Teller-Ulam-Design, möglich … (Die 1951 durchgeführte Greenhouse-Testserie war eigentlich ein Vorläufer der späteren Boosted-Konfiguration – mit einem Fusionskern innerhalb einer Spaltungsbombe, während der Ivy-Mike-Test im November 1952 die erste tatsächliche „Super"-Zündung darstellt – quasi Greenhouse, nur um einen zusätzlichen Fusionsmantel in Gestalt eines Tanks (!) erweitert.)[81)] …

---

1) Friedwardt Winterberg: Vom griechischen Feuer zur Wasserstoffbombe – Hoffnung und Gefahr für die Menschheit (Wehrtechnik und Wissenschaftliche Waffenkunde, Bd. 6), hrsg. im Auftrag der Wehrtechnischen Studiensammlung des Bundesamtes für Wehrtechnik und Beschaffung, Herford, Bonn, 1992, Verlag E. S. Mittler & Sohn, S. 51 f.

2) Arnold F. Helleman, Egon Wiberg, Nils Wiberg: Lehrbuch der anorganischen Chemie, 102. Auflage, Berlin, 2007, Walter de Gruyter, S. 83.

3) Friedwardt Winterberg: Vom griechischen Feuer zur Wasserstoffbombe – Hoffnung und Gefahr für die Menschheit (Wehrtechnik und Wissenschaftliche Waffenkunde, Bd. 6), hrsg. im Auftrag der Wehrtechnischen Studiensammlung des Bundesamtes für Wehrtechnik und Beschaffung, Herford, Bonn, 1992, Verlag E. S. Mittler & Sohn, S. 53 f.

4) Ebd., S. 54.

5) John Cornell: Forschen für den Führer, Bergisch Gladbach, 2006, Gustav Lübbe Verlag, S. 243 f.

6) Leonard Szilard: „Improvements in or relating to the Transmutation of Chemikal Elements", Patent 630726, 28.06.1034, GB.

7) Todd H. Rider: Forgotten Creators How German-Speaking Scientists and Engineers Invented the Modern World, And What We Can learn from Them, 01.06.2020, S. 1145 (Abschnitt 8.4). Online abrufbar: www.riderinstitute.org.

8) John Cornell: Forschen für den Führer, Bergisch Gladbach, 2006, Gustav Lübbe Verlag, S. 250 ff.

9) A. S. Eddington: The international Constitution of the Stars, in: The Science Monthly, Vol. 11, Nr. 4, 1920, S. 297 ff. Online abrufbar: www.jstor.org.

10) Im Gegensatz zum elektrisch neutralen Neutron besitzen α-Teilchen (Heliumkerne) eine positive Ladung, ebenso die Kerne des Targets. Beide stoßen sich dank ihres identischen Potentials naturgemäß ab. Diese als „Coulombbarriere" bezeichnete Eigenschaft lässt sich physikalisch dann überwinden, wenn das α-Teilchen ein höheres Energiepotential als die abstoßende Kraft des Zielkernes besitzt. Doch schon in Rutherfords Experiment von 1917, bei dem er Stickstoff bestrahlte, zeigte sich der widersprüchliche Effekt, dass auch α-Teilchen geringeren Potentials im Zielkern Umwandlungen in einen größeren Kern durch Verschmelzung hervorriefen, ohne abgestoßen zu werden. Nun besagt die Theorie der Quantenmechanik, wo sich ein Teilchen wann und mit welcher Energie aufhalten kann – also mit einer gewissen Eintrittswahrscheinlichkeit auch innerhalb einer Barriere. Diese theoretisch erklärbare, empirisch aber nachweisbare Eigenschaft der Durchtunnelung einer Potentialbarriere gab dem Effekt seinen Namen.

11) Friedwardt Winterberg: Vom griechischen Feuer zur Wasserstoffbombe – Hoffnung und Gefahr für die Menschheit (Wehrtechnik und Wissenschaftliche Waffenkunde, Bd. 6), hrsg. im Auftrag der Wehrtechnischen Studiensammlung des Bundesamtes für Wehrtechnik und Beschaffung, Herford, Bonn, 1992, Verlag E. S. Mittler & Sohn, S. 77 f.

12) Ebd., S. 79 und 83.

13) Frank Hinterberger: Physik der Teilchenbeschleuniger und Ionenoptik, 2. Auflage, Berlin, Heidelberg, 2008, Springer-Verlag, S. 5; auch: James Chadwick: The Collected Papers of Lord Rutherford of Nelson, Bd. 3, Cambridge, Routledge, London, New York, 2014, S. 351 ff.

14) Ebd.

15) Ebd., S. 377 ff.

16) James Mahaffey: Atomic Adventures Pegasus Books, New York, 2017, S. 2 f.

17) Rudolf Fleischmann, Walther Bothe: Künstliche Kern-γ-Strahlen, Neutronen, Positronen, in: Ergebnisse der exakten Naturwissenschaften, Bd. 13, hrsg. von der Schriftleitung der „Naturwissenschaften", Berlin, 1934, Julius Springer-Verlag, S. 9.

18) Gerhard Hoffmann, Kurt Diebner: Über die Korpuskularstrahlung bei der Atomzertrümmerung von Lithium durch schnelle Protonen, in: Die Naturwissenschaften, Vol. 22, S. 119.

19) Fritz Kirchner: Elementumwandlung durch schnelle Wasserstoffkerne, in: Ergebnisse der exakten Naturwissenschaften, Bd. 13, hrsg. von der Schriftleitung der „Naturwissenschaften", Berlin, 1934, Julius Springer-Verlag, S. 64 ff.

20) Ebd., S. 80 ff.

21) James Mahaffey: Atomic Adventures Pegasus Books, New York, 2017, S. 3 f.

22) Günter Nagel: Wissenschaft für den Krieg – Die geheimen Arbeiten der Abteilung Forschung des Heereswaffenamtes, Kapitel 9: Kernphysik, Stuttgart, 2012, Franz Steiner Verlag, S. 197.

23) Allgemeine Elektrizitäts-Gesellschaft Berlin: „Verfahren zur Anregung und Durchführung von Kernprozessen", Patent 62036, 21.12.1934, Deutsches Reich.

24) Zum Bethe-Weizsäcker-Zyklus und zur p-p-Reaktion: Christian Gerthsen: Gerthsen Physik, bearbeitet von Helmut Vogel, 19. Auflage, Berlin, Heidelberg, New York, Springer-Verlag, 1997, S. 682. Veröffentlichungen von C. F. v. Weizsäcker in der Physikalischen Zeitschrift „Elementumwandlungen im Innern der Sterne", Bd. 38, 1937 und Bd. 38, 1938 sowie Veröffentlichungen von H. Bethe in der Physical Revier „Energy Production in Stars", Bd. 55, 1939.

25) Irene Curie, Paul Savitch: Sur Les Radioelements Formes Dans L'Uranium Irradie Par Les Neutrons, in: Le Journal de Physique et le Radium, Vol. 9, 1938, S. 355–359. HAL-ID: jpa-00233601, auf hal.archivs-ouvertes.fr. (Auf S. 355 sind explizit die durchgeführten Reaktionen aufgelistet.)

26) Louise Weiss: Memoires d'une Europeene. La Resurrection du Chevalier – Juin 1940 Aout 1944, 1974, Editions Albin Michel, S. 275, im Anhang 1: Kurzbeschreibung von Bergier über seine gemeinsame Arbeit mit Helbronner. Hinweise zu seinen Patenten gibt Bergier auch in seinem Buch: Wissenschaftsspionage und Geheimwaffen, München, 1972, BLV Verlagsgesellschaft, S. 7 und 263 f. Bergier soll bei der Ablehnung seiner erneuten Patentanfrage 1948 über dessen Nichtveröffentlichung froh gewesen sein, da sie eine vollständige Theorie der Wasserstoffbombe enthält.

27) Titel – Patente – Erfindungen – Reiserouten, verschiedene Informationen und Spitznamen (ein Dossier über Jacques Bergier). Online abrufbar: www.claudethomas.net. Unter der Rubrik „Inventions – Lois physiques – Travaux et etudes" finden sich im Jahr 1940 die Nummern und Titel der bei der Akademie eingereichten Dokumente, u. a.:
Nr. 11.686, 27.03.1940: Possibilite de produire une reaction en chaine dans une masse d'uranium 238.

Nr. 11.694, 15.04.1940: Argumentation Partie 1: Reaction en chaine dans un melange d'uranium et de deuterium.
Nr. 11.718, 27.05.1940: Etude d'un centre d'energie a base d'uranium, calcul du rayon critique, d'une masse uranifere, possibilite d'obtenir une Emission de neutrons en bombardant des noyaux lourds par des ions rapides de fission (bombe H).
(Die Akademie verweist bei Letzterem jedoch darauf, dass die Resultate nicht fundiert dargestellt wurden.)

28) Paul Jürgen Hahn, Rainer Karlsch: Scharlatan oder Visionär? Ronald Richter und die Anfänge der Fusionsforschung, in: Rainer Karlsch, Heiko Petermann: Für und Wider Hitlers Bombe. Studien zur Atomforschung in Deutschland, Münster, New York, München, Berlin, 2007, Waxmann Verlag, S. 186 ff.

29) Richard Rhodes: The Making of the Atomic Bomb, New York, London, Toronto, Sydney, 1986, Simon & Schuster Paperbacks, S. 337 f.; auch in Vincent Jones: Manhattan: The Army and the Atomic Bomb, United States Army Center of Military History, Washington D. C., 1985, S. 13 ff. Online abrufbar: https://history.army.mil.

30) Der vorliegende Abschnitt basiert auf einer grob gehaltenen Kompilation des Verfassers zur Gründungsgeschichte des Manhattan Projects und basiert auf folgenden Quellen: a) Friedwardt Winterberg: Vom griechischen Feuer zur Wasserstoffbombe – Hoffnung und Gefahr für die Menschheit (Wehrtechnik und Wissenschaftliche Waffenkunde, Bd. 6), hrsg. im Auftrag der Wehrtechnischen Studiensammlung des Bundesamtes für Wehrtechnik und Beschaffung, Herford, Bonn, 1992, Verlag E. S. Mittler & Sohn, S. 63 ff. b) Richard G. Hewlett, Oscar E. Anderson Jr.: The New World. A History Of The United States Atomic Energy Commission, Vol. 1: 1939/1946, 1962, The Pennsylvania State University Press, S. 16 f., 39 ff., 50 f. Online abrufbar über https://www.osti.gov des U. S. Departement of Energy – Office of scientific and Technical Information. c) Richard Rhodes: The Making of the Atomic Bomb, New York, London, Toronto, Sydney, 1986, Simon & Schuster Paperbacks, S. 322 ff., 332 ff., 337 f., 372 f. d) Vincent Jones: Manhattan: The Army and the Atomic Bomb, United States Army Center of Military History, Washington D. C., 1985, S. 12, 30 ff., 35, 40, 46, 73 ff., 80, 82 ff. Online abrufbar: https://history.army.mil. e) Margaret Gowing: Britain and Atomic Energy 1939–1945, Atomic Energy Authority, London, 1964, Palgrave Macmillan, S. 39 ff., 43 ff., 78 f.) Lillian Hoddeson, Paul W. Henriksen, Roger A. Meade, Catherine Westfall: Critical Assembly – A Technical History of Los Alamos during the Oppenheimer Years, 1943–1945, Cambridge, New York, Melbourne, Kapstadt, 2004, Cambridge University Press, S. 17 ff., 23 f., 47 f.

31) Vincent Jones: Manhattan: The Army and the Atomic Bomb, United States Army Center of Military History, Washington D. C., 1985. Online abrufbar: https://history.army.mil. Zu den einzelnen Projekten: Y-12, S. 117 ff.; K-25, S. 149 ff., S. 50, S. 172 ff.; X-10 sowie Chicago Piles, S. 184 ff.; Hanford Side, S. 210 ff.; Project-Y, S. 82 ff.; P-9, S. 191 ff. Siehe hierzu auch bei Richard Rhodes: The Making of the Atomic Bomb, New York, London, Toronto, Sydney, 1986, Simon & Schuster Paperbacks; oder Friedwardt Winterberg: Vom griechischen Feuer zur Wasserstoffbombe – Hoffnung und Gefahr für die Menschheit (Wehrtechnik und Wissenschaftliche Waffenkunde, Bd. 6), hrsg. im Auftrag der Wehrtechnischen Studiensammlung des Bundesamtes für Wehrtechnik und Beschaffung, Herford, Bonn, 1992, Verlag E. S. Mittler & Sohn.

32) Manhattan Distrikt History, Book VIII – Los Alamos Project Y, Vol. 1: General, 1947, Abschnitt 7.6. Online abrufbar unter https://www.osti.gov des U. S. Departement of Energy – Office of scientific and Technical Information.

33) Manhattan Distrikt History, Los Alamos Project Y, Vol. 1: Inception Until August 1945 by David Hawkins und Vol. 2: August 1945 Through December 1946 by Edith C. Truslow, Ralph Carlisle Smith, S. 297 Graph Number 1: Age Distribution of Civilian Personal und S. 298 Graph Number 2: Number of Persons Employed. Online abrufbar unter https://www.osti.gov des U. S. Departement of Energy – Office of scientific and Technical Information.

34) Manhattan Distrikt History, Book VIII – Los Alamos Project Y, Vol. 1: General, 1947, S. 17 ff. Online abrufbar unter https://www.osti.gov des U. S. Departement of Energy – Office of scientific and Technical Information.

35) Lillian Hoddeson, Paul W. Henriksen, Roger A. Meade, Catherine Westfall: Critical Assembly – A Technical History of Los Alamos during the Oppenheimer Years, 1943–1945, Cambridge, New York, Melbourne, Kapstadt, 2004, S. 43 f. und 54 f.

36) Ebd., S. 226 ff.

37) Ebd., S. 239 ff.

38) Manhattan Distrikt History, Los Alamos Project Y, Vol. 1: Inception Until August 1945 by David Hawkins und Vol. 2: August 1945 Through December 1946 by Edith C. Truslow, Ralph Carlisle Smith, S. 22 ff. Online abrufbar unter https://www.osti.gov des U. S. Departement of Energy – Office of scientific and Technical Information.

39) Richard G. Hewlett, Oscar E. Anderson Jr.: The New World. A History Of The United States Atomic Energy Commission, Vol. 1: 1939/1946, 1962, The Pennsylvania State University Press, S. 245. Online abrufbar unter https://www.osti.gov des U. S. Departement of Energy – Office of scientific and Technical Information.

40) Lillian Hoddeson, Paul W. Henriksen, Roger A. Meade, Catherine Westfall: Critical Assembly – A Technical History of Los Alamos during the Oppenheimer Years, 1943–1945, Cambridge, New York, Melbourne, Kapstadt, 2004, Cambridge University Press, S. 86 ff.

41) Richard G. Hewlett, Oscar E. Anderson Jr.: The New World. A History Of The United States Atomic Energy Commission, Vol. 1: 1939/1946, 1962, The Pennsylvania State University Press, S. 246 f. Online abrufbar unter https://www.osti.gov des U. S. Departement of Energy – Office of scientific and Technical Information.

42) Lillian Hoddeson, Paul W. Henriksen, Roger A. Meade, Catherine Westfall: Critical Assembly – A Technical History of Los Alamos during the Oppenheimer Years, 1943–1945, Cambridge, New York, Melbourne, Kapstadt, 2004, Cambridge University Press, S. 129 ff.

43) Manhattan Distrikt History, Los Alamos Project Y, Vol. 1: Inception Until August 1945 by David Hawkins und Vol. 2: August 1945 Through December 1946 by Edith C. Truslow, Ralph Carlisle Smith, S. 139 f. Online abrufbar unter https://www.osti.gov des U. S. Departement of Energy – Office of scientific and Technical Information.

44) Richard G. Hewlett, Oscar E. Anderson Jr.: The New World. A History Of The United States Atomic Energy Commission, Vol. 1: 1939/1946, 1962, The Pennsylvania State University Press, S. 248 f. Online abrufbar unter https://www.osti.gov des U. S. Departement of Energy – Office of scientific and Technical Information.

45) Ebd., S. 247.

46) Manhattan Distrikt History, Los Alamos Project Y, Vol. 1: Inception Until August 1945 by David Hawkins und Vol. 2: August 1945 Through December 1946 by Edith C. Truslow, Ralph Carlisle Smith, S. 143. Online abrufbar unter https://www.osti.gov des U. S. Departement of Energy – Office of scientific and Technical Information.

47) Günter Nagel: Wissenschaft für den Krieg – Die geheimen Arbeiten der Abteilung Forschung des Heereswaffenamtes, Stuttgart, 2012, Franz Steiner Verlag, S. 195.

48) Lillian Hoddeson, Paul W. Henriksen, Roger A. Meade, Catherine Westfall: Critical Assembly – A Technical History of Los Alamos during the Oppenheimer Years, 1943–1945, Cambridge, New York, Melbourne, Kapstadt, 2004, Cambridge University Press, S. 294 ff. und 299.

49) Vincent Jones: Manhattan: The Army and the Atomic Bomb, United States Army Center of Military History, Washington D. C., 1985, S. 506 f. Online abrufbar: https://history.army.mil.

50) Manhattan Distrikt History, Los Alamos Project Y, Vol. 1: Inception Until August 1945 by David Hawkins und Vol. 2: August 1945 Through December 1946 by Edith C. Truslow, Ralph Carlisle Smith, S. 124. Online abrufbar unter https://www.osti.gov des U. S. Departement of Energy – Office of scientific and Technical Information.
51) Ebd., S. 240.
52) Lillian Hoddeson, Paul W. Henriksen, Roger A. Meade, Catherine Westfall: Critical Assembly – A Technical History of Los Alamos during the Oppenheimer Years, 1943–1945, Cambridge, New York, Melbourne, Kapstadt, 2004, Cambridge University Press, S. 175 und 240 ff.
53) Manhattan Distrikt History, Los Alamos Project Y, Vol. 1: Inception Until August 1945 by David Hawkins und Vol. 2: August 1945 Through December 1946 by Edith C. Truslow, Ralph Carlisle Smith, S. 193. Online abrufbar unter https://www.osti.gov des U. S. Departement of Energy – Office of scientific and Technical Information.
54) Die nach Taylor und John William Strutt, dem 3. Baron von Rayleigh, benannte Rayleigh-Taylor-Instabilität beschreibt eine exponentiell zunehmende Störung in Gestalt von Verwirbelungen an der Grenzfläche zweier Stoffe unterschiedlicher Dichte, die gegeneinander beschleunigt werden. Diese hydrodynamische Instabilität bezieht sich generell auf Fluide, ist jedoch auch hier anzuwenden, da sich Festkörper unter der Einwirkung der Hohlladungsenergie wie Fluide verhalten. Die ursprüngliche Homogenität beider Stoffe ist somit in deren Kontaktzone nach erfolgter Beschleunigung nicht mehr gegeben. Wirkt der Stoff mit der geringeren Dichte auf den mit der höheren ein, gilt zudem die Dispersionsrelation von Wellen – da sich die Materialien im Grenzbereich in dieser Konstellation wellenförmig bewegen (im umgekehrten Falle pilzförmig). Hierbei spielt bei der Wellenformung nicht nur die einwirkende Kraft und Geschwindigkeit der Schockwelle, sondern auch die Materialdicke eine Rolle, die bei einer Hohlkugel der Wandstärke entspricht und nicht allzu groß ist. Für den Plutonium-Kern kann dies bedeuten, dass sich das Spaltmaterial ungünstig mit dem Tamper-Material vermischt und nicht gleichmäßig auf den Brennpunkt zu komprimiert wird – ergo erhalten wir keine kritische Masse und es folgt keine Kernreaktion.
55) Lillian Hoddeson, Paul W. Henriksen, Roger A. Meade, Catherine Westfall: Critical Assembly – A Technical History of Los Alamos during the Oppenheimer Years, 1943–1945, Cambridge, New York, Melbourne, Kapstadt, 2004, Cambridge University Press, S. 270 ff. und 307 ff.
56) Manhattan Distrikt History, Los Alamos Project Y, Vol. 1: Inception Until August 1945 by David Hawkins und Vol. 2: August 1945 Through December

1946 by Edith C. Truslow, Ralph Carlisle Smith, S. 245 ff. Online abrufbar unter https://www.osti.gov des U. S. Departement of Energy – Office of scientific and Technical Information.

57) Ebd., S. 194.

58) Lillian Hoddeson, Paul W. Henriksen, Roger A. Meade, Catherine Westfall: Critical Assembly – A Technical History of Los Alamos during the Oppenheimer Years, 1943–1945, Cambridge, New York, Melbourne, Kapstadt, 2004, Cambridge University Press, S. 293 ff.

59) Ebd., S. 307 ff.

60) John C. Taschner: The RaLa/Bayo Canyon Implosion Program (Los Alamos Technical Associates, 1840 Corleone Drive, Sparks in 89434 Nevada), veröffentlicht von der Health Physics Society, Sierra Nevada Charter, P. O. Box 160414, 95816 Sacramento, California S. 1 und J. C. Taschner, J. E. Dummer, C. C. Courtright: The Bayo Canyon / Radioaktive Lanthanium (RaLa) Program Los Alamos National Laboratory LA-13044-H, History, April 1996, Tabelle A-1: Tabular Summery of Bayo Canyon RaLa Shots. Online abrufbar über https://www.osti.gov des U. S. Departement of Energy – Office of scientific and Technical Information.

61) Lillian Hoddeson, Paul W. Henriksen, Roger A. Meade, Catherine Westfall: Critical Assembly – A Technical History of Los Alamos during the Oppenheimer Years, 1943–1945, Cambridge, New York, Melbourne, Kapstadt, 2004, Cambridge University Press, S. 148 ff.

62) Unter dem Begriff „Diskretes Spektrum“ bei radioaktiver Strahlung wird Folgendes verstanden: Bei γ-Strahlung handelt es sich um elektromagnetische Wellen, ähnlich den für den Rundfunk verwendeten Radiowellen. Die Leistung der γ-Strahlung wird in Elektronenvolt über ein breites Spektrum angegeben. Ein diskretes Spektrum liegt dann vor, wenn von einem Isotop γ-Strahlung einer bestimmten und konstanten Energie ausgesendet wird. Dies ist vergleichbar mit der festgelegten Frequenz eines bestimmten Radiosenders. Anhand dieser spezifischen Eigenschaft lassen sich beispielsweise γ-Strahlung emittierende Isotope identifizieren.

63) Lillian Hoddeson, Paul W. Henriksen, Roger A. Meade, Catherine Westfall: Critical Assembly – A Technical History of Los Alamos during the Oppenheimer Years, 1943–1945, Cambridge, New York, Melbourne, Kapstadt, Cambridge University Press, 2004, S. 271.

64) Richard G. Hewlett, Oscar E. Anderson Jr.: The New World. A History Of The United States Atomic Energy Commission, Vol. 1: 1939/1946, 1962, The Pennsylvania State University Press, S. 317. Online abrufbar unter https://www.

osti.gov des U. S. Departement of Energy – Office of scientific and Technical Information.

65) John C. Taschner: The RaLa/Bayo Canyon Implosion Program (Los Alamos Technical Associates, 1840 Corleone Drive, Sparks in 89434 Nevada), veröffentlicht von der Health Physics Society / Sierra Nevada Charter, P. O. Box 160414, 95816 Sacramento, California, S. 8.

66) Lillian Hoddeson, Paul W. Henriksen, Roger A. Meade, Catherine Westfall: Critical Assembly – A Technical History of Los Alamos during the Oppenheimer Years, 1943–1945, Cambridge, New York, Melbourne, Kapstadt, Cambridge University Press, 2004, S. 44 f.

67) Friedwardt Winterberg: Vom griechischen Feuer zur Wasserstoffbombe – Hoffnung und Gefahr für die Menschheit (Wehrtechnik und Wissenschaftliche Waffenkunde, Bd. 6), hrsg. im Auftrag der Wehrtechnischen Studiensammlung des Bundesamtes für Wehrtechnik und Beschaffung, Herford, Bonn, 1992, Verlag E. S. Mittler & Sohn, S. 83.

68) Richard G. Hewlett, Oscar E. Anderson Jr.: The New World. A History Of The United States Atomic Energy Commission, Vol. 1: 1939/1946, 1962, The Pennsylvania State University Press, S. 104. Online abrufbar unter https://www.osti.gov des U. S. Departement of Energy – Office of scientific and Technical Information.

69) Lillian Hoddeson, Paul W. Henriksen, Roger A. Meade, Catherine Westfall: Critical Assembly – A Technical History of Los Alamos during the Oppenheimer Years, 1943–1945, Cambridge, New York, Melbourne, Kapstadt, Cambridge University Press, 2004, S. 47.

70) Manhattan Distrikt History, Los Alamos Project Y, Vol. 1: Inception Until August 1945 by David Hawkins und Vol. 2: August 1945 Through December 1946 by Edith C. Truslow, Ralph Carlisle Smith, S. 95 ff. Online abrufbar unter https://www.osti.gov des U. S. Departement of Energy – Office of scientific and Technical Information.

71) Ebd., S. 14 f.

72) Ebd., S. 96 f.

73) Lillian Hoddeson, Paul W. Henriksen, Roger A. Meade, Catherine Westfall: Critical Assembly – A Technical History of Los Alamos during the Oppenheimer Years, 1943–1945, Cambridge, New York, Melbourne, Kapstadt, Cambridge University Press, 2004, S. 92.

74) Manhattan Distrikt History, Los Alamos Project Y, Vol. 1: Inception Until August 1945 by David Hawkins und Vol. 2: August 1945 Through December 1946 by Edith C. Truslow, Ralph Carlisle Smith, S. 214. Online abrufbar unter

https://www.osti.gov des U. S. Departement of Energy – Office of scientific and Technical Information.

75) Lillian Hoddeson, Paul W. Henriksen, Roger A. Meade, Catherine Westfall: Critical Assembly – A Technical History of Los Alamos during the Oppenheimer Years, 1943–1945, Cambridge, New York, Melbourne, Kapstadt, 2004, Cambridge University Press, S. 203 f.

76) Richard G. Hewlett, Oscar E. Anderson Jr.: The New World. A History Of The United States Atomic Energy Commission, Vol. 1: 1939/1946, 1962, The Pennsylvania State University Press, S. 240. Online abrufbar unter https://www.osti.gov des U. S. Departement of Energy – Office of scientific and Technical Information.

77) Manhattan Distrikt History, Los Alamos Project Y, Vol. 1: Inception Until August 1945 by David Hawkins und Vol. 2: August 1945 Through December 1946 by Edith C. Truslow, Ralph Carlisle Smith, S. 98. Online abrufbar unter https://www.osti.gov des U. S. Departement of Energy – Office of scientific and Technical Information.

78) Ebd., S. 217.

79) Ebd., S. 214.

80) Manhattan Distrikt History, Los Alamos Project Y, Vol. 1: Inception Until August 1945 by David Hawkins und Vol. 2: August 1945 Through December 1946 by Edith C. Truslow, Ralph Carlisle Smith, S. 213. Online abrufbar unter https://www.osti.gov des U. S. Departement of Energy – Office of scientific and Technical Information.

81) Friedwardt Winterberg: Vom griechischen Feuer zur Wasserstoffbombe – Hoffnung und Gefahr für die Menschheit (Wehrtechnik und Wissenschaftliche Waffenkunde, Bd. 6), hrsg. im Auftrag der Wehrtechnischen Studiensammlung des Bundesamtes für Wehrtechnik und Beschaffung, Herford, Bonn, 1992, Verlag E. S. Mittler & Sohn, S. 86 ff.

DEUTSCHES REICH

AUSGEGEBEN AM
2. JULI 1938

REICHSPATENTAMT

PATENTSCHRIFT

№ 662036

KLASSE 40c GRUPPE 17

B 168181 VI/40c

Tag der Bekanntmachung über die Erteilung des Patents: 9. Juni 1938

Allgemeine Elektricitäts-Gesellschaft in Berlin*)

Verfahren zur Anregung und Durchführung von Kernprozessen

Patentiert im Deutschen Reiche vom 21. Dezember 1934 ab

Die vorliegende Erfindung bezieht sich auf ein Verfahren, um Eingriffe in den Atomkern in erheblich größerem Umfange und vor allen Dingen mit größerem Nutzeffekt vorzunehmen, als dies bisher möglich war.

Erfindungsgemäß können nicht nur radioaktive Substanzen in wesentlicher Menge wirtschaftlich erzeugt werden, sondern es bietet sich auch die Möglichkeit, zur Energiegewinnung aus dem Atomkern zu gelangen.

Aus dem natürlichen Zerfall der radioaktiven Elemente ist zu ersehen, wie viel Energie grundsätzlich in 1 g Materie aufgehäuft sein kann und bis zum völligen Zerfall in mehr oder weniger langer Zeit entsprechend den jeweiligen Zerfallskonstanten frei wird.

Es sind dies Energiemengen, die etwa millionenfache Beträge dessen ausmachen, was beispielsweise bei der bisher üblichen Verbrennung unserer Treibmittel, Kohle, Öl usw., zur Wirkung gelangt.

Seit einigen Jahren beschäftigt sich die Physik damit, wenn auch bisher aus rein wissenschaftlichen Gründen, Atomumwandlungen unabhängig vom Spontanzerfall der relativ sehr seltenen radioaktiven Elemente auf künstlichem Wege zu erreichen. Diese Bestrebungen führten auch zum Erfolg, und zwar bisher dadurch, daß man auf elektrischem Wege Strahlen erzeugte, die den vom Radium ausgesendeten Strahlen gleich oder ähnlich waren und damit andere Stoffe bombardierte. Wenn auch die durch solche Versuche gewonnenen Erkenntnisse über die durch das Radium gezogenen Grenzen hinausgingen, so war doch grundsätzlich bisher an eine Energiegewinnung auf diesem Wege nicht zu denken, weil nur ein winziger Bruchteil der ausgesendeten Strahlen zum Kernprozeß führten.

Unter anderem eröffnete hier die kürzliche Entdeckung der Neutronen besondere Möglichkeiten, weil diese Teilchen Kernreaktionen mit 100%igem Nutzeffekt erlauben.

So ist es jetzt möglich, damit künstliche Radioaktivitäten, die etwa denen 1 mg Radium gleich sind, zu erzeugen.

Wenn auch, wie bereits ausgeführt, die Neutronen Kerneffekte mit großer Ausbeute hervorrufen, so ist doch die Herstellung der Neutronen selbst vorläufig nur mit relativ sehr geringem Nutzeffekt möglich.

Die wesentlichen Methoden zur Erzeugung von Neutronen sind bisher:

1. Heliumteile werden auf Beryllium geworfen und lösen dort Neutronen aus.
2. Röntgen- oder Gammastrahlen von mehr als 1,5 Milionen Volt fallen auf Beryllium und rufen dort den gleichen Vorgang hervor.
3. Der kürzlich entdeckte sog. schwere Wasserstoff (Diplogen) wird auf Diplogen geschossen.

*) *Von dem Patentsucher sind als die Erfinder angegeben worden:*
Arno Brasch in New York, V. St. A.,
und Dr. Fritz Lange in Charkow, Union der Sozialistischen Sowjet-Republiken.

Das Patent von Lange und Brasch aus dem Jahr 1934 beschäftigte sich erstmals mit der militärischen Nutzung von Kernreaktion durch Verschmelzung. (Quelle: DPMA München)

PATENT SPECIFICATION

630,726

Application Date: June 28, 1934. No. 19157/34.
" " July 4, 1934. No. 19721/34.

One Complete Specification left (under Section 16 of the Patents and Designs Acts, 1907 to 1946): April 9, 1935.

Specification Accepted: March 30, 1936 (but withheld from publication under Section 30 of the Patent and Designs Acts 1907 to 1932)

Date of Publication: Sept. 28, 1949.

Index at acceptance:—**Class 39(iv),** P(1:2:3x).

PROVISIONAL SPECIFICATION
No. 19157 A.D. 1934.

Improvements in or relating to the Transmutation of Chemical Elements

I, LEO SZILARD, a citizen of Germany and subject of Hungary, c/o Claremont Haynes & Co., of Vernon House, Bloomsbury Square, London, W.C.1, do hereby declare the nature of this invention to be as follows:—

This invention has for its object the production of radio active bodies the storage of energy through the production of such bodies and the liberation of nuclear energy for power production and other purposes through nuclear transmutation.

In accordance with the present invention nuclear transmutation leading to the liberation of neutrons and of energy may be brought about by maintaining a chain reaction in which particles which carry no positive charge and the mass of which is approximately equal to the proton mass or a multiple thereof form the links of the chain.

I shall call such particles in this specification "efficient particles."

A way of bringing about efficiently transmutation processes is to build up transmutation areas choosing the composition and the bulk of the material so as to make chain reactions efficient and possible, the links of the chain being "efficient particles."

One example is the following. The chain transmutation contains an element C, and this element is so chosen that an efficient particle *x* when reacting with C may produce an efficient particle *y*, and the efficient particle *y* when reacting with C may produce either an efficient particle *x* or another efficient particle which in its turn is directly or indirectly when reacting with C capable of producing *x*. The bulk of the transmutation area, on the other hand, must be such that the linear dimensions of the area should sufficiently exceed the mean free path between two successive transmutations within the chain. For long chains composed of, say, 100 links the linear dimensions must be about ten times the mean free path.

I shall call a chain reaction in which two efficient particles of different mass number alternate a "doublet chain." An example for a doublet chain which is a neutron chain would be the following reaction, which might be set up in a mixture of a "neutron reducer element" (like lithium (6) or boron (10) or preferably some heavy "reducer" element), and a "neutron converter element" which yields n(2) when bombarded by n(1). An example for such a chain in which carbon acts as reducer and beryllium acts as converter would be the following:

$$C(12) + n(2) = C(13) + n(1)$$
$$Be(9) + n(1) = \text{"} Be(8) \text{"} + n(2)$$

(" Be(8) " need not mean an existing element, it may break up spontaneously).

One can very much increase the efficiency of the hitherto mentioned neutron chain reactions by having a "neutron multiplicator" O mixed with the elements which take part in the chain reaction. A neutron multiplicator is an element which either splits up n(2) into n(1) + n(1) or an element which yields additional neutrons for instance n(1) when bombarded by n(1). A multiplicator need not be a meta-stable element. Beryllium may be a suitable multiplicator

$$Be(9) + n(1) = \text{"} Be(8) \text{"} + n(1) + n(1)$$

An efficient particle disappears (and a

Patent von Leonid Szillard über eine Reaktor-Einrichtung zur Erzeugung von Transmutationsprozessen und von nuklearer Energiegewinnung, 1934. (Quelle: DPMA München)

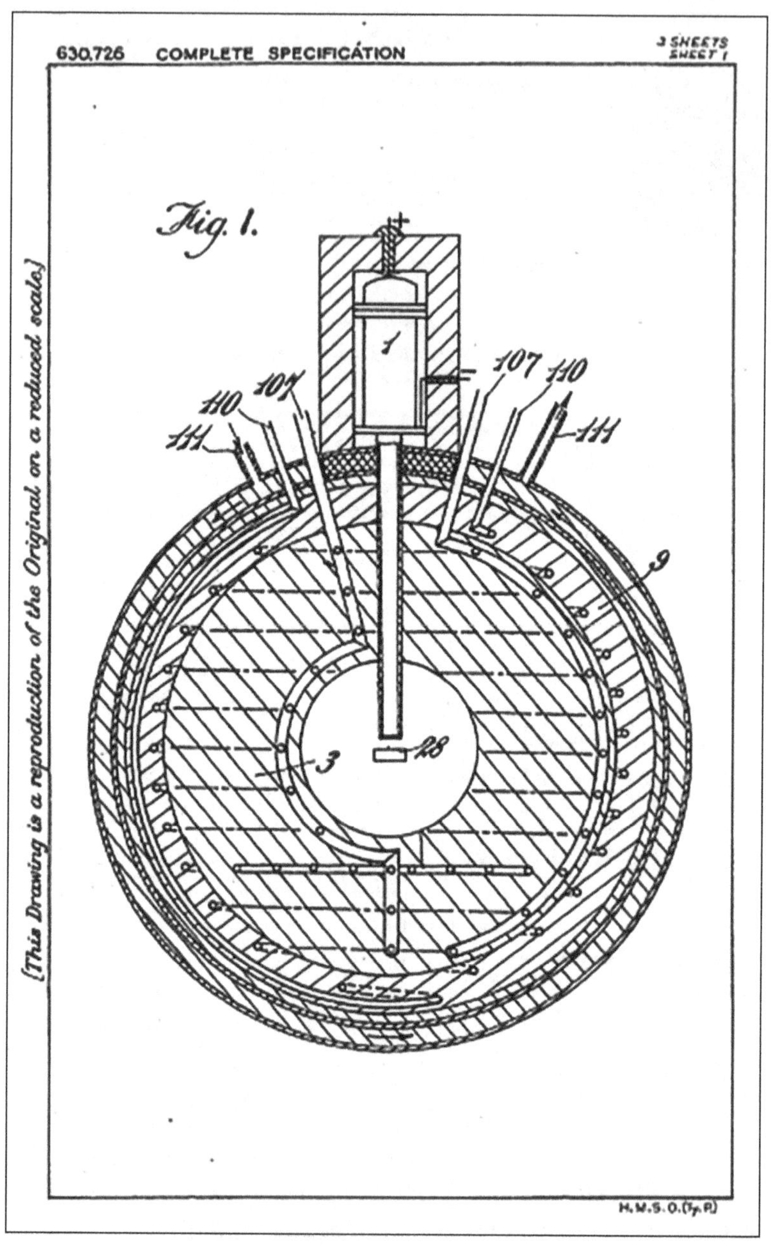

Skizze von Szillards Reaktionskammer. *(Quelle: DPMA, Patent 630726)*

Skizze des Aufbaus des ersten laufenden Reaktors in Chicago/Illinois 1942. 6 t Uranmetall und 58 t Uranoxid waren von 400 t Graphit umhüllt.
(Quelle: Richard G. Hewlett, Oscar E. Anderson Jr.: The New World 1939–1946)

Versuchsanordnung der RaLa-Testreihe zur Implosionsforschung.
(Quelle: John C. Tashner: The RaLa/Bayo Canyon Implosion Program [Los Alamos])

Die erste experimentelle amerikanische Kernwaffe „Gadget", basierend auf dem Implosionsprinzip auf der Trinity-Testside. (Quelle: Todd Rider: Forgotten Creators)

5. Die Kernphysik im Dritten Reich ab 1939

Nach der Entdeckung der Kernspaltung durch Hahn, Strassmann und Meitner wurde in Deutschland primär an der Kernspaltung geforscht. Ziel war es dabei zum einen, einen Kernreaktor sowohl für die Energiegewinnung als auch für die Erbrütung des Plutoniums (das in Deutschland freilich noch nicht diesen Namen trug) zu konstruieren, zum anderen eine Kernwaffe zu entwickeln. Der historische Werdegang dieser Arbeiten ist bereits umfangreich in der Literatur abgebildet (siehe z.B. bei Günter Nagel, Mark Walker oder Rainer Karlsch). In dem folgenden Abschnitt werden deshalb lediglich die relevanten Eckpunkte der Forschungen zusammengefasst. Die Reaktorentwicklungen – in Deutschland seinerzeit „Uranmaschine" genannt – und die Aktivitäten auf dem Gebiet der Kernspaltung werden in diesem Werk nicht behandelt. Allerdings ist es zum besseren Verständnis sinnvoll, die administrative Organisation der Kernphysik zu beleuchten und im Einzelfall Teile der Arbeiten des „Uranvereins" einzubeziehen.

Unser Blick wird sich zunächst auf die Anfänge der kernphysikalischen Forschung konzentrieren. Zum leichteren Verständnis werden wir diese Epoche in vier Bereiche einteilen. Diese beschäftigen sich abfolgend mit dem Verwaltungsapparat und der Organisation der kernphysikalischen Forschung, mit einer zeitlichen Skizze der relevanten Forschungen sowie mit den eigentlichen Arbeiten auf dem Gebiet der Kernfusion. Vorweggeschickt sei an dieser Stelle, dass sich die Titulierung „Forschung an der Kernfusion" im wissenschaftlich-historischen Kontext provokant darstellt. Tatsächlich fanden diese Forschungen im Rahmen anderer wissenschaftlicher Arbeiten statt und wurden deshalb nicht als eigener Forschungsschwerpunkt behandelt. Erst gegen Ende des Krieges kristallisierte sich anhand der Aktivitäten einer bestimmten Personengruppe und deren Arbeiten ein Indiz für eine vage Zielsetzung in die Richtung der Kernfusion heraus. In unserer Betrachtung trennen wir die Tätigkeiten von Ronald Richter (Fusionsreaktor) und der Gruppe um Schumann, Gerlach, Diebner und Trinks (Fusionswaffe).

5.1 Die Organisation der Kernphysik

5.1.1 Das Geflecht des Heereswaffenamtes

Die in der älteren Literatur häufig vorgebrachte Ansicht, der so genannte „Uranverein“ sei ein relativ überschaubarer Zusammenschluss einiger weniger größtenteils unorganisierter Wissenschaftler mit eingeschränktem Zugang zu Mitteln und Institutionen gewesen, ist nach neueren historischen Forschungen unzutreffend. Nahezu alle Wissenschaftler, die sich in Deutschland und Österreich auch nur im Entferntesten mit der Kernphysik beschäftigten, waren direkt oder indirekt in die Forschungen involviert. Geleitet wurden diese hauptsächlich durch die einzelnen Wehrmachtsteile, der SS und der Reichpostforschung, wobei das Heereswaffenamt (HWA) besonders in Erscheinung trat. Gerade die Forschungstätigkeiten des HWA waren eng verzahnt mit den Instituten der Hochschulen, der Kaiser-Wilhelm-Gesellschaft (KWG) und der Industrie. Dabei standen sie mitunter auch in Konkurrenz zueinander, da sich jede Institution auf dem Gebiet der Kernphysik profilieren wollte.[1)]

Eine der wichtigsten Figuren war aufgrund seiner Machtfülle zweifelsohne Karl Erich Schumann.
Innerhalb des von Generalfeldmarschall Wilhelm Keitel geleiteten Oberkommandos der Wehrmacht (OKW) war 1938 die Amtsgruppe Allgemeine Wehrmachtsangelegenheiten (AWA) unter General Hermann Reinecke gebildet worden. Zur AWA gehörte die Abteilung Wissenschaft (W Wiss). Diese bereits 1936 durch Keitel ins Leben gerufene Institution beschäftigte sich administrativ, organisierend und koordinierend mit den wehrwissenschaftlichen Forschungen aller Institutionen und Wehrmachtsteile. Ihr Chef war seit Oktober 1938 Erich Schumann.[2)]

Das Oberkommando des Heeres (OKH) unterhielt als eines der drei Wehrmachtsteile, dem Ersatzheer (Leitung General Friedrich Fromm) unterstellt – in dem auch die Heeresrüstung angesiedelt war –, eine eigene Abteilung für die Rüstungsbeschaffung und -forschung. Dies war das seit 1940 von General Emil Leeb geleitete HWA mit Kurt Waeger als dessen Stabschef. Die dort angesiedelte Abteilung Waffenforschung (WaF) unterstand ebenfalls Schumann, der deren Vorgängerorganisation bereits seit 1934 begleitete. Diese besaß für die internen Verwaltungsaufgaben einen eigenen, Oberst Richard Glagow unterstellten Stab.

Die Forschungsabteilung war wiederum in mehrere Gruppen untergliedert. Verwaltet wurde die WaF durch die Gruppe V von Johannes Kadow. Für unsere Betrachtung ist die Gruppe I, Physik, von Walter Basche relevant. Hier waren folgende Sparten angesiedelt:

WaF Ia – Atomphysik – Leitung Kurt Diebner

WaF Ib – Sprengphysik, Hohlladung – Leitung Walter Trinks

WaF Ic – u. a. Ballistik – Leitung Heinz-Otto Glimm

Gerade in Sachen Sprengstoffe und Ballistik ergaben sich überschneidende Forschungen mit den Gruppen II – Chemie (Wolfram Eschenbach) – und „Gruppe IV“ (eigentlich nur die WaF IV mit dem Status eines Referates) – theoretische Ballistik und Mathematik unter Gustav Schweikert, einem Fachmann auf dem Gebiet der inneren Ballistik und der Thermodynamik der Gase. Nachfolgend schloss sich die Amtsgruppe Entwicklung und Prüfwesen (WaPrüf) mit ähnlich vielen Referaten und Strukturen an, die zuletzt von Erich Schneider geleitet wurde. Auch in der WaPrüf fanden sich zahlreiche kompetente Wissenschaftler. Zwischen den Arbeiten der WaF und WaPrüf ließ sich keine exakte Trennlinie ziehen, da sich die Forschungsgebiete in Bereichen wie den Grundlagen oder der Anwendung überschnitten. Praktisch hieß das, dass eine Entwicklung der WaF zur Erprobung an die WaPrüf überging und dass beide Institutionen zwecks Einsatzertüchtigung interagierten, um die Entwicklung der Industrie zur Fertigung vorzulegen.[3)]

Weiterhin war es Schumanns Ziel, auch die Institute der Hochschulen in die Heeresforschung miteinzubeziehen. Dies geschah auf verschiedenen Wegen:

Bereits 1934 war an der Berliner Universität parallel zu dem bestehenden ein weiteres, das II. Physikalische Institut (II. PI), errichtet worden. In Kooperation mit dem Reichserziehungsministeriums (REM) Bernhard Rusts entstand hiermit, ebenfalls unter Schumanns Obhut, eine universitäre Institution, welcher er als Direktor vorstand und die sich ganz auf militärisch-wissenschaftliche Belange konzentrieren konnte.[4] Eine weitere institutionelle Verflechtung mit dem Hochschulwesen ergab sich mit der Wehrtechnischen Fakultät (WTF) an der Technischen Hochschule Berlin unter Hans Winkhaus. An dieser auf Initiative Bernhard Rusts (REM), dem ersten Professor für Wehrwissenschaft an der TH Berlin, und Karl Beckers, Leebs Vorgänger im HWA, ins Leben gerufenen Fakultät dozierte auch Schumann und begleitete etliche Dissertationen.[5],[6] Neben diesen direkten Zugängen der Wehrmachtsforschungen in die deutsche Hochschullandschaft entstand auch eine indirekte Vernetzung. Diese lief über das REM, den Reichsforschungsrat (RFR) und den Forschungsbeirat des HWA.

Im Forschungsbeirat des HWA waren neben Leeb und Schumann hochrangige Fachspartenleiter und Vertreter verschiedener Institutionen wie Albert Vögler, Peter Adolf Thiessen, Theodor Vahlen, Rudolf Mentzel, Max Planck, Walter Rimarski, Abraham Esau, Erich Schneider u. a.[7] vertreten (auf die einzelnen Funktionen dieses Personenkreises werden wir noch zu sprechen kommen).

Im Jahr 1934 war das REM unter der Leitung Bernhard Rusts gebildet worden. In dieses war anfangs auch ein Amt Wissenschaft implementiert. Dessen Chef wurde der Mathematiker Theodor Vahlen. In dieser Position besaß er quasi ein Direktionsrecht auf die Politik gegenüber der KWG, der preußischen Akademie der Wissenschaften und der Deutschen Forschungsgemeinschaft (DFG).[8] Innerhalb des Amtes Wissenschaft entstand die Sektion W II als Bindeglied zwischen der zivilen Hochschulforschung und den wehrwissenschaftlichen Interessen. Die Leitung hatte wiederum Schumann inne. Sein Stellvertreter hier wurde der ab 1936 zum Präsidenten der DFG ernannte Rudolf Mentzel. Da sich Schumann aufgrund seiner umfangreichen Aufgaben während der Zeit des Aufbaus der Wehrmacht jedoch von diesem Amt wieder zurückzog, übernahm

Mentzel das Ressort und avancierte 1939 zum Chef des Amtes Wissenschaft, das er bis Kriegsende auch behielt.9) Dem REM unterstanden nicht nur die Hochschulen, sondern auch die Kaiser-Wilhelm Gesellschaft (KWG) – der heutigen Max-Planck-Gesellschaft. Als Trägergesellschaft führender und international etablierter Institute in fast allen Disziplinen der Wissenschaft und Grundlagenforschung hatte das REM respektive die Wehrmacht Zugang zur Forschung auf höchstem Niveau. Präsidenten der KWG waren während des Nationalsozialismus nacheinander Max Planck (bis 1936), Carl Bosch und ab 1941 Albert Vögler. Vögler war Vorsitzender der Vereinigten Stahlwerke AG und wurde während des Krieges als Mitarbeiter in Albert Speers Reichsministerium für Bewaffnung und Munition (ab 1943 RM für Rüstung und Kriegsproduktion – kurz RMfRuK) zum Generalbevollmächtigten für die Rüstungsproduktion im Ruhrgebiet ernannt.10) Generalsekretär war bis zu seiner Enthebung durch die Nationalsozialisten im Jahr 1937 Friedrich Glum, nachfolgend übernahm Ernst Telschow, mit dem Schumann, Mentzel und Thiessen ein gutes Verhältnis pflegten,11) die Funktion.

Ähnlich wie Schumann schuf Telschow ein Netzwerk innerhalb der zivilen Forschung mit enger Bindung zum Militär: Von eminenter Bedeutung war seine Berufung als reichsweiter Forschungskoordinator in dem Reichsamt für Wirtschaftsaufbau (RWA). Im Auftrage Adolf Hitlers wurde ein Vierjahresplan erstellt, 1936 in eine entsprechende Behörde unter Hermann Göring übergehend, mit dem Zweck, die deutsche Wirtschaft durch Autarkie und Aufrüstung zur Kriegsfähigkeit zu forcieren. In die Vierjahresplanbehörde implementiert war das RWA als Koordinierungsstelle für die Rohstoffindustrie und aller staatlichen wie privaten Forschungsinstitute – eine mit erheblichen Vollmachten ausgestatte Reichsbehörde, die zeitweise maßgeblich die Geschicke der Rüstungsfertigung lenkte. In ihr fanden sich Vertreter aller Bereiche, des Militärs, der Industrie und der Forschung, wieder. Eingebunden war eine eigene Abteilung „Forschungsinstitute und Erprobungsstellen“, deren Aufgabe als verbindendes Organ wiederum die Koordination von Entwicklungsaufträgen, deren Überwachung und die materielle wie personelle Ausstattung war. Vergleichbar mit dem HWA unterhielt das RWA sehr enge Beziehungen zu allen Forschungseinrichtungen, staatlichen Institutionen und dem Hochschulwesen. So verwundert es nicht, dass sich die einzelnen Arbeitsbereiche mit denen der WaF häufig überschnitten – auch personell –, stets im Einklang mit dem REM. So entstand eine enge Zusammenarbeit mit den einzelnen Forschungsabteilungen der WaF des HWA mit dem RWA.

Eine besondere Aufgabe erwuchs aus den Vorgaben der Vierjahresplanbehörde: Die Erstellung eines „Mobilmachungsplanes der deutschen Forschungsaufgaben". Nach 1941 wurden durch das RWA insgesamt 39 vorwiegend an den entsprechenden Institutionen der Hochschulen angesiedelten „Vierjahresplaninstitute" geschaffen, die praktisch alle mit in die Rüstungsforschung einbezogen wurden.[12)]

Das RWA wurde geleitet von dem Vorstandsmitglied und ab 1940 Vorsitzenden der I. G. Farben, Carl Krauch, der auch zum Generalbevollmächtigten Chemie ernannt wurde. Mit dem RWA beabsichtigte Krauch, eine zentrale Einrichtung zu schaffen, die sich als verantwortliche Stelle aller Aspekte der Forschung, Planung, Finanzierung, vertraglichen Regelungen und der Kontrolle der Umsetzung verstand – was ihm jedoch nicht gänzlich gelang.[13)]

Für die KWG hatten die Positionen, die Telschow bekleidete, ebenfalls deutliche Auswirkungen: Es entstand eine enge Vernetzung der KW-Institute mit technisch-naturwissenschaftlichem Hintergrund mit der Welt der Wehrwissenschaft und der Rüstungswirtschaft – ebenso stand nunmehr durch die Verbindung zur Vierjahresplanbehörde eine erhebliche finanzielle Quelle zur Verfügung, die sich in einer sofortigen deutlichen Aufstockung des Etats reflektierte.[14)] Zwei weitere Protagonisten der KWG traten in dem Geflecht mit dem Militär in Erscheinung. Der Erste war der uns bereits bekannte Rudolf Mentzel. Als Chemiker war er bereits seit Ende 1933 Abteilungsleiter am KWI für Physikalische Chemie und Elektrochemie, 1941 stieg er zum Vizepräsidenten der KWG auf. Zeitgleich mit ihm kam auch der Chemiker und Physiker Peter Adolf Thiessen an das Institut, dessen Direktor er 1935 wurde. Nach 1942 leitete er zudem im RMfRuK den Chemiestab.[15)]

Als Beispiel für die Verzahnung innerhalb der Kernphysik sei die zeitweise Unterstellung des KWI für Physik dem HWA zu Kriegsbeginn auf Initiative Schumanns zu nennen. Telschow hatte dem Institut zuvor bereits verdeutlicht, dass die Forschungsschwerpunkte nun kriegswirtschaftlichen Interessen unterlägen. Nichtinstitutszugehöriger Kurt Diebner wurde bis 1942 die Leitung übertragen, was nicht unumstritten blieb. Insbesondere die Wissenschaftler um Carl Friedrich von Weizsäcker opponierten gegen ihn.[16)] Nach dem scheinbaren Rückzug des HWA aus der Kernphysik und dessen Übergabe an den RFR wandte sich die KWG an das REM und setzte Werner Heisenberg als neuen Direktor ein. Seine Ernennung bedurfte jedoch der Zustimmung der SS, da er 1937 als jüdischer Sympathisant denunziert worden war! Erst auf die persönliche Intervention der Reichsführers der SS, Heinrich Himmlers, wurde Heisenberg gemäß der NS-Weltanschauung rehabilitiert (dabei kam Heisenberg allerdings zugute, dass sich die Familien Heisenberg und Himmler kannten).[17)]

5.1.2 Der Reichsforschungsrat

Der Reichsforschungsrat (RFR) bildete eine weitere institutionelle Schnittstelle zwischen der Forschung und Fertigung. Aller Koordinationsbemühungen zum Trotz entstand bereits 1935 ein sich tendenziell abzeichnendes Zunehmen von parallelen, rivalisierenden und sich überschneidenden Forschungsstrukturen im Reich, die dem Ergebnisstreben nach kontraproduktiv waren und einer Bereinigung bedurften. In seinem Artikel „Reichsforschungsinstitut für die Wehrkraft“ entwarf Karl Justrow das Modell einer interdisziplinären Anstalt als Bindeglied zwischen den privaten wie staatlichen Forschungsinstitutionen und den Ministerien. Auch innerhalb des HWA wurden seitens Becker und Schumann derartige Gedankenspiele vorangetrieben[18)] und gehen auf eine Initiative beider zur Gründung einer Reichsforschungsakademie aus dem Jahr 1932 zurück. In Zusammenarbeit zwischen HWA und REM und nicht ohne beträchtlichen Widerstand der etablierten Einrichtungen, welche zunehmende militärpolitische Einflussnahme fürchteten, wurde 1937 schließlich per Erlass durch Rust der RFR gebildet. Allen Planungen zur Errichtung der vorgenannten Akademie hatte Hitler aufgrund anhaltender Dissonanzen zwischen den Beteiligten eine Absage erteilt. Zur Einrichtung eines „Rates" als beratende und koordinierende Dienststelle war das REM formell jedoch selbst befugt. Als Urheber des RFR-Erlasses gilt Schumann. Der RFR war in einzelne Fachsparten gegliedert, denen renommierte Wissenschaftler vorstehen sollten. In enger Zusammenarbeit mit der Vierjahresplanbehörde war es die Aufgabe des RFR, die Rüstungsforschung zu fördern, zu koordinieren und deren Resultate in die wehrtechnische Praxis zu begleiten. Erster Präsident des RFR wurde Karl Becker.[19)] Nach seinem Selbstmord 1940 übernahm Rust die Leitung, unter ihm begann jedoch der Niedergang des RFR. Ursächlich hierfür war zu Kriegszeiten der schwindende Einfluss des REM und mit ihm Rusts, da zunehmend die Militärs ihre Herrschaftsansprüche geltend machten und die aus dem zivilen Lager stammenden Ministerien das Nachsehen hatten. Ausgehend von dem beginnenden negativen Verlauf des Krieges erhoben sich wieder die Kritiker des RFR und mokierten die Aktivitäten des RFR im Sinne einer stärkeren Konzentration der Wissenschaft auch auf militärische Forschungen. Erneut war es Schumann, der sich bemühte, den RFR nach seinem Gusto für die Wehrmachtsforschungen umzubauen. Das REM galt in Kriegszeiten nun nicht mehr als geeignete Dachgesellschaft des RFR, da es diesem situationsbedingt an Autorität auf militärischem Gebiet mangelte und es auch keine Unterstützung erfuhr. Im Juni 1942 hatte Hitler die Neugründung und damit die Reorganisation des RFR erlassen, der nun nominell dem RMfRuK zugeordnet wurde, obwohl offiziell zur Vierjahresplanbehörde gehörend. Dessen Präsident wurde in Personalunion auch Chef des neuen RFR: Reichsmarschall Hermann Göring. Schumann versuchte weiterhin, Einfluss auf die Neugestaltung auszuüben und besprach sich diesbezüglich im Juli mit Telschow, Diebner und Heisenberg. Im gleichen Monat nahm die Umstrukturierung Konturen an:

Vizepräsident und leitender Geschäftsführer des Präsidialrates des RFR wurde Rudolf Mentzel, sein Stellvertreter Wolfram Sievers, Geschäftsführer des „Ahnenerbes e. V." der SS. Mitglieder des Präsidialrates waren (ihre im Grunde kontinuierliche Vertretung):

Das OKW mit Keitel (Schumann), die SS mit Himmler (Otto Schwab), das OKH mit Fromm (ebenfalls Schumann), das HWA mit Leeb (Basche) und das RMfRuK mit Speer (Friedrich Geist) und weitere.[20]) Dem Präsidialrat war auch die eigene Kriegswirtschaftsstelle unterstellt, die ab Juli 1943 für die Prioritäten der Forschungsförderung eigens „Dringlichkeitsstufen" einrichtete – an die die Zuweisung von Mitteln gebunden war – und damit zum eigentlichen Steuerungsorgan der Rüstungsprojekte der letzten Kriegsjahre avancierte. Georg Graue leitete diese Stelle.[21]) Insgesamt 14 Fachsparten bildeten den Kern des RFR, die wiederum durch 21 Forschungsbevollmächtigte exekutiv vertreten wurden. Die Sparte „Anorganische Chemie" leitete erneut Thiessen, die Sparte „Physik" Walther Gerlach. Schumann wurde Bevollmächtigter für Sprengstoffphysik, Hubert Schardin für Ballistik, zunächst Esau für Kernphysik – ab Ende 1943 ging diese Bevollmächtigung auf Gerlach über und Esau wurde die Vollmacht für Hochfrequenzforschung übertragen.[22])

Als Bevollmächtigter für Sprengstoffphysik konnte Schumann auf die von ihm gelenkten Einrichtungen zurückgreifen: Für sprengphysikalische Forschungen zog er das II. Physikalische Institut in Berlin heran und lies die Untersuchungen in den entsprechenden Referaten der WaF durchführen.[23]) 1943 bildete er Kraft seiner Bevollmächtigung gemeinsam mit Thiessen eine Arbeitsgemeinschaft für Sprengstoffphysik, die er innerhalb des RFR in der Außenstelle „Heeres-Forschungsinstitut für Explosivstoffe Prag" einrichtete. Er schuf somit Synergien, noch bevor dafür ein neues „Amt" gebildet werden sollte.[24]) Im Sommer 1943 ernannte man Werner Osenberg zum Leiter dieses neu geschaffenen Planungsamtes des RFR. Die Wahl des SS-Mitglieds Osenbergs, der seit 1938 eine Dienststelle im RWA und ab 1942 die dortige Abteilung „Forschung" leitete, sollte sich für den RFR, mehr jedoch für Schumann, zum Nachteil erweisen – wie später noch aufgezeigt werden wird. Er bemängelte wiederholt dessen Arbeiten und die des HWA als ineffizient und zu langsam. Um die wehrtechnische Forschung für die militärischen Bedürfnisse weiter zu konzentrieren, Anstrengungen und Ressourcen zu bündeln und zu überwachen, erließ Göring am 24. August 1944 auf sein Drängen hin die Bildung einer Wehrforschungs-Gemeinschaft (WFG), dessen Vorsitz selbstredend auch Osenberg als die treibende Kraft hinter der WFG innehatte. Tatsächlich deckten sich die Aufgaben der neuen im September konstituierten WFG mit denen des Planungsamtes des RFR, deren Präsidialratsmitglieder und Spartenleiter sich hier größtenteils auch wiederfanden.25) Die Aufgabe der WFG war es im eigentlichen Sinne also, die von ihren Sachbearbeitern als kriegsrelevant titulierten Forschungen mit allen Mitteln zu forcieren. Inwieweit diese Kreation eines bürokratischen Monsters des „Planungsstabes", in eine „planende Organisation" übergehend, die Arbeiten tatsächlich zu beschleunigen vermochte und zweckdienlich war, sei dahingestellt.

5.1.3 Die anderen Waffenämter, militärischen Forschungseinrichtungen und die Restrukturierung der Rüstung

Die Zusammenarbeit des HWA erstreckte sich aber auch auf die Waffenämter der anderen beiden Wehrmachtsteile. So z. B. auf die Technische Akademie der Luftwaffe (TAL), deren ballistisches Institut von Hubert Schardin geleitet wurde. Im Marinewaffenamt (MWA) des Oberkommandos der Marine (OKM) war die Forschung der Abteilung Forschung, Entwicklung, Patentwesen (FEP) unter Wilhelm Rhein zu finden. Die Leitung des MWA lag bis 1942 bei Carl Witzell, der dem Präsidialrat des RFR angehörte und die Marineforschung bis Kriegsende begleitete. Das MWA unterhielt darüber hinaus eigene Forschungseinrichtungen wie die Chemisch-Physikalische Versuchsanstalt (CPVA) oder das 1941 eingerichtete „Wannsee-Institut", an dem auch kernphysikalische Arbeiten durchgeführt wurden, wie noch aufgezeigt werden wird.26)
Gleiches galt auch für die staatlichen Forschungseinrichtungen. Walther Rimarski, von Haus aus Chemiker, war Präsident der Chemisch-Technischen Reichsanstalt (CTR). Die CTR war eng mit den Arbeiten des HWA verschmolzen und war größtenteils nur für diese tätig und bildete quasi eine Forschungsinstitution für das OKH. Diese Zusammenarbeit hatte ihren Ursprung in der Gründung der CTR, die 1920 als staatliche Einrichtung „ziviler" Forschungen aus dem im vom Versailler Vertrag verbotenen Militärversuchsamt (MVA) der wilhelminischen Hegemonie gebildet

worden war. Die zweite staatliche Institution war die präsidial zunächst Johannes Stark und ab 1939 Esau unterstellte Physikalisch-Technische Reichsanstalt (PTR). Auch sie wurde zunehmend in die Wehrmachtsforschung eingebunden, zumal ihr Vizepräsident Kurt Möller an dem II. PI unter Schumann promoviert hatte und sowohl für die WTF als auch das HWA tätig war. Analog zu sehen war dies auch in der Kernphysik: Die Abteilung V „Atomphysik und Physikalische Chemie" unterstand zeitweise Diebner und wurde ab 1939 von Hermann Beuthe geleitet, dem auch das bei der PTR beheimatete Radiuminstitut von Carl-Friedrich Weiss unterstand. Ab 1943 wurde Beuthe formell zu Diebners Vorgesetzten, da dieser nun wieder offizieller Mitarbeiter des Hauses geworden war.[27)]

Aber der gewichtigste „Partner" der wehrwissenschaftlichen Forschung und Realisierung ihrer Entwicklungen war das RMfRuK Albert Speers. Dabei hatte der gemeinsame Weg der Rüstungsforschung zwischen dem Ministerium und den Forschungsabteilungen des OKW/OKH recht zerfahren begonnen und ist eng mit dem Suizid Beckers verbunden:

Als Chef des HWA beabsichtigte Karl Emil Becker bereits zu Kriegsbeginn eine Konsolidierung der Lenkung in der Rüstungswirtschaft. Es war zu Rivalitäten zwischen den Wehrmachtswaffenämtern, der Industrie und Görings Vierjahresplanbehörde in den Bereichen der Forschung, Entwicklung und Beschaffung gekommen. Jede einzelne Dienststelle fühlte sich in diesen Angelegenheiten verantwortlich und strebte innerhalb ihres Horizontes nach Autonomie, insbesondere Görings Behörde. Becker mit seiner Absicht der Zentralisierung sollte sich hier erstmals mit dem unter dem NS-Regime typischen System der pathologischen Neigung zur Polykratie – dass sich gleich mehrere Einrichtungen parallel mit denselben Aufgaben beschäftigten und es keine Kompetenzrichtlinien gab – auseinandersetzen. Durch die Munitionskrise infolge des während des Polenfeldzuges deutlich höheren Verbrauches an Waffen und Munition als kalkuliert, spitzte sich die Situation Ende 1939 zu. Die Idee zur Gründung eines eigenen Munitionsministeriums ging in jenen Tagen auf den Sonderbevollmächtigten für die Chemie, Carl Krauch, zurück. In dieser Funktion war er für die Sprengstoff- und Pulverproduktion verantwortlich. Es gelang ihm, Göring zu diesem Schritt zu überreden, indem er ihm die Vorteile einer übergeordneten Koordinierungsstelle in Rüstungsangelegenheiten – ähnlich dem vorherigen Krieg – schmackhaft machte. Zwar war seine Initiative vergleichbar mit Beckers Absichten, dieser war jedoch massiv in die Kritik geraten, da dem HWA als für die Munitionsbeschaffung verantwortliche Institution eine Mitschuld an der Munitionskrise zugeschrieben wurde. Im März 1940 wurde von Hitler das von Fritz Todt gelenkte Reichsministerium für Bewaffnung und Munition eingerichtet. Die Kompetenzen als Rüstungsorganisation wurden dem HWA entzogen, die Industrie quasi von der militärischen Lenkung befreit und das Ministerium fungierte als Koordinator der Rüstungsforschung und -beschaffung. Die Waffenämter kooperierten jetzt via Rüstungsministerium mit der Industrie.

Beckers Idee eines Wehrmachtwaffenamtes war damit hinfällig.[28)] Jedoch konnte sich das HWA und mit ihm die WaF ihre relative Unabhängigkeit unter Todt bewahren. Eine Zäsur erfolgte mit der Ernennung Speers als Nachfolger Todts im Jahre 1942. Dieser bündelte alle notwendigen Kompetenzen der Forschung und Produktion in seinem Ministerium. Dabei half ihm die Berufung Görings zum Generalbevollmächtigten für Rüstungsaufgaben im Vierjahresplan. Beide Kompetenzen waren somit vereint. Für die Zusammenarbeit zwischen dem Militär und der Wirtschaft bildete Speer sachbezogene Ausschüsse für die Rüstungsorganisation und -produktion. Flankiert wurden diese durch Entwicklungskommissionen, von denen Neuentwicklungen und Verbesserungen gesteuert wurden. In ihnen waren Vertreter sowohl der jeweiligen Rüstungsunternehmen als auch der Waffenämter zu finden. Obenauf thronte der Rüstungsrat, bestehend aus den Spitzen der beteiligten Institutionen.[29)]

Nun folgte die weitere Entmachtung des HWA: Leeb konstatierte in jenem Frühjahr als Folge von Speers Umstrukturierung, dass ab diesem Zeitpunkt nicht mehr den Waffenämtern die Rüstungsbeschaffungen oblagen, sondern der Industrie mittels dem Ministerium, wobei dem Militär eine beratende Funktion zukam. Der eigentliche Schlag sollte folgen. Dem HWA wurde direkt von Hitler ein Konstruktionsverbot erteilt! Die Entwicklungsaufgaben fielen durch die Lenkung der Kommissionen des Ministeriums allein der Industrie zu. Im HWA versuchte man das Verbot so gut es ging gemäß dem Einzelfall zu „interpretieren" – also zu unterlaufen.[30]) Dennoch schränkte das Konstruktionsverbot die Arbeiten deutlich ein. Denn das Verbot der „Konstruktion" verbot dem Wortsinn her die sich dahinter verbergende Forschung und Entwicklung! Dies ist von Bedeutung, da in dem Kontext das Konstruktionsverbot (Forschung inkludiert) mit der Rückgabe des KWI für Physik aus der Kontrolle des HWA an die KWG *und* der Übergabe des Uranprojektes vom HWA an den RFR einhergehen.

Ersteres war bereits im Vorfeld Gegenstand von Überlegungen Vöglers und Leebs gewesen, die nun umgesetzt werden konnten. Letzteres entsprach der Weisung Speers und wurde später als Rückzieher des HWA aus der und Schumanns Desinteresse an der Kernphysik ausgelegt.[31])

Da der restrukturierte RFR, der ja jetzt dem RMfRuK zugehörig war, als forschungspolitische Instanz unter Görings Leitung offensichtlich nicht effektiv genug zu Werke ging, übernahm Speer mehr und mehr selbst das Ruder. Neu geschaffen wurde das Rüstungsamt als lenkende Instanz bei der Beschaffung. Kurt Waeger, bis in jenem Sommer Stabschef des HWA, wurde die Leitung übertragen. Ein Jahr später richtete Speer die Amtsgruppe Entwicklung und Forschung in seinem Ministerium ein. Erneut wurde eine „Zentrale Stelle" für die Koordinierung der Forschung und die Zuweisung der Ressourcen und Mittel geschaffen. Ihr Chef wurde der ebenfalls aus dem HWA stammende und ehemalige Leiter der dortigen ballistischen- und Munitionsabteilung der WaPrüf, Friedrich Geist.[32])

Eine besondere Einrichtung, die auf Anregung Speers unmittelbar nach Kriegsbeginn im Rüstungsministerium gebildet wurde, war die „Erfahrungsgemeinschaft Hohlladung" (EGHL), welche die neuesten Resultate aus der Hohlladungsforschung bündelte, bewertete und Ansätze für die weitere Forschung und Nutzung evaluierte. Geleitet wurde die EGHL durch Richard Becker, einem Physiker der Universität Göttingen. Schwerpunkt seiner Forschungen waren Thermodynamik, Stoßwellen und Magnetismus. Die Gemeinschaft setzte sich aus den Forschungseinrichtungen aller Wehrmachtsteile, dem Ministerium und Teilen der Sprengstoffindustrie zusammen. So waren Vertreter des RLM, des RMfRuK, des OKM, des HWA, der WaF, der TAL, der CPVA, der CTR und von industrieller

Seite häufig die Westfälisch-Anhaltische Sprengstoff-Aktien-Gesellschaft (WASAG) zu finden.[33)]

Das Ende des Jahres 1944 hatte die nächste Zäsur der Waffenforschung und -Entwicklung parat: Ausgehend von dem dramatischen Kriegsverlauf, den zunehmenden Schwierigkeiten der Rüstungsbeschaffung (als unmittelbare Folge durch Feindeinwirkungen und Gebietsverluste), dem permanenten Machtzuwachs von Speers RMfRuK und den Anstrengungen der SS, ihre Kontrolle auf Schlüsseleinrichtungen der Forschung zu erweitern und überdies ein eigenes Waffenamt einzurichten, führten innerhalb der Wehrmacht zu dem alten Gedanken, nun doch ein zentrales Wehrmachtswaffenamt (WWA) zu bilden. Für das HWA und die WaF hatte dies Konsequenzen. Die Abteilungen der WaF und Wa Prüf – deren Arbeiten sich oft überschnitten – wurden von Leeb zusammengelegt. Die neue Amtsgruppe Prüfung und Entwicklung führte ab Dezember 1944 Richard John. John veranlasste daraufhin die Gründung des WWA zum 15. Januar 1945. Ab Februar wurde die nun neu organisierte Forschungsabteilung des HWA an Wilhelm Plas übergeben und Schumann in den Ruhestand versetzt. Plas war im HWA kein Unbekannter: Er arbeitete seit Kriegsbeginn für die WaPrüf 1 (Ballistik und Munition) – dort zeitweise unter Geist – und wurde wegen seiner profunden Fachkenntnis hoch geschätzt.[34)] Jedoch erfolgte die Reorganisation und Gründung des WWA zu spät, um noch einen Einfluss auf die Agonie des Dritten Reiches nehmen zu können.

Ob Schumann ahnte, dass seine Karriere beim HWA ein jähes Ende finden sollte, ist nicht bekannt. Dass hinter seinem Rücken seit längerem sowohl von der SS, dem RFR als auch dem HWA intensiv opponiert und intrigiert wurde, schien er geahnt zu haben.[35)] Auf den Komplex seiner Entmachtung kommen wir etwas später zurück, da sie im Hinblick auf seine kernphysikalischen Ambitionen von Relevanz ist. Ob er in diesem Zusammenhang Teile seiner Forschungen in eine eigene, der W Wiss unterstehende und neu zu errichtende Institution zu verlegen beabsichtigte, kann nur vermutet werden – scheint aber naheliegend. Mitte 1943 begann er mit der Einrichtung der Forschungsstelle Lebus im Großraum Frankfurt/Oder. Auch Teile des II. PI wurden hierher verbracht. In dem nahe gelegenen Dorf Dolgelin befand sich seit dem gleichen Jahr sein Hauptwohnsitz;

auch das Seewerk in Falkenhagen befand sich in unmittelbarer Nachbarschaft. Ebenfalls hatte Göring Lebus als Ausweichquartier für den Stab seiner Vierjahresplanbehörde auserkoren.[36)]

Welcher Natur Schumanns beabsichtigten und teilweise umgesetzten Forschungen in Lebus waren, ist unklar. Dass es sich dabei um Belange der Kernphysik gehandelt hat, lässt sich aus dem Versuch ableiten, dort eine leistungsfähige Hochspannungsanlage zur Erzeugung von Neutronen zu installieren. Die 3 Mio. Volt-Anlage war von der Dresdner Firma Koch & Sterzel für Boris Rajewskys KW-Institut für Biophysik, das ebenfalls für das HWA tätig war, geordert worden und sollte eigentlich in deren Ausweichstelle im sächsischen Schlema aufgestellt werden. Gerlach entschied jedoch, das Großgerät sei in der kernphysikalischen Forschung besser einzusetzen. Speer schlug diese Anlage jedoch Rajewski zu, zur Umsetzung des an seinem Institut geplanten Aufbaus kam es nicht. Auch nicht in dem vom sowjetischen Vormarsch bedrohten Lebus. Am Ende landete die Anlage demontiert in einem Salzbergwerk bei Staßfurt.[37)] Allerdings scheint die Anlage hier nicht nur „eingelagert" worden zu sein, wie Nagel es schreibt. Bei Wichert findet sich der Hinweis auf eine Untertage-Verlagerung des Rüstungsamtes in die Schachtanlage „Berlepsche" in Leopoldshall bei Staßfurt mit dem Decknamen „Zebra". Ein Teil der untertägigen Auffahrung war eigens dafür unter der Ordnungsnummer 293 gesperrt worden, was für eine Installation der Anlage spricht.[38)]

5.1.4 Die Wissenschaft innerhalb der SS

Eine weitere Zusammenarbeit des OKW W Wiss und des HWA WaF auf wissenschaftlichem Gebiet war mit der SS gegeben. Einerseits war es im Dritten Reich opportun, neben der NSDAP auch Mitglied der SS zu sein (was dem Betreffenden zum Vorteil gereichen konnte, da er entweder Förderung durch den schwarzen Orden erhielt oder diese ihn einfach gewähren ließen). Etliche auch der hier bereits angesprochenen Personen waren in der SS: Mentzel, Thiessen, Vahlen, Sievers, Osenberg u. a. Mit der SS gestaltete sich die Zusammenarbeit durchweg schwierig, was vor allem an der Positionierung der SS im bestehenden Organisationsgefüge und ihren autoritären Ansprüchen lag. Für die SS-externen Personen wie Institutionen bedeutete dies häufig, mit Diskreditierungen übelster Art – der heutige Fachbegriff ist „Mobbing" – bis hin zu exekutiven Maßnahmen konfrontiert zu werden. Dabei gab es Berührungspunkte mit gleich mehreren Führungsämtern der SS: dem SS-Führungshauptamt (FHA) unter Hans Jüttner, dem Reichssicherheitshauptamt (RSHA) – bis 1943 Reinhard Heydrich, anschließend Ernst Kaltenbrunner –, dem Wirtschafts- und Verwaltungshauptamt (WVHA) unter Oswald Pohl und schließlich dem persönlichen Stab des Reichsführer-SS unter Karl Wolf, zu dem auch die Forschungsgemeinschaft Deutsches Ahnenerbe e. V. gehörte. Dem FHA beigeordnet war das Beschaffungsamt-SS, das ab 1940 den Namen „Waffen- und Geräteamt der Waffen-SS" trug. Geleitet wurde es von Heinrich Gärtner und sollte der SS, analog dem HWA, ein eigenes Waffenamt geben. Eine immer intensivere Kooperation mit dem HWA ergab sich nach der Berufung Otto Schwabs. Ihm wurde die Leitung der SS-eigenen Artillerieschule in Glau bei Trebbin übertragen. Als Leiter der Entwicklungsabteilung des Waffenamtes der SS übertrug man ihm 1944 das neu gebildete Amt VIII „Technisches Amt" mit der Abteilung „Forschung, Entwicklung, Patente" (FEP) – ähnlich der gleichnamigen Einrichtung des OKM – und etablierte es ebenfalls in Glau. Schwab wurde wegen seines physikalischen Fachwissens von Himmler sehr geschätzt und setzte ihn als seinen ständigen Vertreter in den Präsidialrat des RFR ein. Dies geschah nicht ohne Widerspruch Mentzels, der lieber Hans Kammler (Leiter der Amtsgruppe C, Bauwesen des WVHA) und Willi Willig (der in Kammlers Amt die Forschungsabteilung leitete) als dessen Vertreter gesehen hätte. Himmler blieb bei seiner Entscheidung.39) Dabei war Schwab schon früh mit militärischen Ambitionen aufgetreten: 1929 äußerte er sich erstmals während seiner Aktivitäten in den Studentenschaften zu der „Schaffung einer akademischen Wehrschule", womit er die spätere WTF vorwegnahm. Neben seiner Forschungstätigkeit in jenen Jahren in der Schallmesstechnik der Artillerie, mit denen auch Schumann in Berührung kam, leitete er in Eigenregie den Aufbau von Wehrabteilungen an den Hochschulen, deren Leitung er i. d. R. selbst übernahm. Schon kurz nach Hitlers Machtergreifung setzte er sich für seiner Ansicht nach dringend an den Hochschulen zu etablierende wehrwissenschaftliche Abteilungen ein. Während einer im April 1933 abgehaltenen Konferenz durch Hitler zu diesem Thema, die letztendlich die Gründung der WTF zur Folge haben sollte, referierte Schwab hierzu umfangreich. Neben Keitel waren auch Becker und Schumann anwesend.40) Mit Schumann hatte Schwab auch kurzzeitig in der Ende 1932 entstandenen Einrichtung „Wehrpolitisches Amt der NSDAP" unter Franz Ritter von Epp gearbeitet. Diese frühe Bekanntschaft bildete die Basis der späteren Zusammenarbeit des TA der SS mit der WaF. Beide Abteilungen führten während des Krieges in einigen Bereichen gemeinsame Forschungen durch. Den Mangel an Ausstattung in Glau konnte er dadurch kompensieren, dass er seine Forscher ins benachbarte Kummersdorf an die Heeresversuchsanstalt (HVA) und die dortige Versuchsstelle Gottow des HWA senden konnte.41) Je mehr sich die SS in die Rüstung und Wehrforschung drängte, desto größer war auch der Umfang der Aufgaben Schwabs. Geradezu konträr wie virulent zeigte sich dagegen die Einmischung und Unterwanderung seitens des RSHA in die Tätigkeiten des HWA. Innerhalb des RSHA war der Sicherheitsdienst (SD), der Nachrichtendienst der SS, bestehend aus dem SD-Ausland unter Walter Schellenberg und dem SD-Inland unter Otto Ohlendorf, angesiedelt. In Letzterem befand sich das Referat III Helmut Spenglers mit der Unterabteilung C 1, besetzt mit Helmut Fischer, für den Bereich Wissenschaft. Ihm fiel die Überwachung (der politischen Zuverlässigkeit und Regime-Treue der jeweiligen Amtsträger und deren Forschungsvorhaben) der Forschungsabteilungen wie der WaF zu. Somit unterhielten sie engen „Kontakt" zu Schumann, da sich Spengler und Fischer sehr für seine Arbeiten, speziell für die kernphysikalischen, interessierten. Beide machten sich durchweg für Schumanns Demissionierung stark.42)

Dessen ungeachtet entwickelte sich die Zusammenarbeit mit dem WVHA positiv, soweit man das in dem Kontext der Nutzbarmachung von Konzentrationslager (KL)-Insassen für die Wehrwissenschaft überhaupt sagen kann. Bei der WaF trat mit der Zeit ein eklatanter Mangel an theoretischen Mathematikern auf. Zahlreiche mathematische Aufgaben wurden deshalb außer Haus an die Hochschulen vergeben. Neben der Rekrutierung und

Anwerbung geeigneter Mathematiker, die freilich immer seltener wurden, offerierte Himmler einen Plan, der die WaF direkt in den Sumpf der Machenschaften der Lagerwirtschaft der SS brachte. Die in den KL inhaftierten Forscher sollten zum wissenschaftlichen Arbeitseinsatz genutzt werden. Im KL Sachsenhausen wurde ein über den RFR durch Mentzel finanziertes Recheninstitut gebildet. Die Verantwortung blieb bei dem für die Betreibung der KL zuständigen WVHA. Wissenschaftlich war das Recheninstitut dem Ahnenerbe beigeordnet. Alle anfallenden Aufträge des Reichsführers, RFR, OKW, der W Wiss (besonders Schumann), seien zu bearbeiten.

Eine Auswahl, welche Wissenschaftler für die anstehenden mathematischen Arbeiten nach Sachsenhausen zu delegieren waren und welche Häftlinge dafür abkommandiert werden sollten, hatten das OKW gemeinsam mit Erich Pietsch, Hans Paul Müller und Willi Willing zu treffen.[43)] Willing ist weiter oben bereits angesprochen worden, doch wer waren Pietsch und Müller? Mit dem Überfall auf die Sowjetunion war bei der W Wiss die „Forschungsgruppe Ost" eingerichtet worden. Diese beschäftigte sich mit allen Ebenen der Wissenschaft in den eroberten Ostgebieten, wie mit dem Einsatz russischer Forscher oder deren Forschungszentren und Institutionen – auch mit deren Ausbeutung. Zuständig für die Leitung der eroberten Forschungseinrichtungen in der Ukraine (wie die in Kiew oder Charkow) in Einheit mit denen dafür notwendigen Wissenschaftlern war Erich Pietsch. Im Frühjahr 1943 erweiterten sich seine Aufgaben mit der Leitung eines wissenschaftlichen Referates des „Intitutes für Deutsche Ostarbeit" (IDO), dem Wilhelm Coblitz vorstand. Das in Krakau ansässige IDO diente der Lenkung wissenschaftlicher Disziplinen mit der Intention, den nationalsozialistischen Herrschaftsanspruch und deren Kulturordnung in den russischen Territorien durchzusetzen. Dazu bediente man sich auch der Insassen des KL Plaszow. Mit wehrwissenschaftlichen wie -wirtschaftlichen Arbeiten, in den Bereichen Chemie, Physik und Mathematik, hatte sich das Referat von Pietsch zu beschäftigen. Geleitet wurde dabei die Sektion „Chemie" von Hans-Paul Müller. Pietsch setzte sich besonders dafür ein, dass Häftlinge der KL Plaszow und Flossenbürg in die chemische Forschung intensiv eingebunden werden sollten.[44)] Somit waren die Ambitionen Schumanns und der W Wiss, die Häftlinge im KL Sachsenhausen auszunutzen, nicht neu. Dem RFR wurde die Beschaffung notwendiger Rechenmittel und Literatur in Auftrag gegeben, was dieser kriegsbedingt jedoch kaum mehr erfüllen konnte. Im Sommer 1944 wurde auch Gerlach in seiner Funktion als Bevollmächtigter für Kernphysik durch Sievers von der Institutsgründung in Kenntnis gesetzt, was von Gerlach begrüßt wurde. Zahlenmäßig blieb der Kreis dieser besonderen Funktionshäftlinge allerdings sehr überschaubar. Auch der erlauchte Kreis derer, denen Zugriff auf die menschlichen Ressourcen dieses Institutes gewährt wurden, blieb begrenzt. Gerlach war einer von ihnen. Dennoch scheinen die Häftlinge trotz ihrer menschenunwürdigen Behandlung recht probate mathematischen Resultate hervorgebracht zu haben.45)

In Anbetracht der deutlichen Erwähnung Gerlachs stellt sich die Frage, ob in Sachsenhausen auch kernphysikalische Aufgaben bearbeitet wurden – und wofür? Ein wenig Aufschluss hierüber geben sowjetische Dokumente, die Matthias Uhl publiziert hat: Ein in Sachsenhausen inhaftierter Ingenieur hat gegenüber einem sowjetischen Offizier ausgesagt, dass man beabsichtigt habe, die deutschen V-Waffen mit Atomsprengköpfen auszurüsten.46) Ein wenig Unterstützung erhält diese Aussage durch die Angaben eines in sowjetischer Gefangenschaft befindlichen deutschen Ingenieurs, der in den Mittelwerken auch an der A-4-Produktion beteiligt war, Horst Kirfes. Dieser gab zu Protokoll, dass ihm der Werksleiter von der beabsichtigten Ausrüstung der V-Waffen mit einer Atombombe berichtet habe.47)

Auf eine weitere Aussage, die des ebenfalls zum mathematischen Institut berufenen und in Sachsenhausen inhaftierten Franz German, der ebenfalls von Kalkulationen für eine Atombombe berichtete, kommen wir indes später genauer zurück. Willing regte Sievers nach dem positiven Anlauf des Mathematischen Instituts im KL Sachsenhausen an, weitere Institutionen dieser Art für die Bereiche Chemie, Physik, Elektrotechnik und Konstruktion durch die Zusammenlegung weiterer geeigneter Häftlinge zu schaffen.48)

Die Ambitionen der SS auf wissenschaftlichem Gebiet bedürfen einer ergänzenden Betrachtung:

Ob Himmlers Interesse an Naturwissenschaften durch sein Studium der Landwirtschaft an der TU München angeregt wurde, ist unklar. Offensichtlich besaß er ein großes Interesse an der Wissenschaft, auch aus physikalischer und ingenieurstechnischer Sicht. Nach seiner Vorstellung sollte sein schwarzer Orden eine elitäre Stellung einnehmen. Dies galt nicht nur für seine anthropologischen Vorstellungen der Schaffung einer ethnisch bereinigten und eugenisch korrigierten arischen Herrenrasse und deren soziologische wie historische „Eingliederung" in die Menschheitsgeschichte im Kontext mit der NS-Ideologie, um deren Führungsanspruch zu untermauern. Auch auf wissenschaftlichem Gebiet sollte dieser Anspruch implementiert und gefestigt werden. Dies korrelierte mit den Interessen der SS, sich als drittes Standbein (neben dem Sicherheitsapparat und der Waffen-SS) als Wirtschaftsunternehmen zu etablieren, wie es mit der SS-eigenen Holding der Deutschen Wirtschaftsbetriebe (DWB) und zahlreichen Beteiligungen und Kooperationen an und mit der Rüstungsindustrie in Teilen umgesetzt wurde – was nicht selten mit Repressalien seitens der SS gegenüber den betroffenen Unternehmen vonstatten ging.49) In der Forschungs- und Lehrgemeinschaft „Das Ahnenerbe" unter Geschäftsführer Sievers wurde 1935 eine Abteilung für Geisteswissenschaften gebildet, die sich hauptsächlich mit den germanischen Geschichts- und Gesellschaftswissenschaften auseinanderzusetzen hatte. Schon früh wurde die KWG in die Bereiche der Anthropologie und Eugenik involviert. Finanziert wurde dies nicht durch die SS, sondern materiell durch verschiedene Unternehmen, die DFG und vor allem den RFR. Im Sommer 1942 entschlossen sich Himmler und Sievers nach mehrmonatiger gegenseitiger Konsultation zur Einrichtung eines „Institutes für wehrwissenschaftliche Zweckforschung" innerhalb des Ahnenerbes, das sich anfangs mit wehrmedizinischen Fragen befasste. Sievers wurde auch hier dessen Direktor. Hinter diesem lapidaren Begriff verbargen sich antihippokratische medizinische Experimente an KL-Häftlingen, auch unter Einsatz chemischer wie bakteriologischer Mittel. Ein Jahr später folgte auf Weisung Himmlers die Ausweitung auf die Fachgebiete Hochfrequenz, Chemie, Physik und Mathematik.50)

Der RFR wurde nun in die SS Forschung intensiver eingebunden. Sievers informierte dort seinen „Vorgesetzten“ Mentzel, ebenfalls Mitglied der SS, über seine Absichten. Fischer wiederum, zuständig für „Wissenschaft“ im SD, unterbreitete Pietsch in dieser Angelegenheit die Aufgabe, nach geeigneten Physikern und Chemikern in den KL zu suchen, wofür sich Pietsch mit dem Leiter des IDO, Coblitz, abstimmte.51) Die Erfassung der Wissenschaftler für SS-eigene Forschungen, nicht nur innerhalb der KL, war von eminenter Bedeutung geworden, nachdem sich das Ahnenerbe zunehmend den Naturwissenschaften und der Waffenforschung zuwendete. Hier bediente man sich subtiler Vorgehensweisen: Zahlreiche etablierte Wissenschaftler waren nämlich Mitglieder der SS. Zwar waren diese bereits in die jeweiligen Institutionen eingebunden, das hinderte die SS jedoch nicht daran, sich mit diesen in stete Verbindung zu setzen, um Einblicke in die Art und den Stand der Forschung zu erhalten. Auch machte die SS davon Gebrauch, ihre Adepten an allen Instanzen vorbei mit eigenen Forschungsarbeiten zu betrauen. Gerade Rudolf Mentzel soll sich in dieser bivalenten Rolle als die eigentliche graue Eminenz der deutschen Forschungslandschaft hervorgetan haben. Als SS-Mitglied, im REM Abteilungsleiter „Wissenschaft“, Präsident der DFG, Vizepräsident der KWG, Geschäftsführer im Präsidialrat des RFR und Mitglied des Forschungsbeirates des HWA hatte er Einblick in den gesamten wehrwissenschaftlichen Horizont Deutschlands und konnte ihn Kraft seiner Machtfülle auch beeinflussen.52) Wie Nagel es eruiert hatte, stand praktisch das komplette REM seit 1936 indirekt unter Himmlers Kontrolle und die dortigen Mitglieder der SS waren dem zuständigen Referenten des SD zur Berichterstattung verpflichtet.53) Man kann sich nun leicht vorstellen, dass dies auch für alle anderen Einrichtungen zutraf und wie sie von der SS, durchaus mit subversiver Intention, infiltriert wurden. Der Zugriff und Einfluss der SS auf die Forschung und Rüstung wuchs mit dem Niedergang des Dritten Reiches permanent und verschaffte ihr maßgebliche Kontrolle in fast allen Bereichen der Wehrwirtschaft und -forschung. Explizit traf das auf den reorganisierten RFR zu, in dem alle Schlüsselpositionen von der SS besetzt wurden: der besagte Mentzel als Geschäftsführer, sein Stellvertreter Sievers, der Leiter des Planungsamtes Osenberg, Himmlers (als

Reichsführer SS) ständiger Vertreter Schwab und ab Mitte 1944 zusätzlich als Himmlers (als neuer Chef des Ersatzheeres) ständiger Vertreter Jüttner, Chef des FHA! Auch in der von Osenberg inspirierten WFG behielt die SS die Federführung. Neben weiteren SS-Mitgliedern war dort auch Spengler zu finden.[54)] Die Einflussnahme weitete sich derart aus, dass die Interessen der SS in direkter Konkurrenz zum RMfRuK standen. Speer konnte sich allerdings weitestgehend den Ambitionen Himmlers entgegenstellen. Das führte zu latenten Spannungen zwischen den beiden „Mikrokosmen" Himmler und Speer, sie sich zunehmend konterkarierten: Das technische Amt Speers hatte im August 1944 beispielsweise die Weisung an alle Stellen erteilt, dass sämtliche Forschungen und Entwicklungen bis Ende des Monats zu beenden seien, sofern sie nicht ausdrücklich von Speer genehmigt wurden. Himmler protestierte und konnte seinen Einfluss deutlich machen.[55)] Drei Monate zuvor war der SD-Inland mit dem Schwerpunkt auf die Wehrwissenschaft umstrukturiert worden, da

„Wehrforschung und Waffenentwicklung in der gegenwärtigen Kriegssituation in besonderem Maße gefordert [seien]",

wie es Ohlendorf später formulierte. Die SS Forschung war an den neuesten und innovativsten Entwicklungen der Waffentechnik interessiert. Das Referat Fischers wurde nun erweitert und nannte sich jetzt zuständig für „Naturwissenschaften und Wehrforschung" – die Leitung hatte jetzt Spengler direkt inne. Fischer unterhielt anschließend wiederholten Kontakt mit Thiessen, Esau, Gerlach und Schneider (WaPrüf).[56)] Daneben versuchte die SS in Glau unter Schwab, dem wir in dieser Funktion bereits begegnet sind, ein eigenes Forschungszentrum zu etablieren. Im Januar 1944 trug sich Sievers mit den Gedanken der Planung eines eigenen Forschungsamtes der SS. Nach mehreren Unterredungen entschied Himmler, dass die waffentechnisch-wissenschaftlichen Forschungen Schwab unterstellt werden sollten, die allgemeinen wissenschaftlichen Aktivitäten verblieben dagegen beim Ahnenerbe. Sievers war nun damit beschäftigt, die in die Forschung involvierten Stellen der SS über die Absichten in Kenntnis zu setzen und zur Mitarbeit aufzufordern. Die hochtrabenden Pläne wurden im April auf Geheiß Himmlers bereits wieder gestoppt. Die Gründe für diese Wendung sind nicht bekannt. Ende Oktober jedoch scheint Sievers in ähnlicher Weise aktiv geworden zu sein. Er sollte nach einer Besprechung mit Rudolf Brandt (Leiter des persönlichen Stabes des Reichsführers SS) gegenüber Himmler Bericht erstatten über eine „Bündelung aller wissenschaftlichen Kräfte des SS“ – was daraus wurde, ist nicht bekannt.[57)]

5.1.5 Die Reichspostforschung

In unserem Abriss der Forschungslenkung des Dritten Reiches fehlt noch eine Institution; die Forschungen der Reichspost.

Wilhelm Ohnesorge, selber Physiker, übernahm Anfang 1937 das Reichspostministerium (RPM), in dem er bereits seit 1933 als Staatssekretär und Präsident des Reichspostzentralamtes die Geschicke lenkte. Eng verbunden sind seine Forschungsambitionen mit denen des Sohnes eines Kriegskameraden aus dem ersten Weltkrieg: Manfred von Ardenne. Von Ardenne, dem das reguläre Studium ein Gräuel gewesen und der als Naturwissenschaftler der angewandten Physik Autodidakt war, forschte seit seinem frühzeitigen Verlassen des Schulwesens auf dem Gebiet der Elektrophysik an wesentlichen Grundlagen des Fernsehens und des Radars. 1926 gründete er ein eigenes Labor in Berlin-Lichterfelde. Dank seiner Arbeiten in der Fernsehtechnik führte ihn sein Weg in die Zusammenarbeit mit der Reichspost. 1934 richtete das Reichspostzentralamt in Berlin-Tempelhof ein Labor ein.[58)] Mit dem Ziel, auch in der finanzkräftigen und prestigeträchtigen Rüstungsforschung Fuß zu fassen – wohl auch, um sich persönlich zu profilieren und in der NS-Herrschaft aufsteigen zu können –, bildete Ohnesorge 1937 eine eigene Forschungsanstalt aus dem Labor von Ardennes auf Basis und in Abstimmung mit Görings Vierjahresplanbehörde. Nach kurzer Suche fand die Reichspost ein geeignetes wie repräsentatives Domizil in Kleinmachnow, der Hakeburg. Auf dem Gelände der Immobilie entstanden die Neubauten der Reichspostforschungsanstalt (RPF).[59)]

Die Forschungsaufgaben der neuen RPF wurden vom Bevollmächtigten des Vierjahresplans in vier Punkten festgelegt. Unter Punkt 2 wurde „allgemeine Physik, insbesondere Atomphysik, [...]“ aufgeführt.[60)] Allerdings soll von Ardenne erst 1939, in Folge der Entdeckung der Kernspaltung, Ohnesorge auf die Bedeutung der Kernphysik aufmerksam gemacht haben.[61)] Erst 1940 kam es zu einem Kontrakt zwischen der RPF und von Ardenne über kernphysikalische Arbeiten. Mit finanziellen Mitteln der RPF und Unterstützung der SS (Häftlinge für Bauaufgaben) wurde das Labor von von Ardenne in Lichterfelde zum „Kernphysikalischen Institut des Reichspostministeriums“ erweitert und sukzessive mit Großgerät versehen (Van de Graaff-Anlage, Einrichtungen zu kernphysikalischen Untersuchungen und ein Zyklotron), die in dem neuen Bunkerlabor aufgestellt wurden.[62)] Nun wurden eine Reihe von Kontrakten zwischen der RPF und von Ardenne abgeschlossen, die seinen Forschungen ein finanzielles Fundament gaben. Ein am 01. Februar 1942 vereinbarter Vertrag sah eine verstärkte Entwicklungstätigkeit auf dem Gebiet der Kernphysik vor. Explizit wurden dabei die gemeinsamen Forschungen im Bereich der Isotopentrennung mit Friedrich Gladenbeck, der bis 1942 Präsident der Forschungsanstalt der RPF war, genannt.[63)]
Das schien Ohnesorge jedoch nicht zu genügen; richtete er in Zeuthen-Miersdorf doch ein weiteres kernphysikalisches Labor ein: das Amt für physikalische Sonderfragen (APS). Grund hierfür war eine Zusammenarbeit auf diesem Gebiet mit der Forschungsabteilung der Luftwaffe.[64)] Möglicherweise wollte man bei der RPF die kernphysikalischen Forschungen nicht nur in einem quasi externen Institut (von Ardenne) behandelt wissen, sondern in einem eigenen. Dass man für das APS einen zusätzlichen Standort schuf, mag auch der Geheimhaltung geschuldet sein, wahrscheinlicher ist jedoch, dass der Ausbau der RPF in Kleinmanchow ins Stocken geraten und längst nicht bezugsfertig war. (Verursacht wurden die bauseitigen Verzögerungen durch kommunale Einwände gegen den Bebauungsplan und reichsseitig durch die Auffassung der Finanz- und Baubehörden, die Anlage sei nicht kriegswichtig und der hohe Kostenaufwand durch nichts zu rechtfertigen. Erst nach einer Reduktion und architektonischen Umgestaltung des Baukörpers konnte sich Ohnesorge durchset-

zen.)[65] Wie auch von Ardennes Laboratorium wurde das APS unter der Leitung Georg Otterbeins mit modernstem Großgerät ausgestattet (zwei Kaskadengeneratoren – von denen nur eine vollendet werden konnte –, eine Einrichtung zur Isotopentrennung und ein Zyklotron). Die von der OT ausgeführten Laboratoriumsbauten sollen zum Verständnis der notwendigen Größenordnung derartiger Einrichtungen aufgezeigt werden: Die Hochspannungshalle besaß die Abmaße von 17,5 × 28 m in der Fläche bei 14 m Höhe; die des Zyklotrons wies bei einer Fläche von 9 × 14 m eine Höhe von 8 m auf.[66] Als Mitarbeiter konnten zeitweilig Siegfried Flügge und Hans Bomke, dessen Fachgebiet die Isotopentrennung war, vom KWI für Chemie gewonnen werden.[67] Genau dieses Thema scheint dann auch zum Forschungsschwerpunkt des APS geworden zu sein. Neben der bis Kriegsende unvollendeten Konstruktion von von Ardennes elektromagnetischem Massentrenner auf Basis eines Massenspektrographen wurden dort durch den theoretischen Physiker Detlof Lyons konstruktive Vorarbeiten einer Zentrifuge zur Isotopentrennung vorangetrieben. Lyons hatte 1941 in Leipzig unter Heisenberg promoviert und befasste sich mit der Diffusion thermischer Neutronen.

Der im APS aufgestellte Kaskadengenerator der Firma C. H. F. Müller aus Dresden war Mitte Februar 1944 betriebsbereit. Bei einer Leistung von 1,5 MeV war er in jenem Jahr die leistungsstärkste Neutronenquelle im Großraum Berlin, da die anderen Anlagen an den Instituten der KWG und der PTR leistungsschwächer und im Aufbau oder in der Verlagerung begriffen waren. Mit ihr konnten durch beschleunigte Deuteronen, die in ein Beryllium-Target geschossen wurden, schnelle, hochenergetische Neutronen generiert werden. Eine geplante Kopplung mit der zweiten bei Siemens & Halske bestellten, gleich starken Anlage kam kriegsbedingt nicht mehr zur Umsetzung, da diese nie vollendet wurde.[68] Neben der Erforschung von Strahlenschäden durch die Einwirkung von ionisierender Strahlung wie auch Neutronen an tierischem und menschlichem Gewebe – begleitet durch das KWI für Hirnforschung in Berlin-Buch (das selbst über einen wesentlich schwächeren Kaskaden-Generator verfügte) und gefördert durch Walther Gerlach – wurde hier auch Uran bestrahlt. Dies geschah im Auftrage des KWI für Chemie unter der Aufsicht Otto Hahns, der das APS mehrmals aufsuchte.69) Zu den Ambitionen der RPF gibt es einen interessanten Aktenvermerk aus dem April 1942 – also jenem Zeitraum, in dem Speer sein „Konstruktionsverbot" ausgesprochen hatte und die Leitung der kernphysikalischen Forschung vom HWA auf den RFR übertrug:

„In einer vor kurzem stattgehabten Zusammenkunft des Forschungsrates zeigten Vorträge der ersten Wissenschaftler vor Reichsministern und hohen militärischen Persönlichkeiten erneut die ganz außerordentliche Kriegswichtigkeit der kernphysikalischen Forschungsarbeiten. Die US-Amerikaner sind uns auf diesem Gebiet offenbar weit voraus und es läßt sich nicht übersehen, welche Überraschungen möglich sind, wenn wir in dieser Richtung im Rückstand bleiben.
Da die Ergebnisse der Kernforschung auch für die Nachrichtentechnik umwälzende Bedeutung versprechen, hat Min[ister Ohnesorge] entsprechende Arbeiten bei der DRP schon vor langer Zeit aufnehmen lassen. Sie stehen jetzt mit an vorderster Stelle in Deutschland. Es besteht deswegen die Verpflichtung und dringende Notwendigkeit, unsere Arbeiten im allgemeinen und in dem der DRP mit allen Mitteln voran zu treiben." 70)

Im Zuge der Reorganisation des RFR im Juli 1942 wurde Ohnesorge zudem von Göring in dessen Präsidialrat berufen.71)
Von beiden Institutionen ist bekannt, dass sie im häufigen Kontakt mit den in die WaF eingebundenen Wissenschaftlern und Forschern standen, wie mit Schumann und Diebner.72) Auch die RPF geriet dabei in die unmittelbaren Kreise der SS: Im Mai 1942 war der gesamte Postschutz der SS an Gottlob Berger, Leiter des SS-Hauptamtes (SS-HA), übertragen worden. Vorausgegangen waren wechselseitige Konsultationen, auch unter Einbeziehung Himmlers, bezüglich der Übernahme des Postschutzes. Ohnesorge, dem an einer engen Kooperation mit der SS gelegen war, stellte Himmlers Organisation nicht nur den Fuhrpark der RPF und finanzielle Zuwendungen in Millionenhöhe zur Verfügung, er bot im Gegenzug alle Daten der von ihm eingerichteten Post- und Funküberwachung an, was in Folge auch praktiziert wurde. 73 und Anm. dort) Bleiben wir noch einen Augen-

blick bei der Reichspostforschung und dem weiter oben angesprochenen Verfahren der Isotopentrennung durch den von von Ardenne konzipierten Massentrenner: Dieser beruhte auf der Funktionsweise der Massenspektrometrie. Das zu untersuchende Medium wird hierbei gasförmig ionisiert und durch ein anliegendes elektrisches Feld beschleunigt. In dem sich anschließenden Analysator werden die einzelnen Ionen anhand ihres Masse-Ladung-Verhältnisses separiert und in der nun folgenden Detektorsektion identifiziert. Von Ardenne hat diese technische Anlage dahingehend umkonstruiert, dass Uran als gasförmiges Isotopengemisch innerhalb des Analysators (der hier als statisches Magnetfeld ausgeführt wird) aufgrund der spezifischen Ladung der unterschiedlichen Uran-Isotope separiert und extrahiert werden kann, und zwar durch die magnetische Ablenkung der jeweiligen Isotope. Das Resultat entspricht einer praktisch hundertprozentigen Isotopentrennung, die allerdings nur sehr geringe Mengen zulässt. Von Ardennes konstruierte Einrichtung erlaubte einen höheren Massendurchsatz und verwendete eine ebenfalls von ihm entwickelten Ionenquelle. Nach seiner eigenen Beschreibung bestand sein experimenteller Isotopentrenner im Aufbau aus einem 2-t-Magnet, einem ringförmigen Trennmagnetfeld und der zentral angeordneten Plasma-Dampf-Ionenquelle.74) Bei dieser wird die Ionenextraktion durch eine kontinuierliche Gasentladung erzeugt, die durch einen Elektronenstrahl innerhalb eines Magnetfeldes aufrechterhalten wird und eine hohe Ionenstromdichte liefert. Dieses Verfahren ließ sich von Ardenne mehrfach patentieren.75)

5.1.6 Schumanns Niedergang im HWA

Da die deutschen Forschungen in der Kernphysik untrennbar mit dem Namen Schumann verbunden sind, wie sich auch noch deutlicher zeigen wird, werfen wir einen vorgezogenen Blick auf seinen bereits angesprochenen Niedergang im HWA: Die von ihm erlangte Machtfülle respektive dessen Einflussbereich hat schon früh für Konkurrenz mit Neid und Missgunst gesorgt. Die ärgsten Widersacher fanden sich innerhalb des HWA, des RFR und damit einhergehend in der SS: Fischer, in dessen Aufgabenbereich des SD die Überwachung der Wissenschaftler und deren Aktivitäten gehörte, pflegte ein gutes Verhältnis zum Chef der WaPrüf, Erich Schneider.[76]) Innerhalb des HWA hatte die Kritik an Schumanns Art und Weise der Kumulierung der Rüstungsforschung zugenommen und nicht wenige forderten eine Entflechtung seines Machtzentrums, welches er als Protegé Beckers aufgebaut hatte. Gerade die von ihm begangenen Fehler bei der Errichtung des Seewerkes Falkenhagen und die nicht starten wollende Produktion des N-Stoffes – eine Interhalogenverbindung, die als Kampfstoff (Lungenschädigung), brandförderndes Mittel (Entzündung bei bloßem Luftkontakt) oder als Raketentreibstoff (lagerfähiger hochenergetischer Oxidator) zur Anwendung gelangen sollte und von der man sich viel versprochen hatte – hielt man ihm belastend vor. Schneider, der, bevor er zum Ressortleiter aufstieg, mehrmals am aktiven Fronteinsatz im Osten teilgenommen hatte, sah das Mögliche und Notwendige der Rüstungsforschung daher mit den Augen eines Frontoffiziers wesentlich nüchterner und pragmatischer. Die von Schumann betreuten Projekte der Sprengstoffphysik und Kampfstoffe betrachtete er mit Blick auf den zeitlichen Rahmen und den Einsatz an Mitteln argwöhnisch; ja er hielt sie für eine Vergeudung von Ressourcen.[77]) Aufgrund seiner Kontakte zur SS kann davon ausgegangen werden, dass diese von Schneiders Beurteilung aus dem Sommer 1943 Kenntnis erhielt. Richtig Fahrt nahmen die kritischen Einstellungen genau ab jenem Sommer auf, als Osenberg das neue Planungsamt des RFR übernommen hatte. Nach seiner Ernennung war er bestrebt, die Aktivitäten sämtlicher seinem Ressort untergeordneter Forschungseinrichtungen zu erfassen und zu rationalisieren, um deren Arbeit so effizient wie möglich zu gestalten. Dazu gehörten auch die Anlagen der HVA bei Kummersdorf, Gottow, wo sich die ausgedehnten Laboratorien der WaF und WaPrüf befanden. Aus Osenbergs Beurteilung an Geist (Leiter der Forschungsabteilung des RMfRuK) darf geschlossen werden, dass er von Schneiders Kritik erfahren hatte, denn er hielt Schumann für umstritten. Er war zu der Auffassung gelangt, dass in Gottow noch erhebliche freie, ungenutzte Kapazitäten im Bereich der Forschung, insbesondere der Ballistik, vorhanden seien, die man auch durch organisatorische Konzentrierungen erweitern könne. Osenberg selbst wollte offensichtlich schon längst auf die personelle Aufstockung mit geeignetem Fachpersonal hingewirkt haben, wenn seitens Schumann, den man vor Ort selten antraf und auch keinen Stellvertreter benannt hatte, die von ihm zu bearbeitenden Aufgaben klarer dargestellt würden. In einem nur einen Monat später, im August 1944, von Osenberg verfassten Bericht zu den Aktivitäten des RFR erneuerte er seine Kritik an Schumann:

„Von 17 Aufträgen der Fachsparte Sprengstoffphysik hat sich Herr Prof. Schumann 12 selbst erteilt, in diesen werden jedoch nur zwei Probleme untersucht. Die entscheidende Fragen der Sprengstoffphysik werden nicht erforscht."

Gleichfalls urteilte er über Schumann, dass er

„mit verantwortlich für die mangelnde Einbeziehung der Wissenschaft in den politischen und militärischen Entscheidungsprozeß"[78] sei.

Zu der gleichen Zeit wurde auf Drängen Osenbergs durch Göring die bereits benannte WFG gebildet, in der Schumann erneut vertreten war. Offenbar in diesem Zusammenhang erkundigte sich Osenberg bei Spengler, SD, über Schumann. Spenglers Antwort war deutlich:

„Prof. Schumann ist weder als Wissenschaftler noch als Bevollmächtigter geeignet. Der Reichsführer SS hat sich eindeutig gegen ihn ausgesprochen. In politisch-weltanschaulicher Sicht gilt er als fragwürdig, charakterlich ist er abzulehnen."[79]

Inwieweit in jenem Sommer das Attentat auf Hitler durch Claus Graf Schenk von Stauffenberg in Schumanns Beurteilung durch die SS miteingeflossen ist, ist spekulativ. Der Sohn des Mitarbeiters Gerhard Pfefferkorn an Schumanns II. PI gab später an, dass sich sämtliche Mitarbeiter Schumanns am Tag des Attentats und der Inkraftsetzung von „Walküre" außerhalb von Berlin aufzuhalten hätten. Schumann selbst habe sich in der Telefonzentrale der Wehrmacht befunden und hörte dort den Telefonverkehr mit.[80] Darüber, ob er mit dem Widerstand in Kontakt gestanden hatte, gibt es keine Erkenntnis. Andere Zeitgenossen, wie Graue, Schwab und sogar Fischer, behaupteten, dass Schumann Hitlers wichtigster wissenschaftlicher Berater gewesen sei und an seiner politischen Integrität nicht zu zweifeln war. Ferner soll er sich nach eigener Darstellung in der SS besser aufgehoben gesehen haben als im HWA (dessen ungeachtet war Schumann kein Mitglied der SS).[81] Sollte er jedoch tatsächlich bereits im Vorfeld des 20. Juli Kenntnis von dem Anschlag gehabt haben, wirft dies ein neues Bild auf Schumanns politische Nähe zum Nationalsozialismus: Es wäre dann davon auszugehen, dass er sein Wissen um Walküre von den Verschwörern selbst erhalten hat, was ihn politisch in deren Nähe bringt. Kontakt hatte er zu Fromm und über diesen dürfte ihm auch Stauffenberg bekannt gewesen sein. Darüber hinaus unterhielt er in seiner Position beim OKW auch Verbindungen zur Abwehr, mit Hans Oster und Wilhelm Canaris. Nach der gescheiterten Operation Walküre wurde Himmler Chef des Ersatzheeres und damit zugleich zu Schumanns neuem Vorgesetzten innerhalb des HWA. Jetzt besaß die SS die legislative Möglichkeit, sich Stück für Stück Schumanns, der immer noch ein hohes Ansehen genoss und großen Einfluss besaß, zu entledigen. Wie weiter oben schon beschrieben, wurde Schumann im Rahmen der Umstrukturierungen des HWA und der Bildung eines WWA um den 15. Januar 1945 durch Plas ersetzt. Behalten konnte er seine Positionen als Leiter der W Wiss und des II. PI, auf die Himmler nicht ohne weiteres zugreifen konnte, da sie im OKW bzw. bei seinem Intimus Mentzel im REM angesiedelt waren. Dadurch blieben seine Verbindungen zur KWG wie der Hochschulwelt erhalten.[82] Ebenso blieb seine Stellung im RFR unangetastet. Hier arbeitete er weiterhin konstruktiv mit Osenberg an der Verbesserung der Hohlladung für Panzerabwehrwaffen zusammen. Osenberg förderte seine Entwicklungen auf diesem Gebiet 1945 sogar maßgeblich.[83] Welche Auswirkung der Niedergang Erich Schumanns auf die Kernphysik hatte, werden wir noch sehen.

5.2 Ein Überblick über die kernphysikalische Forschung

Zum besseren Verständnis und zur Einordnung der Forschung in den zeitlichen Kontext verfolgen wir in diesem Abschnitt skizzenhaft die Arbeiten auf dem Gebiet der Kernphysik. Wir belassen es dabei im Wesentlichen bei einer zeitlichen Übersicht, ohne auf die einzelnen Projekte explizit einzugehen. Nur dort, wo sich ein direkter Einfluss auf unser Kernthema ergibt, schauen wir detaillierter hin. Hierzu greifen wir erneut umfangreich auf die Ausarbeitungen Günter Nagels zurück.

5.2.1 Grundlagenforschung – Reaktor oder Waffe?

Nach dem Bekanntwerden der Entdeckung der Kernspaltung durch Hahn, Strassmann und Meitner Anfang 1939 wurden deren Resultate wie auch die Ergebnisse der Fortsetzung der Forschungen in der Kernphysik mehrfach publiziert, wie dies durch Hahns Mitarbeiter Gottfried von Droste und Siegfried Flügge Ende Januar und Hahn und Strassmann im März geschah. Kurz darauf bestätigten französische Wissenschaftler um Joliot-Curie die von den Deutschen publizierte Annahme, dass bei der Kernspaltung zusätzliche Neutronen emittiert werden. Im gleichen Zeitraum stellte auch Szillard seine Vermutung auf, dass sich durch diese Neutronen eine Kettenreaktion aufrechterhalten lasse, mit ungeahnter Energiefreisetzung (s. w. o.). Wahrscheinlich durch diese Veröffentlichungen aufmerksam geworden, ordnete Schumann bereits in jenem März den Leiter der WaF I (Abteilung Physik), Basche, an, erstens alles zu sammeln, was in Zusammenhang mit der Kernspaltung veröffentlicht wurde, zweitens mit den kernphysikalischen Institutionen Kontakt herzustellen und drittens in seiner Abteilung ein eigenes Referat der Kernphysik einzurichten, mit eigenen Forschungslaboratorien in Gottow. Die Leitung wurde im Juni dem Kernphysiker Kurt Diebner übertragen. Bereits bei der WaF im Referat „Sprengstoffphysik" tätig, hatte er dort mit seinen Forschungen über

die Nutzbarmachung der Kernphysik für militärische Zwecke auf sich aufmerksam gemacht. Im April hielt Wilhelm Hanle an der Universität Göttingen einen richtungweisenden Vortrag über die mögliche Energiegewinnung aus einer Uranmaschine, für die er als Moderatoren schweres Wasser oder reines Graphit vorsah. Der Leiter des dortigen Physikalischen Institutes, Georg Joos, informierte umgehend das REM über diese Möglichkeit, das diese wiederum an Esau als Leiter der PTR und der Fachsparte Physik des RFR weiterleitete. In seinem Auftrag fand am 29. April eine erste Besprechung, zu der neben den verschiedenen Institutsleitern auch Schumann geladen wurde, statt. Bei dieser legte man sich auf Esau als ersten Projektleiter und die ersten Grundlagenforschungen fest. Wenige Tage zuvor hatte sich Paul Harteck, der bereits unter Rutherford kernphysikalische Forschungen betrieben hatte, gemeinsam mit seinem Assistenten Wilhelm Groth in einem Schreiben an das HWA gewendet. Darin betonten beide, dass sich durch die Anwendung der Kernspaltung möglicherweise ein neuer Sprengstoff mit bislang nicht bekannter Wirkung ergeben könnte und dass das Land, welches diesen als erstes zu nutzen verstehe, einen uneinholbaren Vorsprung besäße. In aller Deutlichkeit wurde dem HWA der Gebrauch der Kernspaltung als Waffe vor Augen geführt.[84)]
Aber auch an Hahns KWI für Chemie entwickelten sich ähnliche Gedanken. In seinem Überblick über die Forschung behandelte Flügge im Juni auch die Frage der Nutzbarmachung des Energiegehaltes der Atomkerne. Seiner berühmten Kalkulation, mit der Energie von 1 qm Uranoxid 1 qkm Wasser 27 km anzuheben, folgte eine erste anschauliche Skizze eines „Uranmaschine" genannten Reaktorentwurfes. Zeitgleich meldete der Wiener Physiker Georg Carl Stetter, Leiter des II. Physikalischen Institutes der Universität Wien, einen heterogenen moderierten Reaktor zum Patent an. Stetters und Flügges Konzepte waren dabei vom Grundprinzip her ähnlich.[85)] Durch Flügges Bericht angeregt fand unter Beckers Leitung im HWA eine Besprechung im Beisein von Schumann, Waeger, Winkhaus, Basche, Esau und Planck statt. Auf Waegers Frage nach der potentiellen Gewinnung der Atomenergie legte Planck den Beteiligten die Förderung der Erforschung der Kernphysik nahe. Das Projekt solle zukünftig dem HWA statt der PTR zugeordnet werden, schlug Waeger vor. Anfangs führ-

te das zu einer Kontroverse zwischen dem HWA und der PTR, da Esau die Kompetenz bei sich sah. Basche und Menzel (vom REM) bestätigten ihm die Leitung durch das HWA und Diebners Referat in der WaF. Direkt nach Ausbruch des Krieges fanden zwecks Koordinierung des Uranprojektes im September und Oktober zwei richtungsweisende Konferenzen im HWA statt. Als Assistent berief Diebner Erich Bagge, den er 1938 während einer Tagung in Breslau kennengelernt und der nun die Gremien einzuberufen hatte. Auf der ersten Konferenz, an der neben Diebner, Bagge und Basche auch Josef Mattauch (Nachfolger Meitners als Leiter der Physikalischen Abteilung des KWI für Chemie), Flügge, Paul Harteck (Direktor des Institutes für Physikalische Chemie an der Universität Hamburg), Walther Bothe (Institutsleiter Physik am KWI für medizinische Forschung), Hans Geiger (Direktor des Physikalischen Institutes der TH Berlin), Gerhard Hoffmann (experimentelle Physik an der Universität Leipzig) teilnahmen, wurden Theorien über den Aufbau und die Funktionsweise eines Reaktors (Uranmaschine) und über die weitere Vorgehensweise diskutiert. Das visuell greifbar werdende Potential der Kernphysik erfassend, insistierte Geiger eindringlich, die Forschungen an einer Uranmaschine sofort aufzunehmen, sollte sich auch nur die vage Möglichkeit der Energiegewinnung ergeben.[86)] Man beabsichtigte den Kreis der Wissenschaftler für die zweite Zusammenkunft im Oktober zu erweitern. Zusätzlich wurden Hahn, Werner Heisenberg (seinerzeit Professor für theoretische Physik an der Universität Leipzig – er beschäftigte sich mit der Neutronenphysik), Robert Döpel (Professor für Strahlungsphysik in Leipzig), Klaus Clusius (Direktor des Institutes für Physikalische Chemie der Universität München), Georg Joos (Direktor des Physikalischen Instituts der Universität Jena) und Carl Friedrich von Weizsäcker (Mitarbeiter des KWI für Physik) geladen.[87)] Gegenstand waren nun die theoretischen Grundlagen – insbesondere der Kettenreaktion. Die Eruierung einer möglichen Energiegewinnung mittels ablaufender Kettenreaktion in einer Uranmaschine wurde an Heisenberg übertragen. Seine theoretischen Resultate übermittelte dieser in zwei Berichten Ende 1939 und im Februar 1940 an das HWA. Neben der Reaktorkonzeption sah er auch die Möglichkeit eines neuen Sprengstoffes.[88)]

Die Grundzüge des von Diebner geleiteten Uranprojektes kristallisierten sich allmählich heraus. Zentrale Strukturen wurden dabei jedoch nicht gebildet, es blieb bei einer lockeren übergeordnet koordinierten Zusammenarbeit. Dabei konnte er sich auf die Machtfülle Schumanns stützen und auf die Einbindung militärischer Institutionen wie der KWG und des Hochschulwesens. Nahezu alle Einrichtungen, die sich mit der Kernphysik auch nur im Entferntesten beschäftigten, wurden, aufgeteilt in Arbeitsgruppen, zu Rate gezogen, mit Arbeiten hierzu beauftragt oder direkt in die Forschungen der WaF eingebunden. Die beteiligten Wissenschaftler wurden in der von Bagge humorvoll als „Uranverein" titulierten „Arbeitsgemeinschaft für Kernphysik" (AG KP) zusammengefasst. Anfang 1940 wurde das KWI für Physik in Berlin-Dahlem unter Diebners und Basches Leitung für das HWA beschlagnahmt. In der dortigen Arbeitsgruppe von Heisenberg, die dieser zusätzlich zu seinem Lehrstuhl in Leipzig besaß, wurden die von ihm konzipierten ersten Reaktorentwürfe der B-Reihe (B für Berlin) unter von Weizsäcker, Karl Wirtz und Horst Korsching realisiert. Parallel errichtete er bis 1942 die ganz ähnlichen Reaktoren der L-Reihe (L für Leipzig) in Leipzig.[89)] Im gleichen Zeitraum hatte Kurt Starke am KWI für Chemie aus U238 durch Neutronenbestrahlung ein neues, zeitlich nur begrenzt existentes Element 93 „transmutiert" (das heutige Transuran „Neptunium"). Zum gleichen Ergebnis kamen in jenen Tagen Edwin McMillan und Philip Anderson in den USA, die ergänzend feststellten, dass sich das Element 93 automatisch durch eine weitere Neutronenanlagerung in das Element 94 (Plutonium) umwandelte. Die nicht geheimen und daher veröffentlichten Erkenntnisse brachten von Weizsäcker auf die Spur, dass dieses neue Element, EkaRe 239 – wie er es bezeichnete –, ein sehr viel besserer Spaltstoff sei. In einem Geheimbericht an die WaF im Juli 1940 ging er darauf ein. Mit EkaRe, das in einem laufenden Reaktor aus U238 zu gewinnen sei, könne man sehr viel kompaktere Reaktoren bauen oder es auch als Sprengstoff verwenden. Nachdem bis 1941 bekannt war, dass EkaRe das Element 94 war, ließ sich von Weizsäcker seine Theorien patentieren. Punkt 5 seiner Ansprüche enthielt dabei ein Verfahren zur explosiven Nutzung der Energie aus der Spaltung des Elements 94.[90)] Alternativ zum möglichst reinen U235 war den deutschen Wissenschaftlern jetzt auch der Weg über das Element 94 für eine Kernwaffe bewusst! Eines der elementaren Probleme blieb bis Kriegsende die Isotopentrennung U238/U235 und die Anreicherung des Letzteren. Über wenige Prototypen im Labormaßstab kamen die Entwicklungen der Trennverfahren im Grunde nicht hinaus.

Anfang 1940 beauftragte Heisenberg seinen Assistenten Paul O. Müller mit der Berechnung der kritischen Masse des U235. Seine Berechnungen und Resultate legte Müller im Mai in seinem Bericht „Eine Bedingung für die Verwendbarkeit von Uran als Sprengstoff" vor. Ein Uran-Wasser-Gemisch zugrunde gelegt, kam er auf einen Anreicherungsgrad von 70 % U235. Seine Kalkulation stellte aber eine Zwitter-Konstruktion eines ungeregelten Reaktors als Bombe dar. Deutlich wurde dies in seinem Vorschlag, zwecks Einleitung einer Kettenreaktion einen anfangs unterkritischen Reaktoraufbau durch ihn umgebenden Sprengstoff auf die zur Neutronenvermehrung für eine Kettenreaktion notwendige Initialtemperatur zu bringen. Damit war die Idee einer „Reaktorbombe" geboren. Eine Idee, die, obgleich falsch (was Heisenberg nicht verborgen geblieben sein konnte), von ihm selbst durch den Krieg bis nach Farm Hall verfolgt wurde.[91)]

Zu welchem Ergebnis kamen die Bemühungen Heisenbergs in Bezug auf diese eminent wichtige Frage? Hiermit hat sich Paul Lawrence Rose eingehender beschäftigt: Als Heisenberg und Co. nach dem Krieg im britischen Farm Hall interniert waren, war er im Schatten der Atombomben der Meinung, man benötige mehrere Tonnen U235 für die kritische Masse. Nachdem er ohne Zugang zu relevanten Informationen und ohne jede Möglichkeit experimenteller Nachweise während der Internierung am 14. August 1945 zu der überraschenden Erkenntnis gelangt war, dass die kritische Masse doch nur wenige Kilogramm betrage, entgegnete Hahn – offensichtlich ein wenig düpiert –, warum Heisenberg ihm während des Krieges erzählt habe, dass man ca. 50 kg U235 benötigen würde! Anscheinend war sich Heisenberg durchaus schon wesentlich früher über die kritische Masse des U235 im Klaren, als er einräumen wollte: Bei einem gemeinsamen Besuch mit Hahn im Labor von Ardennes im Herbst 1941 äußerte Heisenberg auf von Ardennes Frage, wie viel Kilogramm U235 man für eine Kettenreaktion benötige, die Antwort: wenige Kilogramm. In einem Schriftwechsel mit David Irving 1966/67 bestätigte Heisenberg seine gegenüber von Ardenne getätigten Angaben (wenn er sie auch zu relativieren versuchte). Doch die von Hahn gemachten Bemerkungen in Farm Hall scheinen Heisenbergs Wissen um die kritische Masse zu bestätigen. Viele Jahre nach dem Krieg schlug Carl Wirtz in die gleiche Kerbe, als er in einer Veröffentlichung angab, dass die Wissenschaftler während des Krieges mehrfach auf die geringe Menge von leidlich einigen Kilogramm U235 oder Plutonium hingewiesen hätten, die zum Bau von Atombomben notwendig seien.92) War ihnen das Wissen um die kritische Masse bekannt? Wahrheit? Lügen? Legenden und Mythen? In Ermangelung hinreichend angereicherten U235 blieb diese Frage akademischer Natur.

5.2.2 Verschiedene Konzepte und Ansichten

In der HVA Gottow experimentierte Diebner mit seinem Team mit den Reaktorkonzepten der G-Reihe (G für Gottow).93) Parallel wurde seitens des HWA und der KWG an weiteren experimentellen Einrichtungen geforscht.94) Die Grundlagenforschungen liefen unterdessen unvermindert fort. Etwa um die Zeit, als von Weizsäcker sich mit seinem Bericht und Patent beschäftigte (s. o.), erschien im August 1941 eine weitere Abhandlung „Zur Frage der Auslösung von Kern-Kettenreaktionen", die der seit 1940 bei von Ardenne tätige Friedrich Georg Houtermanns verfasst hatte. Darin beschrieb er die Vorteile bei der Anwendung, einschließlich einer Waffe, von Plutonium und dessen im Gegensatz zur aufwendigen Isotopentrennung des Urans einfacheren „Erbrütung" in einem laufenden Reaktor. Auch enthält der Bericht den Hinweis auf die gute Spaltbarkeit des U233, was insofern bemerkenswert ist, als dass ihm der „Brutprozess" aus Thorium 232 bekannt gewesen zu sein scheint. Den Bericht erhielten u. a. auch Diebner und Heisenberg.95) Houtermanns war in jenem Jahr gefragt: Nach der deutschen Besetzung Charkows im Oktober fuhr er gemeinsam mit Diebner in die ukrainische Stadt, um das Ukrainisch-Physikalische Institut (UPhTI), eine der größten Einrichtungen dieser Art in Europa, in Augenschein zu nehmen. Am UPhTI gab es einen hervorragend ausgestatteten Bereich für Kernphysik, der von Alexander Leipunsky geleitet wurde und an dem auch Fritz Lange (ehem. AEG – s. w. o.) tätig war, sowie die Abteilung für Theoretische Physik unter Lew Landau. Zwischen 1935 und 1937 war Houtermanns dort aktiv: Da er gemeinsam mit Atkinson in Göttingen mit der weiteren Ausarbeitung von Gamows Studien beschäftigt und das UPhTI die Rutherford'schen Fusionsversuche zu wiederholen in der Lage war und da er den Verlockungen der damaligen Zuwendungen der Sowjetunion an junge Wissenschaftler erlag, hatte ihn sein Weg hierher geführt. Allerdings verschlechterte sich dank Stalin das politische Umfeld derart, dass man ihn für einen Spion hielt, verhaftete und folterte und schließlich dank des Hitler-Stalin-Paktes im Mai 1940 erst 1939 aus der NKWD-Haft nach Deutschland auswies.[96] In Charkow sollte er als Teil des deutschen Gefolges eine Bestandsaufnahme der dort getätigten Forschungen, Einrichtungen und der Möglichkeit der Nutzbarmachung für das HWA erstellen. Trotz der Überlegung, das dortige Großgerät (Stoßgenerator, Van-De-Graaff-Beschleuniger) eventuell nach Deutschland zu verlagern, blieb aufgrund seiner Größe alles vor Ort.[97] Bei dieser Reise soll auch Schumann anwesend gewesen sein.[98] Ob die Besatzer auch Akten zu dem Patent einer Uranbombe, „Über den Gebrauch von Uran als Sprengstoff oder toxische Substanz" von Fritz Lange, Viktor A. Maslow und Wladimir S. Schpinel vom Oktober 1940, anfanden, ist nicht bekannt.[99]

Noch bevor Speer als Nachfolger Todts sein bereits angesprochenes „Konstruktionsverbot" erließ, analysierte Schumann rational und pragmatisch den Sinn und Zweck der Fortführung aller kernphysikalischen Forschungen. Hintergrund war das Scheitern der Blitzkriegsstrategie in Russland Ende 1941. Die gesamte Rüstungsindustrie musste sich nun auf die sich abzeichnenden Herausforderungen eines langen Feldzuges einstellen. Gleiches galt auch für die Forschungen des HWA, welches sich neuen Prioritäten zu stellen hatte. Vor diesem Hintergrund rief Schumann am 05. Dezember 1941 eine neue Besprechung zwei Wochen später ein, zu der alle Beteiligten geladen wurden. Er wollte Gewissheit über den Stand der Forschung, ob noch während dieses Stadiums des Krieges mit probaten Resultaten zu rechnen war, die den Einsatz der knapper werdenden Ressourcen rechtfertigten. Je nach Ergebnis der Konferenz war zu überlegen, das ganze Projekt einer anderen Institution zu übertragen. Als Ergebnis der Besprechung am 16. Dezember, an der auch Hahn und Heisenberg teilnahmen, konstatierte Diebner als Verantwortlicher der Fachsparte Kernphysik des HWA, dass einerseits eine umfassende Bilanz aller bis dato erzielten Forschungsresultate in Gestalt eines Berichtes dargelegt werden sollten und im Februar eine Konferenz der AG Kernphysik mit gleicher Intention einzuberufen sei.[100)]

Anfang Februar 1942 besprach Schumann mit seinem Vorgesetzten im HWA, Leeb, die weitere Vorgehensweise und Reorganisation in Sachen Kernphysik, ob diese noch Kriegsrelevanz besaß, durch welche Stellen die Forschungen am zweckmäßigsten fortzusetzen seien und insbesondere die Möglichkeit einer Errichtung der „Atommaschine" zur Produktion von atomaren Sprengstoffen. Leeb teilte Schumanns Ansichten: Nach einem Führerbefehl waren alle langfristigen Projekte, mit deren Einsatz im laufenden Jahr nicht mehr zu rechnen sei, zu stoppen. Dank des Interesses der anderen Wehrmachtsteile, wie der Industrie, an diesem Projekt ging die Forschung mittlerweile über den Horizont des HWA hinaus. Außerdem sah das HWA den Aufwand zur Erzeugung eines atomaren Sprengstoffes als derart aufwendig an, dass man diesen in Deutschland aktuell nicht stemmen könne und er im laufenden Krieg auch nicht mehr zum Einsatz gelangen werde. Deshalb sollten die Forschungen unter dem Dach des RFR und der PTR konzentriert fortgesetzt werden.[101)] Im gleichen Monat erschien der 144 Seiten umfassende Bericht „Energieerzeugung aus Uran. Ergebnisse der vom HWA veranlassten Forschungsarbeiten zur Nutzbarmachung der Atomenergie". Der Bericht enthielt ein Resümee über die Konstruktion und Anwendungsgebiete eines Reaktors einschließlich der Element 94-Gewinnung und des Einsatzes als „Bombe" im Falle der unkontrolliert ablaufenden Kettenreaktion. Kausal wurde die Notwendigkeit des hoch angereicherten U235 oder des Elements 94 aus einem funktionierenden Reaktor für einen Kernsprengstoff dargestellt. Bei der Beleuchtung der diversen Verfahren der Isotopentrennung wurde explizit auf eine am II. PI aufgestellte und erfolgreich getestete Zentrifuge hingewiesen (die nicht identisch mit der UZ 1 der Firma Anschütz – s. w. u. –

war[102]).[103] In diesem Bericht wird die „kritische" Masse eines Spaltstoffes mit „10–100 kg" angegeben, welche sich sehr wahrscheinlich auf das Element 94 bezog und rein spekulativer Natur gewesen zu sein scheint.[104] Die erwähnte Konferenz folgte am 26. Februar. Auf dieser referierte Schumann über die „Kernphysik als Waffe", während Heisenberg erneut die Gewinnung des Elements 94 innerhalb eines Reaktors und dessen Bedeutung als Kernsprengstoff betonte. Der ebenfalls anwesende Verantwortliche der Luftrüstung, Erhard Milch, soll Heisenberg im Anschluss auf die Realisierung einer „kriegsentscheidenden" Bombe innerhalb der kommenden neun Monate angesprochen haben; dieser und Bothe verneinten. In direkter Folge dieser eher allgemein gehaltenen Konferenz, die durch den RFR ausgetragen worden war, schloss sich eine dreitägige, von Basche organisierte Fachtagung an. Urheber war erneut Schumann. Bei dieser gingen die Wissenschaftler wesentlich tiefer in die Materie und bilanzierten ihre bislang evaluierten Resultate und Erkenntnisse. Die nächste entscheidende Konferenz fand auf Initiative der KWG, durch Vögler und Telschow, am 4. Juni statt. Im Hintergrund hatten sich Leeb und Schumann mit Vögler bereits über eine Rückgabe des KWI für Physik und dessen Übertragung an Heisenberg verständigt. Dort sollten Fragen der Grundlagenforschung fortan unter der Regie der KWG, des RFR und des REM erfolgen. Vögler und Fromm (OKH) unterrichteten getrennt voneinander im April den neuen Rüstungsminister Speer von dem Uran-Projekt.[105] Speer setzte sich parallel für die Reorganisation des RFR unter seiner indirekten Kontrolle innerhalb der Leitung der Vierjahresplanbehörde ein, um die wissenschaftlichen Anstrengungen zu konzentrieren, den Einsatz der Ressourcen zu bündeln und die Effizienz zu erhöhen. Die Juni-Konferenz, bei der auch dessen technischer Amtsleiter und Stellvertreter Karl-Otto Saur, Fromm, Leeb, Milch und Witzell, Heisenberg, Hahn, Diebner, Harteck und Wirts zu den Teilnehmern gehörten, zielte nun ganz auf die Interessengewinnung Speers ab. Heisenberg referierte erneut über die bereits im Frühjahr erläuterten Themen. Wiederum betonte er die Gewinnung von atomaren Sprengstoffen, insbesondere während des Betriebes der Atommaschine. Jedoch lag sein Schwerpunkt dieses Mal mehr auf den sich ergebenden und noch zu erforschenden Schwierigkeiten, die bei der Realisierung auftraten. Auf die Frage Milchs bezüglich der Größe einer solchen Waffe soll Heisenberg mit seinem berühmten Ananas-Vergleich geantwortet haben.[106)] Auf was sich dieser explizit bezog, ist dank Heisenbergs später eher dürftig und kryptisch zu nennenden Einlassungen unklar.

5.2.3 Restrukturierung und Fortsetzung der Forschung

Wer sollte nach dem angedeuteten Rückzug des HWA aus der kernphysikalischen Forschung und dem „Konstruktionsverbot“ einzelner Wehrmachtsteile die zentrale Position in diesem Bereich einnehmen? Anfangs präferierte Schumann eine Leitung durch die KWG, jedoch hatte Rust vom REM „seinen“ RFR dazu auserkoren. Dies manifestierte sich jedoch erst mit Jahreswechsel, nachdem der RFR unter Speer reorganisiert worden war. Bis dahin leitete der Präsident der PTR, Esau, mehr oder weniger die Arbeitsgemeinschaft. Damit die Forschungen in dieser Zeit möglichst kontinuierlich voranschritten, trafen das HWA mit der KWG Vereinbarungen über deren Fortsetzung. Auf Anraten Mentzels wurde Esau am 08. Dezember 1942 von Göring zum „Bevollmächtigten des Reichsmarschalls für Kernphysik“ ernannt. Die eigentliche Organisation übernahm auch weiterhin Diebner, nun der PTR unter Beuthe unterstellt, der jedoch auch seine Aufgaben bei der WaF mit Zustimmung Leebs behielt.[107)] Doch neben dem nun wesentlich straffer aufgezogenen und mit deutlichen Kompetenzen ausgestatten RFR und Esaus neuer Position blieb auch die Unterstützung Speers und Schumanns nicht aus, die sich weiter engagierten. Innerhalb des HWA förderte der Chef der WaPrüf, Schneider, die kernphysikalischen Forschungen. Ebenso wie Kurt Waeger, der vom HWA ins Rüstungsamt Speers gewechselt war, und der dort für die Forschung zuständige Friedrich Geist. Schumann konnte sich weiterhin seiner Verbindungen (dank seiner Positionen) innerhalb des OKW, des OKH, des RFR und zur KWG bedienen. Durch Diebner wurde er direkt in den kernphysikalischen Angelegenheiten auf den neuesten Stand ge-

bracht. Im Weiteren konnte er auf die Erkenntnisse der Forschungen im Ausland der Abteilung Ausland-Abwehr sowie auf die von Wilhelm Canaris und dessen zuständigem Mitarbeiter Hans Oster des OKW zurückgreifen.[108)] Deutschland und Japan erhielten in den Jahren 1943 bis 1945 eingeschränkte Informationen über das Manhattan Project durch den spanischen Agenten Angel Alcazar de Velasco. Seine Resultate gelten als nicht unumstritten und in Teilen als von ihm selbst erfunden:
Durch seine Beziehungen zu Ramon Serrano Suner, 1941 und 1942 zeitweiliger Innen- und Außenminister Spaniens unter Franco, erhielt er Kontakt zur deutschen Abwehr und Canaris, später auch zu Walter Schellenberg (Leiter des Auslandsnachrichtendienstes „SD-Ausland" des RSHA), und war während des Krieges für das Deutsche Reich unter dem Decknamen „Guillermo" u. a. auch in Großbritannien aktiv. Da nach Kriegsbeginn weder die deutsche noch japanische Spionage in den USA von Erfolg gekrönt war, schlug der japanische Botschafter in Berlin, Oshima Hiroshi, vor, sich spanischer Agenten zu bedienen, die über Mexiko in die USA geschleust werden sollten. De Velasco oblag die Organisation der Operation und des in den Staaten gebildeten Netzwerkes „TO". Dabei machte er sich den enormen Bedarf an Arbeitern für den Aufbau der amerikanischen Rüstung zunutze: Die USA rekrutierten diese teilweise in Mexiko, wo die aus Spanien kommenden Agenten, mit Hilfe der mexikanischen Regierung mit neuen Identitäten versehen, nicht weiter auffielen. Diese „Arbeiter" waren auch in Los Alamos tätig. Deren Informationen wurden entweder über spanische Schiffe oder via Chile und Argentinien nach Europa geleitet. Da die „Arbeiter" lediglich auf den Baustellen oder in einfachen Hilfsbereichen tätig waren, konnten sie keine forschungsrelevanten Daten liefern. Im Sommer 1944 gelang es dem FBI, de Velasco zu enttarnen und zu verhaften – ihm gelang jedoch die Flucht. Sein Netzwerk wurde fortan von Mexiko aus geleitet. Dabei konnte er schließlich „erfolgreich" den Nachweis erbringen, dass die Amerikaner eine radiotoxische Strahlungsbombe entwickelt haben, die radioaktives Material über eine große Fläche verbreiten und diese kontaminieren könne… Hier irrte er sich jedoch gewaltig! Interessant ist jedoch, wie sein Netzwerk angeblich an diese Information gelangte: Die USA missbrauchten die mexikanischen Hilfsarbeiter

für die „Human Dosimetry", sie setzten diese der Strahlung ihrer Testreihen aus, um die biologische Strahlenwirkung abzuschätzen. Zurück in Mexiko wurden sie einer erneuten medizinischen Untersuchung unterzogen. Derart eruierte man die mögliche radiotoxische Expositionierung und zog daraus die – falschen – Schlüsse.[109)]

Zurück nach Deutschland.

Nach der formellen Abgabe der kernphysikalischen Forschung an den neuen RFR und der Unterstellung des gesamten Projekts unter Esaus Leitung ging der direkte Einfluss des HWA allerdings kaum zurück. Zwar hatte Speer die Leitung dem Militär entzogen, jedoch gestattete es die Machtfülle Schumanns, weiterhin aktiv zu bleiben. Auf einen Vorschlag Winkhaus' hin ging die Umschiffung von Speers ministerialer Kontrolle zurück, die entsprechenden Aufträge mit anderen Titeln zu deklarieren. Auch die enge Zusammenarbeit mit der KWG blieb erhalten. In einer von Esau einberufenen Besprechung mit der Leitung der KWG (Vögler, Mentzel und Telschow) am 04. Februar 1943 mit dem Inhalt der zukünftigen Forschungsaufteilung der Kernphysik auf die verschiedeneren Institute der Gesellschaft, kam dies im Zusammenhang mit der Zuweisung von Mitteln explizit zur Sprache. Die Förderung erfolgte durch das RMfRuK, den RFR und die KWG, im Bedarfsfall seien jedoch auch die Mittel des HWA verfügbar.[110)] Obwohl Esau diese Führungsposition wegen scheinbar mangelnder Fortschritte Ende 1943 bereits wieder entzogen wurde, lag dies nicht an seinem relativ breit gefächerten Forschungshorizontes. Hier konnte er tatsächlich umfangreiche Resultate vorweisen: Auf einer in dem Zeitraum vom 14. bis zum 16. Oktober 1943 andauernden Tagung zur Kernphysik traten nicht weniger als 41 Redner auf. Wichtige Ergebnisse, wie die Anreicherung mit Zentrifugentechnik und das am besten geeignete Reaktordesign, Würfel statt Platten, was ihm die Rivalität mit Heisenberg und der KWG einbrachte, zählen zu seinen Errungenschaften.[111)] Doch zeitgleich erschien auch das Interesse der SS geweckt worden zu sein: Im Juni hatte der bereits erwähnte Werner Osenberg das Planungsamt des RFR übernommen. In seiner Funktion als Leiter der Amtsgruppe Forschung innerhalb des RWA waren ihm bereits Aufgaben des 1942 restrukturierten Atomprogrammes zuteilgeworden. Kurz vor seiner Berufung in den RFR erläuterte er im Mai 1943 in seinem Bericht „Allgemein verständliche Grundlagen zur Kernphysik“ die mögliche Anwendung dieser im Blick auf die bis dato evaluierten Erkenntnisse. Er trennt in diesem die Nutzbarmachung der Kernspaltung in eine energieliefernde „Uranmaschine“ (mit einer kontrollierten Generierung von Neutronen) und eine „Uranbombe“ (unkontrollierte Neutronenvermehrung) mit explosiver Wirkung.[112] Etwa zur selben Zeit soll Reichpostminister Ohnesorge mit der Thematik der Kernphysik an Himmler herangetreten sein. Der Apparat des Reichsführers, durch seine im Atomprogramm zahlreich vertretenen Mitglieder (s. w. o.) stets unterrichtet, strebte die Kontrolle aller neuartigen „Wunderwaffen“ an – so auch in der Raketentechnologie. Doch blieb die SS zunächst noch im Hintergrund.[113]

Jetzt kam es zu einem weiteren Machtwechsel im RFR: Maßgeblich auf Drängen der Leitung der KWG in Gestalt von Vögler, Mentzel und Telschow wurde Esau wieder abgesetzt. Diese hatten bei Speer interveniert. Ausschlaggebend scheint die Kritik des in der KWG einflussreichen Heisenberg gewesen zu sein. Heisenberg zeigte sich mit den Entscheidungen Esaus, Diebners gitterförmiges Würfelkonzept für einen Reaktor primär zu fördern (und damit seine eigene Schichtanordnung zu degradieren), nicht einverstanden.[114] Auch scheint bei Heisenberg eine gewisse Aversion gegen die neue Kontrolle durch den SS-Mann Osenberg (er führte penibel Akten über die beteiligten Wissenschaftler) bestanden zu haben, die er ins Feld führte.[115]

Als neuen Bevollmächtigten ernannte Speer am 02. Dezember mit Wirkung zum 01. Januar 1944 den Fachspartenleiter Physik des RFR, Walther Gerlach. Sein wichtigster Koordinator und Mitarbeiter wurde wiederum Diebner.[116] Nun entstand eine für Gerlach nicht ungefährliche Kontroverse mit Esau, der seinen Einfluss weiterhin geltend machte. Esau, der Diebners Konzept gefördert hatte und nun für sich in Anspruch nahm, wollte dies bei der von ihm geleiteten PTR fortführen, wobei ihn Beuthe unterstützte. Letzterer versuchte durch seine Mitgliedschaft in der SS Gerlach bei Himmler zu diskreditieren. Auch in den quartalsweise abzuhandelnden Berichten zum Stand der Kernphysik behielt Esau anfangs noch die Hoheit, obwohl dies nun Gerlach zugefallen wäre. Erst ab Sommer 1944 klärte sich diese Situation.117)

Im Mai 1944 hatte sich Gerlach gegenüber seinen Vorgesetzten zu rechtfertigen. Bereits Mitte Dezember 1943 war von dem Dresdener Ingenieur Werner Mialki ein hypothetischer Kernwaffenentwurf (mit großer Ähnlichkeit zu der bereits benannten Reaktorbombe) an Göring übermittelt worden. Zudem forderte jener Mialki die Einsetzung eines Führungsstabes in der Kernphysik. Er kritisierte die mangelnden Fortschritte auf diesem Gebiet. Mialki, an der TH Dresden tätig, hatte 1943 in Romanform das Buch mit dem Titel „Neotherm C" veröffentlicht, in dem es um „Atomenergiegewinnung durch Kernaufbau und Kernzertrümmerung" durch „Neutronenbeschuss" geht.118)

Gerlach konterte im Mai 1944, dass die von Mialki eingereichten Vorschläge nach eingehender Prüfung als „naiv" zu bezeichnen seien und verwies auf die engen Absprachen mit den Wehrmachtsteilen und der Waffen-SS! Er lehnte die Einrichtung eines solchen Stabes entschieden ab.119) Ferner begründete er seine Einlassungen damit: „Was in Deutschland an Mensch und Material für die kernphysikalische Forschung einsetzbar ist, wird eingesetzt"120). Ob Himmler um diese Vorgänge wusste, kann nur vermutet werden, ist aber durch seine Zuträger durchaus anzunehmen. Denn bei einer Besprechung am 22. Juni 1944 äußerte er,

„dass durch die Fortschritte der Technik urplötzlich Sprengkörper auftauchen, deren Wirkung und Schnelligkeit unsere neuesten Sprengmittel der Vergeltungswaffen in den Schatten stellen"121).

Die Situation änderte sich mit dem 20. Juli 1944. Nach der gescheiterten Operation Walküre wurde Himmler anstelle Fromms zum Befehlshaber des Ersatzheeres ernannt. Damit unterstand ihm das HWA mitsamt seiner kernphysikalischen Forschung! Im Rahmen des OKH war ihm damit nun auch Schumann unterstellt.

Nun hatte die SS direkten Zugriff auf die Kernphysik. Nach Himmlers Chefadjutanten Werner Grothmann soll der Reichsführer zum Atomprojekt die Aussage getätigt haben: „Wenn andere es nicht wollen oder können, [dann werden] wir es machen müssen“[122]. Nur wenige Tage nach Himmlers Berufung auf seinen neuen Posten fokussierte der SD seine Kritik, wahrscheinlich auf Initiative Fischers, an der unzureichenden Intensivierung des RFR bezüglich der Arbeiten an der Kernphysik. Erfolge wurden von der SS verlangt. Die Herren des SD, Spengler und Fischer, „baten“ Gerlach im August um ein Gespräch. Man zeige sich an der Forschung sehr interessiert und wolle deren weiteren Fortschritt und den Nutzen innerhalb des Krieges einmal besprechen. Auch Schumann traf es, der von Jüttner zu Himmler bestellt wurde. Was bei diesen Terminen ausgetauscht wurde, ist leider nicht bekannt. Im September traf die Kritik nun auch Speer, der sich ebenfalls zu den Resultaten des RFR zu rechtfertigen hatte.[123] Dabei hatte Himmler im August selbst betont, „dass der Grundlagenforschung keine Zügel angelegt werden dürfe“[124]. In jene Zeit fällt auch die zusätzliche Konstituierung der WFG durch die SS mit Vorsitz Osenbergs, der ganz ähnliche Aufgaben zum Ziele hatte wie der RFR.[125] Damit hatte man zur angeblichen Konzentration der Ressourcen stattdessen – zu deren weiteren latenten Zersplitterung führend – eine weitere Parallel-Institution geschaffen, wie dies im NS-Regime üblich war.

Während der zunehmenden Einmischung durch die SS entstand im Oktober 1944, wahrscheinlich als Ergebnis einer Tagung beteiligter Wissenschaftler, das sich im Text selbst als „Rechenschaftsbericht“ bezeichnende Dokument, offiziell mit dem Titel „Tagung der Deutschen Wissenschaftler, Oktober 1944“ versehen. Obwohl dieses Dokument nicht ganz unstrittig ist, soll es in zusammengefasster Weise Erwähnung finden.[126] In dem Rechenschaftsbericht wird mit dem Befehl 219 aus dem Führerhauptquartier die Weisung zur Entwicklung einer Atombombe erteilt. In diesem Dokument wird beispielsweise explizit auf die Vorteile der Verwendung von Plutonium gegenüber U235 hingewiesen und dass man zu dessen Herstellung einen laufenden Reaktor benötige. Andererseits werden die bislang als erfolgreich angesehenen Anreicherungsverfahren des Urans betrachtet, wobei der Urheber den Massenspektographen lobend hervorhebt. Zur Konstruktion einer nuklearen Bombe wird beschrieben, dass eine solche aus zwei subkritischen Massen zu bestehen habe, die schlagartig zu vereinen seien. Mit langsamen (thermischen) Neutronen ließe sich eine

Kernspaltung kontrollieren und die Spaltungen selbst leichter realisieren, aber eine Bombe sollte auf Reaktionen schneller Neutronen beruhen. Der nicht an Optimismus mangelnden Beschreibung zur Konstruktion einer Atombombe fehlt jedoch der sachliche Unterbau. In dem entscheidenden Abschnitt über die betreffende Materialauswahl (U235 oder Plutonium) und deren benötigte Mengen sowie die konstruktiven Abmessungen sind alle Angaben hierzu offengelassen. Der Bericht ist also (sofern authentisch) in seiner Form als direkter Befehl nicht im Sinne einer unmittelbaren praktischen Umsetzung zu verstehen, sondern als eine theoretische Betrachtung zur Möglichkeit einer Umsetzung in die Praxis. Soweit zu dem „Rechenschaftsbericht".

Mit dem Jahreswechsel und dem parallel verlaufenden Umbau des HWA intensivierte die SS ihre Ambitionen in der Kernphysik ihrerseits: Die SS entwickelte ein überaus großes Interesse an der Produktion von schwerem Wasser. Der Leiter des SD Inland, Ohlendorf, beschuldigte Speer in einem Schreiben vom 25. Januar 1945, dass er die Produktion des schweren Wassers während der vergangenen Jahren vernachlässigt habe. Speer, der um das Interesse der SS am schweren Wasser wusste, erwiderte, dass es ihm unmöglich gewesen sei, während des Krieges auch noch derartige Anlagen (Tarnbezeichnung SH 220) zu errichten. Auch Schwab bat noch im Frühjahr 1945 darum, sich bei Harteck in Hamburg in die Schwerwasserproduktion einarbeiten zu dürfen. Bereits gegen Ende 1944 schien Schwabs T-Amt in Glau über begrenzte Mengen an Uran und schwerem Wasser verfügt zu haben.[127)] Das ist insofern beachtenswert, da diese SS-eigene Amtsstelle eigentlich nicht in die kernphysikalische Forschung eingebunden gewesen sein soll,[128)] was aber aufgrund des Interesses Himmlers auf diesem Gebiet durchaus zu hinterfragen ist. Hatte Himmler doch bereits im August 1944, kurz nach der Übernahme der Leitung des Ersatzheeres und damit des HWA, massive Kritik an Speer geübt. In einem Erlass, herausgegeben von Speers Ministerium, wurden, sofern von diesem keine Ausnahmegenehmigungen erteilt worden waren, alle Entwicklungs- und Forschungsprojekte zum Ende des Monats gestoppt. Einen derartigen Eingriff mit der damit verbundenen Aufgabe wissenschaftlicher Arbeiten

hielt Himmler für „ausgesprochen verhängnisvoll"[129]). Vielmehr forderte er eine Konzentrierung der Forschung auf kriegsrelevante Bereiche und die engere Koordination der Waffenämter mit dem RFR. In diese Richtung wies auch bereits sein Befehl zur Einrichtung einer Dienststelle „Deutscher Erfinderschutz beim Reichsführer" aus dem April jenen Jahres, die in der FEP unter Schwab eingerichtet wurde. Aufzunehmen waren jene Bereiche, bei denen man noch mit einem erfolgreichen Abschluss der Arbeiten und deren potentiellen Einsatz rechnen konnte; explizit aufgeführt war hier die kernphysikalische Forschung.[130]) Der neue Kurs der SS-eigenen Waffenforschung beziehungsweise der Übernahme einzelner Projekte anderer Institutionen zeigte sich auch in der bereits angesprochenen Neuausrichtung der Abteilung Spenglers und Fischers des SD-Inland auf die „Wehrforschung und Waffenentwicklung", die in der „gegenwärtigen Kriegssituation in besonderem Maß gefordert"[131]) sei. Parallel unterhielten beide gute Kontakte zu Gerlach, Esau, Thiessen und Schneider.[132])
Mit dem im vorigen Abschnitt beschriebenen Umbau des HWA und dem steigenden Einfluss der SS, besonders durch das wiederholte kritische insistieren Fischers, verlor Schumann seine dortigen Positionen. Ihm wurden, vom RMfRuK formal veranlasst, wohl aber auf die Einwirkungen des SS zurückgehend, auch seine Experimente auf dem Gebiet der sprengstoffinitiierten Kernfusion untersagt.[133]) Allerdings wird an dieser Stelle nochmals auf den Umstand verwiesen, dass sich Schumann aufgrund seiner Position innerhalb des OKW nicht verbindlich an diese Weisung Speers zu halten brauchte, da das OKW auch in rüstungs- und forschungsrelevanten Angelegenheiten von seiner Weisungsbefugnis Gebrauch machen konnte.
In den letzten Kriegsmonaten fanden die noch möglichen Forschungen und Experimente an den Verlagerungsorten der Institutionen statt: Die des KWI für Physik im badischen Haigerloch und die des HWA (nunmehr unter der Leitung Plaß') im thüringischen Stadtilm. Gerlach sicherte sich dafür die volle Unterstützung Speers und Himmlers zu. Speer hob die Bedeutung der kernphysikalischen Forschungen hervor. Er bot jede

„Unterstützung zur Überwindung von Schwierigkeiten, die die Arbeiten hemmen“ 134)

an. Verursacht durch den Anmarsch der Amerikaner verschlug es Gerlachs und Diebners Team im April 1945 weiter in Richtung Bayern. Die SS-Junkerschulen in Bad Tölz, Innsbruck und Garmisch-Partenkirchen tauchten als potentielle Ziele auf.135) In Garmisch fanden bereits seit Ende 1944 Forschungen des dorthin verlagerten Physikalischen Instituts der Universität Köln unter der Leitung Fritz Kirchners (ebenfalls am Uranprojekt beteiligt) statt.136) Das noch am 26. Februar 1945 von Göring als Präsident des RFR erlassene „Notprogramm: Energiegewinnungsvorhaben“ weist unter Punkt 1 nicht nur den für das Vorhaben „Energiegewinnung aus Kernprozessen“ notwendigen Energie-, Material- und Personalschutz gemäß des dem „Führernotprogramm entsprechenden Führererlasses vom 31.01.45“ aus, sondern listet auch die noch speziell zu fördernden Projekte auf: Neben den verschiedenen mit Forschungsarbeiten beauftragten „Arbeitsgruppen“ und ihren Standorten, wie denen der KWI für Physik und Chemie, denen des Bevollmächtigten für Kernphysik (Gerlach) – hier die Standorte Stadtilm, Haigerloch und München (wo Gerlach eine eigene Forschungsgruppe unterhielt, s. w. u.) –, denen des mit der Isotopentrennung befassten Harteck – mit seinem Hamburger Institut, der Firma Anschütz und seiner Ausweichstelle in Celle –, findet sich eben auch Kirchner mit seiner Ausweichstelle in Garmisch wieder.137) Was genau für Vorhaben respektive Forschungen in Garmisch noch angestrengt worden sind, ist nicht bekannt138). Die besondere Erwähnung der Ausweichstelle Garmisch-Partenkirchens und der wiederholten Unterstützung durch Gerlach deuten auf eine letzte Konzentration aller Forschungen hin139). Ebenso ist wenig über die Aktivitäten in Schumanns eigener Forschungsstelle Lebus bekannt. Als Indiz für kernphysikalische Arbeiten können einerseits die vorhandenen bzw. der beabsichtigte Aufbau (s. w. o.) von Forschungsgeräten für wissenschaftliche Experimente in diesem Feld gelten, andererseits die bekannten Titel verschiedener Geheimdissertationen, die hier von Doktoranden des ausgelagerten II. PI angefertigt wurden.140)

5.3 Was machte Ronald Richter?

Durch den Beginn des Krieges konnte er seine Forschungen nicht wie erhofft fortsetzen. Nach einem kurzen Intermezzo bei den Siemens-Reiniger-Werken in Rudolstadt nahm er seine neue Beschäftigung bei den Junkers Flugzeug- und Motorenwerken in Dessau auf. Während seiner Tätigkeit in der Forschungsabteilung von Junkers, wo er mit Fragen des Korrosionsschutzes und der Enteisung von Flugzeugen betraut war, lernte er den Chemiker Wolfgang Ehrenberg kennen. Im Januar 1941 wechselte er wiederum für nur acht Monate in die Telefunkenwerke nach Berlin. Im Anschluss daran gelang es ihm, als freier wissenschaftlicher Mitarbeiter eine Beschäftigung in der Luftwaffenforschung zu finden. Diese war es auch, die ihm einen Kontrakt mit dem Institut für Technologie der Technischen Hochschule Darmstadt ermöglichte. Durch die von Joseph Mattauch und Siegfried Flügge herausgegebenen kernphysikalischen Tabellen erkannte Richter Ende 1942, dass bei Kettenreaktionen leichter Atomkerne, insbesondere des ihm aus seinem Studium bereits bekannten Li6, lawinenartig Neutronen freigesetzt werden. Daraus entwickelte er den folgenden Reaktionszyklus:

Li6 + n → He4 + T + 4,8 MeV
T + T → He4 + 2n + 11,3 MeV
Li6 + T → 2 (He4) + n + 16,1 MeV

Um eine derartige Kettenreaktion in Gang zu setzten, bedarf es einer intensiven Neutronenquelle. Nach Richter kam dafür beispielsweise ein schnell laufender Kernreaktor respektive Atombombe in Frage. In seinen Memoiren schrieb er später dazu:

„Mit anderen Worten, was ich entdeckt hatte, das war der Reaktionszyklus einer hocheffektiven Wasserstoffbombe und einer Neutronenbombe. Als ein Nebenprodukt dieser Kalkulationen entdeckte ich auch den Reaktionszyklus für eine hocheffektive Gamma-Flash Bombe, die einen enormen Blitz von 21 MeV Gamma-Protonen auslösen würde".

Seine Gamma-Flash-Bombe bezog sich nach Hahn wahrscheinlich auf eine Li6 + Li6- oder eine $p + T \rightarrow$ He4-Fusion, die zusätzlich 20 MeV in γ-Strahlung emittiert. Damit waren ihm Ende 1942 bei Verwendung von Deuterium grundsätzlich die Reaktionen einer Wasserstoffbombe bekannt. Im Januar 1943 hatte Richter die Möglichkeit, seine Ideen einer „Fusionswaffe" Friedrich Geist vom RMfRuK vorzutragen – allerdings blieb sein Vorstoß ohne Erfolg.[141] Wolfgang Ehrenberg, sein Weggefährte bei Junkers und mittlerweile in einem Labor der WaPrüf 1 Abteilung VIII in Kummersdorf aktiv,[142] hatte ihm diesen Termin ermöglicht.
Durch eine Restrukturierung der Angestelltenverhältnisse innerhalb des RLM verlor Richter nun erneut seinen Arbeitsplatz. Auch ein Beschäftigungsverhältnis bei der Luftfahrtforschungsanstalt in Braunschweig kam nicht zustande. Jedoch erfuhr er nun von den kernphysikalischen Forschungen, die in jener Zeit Esau leitete. In einem Gespräch mit Esau, der die Fusionsbombe als eine Waffe der Zukunft abtat, wurde Richter ein Wechsel an die Reichspostforschungsanstalt nahegelegt. Durch Georg Otterbein, dem Leiter des im Aufbau befindlichen Amtes für physikalische Sonderfragen des RPM in Miersdorf, gelangte er zu von Ardenne. Doch auch hier hielt es ihn nur wenige Monate: Ende Juli wurde er entlassen. Offensichtlich hatte es mit von Ardenne einen Disput über Richters Fusionsforschung gegeben: Von Ardenne hatte ihn zunächst in seine Forschungen der Isotopentrennung eingebunden, als er für einen Auftrag des HWA, initiiert von Ehrenberg, abgestellt wurde. Mit Hilfe von von Ardennes leistungsfähigem Van-De-Graaff-Generators sollten Sprengstoffpräparate der Bestrahlung durch Protonen, Elektronen und Neutronen ausgesetzt werden. Damit beabsichtigte man, das Verhalten von Zündprozessen zu erforschen. Zu den Versuchen vermerkte Richter:

„[…] Entdecke Detonationswellen in Sprengstoffen; kritische Punktzündung, daraus entwickelt sich conception of inertia-controlled Fusion."

Er schien seiner Auffassung nach die grundlegende Basis für eine thermonukleare Zündung gefunden zu haben. Von solider Natur waren dagegen seine gewonnenen Erkenntnisse im Bereich der Implosion durch entgegenlaufende Schockwellen.[143)] Nun bedrängte er von Ardenne, die Forschungen in diese Richtung hin zu forcieren. Von Ardenne ließ sich darauf nicht ein und trennte sich von ihm. In von Ardennes Werken schnitt Richter dabei gut ab: Er attestierte ihm ein Verschwimmen der Grenzen seiner wissenschaftlichen Wahrnehmungen zwischen Fiktion und Realität. Auf Richters Resultate könne man sich nicht verlassen! Dabei stimmte er mit Richters Überlegungen der Kernfusion leichter Teilchen durch Hochstrom-Gasentladungen durchaus überein. Allerdings räumte von Ardenne im Jahr 1997 gegenüber P.J. Hahn ein, sich mit Richters Arbeiten nie ernsthaft befasst zu haben.[144)] Nach seiner erneuten Demissionierung versuchte er wiederholt in anderen kernphysikalischen Forschungseinrichtungen, wie der von Walther Bothe in Heidelberg oder später gar bei Otto Hahn in Berlin, eine Anstellung zu finden – was erfolglos blieb.

Im August 1943 wurde er erneut zur PTR gerufen. Gemeinsam mit Hermann Beuthe, Esaus dortigem Stellvertreter und Leiter der Abteilung V Atomphysik (dem seinerzeit formell auch Diebner unterstellt war), diskutierte man die Möglichkeit einer Konstruktion eines graphitmoderierten Natururan-Reaktors. Hintergrund waren die alliierten Angriffe auf die Schwerwasserproduktion der Norsk-Hydro in Norwegen für das favorisierte schwerwassermoderierte Reaktorkonzept. Zunächst blieb das Zusammentreffen ohne erkennbare Konsequenz. Als Resultat kam es jedoch zu einem Kontakt mit Walther Schieber, den Richter aus Thüringen kannte. Schieber lenkte derweil als Speers Stellvertreter die Geschicke des Rüstungslieferungsamtes des RMfRuK und gehörte dem „Freundeskreis Heinrich Himmlers“ an. Ihm gegenüber referierte Richter über die Nutzung der Kernspaltung in Reaktoren und Bomben sowie über die Kernfusion, ebenfalls als Waffe. Dem Interesse Schiebers scheinen die in den Augen der SS zu träge voranschreitenden Arbeiten des RFR zu Grunde gelegen zu haben. Nun beabsichtigte Schieber, den Bau eines Graphit-Reaktors von Hitler direkt absegnen zu lassen. Doch daraus wurde nichts: Schieber wurde im Laufe des Jahres 1944 entmachtet – auf die Initiative von Reichsleiter Martin Bormann und des neuen Chefs des RSHA, Ernst Kaltenbrunner, hin bezichtigte man ihn der Korruption. Tatsächlich ging es diesen Herren aber darum, die Position Speers in der Rüstung zu unterminieren.[145)]

Nun verschlug es ihn für ganze drei Monate in das Forschungsinstitut der AEG in Reinickendorf (Berlin). Hier arbeitete er an der Entwicklung einer leistungsstarken Deuteronenquelle, bis die Laboratorien durch einen Luftangriff nur noch eingeschränkt genutzt werden konnten. Erneut stand ein Arbeitgeberwechsel an. Dank Schieber erhielt er nun zunächst einen Forschungsauftrag der Ruhrchemie für die Entwicklung einer von ihm entworfenen Leichtbatterie, die auf heterogenen Magnesium-Zink-Katalysatoren beruhte. Doch auch der Direktor des KWI für Physikalische Chemie, Peter Adolf Thiessen, wurde auf Richters Arbeiten aufmerksam gemacht, da die heterogenen Katalysatoren auch für die Schwerwassergewinnung herangezogen werden konnten. Erneut landete Richter gegen Ende 1944 bei der AEG. Jetzt konnte er sich endlich wieder mit seiner Domäne befassen: In der Transformatorenfabrik in Oberschönweide (Berlin) konnte er für seine Fusionsexperimente mit explodierenden Lichtbögen die dort installierte Hochspannungsanlage nutzen. Dessen renommierter Leiter Josef Biermanns begleitete mit seinem Team Richters Forschungen enthusiastisch. Gemeinsam strebte man die Umwandlung von durch detonierende Lichtbögen erzeugten Schockwellen in Deuteriumgas an. Trotz der Lieferungszusage von schwerem Wasser durch Gerlach, der im Gegensatz zu Diebner den Richter'schen Ambitionen eher skeptisch gegenüberstand, kam es kriegsbedingt nicht mehr zur besagten Transaktion. Ihm blieb nichts anderes übrig, als sein Experiment im Dezember 1944 nun mit gewöhnlichem Wasserstoff durchzuführen: In ein durch Lichtbögen erzeugtes ionisiertes Wasserstoff-Plasma injizierte er Lithium-Hydrid. Die dabei gemessene γ-Strahlung von 17,6 MeV führte er auf die durch Schockwellen eingeleiteten Fusionsreaktionen des Li7 mit den Kernen des Wasserstoffs zurück.

„[S]hock-induced fusion mit der wirklichen Wasserstoffbombenreaktion, keine fission neutrons erforderlich",

hielt er Jahre später zu diesen Versuchen fest. Seiner Meinung nach war im Prinzip eine kontrollierte Fusion leichter Kerne möglich. Leider sind seine Angaben mangels Belegen oder Zeugen nicht verifizierbar.[146)]

5.4 Die Hohlladung stößt zur Kernphysik hinzu

Die Grundlagen des Prinzips der Hohlladung und des Munroe-Effekts haben wir bereits betrachtet. Während des Dritten Reiches wurde diese Technologie nach längerer Zeit der Vernachlässigung (nicht nur in Deutschland) wieder verstärkt aufgegriffen. Primär galt es, nach diesem Prinzip panzerbrechende Wirkmittel zu konstruieren. Bereits zu Kriegsbeginn fand sich die Hohlladung in einer Reihe von Waffenentwicklungen wieder: Beispielhaft sind die Pioniersprengladung H 50 (mit der die Panzerkuppeln des Forts Eben-Emael des Lütticher Festungsringes zu Beginn des Frankreich-Feldzuges zerstört wurden), die Sprengbombe SC 50 (deren Sprengkörper innen ausgehöhlt war)147) oder die 38 cm-Sprenggranate L/4,6 (die panzerbrechende Munition des 38 cm-SK C/34-Geschützes der Schlachtschiffe der Bismarck-Klasse)148) – auf deren Wirkung die schnelle Versenkung des britischen Schlachtkreuzers Hood zurückzuführen ist –149) genannt.

Die Vorteile der Hohlladung hatte in den 30ern also auch die Wehrmacht für sich entdeckt; so entstanden verschiedene Zentren der Grundlagenforschung: Die Marine forschte auf diesem Gebiet in ihrer Chemisch-Physikalischen Versuchsanstalt (CPVA) in Dänisch-Nienhof, bei der Luftwaffe leitete Hubert Schardin vom Institut für Physik und Ballistik der Technischen Akademie der Luftwaffe (TAL) in Berlin-Gatow derartige Forschungen. Innerhalb des HWA und des RFR leitete Schumann (anfangs noch unter Becker) die Arbeiten an den Hohlladungen. Hierzu zog er auch das von ihm gegründete II. Physikalische Institut für Sprengphysikalische Forschungen heran150). Durch Schumanns II. PI kam beispielsweise der Physiker Rudi Schall mit sprengphysikalischen Forschungen in Verbindung. Besonders durch seine Messungen der Auswirkung der Schockwellenausbreitung bei Detonationen (inklusive Hohlladungen) machte er auf sich aufmerksam.151) Ebenfalls dieser Schule entstammte Gerhard Hensel. Nach einem kurzen Intermezzo beim HWA ging er 1939 an das Institut von Schardin, wo er die Abstandswirkung bei Hohlladungen entdeckte.

Den Schwerpunkt in diesem Bereich bildete jedoch die Abteilung der WaF 1b des HWA unter Trinks, den man liebevoll als den „Hohlladungspapst" titulierte. Seit 1938 war in Trinks' Referat Günter Sachsse, der in Leipzig bei Heisenberg promoviert hatte, tätig. Das Fachgebiet des späteren Schwagers von Kurt Diebner war ebenfalls die Hohlladung. Hier war er wesentlich an der Erforschung der Geometrie des Sprengstoffkegels und dessen materieller Auskleidung (zur Ausbildung des Hohlladungsstachels bzw. der Projektilbildung) involviert.
Parallel zu den Waffenämtern hatte auch die Leipziger Hugo Schneider AG (HASAG) die Hohlladungsforschung aufgenommen. Heinrich Langweiler war bereits vor dem Krieg vom HWA zur HASAG gewechselt und hatte dieses Aufgabenspektrum dort unter der Leitung von dessen Generaldirektor Paul Budin (der Mitglied der SS war) übernommen.
Der bereits erwähnte Gerhard Hensel hatte sich ebenfalls der SS angeschlossen und bearbeitete das Feld der Hohlladung ab 1942 unter deren Regie in der Technischen SS- und Polizeiakademie in Brünn.[152)] Unter der Leitung der SS wurden hier intensive Anstrengungen im Bereich der Hohlladungsforschung unternommen. Auch bei Otto Schwab, Leiter des Technischen Amtes SS, war das Interesse an dieser Materie geweckt worden.[153)]
Da sich das Wirkungsprinzip einer Hohlladung bei der Penetrierung von Panzermaterialien rasch als äußerst erfolgreich herausstellte, richtete das Rüstungsministerium kurz nach Kriegsausbruch eigens eine Erfahrungsgemeinschaft Hohlladung (auch „Arbeitsgemeinschaft Hohlladung", „AG HL" genannt) ein. Thematisiert wurden innerhalb dieser AG alle Belange, die HL-Forschung und -Entwicklung betreffend, aber auch die im Einsatz gemachten Erfahrungen mit derartigen Waffen. An den Tagungen nahmen unter dem Leiter der AG, dem Göttinger Physiker Richard Becker, alle involvierten Institutionen – wie das HWA/WaF, die TAL, die CTR sowie weitere Teilnehmer der jeweiligen Waffenämter und Ministerien und der Industrie (u. a. WASAG, HASAG und Dynamit AG) – teil. Über die Inhalte dieser Tagungen wurde auch die SS unterrichtet. Doch zeigte sich das HWA offenbar unzufrieden mit den bisherigen Resultaten: Zur Konzentrierung der Forschung wurde 1941 der Entwicklungsring 1 (Hohlladung) der Sprengstoffindustrie gebildet. Mitglieder dieses Kreises waren

erneut die einschlägigen industriellen Unternehmen wie die militärischen Forschungsstellen. Teilnehmer dieses Kreises monierten, dass sich die HL-Entwicklung noch relativ am Anfang befinde und dringend der fortführenden Forschungen bedürfe. Die Situation erforderte von Schumann eine Intensivierung der Forschung, die er ab Mitte 1942 auch forcierte. Dies geschah etwa zeitgleich mit seiner Ernennung zum Fachspartenleiter Sprengstoffphysik innerhalb des RFR. Dies führte zu zahlreichen Entwicklungsaufträgen rund um die HL-Forschung an die Industrie. Derweil gelang es Trinks erfolgreich, die Hydrodynamik des Hohlladungsstrahls mathematisch zu erfassen. In den folgenden Jahren bis Kriegsende wurden somit zahlreiche panzerbrechende Waffen, wie die variantenreiche Panzerfaust oder der Panzerschreck, bis zur Einsatzreife gebracht.154)

Für unser Interesse sind jedoch zwei wesentliche Entwicklungen der Jahre 1943/44 von Bedeutung:

Dies war zum einen die Flachkegelladung, wie sie für projektilbildende Sprengsätze benötigt wird. Schon zu Kriegsbeginn hatte Schardin in diese Richtung mit schalenförmigen Einlagen geforscht, musste diese Arbeiten aber aufgrund anderweitiger Priorisierungen der HL einstellen. 1943 waren Versuche mit auf dem HL-Effekt basierenden fernwirkenden Minen in Ungarn, in der Nähe von Budapest, durchgeführt worden. Schardin und Trinks ließen sich die Wirkungsweise dieser flachen Einlagen sowohl erläutern als auch praktisch vorführen. Beide waren sich der Bedeutung der Waffenwirkung und ihrem Potential offenbar sofort bewusst. Schardin analysierte bei der TAL die Beschleunigungsvorgänge, während Trinks umgehend mit Versuchen derartiger Ladungen begann.

Zum anderen war dies die Entdeckung der Möglichkeit der Leistungssteigerung von HL mittels einer „besonderen Zündführung“ – der Sprengstofflinse. Man hatte erkannt, dass man bei einer Detonation den divergenten Verlauf einer Druckwelle in eine konvergente und damit punktzielgerichtete umwandeln kann, indem man eine entsprechende linsenförmige Sprengstoffeinlage analog einer optischen Linse (konkav oder konvex) zwischen den Zünder und die zu beschleunigende Materialeinlage bringt. Die Auswirkungen und die Funktionsweise solcher Linsen haben wir weiter oben bereits gesehen. Fundierend auf dieser Erkenntnis postulierte

Schumann später die folgenden Vorschläge für eine derartige Umsetzung: Entweder eine konvexe Linse aus TNT in einen Hauptsprengkörper aus Hexogen oder umgekehrt eine konkave Linse aus Hexogen oder PETN in TNT einlassen.[155)]

5.5 Auf dem Weg zur Kernfusion als Waffe

5.5.1 Wie es begann

Die eigentliche Basis des Synergiepotentials aus Hohlladung und Kernphysik wurde aber schon in der Zeit vor dem Kriegsausbruch geschaffen (siehe Kapitel 4). Werfen wir ein Blick zurück: Cockroft und Walton hatten 1932 unter der Leitung Rutherfords gemeinsam Lithium mit Protonen (H-Kernen) beschossen und in zwei Heliumkerne umgewandelt. Bald darauf ist der Versuch erstmals mit Lithium und Deuteronen durchgeführt worden, bevor 1934 Oliphant und Harteck durch D + D-Reaktionen das Tritium schufen. Hoffmann und Diebner setzten die Bestrahlungsexperimente mit Lithium in Deutschland fort. Auch hatte Traubenberg in jenen Jahren seinen Artikel über die bei Lithiumzertrümmerung auftretende Strahlung bereits publiziert, während Ramsauer zur gleichen Zeit sein berühmtes Gewehr-Experiment durchführte. Die von ihm dabei festgestellten Kräfte inspirierten Brasch und Lange zu ihrem patentierten, auf Oliphants Reaktionen fußenden Prinzip zur Einleitung von Fusionsreaktionen durch enorme Verdichtungsstöße, die auch von durch elektrische Funkenentladungen ausgelösten Schockwellen stammen könnten. Dank der nun folgenden Schwerpunktforschung im Bereich der Kernspaltung, die sich scheinbar einfacher darstellte, wurde die Fusionsforschung – analog des Manhattan-Projektes – vernachlässigt. Neben dem bereits mehrfach erwähnten Ronald Richter war es der aus Österreich stammende Physiker Georg Stetter, Leiter des II. Physikalischen Institutes der TH Wien, ebenfalls am Deutschen Uranprojekt beteiligt, der das Potential der Kernfusion erfasste und sich zunutze machen wollte. Bereits 1939 hatte dieser sich seinen Entwurf für einen heterogenen Kernreaktor patentieren lassen,

bei dem der Spaltstoff räumlich vom Moderator getrennt wird, obgleich er dies nicht explizit erwähnt.[156)] Bei der Begutachtung seines Patents durch Wirtz im Jahr 1941 sparte dieser nicht an Kritik, da den Patentansprüchen seiner Meinung nach kaum Innovationen zu entnehmen seien und er obendrein das Patent von Brasch und Lange außer Acht gelassen habe: Stetter hatte nämlich neben der Reaktion mit Urankernen auch jene leichter Kerne ins Auge gefasst: der von Lithiumkernen. Außerdem bezweifelte Wirtz, dass mit leichten Kernen überhaupt eine Kettenreaktion ausgelöst werden könne.[157)] Es folgte ein sich nun über mehrere Jahre hinziehender Dissens mit Karl Wirtz, der mit dem KWI für Physik eigene Reaktorkonstruktionen zur Energiegewinnung vorantrieb und dies als deren Domäne betrachtete. Vorausgegangen war Anfang 1941 ein Experiment Stetters mit leichten Kernen. In Wien ließ Stetter durch seinen Assistenten Friedrich Hernegger einen allerdings erfolglosen Versuch durchführen. Dieser sollte die Frage beantworten, ob mittels Funkenentladung leichte Kerne zur Fusion gebracht werden können.[158)] Doch ist die Quellenlage hierzu spärlich: Karlsch gibt an, dass ein solches Experiment im Hof des Wiener Radiuminstitutes durchgeführt worden sei,[159)] während ein Artikel der Salzburger Nachrichten einen solchen Test auf dem militärischen Übungsplatz in Klosterneuburg bereits auf 1939 datiert, wie bei Fengler zu lesen ist.[160)] Doch was geschah hier tatsächlich?
In dem Bericht des II. Physikalischen Institutes der Wiener Universität vom 27. Juni 1945 (Außenstelle Thumersbach, Zell am See) findet sich unter dem Abschnitt der kernphysikalischen Arbeiten während des Krieges ein Kapitel „Zündung von Kernreaktionen durch hochkonzentrierte Funken". Kurz gehalten entnehmen wird dort dem Original:

„Von G. Stetter und K. Lintner wurde versucht mit Hilfe hochkonzentrierter elektrischer Funken Kernprozesse, die bei verhältnismäßig niedriger Energie ablaufen, zu zünden. Die Apparatur blieb infolge der Kriegsereignisse zurück."[161)]

Auch die Geheimdienste der USA erhielten nach dem Krieg Informationen über jenes Experiment: So eruierten diese 1949 vom während des

Krieges ebenfalls am II. Physikalischen Institut in Wien tätigen Physiker Josef Schintlmeister – nun für die Sowjetunion arbeitend – den Hinweis, dass Stetter gemeinsam mit dem Assistenten Karl Lintner daran geforscht habe, aus LiH Energie freizusetzen oder dessen Kerne zu Spalten. Aufgrund von Materialproblemen bei der Beschaffung leistungsstarker Elektroden sei das Projekt abgebrochen worden. Bei einer 1953 durchgeführten direkten Befragung durch das Counter Intelligence Corps (CIC) bestätigte Lintner Stetters Versuche mit Lithium, war sich aber über dessen Zielsetzung offenbar nicht im Klaren. In den Akten des CIC über Lintner wurde daraufhin auf jene Experimente verwiesen, bei denen man niederenergetische Kernprozesse durch hochkonzentrierte elektrische Funken auslösen wollte.162)

Der österreichische Physiker Joseph Braunbeck beschreibt unter der Rubrik „Experimente, die nicht gelingen wollten" die Vorgänge in Wien wie folgt: Alternativ zur Kernspaltung sei man zu der Überlegung gelangt, leichte Atomkerne wie das Deuteron mittels Energie fusionieren zu lassen. Hernegger führte das Experiment auf Empfehlung seines Kollegiums im Hof des Radiuminstitutes durch, da man die Zerstörung der Laboratorien fürchtete. Durch Zündung elektrischer Drähte wurden Funken (die Schockwellen erzeugten) in die Deuteriumverbindung geschossen. Glücklicherweise funktionierte die in Wien ersonnene Konfiguration nicht.163)

5.5.2 Die ersten Experimente

Den entscheidenden Schritt zur Vereinigung der Hohlladungstechnologie mit der Kernphysik verdankte die Wissenschaft jedoch Forschern ganz anderer Disziplinen: Im Jahr 1942 veröffentlichten die Strömungsforscher der Deutschen Luftfahrtforschungsanstalt (DFL) in Braunschweig, Karl Gottfried Guderley, gemeinsam mit Adolf Busemann (Leiter des Institutes für Gasdynamik), ihre bereits erwähnte Arbeit zu Verdichtungsstößen bei Explosionen: „Starke kuglige und zylindrische Verdichtungsstöße in der Nähe des Kugelmittelpunktes bzw. der Zylinderachse". Sie hatten entdeckt, dass fokussierte, konvergent zulaufende Schockwellen im Bereich ihres Brennpunktes zu einem enormen Druck- und Temperaturanstieg führen.164) Diese Arbeit erreichte nun auch den Leiter des AEG-Forschungslaboratoriums, Carl Ramsauer, der hierdurch wahrscheinlich an die Stoßprozesse seines eigenen Gewehr-Experimentes, den patentierten Gedanken von Brasch und Lange und die Grundlagen Traubenbergs erinnert wurde (s. w. o.). Durch die Zusammenarbeit mit dem HWA schien er auch über die Tätigkeiten von Trinks' Hohlladungsforschungen informiert gewesen zu sein. Ramsauer war es, der schließlich beide Entwicklungsbereiche zusammenführte, als er in der zweiten Jahreshälfte 1943 an Trinks herantrat:

„[Da] bei der Detonation brisanter Sprengstoffe kurzzeitig sehr hohe Drücke auftraten, hatte Ramsauer der Forschungsabteilung des Heeres vorgeschlagen, die Einleitung von Kernreaktionen mit Lithium mittels brisanter Sprengstoffe zu versuchen",

wie sich Schumann später erinnerte.165) Er selbst wies im Oktober Trinks an, mit den Forschungen zur Einleitung von Kernreaktionen leichter Kerne zu beginnen, an denen sich auch Diebner beteiligte. Auf dem Wege der theoretischen Mathematik war es Trinks bereits gelungen, die Vorgänge während des Verlaufs einer Detonation in einem Hohlkörper relativ exakt zu bestimmen. Er erkannte,

„dass ein großer Teil der angewandten Sprengstoffenergie auf eine verhältnismäßig kleine Masse konzentriert und dann auf einen sehr kleinen Querschnitt in kleinen Portionen zeitlich nacheinander zur Einwirkung gebracht wird".

Der Erkenntnis, dass man mit konzentrierten, aus Hohlladungen entstehenden Schockwellen, wenn man diese nur hoch genug verdichtet, eine so hohe Energiedichte erzielen könne, die zur Einleitung von Kernreaktion leichter Kerne ausreichen möge, stand jedoch ausgesprochen ernüchternd das bislang evaluierte Wissen um die Kernfusion entgegen: Der Astronom Heinrich Vogt hatte in seinem ebenfalls 1943 erschienenen Buch, „Aufbau und Entwicklung der Sterne“, angemerkt, dass im Mittelpunkt der Sonne mit Temperaturen von 19 Mio. Grad Celsius und Drücken um 100 Mrd. at zu rechnen seien. Allein mit der Hohlladung schien eine Fusionsreaktion demnach nicht möglich, da bei diesen bislang Werte von 10 Mio. at Druck und fast 0,5 Mio. Grad Celsius nachgewiesen worden waren.[166)] Hierzu führte er in Gottow 1943/44 gemeinsam mit Kurt Diebner, Günther Sachsse, Walter Herrmann, Werner Czulius und Georg Hartwig einige praktische Versuche durch. Diebner beschrieb einen hiervon nach dem Krieg wie folgt:

„Eine silberne Hohlkugel von 50 mm Durchmesser und einer Wandstärke von 2 mm enthielt Deuterium, das durch eine Hohlladung komprimiert wurde. Als Sprengkörper diente eine Hohlkugel von 20 cm Durchmesser. Um eine konzentrierte Zündung zu gewährleisten, wurde die Kugel durch mehrere Sprengkapseln gezündet“.

Durch das Silber sollten Spuren radioaktiver Neutronenstrahlung nachgewiesen werden. Gefunden wurde nichts, die Konfiguration funktionierte nicht, was Diebner auf die zu geringen Ausmaße des Testkörpers zurückführte.[167)] Diesem relativ simplen Aufbau folgten weitere Testreihen – auch mit zylindrischem Aufbau: Sprengkörperkonfigurationen von 12 cm Durchmesser und 10 cm Höhe, später mit nur 5 cm im Durchmesser und 8 cm Höhe, in denen im Zentrum ihrer Grundfläche ein 3 cm hoher und im Durchmesser 1,5 cm-Kegel aus schwerem Paraffin eingebettet war, wurden zur Detonation gebracht. Dabei diente das Paraffin der Aufnahme des Deuteriums. Doch auch diese Experimente blieben ohne den gewünschten wie erwarteten Erfolg.[168)] Dennoch wurden in diesem Zusammenhang auch die bisher bekannten wissenschaftlichen Publikationen anderer Forscher eingehend studiert, wie jene von Bethe, von Weizsäcker, Atkinson, Houtermanns, Gamov, Teller, einschließlich der von Friedrich Hundt über das „Verhalten von Materie unter sehr hohem Druck und Temperaturen“. In seinem nach dem Krieg abgefassten Skript rekapitulierte Schumann noch einmal die von Trinks’ angestrebten Ergebnisse. Es sei gar nicht erforderlich, die durch Hohlladungen ausgelöste Kompression mit einhergehendem Druck- und Temperaturanstieg zur Auslösung von Kernreaktionen leichter Elemente im Konvergenzzentrum länger aufrechtzuerhalten. Vielmehr reiche ein kurzzeitiges Einwirken aus, das allerdings über die bisher bekannten Parameter hinausgehen müsse (bislang waren Drücke bis 160.000 Atmosphären und Schwadengeschwindigkeiten der Zersetzungsprodukte des mit 8 km/s detonierenden Sprengstoffes von 20 km/s gemessen worden). Eine derartige Leistungssteigerung könne man erreichen, so Schumann, wenn man eine relativ große Masse (z. B. der äußeren Hohlkugel) durch die kinetische Energie der Hohlladung auf eine sehr viel kleinere Masse (innere Hohlkugel) überträgt – indem man sie ähnlich des Ramsauer'schen Gewehrversuches aufeinander zu beschleunigt. Und zwar durch die Kompressionswirkung, die die äußere Hohlkugel auf die innere zuschießen lässt. Als Beispiel berechneten Schumann und Trinks eine äußere Hohlkugel von 100 cm Innendurchmesser bei 2 cm Wandstärke, die durch symmetrisch angeordnete, möglichst zeitgleich zur Detonation zu bringende Hohlladungen komprimiert werden sollte. Am Ende der Kontraktion sollte das Hüllenmaterial der Außenkugel eine Kugel von beinahe 50 cm Durchmesser füllen. Nach ihren Berechnungen liegt dabei die Außenfläche der ursprünglichen äußeren Hohlkugel während der letzten Phase der Kompression eine Wegstrecke von nur 1/10 mm zurück, während sich deren Innenfläche in der gleichen Zeit um das 266-fache auf das Konvergenzzentrum zu bewegt. Daraus resultiert ein Druck von 626 Mio. at bei einer Geschwindigkeit von 250 km/s![169)] Soweit zu ihren theoretischen Kalkulationen. Über die möglichen Kernreaktionen mit leichten Kernen war man sich in Gottow anscheinend sehr wohl im Klaren, wie die „Technische Formelsammlung" von Diebners Mitarbeiter Friedrich Berkei dokumentiert. In diesem Konvolut hatte Berkei diverse Reaktionen mit Deuterium, Lithium und auch Bor zusammengefasst.[170)] Im Herbst 1944 präsentierte Schumann ihre Resultate seinem Vorgesetzten im HWA. Leeb hatte zu einer gemeinsamen Besprechung geladen, nachdem er durch den Forschungsbeirat des HWA auf die Thematik aufmerksam wurde. Hierbei referierte Schumann über die bereits evaluierten Grundlagen und die auf Trinks' theoretischen Arbeiten basierenden Ergebnisse. Damit offerierte er den Anwesenden einen alternativen Umsetzungspfad einer hypothetischen Kernwaffe. Neben den Anwesenden des HWA wohnten der Veranstaltung auch Thiessen, Esau und Planck bei. Über den Inhalt wurden im Übrigen auch Wager (vom Wehrmachtsrüstungsamt des RMfRuK) und ein gewisser Dr. Viereck (über den bislang wenig bekannt ist) unterrichtet.

Jener Dr. Viereck war als Mitarbeiter des RLM bereits 1935 in Kummersdorf in Erscheinung getreten und zwar in Form der Bildung einer „Außenstelle Viereck“ im Rahmen des Aufbaus der Luftwaffe. Diese Außenstelle wechselte schon bald darauf zur Erprobungsstelle der Luftwaffe nach Rechlin. Erstaunlich daran ist, dass Dr. Viereck während einer anderen Konsultation in den Räumen des II. Physikalischen Instituts im Dezember 1944 Schumann über ganz ähnliche Ambitionen seitens des RLM infomierte.171) Auch Gerlach scheint seine Gedanken in diese Richtung gelenkt zu haben, als er bereits im Mai 1944 (!) in einem von ihm verfassten Bericht feststellte:

„Die Frage der Gewinnung von Kernenergie auf anderem Wege als durch den Uranzerfall ist auf breiterer Basis in Angriff genommen“172).

Ganz ähnlich zu den von Diebner bereits angestrengten Versuchen begaben sich auch Schumann und Trinks mit ihren Mitarbeitern an die Konstruktion einer geeigneten Versuchskonfiguration, die immer neue Herausforderungen mit sich brachte. Schon allein die Umhüllung einer Hohlkugel mit Sprengstoff und dessen möglichst synchron verlaufende Zündung barg für das Team zahlreiche zu lösende Aufgaben: So galt die elektrische Zündung als nicht zuverlässig genug, hinsichtlich einer zeitgleichen Auslösung bei mehreren Zündern – man wendete sich den eher klassischen aber hinreichend exakt zu bestimmenden Zündzeitpunkten von Sprengschnüren zu. Um die notwendige Homogenität des Sprengmittels der Umhüllung selbst zu gewährleisten, musste dieses aus einzelnen Presslingen zusammengefügt werden, da bei reinen Gussstücken die Gefahr von sich ausbildenden Lunkern und anderen Unregelmäßigkeiten bestand. Die Sprengstoffhülle wiederum war am besten durch umgebendes Erdreich oder Beton zu verdämmen. Ebenso war die Entwicklung der

Sprengstofflinsen intensiv weiterzuführen. Eine neue Kalkulation einer kugelsymmetrischen Versuchsanordnung auf dieser Basis ergab jedoch einen relativ unpraktischen, da zumal sehr schweren Korpus:

„Eine eiserne Hohlkugel mit Durchmesser 1 m und der Wandstärke von nur 1 cm wiegt z. B. ca. 250 kg; dazu kommt bei 20 cm Belegung ein Sprengstoffgewicht von ca. 1500 kg. Zusammen mit der Außenverdämmung ergibt sich ein Gesamtgewicht von rund 2 Tonnen."

Alternativ seien zylindrische Konfigurationen in Erwägung zu ziehen. Hierbei ergäben sich einerseits geringere Gewichte und andererseits Vereinfachungen in der Zündführung.173) Ein solcher Zylinder sei nach Schumann an beiden Enden durch halbkugelförmige Kalotten abzuschließen. Ausgestaltet als Doppelkegel umgibt der Sprengstoff diesen Zylinder – selbst in ein verdämmendes Material eingebettet, das wiederum mit einer dünnen Schicht des Sprengstoffes umgeben ist. Durch eine spezielle Zündführung, einer sich zuerst auf die äußere und dann auf die innere Sprengstoffschicht fortpflanzende Detonation, rechnete man mit einer besonders kräftigen Zündung. Um bei einem kugelsymmetrischen Aufbau eine Fokussierung der aufeinander zulaufenden Schockwellen und deren Einwirkungsmaxima zu realisieren, war der Einsatz von Sprengstofflinsen vorzusehen. Zwecks besserer Beobachtung derartiger Sprengkörper bei praktischen Versuchen waren diese einige Meter oberhalb des Untergrunds zu zünden. Nach einem ebenfalls aus dieser Zeit stammenden Gedanken Gerlachs könnte man U235 als Tamper einsetzen:

„Wenn etwa die Innenwand der das Deuterium enthaltenden Hohlkugel mit einem Mantel [...] [evtl. könnte hier Cadmium gemeint sein] verkleidet wird, auf die eine Schicht Uran folgt, dann werden die Neutronen auf thermische Geschwindigkeit abgebremst, ehe sie die Uranschicht erreichen; dort werden sie an nicht vom U238 eingefangen, sondern können an dem U235 Spaltungen hervorrufen."

Wenn das Ganze mit einem geeigneten Reflektor umgeben wird, könne man den Neutronenverlust erheblich reduzieren.[174])
Damit beschreibt Schumann in seinem Nachlass theoretisch das Konzept einer durch Kompression ausgelösten, sich im Anfangsstadium befindlichen Fusionsreaktion als initiierende Neutronenquelle, deren Neutronen wiederum zur Auslösung von Kernspaltungen herangezogen werden. Die Grundzüge beider Varianten finden sich in dem Boosted-Prinzip (vgl. Kapitel 1) wie auch in den subkritischen Konfigurationen der späteren Jahre wieder. Ob sich Schumann über die Perspektiven seines Schaffens bereits im Klaren gewesen ist, darf zurecht skeptisch betrachtet werden – zu viele Details auf dem Weg zu einer praktischen Waffe waren ihm noch nicht erschlossen. Allerdings zeigt es erneut den Ansatz seiner Anstrengungen. Dies offenbart sich in Ergänzung hierzu auch in seinem Schreiben vom 02. April 1948 an Ernst Telchow (siehe hierzu Kapitel 2.3.3).

5.5.3 Das Interesse ist geweckt

Doch die Arbeiten von Schumann, Trinks und Diebner weckten zunehmend auch Begehrlichkeiten innerhalb der SS. Wie schon an anderer Stelle erläutert, hatte der Schwarze Orden Himmlers nun auch die Kernphysik für sich entdeckt. Durch die gute Verzahnung wichtiger Entscheidungsträger, wie Funktionäre und Wissenschaftler, mit der SS war diese stets auf dem Laufenden. Inwieweit sich die SS tatsächlich in die Kernphysik einbrachte und welche Auswirkungen dies zur Folge hatte, ist bis heute relativ wenig beleuchtet worden. Der Autor Günter Nagel hat sich im Rahmen seiner Werke erstmals intensiver mit diesen Ambitionen der SS auseinandergesetzt.
In dem Abschnitt zur Organisation der Kernphysik im Dritten Reich haben wir uns bereits dieser Materie zugewandt. Der unmittelbare Zugriff auf die Kernphysik gelang der SS, nachdem Himmler als Folge des Stauffenberg-Attentats Fromm ablöste und damit zum Befehlshaber der Heeresforschung wurde. Gleichsam war dies mit dem Niedergang Schumanns innerhalb des HWA verbunden. Die SS übte nun wiederholt Kritik an der

ihrer Meinung nach zu trägen Forschung und den dadurch ausbleibenden substanziellen Resultaten. Gerlach hatte sich wiederholt Anfeindungen verschiedenster Dignitäten seitens der SS zu erwehren. Auffallend war dabei das erstarkende Interesse der SS bei der Schwerwasserproduktion. Diesbezüglich geriet auch Speer in das Fadenkreuz Himmlers. So sollte sich beispielsweise noch im April 1945 ein Mitarbeiter der SS an Paul Hartecks Institut in Hamburg mit der Produktion von schwerem Wasser vertraut machen. Auch hatte die SS im Januar desselben Jahres beim Reichswirtschaftsministerium Radium für eine nicht näher bestimmte Anwendung angefordert; Berkei hatte sich in dieser Angelegenheit mit Gerlach abgestimmt.[175)] Die SS übertrug sich quasi selbst die Verantwortung für die beteiligten Forscher. So war dem SD, respektive Fischer, sehr an dem Schutz der Involvierten samt ihrer Errungenschaften gelegen. Beides sollte auf keinen Fall den Feinden in die Hände fallen, weshalb er sich sehr um die Evakuierungen bemühte: Kummersdorf (Gottow; Diebners Gruppe), Hillersleben (Schumanns Gruppe), anschließend die Verlagerung aus dem Bereich Stadtilm (Thüringen) Richtung Garmisch-Partenkirchen.[176)]

Dieser kurz gefasste Exkurs soll uns an dieser Stelle noch einmal an die zunehmenden Interventionen durch die SS erinnern, die sowohl für die Forscher selbst als auch für deren Forschungsbereiche nicht ohne Auswirkungen bleiben sollten.

Noch bevor Schumann den Intrigen der SS zum Opfer fiel und das HWA verlassen musste, gab er eine Reihe von Forschungsarbeiten in Auftrag, die eventuell mit seinem Holladungs-Kompressions-Konzept in Verbindung gebracht werden können:

März 1944, „Herstellung und Untersuchung verschiedener Gußeisensorten nach besonderen Aufgaben für Hohlladungen“ an die Firma Weichelt in Leipzig durch Trinks;

Und durch Schumann selbst:

Mitte 1944, „Theoretische Untersuchung über die bei der Reflexion einer eindimensional sich ausbreitenden Detonationswelle auftretenden Kräfte“ an Fritz Schultz-Grunow (dieser hatte vorher Prandtl in Göttingen assis-

tiert und galt als Fachmann auf dem Gebiet gasdynamischer Vorgänge) der TH Aachen;
ebenfalls Mitte 1944, „Untersuchung an gußeisernen Hohlkegeln nach besonderen Angaben [...] zur Schaffung wirksamer und rohstoffsparender Verkleidungen für Hohlsprengkörper" an Eugen Piwowarski, Experte des metallurgischen Gießereiwesens, auch TH Aachen;
Anfang Juli bis Ende September 1944, „Atomphysikalische, für die Sprengstoffphysik grundlegende Untersuchungen" an das II. PI in Berlin gerichtet (dieser Auftrag lief unter Gerlachs Verantwortungsbereich).
Wie Nagel es wiedergibt, ist über die Ergebnisse dieser Arbeiten bislang nichts bekannt.177)
Noch im gleichen Zeitraum verfasste Trinks gemeinsam mit den an diesem Projekt beteiligten Forschern einen

„Versuche über die Einleitung von Kernreaktionen durch die Wirkung explodierender Stoffe" 178)

lautenden Bericht.
Doch nun trat bereits jene Schumann betreffende Zäsur ein: Er wurde seines Aufgabenbereiches innerhalb des HWA entbunden. Gleichfalls wurden er und Trinks durch Speer angewiesen, dass sie ihre Hohlladungs-Kompressions-Experimente zur Einleitung von Fusionsreaktionen sofort einzustellen hätten!179) Inwieweit dies auf die Intervention der SS wegen des allgemeinen Fortschritts der Forschungen, der Umgestaltung des HWA selbst und der zunehmenden Kritik der SS an Schumann und seiner Arbeitsweise zurückgeführt werden kann, bleibt offen – dies muss aber aus der Evaluierung der kumulativen Betrachtung aller in diesem Zeitraum relevanten Ereignisse um das HWA angenommen werden. Schumanns weitere Betätigungsfelder sowie Gerlachs Fachbereiche blieben davon allerdings unberührt.
Es stellt sich uns hier die Frage, ob mit dem Ausscheiden Schumanns aus dem HWA, den von Speer erteilten Unterlassungen jener speziellen Experimente und der begonnenen Umstrukturierung des HWA die Arbeiten an

diesen tatsächlich zum Erliegen kamen – oder ob sie von anderen Institutionen weitergeführt wurden.
Nach der am 01. Dezember 1944 erfolgten Zusammenlegung der WaPrüf und WaF als Amtsgruppe Prüf. und Entw. (Entwicklung) unter Richard John fielen die bis jetzt von Schumann geführten Bereiche ab Anfang Februar 1945 Wilhelm Plas zu – zu denen neben der Entwicklung des N-Stoffes und der Ultra-Rot-Forschung auch die Entwicklungen der Hohlladungen und der Kernphysik zählten. Von den Arbeiten auf letzterem Gebiet war er besonders angetan – hatten ihn Diebners Experimente in Gottow offenbar beeindruckt.180)
Nach Schumann wurde nun Gerlach zum wichtigsten Protagonisten der wissenschaftlichen Koordination, falls er es nicht ohnehin schon war. Denn etwa in jenem Zeitfenster der Ereignisse um Schumann richtete sich Speer am 19. Dezember 1944 an Gerlach:

„Ich messe jedoch den Forschungen auf dem Gebiet der Kernphysik eine außerordentliche Bedeutung bei und verfolge Ihre Arbeit mit großen Erwartungen".

Gleichfalls sicherte er ihm umfangreiche Hilfe zu:

„Sie können auf meine Unterstützung zur Überwindung von Schwierigkeiten, die die Arbeit hemmen würden, jederzeit rechnen"181).

Nach den Angaben von Himmlers Chefadjutanten und Angehörigen seines persönlichen Stabes, Werner Grothmann, habe Gerlach auch die volle Unterstützung Himmlers genossen:

„Gerlach galt als Kapazität auf dem Atom-Gebiet und Himmler hatte angeordnet, dass er jede nur mögliche Unterstützung erhalten sollte, was auch bestimmt geschehen ist"182).

Neben diesen doch relativ allgemein gehaltenen Bekundungen zur Fortführung von Gerlachs Arbeiten finden sich jedoch auch mehrere auf Fakten basierende, relativ substanzielle Indizienketten zu weitergehenden Aktivitäten der Hohlladungs-Kompressions-Experimente, die wir nun betrachten werden.

Gerlach scheint sich bereits gegen Ende 1943 mit der Thematik der durch Hohlladungen initiierten Kompressionsvorgänge zur Einleitung von Kernreaktionen beschäftigt zu haben. Als Ausgangspunkt dürfen dabei die ersten Experimente von Diebner gelten. Parallel zu den Experimenten in Gottow richtete er als Leiter des I. Physikalischen Institutes der Ludwig-Maximilians Universität (LMU) in München, an der er auch den Lehrstuhl für Experimentalphysik innehatte, eine Arbeitsgruppe für Höchstdruckphysik ein. Neben seinem eigenem Assistenten Duhm waren in dieser auch die Physiker Hermann Auer (der Gerlachs eigener Schüler gewesen war) und Edwin Gora (1942 unter Heisenberg tätig) eingebunden. Auch in den Auflistungen des RFR findet sich Gerlachs AG mit dem Projekt „Umsetzung von Höchstdrücken und -temperaturen" wieder, das von Otto Haxel, von dem noch zu lesen sein wird, begleitet wurde.[183)] Gerlachs Gruppe nahm in Folge am 25. September und am 09. Oktober 1944 an Besprechungen in München teil, gemeinsam mit dem Arbeitskreis „Hochdruck" der Marine (s. w. u.). Bei der Tagung im Oktober stand dabei der Punkt „Untersuchung an Sprengkörpern, die unter Hochdruck stehen" an erster Stelle.[184)] Zu den weiteren Themen gehörten u. a. auch „Dissoziationsuntersuchungen an Gasen unter Höchstdruck" und als Auftrag an die PTR gerichtet „Kompressibilitätsmessungen". Interessant ist die Teilnehmerliste dieser Arbeitskreise: Neben Gerlach, Duhm, Auer, Gora und Haxel waren auch die Physiker Ernst Pascual Jordan, Herbert Arthur Stuart der TH Dresden (Direktor des Physikalischen Institutes und in das V-Waffen-Programm involviert), Herbert Ebert der PTR, Erich Buchmann (der Abteilung Allgemeine Forschungssteuerung FEP-I und Forschungsorganisation und Berichtwesen FEP-II der Marine unter der Leitung von Wilhelm Rhein – Amtsgruppe Forschung, Erfindung und Patentwesen FEP des OKM) sowie Rudolf Gottfried Berthold (Grona) und weitere anwesend. Thiessen erhielt ebenfalls ein ausführliches Protokoll.[185)]

Auch das KWI für Eisenforschung war unter der Leitung von Friedrich Körber, der zugleich die Fachsparte Eisen und Stahl im RFR vertrat, das zeitgleich in denselben Angelegenheiten interdisziplinär mit der Grona agierte, miteingebunden.[186)] Nach dem frühen Tod Körbers im Juli 1944 übernahm ab August der Direktor der Bergakademie Clausthal, Max Paschke, dessen sämtliche Ressorts.[187)] Direkt mit dem Arbeitskreis „Hochdruck" sind folgende Mitarbeiter Körbers in Verbindung zu bringen: Franz Wever, Anton Pomp, Alfred Klisch und Anton Eichinger.[188)] Wer waren diese Herren?

Eichinger leitete im KWI für Eisenforschung das „Verschleißlaboratorium", während Klisch dem Labor für Festigkeitsforschungen vorstand.[189)] Wever lenkte die Geschicke der Physikalischen Abteilung, zu denen auch die röntgenographischen Untersuchungen des kristallinen Aufbaus der Stähle zählte; Pomps Arbeitsgebiete umfassten die Abteilungen für Mechanische Technologie (Umformung und Veredelung sowie Werkstoffprüfung) und Metallographie (Gefügeuntersuchungen).[190)] Darüber hinaus war Körber Mitglied im Sonderring „Sintereisen" – „Entwicklung von Pulverwerkstoffen" – des RMfRuK und Pomp vertrat in Körbers Fachsparte des RFR die Arbeitsgruppe „Weiterverarbeitung des Stahls".[191] Hinzu kam, dass Pomp ab 1944 ebenfalls für das RMfRuK tätig war: Wir finden ihn hier sowohl im Hauptausschuss „Waffenforschung" als auch in der Entwicklungskommission „Waffen" wieder. Innerhalb der dort angesiedelten Sonderkommission „Waffenforschung" oblag ihm der Bereich der „Werkstoff-Probleme". Im Hintergrund dieses Betätigungsfeldes fällt eine Abhandlung von Pomp auf, die er während einer Arbeitsbesprechung seiner Arbeitsgruppe jener Sonderkommission vortrug. Hierbei referierte er über das „Verhalten des Werkstoffes bei hohen Beanspruchungsgeschwindigkeiten". Über den Inhalt dieser Besprechung setzte er am 17. Januar 1945 auch seinen Vorgesetzten Paschke in dessen Funktion als Fachspartenleiter des RFR in Kenntnis.[192)] Körber und Pomp waren zuvor in die Motoren-Forschungen der Luftwaffe involviert, wobei sie sich speziell mit der Materialeignung für Kurbelwellen und Zylinderventile und deren Federn beschäftigten. Für die Evaluierung der Ermüdungsparameter dieser Bauteile war wiederum Wever zuständig.[193)] Man hatte in den Arbeitskreis Hochdruck also ausgewiesene Fachleute im Bereich der Metallurgie und Materialforschung druck- und temperaturbeaufschlagter Metalle hinzugezogen.

Auf ähnlichem Terrain bewegten sich auch Berthold und die Grona. Berthold leitete seit 1940 die Forschungsabteilung für Messgerätebau des Magdeburger Unternehmens Schäffer & Budenberg, ein Ausrüster der Luftwaffe und Marine mit technischem Gerät. Bereits 1943 stand Berthold mit seinen modernen Laboratorien in der Hochdruckforschung in Kontakt mit der Entwicklungskommission Munition des RMfRuK unter Johann Sommer. Auch begann seine von ihm selbst forcierte Zusammenarbeit mit der KWG. Ursächlich durch den zunehmenden Bombenkrieg der Alliierten wurde die Entwicklungsabteilung auf Insistieren Bertholds in dessen Heimatstadt Göttingen ausgelagert; in eine ehemalige Textilfabrik in der Gronauer Straße – woraus sich der Name des neuen Auslagerungsbetriebes, Grona, ableitete. Am 14. Juni 1944 nahm dieser seinen Betrieb auf. An Sommer gewandt schrieb der Generaldirektor von S & B im November, dass die Verlagerung der Entwicklungsstellen der Bereiche Höchstdruck und Messgerätewesen nahezu abgeschlossen seien, so dass dessen Leiter Berthold die ihm anzuvertrauenden Arbeiten der KWG wie auch des RFR übernehmen könne. Als Referenz wies Klein erste Apparaturen aus, die

„unsere Hochdruckabteilung an das Oberkommando der Marine und die Physikalisch-Technischen Reichsanstalt abgeliefert hat".

Dabei konzentrierte sich die Grona im Wesentlichen auf die Hochdruckforschung und arbeitete eng mit den von Gerlach geleiteten Gebieten des RFR zusammen.[194)] Durch diesen erhielt Berthold verschiedentlich seine Aufträge, die auch aus dem Arbeitskreis Hochdruck stammten. Gemeinsam mit Wever vom KWI für Eisenforschung forschte er an einem Bereich „für die Herstellung von in Hochdruckgeräten angewandten Stähle". So ließ sich Berthold durch Gerlach auch noch im März 1945 die Kriegswichtigkeit bestimmter Arbeiten der Grona bestätigen: Teile seiner Hochdruckentwicklungsarbeiten fielen im Interesse der Priorisierung in der Munitionsherstellung unter das Führernotprogramm. Doch um was ging es ihm dabei? Handelte es sich um jene gemeinsam mit Wever zu konstruierenden und zu testenden Hochdruckgefäße und Probenkörper, wie aus einem Schreiben an Gerlach vom 19. März 1945 hervorgeht?[195)]

Die genaue Motivation und Intention der Arbeiten des Arbeitskreises für Hochdruckphysik liegen im Dunkeln. Folgt man den Indizien, stellen sich unweigerlich folgende Fragen:
Handelte es sich um eher allgemein gehaltene Forschungen im Zusammenhang mit technischen Apparaturen, die mit hohen Drücken beaufschlagt wurden, was für die Einbeziehung Bertholds spräche?
Oder behandelte man die Komponentenentwicklung für den Raketenbau in Peenemünde – worauf man durch die Anwesenheit Stuarts schließen könnte?
Ist die Schwerpunktforschung etwa im Bereich der Kernphysik und der Hohlladungskompression zu finden? Kann aus der Kooperation Bertholds mit dem Bevollmächtigten des Reichsmarschalls für Kernphysik und Leiter der Fachsparte Physik des RFR, Gerlach, eine Kausalität zur Kernphysik abgeleitet werden?
Keiner dieser Themenbereiche lässt sich eindeutig bestätigen oder negieren. Wahrscheinlich liefen verschiedenen Disziplinen parallel.
Explizit für die Kernphysik spricht, dass es sich hierbei um Gerlachs Hauptaufgabenfeld handelte; dass in den Arbeitskreis die Physiker Haxel und Jordan einbezogen worden waren – die sich beide in der Marineforschung mit der Kernphysik befassten; und Berthold, der ebenfalls in jene Marineforschungen involviert war. Ernst Pascual Jordan hatte vor dem Krieg gemeinsam mit Heisenberg auf dem Gebiet der Quantenphysik geforscht und galt als versierter Mathematiker. Nach Kriegsbeginn für die Luftwaffe tätig, wechselte er im Herbst 1942 nach Peenemünde, wo er mit mathematischen Kalkulationen zu den experimentellen Arbeiten des dortigen Windkanals betraut worden war. Er berechnete auf theoretischer Basis die dort auftretenden Luftströmungen und beschäftigte sich mit den Phänomenen der Schockwellen, wie sein dortiger Kollege Peter Wegner, mit dem er das Büro teilte, später zu Protokoll gab. Ab 1943 war er für das Wannsee-Institut der Marine tätig.[196)] Noch interessanter, da eine direkte Verbindung zur kernphysikalischen Forschung in jener Zeit evident ist, war der Kernphysiker Otto Haxel. Während des Krieges an der TH Berlin tätig, forschte er an den Neutroneneinfangsquerschnitten verschiedener Nuklide.[197)] Auch widmete er sich den Kernspektren leichter Kerne und

soll bereits 1940 dem HWA einen Vorschlag für ein Atombombenprojekt offeriert haben. Allerdings hielt er dessen Realisierung für unwahrscheinlich. In dieser Zeit arbeitete er dem HWA zu, bevor er 1943 ebenfalls zur Marine wechselte.[198] Nach dem Krieg war Haxel, neben seinen Berufungen u. a. an das Max-Planck-Institut für Physik (unter Heisenberg) und als Direktor des II. Physikalischen Institutes der Universität Heidelberg, in den Jahren 1956/57 Mitglied des Arbeitskreises Kernphysik der Deutschen Atomkommission unter Strauß (aus dieser Zeit stammte sein Reaktorpatent[199]) und Mitbegründer wie erster Direktor des Kernforschungszentrums in Karlsruhe (siehe hierzu auch Kapitel 2). Finden sich derartige Ambitionen im Rahmen jenes Arbeitskreises auch in den Tätigkeiten Gerlachs? Auch Gerlach selbst beschäftigte sich sehr wahrscheinlich mit den Phänomenen der durch konvergente Schockwellen ausgelösten Kompressionswirkungen, wie Karlsch in den Aufzeichnungen Gerlachs im Archiv des Deutschen Museums München eruieren konnte: Dieser hatte 1944 mehrere Skizzen angefertigt, die Brennpunkte in verschiedenen sphärischen, konvexen Anordnungen darstellten. Daneben befinden sich Formeln zu nuklearen Reaktionen:[200]

$D \rightarrow H + n$
$n + D2 = H2 + 3n$
$n + D = H + 2n$
$D + D = D + H + n$
(bei letzterer befinden sich im Original hinter beiden D linksseitig der Gleichung unleserliche Zusätze).

Was genau er damit beschreiben wollte, wird zwar nicht ganz klar, lässt aber dem Charakter seiner Skizze nach auf die Arbeiten zu Fusionsreaktionen Schumanns schließen.

Wie sieht es jedoch mit potentiellen Gemeinsamkeiten der in Göttingen etablierten Institutionen aus? Ein Indiz für eine enge Kooperation ergibt sich auf dem Gebiet der Marineforschung. Wie bereits beschrieben, arbeitete S & B auch im Auftrage der entsprechenden Stellen des OKM. Gleiches taten aber auch das Richard Becker unterstellte Institut für Theoretische Physik wie auch das Institut Max Schulers für Angewandte Mechanik der Göttinger Universität.

Das bringt uns nun zu der Frage, inwieweit die Marineforschung in die Kernphysik respektive die Fusionsexperimente Schumanns involviert war. Bis 1942 wurde das Marinewaffenamt (MWA) von Carl Witzell geleitet (anschließend waren dies Hubert Schmundt und Otto Backenköhler). Dieser war bis Kriegsende Mitglied im Präsidialrat des RFR, war Teilnehmer an den Sitzungen des „Uranvereins" und über das sich bietende Potential der Kernphysik stets unterrichtet. Mit Leeb vom HWA soll es eine Übereinkunft gegeben haben, dass sich die Marine an den Forschungen zur Kernphysik beteilige. Die Marine verfügte neben der schlicht als „Torpedoversuchsanstalt" (TVA) titulierten Entwicklungseinrichtung mit der CPVA in Dänisch-Nienhof über hervorragende wissenschaftliche Einrichtungen.201) Durch den am 27. August 1943 verabschiedeten Gemeinschaftserlass von Marineoberbefehlshaber Karl Dönitz zur Sicherstellung einer Forcierung der maritimen Rüstungsprogramme ging das MWA nun eine enge Kooperation mit Speers RMfRuK ein, wobei hier bereits eine Zusammenarbeit mit dem dortigen Technischen Amt bestand. Die Aufgabenstellung bezüglich der Forschung und Entwicklung blieb hoheitlich bei der Marine, Auftragsvergabe und Ausführung erfolgten unter gemeinsamer Aufsicht mit dem RMfRuK, wobei dieses auf alle ihr unterstellten wie beigeordneten Institutionen zurückgreifen konnte.202)

Die Chemisch-Physikalische Versuchsanstalt (CPVA), bis zum 01. Juni 1944 Teil der Inspektion für Torpedowesen und danach der Amtsgruppe FEP unmittelbar beigeordnet, beschäftigte sich mit den Gebieten der Physik, Chemie und des Sprengstoffwesens und unterstand den gesamten Zeitraum ihrer Existenz über kontinuierlich Friedrich Brandes.203)

Die eigentliche Forschung der Marine oblag ab 1942 der Amtsgruppe FEP (Forschung-, Entwicklung- und Patentwesen) des MWA. Ziel dieser neu geschaffenen Amtsgruppe unter der Leitung von Wilhelm Rhein war die Konzentrierung aller technisch relevanten Forschungen des Marinewesens und die effiziente Auswertung und Nutzung aller Entwicklungen. Parallel verlaufende Forschungen sollten unterbunden und personelle wie materielle Kapazitäten effektiver eingesetzt werden. Außerdem war man bestrebt, einen ständigen, wechselseitigen Wissensaustausch mit den anderen Wehrmachtsteilen zu fördern. Hierbei zeigten sich durchaus organisatorische Analogien zum HWA.[204)] Der bereits erwähnte Erich Buchmann war innerhalb der FEP für die Lenkung der Forschungen zuständig. Später übernahm er auch deren Organisation, eine Aufgabe, die zeitweise Osenberg innegehabt hatte. Die eigentliche Forschungsabteilung FEP-III unterstand dem Mathematiker Helmut Hasse.[205)] In Personalunion leitete dieser bereits seit 1934 das Mathematische Institut der Universität Göttingen. Ende 1941 richtete die Marine bei Berlin ein Forschungsinstitut der FEP am Wannsee ein, dessen Leitung man Hasse übertrug. Es gelang der Marine, sich für ihre wissenschaftlichen Arbeiten die Dienste von Jordan und Haxel zu sichern. Der Dritte im Bunde der Wissenschaftler, die die Marineleitung für sich gewinnen konnte, war der uns bereits bekannte Friedrich Houtermanns.[206)] Schon sein „Besuch" Ende 1941 an der alten Wirkungsstätte der UPhTI in Charkow ging auf Weisung Carl Witzells zurück. Diesem war Houtermanns als Experte für Kernphysik empfohlen worden. Es muss angemerkt werden, dass eine Einbeziehung der wissenschaftlichen Ressourcen der besetzten Ukraine maßgeblich auf die Intervention Witzells zurückzuführen ist. Mentzel stand dem Ansinnen der Marine allerdings skeptisch gegenüber.[207)] Bis zum Frühjahr 1944 war Houtermanns offiziell an das Labor von Ardennes gebunden, bevor er zur PTR wechselte. Das Kriegsende sollte er, erneut versetzt, in Göttingen erleben.[208)]

Hasse selbst ließ zudem ab Herbst 1943 Räume des mathematischen Institutes in Göttingen für Forschungsarbeiten der Marine „auf dem Gebiet der Hochdruckphysik" unter Beschlag nehmen. Ob es sich dabei tatsächlich, wie Schappacher angibt, in Teilen um eine Scheinbelegung zum Schutze vor anderweitiger Requirierung der Institutsräume gehandelt hat, lässt sich nicht mit Sicherheit sagen.[209)] Denkbar ist auch eine Verlegung der Laboratorien von Hasse aus dem luftkriegsgefährdeten Berlin. Geführt wurde Hasses Außenstelle in Göttingen als Marineforschungsstelle für Höchstdruckphysik unter ObRegRat Dr. Claus.[210)]

Doch an was wurde bei der Marine geforscht?

Sowohl im Wannseeinstitut als auch in der CPVA soll laut Karlsch kernphysikalische Grundlagenforschung betrieben worden sein. Miteingebunden waren die drei Wissenschaftler Jordan, Houtermanns und Haxel. Dabei fungierte Haxel als Kontaktperson des MWA zu den anderen Institutionen des HWA und RFR, die sich in Analogie den gleichen Forschungsschwerpunkten verschrieben hatten.[211)] Indizien für seine These konnte Karlsch dem von ihm erstmals ausgewerteten Dienstkalender Walther Gerlachs entnehmen. Im Frühjahr 1944 berichtete Haxel nach eigenen Angaben gegenüber David Irving, dass er von Wilhelm Rhein über die Erfolgsaussichten um die Realisierung einer auf Fusionsreaktionen unter Verwendung von Lithium basierenden Waffe unterrichtet werden wollte. Hierzu müsse man laborseitig sonnenähnliche Zustände erzeugen, soll Haxel sinngemäß erwidert haben. Rhein und Buchmann, die Haxels Kommentar offenbar mit Skepsis begegneten, zogen Houtermanns zu Rate, der eine Fusionsreaktion durchaus für möglich erachtete. Nach Gerlach wandte sich Houtermanns im Februar an das APS der Reichspost, um an der dortigen Kaskaden-Generator-Neutronenmessungen an Lithium und Beryllium durchzuführen. Was sich in den Laboratorien der Reichspost in Miersdorf oder direkt bei von Ardenne in Lichterfelde hierzu abspielte, ist nicht bekannt. Gegen Kriegsende jedenfalls sei von Ardenne seinen eigenen Angaben zufolge mit dem Aufbau einer Isotopentrennanlage für Lithium beschäftigt gewesen,[212)] die im Wesentlichen seinem elektromagnetischen Massentrenner entsprach. Diese Versuchsanlage besaß ein ringförmiges Trennmagnetfeld mit einem 2 t schweren Magneten, in dessen Mitte sich die von ihm entwickelte Plasma-Dampf-Ionenquelle befand.[213)]

Des Weiteren soll es nun unter der Leitung Haxels bei der Marine zu Sprengversuchen gekommen sein, bei denen Lithium Verwendung fand. So sind aus dieser Zeit mehrere Konsultationen zwischen Gerlach und Haxel bekannt.[214)]

Im September 1944 kam es demnach zu mehreren Treffen mit den Leitern der verschiedenen Waffenämter. Dabei anwesend waren Emil Leeb (HWA), Erhard Milch (Generalluftzeugmeister der Luftwaffe), Walter Georgii (Leiter der Forschungsführung des OKL und RLM), Carl Ramsauer (AEG) und der Forschungsbeirat der Marine. Am 14. September erfolgte ein Treffen mit Erich Buchmann, dem Leiter der Forschungsorganisation der FEP des MWA, für das auch Hasse tätig war. Laut Gerlachs Dienstkalender war Buchmann genau wegen der Tätigkeiten der FEP geladen worden. Genau einen Tag später besuchte Gerlach in Begleitung von Fischer und dessen Vorgesetzten Spengler des Inlands-SD des SS das Wannsee-Institut von Hasse. Bei der nächsten Zusammenkunft von Gerlach mit Buchmann am 19. September war auch Haxel in Begleitung weiterer Wissenschaftler seines Bereiches zugegen. Der Inhalt dieser Zusammenkünfte ist nicht bekannt. Allerdings fand am 25. September eine Sitzung statt (die weiter oben bereits Erwähnung fand), der neben Leeb, Schumann, Kadow und Trinks vom HWA auch Planck, Thiessen und Esau beiwohnten (Karlsch vermutet anhand von Gerlachs Aufzeichnungen, dass auch die Herren der Marine involviert gewesen sein könnten), bei der über die nukleare Energiefreisetzung durch Kernsynthese von leichten Kernen referiert wurde. Nach Schumanns späteren Aufzeichnungen wurden dabei explizit Li + D-Reaktionen in durch Hohlladungen zu komprimierenden Hohlkugeln, bei denen auch andere leichte Elemente, wie auch LiD, zur Auskleidung der Innenwand jener Hohlkugel Verwendung finden können, thematisiert. Die Teilnehmer sollen sich von Schumanns Ausführungen tief beeindruckt gezeigt haben.215) Drei Monate später versuchte Gerlach mit seinem Ersuch vom 16. Dezember 1944 an den Planungsleiter des RFR, Osenberg, sich den führenden Kopf der Wissenschaftler der Marine, Haxel, unterstellen zu lassen, was bei dem FEP-Verantwortlichen Wilhelm Rhein auf wenig Gegenliebe gestoßen zu sein scheint. Gerlach insistierte am 30. Januar 1945, an Fischer gewandt, erneut. Erst am 10. März reagierte Osenberg und verfügte Haxels Entlassung aus der Marine – dieser befand sich zu jenem Zeitpunkt allerdings bereits bei Diebners Gruppe in Thüringen.216)

Es kann aus den Gesprächsterminen im September, den beteiligten Protagonisten – insbesondere der Marine – und Schumanns Einlassungen zur Thematik abgeleitet werden, dass sich die Wissenschaftsgruppen der Marine unter Haxel als auch Hasse sowohl in der FEP (Wannsee-Institut) wie auch bei den Experimental- und Sprengstoffforschungen der CPVA, mit der Kernphysik – in besonderer Weise mit Fusionsreaktionen und deren Realisierung – befassten. Dafür spricht letzten Endes auch das Bestreben Gerlachs, der selbst vor seiner Ernennung zum Bevollmächtigten des Reichsmarschalls für Kernphysik und Leiter der Fachsparte Physik innerhalb des RFR für die Marineforschung aktiv war. Hier war er u. a. ab Ende Januar 1940 für die Arbeitsgemeinschaft Cornelius tätig, einer von Ernst-August Cornelius (wissenschaftlicher Mitarbeiter und Abteilungsvorstand der TVA Eckernförde) geleiteten Forschungsgruppe, die sich mit der Weiterentwicklung der Torpedowaffe beschäftigte.217) Über diesen Weg dürfte er auch in Kontakt mit der Forschungs- und Entwicklungsabteilung von Schäffer & Budenberg gekommen sein, da diese Maschinenteile für die Torpedowaffe produzierte.218) Auch für die Arbeiten der 1942 errichteten TVA Neubrandenburg am und im Tollensee zog man Gerlach hinzu.219)

5.5.4 Das Ende naht

Doch wie ging es mit den Forschungen weiter? Leider gibt es nach aktuellem Stand der Dinge hierüber keine finale Antwort. Ob es zu den von Karlsch beschriebenen nuklearen Versuchen auf dem Gelände des Truppenübungsplatzes Ohrdruf gekommen ist, womit die Entwicklung Schumanns, Trinks' und letztendlich Gerlachs zu einem Abschluss gekommen wäre, betrachten wir in den nächsten Kapiteln eingehender. Zunächst kam es kriegsbedingt zu den bereits oben angesprochenen Auslagerungen der Forschungsinstitutionen. Die von Schumann geleitete WaF des HWA zog aus dem zunehmend unter den alliierten Luftangriffen leidenden Berlin im August 1943 vollständig in die Versuchsstelle Gottow. Andere Teile des HWA verlegte man beispielsweise nach Kummersdorf, Hillersleben (Magdeburg), Raubkammer (Munster) und Karlshage (Usedom). Die Gruppe um Diebner wurde im weiteren Verlauf zunächst nach Stadtilm in Thüringen und schließlich gen Bayern, Bad Tölz, Mittenwald und Garmisch-Partenkirchen – wo sich bereits ab Herbst 1944 Teile des Physikalischen Institutes der Universität Köln befanden – ausgelagert.220) Die Wahl von Stadtilm war dabei nach einiger Suche teils durch Zufall, teils durch das Suchkriterium nach geeignetem Raum erfolgt. Zu dem Zeitrahmen, in dem der Umzug nach Stadtilm erfolgte, gibt es abweichende Angaben in der Fachliteratur. Offiziell wurde für das zur Belegung auserkorene Schulgebäude am 23. September 1944 zwischen Diebner, dem Bürgermeister von Stadtilm und im Namen des Präsidenten des RFR, Göring, ein Mietvertrag abgeschlossen. Der Klempnermeister Erich Rundnagel erinnerte sich später jedoch daran, dass er bereits Anfang Juli 1944 vom Bürgermeister über die von ihm schon zu erledigenden Installationsarbeiten für die Gruppe Diebners zum absoluten Stillschweigen verpflichtet worden war.[221)] Abweichend hiervon liest man bei Diebner selbst, dass sich seine Gottower Gruppe bereits seit 1943 nach Stadtilm verlagert hatte.[222)] Die letzten Materialien, Uranmetall, schweres Wasser und Radiumpräparate aus Gottow wurden dagegen erst im Februar 1945 nach Stadtilm verbracht.[223)]

Etwa zur gleichen Zeit wurden große Teile der Forschungsabteilungen nach Hillersleben verlegt.[224)] Das betraf hauptsächlich die Dislozierung der Abteilungen der Amtsgruppe Entwicklung und Prüfwesen (WaPrüf), die in der Heeresversuchsstelle mit den Anwendungsforschungen betreibenden WaPrüf 1 (Ballistik, Sprengstoffe und Munition; in Teilen auch in Kummersdorf angesiedelt) und WaPrüf 4 (Artillerie und Panzerwaffen) ohnehin schon ihr eigentliches, experimentelles Domizil gefunden hatten.[225)] Auffallend dabei ist ein Detail der ebenfalls dort angesiedelten Munitionsanstalt (Muna) Hillersleben: Diese Muna war sowohl für serienmäßige wie auch experimentelle Laborierung und Befüllung von Munitionsmitteln ausgestattet. Neben den mechanischen Werkstätten, in denen auch spezielle, experimentelle Geschosskörper angefertigt werden konnten, besaß die Einrichtung umfangreiche Sprengstoffschmelz- und Geschosseinfüllanlagen. Hier konnten nahezu lunkerfreie Sprengstoffe in allen geometrischen Variationen vergossen werden. In den zugehörigen Laboratorien modernster Ausstattung wurden Zündtechniken entwickelt und erprobt. Auf einem dynamischen Prüfstand konnte die Geschosswirkung unter adäquaten Bedingungen realitätsgleich simuliert werden. Ebenso gehörte eine Abteilung für die Delaborierung zur Muna dazu. Das besondere war jedoch eine separat angesiedelte Einrichtung der Muna für

die Herstellung inerter Munition.[226]) Hierunter versteht man Füllstoffe, die chemisch inert sind – sich also in keiner Weise an irgendeiner Reaktion beteiligen – und auf die Sprengkraft des Geschosses keinen Einfluss ausüben. In modernen Waffen können dies Schrapnelle aus Wolfram sein. Das Ziel derartiger Munition ist es, auf lokal begrenztem Raum eine große Wirkung auszuüben, ohne dass es dabei zu umfangreichen Kollateralschäden kommt. Eine Besonderheit dieser Gattung tritt bei Verwendung von Uranverbindungen (zumeist in abgereicherter Form) als Legierungsbestandteil auf, da diese eine radiotoxische Wirkung auf die Biosphäre entfalten, somit bei Expositionierung chemisch-toxische (giftige) und karzinogene (krebserregende) Lateraleffekte hervorrufen; vergleichbar mit einer taktischen, „schmutzigen" Waffe.[227])
In der Muna Hillersleben kamen zwei Varianten inerten Materials zur Anwendung: Bariumsulfat – ein Bariumsalz der Schwefelsäure (BaSO4) –, das als feinkörniges Substrat dank seiner Temperaturstabilität und relativ hohen Dichte als Füllstoff zum Einsatz kommt; allerdings bedarf es eines nicht geringen Aufwandes in seiner Herstellung, wozu als Grundstoffe Baryt und Schwefelverbindungen benötigt werden. Wichtigster Füllstoff für inerte Munition war jedoch die Pechblende, wie sie in St. Joachimsthal und Johanngeorgenstadt gefördert wurde. Bei Pechblende, ein auch als „Uraninit" bezeichnetes Mineral, handelt es sich chemisch um ein Uranoxid. Dieses Ausgangsmaterial dient zur Gewinnung von Radium und Uran. Uraninit ist eine der stärksten Quellen natürlicher Radioaktivität und giftig. Im Umgang mit diesem Stoff sind strahlenschutzrelevante Maßnahmen zu beachten. In den Schmelzöfen der Muna wurde dieser Stoff in die Munition abgefüllt, hierzu konnte eine automatische Abfüllanlage eingesetzt werden.[228])
Aufgrund seines radiotoxischen Potentials kann diese Munition als eine vereinfachte Variante einer „schmutzigen" Waffe gesehen werden. Der Umgang mit dem Material in Hillersleben lässt den Schluss zu, dass man sich an diesem Standort mit Strahlenschutz und damit einhergehend mit der biologischen Strahlenwirkung auseinanderzusetzen hatte – diese eventuell hier sogar wissenschaftlich begleitete. Ob und inwieweit diese Einrichtungen in die kernphysikalische Forschung des Dritten Reiches, insbesonde-

re mit dem Blick auf die Waffenforschung, eingebunden waren, lässt sich nur vermuten – kann aber nicht gänzlich ausgeschlossen werden. Einen weiteren Hinweis auf eine Verbindung zum deutschen Nuklearprogramm enthält ein Bericht des Army Ordonance Departements vom August 1945: Unter der Leitung von John A. Keck, Chief Enemy Technical Intelligence Branch, Technical Division, Ordonance Service (TSFET), wurde die kernphysikalische Forschung des Dritten Reiches ab 1942 genauestens unter Beobachtung genommen. Nach der erfolgten Landung in der Normandie genoss die Evaluierung des Fortschrittes bei der Entwicklung von Kernwaffen höchste Priorität in seiner Abteilung. Seine Ermittlungen liefen unabhängig und parallel zu der eigentlich eigens für diese Aufgabe geschaffenen „ALSOS"-Mission unter Boris Pash. Bei der Einnahme der Heeresversuchsstelle Hillersleben stellte Keck mit seinem Team fest, dass die Deutschen bei der Entwicklung von Kernwaffen weit gekommen waren. Die eigenen Bombenangriffe hatten sie an der Vollendung ihres Zieles jedoch behindert. Dennoch seien die Deutschen einer Lösung des Problems sehr nahegekommen.[229] Was genau Keck dort auffand und ihn zu dieser Aussage veranlasste, ist nicht bekannt. Kurz nach dieser Veröffentlichung wurde er jedoch von anderen militärischen Stellen dazu genötigt, seine Äußerung zu dementieren.[230]

5.6 Die Lithiumforschung und die Entwicklung eines Initiators

Widmen wir uns nun in Kürze einem speziellen Kapitel der kernphysikalischen Forschung, welches Fusionsreaktionen in der Waffentechnik – wie bereits gesehen – maßgeblich beeinflusst und in technischer Sicht wesentlich erleichtert hat.

Den Anfang hatte der Experimentalphysiker Heinrich Rausch von Traubenberg, den wir bereits kennengelernt haben, unternommen. Unter Joseph Mattauch arbeiteten Heinz Erwald und Alfred Klemm am KWI für Chemie an den Fragen der Isotopentrennung nach dem Verfahren der

Massenspektroskopie, mit dem beträchtliches Material separiert worden sein soll.[231] Nach eigenen Angaben gehörte dazu auch die Reinherstellung des Isotops Li6. Auch Heisenbergs Mitarbeiter Robert Dörpel in Leipzig und Franz Lintner in Köln zählten zu den Pionieren der Lithiumforschung.[232] Für die Li6-Separierung wandte er seine eigens entwickelte Trennung mittels Elektrolyse an (was bei Uran nicht funktionierte). Über die Hintergründe seiner Arbeiten soll er jedoch keine Kenntnis besessen haben.[233] In einer erst später erfolgten Publikation beschreibt Klemm die Arbeitsweise seiner elektrolytischen Isotopentrennung auf Basis eines Ionenaustauschs zwischen Lithiumchlorid mit Anteilen von Kaliumchlorid und Bleichchlorid. Die eigentliche Trennarbeit führte zu einer Abreicherung des Li6 im natürlichen Lithium: Sein Anteil reduzierte sich von ursprünglich 7,5 % auf ca. 2,2 % und lagerte sich bei den Reaktanten an, von denen es nun extrahiert werden musste.[234] In Wien hatte Georg Stetter in seinem Reaktorpatent bereits auf die mögliche Anwendung leichter Atomkerne hingewiesen. In verschiedenen Geheimdienstberichten der USA nach dem Krieg finden sich die Versuche Karl Lintners am II. Physikalischen Institut der Universität Wien zur Lithiumzertrümmerung und Herstellung kristallinen Li-H wieder, die jedoch ohne brauchbare Resultate geblieben waren.[235] Hartmut Kallmann und Ernst Kuhn von den AEG in Berlin meldeten im Jahr 1937 zwei Patente in den Staaten an, die Neutronenerzeugung durch Fusionsprozesse beinhalteten. In dem ersten behandeln sie die Entwicklung einer kompakten Hochspannungsentladungsröhre für neutronengenerierende D + D → He3 + n-Reaktionen. Das zweite betrachtete die dadurch möglich gewordene Nutzbarmachung der generierten Neutronen für die Borspaltung oder den Li6 + n → He4 + T-Prozess zur Tritiumgewinnung. Ihre Apparatur bildete die Grundlage für die Entwicklung von Initiatoren von Kernspaltungsbomben.[236] Kallmann und Kuhn waren aber nicht die einzigen bei den AEG, die sich mit dieser Thematik beschäftigten. In einem für „ALSOS" verfassten Bericht referiert Wolfgang Ferrant über seine Tätigkeiten während des Krieges. Darin weist er auf die gute und vielfältige Anwendbarkeit des LiD als Fusionsbrennstoff hin, auch wenn er die hierfür interessanteste Reaktion Li6 + n bewusst nicht auflistet. Explizit erwähnt er dabei die Möglichkeit der Einleitung einer Fusionsreaktion mit diesem Stoff durch ausreichend hohe Drücke und Temperaturen, die durch die emittierten Neutronen hoher Energie zu einer Kettenreaktion im umliegenden Uran führen kann. Auch betrachtet er die umgekehrte Reaktion, bei der eine Uran-Kernspaltung zu umfangreichen Fusionsreaktionen und daraus resultierend zur Energiefreisetzung in LiD führt. Damit gab er erstaunlicherweise die Funktionsgrundlagen sowohl der klassischen Wasserstoffbombe als auch der geboosteten Kernwaffe an, die demnach dem Hause AEG vor Kriegsende bekannt gewesen sein müssen. Mit welchen Forschungen Ferrant dort tatsächlich betraut wurde, kann nicht gesagt werden. Gegen Kriegsende hielt er sich, wie aus seiner Korrespondenz hervorgeht, in der Region um Linz auf, in der die AEG im Bereich Gusen eine eigene Bauleitung unterhielt. Steht dies im Zusammenhang mit den Aktivitäten rund um die Untertage-Verlagerung B8 Bergkristall?237) Jedenfalls fanden Neutronengeneratoren nach dem Li7 + D → 2He4 + n-Prozess als Alternative zur Radium-Beryllium-Quelle bereits breite Anwendung, wie aus einem Schreiben von Houtermanns an Werner Czulius Ende 1944 zu entnehmen ist.238) Die Anwendung von Lithium, die besondere Bedeutung des Isotopes Li6 und des LiD ist den Wissenschaftlern respektive dem Militär bereits bekannt gewesen und befand sich in Form einer leistungsfähigen Neutronenquelle bereits in praktischer Nutzung.

5.7 Was bleibt?

Welches Bild ergibt sich uns nun aus der Organisation der Institutionen und ihrer Verbindungen in Zusammenhang mit dem Forschungsschwerpunkt Kernphysik ?

Zunächst kann festgehalten werden, dass die Forschungen im Wesentlichen mit den Geschicken und Einflüssen dreier (bedingt vierer) Funktionäre des Dritten Reiches in Verbindung zu stehen scheinen: Erich Schumann als Lenker und Koordinator hauptsächlich auf dem militärischen Sektor mit Verbindungen in den zivilen Bereich. Dies zeigen seine Funktionen innerhalb des OKW, des OKH, begleitet durch die Positionen im

RFR und dem II. PI sowie der WTF. Bei der zweiten Eminenz handelt es sich um Rudolf Mentzel. Er konnte wie kein anderer die Forschungen auf dem „zivilen“ Sektor beeinflussen. Seine diversen von ihm bekleideten Funktionen wurden bereits weiter oben aufgeführt. Dritter im Bunde war, wenn auch im Bereich der Forschung eher indirekt, Speer. Durch sein Ministerium konnte er durch die Forschungsabteilung von Geist und den ab 1942 ihm unterstellten reorganisierten RFR Einfluss nehmen. Hinzu kommt im steigenden Maße Himmler und seine SS. Anschaulich wird dies durch den Personenkreis, dessen Forscher in den verschiedensten Instituten und Einrichtungen aktiv und gleichzeitig als SS-Mitglied dieser verpflichtet waren. Durch die sich daraus ergebende strukturelle Verzahnung der militärischen wie aller (!) zivilen Einrichtungen einschließlich des gesamten Hochschulwesens und industrieller Kapazitäten der Forschung war das Fundament der Kernphysik im Grunde sehr breit aufgestellt. In diesem Punkt ist es den Anstrengungen des Manhattan Projects sehr ähnlich. Auch in den USA (Großbritannien einmal miteinbezogen) wurden alle zur Verfügung stehenden wissenschaftlichen Ressourcen eingebunden – nur waren diese in den USA eben sehr viel umfangreicher.
Vor allem in den folgenden vier Punkten unterschieden sich das deutsche von dem amerikanischen Projekt in ihrem Modus Operandi allzu deutlich voneinander:

- In den USA wurde die Forschung in der Kernphysik zentral gesteuert und überwacht. Die entsprechenden Ministerien hatten die Oberaufsicht und stellten die Geldmittel bereit, die Rolle der Exekutive war auf das Militär übertragen worden, das wiederum die zu bearbeitenden Aufgaben unter seiner Kontrolle koordinierte und delegierte. Derart straffe und hierarchische organisatorische Strukturen waren dem deutschen Projekt in dieser Form fremd. Zwar hätte es bei entsprechender Anforderung nicht an Mitteln gefehlt, eine zentralisierte Zuweisung existierte nicht. Sie war deshalb nicht existent, weil es auch keine zentrale Lenkung des Projektes gab. Anstrengungen, dieses Manko zumindest teilweise zu beheben, hatte es gegeben: durch die Bündelung der Ressourcen durch das HWA, später des RFR und des RMfRuK, oder die Ambitionen wie Einmischungen der SS, aber beeinträchtigt durch Kompetenzrangeleien, gegenseitiges Misstrauen, Einschränkungen des Informationsaustausches (als unmittelbare Folge einer latenten Mixtur aus Angst vor Spionage, Unkenntnis der Arbeit des jeweils anderen und immer wieder aufkommender Rivalitäten der Protagonisten, die sich gegenseitig übervorteilen wollten). Problematisch war vor allem das Machtvakuum durch die mangelnde zentrale Leitung, für die sich auch niemand herauszukristallisieren bereit zeigte. Im Gegenzug war auch die Reichsführung zur Wahrung ihres Führerprinzips tendenziell wenig geneigt, dies zu ändern, was mit einer Abgabe von Macht und Kontrolle einhergegangen wäre. Dass man auch innerhalb des Dritten Reiches zu derartigen finanziellen wie organisatorischen Anstrengungen bereit sein konnte, offenbart die Raketenforschung. Hier wurden lange Zeit (beinahe) alle Kompetenzen beim HWA gebündelt. Selbst konkurrierende Programme, wie das der Luftwaffe von Eugen Sänger in Trauen (obwohl dies respektable Resultate in der Triebwerksforschung erbrachte) oder die Entwicklung von Pulverraketen der SS in Lebus, wurden entweder ganz eingestellt, zurückgestellt oder blieben vereinzelten Forschungssparten vorbehalten.

- Der zweite Punkt verdeutlicht, dass Deutschland in der Kernphysik die Entwicklung eines armen Mannes betrieb. Dies wird anhand zweier Beispiele besonders deutlich: In den USA waren vier, in Deutschland ganze sieben Verfahren der Isotopentrennung für die Urananreicherung bekannt. Keine der beide Nationen war sich darüber im Klaren, welches davon anwendbar, das effizienteste und wirtschaftlichste war. Während in Deutschland zur Klärung dieses Problems bis Kriegsende im Grunde reine Grundlagenforschung mit einigen wenigen praktischen Experimenten betrieben wurde, errichteten die USA einfach mal für jedes Verfahren ein eigenes Werk. Erst während des Betriebes sollte sich deren Brauchbarkeit erweisen und die probateste Methode ausgebaut werden. Der von den Deutschen eingeschlagene Weg führte zu einem profunden Basiswissen, das in der Nachkriegszeit zur Geltung kam (z. B. in der Zentrifugentechnik – welche die Amerikaner sinnigerweise „aussortiert“ hatten). In den USA führte das direkt zur Atombombe. Es scheint evident, dass die deutsche Industrie derartige Anstrengungen, bedingt durch die Kriegsbelastung, gemessen an amerikanischen Verhältnissen, nicht zu leisten imstande zu sein schien. Aber selbst die Schaffung von begrenzten Pilotanlagen unterblieb. Im zweiten Beispiel handelt es sich um den Reaktorbau. In der theoretischen Wissenschaft bewegten sich beide Staaten auf etwa gleichem Niveau. In den USA hatte man einige Bauweisen und deren Mindestbaugröße ermittelt. Dennoch war man sich bei den spezifischen Auslegungen, wie Spaltstoffmenge und Anordnung sowie Aufbau des Reflektors und dessen Effizienz, nicht ganz sicher. Um nun auf Nummer sicher zu gehen, wurden die amerikanischen Reaktoren um das mehrfache überdimensioniert. Ergebnis: Sie liefen. In Deutschland hatte man wiederum mehrere Konzepte, an denen ebenfalls parallel gearbeitet wurde. Hier manifestierte sich überdeutlich die Mangelwirtschaft des NS-Regimes. Die notwendigen Rohstoffressourcen waren knapp und reichten letztlich nicht für alle Reaktorkonzepte. Dabei gilt es heute als unstrittig, dass bei großzügiger Auslegung der einzelnen Versuchsreaktoren bereits zu Kriegsbeginn ein Konzept kritisch geworden wäre: das von Paul Harteck in Hamburg 1940. Gleiches gilt für die späteren G-Versuche des HWA, Diebners in Gottow und insbesondere den Versuch B-VIII unter der Federführung der KWG durch Heisenberg in Haigerloch. Beide monierten den Mangel an Material, der sie zum Scheitern brachte. Während in den USA auf großindustriellen Maßstab gesetzt wurde, wäre dies in Deutschland nur bis zu einem bestimmten Zeitpunkt möglich gewesen: dem Kulminationspunkt des militärischen Erfolges. Die Agonie des Nachfolgenden im Schatten des Niederganges zeigte sich gerade in der virulenten Letalität der industriellen Kapazitäten und setzte allen Bestrebungen ein Ende.

- Als dritter Punkt ist die unterschiedliche Behandlung der Kernphysik in direktem Zusammenhang mit der Waffenentwicklung durch die Legislative zu nennen. Die USA befanden sich hier sogar anfangs im Nachteil, da ihre Regierung den möglichen Wert und Nutzen der Kernphysik nach der Entdeckung der Kernspaltung verkannten. Es bedurfte des Insistierens ziviler Wissenschaftler (Brief Einsteins an Roosevelt) und der Intervention der britischen (oder für Britannien tätigen) Forscher, um die USA zum Handeln zu nötigen. Nachdem zunächst geklärt werden musste, ob sich eine Waffe auf kernphysikalischem Wege realisieren ließ, lief das spätere Manhattan Project großzügig an. In Deutschland hatten zuerst die Militärs durch Harteck die Thematik ins Auge gefasst und relativ schnell deren mögliche Umsetzbarkeit erkannt. Es mangelte jetzt allein an der notwendigen Konzentrierung und Förderung des Projektes. Wie auch in den USA wurden immer wieder Zweifel laut, ob eine derartige Entwicklung überhaupt Kriegsrelevanz besitze. Erst mit der sich abzeichnenden Agonie des Dritten Reiches gewannen neue Waffenkonstruktionen, welche den Sieg herbeiführen sollten, an Bedeutung. Doch nun lief den Beteiligten die Zeit davon. Das Problem hatte sich auch in den USA gestellt – wie bereits erwähnt. Erst im Frühjahr 1945 konnten die Forscher hinter Groves den Bau einer praktischen Waffe verkünden. Jedoch verfügten die USA über die notwendigen Ressourcen. Dagegen wurde die NS-Hemisphäre durch Feindeinwirkung immer kleiner und versank in Schutt und Asche. Um es auf den Punkt zu bringen: Als Deutschland in der Lage dazu war, den Bau einer Atombombe auf Kernspaltungsbasis zu realisieren, sah die Reichsführung keine Notwendigkeit dafür. Als es später als notwendig erachtet wurde, fehlten Zeit und Mittel.

- Auch in den USA war als letzter zu analysierender Punkt das Potential der Kernfusion von einigen Wissenschaftlern erkannt worden. Neben ergänzenden theoretischen Betrachtungen wurden jedoch alle Aktivitäten zu Gunsten der Fissionsforschung auf dem Weg zu einer Waffenkonfiguration unterbunden. Erst nach Kriegsende – eventuell auch von dem „transferierten" deutschen Wissen ausgehend – widmete man sich intensiv der Kernfusion als mögliche Waffe. In Deutschland war man durch die Forschungen an den Hohlladungen und ihrem Potential für eine mögliche Anwendung zur Auslösung von Fusionsreaktionen durch extreme Kompression auf das Thema aufmerksam geworden. Die Vorarbeiten waren hierzu bereits vor dem Krieg geleistet worden. Dabei stellte diese Option zur Erlangung einer Kernwaffe eine Notlösung dar, weil man sich durch die oben angesprochenen Schwierigkeiten nicht imstande sah, zeitnah eine Kernspaltungswaffe zu konstruieren, deren Konfiguration bei Verwendung von Uran bereits auf einfache Weise evident war. Parallel zur „klassischen" Fissionsforschung begann das Militär, vertreten durch die wissenschaftlichen Institutionen von Heer und Marine, mit der Fusionsforschung, wenn auch im kleinen Maßstab mit eingeschränkter Reichweite; auch wenn diese Forschungen allmählich durch übergeordnete Institutionen wie den RFR begleitet wurden. Der wesentliche Unterschied der deutschen Fusions- zur Fissionsforschung (abgesehen von der kleineren Forschungsbasis) ist darin zu finden, dass sich die Aktivitäten der Kernspaltung hauptsächlich auf die Schaffung eines funktionalen Reaktors zur Gewinnung von EkaRe respektive Plutonium und die Grundlagenforschung der Anreicherung von Uran konzentrierten. Beides hätte erst in zweiter Instanz zu einer Waffe geführt. Einzuschränken war dieses Theorem dadurch, dass den Deutschen die komplexe Metallurgie des Plutoniums gänzlich unbekannt war. Bei der Fusion liefen die theoretischen wie grundlegenden Forschungen dagegen parallel mit ersten praktischen Experimenten ab, um an empirische Resultate zu gelangen. Der Vergleich hinkt ein wenig, da man zu bedenken hat, dass die Ausgangsmaterialien für die Fusionsexperimente verfügbar waren, während die Stoffe der Kernspaltung aufwendig generiert werden mussten. Das bei den Fusionsexperimenten noch nicht vorhandene Fachwissen um die Abläufe derartiger Reaktionen sollte indirekt und unausgesprochen durch Empirie kompensiert werden. Es war dies die Stunde der Experimentatoren, die Personen wie Schumann, Diebner, Trinks, Schardin, Haxel und Gerlach erforderte. Ihr Handeln lässt sich mit dem heutigen akademischen, zynisch zu verstehenden Ausspruch „learning by doing" gut charakterisieren.

Carl Friedrich von Weizsäcker, der in die deutschen kernphysikalischen Forschungen involviert war und lange Zeit seine kernwaffenablehnende Moralität darauf begründete, eine solche Waffe Hitler vorsätzlich vorenthalten zu haben, äußerte sich erst viele Jahre nach dem Krieg in einem Interview zu den damaligen Anstrengungen:

„Wenn die [Amerikaner] im Sommer 1945 fertig werden konnten, hätten wir mit ein wenig Glück im Winter 44/45 fertig sein können."[239)]

---

1) Günter Nagel: Wissenschaft für den Krieg – Die geheimen Arbeiten der Abteilung Forschung des Heereswaffenamtes, Stuttgart, 2012, Franz Steiner Verlag, S. 162 f.

2) Ebd., S. 77 f.

3) Ebd., S. 39 ff.

4) Ebd., S. 64 ff.

5) Ebd., S. 56 f.

6) Günter Nagel: Atomversuche in Deutschland – Geheime Uranarbeiten in Gottow, Oranienburg und Stadtilm, Zella-Mehlis/Meiningen, 2003, Heinrich-Jung-Verlagsgesellschaft, S. 43.

7) Günter Nagel : Wissenschaft für den Krieg – Die geheimen Arbeiten der Abteilung Forschung des Heereswaffenamtes, Stuttgart, 2012, Franz Steiner Verlag, S. 49 und 578.

8) Ebd., S. 462.

9) Ebd., S. 462 ff.

10) Ebd., S. 581.

11) Helmut Maier: Gemeinschaftsforschung, Bevollmächtigte und der Wissenstransfer – Die Rolle der Kaiser-Wilhelm-Gesellschaft im System kriegsrelevanter Forschungen des Nationalsozialismus, Göttingen, 2007, Wallstein Verlag, S. 117.

12) Günter Nagel: Wissenschaft für den Krieg – Die geheimen Arbeiten der Abteilung Forschung des Heereswaffenamtes, Stuttgart, 2012, Franz Steiner Verlag, S. 61 ff.

13) Helmut Maier: Gemeinschaftsforschung, Bevollmächtigte und der Wissenstransfer – Die Rolle der Kaiser-Wilhelm-Gesellschaft im System kriegsrelevanter Forschungen des Nationalsozialismus, Göttingen, 2007, Wallstein Verlag, S. 112.

14) Ebd., S. 114.

15) Ebd., S. 45 f.

16) Ebd., S. 355 ff.

17) Ebd., S. 378 ff.

18) Günter Nagel: Wissenschaft für den Krieg – Die geheimen Arbeiten der Abteilung Forschung des Heereswaffenamtes, Stuttgart, 2012, Franz Steiner Verlag, S. 63 f.

19) Ebd., S. 464 f.

20) Ebd., S. 468 f.

21) Frank Baranowski: Rüstungsproduktion in der Mitte Deutschlands von 1929 bis 1945, Bad Langensalza, 2013, Verlag Rockstuhl, S. 101.

22) Abraham Esau war bereits vor dem Krieg mit der Forschung auf dem Gebiet der Ultrakurzwellen und der Funkmesstechnik betraut. Nach seiner Rückkehr in die Hochfrequenzforschung gehörte er der „Arbeitsgruppe Rotterdam" an: In einem im Februar 1943 abgeschossenen Short Stirling Bomber der RAF entdeckte man ein nach der Stadt Rotterdam benanntes Radargerät, das auf der Zentimeterwelle arbeitete und außerordentlich präzise war. Basis war das in Deutschland entwickelte Magnetron, dessen Nutzen in der Funkmessortung allerdings verkannt und von den Engländern eingeführt wurde. Auf dieses gehen die Entwicklungen der Radarwarnempfänger wie „Naxos" und „Korfu" und der Zentimeterwellen-Ortungsanlagen „Berlin" oder „Marbach" zurück. Er erreichte als erster mit einem von ihm entwickelten Magnetron den Millimeterbereich.

23) Günter Nagel: Wissenschaft für den Krieg – Die geheimen Arbeiten der Abteilung Forschung des Heereswaffenamtes, Stuttgart, 2012, Franz Steiner Verlag, S. 135.

24) Ebd., S. 147.

25) Ebd., S. 396.

26) Ebd., S. 50 und 186.

27) Ebd., S. 22 ff.

28) Helmut Maier: Gemeinschaftsforschung, Bevollmächtigte und der Wissenstransfer – Die Rolle der Kaiser-Wilhelm-Gesellschaft im System kriegsrelevanter Forschungen des Nationalsozialismus, Göttingen, 2007, Wallstein Verlag, S. 63 ff.

29) Ebd., S. 66 f.

30) Ebd., S. 68.

31) Ebd., S. 69 f.

32) Günter Nagel: Wissenschaft für den Krieg – Die geheimen Arbeiten der Abteilung Forschung des Heereswaffenamtes, Stuttgart, 2012, Franz Steiner Verlag, S. 166.

33) Ebd., S. 156.

34) Ebd., S. 398 ff.

35) Ebd., S. 470.

36) Ebd., S. 352 ff.

37) Ebd., S. 358 f.

38) Hans Walter Wichert: Decknamenverzeichnis deutscher unterirdischer Bauten, Ubootbunker, Ölanlagen, chemischer Anlagen und WIFO-Anlagen des zweiten Weltkrieges, Marsberg, 1999, Verlag Joh. Schulte, S. 60.

39) Günter Nagel: Wissenschaft für den Krieg – Die geheimen Arbeiten der Abteilung Forschung des Heereswaffenamtes, Stuttgart, 2012, Franz Steiner Verlag, S. 101 ff.

40) Günter Nagel: Himmlers Waffenforscher – Physiker, Chemiker, Mathematiker und Techniker im Dienste der SS, Aachen, 2011, Helios Verlag, S. 93 ff.

41) Günter Nagel: Wissenschaft für den Krieg – Die geheimen Arbeiten der Abteilung Forschung des Heereswaffenamtes, Stuttgart, 2012, Franz Steiner Verlag, S. 104 f.

42) Ebd., S. 106 f.

43) Ebd., S. 111.

44) Ebd., S. 84 ff.

45) Ebd., S. 111 ff.

46) Matthias Uhl: Stalins V2 – Der Technologietransfer der deutschen Fernlenkwaffen in die UdSSR und der Aufbau der sowjetischen Raketenindustrie 1945 bis 1959, Bonn, 2001, Bernard & Graefe-Verlag, S. 217.

47) Ebd., S. 124.

48) Günter Nagel: Wissenschaft für den Krieg – Die geheimen Arbeiten der Abteilung Forschung des Heereswaffenamtes, Stuttgart, 2012, Franz Steiner Verlag, S. 116.

49) Vgl. hierzu: Walter Naasner: SS-Wirtschaft und SS-Verwaltung – das SS-Wirtschafts-Verwaltungshauptamt und die unter seiner Dienstaufsicht stehenden wirtschaftlichen Unternehmungen (Schriften des Bundesarchivs 45a), Düsseldorf, 1998, Droste Verlag.

50) Günter Nagel: Himmlers Waffenforscher – Physiker, Chemiker, Mathematiker und Techniker im Dienste der SS, Aachen, 2011, Helios Verlag, S. 31 f.

51) Helmut Maier: Gemeinschaftsforschung, Bevollmächtigte und der Wissenstransfer – Die Rolle der Kaiser-Wilhelm-Gesellschaft im System kriegsrelevanter Forschungen des Nationalsozialismus,Göttingen, 2007, Wallstein Verlag, S. 322 f.

52) Günter Nagel: Himmlers Waffenforscher – Physiker, Chemiker, Mathematiker und Techniker im Dienste der SS, Aachen, 2011, Helios Verlag, S. 34 ff.

53) Ebd., S. 38.

54) Ebd., S. 38 ff.

55) Ebd., S. 42.

56) Ebd., S. 53 f.

57) Ebd., S. 101 f.

58) Günter Nagel: Wissenschaft für den Krieg – Die geheimen Arbeiten der Abteilung Forschung des Heereswaffenamtes, Stuttgart, 2012, Franz Steiner Verlag, S. 187.

59) Hubert Faensen: Geheimnisträger Hakeburg – Beispiel eines Funktionswandels: Herrensitz, Ministerresidenz, Forschungsanstalt, SED-Parteischule (Brandenburgische historische Hefte), 1997, S. 15 ff.

60) Ebd., S. 37.

61) Rainer Karlsch: Hitlers Bombe – Die geheime Geschichte der deutschen Kernwaffenversuche, München, 2005, Deutsche Verlags-Anstalt, S. 49; auch in: Thomas Stange: Institut X – Die Anfänge der Kern- und Hochenergiephysik in der DDR, Stuttgart, Leipzig, Wiesbaden, B. G. Teubner Verlag, 2001, S. 21.

62) Günter Nagel: Wissenschaft für den Krieg – Die geheimen Arbeiten der Abteilung Forschung des Heereswaffenamtes, Stuttgart, 2012, Franz Steiner Verlag, S. 188.

63) Thomas Stange: Institut X – Die Anfänge der Kern- und Hochenergiephysik in der DDR, Stuttgart, Leipzig, Wiesbaden, 2001, B. G. Teubner Verlag, S. 22.

64) Günter Nagel: Wissenschaft für den Krieg – Die geheimen Arbeiten der Abteilung Forschung des Heereswaffenamtes, Stuttgart, 2012, Franz Steiner Verlag, S. 188.

65) Hubert Faensen: Geheimnisträger Hakeburg – Beispiel eines Funktionswandels: Herrensitz, Ministerresidenz, Forschungsanstalt, SED-Parteischule (Brandenburgische historische Hefte), 1997, S. 41 ff.

66) Thomas Stange: Institut X – Die Anfänge der Kern- und Hochenergiephysik in der DDR, Stuttgart, Leipzig, Wiesbaden, 2001, B. G. Teubner Verlag, S. 26 f.

67) Ebd., S. 28.

68) Ebd., S. 32.

69) Ebd., S. 35.

70) Ebd., S. 39.

71) Ebd., S. 20.

72) Günter Nagel: Wissenschaft für den Krieg – Die geheimen Arbeiten der Abteilung Forschung des Heereswaffenamtes, Stuttgart, 2012, Franz Steiner Verlag, S. 188 f.

73) Hubert Faensen: Geheimnisträger Hakeburg – Beispiel eines Funktionswandels: Herrensitz, Ministerresidenz, Forschungsanstalt, SED-Parteischule (Brandenburgische historische Hefte), 1997, S. 45 f. Anm. hierzu: Der RPF war es bereits vor dem Krieg gelungen, die britischen Unterseekabel „anzuzapfen“; später gelang es ihren Dechiffrierexperten, den Schlüssel des amerikanischen Bella-A3-Inverters zu knacken. Durch diesen Umstand erfuhren die Deutschen am 29. Juli 1943 aus einem entschlüsselten Gespräch zwischen Churchill und Roosevelt von den Waffenstillstandsverhandlungen mit der italienischen Regierung, was einen Tag später zu den von Hitler befohlenen vorbereitenden Maßnahmen des Falls „Achse“, der Entwaffnung des italienischen Militärs und Besetzung des Landes,

führte. Der Waffenstillstand wurde erst am 4. September nach der vollständigen Besetzung Siziliens vereinbart und am 8. durch Eisenhower entgegen den Vereinbarungen bekanntgegeben. Direkt im Anschluss begann das Unternehmen „Achse" unter Albert Kesselring.

74) Manfred von Ardenne: Sechzig Jahre für Forschung und Fortschritt, Berlin, 1988, Verlag der Nation, S. 164 und 178.

75) Manfred von Ardenne: „Ionenquelle", Patent 1018169, 10.05.1955, Bundesrepublik Deutschland. Ebenfalls Patent 15875, 11.05.1955, Amt für Erfindungs- und Patentwesen der DDR. Derselbe: „Ionenstrahlerzeuger", Patent 902530, 12.03.1943, erneut erteilt am 10.12.1953 auf bundesdeutschem Gebiet. Bei der Plasma-Dampf-Ionenquelle wird die Ionenextraktion innerhalb eines Magnetfeldes aufrecht erhalten. Das von von Ardenne als „Unoplasmatron" bezeichnete und zum „Duoplasmatron" weiterentwickelte Gerät bildet die Grundlage heutiger Ionentriebwerke in der Raumfahrt.

76) Günter Nagel: Himmlers Waffenforscher – Physiker, Chemiker, Mathematiker und Techniker im Dienste der SS, Aachen, 2011, Helios Verlag, S. 54.

77) Helmut Maier: Gemeinschaftsforschung, Bevollmächtigte und der Wissenstransfer – Die Rolle der Kaiser-Wilhelm-Gesellschaft im System kriegsrelevanter Forschungen des Nationalsozialismus, Göttingen, 2007, Wallstein Verlag, S. 72 f.

78) Günter Nagel: Wissenschaft für den Krieg – Die geheimen Arbeiten der Abteilung Forschung des Heereswaffenamtes, Stuttgart, 2012, Franz Steiner Verlag, S. 396 f.

79) Ebd., S. 398.

80) Ebd., S. 402.

81) Ebd., S. 471.

82) Ebd., S. 401.

83) Ebd., S. 160 f.

84) Günter Nagel: Das geheime deutsche Uranprojekt 1939–1945 – Beute der Alliierten, Zella-Mehlis, 2016, Heinrich-Jung-Verlagsgesellschaft, S. 25 ff.

85) Ebd., S. 32 f. Hier auch eine Kurzbeschreibung von Stetters Reaktor: Er bestand aus dem Spaltstoff, reines U235 oder damit angereichert, einer neutronenabsorbierenden Substanz und einer neutronenstreuenden Substanz, dem Moderator. Spaltstoff und Moderator sollten getrennt in Schichten analog zu Heisenbergs Entwürfen angeordnet werden. Georg Stetter: „Vorrichtung zur technischen Energiegewinnung mit Hilfe von Kernspaltungsreaktionen", Patent 219170, 14.06.1939, AT. Flügges Reaktorkonzept bestand aus 4,2 t Uranoxid, vermischt mit dem Absorber (Cadmium) und ebenfalls mit dem Moderator (Wasser). Siehe hierzu Klaus Hentschel, Ann M. Hentschel: Physics and National

Socialism – An Anthology of Primary Sources, Basel, Boston, Berlin, 1996, Birkhäuser Verlag, S. 205.

86) Günter Nagel: Wissenschaft für den Krieg – Die geheimen Arbeiten der Abteilung Forschung des Heereswaffenamtes, Stuttgart, 2012, Franz Steiner Verlag, S. 164 f.

87) Günter Nagel: Das geheime deutsche Uranprojekt 1939–1945 – Beute der Alliierten, Zella-Mehlis, 2016, Heinrich-Jung-Verlagsgesellschaft, S. 37.

88) Er hatte die bessere Spaltbarkeit des U235 durch verlangsamte „thermische" (im Gegensatz zu den für U238 notwendigen hochenergetischen) Neutronen und deren notwendige Anreicherung erkannt. Als Moderatoren schienen schweres Wasser D2O und reines Graphit von ihm bevorzugt gewesen zu sein – alternativ kam auch Paraffin in Frage. Damit sollte es gelingen, den Reaktor auch ohne Anreicherung zu betreiben. Dazu entwarf er ein Schichtmodell, bestehend aus sich abwechselnden Schichten aus Uranoxid (später metallischem Uran), schwerem Wasser und Graphit (Paraffin), in dem das Ganze auch eingebettet werden sollte. Die Geometrie wandelte sich im Laufe der Versuchsreihen und wechselte dabei zwischen zylindrisch und kugelförmig. Erst gegen Ende der B-Versuche wurde in größerem Maße Graphit als äußerer Mantel eingesetzt, da man diesen Stoff bis dahin generell als den schlechteren Moderator betrachtete.

89) Günter Nagel: Wissenschaft für den Krieg – Die geheimen Arbeiten der Abteilung Forschung des Heereswaffenamtes, Stuttgart, 2012, Franz Steiner Verlag, S. 166 ff.

90) Günter Nagel: Das geheime deutsche Uranprojekt 1939–1945 – Beute der Alliierten, Zella-Mehlis, 2016, Heinrich-Jung-Verlagsgesellschaft, S. 43 f. Das Patent findet sich auszugsweise als Abdruck in: Rainer Karlsch: Hitlers Bombe, München, 2005, Deutsche Verlags-Anstalt, S. 322 ff.

91) Paul Lawrence Rose: Heisenberg und das Atombombenprojekt der Nazis, Zürich, 2001, Pendo Verlag, S. 158 ff.

92) Ebd., S. 65 ff. und 170 ff.; zu Hahns Äußerung S. 236.

93) Günter Nagel: Das geheime deutsche Uranprojekt 1939–1945 – Beute der Alliierten, Zella-Mehlis, 2016, Heinrich-Jung-Verlagsgesellschaft, S. 111 ff. Diebner verfolgte ein Konzept, das aus Urankugeln, umgeben von einem Moderator, bestehen sollte. Da Uranwürfel fertigungstechnisch einfacher zu realisieren waren, verwendete er solche. Bei seinem ersten zylindrischen Versuch wurde Uranoxid in viereckiger Wabenform in Paraffin eingelassen. Der zweite, in den Räumen der CTR erfolgte Versuch besaß kugelsymmetrisch gefrorenes D2O, in dem die Uranmetallwürfel eingebettet waren. In zwei Varianten fand, mit einer unterschiedlichen Anzahl an Uranmetallwürfeln kugelsymmetrisch in D2O hängend und von Paraffin ummantelt, der dritte Anlauf statt. Abschließend scheint es einen noch größeren, vierten Versuch gegeben zu haben, wie aus

der Korrespondenz von Czulius und Diebner mit Heisenberg hervorgeht (ebd., S. 264 f.).

94) Ebd., S. 111 und 118. In Hamburg wurde 1940 von Harteck ein Versuch mit Uranoxid in zylindrischen Schächten in einem würfelförmigen Block aus gefrorenem CO2 durchgeführt. Zeitgleich experimentierte von Droste am KWI für Chemie mit in Säcke gefülltem Natriumuranat, das zu einem Quader aufgestapelt von Paraffin umgeben war, und Bothe in Heidelberg mit einem Uranoxid-Wasser-Brei in einem Kessel. Einen weiteren Versuch zum Nachweis der Spontanspaltung unternahm Pose vom KWI für Physik mit Uranmetall und Thorium in einem alten Kalibergwerk bei Aschersleben.

95) Viktor J. Frenkel: Professor Houtermanns – Arbeit, Leben, Schicksal. Biographie eines Physikers des zwanzigsten Jahrhunderts, Reprint 414, Max-Planck-Institut für Wissenschaftsgeschichte, Internetfassung Juli 2011, S. 77 ff. und dort ab S. 124 der vollständige Bericht. Den dort vorhandenen Hinweis auf das anscheinende Wissen um die Existenz des Isotopes U233, das einen ähnlich guten Spaltquerschnitt besitzt wie das Pu, überraschte den Verfasser und führte zu einer eingehenden analytischen Betrachtung des Dokumentes, das in genannter Quelle als Faksimile wiedergegeben wird: Die Bezeichnung U233 erscheint in nur einer einzigen Textpassage des Kapitels „III. Kettenreaktionen durch Kernspaltung mit schnellen Neutronen" im MPG-Artikel auf S. 130. Ein in dem Textkontext befindlicher sachbezogener Fehler seitens Houtermanns scheint wenig wahrscheinlich, da er im gleichen Zusammenhang die Isotope U235 und U238 explizit benennt. Auch in der Typographie und im Schriftbild scheinen sich keine Fehler der von Houtermanns verwendeten Schreibmaschine zu offenbaren: Die Annahme, dass es sich bei U233 im Ursprung ebenfalls um die Bezeichnung U238 gehandelt haben könnte (sich die 3 als halbe 8 darstellt), ist wenig plausibel. Das Schriftbild weist weder vor noch nach der betreffenden Passage Verunreinigungen der Buchstabenstempel des Typenträgers und auch nur geringe Differenzen der Farbbandintensität auf. Auch die Anordnung der Bögen und Radien der Zahlen 8 und 3 weichen bei den verwendeten Typenstempeln voneinander ab.

96) Ebd., S. 39 ff.

97) Ebd., S. 86 ff.

98) Paul Lawrence Rose: Heisenberg und das Atombombenprojekt der Nazis, Zürich, 2001, Pendo Verlag, S. 176. Schumann bleibt in diesem Zusammenhang bei allen anderen Autoren unerwähnt.

99) Günter Nagel: Das geheime deutsche Uranprojekt 1939–1945 – Beute der Alliierten, Zella-Mehlis, 2016, Heinrich-Jung-Verlagsgesellschaft, S. 345.

100) Paul Lawrence Rose: Heisenberg und das Atombombenprojekt der Nazis, Zürich, 2001, Pendo Verlag, S. 196 und Günter Nagel: Wissenschaft für den Krieg – Die geheimen Arbeiten der Abteilung Forschung des Heereswaffenamtes, Stuttgart, 2012, Franz Steiner Verlag, S. 189 f.

101) Günter Nagel: Das geheime deutsche Uranprojekt 1939–1945 – Beute der Alliierten, Zella-Mehlis, 2016, Heinrich-Jung-Verlagsgesellschaft, S. 198 f. Die in dem Bericht beschriebene Zentrifuge arbeitete mit Druckluft, während die UZ 1 elektrisch betrieben wurde.

102) Günter Nagel: Das geheime deutsche Uranprojekt 1939–1945 – Beute der Alliierten, Zella-Mehlis, 2016, Heinrich-Jung-Verlagsgesellschaft, S. 200 f.

103) Paul Lawrence Rose: Heisenberg und das Atombombenprojekt der Nazis, Zürich, 2001, Pendo Verlag, S. 198.

104) Günter Nagel: Das geheime deutsche Uranprojekt 1939–1945 – Beute der Alliierten, Zella-Mehlis, 2016, Heinrich-Jung-Verlagsgesellschaft, S. 213.

105) Ebd., S. 204 ff.

106) Ebd., S. 208 ff.

107) Günter Nagel: Wissenschaft für den Krieg – Die geheimen Arbeiten der Abteilung Forschung des Heereswaffenamtes, Stuttgart, 2012, Franz Steiner Verlag, S. 196 f.

108) James Mahaffey: Atomic Adventures – Secret Islands, Forgotten N-Rays, and Isotopic Murder – A Journey into the Wild World of Nuklear Science, New York, London, 2017, Pegasus Books, S. 198 ff. Mahaffey äußert in seiner Anmerkung 166 (S. 203) allerdings Bedenken gegenüber der ausschließlich von Velasco selbst stammenden Erzählung zu den medizinischen Untersuchungen der bei den „Tests" Bestrahlten. Velasco selbst habe am 04. Juli 1944 Amerika verlassen und war an der Leitung des Netzwerkes während irgendwelcher Tests mit signifikanter Strahlungsexpositionierung gar nicht mehr vor Ort. Bei den Tests könnte es sich allenfalls um Versuche der RaLa-Reihe gehandelt haben.

109) Günter Nagel: Das geheime deutsche Uranprojekt 1939–1945 – Beute der Alliierten, Zella-Mehlis, 2016, Heinrich-Jung-Verlagsgesellschaft, S. 216 f.

110) Ebd., S. 243 f.

111) Paul Lawrence Rose: Heisenberg und das Atombombenprojekt der Nazis, Zürich, 2001, Pendo Verlag, S. 216.

112) Günter Nagel: Wissenschaft für den Krieg – Die geheimen Arbeiten der Abteilung Forschung des Heereswaffenamtes, Stuttgart, 2012, Franz Steiner Verlag, S. 204 f.

113) Günter Nagel: Das geheime deutsche Uranprojekt 1939–1945 – Beute der Alliierten, Zella-Mehlis, 2016, Heinrich-Jung-Verlagsgesellschaft, S. 244.

114) Paul Lawrence Rose: Heisenberg und das Atombombenprojekt der Nazis, Zürich, 2001, Pendo Verlag, S. 217.

115) Günter Nagel: Das geheime deutsche Uranprojekt 1939–1945 – Beute der Alliierten, Zella-Mehlis, 2016, Heinrich-Jung-Verlagsgesellschaft, S. 245.
116) Ebd., S. 246.
117) Günter Nagel: Himmlers Waffenforscher – Physiker, Chemiker, Mathematiker und Techniker im Dienste der SS, Aachen, 2011, Helios Verlag, S. 74.
118) Günter Nagel: Wissenschaft für den Krieg – Die geheimen Arbeiten der Abteilung Forschung des Heereswaffenamtes, Stuttgart, 2012, Franz Steiner Verlag, S. 206.
119) Rainer Karlsch: Hitlers Bombe – Die geheime Geschichte der deutschen Kernwaffenversuche, München, 2005, Deutsche Verlags-Anstalt, S. 106.
120) Günter Nagel: Wissenschaft für den Krieg – Die geheimen Arbeiten der Abteilung Forschung des Heereswaffenamtes, Stuttgart, 2012, Franz Steiner Verlag, S. 206.
121) Günter Nagel: Himmlers Waffenforscher – Physiker, Chemiker, Mathematiker und Techniker im Dienste der SS, Aachen, 2011, Helios Verlag, S. 65.
122) Günter Nagel: Wissenschaft für den Krieg – Die geheimen Arbeiten der Abteilung Forschung des Heereswaffenamtes, Stuttgart, 2012, Franz Steiner Verlag, S. 206.
123) Helmut Maier: Gemeinschaftsforschung, Bevollmächtigte und der Wissenstransfer – Die Rolle der Kaiser-Wilhelm-Gesellschaft im System kriegsrelevanter Forschungen des Nationalsozialismus, Göttingen, 2007, Wallstein Verlag, S. 142.
124) Günter Nagel: Wissenschaft für den Krieg – Die geheimen Arbeiten der Abteilung Forschung des Heereswaffenamtes, Stuttgart, 2012, Franz Steiner Verlag, S. 207.
125) Paul Lawrence Rose: Heisenberg und das Atombombenprojekt der Nazis, Zürich, 2001, Pendo Verlag, S. 226 ff. Auf diesen Bericht wurde Rose durch die Hebrew University of Jerusalem aufmerksam gemacht: 1951 durch Simon Wiesenthal erworben, befindet sich das Dokument in seinem dortigen Archiv in Yad Vashem (S. 431 Anm. 36). Die Urheberschaft dieses beachtlichen Dokumentes vermutet Rose im Kreise von Ardennes. Rose selbst hält den Bericht für authentisch, auch wenn er keinen existenziellen Beleg für den Befehl „Bef.FHQU 219/44 v. 30.Sept.1944“ in den einschlägigen Archiven auffinden konnte. Auch die von Arnold Kramish und David Cassidy vertretene These, das Dokument könne aus der Nachkriegszeit stammen, weist Rose mit Begründung zurück (S. 432 Anm. 42). Karlsch verzichtete in „Hitlers Bombe“ auf die Verwendung dieses Dokumentes: Auch er weist auf die zu vermutende Urheberschaft in der Nachkriegszeit hin, da sich diese möglicherweise aus dem Textkontext ergibt. Zudem erwähnt Karlsch, dass Teile des Textes inhaltlich dem Buch Thirrings aus dem Jahr 1946 nahekommen. Auch konnte er weder den entsprechenden Befehl ausfindig machen noch irgendeine belegbare Resonanz auf diesen (siehe bei Karlsch, „Hitlers Bombe“, S. 377 Anm. 232). Ob es sich letzten Endes um eine Fälschung handelt,

ist trotz angebrachter Zweifel nicht zu beweisen. Aus diesem Grund soll der Rechenschaftsbericht nicht unerwähnt bleiben.

126) Günter Nagel: Wissenschaft für den Krieg – Die geheimen Arbeiten der Abteilung Forschung des Heereswaffenamtes, Stuttgart, 2012, Franz Steiner Verlag, S. 208.

127) Günter Nagel: Himmlers Waffenforscher – Physiker, Chemiker, Mathematiker und Techniker im Dienste der SS, Aachen, 2011, Helios Verlag, S. 113.

129) Ebd., S. 42.

130) Ebd., S. 41 f.

131) Ebd., S. 53.

132) Ebd., S. 53 f.

133) Günter Nagel: Wissenschaft für den Krieg – Die geheimen Arbeiten der Abteilung Forschung des Heereswaffenamtes, Stuttgart, 2012, Franz Steiner Verlag, S. 204.

134) Günter Nagel: Wissenschaft für den Krieg – Die geheimen Arbeiten der Abteilung Forschung des Heereswaffenamtes, Stuttgart, 2012, Franz Steiner Verlag, S. 209.

135) Günter Nagel: Das geheime deutsche Uranprojekt 1939–1945 – Beute der Alliierten, Zella-Mehlis, 2016, Heinrich-Jung-Verlagsgesellschaft, S. 289.

136) Ebd., S. 290 ff.

137) Ebd., S. 518.

138) Ebd., S. 292.

139) Ebd., S. 292 f.

140) Günter Nagel: Wissenschaft für den Krieg – Die geheimen Arbeiten der Abteilung Forschung des Heereswaffenamtes, Stuttgart, 2012, Franz Steiner Verlag, S. 352 ff.

141) Paul-Jürgen Hahn, Rainer Karlsch: Scharlatan oder Visionär? Ronald Richter und die Anfänge der Fusionsforschung, in: Rainer Karlsch, Heiko Petermann: Für und Wider Hitlers Bombe. Studien zur Atomforschung in Deutschland, Münster, New York, München, Berlin, 2007, Waxmann Verlag, S. 190 ff.

142) Günter Nagel: Wissenschaft für den Krieg – Die geheimen Arbeiten der Abteilung Forschung des Heereswaffenamtes, Stuttgart, 2012, Franz Steiner Verlag, S. 360.

143) Paul-Jürgen Hahn, Rainer Karlsch: Scharlatan oder Visionär? Ronald Richter und die Anfänge der Fusionsforschung, in: Rainer Karlsch, Heiko Petermann: Für und Wider Hitlers Bombe. Studien zur Atomforschung in Deutschland, Münster, New York, München, Berlin, 2007, Waxmann Verlag, S. 193 f.

144) Ebd., S. 196, siehe dort auch Fußnote 32.

145) Ebd., S. 200.

146) Ebd., S. 201 ff.

147) Günter Nagel: Wissenschaft für den Krieg – Die geheimen Arbeiten der Abteilung Forschung des Heereswaffenamtes, Stuttgart, 2012, Franz Steiner Verlag, S. 150 f.

148) Fritz Hahn: Waffen und Geheimwaffen des deutschen Heeres 1933–1945, Bd. 1, Koblenz, 1986, Bernard & Graefe Verlag, S. 189 f.

149) Friedwardt Winterberg: Vom griechischen Feuer zur Wasserstoffbombe – Hoffnung und Gefahr für die Menschheit (Wehrtechnik und Wissenschaftliche Waffenkunde, Bd. 6), hrsg. im Auftrag der Wehrtechnischen Studiensammlung des Bundesamtes für Wehrtechnik und Beschaffung, Herford, Bonn, 1992, Verlag E. S. Mittler & Sohn, S. 76.

150) Günter Nagel: Wissenschaft für den Krieg – Die geheimen Arbeiten der Abteilung Forschung des Heereswaffenamtes, Stuttgart, 2012, Franz Steiner Verlag, S. 151.

151) Ebd., S. 137.

152) Ebd., S. 151 ff.

153) Günter Nagel: Himmlers Waffenforscher – Physiker, Chemiker, Mathematiker und Techniker im Dienste der SS, Aachen, 2011, Helios Verlag, S. 244 ff.

154) Günter Nagel: Wissenschaft für den Krieg – Die geheimen Arbeiten der Abteilung Forschung des Heereswaffenamtes, Stuttgart, 2012, Franz Steiner Verlag, S. 156 ff.

155) Ebd., S. 158 f.

156) Georg Stetter: „Vorrichtung zur technischen Energiegewinnung mit Hilfe von Kernspaltreaktionen", Patent 219170, 14.06.1939, Deutsches Reich.

157) Christian Fostner: Kernphysik, Forschungsreaktoren und Atomenergie – Transnationale Wissensströme und das Scheitern einer Innovation Österreichs, Wiesbaden, 2019, Springer Spektrum, Springer Fachmedien, S. 45 ff.

158) Günter Nagel: Wissenschaft für den Krieg – Die geheimen Arbeiten der Abteilung Forschung des Heereswaffenamtes, Stuttgart, 2012, Franz Steiner Verlag, S. 198.

159) Rainer Karlsch: Hitlers Bombe – Die geheime Geschichte der deutschen Kernwaffenversuche, München, 2005, Deutsche Verlags-Anstalt, S. 147.

160) Silke Fengler: Kerne, Kooperation und Konkurrenz – Kernforschung in Österreich im internationalen Kontext (1900–1950), Wien, Köln, Weimar, 2014, Böhlau Verlag, S. 299.

161) Geheimdokumente zum deutschen Atomprogramm 1938 – 1945, CD-ROM des Deutschen Museums München, 2001. Abschnitt: Forschungszentren Wien, Heidelberg, Straßburg, Blatt 5–11 (das zitierte Kapitel befindet sich im Bericht der Außenstelle Thumersbach auf Seite 8).

162) Silke Fengler: Kerne, Kooperation und Konkurrenz – Kernforschung in Österreich im internationalen Kontext (1900–1950), Wien, Köln, Weimar, 2014, Böhlau Verlag, S. 299 f.

163) Österreichische Zentralbibliothek für Physik – Geschichte, Dokumente, Dienste, hrsg. vom „Information Assistent", Verein für Informationsmanagement, Wien, 2004, Algoprint Verlags AG, S. 117.

164) Günter Nagel: Wissenschaft für den Krieg – Die geheimen Arbeiten der Abteilung Forschung des Heereswaffenamtes, Stuttgart, 2012, Franz Steiner Verlag, S. 195.

165) Ebd., S. 197.

166) Ebd., S. 199.

167) Kurt Diebner: Fusionsprozesse mit Hilfe konvergenter Stoßwellen – einige ältere und neuere Überlegungen, in: Kerntechnik – Isotopentechnik und -chemie, 4. Jahrgang, Heft 3, März 1962, München, Karl Thiemig Verlag, S. 90 und 89–93 (der Artikel war von Diebner bereits am 29.09.1961 eingereicht worden).

168) Rainer Karlsch: Hitlers Bombe – Die geheime Geschichte der deutschen Kernwaffenversuche, München, 2005, Deutsche Verlags-Anstalt, S. 151.

169) Günter Nagel: Wissenschaft für den Krieg – Die geheimen Arbeiten der Abteilung Forschung des Heereswaffenamtes, Stuttgart, 2012, Franz Steiner Verlag, S. 200.

170) Rainer Karlsch: Hitlers Bombe – Die geheime Geschichte der deutschen Kernwaffenversuche, München, 2005, Deutsche Verlags-Anstalt, S. 330 f.

171) Günter Nagel: Wissenschaft für den Krieg – Die geheimen Arbeiten der Abteilung Forschung des Heereswaffenamtes, Stuttgart, 2012, Franz Steiner Verlag, S. 201.

172) Rainer Karlsch: Hitlers Bombe – Die geheime Geschichte der deutschen Kernwaffenversuche, München, 2005, Deutsche Verlags-Anstalt, S. 160 f.

173) Günter Nagel: Wissenschaft für den Krieg – Die geheimen Arbeiten der Abteilung Forschung des Heereswaffenamtes, Stuttgart, 2012, Franz Steiner Verlag, S. 202.

174) Rainer Karlsch: Hitlers Bombe – Die geheime Geschichte der deutschen Kernwaffenversuche, München, 2005, Deutsche Verlags-Anstalt, S. 153 ff.

175) Günter Nagel: Wissenschaft für den Krieg – Die geheimen Arbeiten der Abteilung Forschung des Heereswaffenamtes, Stuttgart, 2012, Franz Steiner Verlag, S. 204 ff.

176) Günter Nagel: Himmlers Waffenforscher – Physiker, Chemiker, Mathematiker und Techniker im Dienste der SS, Aachen, 2011, Helios Verlag, S. 68 f.

177) Günter Nagel: Wissenschaft für den Krieg – Die geheimen Arbeiten der Abteilung Forschung des Heereswaffenamtes, Stuttgart, 2012, Franz Steiner Verlag, S. 203.

178) Walter Hermann, Georg Hartwig, Heinz Ranckwitz, Walter Trinks, H. Schaub: Versuche über die Einleitung von Kernreaktionen durch die Wirkung explodierender Stoffe, Archiv des Deutschen Museums München, G-303, FA 002/721.

179) Günter Nagel: Wissenschaft für den Krieg – Die geheimen Arbeiten der Abteilung Forschung des Heereswaffenamtes, Stuttgart, 2012, Franz Steiner Verlag, S. 209.

180) Ebd., S. 399.

181) Mark Walker: Die Uranmaschine. Mythos und Wirklichkeit der deutschen Atombombe, Berlin, 1990, Siedler Verlag, S. 167.

182) Günter Nagel: Wissenschaft für den Krieg – Die geheimen Arbeiten der Abteilung Forschung des Heereswaffenamtes, Stuttgart, 2012, Franz Steiner Verlag, S. 209.

183) Rainer Karlsch: Hitlers Bombe – Die geheime Geschichte der deutschen Kernwaffenversuche, München, 2005, Deutsche Verlags-Anstalt, S. 155 f.

184) Ebd., S. 174.

185) Besprechung des Arbeitskreises Hochdruck München. Bundesarchiv Berlin-Lichterfelde, R 26-III/29: Hochdruck und Hochfrequenzforschung des Bestandes, R 26 III: Beauftragter für den Vierjahresplan-Reichsforschungsrat.

186) Helmut Maier: Gemeinschaftsforschung, Bevollmächtigte und der Wissenstransfer – Die Rolle der Kaiser-Wilhelm-Gesellschaft im System kriegsrelevanter Forschungen des Nationalsozialismus, Göttingen, 2007, Wallstein Verlag, S. 198.

187) Ebd., S. 192 f.

188) Ebd., S. 198.

189) Ebd., S. 177.

190) Ebd., S. 205.

191) Ebd., S. 211 f.

192) Ebd., S. 208 f.

193) Ebd., S. 197 f.

194) Frank Baranowski: Rüstungsproduktion in der Mitte Deutschlands 1929–1945: Südniedersachsen mit Braunschweiger Land sowie Nordthüringen einschließlich des Südharzes – vergleichende Betrachtung des zeitlich versetzten Aufbaus zweier Rüstungszentren, Bad Langensalza, 2013, Verlag Rockstuhl, S. 96 ff.

195) Ebd., S. 106 f.

196) Jürgen Ehlers, Dieter Hoffmann, Jürgen Renn: Pascual Jordan (1902–1980), Mainzer Symposium zum 100. Geburtstag, Max-Planck-Institut für Wissenschaftsgeschichte, Reprint 329, Potsdam-Golm/Berlin, 2007, S. 103 f.

197) Klaus Hentschel, Ann M. Hentschel: Physics and National Socialism – An Anthology of Primary Sources, Basel, Boston, Berlin, 1996, Birkäuser Verlag, Appendix F, XXXI.

198) Rainer Karlsch: Hitlers Bombe – Die geheime Geschichte der deutschen Kernwaffenversuche, München, 2005, Deutsche Verlags-Anstalt, S. 48.

199) Otto Haxel: „Verfahren zur Umwandlung von Kernenergie in elektrische Energie", Patent 1021962, 18.08.1956, BRD.

200) Rainer Karlsch: Hitlers Bombe – Die geheime Geschichte der deutschen Kernwaffenversuche, München, 2005, Deutsche Verlags-Anstalt, S. 321 und 333.

201) Ebd., S. 45.

202) Oliver Krauß: Rüstung und Rüstungserprobung in der deutschen Marinegeschichte unter besonderer Berücksichtigung der Torpedoversuchsanstalt

(TVA), Dissertation an der Philosophischen Fakultät der Christian-Albrechts-Universität Kiel, 2006, S. 137.

203) Ebd., S. 152 ff.

204) Ebd., S. 144 ff.

205) Siehe hierzu die Webseite von Wolfgang Schilling, Aschendorf: www.deutschekriegsmarine.de und dort unter dem Verlauf: Organisation und Strukturen/Oberkommando der Marine/Kriegsmarine Rüstung/Marinewaffenhauptamt und Chef der Kriegsmarine-Rüstung/Amtsgruppe FEP. Auch bei Karlsch wird dieses Administrative Organigramm auf Basis von Quellenbelegen des BA-MA Freiburg genannt. Siehe hierzu: Rainer Karlsch: Hitlers Bombe – Die geheime Geschichte der deutschen Kernwaffenversuche, München, 2005, Deutsche Verlags-Anstalt, S. 350.

206) Rainer Karlsch: Hitlers Bombe – Die geheime Geschichte der deutschen Kernwaffenversuche, München, 2005, Deutsche Verlags-Anstalt, S. 45.

207) Viktor J. Frenkel: Professor Houtermanns – Arbeit, Leben, Schicksal, Biographie eines Physikers des zwanzigsten Jahrhunderts, Reprint 414. Max-Planck-Institut für Wissenschaftsgeschichte, Internetfassung Juli 2011, S. 88 ff.

208) Ebd., S. 103.

209) Norbert Schappacher: Das Mathematische Institut der Universität Göttingen 1929–1950, in: Heinrich Becker, Hans-Joachim Dahms, Cornelia Wegeler: Die Universität Göttingen unter dem Nationalsozialismus, München, 1998, K. G. Saur Verlag, S. 538.

210) Siehe hierzu die Webseite von Wolfgang Schilling, Aschendorf: www.deutschekriegsmarine.de und dort unter dem Verlauf: Organisation und Strukturen/Oberkommando der Marine/Kriegsmarine Rüstung/Marinewaffenhauptamt und Chef der Kriegsmarine-Rüstung/Amtsgruppe FEP. Auch bei Baranowski wird darauf verwiesen: Frank Baranowski: Rüstungsproduktion in der Mitte Deutschlands 1929–1945: Südniedersachsen mit Braunschweiger Land sowie Nordthüringen einschließlich des Südharzes – vergleichende Betrachtung des zeitlich versetzten Aufbaus zweier Rüstungszentren, Bad Langensalza, 2013, Verlag Rockstuhl, S. 108.

211) Rainer Karlsch: Hitlers Bombe – Die geheime Geschichte der deutschen Kernwaffenversuche, München, 2005, Deutsche Verlags-Anstalt, S. 45 ff.

212) Manfred von Ardenne: Sechzig Jahre für Forschung und Fortschritt, Leipzig, 1988, Verlag der Nationen, S. 483.

213) Ebd., S. 178.

214) Rainer Karlsch: Hitlers Bombe – Die geheime Geschichte der deutschen Kernwaffenversuche, München, 2005, Deutsche Verlags-Anstalt, S. 156 f.

215) Ebd., S. 172 ff.
216) Ebd., S. 211 f.
217) Oliver Krauß: Rüstung und Rüstungserprobung in der deutschen Marinegeschichte unter besonderer Berücksichtigung der Torpedoversuchsanstalt (TVA), Dissertation an der Philosophischen Fakultät der Christian-Albrechts-Universität Kiel, 2006, S. 156.
218) Ebd., S. 186.
219) Ebd., S. 226.
220) Günter Nagel: Wissenschaft für den Krieg – Die geheimen Arbeiten der Abteilung Forschung des Heereswaffenamtes, Stuttgart, 2012, Franz Steiner Verlag, S. 209 ff. und 395 f.
221) Günter Nagel: Atomversuche in Deutschland – Geheime Uranarbeiten in Gottow, Oranienburg und Stadtilm, Zella-Mehlis/Meiningen, 2003, Heinrich-Jung-Verlagsgesellschaft, S. 128.
222) Erich Bagge, Kurt Diebner, Kenneth Jay: Von der Uranspaltung bis Calder Hall, Hamburg, 1957, Rowohlt Verlag, S. 42.
223) Günter Nagel: Wissenschaft für den Krieg – Die geheimen Arbeiten der Abteilung Forschung des Heereswaffenamtes, Stuttgart, 2012, Franz Steiner Verlag, S. 194.
224) Ebd., S. 402.
225) Axel Turra: Heeresversuchsstelle Hillersleben – Fleißiges Lieschen, Dora, Karl und andere schwere Geschütze in der Erprobung 1935–1945, Eggolsheim, 1998, Dörfler Verlag für Zeitgeschichte, S. 37.
226) Ebd., S. 62 ff.
227) Alexandra C. Miller, Steve Mog, LuAnn McKinney, Lei Luo, Jennifer Allen, Jiaquan Xu, Natalie Page: Neoplastic Transformation of Human Osteoblast Cells to the Tumorigenic Phenotype by Heavy Metal – Tungsten Alloy partiales: Induction of Genotoxic Effects, in: Cacinogenesis – Integrative Cancer Research, Vol. 22, Issue 1, Januar 2001, Oxford Academic, S. 115 ff.
228) Axel Turra: Heeresversuchsstelle Hillersleben – Fleißiges Lieschen, Dora, Karl und andere schwere Geschütze in der Erprobung 1935–1945, Eggolsheim, 1998, Dörfler Verlag für Zeitgeschichte, S. 63 und 83.
229) Todd H. Rider: Forgotten Creators How German-Speaking Scientists and Engineers Invented the Modern World, And What We Can learn from Them, 01.06.2020, S. 2632 (Abschnitt D2.3). Online abrufbar: www.riderinstitute.org, Ordonance Technical Intelligence press. release, August 1945.
230) Ebd., S. 2633 (Abschnitt D2.3), Monthly Intelligence Summary. Juli-August 1945, IX CENSORSHIP.

231) Helmut Maier: Gemeinschaftsforschung, Bevollmächtigte und der Wissenstransfer – Die Rolle der Kaiser-Wilhelm-Gesellschaft im System kriegsrelevanter Forschungen des Nationalsozialismus, Göttingen, 2007, Wallstein Verlag, S. 289.
232) Rainer Karlsch: Hitlers Bombe – Die geheime Geschichte der deutschen Kernwaffenversuche, München, 2005, Deutsche Verlags-Anstalt, S. 148 und 367.
233) Todd H. Rider: Forgotten Creators How German-Speaking Scientists and Engineers Invented the Modern World, And What We Can learn from Them, 1 June 2020, S. 2701 f. (Abschnitt D2.4). Online abrufbar: www.riderinstitute.org, Interview Heiko Petermann mit Alfred Klemm, 2004.
234) Ebd., S. 2700 f. (Abschnitt D2.4), Alfred Klemm, Heinrich Hinterberger, Philipp Hoernes: Anreicherung der schweren Isotope von Li und K durch elektrolytische Ionenwanderung in geschmolzenen Chloriden, 1947.
235) Ebd., S. 2692 f. (Abschnitt D2.4), Assistant Chief of Staff, G-2, Department of the Army zu Karl Lintner, wahrscheinlich 1951, und Robert A. Sedneker, CIC Sub-Det „C" (Vienna), Agent Report, September 1953.
236) Ebd., S. 2680 ff. (Abschnitt D2.4), Hartmut Kallmann, Ernst Kuhn: „Method of Producing Neutrons", US-Patent 2251190, eingereicht am 16.03.1938 – erteilt am 29.07.1941. Hartmut Kallmann, Ernst Kuhn: „Method for Investigation of substances wich the Aid of Neutrons", US-Patent 2288717, eingereicht am 10.03.1939 – erteilt am 07.07.1942.
237) Ebd., S. 2685 f. (Abschnitt D2.4), Wolfgang Ferrant: Proporsal for a New Method of Releasing Nuclear Energy by a Beam of Heavy Particles, 1945.
238) Ebd., S. 2690 (Abschnitt D2.4), Brief von Fritz Houtermanns an Werner Czulius vom 28.11.1944.
239) Zitat von C. F. von Weizsäcker, in: Michael Stürmer: Im Banne des Atoms (Nachruf auf C. F. von Weizsäcker), Die Welt, 30.04.2007, S. 10.

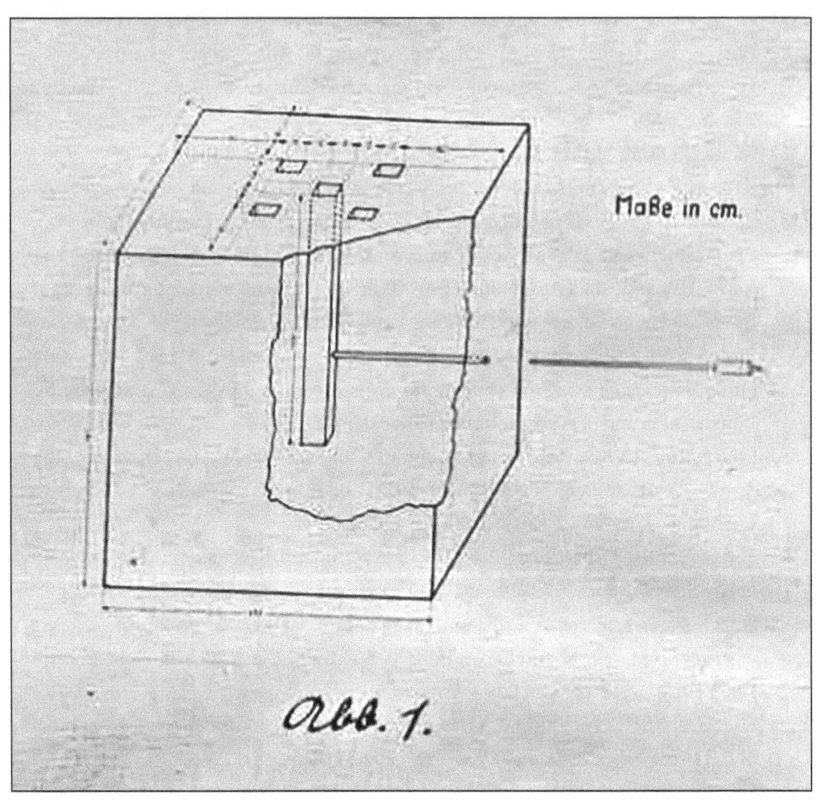

Der erste Versuchsreaktor von Paul Harteck in Hamburg 1940. Ein Quader aus Trockeneis mit jeweils 2 m Kantenlänge und fünf Schächten für pulverförmiges Uranoxid. Es wurde keine Neutronenvermehrung nachgewiesen, was auf die geringe Menge an Uran zurückzuführen war. *(Quelle: DMA München)*

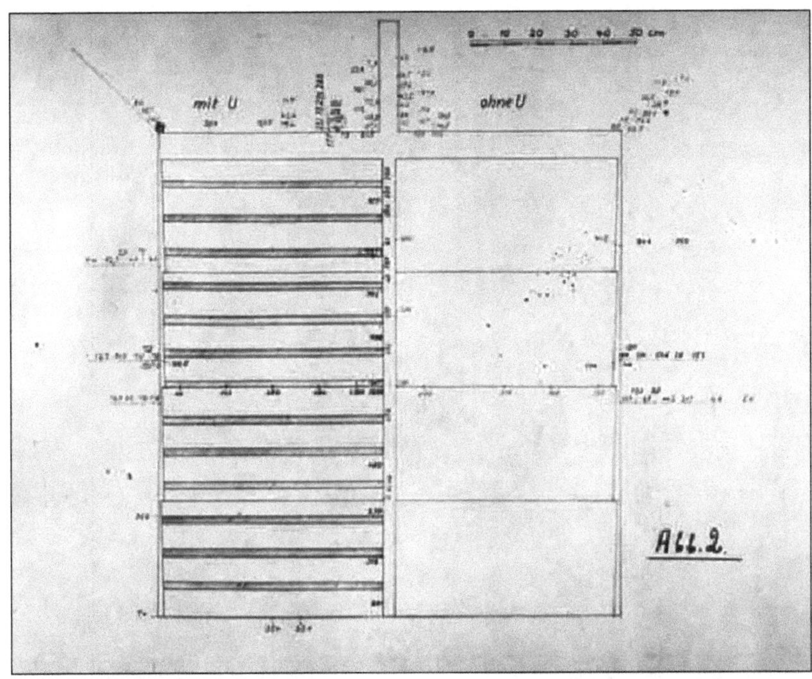

Die ersten Versuchsreaktoren von Heisenberg in Berlin im Frühjahr 1941 wiesen wechselweise Schichten von Uranoxid, Paraffin/Kohlenstoff und schwerem Wasser auf. (Quelle: DMA München)

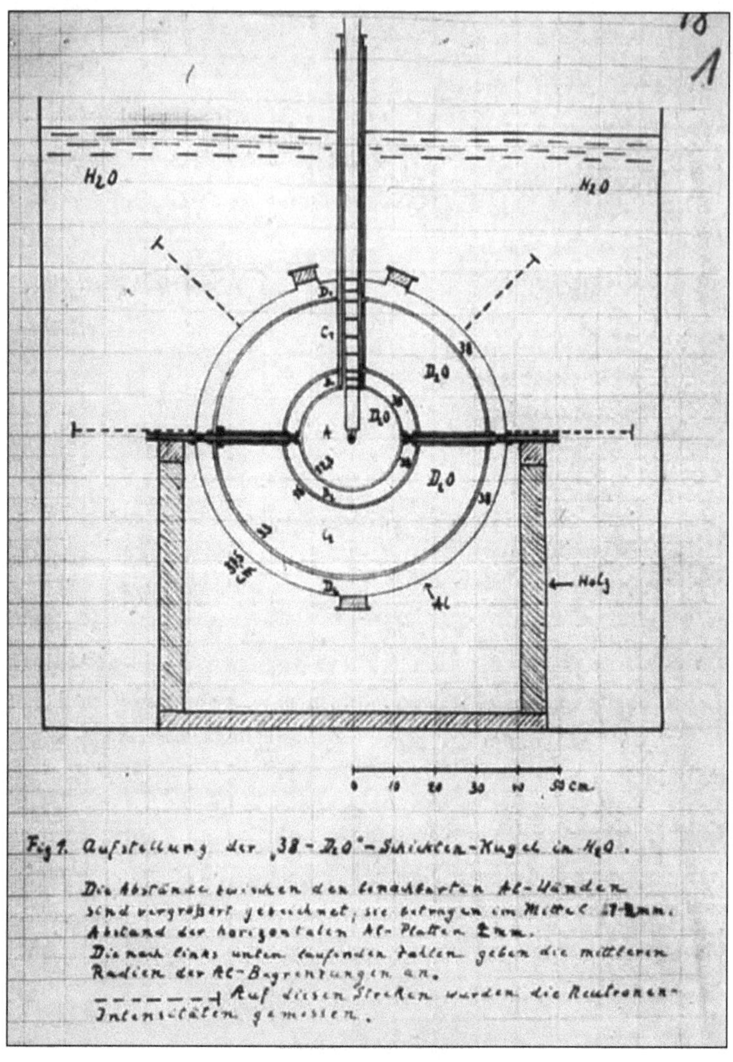

Die Leipziger Konstruktionen, wie der letzte L IV 1942, waren kugelförmig: 90 kg Uranoxid in der äußeren Kugelschale und 660 kg in der inneren, gefüllt mit 140 kg D2O und in einen Tank eingelassen, der mit Wasser geflutet wurde. Er wies erstmals eine deutliche Neutronenvermehrung auf. Das Team um Heisenberg kam daraufhin zu dem Schluss, dass ein sich selbst erregender Reaktor mindestens 10 t Uranoxid und 5 t D2O benötigen würde. *(Quelle: DMA München)*

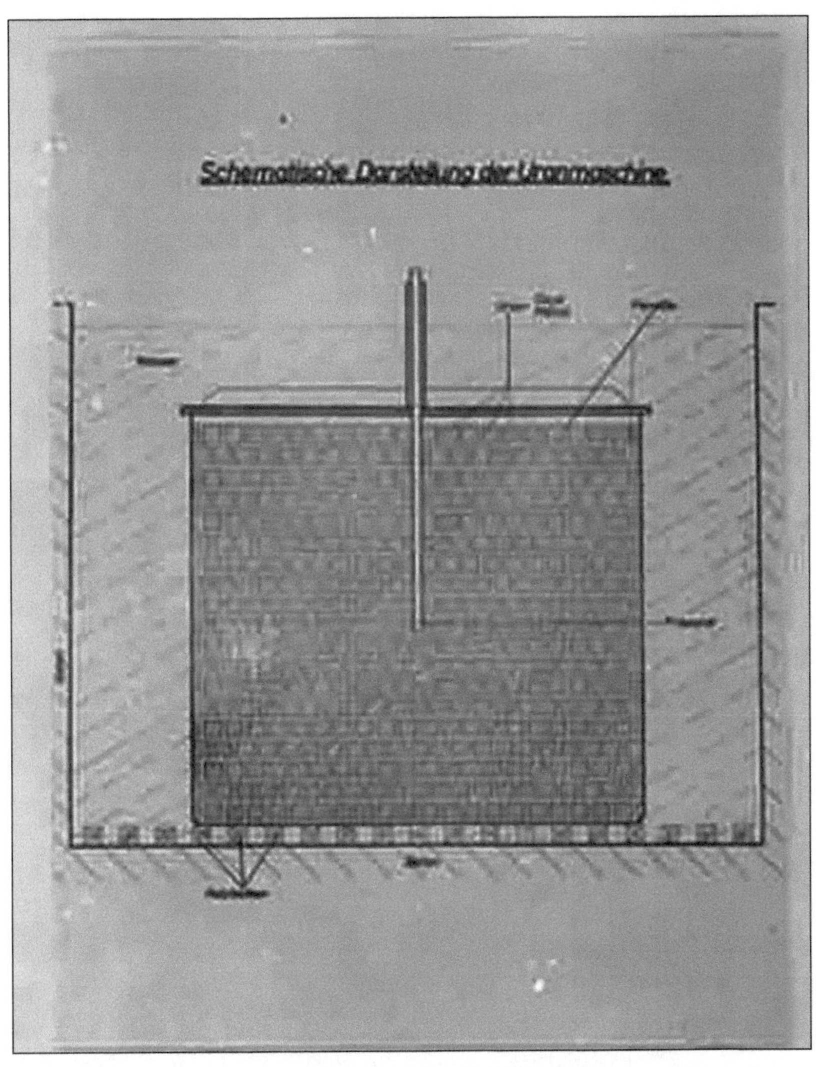

Kurt Diebner arbeitete in Gottow mit würfelförmigem Uran: In seinem Entwurf G I wurden 25 t Uranoxid in 6.800 Würfeln in 4 t Paraffin eingelassen. Eine Neutronenvermehrung fand nicht statt. *(Quelle: DMA München)*

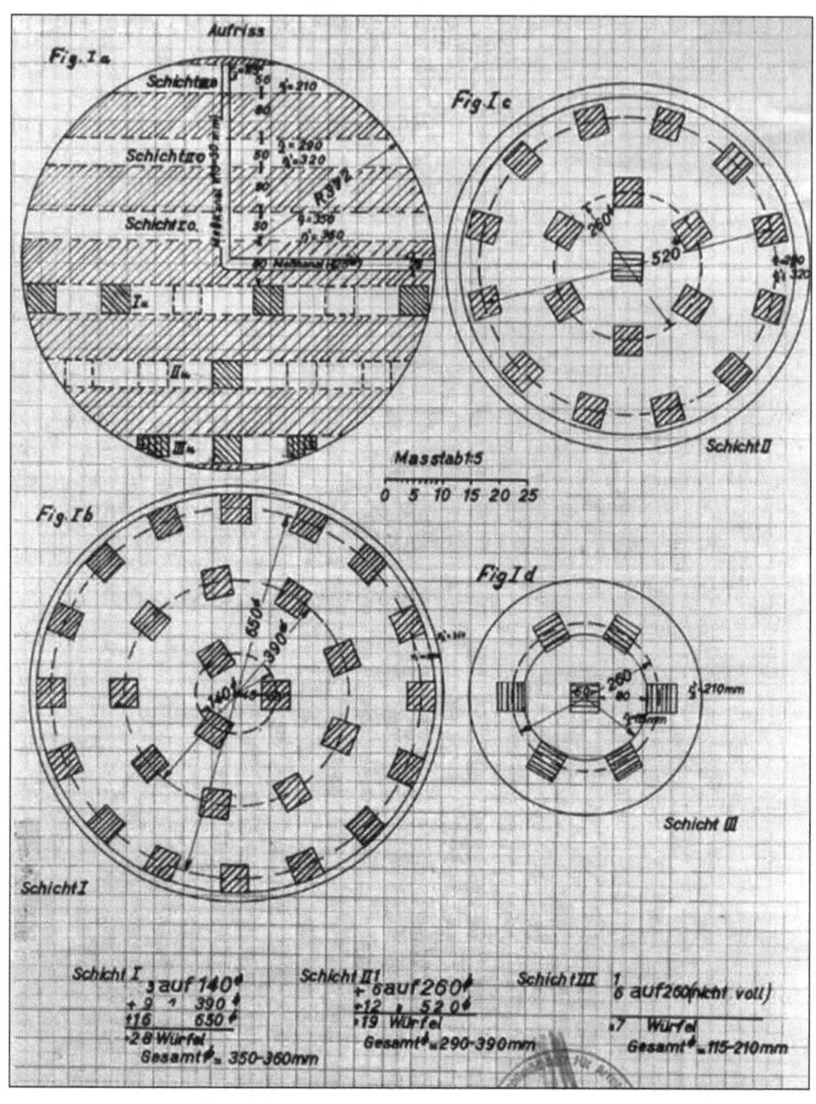

Der Reaktorentwurf G II sah nur noch 108 Uranmetallwürfel (232 kg), eingefroren in 1.891 kg eisförmigem D2O, vor. Seine Neutronenausbeute lag bereits über den Leipziger Resultaten. *(Quelle: DMA München)*

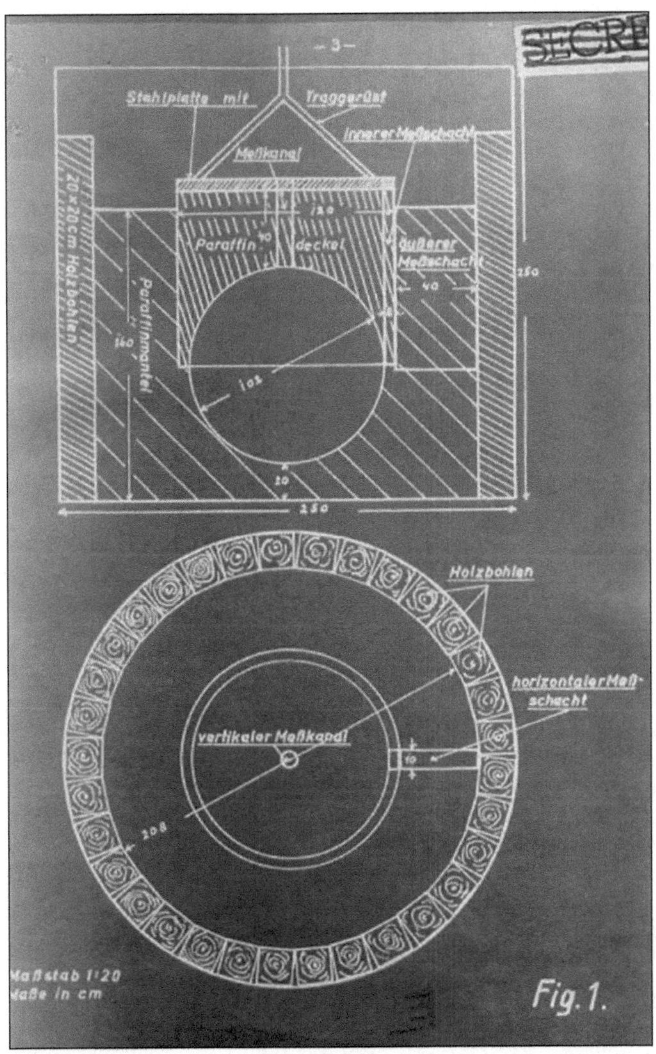

Im Aufbau G III waren die 240 Uranmetallwürfel mit 2.2 t Gewicht kugelsymmetrisch in 5.25 l kg D2O, umgeben von einem Paraffinmantel, angeordnet. Die relativ kompakte Anordnung von 2,5 × 2,3 m bei einer Innenkugel (mit dem Spaltmaterial) mit weniger als 1,3 m Durchmesser erreichte die bis dahin größte Neutronenvermehrung – Diebner schien auf dem richtigen Weg zu sein. (Quelle: DMA München)

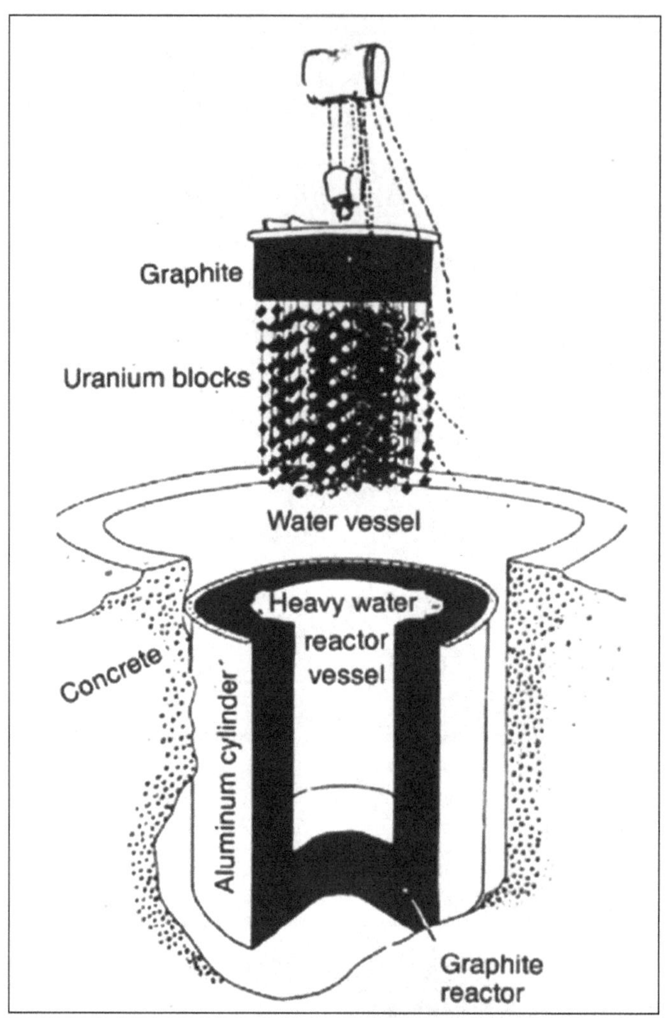

Skizze des letzten Versuchsreaktors B VIII in Haigerloch. Der Kern bestand aus 680 Würfeln Uranmetall (1,5 t) von 2,1 m Durchmesser in D2O, umgeben von einem 10 t schweren Graphitreflektor. Die Anordnung erreichte beinahe die Kritikalität. Spätere Berechnungen ergaben, dass der Reaktor kritisch geworden wäre, wenn a) das zusätzliche Material von Diebner zur Verfügung gestanden hätte oder b) der Aufbau die Kugelgeometrie Gottows besessen hätte.
(Quelle: https://www.haigerloch.de/Atomkellermuseum)

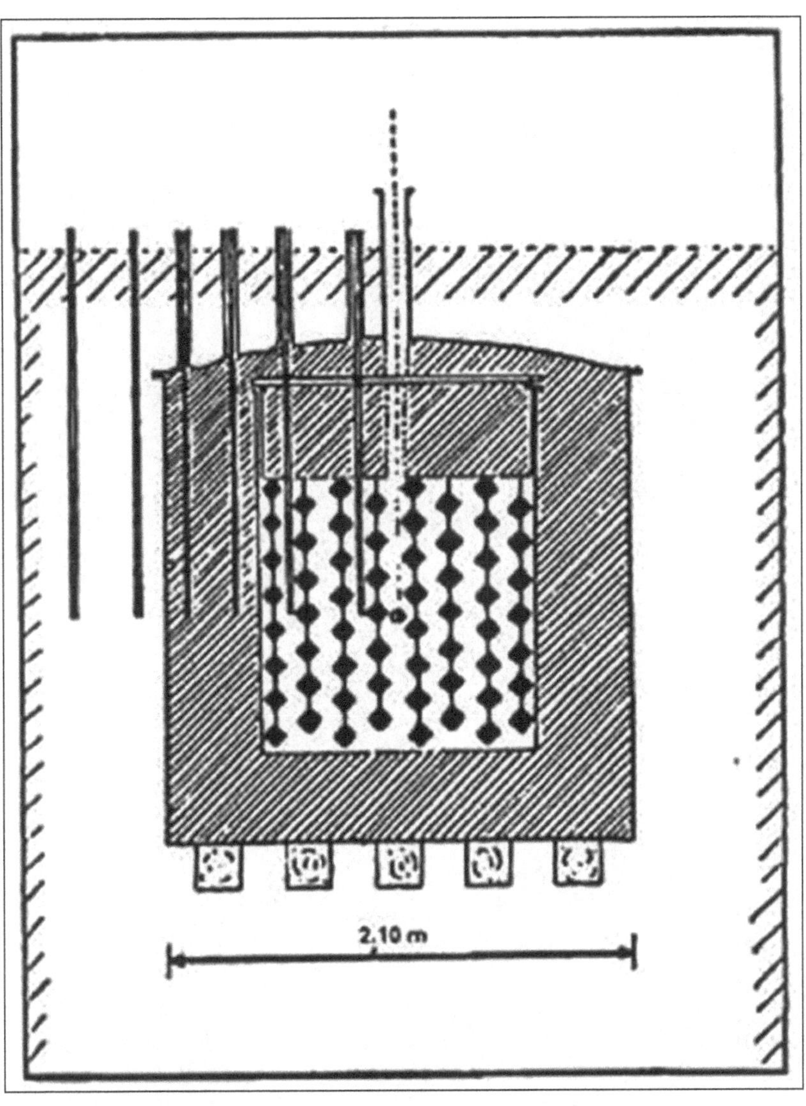

So sollte die Konstruktion einmal komplett umhüllt mit Regelstäben aussehen. (Quelle: DMA München)

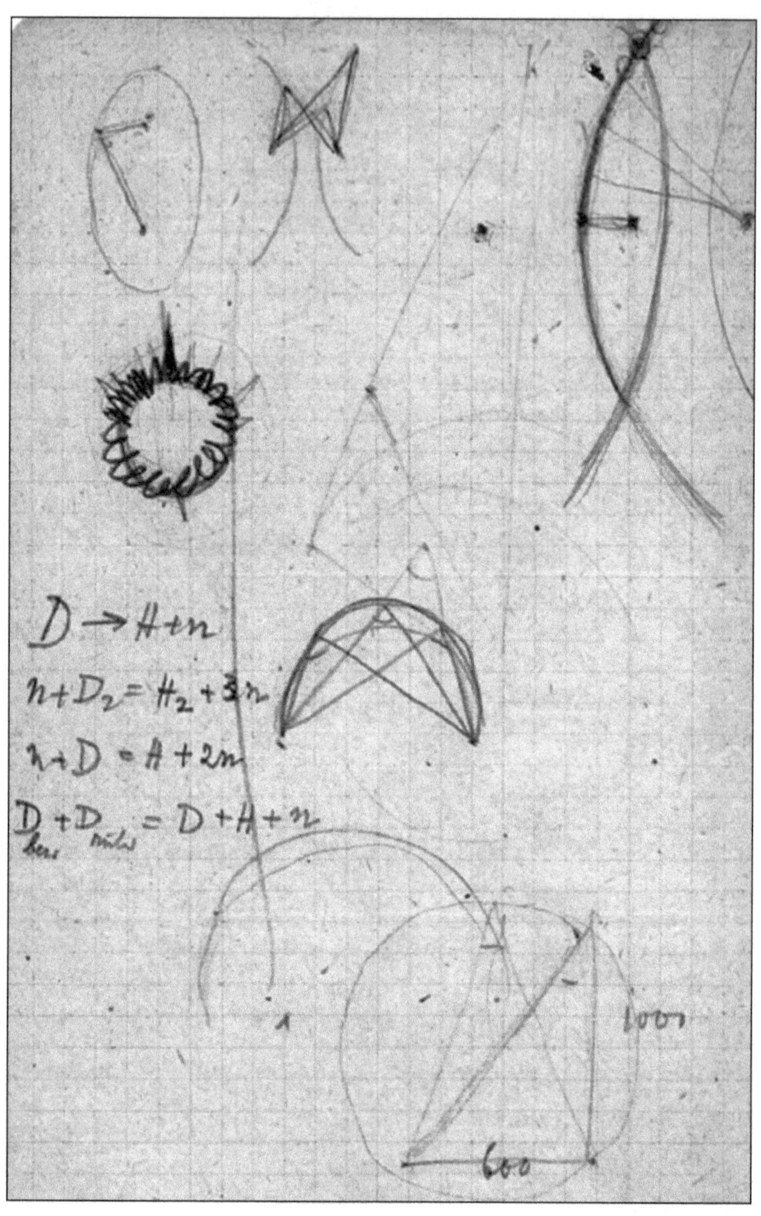

Eine Skizze aus Gerlachs Unterlagen: Auch er schien sich mit Fusionsreaktionen mit sphärischer Anordnung befasst zu haben. (Quelle: DMA München)

ÖSTERREICHISCHES PATENTAMT — Kl. 21 i_{g}, 4/10

PATENTSCHRIFT NR. 219170

Ausgegeben am 10. Jänner 1962

ALPENLÄNDISCHER ZENTRALVEREIN ZUR FÖRDERUNG SCHÖPFERISCHEN SCHAFFENS IN SALZBURG

Vorrichtung zur technischen Energiegewinnung mit Hilfe von Kernspaltungsreaktionen

Angemeldet am 30. Juni 1958 (A 4597/58); als Tag der Anmeldung gilt der 14. Juni 1939 (Tag der Hinterlegung beim Deutschen Reichspatentamt).
Beginn der Patentdauer: 15. Juni 1961.
Längste mögliche Dauer: 14. Juni 1971.
Als Erfinder wird genannt: Dr. Georg Stetter in Zell am See (Salzburg).

Die Erfindung bezieht sich auf eine Vorrichtung zur technischen Energiegewinnung mit Hilfe von Kernspaltungsreaktionen, wobei außer den eigentlichen Spaltsubstanzen (Brennstoff) neutronenstreuende Substanzen (Moderator) und gegebenenfalls neutronenabsorbierende Substanzen (Absorber) verwendet sind.

In derartigen Vorrichtungen (Spaltungsreaktoren) wird die Aufrechterhaltung der energieproduzierenden, mit Hilfe der bei der Kernspaltung entstehenden Spaltneutronen (Sekundärneutronen) als Kettenreaktion ablaufenden Kernspaltungen dadurch bewirkt, daß die schnellen Spaltneutronen in den neutronenstreuenden Substanzen (Moderator) auf langsame Geschwindigkeiten gebremst (moderiert) werden. Dieser Vorgang erhöht die Häufigkeit der Kernspaltungen und damit auch der Neutronenproduktion, da Kernspaltungen in überwiegendem Maße von langsamen Neutronen bewirkt werden. Die Neutronenbilanz wird gehoben, wodurch erhöhte Neutronenverluste, welche den Abbruch der Kettenreaktion zur Folge haben, kompensiert werden können.

Eine derartige Vorrichtung wurde von S. Flügge in der Zeitschrift Naturwissenschaften 27 (1939) im Heft 23/24 vom 9.6.1939, S. 402/410 beschrieben, wobei nach dem Vorschlag von S. Flügge die Spaltsubstanzen (Brennstoff) mit den neutronenstreuenden Substanzen (Moderator) homogen gemischt sind (homogener Spaltungsreaktor).

Die Neutronenökonomie ist jedoch infolge starken Neutroneneinfanges durch die Spaltsubstanzen bei einer homogenen Mischung von Spaltsubstanzen und neutronenstreuenden Substanzen nicht gut, so daß eine Kettenreaktion nur unter erschwerenden technischen Bedingungen in Gang gesetzt und aufrechterhalten werden kann.

Dieser Mangel wird durch die Erfindung dadurch behoben, daß die Spaltsubstanzen (Brennstoff) von den Neutronen streuenden Substanzen (Moderator) räumlich getrennt angeordnet sind (heterogener Spaltungsreaktor). Unter "räumlich getrennt" wird hier das Gegenteil einer homogenen Mischung verstanden, nämlich die "makroskopische" Eigenständlichkeit der Bereiche der Spaltsubstanzen (Brennstoffbereiche) und der Bereiche der neutronenstreuenden Substanzen (Moderatorbereiche).

Dadurch, daß auf diese Weise die Spaltneutronen in von der Spaltsubstanz hinreichend entfernten Bereichen auf thermische Geschwindigkeit abgebremst werden, entgehen sie leichter den Einfangprozessen, welche bei bestimmten mittleren Geschwindigkeiten (Resonanzbereichen) der Neutronen in besonderem Maße auftreten. Der Vermehrungsfaktor für die Spaltneutronen erreicht auf diese Weise - bedingt auch durch die geometrische Anordnung der Spaltsubstanzen und neutronenstreuenden Substanzen - den kritischen Wert 1 für stationären Reaktorbetrieb.

Vor dem Prioritätszeitpunkt der Erfindung hatte man lediglich in Experimentieranordnungen die von einem Ra-Be-Präparat ausgesandten Primärneutronen in räumlich von der Spaltsubstanz getrennt angeordneten neutronenstreuenden Substanzen gebremst (vgl. Comptes Rendus 208, (1939), S. 898/900). Es ist jedoch vor dem Prioritätszeitpunkt der Erfindung nicht bekanntgeworden, eine derartige Anordnung auch zur Bremsung von in der Spaltsubstanz entstehenden Sekundärneutronen (Spaltneutronen) vorzusehen. Es

Georg Stetters Reaktorpatent. Die Neuanmeldung seiner Ansprüche im Jahr 1958 basierten auf der ursprünglichen Patentschrift von 1939. (Quelle: DPMA München)

Erteilt auf Grund des Ersten Überleitungsgesetzes vom 8. Juli 1949
(WiGBl. S. 175)

BUNDESREPUBLIK DEUTSCHLAND

AUSGEGEBEN AM
8. MÄRZ 1954

DEUTSCHES PATENTAMT

PATENTSCHRIFT

№ 905 847

KLASSE 12g GRUPPE 1 01

N 1126 IVb / 12g

Karl Nowak, Wien
ist als Erfinder genannt worden

Karl Nowak, Wien

Verfahren und Einrichtung zur Änderung von Stoffeigenschaften oder Herstellung von stark expansionsfähigen Stoffen

Patentiert im Gebiet der Bundesrepublik Deutschland vom 16. März 1943 an
Patentanmeldung bekanntgemacht am 18. Juni 1953
Patenterteilung bekanntgemacht am 21. Januar 1954

Die Erfindung betrifft ein Verfahren und eine Einrichtung zur Änderung von Stoffeigenschaften oder Herstellung von stark expansionsfähigen Stoffen (bzw. Sprengstoffen) und besteht darin, daß der zu verändernde Stoff bei Tiefkühlung, zweckmäßig möglichst nahe dem absoluten Nullpunkt (im Zustand der Supraleitfähigkeit), unter Druck gesetzt wird oder ist.

Es hat sich erwiesen, daß durch die gleichzeitige Unterkühlung und Druckbehandlung eines Stoffes dessen Atomstruktur geändert werden kann.

Die Erfindung basiert auf der Überlegung, daß es möglich sein muß, durch Ausübung eines äußeren Druckes bei tiefen Temperaturen die Eigenschaft eines Stoffes zu ändern, und zwar insbesondere in folgenden Richtungen:

1. Bei der folgenden Erwärmung des bei Tiefkühlung komprimierten Stoffes bilden sich entsprechende Atomabstände aus, die aber nicht der vorherigen Atomanordnung (Gitter) entsprechen müssen. Insbesondere ist es auf diese Weise möglich, verschiedenartige Stoffe miteinander durch Verkettung ihrer Kristallgitter auf besondere Art zu legieren.

2. Bleibt der Stoff auf sein Kompressionsvolumen beschränkt, so wird er bei der folgenden Erwärmung einen besonderen Expansionsdruck ausüben, stärkste Ausstoß- oder Expansionswirkung zeigen.

Der Erfindungsgegenstand wird an Hand der Zeichnung noch weiter erläutert.

Es zeigt die Darstellung ein Gefäß 1, in welches der zu beeinflussende Stoff 2 durch eine obere Öffnung eingebracht wird, die dann mittels eines Verschlusses 3 hochvakuumdicht verschlossen werden kann. Das Gefäß 1 wird von einem zweiten Gefäß 4

Das Patent Nowaks aus dem Jahr 1943, das sich mit der Hochdruckkompression zur Änderung der Eigenschaften des Ausgangsmaterials befasst. Darin behandelt er auch die Möglichkeit, die Wirkung von Sprengstoffen auf diesem Weg zu steigern. (Quelle: DPMA München)

Abschnitt C

6. Die kernphysikalischen Forschungen 1944/45 in Thüringen und S-III

Am Anfang dieses Werkes ist Bezug auf Rainer Karlschs Buch „Hitlers Bombe“ genommen worden. Wie auch durch Mark Walker oder Günter Nagel verifiziert werden konnte, fand ein wesentliches Kapitel zum Abschluss aller kernphysikalischen Aktivitäten des Dritten Reiches im Großraum des Thüringer Waldes statt.
Hier kumulierten sich zum Finale die verschiedensten Disziplinen involvierter Wissenschaftsbereiche zu einem wahrlichen Zentrum. Wenn Thomas Mehnert über ein Thüringer „Manhattan Project“ schwadronierte, mag dies in Kenntnis des Aufwandes der amerikanischen Bestrebungen im Vergleich mit den verbliebenen reichsdeutschen Kapazitäten befremdlich, realitätsfern und in gewissen politischen Kreisen populistisch wie revisionistisch erscheinen. In dieser Angelegenheit ist seinem Narrativ der Consensus gentium in Abrede zu stellen.
Dessen ungeachtet und alle political correctness konterkarierend, bleibt das Fundament jener Behauptung im Kern bestehen: Es existierte eine sehr reale, unleugbare und clusterartig zu nennende Präsenz kernphysikalischer Dependancen in diesem Wirtschaftsraum. Diverse Institutionen jenes Naturells reihen sich im Großraum Ilmenau in auffälliger Weise aneinander. Und genau mit der Betrachtung dieser setzten wir uns im anschließenden Kapitel auseinander.

Lassen Sie uns nun ein wenig von unserem Kernthema abschweifen. Die Frage nach der potentiell für die Kernphysik notwendigen Infrastruktur im Thüringer Areal lässt unsere Aufmerksamkeit sich zwangsläufig einer den Truppenübungsplatz Ohrdruf tangierenden, geschichts- wie ingenieurswissenschaftlich markanten Stollenanlage zuwenden. Da sich diverse Institutionen jenes physikalischen Naturells im Großraum Ilmenau in auffälliger Weise häufen, ist es daher lohnenswert, sich mit dieser eingehender auseinanderzusetzen.

6.1 Von Olga bis S-III: Ausweichstandorte des OKH und eines neuen FHQ

Die Forschungsstelle Gottow unter Diebner verlagerte sich nach Stadtilm in den Bereich Illmenau in Thüringen. Abgesehen von den Bestrebungen Fritz Sauckels, Gauleiter Thüringens und Generalbevollmächtigter für den Arbeitseinsatz,[1)] aus seiner Heimat einen Schutz- und Trutzgau zu machen und zunehmend kriegsrelevante Rüstungsbetriebe in seiner Hemisphäre anzusiedeln, gab es noch weitere Indikatoren hierfür. Vor Kriegsbeginn waren Abraham Esau und Werner Gerlach, Bruder von Walther Gerlach, in der Thüringer Landesregierung aktiv.[2)] Ob sich hieraus eine Verbindung zur Verlagerung der Kernphysiker erstellen lässt, kann zumindest bei Esau als Leiter der PTR, später ebenfalls nach Thüringen verlagert (s. w. u.), vermutet werden. Da Gottow Teil des HWA war und das OKH den Bereich um Ohrdruf als Auslagerungsstandort für sich auserkoren hatte, dürfte dies der wahrscheinlichere Grund für die Standortwahl gewesen sein. Doch was hatte es damit auf sich?
Im Juli 1934 unterrichtete das OKH die RP, dass man in der Nähe des Truppenübungsplatzes Ohrdruf eine vergleichbare Anlage wie die in Zossen, die sich gerade im Aufbau befand, einzurichten beabsichtige. Etwas eher hatte bereits der Bau einer Luftmunitionsanstalt bei dem kleinen Örtchen Crawinkel begonnen. Die Heeresleitung sollte sich dabei als alternatives Stammlager zu Zossen um Ohrdruf ansiedeln und eine eigene

Fernmeldezentrale, als Amt 10 in den Jahren 1936–38 als Bunkerbau errichtet, bekommen. Mit dem Baustart erhielt das Ausweichquartier des OKH den Decknamen „Olga“ für Ohrdruf.3) Die zentrale Lage innerhalb des Deutschen Reiches, das Truppenübungsgelände (ähnlich verhielt es sich mit Zossen und dem benachbarten Kummersdorf) und die vorhandene Infrastruktur – insbesondere bei der Fernmeldevernetzung – prädestinierten diesen Standort.4) Doch wurde Olga in den folgenden Jahren nicht sonderlich gepflegt; es fanden keine spezifischen Ausbauten, wie für den Luftschutz, statt. Tatsächlich richteten sich die Anstrengungen des OKH eher auf eine Verlagerung nach Berchtesgaden.5) Im März 1944 erlangte die Region erneut Bedeutung: Der Generalstab des Heeres ließ die zusätzliche Bereitstellung von notmäßig erkundeten Unterkünften im Raum Olga erfragen. Erstaunlicherweise erhielt der Kommandant des Truppenübungsplatzes im Oktober die Weisung, die Wehrmacht habe zugunsten der SS das Gelände unverzüglich zu räumen, was nur partiell geschah. Eine Verlegung von Teilen des OKH erfolgte erst ab dem 12. Februar 1945 durch eine Anordnung Heinz Guderians, wobei erneut der desolate Luftschutz zur Sprache kam, der durch „Selbsthilfe“ zu kompensieren sei.6) Höchste Priorität genoss nun die Aufstellung eines Unterbringungsplans, dennoch unterlief das OKH diese Vorhaben in der Weise, als dass sich alle anderen Abteilungen bereits gen Berchtesgaden auf den Weg begaben. Nur führungsunwichtige Abteilungen verblieben zur Verlagerung in dem Raum Olga. Weil es in Berchtesgaden nun zu Belegungsengpässen kam, schien die Nutzung von Olga unumgänglich.7) Bis Ende März wurden nun partiell das Hauptquartier des OKH und weitere wichtige Dienststellen, einschließlich der Forschungsstellen, im Bereich Olga angesiedelt. Die gesamte Operation verlief dabei recht improvisiert. Auch im März 1945 wurde immer noch nach Ausweichquartieren gesucht, dabei fanden sich gelegentlich führende Köpfe wie Sauckel, Himmler, Speer und sogar Joachim von Ribbentrop (Reichsminister des Auswärtigen) ein. Gleichfalls ging die Weisung an die Reichspost, die Fernmeldezentrale Amt 10 zu ertüchtigen; wovon kriegsbedingt kaum mehr auszugehen war. Die Anstrengungen waren nur noch von kurzer Dauer. Am 29. März ordnete der Chef des Generalstabs des Heeres, Hans Krebs, die sofortige „Auflockerung“ aller in Olga befindlichen Einrichtungen des OKH Richtung „Serail“, Berchtesgaden, an.8)

Parallel zur Verlagerung des OKH sollte im Bereich Olga auch ein neues Führerhauptquartier angesiedelt werden, in bombensicheren, unterirdischen Einrichtungen. Ob diese offiziell unter der Bezeichnung „S-III“ geführte Stollenanlage tatsächlich als FHQ geplant und ausgehoben wurde, lässt sich nicht abschließend validieren. Möglicherweise handelt es sich hierbei auch um eine Umwidmung eines in Auffahrung befindlichen Objektes. Es war während der Agonie des Dritten Reiches durchaus üblich, bereits für einen bestimmten Zweck begonnene Errichtungen von Untertage-Verlagerungen bei Veränderungen der Nutzungspriorisierung einer anderen Verwendung zuzuführen.9) Da wir im nächsten Abschnitt sehen werden, dass sich im Großraum um Ilmenau etliche Institutionen ansiedeln sollten, die mit der Kernphysik in Verbindung gebracht werden können, kann die partielle Unterbringung einer derartigen Einrichtung in einer Luftschutzanlage, wie sie die U-Verlagerungen allgemein darstellten, a priori nicht ausgeschlossen werden. Um Spekulationen und Mythen vorzugreifen, werfen wir einen chronologischen Blick auf die Anlage S-III im Jonastal bei Arnstadt. Auffallend bei der Bewertung zu dem beabsichtigten Verwendungszweck von S-III ist die von Zeigert aufgeführte Tatsache, dass wichtige Entscheidungsträger im Zusammenhang mit dem Aufbau der FHQ – wie Speer –, der in die Thematik involvierte Luftwaffenadjutant bei Hitler – Nicolaus von Below – oder der Leiter der Organisation Todt – Franz Xaver Dorsch – die Anlage entweder nur beiläufig oder gar nicht erwähnten.10) Selbst der Terminus „S-III“ ist für eine U-Verlagerung untypisch, da keine weiteren „S“-Bauten numerisch nachweisbar sind. Allgemein wird das Kürzel von dem Begriff „Sonderbauvorhaben“ des Wirtschafts- und Verwaltungshauptamtes (WVHA) der SS abgeleitet. Zutreffender scheint aber die Affinität zur der in Thüringen aktiven „Sonderinspektion 3“ des Baustabes von Hans Kammler und der von ihm geführten Amtsgruppe C, Bauwesen des WVHA, zu sein.11) Denn analog zu S-III trugen andere Hauptquartiere, auch noch unvollendete, bereits Decknamen. So geschehen beispielsweise mit den FHQ „Wolfsschanze“ östlich von Rastenburg, dem „Felsennest“ bei der Gemeinde Rodert –

südlich von Bad Münstereifel gelegen – oder den beiden „Wolfsschlucht"-Anlagen – erstere bei Bruly-de-Pesche im Raum Charleville, letztere bei Margival zwischen Reims und Soissons gelegen –, um nur einige genutzte Einrichtungen dieser Art zu benennen. Oder die ungenutzte – obgleich der Bunkerbau bereits abgeschlossen war – Anlage „Hagen", auch unter der Bezeichnung „Siegfried" geführt, bei Pullach nahe München.
Auch Bestandseinrichtungen wurden situationsbedingt zu einem FHQ umfunktioniert, wie dies zum Jahreswechsel 1944/45 im HQ des OKW/OKH in Zossen, den beiden „Maybach 1" und „Maybach 2" genannten Teilbereichen mit der angeschlossenen Nachrichtenzentrale „Zeppelin", geschah. Der Bereich des Berghofes am Obersalzberg bei Berchtesgaden gehört im Grunde nicht zu den offiziellen FHQ, auch wenn er als solches durchaus genutzt und ausgebaut wurde.12) Auch andere Organisationen des Dritten Reiches errichteten sich für ihre Bedürfnisse HQ, die mit Decknamen versehen wurden. Hier sei die für das Fernmelde- und Funkwesen des Führungshauptamtes der SS entstandene Anlage „Hegewald" in der Untertage-Verlagerung „Fuchsbau" südlich von Fürstenwalde/Spree zu nennen.13) Folgendes sollte bei den U-Verlagerungen beachtet werden: Die aufzufahrende Stollenanlage oder der Ausbau bereits vorhandener Hohlräume erhielten einen Decknamen. Die darin unterzubringende Einrichtung hatte in der Regel wiederum eine eigene Bezeichnung. So finden sich für viele U-Verlagerungen Doppelbezeichnungen.14) Dass eine Stollenanlage nur die Bezeichnung „S-III" erhielt, ist demnach nicht plausibel.

6.1.1 Terra Incognita: eine Anlage Namens S-III

Der Startschuss für dieses Projekt fiel wahrscheinlich bei einer Besprechung zwischen dem Chef des Wehrmachtführungsstabes, Alfred Jodl, und Gustav Streve, Kommandeur des Führer-Begleit-Bataillons (zuständig für den Personenschutz Hitlers in den FHQ – im September abgelöst durch Otto Ernst Remer). Ausgehend von den Kriegsereignissen, dem Umstand, dass sich die meisten Dienststellen des OKW und OKH auf Berchtesgaden konzentrierten, das FHQ in Schlesien noch sehr weit von seiner Realisierung entfernt war, wie auch die tatsächliche Distanz nach Berlin für eine schnelle Verlegung im Notfall nunmehr als zu groß angesehen wurde, verlangte Hitler am 31. Juli die Neueinrichtung eines FHQ im Umfeld von Berlin. Hier gab es keine in Frage kommende Anlage und Zossen als Hauptsitz des OKW/OKH schied nach dem Attentat aufgrund Hitlers gesteigertem Misstrauen gegenüber der Wehrmacht aus. In Anbetracht der Komplexität der Bauplanung, Bauausführung und der zur Verfügung stehenden Ressourcen riet ihm Jodl dringend, eine bereits vorhandene Anlage dafür zu verwenden, da ein Neubau unter den sich bietenden Bedingungen derzeit nicht mehr realistisch sei. Jodl beabsichtigte zunächst verbessernde Maßnahmen an den bereits bestehenden oder im Bau befindlichen FHQ, schließlich sollte von Hitler die Entscheidung über die Errichtung eines FHQ im mitteldeutschen Raum, Thüringen oder Harz, eingeholt werden. Eventuell reagierte Jodl hiermit auf eine schon bestehende Absicht, dort ein FHQ zu errichten, und wollte sich absichern. Denn eigentlich lag die Auswahl der potentiellen Standorte der FHQ bei Rudolf Schmundt, Hitlers Chefadjutanten und Leiter des Heerespersonalamtes, der allerdings durch das Stauffenberg-Attentat verletzt ausgefallen war und Anfang Oktober verstarb. Als dessen Vorgesetzter übernahm Jodl nun diese Funktion.[15)] Die sich nun anschließenden Ereignisse lassen sich nur ansatzweise rekonstruieren. Am 26. September 1944 und dem sich anschließenden Tag trug Himmler über ein neu einzurichtendes FHQ „Wildflecken“ (Röhn) vor. Ob er dies in seiner neuen Funktion als Chef des Ersatzheeres oder es initiativ auf Jodls (nun sein Vorgesetzter innerhalb des OKW) Handeln hin geschah, ist unklar. Hitler billigte seinen Vorstoß und beauftragte unverzüglich Kammler mit den Arbeiten. Dass Himmler eine derartige Weisung erhalten hat, ist ungewöhnlich, da diese Bauleitung innerhalb der OT eigentlich die Domäne des Sonderstabes von Siegfried Schmelcher war. Das zeigte sich auch daran, dass Jodl noch Ende 1944 einen Auftrag zur Erkundung neuer Standorte für Ausweichquartiere an Schmelcher richtete, dessen Resultate im April 1945 vorlagen!

Die aufgrund der allgemein zunehmenden Mangelwirtschaft nachlassende Bauleistung der OT könnte mit ausschlaggebend dafür gewesen sein, dass sich hier ebenfalls die SS einbrachte. Der offiziell genannte Zeitpunkt der beginnenden Intervenierung seitens der SS ist aber fraglich: Der ehemalige Kommandant des KL Auschwitz, Rudolf Höß, gab nach dem Krieg an, dass Kammler bereits Anfang 1944 den Auftrag erhalten habe,

„auf dem Truppenübungsplatz Ohrdruf in Thüringen das Führerhauptquartier einzubauen mit so kurzfristigen Terminen, dass kaum die Planung so schnell fertig wurde."

Hierzu sollten nach einem Befehl Himmlers bis zu 30.000 KL-Insassen herangezogen werden. Außer der zynischen Meinung zur Terminierung des Vorhabens ist aber Höß' Aussage mit Vorbehalt zu betrachten.16) Tatsächlich kann ein Bauauftrag Kammlers in dieser Richtung frühestens für Mai 1944 vermutet werden. In dem Zeitraum Ende April bis Anfang Mai sind Gespräche von Kammler und auch von Dorsch mit Himmler verifizierbar. Dies korrespondiert mit den Angaben eines von Kammlers Architekten und Leiter des Amtes C-IV im WVHA, Thilo Schneider, dass er Ende Mai 1944 von Kammler persönlich die Order zur Planung eines unterirdischen FHQ erhalten habe. Wegen der beschränkten Zuteilung von Mitarbeitern sei er jedoch bis Ende Februar 1945 mit den Arbeiten beschäftigt gewesen. Kammlers erhalten gebliebenem Schriftwechsel zufolge soll Schneider bezüglich des Bauvorhabens S-III aber auf die gesamte Abteilung C-IV zurückgegriffen haben.17) Wie dem auch gewesen sein mag, für den 02. November 1944 ist eine zweistündige gemeinsame Besichtigung des Truppenübungsplatzes Ohrdruf Himmlers und Kammlers mit Streve in seiner Funktion als Lagerkommandant der FHQ belegt.18) Im Januar 1945 stattete von Below Ohrdruf einen Besuch ab. Nach eigenem Bekunden wurde er dabei auf den mangelnden und für ihn zu langsamen Baufortschritt des neuen FHQ aufmerksam, sah sich jedoch nicht genötigt, darauf forcierenden Einfluss zu nehmen. Ähnlich hat sich auch der Chef des Heeresnachrichtenwesens Albert Praun verhalten. Durch Zufall im Februar 1945 auf die Bauarbeiten aufmerksam geworden, hielt er dies lediglich für eine Behelfsmaßnahme und kein wirklich neues FHQ. Nach Praun wollte Himmler das in der Nähe Arnstadts durch KL-Häftlinge unterirdisch errichtete FHQ Hitler als Geschenk zu seinem Geburtstag machen. Die Anlage sollte nur wenige Teilbereiche der generell für FHQ vorgesehenen Abteilungen aufnehmen; so sollte als Fernmeldeanlage das bereits vorhandene Amt 10 erweitert und eingebunden werden. In der Tat erhielt die RP Anfang März nach einer Inspektionsreise Prauns gen Ohrdruf den Auftrag, sowohl neue Fernkabelverbindungen als auch eine „Schaltstelle Crawinkel" einzurichten.[19] Den Nutzen einer zu diesem Zeitpunkt einzurichtenden Führungsstelle wurde von Wolfgang Martini, Leiter der Luftnachrichtentruppe, massiv angezweifelt.[20] Einen interessanten Hinweis auf den möglichen Ursprung der Anlage liefert ein am 25. Januar 1945 erteilter Bauauftrag an die Essener Hoch- und Tiefbaufirma Müller & Co[21] durch das Wiener Architekturbüro Fiebinger, bei dem das Bauprojekt mit der Kennziffer „IV/IX A-236(M)" ausgewiesen wird. Die Aufschlüsselung ergibt nach Zeigert, dass das Objekt S-III in Bezug auf die Zuweisung von Baumaterialen von der OT geleitet wurde, und zwar von der Einsatzgruppe Sachsen/Thüringen [IV], und in der Zuständigkeit der dortigen Rüstungsinspektion IX (diese war nach Wichert in die Sektoren IXa Kurhessen und IXb Thüringen aufgeteilt[22]) lag, es sich hierbei um ein Projekt des Rüstungsbaus handelte (A [oder B, je nach Priorität]) und dem Mindestbauprogramm [M] angehörte.[23] Das „Mindestbauprogramm" stellte eine Reorganisation des Bauwesens dar, die die Kontingentierung der real verfügbaren Ressourcen – Arbeitskräfte, Materialien, Maschinen, Logistik – beinhaltete und es ermöglichte, daraus die tatsächlich gegebenen Baumöglichkeiten zu evaluieren, auf die es sich zu konzentrieren galt.[24] Aus diesem Umstand schließt bereits Autor Zeigert, dass es sich bei dem Projekt S-III um eine Rüstungsverlagerung handelte, die nun für andere Zwecke umgewidmet worden war.[25] So wurden die Thüringer U-Verlagerungen „Lachs" bei Kahla (Saale), die für die Flugzeugproduktion aufgefahren wurde, unter der Ordnungskennziffer „IV/IX A-70(M)", „Glaukonit" (Suhl) für den Waffenproduzenten Krieghof unter „IV/IX A-42(M)" und „Albit" im Rothenstein (nördlich von Kahla) für die Karl-Zeiss-Werke unter „IV/IX B-15(M)" gelistet.[26] Dies kann als

Indiz für Zeigerts Vermutung gewertet werden, da die Kurzkennung der Bauprojekte diese als Rüstungsauftrag der Organisation Todt ausweist. Mit der Bauleitung von S-III war zu diesem Zeitpunkt das Wiener Architekturbüro Fiebinger beauftragt.27) Wer war Fiebinger? Karl Emil Franz Fiebinger war Bauingenieur und galt als Experte für den Tunnel- und Stollenbau, insbesondere in schwierigen geologischen Bodenverhältnissen. Sein junges, 1939 ins Leben gerufenes Ingenieurbüro war schon früh in die verschiedenen Großbauvorhaben des Dritten Reiches involviert gewesen. Durch seine Projektleitungen in der Ostmark (dem besetzten Österreich) erhielt er schließlich Kontakt zur Amtsgruppe C des WVHA, die vor Ort diverse Bauprojekte im Zuge der U-Verlagerung verschiedener Außenstellen des Raketenprogrammes Walter Dornbergers, WaPrüf 11 des HWA (Peenemünde), ausführte.28) Infolgedessen wird er mit den Arbeiten der Sonderinspektion IV unter Volkmar Grosch, die im Großraum Österreich für die Bauvorhaben Hans Kammlers Amtsgruppe C zuständig war, beauftragt. Dies waren die Anlagen „Schlier" in Redl-Zipf (O2-Produktion und Triebwerkteststände für das Aggregat 4/V2), „Zement" bei Ebensee (Verlagerung des Entwicklungswerkes Peenemünde), „Bergkristall" in St. Georgen an der Gusen (Produktionsstätte Esche 2 für die Messerschmidt 262), „Quarz" bei Roggendorf (Steyr-Daimler-Puch) sowie auch (nicht für die SS) „Wels" bei Kirchbichl (Tirol; Flugmotorenwerke Ostmark). Aufgrund seiner dabei gezeigten fachlichen Qualifikationen wurde ihm auch die Planung und Bauleitung von S-III übertragen,29) wofür er seinen eigenen Assistenten Willhelm Hasslinger von der Bauleitung in St. Georgen (Bergkristall) abzog und nach Ohrdruf beorderte.30) Nach seiner eigenen Aussage, festgehalten in einem britischen Interrogationsbericht über Fiebinger vom 11. Juni 1947, wurde er am 24. Dezember 1944 von Kammler mit der Errichtung eines FHQ bis zum 15. April 1945 beauftragt.31) Neben den von Guderian angeordneten Teilverlagerungen des OKH in nicht ausgebaute Unterkünfte im Raum Ohrdruf im Februar 1945 sollten auch kleinere Teile der Joseph Goebbels unterstellten Reichsstellen nach Oberhof evakuiert werden.32) Dort kam es im gleichen Zeitraum zu einer regelrechten „Rangelei" um ein von Saukel requiriertes Hotel als Ausweichquartier für den Leiter der Reichskanzlei, Hans Heinrich Lammers, das der Baustab von S-III um Kammler beanspruchte.[33] Wilhelm Burgdorf, Leiter des Heerespersonalamtes als Nachfolger von Schmundt und seit Oktober 1944 Hitlers Chefadjutant des OKH, unterrichtete am 09. März 1945 verschiedene von ihm ausgewählte Adressaten des OKW über ein für die oberste Reichsführung im Zentrum Deutschlands errichtetes Ausweichquartier. Im Auftrage Hitlers habe Himmler

„im Raume Ohrdruf den Ausbau einer neuen Unterkunft FHQ übernommen",

die von Kammler realisiert werde. Tatsächlich richteten sich alle Anstrengungen des OKW auf den Raum Berchtesgaden, auch Reichsleiter Martin Bormann ging davon aus. Kurzfristig beauftragte Burgdorf nun Streve mit der organisatorischen Leitung aller hierfür notwendigen baulichen wie unterkunftsseitigen Angelegenheiten, womit er faktisch Kammler unterstellt wurde.[34] Das Verhalten Burgdorfs ist von Improvisation gekennzeichnet und deutet darauf hin, dass es zur Errichtung eines FHQ in Thüringen keine einheitliche Linie zwischen den Institutionen gab, falls es denn von Anfang an ein FHQ bei Ohrdruf hätte geben sollen. Die von ihm getätigte Äußerung des „Ausbaus" legt erneut die Vermutung nahe, dass es sich hierbei um die Umwidmung einer in Bau befindlichen Anlage zu einem FHQ handelte. Die bereits genannten Zeitpunkte zu den getätigten diversen Aufträgen, die Bauleitung und Organisation betreffend, weisen Unstimmigkeiten in diesem Zusammenhang auf. Doch auch der in Kammlers Sonderstab für bautechnische Sonderaufgaben zuständige Heinrich Courte gab 1947 zu Protokoll, dass Kammler den Auftrag zur Errichtung eines FHQ gegen Ende 1944 direkt von Himmler erhalten und einer seiner Sonderinspektionen übertragen habe. Zahlreiche weitere Aussagen unmittelbarer Beteiligter, die in den Jahren nach dem Krieg protokolliert wurden, geben alle eindeutig als Verwendungszweck ein FHQ an: In diesem Personenkreis finden sich der Kommandant des Konzentrationslagers Buchenwald, Hermann Pister, der Lagerarzt von S-III, Dr. Werner Greunuß, sowie der zuständige Baukoordinator der SS vor Ort, Gerrit Oldeboershuis.[35]

Hier wurde also auf höchste Weisung hin ad hoc ein neues FHQ errichtet. Kurioserweise wird mehrfach der Bezug auf den Raum Ohrdruf und den Truppenübungsplatz genommen; die zu betrachtende Stollenanlage befindet sich aber einerseits einige Kilometer vom Bezugspunkt entfernt und diese wird andererseits auch nicht direkt mit „S-III" bezeichnet. Allerdings legen die Daten im Abgleich mit der Auffahrung der Stollenanlage einen Zusammenhang nahe. Dennoch scheint diese Untertageanlage gemäß ihrer Kennziffer für eine Rüstungsverlagerung vorgesehen gewesen zu sein, die dann in Teilen zu einem FHQ umgestaltet werden musste.
Dem Leser wird aufgefallen sein, dass in dieses Bauvorhaben sowohl die SS als auch das KL Buchenwald involviert waren, obwohl der Bau von FHQ in den Händen des Baustabes Schmelchers der OT lag. Lassen Sie uns den Hintergrund in Kürze gemeinsam betrachten.

6.1.2 Die Sonderinspektion

Etwa im Spätsommer 1944 wurde Himmler mit der Errichtung eines neuen FHQ beauftragt. Eigentlich lag der Bau der FHQ in der Hand der Organisation Todt. Kriegsbedingt stark ausgelastet mit der Beseitigung von feindlichen Einwirkungen auf die Rüstungsindustrie und dem Aufbau neuer Produktionskapazitäten, griff der von Karl-Otto Saur gelenkte Jägerstab, der ab Sommer 1944 zum Rüstungsstab avancierte, zunehmend auf die Kapazitäten der SS zurück. Selbstredend auch auf deren in den KL befindlichen menschlichen Ressourcen – da Sauckel als GBA längst nicht mehr ausreichend Arbeitskräfte für die Produktion und den Bau stellen konnte. Jener Jägerstab bildete vereinfacht dargestellt eine Koordinierungsinstanz mit weitreichenden ministerialen Befugnissen zwischen den Interessensträgern des RLM und des RMfRuK in Gestalt eines Leitungsorgans zur Sicherung, Wiederherstellung und Steigerung der Luftrüstung. Das beinhaltete die Verlagerung in Schutzbauten, deren Durchführung generell dem Amt „Bau" des RMfRuK oblag. Die Prioritätenfestlegung für diese Rüstungsverlagerung und deren Planungen waren sein Hauptaufgabenfeld. Diesem Konsortium stand Speer mit seinem hiesigen Stellvertreter

Erhard Milch als Generalluftzeugmeister vor, ständig vertreten durch Saur, die Leitung der notwendigen Bauprojekte oblag Walter Schlempp, deren Ausführung Franz Xaver Dorsch (Chef der OT). Für so genannte „Sonderbauwerke", die größten und aufwendigsten Anlagen wie Großbunker, zog man das Bauwesen der SS um Kammler hinzu.

Durch eine später erfolgte Erweiterung der Kompetenzen auf nahezu den gesamten Rüstungssektor erwuchs daraus der Rüstungsstab. Alle Anstrengungen kumulierten auf die Untertage-Verlagerung besonders sensibler Rüstungsproduktionen, deren Liste zunehmend expandierte.

Doch reichten die Kapazitäten der OT bei weitem nicht mehr aus. Es war die Stunde der Bauorganisation der SS gekommen. Dies führte zu einer Parallelorganisation in der Bauwirtschaft, was innerhalb des Dritten Reiches in einer systemimmanenten Ämteranarchie mündete und bis zur absoluten Ineffektivität eskalierte.

Die an Kammler übertragenen Bauaufgaben für bombengeschützte Fertigungsstätten gliederte die SS in zwei Kategorien: Die als „A"-Vorhaben gekennzeichneten Objekte konnten relativ rasch umgesetzt werden, da sie auf bereits vorhandenen Stollen- oder Tunnelanlagen beruhten. Es galt, sie für die Belange der darin unterzubringenden Produktion zu ertüchtigen. Ein Mangel an Bewetterung, Bergsicherung und Infrastruktur der Bestandsobjekte resultierte in einer schnellen Ernüchterung seitens der Industrie und ließ alle Hoffnungen auf den „B"-Vorhaben ruhen. Hierunter waren alle Neuaufahrungen von Untertageanlagen zu verstehen. Sie versprachen der Industrie die logistische Möglichkeit einer rationellen Fertigung, da die notwendigen Ausbauten der Produktion angeglichen werden konnten. Dies war in den vorhandenen Anlagen meist nicht möglich, was eine Zersplitterung der Produktionsmittel und eine unwirtschaftliche Arbeitsweise zur Folge hatte. Doch die hoffnungsgeschwängerten B-Bauten entpuppten sich als Chimäre: Der bergmännische Aufwand für den Tunnelvortrieb war maßlos unterschätzt worden. Man ergab sich der trügerischen Hoffnung, dass die Amtsgruppe C „Bauwesen" des WVHA einen Trumpf vorweisen könne: Die Amtsgruppe „D", zuständig für die KL-Verwaltung, konnte einen scheinbar nicht enden wollenden Strom an Arbeitskräften zur Verfügung stellen – die Insassen der Lager! Doch minderte der Umgang der SS mit den Häftlingen deren Arbeitsleistung erheblich und führte zu einer wachsenden Letalität: Mangelernährung, Misshandlung, schlechte Ausstattung (Bekleidung, Arbeitsgerät) und das über allen stets schwebende Damoklesschwert der Ermordung. Zwangsläufig führte das zu einer allmählich ausufernden Steigerung des Arbeitskräftebedarfs. Immer weitere kostspielige wie personalaufwendige Bauprojekte für U-Verlagerungen infolge der sukzessiv von den Alliierten zerstörten Industrie zeugen von der wachsenden Distanzierung der SS und des RMfRuK von einer realen, vom Pragmatismus inspirierten Bauwirtschaft.

Um die einzelnen Bauvorhaben zu lenken, richtete Kammler einen Sonderstab an seinem Amtssitz in Berlin ein, dem einzelne, regionale „Sonderinspektionen" unterstanden. Sie agierten als übergeordnete, administrative wie organisatorische Instanzen. Jede einzelne Sonderinspektion koordinierte als zentrales wie fachliches Bindeglied mehrere Projekte. Zur Entlastung und für einen effizienteren Einsatz der Bauorganisationen gebildet, dienten sie auch zur Überwachung der einzelnen Bauvorhaben. Als exekutives Organ blieb Kammlers Stab eng an den Jäger-, oder abfolgend den Rüstungsstab, gebunden. Aus Ermangelung eigener Kapazitäten wurde dabei auf in der privaten Bauwirtschaft bestehende Planungsbüros wie Baufirmen und Bergbauunternehmen zurückgegriffen. Die Zuweisung von Baustoffen und -materialien, Baubetrieben, Maschinenparks sowie der Einsatz von Fachpersonal liefen über das RMfRuK; die Sonderinspektionen wurden nur als ausführendes Organ betrachtet. Eine Zuteilung jener Errichtungsgesellschaften erfolgte über den Jäger- bzw. den Rüstungsstab, Speers Hauptausschuss Bau und den regional Bevollmächtigten. Die Baudurchführungen sind parallel auch von den Bergbehörden überwacht worden.[36)]

Trotz Kammlers Kompetenzen und seinen Bestrebungen der Bündelung aller ihm zur Verfügung stehender Ressourcen blieb er weit von den gesteckten Zielen entfernt. Als Ursachen können die zeitlichen Zielvorgaben bei den zeitgleich theoretisch veranschlagten Baubedarfsvolumina gesehen werden, die sich fernab der Realität bewegten. Praktisch keines seiner Bauvorhaben wurde vollendet. Lediglich Teile der Untertageanla-

gen konnten sektoral genutzt und partiell durch die Industrie in Betrieb genommen werden.
Kammlers Hegemonialbereich sollte auf dem Bausektor eine Erweiterung erfahren, als Himmler die Leitung des Ersatzheeres und damit auch die des Heeresbauwesens übernahm; die OT dagegen blieb weiterhin Teil von Speers Imperium. Diesem Umstand und der sich daraus ergebenden mangelnden Autarkie sind Differenzen wie Dissonanzen zwischen Kammler und Speer geschuldet. Schon innerhalb des Jägerstabes war man um die Vermeidung der Ressourcenzersplitterung bemüht gewesen: Mit den vorhandenen Mitteln konnten nur wenige Vorhaben forciert werden. Einer Aussage Speers zufolge dürfe man eben nur noch so viele Bauten in Auftrag geben, wie Mensch und Material verfügbar seien. Bei der SS wurde der Versuch unternommen, dies durch KL-Häftlinge zu kompensieren. Gleichzeitig sollten Fachkräfte von anderen, weniger relevanten Bauvorhaben zu den zu priorisierenden Projekten versetzt werden.37)
Unter diesen Rahmenbedingungen entstand die Stollenanlage S-III.
Man kann die Titulierung „S-III" des Bauvorhabens von der hier eingebundenen Sonderinspektion 3 ableiten. Dafür sprechen die Einbindung des Leiters jener Sonderinspektion, Gerrit Oldeboershuis, und mindestens eine weitere dieser betreuten U-Verlagerungen in Thüringen.
Die Sonderinspektion 3 hatte zuvor von Bad Wimpfen im Kreis Neckar aus mehrere U-Verlagerungen betreut. Im Einzelnen waren dies die Anlagen A7 bis A10:38)

A7 „Zeisig":
für Bosch; in einem unbenutzten Bahntunnel einer unvollendeten Strecke bei Cochem/Mosel

A8 „Goldfisch" und A8b „Brasse":
für Daimler-Benz; in den Stollen der Gipsgruben Friede und Ernst bei Obrigheim/Neckar

A9 „Kiebitz":

für BMW; in einem Bahntunnel in den Vogesen bei Markirch (heute: Maurice-Lemaire-Tunnel bei Sainte-Marie-aux-Mines)

A10 „Kranich“:
für Daimler-Benz; in dem unvollendeten Bahntunnel Urbis bei Wesserling, ebenfalls im Elsass gelegen, auf der Strecke Lutterbach-Kruth.[39)]

Auch die U-Verlagerung B7 „Esche I“ – das Doggerwerk bei Hersbruck nahe Nürnberg – ist nach Zeigert und Maier zeitweise der Sonderinspektion 3 unterstellt worden.[40)] Diese Anlage wurde zur Aufnahme des BMW-Flugmotorenwerkes Allach bei München (heute MTU) aufgefahren. Das Allacher Werk war eines der größten deutschen Triebwerksproduzenten, hier wurde hauptsächlich der 14 Zylinder-Doppelsternmotor 801 entwickelt und produziert; angeschlossen war auch das BMW-eigene Raketenwerk für die Erprobung und Produktion.[41)] Eine weitere Spur der von Oldeboershuis geleiteten Sonderinspektion 3 führt in die Eifel zum Lager „Rebstock“: Insgesamt fünf hintereinanderliegende Eisenbahntunnel zwischen Ahrweiler, Marienthal und Dernau sind Ende 1943 durch das Rüstungskommando Koblenz für eine U-Verlagerung vorgesehen worden. Die Sonderbaumaßnahme „Rebstock“ sollte eine Teilbereichsfertigung des HWA Wa-Prüf 11 – der Raketenproduktion des A4 aus Peenemünde – und der Fieseler 104-V1-Produktion des Volkswagenwerkes Fallersleben aufnehmen. Für die V1-Fertigung war eigentlich ein Objekt namens „Erz“ – das Erzbergwerk Tiercelet bei Thil in Lothringen nahe Metz – vorgesehen. Durch den Vormarsch der Alliierten in Frankreich zerschlug sich das Vorhaben jedoch und Rebstock wurde als alternativer Standort im Sommer 1944 anvisiert. Der Plan wurde bald darauf wieder zu den Akten gelegt und die V1-Fertigung in das Mittelwerk im Kohnstein bei Nordhausen verlagert. Tatsächlich konnte sich das HWA durchsetzen und in Rebstock sind Sonderfahrzeuge und Bodenanlagen für die mobilen Abschussstellen der A4/V2 hergestellt worden. Die für den produktionsseitigen Ausbau von Rebstock notwendigen Arbeitskräfte, KL-Häftlinge und Baufirmen hatten durch die Ressourcen des Projekts A7 gestellt zu werden.[42)] Man darf davon ausgehen, dass dies nicht ohne Einwilligung oder Anweisung der Bauorganisation der SS geschehen ist. Was naheliegt, da die SS im Sommer 1944 die Kontrolle über das Raketenprogramm gewonnen hatte. Eine direkte Involvierung ergibt sich aber aus einem Schriftwechsel zwischen Oswald Pohl, Chef des SS-WVHA, und dem persönlichen Referenten des Reichsführers, Rudolf Brandt: In diesem wird im Juli 1944 von Oldeboershuis die Produktion in Rebstock durch die für WaPrüf 11 tätigen Betriebe bemängelt. Nach seinen Angaben sei es noch zu keiner nennenswerten Produktion gekommen, was in der Verantwortlichkeit von Dornbergers Abteilung liege. Ferner beziffert er den baulichen Zustand der einzelnen Tunnel und die Zuweisung von deren Nutzflächen an die betreffenden Firmen.43) Das Schreiben legt eine wie auch immer geartete Zuständigkeit Oldeboershuis für diese U-Verlagerung nahe. Einem Bericht Kammlers nach wurden die auf den Baustellen der A-Objekte freiwerdenden Arbeitskräfte wie Baubetriebe nach deren Abschluss anderenorts eingesetzt,44) so dass eine Übernahme nicht SS-eigener Bauprojekte zwecks forcierter Fertigstellung durchaus nicht unüblich erscheint, zumal das WVHA bereits seit Oktober 1943 mit dem Ausbau von Rebstock betraut worden war.45) Auch das in den Ausbau des Objekts A7 eingebundene Berliner Architekturbüro von Klaus Heese, ebenfalls mit den Aktivitäten der Sonderinspektion 2 verbunden – dem Projekt B2 „Malachit“ für Junkers im Thekenberg bei Halberstadt – findet sich in Thüringen wieder: Dort unterstanden diesem koordinierende, bauorganisatorische Maßnahmen im Gesamtkomplex S-III.46)

Es existiert noch ein weiterer Beleg für die Anwesenheit der Sonderinspektion 3 im Großraum Ilmenau: Südlich von Gera und Weida, nahe dem Ort Berga, hatte man den Bereich der Elsterschleife für eine U-Verlagerung des Mineralölsicherungsplans auserkoren. Edmund Geilenberg, Leiter des Hauptausschusses Munition im RMfRuK, ist am 30. Mai 1944 Kraft eines Führererlasses zur Beseitigung von Fliegerschäden in der Mineralölindustrie ernannt worden. Der von ihm entworfene Plan sah nicht nur den raschen Wiederaufbau der treibstoffproduzierenden Anlagen, sondern auch deren Dislozierung vor. Teilweise sah Geilenberg eine Verlagerung ganzer, besonders gefährdeter Hydrierwerke und Raffinerien in Untertageanlagen vor. In der Fortsetzung der von der SS aufgestellten Nomenklatur priorisierter U-Verlagerungen, der A- und B-Baumaßnahmen, erhielten die auf Geilenbergs Plan basierenden Objekte die Ordnungskennziffer C-1 bis C-12. Die Anlagen für eine Kraftstoffproduktion basierend auf der Dehydrierung von Kohlenteer, einer hoch kohlenwasserstoffhaltigen Substanz, die bei der Koksgewinnung als Abfallprodukt anfällt, erhielten die Kennung C-1 und den allgemein für alle Einrichtungen dieser Art geltenden Decknamen „Schwalbe". Mehrere derartige „Schwalbe"-Objekte wurden geplant und teilweise in Angriff genommen; eine davon war die U-Verlagerung „Schwalbe V" bei Berga. Im Gegensatz zu den meist von der OT aufgefahrenen „Schwalbe"-Objekten ist Nummer „V" von der SS beaufsichtigt und erstellt worden.47) Ab Oktober 1944 wurden dort insgesamt 18 Stollen in den Berg getrieben.

Nach Gleichmann und Dörfer lag der Ausbau in der Verantwortung der Sonderinspektion 3, vertreten durch Alfred Sorge und Bauleiter Wilhelm Hack,48) was allerdings Fragen aufwirft: Bei Alfred Sorge handelt es sich um den Leiter der Sonderinspektion 2 in Bischofferode bei Nordhausen. Dieser war dort mit sämtlichen Verlagerungen rund um das Mittelwerk betraut worden; allerdings nur bis Ende Mai 1944. Zuvor hatte er dort den Baustab der Wifo inne, der Wirtschaftlichen Forschungsgesellschaft – einer Tarnfirma des Reichswirtschaftsministeriums mit dem Zwecke der Beschaffung von kriegswichtigen Rohstoffen und deren sicherer Einlagerung, wozu mehrere untertägige Einrichtungen, wie eben jene im Kohnstein, vor Kriegsbeginn begonnen wurden. Von Oktober 1944 bis Februar 1945 leitete er nun von Happurg nahe Hersbruck (B7 – „Esche I") aus die Sonderinspektion 3!49) Ebenfalls mit dem Wifo-Vorhaben im Kohnstein stand Wilhelm Hack seit Herbst 1943 in Verbindung. Von Mai bis zum 05. Januar 1944 betreute er das dortige Bauvorhaben B11 – eine Erweiterung des Mittelwerkes für die Aufnahme der Projekte „Kuckuck" (eine Dehydrierungsanlage aus dem Geilenberg-Plan, und „Eber", ein Sauerstoffwerk) der Sonderinspektion 2. Während Hack bei Wagner im Anhang als „Bauleiter von Dora" 50) angegeben wird, umreißt er sein dortiges Aufgabenfeld einige Seiten vorher selbst lediglich als Mitglied des Wachpersonals des Lagers Dora,51) was als Schutzbehauptung gewertet werden kann. Eine andere Quelle weist ihn als Bauleiter aus, der sich bereits an der Errichtung des Westwalls beteiligt hatte und ab Mai 1943 als „Bauingenieur" für das WVHA tätig war.[52] Im Übrigen begleitete ihn auch der Architekt Walter Fricke von B11 mit nach „Schwalbe V".[53] Der Ausbau von „Schwalbe V" besaß innerhalb von Kammlers SS-Bauorganisation ein solches Maß an Bedeutung, dass Hack Anfang November unmittelbar aus dem Bereich Nordhausen dorthin versetzt wurde; brachte er doch bereits Erfahrung auf dem Gebiet der U-Verlagerung von Hydrieranlagen (siehe „Kuckuck") mit. Mit der Gesamtleitung vor Ort beauftragte man den ehemaligen Leiter der Sonderinspektion 2. Wir werden sehen, dass sich unter Oldeboershuis' Sonderinspektion 3 noch weitere Provenienzen anderer Sonderinspektionen wiederfinden. Wie zum Beispiel die bereits erwähnten Architekten Fiebinger und Hasslinger der Sonderinspektion 4 in Wien, die von Volkmar Grosch geleitet wurde. Auch seine Spur lässt sich zu S-III verfolgen: Sein Dienstrang in dieser Funktion war der eines Hauptsturmführers der SS.[54] Warum ist sein Rang hier von Interesse? Tatsächlich ist die Quellenlage, die Volkmar Grosch mit S-III in direkte Verbindung setzt, dürftig. Ein direkter Beleg existiert mit dem weiter oben erwähnten Schreiben Burgdorfs vom 09. März 1945. In diesem wird explizit ein Hauptsturmführer Grosch als Vertreter des für den Bereich Ohrdruf zuständigen Bauleiters Kammler genannt – und nicht Oldeboershuis![55] Grosch war ein Studienkamerad[56] während Kammlers Zeit an der Technischen Hochschule Danzig[57] und galt als dessen enger Vertrauter. Schon im September 1943 war er für Sondermaßnahmen beim Reichsführer SS an verantwortlicher Stelle im Einsatz und wurde im März 1944 mit Rückwirkung zum 01. September 1943 durch das WVHA von dessen Amtsgruppe C (Bauwesen) Kammlers Sonderstab zugewiesen.[58] Einen weiteren Hinweis verrät uns Oldeboershuis' eigene Aussage im Dachauer Prozess 1947. Dort gab er an, bei S-III Kammler direkt unterstellt gewesen zu sein; dabei anfangs mittelbar Wilhelm Geissen – dem Leiter der Sonderinspektion 2 – und später Volkmar Gosch.[59] Ob seine Angaben bezüglich der ihn unterstellenden Dienstverhältnisse, was einer temporären Degradierung gleichgekommen wäre, wahrheitsgemäß sind, ist anzuzweifeln.[60] Dabei waren die U-Verlagerungen im Bereich der Sonderinspektion 4 in Österreich („Zement", „Schlier", B8 „Bergkristall", B9 „Quarz") weder unmittelbar durch den Feind bedroht noch vollendet, was eine Freistellung und Versetzung Groschs nach Thüringen rechtfertigen könnte. Doch die Rätsel um die administrative Leitung von S-III sind damit nicht beendet: Wem war Oldeboershuis unterstellt und warum? Aus dem Bundesarchiv ergibt sich, dass er in Analogie zu Grosch am 14. April 1944 mit Rückwirkung zum 15. März 1944 ebenfalls in Kammlers Sonderstab versetzt worden war und ab Mai ebenso den Dienstgrad eines Hauptsturmführers der SS trug. Laut eines Personalantrages Kammlers im Auftrage Pohls, der diese Beförderung zum Gegenstand hat, wird Oldeboershuis als Leiter der „Außenstelle X" angegeben. Hinter „Außenstelle X" verbirgt sich Kammlers Sonderstab für die U-Verlagerungen. Demnach wäre er einer der wichtigsten Protagonisten in Kammlers Wirkungsbereich gewesen. Kurz darauf übertrug man ihm die Leitung der Sonderinspektion 3.[61)] Oldeboershuis selbst scheint das Projekt S-III allerdings im Frühjahr 1945 wieder verlassen zu haben, findet sich doch sein Name im März und April als Empfänger mehrerer Zuglieferungen im Auftrage der DEST in den Wagenkontrollbüchern der KL Mauthausen/Gusen wieder. Diese Handlungen scheinen offenbar im Zusammenhang mit Kammlers Ernennung vom 27. März 1945 zum Sonderbevollmächtigten für Strahlflugzeuge zu stehen.[62, 63)]

Wie sind diese Personalien in Verbindung mit S-III zu werten?
Die Herleitung des Terminus „S-III" lässt sich nicht eindeutig verifizieren. Belastbare Indizien lassen den Schluss zu, dass diese Bezeichnung sehr wohl auf die Sonderinspektion 3 zurückgeführt werden kann. Das impliziert sowohl die Anwesenheit dessen zeitweiligen Chefs Gerrit Oldeboershuis als auch die übertragene Baumaßnahme „Schwalbe V" an deren amtierenden Leiter Alfred Sorge. Andererseits wurden in der SS-Nomenklatur keine Bauprojekte unter dem Titel der sie betreuenden Sonderinspektion geführt. Die These, nach der sich das Kürzel aus dem Begriff „Sonderbauvorhaben Nr. 3" ableiten könne, klingt zwar schlüssig, weist aber eben jenen Schönheitsfehler auf, dass die Sonderbauvorhaben Nr. 1 und 2 nicht nominiert sind. Auch die Titulierung „Sonderlager 3" als Außenlager des KL Buchenwald bei Weimar, von dem die Häftlinge zum Bau des Objektes S-III stammten, wäre möglich. Aber auch hier gibt es zu

bedenken, dass das Häftlingslager S-III eigenständig, somit als eigenes KL geführt wurde und sicherlich einen eigenen, ortsüblichen Namen bekommen hätte. Woher die Bezeichnung „S-III“ letzten Endes ihren Ursprung genommen hat, bleibt offen. Von Bedeutung ist dabei, dass diese Baumaßnahme mit der Bezeichnung „S-III“ von großer Prägnanz war, was eine Kumulierung gleich mehrerer Leiter von Sonderinspektionen und deren Architekten in diesem Raum zur Folge hatte. Selbst bei den anderen FHQ war eine derartige Ansammlung von Bauleitern nicht zu verzeichnen. Zu vermuten ist, dass es sich bei S-III um eine außergewöhnliche Baumaßnahme gehandelt hat.

6.1.3 Was sagen die Beteiligten?

In die Baumaßnahme S-III war ein nicht unerheblicher Personenkreis involviert. Dies waren neben den zuständigen Administratoren und Bauorganisationen auch die KL-Häftlinge. Ihre Zeugenschaft über die Ereignisse vor Ort können relevante Details offenbaren. Da zahlreiche Aussagen existieren, werden wir diese exemplarisch auszugsweise in Augenschein nehmen. Eine Bewertung der Angaben folgt im Anschluss. Es handelt sich in der Vielzahl der Quellen um ehemalige KL-Häftlinge, teils auch um Personen beteiligter Baufirmen und um Alliierte. Zu der hier angewandten Betrachtungsweise bedarf es einer Erläuterung. Es wurden nur Aussagen herangezogen, die einen Bezug auf den Verwendungszweck und den Stollenbau aufweisen können. Die Beschreibungen der ehemaligen KL-Insassen wird bewusst pragmatisiert. Dem Leser muss dabei aber stets im Gedächtnis bleiben, unter welch menschunwürdigen Bedingungen und Qualen ihre Arbeitsleistung erbracht wurde – nicht selten bis zum Tod.

In seinem Buch „Der siebente Brunnen“ aus dem Jahr 1971 schrieb der in den KL Auschwitz und Buchenwald inhaftierte Fred Wander (geb. Fritz Rosenblatt):

„Jeden Morgen fuhren wir in die Schlucht vor Arnstadt, luden Zementsäcke ab oder schleppten Betonröhren den Berg hinauf. Überall auf den Hügelkuppen, die ganze Schlucht entlang, wurden senkrechte Luftschächten den Berg getrieben. Das Heer an Sklaven riß dem Berg tiefe Löcher in die Flanke, zu welchem Zweck? Wozu diese gigantische Verschwendung? Der Krieg war verloren, das mußte jedes Kind begreifen. Die Front verengte ihre eiserne Klammer, pausenlose Kanonaden ließen die Luft vibrieren. Wie wahnsinnig trieben sie uns zu immer schnellerer Arbeit an, als wäre etwas zu retten. Unterirdische Fabriken für Raketengeschosse? Die brauchten sie nicht mehr.“64)

Am 05. April 1945 gab ein von der US-Armee aufgefundener polnischer Häftling an, dass die dortigen KL-Insassen für den Bau einer unterirdischen Produktionsstätte für die V1 herangezogen worden seien. Auch befand sich bei Gossel eine gut getarnte Fertigungsanlage für diese und es sei an einer V3 experimentiert worden. Auch andere Kriegsgefangene wussten von neuartigen Waffen zu berichten, die hier in Kürze zum Einsatz kommen sollten. Auch von unterirdischen Flugzeughallen war die Rede.65)

Der aus dem KL Buchenwald nach S-III deportierte Häftling Rolf Baumann war im September 1944 Teil eines der ersten Gefangenentransporte in den Ohrdrufer Raum. Unverzüglich seien er und die anderen Häftlinge für den Stollenbau eingesetzt worden. Das hohe Arbeitstempo sei auch im folgenden Winter trotz ungenügender Kleidung, körperlicher Misshandlung durch die SS und des täglichen, weiten Anmarschweges aufrechterhalten worden.66)

Adrian Ermel stellte 2010 ein Konvolut an Zeitzeugenaussagen von Häftlingen und Zwangsarbeitern zusammen. Einer von ihnen war Hans Peter Messerschmidt. Er nutzte das Chaos auf den Baustellen zur Flucht. Als ursächlich für die chaotischen Zustände sah er die zu schnelle und zu schlechte Planung des Sammelsuriums von Bauvorhaben und Arbeitslagern im Raum Ohrdruf. In seinen Erinnerungen „Brennendes Leben“ schreibt der aus Birkenau nach Ohrdruf deportierte Schraga Golani von den unmenschlichen Arbeitsbedingungen der Häftlinge auf den Baustellen und der Zwangsarbeit. Zu einer Gruppe von „Spezialisten" (Steinbrecher und Schlosser) durfte niemand Kontakt aufnehmen. Über sie schreibt er:

„Jeden Morgen wurden sie mit einem Bus zu einer Acht-Stunden-Schicht in die Berge gefahren. Der Platz muss recht weit oben gelegen haben, denn die Straße verlief in Serpentinen und war steil (bei Oberhof?)."

Die „normalen" Häftlinge haben zu Fuß zu den streng geheimen Baustellen marschieren müssen.

„Aus den Tunneln hörte man Kompressorlärm. Schraga Golani bekam nun die Aufgabe, zehn Meter vom letzten Tunneleingang mit Bohrer, Sprengstoff und Schaufeltraktor eine neue Öffnung zu beginnen. Sie sollte 4 mal 4 Meter messen – ebenso wie die drei anderen Tunneleingänge. [...] Bei ca. 30 Metern Tiefe sollte er einen Raum von ungefähr 30 Metern Durchmesser aushöhlen."

Er erhielt die Erlaubnis, den schon fertigen dritten Tunnel besichtigen zu dürfen.

„Dort lagen Stromkabel und Leitungen, auf dem glatten Betonboden verliefen Gleise und Lastwagen fuhren hinein. In der großen Halle, die taghell erleuchtet war, standen Maschinen."[67)]

Ein interessantes Interview gegenüber Ute Dillard gab 2014 der in New York lebende ehemalige Häftling Henry Bick. Auch er war vor seiner „Station" in S-III in Buchenwald inhaftiert. In Ohrdruf sei er in einem von mehreren Betonbunkern eingesperrt gewesen. Nach einer Fahrt mit der Feldbahn von 15 bis 20 Minuten erreichten die Häftlinge die Baustellen. Zeitweise war er zur Arbeit in den Stollen eingeteilt.

„Im Berg arbeitete ich an einer großen Halle. Diese war ca. 10 bis 12 Meter hoch, 50 bis 60 Meter lang und zirka 25 Meter breit, also nicht gerade klein. Die Wände waren gehauener Stein, keine Verkleidung. Der Boden auch Stein. Es gingen verschiedene Gleise in den Berg hinein und heraus. Von mehreren Etagen kann ich nichts sagen. […] Es standen auch Maschinen darin. An den Maschinen haben keine Häftlinge gearbeitet, wir waren nur Hilfsarbeiter. Deutsche Techniker und andere arbeiteten auch hier im Berg. Die Halle und der Weg der zur Halle führte waren elektrisch ausgestattet. Es war eine einfache Beleuchtung. Es gab eine Belüftung und Entlüftung. […] Die Halle war von außen nicht zu sehen. Vom Eingang bis zur Halle brauchte man ca. drei Minuten zu Fuß."
In der Halle wurde Metall verarbeitet.68)

Der ebenfalls aus Buchenwald kommende Häftling Karl Zehnel wird bei Remdt mit seiner Aussage zitiert:

„Es steht ja fest, dass die Stollen nahezu fertig waren. Es wird immer viel erzählt, aber wir, die dort gearbeitet haben, müssen es ja schließlich am besten wissen… Ich selbst habe Parkettfussboden verladen und in die Stollen gefahren. In den letzten acht Tagen, bevor die Amerikaner kamen, waren die unteririschen Konferenzräume, Befehlsstände und großen Hallen fertig." 69)

Ute Dillard führte zwei Jahre zuvor ein weiteres Interview mit dem von ihr als Maximilian K. benannten Zeugen. Herr K. stammt gebürtig aus Breslau und war in Auschwitz inhaftiert. Am 18. Januar 1945 verlegte die SS ihn nach Buchenwald, von dort ging es nach zwei Wochen weiter nach Ohrdruf. Hier wurde er mit weiteren Häftlingen seines Transportes in Bunkern untergebracht. Nahe jener Bunker wurden in einer Werkstatt Teile für die V2 gefertigt. Auf Rückfrage von Ute Dillard handelte es sich um oberirdische Einrichtungen bei Crawinkel.70)

In dem Bericht des ebenso aus Buchenwald kommenden polnischen Häftlings Leon Kolenda, der am 06. November 1944 mit über 300 weiteren

Gefangenen in Ohrdruf eintraf, musste er anfangs am Ausbau der Bahnstrecken in das Baustellengebiet mitwirken.

„In den Tunnels sollten Maschinen für die Produktion der ‚Wunderwaffe V1 und V2' aufgestellt werden. Alles geschah unter großer Geheimhaltung und das Aussenkommando Ohrdruf trug den Decknamen S-III."[71)]

In Kurzform werden einige weitere von der Geschichts- und Technologiegesellschaft Jonastal GTGJ publizierte Aussagen vorgestellt:[72)]

Wiktor Wyscheslawskij:
„Im November 1944 wurde ich von Buchenwald nach Ohrdruf zum Kommando S-III transportiert. So hieß das Buchenwalder Außenkommando, in dem in 5 Monaten 3500 Menschen ums Leben gebracht worden waren. In dieser Zeit mussten die Häftlinge in einen Berg ein großes unterirdisches Werk errichten. Die Lebensbedingungen waren unmenschlich."

Edmund Möller:
„Als ich ins Jonastal kam im Herbst 1944 gingen die Stollen bereits etwa 40 bis 60 Meter tief in den Berg. Aber das war unterschiedlich. Ich habe hier ständig gearbeitet bis zum Zusammenbruch."

Eduard Hermes:
„Auf der Baustelle 1 waren 4 Stollen waagerecht in den Berg getrieben. Ein Luftschacht ging stufenförmig vom linken Teil des Berges nach rechts unten. Die 4 Stollen waren ca. 150 m lang, 6 m breit und 4 m hoch. Etwa 6 m hinter den Eingängen waren sie durch einen Querstollen verbunden. Der 4. Stollen von Crawinkel aus gesehen, war vom Querstollen ausgehend fast vollständig mit weißen Kacheln versehen. Beim ersten Stollen hatte man die Wände und die Decke erst mit Beton ausgeglichen. Die beiden mittleren Stollen waren, soweit ich mich erinnern kann, fast im Rohbau fertig. Diese waren noch nicht mit Beton versehen."

Ein als Hans T. bezeichneter Zeuge machte bezüglich der Stollenanlage im Jahr 1967 gegenüber der Zeitung „Arnstädter Stadtecho" die Angaben, dass die bei Kriegsende hinterlassenen Baumaterialien von namhaften Firmen aus Deutschland und Österreich stammten. Weiter gab er zu Protokoll:

„In jedem der zwei Bauabschnitte waren 5 Stollen. An 11 Stollen insgesamt kann ich mich noch erinnern. Viele waren nicht voll durchgetrieben. Nach Gossel zu im Wald und von der Straße aus nicht zu sehen, entstand ein Verbindungsstollen. Der war am größten. Vermutlich sollten in diesen alle anderen einmünden. Der war nur vorn betoniert und ansonsten nur abgestützt. 15 m hoch und teils über 12 m breit und hatte eine Gesamtlänge von 120 m. Auch die anderen Stollen, die aber wesentlich kürzer waren, waren nur vorne ausbetoniert und weiter hinten durch Stempel abgestützt."[73)]

In einer eidesstattlichen Erklärung während des Buchenwald-Prozesses 1947 vor dem amerikanischen Militärgerichtshof machte Albert Schwartz, Einsatzführer für die Zuteilung und Auffüllung von KL-Häftlingen in den Außenlagern Buchenwalds, die Aussage, dass S-III

„in größter Eile vorbereitet [wurde], obwohl alle zuständigen Stellen wussten, dass so ein Vorhaben längere Zeit in Anspruch nehmen würde."

Jedoch wollte der Leiter der Amtsgruppe D des WVHA, Gerhard Maurer, zuständig für den Arbeitseinsatz der KL-Häftlinge, unter Beweis stellen, dass es mit einem entsprechenden Häftlingskontingent in kürzester Zeit ermöglicht werden könne. Die Einrichtung sei als FHQ gedacht gewesen, aber auch Startbahnen für V-Waffen seien im Raume Ohrdruf installiert worden, wolle er gehört haben. Dennoch stellte er (für die SS) ernüchternd fest,

„dass die Kräfte keineswegs ausreichten, um ein derartiges Bauvorhaben in der befohlenen Zeit durchzuführen".

Im selben Prozess wies Gerrit Oldeboershuis die Anlagen ebenfalls als FHQ aus.74)

2008 beschrieb Helmut Marr den Feldbahn-Anschluss der Baustellen von S-III im Jonastal und ergänzte:

„Ich bin unmittelbar, nachdem die Amerikaner hier durchgezogen waren und die Lager praktisch der Plünderung freigegeben waren. Das sind wir, was war da alles an Flugzeugausrüstteilen bereits in den Stollen vorhanden, was da nicht nur gefertigt, vor allen Dingen gelagert wurde".75)

Frank Döbert, Journalist der Ostthüringer Zeitung (Mediengruppe Thüringen) engagiert sich seit einigen Jahren für die Erforschung von S-III. In einem von ihm gehaltenen Vortrag 2012 präsentierte er eine relevante Angabe:

Die eine stammte von einem Mitarbeiter des Ministeriums für Staatssicherheit MfS, Paul Enke, der sich zu Zeiten der DDR mit intensiven Nachforschungen und Ermittlungen rund um das Bernsteinzimmer unter dem Decknamen „Operation Pushkin" befasste und hierüber eine Abhandlung geschrieben hat. Ein Großteil seines originalen Aktenbestandes mit dem Aktenzeichen AV 14/79 ging „verloren". Enke soll davon gesprochen haben, dass S-III aus zwei getrennten, mit einem langen Tunnel verbundenen Bereichen bestanden haben soll. Diese dienten zur Aufnahme eines FHQ und teilweise des OKH (eine Theorie, die dem tatsächlichen Stollenriss entsprochen haben könnte).76)

Ein Stabsoffizier von George Smith Pattons 3. US-Armee, Robert Allen, wusste von vier Anlagen im Raum Ohrdruf. Er machte zwar keine detaillierten Ortsangaben, aber so sollen die sich 15 m unter der Erdoberfläche befindlichen und aus Stahlbeton bestehenden, von ihm als „Installationen" bezeichneten mehretagigen Einrichtungen die Geometrie der Speichen eines Rades besessen und eine Länge von teils mehreren Meilen aufgewiesen haben. Als Zweck gab er die Aufnahme von Teilen des OKW an. In der Nähe Ohrdrufs beschrieb er schließlich noch das vom US-Militär aufgefundene Amt 10, was sich mit den weiteren Angaben des Militärs deckt.77)

Der bereits erwähnte Frank Döbert entdeckte 2012 eine mögliche Verbindung einer Spezialeinheit des ehemaligen Offiziers Ralph Izzard zu S-III. Dieser war während des Krieges Mitglied der britischen 30. Assault Unit, eines unter dem Befehl von James Bond-Author Ian Fleming stehenden Geheimkommandos der Marine-Aufklärungsabteilung der Royal Navy, und galt als V-Waffen-Spezialist. Diese Einheit hatte den Auftrag, alles über die deutschen Fernwaffen zu eruieren und sie im letzten Moment an der Zerstörung von Dokumenten und Waffentechnik zu hindern. Nach Izzard war ihr Kommando bereits vor den Amerikanern in Ohrdruf. Allerdings weist Döbert darauf hin, dass die verbliebenen, noch lebenden ehemaligen Mitglieder dieser Einheit keine detaillierten Angaben zu ihrem Auftrag oder ihren Resultaten machen wollten und auch sämtliche Aktenbestände, bis auf den Hinweis ihrer Existenz, gesperrt sind. Nach Frank Döberts Recherchen und dem Gespräch mit einem Nachfahren eines Mitgliedes der 30. Assault Unit scheinen diese nicht irgendwelche belanglosen oder heute bereits bekannten „Objekte“ erkundet zu haben, sondern welche, die mit V-Waffen und Kernphysik in Verbindung stehen – was seiner Ansicht nach für den noch immer währenden Sicherheitsstatus der Akten dieser Einheit spräche.78)

Eine recht genaue Beschreibung der vorgefundenen Anlage beinhaltet ein Schreiben der Leitung der sowjetischen Militärverwaltung Thüringen mit der Kennung „Nr. 0118 Weimar“ vom 09. Februar 1946 an den Leiter der sowjetischen Militärverwaltung Deutschlands. In diesem werden die Bauaktivitäten auf ein Zeitfenster von November 1944 bis April 1945 taxiert. Dem Verfasser erschließe sich nach Sichtung der technischen Unterlagen und Zeugenvernehmung zwar der Zweck des Bauwerkes, doch ließ sich aus diesem analytisch evaluieren, dass es sich nicht um die Unterbringung eines industriellen Betriebes gehandelt habe. Zur Begründung der Nutzung als Verwaltungsbau werden im Wesentlichen die folgenden Fakten angeführt:

die relativ geringen Stollenquerschnitte (von 2,4 m und 4,7 m Breite), die eine rationelle Großserienproduktion nicht zuließen; die besondere Wärmeisolierung und Hydrotechnik im Stollenbereich; die abgewinkelten Eingangsbereiche lassen auf Druckfänge schließen, die in industriellen U-Verlagerungen entfallen würden. Hinzu kommen einige Bereiche mit relativ geringen Volumina, die eher einem Wohnraumcharakter entsprächen. Hieraus und aus einigen dem Verfasser bereits bekannten „Veröffentlichungen" kommt er zu dem Resultat, dass es sich um ein FHQ handeln müsse. Es folgt eine Beschreibung des Bauzustandes, auf den wir im kommenden Abschnitt eingehen werden.[79])

(Ein Hinweis zur Bewertung von Aussagen:
Die Aussagen von Zeitzeugen legen ein subjektives Zeugnis von dem jeweils Erlebten ab. Sie unterliegen aber den kausalen Begleitumständen zum Zeitpunkt (oder nachwirkend) der Wahrnehmung des Protagonisten. Der Betreffende versucht, erlebtes Grauen quantitativ zu verarbeiten. Dabei wird sich im Allgemeinen von der Realitätsnähe deutlich distanziert. Abweichungen vom tatsächlich Wahrgenommenen durch verhaltensgesteuerte Umgestaltung von Informationen in den Denkprozessen gehört in der Psychologie in den Fachbereich, der als „Kognition" bezeichnet wird. Die kognitiven Fähigkeiten des Individuums, eine durch Wahrnehmung aufgenommene Information zu verarbeiten, unterliegt dabei der wechselseitigen Abhängigkeit, der Interdependenz, des intuitiven und reflektierenden Denkens. Das Erlebte wird mit den gemachten Erfahrungen und eigenem Wissen abgeglichen, was zu Veränderungen in der Erinnerung führen kann. Die kognitiven Fähigkeiten stehen in direkter Kausalität mit dem Einfluss traumatischer Ereignisse oder permanenter Dissonanzen des Betroffenen. Dies kann zu dissoziativen Störungen führen. Die betreffende Person „vermischt" das Erlebte mit vorhandenen Erinnerungen und nicht selten gepaart mit Wunschvorstellungen, was konstruierte Erinnerungen zur Folge hat. Hinzu kommt, dass auch die Fähigkeiten und das Interesse der Zeitzeugen, Informationen aufzunehmen und zu bewerten, einen wichtigen Faktor in seinem Erinnerungsvermögen darstellt. Zu der individuellen Erinnerungsverarbeitung gesellt sich die kollektive hinzu: Um das

Erlebte psychisch zu verarbeiten, suchen viele Beteiligte oder Betroffene ihr Heil im therapeutischen Austausch mit anderen Überlebenden. Der hierbei entstehende Konflikt, die eigenen Erinnerungen dabei als Rezipient der anderen Lebensgeschichten in einen Konsens stellen zu wollen, was nicht selten unbeabsichtigt im Unterbewusstsein geschieht, resultiert in einer kollektiven Erinnerung, die allmählich zur Entfremdung von der eigenen führen kann. Der Erinnernde differenziert nicht mehr zwischen den eigenen Erfahrungen und dem Erlebten anderer, was zu einer Art Symbiose in der Erlebnisaufbereitung führt. Dies verlangt eine gesonderte Art der Quellenkritik.

In der Juristik sind derartige Abweichungen, sofern man den Sachverhalt objektiv belegen kann, bei Zeugenaussagen häufig anzutreffen. Aus diesem Grund sind auch Zeitzeugenangaben mit einem gewissen Vorbehalt zu behandeln. So dürfen weder die Begleitumstände des Ereignisses, über das Zeugnis abgelegt wird, unbeachtet bleiben noch die sozialen Lebensumstände, mitunter der Bildungsstand und der zeitliche Abstand zu dem Erlebten, außer Acht gelassen werden. Deshalb sollte man mit den von Zeitzeugen gemachten Angaben sensibel umgehen und diese nicht als Tatsachenfeststellungen betrachten.)

Bei der Evaluation der hier vorgestellten Aussagen und weiterer (an dieser Stelle nicht veröffentlichter) zusammengefasster Angaben lässt sich eine virtuelle Skizze des Objektes S-III zeichnen. Zwei Aspekte treten dabei besonders hervor:

In allen kolportierten oder originären Zeugenaussagen findet sich als Verwendungszweck der Anlage etwa genauso häufig die Angabe „FHQ“ oder „HQ“ allgemein, wie jene, die von einer Fertigungsstätte für V-Waffen sprechen. Es kann angenommen werden, dass den am Bau beteiligten KL-Häftlingen – trotz der beabsichtigten Tötung aller potentiellen Zeugen – der wahre Sinn der Einrichtung aus Geheimhaltungsgründen verschwiegen wurde. Insbesondere bei der Aufnahme hochsensibler Institutionen. Die Kausalität zu den V-Waffen lässt sich dagegen rationell durch die tatsächliche Komponentenfertigung für diese in der Umgebung begründen. So

wurden beispielsweise in den Mako Werken GmbH in Rudisleben nördlich von Arnstadt Sauerstofftanks für die A4 produziert.[80)]
Es besteht die Möglichkeit, dass die Zeugen diesen Teil der Information über den Zweck der Anlage indirekt aus zweiter Hand aufgenommen haben, wenn sich das Wachpersonal oder die Bauherren hierüber austauschten. Auch das Mittel der gezielten Desinformation käme in Betracht, erscheint in diesem Falle aber nur mit einer sehr geringen Wahrscheinlichkeit.
Der zweite Aspekt betrifft in den Aussagen den Stollenbau als solchen. Hier finden sich etliche Aussagen zu den Baustellen und dem Stollenvortrieb, die sehr voneinander abweichen und teils überhaupt nicht mit den heute bekannten Bestandseinrichtungen korrespondieren wollen. Angaben zur Lokalisierung der Baustellen beinhalten mitunter Anfahrtswege, die nicht auf das Objekt S-III zutreffen. Ebenso findet man in diesen untertägige Auffahrungen teils großer Hallen und mit Interieur gleich welcher Art versehene Streckenabschnitte. Letzteres kann durch die Besatzungsmächte im Nachhinein entfernt worden sein, was aber im Gegensatz zu den Schilderungen einiger Nachkriegsbegehungen zu sehen ist. Auffahrungen großer Hallen gibt es vor Ort nachweislich nicht. Der Fehler dieser Angaben könnte jedoch unmittelbar in kognitiven Assoziationen im Stollenbau liegen, die auch heutzutage nichts von ihrer Validität eingebüßt haben. Der Laie versteht unter einem Stollen allgemein einen Tunnel oder umschlossenen Raum, der, bergmännisch aufgefahren, mit einem lichten Maß von wenigen Metern im Querschnitt versehen ist – der Stollen genügt vielleicht gerade zum aufrechten Gang und der Aufnahme von Förderwägen.
Erweitert sich ein derartig schmaler Gang auf ein Profil von beispielsweise 6 × 6 Metern, so kann dies bei dem Beobachter bereits den Eindruck einer „Halle“ erwecken. Dieser Ansatz erlaubt eine annähernde Zuordnung derartiger Aussagen.
Alternativer Gegenstand der Aussagen könnte implizit jedoch sein, dass es sich bei einer Vielzahl der variantenreichen Angaben nicht um ein, sondern um unterschiedliche Objekte an verschiedenen Orten handelt.

In der Beantwortung der Frage, wofür S-III eigentlich errichtet werden sollte, ergibt sich kein eindeutiges, eher ein konträres und mehrdeutiges Bild.
Doch wovon legen die Vielzahl der Aussagen ihr beredtes Zeugnis ab? Auch bei Zeigert findet sich diese elementare Frage bezüglich der lokalen Eingrenzung des Objektes S-III.[81)] Ursächlich für alle zu erhebenden Zweifel an der Verortung sind – bis auf ganz wenige Ausnahmen – die, die jenes „Titularobjekt" S-III mit dem Jonastal in Verbindung bringen, die unpräzisen Einlassungen aller Quellenfunde (die sich überwiegend und zudem sehr verallgemeinernd auf die Ortschaft Ohrdruf beziehen). Unterzieht man aufgrund mangelnder Beweislage den Kern der Aussagen einer kritischen Analyse und wägt diese mit allen Indizien und Anhaltspunkten aus belastbaren Daten ab, kommt als das hier angesprochene Objekt lediglich die unvollendete Stollenanlage im Jonastal in Betracht. Anderweitige umfängliche Auffahrungen in der betreffenden Region wurden nicht aufgefunden oder sind nicht verifizierbar.

6.1.4 Baustelle und Stollen

Der offizielle Baustart der Anlage wurde auf Anfang November 1944 gelegt.
Bei der als „S-III" bezeichneten untertägigen Stollenauffahrung handelt es sich um insgesamt 25 in den Berg getriebene, unvollendete und im Rohbau befindliche Stollen im nördlichen Hang des Jonastals – an dem idyllischen kleinen Flüsschen Wilden Weiße zwischen den Ortschaften Arnstadt und Crawinkel gelegen. Zieht man zwei weitere Stollenansätze links und rechts des eigentlichen Grubenfeldes, auf halber Hanghöhe positioniert, hinzu, kommt man auf die Zahl 27. Davon ist lediglich der gen Westen gelegene deutlich erkennbar. In der lokalen Nomenklatur wird dieser Stollenansatz als -1 (Minus Eins) aufgeführt, da er sich vor dem offiziellen Stollen Nummer 1 befindet. Zur Vereinfachung behalten wir diese Zählweise bei. Dieses Stollenkonglomerat lässt sich in drei Gruppen (West, Ost und Mitte) einteilen, die auf seinen Bauingenieur Fiebinger zurückgehen.[82)] Die

Beschreibung der Stollen basiert im Folgenden auf den im Zeitraum Oktober/November 1945 vermutlich auf Veranlassung der Sowjetischen Militäradministration erstellten Plänen Ernst Kotts, der ein technisches Büro für Hoch- und Tiefbau in Arnstadt betrieb. Sein „Erläuterungsbericht Baustelle ‚Jonastal' bei Arnstadt" gilt nach späteren, partiell durchgeführten Begehungen der Anlage, die keine wesentlichen Abweichungen zu Tage brachte, trotz einiger Ungenauigkeiten als authentisch.[83)] Er teilte das Stollenfeld jedoch in vier Bereiche auf.

Die Stollen 1–12 bilden die erste Gruppe, 13–15 die zweite und 16–25 die dritte Gruppe. Bei Kott werden die Bereiche 16–20 und 21–25 separiert aufgelistet, da sie sich als voneinander getrennte Auffahrungen betrachten lassen. Die Gruppen weisen ein unterschiedliches Niveau auf: Die Stollensohlen der ersten Gruppe liegen 13 m höher als die der anderen. Auch unterscheiden sich die Gruppen erheblich in ihrem Ausbauzustand – die Stollen 21–25 sind die am weitesten fortgeschrittenen – und in ihrem Stollengrundriss. Während sich die Gruppe 1 kammartig mit zwei Querschlägen darstellt, die Gruppe 2 lediglich Einzelobjekte zu umfassen scheint, bildet die dritte Gruppe zwei Einzelbauwerke in quasi „T"- oder besser „π"-förmigen Strukturen. Nach den im Ansatz begonnenen Querstollen am Ende der Tunnel kann auf eine anvisierte Verbindung des gesamten Systems geschlossen werden. Durch Sperrsprengungen der Sowjets nach Kriegsende wurde der Stollenhorizont um etwa 30 m verkürzt.

Die Stollen der Gruppe 1 weisen eine Länge von 65 m bis 161 m auf. Die Länge der Stollen der dritten Gruppe bewegt sich zwischen 17 m und 108 m. Bei einer Länge von 176 m sticht Stollen 14 der zweiten Gruppe im Zentrum der beiden anderen Gruppen geradezu heraus, zumal seine ihn flankierenden Tunnel nur 14 m bzw. 35 m aufweisen.

Die Gesamtlänge aller Stollen beläuft sich auf etwa 2.136 m, zuzüglich den 817 m an Querschlägen und Räumen auf 2.953 m. Lediglich 620 m weisen dabei betonierte Wände und Decken auf.[84)]

Zum Profil der jeweiligen Stollen findet man dabei sowohl bei Zeigert als auch in dem schriftlichen Bericht Kotts Abweichungen zu den ebenfalls von Kott angefertigten Zeichnungen.

Nahezu alle Querverbindungen sind mit einem Hochprofil von 3,4 m Breite und 5,10 m in der Höhe ausgebrochen worden. Durch Einbringung des Ausbaus verminderte sich das Nutzprofil auf 2,10 m × 2,60 m. Ähnlich verhält es sich auch mit den Längsstollen, dem eigentlichen Nutzraum. Im nahezu quadratischen Querschnitt aufgefahren, weisen diese ein lichtes Profil von 5,70 m × 5,00 m und mit Ausbau eine Breite von 4,20 m bis 4,70 m auf.[85] In dem Bericht von Kott werden die Eingangsbereiche um die Mundlöcher mit einer Breite von 2,40 m ausgewiesen. Allerdings variieren die Angaben je nach Stollengruppe. In der Sektion der Stollen 1–12 besitzt der vordere Querschlag (der hintere ist nur im Ansatz aufgefahren) ein Profil von 4 m × 4 m und verjüngt sich mit Innenausbau auf 2,80 m Breite. Der Eingangsbereich jener Längsstollen misst in der Regel 3 m Breite bei 4 m in der Höhe bis zur vorderen Querverbindung. Im hinteren und wahrscheinlichen Nutzungsbereich erweitern sich die Stollen auf ein lichtes Profil von 5,50 bis 6,50 m in der Breite bei Höhen, die entweder 4 m, 5 m oder 6 m betragen (wobei in diesem Abschnitt die jeweiligen Stollen ein relativ homogenes Profil aufweisen). Durch den eingebrachten Ausbau verjüngen auch diese sich auf eine Nettonutzungsbreite von 4,70 m bis 4,80 m.
Die Differenz der Querschnitte resultiert aus dem unterschiedlichen Baufortschritt. Aus Kotts Plänen lässt sich beispielsweise für die hier beschriebene erste Gruppe ein einheitliches Profil von 6,50 m × 6,00 m des Nutzungsbereiches im Rohbau ableiten. Sämtliche Auffahrungen sind im Rechteckprofil, ohne Druckgewölbe, ausgeführt.[86] Partiell wurde der Ausbau eingebracht. Dabei wurden die mit 0,5 m starken Betonwänden ausgekleideten Stollen größerer Breite mit Doppel-T-Trägern samt bewehrter Stichkappen zur Druckaufnahme des Deckgebirges versehen. In den schmaleren Querstollen sind diese nur teilweise eingebracht – die Mehrzahl erhielt horizontale Kappen. Holzbretter sind an einigen Stellen in die Seitenwände eingelassen worden und dienten wahrscheinlich als Anker für weitere Einbauten. Denn in einigen Bereichen wurde eine hölzerne Unterkonstruktion zur Aufnahme einer Wand- und abgehängter Deckenverkleidung aus Heraklith-Platten eingebaut. Diese Abschnitte

sind auf der Sohle bereits mit einem Blendfußboden und Drainageeinrichtungen versehen worden.[87)]
Die gesamte Anlage ist geologisch im unteren Muschelkalk aufgefahren worden, der sich bergtechnisch eher weniger für Tunnelauffahrungen eignet. Zwar besitzt dieses Deckgebirge eine gute inhärente Standfestigkeit, was die Sicherung des aufgewältigten Hohlraumes deutlich reduziert, sowie eine gute Dämpfungscharakteristik bei Ansprengungen und Druckwellen (durch Bombenabwurf) ab einer gewissen Gebirgsstärke – dem stehen aber erhebliche Nachteile entgegen. Durch die hydrologisch verursachte Neigung zur Auslaugung des Muschelkalks entstehen karsttypische Hohlräume, Klüfte und Schlotten, welche die Standfestigkeit des Gebirges erheblich beeinträchtigen. Ebenso neigt das Hangende zum Firstbruch.[88)]
Der Stollenvortrieb in derartigem Gestein gestaltete sich nach OT-Angaben aufwendig und zeitintensiv. Hier wurde der Bohrlochlängenwirkungsgrad gerade einmal mit dem Faktor 0,5 taxiert – zum Vergleich: In anderen Gesteinsformationen gab ihn die OT mit 0,8 bis knapp 1 an. Aus diesem Grunde verbot sich das Auffahren großer Kavernen, wie einige der Zeitzeugen sie gesehen haben wollen. Lediglich zwei größere Ausschachtungen sind aus den Stollen der Gruppe 3 bekannt: Auch diese bilden „nur“ Kavernen von 16 m Länge bei einem Profilmaß von 4,50 m Höhe und 8 m in der Breite. Um einen möglichst raschen Baufortschritt der Grubenbaue erreichen zu können, wurden über Tage möglichst viele Strecken angesetzt – nicht alle davon waren für den Endausbau vorgesehen, wie sich aus den unterschiedlichen Profilen der Mundlöcher ergibt.[89)]
Die hier gewählte Vortriebsmethode beruhte auf dem Einsatz manuell bedienter Druckluftbohrhammer. Während des Vortriebs des später erweiterbaren Pilotstollens konnten in einer Bohrkolonne nicht mehr als zwei Mineure gleichzeitig die Sprenglöcher aufbohren. Bei optimalen Bedingungen ließ sich somit ein Bohrvortrieb von 1 m innerhalb von zwölf Minuten je Loch erreichen, was in der sich gebenden kriegswirtschaftlichen Situation allerdings schon utopisch war. Es mangelte nicht nur an bergtechnischen Fachkräften, sondern auch an Sprengmaterial und Bohrern. Dem permanenten Verschleiß der Bohrkronen selbst musste mit stetigem Nachschleifen begegnet werden – zumal qualitativ hochwertige

Widia-Hartmetallbohrer bereits Seltenheitswert hatten und auch auf anderen Baustellen gefragt waren. Nach der OT waren für einen Pilotstollen mit einem Profil von 2,00 m × 2,60 m je nach Sprengschema 22 bis 28 Bohrlöcher in der Ortsbrust für die Einbruch-, Helfer- und Kranzschüsse notwendig. Die Tagesleistung des Vortriebs lag günstigstenfalls bei 2 m – doch ist hier, den Umständen geschuldet, von einem niedrigeren Wert auszugehen. Das Aufwältigen des ausgeschossenen Gesteins, das so genannte „Schuttern", beeinflusste die Vortriebsgeschwindigkeit ebenso. Die Schutterer rekrutierten sich aus den KL-Häftlingen. Mit Schaufeln und bloßen Händen hatten sie den Großteil des Haufwerks in die maschinell bewegten Loren zu bringen. Inwieweit Überwurflader mit einer deutlich höheren Stundenleistung, die so genannten „Salzgitterlader", zum Einsatz kamen, ist nur annähernd bekannt. Die Vortriebsgeschwindigkeit hing unmittelbar mit dem körperlichem Zustand der als Schutterer eingesetzten KL-Häftlingen zusammen, welche in steigendem Maße gesundheitlich abbauten. Zu den Drangsalierungen durch die Wachmannschaften und der Mangelernährung traten die schwere und nicht ungefährliche körperliche Beanspruchung sowie gesundheitliche Beeinträchtigungen durch „Arbeitsunfälle" und Vergiftungen durch die giftigen Sprengschwaden hinzu – die Häftlinge hatten mit der Beseitigung des Haufwerks bereits vor hinreichender Bewetterung des betreffenden, ausgeschossenen Abschnittes zu beginnen.90), 91) Welche Priorität dieser Anlage beigemessen wurde, verdeutlicht zudem die Verlegung von Baumaterial, -gerät und Fachkräften von anderen Baustellen, die dafür aufgegeben werden mussten. So geschehen mit den Anlagen des Projekts „Riese" im Eulengebirge in Schlesien, südöstlich Waldenburgs, und B3b im Himmelberg im Südharz bei Niedersachsenwerfen.92)

Im Vorfeld wurde für die notwendigen tagesseitigen Infrastrukturmaßnahmen ein Plateau angelegt, das sich wie eine Terrasse an den Hang legen sollte. Die baustellenseitige Materialversorgung war für den Kriegszeitpunkt überraschend umfangreich. Ein ausgebautes Netz an Feldbahngleisen bis zur mehrere Kilometer entfernten Munitionsanstalt (Muna) bei Crawinkel – die einen Anschluss an das Normalgleis besaß – war installiert worden. Es befanden sich Baracken, Kantinen wie Werkstätten für die deutschen Fachkräfte, mobile wie stationäre Betonmischanlagen zur Deckung des Betonbedarfs und die Saugventilation der Bewetterung vor Ort.93)

Für die Betriebsmedien der Baustelle sind aufwendige Anlagen errichtet worden: Die Brauchwasserversorgung geschah einerseits über Rohrleitungen von der Gera her sowie mittels einer so genannten Mammutpumpe, die in der Lage ist, mit Schmutzpartikeln wie Sedimenten kontaminiertes Wasser zu fördern. Eine neu erstellte Rohrleitung diente der Trinkwasserversorgung. Acht Großraumkompressoren der Salzgitter AG, von denen zwei in Reserve gehalten wurden, sorgten für die Druckluftversorgung. Diese war ausreichend, um in jedem der bekannten Stollen mindestens zwei Bohrer parallel betreiben zu können. Als Kuriosum betrachtet werden kann die Analogie dieser Anlage zu der am Kohnstein für die Mittelwerke aufgestellten Kompressoranlage mit vergleichbarer Volumenleistung – noch ohne die beiden zusätzlichen in Reserve gehaltenen Kompressoren. Für die Energieversorgung standen zwei Transformatoren zur Verfügung. Ihre Ausgangsleistung für die Baustellenversorgung mit Kraft- und Lichtstrom wird mit 380 V bei 2.000 A bei 10 bis 15 kV DC eingangsseitig angegeben. Einfache Freileitungen sorgten mit angeschlossenen Schaltstellen für die Unterverteilung; das vorhandene Hochspannungsnetz stellte durch ergänzende Leitungen von Gossel und Arnstadt aus die primäre Netzverbindung vom Überlandwerk Gispersleben sicher.

Alle technischen Einrichtungen wurden auf teils heute noch vorhandenen Fundamenten frei aufgestellt. Die infrastrukturellen Maßnahmen zur Medienversorgung waren mit Baubeginn der Stollen weit gediehen oder einsatzbereit.94) In diesem Zusammenhang ist die temporäre Existenz einer Stromtrasse noch ungeklärt: Zum Jahreswechsel 1938/39 erfolgte durch den Generalbevollmächtigten der Energiewirtschaft der Erlass, dass im Netzverbund alle Rüstungsbetriebe mit 50 kV zu versorgen seien. In dem Zeitraum von Oktober 1943 bis Januar 1944 entstand mit dem Bauvorhaben 128 eine derartige dreiphasige 50-kV-Überlandleitung in Holzmastausführung von „W“ nach „L“. Beim Bau der Leitung kamen Kriegsgefangene zum Einsatz. Noch vor dem Eintreffen der Amerikaner im April

1945 wurde die Trasse vollständig demontiert und befindet sich in keinem Netzplan. Diese als kriegswichtig eingestufte Leitung mündete in dem geheim zu haltenden Speisepunkt Liebenstein, für den das Kürzel „L“ stehen könnte. Offensichtlich diente diese Leitung der Stromversorgung im Bereich des Raumes Jonastal bzw. der Ortschaften Gossel und Plaue. Ungeklärt ist, für welche Abnehmer der Region diese Leitung speziell installiert wurde. Die umliegenden Ortschaften waren ja bereits mit dem örtlichen Netz versorgt und die Festlegung der Nennspannung von 50 kV für die Rüstungswirtschaft lässt auf einen kriegsrelevanten, industriellen Abnehmer schließen.95)
Auch soll vom Bienstein, einem Felsvorsprung zwischen den Stollengruppen 1 und 2, eine Stromtrasse auf den Truppenübungsplatz geführt haben. Diese in Betonmasten ausgeführte Überlandleitung soll vor Übergabe der Region an die Sowjets durch die Amerikaner gesprengt worden sein.96)
Während des Krieges entstand aufgrund der unzähligen Bauvorhaben ein zunehmender Engpass im Bereich der Bauwirtschaft. Die SS versuchte dies durch den rücksichtslosen Einsatz von KL-Häftlingen zu kompensieren. Ihre Arbeitskraft hatte Kammler mit geradezu mortalem Pragmatismus kalkuliert: Ist das Leistungsvermögen eines Deutschen mit dem Faktor 1 bewertet worden, so reduzierte sich dieser Wert für Häftlinge bereits 1941 pauschal auf 0,5 – bei Kriegsende gaben ihn die Baufirmen mit 0,333 an. Zunächst verrichteten Kriegsgefangene der bei Ohrdruf befindlichen und bereits zu Kriegsbeginn errichteten beiden Lager, die als „Nord-“ und „Südlager“ bekannt wurden, Bautätigkeiten auf dem Truppenübungsgelände. Die Deportationen aus Buchenwald zur Bereitstellung aller verfügbaren Arbeitskräfte97) begann im September 1944. Sämtliche Häftlinge wurden für alle anfallenden Arbeiten auch für die Infrastruktur herangezogen.98) Vom November bis zum 18. Dezember 1944 wuchs die Zahl der Häftlinge in den Ohrdrufer Lagern von 2.500 auf 12.600 Insassen an, die sich bis zum Heiligen Abend um etwa 2.000 Häftlinge verringerte! Möglicherweise resultierte diese Differenz bereits aus der hohen Sterblichkeit auf den Baustellen. Dies bildet aber keine fixen Belegungszahlen ab, sondern stellt lediglich eine Momentaufnahme am Tage der Erhebung dar. In der Realität entwickelte sich durch die Fluktuation der Häftlinge (Arbeits-

unfähige, Kranke und Verstorbene gegenüber Neuankömmlingen) eine wesentlich höhere Belegungszahl, die nie vollständig erfasst worden ist. Immer mehr Häftlinge wurden angefordert, da der Bau zu schleppend verlief.[99)] Nun entstanden neue Lager. Zum Jahreswechsel wurde die Muna Crawinkel entsprechend zur Aufnahme von Häftlingen umfunktioniert, was eine Verkürzung des Anmarschweges zur Baustelle mit sich brachte. Eine Aufgabe, für die sie weder errichtet noch ausgerüstet war und durch die sich die Unterbringungsverhältnisse der Häftlinge wegen der ungenügenden Einrichtungen drastisch verschlechterten. Ca. 3.000 Häftlinge waren hier untergebracht worden. Die Munitionsfertigung wurde erst unmittelbar zuvor ausgelagert. Im Nordlager errichtete man derweilen ein Krankenrevier, die Häftlinge des Südlagers wurden hauptsächlich für Arbeiten auf dem Truppenübungsplatz herangezogen. Weitere Teillager in relativer Nähe zu den Stollen entstanden bei Espenfeld und vermutlich in Richtung Siegelbach.[100)] Nach einem Geheimbefehl Hitlers aus dem Februar 1945 durfte kein KL-Häftling den Alliierten lebend in die Hände fallen. Demzufolge hatten auch die Lager von S-III evakuiert zu werden. Am 03. April 1945 wurden sämtliche Baumaßnahmen gestoppt; einen Tag später begann die „Verlegung" der Häftlinge, und zwar zu Fuß! Nun starteten die als „Todesmärsche" bekannt gewordenen Evakuierungsmaßnahmen in Richtung Buchenwald und weiter nach Bergen-Belsen. Von den am 26. März erfassten über 13.700 Häftlingen erreichten bis zum 07. April zwischen 9.000 und 9.900 das KL-Buchenwald.[101)] Doch wird diese Zahl der Mortalität den Häftlingen innerhalb S-III nicht gerecht: Bei Raschke findet sich der geschätzte Wert von ca. 5.000 bis 7.000 Toten während der gesamten fünfmonatigen Bauphase, die anfangs in Buchenwald kremiert und ab Februar 1945 vor Ort verbrannt wurden.[102)] Geheimhaltung und Bauorganisation führten zwischen dem 14. November 1944 und dem 15. Januar 1945 sogar zu dem Umstand, dass S-III nicht mehr ein Außenlager von Buchenwald war, sondern temporär als autarkes Konzentrationslager geführt wurde.[103)]

Diese nüchternen wie pragmatisch evaluierten Zahlen reflektieren nicht im Geringsten die Todesumstände all jener, die im Jonastal unter brutalsten Methoden zur „Mithilfe" der Auffahrung einer Stollenanlage namens

S-III versklavt worden waren. Und sie beinhalten auch nicht in Gesamtheit jene Häftlinge, die – als arbeitsunfähig deklariert – „selektiert" worden sind.

6.1.5 Auf Spurensuche im Jonastal

Bei dem Bauvorhaben im Jonastal handelte es sich um Hitlers letztes Hauptquartier. Entsprechend der Ausweisung aus dem Mindestbauprogramm scheint dies aber nicht von Beginn der Bauarbeiten an oder auf die gesamte Anlage bezogen gewesen zu sein. Findet sich doch in dem britischen Interrogationsbericht zu Fiebinger, dem leitenden Bauingenieur von S-III, unter Position 7 eine interessante Aussage:

„Design and construction of an air rapid shelter intended as the last stand head-quarters for Adolf Hitler and his staff. The location of the Installation is claimed to be 10 kilometers south of the City of Gotha, Germany and 2 kilometers from the village of Kraewinkel in the Direktion towards the village Arnstadt..."
(Es folgt der bereits angegebene Zeitraum für die Errichtung der Anlage:)
„[...] The job called for the construction of three horizontal Tunnels into the face of a hill wich connecting passages. It was abandoned during March 1945 when the tunnels were almost complete." 104)

Seine getätigten Angaben werfen gleich mehrere Fragen auf:
Neben der Lokalisierung der Anlage gibt Fiebinger hier unmissverständlich den Verwendungszweck an.
Warum wurde ein bergtechnischer Fachmann wie Fiebinger eigens von seinen noch unvollendeten Objekten in Österreich abgezogen, um in Thüringen eine vom Grundriss her eher simple wie banale Anlage zu planen und betreuen? Sowohl auf den anderen Baustellen im Thüringer Raum wie auch im Harz standen hierfür durchaus befähigte Ingenieure zur Verfügung, die eine derartige planerische Aufgabe ebenfalls zu bewältigen im-

stande und wesentlich näher am Geschehen waren. Auch das Abziehen weiterer Architekten aus Gusen und die Beschlagnahmung praktisch des gesamten Planungsstabes Kammlers innerhalb des WVHA (s. w. o.) für die Planungen von S-III erscheinen für die relativ kleine Stollenanlage im Jonastal als viel zu umfangreich. Ging es hier um weit mehr? War deshalb eine derartige Kumulierung von ingenieurstechnischer Kompetenz angeraten?

Betrachtet man das Dokument von der juristischen Seite, und zwar als Vernehmungsprotokoll eines Tatbeteiligten, sticht etwas in seinem Aussagemodi augenscheinlich signifikant hervor:

Analysiert man den Modus Operandi der vernehmenden Institution, werden zu den von Fiebinger betreuten Objekten vier Fragen gestellt – über Sinn und Zweck der Anlage, die Auftrag gebende Administration, Umfang der Anlage und die ungefähre Lokalisierung der Anlage.

Ausgenommen der dort unter Abschnitt 3 „General Information" aufgelisteten Position 5 (Fertigung von Kohle-Tendern in einer von den Rax-Werken Wiens neu zu schaffenden Einrichtung), bei der die Größenangabe fehlt, gleichen sich die Aussagen von ihrer Struktur her.

Bei den in diesem Dokument aufgelisteten Anlagen, die von Fiebinger bauingenieurstechnisch oder konstruktiv betreut wurden, wird die spätere Nutzung nach heutigem Wissenstand weitgehend korrekt wiedergegeben – was für die Validität seiner Angabe des Baus eines FHQ in Thüringen spricht.

Gleiches gilt auch für die auftraggebenden Institutionen, wobei Fiebinger hier jeweils die betreffenden Unternehmen oder militärische Direktionen benennt. Bei S-III gibt er jedoch Hans Kammler direkt an. Dabei liegen gleich mehrere von Fiebinger begleiteten Bauprojekte wie „Zement", „Bergkristall", „Schlier" und „Quarz" in der Verantwortlichkeit Kammlers – den er aber hier nicht namentlich nennt. Hinzu kommt die explizite Erwähnung, dass das Objekt „top secret" gewesen sei. Es darf angenommen werden, dass ein derartiger Geheimhaltungsgrad zu Kriegszeiten auch auf sämtliche andere Objekte der Rüstungsindustrie mit sensibler Produktion seiner Auflistung zutreffen.

Eine ähnliche Auffälligkeit in seiner Aussage findet sich auch bei der relativ präzisen Eingrenzung der Lokalisierung des Objektes S-III durch die Entfernungsangaben zu benachbarten Ortschaften – bei den anderen dort aufgeführten Objekten wurde der nächstgelegene Bezugsort angegeben. Lediglich bei der Ortsangabe zur Untertageanlage „Quarz" wurde nicht die Nachbargemeinde Roggendorf, sondern die einige Kilometer entfernte Stadt Melk genannt. So wäre es in diesem Fall durchaus stimmig gewesen, Arnstadt oder Ohrdruf pauschal zu erwähnen. Wie war der Verweis in dieser wesentlich detaillierteren Form auf den Standort des Objekts motiviert? In Anbetracht der pauschalisierten Angaben zu den anderen Anlagen läge in Analogie zu einem juristischen Verfahren der Gedanke nahe, dass, der Intention des Vernommenen folgend, die Aufmerksamkeit hier besonders auf einen Punkt gerichtet wird, um von etwas anderem abzulenken; oder existierten in der Umgebung mehrere Stollensysteme, so dass eine detaillierte Ortsangabe notwendig erschien? Schaut man sich seine Entfernungsangaben – 10 km südlich von Gotha und 2 km von „Kraewinkel" (gemeint ist hier das Dorf Crawinkel) in Richtung Arnstadt – genauer an, so sind sie für die Lokalisierung der 25 Stollen im Jonastal extrem ungenau und abweichend. Tatsächlich beträgt die Distanz von Gotha gut 17 km und zu Crawinkel über 7 km. Hier lag Fiebinger also weit daneben, obwohl er den Standort der von ihm geleiteten Baustelle doch eigentlich hätte kennen müssen – was man von einem Fachmann für untertägige Auffahrungen erwarten darf.

Nimmt man jedoch beide Distanzangaben einmal wörtlich, so landet man 2 km östlich von Crawinkel (Richtung Arnstadt) auf einem Acker vor der Ortschaft Gossel, nicht einmal im Jonastal selbst; und 10 km südlich von Gotha mitten auf dem TÜP Ohrdruf – etwa im Bereich der als „Harth" und „Birkig" bezeichneten Anhöhen bei den Schießbahnen …

Den Bauzustand zum Zeitpunkt der Evakuierung gibt er mit *almost complete* – fast fertig – an. Davon kann im Jonastal allerdings keine Rede sein. Es sei denn, er bezöge sich lediglich auf den Rohbau – was wiederum zu einer gänzlich neuen Betrachtung der Bestandsauffahrungen führt.

Im Weiteren kommt er auf die explizite Erwähnung von „three tunnels" und nicht der gesamten Auffahrung für das FHQ. Waren damit im über-

tragenen Sinne die uns bekannten drei Stollengruppen gemeint oder ist Fiebinger hier eher wörtlich zu nehmen? Warum wird hier von nur drei Tunneln gesprochen? Doch wo wären diese drei Tunnel zu verorten? Oder ist das nur eine Unkorrektheit des Protokollführers?
In dem Dokument bestehen Abweichungen bezüglich der ausgebrochenen Volumina der dort gemachten Aussagen zu den weiteren U-Verlagerungen. Diese Differenz erscheint jedoch in der Gesamtheit seiner Angaben vernachlässigbar zu sein, da er bei keiner der Anlagen, außer der namentlich nicht so bezeichneten S-III, auf einzelne Tunnel verweist, sondern auf die Bauwerke als Ganzes.
In einem innerhalb der ZDF-Dokumentationsreihe „History" veröffentlichten Video wird von einer Stollenbegehung zu Zeiten der DDR mitten auf dem TÜP Ohrdruf berichtet. Hier ist von **drei** in 30 Meter Tiefe liegenden, eindeutig bergtechnisch errichteten Hauptstollen mit verbindenden Querschlägen die Rede, in denen sich Munitionsreste befinden.[105)] Ein ehemaliger NVA- und späterer BW-Heeresflieger gab an, nach der politischen Wende in Gegenwart hoher Politiker und Militärs bei einem Überflug des TÜP Ohrdruf im Areal der Schießbahnen zwei schachtähnliche Erdlöcher gesehen zu haben, in denen die Sowjets militärische Altlasten verkappt zu haben scheinen.[106)] Auf topographischem Kartenmaterial des in Frage kommenden Areals sind mehrere „Gruben" oder „Erdfälle" verzeichnet[107)] – allerdings handelt es sich dort um eine ausgesprochene Karstregion, in der vergleichbare Absenkungen natürlichen Ursprunges zu erwarten sind.
Sind mit den von Fiebinger aufgeführten *three tunnels,* welche *almost complete* waren, tatsächlich die Stollen im Jonastal gemeint? Sind die ungenauen Ortsangaben dieser Stollen eher fahrlässigen oder unwissentlichen Ursprungs oder beabsichtigt? Bezieht sich die von Fiebinger gewählte Nomenklatur der Baustelle – aufgeteilt in die Stollengruppen West, Ost und Mitte – auf jene im Jonastal? Wie abwegig wäre die Theorie, wenn unter dem Synonym S-III mehrere Untertageanlagen aufgeführt wären, die sich in die drei Sektoren West, Ost und Mitte gliederten? Und dabei die Stollen im Jonastal den Bereich Ost abdeckten? In dem betreffenden, bei Zeigert wiedergegebenen Dokument vom 25. Januar 1945 wird die mit dem Ab-

transport des anfallenden Abraums beauftragte Firma angewiesen, diesen auf eine Deponie 2 km östlich des „Objektes Ost“ zu bringen.108) Ist dies ein Indiz für diese Theorie oder doch auf die Stollen 16–24 bezogen? Eine Antwort bleiben wir an dieser Stelle schuldig und beziehen uns im Weiteren auf die offizielle wie etablierte Betrachtung.

Also warum diese Hervorhebungen in Fiebingers Aussage zu S-III? Tat sich hier etwas Außerordentliches, aus dem Rahmen aller anderen Auffahrungen herausragendes auf? Es war schließlich weder das erste noch einzige zu errichtende FHQ und es gab Pläne für weitaus umfangreichere unterirdische Anlagen dieser Art am Königssee.

In seiner knapp gehaltenen „Lebensbeschreibung“ in Gestalt einer verteidigenden Rechtfertigung seiner Zusammenarbeit mit der SS vom 14. August 1948 findet seine Involvierung in S-III nur eine kurze Erwähnung:

„[Im Januar 1945 sei es noch einmal zu einer Zusammenarbeit mit der SS gekommen,] als bei einem unterirdischen Bau in Mitteldeutschland, den die SS allein ohne Einschaltung ziviler Ingenieure durchführen wollte, die Einschaltung eines erprobten Ingenieurbüros wegen technischer Schwierigkeiten notwendig wurde. [...] Es blieb mir nichts anderes übrig, als den Auftrag anzunehmen, ich konnte aber meine Tätigkeit ausschließlich auf Planung und Bauleitung des reinen Stollenausbruchs beschränken, während alle anderen Aufgaben der Baustelle durch die SS direkt geführt wurden.“109)

Er gibt an, von der SS zur Zusammenarbeit unter Androhungen von Repressalien quasi genötigt worden zu sein. Ob dies die tatsächliche Form der Zusammenarbeit widerspiegelt, darf in Anbetracht seiner Involvierung in wichtige SS-Bauten bezweifelt werden. Doch gibt uns seine Beschreibung einige Anhaltspunkte: So ist er erst Anfang 1945 zu den bereits laufenden Auffahrung konsultiert worden. Angeblich wegen fehlender, ziviler Fachkompetenz. Das erscheint unglaubwürdig, wurden doch gleich mehrere renommierte oder erfahrene Bauingenieure von anderen Orten

hier zusammengezogen, wie wir bereits gesehen haben. Dass diese nicht mit etwaigen, bau- oder planungsseitigen „Schwierigkeiten“ umzugehen wussten, wirkt unsinnig bei dem sich bietenden Stollenriss einfachster Art. Auch im Umgang mit dem hier vorkommenden Muschelkalk hatte man bereits Erfahrung sammeln können. Weitaus sinniger könnte seine Beteiligung sein, wenn das von ihm betreute Bauwerk, zusätzlich zu den bekannten, eine Fachkapazität mit seinen speziellen Kenntnissen, den Untergrund betreffend, erforderte. Wir erinnern uns: Sein Spezialgebiet waren Auffahrungen in lockerem, sandsteinartigem Untergrund, die zusätzlicher Bergsicherung bedurften. Zieht man seine anderen Bauplanungen wie in Gusen oder Redl-Zipf einmal vergleichsweise heran, wird dies deutlich. Gab es im Großraum Jonastal eine vergleichbare Geologie zu finden, die die SS-Bauherren vor unlösbare Probleme und derartige Herausforderungen stellte?
Doch zurück zu der bekannten Anlage.

Auch Zeigert hat sich näher mit der Frage der Verwendung als FHQ auseinandergesetzt.
Nach Abwägung und Auswertung aller Vergleichsparameter zu anderen FHQ-Anlagen, die er in einem früheren Werk bereits behandelt hatte,[110)] führt er trotz aller Fakten und Indizien begründete Zweifel an der Ausführung von S-III als FHQ an. Seiner Beurteilung nach reichte der vorhandene Raum der Anlage für Hitlers unmittelbare Entourage aus. Scheint es sich bei den Stollen lediglich um die bautechnisch bombensichere Komponente eines „kleinen“ FHQ gehandelt zu haben? Der Variante, dass sich Hitler neben einer Rüstungsverlagerung niedergelassen habe, erteilt Zeigert in Analogie zu anderen FHQ eine deutliche Absage.[111)] Dies gilt insbesondere mit Blick auf das begrenzte zeitliche Fenster, in dem ein neues FHQ im mitteldeutschen Raum errichtet zu werden hatte – wobei es allerdings zu bedenken gilt, dass im Sommer 1944, also dem Beginn der Planungen für dieses neue FHQ, das tatsächliche Kriegsende nicht absehbar war. Für ein vollständiges FHQ, mitsamt der zugehörigen Dienststellen der Oberkommandos des Heeres, der Luftwaffe, der Marine, des Reichsführers SS und des Außenministeriums (als einziges Ministerialamt), fehl-

ten selbst nach Einschätzung Jodls die notwendigen Voraussetzungen. So waren weder die bereits zu einem früheren Zeitpunkt begonnenen Anlagen im Eulengebirge („Riese"), Lothringen („Brunhilde") noch die Stollen am Berghof in Berchtesgaden vollendet. Vergleicht man die lokalen Begebenheiten mit dem etwa 150 qkm umfassenden FHQ „Wolfsschanze" in Masuren, bei dem die Administrationen stark disloziert waren, so stellen sich die im Raume Ohrdruf zur Verfügung stehenden Infrastrukturen deutlich limitierter dar. Aber auch dort waren nur die relevantesten Einrichtungen verbunkert worden.[112)] So sollten im weiten Umkreis Ohrdrufs alle notwendigen Dienststellen zwar eine Unterkunft finden, wofür man vorhandene Kasernen, öffentliche Einrichtungen, Gasthöfe, teils private Unterkünfte und Feudalbauten requirierte, doch dies wies einen stark improvisierten Charakter auf. Hier wurden teils signifikant auffällige Gebäude gewählt und der Luftschutz weitestgehend vernachlässigt. Während das OKH den Bereich „Olga" schon früher als potentiellen Verlagerungsstandort für sich reklamiert, aber unausgebaut belassen hatte, konnte dort nur auf planerische Provisorien zurückgegriffen werden. Beispielsweise hatte das OKL die Kaserne Jena-Lichtenhain und die Muna Oberndorf für sich auserkoren. Göring selbst beanspruchte das Schloss Reinhardsbrunn und den Tunnel bei Friedrichroda (für seinen Zug) für sich.[113)] Deutlich tritt jedoch zu Tage, dass hier ein FHQ ad hoc aus dem Boden gestampft werden musste, was zugleich die Frage aufwirft, warum nicht die ein oder andere ins Visier genommene Anlage dafür hergerichtet wurde? Wie stellt sich S-III interdisziplinär seinen „Konkurrenten"? Die wahrscheinlich umfangreichsten Einrichtungen fanden sich um Berchtesgaden. Neben dem im Ausbau befindlichen Berghofbunker waren auch dort für die verschiedensten Disziplinen dislozierte Einrichtungen vorgesehen. Die unter dem Berghof vorhandenen Tunnel maßen etwa 5 km bei rund 4.000 qm fertiggestellter Nutzfläche. Sie befanden sich bei Kriegsende noch im Ausbau und waren lediglich als temporärer Zufluchtsort Hitler und seiner allerengsten Entourage vorbehalten. Diese Anlage lässt sich am ehesten mit S-III vergleichen: Die Verbindungsgänge maßen 1,75 m in der Breite und 2,50 m in der Höhe, die Kavernen 3,50 m × 2,80 m (B × H) und waren zwischen 12 bis 15 m lang. Die Angaben beziehen sich dabei auf den ummauerten Raum.[114)] Die Stollen im Rohbau maßen dabei bis zu 6×6 m und waren in der Regel doppelstöckig ausgeführt. Sämtliche Versorgungseinrichtungen wie Verbindungsgänge fanden sich in der unteren Ebene wieder.[115)] Im heutigen Bereich des Berghofes bekannte Stollenanlagen, die nicht alle miteinander verbunden sind, besitzen eine Länge von 6,166 km bei einer Fläche von 22.296 qm – der eigentliche dem Berghof zugehörige Bunker für Hitler weist dagegen lediglich eine Länge von 614 m mit 1.763 qm aus.[116)] Bormann hatte vor, diese Anlage massiv zu erweitern und wesentlich tiefer in den Fels zu verlegen; lediglich die neuen Zugangsstollen mit noch größerem Profil und ein teilweise abgeteufter Verbindungsschacht wurden noch im Rohbau aufgefahren.[117)] Aber auch in Berchtesgaden selbst wurden diverse Luftschutzstollen sowohl für die Bevölkerung als auch für die dortigen Dienststellen, wie die des Stabsamtes Göring, aufgefahren.[118)] Wie auch in Thüringen wurden zahlreiche weitere Administrationen in den umliegenden Gemeinden angesiedelt: Teile des OKW in Salzburg, Jodl und Keitel sowie der Leiter der Reichskanzlei, Lammers, in der „kleinen Reichskanzlei" in Bischofwiesen, unter der ebenfalls eine eigene Stollenanlage errichtet wurde – die Länge Betrug ca. 550 m und besaß 950 qm Fläche.[119)] Gegen Ende 1944 erhielt die OT den Auftrag, neue Ausweichquartiere für sämtliche Dienststellen eines FHQ zu erkunden! Man kalkulierte mit 120.000 qm Nutzfläche an Gebäuden und 50.000 qm an verbunkertem Raum. Der mit dem Datum vom 07. April 1945 als „Geheime Reichssache Nr. 121/45" deklarierte Bericht des mit der Erkundung betrauten Siegfried Schmelcher verortete zwei geeignete Regionen hierfür: Mitteldeutschland (s. w. u.) und Süddeutschland, und hier den bereits bekannten Bereich im Großraum Berchtesgaden.[120)] Dort sollten zusätzliche Anlagen aufgefahren oder umgewidmet werden. So zum Beispiel die Stollen der Stuttgarter Eugen-Grill-Werke in Hallein, Deckname „Kiesel" (von denen allerdings nur ein kleiner Teilbereich der sehr viel umfangreicheren Planung realisiert wurde),[121)] die für die Unterbringung des OKW bzw. der SS zugeschlagen wurden. Ähnlich verhielt es sich auch mit der Anlage B in Ebensee, ursprünglich für das Entwicklungswerk Peenemünde und die Produktion der V2/A4 vorgesehen, in dem sich bereits eine Panzermotorenfertigung der Steyr-Daimler-Puch-Werke im Aufbau befand, nun für das OKL vorzusehen. Für das OKW und OKH waren vollständig neue unterirdische Anlagen geplant: im Ortsteil Karlstein in Bad Reichenhall – unweit der für diese Nutzung bereits vorgesehenen dortigen Kaserne der Gebirgsjäger – und das „Lager Zeisig" im Hang des Finstersteins bei Winkl. Die Ausbauarbeiten hatten bereits, da ohnehin schon projektiert, im Herbst 1944 begonnen. Dafür wurde auch Baumaterial aus Schlesien vom Projekt „Riese" abgezogen. Sogar massive, mehrgeschossige und oberirdische Bunker, gleich denen von Zossen, waren auf direkte Weisungen Hitlers in der benachbarten Kaserne in Bischofswiesen-Strub vorgesehen![122)] Das FHQ sollte dabei mit einer Gesamtfläche von 14.000 qm im Falkensteinmassiv am Königssee untergebracht werden. Von dem Stollenkomplex, der aus vier parallelen, jeweils etwa 400 m langen und 8 m breiten miteinander verbundenen Tunneln bestehen sollte, wurde lediglich ein noch heute vorhandener Pilotstollen seeseitig begonnen.[123)] Ob Schmelchers Planungen allerdings noch Speer oder Dorsch erreichten, um überhaupt Gegenstand einer Weisung zur Bauausführung zu werden, ist nicht bekannt.[124)]

Doch was geschah zeitgleich mit den anderen Alternativen: Die Arbeiten an „Riese", bei der bis zu 25.000 Häftlinge des KL Groß-Rosen eingesetzt wurden, waren infolge des russischen Vormarsches ab Februar 1945 allmählich obsolet geworden. Eine Gesamtfläche von etwa 40.000 qm war an unterirdischen Einrichtungen anzulegen, davon waren 6.250 qm für das FHQ und beispielsweise 16.750 qm für das OKH bei nur 560 qm für den Außenminister vorgesehen. Das Schloss Fürstenstein sollte der Reichsregierung als Gästehaus dienen und auch Hitler beherbergen. Unter seinen Fundamenten entstand auf zwei Ebenen eine 3.200 qm große Tunnelanlage, die 950 m Länge umfasst.[125)] Hier Messen die schmaleren Gänge 4,50 m × 3,80 m (B × H) und die größeren 5 m × 5,50 m. Sie weisen in zwei Drittel ihrer Höhe Moniereisen auf, was ebenfalls an eine zweigeschossige Bauform erinnert.[126)] Das bis zum September 1944 im Ausbau befindliche FHQ „Brunhilde" umfasste dagegen 6.200 qm für das eigentliche Quartier Hitlers und 5.500 qm für das OKH. Es war bis zur durch den alliierten Vormarsch erzwungenen Aufgabe als eines der Werke der Maginot-Linie bei Angevillers (ehem. Arzweiler), nordwestlich von Diedenhofen in Lothringen, entstanden. Auch hier standen ergänzend umfangreiche Kasernenanlagen zur Verfügung.[127]) Neben den bereits geplanten oder beabsichtigten und teils in Bau befindlichen alternativen FHQ wurden noch weitere im mitteldeutschen Raum projektiert, die eine Neuauffahrung wie S-III von ingenieurstechnischer Betrachtungsseite her obsolet hätten werden lassen können.

So wurde das allerdings bauseitig nur wenig fortgeschrittene Objekt B3b als Erweiterung der U-Verlagerung „Anhydrit" für Junkers im Himmelberg bzw. im angrenzenden Mühlberg bei Niedersachsenwerfen von der OT mit in die Überlegungen für ein neues FHQ miteinbezogen.[128]) Bis Anfang September 1944 gab es zu dieser Anlage noch keine abschließende Bauplanung! Im Auftrag Kammlers wurden bereits am 24. Oktober sämtliche Bauarbeiten wieder eingestellt. Über den Hintergrund dieses Sinneswandels gibt es voneinander abweichende Erklärungen: So soll das Baumaterial einerseits dem Objekt „Schwalbe V" in Berga an der Elster zugewiesen worden sein. Andererseits gibt es eine Nachkriegsaussage des Leiters jenes für die Auffahrung von B3b verantwortlichen Baustabes, Karl-August Bruno, der als Grund für den Abbruch die Priorisierung Kammlers von S-III angibt. Gestützt wird seine Angabe durch die Aufzeichnungen der Dortmunder Baufirma Hanebeck, die ebenfalls an beiden Orten tätig war.[129]) Was war mit dem Standort Wildflecken, den Himmler gegen Ende September 1944 vorgeschlagen hatte? Hier, an der heutigen Landesgrenze von Hessen zu Bayern, befindet sich der 1938 im Zuge der Heereserweiterung eingerichtete Truppenübungsplatz gleichen Namens. Mit den Vorarbeiten der benachbarten Kaserne ist zwei Jahre früher begonnen worden. Diese ist terrassenförmig, an einem bewaldeten Berghang liegend und landschaftlich angeglichen, ab 1937 errichtet worden. Durch ihre besondere an die Topographie angepasste Bauform und die aufgelockerte Bauweise, die sich an einer dörflichen Besiedelung orientierte, galt die Einrichtung als besonders gut getarnt. Im Anschluss entstand außerdem eine Muna. Auf dem eigentlichen TÜP sind später Großbunker zu Ausbildungszwecken für die Einnahme von Verteidigungsbollwerken entstanden.[130]) Alternativ war in der „Geheimen Reichssache 121/45" auch Bad Berka genannt worden. Doch könnte sich hier bei Seidler ein Fehler eingeschlichen haben, denn in der angehängten Erläuterung des potentiellen Ausweichquartiers wird dort eine Anlage des Geilenberg-Programmes für die Auslagerung eines Hydrierwerkes beschrieben.131) Dabei handelt es sich aller Wahrscheinlichkeit nach jedoch um das Projekt „Schwalbe V“ bei Berga/Elster.132) Möglicherweise könnte es sich dabei aber auch um die Gemeinde Berka/Werra, ebenfalls in Thüringen gelegen, handeln. Dort hatte das Heer ab 1938 in den Kalischächten Abteroda und Alexandershall eine unterirdische Muna, begleitet von obertägigen Gebäuden, eingerichtet. Nachdem ab März 1944 der Jägerstab Verlagerungsansprüche für die Rüstungsproduktion geltend gemacht hatte, musste das Heer in der Schachtanlage Abteroda, fortan unter dem Decknamen „Anton“ laufend, einer Fertigungsstätte für BMW weichen. In dem „Bär“ genannten Verlagerungsbetrieb des BMW-Werkes Eisenach sollen Teile des Düsentriebwerkes 003 hergestellt worden sein.133) Hier hätten sowohl oberirdische als auch dem Luftschutz genügende unterirdische Einrichtungen zur Verfügung gestanden.

Doch aus alldem wurde bekanntlich nichts.

Die wenigen belastbaren Fakten und Indizien stützen die Ansicht, dass S-III letztendlich jenes FHQ im mitteldeutschen Raum werden sollte. Wenn wir diese Ansichtsweise übernehmen, sollte dies nicht vorbehaltlos geschehen. Unter der Voraussetzung, dass die heute bekannten Stollen im Jonastal tatsächlich *allen* vor Ort vorhandenen unterirdischen Auffahrungen entsprechen, wären diese, wie es Zeigert bereits aufgewiesen hat, nur der dem Luftschutz dienende Teil eines FHQ gewesen; gerade einmal ausreichend, um den systemrelevanten Administratoren eine temporäre Zuflucht zu gewähren. Neben den sozialen Ausstattungsmerkmalen wie Verpflegungs- und Hygienebereichen hätten dort auch Fernmeldeeinrichtungen und eine Energieversorgung installiert werden müssen, was sicherlich auch geschehen wäre. Dennoch sind Zweifel anzubringen: In allen anderen FHQ befinden sich die Luftschutzeinrichtungen wie Tunnel oder Bunker als Ergänzung zu den Verwaltungs- und Wohnbauten in unmittelbarer Nähe zueinander. Ja sie liegen zumeist direkt nebeneinander! Der Dialektik analoger Infrastrukturen zu S-III zu folgen, führt indes hier ins Leere: Die Stollen im Jonastal liegen in beiden Richtungen kilometerweit weg von in Frage kommenden oberirdischen Bauwerken. Auch ist von Relikten einer frühen Bauphase der missenden Immobilien nichts Konkretes in unmittelbarer Umgebung aufzufinden. Sollten sich also die Führungseliten und -dignitäten hier niedergelassen haben, so hätte der engste Zirkel um Hitler vor dem Dilemma gestanden, sich entweder vollständig in den räumlich sehr beschränkten Tunneln aufzuhalten zu müssen (was im Vergleich diametral zu den anderen Einrichtungen zu sehen ist) oder relativ lange und ungeschützte Wegstrecken von ihren Unterkünften zu den Luftschutzbauten in Kauf zu nehmen, was in Anbetracht der damaligen totalen alliierten Lufthoheit noch unwahrscheinlicher ist...

6.1.6 Eine Untertageanlage wie jede andere?

Die als „S-III" titulierte Stollenanlage im Jonastal wird, wie bereits angesprochen, in der Nomenklatur des Mindestbauprogrammes ausgewiesen. Die dort gelisteten Objekte waren für die Rüstungsverlagerung vorgesehen. Die Möglichkeit, dass mit S-III ein derartiges Objekt einer alternativen Nutzung zugeführt wurde, haben wir bereits ansatzweise in Betracht gezogen.

Werfen wir nun gemeinsam einen analytischen Blick auf ingenieurtechnische Parallelen zu anderen Untertage-Verlagerungen:

Der Stollenhorizont weist dabei voneinander abweichende Ausführungen des Vortriebs auf. Die erste Stollengruppe (1–12) besitzt dabei ein für U-Verlagerungen durchaus typisches, kammartiges Design. Die dritte Gruppe (16–25) hingegen einen eher ungewöhnlichen, zwei nebeneinander liegenden „π" gleichenden, Grundriss auf. Dieser ähnelt dabei – mit einiger Phantasie – en miniature den Anlagen von „Riese", explizit jenen der Stollen von Falkenberg (Sokolec) und Dorfbach (Rzeczka).[134)] Jedoch waren die dortigen Anlagen deutlich größer. Von den im Jonastal aufzufindenden 25 Stollenmundlöchern sind allerdings nicht alle für den späteren Regelbetrieb vorgesehen gewesen: Es war bei derartigen Stollenanlagen durchaus üblich – wenn möglich –, zahlreiche Tunnelansätze zu schaffen, um den Vortrieb parallel an mehreren Ortsbrüsten gleichzeitig gewährleisten zu können. Hintergrund war eine Reduzierung der Bauzeit.[135] Bei der dritten Stollengruppe waren nach dieser Weise wahrscheinlich nur vier von zehn Eingänge für die spätere Nutzung zu belassen – die anderen dienten lediglich der Auffahrung als Arbeitsstollen und wären später versiegelt worden. Verdeutlicht wird dies durch den geringeren Eingangsquerschnitt der anderen sechs „Hilfseingänge".[136] Ähnliches darf auch für die Gruppe 1 in Betracht gezogen werden. Da die gesamte Anlage selbst keine homogene Vorgehensweise bei der Auffahrung erkennen lässt, können keine Rückschlüsse auf die angewandte Vorgehensweise der einzelnen Abschnitte mehr gezogen werden. Theoretisch vorstellbar wären dabei folgende Modelle: Die Gruppe 3 wurde, da am weitesten fortgeschritten, priorisiert. Eventuell ist mit ihrem Bau zuerst begonnen worden. Der Bau der Gruppe 1 erfolgte erst später und blieb demnach im Stadium ihrer Auffahrungen deutlich zurück. Alternativ könnte aber Gruppe 1, mit den größten Analogien zu Projekten der Rüstungsverlagerung, als das erste Objekt des Bauwerkes betrachtet werden. Zum Zeitpunkt der Umwidmung wurde es aufgelassen bzw. mit geringerer Dringlichkeit behandelt, um die dritte Gruppe zu favorisieren. Mit anderen Worten: Es lässt sich anhand der hinterlassenen Relikte kein hinreichendes Anhaltsmoment für die tatschliche Baupraxis mehr ableiten.

Die später zu belassenden Eingänge scheinen alle mit so genannten „Druckfallen" zur Minderung anliegender Druckwellen aus Detonationen vorgesehen gewesen zu sein, wie sich aus der mehrfach abgewinkelten Stollenachse in den Eingangsbereichen inklusive der notwendigen Detonationssäcke an insgesamt sieben Zugängen[137] ableiten lässt. Diese sollten zusätzlich durch Bewehrungsbauten geschützt werden.[138] Derartige mehrfach abgewinkelte Eingangsbereiche waren für Luftschutzbauten für den Personenschutz charakteristisch[139] und finden sich auch in anderen Anlagen administrativer Natur in dieser oder ähnlicher Ausführung wieder. Neben den bereits erwähnten Einrichtungen in Schlesien („Riese") oder Berchtesgaden (Berghof), bei denen abweichende Geometrien für den gleichen Zweck zur Ausführung kamen, lässt sich diese Praxis am ehesten mit den Eingangsstollen des Bauwerks „Fuchsbau", einer geplanten Fernmeldezentrale der SS in den Rauener Bergen in Brandenburg bei Bad Saarow, vergleichen.[140] Ebenso deutlich tritt dieses Konstruktionsmerkmal – zudem noch mit sehr ähnlichem Querschnitt von 2,50 m × 2,60 m – in der Luftschutzanlage der Stollen am Weinfeld in Berchtesgaden hervor.[141] Hier finden sich abgewinkelte Eingangsstollen ähnlich denen im Jonastal. Dass es sich hierbei aufgrund des begrenzten Eingangsprofils um reine Personenzugänge handelt, findet sich beispielsweise in einem Bericht der sowjetischen Militärverwaltung aus dem Jahr 1946 wieder.[142] Mit dem Verweis auf entsprechende Regelbauwerke der OT wird dies verschiedentlich untermauert, da derartige Zugänge keine industriellen Kapazitäten zulassen, da sie für Fertigprodukte schlicht zu klein und für Rüstungsverlagerungen zudem untypisch seien.[143] Doch treffen diese Annahmen für derartige abgewinkelte Stolleneingänge zu?

Baugleiche Zugänge lassen sich auch in U-Verlagerungen der Rüstungswirtschaft respektive deren Forschungseinrichtungen wiederfinden. Prominentestes Beispiel hierfür ist das Kammler-Projekt B7 „Esche II" bei Hersbruck, dem Doggerwerk. Dieses eindeutig für die Verlagerung industrieller Produktion vorgesehene Objekt weist in seinem Plan vom 19. März 1944 in den Zugängen der Stollen D, E und F ebenfalls vergleichbare mehrfach abgewinkelte Druckfallen auf.[144] Es kann angenommen werden, dass auch bei Einrichtungen, in denen nachweislich Großteilfertigung vorgesehen war, die Personaleingänge entsprechend ausgelegt wurden und der logistische Materialfluss zur Risikominimierung durch möglichst wenige große Öffnungen erfolgte. Vergleichbare Anlagenkonzeptionierungen finden sich auch in anderen unterirdischen Industrieverlagerungen wieder. So auch bei der Verlagerung „Seelachs" der Messerschmidt AG bei Kematen, Tirol. Zwei von drei Zugängen wiesen ebenfalls mehrfach abgewinkelte Zugänge inklusive einer betonierten Eingangsbewehrung auf, die aufgrund des begrenzten Profils neben dem Personalverkehr lediglich den Transport von Kleinteilen zuließen. Der Materialtransfer geschah auf dem Wege des dritten und in seinen Abmaßen deutlich größeren Zuganges, der durch ein meterdickes Schiebetor, vermutlich aus Stahlbeton, vor anliegenden Druckereignissen gesichert werden konnte – ganz ähnlich dem Tunnelportal der U-Verlagerung A7 („Zeisig") bei Cochem.[145]

Doch auch bei projektierten wie begonnenen unterirdischen Forschungs- und Entwicklungseinrichtungen wurde auf dieses Schemata zurückgegriffen. Im polnischen Kamienna Gora (Landeshut/Schlesien) befinden sich die unvollendeten Überreste der U-Verlagerung „Bonit" – einer Mitte 1943 hierher verlagerten Außenstelle der Arado Flugzeugwerke GmbH aus Warnemünde. Jedoch siedelte sich lediglich die Planungs- und Entwicklungsabteilung hier an.[146)] Ob diese tatsächlich in der unter dem Kirchberg befindlichen Stollenanlage eingelagert wurde, wie heutzutage vor Ort dem Tourismus äußerst populistisch offeriert wird, ist bislang nicht hinreichend erforscht. Jedenfalls handelte es sich um eine untertägige Rüstungsverlagerung, deren mittlerer Eingangsbereich eine vergleichbare Druckfalle aufweist; die weiterführenden Gänge sollten mit baugleichen Zugängen versehen werden.[147)] Auch die ursprünglichen Zugänge der U-Verlagerung „Cerusit" im Schaffelberg bei Oberammergau waren derart angelegt. „Cerusit" war Teil der 1943 hierhin evakuierten, jetzt unter dem Namen „Oberbayrische Forschungsanstalt" firmierenden Entwicklungsabteilung der Messerschmidt AG.[148)] Doch bieten sich auch Stollen, die reine Laboratorien aufnehmen sollten, zu Vergleichszwecken an: Die geplante Untertage-Verlagerung der PTR in Weida (Thüringen) weist sehr ähnliche Zugänge wie die im Jonastal ergänzend beabsichtigten obertägigen Schutzbauten auf: Der projektierte Eingangsbereich sah in Weida eine Tiefe von 21 m bis zum ersten Querschlag vor. Die Achsen der 2,50 m breiten Tunnel waren gegen Druckwirkung mehrfach abgewinkelt, mit Detonationssäcken versehen und sollten zudem mit betonierten Eingangsbewehrungen ausgestattet werden.[149)] Vergleichbares gilt auch für das Projekt „Achat" bei Großbothen (Sachsen), in dem das (noch nicht betriebsbereite) Zyklotron des Physikalischen Institutes der Universität Leipzig bombensicher aufzustellen geplant war.[150)]

Hiermit soll aufgezeigt werden, dass durch eine Betrachtung der Stollenachsen im Eingangsbereich nicht unbedingt auf den Verwendungszweck der betreffenden Anlagen geschlossen werden kann. Vergleichbare Geometrien der Risse lassen sich sowohl bei reinen personellen Luftschutzbauten wie auch bei industriell oder labortechnisch genutzten Einrichtungen finden.

Eine maßgebliche Abweichung hiervon ist allerdings bei unterirdischen FHQ vorhanden: die bei allen anderen Stollenanlagen sich erübrigende Eingangsverteidigung.
Am deutlichsten werden diese Defensiveinrichtungen am Obersalzberg bei Berchtesgaden. Die im Umfeld des Berghofes entstandenen Bunkeranlagen besaßen reinen Luftschutzcharakter und dienten nur der temporären Unterbringung beim Anliegen einer Luftgefährdung. Damit sollte die kontinuierliche „Führung" der Funktionäre des Reiches auch bei Bombenangriffen gewährleistet werden. Wie auch bei den anderen FHQ – zu denen der Berghof im eigentlichen Sinne nicht zählte – waren umfangreiche Sicherheitsvorkehrungen zum Schutz des Führers während seiner Aufenthalte getroffen worden. Diese bezogen sich im Wesentlichen auf die Stationierung von Verfügungstruppen zur allgemeinen Gefahrenabwehr durch Eindringlinge mit politischem wie militärischem Naturell. Die aufgefahrenen Stollen wiesen denn auch keinen Ausbau zu einer „Abwehrfestung" aus, sondern besaßen lediglich Verteidigungswerke im Inneren, die der Abwehr eines in seiner Form begrenzten Angriffes zu dienen hatten.151) Ganz unbegründet waren derlei Befürchtungen nicht. Die Special Executive Operations (SOE) war eine 1940 vom britischen Premierminister Neville Chamberlain gegründete Spezialeinheit des Geheimdienstes, die sich auf Sabotageakte im gegnerischen Terrain konzentrierte. Auch die Operation „Anthropoid" – die Tötung des Chefs des RSHA, Reinhard Heydrich, in Prag – lief, wenn auch mit tschechischen Fallschirmjägern ausgeführt, unter der Regie des SOE. Unter dem Decknamen „Operation Foxley" sollte ein ähnliches Attentat auf Hitler während eines Aufenthaltes am Berghof durchgeführt werden, zu dem es nie kam. Tatsächlich war es den Briten durch umfangreiche Spionage gelungen, sich ein sehr gutes Bild von der Bebauung und der Verteidigung des Berghofes und seiner unterirdischen Anlagen zu machen.152) Die Verteidigungsanlagen der Stollen befanden sich, wie angedeutet, im Inneren der Anlage. Der Angreifende sollte nicht im Vorfeld abgewehrt werden, sondern erst in den Stollen. Man kalkulierte hier mit dem Überraschungsmoment einer unüberschaubaren Defensivstellung, die zudem den Feind in seiner Handlung räumlich massiv einschränkte, so dass dieser nur den direkten Weg,

der durch Abwehrnester gesichert war, wählen konnte – und das auch nur in kleinen Stoßtruppen.

Diese Verteidigungsstellungen waren als Druckfalle ausgebildet und mehrfach abgewinkelt, was dem Eindringenden gleichsam die operationelle Übersicht nahm. Zur Abwehr waren mehrere MG-Schartenstände vorgesehen, von denen beim Zutritt der Anlage jeweils nur einer sichtbar war und die den Charakter eines „Prellbockes" besaßen. Im Anschluss folgte die Gasschleuse. Sämtliche Zugänge der MG-Böcke verliefen in einem parallel angelegten Tunnelsystem, das mit dem eigentlichen Verkehrsweg nicht in Verbindung stand und auch nicht erkennbar war. Dessen Begehung war nur aus dem Inneren der Anlage im Bereich hinter der Gasschleuse möglich.153) Die systemimmanenten Nachteile dieses Prinzips waren die ebenfalls beschränkten Handlungsalternativen des Verteidigenden bei Überwindung der einzelnen Abwehrstellungen. Die Entwürfe dieser Defensivstellungen stammten von Hitler selbst.154) Noch umfangreichere Verteidigungsbauwerke waren für die Untertageanlagen im schlesischen Eulengebirge, für „Riese", vorgesehen. In dessen Eingangsbereichen waren beidseitig der Stollenachse parallel liegende Wachräume projektiert – die partiell bereits mit MG-Scharten versehen worden waren. Die vorderen Zugänge sind dabei nicht direkt gegenüberliegend angelegt worden, sondern mit leichtem Versatz. Das nährt die Theorie, dass jeweils ein Wachraum als Verkehrsweg diente, während der andere der Verteidigung vorbehalten war. Ganz deutlich tritt diese Bauform in den Anlagen „Wlodarz/Wolfsberg", „Osowka/Säuferhöhen" und unter dem Schloss Fürstenstein auf. Bei den beiden letztgenannten existiert für jeweils eine Verteidigungsstellung ein separater Zugangsstollen. Selbst die obere Ebene der Tunnel unter dem Schloss besitzt einen, wenn auch stark vereinfachten, MG-Bock mit Schartenstand und mehrfacher Abwinkelung des Ganges.155) Doch schaut man auf die Anlage S-III im Jonastal, sucht man vergleichbare Einrichtungen vergeblich. Es sind in den Stollenrissen nicht einmal Ansätze für Verteidigungseinrichtungen zu erkennen, die als obligatorisch für ein unterirdisches FHQ in jenem Stadium des Krieges gewesen sein dürften. Andreas König, der letzte Standortkommandant des TÜP Ohrdruf, bemerkte dazu, dass er eine Verteidigung in den bekannten

Stollen im Jonastal für unwahrscheinlich hielt, vielmehr prädestinierte er eine Feindabwehr von der gegenüberliegenden Talseite aus.[156)] Allerdings sind für seine Vermutung keine Baurelikte oder Ähnliches aufzufinden oder werden Bautätigkeiten in dieser Richtung durch Dokumente, Zeugen oder Lichtbilder gestützt. Die These, dass die Pufferstrecken in den abgewinkelten Eingangsbereichen „geschützte Stellungen für Posten" seien und als „Kugelfang" gedient haben könnten, erscheint wenig plausibel:[157)] Der Verteidiger selbst wäre hier zum Kugelfang geworden, da er keinen geschützten oder armierten Raum zur Abwehr, wie oben beschrieben, besessen hätte. Eine derartige Einrichtung ist hier auch nicht ansatzweise ingenieurstechnisch erkennbar; auch nicht im Rohbau. Es fehlt jede Grundvoraussetzung wie etwa ein separater Zugang zu den Verteidigungsstellungen. Schon bei der geringsten Feindeinwirkung hätte er auf seinem verlorenen Posten kaum eine Abwehrchance gehabt. Nun könnte man argumentieren, dass ein derartiger Posten lediglich hinhaltenden Widerstand zu leisten hatte, um Hitler und seiner Entourage möglicherweise die Flucht zu gestatten. Dem steht aber konterkarierend der Sachverhalt gegenüber, dass alle bekannten Ausgänge quasi in Sichtweite und in relativer Nachbarschaft zueinander in das gleiche Tal einmünden; jeder aus der Anlage Fliehende wäre seinem Widersacher willkommenermaßen direkt in die Arme gelaufen. Vom militärischen Standpunkt aus kann König nur beigepflichtet werden: Die Anlage war von innen nicht zu verteidigen. Und das als potentielles FHQ?

Die Lüftungsanlage im Jonastal sollte voraussichtlich durch zwei ergänzende Bauwerke links und rechts der eigentlichen Auffahrung gewährleistet werden. So findet sich linkerseits neben Stollen 1 auf halber Hanghöhe ein weiteres Mundloch. Vermutlich durch einen tonnlägigen Luftschacht mit dem hinteren Bereich der Tunnelanlage verbunden, könnte dieser der Lüftung gedient haben. Weitere dem Luftaustausch dienende Bauten sind nicht bekannt.

In gleicher Weise wurden auch die Bewetterungseinrichtungen der U-Verlagerung „Dachs IV" des Mineralölsicherungsprogrammes in der Stollenanlage „Basalt" bei Osterrode im Harz angelegt.[158)] Ein sinngemäß zu nutzender Schrägstollen war auch für die Anlage „Pikrit“ bei Krölpa (Thüringen) geplant, in der die Arado Werke Düsenbomber des Typs Ar 234 produzieren sollten.[159)]

Wagen wir abschließend zu unserer Analyse von S-III einen Blick auf die aufgefahrenen und zur Nutzung stehenden Stollenquerschnitte. Die hier vorgefundenen Profile wurden bereits beschrieben. Die kammartig angelegten Hauptstollen im Bereich der Tunnel 1–12 weisen zur Erinnerung Abmaße von 5,50 m bis 6,50 m Breite bei 6 m Höhe im Rohbau und mit Betonierung 4,70 m bis 4,80 m in der Breite auf. Sie korrespondieren damit durchaus mit denen am Obersalzberg und im Eulengebirge; besonders im Rohbau. Doch schließt dieser Tatbestand eine anderweitige Verwendung a priori aus? Lassen sie uns eine kleine Reise zu Bauwerken mit durchaus vergleichbaren Tunnelprofilen und Stollenrissen machen.
Gleich mehrere U-Verlagerungen für die Messerschmidt AG kommen hier in Betracht: Da wäre die bereits erwähnte Anlage „Cerusit“, deren ebenfalls kammartiger Grundriss Kavernen von 6 m × 5 m aufweist. Von einem etwa 100 m langen und 4 m hohen, hangparallelen Verbindungsstollen von annähernd 10 m Breite zweigen rechtwinklig acht 40 m lange, parallel ausgerichtete Gänge ins Berginnere, die zum Ende hin mit einem weiteren, unvollendeten Querstollen verbunden sind und in mehreren Bereichen bereits betoniert waren.[160)] Auch die im ähnlichen Stil kammartig aufgefahrene U-Verlagerung „Seelachs“ desselben Konzerns in Kemmaten (Tirol) kann mit Ähnlichkeiten aufwarten. Von den insgesamt sechs in den Berg weisenden geplanten Produktionstollen von etwa 80 m Länge und bis zu 9 m Breite bei 6,5 m in der Höhe wurden bis Kriegsende drei fertiggestellt und von ihrem Nutzer bezogen. Die Produktionsstollen wiederum sollten mit drei Querschlägen untereinander verbunden werden, die ein Profil von etwa 4 m bzw. 2,25 m Breite × 6,5 m Höhe besaßen. Lediglich der vordere Verbindungsquerstollen sah teilweise eine Breite von 9 m, allerdings nur 2,50 m Höhe vor. Die gesamte Anlage blieb ebenfalls unvollendet.[161)] Im Großraum Stuttgart sah man auf dem Flugplatz Großsachsenheim, der im Rahmen des Ausbildungsbetriebes der Luftwaffe angelegt worden war, einen Verlagerungsbetrieb der Messerschmidt-Werke

vor. Die dort vorhandene betonierte Startbahn wurde Teil des so genannten „Silberprogrammes“, bei dem es sich um den praktischen Einsatz des Düsenjägers Me 262 handelte. Die Produktion bzw. Endmontage des neuartigen Flugzeuges hatte standortnah zu erfolgen.[162)] Ursprünglich war die Produktion in einem sechsstöckigen Mammutbunker namens „Stoffel“ in einem nur wenige Kilometer entfernten Steinbruch bei Vaihingen/Enz vorgesehen, jedoch traten beim Bau des im März 1944 begonnenen Objektes materialwirtschaftlich begründete Verzögerungen ein; bedingt durch den alliierten Vormarsch brach man sämtliche Bauaktivitäten Ende Oktober bereits wieder ab.[163)] Für die Endmontage ersann man eine nahe dem Flugplatz liegende Untertageanlage mit dem Decknamen „Galenit“, die architektonisch analog der an der Donau in Auffahrung begriffenen Stollenanlage „Ring-Me“ bei Saal im Ringberg errichtet werden sollte. Kernstück von „Galenit“ wie auch „Ring-Me“ waren unterirdische Hallen von 14 m Breite für die Aufnahme komplett montierter Me 262. Die im November 1944 begonnene Anlage war für die Produktion von Daimler-Benz vorgesehen. Eine erst am 11. Januar 1945 ergangene ministeriale Zuweisung des Objektes an Daimler[164)] erfuhr bereits am 24. Januar eine Abänderung in der Weise, dass nun Messerschmidt als Nutzer vorgesehen war.[165)] Alle Arbeiten fanden am 07. Februar 1945 ein Ende. Ende Januar besuchte Eugen Kiemle, Architekt von Daimler-Benz, „Galenit“. Nach seiner Feststellung waren bereit vier Verkehrsstollen mit einem Profil von 2,50 m × 2,50 m bei Längen zwischen 100 bis 130 m in den Berg getrieben, von denen zwei an ihren Enden auf 3,50 m erweitert worden waren. Die hangparallel anzulegenden Arbeitsstollen sollten mit lichtem Maße von 6 m × 6 m – also mit den Stollen 1–12 im Jonastal ähnlichem Profil – ausgeführt werden; ausgenommen die beiden 14 m weiten Montagehallen. Doch war zum Zeitpunkt von Kiemles Besuch vor Ort davon noch nichts umgesetzt worden. Die Anlage musste zur Bergsicherung ausbetoniert werden, was in Ansätzen auch geschehen ist.[166)] Für die Fertigung des Kommandogerätes des BMW 801-Sterntriebwerkes der Eugen-Grill-Werke in Hallein südlich Salzburgs war die U-Verlagerung „Kiesel“ vorgesehen. Vom 25. Juli 1944 bis Mitte April 1945 sind Stollen mit einer Länge von 1.587 m vorgetrieben worden. Gleichzeitig ist hier an acht Ortsrüsten parallel gearbeitet worden, um die Planungen so schnell wie möglich zu realisieren. Die Arbeitsstollen wurden dabei mit einem Rohprofil von 5,20 m × 4,20 m in den Berg gesprengt, wobei für das Ausschießen des Vollprofils 36 Bohrlöcher notwendig waren. Zur Standsicherheit ist eine umfangreiche Ausbetonierung notwendig gewesen, die, größtenteils bereits eingebracht, den Tunnelquerschnitt auf eine Breite von 4,90 m und eine Höhe von 4,10 m einschränkte. Durch die bis zu fünf in Teilen ausgebrochenen Querschläge erscheint der Stollenriss der ebenfalls kammartig angelegten Anlage eher wie ein Schachbrettmuster. Eine wesentliche Erweiterung durch das ergänzende Objekt „Kiesel 2" erfolgte kriegsbedingt nur noch marginal, zumal die Ursprungsanlage noch nicht komplett vollendet war. In dem realisierten Abschnitt variieren die Profile: Die Querschläge und Verbindungsgänge sind dabei mit Querschnitten von 2,40 m × 4,20 m bis 2,50 m × 4,20 m (Breite × Höhe) angelegt worden. Die Produktionsstollen dagegen sind auf 5,20 m Breite und 4,50 m Höhe ausgebrochen; an einzelnen Stellen sind Kavernen von 7 m × 6 m vorzufinden.[167)] Auch dieses Objekt mit ähnlichen Stollenprofilen wie im Jonastal diente der industriellen Fertigung von kleinen bis mittleren Teilen. Zu erwähnen sei zu dem Objekt „Kiesel" vielleicht noch, dass auf den Stollenplänen im Bereich eines der Portale, dem nördlichsten, ebenfalls ein seitlich dem eigentlichen Verkehrsweg eingerichteter, mehrfach abgewinkelter Stollen erkennbar ist. Ob dieser aber tatsächlich einen Zugang mit Druckfalle für die vollendete Anlage darstellt, kann nur gemutmaßt werden, da eine derartige Konstruktion bei den anderen Eingängen nicht sicher erkennbar ist.[168)]

Ein Vergleich der skizzenhaft oben aufgeführten Untertageanlagen mit S-III mag nur eingeschränkt statthaft sein, zeigt er bereits, dass in ganz ähnlichen Tunnelprofilen rüstungsrelevante Verlagerungen und Forschungseinrichtungen Platz fanden. Eine noch deutlicher in Erscheinung tretende wie signifikante Analogie zu S-III besaß das folgende Beispiel:
Ein Großteil der Dienststellen der Physikalisch-Technischen Reichsanstalt (PTR) ist ab August 1943 in die Stadt Weida (Thüringen) verlagert worden. Im Sommer 1944 führten die Kriegsereignisse zu der Überlegung, die PTR erneut luftgeschützt zu verlagern. Bis dato hatte man in Weida

die Räumlichkeiten der Lederwerke Dix, ergänzend hierzu die der Teppichfabrik Prasse und des dortigen Joseph-Goebbels-Hauses bezogen. Doch gerade die unteren Geschosse der sich damals noch in Betrieb befindlichen Lederfabrik konnten für die sensible Laboratoriumseinrichtung nicht genutzt werden, weshalb man Ende November die Auffahrung einer Stollenanlage in unmittelbarer Nähe zur Aufnahme dieser erbat. Das Reichsamt für Bodenforschung erachtete mit Stellungnahme vom 06. Dezember 1944 den Berghang an der Osterburg in direkter Angrenzung der Lederfabrik als einzig geeigneten Standort. Auch gab es gleichzeitig eine Empfehlung des Stollengrundrisses ab. Unbekannt ist, ob überhaupt mit dem Bau begonnen wurde. Der wenige Tage später vorliegende Plan sah folgenden Horizont vor:

Durch die oben beschriebenen drei Eingangsstollen wurde der Zugang zu dem kammartig in den Berg aufzufahrenden System aus sechs parallel liegenden Laborstollen ermöglicht. Diese hatten zum Schutz vor sich ablösendem Firstgestein des an sich selbsttragenden Deckgebirges und vor Sickerwasser mit einer eher als dünn zu bezeichnenden Betonschicht versehen zu werden. Die Verkehrswege wie Zugangsstollen und die an den jeweiligen Enden der Laborstollen liegenden Querstrecken maßen dabei 2,50 m × 2,50 m. Ein etwa in der Mitte der Anlage aufzufahrender Versorgungstunnel, von einem Traforaum ausgehend, war dagegen nur mit 2 m Breite veranschlagt. Die Laborstollen selbst besaßen bei etwa 60 m Länge eine Breite von 5 m mit ebenfalls 2,50 m Höhe. Von Beginn der Projektionsphase an war eine mögliche Erweiterung durch Hinzufügen weiterer Laborstollen in Betracht gezogen worden, um gegebenenfalls die gesamten sich in Weida befindlichen Laboratorien der PTR aufnehmen zu können.[169)] Betrachtet man nun ingenieursseitig den Riss der erweiterbaren „U-Verlagerung der PTR", wie das Objekt tituliert worden ist, sticht die geradezu als frappierend wie signifikant zu bezeichnende Analogie zu den Stollen 1–12 im Jonastal hervor. Die projektierten, nahezu identisch anmutenden Objekte könnten als Zwillingsbauten betrachtet werden. Die Unterscheidungsmerkmale sind vor allem in den höheren wie längeren Betriebsstollen (nicht in den Querschlägen) und ihrer verdoppelten Anzahl seitens S-III zu suchen. Dagegen ist die Art der Ausrichtung und

Anlegung der Haupt- wie Querstollen systemgleich, wie es sich auch bei den Zugängen verhält (wobei hier von der Annahme ausgegangen wird, dass die tatsächlichen Zugänge der vollendeten Stollen 1–12 im Jonastal ebenfalls auf eine sinnvolle Anzahl reduziert worden wären und der Eingangsbereich wie an den Stollen 16–24 bewehrt werden sollte). Lässt man diese Hypothese einmal zu, so könnte die Stollengruppe 1–12 im Jonastal, ausgewiesen im Mindestbauprogramm für rüstungsrelevante Verlagerungen (als partieller Teil der gesamten Auffahrung), neben dem offiziellen Verwendungszweck (FHQ) rein planerisch zur Aufnahme von sensiblen, kriegswichtigen und damit schützenswerten Laboratorien als auch der Kleinteilfertigung projektiert worden sein.

Zu guter Letzt ließen sich Vergleiche der zeitlichen Bauphase von S-III mit anderen Bauwerken ähnlicher Natur heranziehen. Zur Erinnerung: Die Stollenanlage S-III im Jonastal wurde offiziell von frühestens Ende Oktober 1944 bis in die ersten Apriltage des Jahres 1945 aufgefahren. Dabei entstanden ca. 2.850 m Tunnel inklusive aller Querstrecken und Räume.170) Wobei zu es zu berücksichtigen gilt, das S-III SS-intern eine hohe Priorität genoss und baustellenseitig bevorzugt wurde und sich damit einer relativ guten Materialversorgung (wie auch insbesondere der KL-geschulterten personellen Versorgung) rühmen konnte. So wurde bei den angesprochenen Objekten „Seelachs“ in Kematen trotz einer längeren Bauphase von Juni 1944 bis April 1945 ein insgesamt geringeres Stollenvolumen ausgebrochen. Gleiches kann auch für die U-Verlagerung „Kiesel“ in Hallein gesagt werden, wo von Mitte Juli 1944 bis Mitte April 1945 ganze 1.587 m an Tunnel errichtet werden konnten.171) Die Materialversorgung dieser Baustellen war dabei aber ungleich schlechter. In einem ähnlichen Zeitfenster wie S-III sind dagegen drei Projekte aus dem Mineralölsicherungsplan Geilenbergs begonnen worden: die unter dem Kürzel „C“ für Öl- und chemische Anlagen laufenden Untertage-Verlagerungen der Kategorie C1 („Schwalbe“); Dehydrieranlagen für Flugbenzine und C3 („Dachs“); Raffinerien für Ölderivate.172)
Als Chemieanlagen fielen die „Schwalbe“-Projekte in die Zuständigkeit des Generalbevollmächtigten für „Sonderfragen der chemischen Erzeu-

gung“ für die synthetische Herstellung von Benzin, Carl Krauch – dem Aufsichtsratsvorsitzenden der IG Farben, der auch Positionen im RFR und der KWG innehatte. Sämtliche Verlagerungen seines Ressorts leitete das Amt Bau des RMfRuK Speers, der wiederum alle in dieser Sparte anfallenden exekutiven Angelegenheiten an Kammler delegierte.173) Beginnen wir mit „Schwalbe V“ bei Berga/Elster in Thüringen, das eine Anlage der BRABAG (Braunkohle Benzin AG) aufnehmen sollte. Nach Planungsbeginn Anfang Oktober 1944 erfolgte der Stollenaufschluss im Schiefergebirge jedoch erst Ende November. Die Oberbauleitung Clausthal-Zellerfeld vermerkt am 31. Januar 1945 die begonnene Auffahrung von 17 Stollen. Mit der am 10. April beginnenden Evakuierung aller am Bau beteiligten Gefangenen endete der Vortrieb. In diesem Zeitraum wurden die Stollen auf unterschiedliche Längen, bis zu 95 m, aufgefahren, deren Grundprofil von 4 × 4 m auf 6 × 6 m in Teilen bereits erweitert worden war. Die notwendigen Großkavernen zur Aufnahme der Hydrieranlagen verblieben im Planungsstadium.174) Ihr Namensvetter „Schwalbe 1“ diente der Union Rheinische Braunkohlen Kraftstoff AG Wesseling und befand sich unter dem begleitenden Decknamen „Eisenkies“ in einem Steinbruch im Hönnetal bei Oberrödinghausen, südlich von Menden im Sauerland. Ab Herbst 1944 wurden mehrere große Stollen bis Ende März 1945 in den Massenkalk vorgetrieben.175) Das Reichsamt für Bodenforschung hielt die Gesteinsverhältnisse des Deckgebirges für geeignet, bis zu 15 m breite und 30 m hohe Kavernen anzulegen. Ein weiteres Dokument taxierte die mögliche Tagesleistung des Vortriebes: Bei 5 m Breite und 2,50 m Höhe kalkulierte man mit etwa 1 m pro Tag; demnach war für eine 130 m lange, 10 m breite und 15 m hohe Kaverne etwa ein Jahr zu veranschlagen.176) Die tatsächliche Leistung betrug dann im Mittel 2 bis 3 m pro Tag.177) 23 Stollen waren in den Berg zu treiben. Neben der beabsichtigten Leistungsentnahme aus dem Bestandsnetz war hier von Beginn an ein unterirdisches Kraftwerk vorgesehen. Drei Dampfkessel versorgten das Hydrierwerk mit dem notwendigen Wasserdampf, ein Teil davon stand für zwei je 15.000 kW starke Turbogeneratorsätze zur Verfügung.178) Die Bewetterung sollte über eine Zwangsbelüftung durch mehrere Gebläse erfolgen; etwa der mittlere aller Tunnel war als reiner „Wetterstollen“ zur Belüftung geplant und verband den betrieblichen Verkehrsstollen, den so genannten „Rohrstollen“ (weil in ihm zentral alle Rohrleitungen der Anlagen untergebracht werden sollten sowie eine Werksbahn), der als Querschlag vorgesehen einmal durch die gesamte Anlage und beidseitig ans Tageslicht führte. Für die Entlüftung hatte man an den verschiedenen Bereichen des späteren Werkes begonnen, tonnlägig Schrägstollen an die Oberfläche auszubrechen.[179] Wie aus einer Inventarliste vom Juni 1945 im Zuge der Abwicklung der Vermögenswerte der Baustelle hervorgeht, war diese materialseitig vergleichsweise gut aufgestellt. Aus den vorliegenden Aufzeichnungen geht jedoch hervor, dass jenes Gerät partiell zugeführt worden ist und durch verschiedenste Einwirkungen häufig ausfiel.[180] Wie viel „Personal“ hier zur Zwangsarbeit herangezogen worden ist, lässt sich nicht mehr einwandfrei eruieren, da in den wenigen Aufstellungen keine separaten Angaben zu den zwangsverpflichteten Arbeitskräften, Kriegsgefangenen und KL-Häftlingen gemacht werden. Noch während der Planungsphase wurde der Bedarf an „Arbeitskräften auf 10.000 geschätzt“[181]. Belegt sind für den 30. November 1945 über 6.600, wobei von über 8.000 auszugehen ist.[182] 2.300 m Stollen waren zu Kriegsende aufgefahren,[183] die bereits auf beträchtliche Querschnitte von ca. 5 bis 10 m Breite × 4 bis 10 m Höhe kamen, an einigen Stellen sind Aufbrüche von 15 m Höhe und mehr eingebracht worden.[184]

Das letztgenannte Beispiel beschreibt die U-Verlagerung „Dachs IV“ der Rheunania-Ossag AG Hamburg mit dem Decknamen „Basalt“ bei Osterode im Harz.[185] Die ursprünglich aus zwölf teilweise über 100 m langen Tunneln mit bis zu 40 m hohen Kavernen bestehende Anlage fand im Zuge der fortwährenden Planungen seit Spätsommer 1944 wiederholt Erweiterungen, die sich auch während der ab Ende Oktober laufenden Bauphase fortsetzten und schließlich auf 18 Stollen anwuchs.[186] Anfangs kam der Stollenvortrieb mangels Mineuren und Material nur schleppend voran. Erst die ab der Jahreswende einsetzende verbesserte Versorgungssituation und der allmähliche Ausbau der Infrastruktur gewährten einen rascheren Baufortschritt. Die Anzahl der eingesetzten Arbeitskräfte blieb dabei verhältnismäßig überschaubar: Sie stieg von Dezember bis zum Februar von 502 (davon 72 Häftlinge) auf 3.101 Mann (inkl. 665 Häftlingen und 588

„Ausländern“) an.[187] Bis zum Abbruch des Vortriebes sind ganze 1.300 m von 4.560 m Stollen ausgebrochen worden, was eine Fläche von 8.000 qm ergab.[188] Die parallel aufgefahrenen Hauptstollen sind kammartig angelegt und sollten mit nur ansatzweise realisierten Querschlägen verbunden werden. Am Ende aller Tunnel war ein quer zu ihrer Achse verlaufender Kesselwagenstollen zur unterirdischen Abfuhr der Fertigprodukte vorgesehen, so wie es auch für „Schwalbe V“ geplant war. Aufgrund der einzubringenden technischen Einrichtungen, wie Destillationsanlagen oder Fraktionierungssäulen und Hydrierkessel, waren großzügig zu bemessende Kavernen notwendig. Diese hätten bei 6,80 m im Durchmesser 44 m hoch und in Schachtbauweise von über Tage abgeteuft werden sollen, wobei das obere Ende nach Einbau aller Anlagen mit Beton versiegelt worden wäre. Das normale Profil variierte je nach beabsichtigter Nutzung zwischen 3,50 m und 5,50 m; der Kesselwagenstollen hatte zudem 20 m breit und 5 m hoch angelegt zu werden. Lediglich in zwei Stollen hatte man mit dem Ausbruch von 8 m breiten, 36 m langen und 20 m hohen Kammern begonnen und diese bereits auf Firsthöhe mit einem Tonnengewölbe gebracht. Das anvisierte Vollprofil in Sprossenbauweise konnte nicht mehr erreicht werden.[189] In dem vorliegenden Anhydridgestein konnten bei einem Vollprofil von 5 m × 5 m und 60 4 m tiefen Bohrlöchern in der Ortsbrust 3 m Strecke herausgeschossen werden, was im Übrigen auch der Tagesleistung im Stollenvortrieb entsprach.[190]

Dieser Abschnitt soll einmal veranschaulichen, welcher Baufortschritt mit unterschiedlicher Versorgungslage in jenem Zeitraum bei kriegswichtigen Anlagen überhaupt noch möglich war. Bedenkt man die materiell wie personell besonders ausstaffierte Auffahrung im Jonastal, erscheint der dort erreichte Ausbruch in einem etwas relativierten Licht: Setzt man die Aspekte der logistischen Baustellenversorgung ins Verhältnis mit der Vortriebsleistung unter Hinzuziehung der anliegenden geologischen Verhältnisse, gewinnt man den Eindruck der Überdeterminierung jener Parameter; so ist das Resultat bei weitem nicht so gravierend, wie gelegentlich Argumentum ad populum formuliert wird. Oder anders ausgedrückt: Läge auch bei den anderen genannten Projekten der U-Verlagerungen eine derartige Ausstattungsbasis zu Grunde, so habe man auch dort einen deutlich signifikanteren Stollenausbruch ins Kalkül zu ziehen. Zum direkten Vergleich seien nochmals die Eckdaten der bekannten Stollen im Jonastal genannt: Etwa 2.900 m Tunnel wurden in den Berg gesprengt, was eine Grundfläche von grob 9.000 qm bei einem Volumen von 31.000 cbm ergibt.[191)]

Ein allerletztes Rätsel – oder besser formuliert: Ermittlungsansatz – bleibt: die Frage nach dem Umfang der bergmännischen Auffahrungen namens S-III. Offiziell handelte es sich bei der Baustelle im Jonastal um 25 Stollen, die durch den angesetzten, mutmaßlichen Luftschacht auf die Zahl 26 anwuchsen. Diese Anzahl korrespondiert mit den sowjetischen Angaben vom 09. Februar 1946. Auch dort ist von 26 tunnelförmigen Ausgängen die Rede.[192)] In dem weiter oben analysierten Fiebinger-Bericht wird von drei Stollen, die für ein FHQ angelegt worden waren, gesprochen. Diese könnten Teil der bekannten Anlage, aber auch Teil der in der ZDF-Dokumentation vorgestellten Stollen auf dem Gelände des TÜP gewesen sein. Nach einem Bericht des XX US-Korps, das im April 1945 an der Einnahme der Region beteiligt gewesen ist, bestand Hitlers neues Quartier aus fünf Stollen westlich von Arnstadt. Ein an den Planungen von S-III beteiligter ehemaliger Mitarbeiter der Salzgitter AG will dagegen von der Existenz ganzer 31 Stollen wissen, an denen bis Kriegsende gebaut wurde. Ein weitere Zeuge namens Eduard Hermes beschreibt eine als „Baustelle 1" titulierte Sektion in Richtung Crawinkel, auf der an vier Stollen gearbeitet wurde, von denen einer bereits mit weißen Kacheln ausgekleidet gewesen sein soll. Eine andere Einlassung nimmt Bezug auf ein oberflächlich als MG-Bunker getarntes, verzweigtes System zur Unterbringung Hitlers auf dem Übungsplatz.[193)] Nach Paul Enke, der die weiter oben erwähnte Sondereinheit Pushkin des MfS bis zu seinem Tod leitete und dem Hans Seuffert bis zur Wende nachfolgte, habe man die Baustelle in S-IIIa und S-IIIb zu trennen: in ein eigenes FHQ und einen Bunker für das OKW – welche mit einem langen Tunnel verbunden zu sein hatten.[194)]
Inwieweit derartige Angaben hilfreich sein werden, muss die Zukunft beweisen.

Warum jedoch haben wir uns derart eingehend mit einer unvollendeten Stollenanlage aus dem Fachbereich der U-Verlagerungen in Thüringen auseinandergesetzt?

6.2 Die kernphysikalische Infrastruktur

6.2.1 Aus Gottow nach Stadtilm

Die sich unter den wachsenden alliierten Luftangriffen permanent verschlechternde Lage erzwang eine umfangreiche Verlagerung wichtiger Einrichtungen in vermeintlich sichere Territorien. Hierzu gehörte das Gebiet Thüringens, das auch – wie oben gesehen – als Ausweichstandort von Teilen der militärischen wie der Reichsführung auserkoren worden war. Bereits im August 1943 war im Schatten der Bombardements nahezu die gesamte Forschungsabteilung des HWA in die Versuchsstelle Gottow verlegt worden. Hier befand sich die Forschergruppe um Kurt Diebner: Seine Verbindungen aus Studienzeiten zur Universität Halle nutzend, gelang es ihm, von dort die Physiker Ernst Rexer und Friedrich Pose für sein Team zu gewinnen. Es folgten Georg Hartwig, Werner Czulius, Friedrich Berkei und Walter Herrmann.[195)] Neben den Physikern fanden sich auch Techniker und Hilfskräfte in der Versuchsstelle. Für sie galt es, einen neuen Standort zu finden. Ob der späteren Suche nach einem geeigneten Ausweichquartier ein schriftlicher Vorschlag des Rektors der Jenaer Universität an Gerlach mit dem Verweis auf Schieferbrüche nahe der Ortschaft Saalfeld vorausgegangen war, ist nicht verifizierbar.[196)] Auf der Suche nach einer geeigneten Örtlichkeit zur Aufnahme der Gottower Einrichtungen wurden Hartwig und Rolf Schlottau (vom RFR kommend und der Diebner-Gruppe zugewiesen) schließlich in einem geeigneten Kellergewölbe einer Schule in Stadtilm fündig. Nach Diebners Zustimmung übersandte Gerlach am 20. September 1944 den kommunalen Honoratioren der Stadt eine Lieferung Wein als Offerte für eine gute Zusammenarbeit. Drei Tage später kam es zum Vertragsabschluss über die Anmietung der Schulimmobilie im Namen des „Reichsmarschalls des Großdeutschen Reiches als Präsident des Reichsforschungsrates"[197]. Aus den Erinnerungen des Klempnermeisters Erich Rundnagel lässt sich jedoch eine frühere Verbindung von Diebners Gruppe mit Stadtilm ableiten. Er soll bereits Anfang Juli 1944 zu Installationsarbeiten für diese herangezogen worden sein.[198] Diebner selbst datiert den Verlagerungsbeginn auf das Jahr 1943.[199] In Stadtilm erfuhr die Mannschaft eine weitere Verstärkung durch den Physiker Fritz Rehbein, der bereits für das HWA tätig war, parallel unter Otto Hahn am KWI für Chemie arbeitete und am Aufbau einer Gas-Isotopenschleuse zur Urananreicherung beteiligt war: den Hochfrequenz- und Funkmesstechnikexperten Oskar Pfetscher – dessen Arbeitsbereich sich im Umfeld der Kernphysik noch verschließt. Auch Helmut Volz, Luise Schützmeister und Erika Leimert von der Technischen Hochschule Berlin stießen in Folge hinzu – wie auch Otto Haxel.[200] Unter Hartwigs Leitung vollzog sich die Einrichtung der bezogenen Laborräume und einer Werkstatt.[201] Berkei, Diebners rechte Hand, reiste am 13. und bereits am 21. Oktober 1944 erneut nach Oslo, um in Norwegen nach der Zerstörung des einzigen Produzenten von schwerem Wasser, der Norsk Hydro in Vermok, noch vorhandene Konzentrate des kostbaren Nass zu erwerben. Die hierfür notwendigen Mittel sollte Diebner versuchen bereitzustellen.[202] Der Ausflug scheint erfolgreich gewesen zu sein, denn Diebner selbst stattete norwegischen Firmen „zwecks Ankauf wichtigen Rüstungsmaterials" zum Jahreswechsel einen Besuch ab. Gerlach beantragte am 12. Januar 1945 entsprechende Devisen für Diebner. Auch forderte er Werkzeugmaschinen der Universität Königsberg an und verlangte von zahlreichen Institutionen, ihm schnellstmöglich eine Übersicht aller personellen Kapazitäten der Kernphysik zukommen zu lassen.[203] Offenbar beabsichtigte man, einen neuen Reaktorversuch durchzuführen. Unklar ist bis heute, mit welchem Typus dieses Experiment vonstattengehen sollte. Es scheint sich hierbei um einen Tieftemperaturversuch mit kugelförmigem Uranmetall gehandelt zu haben. Zwei Varianten sollten nach Hartwig erprobt werden: Ein größerer Reaktor, dessen Planungen in Stadtilm schon seit Sommer 1944 liefen, mit Kugeln in fester Kohlensäure, und ein kleinerer, bei dem die Kugeln durch schweres Wasser zu moderieren waren. Die Idee der Tieftemperaturversuche stammte von Paul Harteck. Abweichend davon gaben Berkei und Hartwig zu den Experimenten ebenfalls an, den Kälteversuch mit den bereits in Gottow erprobten Würfeln durchzuführen. Auch konnte sich Czulius daran erinnern, dass in Stangenform und mit einem Bindemittel versehene Uranoxid-Presskörper hierhin geliefert worden seien. Trotz aller Differenzen in den Aussagen scheint ein weiterer Kälteversuch in Vorbereitung gewesen zu sein. Dem lagen die Untersuchungen von Friedrich Houtermanns aus dem Jahr 1941 zu Grunde, nach denen die Neutronenausbeute bei sehr tiefen Temperaturen aufgrund des abnehmenden Resonanzabsorptionsquerschnittes des Urans zunehme. Stetter scheint dies experimentell bestätigt zu haben. Während der kontrovers geführten Diskussion vom 07. Mai 1943 in der PTR unter Esaus Leitung (zwischen Heisenberg und Diebner), bei der es um die zweckmäßigere geometrische Form des Urans, Platten oder Würfel, ging, warf Harteck einen alternativen Vorschlag auf der Basis eines Tieftemperaturversuchs mit Methan in den Raum. Auch die Anwendung verflüssigter Luft stand zur Debatte.204) Neben dem im sich anschließenden Sommer durchgeführten Kälteversuch G-II, dessen Resultate ermutigten,205) standen weitere zur Disposition: Nach einem von Heisenberg im Februar 1944 angefertigten Schreiben an Gerlach bilanzierte er über die begrenzten Uranmetallressourcen und die damit eingeschränkten Einsatzmöglichkeiten des Rohstoffes für gleich mehrere, parallel laufende Versuche – wobei er explizit auf die anvisierte Fortsetzung der Kälteversuche zu sprechen kam. Diese rückten am 24. März 1944 schließlich erneut auf die Tagesordnung. Nun wurden diese mit Würfeln in die Planungen mitaufgenommen, während Heisenbergs Gruppe nunmehr von Platten auf Zylinder (in Durchmesser und Höhe jeweils 7 cm) umzusteigen gedachte – wozu es nicht kam. Am 30. Mai vermerkte Gerlach dazu in knapper Form:

„Ein Versuch, die Neutronenvermehrung bei tiefen Temperaturen unter Benutzung von leichtem Pentan statt schwerem Wasser [durchzuführen,] ist in Vorbereitung".

Einer Interpretation Mark Walkers folgend, war damit der Versuch in Stadtilm gemeint. Ende Oktober findet der Kälteversuch in einem Schreiben Gerlachs an Heisenberg erneute Erwähnung. Hier spricht er von

„[...] de[m] in der Vorbereitung schon weit fortgeschrittenen Tieftemperaturversuch [...]".

In Stadtilm standen hierfür etwa 1 t Uranmetall, 10 t Uranoxid in in Würfel gepresster Form, 400 kg an schwerem Wasser und verschiedene Radium-Beryllium-Präparate als Initiator zur Verfügung.206) Welche Bedeutung diesen letzten Aktivitäten noch beigemessen wurde, ergibt sich aus einer Mitteilung Gerlachs an Graue am 26. Februar 1945. Gemäß dem Führererlass zur Gewährung eines „vollen Energie-, Personal- und Materialschutz[es]" vom 31. Januar 1945 führte er alle schutzwürdigen Gruppen des „Notprogramm[s] Energiegewinnung aus Kernprozessen" auf, darunter auch jene in Stadtilm.207) Weiteres Großgerät sollte Diebners Gruppe folgen. So sollen in dem Laborkeller der Schule neben einer Reaktorgrube Teile einer Luftverflüssigungsanlage zur Aufstellung gekommen sein.208) Es gibt Hinweise darauf, dass auch die von der Firma C. H. F. Müller in Gottow aufgebaute Hochspannungsanlage des Kaskadentyps mit einer Leistung von 0,6 MeV209) in Stadtilm aufgestellt werde sollte. Hierfür sprechen die Bemühungen Hartwigs, eine Quecksilber-Diffusionspumpe, eine vierstufige Dampfstrahlpumpe der Firma Leybold (Köln), einen Reglertrafo der Firma Günther Schulz (Hamburg) und einen Hochstromtrafo zur Transformierung von netzseitigem 220-V-Strom zu sekundärseitigem, niedervoltigem Hochstrom mit angeschlossenem Gleichrichter von Koch und Sterzel (Dresden) sowie zur Aufbewahrung von kryogenen Fluiden ein Dewargefäß aufzutreiben.210) Die technischen Apparaturen könnten sich dabei als Exterieur des Kaskadengenerators zuordnen lassen; der Trafo allerdings eher der Zentrifugentechnologie (s. w. u.). Unbekannt ist der Aufstellungsort dieses sensiblen Gerätes, das eine spannungsüberschlagssichere, den Luftschutz gewährende Unterkunft mit bauartbedingter Höhe bedurfte. Die vierstufige Diffusionspumpe war dagegen Bestandteil der Ultrazentrifuge zur Isotopentrennung, beispielsweise der Bauart Anschütz (Kiel)211)

– warum aber eine solche nach Stadtilm geordert wurde, erscheint auf den ersten Blick schleierhaft.
Für ihre Versuche verlangten Gerlach und Diebner am 28. Februar 1945 die Aushändigung des gesamten Bestandes an Polonium (Initiator) und der Neutronenquelle (womit möglicherweise die verlagerte Hochspannungsanlage gemeint ist[212)] – eine entsprechende Apparatur war unter der Beteiligung des zuständigen Laborleiters Hans Westmeyer in den Räumen der PTR in Berlin installiert worden [213)]) der PTR. Dies korrespondiert mit der Unterstellung einer Gruppe Techniker des Hochspannungsinstitutes Josef Biermanns der AEG in Berlin unter Gerlachs und Diebners Leitung.[214)] Ob theoretisch eine Verbindung mit den in Thüringen zahlreich vorhandenen Röhrenherstellern – speziell für die Erzeugung von Röntgenstrahlung – bestand, kann nicht grundsätzlich abgewiesen werden. Die AEG gehörten jedenfalls zu deren bedeutendsten Herstellern im Dritten Reich. Gleich drei Unternehmen im Umkreis Ilmenau lassen sich auffinden, die ebenfalls in die Fertigung von Röntgenröhren involviert waren: Schilling (Gehlberg), Glashütte (Gundelach/Gehlberg) und Dr. Langer (Ohrdruf).[215)] Jedenfalls erhielt Gerlach am 02. März 1945 weiteren Besuch der PTR – von Albrecht Kußmann, dem das Magnetik-Labor unterstand, und Bernhard Heß, wissenschaftlicher Angestellter im Labor für Röntgenspektroskopie.[216)] Im Laufe des Januars traf auch Ernst Stuhlinger, der sich als ehemaliger Mitarbeiter Hans Geigers schon 1939 an der TH Berlin gemeinsam mit Haxel mit der Erforschung von Neutronenspektren und Zerfallsprodukten des Urans befasst hatte, aus Peenemünde kommend (wo er an der Entwicklung von Lenkgeräten beteiligt war), samt Gerätschaft in Illmenau ein. Auf Anraten seiner ehemaligen Institutskollegen, allen voran Haxel, wechselte er nach Stadtilm. Kriegsbedingt gelang es nicht mehr, sein Equipment dort aufzustellen – es blieb in Kisten verpackt im Schulgebäude stehen.[217)] Anstelle weiterer Reaktorversuche erlitten die Stadtilmer Forscher jedoch einen herben Rückschlag: Nach Beendigung des Berliner Reaktorexperimentes B7 – Schichtanordnung mit ineinander liegenden Hohlkugeln, umgeben von einem Graphitreflektor – stand nun der Versuch B8 an: Heisenberg hatte Diebners Würfelkonzept übernommen und diese sollten – im Gegensatz zu Diebners Kugelsymmetrie – in

zylindrischer Form, in einem Bassin mit einem Moderator aus schwerem Wasser und ebenfalls umgeben von Graphitblöcken, umgesetzt werden. Doch das KWI für Physik lag unter direkter Feindbedrohung durch die Rote Armee. Die Versuchsanordnung hatte nach Weisung Gerlachs unverzüglich gen Süden Richtung Hechingen evakuiert zu werden, wobei man vorübergehend in Stadtilm Halt machte. Ende Februar wurde alles notwendige Material für das letzte Experiment nach Haigerloch verbracht. Gerlach hatte sich von Heisenberg von diesem allesentscheidenden Experiment überzeugen lassen. Der Abzug des Materials und die Konzentration „aller" Anstrengungen auf den Heisenberg'schen Versuch mag für die Stadtilmer nach Hartwig eine herbe Enttäuschung gewesen sein, betraf es lediglich jene dem KWI zugeteilten Vorräte. So sollten im März alle noch anfallenden Uranpräparate aus der Aufbereitung der Auerwerke an Gerlach nach Stadtilm versandt werden.[218)] Zu den geplanten Tieftemperaturversuchen ist es jedenfalls nicht mehr gekommen. Als Diebner schließlich selbst Stadtilm verließ, soll er das gesamte Uranmetall und das schwere Wasser mitgenommen haben.[219)] Komponenten für den Tieftemperatur-Reaktorversuch fielen schließlich den Amerikanern in die Hände, ebenso wie etwa 8 t Uranoxid und zahlreiche Akten des Atomprogrammes.[220)] Doch ist dies längst nicht das Ende der kernphysikalischen Konzentration in Thüringen.

6.2.2 Die Spezialmetallöfen der DEGUSSA

Einer von mehreren Engpässen des Uranprojektes blieb die Aufbereitung reinsten Urans, das von der Auergesellschaft in Oranienburg, den Chemischen Werken Grünau (bei Berlin) und der DEGUSSA in Frankfurt/Main produziert wurde. Durch die fortwährenden Luftangriffe hatte sich die Situation weiter verschärft. Der Leiter der wissenschaftlichen Laboratorien bei Auer, Nikolaus Riehl, hatte in weiser Voraussicht in dem Dorf Zechlin nahe Rheinsberg, wo in einer Brauerei bereits Uranprodukte gelagert wurden, ein kleines Labor, eine Werkstatt und einen Schmelzofen für Uran in einer Wassermühle eingerichtet. Nachdem am 12. September 1944 bei einem Bombenangriff auf Frankfurt auch die Einrichtungen der DEGUSSA Schaden genommen hatten, schlug der RFR die Verlagerung der noch intakten Spezialmetall-Apparaturen nach Rheinsberg vor, weil sich dort bereits Schmelzöfen aus dem Grünauer Werk befanden. Doch aufgrund infrastruktureller Schwierigkeiten bei der Bereitstellung der notwendigen bauseitigen Einrichtungen wie Betriebsmittel, die Gerlach im Januar 1945 bekannt wurden, kamen die Frankfurter Schmelzanlagen nicht zur Aufstellung und wurden in Zechlin lediglich zwischengelagert. Als neuer Aufstellungsort war nun Stadtilm benannt worden. Die Gießerei sollte direkt in die von Diebner in Beschlag genommene Schule kommen. Für die „Fabrikation" der „Ausweichanlage für Spezialmetall und Thorium" hatte man zwei potentielle Standorte ausfindig gemacht: Zum einen eine Brauerei direkt neben dem Viadukt in Stadtilm, die über massive, gemauerte Räume verfügte; zum anderen unterirdische Brauereikeller unweit des ersten Ausweichquartiers. Eine Entscheidung über die Ortswahl war am 17. März 1945 noch nicht getroffen worden. Zur Aufstellung dürften die Anlagen nicht mehr gekommen sein.[221)] Unmittelbar nach Kriegsende entdeckten Sowjets eine Schmelzanlage der DEGUSSA in Stadtilm; in Zechlin übernahmen sie 100 t Uranoxyd sowie einige Uranwürfel.[222)]

6.2.3 Schweres Wasser

Ein essentieller Bestandteil der deutschen Reaktorexperimente war das Vorhandensein von D2O – schwerem Wasser. Nach der Zerstörung der Anlagen von Norsk Hydro als alleinigem Produzenten des kostbaren Guts trat die Abhängigkeit und Sensibilität deutlich hervor, und dessen Mangelbeseitigung wurde durch Schaffung produktiver Kapazitäten innerhalb des Reiches nun in Angriff genommen. Das war im Grunde nicht ganz neu: Denn schon 1941 hatte Paul Harteck eine Übersicht über alle in Frage kommenden Verfahren zur Herstellung von D2O aufgestellt. Bei den Hochkonzentrieranlagen – wie in Vermok vorhanden – forderte er den Aufbau einer größeren Anlage in Deutschland (ebenfalls protegierte er ein Verfahren nach Clusius/Linde, einer speziellen Tieftemperatur – Niederruckkolonne zur Rektifizierung von H2O/D2O, von der ein Prototyp seine Tauglichkeit empirisch bestätigt hatte und die Firma Linde keine weiteren Schwierigkeiten beim Bau dieser Apparaturen sah) 223). Harteck selbst war aber einer der Pioniere der D2O Produktion. Er hatte sich eine alternative Entwicklung patentieren lassen, die er mit seinem ehemaligen Kollegen Karl Herrmann Geib (nun bei den IG Farben) bei Leuna/Merseburg zu realisieren beabsichtigte, wo sich eine kleine Hochkonzentrieranlage im Aufbau befand. Das Verfahren ist heute unter dem Namen „Girdler-Sulfid-Prozess" geläufig. Es basiert auf einer Zweitemperatur-Isotopenaustauschreaktion, bei der eine Lösung aus Wasser und Schwefelwasserstoff zum Einsatz kommt: Vereinfacht dargestellt, lagert sich das Deuterium aufgrund seiner im Vergleich zu normalem Wasserstoff höheren Affinität, Bindungen einzugehen, temperaturabhängig bei einem der Reaktanten an, wobei es infolgedessen zu einer Anreicherung des Deuteriums kommt. Im Herbst 1943 lief die „SH-200" (Deckname des schweren Wassers) in geringem Umfang an, um bei zwei Bombenangriffen durch die Alliierten im Mai und August 1944 derart umfangreich beschädigt zu werden, dass weder eine Erweiterung noch der Wiederaufbau seitens der IG Farben in Aussicht gestellt werden konnte; das Mineralölsicherungsprogramm hatte nun Vorrang. Auch eine auf Gerlachs Initiative hin begonnene Niederdruckkolonne nach dem Linde Verfahren fiel Ende Juli 1944 einem Luftangriff zum Opfer. Heinrich Bütefisch, Leiter der Leunawerke, zeigte wenig Interesse am kostenintensiven wie aufwendigen Wiederaufbau der Hochkonzentrations-Elektrolyseure und favorisierte den Sulfid-Prozess. In einem Forschungsbericht der Leunawerke aus dem Jahr 1943 wird über die Fertigstellung einer nach diesem Prinzip arbeitenden Pilotanlage berichtet, die nach anfänglichen Schwierigkeiten Anfang 1944 in Produktion gehen sollte. Die Anlage bestand aus einer vorgeschalteten Elektrolyse, den folgenden elf kaskadenartig zusammengeschlossenen Kontaktstufen und einer nachgeschalteten Destillations-Kolonne und erhielt den Spitznamen „Stalinorgel".224)

Realisiert wurde zudem eine ebenfalls von Harteck stammende Idee einer 24 m hohen Versuchskolonne der fraktionierten Destillation von Wasser, die – noch mit Kinderkrankheiten behaftet – am 15. Januar 1945 erstmals den Betrieb aufnahm. Im Dezember 1943 hatte der RFR die Demontage und Verlegung der Hochkonzentrierungsanlage aus Vermok und Saaheim beschlossen.[225] Wenige Wochen später fanden dazu zwei Besprechungen zwischen den involvierten Personen der Leuna Werke (u. a. Geib) und Diebner/Harteck statt. Die norwegischen Anlagen sollten bei den SH-200-Verfahren in Meran und Weida zum Einsatz gelangen. In Meran versuchte man bei dem Galvanikbetrieb Montecatini, mit dessen Wasserstoffelektrolyse einer Ammoniakanlage D2O anzureichern, was nicht gelang. Doch dem Dokument zufolge war ein Projekt zur Schwerwasserproduktion in Weida bereits angelaufen: Es erschien dabei nicht sinnvoll, die für Weida bereits in Auftrag gegebene Hochkonzentrieranlage durch die aus Norwegen übernommene zu ersetzen. Der Energiebedarf der Elektrolyseurzellen aus Vermok schien in seiner Bilanz den von Bamag-Meguin für Weida hergestellten Zellen (die von Leuna aus betreut wurden) zu hoch und damit ineffizient gewesen zu sein. Diebner sollte nun bei Bamag auf die Fertigstellung der Elektrolyseure für Weida insistieren. Die Aufstellung der norwegischen Zellen schienen nur in Bitterfeld möglich, da dort der benötigte Stromanschluss verfügbar war. Auch wird in diesem Schriftstück die Erzeugung von Vorprodukten geringer D2O-Konzentration durch das bestehende Elektrolytwerk der Wacker Chemie in Burghausen (Bayern) in diesem Zusammenhang genannt, wobei darauf verwiesen wird, noch weitere Elektrolysewerke zur Gewinnung von Vorkonzentraten heranzuziehen.[226] Geradezu prädestiniert für eine „Kooptierung" der Schwerwasserproduktion waren die Schickert-Werke in Bad Lauterberg/Harz, quasi eine Dependance der Elektrochemischen Werke München (EWM). Seit 1938 sind hier Fertigungskapazitäten für Wasserstoffperoxid (das die Luftwaffe für Raketenantriebe – dem „Z"-Stoff – bzw. die Marine, als „Aurol" bezeichnet, für Turbinenantriebe nach dem Walter-Verfahren benötigte) geschaffen worden, die sich ebenfalls der Elektrolyse im großem Umfang bedienten. Die in Anlehnung an die Tarnbezeichnung der Luftwaffe als „Z-Anlage" bezeichnete Produktionsstätte bestand aus fünf voneinander autark arbeitenden Einheiten. 1941 nahm die erste Produktionseinheit ihre Arbeit auf; im Juni 1944 war der fünfte Abschnitt betriebsbereit. Schon mit Beginn der Bauplanung erwartete man eine expandierende

Nachfrage an dem Produkt, was die Planung eines zweiten, baugleichen Betriebes in Rhumspringe anregte. Kriegsbedingt auf drei Produktionseinheiten reduziert, war die erste von ihnen im März 1945 betriebsbereit. Eine Produktion ist aber nicht mehr angelaufen.227) Die Gewinnung von H2O2 läuft dabei sehr ähnlich wie jene von D2O nach dem von Geib ersonnenen Prinzip ab. Auch die Elektolyseure selbst hätten mitherangezogen werden können. Derzeit lässt sich aber keine direkte Verbindung zu dem Unternehmen rekonstruieren. Ab August begann die Demontage der Hochkonzentrieranlage in Norwegen. Neun Zellen kamen am KWI für Physik in Berlin Dahlem zur Aufstellung. Dort hatte Gerlach ab Jahresbeginn ein eigenes Programm zur SH 200-Produktion initiiert.228) Statt nach Weida wurden die restlichen 18 Zellen im November nach Stadtilm verlagert. In einer Korrespondenz vom 24. November 1944 setzt sich Harteck mit Diebner bezüglich der Aufstellung und Inbetriebnahme der „kleinen Höchstkonzentrieranlage", salopp „kleine Stalinorgel" genannt, auseinander, da erwogen wurde, diese in Stadtilm zu installieren. Auch wird die Hilfe eines Hamburger Elektroingenieurs in Aussicht gestellt, um bei den für die Aufstellung nötigen Gleichstrom-Elektroinstallationen zu assistieren.229) Ob die oben aufgeführte Bestellung von Transformatoren zum Teil eventuell hiermit statt mit dem Kaskadengenerator in Zusammenhang zu sehen ist, erscheint aus elektrotechnischer Sicht durchaus plausibel. Doch gelangten die Elektrolyseure nach Stadtilm?

Günter Nagel konnte eruieren, dass die 18 Hochkonzentrierzellen aus Norwegen tatsächlich im November 1944 in Stadtilm eingetroffen sind. Diese scheinen aber nicht identisch mit der „kleinen Stalinorgel" gewesen zu sein, die nach dem Prinzip von Geib arbeitete und in dem genannten Forschungsbericht aus Leuna erwähnt wurde. Auch hier wurde „ALSOS" fündig: Das Schwerwasserequipment wurde ebenfalls von den Amerikanern in Stadtilm requiriert.230)

Unter dem Decknamen „Wasserreinigung" ist parallel nach dem Prinzip der Ammoniaksynthese durch Professor Peter Wulff an der D2O-Anreicherung gearbeitet worden. Wulff leitete seit 1939 die Forschungs- und Beratungsstelle für physikalisch-chemische Betriebskontrolle und Laboratoriumstechnik der DECHEMA (Gesellschaft für Chemische Technik und Biotechnologie) in Frankfurt/Main, in der er praxisnahe Forschungen auf den Gebieten der Elektrochemie und katalytische Verfahren durchführte.[231] Seine wenig bekannten Arbeiten, die unter Gerlachs Referat im RFR liefen, fanden in Stützerbach bei Illmenau statt. Er favorisierte den Ionenaustauschprozess mit in Wasser gelöstem Ammoniumchlorid NH4Cl, das nach Destillation durch Bleinitrat in seine Bestandteile H2O und 2NO2 zersetzt wurde. In der Wasser-Komponente war es nun durch das bessere Bindungsverhalten des Deuteriums zu einer deutlichen Anreicherung gekommen. Ein Schreiben vom 13. Dezember 1944 an Harteck bestätigt Wulffs positive Resultate und fordert, seine „[…] Versuche auf breiter Basis mit aller Beschleunigung durchzuführen"[232]. In einem Schreiben Walter Gerlachs vom 24. Februar 1945 über eine Ausweisung aller schutzwürdigen und fortzusetzenden Forschungen des Vorhabens „Energiegewinnung aus Kernprozessen" im Rahmen des Führernotprogrammes findet sich auch eine Rubrik über rückzustellende Arbeiten ohne Priorisierung. Hier findet man am Ende unter Punkt 13 den Vermerk: „Dechema, Prof. Wulff (Isotopentrennung)". Ob sich dies nur auf die Isotopenseparierung des Wasserstoffs zur Schwerwassergewinnung bezieht oder ob unter ihm noch an anderen Projekten gearbeitet wurde, bedarf der weiteren Nachforschung.[233]

Doch existierten noch weitere Produktionsstätten für D2O: Eine davon befand sich in Wehr bei Wattens in Tirol, unweit Innsbrucks. Hier wurde mittels Elektrolyseuren in anfänglich drei, später neun Zellen schweres Wasser angereichert. Ob die Produktion jedoch in industriellem Maße erfolgte, ist nicht bekannt, wie aus einem Gutachten über die Fertigungseinrichtung des ehemaligen Mitarbeiters Ferdinand Cap entnommen werden kann. Karlsch hatte die Gelegenheit, Cap hierüber ergänzend zu befragen. Hier beschrieb er die Größe der Anlage mit „[h]underte[n] Zellen, verschiedene[r] Größe […]" an. In einer Studie zu Ferdinand Cap und Otto Hittmair des Physikalisch-Chemischen Instituts der Universität Innsbruck aus dem Jahr 2006 wird auf eine Begehung der Anlage im Jahr 1950 auf Drängen der französischen Besatzungsmacht verwiesen (auf der das Gutachten von Cap basiert). Dort wird als Bauherr die SS genannt, die auch den Bau einer Schwerwasseranlage in Norwegen geleitet haben soll.

Karlsch hält dies für wenig plausibel, da es in jenen Jahren keine Verbindung der Norsk Hydro zur SS oder nach Österreich gibt, die sich unter der Kontrolle der IG Farben als deren Anteilseigner befand.[234)] Eine weitere Spur führt interessanterweise nach Auschwitz. Die amerikanische Botschaft in Warschau verfasste dazu 1947 folgenden Report:

„1. It is believed that no plants designed specially for the production of heavy water in Poland. It is reliably reported that the Germans built one such plant near OSWIECIM (Auschwitz) but that it was destroyed and moved out by the SOVIETS in 1945.
2. A definite potentiality exists for the production of heavy water as a by-product of cool hydrogenation. [...]“

In drei weiteren geheimdienstlichen Berichten der Amerikaner findet sich um die Jahreswende 1944/45 der Hinweis auf eine Schwerwasserproduktion in Auschwitz (in dem umfangreichen Werkskomplex der IG Farben in Monowitz) oder in den Bayerischen Stickstoffwerken Piesteritz.[235)] Die Werke der heute dort noch ansässigen SKW im Stadtteil Piesteritz der Lutherstadt Wittenberg (Sachsen-Anhalt) wandte das Verfahren der Ammoniaksynthese an, mit der sich D2O gewinnen lässt. Dagegen war der Komplex in Monowitz für die Produktion des synthetischen Gummis „Buna“ vorgesehen. Für die chemischen Produkte waren umfangreiche Anlagen der Kohlehydrierung entstanden, aus deren Derivaten sich diverse Grundstoffe synthetisieren lassen. Allerdings ist in den dortigen seit 1941 im Aufbau befindlichen Anlagen, die zwar in ihrer Gesamtheit nicht mehr vollendet werden konnten, aber partiell ihren Betrieb aufnahmen, nicht ein Gramm Buna produziert worden und nur geringe Mengen an Methanol. Während ihrer permanenten Bauphase bis Mai 1945 sind dort ca. 150.000 Menschen beschäftigt worden (Konstrukteure, Baufirmen und KL-Insassen, von denen geschätzt 35.000 ums Leben kamen), rund zehnmal mehr als beispielsweise in Peenemünde. Auch geht aus diversen Dokumenten hervor, dass Monowitz im Vergleich zu anderen Buna-Produktionsstätten einen exorbitanten Strombedarf aufwies, der höher als der von ganz Berlin (inkl. der dortigen Industrie) war und ebenfalls enorme

Baukosten verursachte: Über 900 Mio. Reichsmark (ca. 250 Mio. US-Dollar) ließen sich die Nazis diese doch relativ unproduktive Einrichtung kosten. Selbst die Forschungseinrichtungen auf Usedom im erwähnten Peenemünde schlugen nur mit einem Invest von etwa 300 Mio. Reichsmark zu Buche (zum Vergleich: Die Anlagen zur Urananreicherung in Oak Ridge kosteten 304 Mio. Dollar; dort waren maximal um die 22.000 Menschen beschäftigt).236) Wurde dort an ganz anderen Dingen gearbeitet respektive geforscht? Wir werden später sehen, dass es über die Umgebung von Auschwitz einige Gerüchte bezüglich der Kernwaffen gibt. Verifizieren lassen sich diese aber nicht.

Jedoch gibt es noch einen weiteren Anhaltspunkt für die Deuterium-Gewinnung: Die Spur führt in das westfälische Dortmund zur Friedrich-Uhde-Gesellschaft. Bereits während des Ersten Weltkrieges war Friedrich Uhde an der Entwicklung von Verfahren für die Ammoniaksynthese beteiligt. Im Gegensatz zum Haber-Bosch-System, das mit relativ hohen Drücken arbeitet, bediente sich sein später realisiertes, nach der Zeche Mont Cenis in Herne benanntes Prinzip geringerer Betriebsdrücke, wodurch die konstruktive Auslegung der Anlage vereinfacht werden konnte. Im Weiteren gründete er mehrere Firmen für die Produktion von Ammoniumnitrat und Salpeter, einen Betrieb für den Anlagenbau und ein eigenes Forschungszentrum. Durch die von ihm wenig erfolgreich verlaufenen Anstrengungen der Kohleverflüssigung zur Benzingewinnung geriet sein Unternehmen in finanzielle Schieflage. Dank Wilhelm Keppler, dem Aufsichtsratsvorsitzenden der BRABAG, Leiter der Zentralstelle für die wirtschaftspolitischen Organisationen der NSDAP, ab 1939 zudem Präsident des Reichsamtes für Bodenforschung und Leiter des Freundeskreises des Reichsführers, wurde die Ammoniak Merseburg GmbH, eine direkte Tochter der IG Farben, 1937 zum Mehrheitseigner. An dieser betrieblichen Konstellation sollte Uhde durchaus partizipieren. In dem neuen, zentralen Firmensitz in Leuna war er an der Ammoniakgewinnung und der Kohleverflüssigung sowie der Entwicklung der betrieblichen Anlagen in Merseburg und weiteren Dependancen der IG Farben, auch Monowitz, involviert.237) Hier besteht eine evidente Verbindung zwischen der Friedrich Uhde KG, Merseburg/Leuna, und Monowitz in Bezug auf die Ammoniaksynthese. Durch Harteck und Geib war Leuna in die Arbeiten an dem Sulfid-Prozess der Ammoniaksynthese eingebunden. Doch worin besteht eine mögliche Verbindung zu Uhde, außer seiner Beteiligung an den Syntheseanlagen? Dies lässt sich unmittelbar aus den Aktivitäten und Patenten der Friedrich Uhde KG in der Nachkriegszeit ableiten. Doch zunächst ein Blick auf Paul Harteck: Dieser hatte sich zur D2O-Gewinnung die von ihm entwickelte fraktionierte Destillation und einen modifizierten Sulfid-Prozess patentieren lassen.[238)] Was nicht näher verwundert, da er an der Entwicklung dieser Verfahren unmittelbar beteiligt war. Umso auffälliger ist jedoch, dass sich die nunmehrige Friedrich Uhde GmbH in Dortmund im gleichen Zeitraum und nachfolgend ebenfalls diverse Entwicklungen zur D2O-Gewinnung hat patentieren lassen und schließlich mit dem Kernforschungszentrum Karlsruhe kooperierte, an dem wiederum Otto Haxel tätig war. Schon im August 1955 findet sich ein patentiertes Verfahren, bei dem das Vorprodukt (Wasser) kaskadenweise zusammengeschlossenen Elektrolyseuren zugeführt und dessen Produkt mittels fraktionierter Destillation abgetrennt und zur erneuten Verarbeitung zugeführt wird.[239)] Es folgten Vorschläge der katalytischen Anreicherung des Deuteriums innerhalb eines Wasser-Wasserstoff-Gemisches durch die Zweitemperatur-Isotopenaustauschreaktion, auch als „Heiß-Kalt"-Verfahren bezeichnet, das durch die Ammoniaksynthese weiter verfeinert wurde. Dieses arbeitet analog dem Sulfid-Prozess, es kommt als Reaktant jedoch NH3 (Ammoniak) zum Einsatz.[240)] Auch hierbei wird das unter Druck stehende Synthesegas H2/NH3 einer zweistufigen Gegenstromkolonne mit entsprechender Temperaturdifferenz zugeführt, wobei es über den Isotopenaustausch des Deuteriums in der jeweiligen Wasserstoffkomponente zur Anreicherung kommt. Die Vorteile zum Sulfid-Prozess sah man in der höheren, natürlichen Deuteriumkonzentration des Ammoniaks gegenüber dem Schwefelwasserstoff (drei Wasserstoffatome gegenüber zweien), der verbesserten Isotopenverschiebung durch die höhere temperaturbedingte Reaktionsfähigkeit des Deuteriums und dem sich daraus ergebenen besseren, spezifischen Trennfaktor der Reaktanten. Im Idealfall wurde die „kalte" Seite knapp unter dem Siedepunkt des Ammoniaks betrieben (-33 Grad Celsius), die „heiße" Seite bei maximal 67 Grad Celsius, da sich etwa ab

60 Grad Celsius kaum mehr gasförmiges Ammoniak in dem Gasgemisch befindet. Dies vereinfachte zudem die Rektifikation, also die Trennung der einzelnen Komponenten des Gasgemisches. Anschließend erfolgte wie bei Girdler eine Hochkonzentration des an Deuterium angereicherten Wasserstoffs in einer elektrolytischen Kaskade. Weitere Patente hierzu und gemeinsam mit Karlsruhe verfasste Berichte zur Verfahrensweise folgten bis in die 70er.[241)] Aufgrund der Forschung und Entwicklung Uhdes zur Gewinnung des kostbaren Deuteriums liegt der Verdacht nahe, dass die Dortmunder bereits während des Krieges im Zuge ihrer unmittelbaren Zusammenarbeit mit Leuna direkt an diesen Arbeiten der IG Farben beteiligt gewesen waren. Somit käme für den diesbezüglichen Anlagenbau noch ein weiteres Unternehmen in Frage: das von Friedrich Uhde. Und es stellt sich ableitend aus dieser Synergie die konsequente Frage, ob mit Uhdes Hilfe weitere Schwerwasseranlagen, so auch in Monowitz, zur Errichtung gelangten.

6.2.4 Die PTR in Thüringen

Durch die sich wiederholenden Bombardements Berlins drohte der PTR in Charlottenburg die Totalzerstörung, was Esau 1943 dazu veranlasste, die von ihm geleitete Institution in luftsichere Regionen zu verlagern. Dank seiner Verbindungen nach Thüringen, Max Wien hatte ihn als Koryphäe im Bereich der Ultrakurzwellen 1925 an die Universität Jena berufen (an der man seit 1924 am Magnetron für Funkmessverfahren auf der 8 cm-Welle forschte), deren Rektor er zweimal wurde,[242)] außerdem engagierte er sich auch früh politisch innerhalb der NSDAP in Thüringen – was ihm bis Kriegsende einen Sitz in der Landesregierung verschaffte –,[243)] fiel die Wahl auf jenen Reichsgau. Da die PTR in zahlreiche kriegsrelevante Forschungen der Wehrmacht involviert war und in dieser Funktion als Wehrmachtsbetrieb Nr. 251/325 geführt worden ist,[244)] galt sie als besonders schützenswerte Forschungseinrichtung. Der Hauptteil der PTR samt des Sitzes ihres Vizepräsidenten Kurt Möller gelangte auf diesem Weg ab August 1943 in die stillgelegten Lederwerke der Otto & Albrecht Dix AG nach Weida, zu deren dort neu eingerichteten Betriebsstätten inklusive der Abteilung IV „Optik“ mit ihren Strahlungs- und Röntgenlaboratorien, die Anfang Oktober betriebsbereit waren. Da jedoch das vorhandene Raumangebot nicht ausreichend war, sind weitere Dependancen zur Unterbringung der verschiedenen Abteilungen anderenorts eingerichtet worden. Die Abteilung V „Atomphysik und Physikalische Chemie“ siedelte in Ronneburg an. In Illmenau mietete man Unterkünfte der Bereiche I und II, „Maß und Gewichte“ sowie „Elektrizität und Magnetismus“, an, während die Hochfrequenzgruppe in Zeulenroda ihr neues Domizil fand.245) Hier ist an der Weiterentwicklung der Funkmessverfahren im Rahmen der Arbeitsgruppe „Rotterdam“ gearbeitet worden. Resultat waren u. a. Detektoren des 9 cm-Wellenradars der Baureihe H2S der Alliierten (das später als „H2X“ auf den Frequenzbändern von 3 cm bzw. 1,5 cm – 10 bis 12 Ghz – sendete), wie das Gerät „Naxos“, und Magnetrone mit Frequenzen im Mikrowellenbereich mit einer Wellenlänge von 2,3 cm bis hinunter auf 3,7 mm.246) Die lichttechnische Forschung in Gehren stellte die kleinste Abteilung dar. Dagegen verschlug es die Mechanik-Laboratorien nach Adlershorst bei Gotenhafen (Gdynia) und die Akustiker nach Hirschberg (Jelenia Gora) in Schlesien.247). Die Ronneburger „Atomphysiker“ unter der Leitung von Carl-Friedrich Weiss arbeiteten eng mit den „Stadtilmern“ zusammen, was nicht verwundert, da Diebners Gruppe formell der Abteilung V zugehörte. In den Räumen der Firma F. J. Clad installierte man die Laboratorien, während die Radiumreserven in einem unterirdischen Tresor eines nahegelegenen, stillgelegten Bergwerksstollen eingelagert wurden. Einen wesentlich effizienteren Initiator bildeten aber Polonium-Beryllium-Präparate, da diese Kombination erheblich mehr Neutronen freisetzt, als dies bei Radium-Beryllium der Fall ist. Die PTR besaß seinerzeit die weltweit einzige Einrichtung, die Polonium in größeren Mengen separieren konnte. Die Extrahierung des Isotops Po210 war entsprechend aufwändig und basierte auf der Uran-Radium-Zerfallsreihe. Da die Halbwertszeit des Po210 lediglich gute 138 Tage beträgt, war bei der Präparatherstellung Eile geboten; nahm der erste Separationsvorgang noch vier Monate in Anspruch. Die Anlage weckte auch das Interesse der Amerikaner, die sie kurzerhand demontierten und mit dem Ausgangsmaterial abtransportierten. Was mit dem an Gerlach und Diebner ausgehändigten Po-Vorrat geschah, ist unklar – es wurde nicht mehr aufgefunden.[248)]

6.2.5 Treffpunkt Thüringen – ein Hotspot der Physik?

Ergänzend zu den größeren, bereits verlagerten Institutionen fanden sich im Verlauf des letzten Kriegsjahres weitere Einrichtungen, die teilweise erst im Aufbau begriffen waren oder als Subunternehmung der Etablierten installiert werden sollten. Auch können Kausalitäten verschiedener Disziplinen erkannt werden, die synergetisch motiviert angesiedelt wurden.
Ein Labor des Physikalischen Instituts der 1939 nach der Besetzung Polens gegründeten Reichsuniversität Posen hatte man nach Illmenau verlagert. In der NS-Ideologie galten die eigens aus bereits bestehenden fakultativen Einrichtungen transformierten „Reichsuniversitäten" als elitäre, arisierte Musterhochschulen. In diesem Fall soll es sich um eine „Verlagerungssache Otto Kind, Bad Warmbrunn [Hirschberg/Jelenia Gora] in Räume der Stadtwerke, Reichsuniversität Posen, Physikalisches Institut" gehandelt haben – Näheres ist dazu nicht bekannt.[249)] Man befand sich in guter Nachbarschaft. Nicht allzu weit entfernt, in Bad Liebenstein, hatte das Röntgenlaboratorium der Technischen Hochschule Berlin Quartier bezogen.[250)] Ob diese Institutionen in die Arbeiten Gerlachs und Diebners involviert waren, ist nicht bekannt. Die Nähe zur PTR könnte aber bewusst gewählt worden sein. Von der nächsten Einrichtung sind diese Kausalitäten allerdings bekannt: dem APS der Reichspost. Lange Zeit in Miersdorf am Rande Berlins noch in relativ sicherer Lage befindlich, kam es sogar zu der Ehre, als temporäres Auslagerungsdepot für die von dem KWI für Chemie vorgesehene Hochspannungsanlage und für Bibliotheksbestände der Friedrich-Wilhelms-Universität Berlin zu dienen. Erst als die Rote Armee bereits vor den Seelower Höhen stand, versuchte man eilends, alles in ein als sicher einzustufendes Areal zu verlegen. Als Rückzugsort hatte man das Amtsgericht in Bad Salzungen, Wartburg-Kreis, 15 km von Bad Liebenstein entfernt, gewählt. Durch die unvorbereitete Aktion blieb das Mitgeführte Laborgerät unausgepackt.[251)]

Von ganz anderem Naturell war das im Aufbau befindliche „Krebsforschungsinstitut“ in Geraberg bei Ilmenau. Institutsleiter Kurt Blome hatte Himmler persönlich um die Zuweisung eines neuen Standortes ersucht. Die noch Ende November 1944 begonnenen Bauarbeiten kamen bis auf ein paar Baracken über das Stadium der Fundamentlegung nicht mehr hinaus. Auch hatte Blome wegen der vorrückenden Sowjets nur weniges an Material seines eigentlichen Komplexes in Nesselstedt bei Posen evakuieren können. Welche Priorität Himmler diesem Forschungszentrum beimaß, verdeutlicht seine Planung, für die Ausweichstelle Geraberg eigens ein 25.000 Häftlinge fassendes KL einzurichten.252) Was verbarg sich hinter dieser Einrichtung mit dem hippokratisch anmutenden Namen? Genau das Gegenteil, was es suggerieren sollte! Denn seine korrekte Bezeichnung lautete „Reichsforschungsinstitut für Grenzgebiete der Medizin“. 1942 war in Anlehnung an internationale Krebsforschung die zur Reichsuniversität Posen gehörende Institution in einem Kloster entstanden. Die Leitung übernahm der stellvertretende Reichsärzteführer Blome, der von Göring zum Bevollmächtigten der Krebsforschung ernannt wurde. Doch neben der humanmedizinischen Fassade entstand hier ein Zentrum für biologische Waffen, das unter dem besonderen Schutz der SS stand. Dieses konnte bereits auf seine ab 1935 in Dachau begonnenen Menschenversuche für wissenschaftliche Zwecke zurückblicken, in die auch das KWI für „Anthropologie, menschliche Erblehre und Eugenik“ eingebunden war. Infolgedessen ist auf Himmlers Weisung hin ein Institut für „wehrwissenschaftliche Zweckforschung“ in Sievers Ahnenerbe eingerichtet worden. Um den Versuchsreihen am Menschen, bei denen es um bakterielle, virale und chemische Substanzen ging, auf ein breiteres Fundament zu stellen, legte man parallel dazu 1942 im KL Dachau ein „Ethmologisches Institut“ an, dem Ernst May vorstand. Blome und May konsultierten sich über ihre Arbeiten wechselseitig anscheinend des Öfteren.253) Neben der eigentlichen medizinischen Krebsforschung, zu der auch strahlentherapeutische Anwendungen zählten, sind hier Pest- und Antrax-Kulturen gezüchtet worden. Zu Blomes Portfolio gehörten auch Infektionsübertragungen via Insekten, Schädlingsentwicklung für Kulturpflanzen und Nutztiere, deren Ausbringung, aber auch die Tumorbekämpfung, Forschung an Antiseren und Vakzinen, und die Bestrahlung von Lebensmitteln zwecks Konservierung.254) Hinter dieser Einrichtung standen die DFG, die KWG und der RFR, vertreten von Mentzel, Telchow und Schumann, die gemeinsam mit Blome dem finanzierenden Trägerverein vorstanden und ihn bildeten. Zu den diversen Abteilungen gehörte auch eine röntgenradiologische.255) Dass man sich interdisziplinär auch mit den Kernphysikern austauschte und eventuell kooperierte, kann einerseits aus dem Personenkreis der Trägerschaft, andererseits aus einer Tagung des wissenschaftlichen Führungsstabes der WFG am 17. November 1944 abgeleitet werden: Neben Blome und Sievers finden sich hier auch Mentzel, Schumann, Thiessen, Schwab, Ohsenberg, Spengler und Gerlach wieder. Dass die Kernphysik hierbei im Vordergrund gestanden haben könnte, erschließt sich aus dem Kontext der Entstehung jener Zusammenkunft.256) Im Frühjahr 1944 setzte sich Blome mit Sievers wiederholt über „Neutronenversuche" ins Benehmen. Unklar ist das Motiv dieser Versuche und wie und wo sie durchgeführt worden sind. Die Beteiligung beider Herren gibt Grund zu der Annahme, dass es sich um Experimente in ihrem Verantwortungsbereich handelte, also zur Erforschung radiotoxischer Expositionierung von Gewebe; und zwar am Menschen. Esau selbst soll, als er noch für die Kernphysik verantwortlich war, unter seiner Rigide ein derartiges Projekt angeregt haben. Intention war offenbar, die schädigende Wirkung von Neutronen auf den menschlichen Organismus zu studieren. Dass Blome diese Experimente durchführen ließ, seine Apparaturen hierfür aber zurücklassen musste, legt die Aussage eines Heeresarztes nahe, der mit ihm kurz vor Kriegsende gesprochen haben will. Doch es gibt noch einen weiteren Ansatzmoment in diese Richtung: Waren Institute der KWG an den Versuchen beteiligt? Die nach dem Krieg in sowjetischer Gefangenschaft gemachten Aussagen von Karl Günter Zimmer könnten Aufschluss darüber geben. Zimmer selbst war Mitarbeiter des Biophysikers Nikolai Timofeeff-Ressovsky am KWI für Hirnforschung. Nach Zimmer blieb Ressovskys KWI außenvor, was auch auf Differenzen zwischen Esau respektive Gerlach mit diesem zurückzuführen sei.257) Doch betrifft diese publizierte Vernehmung Zimmers nur jene des 06. November 1945. Insgesamt sind sechs weitere Verhöre bekannt. In seiner Aussage vom 24. Oktober macht er ganz andere

Angaben zur Sache: Ab 1939 seien in dem Gehirnforschungsinstitut, ab 1942 zusätzlich in dem für Genetik zuständigen,

„[...] verschiedene Experimente für Kriegszwecke, die mit dem Problem der Massenvernichtung, d. h. der Truppen des Gegners, durch Anwendung von Röntgen-, radioaktiven und Neutronenstrahlen [...]“

durchgeführt worden. In diesem Rahmen kam es (neben weiteren) zur Erforschung von Röntgenstrahlen als Kampfmittel gegen Flugzeuge, der Wirkung von Röntgenstrahlen auf den menschlichen Organismus und der biologischen Wirkung von Neutronenstrahlen. Zu einer praktischen Anwendung jenseits des Experimentellen sei es aber nicht gekommen.258)
Was haben diese Abläufe mit unserer „Kernphysik“ in Thüringen gemein? Für „Neutronenversuche“, ob an Mensch, Tier, Pflanze oder Material vorgenommen, bedurfte es einer leistungsfähigen Neutronenquelle. Über eine derartige Installation ist offiziell nichts bekannt; was aber auch für die Ausstattung der dortigen röntgenradiologischen Abteilung gilt. Sie ist aber essentielle Grundvoraussetzung für Neutronenversuche. Gleich wie, wären diese Anlagen Gegenstand einer Verlagerung nach Geraberg gewesen. Wären die in Thüringen anwesenden Kapazitäten der Kernphysik in die menschenverachtenden Experimente einbezogen worden?

Für seine Tieftemperatur-Reaktorversuche benötigte Harteck in Stadtilm die notwendigen Kältemittel. Schon bei seinem ersten Experiment 1940 in Hamburg hatte er Kohlensäureeis – Trockeneis – als Moderator eingesetzt, ebenso bei dem Kälteversuch G-II Diebners. Man sah darin eine einfachere Alternative zum D2O als Moderator. Die Kapazitäten der Kältetechnik waren hierfür aber begrenzt. Aus Niederschönheide (Berlin) ist unter SS-Leitung das Kohlensäurewerk der Agefko (Aktiengesellschaft für Kohlensäure), eines der ersten industriellen Produzenten dieses Gases, mit ihrem Hauptsitz nach Gräfenroda verlagert worden, mit Außenstellen in Frankenhain und Liebenstein. Dem Schein nach ging es um die Produktion von Kohlensäure als Getränkezusatz; tatsächlich ging es um Kohlensäureeis.259)

Ob und wenn, falls dies positiv zu beantworten ist, die Gesellschaft für elektroakustische und mechanische Apparate mbH (GEMA) mit den Kernphysikern um Ilmenau in Verbindung stand oder gar kooperierte, kann nicht verifiziert werden. Das zuerst in Oberschöneweide angesiedelte, dann nach Köpenick gezogene Unternehmen entwickelte und produzierte Unterwasser-Schallortungsgeräte (Sonar) und Funkmesstechnik (Radar). Darüber hinaus forschte und experimentierte man auf diversen Gebieten des Elektromagnetismus. Gemeinsam mit dem HWA betrieb die GEMA hierfür eine Versuchsstelle bei Lünow, westlich Berlins. Bedingt durch die Einwirkungen des Krieges wurden wichtige Bereiche nach Liegnitz (Legnica) und Lauban (Luban), beides Schlesien, ausgelagert. Eine Verbindung der GEMA lässt sich zum Physikalischen Institut Stetters und dem für Radiumforschung Gustav Ortners in Wien finden.260) So wurde der stellvertretende Leiter des dem Lawrenti Berja unterstellten Volkskommissariats für innere Angelegenheiten (NKWD) der UdSSR, Awraami Sawenjagin, durch Aufzeichnungen eines Physikers der GEMA auf Stetters Fusionsexperimente aufmerksam.261) Ob dieser an den Arbeiten Stetters beteiligt war oder nur durch die gemeinsamen Hochfrequenzforschungen davon Kenntnis erlangt hatte, ist nicht zu belegen. Hans Erich Hollmann war einer der Pioniere der Funkmessverfahren. Er war im Beirat der GEMA dessen Mitbegründer und für diese bis 1937 tätig. In seiner bereits vorher gegründeten, eigenen Firma in Berlin Lichterfelde, ganz in der Nähe von Ardennes Laboratorium, forschte er auf privater Basis mit mehreren Mitarbeitern an der Funkmessortung im Auftrag der GEMA und Telefunken. Auch die WaPrüf des HWA gehörte zu seiner Klientel. Nachdem bereits im Juli 1942 sein Laboratorium einem Bombenangriff zum Opfer gefallen war, zog es ihn auf Empfehlung eines Mitarbeiters nach Georgenthal in Thüringen. Hier entwickelte er noch verschiedentliche Apparaturen der Hochfrequenztechnik. Neben einem kompakten Mikrowellen-Entfernungsmessgerät war dies auch ein labortechnisches Zählrohr zur Messung ionisierender Strahlung nach dem Geiger-Müller Prinzip;262) womit sich eine vage Verbindung zu den Stadtilmern ergeben könnte.

6.2.6 Auf der Spur der Zentrifugen

Wie in Kapitel 1 näher erläutert, galt für die Wissenschaftler der ersten Stunde auch scheinbar das Gebot, welches besagt, dass es zur Durchführung einer Fissionsreaktion die Anwesenheit des Spaltstoffes Uran bedürfe. Unter gewissen Umständen genügte Natururan, besser war jedoch der Einsatz des Isotops U235.

Allerdings hatte man dieses aufwendig aus dem natürlichen Mineral zu extrahieren. In Deutschland fokussierte man sich seinerzeit besonders auf Bagges Isotopenschleuse und die Ultrazentrifuge – ein Verfahren, dass sich in modifizierter Form letztendlich weltweit durchsetzen konnte. Schauen wir uns nun den zentrifugalen Weg des Urans und seine Verbindung in den Ilmenauer Raum an.

Es scheint naheliegend, die Anreicherung dort durchzuführen, wo das notwendige Fachwissen und ihre Institutionen kumulativ konzentriert wurden – und der Rohstoff nebst Verarbeitungspotential ebenfalls vorhanden war. Das Uran selbst stammte vorzugsweise aus den östlichen Regionen des Erzgebirges, den Sudeten, und bis an den Rand der Karpaten. Infolge der Entdeckung der Kernspaltung setzte Ende der 30er Jahre die Suche nach Uranressourcen ein. Das ergiebigste Vorkommen lag im seit 1939 annektierten Böhmen, in den Gruben in Joachimsthal (Jachymov). Von der 1944 gebildeten Sachsenerz-Bergwerks AG wurden dagegen die abbauwürdigen Vorräte in den Revieren Johanngeorgenstadt und Schneeberg (34 Gänge der Schneeberger Gruben waren uranhaltig) auf nur wenige Tonnen taxiert, sodass die Förderung unterblieb.

Im schlesischen Schmiedeberg (Kowary) war die Förderleistung des seit den 20ern betriebenen Abbaus von Uranerz ab 1936 gesteigert worden, nachdem die Auergesellschaft die Erzqualität positiv begutachtet hatte.[263)]

Der Mineral- und Geologe Hans Schneiderhöhn attestierte die von ihm untersuchten Uranerzvorkommen um Schmiedeberg in seinem 1941 erschienenen Lehrbuch der Erzlagerstättenkunde als „vorzüglich“[264)]. Schon vor Hitlers Machtergreifung wurde hier in geringem Umfang Uran gefördert. 1932 scheint man auch im Mährischen Schönberg (Sumperk) auf das später begehrte Erz gestoßen zu sein. Die Radonquellen des am Hang des Isergebirges gelegenen Bad Flinsberg (Świeradów-Zdrój) regte die Suche nach Uran ebenfalls an.[265)] So fanden zwischen 1939 und 1945 umfangreiche geologische wie bergbauliche Prospektionen in den alten zinn- und kobalthaltigen Stollenminen im Hundsrück bei der Gemeinde Gehren (Gierzyn – zwischen Bad Flinsberg und Friedeberg am Quais [Mirsk] gelegen) statt, mit dem Zweck der Bewertung des Ursprungs ihrer radioaktiven Grubenwasser, was auf Uranvorkommen zurückgeführt wurde, die sich nach dem Krieg als nicht abbauwürdig erwiesen.[266)] Während des Krieges führten die Ingenieurtruppen der Wehrmacht in der besetzten Donbass-Region am Asowschen Meer in Russland Untersuchungen durch. Auch äußerte Igor Wassilijewitsch Kurtschatow, einer der führenden Kernphysiker Stalins, die Befürchtungen, dass die Deutschen die Uranerzlagerstätten in der schwedischen Provinz Närke für sich erschließen lassen könnten.[267)] In Bulgarien dagegen schien man in dieser Zeit fündig geworden zu sein: Die Radium-Bergbau GmbH in Berlin, an der auch Auer beteiligt war, strebte 1942 die Erschließung von Uran-Vorkommen in der Region Buchovo (Buhovo) an,[268)] in der das Mineral bereits seit 1936 abgebaut wurde.[269)] Durch erbeutete deutsche Akten aufmerksam geworden, erkundeten die Sowjets ab Dezember 1944 Buchovo ebenfalls, kritisierten aber den damals niedrigen Ertragsfortschritt und empfahlen umgehend eine Intensivierung der Förderleistung, was im Anschluss auch geschah.[270)] Nicht ganz eindeutig ist die Prospektion der Uranvorkommen im tschechischen Freiberg in Böhmen (Pribram). Nach dem Krieg ist hier die zweitgrößte Uranerzlagerstätte Europas erschlossen worden, doch ihre Bergbaugeschichte reicht wesentlich weiter zurück. Bereits unmittelbar nach Kriegsende leitete der tschechoslowakische Ministerpräsident Zdenek Fierlinger, enger Vertrauter und jahrelanger Weggefährte des erneuten Staatspräsidenten, Edvard Benes, Verhandlungen mit einer sowjetischen Delegation über den Verkauf von Uran aus den landeseigenen Bergwerken. Noch bevor der Kontrakt überhaupt Gestalt annahm, veräußerte der von den Sowjets unter Druck gesetzte Fierlinger im Oktober 1945 ca. 30,8 t Uran an diese. Dabei handelte es sich allerdings nicht um Uran in Reinform, sondern um bereits aufgearbeitete Derivate mit einer maximalen Urankonzentration von 58 %. Diese stammten aus den Schmelzanlagen von

Pribram. 1947 erfolgte hier eine messtechnische Emanation im Auftrag der Sowjets, bei der man in den umliegenden Abraumhalden durch emittierte, gasförmige Zerfallsprodukte Uranerzrückstände detektieren konnte. Nun wurden auch explorierende Befahrungen der angrenzenden Gruben durchgeführt, bei denen ausstreichendes Uranerz sichtbar war. Durch Auswertung von Archivarien, wie den Bergbüchern, in denen bereits auf Uranvorkommen verwiesen wurde, waren die sowjetischen Geologen auf das Revier aufmerksam geworden. Ab 1949 ist der Abbau belegt.271) Der Sachverhalt verblüfft: Erstens ist von Schmelzanlagen in Pribram die Rede, in denen Uran metallurgisch aufbereitet worden war – und zwar bereits vor dem Eintreffen der Sowjets –, was auf einen Betrieb schon während der deutschen Okkupation schließen lässt. Zweitens ist von einer sichtbaren Erzader die Rede, die den deutschen Geologen kaum entgangen sein dürfte. Drittens fanden sich Indizien und direkte Nennungen in den Bestandsaufzeichnungen, die durch sowjetische Fachleute inspiziert wurden. Also war das Vorkommen bereits in irgendeiner Weise aktenkundig – und diese Eintragungen lassen auf deutsche Mitwisserschaft schließen. Dass die Besatzer keine Kenntnis von den Ressourcen besessen haben sollen, erscheint in Anbetracht der Tatsache, dass sich in und um Pribram sowohl die SS als auch die Wehrmacht (TÜP Kammwald/Brdy) angesiedelt hatte – genau in dieser Region fand am 11. und 12. Mai 1945 auch die Schlacht von Sliwitz statt – unwahrscheinlich.

Das Uran hat nun angereichert werden müssen. Das von Gerlach geförderte Verfahren war die Isotopenschleuse von Bagge. Bei dieser wurde ein Strahl aus Uranatomen im Hochvakuum durch zwei rotierende Lochblenden geschossen. Der Strahl passierte die Öffnungen der Blenden nur dann, wenn diese nicht synchron, sondern mit kurzem zeitlichen Abstand den Weg freigaben, wobei diese Verzögerungszeit exakt der Flugzeit des Partikelstrahls zwischen den Blenden entsprechen musste. Diese waren bei Bagge so justiert, dass sie in erster Linie die schnelleren und damit leichteren Atome passieren ließen – er machte sich die Massenträgheit des schwereren U238 zunutze und erreichte so eine minimale Anreicherung.272) Ein entsprechendes Patent reichte Bagge am 23. März 1942 ein. Doch bedurfte es erheblichen Insistierens, bevor sich Bamag-Meguin zum Bau eines Prototypen bereiterklärte.[273]) Ende 1943 fiel dieser nach einem Testlauf alliierten Bomben zum Opfer. Einen neuen Anlauf unternahm man in der Bamag-Niederlassung in Butzbach (Hessen). Diebner verstärkte das Bamag-Team mit eigenen Mitarbeitern, darunter Berkei, um sich im Juli 1944 selbst von den Arbeiten zu überzeugen. Vom 10. bis zum 17. August fand ein Dauerversuch statt, bei dem erstmals 2,5 g UF6 angereichert werden konnten. Ein weiterer Versuch scheiterte aufgrund technischer Schwierigkeiten.[274]) Die Luftkriegslage erzwang am 11. September eine Verlagerung nach Hechingen,[275]) wo sie komplett installiert den Amerikanern in die Hände fiel – die diese demontierten und mitnahmen.[276]) Ob Bagges Vorrichtung dort noch zum Einsatz kam, ist unbekannt. Das alternative Programm betraf die Zentrifugaltechnik. Bei dieser machte man sich ebenfalls die Separierung durch unterschiedliches Atomgewicht zu nutze. Durch Zentrifugalkräfte „fliehen" die schwereren Isotope radial nach außen, während die leichteren länger um die Rotationsachse verweilen. Von hier werden diese extrahiert, wodurch sich das Massenverhältnis zugunsten des U235 etwas verschiebt. Um eine qualitativ wertige Anreicherung zu erzielen, werden heutzutage etliche Zentrifugen in Reihe geschaltet; das damalige Konzept sah eine wechselwirkende Zwillingsanordnung zweier Zentrifugen vor, bei der das stets leichtere Isotopengemisch einer bestimmten Gasmenge aus dem Zylinderinneren periodisch zwischen beiden Zentrifugen durch Variation der Drehzahlen pendelte und das schwerere Gas aus dem Zyklus abgezapft werden konnte, so dass der Anteil des leichteren Gases innerhalb dieser Intervalle sukzessiv zunahm.[277]) Dieses System zweier gekoppelter Zentrifugen nannte Harteck „Schaukelverfahren". Ein Vortrag des Kieler Physikers Hans Martin über den Einsatz von Zentrifugen in der Forschung brachten Harteck und maßgeblich seinen Assistent Wilhelm Groth dazu, die Isotopentrennung nach diesem Verfahren zu erforschen. Martin hatte unter Werner Kuhn an der TH Karlsruhe seit 1936 an der Zentrifugenmethode für die Isotopentrennung gearbeitet; 1938 baute die Firma Westfalia-Separator AG in Oelde eine erste Anlage zu Forschungszwecken. Als bestes Ausgangsprodukt erwies sich gasförmiges Uranhexafluorid UF6, das von den IG Farben in Leverkusen geliefert werden konnte. Nun bewegte man, mit Unterstützung Diebners, Konrad Beyerle der Firma Anschütz & Co in Kiel (als Tochterunternehmen von Carl Zeiss, Jena, am Bau von Kreiselgeräten beteiligt) zum Bau einer Testeinrichtung, was nach Vorlage der Konstruktionspläne durch Beyerle am 22. Oktober 1941 geschah. Diese sahen einen Rotor mit einem Innendurchmesser von 115 mm bei einer Höhe von 400 mm vor, der bei 50.000 U/min innerhalb eines evakuierten Stahlzylinders als Stator laufen sollte. An zwei Tagen im August 1942, dem 7. und 11., fand erstmalig erfolgreich eine Trennung der Uranisotope aus UF6 mit der nun als „UZ-I" bezeichneten Anlage in Kiel statt. Das veranlasste Harteck mit Blick auf die Steigerung der Isotopentrennung, sein Doppelaggregat im beschriebenen Schaukelverfahren zu entwickeln. Hierzu holte sich Groth den Rat des schwedischen Zentrifugenspezialisten Theodor Svedberg von der Universität in Uppsala. Bereits im Herbst des gleichen Jahres begann man bei Anschütz mit dem Bau der UZ-III A-Doppelzentrifuge. Die Resultate weckten Hoffnungen: Bereits bei einem ersten Testlauf im März 1943 gelang eine Anreicherung von 5,2 %. Eine kaskadenartige Reihenschaltung mehrerer Zentrifugen schien also ein probates Mittel zur Herstellung von angereichertem U235 zu sein, woraufhin Harteck sich ganz auf dieses Verfahren konzentrierte und sogleich den Bau von zehn weiteren Doppelzentrifugen beim HWA beantragte. Auch beim nun für die kernphysikalischen Belange zuständigen RFR erkannte man die Vorteile des angereicherten Präparates 38; konnte doch schon bei 3 bis 4 % Erhöhung des Gewichtsverhältnisses des leichteren Isotopes ein Reaktor mit normalem Wasser realisiert werden – die Schwerwasserproblematik verlöre an Brisanz. Als im Sommer 1943 Hamburg Opfer der britischen „Operation Gomorra" wurde, verlagerte man auf Hartecks Drängen hin die Entwicklung in die Heimatstadt Beyerles, nach Freiburg im Breisgau, in eine Firma für elektromedizinische Geräte namens Hellige. Hier wurden beide Apparaturen aufgestellt, die UZ-I und UZ-III A. Man verbesserte das kleinere Modell während praktischer Testläufe stetig, bis die größere Variante den Betrieb aufnehmen konnte. Parallel begann die Fertigung jener zehn georderten Aggregate, die während des Krieges nicht mehr vollendet werden konnten.[278)] In einem Schreiben vom 21. Juli 1943 hatte Harteck Esau vollmundig die Lieferung von 10 bis 20 g in den kommenden Wochen angekündigt und den Ertrag der Anlagen mit 0,5 g/h bei der kleineren und ca. 2 g/h der größeren Zentrifuge beziffert. Wie Karlsch aus Gerlachs Dienstkalender ersehen konnte, führte dieser erste oberschlägige Kosten-Nutzen-Kalkulationen zu den Zentrifugen durch.[279)] In einem weiteren Bericht vom 15. Dezember 1943 an den Bevollmächtigten, Esau, rekapitulierte Harteck die bislang erreichten Fortschritte. Mit einem neuen Rotor ausgestattet, hatte man nun auch bei der kleineren UZ-I einen Anreicherungsgrad von 5 % bei einer Tagesleistung von 7,5 g erzielt. Daraus extrapolierte er, dass mit dem großen Aggregat pro Tag 20 g um 10 % angereichertes U235 zu erreichen wäre. Mit ihrer Inbetriebnahme rechnete man im Januar 1944.[280)] Tatsächlich soll diese noch in den Versuchsbetrieb genommen worden sein. Wie viel Uran um welchen Betrag aber noch angereichert worden ist, lässt sich mangels Aufzeichnungen nicht belegen, die Zentrifugen sollen dabei aber bis zu 24 Stunden am Tag in Betrieb gewesen sein. Nachdem nun auch das Anschütz-Werk in Kiel im Juli 1944 zerbombt worden war, fand die weitere Forschung unter der in Kandern bei Freiburg liegenden „Angorafarm" statt. Unverzüglich machte sich Harteck dort mit seiner Mannschaft daran, den verbesserten Typ UZ-III B in Angriff zu nehmen. Doch das rasche Vorrücken der Alliierten machte eine erneute Umquartierung im September notwendig. Unter dem Vorhaben „SO 2" verstand man die nun folgende Verlagerung des Zentrifugen-Entwicklungswerkes nach Eutin bei Plön, „SO 1" galt der nun in Celle aufzustellenden UZ-III A. Die UZ-I sollte dagegen in Freiburg verbleiben. Infolge der Bombardierungen von Anschütz im Juli und schließlich Freiburg Ende November gingen viele bereits erstellte Komponenten, insbesondere für die UZ-III B, verloren, so dass diese nicht mehr aufgebaut werden konnte. Aufgrund materieller Engpässe verzögerte sich der Aufbau in einer Celler Spinnerei bis in den Februar 1945 hinein, obgleich Harteck seit Dezember auf die Inbetriebnahme drängte. Dort wurde einer der Rotoren bei einem am 12. März durchgeführten Testlauf durch Unwucht zerstört. Ein von Harteck umgehend in Angriff genommener Reparaturversuch kam aufgrund von Materialknappheit nicht mehr zum Tragen. Selbst die Idee, nach Instandsetzung der Betriebsarmaturen mit nur der halben

Anlage – eine der beiden Zentrifugen war ja intakt geblieben – fortzufahren, scheiterte.
Beyerle hatte die Komplexität der störanfälligen Doppelzentrifuge aber bereits erkannt und eine Vereinfachung mittels zehn hintereinandergeschalteter Einzelaggregate vorgeschlagen, die er unter der Bezeichnung „GZ 451" schon im Dezember 1944 Harteck unterbreitete. Martin insistierte diesbezüglich im Februar, während Beyerle seine Konstruktion noch am 16. April 1945 dem RFR anbot. Es kann angenommen werden, dass in Celle keine Anreicherung mehr stattfand. Was in diesem Zeitraum mit der UZ-I geschehen ist, ist unklar. Beide Anlagen sind von den Alliierten in Beschlag genommen worden. Die UZ-III B dagegen wurde unter britischer Aufsicht in Göttingen vollendet und nahm 1952 in Hamburg den Testbetrieb auf.281) Doch wo ist eine Verbindung nach Thüringen zu sehen? In einer nicht näher terminierten Zusammenfassung aller in Erforschung befindlicher Verfahren zur Isotopentrennung aus dem Jahr 1942 finden sich alle bis dahin in Angriff genommenen Experimente mit Zentrifugen: am II. PI der Berliner Universität sowie bei Harteck in Hamburg und Anschütz in Kiel.282) Die Nennung Berlins korrespondiert mit den Angaben aus dem weiter oben erwähnten Forschungsbericht des HWA aus dem Jahr 1942, in dem vom Aufbau einer luftbetriebenen Zentrifuge die Rede ist, die während eines Vorversuches mit 50.000 U/min lief.283) Diese ist definitiv nicht mit den Apparaturen von Anschütz zu verwechseln. Hier, am II. PI, legten die Physiker Werner Holz und Werner Schwietzke zum Jahresbeginn 1942 im Rahmen des HWA-Berichtes „Ergebnisse der Versuche zur Nutzbarmachung der Atomenergie bis Februar 1942" ihren Artikel „Ultrazentrifuge zur Trennung von Gasgemischen" vor. Beide Wissenschaftler fanden sich später im Team von Trinks bei seinen Hohlladungssprengversuchen zur Auslösung von Fusionsreaktionen wieder. Interessant ist, dass beide Anfang August 1944 direkt zu Schumann zur Abteilung Wissenschaft des AWA ins OKW berufen wurden.284) Ob dies im Zusammenhang mit der Übernahme der Leitung des Ersatzheeres durch Himmler anstelle des durch das Stauffenberg-Attentats kompromittierten Fromm geschah, ist nicht bekannt, aber durchaus naheliegend. Damit scheint es naheliegend, dass es am II. PI eine eigene Zentrifugen-Konstruktion gegeben hatte.

Es gab offensichtlich noch einen weiteren Hersteller für Zentrifugen: In der bereits genannten Zusammenfassung aus dem Archiv des Deutschen Museums befindet sich in dem Abschnitt

„Unmittelbare technische Vorhaben“ der Vermerk:

„[…] befinden sich Ultrazentrifugen bei den Firmen Anschütz (Kiel) und Phywe (Göttingen) in Bau.“[285)]

Bei Phywe handelt es sich um den Laboreinrichtungshersteller (für physikalische wie chemische Lehr- und Forschungsmittel) Physikalische Werkstätten AG (heute Phywe Systeme GmbH & Co KG) in Göttingen, die während des Krieges rüstungsrelevante Aufträge ausführten, darunter beispielsweise Komponenten des MG 42, Zünder und Nachrichtengeräte. Zu den Vorkriegserzeugnissen des 1913 von Gotthelf Leimbach gegründeten Unternehmens gehörte dagegen Laborgerät aller Art. Durch die gestiegene Nachfrage expandierte Phywe relativ schnell und richtete 1941 eine Dependance in Straßburg-Neudorf im Elsass ein. Ob sich daraus hinsichtlich feinmechanischer Apparate eine wie auch immer geartete Zusammenarbeit mit Hellige/Anschütz im benachbarten Freiburg ergab, kann nicht angegeben werden. Eine weitere Kapazitätserweiterung durch Hinzunahme eines weiteren Standortes in Lahr im Schwarzwald folgte. Die Geschäftsleitung zeigte sich mit den betriebswirtschaftlichen Ergebnissen des Dualismus ziviler/militärischer Fertigung deutlich zufrieden:

„Eine Reihe von Spezialerzeugnissen der Vorkriegszeit ist inzwischen kriegswichtig geworden.“

Auch wurden praktische Versuche im Auftrag des OKH für die WaPrüf 8 (Optik, Messwesen, Heereswetterdienst, Feuerleitung und Kartendruck) durchgeführt, womit sich einerseits eine direkte Verbindung zum HWA ergibt und was andererseits als Indiz für den wissenschaftlichen Charakter der dortigen Aktivitäten zu werten ist, da sich vor Ort auch die feinmechanischen Werkstätten des Unternehmens befanden, wie vom Stadtarchiv

Göttingen publiziert wird.[286]) Genauso wie Anschütz erging es 1944 auch Phywe: Die Elsässer und Badener Werke mussten gegen Ende 1944 evakuiert werden. Bezogen wurde ein angemietetes Objekt in Northeim, unweit Göttingens, und die bereits vorhandene Zweitniederlassung Elgersburg in Thüringen, direkt an Geraberg anschließend und nur wenige Kilometer westlich Ilmenaus gelegen.[287])

Welcher Natur waren die Anstrengungen von Phywe in der Causa „Ultrazentrifugen" für die Isotopentrennung? Wurde in Straßburg und abfolgend oder ggf. schon vorher parallel in Elgersburg daran gearbeitet? Lassen sich Diebners Bestellungen in Stadtilm (s. w. o.), bei denen sich ein technischer Zusammenhang zu den Zentrifugen finden lässt, mit Phywe in Verbindung bringen?
Zu ihrem heutigen Portfolio gehören Zentrifugen für laborseitige Analysen.
Doch lässt sich der Personenkreis, der an Zentrifugen zur Isotopentrennung arbeitete, noch erweitern. Einer von ihnen war Hans Bomke, der 1939 sein Werk über die Erzeugung von Atom- und Ionenstrahlen veröffentlicht hatte.[288]) Dieser war am KWI für Chemie mit der Isotopentrennung befasst, als er 1943 beim APS tätig wurde und sich Otterbein für ihn einsetzte, um ihn vor der Einberufung in die Wehrmacht zu verschonen und uk (unabkömmlich) stellen zu lassen.[289]) War Bomke in die Konstruktion von Zentrifugen involviert? Hierüber geben die „Chemischen Zentralblätter", die eine zeitgenössische Zusammenfassung aller Arbeiten auf dem Gebiet der Chemie (darunter auch physiklasche-, Elektro- und Nuklearchemie) darstellen, Aufschluss. Dort wird auf einen Vortrag Bomkes über „Die Utrazentrifuge und ihre Anwendungen" in der Fachzeitschrift „Naturwissenschaften" aus dem Juli/September 1944 verwiesen.[290]) Auch am KWI für Biochemie scheint man an den Zentrifugen geforscht zu haben: Dort war der Biochemiker Gerhard Schramm seit 1941 Leiter der Abteilung für Virusforschung. Nun findet sich von Schramm ein Artikel vom 15. Oktober 1941 in den „Chemischen Zentralblättern" über

„[d]ie luftgetriebene Ultrazentrifuge. Übersicht über die Grundzüge beim Bau von Ultrazentrifugen unter bes. Berücksichtigung der vom Vf. benutzten Ausführungsform.“[291)]

Der Text beinhaltet drei Aspekte: Erstens war auch das KWI für Biochemie in irgendeiner Weise an der Zentrifugenentwicklung beteiligt; was auch für Schramm gilt. Zweitens ist von einer luftgetriebenen Ausführung die Rede und drittens wird impliziert, dass diese Bauform seitens Schramm bereits zur Ausführung gekommen war. Folglich muss ein Apparat vorhanden gewesen sein, der nichts mit den Typen von Anschütz respektive Harteck gemein hatte. Handelte es sich eventuell um die bei Harteck erwähnte druckluftbetriebene Zentrifuge des II. PI?

Es lassen sich mehrere Indizien auffinden, die auf die Existenz einer Zentrifugalanreicherung im Bereich Ilmenaus schließen lassen: Neben der Dependance von Phywe (deren Arbeiten vor Ort an der Zentrifugentechnologie allein Basis einer Hypothese ist) lässt sich die von Diebner georderte vierstufige Dampfstrahlpumpe der Firma Leybold (Köln) den Zentrifugen direkt zuordnen. Gestützt wird diese Aussage nicht nur durch die belegbare Bauartbeschreibung (s. w. o.[211)]) der Anschütz-Zentrifuge, sondern wird ergänzt mit dem sich zeigenden Zusammenhang des bei der SH 200-Produktion erwähnten Schreibens Hartecks an Diebners: Unter Punkt 10 wird angefragt, ob

„[…] bald eine Prüfpumpe zum Abpressen [Unterdruck] der UZ-Rotoren, die bis 2000 atm geht, für Dr. Beyerle kurzfristig beschafft bzw. ausgeliehen werden […]“

kann.[292)] Auch könnte ein Teil der anvisierten Elektroinstallationen hier zum Einsatz hat kommen sollen. Hinterfragt man zudem den Sinn der in Stadtilm aufgestellten Luftverflüssigungsanlage,[208)] so können keine Verbindungen zu den beabsichtigten Reaktorversuchen konstruiert werden. Wohl aber verwendete man die flüssige Luft als Hilfsmittel zur dauerhaften, transportsichereren Lagerung von UF6.[293)] Das lenkt die Betrachtung auf die These, dass die Stadtilmer neben der SH 200 (D2O)-Produktion auch U235 anreichern wollten oder beides in geringem Volumen eventuell auch praktizierten. Ein weiteres Indiz stützt diese Theorie: Auch in einer von Georg Ribienski und Walter Schulte aufgestellten, tabellarischen Zusammenfassung aller im Raum Arnstadt angesiedelten Rüstungsbetriebe findet sich der Hinweis: „RLM Sonderwerk – Kisten 123° (Zentrifuge); Siemensteilbetrieb Mühlweg 3a"[294]. Die Niederlassung von Siemens & Halske in Arnstadt war Zulieferer der Luftrüstung. Welche Verbindungen und Synergien sich hierbei zur Zentrifugentechnologie ergaben, ist unklar. Siemens selbst arbeitete eng mit den Berliner Askania-Werken zusammen, die Gyroskope (Kreiselgeräte) für Flugzeuge sowie der V1/V2 produzierte. Aus einer vergleichbaren Produktionslinie entstammten die Zentrifugen bei Anschütz. Ob sich hieraus eine Verbindung konstruieren lässt, muss an dieser Stelle offenbleiben.

Der nun folgende Abschnitt stellt einen weiteren Ansatz dar: Wurde im Westen Thüringens, in dem etwa 25 km von Geraberg entfernten Schmalkalden, womöglich auch an der Urananreicherung oder der Transmutation gearbeitet? Blicken wir zurück: Der Physiker Dr. Alfred Richard Boettcher, seit 1935 Mitglied der SS und drei Jahre später auch der NSDAP, arbeitete seit 1939 an der Reichsuniversität Danzig auf dem Gebiet der Metallurgie.[295] Im Jahr 1943 wurde er durch Esau, der zu diesem Zeitpunkt das Nuklearprogramm leitete, eilends an die okkupierte niederländische Universität in Leiden versetzt.[296] Dort befand sich auch das renommierte physikalische Kamerlingh-Onnes-Institut mit seinen Laboratorien, in denen während des Krieges wichtige physikalische Forschungen durchgeführt wurden. Da sich etwa zur gleichen Zeit Heisenberg dort aufhielt und verschiedenen Physikern einen „Besuch" propagandistischer Natur abstattete, nahm das Interesse an den Forschungseinrichtungen sprunghaft zu. Es galt die Frage zu klären, inwieweit man die niederländischen Institute in reichseigene Forschungsprojekte integrieren lassen könnte. Die Alternativen reichten von Kooperationen über Okkupation bis zur Demontage. Von verschiedenen Institutionen wurde Equipment nach Deutschland verlagert; wie Teile des modernen Kältelaboratoriums u. a.

ins Konzentrationslager Dachau – wo an Häftlingen Tieftemperaturversuche durchgeführt wurden –, da die Einrichtungen der PTR bei einem Luftangriff beschädigt worden waren. Die Initiative hierzu war von Boettcher ausgegangen, der bereits im Sommer 1943 die Einbeziehung des gesamten Institutes in deutsche Vorhaben präferiert hatte297). 1944 wurde Esau zu Görings „Bevollmächtigten für die Hochfrequenztechnik" ernannt. Da er in dieser wie bereits in seiner vorangegangenen Funktion diverse Forschungs- und Entwicklungsaufträge an die Eindhovener Philips-Werke (die beispielsweise Hochspannungs-Kaskadengeneratoren als Neutronenquelle konstruierten) vergeben hatte, die bei Anmarsch der Alliierten im Herbst 1944 noch unvollendet waren, wurde deren wissenschaftlich-technische Ausstattung demontiert und nach Deutschland verlagert. Etwa zur gleichen Zeit war Boettcher damit beschäftigt, nahe der deutschen Grenze in Doetinchem (Gelderland) eine „Außenstelle Niederlande der Reichsstelle für Hochfrequenzforschung" einzurichten,298) die im Juni gebildet worden war.299) Hierzu bediente er sich der labortechnischen Materialien Philips, der Instituten der Universitäten Leiden und Amsterdam. Der Leitung des Kamerlingh-Onnes-Institutes war es dabei gelungen, wichtige Apparaturen wie den Hochspannungsgenerator der bevorstehenden Konfiszierung und Verlagerung zu entziehen, sie wurden durch die beteiligten Niederländer andernorts „verborgen". Heisenberg hatte vorher bereits mit den Argumenten insistiert, dass „kriegswichtige" Aufträge kontinuierlich fortzusetzen seien und deshalb keine Unterbrechung gestattet werden könne, auch, weil eine Demontage und die wiedererfolgende Installation der Einrichtungen auf Reichsgebiet zu aufwendig und zeitintensiv gewesen wären.300) Ob Boettcher allerdings ausschließlich auf dem Feld der Hochfrequenzphysik für die deutsche Funkmesstechnik aktiv war, muss hinterfragt werden: Bekannt ist aus neueren geschichtswissenschaftlichen Forschungen, dass er und seine Außenstelle sich auf Esaus Geheiß hin zweier Neutronengeneratoren aus Amsterdam und Leiden bemächtigen – entgegen den früheren Angaben, nach denen er der Anlage aus Leiden nicht habhaft geworden sein soll. Das Gerät aus der Universität in Amsterdam soll noch nicht betriebsbereit gewesen sein.301) Im Zuge der Besetzung Eindhovens durch die Alliierten während der Operation Market-Garden und deren Vormarsch Richtung Arnheim und Overloon stand eine neuerliche Verlagerung an: in Esaus Heimat nach Thüringen,302) nach Schmalkalden. Aus amerikanischen Dokumenten geht hervor, dass er dort offenbar als „Metallurge" ein Institut für Metallforschung betrieben hat. Seine Ausrüstung, einschließlich der niederländischen Neutronengeneratoren, führte er mit. Inwieweit sie dort zur Aufstellung beziehungsweise zum praktischen Einsatz gekommen sind, ist unklar. Es scheint naheliegend, das Boettcher sowohl in Doetinchem als auch Schmalkalden mit diesen Geräten in die kernphysikalische Forschung involviert gewesen zu sein scheint, wie es auch in einem amerikanischen Report aus dem Jahr 1959 erwähnt wird.303) Dies war während seiner Versetzung nach Leiden ja auch das Aufgabengebiet seines Vorgesetzten Esau gewesen, der sich bis Kriegsende nie ganz aus der Kernphysik verabschiedet hatte. Der gesamte Laborbestand ist nach dem Krieg von den Sowjets beschlagnahmt worden.304) Doch woran könnte Boettcher gearbeitet haben? Hier hilft es, seine Nachkriegskarriere und wissenschaftlichen Kontakte während des Krieges zu betrachten. Nachdem er und Esau in den Niederlanden wegen des Vorwurfs der Plünderung der Philips-Werke einige Jahre inhaftiert gewesen waren, wurde er Assistent in der Forschungsabteilung, deren Leitung er alsbald übernehmen sollte, Sparte Metallurgie bei der DEGUSSA. An dieser Stelle erinnern wir uns: Zu dem Fachgebiet der Metallurgie gehört auch die Produktion metallischen Urans – auf dem Gebiet war die DEGUSSA bereits aktiv gewesen. Gegen Ende der 50er Jahre wandten sich zwei Physiker an ihn: Richard Scheffel sowie sein österreichischer Kollege Gernot Zippe. Zippe, der während des Krieges für die Luftwaffe tätig war, befasste sich in Wien und München, wo er auf Clusius traf, mit der Isotopentrennung. Gemeinsam mit Max Steenbeck entwickelten Zippe und Scheffel auf „Empfehlung" von Ardennes im sowjetischen Suchomi bis 1955 ihre selbststabilisierende Ultrazentrifuge äußerst kompakter Bauart, im Format einer Thermosflasche. Die DEGUSSA nahm die Konzeption begeistert auf und stieg unter der Leitung Boettchers in die Entwicklung der Isotopentrennung ein. Die unter ihm fortgesetzten Arbeiten erwiesen sich als erfolgreicher als die von Groth im Kernforschungszentrum Jülich konstruierten, drei Meter Höhe messenden Varianten. Auf Drängen des

US-Präsidenten Kennedy und durch seinen Non-Proliferations-Kurs, was zum NPT führen sollte, wurde dann das privatwirtschaftliche Zentrifugen-Programm zu einem staatlichen, der Geheimhaltung unterliegenden transformiert, welches das Bundesland Nordrhein-Westfalen übernahm. Die Forschungen, zu deren wissenschaftlich-technischen Vorstand man Boettcher 1960 berief, wurden in Jülich gebündelt. Seine dortige Karriere endete allerdings bereits 1970 mit der Aufdeckung seiner Aktivitäten innerhalb der SS. Während der 50er Jahre einigten sich die Bundesrepublik Deutschland mit den Niederlanden auf eine enge Kooperation bei der Urananreicherung. Im Zuge dessen kam es zu einer Zusammenarbeit Boettchers mit seinem niederländischen Pendant, dem Atomphysiker Jacob Kistemaker. Beide kannten sich bereits aus der Leidener Zeit ab 1943, da Kistemaker im dortigen Kamerlingh-Onnes-Institut tätig war. Einer seiner Forschungsschwerpunkte waren theoretische Arbeiten zur Isotopentrennung mittels Ultrazentrifuge und das bereits während des Krieges. Hierüber verfasste er während der bilateralen Kooperation sein Manuskript „De Geschiedenis van het Nederlandse Ultracentrifuge Project. Hoe een nieuwe Industrie ontstond“[305].
Aus diesen Ereignissen lässt sich folgende Annahme konstatieren: Boettcher scheint sowohl in Doetinchem als auch in Schmalkalden direkt in kernphysikalische Forschungen involviert gewesen zu sein. Evaluiert man sein Tätigkeitsumfeld nach dem Krieg und seine wiederholten Verbindungen zu Kistemaker während und nach dem Krieg, liegt der Schluss nahe, dass er sich auch innerhalb dieser Phase mit der Isotopenseparation durch die Zentrifugaltechnologie beschäftigt hat. Sein Fachgebiet der Metallurgie käme ihm dabei entgegen.

Weitere Spuren könnten in die bielefeldnahen Ortschaften Oelde und Herzebrock führen, wo wir zwei Unternehmen mit nahezu analogem Portfolio für Zentrifugen und Separatoren finden:
Am 1. September 1893 gründeten Franz Ramesohl und Franz Schmidt unter dem Namen Ramesohl & Schmidt oHG in Oelde eine erste Werkstatt. Im September 1941 wurde das Unternehmen in „Westfalia Separator AG“ umbenannt (heute GEA Westfalia Separator Group GmbH). Bis

heute ist das Unternehmen in dieser Richtung aktiv, mit Schwerpunkt der Separierung von fluiden Gemischen.[306]) Ob das Unternehmen, das aktuell zahlreiche Rotationsmaschinen wie Zentrifugalseparatoren, Verdichter und Kältetechnik in ihrem Portfolio aufweist, irgendeine engere Verbindung zu unserer Thematik besitzt, wie auch Miele, bedarf der weiteren Nachforschung; zumindest existiert eine Verbindung aus dem Jahr 1938 (s. w. o.) mit dem Bau einer ersten Zentrifuge für die Isotopentrennung. Ebenso könnte es sich mit einer weitaus bekannteren Firma aus dem benachbarten Herzebrock verhalten. Wie bringen wir das 1899 von Carl Miele und Reinhard Zinkann gegründete Unternehmen mit der Materie der Zentrifugen in Verbindung? 1898 besuchte der Verkaufsreisende für Eisenwaren, Reinhard Zinkann, den Baustoffhandel von Carl Miele; mit ihm beschloss dieser, eine eigene Zentrifugenfabrik für haushaltsnahe Geräte zu errichten.[307]) Mit den für Reinigungszwecke oder auch Lebensmittel gefertigten Zentrifugen (einschließlich der eigenen Fabrikation von Elektromotoren) war Miele ab 1932 marktführend auf diesem Gebiet in Europa. In den Kriegsjahren musste die Produktion von Hausgeräten stark eingeschränkt werden;[308]) rüstungsrelevante Produktionen wie Steueranlagen von Torpedos hatten nun Vorrang.[309])
Was natürlich folgende Frage aufwirft: Waschmaschinen und Trockenschleudern sind doch etwas anderes als Isotopenseparatoren. Ist hier ein Zusammenhang nicht arg konstruiert? Aus heutiger Sichtweise ist dies ohne Einschränkungen zu bejahen. Seinerzeit waren diese Zentrifugen in ihrer technischen Basis relativ einfach aufgebaut und mit den handelsüblichen Technologien durchaus vergleichbar, handelt es sich bei beiden Systemen – der Wäscheschleuder und der chemisch-physikalischen Zentrifuge – ja um maschinelle Rotationskörper mit ähnlicher Konstruktionsweise. Auch die labortechnischen Zentrifugen der Firma Phywe unterscheiden sich in ihrem konstruktiven mechanischen Teil prinzipiell gar nicht so sehr davon. Und die Unternehmen könnten seinerzeit technischen Support geleistet haben, wie es beispielsweise der Installationsbetrieb Dobberkau in Celle für den Aufbau der UZ IIIa getan hat. Ganz abwegig ist ein Zusammenhang mit landwirtschaftlichen Zentrifugen aber nicht: Der amerikanische Experimentalphysiker Jesse Wakefield Beams entwickelte nach dem

Prinzip des Schweden Theodor Svedberg – auf den die Separation durch Ultrazentrifugation in den 20ern zurückgeht – eine Isotopentrennanlage für das Manhattan Project. Die Idee zu diesem Verfahren entnahm Beams dem Prinzip der Milchzentrifugen bei einer Molkereibesichtigung.[310)]

6.3 Thüringen – S III – Kernphysik – Uran: eine Bilanz

Kurt Diebner hatte in etwa seinen gesamten Forschungsbereich nach Stadtilm transferiert. Etliche seiner Mitarbeiter wie auch Gerlach unterstellte Wissenschaftler sollten folgen. Große Bereiche der PTR befanden sich bereits in der Umgebung. Weitere Institutionen, die in irgendeiner Art und Weise direkt oder indirekt Gerlachs Aufgabenfeld, die Kernphysik selbst oder beide, bloß tangierten, zogen in die umliegenden Gemeinden. Dieser Prozess war bei Kriegsende noch nicht abgeschlossen. Die Kumulierung verschiedener Institutionen mit einer auf diesem naturwissenschaftlichen Feld nachweisbaren Affinität lässt visuell ein kernphysikalisches Cluster greifbar erscheinen. Die gewagte These eines „Manhattan Projects" in Thüringen hält der Überprüfung zwar nicht stand, betrachtet man die Intention der Aussage aber universell, ist sie ihrem Charakter nach im Grundsatz gar nicht so abwegig. Lässt man nun den notwendigen gestalterischen Freiraum zu und emanzipiert sich von dieser These von der unmittelbar mit dem Begriff „Manhattan Project" assoziierten Narration, bei der von einem auf diversen Standorten verteilten, mit ganzen Divisionen an Mitarbeitern und Forschern ausgestatteten, mit astronomisch wirkenden Mitteln ausgestatteten und zielorientierten, zentralistisch gesteuerten Unterfangen berichtet wird, und konzentriert sich auf seine Basis, ihren Ursprung, scheint um Ilmenau ein kleinerer Artgenosse im Heranwachsen begriffen gewesen zu sein. War eine zentrale Lenkung durch Gerlach, Diebner oder gar die SS in Gestalt von Kammler geplant? Dieser soll am 31. Januar 1945 zum „Bevollmächtigten des Führers für Strahlenforschung" ernannt worden sein. Näher verifizierbar ist dies leider nicht.[311)]

Ein Schreibfehler in der Textwiedergabe scheint nicht vorzuliegen, denn alle Vollmachten zum „Generalbevollmächtigten für Strahlflugzeuge" erhielt Kammler erst am 27. März 1945. Vorher hatte sie im Namen Görings Kammhuber inne, der ihm nun unterstellt wurde.[312] Kammler wird ein Interesse an einer Kernwaffe nachgesagt, soll er doch während einer Besichtigung des Raketentestgeländes Leba, auf dem Rheinmetall-Borsig ihre mehrstufige Feststoffrakete „Rheinbote" erprobte, die Frage nach der Bestückung dieser mit einer Atombombe gestellt haben.[313] Im vorigen Kapitel haben wir die Ambitionen der SS auf dem Gebiet der Kernphysik kennenlernen dürfen. Gerlach wurde unter Druck gesetzt, Schumann denunziert wie partiell entmachtet und auch Speer war wiederholter Kritik ausgesetzt. Unter der freundlichen Mitarbeit von Spengler und Fischer versuchte sich der Schwarze Orden auch hier zu etablieren. Mit Größen wie Mentzel und Ohsenberg etc. hatte man Zugriff auf die wissenschaftlichen Errungenschaften und konnte sie lenken und fördern. Schwab oblag mit seiner Einrichtung die praxisorientierte Forschung, die durch Himmlers Position als Chef des Ersatzheeres der SS die Einflussnahme auf das Atomprogramm bescherte. Doch man wollte mehr: Nach dem Leiter des nach Ronneburg verlagerten Radiuminstitutes der PTR, Weiss, soll ihm gegenüber Beuthe, Chef der Abteilung V für Radioaktivität, der in seiner Zweitfunktion eine Position im SD innehatte, etwa 1943 geäußert haben, die SS beabsichtige, ein eigenes Kernforschungsinstitut aufzubauen.[314] Besteht hier ein Zusammenhang mit der am 22. Januar 1944 diskutierten Forschungsabteilung der Waffen-SS? Die waffentechnisch-wissenschaftliche Abteilung sollte Schwab unterstehen, Sievers oblagen die Belange auf dem allgemein wissenschaftlichen Sektor. Doch schon im April ist von Himmler gegenteilig entschieden worden: Die SS hatte keine eigene wehrwissenschaftliche Institution zu bilden. Die Hintergründe für die Selbstbeschränkung, die sämtliche Bestrebungen der SS, auf allen Gebieten an Kontrolle und damit Macht zu gewinnen, konterkarierte, verblieben im Dunkeln. Jedenfalls gewann die SS infolgedessen durch ihre nahezu überall installierten Adepten mehr und mehr an Einfluss.[315] Liegt es nun im Bereich des Möglichen, dass die SS in Thüringen den Versuch

unternahm, hier ein weitläufiges Zentrum der Forschung unter ihrer Führung zu etablieren?
In welcher Verbindung ist das Objekt S-III im Jonastal zu sehen?

Die Faktenlage zu S-III zeichnet ein deutliches Bild: Hier wurde mit allen noch zur Verfügung stehenden Mitteln unter Einbeziehung des bestmöglichen Planungsstabes und höchster Priorisierung der Versuch unternommen, unter der sich bietenden Situation des Krieges ein neues, wenn auch sehr kleines FHQ in den Fels zu schlagen – ohne Rücksicht auf Beteiligte zu nehmen und unter Inkaufnahme inhumaner Bedingungen der zwangsinvolvierten „Arbeitskräfte". Womit zum allgemeinen Verständnis die Insassen der Konzentrationslager gemeint sind.
Obwohl, wie bereits erläutert, der Stollenriss von eher simplem Charakter ist, wurde zu dessen Realisierung gleich ein ganzer Stab an bauingenieurseitigen wie architektonischen Koryphäen herangezogen, die mit den ihnen anvertrauten Projekten keineswegs zum Abschluss gekommen waren. Auch die Zusammenführung verschiedener Führungspersönlichkeiten von Kammlers Bauorganisation lässt aufhorchen. Waren diese – in welcher Weise auch immer – an S-III beteiligt? Oder warum wurden sie ausgerechnet hier versammelt?
Die Kumulierung verschiedener Entscheidungs- und Wissensträger wie auch der konstruktiven Kapazitäten wirft den Verdacht auf, dass es sich bei S-III nicht nur um die überschaubare bekannte Baustelle im Jonastal handelte, sondern um weitaus mehr.
Allerdings tritt bei detaillierter Betrachtung von S-III gleich ein ganzes Konvolut an Anhaltsmomenten auf, die berechtigte Zweifel an der faktenbasierten Variante offenkundig werden lassen. Diese oben detaillierter abgehandelten Sachverhalte wirken geradezu kontrafaktisch, ergeben sie doch neue Ansatzpunkte wie Indizienketten und scheinen die Aussagekraft des Etablierten einzuschränken.
Ging dem FHQ ein anderes Projekt aus der Rüstungswirtschaft oder der wissenschaftlichen Forschung voraus? Standen hier etwa mehrere potentielle Anwendungen in Konkurrenz zueinander? Ist etwa der Standort des FHQ ganz woanders zu verorten? Hätte Hitler tatsächlich ein FHQ be-

zogen, in dessen unmittelbarer Umgebung sich diverse rüstungsrelevante Forschungs- und Produktionsstätten befanden?

Zur Erinnerung: Nicht nur die hier aufgeführten Institutionen, die den wissenschaftlichen Bereich der Kernphysik betrafen oder tangierten, fanden hier eine neue Heimat, sondern auch Zulieferer und Fertigungswerke von Komponenten für die Luftrüstung und die Raketentechnologie. So wurden in den umliegenden Städten sowohl Komponenten für die V-2 hergestellt als auch Bachems „Natter" – ein Raketenpunktabfangjäger – oder Hortens Nurflügeljäger, Modell 9. Es kann als unstrittig gesehen werden, dass bei einem verlängerten Kriegsverlauf derartige Einrichtungen zu strategisch relevanten Zielen der alliierten Bomberverbände mutiert wären. Ob sich die Entourage einschließlich des Führers diesem Risiko ausgesetzt hätte, ist in Anbetracht existierender Alternativen doch schon fraglich. Und dann wäre auch noch die Frage nach der Komponente „Rüstungsverlagerung".

So könnte das von Cläre Werner beschriebene „Gestell" auf dem Truppenübungsplatz Ohrdruf auch der Startlafette der Natter zugeordnet werden. Die ersten versuchsweise eingerichteten Startrampen auf dem Truppenübungsplatz Heuberg (Sigmaringen [Baden-Württemberg]) und nahe Kirchheim unter Teck waren im Zuge des alliierten Vormarsches unbrauchbar geworden.316) Für das von der SS übernommene Projekt wurde bereits ab Januar auf dem Ohrdrufer Militärgelände mit der Errichtung einer neuen Startrampe begonnen. Zu diesem Zweck beorderte man Experten der Kraftfahrttechnischen Lehranstalt der Waffen-SS aus Wien hierher.317)

Das hier vorzufindende Spurenbild bietet Raum für folgendes Anhaltsmoment: An die Ausweichstandorte der PTR, insbesondere in Weida, wurden werthaltige, in diesem Kriegsstadium praktisch unersetzbare Ausrüstungsgegenstände der Laboratorien verlagert, um sie der Zerstörung durch Luftangriffe zu entziehen. Die gewählten Immobilien erschienen der Praxis der Prophylaxe nicht zu genügen, weshalb man sich der Planung einer Untertageanlage widmete. Auch die kostbaren wie seltenen Uranschmelzöfen hatten in Stadtilm luftgeschützt untergebracht zu werden, um ihre Verlagerung nicht zu konterkarieren. Von den anderen für Diebners

Gruppe vor Ort nachweisbaren technischen Apparaturen kann dies nicht gesagt werden. Wo sollten z. B. die Vakuumpumpen und Transformatoren seiner letzten Bestellungen sicher aufgestellt werden? Wo war die Unterbringung der Hochkonzentrierelektrolyseure und der „kleinen Stalinorgel" vorgesehen? Dass jene hochsensiblen Technologien vor Feindeinwirkung protektioniert wurden, ist anzunehmen, da sonst deren Verlagerung ad absurdum geführt worden wäre und sich dem allgemeinen logischen Verständnis von schützenswerten Gütern entzöge. Dass ein profanes Schulgebäude, ein simpler Keller oder eine fragile Lagerhalle den virulenten alliierten Einflüssen Genüge leisten würden, ist obskur. Für alle in der Rüstungswirtschaft als systemrelevant angesehenen Produktionszweige sind Untertage-Verlagerungen vorgesehen gewesen. Dabei war es vollkommen unerheblich, ob die reale Feindlage eine Ausführung überhaupt noch gestattete. Über den Sinn von mehrmonatigen Bauprojekten zu diesem Zeitpunkt soll hier nicht philosophiert werden. Dem systemimmanenten Sinn politischer Natur nach diente die Gewährung von Rüstungsgütern dem Erhalt der Wehrkraft und sicherte die Existenzgrundlage des Nationalsozialismus, mehr noch dessen Führungseliten, vor der unabwendbaren Strafgerichtsbarkeit der Sieger. So kann mit Recht interpoliert werden, dass jener Modus Operandi auch auf die Kernphysik anzuwenden ist. Ganze Industriezweige verschwanden unter die Erde; bei den Einrichtungen unter Gerlachs Obhut eine Ausnahme zu machen, zumal gerade die SS diesen eine hohe Bedeutung beimaß, wäre kontrafaktisch. Für Diebners Einrichtungen eine luftgeschützte Unterbringung zu schaffen, hätte dem Geist der U-Verlagerung der PTR in Weida, dem Zyklotron im Örtelsbruch und dem „Felsenkeller" in Haigerloch entsprochen. Sich auf Basis der Grundlage eines potentiellen FHQ der These zu verschließen, dass Teile der untertägigen Auffahrungen namens „S-III" eventuell in ihrem Ursprung für diesen Verwendungszweck vorgesehen waren, wäre bis zur abschließenden Klärung des Sachverhaltes ausgesprochen unvernünftig.

Denn wie wir im ersten Abschnitt dieses Kapitels bereits gesehen haben, war zwar ab Mitte 1944 seitens des OKW ein neues FHQ im mitteldeutschen Raum anvisiert worden, doch die eigentlichen Bestrebungen gingen in eine ganz andere Richtung. In jenem Sommer wähnte man sich offenbar selbst in der Rastenburger Wolfsschanze seiner Haut nicht mehr sicher, die Ostfront rückte unaufhaltsam näher. In den verschiedensten für Hitler errichteten Bauten rechnete man mit seiner Ankunft. Mitte Juni 1944 hatte dieser sich am Obersalzberg umfassend über den Ausbaustatus seiner Ausweichquartiere informieren lassen. In jener Besprechung zu den optionalen FHQ am 20. Juni bestand er auf eine möglichst einfach gehaltene Innenausstattung, ohne Holzverkleidung oder Ähnlichem. Also genau auf das Gegensätzliche, was in Bezug auf die Stollen im Jonastal kolportiert wird. Man stellte bei dieser Zusammenkunft allerdings auch eine beunruhigende Zersplitterung der eingesetzten Ressourcen auf allen FHQ-Baustellen fest. Dieser Tendenz sollte Abhilfe geschaffen werden. In der darauf stattfindenden Unterredung zwischen dem Führer und dem Wehrmachtsführungsstab in der Wolfsschanze vom 24. August wurde beschlossen, die bisherigen Einsatzmittel der IG Schlesien, für den Bau des Komplexes „Riese“ verantwortlich, abzuziehen und nach Berchtesgaden und Zossen zu verbringen.[318)] Die Industriegemeinschaft Schlesien war im Eulengebirge als eigenständige Bauorganisation tätig, analog der Arbeitsgemeinschaft Obersalzberg. Die OT, wahrscheinlich mangels erkennbaren Baufortschritts schon ab dem Frühjahr vor Ort, übernahm daraufhin die Baustellen in Niederschlesien als Oberbauleitung „Riese“ vollständig. Bedeutete dies eine Degradierung des Projektes „Riese“ zugunsten der beiden anderen? Hitler hielt an „Riese“ fest, wenn auch mit Einschränkungen; zunächst sollten nur der Block I und von Block II nur vier Abschnitte ausgeführt werden. Ferner hatte die Anlage Schloss Fürstenstein derart forciert zu werden, dass sie bereits Anfang November bezugsfertig sein hätte können. Im Block „Lothar“ hatten die Abschnitte I und II mit höchster Intensität vorangetrieben zu werden. Alle weiteren Anlagen seien zurückzustellen und anschließend zu bauen. Im Rahmen der Besprechung am 24. August wurde nach den Aufzeichnungen Gustav Streves, des Kommandanten der FHQ, festgehalten, dass sämtliche oberirdische Bauten zugunsten der Stollenanlagen für die Aufnahme der militärische Stäbe nachrangig umzusetzen seien.[319)] Tatsächlich scheint sich Hitler zeitweise mit dem Gedanken befasst zu haben, seinen Regierungssitz vollständig auf den Berghof zu verlagern. Hierzu traf er die Weisung, auf dem Gelände der in der Berchtesgadener Region befindlichen Kaserne in Strub (Bischofswiesen) durch die OT einen mehrgeschossigen, massiven Bunker für die Aufnahme der wichtigsten Organe des OKW und OKH zu schaffen, da die Auffahrung von unterirdischen Schutzräumen auf sich warten ließ. Dies war nach Bormann nur realisierbar, wenn Teile der IG Schlesien und der OT-Bauleitung nach Berchtesgaden hin verlegt würden. Tatsächlich wurde mit dem Bau des Bunkers, Deckname „Serail", noch begonnen – wie auch der weitere Ausbau der Untertageanlagen im Obersalzberg.[320]) Hierfür und für die weiteren Ausbaupläne (s. w. o.) wurde ebenfalls die OT hinzugezogen. Die seit Herbst 1944 tätige Oberbauleitung „Lothar" wurde zu Beginn des Jahres 1945 in „Sonderbauleitung Berchtesgaden" umbenannt.[321]) Ebenfalls zeitlich parallel begann der Ausbau eines FHQ in der Nähe Berlins, auf dem Gelände des OKH in Zossen. In dem während des Krieges fertiggestellten Erweiterungskomplex „Maybach II", der in den letzten Kriegsmonaten den Wehrmachtsführungsstab aufnahm, waren mehrere bunkerähnliche Betongebäude für Hitler freigehalten worden. Im September 1944 hatte die OT bereits mit der Errichtung eines „Arbeitsbunkers" als zentrales Element eines FHQ für den Führer und seine engste Entourage begonnen. Die Nutzfläche dieses Bunkers war mit 1.180 qm wesentlich größer als die 700 qm des Luftschutzbunkers unter der neuen Reichskanzlei, in der Hitler seine letzten Tage verbringen sollte. Da dieser jedoch eine Aversion gegen die allzu große Nähe seiner Generalität hegte, offenbar auf dem Misstrauen seit dem Attentat durch Stauffenberg gegründet, befand er den von der Heeresbauleitung erstellten Komplex als zu unsicher, was sich während des Bombenangriffes der U. S. Air Force am 15. März 1945 nicht bestätigte; die verbunkerten Bauwerke hielten den Bomben stand.[322])

Was sagt uns das im Abschluss?

Im Rahmen der allerletzten Anstrengungen in der Agonie des Dritten Reiches, für Hitler noch einen adäquaten Ausweichsitz zu schaffen, findet das Projekt im Jonastal nicht einmal mehr Erwähnung. Mag es daran liegen, dass es unabhängig von den etablierten bauleitenden Administrationen von der SS geführt wurde? Oder kann dieser Umstand doch als Indiz dafür gewertet werden, dass im Jonastal doch etwas ganz anderes projektiert wurde? Fragen bleiben.

Anmerkung zur geologischen Exploration des Raumes Jonastal/TÜP Ohrdruf:

Die moderne Ingenieurswissenschaft und die angewandte Geophysik bieten zunehmend die Möglichkeit, den Rätseln der Hinterlassenschaften des Zweiten Weltkrieges, die sich unter der Oberfläche verbergen, ihre letzten Geheimnisse zu entlocken. Mittels LIDAR (Laser Imagine Detecting And Ranging) wäre ein exaktes Bodenprofil darstellbar, auf dem etwaige Anomalien in der Topographie aufgespürt werden können.
Moderne Hochleistungsinfrarotkameras sind in der Lage, minimale Temperaturdifferenzen abzubilden, die durch oberflächennahe Objekte oder Luftströmungen verursacht werden. Durch Bodenradar und Geoelektrik/Geomagnetik lassen sich auch tieferliegende, anthropogene Strukturen nicht invasiv (zerstörungsfrei) charakterisieren. Dabei kann die Geomagnetik großflächig aus der Luft zum Einsatz gelangen, da größere Hohlräume, insbesondere bei Anwesenheit von Metallen oder Beton (mit denen im Stollenbau durchaus gerechnet werden kann) bei diesem Potentialverfahren stets einen „Fingerabdruck" hinterlassen. Sich gegenseitig ergänzend seien die geoelektrischen Verfahren nach Wenner, Schlumberger und zur Identifizierung kleinster Strukturen eventuell die Dipol-Dipol-Methode anzuwenden. Auch das sich für Ingenieurbauten im Untergrund bewährte Fachgebiet der Geoseismik stünde für investigative Bodenanalysen zur Verfügung; wobei sich eine Kopplung der speziell für die ingenieursgeotechnisch prädestinierte Refraktionsseismik mit der Reflexionsmethode zur Eliminierung von Unschärfen anbietet. Nach Lokalisierung eines Verdachtsbereiches können nach Definition eines Rasters Bohrlochmessungen mit Radar und Seismik weitere Aufschlüsse liefern. Sämtliche Verfahren sind erprobt und kommen erfolgreich zur Anwendung. Der Aufwand und der Einsatz von Mitteln ist bei den erstgenannten Methoden zudem sehr überschaubar.

Solange jedoch der Aufklärung divergierende Interessen negierend gegenüberstehen, darf von einer umfassenden Untersuchung Abstand genommen werden, was – dezent ausgedrückt – im Imperativ steht. Dabei läge eine vollständige, lokale Objektanalyse durchaus im Bereich des Möglichen, nachdem retrospektiv die militärische Komponente des ehemaligen TÜP Ohrdruf durch die Strukturreform der Bundeswehr obsolet geworden ist. Denn es darf nicht aus dem visuellen Feld verwiesen werden, dass eine geotechnische Bodenanalyse auch zum Auffinden von militärischen Altlasten beitragen kann. Synergetisch ergibt sich gerade vor dem Hintergrund der politischen Konstellationen die Situation, dass Wegsehen und Ignorieren den Nährboden für Spekulationen und Mythen des Dritten Reiches bilden, mehren und gerade jenen konspirativen Strömungen zum Wohle gereichen, die den Synonymen „Recht und Verfassung" devastierend gegenüberstehen.

---

1) Walter Naasner: Neue Machtzentren in der deutschen Kriegswirtschaft 1942–1945 (Schriften des Bundesarchivs 45), Boppard am Rhein, 1994, Harald Boldt Verlag, S. 34 ff.

2) Willy Schilling: Hitlers Trutzgau – Thüringen im Dritten Reich, Bd. I, Quedlinburg, 2005, Verlag Dr. Bussert & Stadeler, S. 61 f.

3) Dieter Zeigert: Hitlers letztes Refugium? – Das Projekt eines Führerhauptquartiers in Thüringen 1944/45, München, 2003, Literareon im Herbert Utz Verlag, S. 143 ff.

4) Ebd., S. 154 f.

5) Ebd., S. 156.

6) Wolfgang Kampa: Zeitleiste Jonastal 1933–1945, in: Geheimnis Jonastal – Vereinszeitschrift der Geschichts- und Technologiegesellschaft Großraum Jonastal e. V., Nr. 11, 2011, Arnstadt, Maempel-Druck Ilmenau, S. 39 ff.

7) Dieter Zeigert: Hitlers letztes Refugium? – Das Projekt eines Führerhauptquartiers in Thüringen 1944/45, München, 2003, Literareon im Herbert Utz Verlag, S. 156 f.

8) Wolfgang Kampa: Zeitleiste Jonastal 1933–1945, in: Geheimnis Jonastal – Vereinszeitschrift der Geschichts- und Technologiegesellschaft Großraum Jonastal e. V., Nr. 11, 2011, Arnstadt, Maempel-Druck Ilmenau, S. 44 ff.

9) Vergleiche hierzu: Hans Walter Wichert: Decknamenverzeichnis deutscher unterirdischer Bauten, Ubootbunker, Ölanlagen, chemischer Anlagen und WIFO-Anlagen des zweiten Weltkrieges, Marsberg, 1999, Verlag Joh. Schulte. In den Auflistungen der einzelnen Anlagen werden die diversen Verwendungszwecke und Umwidmungen angegeben.

10) Dieter Zeigert: Hitlers letztes Refugium? – Das Projekt eines Führerhauptquartiers in Thüringen 1944/45, München, 2003, Literareon im Herbert Utz Verlag, S. 11.

11) Ebd., S. 27.

12) Vgl. hierzu: Franz W. Seidler, Dieter Zeigert: Die Führerhauptquartiere – Anlagen und Planungen im Zweiten Weltkrieg, 2004, F. A. Herbig Verlagsbuchhandlung.

13) Denkmaldatenbank Brandenburg, Objekt 09115532, Stand 22.02.2020. Online abrufbar: www.gis-bldam-brandenburg.de; und weiterführend Bunkermuseum Fuchsbau, Bad Saarow. Online abrufbar: www.bunkermuseum-fuchsbau.de.

14) Vgl. hierzu: Hans Walter Wichert: Decknamenverzeichnis deutscher unterirdischer Bauten, Ubootbunker, Ölanlagen, chemischer Anlagen und WIFO-Anlagen des zweiten Weltkrieges, Marsberg, Verlag Joh. Schulte, 1999.

15) Dieter Zeigert: Hitlers letztes Refugium? – Das Projekt eines Führerhauptquartiers in Thüringen 1944/45, München, 2003, Literareon im Herbert Utz Verlag, S. 29 ff.

16) Ebd., S. 41 ff.

17) Ebd., S. 244 f.

18) Ebd., S. 43. Ergänzend dazu Dieter Zeigert: Jonastal – Zweck und Umfang des Bauvorhabens, in: Geheimnis Jonastal – Vereinszeitschrift der Geschichts- und Technologiegesellschaft Großraum Jonastal e. V., Nr. 7, 2007, Arnstadt, Maempel-Druck Ilmenau, S. 43.

19) Ebd., S. 34. Ergänzend dazu: Dieter Zeigert: Jonastal – Zweck und Umfang des Bauvorhabens, in: Geheimnis Jonastal – Vereinszeitschrift der Geschichts- und Technologiegesellschaft Großraum Jonastal e. V., Nr. 7, 2007, Arnstadt, Maempel-Druck Ilmenau, S. 43.

20) Ebd., S. 35.

21) Das Landesarchiv Nordrhein-Westfalen, Abteilung Rheinland, enthält zu dieser Firma folgenden Eintrag: Ordnungsnummern 1709–1712, Aktenzeichen: HRB 2408, HRB 85 und HRB 2172, Müller und Co, Hoch und Tiefbau GmbH, Hoch- und Tiefbau Müller GmbH, Essen, 1932–1977, Bauunternehmen, Baumaschinenhandel, Baustoffhandel.

22) Vgl. hierzu: Hans Walter Wichert: Decknamenverzeichnis deutscher unterirdischer Bauten, Ubootbunker, Ölanlagen, chemischer Anlagen und WIFO-Anlagen des zweiten Weltkrieges, Marsberg, 1999, Verlag Joh. Schulte, S. 18.

23) Dieter Zeigert: Hitlers letztes Refugium? – Das Projekt eines Führerhauptquartiers in Thüringen 1944/45, München, 2003, Literareon im Herbert Utz Verlag, S. 45 f.

24) Ebd., S. 253.

25) Ebd., S. 45.

26) Markus Gleichmann, Ronny Dörfer: Geheimnisvolles Thüringen – Militär- und Rüstungsobjekte des Dritten Reiches, Zella-Mehlis/Meiningen, 2011, Heinrich-Jung-Verlagsgesellschaft, S. 19, 91, 223 und 133.

27) Dieter Zeigert: Hitlers letztes Refugium? – Das Projekt eines Führerhauptquartiers in Thüringen 1944/45, München, 2003, Literareon im Herbert Utz Verlag, S. 89 mit Bezug auf das auf S. 46 wiedergegebene Dokument.

28) Günter Nagel: Wissenschaft für den Krieg – Die geheimen Arbeiten der Abteilung Forschung des Heereswaffenamtes, Franz Steiner Verlag, Stuttgart, 2012, S. 228 ff.

29) Robert Bouchal, Johannes Sachslehner: Unterirdisches Österreich – Vergessene Stollen, Geheime Projekte, Wien, Graz, Klagenfurt, 2013, Verlagsgruppe Styria, S. 118 ff.

30) Ebd., S. 114 f.

31) Bundesministerium des Inneren der Republik Österreich (Hrsg.), Barbara Schätz, KZ-Gedenkstätte Mauthausen – Mauthausen Memorial Forschung, Dokumentation, 2009, Information Queiser GmbH, S. 71 f.

32) Dieter Zeigert: Hitlers letztes Refugium? – Das Projekt eines Führerhauptquartiers in Thüringen 1944/45, München, 2003, Literareon im Herbert Utz Verlag, S. 35 f.

33) Ebd., S. 44 f.

34) Ebd., S. 38 f.

35) Dieter Zeigert: Jonastal – Zweck und Umfang des Bauvorhabens, in: Geheimnis Jonastal – Vereinszeitschrift der Geschichts- und Technologiegesellschaft Großraum Jonastal e. V., Nr. 7, 2007, Arnstadt, Maempel-Druck Ilmenau, S. 43 f.

36) Vgl. hierzu: Jens-Christian Wagner: Produktion des Todes – Das KZ Mittelbau-Dora, Göttingen, 2015, Wallstein Verlag, S. 72 ff. (Kapitel II Abschnitt 3) und Bertrand Perz: Das Projekt „Quarz“ – Der Bau einer unterirdischen Fabrik durch Häftlinge des KZ Melk für die Steyr-Daimler-Puch AG 1944–1945, Innsbruck, Wien, Bozen, 2014, Studien Verlag, S. 165 ff.

37) Dieter Zeigert: Hitlers letztes Refugium? – Das Projekt eines Führerhauptquartiers in Thüringen 1944/45, München, 2003, Literareon im Herbert Utz Verlag, S. 74 ff.

38) Ebd., S. 83.

39) Hans Walter Wichert: Decknamenverzeichnis deutscher unterirdischer Bauten, Ubootbunker, Ölanlagen, chemischer Anlagen und WIFO-Anlagen des zweiten

Weltkrieges, Marsberg, 1999, Verlag Joh. Schulte, Auflistung der A-Bauten: S. 154. Zu den einzelnen Objekten: A7/A9/A10: S. 23; A8: S. 73; A8b: S. 75.

40) Dieter Zeigert: Hitlers letztes Refugium? – Das Projekt eines Führerhauptquartiers in Thüringen 1944/45, München, 2003, Literareon im Herbert Utz Verlag, S. 254. Siehe auch den Vortrag von Christoph Maier, wiedergegeben in: Markus Gleichmann: Rüstung unter Tage – Konferenz zwischen Wissenschaft und Ehrenamt, in: Geheimnis Jonastal – Vereinszeitschrift der Geschichts- und Technologiegesellschaft Großraum Jonastal e. V., Nr. 15, 2015, Arnstadt, Maempel-Druck Illmenau, S. 45.

41) Siehe www.kz-dachau-allach.de. Ein britischer Nachtangriff am 09. März 1943, der zum vollständigen Produktionsausfall des Hauptmotorenwerkes von BMW in Milbertshofen (München) führte, erzwang eine komplette Auslagerung der Produktion in das noch im Aufbau befindliche Werk in Allach und zeigte deutlich die Sensibilität von derart für die Luftrüstung prägnanten Zulieferern. Da aber auch Allach als zunehmend luftkriegsgefährdet galt, war eine weitere Verlagerung in verbunkerte oder unterirdische Einrichtungen unumgänglich. In Allach selbst wurde unter der Leitung des Jägerstabes ein Großbunker, Deckname „Walnuss“ (ebenfalls heute in Nutzung durch das MTU), durch die SS errichtet. Zu den alternativen Standorten einer U-Verlagerung gehörte auch das Objekt A9 bei Markirch. Die Hauptproduktion sollte nach den Vorstellungen des RLM ursprünglich in das Bergwerk Tiercelet verbracht werden, das schließlich dem Volkswagenwerk Fallersleben für die V1-Produktion zugeschlagen wurde. Die vollständige Auslagerung aller Fertigungsanlagen in das besetzte Frankreich forderte jedoch einen enormen logistischen wie bergbaulichen Aufwand, der seitens BMW anfangs mit der Begründung eines drohenden Produktionsrückganges während der laufenden Verlagerung gescheut wurde. Vgl. hierzu: Constanze Weber: Kriegswirtschaft und Zwangsarbeit bei BMW, München, 2006, Oldenbourg Verlag, S. 174 ff.

42) Wolfgang Gückelhorn: Lager Rebstock – Geheimer Rüstungsbetrieb in Eisenbahntunnels der Eifel für V2-Bodenanlagen 1943–1944, Aachen, 2009, Helios Verlag, S. 23 ff. und S. 39 f.

43) Guido Prignitz: Deckname „Zeisig“ – Dokumentation zum Treis-Buttriger Tunnel und zum Außenlager Kochem-Buttrig-Treis, Kiel, 2016, Buchwerft Breitschuh & Kock, S. 221.

44) Ebd., S. 224.

45) Wolfgang Faller: Das Lager Rebstock 1943/44 – Rüstungsbetrieb und KZ im Ahrtal, in: Blätter zum Land, Nr. 70, hrsg. vom NS-Dokumentationszentrum

Rheinland-Pfalz, Gedenkstätte KZ Osthofen der Landeszentrale Politische Bildung Rheinland-Pfalz, S. 4 f. und S. 11.

46) Dieter Zeigert: Hitlers letztes Refugium? – Das Projekt eines Führerhauptquartiers in Thüringen 1944/45, München, 2003, Literareon im Herbert Utz Verlag, S. 90.

47) Hans Walter Wichert: Decknamenverzeichnis deutscher unterirdischer Bauten, Ubootbunker, Ölanlagen, chemischer Anlagen und WIFO-Anlagen des zweiten Weltkrieges, Marsberg, 1999, Verlag Joh. Schulte, Auflistung der C-Bauten: S. 162; Auflistung der C-1 Bauten: S. 163 f.

48) Markus Gleichmann, Ronny Dörfer: Geheimnisvolles Thüringen – Militär- und Rüstungsobjekte des Dritten Reiches, Zella-Mehlis/Meiningen, 2011, Heinrich-Jung-Verlagsgesellschaft, S. 56 f.

49) Frank Döbert: Wer nicht durchhält, fährt ab oder krepiert, in: Geheimnis Jonastal – Vereinszeitschrift der Geschichts- und Technologiegesellschaft Großraum Jonastal e. V., Nr. 16, 2016, Arnstadt, Maempel-Druck Ilmenau, S. 51.

50) Vgl. hierzu: Jens-Christian Wagner: Produktion des Todes – Das KZ Mittelbau-Dora, Göttingen, 2015, Wallstein Verlag, zu Sorge und Hack siehe S. 627.

51) Ebd., S. 313.

52) Markus Gleichmann, Ronny Dörfer: Geheimnisvolles Thüringen – Militär- und Rüstungsobjekte des Dritten Reiches, Zella-Mehlis/Meiningen, 2011, Heinrich-Jung-Verlagsgesellschaft, S. 67 ff.

53) Dieter Zeigert: Hitlers letztes Refugium? – Das Projekt eines Führerhauptquartiers in Thüringen 1944/45, München, 2003, Literareon im Herbert Utz Verlag, S. 90.

54) Bertrand Perz: Das Projekt „Quarz" – Der Bau einer unterirdischen Fabrik durch Häftlinge des KZ Melk für die Steyr-Daimler-Puch AG 1944–1945, Innsbruck, Wien, Bozen, 2014, Studien Verlag, S. 216.

55) Dieter Zeigert: Hitlers letztes Refugium? – Das Projekt eines Führerhauptquartiers in Thüringen 1944/45, München, 2003, Literareon im Herbert Utz Verlag, S. 40.

56) Frank Döbert: Zeitreise durch die „Alpenfestung" – Was Thüringen und das Salzkammergut verbindet, in: Geheimnis Jonastal – Vereinszeitschrift der Geschichts- und Technologiegesellschaft Großraum Jonastal e. V., Nr. 13, 2013, Arnstadt, Maempel-Druck Ilmenau, S. 48.

57) Rainer Fröbe: Hans Kammler – Technokrat der Vernichtung, in: Ronald Smelser, Enrico Syring: Die SS: Elite unter dem Totenkopf, Paderborn, 2003, Verlag Ferdinand Schöningh, S. 306.

58) Klaus-Peter Schambach, Florian Massinger: Hans Kammer – Die Suche geht weiter, in: Geheimnis Jonastal – Vereinszeitschrift der Geschichts- und Technologiegesellschaft Großraum Jonastal e. V., Nr. 3, 2004, Arnstadt, Maempel-Druck Illmenau, S. 34.

59) Frank Döbert: Wer nicht durchhält, fährt ab oder krepiert, in: Geheimnis Jonastal – Vereinszeitschrift der Geschichts- und Technologiegesellschaft Großraum Jonastal e. V., Nr. 16, 2016, Arnstadt, Maempel-Druck Ilmenau, S. 51.
60) Dieter Zeigert: Hitlers letztes Refugium? – Das Projekt eines Führerhauptquartiers in Thüringen 1944/45, München, 2003, Literareon im Herbert Utz Verlag, S. 254.
61) Bundesarchiv Berlin, Signatur BDC SSO Oldeboershuis, Gerrit 21.03.95 und R3101 31190 059. Veröffentlicht von Klaus-Peter Schambach, 21.10.2004, www.gtgj.de, zu Gerrit Oldeboershuis.
62) Frank Döbert: Wer nicht durchhält, fährt ab oder krepiert, in: Geheimnis Jonastal – Vereinszeitschrift der Geschichts- und Technologiegesellschaft Großraum Jonastal e. V., Nr. 16, 2016, Arnstadt, Maempel-Druck Ilmenau, S. 51.
63) DEST: Deutsche Erd- und Steinwerke, ein SS-eigenes Unternehmen, das zur Gewinnung von Baumaterialien (Steinbrüche, Ziegeleien) für die Errichtung von Verwaltungs-, Kasernen-, teilweise industriellen Bauten, aber auch KL-Gebäuden diente und an verschiedenen KL-Standorten wie Flossenbürg oder Mauthausen ansässig war. Ihr wichtigster Standort war St. Georgen an der Gusen in Niederösterreich; hier bestand eine enge Verbindung mit SDP. Die DEST war Teil der SS-Holding „Deutsche Wirtschaftsbetriebe" DWB, denen das WVHA vorstand. Wagenkontrollbücher: Protokolle des schienengebundenen Güterverkehrs der KL Mauthausen/Gusen.
64) Dieter Zeigert: Hitlers letztes Refugium? – Das Projekt eines Führerhauptquartiers in Thüringen 1944/45, München, 2003, Literareon im Herbert Utz Verlag, S. 114 f.
65) Ebd., S. 168.
66) Helga Raschke: Das Außenkommando S-III und die Bauvorhaben im Jonastal, hrsg. von der Landeszentrale für politische Bildung Thüringen, Meiningen, 2005, Resch Druck, S. 12.
67) Adrian Ermel: Mit Glück und Geschick das Überleben sichern – Neue Einblicke in das Überleben der Häftlinge von S-III, in: Geheimnis Jonastal – Vereinszeitschrift der Geschichts- und Technologiegesellschaft Großraum Jonastal e. V., Nr. 10, 2010, Arnstadt, Maempel-Druck Illmenau, S. 10 f.
68) Ute Dillard: „Ich arbeitete in einer großen Halle" – Interview mit Henry, in: Geheimnis Jonastal – Vereinszeitschrift der Geschichts- und Technologiegesellschaft Großraum Jonastal e. V., Nr. 14, 2014, Arnstadt, Maempel-Druck Ilmenau, S. 9 f.
69) Gerhardt Remdt, Günter Wermusch: Rätsel Jonastal: Die Geschichte des letzten „Führerhauptquartiers", Zella-Mehlis/Meiningen, 1998, Heinrich-Jung-Verlagsgesellschaft, S. 107.

70) Ute Dillard: Nicht an den nächsten Tag denken und den jetzigen überstehen, das bedeutete Überleben – Interview mit Maximilian K., in: Geheimnis Jonastal – Vereinszeitschrift der Geschichts- und Technologiegesellschaft Großraum Jonastal e. V., Nr. 12, 2012, Arnstadt, Maempel-Druck Ilmenau, S. 17.

71) Bericht des ehemaligen Häftlings Leon Kolenda (BwA 31/1053), Stiftung Gedenkstätte Buchenwald und Mittelbau-Dora. Online abrufbar: www.gtgj.de, unter der Rubrik „Dokumentation/Zeugenaussagen".

72) Wolfgang Kampa: Zeitleiste Jonastal 1933–1945, in: Geheimnis Jonastal – Vereinszeitschrift der Geschichts- und Technologiegesellschaft Großraum Jonastal e. V., Nr. 11, 2011, Arnstadt, Maempel-Druck Ilmenau, S. 41 und 49.

73) Dieter Zeigert: Hitlers letztes Refugium? – Das Projekt eines Führerhauptquartiers in Thüringen 1944/45, München, 2003, Literareon im Herbert Utz Verlag, S. 125.

74) Helga Raschke: Das Außenkommando S-III und die Bauvorhaben im Jonastal, hrsg. von der Landeszentrale für politische Bildung Thüringen, Meiningen, 2005, Resch Druck, S. 11 und 15.

75) Wolfgang Kampa: Das vierte Ohrdrufer Gespräch, Abschnitt: Neue Aussagen zum Feldbahnbau und den Stollen im Jonastal, in: Geheimnis Jonastal – Vereinszeitschrift der Geschichts- und Technologiegesellschaft Großraum Jonastal e. V., Nr. 8, 2008, Arnstadt, Maempel-Druck Ilmenau, S. 27.

76) Wolfgang Kampa: Das 6. Ohrdrufer Gespräch Frank Döbert zur Archivarbeit, in: Geheimnis Jonastal – Vereinszeitschrift der Geschichts- und Technologiegesellschaft Großraum Jonastal e. V., Nr. 12, 2012, Arnstadt, Maempel-Druck Ilmenau, S. 37.

77) Dieter Zeigert: Hitlers letztes Refugium? – Das Projekt eines Führerhauptquartiers in Thüringen 1944/45, München, 2003, Literareon im Herbert Utz Verlag, S. 143 f.

78) Wolfgang Kampa: Das 6. Ohrdrufer Gespräch Frank Döbert zur Archivarbeit, in: Geheimnis Jonastal – Vereinszeitschrift der Geschichts- und Technologiegesellschaft Großraum Jonastal e. V., Nr. 12, 2012, Arnstadt, Maempel-Druck Ilmenau, S. 34 f.

79) Rainer Karlsch: Die unterirdische Anlage Jonastal im Kreis Arnstadt – Erläuternder Bericht, in: Geheimnis Jonastal – Vereinszeitschrift der Geschichts- und Technologiegesellschaft Großraum Jonastal e. V., Nr. 5, 2005, Arnstadt, Maempel-Druck Ilmenau, S. 33.

80) Das Werk in Rudisleben wurde 1938 durch den Breslauer Max Kotzan gegründet und war Teil seiner metallverarbeitenden, nach ihm benannten Mako-Werke mit Sitz in Erfurt. In einer Auflistung der am Bau des A4 beteiligten Unternehmen, welche Teil des Museumsbestandes in Peenemünde waren, finden sich die

Mako-Werke als an der Herstellung der Rakete beteiligtes Unternehmen wieder. Walter Schulte: Max Kotzan – Mako, in: Geheimnis Jonastal – Vereinszeitschrift der Geschichts- und Technologiegesellschaft Großraum Jonastal e. V., Nr. 3, 2004, Arnstadt, Maempel-Druck Ilmenau, S. 22.

81) Dieter Zeigert: Hitlers letztes Refugium? – Das Projekt eines Führerhauptquartiers in Thüringen 1944/45, München, 2003, Literareon im Herbert Utz Verlag, S. 120.

82) Ebd., S. 46.

83) Ebd., S. 121.

84) Kottbericht Pläne. Online abrufbar: www.gtgj.de, unter der Rubrik „Dokumentation". Zu den Einteilungen nach Kott und den Stollenlängen siehe die Erläuterung „Zu Blatt 2".

85) Dieter Zeigert: Hitlers letztes Refugium? – Das Projekt eines Führerhauptquartiers in Thüringen 1944/45, München, 2003, Literareon im Herbert Utz Verlag, S. 126 ff.

86) Kottbericht Detailpläne Stollen 1–12. Online abrufbar: www.gtgj.de, unter der Rubrik „Jonastal und S III". Zu den Einzelheiten der Stollen siehe Unterpunkt „Baustelle".

87) Kottbericht Pläne. Online abrufbar: www.gtgj.de, unter der Rubrik „Dokumentation". Zu den Einteilungen nach Kott und den Stollenlängen siehe Erläuterung „Zu Blatt 4".

88) Dieter Zeigert: Hitlers letztes Refugium? – Das Projekt eines Führerhauptquartiers in Thüringen 1944/45, München, 2003, Literareon im Herbert Utz Verlag, S. 123 ff.

89) Ebd., S. 124.

90) Ebd., S. 128 f.

91) Franz W. Seidler: Phantom Alpenfestung? Die geheimen Baupläne der Organisation Todt, Berchtesgaden, 2000, Verlag Anton Plenck, S. 89 und 92 f.

92) Dieter Zeigert: Hitlers letztes Refugium? – Das Projekt eines Führerhauptquartiers in Thüringen 1944/45, München, 2003, Literareon im Herbert Utz Verlag, S. 80 und 100. Zu B3b ebenso Frank Döbert: Zeitreise durch die „Alpenfestung" – Was Thüringen und das Salzkammergut verbindet, in: Geheimnis Jonastal – Vereinszeitschrift der Geschichts- und Technologiegesellschaft Großraum Jonastal e. V., Nr. 13, 2013, Arnstadt, Maempel-Druck Ilmenau, S. 50.

93) Ebd., S. 130.

94) Walter Schulte, Peter Kehrer: Die Medienversorgung im Jonastal – Energie, Pressluft, Wasser, in: Geheimnis Jonastal – Vereinszeitschrift der Geschichts- und Technologiegesellschaft Großraum Jonastal e. V., Nr. 12, 2012, Arnstadt, Maempel-Druck Ilmenau, S. 23 ff.

95) Norbert Voß: Elektrizität für das Jonastal, in: Geheimnis Jonastal – Vereinszeitschrift der Geschichts- und Technologiegesellschaft Großraum Jonastal e. V., Nr. 3, 2004, Arnstadt, Maempel-Druck Ilmenau, S. 18.

96) Wolfgang Kampa: Baustelle Jonastal – Immer noch ein Geheimnis? Zeugenaussage von Karl-Heinz Vulter, in: Geheimnis Jonastal – Vereinszeitschrift der Geschichts- und Technologiegesellschaft Großraum Jonastal e. V., Nr. 7, 2007, Arnstadt, Maempel-Druck Ilmenau, S. 18.

97) Dieter Zeigert: Hitlers letztes Refugium? – Das Projekt eines Führerhauptquartiers in Thüringen 1944/45 Literareon im Herbert Utz Verlag, München, 2003, S. 100 f.

98) Helga Raschke: Das Außenkommando S-III und die Bauvorhaben im Jonastal, hrsg. von der Landeszentrale für politische Bildung Thüringen, Meiningen, 2005, Resch Druck, S. 12.

99) Ebd., S. 14 ff.

100) Ebd., S. 19 ff.

101) Ebd., S. 54 ff.

102) Ebd., S. 53.

103) Markus Gleichmann, Ronny Dörfer: Geheimnisvolles Thüringen – Militär- und Rüstungsobjekte des Dritten Reiches, Zella-Mehlis/Meiningen, 2011, Heinrich-Jung-Verlagsgesellschaft, S. 177.

104) Bundesministerium des Inneren der Republik Österreich (Hrsg.), Barbara Schätz, KZ-Gedenkstätte Mauthausen – Mauthausen Memorial Forschung, Dokumentation, 2009, Information Queiser GmbH, S. 71 f.

105) ZDF History: Geheime Unterwelten der SS – Wunderwaffen und Versteck, 06.12.2019 (Erstausstrahlung), von Christian Frey und Andreas Sulzer.

106) Aussage von ATPL (H) ADAC Mirza Kaufmann (MBA) vom 22.05.2019 in Hehringsdorf (Usedom) gegenüber dem Verfasser. Zum Zeitpunkt des Überfluges habe eine Begehung durch den BMG (a. D.) Volker Rühe stattgefunden. Der Kontaktaufnahme des Verfassers zu Herrn Rühe wurde seitens der CDU nicht entsprochen.

107) Vgl. hierzu: Topographisches Kartenmaterial des Thüringer Landesvermessungsamtes: Karte 5130 Ohrdruf, 1:25.000 sowie im Maßstab 1:10.000 die Karten M-32-46-D-a-1 Wölfis und M-32-46-B-c-3 Ohrdruf NO.

108) Dieter Zeigert: Hitlers letztes Refugium? – Das Projekt eines Führerhauptquartiers in Thüringen 1944/45, München, 2003, Literareon im Herbert Utz Verlag, S. 46.

109) Frank Döbert: Über das Wirken von Hans Kammler in den letzten Kriegswochen 1945 und Erklärungsansätze über seinen Verbleib, in: Betrifft Widerstand,

Zeitschrift des Vereins für Zeitgeschichte, Nr. 119, Dezember 2015, S. 14, Museum und KZ-Gedenkstätte Ebensee. Online abrufbar: www.memorial-ebensee.at.

110) Vgl. hierzu: Franz W. Seidler, Dieter Zeigert: Die Führerhauptquartiere – Anlagen und Planungen im Zweiten Weltkrieg, 2004, F. A. Herbig Verlagsbuchhandlung.

111) Dieter Zeigert: Hitlers letztes Refugium? – Das Projekt eines Führerhauptquartiers in Thüringen 1944/45, München, 2003, Literareon im Herbert Utz Verlag, S. 45 f.

112) Franz W. Seidler, Dieter Zeigert: Die Führerhauptquartiere – Anlagen und Planungen im Zweiten Weltkrieg, 2004, F. A. Herbig Verlagsbuchhandlung, S. 194 ff. Hitlers HQ befand sich im Forst Görlitz, 2 km östlich Rastenburgs, nördlich davon die Außenstelle des OKH, auf die Bereiche Mauerwald, Angerburg und Lötzen verteilt; die des OKL (nicht zum FHQ Wolfsschanze zählend!) im 65 km entfernten Niedersee und Goldap, die Befehlsstelle des Reichsführers-SS 20 km nordöstlich bei Großgarten; die Sitze des Außenministers und des Chefs der Reichskanzlei in Steinort am Mauersee bzw. in Rosengarten.

113) Dieter Zeigert: Hitlers letztes Refugium? – Das Projekt eines Führerhauptquartiers in Thüringen 1944/45, München, 2003, Literareon im Herbert Utz Verlag, S. 136 f.

114) Franz W. Seidler, Dieter Zeigert: Die Führerhauptquartiere – Anlagen und Planungen im Zweiten Weltkrieg, 2004, F. A. Herbig Verlagsbuchhandlung, S. 265 ff.

115) Florian M. Beierl: Hitlers Berg – Licht ins Dunkel der Geschichte (Geschichte des Obersalzbergs und seiner geheimen Bunkeranlagen), Berchtesgaden, 2010, Verlag Beierl, S. 59 ff.

116) Ebd., S. 83.

117) Ebd., S. 168 ff.

118) Ebd., S. 244 ff.

119) Franz W. Seidler: Phantom Alpenfestung? Die geheimen Baupläne der Organisation Todt, Berchtesgaden, 2000, Verlag Anton Plenck, S. 67 ff.

120) Ebd., S. 71.

121) Josef Kriegseisen, Katharina K. Mühlbacher, Johann F. Schatteiner, Wolfgang Wintersteller: Die Eugen-Grill-Werke in Hallein – Der größte Rüstungsbetrieb im Land Salzburg während des Dritten Reichs (Schriftenreihe des Stadtarchivs Hallein 1), Hallein, 2011, Verlag Keltenmuseum, S. 99 ff.

122) Franz W. Seidler: Phantom Alpenfestung? Die geheimen Baupläne der Organisation Todt, Berchtesgaden, 2000, Verlag Anton Plenck, S. 74 f.

123) Ebd., S. 78 und 133.

124) Ebd., S. 95.

125) Franz W. Seidler, Dieter Zeigert: Die Führerhauptquartiere – Anlagen und Planungen im Zweiten Weltkrieg, 2004, F. A. Herbig Verlagsbuchhandlung, S. 303 ff.

126) Dariusz Garba: Riese – das Rätsel um Hitlers Hauptquartier in Niederschlesien, Zella-Mehlis/Meiningen, 2000, Heinrich-Jung-Verlagsgesellschaft, S. 47.

127) Franz W. Seidler, Dieter Zeigert: Die Führerhauptquartiere – Anlagen und Planungen im Zweiten Weltkrieg, 2004, F. A. Herbig Verlagsbuchhandlung, S. 289.

128) Dieter Zeigert: Hitlers letztes Refugium? – Das Projekt eines Führerhauptquartiers in Thüringen 1944/45, München, 2003, Literareon im Herbert Utz Verlag, S. 47.

129) Frank Baranowski: Rüstungsproduktion in der Mitte Deutschlands 1929–1945. Südniedersachsen mit Braunschweiger Land sowie Nordthüringen einschließlich des Südharzes – vergleichende Betrachtung des zeitlich versetzten Aufbaus zweier Rüstungszentren, Bad Langensalza, 2013, Verlag Rockstuhl, S. 505 f.

130) Siehe hierzu die Homepage „The History Of Camp Wildflecken/Die Geschichte der Röhn-Kaserne" von Heinz Leitsch. Online abrufbar: www.campwildflecken.heinzleitsch.de.

131) Franz W. Seidler, Dieter Zeigert: Die Führerhauptquartiere – Anlagen und Planungen im Zweiten Weltkrieg, 2004, F. A. Herbig Verlagsbuchhandlung, S. 74.

132) Markus Gleichmann, Ronny Dörfer: Geheimnisvolles Thüringen – Militär- und Rüstungsobjekte des Dritten Reiches, Zella-Mehlis/Meiningen, 2011, Heinrich-Jung-Verlagsgesellschaft, S. 54 ff.

133) Frank Baranowski: Rüstungsproduktion in der Mitte Deutschlands 1929–1945. Südniedersachsen mit Braunschweiger Land sowie Nordthüringen einschließlich des Südharzes – vergleichende Betrachtung des zeitlich versetzten Aufbaus zweier Rüstungszentren, Bad Langensalza, 2013, Verlag Rockstuhl, S. 417 ff.

134) Vgl. hierzu: Dariusz Garba: Riese – das Rätsel um Hitlers Hauptquartier in Niederschlesien, Zella-Mehlis/Meiningen, 2000, Heinrich-Jung-Verlagsgesellschaft, S. 53 und 70.

135) Frank S.: Post aus Ilmenau, in: Geheimnis Jonastal – Vereinszeitschrift der Geschichts- und Technologiegesellschaft Großraum Jonastal e. V., Nr. 9, 2009, Arnstadt, Maempel-Druck Ilmenau, S. 25.

136) Dieter Zeigert: Hitlers letztes Refugium? – Das Projekt eines Führerhauptquartiers in Thüringen 1944/45, München, 2003, Literareon im Herbert Utz Verlag, S. 126.

137) Ebd., S. 262.

138) Ebd., S. 126.

139) Ebd., S. 284.

140) Vgl. hierzu: www.bunkeranlage-fuchsbau.de von Oberstleutnant a. D. der NVA Hans-Joachim Pötzsch, www.nva-fuchsbau.de von Oberstleutnant a. D. der NVA Manfred Rassau, www.bunkermuseum-fuchsbau.de, Homepage des Museums von Hog Duske.

141) Franz W. Seidler: Phantom Alpenfestung? Die geheimen Baupläne der Organisation Todt, Berchtesgaden, 2000, Verlag Anton Plenck, S. 46 f.

142) Die unterirdische Anlage im Jonastal – Erläuternder Bericht der Leitung der sowjetischen Militärverwaltung des Bundeslandes Thüringen, 09.02.1946, Nr. 0118, Weimar, in: Geheimnis Jonastal – Vereinszeitschrift der Geschichts- und Technologiegesellschaft Großraum Jonastal e. V., Nr. 5, 2005, Arnstadt, Maempel-Druck Ilmenau, S. 33.

143) Frank S.: Post aus Ilmenau, in: Geheimnis Jonastal – Vereinszeitschrift der Geschichts- und Technologiegesellschaft Großraum Jonastal e. V., Nr. 9, 2009, Arnstadt, Maempel-Druck Ilmenau, S. 26. Und Klaus-Peter Schambach: Die Stolleneingänge im Jonastal, in: Geheimnis Jonastal – Vereinszeitschrift der Geschichts- und Technologiegesellschaft Großraum Jonastal e. V., Nr. 7, 2007, Arnstadt, Maempel-Druck Ilmenau, S. 25 f.

144) Hans Walter Wichert: Decknamenverzeichnis deutscher unterirdischer Bauten, Ubootbunker, Ölanlagen, chemischer Anlagen und WIFO-Anlagen des zweiten Weltkrieges, Marsberg, 1999, Verlag Joh. Schulte, S. 158.

145) Alexander Kartschall: Produktion der Messerschmidt Me 262. Von Waldwerken und Untertage-Verlagerungen zu Großbunkern, Wiernsheim, 2017, Verlag A. Kartschall, S. 92 und Sabine Pitschneider: Kematen in Tirol in der NS-Zeit – Vom Bauerndorf zur Industriegemeinde, Innsbruck, Wien, Bozen, 2016, Studien Verlag, S. 82. Zum Eingangsportal zu „Zeisig" in Guido Prignitz: Deckname „Zeisig" – Dokumentation zum Treis-Buttriger Tunnel und zum Außenlager Kochem-Buttrig-Treis, Kiel, 2016, Buchwerft Breitschuh & Kock, S. 165.

146) Marian Gabrowski: Sladami Zapomnianego Lotniska w Lipiency Nakladem Wlasnym Autora, Polkowice, 2018, S. 132 ff.

147) Ein Plan der Anlage wurde veröffentlicht auf: www.team-bunkersachsen.de, unter der U-Verlagerung „Bonit".

148) Alexander Kartschall: Produktion der Messerschmidt Me 262. Von Waldwerken und Untertage-Verlagerungen zu Großbunkern, Wiernsheim, 2017, Verlag A. Kartschall, S. 89 ff. Eine von der US Army nach Kriegsende angefertigte Skizze der Anlage ist bei Herbert Thiess zu finden: www.herbert-thiess.de, unter der Rubrik „Die unterirdische ehemalige Flugzeugfabrik Oberammergau (Bayern)", München, 2006.

149) Markus Gleichmann, Ronny Dörfer: Geheimnisvolles Thüringen – Militär- und Rüstungsobjekte des Dritten Reiches, Zella-Mehlis/Meiningen, 2011, Heinrich-Jung-Verlagsgesellschaft, S. 39.

150) Peter Kehrer, Rolf-Harald Rutke: Projekt Großbothen – Eine Spurensuche nach der Untertageverlagerung „Achat", in: Geheimnis Jonastal – Vereinszeitschrift der Geschichts- und Technologiegesellschaft Großraum Jonastal e. V., Nr. 18, 2018, Arnstadt, Maempel-Druck Ilmenau, S. 18 ff.

151) Florian M. Beierl: Hitlers Berg – Licht ins Dunkel der Geschichte (Geschichte des Obersalzbergs und seiner geheimen Bunkeranlagen), Berchtesgaden, 2010, Verlag Beierl, S. 70.

152) Ebd., S. 99 f.

153) Ebd., S. 188 f.

154) Ebd., S. 56.

155) Vgl. hierzu: Dariusz Garba: Riese – das Rätsel um Hitlers Hauptquartier in Niederschlesien, Zella-Mehlis/Meiningen, 2000, Heinrich-Jung-Verlagsgesellschaft, explizit die Stollenrisse der angesprochenen Örtlichkeiten, S. 55 (Osowka), S. 62 (Wlodarz) und S. 73 (Fürstenstein). Ebenfalls in: Christel Focken: FHQ Führerhauptquartiere – Riese (Schlesien), Aachen, 2008, Helios Verlagsgesellschaft. Die Anlage unter dem Schloss Fürstenstein (Zamek Ksiasz) ist ebenfalls sehr anschaulich beschrieben in: Robert M. Jurga: Befestigungsanlagen und Bunker im Dritten Reich, Königswinter, 2013, Brandenburgisches Verlagshaus, S. 216 ff.

156) Wolgang Kampa: Das dritte Ohrdrufer Gespräch – Baustelle Jonastal – Immer noch ein Geheimnis?, in: Geheimnis Jonastal – Vereinszeitschrift der Geschichts- und Technologiegesellschaft Großraum Jonastal e. V., Nr. 7, 2007, Arnstadt, Maempel-Druck Ilmenau, S. 17.

157) Klaus-Peter Schambach: Die Stolleneingänge im Jonastal, in: Geheimnis Jonastal – Vereinszeitschrift der Geschichts- und Technologiegesellschaft Großraum Jonastal e. V., Nr. 7, 2007, Arnstadt, Maempel-Druck Ilmenau, S. 26.

158) Jürgen Müller: Dachs IV – Der Bau des unterirdischen Hydrierwerkes Dachs IV bei Osterode am Harz zum Ende des Zweiten Weltkrieges, Osterode, 2004, Eigenverlag, S. 20; Skizzen derartiger Bauweise siehe u. a. S. 37 und 76.

159) Markus Gleichmann, Ronny Dörfer: Geheimnisvolles Thüringen – Militär- und Rüstungsobjekte des Dritten Reiches, Zella-Mehlis/Meiningen, 2011, Heinrich-Jung-Verlagsgesellschaft, S. 124.

160) Stefan Büttner, Martin Kaule: Geheimprojekte der Luftwaffe sowie Bauten und Bunker 1935–1945, Stuttgart, 2020, Motorbuch Verlag, S. 164 und 184. Siehe auch bei www.herbert-thiess.de unter der Rubrik „Die unterirdische ehemalige Flugzeugfabrik Oberammergau (Bayern)".

161) Alexander Kartschall: Produktion der Messerschmidt Me 262. Von Waldwerken und Untertage-Verlagerungen zu Großbunkern, Wiernsheim, 2017, Verlag A. Kartschall, S. 90 ff. Und Sabine Pitschneider: Kematen in Tirol in der NS-Zeit – Vom Bauerndorf zur Industriegemeinde, Innsbruck, Wien, Bozen, 2016, Studien Verlag, S. 80 ff.

162) Alexander Kartschall: Produktion der Messerschmidt Me 262. Von Waldwerken und Untertage-Verlagerungen zu Großbunkern, Wiernsheim, 2017, Verlag A. Kartschall, S. 127 ff.

163) Ebd., S. 119 ff.

164) Ebd., S. 132 ff.

165) Ebd., S. 128.

166) Ebd., S. 135.

167) Josef Kriegseisen, Katharina K. Mühlbacher, Johann F. Schatteiner, Wolfgang Wintersteller: Die Eugen-Grill-Werke in Hallein – Der größte Rüstungsbetrieb im Land Salzburg während des Dritten Reichs (Schriftenreihe des Stadtarchivs Hallein 1), Hallein, 2011, Verlag Keltenmuseum, S. 116 ff.

168) Ebd., S. 121. Und Franz W. Seidler: Phantom Alpenfestung? Die geheimen Baupläne der Organisation Todt, Berchtesgaden, 2000, Verlag Anton Plenck, S. 154 f. Direkt neben dem beschriebenen Eingang ist allerdings ein ähnlicher Grundriss erkennbar, der auf eine ebensolche Konstruktion schließen lässt.

169) Markus Gleichmann, Ronny Dörfer: Geheimnisvolles Thüringen – Militär- und Rüstungsobjekte des Dritten Reiches, Zella-Mehlis/Meiningen, 2011, Heinrich-Jung-Verlagsgesellschaft, S. 37 ff.

170) Dieter Zeigert: Hitlers letztes Refugium? – Das Projekt eines Führerhauptquartiers in Thüringen 1944/45, München, 2003, Literareon im Herbert Utz Verlag, S. 124.

171) Josef Kriegseisen, Katharina K. Mühlbacher, Johann F. Schatteiner, Wolfgang Wintersteller: Die Eugen-Grill-Werke in Hallein – Der größte Rüstungsbetrieb im Land Salzburg während des Dritten Reichs (Schriftenreihe des Stadtarchivs Hallein 1), Hallein, 2011, Verlag Keltenmuseum, S. 117.

172) Hans Walter Wichert: Decknamenverzeichnis deutscher unterirdischer Bauten, Ubootbunker, Ölanlagen, chemischer Anlagen und WIFO-Anlagen des zweiten Weltkrieges, Marsberg, 1999, Verlag Joh. Schulte, S. 162 ff.

173) Markus Gleichmann, Ronny Dörfer: Geheimnisvolles Thüringen – Militär- und Rüstungsobjekte des Dritten Reiches, Zella-Mehlis/Meiningen, 2011, Heinrich-Jung-Verlagsgesellschaft, S. 74.

174) Ebd., S. 57 ff.

175) Kai Olaf Arzinger: Stollen im Fels und Öl fürs Reich – das Geheimprojekt „Schwalbe 1", Iserlohn, 1997, Hans-Herbert Mönning Verlag, S. 27 ff.

176) Ebd., S. 39 ff.

177) Horst Hassel, Horst Klötzer: Kein Düsenjägersprit aus „Schwalbe 1", Balve, 2019, Zimmermann Druck + Verlag, S. 50.

178) Ebd., S. 66.

179) Ebd., S. 52 f.

180) Ebd., S. 187.

181) Kai Olaf Arzinger: Stollen im Fels und Öl fürs Reich – das Geheimprojekt „Schwalbe 1", Iserlohn, 1997, Hans-Herbert Mönning Verlag, S. 30.

182) Horst Hassel, Horst Klötzer: Kein Düsenjägersprit aus „Schwalbe 1", Balve, 2019, Zimmermann Druck + Verlag, S. 82 und 96.

183) Kai Olaf Arzinger: Stollen im Fels und Öl fürs Reich – das Geheimprojekt „Schwalbe 1", Iserlohn, 1997, Hans-Herbert Mönning Verlag, S. 55.

184) Horst Hassel, Horst Klötzer: Kein Düsenjägersprit aus „Schwalbe 1", Balve, 2019, Zimmermann Druck + Verlag, S. 200 ff.

185) Hans Walter Wichert: Decknamenverzeichnis deutscher unterirdischer Bauten, Ubootbunker, Ölanlagen, chemischer Anlagen und WIFO-Anlagen des zweiten Weltkrieges, Marsberg, 1999, Verlag Joh. Schulte, S. 168.

186) Jürgen Müller: Dachs IV – Der Bau des unterirdischen Hydrierwerkes Dachs IV bei Osterode am Harz zum Ende des Zweiten Weltkrieges, Osterode, 2004, Eigenverlag, S. 14, 30 und 65.

187) Ebd., S. 29 ff.

188) Ebd., S. 40 und 65.

189) Ebd., S. 19 ff.

190) Ebd., S. 42.

191) Die unterirdische Anlage im Jonastal – Erläuternder Bericht der Leitung der sowjetischen Militärverwaltung des Bundeslandes Thüringen, 09.02.1946, Nr. 0118, Weimar, in: Geheimnis Jonastal – Vereinszeitschrift der Geschichts- und Technologiegesellschaft Großraum Jonastal e. V., Nr. 5, 2005, Arnstadt, Maempel-Druck Ilmenau, S. 33.

192) Ebd., S. 33.

193) Wolfgang Kampa: Zeitleiste Jonastal 1933–1945, in: Geheimnis Jonastal – Vereinszeitschrift der Geschichts- und Technologiegesellschaft Großraum Jonastal e. V., Nr. 11, 2011, Arnstadt, Maempel-Druck Ilmenau, S. 49. Die Angabe von 31 Stollen im Jonastal ist mit gebotener Skepsis zu betrachten. Die unter der Aufsicht der Geschichtskommission der SED durchgeführten Gespräche mit den „Zeugen" Horst Wedtler und Oskar Mülheim, beide angeblich Mitarbeiter der Salzgitter AG, lassen sich nicht verifizieren: Beide in den Protokollen festgehaltenen Identitäten konnten nicht belegt werden. Auch die Entstehung

und Übermittlung der vermeintlichen Aussagen von Wedtler/Mülheim ist durch nichts zu belegen: Weder können Beteiligte im Rahmen jener Untersuchungen der SED noch die Sitzungsaufzeichnungen Anhaltspunkte für die Existenz der „Zeugen" und ihrer „Aussagen" liefern. Siehe hierzu: Rainer Karlsch: Die „Thüringer Protokolle": Über den Wert oder Unwert von Zeugenaussagen, Zeitleiste Jonastal 1933–1945, in: Geheimnis Jonastal – Vereinszeitschrift der Geschichts- und Technologiegesellschaft Großraum Jonastal e. V., Nr. 6, 2006, Arnstadt, Maempel-Druck Ilmenau, S. 15 f.

194) Wolfgang Kampa: Das 6. Ohrdrufer Gespräch. Bericht von Frank Döbert, in: Geheimnis Jonastal – Vereinszeitschrift der Geschichts- und Technologiegesellschaft Großraum Jonastal e. V., Nr. 12, 2012, Arnstadt, Maempel-Druck Ilmenau, S. 37.

195) Rainer Karlsch: Hitlers Bombe – Die geheime Geschichte der deutschen Kernwaffenversuche, München, 2005, Deutsche Verlags-Anstalt, S. 43.

196) Günter Nagel: Das geheime deutsche Uranprojekt 1939–1945 – Beute der Alliierten, Zella-Mehlis, 2016, Heinrich-Jung-Verlagsgesellschaft, S. 249. Nagel verweist auf den ungesicherten Ursprung dieser Angaben.

197) Ebd., S. 250.

198) Günter Nagel: Atomversuche in Deutschland – Geheime Uranarbeiten in Gottow, Oranienburg und Stadtilm, Zella-Mehlis/Meiningen, 2003, Heinrich-Jung-Verlagsgesellschaft, S. 128.

199) Erich Bagge, Kurt Diebner, Kenneth Jay: Von der Uranspaltung bis Calder Hall, Hamburg, 1957, Rowohlt Verlag, S. 42.

200) Günter Nagel: Wissenschaft für den Krieg – Die geheimen Arbeiten der Abteilung Forschung des Heereswaffenamtes, Stuttgart, 2012, Franz Steiner Verlag, S. 210.

201) Günter Nagel: Das geheime deutsche Uranprojekt 1939–1945 – Beute der Alliierten, Zella-Mehlis, 2016, Heinrich-Jung-Verlagsgesellschaft, S. 251 f.

202) Ebd., S. 250.

203) Günter Nagel: Wissenschaft für den Krieg – Die geheimen Arbeiten der Abteilung Forschung des Heereswaffenamtes, Stuttgart, 2012, Franz Steiner Verlag, S. 210.

204) Günter Nagel: Das geheime deutsche Uranprojekt 1939–1945 – Beute der Alliierten, Zella-Mehlis, 2016, Heinrich-Jung-Verlagsgesellschaft, S. 253 f.

205) Ebd., S. 119 ff.

206) Ebd., S. 255 f.

207) Günter Nagel: Atomversuche in Deutschland – Geheime Uranarbeiten in Gottow, Oranienburg und Stadtilm, Zella-Mehlis/Meiningen, 2003, Heinrich-Jung-Verlagsgesellschaft, S. 130.

208) Günter Nagel: Das geheime deutsche Uranprojekt 1939–1945 – Beute der Alliierten, Zella-Mehlis, 2016, Heinrich-Jung-Verlagsgesellschaft, S. 257.

209) Helmut Maier: Gemeinschaftsforschung, Bevollmächtigte und der Wissenstransfer – Die Rolle der Kaiser-Wilhelm-Gesellschaft im System kriegsrelevanter Forschungen des Nationalsozialismus, Göttingen, 2007, Wallstein Verlag, S. 434. Die Anlage war baugleich mit jener von den Auerwerken und dem KWI für Hirnforschung aufgestellten Kaskade in Berlin, die ebenfalls für die kernphysikalische Grundlagenforschung genutzt worden ist. In Günter Nagel: Atomversuche in Deutschland – Geheime Uranarbeiten in Gottow, Oranienburg und Stadtilm, Zella-Mehlis/Meiningen, 2003, Heinrich-Jung-Verlagsgesellschaft, S. 61 wird auf den Aufbau der Anlage durch Berkei hingewiesen, siehe auch Günter Nagel: Das geheime deutsche Uranprojekt 1939–1945 – Beute der Alliierten, Zella-Mehlis, 2016, Heinrich-Jung-Verlagsgesellschaft, S. 148. Hier wird die Leistung mit 0,5 MeV angegeben.

210) Günter Nagel: Atomversuche in Deutschland – Geheime Uranarbeiten in Gottow, Oranienburg und Stadtilm, Zella-Mehlis/Meiningen, 2003, Heinrich-Jung-Verlagsgesellschaft, S. 130. Das Original der Bestellung der Transformatoren und ihrer Typenbeschreibung vom 18. Januar 1945 findet sich im Archivbestand des Deutschen Museums München.

211) Geheimdokumente zum Deutschen Atomprogramm 1938–1945, CD-ROM des Deutschen Museums, Rubrik: Mangelwirtschaft und Methodenvielfalt, Abschnitt: Die Trennung der Uranisotope, 2001, Blatt 14. Die Isotopentrennung mittels Zentrifuge wird auch erwähnt in: Georg Ribienski, Walter Schulte: Betriebe der Rüstungsproduktion im Landkreis Arnstadt, in: Geheimnis Jonastal – Vereinszeitschrift der Geschichts- und Technologiegesellschaft Großraum Jonastal e. V., Nr. 14, 2014, Arnstadt, Maempel-Druck Ilmenau, S. 22.

212) Thomas Stange: Institut X – Die Anfänge der Kern- und Hochenergiephysik in der DDR, Stuttgart, Leipzig, Wiesbaden, 2001, B. G. Teubner Verlag, S. 32.

213) Günter Nagel: Das geheime deutsche Uranprojekt 1939–1945 – Beute der Alliierten, Zella-Mehlis, 2016, Heinrich-Jung-Verlagsgesellschaft, S. 102.

214) Rainer Karlsch: Hitlers Bombe – Die geheime Geschichte der deutschen Kernwaffenversuche, München, 2005, Deutsche Verlags-Anstalt, S. 211 f.

215) Gerhard Kütterer: Lexikon der röntgenologischen Technik 1895 bis 1925, Norderstedt, 2017, Books on Demand GmbH, S. 154.

216) Rainer Karlsch: Hitlers Bombe – Die geheime Geschichte der deutschen Kernwaffenversuche, München, 2005, Deutsche Verlags-Anstalt, S. 215.

217) Günter Nagel: Das geheime deutsche Uranprojekt 1939–1945 – Beute der Alliierten, Zella-Mehlis, 2016, Heinrich-Jung-Verlagsgesellschaft, S. 56 und 277.

218) Ebd., S. 259 ff.

219) Günter Nagel: Wissenschaft für den Krieg – Die geheimen Arbeiten der Abteilung Forschung des Heereswaffenamtes, Stuttgart, 2012, Franz Steiner Verlag, S. 414.

220) Vincent Jones: Manhattan: The Army and the Atomic Bomb (United States Army Center of Military History, Washington D. C.), 1985, S. 288. Online abrufbar: https://history.army.mil.

221) Günter Nagel: Das geheime deutsche Uranprojekt 1939–1945 – Beute der Alliierten, Zella-Mehlis, 2016, Heinrich-Jung-Verlagsgesellschaft, S. 270 ff.

222) Rainer Karlsch, Zbynek Zeman: Urangeheimnisse – Das Erzgebirge im Brennpunkt der Weltpolitik 1933–1960 (Edition Berolina), Berlin, 2014, BEBUG mbH, S. 40.

223) Geheimdokumente zum Deutschen Atomprogramm 1938–1945, CD-ROM des Deutschen Museums, Rubrik: Forschungszentrum Hamburg, Abschnitt: Die Produktion von schwerem Wasser, 2001, Blatt 1.

224) Ralf Schade: Geheim! Die Involvierung der Leuna-Werke über die Schwerwasserproblematik in die deutsche Atomwaffenforschung 1938–1945, Heimatgeschichtlicher Beitrag 2/2009 der Stadtverwaltung Leuna, 2015, S. 21.

225) Rainer Karlsch: Hitlers Bombe – Die geheime Geschichte der deutschen Kernwaffenversuche, München, 2005, Deutsche Verlags-Anstalt, S. 107 ff.

226) Geheimdokumente zum Deutschen Atomprogramm 1938–1945, CD-ROM des Deutschen Museums, Rubrik: Mangelwirtschaft und Methodenvielfalt, Abschnitt: Besprechungsprotokoll zwischen Vertretern der I. G. Farben und Diebner, Harteck und Suess vom 04.01.1945, 2001, Blätter 4 und 5.

227) Frank Baranowski: Rüstungsproduktion in der Mitte Deutschlands 1929–1945. Südniedersachsen mit Braunschweiger Land sowie Nordthüringen einschließlich des Südharzes – vergleichende Betrachtung des zeitlich versetzten Aufbaus zweier Rüstungszentren, Bad Langensalza, 2013, Verlag Rockstuhl, S. 61 ff.

228) Rainer Karlsch: Hitlers Bombe – Die geheime Geschichte der deutschen Kernwaffenversuche, München, 2005, Deutsche Verlags-Anstalt, S. 109 f.; und Günter Nagel: Wissenschaft für den Krieg – Die geheimen Arbeiten der Abteilung Forschung des Heereswaffenamtes, Stuttgart, 2012, Franz Steiner Verlag, S. 180.

229) Günter Nagel: Atomversuche in Deutschland – Geheime Uranarbeiten in Gottow, Oranienburg und Stadtilm, Zella-Mehlis/Meiningen, 2003, Heinrich-Jung-Verlagsgesellschaft, S. 332.

230) Vincent Jones: Manhattan: The Army and the Atomic Bomb (United States Army Center of Military History, Washington D. C.), 1985, S. 288. Online abrufbar: https://history.army.mil.

231) Ergänzend zu Peter Wulff und DECHEMAG: Festschrift – 50 Jahre DECHEMAG. Online abrufbar: http://schmieder.fmp-berlin.info.

232) Bericht des Bevollmächtigten des Reichsmarschalls für Kernphysik an Paul Harteck, 13.12.1944, Archiv des Deutschen Museums München, Fa 002/779.

233) Günter Nagel: Das geheime deutsche Uranprojekt 1939–1945 – Beute der Alliierten, Zella-Mehlis, 2016, Heinrich-Jung-Verlagsgesellschaft, S. 519.

234) Todd H. Rider: Forgotten Creators World, And What We Can learn from Them, Online Edition, 01.06.2020, S. 2581 ff. (Abschnitt D2.2). Online abrufbar: www.riderinstitute.org, Ferdinand Cap, 23.11.1950, Gutachten und Rainer Karlsch: Interview mit Ferdinand Cap, 05.02.2009.

235) Ebd., S. 2738 (Abschnitt D2.6), U. S. Embassy, Warsaw; 12. August 1947. Report Nr. R-107-47 und andere.

236) Vgl. ebd., S. 2750 ff. (Abschnitt D2.6).

237) Manfred Rasch: Uhde, Friedrich, in: Neue Deutsche Biographie, Vol. 26, 2016, S. 530–531. Online abrufbar: https://www.deutsche-biographie.de.

238) Paul Harteck, Klaus Albert Suhr: „Hochvakuumdestillationsverfahren mit Kolonnen-Wirkung", Patent H4875, 07.08.1950, Deutsches Patentamt München. Online abrufbar: DEPATIS.net, unter: „Verfahren und Vorrichtung zur Hochvakuumdestillation". Paul Harteck: „Verfahren zur Herstellung von schwerem Wasser", Patent DE1047753, 20.06.1956, Deutsches Patentamt München.

239) Wilhelm von der Bey, Hans Hesky: „Mit elektrolytischer Kaskade arbeitendes Verfahren zur Herstellung von schwerem Wasser", Patent DE1058479, 13.08.1955, Deutsches Patentamt München.

240) Hans Hesky: „Verfahren zur Herstellung von mit Deuterium angereichertem Wasser oder Wasserstoff", Patent DE1131191, 16.06.1956, Deutsches Patentamt. Derselbe: „Verfahren zur Gewinnung an schwerem Wasser angereichertem Wasser in Verbindung mit der Ammoniaksynthese unter Anwendung eines Isotopenaustauschers für den katalytischen Deuteriumaustausch zwischen Ammoniak und Wasserstoffgas", Patent DE1036223, 17.06.1956, Deutsches Patentamt. Eberhard Nitschke: „Verfahren zur Herstellung von an Deuterium angereichertem Wasser oder Wasserstoff im Zuge der Ammoniaksynthese", Patent DE1120431, 13.08.1958, Deutsches Patentamt.

241) Siegfried Walter, Uwe Schindewolf: Anreicherung von Deuterium durch Hochddruck-Isotopenaustausch zwischen Wasserstoff und flüssigem Ammoniak in einer Heiß/Kalt-Anlage, in: Zeitschrift für technische Chemie, Verfahrenstechnik und Apparatewesen, Nr. 12, 37. Jahrgang, 1965, Verlag Chemie GmbH, Weinheim/Bergstr., S. 1185–1191. Gerhard Lang, Uwe Schindewolf: Optimierung einer mit dem H2/NH3-Austauschsystem im Heiß/Kalt-Betrieb arbeitenden Schwerwasser-Anreicherungsanlage, in: Zeitschrift für technische Chemie, Verfahrenstechnik und Apparatewesen, Nr. 14, 43. Jahrgang, 1971, Verlag Chemie GmbH,

Weinheim/Bergstr., S. 804–810. Siegfried Walter, Uwe Schindewolf: „Verfahren zur Anreicherung von Deuterium durch Isotopenaustausch", Patent DE1467183, 24.06.1964, Deutsches Patentamt. Bei vorgenannten Patenten wurden dessen Erfinder aufgeführt; eingereicht wurden sie im Namen der F. Uhde GmbH., G. Lang und S. Walter waren dort ebenfalls Wissenschaftler.

242) Peter Bussemer: Die Thüringer Spuren der PTR, in: PTB Mitteilungen: Die Physikalisch-Technische Reichsanstalt in Thüringen, Fachorgan für Wirtschaft und Wissenschaft, Amts- und Mitteilungsblatt der Physikalisch-Technischen Bundesanstalt Braunschweig und Berlin, Bremen, Heft 1, 123. Jahrgang, März 2013, Carl Schünemann Verlag, S. 12.

243) Willy Schilling: Hitlers Trutzgau – Thüringen im Dritten Reich, Bd. 1, Jena, 2005, Verlag Dr. Bussert & Stadeler, S. 62.

244) Peter Bussemer: Die Thüringer Spuren der PTR, in: PTB Mitteilungen: Die Physikalisch-Technische Reichsanstalt in Thüringen, Fachorgan für Wirtschaft und Wissenschaft, Amts- und Mitteilungsblatt der Physikalisch-Technischen Bundesanstalt Braunschweig und Berlin, Bremen, 123. Jahrgang, Heft 1, März 2013, Carl Schünemann Verlag, S. 16.

245) Elisa Silbermann, Philip Bunk, Franz Eckstein, Jürgen Müller: Die Verlagerung der PTR nach Thüringen, in: PTB Mitteilungen: Die Physikalisch-Technische Reichsanstalt in Thüringen, Fachorgan für Wirtschaft und Wissenschaft, Amts- und Mitteilungsblatt der Physikalisch-Technischen Bundesanstalt Braunschweig und Berlin, Bremen, 123. Jahrgang, Heft 1, März 2013, Carl Schünemann Verlag, S. 40 ff.

246) Jürgen Müller: Die PTR als Wehrmachtsbetrieb, in: PTB Mitteilungen: Die Physikalisch-Technische Reichsanstalt in Thüringen, Fachorgan für Wirtschaft und Wissenschaft, Amts- und Mitteilungsblatt der Physikalisch-Technischen Bundesanstalt Braunschweig und Berlin, Bremen, 123. Jahrgang, Heft 1, März 2013, Carl Schünemann Verlag, S. 24 ff.

247) Elisa Silbermann, Philip Bunk, Franz Eckstein, Jürgen Müller: Die Verlagerung der PTR nach Thüringen, in: PTB Mitteilungen: Die Physikalisch-Technische Reichsanstalt in Thüringen, Fachorgan für Wirtschaft und Wissenschaft, Amts- und Mitteilungsblatt der Physikalisch-Technischen Bundesanstalt Braunschweig und Berlin, Bremen, 123. Jahrgang, Heft 1, März 2013, Carl Schünemann Verlag, S. 43 ff.

248) Rainer Karlsch: Die Abteilung Atomphysik der PTR in Ronneburg und das deutsche Uranprojekt, in: PTB Mitteilungen: Die Physikalisch-Technische Reichsanstalt in Thüringen, Fachorgan für Wirtschaft und Wissenschaft, Amts- und Mitteilungsblatt der Physikalisch-Technischen Bundesanstalt Braunschweig

und Berlin, Bremen, 123. Jahrgang, Heft 1, März 2013, Carl Schünemann Verlag, S. 73 ff.

249) Georg Ribienski, Walter Schulte: Betriebe der Rüstungsproduktion im Landkreis Arnstadt, in: Geheimnis Jonastal – Vereinszeitschrift der Geschichts- und Technologiegesellschaft Großraum Jonastal e. V., Nr. 14, 2014, Arnstadt, Maempel-Druck Ilmenau, S. 21.

250) Thomas Stange: Institut X – Die Anfänge der Kern- und Hocheenergiephysik in der DDR, Stuttgart, Leipzig, Wiesbaden, 2001, B. G. Teubner Verlag, S. 71.

251) Ebd., S. 36 f.

252) Roman Heyn: Das „Krebsforschungsinstitut" in Geraberg, in: Geheimnis Jonastal – Vereinszeitschrift der Geschichts- und Technologiegesellschaft Großraum Jonastal e. V., Nr. 8, 2008, Arnstadt, Maempel-Druck Ilmenau, S. 39.

253) Günter Nagel: Himmlers Waffenforscher – Physiker, Chemiker, Mathematiker und Techniker im Dienste der SS, Aachen, 2011, Helios Verlag, S. 33, 37 und 55.

254) Roman Heyn: Das „Krebsforschungsinstitut" in Geraberg, in: Geheimnis Jonastal – Vereinszeitschrift der Geschichts- und Technologiegesellschaft Großraum Jonastal e. V., Nr. 8, 2008, Arnstadt, Maempel-Druck Ilmenau, S. 39.

255) Wolfgang Uwe Eckart: 100 Years of Cancer Research/100 Jahre organisierte Krebsforschung, Stuttgart, New York, 2000, Georg Thieme Verlag, S. 75 ff.

256) Günter Nagel: Wissenschaft für den Krieg – Die geheimen Arbeiten der Abteilung Forschung des Heereswaffenamtes, Stuttgart, 2012, Franz Steiner Verlag, S. 207. Siehe hierzu auch: Paul Lawrence Rose: Heisenberg und das Atombombenprojekt der Nazis, Zürich, 2001, Pendo Verlag, S. 224 f.

257) Helmut Maier: Gemeinschaftsforschung, Bevollmächtigte und der Wissenstransfer – Die Rolle der Kaiser-Wilhelm-Gesellschaft im System kriegsrelevanter Forschungen des Nationalsozialismus, Göttingen, 2007, Wallstein Verlag, S. 444 f.

258) Günter Nagel: Das geheime deutsche Uranprojekt 1939–1945 – Beute der Alliierten, Zella-Mehlis, 2016, Heinrich-Jung-Verlagsgesellschaft, S. 394.

259) Walter Schulte: Industrieverlagerung nach Thüringen in Geheimnis Jonastal – Vereinszeitschrift der Geschichts- und Technologiegesellschaft Großraum Jonastal e. V., Nr. 12, 2012, Arnstadt, Maempel-Druck Ilmenau, S. 52.

260) Rainer Karlsch: Die „Thüringer Protokolle": Über den Wert oder Unwert von Zeugenaussagen, Zeitleiste Jonastal 1933–1945, in: Geheimnis Jonastal – Vereinszeitschrift der Geschichts- und Technologiegesellschaft Großraum Jonastal e. V., Nr. 6, 2006, Arnstadt, Maempel-Druck Ilmenau, S. 17.

261) Günter Nagel: Das geheime deutsche Uranprojekt 1939–1945 – Beute der Alliierten, Zella-Mehlis, 2016, Heinrich-Jung-Verlagsgesellschaft, S. 373.

262) Das Geheimlabor in Georgenthal/Thüringen – Institut für Hochfrequenzforschung und Elektromedizin, Beitrag einer unabhängigen Forschungsgruppe, Oktober 2006 (N. N.), in: Geheimnis Jonastal – Vereinszeitschrift der Geschichts- und Technologiegesellschaft Großraum Jonastal e. V., Nr. 7, 2007, Arnstadt, Maempel-Druck Ilmenau, S. 23 f.

263) Rainer Karlsch, Zbynek Zeman: Urangeheimnisse – Das Erzgebirge im Brennpunkt der Weltpolitik 1933–1960, Berlin, 2007, Christoph Links Verlag, S. 11, 144 und 255.

264) Günter Nagel: Das geheime deutsche Uranprojekt 1939–1945 – Beute der Alliierten, Zella-Mehlis, 2016, Heinrich-Jung-Verlagsgesellschaft, S. 396.

265) Oscar Edward Kiessling: Minerals Yearbook 1934, hrsg. vom U. S. Departement of Interior, Bureau Of Mines, Washington, 1934, Scott Turner United States Government Printing Service, S. 503 ff.

266) www.polska-org.pl: Gornictwo rud cyny i kobaltku w Giercynie i okolicach.

267) Günter Nagel: Das geheime deutsche Uranprojekt 1939–1945 – Beute der Alliierten, Zella-Mehlis, 2016, Heinrich-Jung-Verlagsgesellschaft, S. 349 und 353.

268) Günter Nagel: Atomversuche in Deutschland – Geheime Uranarbeiten in Gottow, Oranienburg und Stadtilm, Zella-Mehlis/Meiningen, 2003, Heinrich-Jung-Verlagsgesellschaft, S. 181.

269) Broder J. Merkel, Andrea Hasche-Berger: Uranium in the Environment – Mining Impact and Consequences, Berlin, Heidelberg, New York, 2006, Springer-Verlag, S. 508.

270) Günter Nagel: Das geheime deutsche Uranprojekt 1939–1945 – Beute der Alliierten, Zella-Mehlis, 2016, Heinrich-Jung-Verlagsgesellschaft, S. 354 f.; und Rainer Karlsch, Zbynek Zeman: Urangeheimnisse – Das Erzgebirge im Brennpunkt der Weltpolitik 1933–1960, Berlin, 2007, Christoph Links Verlag, S. 39.

271) Rainer Karlsch, Zbynek Zeman: Urangeheimnisse – Das Erzgebirge im Brennpunkt der Weltpolitik 1933–1960, Berlin, 2007, Christoph Links Verlag, S. 102 f. Dieselben: Uranium Matters – Central European Uranium in International Politics 1900–1960, Budapest, New York, 2008, Central European University Press, S. 73.

272) Alwyn McKay: Das Atomzeitalter – Von den Anfängen zur Gegenwart, Berlin, Heidelberg, New York, 1989, Springer-Verlag, S. 112.

273) Günter Nagel: Das geheime deutsche Uranprojekt 1939–1945 – Beute der Alliierten, Zella-Mehlis, 2016, Heinrich-Jung-Verlagsgesellschaft, S. 69.

274) Rainer Karlsch: Hitlers Bombe – Die geheime Geschichte der deutschen Kernwaffenversuche, München, 2005, Deutsche Verlags-Anstalt, S. 362.

275) Günter Nagel: Atomversuche in Deutschland – Geheime Uranarbeiten in Gottow, Oranienburg und Stadtilm, Zella-Mehlis/Meiningen, 2003, Heinrich-Jung-Verlagsgesellschaft S. 129.
276) Günter Nagel: Das geheime deutsche Uranprojekt 1939–1945 – Beute der Alliierten, Zella-Mehlis, 2016, Heinrich-Jung-Verlagsgesellschaft, S. 324.
277) Rainer Karlsch: Hitlers Bombe – Die geheime Geschichte der deutschen Kernwaffenversuche, München, 2005, Deutsche Verlags-Anstalt, S. 362.
278) Hans-Friedrich Stumpf: Kernforschung in Celle 1944/45 (Celler Beiträge zur Landes- und Kulturgeschichte – Schriftenreihe des Stadtarchivs und des Bomann-Museums Celle, Band 25), Stadt Celle, 1995, S. 25 ff. und 104.
279) Rainer Karlsch: Hitlers Bombe – Die geheime Geschichte der deutschen Kernwaffenversuche, München, 2005, Deutsche Verlags-Anstalt, S. 122 f.
280) Geheimdokumente zum Deutschen Atomprogramm 1938–1945, CD-ROM des Deutschen Museums, Rubrik: Forschungszentrum Hamburg, Abschnitt: Brief Hartecks an Esau, 15.12.1943, 2001, Blätter 24 und 25.
281) Hans-Friedrich Stumpf: Kernforschung in Celle 1944/45 (Celler Beiträge zur Landes- und Kulturgeschichte – Schriftenreihe des Stadtarchivs und des Bomann-Museums Celle, Band 25), Stadt Celle, 1995, S. 31 ff.
282) Geheimdokumente zum Deutschen Atomprogramm 1938–1945, CD-ROM des Deutschen Museums, Rubrik: Mangelwirtschaft und Methodenvielfalt, Abschnitt: Die Trennung der Uranisotope. Aufstellung zu den Möglichkeiten der Isotopentrennung, 2001, Blätter 4 und 5.
283) Günter Nagel: Das geheime deutsche Uranprojekt 1939–1945 – Beute der Alliierten, Zella-Mehlis, 2016, Heinrich-Jung-Verlagsgesellschaft, S. 201.
284) Günter Nagel: Sprengstoff- und Fusionsforschung an der Berliner Universität – Erich Schumann und das II. Physikalische Institut, in: Rainer Karlsch, Heiko Petermann: Für und Wider Hitlers Bombe. Studien zur Atomforschung in Deutschland, Münster, New York, München, Berlin, 2007, Waxmann Verlag, S. 249 ff.
285) Geheimdokumente zum Deutschen Atomprogramm 1938–1945, CD-ROM des Deutschen Museums, Rubrik: Mangelwirtschaft und Methodenvielfalt, Abschnitt: Die Trennung der Uranisotope. Aufstellung zu den Möglichkeiten der Isotopentrennung, 2001, Blatt 1.
286) Stadtarchiv Göttingen: NS-Zwangsarbeit Physikalische Werkstätten AG (Phywe AG), Göttingen. Online abrufbar: www.zwangsarbeit-in-goettingen.de (Internetpräsenz der Stadt Göttingen für das Stadtarchiv, verantwortlich und Redaktion: Dominik Kimyon und Cordula Tollmien).

287) Frank Baranowski: Rüstungsproduktion in der Mitte Deutschlands 1929–1945. Südniedersachsen mit Braunschweiger Land sowie Nordthüringen einschließlich des Südharzes – vergleichende Betrachtung des zeitlich versetzten Aufbaus zweier Rüstungszentren, Bad Langensalza, 2013, Verlag Rockstuhl, S. 86 ff.

288) Hans Bomke: Erzeugung von Atom- und Ionenstrahlen, Braunschweig, Verlag Friedrich Vierweg & Sohn, 1939.

289) Thomas Stange: Institut X – Die Anfänge der Kern- und Hochenergiephysik in der DDR, Stuttgart Leipzig Wiesbaden, 2001, B. G. Teubner Verlag, S. 28.

290) Chemisches Zentralblatt, Nr. 9/10, 1945, II. Halbjahr, III. Quartal, S. 544. Online unter der Digital Library of the Slesian University of Technology Gliwice (Gleiwitz) abrufbar: www.delibra.bg.polsl.pl.

291) Chemisches Zentralblatt, Nr. 9, 04.03.1942, I. Halbjahr, S. 1163. Online unter der Digital Library of the Slesian University of Technology Gliwice (Gleiwitz) abrufbar: www.delibra.bg.polsl.pl.

292) Günter Nagel: Atomversuche in Deutschland – Geheime Uranarbeiten in Gottow, Oranienburg und Stadtilm, Zella-Mehlis/Meiningen, 2003, Heinrich-Jung-Verlagsgesellschaft, S. 332.

293) Geheimdokumente zum Deutschen Atomprogramm 1938–1945, CD-ROM des Deutschen Museums, Rubrik: Forschungszentrum Hamburg, Abschnitt: Stand der Arbeiten zur Trennung der Isotope des Präparates 38, 03.12.1941, 2001, Blatt 3.

294) Georg Ribienski, Walter Schulte: Betriebe der Rüstungsproduktion im Landkreis Arnstadt, in: Geheimnis Jonastal – Vereinszeitschrift der Geschichts- und Technologiegesellschaft Großraum Jonastal e. V., Nr. 14, 2014, Arnstadt, Maempel-Druck Illmenau, S. 18.

295) Karel Berkhuysen: Alfred Richard Boettcher Stichting Doetinchem Herdenkt – WOII-onderwerpen. Online abrufbar: www.doetinchemherdenkt.nl.

296) Henny Haggeman: Onderzoek: bommen op verlaten Duits laboratorium in Doetinchem De Gelderlander, 22.03.2017. Online abrufbar: https://www.gelderlander.nl/achterhoek.

297) Dieter Hoffmann, Mark Walker: „Fremde" Wissenschaftler im Dritten Reich – Die Debye-Affäre im Kontext, Göttingen, 2011, Wallstein Verlag, S. 375.

298) Bernd-A. Rusinek: Deutsche und niederländische Physiker. Aus dem Vortrag „Ambivalente Funktionäre. Zur Rolle von Funktionseliten im NS-System", Osnabrück, 09.–10.10.2001. Online abrufbar: www.juser.fz-juelich.de/record.

299) Henny Haggeman: Onderzoek: bommen op verlaten Duits laboratorium in Doetinchem De Gelderlander, 22.03.2017. Online abrufbar: https://www.gelderlander.nl/achterhoek.

300) Karel Berkhuysen: Alfred Richard Boettcher Stichting Doetinchem Herdenkt – WOII-onderwerpen. Online abrufbar: www.doetinchemherdenkt.nl.

301) Dieter Hoffmann, Mark Walker: „Fremde" Wissenschaftler im Dritten Reich – Die Debye-Affäre im Kontext, Göttingen, 2011, Wallstein Verlag, S. 377 ff.

302) Karel Berkhuysen: Alfred Richard Boettcher Stichting Doetinchem Herdenkt – WOII-onderwerpen. Online abrufbar: www.doetinchemherdenkt.nl.

303) Bernd-A. Rusinek: Deutsche und niederländische Physiker. Aus dem Vortrag „Ambivalente Funktionäre. Zur Rolle von Funktionseliten im NS-System", Osnabrück, 09.–10.10.2001. Online abrufbar: www.juser.fz-juelich.de/record.

304) Kopien der Reporte wurden dem Verfasser freundlicherweise von Rainer Karlsch zur Verfügung gestellt, E-Mail vom 21.11.2021.

305) Bernd-A. Rusinek: Deutsche und niederländische Physiker. Aus dem Vortrag „Ambivalente Funktionäre. Zur Rolle von Funktionseliten im NS-System", Osnabrück, 09.–10.10.2001, Zusammenfassung. Online abrufbar: www.juser.fz-juelich.de/record.

306) Klaus Dreyer: Historische Landmaschinen von A bis Z – Geschichte der Landtechnik – Westfalia Separator – GEA. Online abrufbar: http://www.landtechnik-historisch.de, siehe auch: https://www.gea.com/de.

307) Barbara Gerstein: „Miele, Carl", in: Neue Deutsche Biographie, Vol. 17, 1994, S. 474–475. Online abrufbar: https://www.deutsche-biographie.de.

308) Klaus Dreyer: Historische Landmaschinen von A bis Z – Geschichte der Landtechnik – Miele. Online abrufbar: http://www.landtechnik-historisch.de.

309) N. Maschler, M. Ling: Waschen mit Miele?, in: taz am Wochenende, 11.12.1999, S. 5.

310) Bernd-A. Rusinek: Deutsche und niederländische Physiker. Aus dem Vortrag „Ambivalente Funktionäre. Zur Rolle von Funktionseliten im NS-System", Osnabrück, 09.–10.10.2001. Online abrufbar: www.juser.fz-juelich.de/record.

311) Walter Naasner: SS-Wirtschaft und SS-Verwaltung. Das SS-Wirtschafts- und Verwaltungshauptamt und die unter seiner Dienstaufsicht stehenden wirtschaftlichen Unternehmungen und weitere Dokumente (Schriften des Bundesarchivs 45a), Düsseldorf, 1998, Droste Verlag, S. 341.

312) Ralf Schabel: Die Illusion der Wunderwaffen – Die Rolle der Düsenflugzeuge und Flugabwehrraketen in der Rüstungspolitik des Dritten Reiches, München,1994, R. Oldenbourg Verlag, S. 283.

313) Günter Nagel: Himmlers Waffenforscher – Physiker, Chemiker, Mathematiker und Techniker im Dienste der SS, Aachen, 2011, Helios Verlag, S. 63.

314) Ebd., S. 65.

315) Ebd., S. 101 f.

316) Stefan Büttner, Martin Kaule: Geheimprojekte der Luftwaffe – sowie Bauten und Bunker 1935 – 1945, 2. Auflage, Stuttgart, 2020, Motorbuch Verlag, S. 177.

317) Günter Nagel: Himmlers Waffenforscher – Physiker, Chemiker, Mathematiker und Techniker im Dienste der SS, Aachen, 2011, Helios Verlag, S. 151.

318) Florian M. Beierl: Hitlers Berg – Licht ins Dunkel der Geschichte. Geschichte des Obersalzbergs und seiner geheimen Bunkeranlagen, Berchtesgaden, 2010, Verlag Beierl, S. 85.

319) Dariusz Garba: Riese – Das Rätsel um Hitlers Hauptquartier in Schlesien, Zella-Mehlis/Meiningen, 2000, Heinrich-Jung-Verlagsgesellschaft, S. 18 ff.

320) Florian M. Beierl: Hitlers Berg – Licht ins Dunkel der Geschichte. Geschichte des Obersalzbergs und seiner geheimen Bunkeranlagen, Berchtesgaden, 2010, Verlag Beierl, S. 85 f.

321) Franz W. Seidler, Dieter Zeigert: Die Führerhauptquartiere – Anlagen und Planungen im Zweiten Weltkrieg, 2004, F. A. Herbig Verlagsbuchhandlung, S. 335.

322) Ebd., S. 296 f.

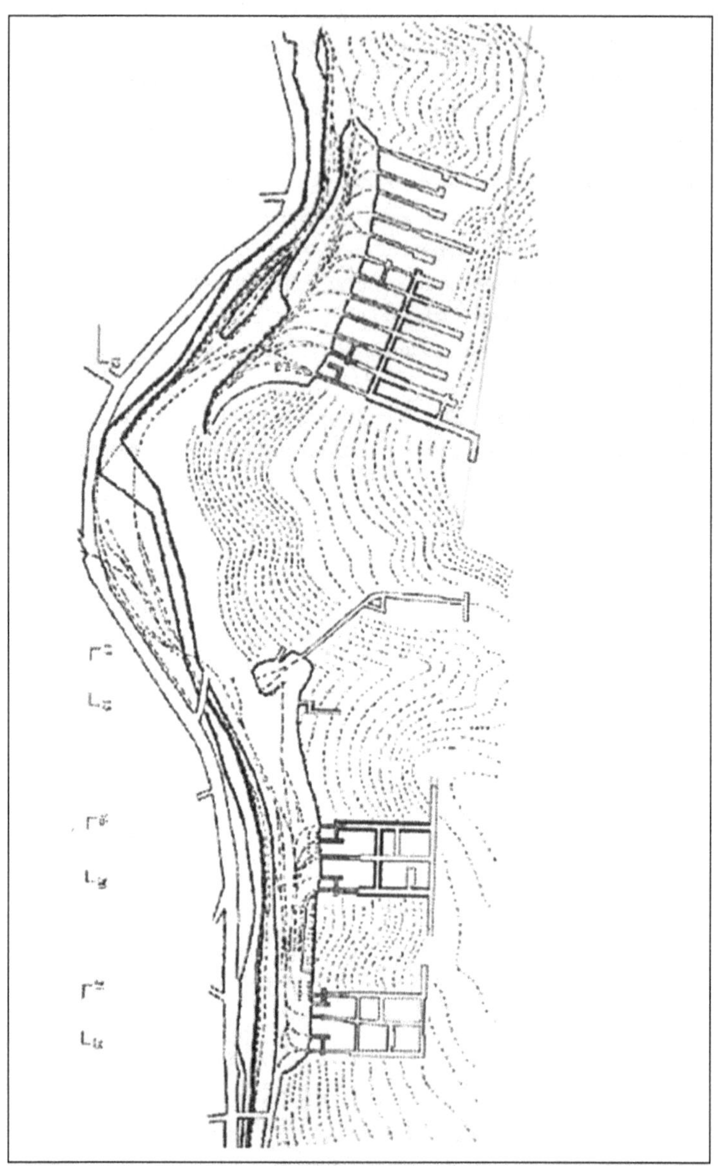

Die Stollenanlage S III im Jonastal. Übersicht. Auffallend ist die unterschiedliche Geometrie des Grundrisses der einzelnen Bereiche sowie die teilweise im Ansatz aufgefahrenen Eingangsbereiche. *(Quelle: Kott-Pläne auf www.gtgj.de)*

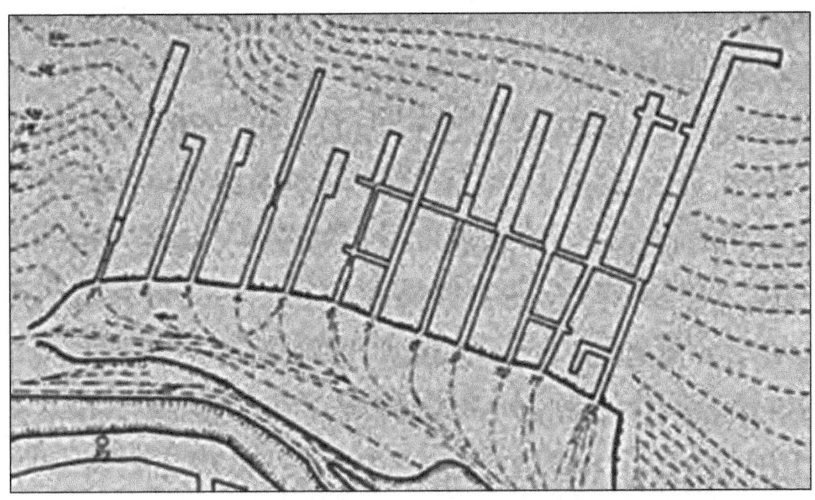

Der Stollenbereich 1–12. Erkennbar sind die abgewinkelten Ansätze im Eingangsbereich. Der Grundriss ist analog zu anderen Untertage-Verlagerungsbauten kamm- oder schachbrettartig angelegt. *(Quelle: Kott-Pläne auf www.gtgj.de)*

Die Stollengruppe 16–25 weist ebenfalls abgewinkelte Eingänge auf. Auffallend ist jedoch ihre Geometrie, die von dem restlichen Bereich abweicht.
(Quelle: Kott-Pläne auf www.gtgj.de)

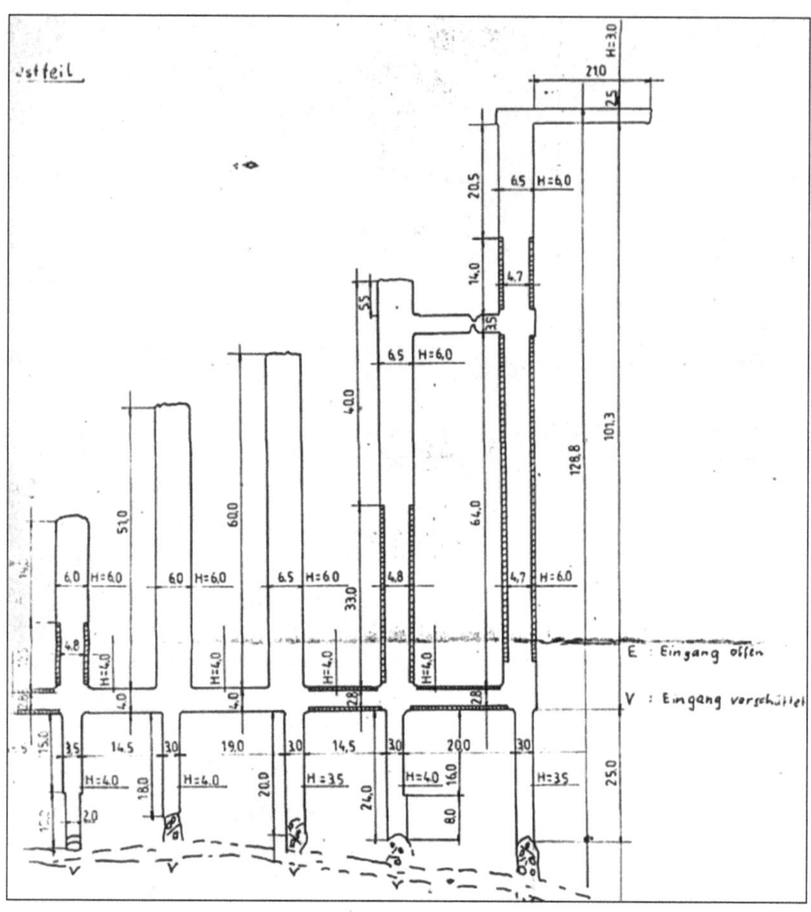

Detailansicht der linken Stollengruppe 8–12 im Jonastal. Der von den Sowjets durch Sprengung zerstörte Eingangsbereich fehlt. (Quelle: Kott-Pläne auf www.gtgj.de)

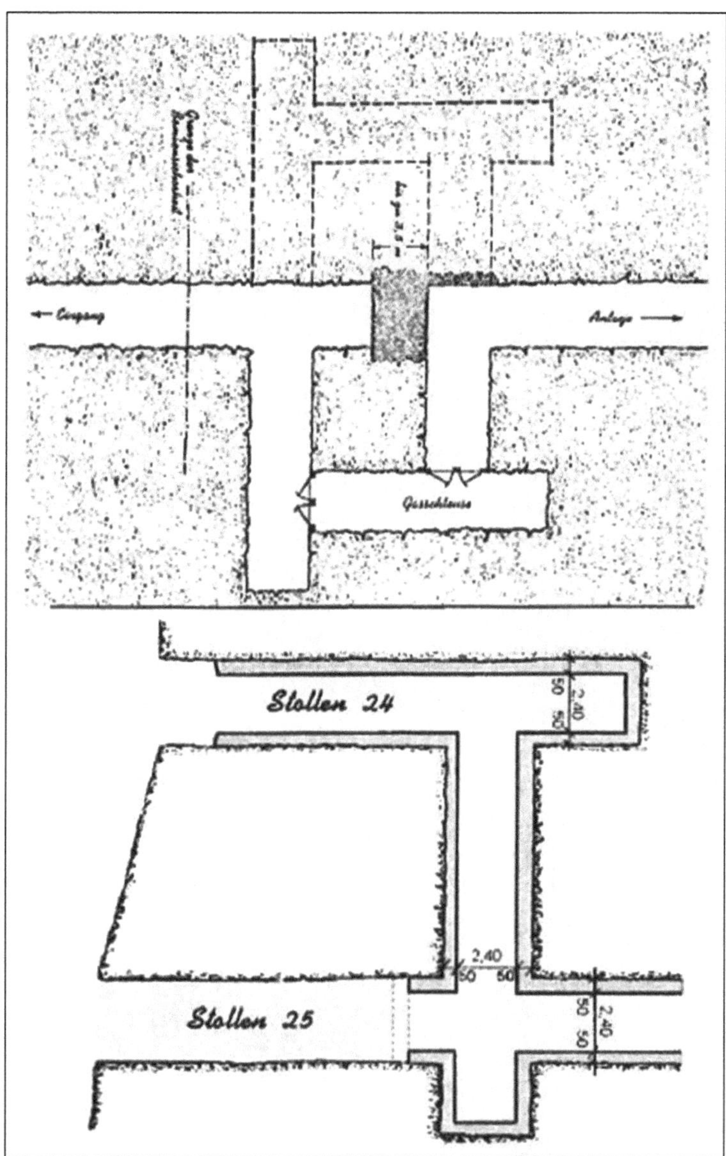

Ein Ausschnitt aus dem Eingangsbereich: Die Abwinklung der Druckfalle im Vergleich mit den prinzipiellen Vorgaben der Organisation Todt (oben). (Quelle: Dieter Zeigert: Hitlers letztes Refugium?)

Zum Vergleich zu S III:

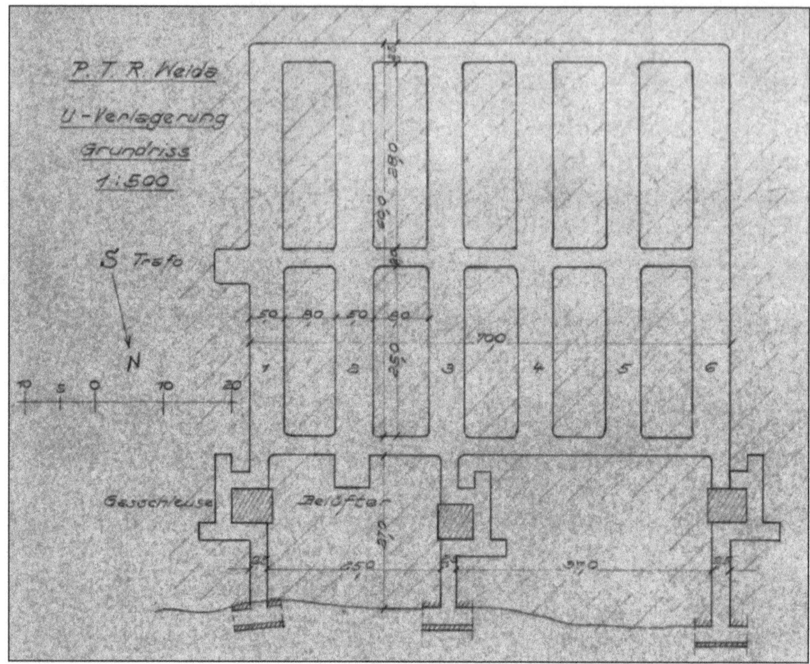

Der Riss der geplanten Stollenanlage für die Aufnahme der Laboratorien der PTR in Weide (Thüringen). Die Analogien zu dem Stollenbereich 1–12 von S III mitsamt der abgewinkelten Eingangsbereiche und Vorbau sowie dessen Abmaße sind auffällig. (Quelle: Zeiss Archiv, Jena)

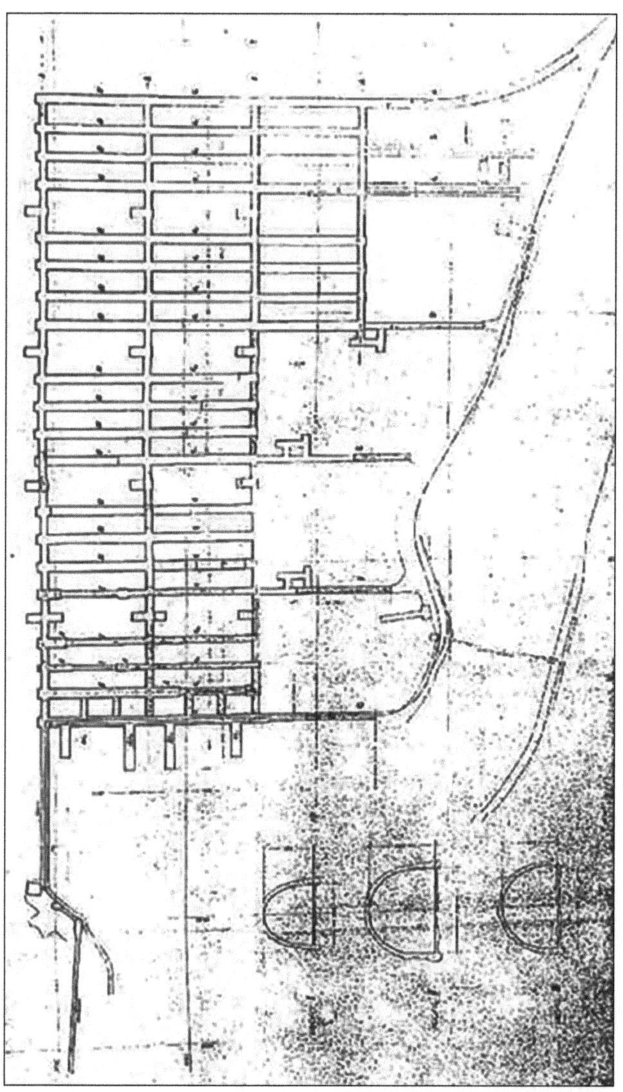

Der Stollenplan der Anlage B7 „Esche II" bei Hersbruck – das Doggerwerk. Dieses war für BMW als Produktionstätte von Flugmotoren vorgesehen. Auch hier sind in den Zugangsstollen (rechts) die abgewinkelten Bereiche erkennbar.
(Quelle: Hans Walter Wiechert: Decknamenverzeichnis unterirdischer Bauten des zweiten Weltkrieges)

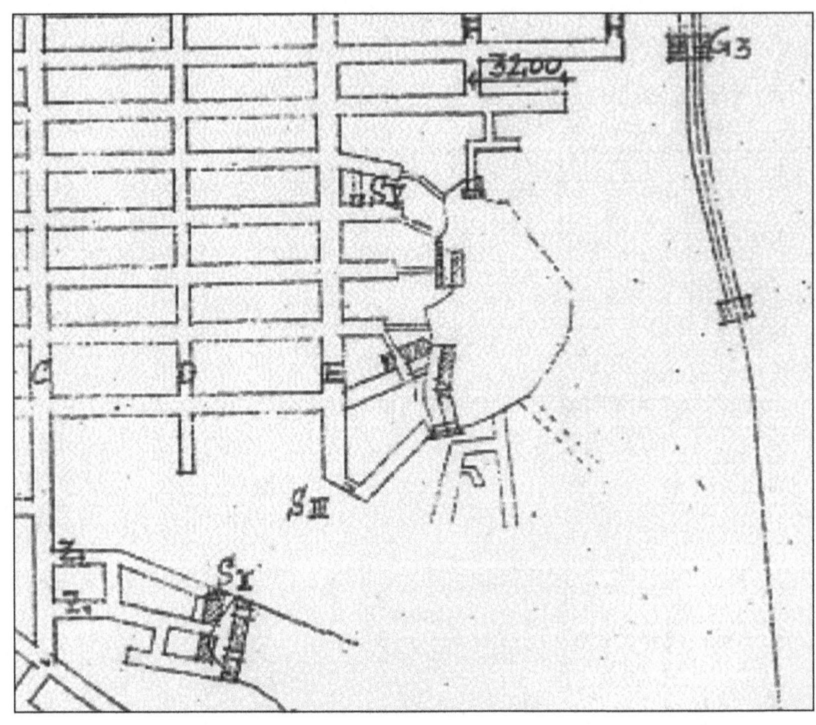

Ausschnitt aus dem Stollenplan der Anlage B8 Bergkristall „Esche I" für die Fertigung eines Messerschmidt-Düsenjägers bei Gusen, nahe Linz. Auch hier sind die abgewinkelten Eingänge zu erkennen. *(Quelle: Gusem Memorial Center)*

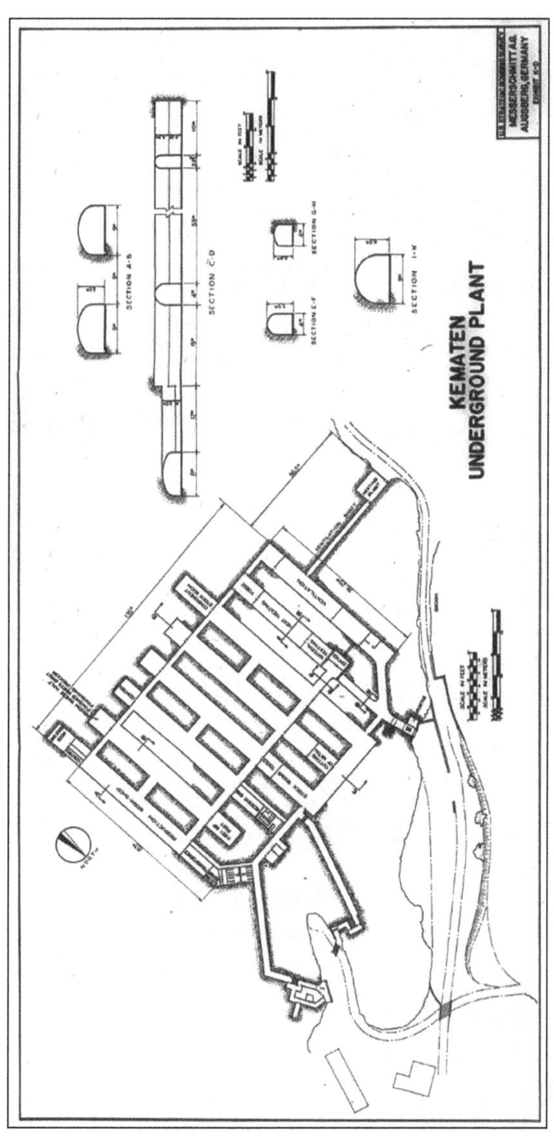

Ebenfalls mit abgewinkelten Zugängen versehen ist die Anlage „Seelachs" in Kematen (Tirol). Der Materialfluss erfolgte bei allen Beispielen über einen separaten Zugang, der mit Schiebetoren vor Druckwellen geschützt war (rechts oben).
(Quelle: Alexander Kartschall: Poduktion der Messerschmidt Me 262)

(1) Ebensee underground installations originally intended as a testing station for V-2 rockets. This testing establishment was built for General Dornberger of the High Command of the German Army, who was charged with the development of the V-2 and covered a space of approximately 300,000 cubic meters (November 1943 to the end of the war).

(2) A Messerschmitt factory for the Me-262 (code name: Bergkristall), an underground installation of approximately 15,000 cubic meters, located at St. Georgen an der Gusen; Upper Austria (Russian occupied zone of Austria). This order was originally given by General Wilder of the Luftwaffe but was executed under the supervision of the SS Building and Construction Corps, (February 1944 to the end of the war).

(3) The underground V-2 testing station at Redl-Zipf, Upper Austria developed for the Rax Werke, Wiener Neustadt, covering a cubic space of approximately 35,000 cubic meters. This organization was later reorganized to become known under the code name "Steinbruch Verwertungs G.m.b.H." under the supervision of the High Command of the German Army (September 1943 to the end of the war).

(4) An underground installation at Kirchbichl, Tyrol (French occupied zone of Austria) intended for production of aircraft engines by Flugmotorenwerke Ostmark, Vienna. Actual production in this 160,000 cubic meter underground installation never got underway (February 1945 to the end of the war).

(5) A factory for the Rax Werke, Vienna for the production of coal tenders (December 1942 to the end of the war).

(6) An aircraft assembly plant at Vienna - Schwechat designed and constructed for Heinkel werke. This plant, covering an area of 30,000 square meters, was destroyed by Allied bombing on the very day of its completion. (1943).

(7) Design and construction of an air raid shelter intended as the last stand headquarters for Adolf Hitler and his staff. The location of the installation is claimed to be 10 kilometers south of the city of Gotha, Germany and 2 kilometers from the village of Kraewinkel in the direction towards the village of Arnstadt. The "top secret" order for this project was given to Fiebinger by SS-Obergruppenfuehrer (General) Kammler, on Christmas day 1944, with instructions to complete the project prior to 15 April 1945. The job called for the construction of three horizontal tunnels into the face of a hill with connecting passages. It was abandoned during March 1945 when the tunnels were almost complete

Auszug aus dem Interrogationsbericht von Karl Fiebinger. Unter Punkt 7 macht er Angaben zu S III. (Quelle: Gusen Memorial Center)

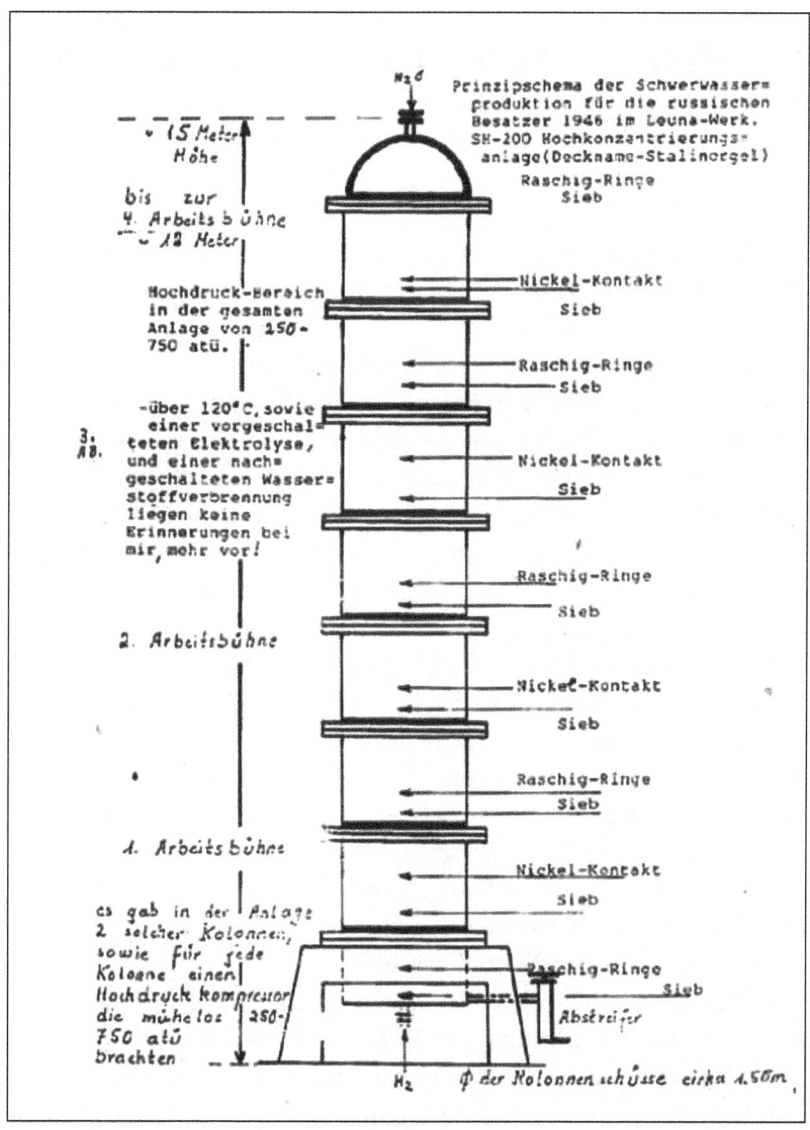

Zeichnung der „kleinen Stalinorgel" zur Schwerwasserfraktionierung. (Quelle: Stadtanzeiger Leuna, 22. Februar 2017)

7. Was geschah im März 1945 in Thüringen?

Um was geht es: Am 04. und am 12. März 1945 sollen auf dem TÜP Ohrdruf zwei Kernsprengkörper gezündet worden sein.

Bei den Auslagerungen nach Thüringen war es das primäre Ziel, Produktions- und Forschungseinrichtungen der latenten Luftkriegsgefährdung durch Dislokation zu entziehen. Auf die Kernphysik bezogen, schien man bestrebt gewesen zu sein, die bis dato über den gesamten Hegemonialbereich des Nationalsozialismus verstreuten Institutionen nach Überschreiten des existenziellen Kulminationspunktes des eigenen Systems lokal zu bündeln. Ob dabei die Virulenz der Situation von jedem begriffen wurde, ist fraglich. Mag es dem Einen dabei um die existenzielle Sicherung seiner wirtschaftlichen Interessen gegangen sein, so mag es der Andere als Potential für die Abwendung der Agonie gesehen haben. Nachweisbar verlängerte die Verlagerungsaktion, dabei ist unwesentlich ob über- oder unterirdisch, den Überlebenskampf des Dritten Reiches gegenüber seinen – ganz rational betrachtet – materiell überlegenen Gegnern. Zu einem bestimmten Zeitpunkt des Krieges hätte man die Lage noch durch den Einsatz neu entwickelter Technologien beeinflussen können, sofern diese in genügender Anzahl hätten produziert werden können. Je kleiner aber das kontrollierbare Territorium wurde, desto unwahrscheinlicher gestaltete sich auch dieses Szenario. Denn Entwicklungs- wie Fertigungsstätten waren zur Aufrechterhaltung der Wehrfähigkeit eminent wichtig. Ihre Zerschlagung läutete das Ende aller militärischen Werte ein. Die Kumulierung kriegsrelevanter Institutionen in Thüringen reflektiert diese Anstrengungen par excellence. Ein laufender Reaktor, eine einzelne Bombe mit radiotoxischem Inhalt (gleich welcher Natur) hätten das Ende nicht mehr abwenden können. Ein Einsatz derartiger Wirkmittel und ihrer Derivate dürften aber, darüber sollte man sich in nationaler Verblendung keiner-

lei Illusionen hingeben, zu einer adäquaten Reaktion seitens der Alliierten geführt haben. Jedoch können die hier behandelten Aktionen auch ganz anders motiviert gewesen sein und interpretiert werden:
Nicht einem suizidalen, finalen Exodus – der sprichwörtlichen „Götterdämmerung" Wagners – geschuldet, wie es auch der Nero-Befehl vorsah, sondern jenem geistigen „Reichtum" deutschen Denkens und Schaffens, schlicht als „Verhandlungssache" zur Reduktion der erwarteten Demütigungen, analog den Kontrakten von Verailles, Berlin, Saint Germain, Neuilly-sur-Seine, Trianon und Serves. Ganz unberechtigt waren diese Hoffnungen schließlich nicht, da die USA schon einmal einen Separatfrieden mit dem Berliner Vertrag abschlossen hatte, nachdem die Staaten den Versailler Vertrag aufgrund dessen aggressiver Restriktionen gegen die wirtschaftliche Basis des Unterlegenen nicht zu ratifizieren gewillt waren. Mit dem Nationalsozialismus ging es dem Ende entgegen. Aber die Substanz des Staates sollte erhalten werden. Was lag also in dieser prekären Lage näher, als die Technologie zweckentfremdet als ohnehin schon begehrtes Objekt nun einer akzeptablen Befriedung feilzubieten. Die ganze Angelegenheit erwies sich aber als durchaus pikant. Die siegreiche Nation requirierte ohnehin für gewöhnlich alle werthaltigen Vermögensgegenstände – jene Technologien wären diesen also zugefallen und damit jede Verhandlungsgrundlage obsolet geworden. Dem Unterlegenen boten sich daraus aufgenötigt ganze zwei Optionen, wollte er diese Szenarien abwenden. Erstens: Es gelingt ihm, diese Technologien dem Zugriff Dritter wirksam zu entziehen und sich dadurch in eine vorteilhaftere Verhandlungsposition zu manövrieren – Bedingung: Man verfügt noch über den notwendigen Handlungsspielraum und der Gegner weiß um die Bedeutung des ihm Entzogenen. Zweitens: Man setzt die Technologien partiell, aber sehr „publikumswirksam" gegen seinen Widersacher ein, um ihn an den Verhandlungstisch zu zwingen, weil nur auf diesem Wege weiteres Ungemach abgewendet werden kann. Es besteht aber das mortale Risiko der Selbstüberschätzung der eigenen Mittel im Hinblick auf die Intentionen des Gegners. Hat der Unterlegene nämlich in einem verzweifelten Akt der versuchten „Selbstverteidigung" seinen letzten Trumpf ausgespielt und der Gegner ahnt dies, wird der Sieger dieses strategische Moment leidlich zu

nutzen wissen. Alternativ kann der im Siegen begriffene seinerseits zur Ultima Ratio greifen, um den Unterlegenen auf seinem eigenen Territorium vernichtend zu schlagen und ihm jeden Widerstandswillen zu nehmen, die Exterminierung des in Mitleidenschaft zu ziehenden Bevölkerungsanteils kollateral mit einkalkuliert. Das Deutsche Reich praktizierte dies mit der angestrebten Vernichtung der Bevölkerung in den eroberten Ostgebieten. Die Vereinigten Staaten durch den Einsatz ihrer Kernwaffen gegen das militärisch bereits geschlagene Japan. In diesem militärwissenschaftlichen Kontext können die letzten Ambitionen in Thüringen gesehen werden.
Die Frage nach Sinn und Logik derartig martialischen Denkens ist ein vortreffliches „Schlachtfeld" politisierender Interessen. Physikalisch neigt man dazu, die Thematik empathisch zu behandeln. Den involvierten Wissenschaftlern sowohl rein politisch motiviertes wie affektiv konträres Handeln zu unterstellen, ginge zu weit. Ideologien, nationalsozialistische Affinität, pragmatische Zweckgebundenheit verlieren ihre Konturen und verschwimmen miteinander.

7.1 Zur Klärung der Frage

In dem nun folgenden Kapitel gehen wir der Frage nach, was sich am 04. und 12. März 1945 in Thüringen auf dem Truppenübungsgelände bei Ohrdruf kernphysikalischer Natur abgespielt haben könnte. Rainer Karlsch hat in seinem Werk „Hitlers Bombe" die These von zwei nacheinander erfolgten Kernwaffentests aufgestellt. Nach überaus heftigen Reaktionen der Fachwelt, bei denen es an kritischen Stimmen nicht zu mangeln schien, folgte das gemeinsam mit dem Journalisten Heiko Petermann herausgegebene Buch „Für und Wider Hitlers Bombe", in dem diverse Wissenschaftler wie Fachleute ihre Studien zu Karlschs Ausgangsthese publizierten. Auch das ZDF hatte sich unter der historischen Leitung von Guido Knopp 2005 mit der Hinterfragung jener These auseinandergesetzt. Im Rahmen unserer Betrachtung der hohlladungsinitiierten Fusionsreaktion durch konvergente Kompression werden wir uns nun ebenfalls mit dieser These auseinanderzusetzen haben. Allerdings werden wir hierzu die bislang begangenen Pfade verlassen. In der folgenden Betrachtung schauen wir **nicht** aus dem Blickwinkel der Geschichtswissenschaft auf die Thematik, sondern aus der Sicht der Physik.

Warum? Der Historiker ist zur Evaluierung des von ihm behandelten Themas der Geschichte verpflichtet, dieses mit belegbaren Dokumenten oder evidenten Indizienbeweisen hinreichend zu untermauern. Hierbei muss sein dabei erarbeitetes Werk zur Plausibilitätssteigerung dem historischen Kontext immanent bleiben. Doch was geschieht, wenn der Historiker nach Befundung der von ihm ausgewerteten Quellen zu einem evidenten Sachverhalt gelangt, der sich nicht in den bereits bekannten Geschichtsverlauf implizieren lassen will und sich scheinbar kontrafaktisch gibt? Ihm stellt sich dabei folgende Kontroverse: Es liegt eine fehlerhafte Interpretation der Quellen vor, die zur abermaligen Auswertung dieser nötigen; alternativ besteht die Option, dass der etablierte geschichtliche Kontext selbst nicht frei von Irrtümern ist. Es besteht das latente Risiko der Kontingenzreduktion. Doch auch die Geschichtswissenschaft ist nicht frei von emergenten Strukturen. Jedoch werden die Ambitionen der Einbettung eines historischen Ereignisses in diesen etablierten Kontext nicht überdeterminiert? Auch wir werden uns von dieser Betrachtungsweise nicht gänzlich distanzieren, da der historisch fundierte Hintergrund etliche Informationen liefert. Hier ergänzen wir die Betrachtung durch die Möglichkeiten der Physik: Genau diese werden deduziert zur Disposition zu stellen sein. Beispielsweise bedient sich die Physik in Teilbereichen der Axiome, ohne deren Inhalt wissenschaftlich belegen oder deduktiv ableiten zu können. Als prominentestes Beispiel ließen sich hier die Definition der Schwerkraft anführen, die objektiv real ist, deren Zustandekommen sich aber nicht eindeutig beweisen lässt. Selbst die Kernreaktionen um die existenzielle Basis unserer Sonne sind von zahlreichen Unschärfen umgeben. Welche Art von Wechselbeziehungen bestehen zwischen der Fusion leichter und schwerer Kerne und den parallel ablaufenden Fissionsreaktionen? Die exotherme Komponente dieses Brennens ist nach den Grundlagen der Thermodynamik bestrebt, sich zu expositionieren. Dagegen wirkt die Masse aller Teilchen, die Gravitation, welche das System zusammenhält. Wir wissen um die Geschehnisse auf der Sonne – besser: Wir stellen Thesen ihrer inneren

Reaktionen auf, ohne ihren Aufbau zu kennen, können diese aber nicht endgültig beweisen. Und sehen sie täglich vor uns.

So lässt sich auch über Karlschs Aussage, die hypothetischen Tests seien erfolgreich gewesen, vortrefflich philosophieren. Was bedeutet „erfolgreich" in diesem Zusammenhang denn eigentlich?
Wenn eine zu testende Versuchskonfiguration die vorher definierten Erwartungen erfüllt. Doch welche Erwartungen wurden im Vorfeld definiert? Zu den angesprochenen Tests lägen diese im Dunkeln.
Auch die Ausgangsparameter einer zu testenden Einrichtung gilt es mit Blick auf einen erfolgreichen Abschluss klar zu umreißen. Lassen Sie uns dies anhand folgender Beispiele einmal visualisieren:
Im Sinne eines militärisch zu gewichtenden Erfolges einer Testkonfiguration impliziert dieses Theorem, dass es sich um ein zu militärischen Zwecken nutzbar zu machendes Objekt handelt, das den militärischen Erwartungshaltungen einer tatsächlich praxisorientierten Nutzung im Endergebnis entspricht. Im Klartext: Eine Bombe, ähnlich „Gadget" oder der bei Trinity zur Anwendung gekommenen, wird auf ihre Funktion und Tauglichkeit hin einem praktischen Test unterzogen. Im Erfolgsfall kann diese zum Truppeneinsatz gelangen. Das Ausgangsobjekt definiert sich hierbei bereits als ein physikalisch-technisch derart ausgereiftes Produkt, dass dessen praktische Anwendung unmittelbar folgen kann.
Dagegen steht der physikalisch-wissenschaftliche Erfolg eines Tests. Analog dem rein militärischen Vorgehen kommt eine Testkonfiguration zum Einsatz. Allerdings differieren die vorher zu erwartenden Ziele in ihrer Definition deutlich. Bei der wissenschaftlichen Methode liegt der Testkonfiguration nicht unbedingt eine praxisnahe Konstruktion zu Grunde, sondern eine derartige, mit der sich im besten Fall die definierten Ziele nachweisen oder betrachten lassen. Es handelt sich in diesem Fall **nicht** um ein fertiges Produkt zum praktischen Einsatz. Prominentes Beispiel hierfür ist der Test der ersten „Wasserstoffbombe" Ivy Mike auf dem Eniwetok-Atoll. Hierbei handelte es sich im eigentlichen Sinne nicht um eine Bombe nach militärischem Verständnis – also eine praktischen Waffe –, sondern vielmehr um die oben beschriebene Testkonfiguration zum Nach-

weis einer vorab definierten Zielerwartung, nämlich der Kernfusion. Die Versuchseinrichtung selbst war, in militärischen Kategorien gedacht, weit davon entfernt, eine Bombe darzustellen. Vielmehr handelte es sich dem Charakter ihres Aufbaus nach um eine recht komplexe Maschinerie, die in einer Art Lagerhalle untergebracht worden war. Der Test erfüllte zwar die Erwartungen, nun musste man die Konzeption aber in ein truppentaugliches Produkt transformieren. Ähnliches ließe sich auch über die RaLa-Testreihe sagen, bei der durch Hohlladungskompression Kernreaktionen hervorgerufen wurden. Die Tests verliefen der Definition nach wechselhaft erfolgreich. Ziel war es dabei nicht, wie wir schon gesehen haben, eine „Bombe" zu bauen, sondern die Komponentenerforschung für die Umsetzung in einer späteren Waffe.
Nach Auffassung des Verfassers könnte es sich bei dem zur Diskussion stehenden hypothetischen Test (ob im Singular oder Plural ist hierbei grundsätzlich irrelevant) um ebenso eine Testkonfiguration zum Nachweis bestimmter zu erwartender, vorher definierter Parameter gehandelt haben; nicht jedoch um eine truppentaugliche Waffe. Doch dazu später mehr.

Zu der historischen Betrachtung zurückgekehrt bedeutet dies, dass hier versucht wird, ein *nicht* eindeutig belegbares Ereignis durch die Induktion physikalischer Grundlagen zu evaluieren – oder zu negieren. Hierzu werden wir den folgenden Fragen analytisch auf den Grund zu gehen haben:

- Ist eine für den hypothetischen Test notwendige Infrastruktur vorhanden gewesen? Hierunter sind Forschungseinrichtungen, materielle Ressourcen und derartig generierende Einrichtungen, institutionell notwendige Immobilien und wissenschaftliches Personal zu verstehen. In diese Analyse wurden auch noch im Aufbau befindliche, gegebenenfalls relevante Einrichtungen einbezogen, die Rückschlüsse auf den Sachverhalt vermuten lassen. Da sich in unmittelbarer Nachbarschaft auch die unvollendete Stollenanlage eines Führerhauptquartieres des Lagers S-III befindet, wurden diese, da von Interesse, mitbehandelt. Dies ist im vorigen Kapitel thematisiert worden.

- War ein derartiges, hypothetisch anzunehmendes Konzept unter den kriegssituativ sich stellenden Bedingungen überhaupt umsetzbar? Sind für einen derartigen, hypothetischen Test die notwendigen Rohstoffe oder Halbzeuge adäquat vorhanden oder verfügbar gewesen? An diesem kritischen Punkt hat sich der gesamte Themenkomplex der von Karlsch aufgeworfenen Thesen zu messen.

- Wie hätte eine Konstruktion für einen hypothetisch anzunehmenden Test theoretisch ausgesehen? Dieser Punkt stellt im Wesenskern ein Derivat der vorhergegangenen Kapitel dar, mit der Erweiterung aller bekannten Aspekte rund um den hypothetischen Test. Aus physikalischer Sicht ist dies jedoch der relevanteste Punkt der Analyse, bildet doch die Realisierbarkeit einer derartigen Konfiguration das substanzielle Fundament der gesamten Theorie.

- Existieren physische Hinweise, welche auf die tatsächliche Durchführung des hypothetischen Tests schließen lassen?

- Wie verträgt sich die Theorie mit der Anwendung des Mittels der Statistik?

Die mathematisch-statistische Aufgabe wird es hier sein, aus den vorhergegangenen empirischen Beurteilungen ein entsprechend spezifisches, disjunktes Hypothesenpaar abzuleiten und auszuwerten. Hierzu verfahren wir nach dem legitimen Grundsatz des Bundesgerichtshofes der Bundesrepublik Deutschland.

7.2 Zur Sache: die Beweislage

Unter „Beweislage“ sind nachweisbare, forensische, physische Fakten zu verstehen. Da keine eindeutige Aktenlage existent ist, bezieht sich dieser Abschnitt auf das eruierbare, zu evaluierende Spurenbild des in Frage kommenden Tatortes. Zur Betrachtung können hier drei verschiedene Ansätze herangezogen werden: Seismologie, Geomorphologie, Radiologie.

7.2.1 Die Seismologie

Eine wie auch immer geartete Detonation unter oder unmittelbar auf der Erdoberfläche, in begrenztem Maße auch darüber, hinterlässt einen seismischen Fingerabdruck. Durch verschiedene messtechnische Verfahren in der Geophysik können die an die Bodenstruktur abgegebenen, von der Druckwelle übertragenen Schwingungen aufgezeichnet und analysiert werden. Künstlich generierte Bodenwellen weisen dabei eine ganz eigene Schwingungscharakteristik auf, die sich in Ausbreitung ihrer Amplitude und Frequenz von einem natürlich anliegenden Ereignis mit moderneren Seismometern identifizieren lassen und eine quantitative Bewertung ihres Ursprunges zulassen. Doch 1945 war man technisch noch nicht so weit, derartig präzise wie differenzierte Analysen vorzunehmen. Für die analytische Bewertung von seismischen Aktivitäten bedienten sich die zeitgenössischen Messstationen verschiedener Seismometer, die unabhängig voneinander den vertikalen und horizontalen Schwingungsverlauf in Abhängigkeit von der Zeit registrierten. Für die Messungen kamen langperiodische Seismometer des Typs „Wiechert" und das kurzperiodische Modell „Benioff" zum Einsatz. Beide beruhen auf der Physik des freischwingenden, gedämpften Pendels, wobei die Aufzeichnung der Elongation bei Wiechert mechanisch, bei Benioff elektromagnetisch erfolgt. Da Sprengkörperexplosionen primär kurzperiodische Wellen ausstrahlen, können diese ohne genaue Charakteristika gerade noch von den Benioff-Seismometern erfasst werden, während sie bei dem Verfahren von Wiechert weitestgehend „untergehen". Zur exakten zeitlichen Erfassung, die für eine Ortsbestimmung des Epizentrums notwendig ist, sind äußerst präzise Chronometer erforderlich, deren mechanische Kalibrierungsfehler nur selten protokolliert werden und zu Ungenauigkeiten führen. Dies konnte zunehmend durch zeitlich synchrone Funksignale der Stationen untereinander kompensiert werden – je mehr Stationen ein anliegendes Ereignis zeitlich präzise registriert, desto genauer kann die Ortsbestimmung des Ursprunges erfolgen. Auf die Details der seismischen Messtechnik soll hier nicht weiter eingegangen werden. Durch die kriegerischen Ereignisse kam es infolge von Bombeneinschlägen und deren Kollateraleffekten zu betrieblichen Störungen und Behinderungen der Messtechnik wie auch der Funksignale. In dem diesem Abschnitt zu Grunde liegenden Artikel von Marcus Landschulze wurden die seismologischen Berichte der Messstationen Potsdam, Jena und Collm (Leipzig) für den in Frage kommenden Zeitraum im März 1945 herangezogen. Zum Zeitpunkt der Analyse durch Herrn Landschulze waren die aufgezeichneten Seismogramme der Stationen in Potsdam und Jena offenbar nicht verfügbar und jene von Collm aus dem März 1945 laut eines Registratureintrages 1961 nach Moskau verliehen – bis auf deren Auswertungen; allerdings fanden sich die Jenaer Unterlagen im dortigen Archiv des Geowissenschaftlichen Institutes wieder. Die Aufzeichnungen der drei genannten Stationen weisen für Anfang März kein in Frage kommendes Ereignis auf. Lediglich in den Abendstunden des 12. März ist ein schwaches Ereignis registriert worden – abfolgend in Leipzig, Jena und zuletzt Potsdam (!) –, ebenso im Ausland. Ausgehend vom Detonationszentrum bei Ohrdruf hätte die Reihenfolge der Messstationen nicht eigentlich Jena, Leipzig und Potsdam lauten müssen? Landschulze führt diese Diskrepanz auf Fehler im zeitlichen Erfassungsverfahren zurück. Das genaue Zentrum kann aufgrund dieser Abweichungen nicht mehr rekonstruiert werden. Landschulze wertet dies als Indiz für eine mögliche anthropogene Ursache.[1)] Albrecht Ziegert, Friedrich-Schiller-Universität Jena, wertete die von Landschulze nicht aufgefundenen Seismogramme aus dem Archiv des Institutes für Geowissenschaften aus. Übereinstimmend kommt er zu dem Resultat, dass Anfang März kein Ereignis aufgezeichnet, dagegen am 12. März abends ein Beben registriert worden ist. Dem Charakter der Amplitude nach und die Tatsache, dass dieses Ereignis auch im Ausland erfasst wurde, spricht seiner Beurteilung nach für einen natürlichen Ursprung.[2)] Auch Karim Rehm vom Institut für Angewandte Geophysik der Universität Jena konnte nach Auswertung der Messprotokolle aus Jena und Potsdam keinen Anhaltspunkt für ein „sprengungsähnliches" Ereignis der „fraglichen Art" in dem betrachteten

Zeitfenster evaluieren.3) In seiner Publikation stellt Ziegert ergänzend die Frage nach der Nachweiswahrscheinlichkeit einer Explosion mit dem damaligen messtechnischen Gerät. Als Vergleichsparameter dienten ihm bodeninvasive, d.h. in Bohrlöchern verdämmte Sprengungen in Steinbrüchen in gleichwertiger Entfernung zur Messstation. Diese führten zu minimalen Ausschlägen, aufgezeichnet mit modernsten Detektoren. Mit dem Wiechert-Seismometer hätte man diese nicht mehr erfassen können, da sie außerhalb dessen sensorischer Messbreite lagen. So gelangte Ziegert zu der Beurteilung,

„[...] dass auf den Aufzeichnungen der damaligen Jenaer seismischen Station diese Ereignisse nicht nachgewiesen werden können“4).

In einer ergänzenden Veröffentlichung korrigierte sich Ziegert bezüglich der Betrachtung des 04. März 1945 dahingehend, dass an jenem Abend ein kurzes und sehr schwaches seismisches Ereignis registriert worden ist, dass es aber nicht möglich sei,

„[...] diese[s] einer Explosion auf dem Versuchsgelände Ohrdruf zuzuordnen, wenngleich man sie aber auch nicht ausschließen kann.“5)

Fazit: Eine durch Sprengung, welcher Art auch immer, hervorgerufene seismische Aktivität lässt sich nicht mit Sicherheit verifizieren. Ein Sprengkörpertest auf dem TÜP Ohrdruf ist somit nicht hinreichend zu belegen, was ihn aber auch nicht grundsätzlich obsolet werden lässt. Die seinerzeit zum Einsatz gelangten messtechnischen Verfahren waren für derartige Ereignisse zu ungenau oder gar nicht in der Lage, sie zu erfassen. Durch die ungenügend synchrone Zeiterfassung der Institute lässt sich der genaue Ausgangspunkt praktisch nicht mehr nachhalten. Hinzu kommen die die Messparameter beeinflussenden Einwirkungen der sich bietenden Situation des Krieges. Die Problematik vergrößert sich dadurch, dass weder die Detonationsstärke noch die annähernde Horizontallage des Sprengkörpers bekannt sind. Wie Landschulze es bereits erläutert, variiert die Übertragung des Explosionsdruckes auf den Boden bereits durch die Positionierung von dessen Erzeuger: Eine im Erdreich stattfindende Explosion generiert eine starke, radial auslaufende Druckwelle. Ein entsprechendes Ereignis auf der Oberfläche überträgt einen deutlich geringeren Anteil der Druckwirkung; je höher nun die Explosion über der Oberfläche stattfindet, desto geringer ist die Einwirkung auf den Untergrund. Es besteht ein direkter Bezug zwischen der nominellen Sprengkraft, der Einsatzhöhe und der geologischen Beschaffenheit des Untergrundes.

7.2.2 Die Geomorphologie

Hierunter versteht man die Landformenkunde und beschäftigt sich mit den Prozessen der Formgebung und den Reliefs der Erdoberfläche. Im allgemeinen Verständnis einer Sprengkörperexplosion ist von einer anthropogenen Reliefbildung an der Oberfläche im atypischen Verhältnis zu deren Umgebung auszugehen – der Geomorphodynamik. In diesem Fall werden Alliierte und Sowjetische Luftaufnahmen zur Evaluierung sich ausbildender anthropogener Strukturen herangezogen. Eine diesbezügliche Luftbildanalyse wurde bereits durchgeführt und durch Heiko Petermann publiziert.[6)] Auf diese wird hier im Wesentlichen zurückgegriffen. Hierfür wurde speziell auf die Luftbilddatenbank von Dr. Hans-Georg Carls in Estenfeld zurückgegriffen. Die Auswertung und Begutachtung wurde durch den damals für die Mull und Partner Ingenieursgesellschaft in Hannover tätigen Diplomgeologen Matthias Muckel durchgeführt. Mittlerweile als unabhängiger Sachverständiger tätig, sind sowohl Mull und Partner als auch Muckel Mitglieder der Güteschutzgemeinschaft Kampfmittelräumung Deutschland e. V. (GKD).[7)] Das Unternehmen verfügt über ausgewiesene Erfahrung bei der Kampfmittelidentifizierung in mit Altlasten kontaminiertem Boden – auch in der analytischen Bewertung von Verdachtsfällen – und ist wiederholt im Auftrag der Regierung zu Rate und Einsatz gezogen worden, Matthias Muckel hierbei mit seinem besonderen Status als Sachverständiger des Bundes.[8)] Die Region des TÜP Ohrdruf und Umgebung weist ein in zeitlicher Abfolge gestiegenes Interesse der Alliierten-Aufklärung auf: Luftaufnahmen wurden am 16. August 1943,

12. August und 13. September 1944, 14., 16., 21., 22., 24. und 25. März, 04. April und 09. Juni, 19. und 22. Juli 1945 und abschließend sowohl am 21. Juni als auch 30. Juni 1953 (30. Juli?) durch die Sowjets mit variierenden Maßstäben fotografiert.9) Längst nicht alle Aufnahmen beziehen das potentielle Testgebiet mit ein. So wurde das Gebiet teilweise partiell abgelichtet. Lediglich fünf Überflüge sind von Relevanz. Bei dem in Frage kommenden Gelände handelt es sich um den östlichsten Teil des TÜP Ohrdruf, der in Richtung Ost (Arnstadt) als Spitze eines sich durch die umliegenden Hänge bildenden landschaftlichen Dreiecks darstellt, der so genannten „Leutnantsflur". Die Hänge weisen gen West nach Ohrdruf als Basis des Dreiecks und gen Süd zum Tambuch (einem bewaldeten Abschnitt) eine leicht ansteigende Neigung auf. In Richtung Nord zur Gemeinde Röhrensee hin bildet der Hang deutlichere Konturen aus; sein Neigungswinkel ist höher. Der Grund des gesamten Areals des Dreiecks ist aus der Umgebung nicht einsehbar. In Bezug auf die Ausbreitung einer Druckwelle bietet die Topographie einen entscheidenden Vorteil: Durch die ansteigenden Hänge wird diese von der Oberfläche abgelenkt, so dass sich etwaige Auswirkungen auf die sich anschließenden Gebiete reduzieren.

Auf der ersten Luftaufnahme vom 12. August 194510) sind keine ausgewiesenen anomalen Bodenkonturen innerhalb des abgelichteten Teils des Dreiecks erkennbar. Auffallend sind lediglich die aus der kontinuierlichen Vegetation heraustretenden rechteckigen, geometrischen Strukturen im Bereich der angenommenen Teststelle. Der Ursprung dieser Strukturen ist nicht eindeutig, lässt aber auf landwirtschaftliche Einflüsse schließen. Das Landschaftsbild änderte sich ein Jahr später deutlich: Die erkennbaren Farbänderungen der Fotos lassen sich durch die jahreszeitbedingten Wechsel der Vegetation erklären. Auf dem Luftbild vom 21. März 1945 ist bei der betreffenden rechteckig ausgebildeten Vegetation eine flache Senke mit einer wallartigen Aufschüttung erkennbar. Offenbar fanden Erdbewegungen statt.11) Diese Anomalie ist auch auf den Aufnahmen vom 19. Juli 1945 zu erkennen. Die Rechtecke weisen eine relativ gleichmäßige dunkle Einfärbung auf, während sich der restliche Boden des Dreiecks als Ödland darstellt. Spuren landwirtschaftlicher Nutzung konnten evaluiert werden. Es deuten sich zwei relativ kreisförmige, geometrische Strukturen mit leichter Muldenbildung im Zentrum und schwach ausgeprägten, leicht wallartigen Rändern an. Die größere Struktur lässt sich auf einen Durchmesser von etwa 120 m taxieren, die kleinere auf 90 m, mit einer Messtoleranz von 20 %. Matthias Muckel, der die Strukturen 2004 erstmals entdeckte und analysierte, spricht in seinem Gutachten vom 18. Januar 2005 von einem auffälligen flachen Krater mit einem Wall, angrenzend noch ein weiterer, kleinerer,[12)] mit schärferen Konturen. Beide weisen Mulden von 50 m bzw. 20 m Durchmesser auf.[13)] Auf den sowjetischen Luftbildern vom 30. Juni 1953, auf denen die umliegenden landschaftlichen Konturen und Wege deutlich erkennbar sind, ist von den Anomalien kaum mehr etwas zu sehen. In dem Bereich der einen Senke ist eine kreisförmige Struktur als Halbkreis andeutungsweise zu erahnen; die unmittelbare Umgebung hebt sich als leicht aufgehelltes Rechteck von der übrigen Vegetation ab. Veränderungen der Waldgrenze zum Tambuch sind auf keiner Aufnahme ersichtlich. Allerdings könnten die in einem sowjetischen Bericht (s. w. u.) angesprochenen gefällten Bäume in einer Entfernung von 500 bis 600 m zum Explosionszentrum gar nicht auf diese bezogen sein: Am westlichen Hang verläuft ein auch heute noch existenter sichelförmiger Wirtschaftsweg. Auf den Aufnahmen vom 19. Juli 1945 ist eine Baumreihe an diesem erkennbar, die anscheinend in der Mitte, dem hypothetischen Explosionszentrum zugewandt, unterbrochen ist. Eine von Heiko Petermann vorgenommene Distanzabschätzung zwischen der kleineren und entferntesten kreisförmigen Struktur zu dem besagten Weg ergibt eine Strecke von ca. 576 m – was mit den sowjetischen Darstellungen durchaus korrespondieren könnte.[14)] Unklar ist jedoch, ob die Baumreihe am Weg einst durchgängig war. Zurück zu den kraterähnlichen Anomalien. In der von Guido Knopp geleiteten Sendung der ZDF-Reihe „History“ vom 20. März 2005 präsentierte Regisseur Stefan Brauburger einen ehemaligen Luftbildauswerter der Bundeswehr, Oberstleutnant a. D. Wolfgang Posselt, der in den kreisförmigen Strukturen der Aufnahme vom 19. Juli keine anthropogenen, sondern natürliche Ursachen erkannt haben will. Er hielt diese „[…] für eine Laune der Natur“. Jedoch unterblieb ein Vergleich mit den anderen Luftbildern.[15)] Da es sich bei dem Untergrund um Karstgestein handelt, wäre der Ursprung einer sich annähernd kreisrunden Vegetation in Bodenabsenkungen, gleich eines leichten Erdfalles, zu vermuten. Da diese auf späteren Bildern aber nicht mehr ersichtlich sind, erscheint dieser Ansatz unwahrscheinlich, da derartige natürliche Vertiefungen innerhalb des relativ kurzen Zeitfensters der Aufnahmen nicht einfach so verschwinden. Im Übrigen stellt sich – die Person des Herrn Posselt betreffend – die berechtigte Frage, inwieweit dieser als offizieller Luftbildsachverständiger anzusehen und in welchem Umfang er mit den Auswirkungen taktischer Kernwaffen vertraut war.

Fazit: Betrachtet man alle betreffenden Aufnahmen des Dreiecks, so erscheinen auf den früheren Bildern dort weder in der Topographie noch der Vegetation kreisförmige Strukturen. Diese lassen sich selbst mehrere Jahre nach dem Krieg noch marginal auffinden. Da die Region fortwährende landwirtschaftliche Bearbeitung erkennen lässt, ist eine natürliche Anomalie in dieser Geometrie eher unwahrscheinlich und ein anthropogener Hintergrund möglich. Ob eine Explosion hierfür ursächlich ist, kann nicht mit abschließender Sicherheit gesagt – jedoch auch nicht ausgeschlossen werden. Interessant ist hier in diesem Zusammenhang der von Petermann angeführte Vergleich mit dem Testgelände in White Sands: Der Trinity-Test mit einem TNT-Äquivalent von ca. 20 kt bildete nach offiziellen Angaben einen seichten Krater von 365 m im Durchmesser, in dem alle Vegetation vernichtet worden war. In seinem Zentrum hatte sich eine ca. 2,90 m tiefe und 45 m weite Mulde ergeben. Bereits im Abstand von ebenfalls etwa 45 m zum Zentrum blieben Straßen und Wege dagegen beinahe unberührt, und auch die Erdbewegung erwies sich als minimal. Es ist dabei zu berücksichtigen, dass der Sprengkörper an einem 30 m hohen Stahlgerüst montiert zur Detonation gebracht worden war. Die am 07. Mai durchgeführte Testexplosion zur messtechnischen Kalibrierung mit 100 t konventionellem Sprengstoff wies ein sehr ähnliches Bodenprofil auf; nur war die Mulde hier etwa viermal kleiner.[16)] Das veranschaulicht, dass eine um den Faktor X wesentlich größere Explosion nicht unbedingt eine entsprechend ausdehnende Einwirkung auf den Untergrund ausübt. Jene der 100 t TNT-äquivalenten Explosion korrespondieren hingegen mit den geometrischen Anomalien im „Dreieck“.

Doch kommt noch eine weitere Verdachtsregion in Frage: Hatten sich die investigativen Anstrengungen bislang auf das Terrain östlich des sichelförmigen Wirtschaftsweges – das „Dreieck" – konzentriert, kommen erweiterte Analysen der vorliegenden Luftbilder zu einem anderen Ergebnis, auf das Matthias Muckel bei der Auswertung einer Aufnahme vom 09. Juni 1945 bereits hingewiesen hatte.[17)] Diese Anomalie ist nicht identisch mit den hier bislang beschriebenen, so dass die Aussage von Wolfgang Posselt doch zutreffen könnte. Die erweiterte Betrachtung bezieht sich nun auf das Gelände direkt westlich des Wirtschaftsweges, vom „Dreieck" in Richtung Kaserne, dem TÜP zugewandt; direkt nördlich des ehemaligen Wohnhauses „Klipper" an einem Waldgebiet mit der lokalen Bezeichnung „Tambuch". Auf der Aufnahme vom 12. August 1944 stellt sich die Region derart dar, dass sich die Wege in dem Bereich als helle Linien, mit deutlichem Kontrast erkennbar, darstellen, im südlichen Anschluss eine auf dem Bild dunkel hervortretende Vegetation mit deutlichen Konturen und mittig anthropogenen Strukturen, möglicherweise in Form einer Bebauung militärischen Charakters (Feldstellungen, überdachte Gräben, leichte Befestigungen). Auf dem Luftbild vom 09. Juni 1945 sind die anthropogenen Strukturen nahezu vollständig verschwunden, der Verlauf der Wege hat sich geändert, wobei der dem hypothetischen Testzentrum am nächsten gelegene ebenfalls verschwunden ist – außerdem erscheinen nahegelegene Abschnitte der Wirtschaftswege nun dunkel; der Rest weiterhin als helle Linien. Die Vegetation am Randbereich weist Spuren von Auslichtung auf. Mittig des betreffenden Areals tritt eine kreisförmige Struktur, möglicherweise eine Senke, hervor. Auch ist in der bestehenden Topographie eine schwache, von Norden gen Osten schwenkende, sich von der Mulde gleichmäßig radial ausbildende, halbkreisförmige Struktur erkennbar. Auf dem Bild vom August 1944 sind diese Anomalien nicht auffindbar. Deutlicher wird der wahrscheinlich anthropogene Einfluss auf den Vergrößerungen des Luftbildes vom 21. März 1945 – also nur neun Tage nach dem letzten angenommenen Test. Zwar ist hier der nördlich gelegene Abschnitt mit der Bebauung durch Wolken unkenntlich, das Zentrum jedoch klar ersichtlich. Die Vegetation im Süden ist stark ausgedünnt und hat ihre Konturen eingebüßt. Die ansonsten auch hier als helle Linien scharf hervortretenden Wege sind im Testgebiet tiefdunkel – irgendetwas scheint mit ihnen geschehen zu sein. Der Einfluss erstreckt sich auf einen Radius von etwa 500 m. In der starken Vergrößerung sind von der nun erkennbaren leichten Mulde im Zentrum sternförmig ausgehende, riefenartige Strukturen im Untergrund erkennbar.[18)] Dies deutet auf eine mögliche Explosion mit einem Wirkradius von etwa 500 m hin. Dass diese Strukturen durch den Test eines Startes des raketengetriebenen Punktabfangjägers Bachem Ba 349 „Natter" entstanden sein könnten (die in Gräfenroda gefertigt werden sollten[19)]), ist nicht möglich. Ein Vergleich mit den aus bewaldeten Gebieten abgefeuerten V2 mit deutlich stärkerem Triebwerk, die so gut wie keine aus der Luft sichtbaren Spuren hinterlassen haben, schließt diese Theorie physikalisch aus.

7.2.3 Die Radiologie

Ein nukleares Ereignis hinterlässt in der Biosphäre im Allgemeinen einen langwierigen Fingerabdruck, der sich durch die radioaktiven Zerfallsprodukte des Ausgangsnuklids, deren spezifische Strahlung und die Strahlungseinwirkung auf die Umgebung, speziell dessen atomare Struktur, zum Zeitpunkt der Exposition definiert. Deren Nachweis ist das komplexe Aufgabenfeld der Dosimetrie. Grundsätzlich muss unterschieden werden zwischen radiotoxischer Exposition aus Kernwaffen und Reaktorunfällen, da sie stark voneinander differenzierende Charakteristika besitzen. Die freigesetzte „Radioaktivität" aus havarierten Reaktoren beinhaltet aufgrund der langfristigen Bestrahlung der Kernmaterialien im Leistungsbetrieb wesentlich breiter gefächerte Zerfallsprodukte (Isotope) mit einem deutlich intensiveren Strahlungsanteil, als dies bei den extrem kurzen Einwirkzeiten einer nuklearen Detonation der Fall ist. Die biologische Strahlenwirkung hängt also einerseits von der Intensität der von ihrer Quelle ausgehenden ionisierenden Strahlung, andererseits von der zeitlichen Einwirkzeit ab. Sind beide Parameter hoch angesetzt, ist die Auswirkung erheblich. Ist der Faktor „Zeit" eng umrissen, ist auch bei extremer Intensität die Auswirkung auf die Umgebung begrenzt. Die weitreichenden Folgen entspringen hier zumeist den Zerfallsprodukten, welche die Umgebung erheblich kontaminieren. Treten keine Zerfallsprodukte auf (oder nur im geringen Umfang), reduziert sich das radiotoxische Potential in der Biosphäre auf den Zeitpunkt seiner Expositionierung. Bei einer spontanen Energiefreisetzung durch eine Kernspaltungswaffe kommt es neben dem akuten Strahlungsstoß zum Zeitpunkt der Detonation vor allem durch die Radionuklide der Zerfallsreihen der Urans respektive Plutoniums zu einer erheblichen und langen Kontamination, die ebenfalls Strahlung freisetzten. Hingegen ist bei einer anzunehmenden reinen Fusion, ggf. mit einem sehr geringen Fissionsanteil, der Schwerpunkt der möglichen Kontamination in der Freisetzung ionisierender Strahlen zum Zeitpunkt der Leistungsexkursion – der Detonation – zu finden. Eine intensive „Verseuchung" der Umgebung mit Zerfallsprodukten unterbleibt, da diese ausschließlich bei der Kernspaltung entstehen. Durch die spontane wie intensive Initialstrahlungsexposition, die sich aus ionisierender und Neutronenstrahlung zusammensetzt, kommt es zu akuten Schäden in der Biosphäre, den Frühschäden. Diese sind, wie angedeutet, abhängig von der Art, Energie und Dauer der Strahlung selbst sowie dem Zustand (Konstitution) des bestrahlten Objektes (Pflanze, Tier, Mensch). Spätschäden können dagegen erst nach jahrelanger Latenzzeit auftreten und unterliegen der Stochastik: Sie *können, müssen* aber nicht auftreten und auch die Art und Weise ihrer Form kann sehr unterschiedlich ausfallen. Dagegen nimmt bei Spätschäden mit steigernder Strahlendosis *nicht,* wie bei Frühschäden, die Schwere des Krankheitsbildes zu, sondern die Wahrscheinlichkeit ihres Eintretens. Je größer das Zeitfenster ist, desto schwieriger ist es, die auftretenden Krankheitsbilder in Kausalität mit der Strahlenexposition und der Dosisleistung zu setzen, da langfristige Strahlenschäden keine spezifische Erkrankungen sind, sondern auch andere Ursachen haben können. Erst bei hohen Dosen ergibt sich eine Kausalität. Auf den Menschen bezogen treten bei Strahlenexpositionierung ab einer bestimmten Mindestdosis, der Schwellendosis, (akute) somatische Frühschäden wie deterministische Strahlenschäden auf, die die Körperzellen schädigen oder abtöten und je nach Intensität der Dosis zu schweren Schäden oder nach kurzer Zeit zum Tode führen. Die Auswirkungen bei Langzeitschäden sind dagegen ein komplexeres Thema: Für sie existiert kein Schwellenwert bei der Dosisleistung, da auch bereits geringe Strahleneinwirkungen zu Zellschäden mit Spätfolgen führen können, aber nicht müssen. Das Krankheitsbild hängt hierbei auch von der körperlichen Verfassung (Zustand seines Immunsystems) des Betroffenen ab. Man unterscheidet zwischen somatischen Spätschäden wie Krebs und genetischen Schäden (durch Veränderungen der DNA), die vererbbar sein können. Während somatische Spätschäden nach hohen Dosen in einem expositionierten Kollektiv evaluierbar sind, lassen sich genetische Schäden dagegen nur schwer mit dem Ereignis in Verbindung bringen. Die menschliche Zellstruktur besitzt einen Mechanismus, der fehlerhafte DNA ausheilen kann oder diese eliminiert. So wurde bei den Nachfahren der Überlebenden von Hiroshima beispielsweise keine signifikante Erhöhung von genetischen Schäden beobachtet, obwohl ihre Eltern bei medizinischen Untersuchungen deutliche Veränderungen ihrer Chromosomen aufwiesen. Bereits 1969 hatte die International Commission on Radiological Protektion – ICRP – (Internationale Strahlenschutzkommission) anhand der Auswirkungen auf die Bevölkerung Hiroshimas erkannt, dass man die genetischen Spätschäden über-, die somatischen dagegen unterschätzt hatte. Bei Letzteren kam zudem im Laufe der Jahre die erschwerte quellenbezogene Beurteilung der kausalen Krankheitsbilder des strahleninduzierten Krebsrisikos hinzu, da das beobachtete Kollektiv allmählich ein Alter erreichte, in dem auch das natürliche Krebsrisiko zunimmt. In diesem Fall ist der Expositionspfad der Strahlungsquelle bekannt.

Aber auch anorganische Materialien können durch ionisierende wie Neutronenstrahlung geschädigt werden, indem entweder ihre kristalline Struktur (Displatzierungsschaden) oder atomarer Aufbau verändert oder zerstört werden. Gerade bei Kernreaktoren ist dies von Bedeutung, da strahlenexponierte Materialien verspröden, altern oder sich zersetzen (so genanntes *fouling*) können.

Dadurch verändern sich ihre ursprünglichen Eigenschaften wie die Festigkeit oder Leitfähigkeit (bei Halbleitern) und können bis zum Kollaps (Zerstörung) der betreffenden Struktur führen. Auch hier sind die Einwirkzeit und Intensität der Strahlendosis von substanzieller Bedeutung.

Ein gutes Beispiel sind hierfür Silikonverbindungen, wie sie im medizinischen Bereich für Implantate Anwendung finden, die unter Strahlungseinwirkung zunehmend plastisch werden.
Eine extrem kurze Exposition mit hoher Dosisleistung führt in aller Regel zu sehr begrenzten Materialschäden, die häufig noch keine Auswirkungen in ihrer Nutzung aufweisen.
Die radioaktiven Zerfallsprodukte, einmal freigesetzt, werden als Partikel in Form von Aerosolen (*fall-out*) oder mittels Auswaschung durch Regen (*wash-out*) als Suspension aus der Atmosphäre auf den Untergrund übertragen. Hier können sie sich mehr oder weniger lang anlagern oder sukzessiv ausgespült werden. Dies steht in Abhängigkeit vom Radionuklid, der Fähigkeit zur Adhäsion des betreffenden Objektes (Flora) und der Geomorphologie des Untergrundes.[20)]
Die hier als kurzer Abriss der biologischen Strahlenwirkung erläuterten Grundlagen gilt es bei der radiologischen Abschätzung und der radiotoxischen Gefährdung zu berücksichtigen.
In dem hier zu betrachtenden Fall einer angenommenen explosiven Kurzzeit- Exposition ist von einer Initialstrahlung erhöhter Dosisleistung und von Zerfallsprodukten in geringen Mengen auszugehen. Die Annahme stützt sich auf die sowjetische Beschreibung und die Analyse des Rider Institutes (s. w. u.). Radiologische Auswirkungen auf die Bevölkerung der Region sind eher unwahrscheinlich, allenfalls rudimentär zu erwarten gewesen. Eine radiotoxische Gefährdung betraf mit Sicherheit die unmittelbar im Bereich der Exposition Anwesenden, nicht die in der Umgebung ansässige Bevölkerung, da diese nicht der Initialstrahlung ausgesetzt war. Es können vereinzelte Personen der Region betroffen gewesen sein, die mit den Testaktivitäten in Verbindung standen. Ob es jedoch einen derartigen Personenkreis gab und ob dieser somatische Frühschäden erkennen ließ, ist nicht belegt. Hier lag die Problematik in der mangelnden medizinischen Erfassung und Langzeitbeobachtung dieses Kollektivs einerseits und andererseits an den soziologischen Einflüssen, die durch politische Interventionen bis in die Zeit nach der Wiedervereinigung reichten und eine natürliche Fluktuation innerhalb des Personenclusters nach sich zogen. Vor diesem Hintergrund eine belastbare Risikoabschätzung der Lang-

zeitwirkung vorzunehmen, ist nicht möglich. Hierzu müsste man gezielt ein Raster aus der Einwohnermeldedatei erstellen, das die damaligen Anwohner und ihre unmittelbaren Nachkommen erfasst und diese lokalisiert. Dann könnte man dieses Kollektiv medizinisch auf potentielle Strahlenschäden hin untersuchen, deren Ursachen evaluieren, verfälschende Faktoren diskriminieren, um anschließend einen tatsächlichen Eindruck zu gewinnen. Dies ist nicht nur sehr aufwendig, sondern juristisch ausgesprochen grenzwertig.
Eine Alternative wäre der Nachweis einer Exposition im Untergrund. Rainer Karlsch hat sich dieser Methode bei der versuchten Verifizierung seiner These bedient. Mit welchem Resultat? Insgesamt fanden zwei Begehungen des in Frage kommenden Geländes des TÜP statt. Die erste samt Probenentnahme erfolgte 2003 in Anwesenheit der Bundeswehr an der östlichen Spitze des „Dreiecks“, im Umfeld einer dort verorteten Mulde. Im Nachhinein stellte sich diese Lokation als falsch heraus. Es wurden mehrere Proben aus bis zu 40 cm Tiefe sowohl aus der Verdachtsfläche als auch aus deren Umgebung entnommen. In einer durch Dirk Schalch von der Justus-Liebig-Universität Gießen durchgeführten Analyse entdeckte man die nicht natürlichen Isotope Cs137 und Co60, welche eine erhöhte Aktivität aufwiesen. Eine Gegenprobe erfolgte unter der Aufsicht des Physikers Uwe Keyser in der PTB und bestätigte das Gießener Resultat. Auch die Anwesenheit von U235, U238 und Pu239 in den Proben ergaben die Untersuchungen. Schalch kommentierte seine Ergebnisse wie folgt:

„Sie sind auf ein nukleares Ereignis – welcher Art auch immer – zurück zu führen.“21)

Der ebenfalls zu Rate gezogene, emeritierte Professor für Radiochemie der Philipps-Universität Marburg, Reinhard Brandt, erklärte:

„Zwar wurde in Tschernobyl viel Cäsium-137 freigesetzt […][,] doch dieser Fallout wird auf einer Fläche gleichmäßig verteilt. Zeigt sich aber wie bei uns in Proben innerhalb von 100 Metern ein steiler Anstieg der Cäsium-Konzentration, ist klar, dass dies nicht von Tschernobyl stammt.“22)

Daraus schließt er:

„Das Wesentliche dieses Ergebnisses ist, das während der Explosion auch deutlich Kernreaktionen mit der Energiefreisetzung abgelaufen sind."[23)]

Und Uwe Keyser:

„Nukleare Ereignisse hinterlassen Uran-235 und dessen Spaltprodukte wie Cäsium-137. Bei den Proben in Ohrdruf waren diese Isotope eindeutig zu sehen. [...] Bezüglich ihrer Herkunft können wir keine Option ausschließen, auch nicht eine Kernexplosion. Endgültige Klarheit können erst weitere gründliche Analysen bringen."[24)]

Nach der Auswertung der Luftbilder durch Matthias Muckel wurde Karlsch auf den westlichen Bereich, die Basis des Dreiecks, aufmerksam, bei dem sich auf den Bildern des 09. Juni 1945 kraterähnliche Mulden oder Senken andeuteten.
Bei der zweiten Begehung Anfang Februar 2005 waren neben dem Standortkommandanten und Vertretern des hiesigen Wehrbereichs erneut Uwe Keyser seitens der PTB, ein ZDF-Team unter der Leitung Stefan Brauburgers sowie Rainer Karlsch und Heiko Petermann zugegen. Vor Ort konnte bereits eine in Richtung der Verdachtsstelle leicht ansteigende Aktivität gemessen werden.[25)] Erneut wurden Proben entnommen, aber an dem eigentlichen „Tatort" konnte man wegen potentieller Altlastengefährdung keine Untersuchungen vornehmen.[26)] Aufgrund des gefrorenen Bodens stammten die Proben nur aus der Oberfläche. Weiteres Material aus größerer Tiefe ließ anschließend die Bundeswehr zukommen.[27)]
Zu der Qualität dieser nachgereichten Proben soll Folgendes festgestellt werden: Hier liegt im juristischen Sinne eine Unterbrechung der Beweiskette vor. Vor einem ordentlichen Gericht besäßen derartig erbrachte Beweise keine Aussagekraft. Es kann nicht nachgehalten werden, ob die erbrachten Proben tatsächlich von dem ausgewählten Bereich stammen oder gar anderswo entnommen wurden. Ob die Bundeswehr hier wahrheitsgemäße Angaben zum Entnahmeort gemacht hatte, kann als Resultat

der verschiedenen „Skandale“, in die sie in den Folgejahren involviert war, a priori nicht vorausgesetzt werden.
Erneut Uwe Keyser zu den Messungen vor Ort:

„Es ist angereichertes Material in einem breiten Spektrum vorhanden, das keine natürliche Quelle als Ursache hat. [...] Tschernobyl kann als alleinige Ursache für die Herkunft der Spaltprodukte ausgeschlossen werden. Im Untersuchungsgebiet haben sich mehrere Ereignisse überlagert: natürliche Radioaktivität, wahrscheinlich zwei nukleare Ereignisse und spätere Kontamination [...].“ 28)

Die PTB ließ die Proben intensiv analysieren und kam am 21. März 2005 zu einem ersten Statement:

„Zu einem vorläufigen Befund kommt der PTB Physiker Prof. Dr. Uwe Keyser nach ersten Testmessungen, die er im Neutronenstrahl am Forschungszentrum Geesthacht durchgeführt hat: Die Bodenproben enthalten die chemischen Elemente (genauer: Isotope) Uran-235 und Lithium-6. Solche Isotope werden beispielsweise für den Bau von Kernwaffen (Spaltungs- oder Fusionsbomben) benötigt, kommen aber auch in geringer Konzentration in der Natur vor. Grund genug, die Proben in den kommenden Monaten sehr genau unter die Lupe zu nehmen. Uwe Keyser legt jedoch Wert auf die Feststellung, dass die vorliegenden Informationen keine Aussagen über eine mögliche Kernexplosion am Fundort erlauben. [...]“ 29).

Die Resultate lagen Anfang 2006 vor und veranlassten die PTB am 15. Februar 2006 zu einer abschließenden Pressemitteilung:

„[...] Bodenproben aus dem dortigen Gebiet – heute ein Truppenübungsplatz der Bundeswehr – wurden in den letzten Monaten von der Physikalisch-Technischen Bundesanstalt (PTB) im Auftrag des Zweiten Deutschen Fernsehens (ZDF) untersucht. Die Ergebnisse der Radionuklidanalysen liegen jetzt vor. Die Messwerte ergeben keinen Hinweis, dass

andere Quellen als der Fallout oberirdischer Atombomben-Tests in den 1950er/1960er Jahren und der Reaktorunfall von Tschernobyl im Jahre 1986 für die Bodenkontamination verantwortlich sind. [...]
Denn eine Kernexplosion, wann immer sie stattgefunden hat, könnte sich auch heute, angesichts der langen Halbwertszeiten gewisser Radionuklide, noch nachweisen lassen."

Im Detail:

„[...] Als künstlich erzeugtes Radionuklid konnte in den Proben nur CS-137 nachgewiesen werden. Die für dieses Nuklid gefundene Aktivitäten, für die vor allem der Reaktorunfall in Tschernobyl verantwortlich ist, liegen im Rahmen der überall in Deutschland zu findenden Bodenkontamination.
[...]
Eine explodierende Kernwaffe, für die hoch angereichertes Uran benötigt wird, müsste in der näheren Umgebung das natürliche Verhältnis der Uranisotope U-235 und U-238 verschieben.
[...]
Auch hier ergaben die Messungen keinen Hinweis auf eine Kernexplosion: Die gemessenen Aktivitätsverhältnisse beider Uranisotope stimmen im Rahmen der Messunsicherheit mit dem natürlichen Aktivitätsverhältnis überein. [...]"

Und abschließend:

„[...] Insgesamt ergaben die Radionuklidanalysen keinerlei Hinweis auf eine Kernexplosion im thüringischen Ohrdruf. Die Bodenproben zeigen lediglich Kontaminationen, die unter anderem auf den Reaktorunfall in Tschernobyl zurückgehen. Ein wissenschaftlicher Gegenbeweis zum behaupteten Kernwaffentest am Ende des Zweiten Weltkriegs kann aber weder mit dieser noch irgendeiner anderen Stichproben-Analyse erbracht werden. Eine endgültige Bewertung der historischen Zusammenhänge ist damit weiterhin offen."30)

Was wird hier ausgesagt?
Zunächst fällt auf, dass sich das Wesen der Angaben von Uwe Keyser, der zunächst von einem nuklearen Ereignis auszugehen schien, bis zur letzten Pressemitteilung der PTB mit im Grundsatz negierender Verlautbarung, ändert. Dies ist eine in der Wissenschaft durchaus gängige Verfahrensweise, eine Theorie aufgrund neuer gewonnener Daten auf den Prüfstand zu stellen und neu zu bewerten. Zumindest als interessant kann man dabei jedoch die anfängliche Begutachtung gleich dreier Institutionen werten, die am Ende mit ihren Befunden weit danebengelegen haben. Hieß es doch anfangs noch, das Spaltprodukt Cs137 wäre nicht auf Tschernobyl oder die Kernwaffentests des Kalten Krieges zurückzuführen, so stammt es letztendlich doch ausschließlich von diesen Verursachern. Das in den Proben mehrfach festgestellte Isotop U235 dagegen ist Bestandteil des natürlichen Uran-Isotopengemisches U235/238 und nicht, wie ebenfalls zunächst vermutet, aus angereichertem U235, wie es Uwe Keyser bei der zweiten Begehung festgestellt hatte. Seine Annahme, dass es aus keiner natürlichen Quelle stamme, war demnach ein deutlicher Irrtum seinerseits. Wie das Natururan auf dem TÜP gelangt ist, blieb unklar. Doch noch signifikanter treten die Differenzen der Mitteilungen bei der Nichtbetrachtung zweier weiterer detektierter Isotope auf: In dem Befund des Gießener Dirk Schalch des renommierten Institutes Arthur Scharmanns findet sich das nachgewiesene Isotop Pu239, von dem später keine Rede mehr ist. Eine Fehlmessung und -interpretation? Auch das in der ersten Pressemitteilung der PTB erwähnte, signifikante Li6 hat die gründlichen Untersuchungen nicht überstanden und ist im Abschlussbulletin nicht mehr angegeben. Pu239 kann durch Einfang entsprechend energiereicher Neutronen aus U238 transmutieren. Vorausgesetzt, eine wie auch immer abgelaufene Kernreaktion hat stattgefunden. In der Natur kommt Plutonium nicht vor. Li6 kann als Bestandteil natürlichen Lithiums durchaus natürlichen Ursprunges sein, ist im Karstgestein aber eher selten anzutreffen. Eine detaillierte Analyse hierzu wäre aufschlussreich, doch ließ sich die PTB nicht in die Karten schauen.[31)] Tatsächlich kommt neben Uran auch Lithium im Erzgebirge vor: Gerade im Zusammenhang mit der Elektromobilität sind die seit 2009 von der Bergakademie Freiberg prospektierten mine-

ralischen Lagerstätten um Zinnwald/Cinovec im deutsch-tschechischen Grenzgebiet, aus denen bereits in den 20ern Li in Form des Mischkristalls Zinnwaldit (Lithium-Eisenglimmer) in geringen Mengen gefördert wurde, wieder in den Fokus des Bergbaus geraten.32)

Doch nach nunmehr 75 Jahren noch belastbare forensische Spuren für ein nukleares Ereignis nachzuweisen, ist selbst bei Anwesenheit geringer Mengen an Spaltstoffen ein ambitioniertes Vorhaben. Der bereits eine Stunde nach der erfolgten explosiven, nuklearen Exposition einsetzende Fallout wäre nach 75 Jahren um einen Faktor von etwa $2x10^9$ abgeklungen. Demnach lägen die hieraus resultierenden verbliebenen aktuellen Strahlungswerte mindestens um das etwa 10- bis 30-fache unterhalb des natürlichen Hintergrundes aus terrestrischer und kosmischer Radioaktivität. Rider sieht in Konsequenz, dass zum sicheren Nachweis einer Kontamination die Explosion (und damit der Spaltstoffeinsatz) um eben diesen Wert höher zu liegen hätten, was ein TNT-Äquivalent in einem Bereich von 2 bis 10 kt entsprechen würde, was in Anbetracht des evaluierbaren Hintergrundes eine reine Fiktion sei. Auch kann das hypothetisch zu erfassende Areal des potentiellen Fallouts nicht kalkuliert werden, da weder der genaue Spaltstoffeinsatz noch die zum Zeitpunkt des Ereignisses (und dem sich anschließenden Zeitraum), der Absetzung des radioaktiven Materials, die lokalen Wetterverhältnisse, insbesondere die detaillierten Wind- und Niederschlagsdaten vorliegen. Diese sind für eine Analyse der radiotoxischen Kontamination infolge eines Fallouts essenziell. Auf das sich hieraus ergebende, relativ großflächige Verdachtsareal hat sich dieser Annahme nach partiell der Fallout verteilt, der qualitativ durch die angesetzte Sprengstoffausbeute (s. w. u.) eher im unteren radiologischen Level anzusetzen ist. Schließlich verbleibt das Material nicht an Ort und Stelle, sondern reduziert seine Konzentration durch anthropogene wie natürliche Einflüsse und den radioaktiven Zerfall, so dass die Radioaktivität im Bereich des Fallout sogar um das Hundertfache niedriger ausfallen kann als am eigentlichen Testort.33) Die Wahrscheinlichkeit eines sicheren Nachweises bei einem geringen Einsatz an Spaltstoffen, wie hier zu Grunde gelegt worden ist, kann beinahe ausgeschlossen werden. Insofern kann der PTB entlastend unterstellt werden, tatsächlich zu keinem ein derartiges Ereignis untermauernden Befund gekommen zu sein. Sind nur wenige Gramm, noch dazu nur leicht angereicherten U235 verwendet worden, ist der Nachweis von dessen Zerfallsprodukten innerhalb einer großen Verdachtsfläche unwahrscheinlich. Hinzu stellt sich die Frage nach der Neutronenintensität, dem dieser Stoff ausgesetzt wurde. Helfen könnte eventuell als Tamper zur Anwendung gekommenes Natururan, das in größerer Menge seinen Weg in die Biosphäre gefunden haben könnte. Auch hier besteht die Chance auf Detektierung von Zerfallsprodukten ganz eigenen Charakters, die durch die initiale Neutronenexposition entstanden sein können.

Nur mit extrem hochempfindlichen Messmethoden ließen sich auch minimalste Mengen an Spaltprodukten nachweisen. Wichtig hierbei ist, auch auf nichtradioaktive Produkte des Ereignisses zu achten und die Komponenten der Testkonfiguration zu berücksichtigen; denn auch von diesen könnten Fragmente hinterlassen worden sein. Zwar sind konventionelle „Spuren" auf einem ehemaligen TÜP zu erwarten, die aber in der Summe das Resultat ergänzen. Somit ließe sich ein Abgleich mit Vergleichsuntersuchungen von anderen Orten Thüringens über die dort vorkommende Hintergrundaktivität erstellen und qualitativ evaluieren. Allerdings steht diese Vergleichsanalyse in direkter Abhängigkeit von den eingesetzten Spaltstoffmengen.[34)]

7.3 Die Dokumentenlage

In den verschiedenen Archiven lassen sich mehrere Dokumente unterschiedlicher Personen auffinden, die ihre Angaben, teilweise mit erheblichem zeitlichen Abstand zu den Ereignissen, zu Protokoll gaben. Wir betrachten nun den Inhalt dieser und hinterfragen deren Glaubwürdigkeit. Eine Bewertung erfolgt im Anschluss. Da sich das potentielle Testgebiet in Thüringen befindet und dieses nach einem kurzen amerikanischen Intermezzo in der Verwaltungshoheit der SBZ, später der DDR befand, stammt die überwiegende Mehrzahl der Dokumente aus deren Beständen. Zusammenfassend werden die relevanten Konvolute der ehemaligen DDR, Sowjetunion, USA und des Deutschen Reiches herangezogen.

7.3.1 Die SED/MfS-Protokolle

Bereits das Regime der DDR ging in den 60er Jahren den Geschehnissen auf dem TÜP Ohrdruf nach. Eine Kausalität mit den etwa zeitgleich verlaufenden Auschwitz-Prozessen in der BRD kann nicht ausgeschlossen werden.
Die erste Aussage stammte von dem bereits erwähnten Erich Rundnagel, der für die Gruppe um Diebner in Stadtilm mit Installationsarbeiten betraut worden war. Im Juli 1966 wurde er durch die MfS-Kreisdienststelle Arnstadt vernommen. Seine Angaben werden in Zweifel gezogen, da er von Diebners Mitarbeiter Fritz Rehbein im Frühjahr 1945 vernommen haben will, dass sich zwei Atombomben in einem Panzerschrank in Stadtilm befunden haben. Dies ist praktisch auszuschließen, allenfalls kann es sich hierbei möglicherweise um Komponenten für den Test gehandelt haben. In weiteren Gesprächen mit Rehbein soll Rundnagel Folgendes erfahren haben:

„[…] Da erzählte er mir, dass hier etwas entwickelt werde, das eine größere Sprengkraft habe als all das, was ich mir als Pionier vorstellen könne. Mit einer einzigen Bombe könne man im Umkreis von zwanzig Kilometern alles Leben vernichten, und wenn es hunderttausende Menschen wären. Ich antwortete, das sei doch Quatsch, mir altem Soldaten könne er so was nicht vormachen. Ein bisschen kenne ich mich wirklich mit Sprengstoffen aus. Rehbein lächelte nur und sagte, die ganze Bombe sei nur ein paar Dezimeter groß, wiege aber so um die acht Kilo. Als ich ihn fragte, ob ich das Ding mal sehen könnte, winkte er ab: ‚Das könnte uns den Kopf kosten' […]."35)

Schon Karlsch wies auf Ungereimtheiten in Rundnagels Angaben hin, die sich hauptsächlich auf dessen zeitliche Einordnung der Gespräche bezogen.36) Inwieweit er tatsächlich von den anwesenden Physikern derartig brisante Informationen erhalten hat, kann aufgrund des anzunehmenden Geheimhaltungsgrades der Entwicklungen als äußerst spekulativ bewertet werden. Wobei die Geschwätzigkeit von Wissenschaftlern durchaus auch heute noch ein sicherheitsrelevantes Risiko darstellt und nicht gänzlich ausgeschlossen werden kann.

Heinz Wachsmut, dem wir auch bereits begegnet sind, war zu jener Zeit für die böhmische Schachtbaufirma Brüx in Ohrdruf und Bittstätt tätig. Unabhängig von der Frage, welcher Natur der Auftrag der „Schachtbaufirma" vor Ort denn eigentlich war, will dieser nach den Tests der Kremierung von Leichen beigewohnt haben.

„[...] Ein Tag, der immer in meinem Leben Bilder vor den Augen macht, war der Nachmittag des 5. März 1945. Wir mußten in der Polte Rudisleben Gerüste errichten für einen Versuch, der in wenigen Tagen stattfinden sollte. Am Nachmittag fuhr die SS mit LKW's vor, eigentlich hatte uns die SS nichts zu sagen, da wir ja immer mit Sonderbefehl arbeiteten, die immer die Stempel der Reichspost bzw. des Forschungsrates trugen und nach dem lesen sofort vernichtet werden mußten. Es war ein Befehl, der die Unterschrift von Kammler trug. Wir mußten alles Holz, das verfügbar war, aufladen. Die Fahrt ging nach Röhrensee, dort waren einige SS Ärzte tätig, da eine große Anzahl von Bewohnern Kopfschmerzen hatte und Blut spuckte. Wir waren dort falsch und wurden sofort nach Gut Ringhofen bei Mühlberg gebracht. Dort wurde uns gesagt, wir müssen Holzhaufen am Waldrand errichten, ca. 12x12 m und nur höchstens 1 m hoch, dazu mußten wir Vollschutz tragen, auch unsere Häftlinge. Am Waldrand sahen wir schon einige Haufen von Menschenleichen, die wohl ehemalige Häftlinge waren. Die Menschen hatten alle absolut keine Haare mehr, teils fehlende Kleidungsstücke, sie hatten aber auch zum Teil Hautblasen, Feuerblasen, nacktes rohes Fleisch, teilweise waren einige Teile nicht mehr vorhanden. SS und Häftlinge brachten die Leichen heran. Als wir die ersten sechs Haufen fertig hatten, wurden die Leichen darauf gelegt, je Haufen ca. 50 Stück, und Feuer gelegt. Wir wurden zurück gefahren. Im Gut mußten wir den

Schutz und unsere gesamte Kleidung ausziehen. Diese wurde ebenfalls von der SS angezündet, wir mußten uns waschen und erhielten Kleidung und neuen Schutz, dazu jeder eine flache Schnaps, auch unsere Häftlinge. Ein hoher SS-Mann sagte mir, es habe da oben eine große Stichflamme gegeben gestern, man habe etwas neues gemacht, davon wird die ganze Welt sprechen, und wir Deutschen sind die ersten. [...] Beim zweiten Einsatz wurden nochmals drei Haufen errichtet. Dabei sahen wir, wie aus dem Wald einige völlig unmenschliche Lebewesen angekrochen kamen. Wahrscheinlich konnten einige nichts mehr sehen. [...] Von zwei SS-Leuten wurden diese ca. zwölf bis fünfzehn Menschen sofort erschossen. [...] Einer unserer russischen Häftlinge sagte uns, er habe einen der Erschossenen noch verstanden: ‚... großer Blitz – Feuer, viele sofort tot, von der Erde weg, einfach nicht mehr da, viele mit großen Feuerwunden, viele Blind, [...]'."37)

Das Zustandekommen und die Echtheit der SED-Transskripte kann nicht einwandfrei verifiziert werden und sind mit gebotener Vorsicht zu behandeln. Nach Karlsch hatte Wachsmut seine Erlebnisse auch mehrfach im Kreise seiner Familie wiedergegeben, was diese bestätigten. Durch den zeitlichen Abstand bis zur Aufzeichnung ist von kognitiven Unschärfen in der Erinnerung auszugehen.

Allerdings decken sich seine Angaben im Kern mit den sowjetischen Archivalien.

Die in dem Bericht gemachten Angaben zu den Ortschaften wie Rudisleben (nördlich von Arnstadt, wo die Polte-Werke Magdeburg als Rüstungsunternehmen ein Zweigwerk besaßen), Röhrensee und Mühlberg (beide am Rande des TÜP gelegen) lassen den nicht näher wiedergegebenen Tatort erahnen. Über die erfolgte Leichenverbrennung in dem hier geschilderten Umfang liegen keine belastbaren Angaben aus den umliegenden KL vor. Möglicherweise sind diese gar nicht erfasst worden und stammen aus anderen Lagern – aber auch dies ist kritisch zu hinterfragen. Jedoch existierten Hinweise auf den Einsatz von Russen und Jugoslawen im Bauvorhaben S-III, deren Anzahl ab Ende 1944 nicht mehr erfasst wurde. Tatsächlich sind ähnliche Leichenverbrennungen in den Lagern bei

Ohrdruf belegt.[38] Wurden hier tatsächlich KL-Häftlinge für die Versuche geopfert? Ein strittiges Detail sind die Beobachtungen Wachsmuts in Röhrensee, die im ersten Ansatz die Anzeichen für eine Strahlenkrankheit erkennen lassen. Nach Klaus Schöllhorn existiert kein historischer Beleg für die von Wachsmut beschriebenen Krankheitsbilder (wobei Schöllhorn von Nasenbluten, nicht „Blutspucken" spricht). Wolf-Dieter Holz schätzt die wiederum auf Nasenbluten bezogene Äquivalentdosisleistung auf 2, vermutlich sogar 3 Sv, die vorgelegen haben müssen. In diesem Fall sei mit einer Letalität von bis zu 35 % der Bevölkerung auszugehen, wofür es keine Hinweise gibt.[39] Was die Höhe der Dosisleistung und deren Auswirkung betrifft, liegt Wolf-Dieter Holz durchaus richtig. Nach Todd Rider ist die Strahlenexposition bei dem von ihm errechneten TNT-Äquivalent des Tests deutlich niedriger anzusetzen. Da bei niedrigen Dosisleistungen im Bereich des Schwellenwertes die deterministischen Frühschäden in Abhängigkeit von der individuellen Konstitution des Betroffenen stehen, sind sporadische Anzeichen einer Strahlenkrankheit in einem definierten Kollektiv, wie dies eine einzelne Ortschaft darstellt, möglich. Jedoch treten Symptome wie Erbrechen (Blutspucken?) tatsächlich erst bei einer höheren Exposition von 3 Sv auf. Das wirft vier Fragen auf:

1. Ist Wachsmuts Aussage bezüglich des Krankheitsbildes überhaupt zutreffend?
2. Ist seine zeitliche Abfolge korrekt?
3. Stimmen die Ortsangaben?
4. Waren es tatsächlich Einwohner von Röhrensee oder temporär dorthin verbrachte Testbeteiligte?

Noch ausführlicher ließ sich die damalige Pächterin der Wirtschaft in der nahegelegenen Wachsenburg, Cläre Werner, über die Ereignisse aus. Ihre Angaben wiederholte sie gegen Ende der 90er und in den Folgejahren bis zu ihrem Tod 2003 erneut, wobei sie dem Wesen ihrer Aussage treu blieb. Ihre Aussage entstand in Analogie zu der von Wachsmut, die zur gleichen Zeit vor den Vertretern des SED-Regimes entstanden sein soll. Allerdings sind die Umstände der Vernehmung beider unklar und die Authentizität der Protokolle wird angezweifelt.40) Dies wird relativiert durch ihre später getätigten Angaben gegenüber diversen Journalisten. In einem aufgezeichneten Interview mit Heiko Petermann bekräftigte sie ihre Aussagen. Dem Protokoll von 1962 entnehmen wir zu den von Werner auf den 04. März 1945 datierten Ereignissen:

„[…] Nach 21 Uhr, gegen halb Zehn, war hinter Röhrensee mit einmal eine Helligkeit wie Hunderte von blitzen, innen war es rot und außen war es gelb, man hätte die Zeitung lesen können. Es war alles sehr kurz, und wir konnten dann alle nichts sehen, wir merkten nur, dass es eine mächtige Sturmbö gab, aber dann alles ruhig war. Ich wie auch viele Einwohner von Röhrensee, Holzhausen, Mühlberg, Wechmar und Bittstätt hatten am anderen Tag oft Nasenbluten, Kopfschmerzen und auch einen Druck auf den Ohren. […]"

Bei der von ihr erwähnten zweiten Explosion am 12. März 1945 traten die gesundheitlichen Beeinträchtigungen nicht auf, auch war die Helligkeit eine geringere.41) In dem am 25. September 1999 mit Heiko Petermann geführten Interview, das auch Karlsch verwendete, weichen ihre Angaben nur geringfügig von der angeblichen Vernehmung durch die SED-Organe ab. So sei sie bereits vor dem ersten Test am 04. März bei einem Spaziergang auf ein hölzernes Gerüst aufmerksam geworden, in dessen Mitte etwas Metallisches positioniert gewesen sein soll, dem man ihrer Einlassung folgend, nicht zu nahekommen durfte. Es ist fraglich, ob Cläre Werner in Anbetracht der mit Sicherheit durchgeführten Abschirmung zwecks Geheimhaltung einer solchen Einrichtung derart nahegekommen war. Möglich wäre eine Sichtung noch während der Installation von einem der nördlichen Hänge aus, die das Gelände überragen und durchaus einen Fernblick gestatten würden. An dem betreffenden Abend sollen sich die involvierten SS-Offiziere und Zivilisten zur Beobachtung am nördlichen Rand des TÜP mit genügend Abstand zum „Dreieck" eingefunden haben.

„Ich stand am Fenster des Südflügels des so genannten Wohnflügels, und auf einmal sahen wir eine große schlanke Säule in die Luft gehen, und die war so hell, [...] wir hätten am Fenster Zeitung lesen können. Und diese Säule vergrößerte sich oben und sah aus wie ein großer wohl belaubter Baum. Wir hatten auch das Gefühl am anderen Tag, wir seien müde, und Tage danach waren wir noch immer müde. Wir ahnten ja nicht, was es gewesen sein könnte."

Auch spürten die Beobachter auf der Wachsenburg einen deutlichen Luftzug.42) Über die möglichen Auswirkungen eines nuklearen Ereignisses mit begrenzter Sprengleistung hat sich Gernot Eilers bereits auseinandergesetzt und hierbei auch die Aussagen von Wachsmut und Werner herangezogen. Der Lichteffekt würde seiner Einschätzung nach durchaus einem TNT-Äquivalent im Sub-kt-Bereich entsprechen, da ansonsten der Blitz zu grell gewesen wäre und unausweichlich zu Erblindung hätte führen müssen. Die beobachtete Wolke dagegen kann, muss aber nicht von einem nuklearen Ereignis stammen. Auch sehr leistungsstarke konventionelle Explosionen rufen sehr ähnliche Rauchpilze hervor. Die deutlich wahrgenommenen Windböen lassen seinem Urteil nach ein TNT-Äquivalent von 100 t bis 200 t möglich erscheinen, da geringere Explosionsenergien für dieses Phänomen zu schwach, nahe dem kt-Bereich jedoch zu stark gewesen wären und deutlich größere Kollateralschäden verursacht hätten.43) Letztendlich kann zu Cläre Werner gesagt werden, dass der Wesenskern, eine starke Explosion auf dem TÜP, die von einem starken Lichtblitz und einer großen Wolke begleitet wurde, stets die Konstante ihrer Schilderungen geblieben ist.

7.3.2 Die sowjetischen Protokolle

Unmittelbar nach dem Ende des Krieges vernahmen die Sowjets den Assistenten Heisenbergs aus dessen Leipziger Zeit, Experimentalphysiker Robert Döpel. Döpel war als außerordentlicher Professor für Strahlungsphysik an den Reaktorexperimenten Heisenbergs maßgeblich beteiligt.

Im Juli 1945 wurde er von den Sowjets zunächst nach Moskau gebracht, später arbeitete er an der Universität in Woronesch, ab 1957 schließlich in Ilmenau. In einer nicht näher datierten Zusammenfassung seiner Vernehmung aus dem Jahr 1946 rekapitulierte er seine Arbeiten während des Dritten Reiches innerhalb des Atomprogrammes. In dem Dokument wird auch seine Qualifikation für äußerst positiv befunden. Bereits in der einleitenden Überschrift dieses Dokuments heißt es:

„Einige Informationen im Zusammenhang mit dem Material von Prof. Dr. Döpel über extrem leistungsstarke Atombomben und einer atomaren Wärmequelle für Energie erzeugende Maschinen."

Und unter der laufenden Nummer 3:

„3. Es wird angemerkt, dass das Problem einer Uraniumbombe bis zu dem Punkt eines Tests auf einer [militärischen] Basis entwickelt wurde."[44)]

Wesentlich brisanter, weil noch präziser, sind die folgenden Berichte, die auch direkt an Stalin weitergeleitet worden sind. Zur leichteren Orientierung in der sich anschließenden Auswertung der Berichte wird für den Leser abfolgend folgende Nomenklatur eingeführt: Die Berichte werden im Einzelnen mit Großbuchstaben gekennzeichnet.
Der erste stammt vom 15. November 1944 aus der Feder des Chefs der Militäraufklärung GRU, Iwan Iwanowitsch Iljitschow, und war an Stalin, Außenminister Molotov und Generalstabschef Antonow gerichtet.

{A}

„Unsere vertrauenswürdige Quelle aus Deutschland berichtet:
Die Deutschen sind im Begriff, Tests mit einer neuen Geheimwaffe durchzuführen, die eine große Zerstörungskraft besitzt. Die Versuchsexplosionen von Bomben aussergewöhnlicher Konstruktion werden unter strengster Geheimhaltung in Thüringen vorbereitet. Für die Vorbereitung der

Tests soll die ortsansässige Bevölkerung durch ein SS-Sonderkommando abtransportiert werden, was von verschärfter Geheimhaltung zeugt.
Die Explosion soll in einem Waldgebiet stattfinden. Dafür werden spezielle Wege zum vermutlichen Testort angelegt. Die zum Test bereitstehende Bombe hat einen Durchmesser von anderthalb Metern. Sie besteht aus mehreren Hohlkugeln, die ineinander gesetzt werden. Zur Explosionsstelle wird sie mit einem speziellen, eigens dafür konstruierten Transporter gebracht. Noch ist unklar, wann die Versuche stattfinden sollen, aber die Vorbereitung gehen in maximal schnellem Tempo voran.

Fazit:

In den letzten Monaten berichten unsere Quellen immer öfter von den fieberhaften Versuchen der Deutschen, immer stärkere Waffen und deren Trägermittel zu testen. Vermutlich stellen gerade diese Experimente einen Versuch der Deutschen dar, tatsächlich Tests von Atombomben durchzuführen, über deren Existenz wir nur unvollständige, lückenhafte Angaben haben.“45)

Auch der spätere deutschlandpolitische Berater Michail Gorbatschows, Vjatsheslav Dashichev, der Ende Februar 1945 als Teil der Nachrichtenabteilung der 4. Ukrainischen Armee in der Tschechoslowakei stand, erhielt von Agenten in Österreich die Nachricht, dass die Deutschen an einer Atombombe arbeiten und ihren Test vorbereiten.46)
An die gleichen Adressaten wie in seinem ersten Schreiben gerichtet, verfasste Iljitschow am 23. März 1945 eine interessante, weil wesentlich konkretere, Zusammenfassung der Ereignisse inklusive detaillierter Konstruktionsbeschreibungen:

{B}

„Unsere vertrauenswürdige Quelle aus Deutschland berichtet:

Die Deutschen haben in jüngster Zeit zwei Bombenexplosionen mit großer Sprengkraft in Thüringen durchgeführt. Die Explosionen fanden in einem Waldgebiet unter strengster Geheimhaltung statt. Vom Zentrum der Explosion wurden Bäume bis zu einer Entfernung von **500–600 Metern** gefällt. Für die Versuche errichtete **Befestigungen und Bauten** wurden zerstört.
Kriegsgefangene, die sich in der Nähe des Epizentrums der Explosion befanden, starben, oft ohne **Spuren** zu hinterlassen. Kriegsgefangene, die sich außerhalb des Explosionszentrums aufhielten, haben **Verbrennungen im Gesicht und am Körper**, die Stärke der Verbrennungen hängt von ihrer Position im Verhältnis zum Epizentrum der Explosion ab. Die Tests wurden in einem abgelegenen, verlassenen Gebiet durchgeführt. Das Maß der Geheimhaltung auf dem Testgelände war auf höchstem Niveau. Das Gelände durfte nur mit einem speziellen Passierschein betreten und verlassen werden. SS-Soldaten umstellten das Testgelände und verhörten jede Person, die sich dem Gelände näherte.

Die Bombe, die mit Uran 235 bestückt sein soll [dieser Teil kann auch mit den Begriffen ‚wahrscheinlich' oder ‚vermutlich' übersetzt werden] und etwa zwei Tonnen wiegt, wurde auf einem auf einem speziell konstruierten Lastwagen zum Testgelände gebracht. Mit ihr zusammen wurden Tanks mit flüssigem Sauerstoff geliefert. Die Bombe wurde ständig von 20 Wachleuten mit Hunden bewacht.
Die Explosion der Bombe wurde von einer großen Detonationswelle und hohen Temperaturen begleitet. Darüber hinaus wurde ein **massiver radioaktiver Effekt** beobachtet. Bei der Bombe handelt es sich um eine Kugel mit einem Durchmesser von 130 cm.

Die Bombe besteht aus:

1. Einer Hochspannungsentladungsröhre, die ihre Energie von speziellen Generatoren bezieht
2. Einer Kugel aus metallischem Uran 235
3. Einem Verzögerer

4. Einem Schutzkasten
5. Dem Sprengstoff
6. Einer Detonationsanlage
7. Einem Stahlmantel

Alle Teile der Bombe werden ineinander montiert.

Initiator oder Bombenzünder
Besteht aus einer speziellen Röhre, die schnelle Neutronen erzeugt. Sie wird durch spezielle Generatoren aufgeladen, die Hochspannung im Inneren der Röhre erzeugt. Infolgedessen greifen die schnellen Neutronen das aktive Material an.

Aktives Bombenmaterial
Aktives Bombenmaterial ist Uran 235. Es handelt sich um eine Kugel mit einer Öffnung, in die ein Initiator eingeführt wird. Danach wird die Öffnung mit einem Pfropfen aus Uran 235 verschlossen.

Schützende Hülle
Die Urankugel ist von einer schützenden Aluminiumhülle umgeben, die mit einer Kadmiumschicht überzogen ist.
Dadurch werden die thermischen Neutronen, die von Uran 235 ausgehen, deutlich verlangsamt, die vorzeitige Detonation verursachen können.

Explosivstoff
Hinter der Kadmiumschicht befindet sich Sprengstoff, der aus porösen mit flüssigem Sauerstoff gesättigten TNT besteht; Das TNT besteht aus Blöcken [oder Stäben – je nach Übersetzung] mit einer speziell ausgewählten Form. Die innere Oberfläche der Blöcke hat eine kugelförmige Krümmung, der mit der äußeren Oberfläche des Cadmiums übereinstimmt. Jeder der Blöcke ist mit einem Detonator oder zwei elektrischen Zündern versehen.

Gehäuse

Das TNT ist mit einer Schutzschicht aus einer leichten Aluminiumlegierung überzogen. Ein Sprengmechanismus ist auf dieser Hülle angebracht.

Äußeres Gehäuse

Über dem Sprengmechanismus ist eine Außenhülle aus gepanzertem Stahl angebracht.

Verkleidung

Auf der gepanzerten Hülle kann eine Verkleidung aus einer Leichtmetalllegierung angebracht werden für den späteren Einbau in eine Rakete vom Typ V.

Zusammenbau der Bombe

Die Kugel, die aus metallischem Uran besteht, befindet sich in einer Schutzhülle aus Aluminium, die mit einer Kadmiumschicht überzogen ist, so dass die Öffnung in der Kugel mit der Öffnung zusammenfällt, die durch einen Uranpfropfen verschlossen wird. Über diese Öffnung wird der Initiator eingeführt und anschließend wird die Öffnung mit einem Pfropfen aus Uran verschlossen. Danach wird die mit Kadmium überzogene Aluminiumkugel mit einem Korken verschlossen, auf den der letzte TNT-Block gelegt wird. Anschließend wird flüssiger Sauerstoff durch die Öffnung im Inneren einer Schutzhülle gepumpt, die das TNT abdeckt. Danach ist die Bombe bereit für den Einsatz.

Zündung der Bombe

Das Zünden der Bombe wird mit Hilfe einer Hochspannungsentladungsröhre ausgeführt. Sie erzeugt einen Strom von Neutronen, der das aktive Material angreifen. Wenn der Neutronenstrom auf Uran trifft, spaltet sich das Element 93, was die Entstehung einer Kettenreaktion beschleunigt. Anschließend zündet der Detonationsmechanismus den Sprengstoff, woraufhin ein Schlag durch die Explosion der äußeren, mit flüssigem Sauerstoff vermischten TNT-Schicht ausgelöst wird, der auf das Zentrum gerichtet ist. Dadurch erreicht das Uran eine kritische Masse. Zuvor, vor der Explosion, wird die Uran-Kugel mit Gammastrahlen bestrahlt, deren Energie 6 Millionen Elektronenvolt nicht übersteigt, was ihre Sprengkraft um ein Vielfaches erhöht.

Fazit:
Zweifellos testen die Deutschen eine Bombe mit hoher Zerstörungskraft. Im Falle eines **erfolgreichen Abschlusses** und der Produktion solcher Bomben in ausreichender Menge, werden sie über Waffen verfügen, **die in der Lage sind, unseren Vormarsch zu verlangsamen.**“ 47)

Als der führende Kernphysiker der UdSSR, Igor Kurchatow, diesen Bericht erhielt, verfasste er am 30. März 1945 eine Stellungnahme an den sowjetischen Generalstab:

{C}

„Geheime Verschlusssache – (streng vertraulich)
Das Material ist außerordentlich interessant. Es enthält die Konstruktionsbeschreibung einer deutschen Atombombe, die für den Transport mit einem Raketenantrieb vom Typ ‚V‘ vorgesehen ist. Die Zusammenführung von Uran-235 zur kritischen Masse, die für die Herbeiführung einer atomaren Kettenreaktion erforderlich ist, bewirkt in der beschriebenen Konstruktion die Explosion eines, das Uran-235 umgebenden Gemischs aus granuliertem Trinitrotoluol und flüssigem Sauerstoff. Die Zündung des Urans erfolgt durch schnelle Neutronen, die mit Hilfe einer, durch spezielle Generatoren gespeisten Hochspannungs-Gasentladungsröhren erzeugt werden. Zum Schutz gegen die thermischen Neutronen wird der Uranbehälter mit einer Cadmium-Schicht umgeben. Alle Konstruktionsdetails sind sehr glaubwürdig [im Original wieder durchgestrichen:] und stimmen insgesamt mit denen überein, die dem Projekt einer Atombombe zugrunde liegen.
Es muss angemerkt werden, dass ich auf der Grundlage des zur Kenntnis genommenen Materials nicht vollkommen überzeugt bin, dass die Deutschen tatsächlich Versuche mit einer Atombombe vorgenommen haben.

Der Zerstörungsgrad einer Atombombe müsste größer sein, als angegeben, und sich über mehrere Kilometer und nicht nur einige hundert Meter ausbreiten. Die in den Unterlagen erwähnten Versuche sind möglicherweise vorbereitende Tests mit Atombombenkonstruktionen, jedoch ohne einen Sprengkopf aus Uran-235 gewesen.
Wünschenswert wäre es, zusätzliche Informationen über den Ablauf der Versuche zu bekommen, um eine präzisere Lokalisierung vornehmen zu können, und eine Probe von Uran-235 zu erhalten.
Einige Aspekte, die, nach der Beschreibung zu urteilen, sehr überzeugend die Wirkung einer Atombombe belegen, bleiben mir unklar. Dazu gehören: 1) Die vorbereitende Bestrahlung von Uran mit Gamma-Strahlen, deren Energiepotential 6 Millionen Elektronenvolt nicht übersteigt; 2) der Hinweis, dass das radioaktive Element 93, das man aus Uran durch Bestrahlung mit Neutronen erhält, äußerst positiv auf den Zerfall von Uran-235 einwirkt.
Es ist schwer vorstellbar, dass eine irgendwie geartete Entwicklung von Gamma-Strahlen oder Neutronen die Explosionseigenschaften von Uran-235 entscheidend verändern könnte.
Nur bei starker Intensität dieser Bestrahlung unter Zuhilfenahme von Atomkesseln kann die Eigenschaft von Uran-235 merklich ändern. Hier ist die Rede eher von spezifischen Details zu Beginn des Explosionsprozesses, die basieren auf irgendwelchen neuen physikalischen Faktoren bei der Einwirkung von Neutronen auf die Atomkerne des Urans.
Es wäre äußerst wichtig, zu diesen Fragen detailliertere und exaktere Informationen zu erhalten.
Noch wichtiger wäre es, Einzelheiten über den Prozess der Gewinnung von Uran-235 aus Natururan zu erfahren.

Ich erachte den Hinweis für notwendig, dass ein Gespräch unserer Physiker mit der Person, die die hier rezensierten Informationen gegeben hat, außerordentlich wichtig wäre.“[48)]

Doch war Kurchatow neben dem GRU, der allein dem Generalstab der Roten Armee rechenschaftspflichtig war, auch für Lawrenti Berias NKWD, das Volkskommissariat für innere Angelegenheiten (Innenministerium der UdSSR), und den NKGB, das Volkskommissariat für Staatsicherheit (dem auch die politische Auslandsspionage oblag) unter seinem Chef Wsewolod Nikolajewitsch Merkulow, tätig (wobei Beria als Mitglied des staatlichen Verteidigungskomitees GKO unmittelbar Stalin unterstellt, die Fäden in der Hand hielt). Gemeinsam mit dem GRU riefen sie die Operation „Enormos" als sowjetischen Gegenpart zur amerikanischen „ALSOS"-Mission ins Leben. Einer der beteiligten Physiker unter Kurchatows Leitung war Georgi Nikolajewitsch Fljorow (in der Literatur zumeist „Flerov" genannt). Neben eigenen kernphysikalischen Forschungen mit dem Ziel einer brauchbaren Waffe, galt es möglichst umfangreiche Aufklärung (Spionage) sowohl über das Manhattan Project als auch die deutschen Arbeiten zu leisten. Diese Aufgaben liefen interdisziplinär bei weiten nicht so harmonisch ab, wie es aus dieser Kurzdarstellung eventuell abzuleiten ist, sondern waren geprägt von einem intensiven, konkurrierenden Machtkampf der diversen Einrichtungen hinter den Kulissen. Nach Weisung der GKO waren sämtliche deutsche Erkenntnisse wie Inventare deutscher Laboratorien sicherzustellen; nach Möglichkeit außerhalb der amerikanischen Wahrnehmung. In diesem Zusammenhang wurde Flerov im besetzten Deutschland eingesetzt, wo er beispielsweise an der Okkupation des Inventars des KWI für Physik, des Privatlabors von Ardennes in Berlin und der Versuchsstelle des HWA in Gottow beteiligt war. Im Mai 1945 erhielt Flerov von Kurchatow einen neuen Auftrag, der im direkten Zusammenhang mit den Tests in Thüringen gesehen werden kann.49) Der wahrscheinlich um den 20. Mai in Dresden eingetroffene Flerov übersandte am 21. ein Schreiben an Kurchatow, in dem es heißt:

{D}

„Heute oder Morgen fliegen wir in die Ihnen bekannte Richtung. Ich nehme das Gerät von Dubovski mit [Geigerzähler], dessen Empfindlichkeit jedoch nicht besonders gut ist. Wenn sich vor Ort zeigt, dass es geeignete Forschungsobjekte gibt, jedoch die Empfindlichkeit des Gerätes nicht ausreicht, werde ich telegrafieren.

Sie müssen Stoljarow und Davidenko (wenn er bis dahin zurückkommt) diese Arbeit zuweisen. Instruieren Sie ihn, das Instrument in der leichteren Variante zu bauen: Mit Netzspannung von 220 Volt betrieben… Gemeinsam mit dem Instrument sind die Tabellen beizulegen, mit denen die entsprechenden zeitlichen Perioden [Halbwertszeiten] zu finden sind."

In einem ergänzenden Brief an den gleichen Adressaten vom 29. Mai erbittet Flerov Hilfe bei der Auffindung potentiell beteiligter Zeugen, was mit Blick auf eine mögliche Zerstreuung dieses Personenkreises zeitnah geschehen müsse. Darüber hinaus erläuterte er Kurchatow die weitere Vorgehensweise:

„[…] Die zweite Richtung ist in direktem Zusammenhang mit dem, was ich Ihnen in meinem vorherigen Schreiben mitgeteilt habe, zu sehen. Um endgültig festzustellen, was dort wirklich getestet wurde, werden wir selbstverständlich die künstliche, nicht die natürliche Radioaktivität, betrachten. Leider ist seitdem viel Zeit vergangen, aber ich denke, dass wir mit [unseren Instrumenten] die erforderliche Empfindlichkeit erreichen können […]."50)

Trotz aller Interventionen seinerseits und wiederholtem Insistieren kam Flerovs Mission letztendlich nicht zustande, da das in Frage kommende Areal noch von den Amerikanern besetzt war.51) Was nicht bedeutet, dass das sowjetische Interesse nach dem Abzug der US-Truppen am 11. Juni 1945 damit erloschen war. Jedoch sind darüber keine Aufzeichnungen bekannt. In einem 1983 gegebenen Interview bestätigte Flerov seine Mission.
Auf die Frage, warum er nach Deutschland gegangen war, antwortete er:

„[…] Stalin und Kurtschatow haben mich dorthin geschickt. Es gab Berichte, dass die deutschen Atomtests durchführten. Ich war dort als Vertreter des Ministeriums für leichte Maschinen. Es stellte sich sofort heraus, dass die Deutschen in den Tests weiter fortgeschritten waren, als man es sich hätte vorstellen können. […]"

Und zur Frage nach einer deutschen Atombombe:

„Ich werde diese Frage nicht für Sie [dem Interviewer] beantworten. Aber vielleicht gibt Ihnen die Geschichte eine Antwort. Sie [die Deutschen] hatten viel mehr als wir erwartet hatten." 52)

7.3.3 Was beinhalten die sowjetischen Dokumente?

Die erste sich hierzu aufdrängende Frage ist die nach der Authentizität und Glaubwürdigkeit der Berichte. Der GRU hält die Originalquelle bis heute unter Verschluss und gibt damit seinen damaligen Informanten nicht preis. Die glaubwürdige Quelle in Deutschland hatte offenbar Zugang zu wichtigen Informationen des Atomprogrammes oder war selbst beteiligt. Bei Dokument {A} fällt der Zeitpunkt des Abfassens auf, der etwa auf die gleiche Zeit wie der bekannte Beginn des Bauvorhabens S-III fällt. Karlsch bemerkt dazu, dass nicht alles in den GRU-Berichten zwingend wörtlich zu nehmen sei.53) Bei Rider findet sich hierzu eine umfassende Analyse.54) Die Echtheit der Originaldokumente steht, da sie aus einem Bestand teils bereits veröffentlichter Dokumente stammen, außer Zweifel, zumal die in kyrillisch gehaltenen Originale handschriftlich verfasst worden sind und sich graphologisch ihren Urhebern zuordnen lassen können. Dass die UdSSR mit den beiden Berichten Iljitschows quasi ihren Staus als weltweit zweite Nuklearmacht selbst in Frage stellt, untermauert deren Authentizität. Gegen den Fall einer gezielten Desinformation des Westens sprechen die jahrzehntelange Geheimhaltung der Berichte, die eine beabsichtigte Täuschung der NATO konterkariert; ebenso die spezifischen Details der Testkonfiguration, die in dieser Form wohl kaum dem Westen zugespielt worden wären, und die relativ geringe Explosionsstärke, die man mit Blick auf die etwaige wissenschaftliche Kriegsbeute gegenüber den Amerikanern mit an Sicherheit grenzender Wahrscheinlichkeit deutlich höher ausgewiesen hätte, um als Bluff zu genügen. Hinzu kommt die Wiedergabe wichtiger Details in Kurchatows Stellungnahme und Flerovs Kurzberichten über seine beabsichtigten Messungen. Der GRU war also definitiv über ein nukleares Ereignis informiert worden, dessen Lokalisierung man annähernd kannte und durch eigene Messungen zu verifizieren beabsichtigte. Dass Flerovs Mission den Amerikanern vorenthalten wurde, widerspricht ebenfalls der Theorie eines gezielten Bluffs, da seine Wirkung bei dem westlichen Klassenfeind nur durch dessen Kenntnisnahme erfolgreich gewesen wäre. Vergleicht man die beiden GRU-Berichte {A} und {B} in Bezug auf eine Beteiligung der SS, insbesondere an den abschirmenden Maßnahmen gegenüber der ortsansässigen Bevölkerung wie auch dem streng reglementierten Einsatz von Medizinern, mit den SED/MfS-Protokollen, können wir eine Korrelation konstatieren. Hier fällt uns ein Punkt erneut auf: Offenbar setzten die Verantwortlichen ihr eigenes medizinisches Personal zum Monitoring und zur anschließenden Auswertung etwaiger Strahlenschäden des exponierten Personenclusters ein. Dies ist insofern von Bedeutung, als dass dieser Umstand das Fehlen medizinischer Unterlagen der etablierten Gesundheitsversorgung am Ort des Geschehens erklären könnte. Die einheimischen Mediziner wurden schlichtweg nicht involviert und besaßen keinerlei Kenntnis von den Ereignissen und seinen Auswirkungen, von denen ebenfalls ansatzweise die Rede ist. Doch wird in den GRU-Berichten auch explizit das heutige Bundesland Thüringen als Testort erwähnt.

Betrachten wir nun speziell den Bericht {B} Iljitschows vom 23. März 1945 aus physikalisch-technischer Sichtweise.

7.3.4 Der Sprengstoff

Die sphärische Bombenkonstruktion, die nach dem GRU-Bericht {A} aus mehreren, ineinander gesetzten Kugelschalen bestanden hätte, sollte durch konventionellen Sprengstoff zur Explosion gebracht werden:
„Explosivstoff
Hinter der Kadmiumschicht befindet sich Sprengstoff, der aus porösen mit flüssigem Sauerstoff gesättigten TNT besteht".

Chemischen Sprengmitteln wird in aller Regel ein Sauerstoffträger als Reaktant beigefügt. Dies ist in erster Linie Salpeter, kann aber auch in anderer Form wie Aluminiumpulver vorliegen, wie in Kapitel 1.11 veranschaulicht wurde.

Eine Sättigung des Sprengstoffes TNT mit Sauerstoff hat eine deutlich gesteigerte Sprengwirkung zur Folge. Ob, wie in dem sowjetischen Bericht dargestellt, aber tatsächlich TNT das eingesetzte Sprengmedium war, ist zu hinterfragen. Denn in den zahlreichen Nachkriegspatenten der beteiligten deutschen Wissenschaftler wie Trinks, die auf den Kriegsforschungen basieren, ist neben TNT wiederholt von Hexogen und PETN, beides ist während des Krieges verfügbar gewesen, die Rede. Diese Sprengstoffe sind von weitaus höherer Brisanz und böten sich nach Trinks eher an, um den notwendigen Kompressionsgrad zu erzielen. Handelt es sich eventuell um einen Fehler der „vertrauenswürdige[n] Quelle" in seinem Verständnis der Sprengstoffphysik? Der Sprengstoff war zudem in Blöcken mit spezieller Form sphärisch um den inneren, kugelsymmetrischen Aufbau angeordnet. Wie den Kapiteln 2 und 5 zu entnehmen ist, war den Deutschen nicht nur die Möglichkeit der Fokussierung von Druckwellen auf einen Brennpunkt zu bekannt, es wurden auch dahingehend experimentelle Konfigurationen getestet. Für die Generierung konvergenter Stoßwellen sind Sprenglinsen erforderlich. Auch dies war bereits bekannt. Ist in dem Bericht mit der Bemerkung einer speziellen Formgebung ein derartiger Aufbau gemeint gewesen?

„Anschließend zündet der Detonationsmechanismus den Sprengstoff, woraufhin ein Schlag durch die Explosion der äußeren, mit flüssigem Sauerstoff vermischten TNT-Schicht ausgelöst wird, der auf das Zentrum gerichtet ist."

Kann dies dahingehend sinngemäß interpretiert werden, dass nur eine äußere Schicht des TNT mit Sauerstoff angereichert worden ist, eine innere Schicht dagegen nicht? In diesem Fall ersetzten die TNT-Schichten mit nunmehr ausbildender, differierender Detonationscharakteristik quasi eine Sprengstoff-Sprenglinsen-Anordnung: Der mit Sauersoff gesättigte Anteil weist eine höhere Reaktionsgeschwindigkeit auf als der ungesättigte.

Bei entsprechender formgebender Ausgestaltung ließe sich eine konvergente Schockwelle erzeugen.
Der eingesetzte Sprengstoff hat der Beschreibung nach eine Kompression des Spaltstoffes zur Folge. Hier wird auf das bereits beschriebene Implosionsprinzip Bezug genommen, das in jenem Jahr sicherlich nur wenigen Personen vertraut war. Durch die Kompression des Spaltmaterials sollte dessen subkritische Masse über die kritische Grenze gebracht werden; was zweifelsohne aber die Anwesenheit einer ausreichenden Menge dieses Stoffes zur Bedingung hat. Es ist kernphysikalisch möglich, auch einer stark subkritischen Spaltstoffmenge zur Kernspaltung zu verhelfen, das setzt aber die Anwendung zusätzlicher Neutronenquellen voraus. Die in dem Bericht beschriebene Generierung der kritischen Masse mittels Kompression könnte durchaus auch einer prinzipiellen Darstellung der Spaltstoffkompression entstammen. Der Verfasser muss in jedem Fall über zumindest eingeschränkte Fachkenntnisse verfügt haben. Doch wenden wir uns noch einmal dem mit Sauerstoff gesättigten Sprengstoff TNT zu: In seiner Reinform besitzt dieser durch seine Salpeterverbindung eine Sättigung von gerade einmal etwa 25 % – wie in Kapitel 1.11 erwähnt. Der zur Reaktion notwendige Fehlbetrag an Sauerstoff wird aus der Umgebungsluft entnommen. Das bedeutet, dass die tatsächliche Reaktionsgeschwindigkeit von der Verfügbarkeit des Sauerstoffs abhängig ist. Ein homogener Block des Materials „brennt" demnach von außen (Luftzufuhr) nach innen ab. Er reagiert inhomogen, was zur Minderung seiner Sprengkraft führt. Liegt der Sprengstoff in poröser Form mit Sauerstoffanreicherung vor, erhöht sich seine Reaktionsfähigkeit deutlich. In der Studie von Todd Rider findet sich hierzu eine annähernde Kalkulation: der Originalsprengstoff TNT besitzt eine Dichte von 1.654 kg/cm^3 mit einem Energiegehalt von 4.184 GJ/t. Die auf Vergleichsdaten fußende angenommene Dichte des porösen Materials wird auf 1,4 kg/cm^3 veranschlagt. Bei vollständiger Sauerstoffsättigung ergibt sich ein Energiegehalt von nun 14,5 GJ/t. Aufgrund des in dem GRU-Bericht vorliegenden Außendurchmessers der Konstruktion von 130 cm approximierte er den TNT-Anteil auf etwa 1.400 kg. Ein Wert, der auch in früheren anderen deutschen Darstellungen genannt wird. Durch die sauerstoffindizierte Leistungssteigerung des

TNT um den Faktor von 3,47, wie zuvor erläutert, ergibt sich eine reale Sprengkraft mit einem TNT-Äquivalent von ungefähr 4.850 kg. Zum Vergleich: Die Sprengstoffmasse in der amerikanischen Kompressionsbombe „Fat Man" (Nagasaki) betrug 2.500 kg mit einer nur geringfügig gesteigerten Sprengkraft (durch die Auswahl einer anderen Sprengmittelzusammensetzung).55)

7.3.5 Der Spaltstoff

An mehreren Stellen seines Berichtes {B} benennt Iljitschow den verwendeten Spaltstoff als U235:
„Die Bombe, die mit Uran 235 bestückt sein soll
Aktives Bombenmaterial ist Uran 235.
Einer Kugel aus metallischem Uran 235 [...]
Die Kugel, die aus metallischem Uran besteht [...]"
In seinem Bericht vermutet Iljitschow anfangs lediglich den Einsatz von U235. Erst später im Text manifestiert sich diese eingangs spekulative Betrachtungsweise. Offenbar war ihm die bessere Spaltbarkeit und die Bedeutung dieses Isotops für die Kernphysik bereits geläufig. Dass dieses Hintergrundwissen allein auf Hörensagen der Quelle beruht, kann a priori nicht vorausgesetzt werden. Denn einem Fachunkundigen dürften in jenen Jahren derartige fachspezifische Termini kaum geläufig gewesen sein. Es ist evident, dass die Quelle über ein zumindest gewisses Maß an derartigem Wissen verfügte, um die Erwähnung der differierenden Isotope sachbezogen einordnen zu können. Denn dies lässt sich reziprok auch aus seinen weiteren Erläuterungen, die ganz offenbar dem GRU-Bericht als Basis dienten, schließen. Ein derartiger Wissensstand, auch wenn der Bericht eher einen grob übersichtlichen Charakter hat, lässt die Quelle in der Nähe der Konstrukteure der Konfigurationen vermuten. Aus juristischer Betrachtungsweise handelt es sich nicht allein um zeugenschaftliches Wissen, der Bericht offenbart einen bestimmten Fundus an Täterwissen. Er belässt es in diesem Fall nicht nur bei der Nennung des für ihn logisch erscheinenden Isotops; auch weist er auf metallisches Uran in der Konfigura-

tion hin. Das lässt seine Beschreibung plausibler erscheinen, da Uranoxid schwer in einer soliden, sphärischen Gestalt zu konservieren ist.
Es gilt allerdings als unstrittig, dass im damaligen deutschen Hegemonialbereich kein hochangereichertes U235, geschweige denn in aussichtsreicher Menge, für eine kritische Masse zur Verfügung stand. Nach dem Stand der Geschichtsforschung sind mit den bekannten in Deutschland auf experimenteller Basis zur Anwendung gelangten Anreicherungsverfahren allenfalls geringe Mengen leicht angereicherten U235 erzeugt worden. Doch umgibt genau diesen Stand der Wissenschaft eine Unschärfe: Selbst von den bekannten Verfahren, die sich teils im Testbetrieb befanden, geben die überlieferten Quellen lediglich ein bruchstückhaftes, unvollständiges Bild. So wird, wie im vorigen Kapitel beschrieben, zwar von den durchaus positiven Resultaten der UZ-I im temporären Testlauf berichtet, was allerdings für Substanzen und in welchen Mengenverhältnissen im weiteren, in den Dokumenten erwähnten Versuchsbetrieb mit diesen umgesetzt – sprich angereichert – wurde, ist unbekannt. Und mit welchen Mengen von welchem Stoff ist in der Zentrifuge des II. PI in Berlin experimentiert worden? Gab es weitere Testläufe mit Bagges Isotopenschleuse? Und diese Fragen beziehen sich auf die bekannten Konstruktionen. Mit Blick auf die Aktivitäten und die Involvierung der Phywe stellt sich die erweiterte Frage nach zusätzlichen Zentrifugen. Wie weit war das elektromagnetische Trennverfahren nach dem Prinzip des Massenspektrometers gediehen?
Hier fehlen der Geschichtsforschung belastbare Metadaten. Über die tatsächlichen Mengen angereicherten Materials und dessen Grad der Anreicherung kann nur spekuliert werden. Dennoch dürften beide Parameter im Vergleich zu den amerikanischen Anstrengungen nur im begrenzten Umfang verfügbar gewesen sein. Sollte denn, hypothetisch, ein gewisses Kontingent an niedrig angereichertem U235 zur Verfügung gestanden haben, so kann mit an Sicherheit grenzender Wahrscheinlichkeit davon ausgegangen werden, dass für einen praktischen Funktionsnachweis der Konfiguration von diesem seltenen wie kostbaren Material gewiss auch nur marginale Mengen zur Erprobung eingesetzt worden sind, um nicht mit einem Schlag im Falle eines Scheiterns des gesamten Bestandes des kostbaren Guts verlustig zu werden. Daraus kann geschlussfolgert werden,

dass es beim Einsatz derart geringer Stoffmengen in der jeweiligen Testkonfiguration zu keiner selbst erhaltenden Kettenreaktion gekommen sein kann. Weitere Hilfsmittel wären obligatorisch gewesen.
Doch, und das ist der zweite zu betrachtende Aspekt bei der Erwähnung dieses Isotops, handelte es sich überhaupt um U235? Da sich Iljitschow direkt an Kurchatow wandte, muss er über seinen Tätigkeitsbereich der Kernphysik unterrichtet gewesen sein. Infolgedessen liegt der Schluss, dass er von der physikalischen Eigenschaft der Spaltbarkeit des Uranisotops 235 Kenntnis erlangt hatte, nahe. Ist dieses Vorwissen gewissermaßen präsubstituierend in seinen Bericht eingeflossen? Oder war die zuverlässige Quelle allzu lax mit der Titulierung des zum Einsatz gelangten Spaltmaterials umgegangen? Tatsächlich liegt für den letzten Fall ein Analogon vor: Blicken wir noch einmal nach Japan. Deren Bombenvorhaben der Projekte mit Namen „Ni“ (Heer) und „F“ (Marine) litten unter dem Mangel an Uran. Die japanische Botschaft in Berlin bemühte sich ab Mitte 1943 um den Ankauf von 2 t Uranerz. Nach zähen Verhandlungen verließ Ende 1943 ein erstes mit dem gewünschten Rohstoff beladenes U-Boot Kiel, mit Kurs Japan. Es ist nicht bekannt, wie viele Transporte dieser Art die japanischen Territorien überhaupt erreichten.[56)] Die Transporte kulminierten in einer Mission, den Japanern gegen Kriegsende in Europa rüstungsrelevante Dokumente und Exponate neuester Entwicklungen auf dem Seeweg zukommen zu lassen. Nach einem amerikanischen Dokument der Operation Lusty sind ab Mitte April 1945 zehn U-Boote gen Japan gesandt worden, von denen sich sechs schließlich den Alliierten ergaben.[57)] Eines dieser U-Boote war ein Minenleger des Typs XB mit einer Gesamtverdrängung von über 2.170 t getaucht und einer Länge von ca. 90 m mit der laufenden Nummer 234. Das Boot verfügte neben zwei Standard-Torpedorohren im Heck über 30 Minenschächte, von denen sich sechs im umgebauten Bugtorpedoraum und auf jeder Seite zwölf außenbords befanden.[58)]
Mit U-234 fiel den Amerikanern am 13. Mai 1945 auch eine Ladung von 560 kg in japanischer Schrift als U235 deklariertes Uran in zehn zylinderförmigen Gebinden in die Hände.[59)] In der Originalaufstellung der beschlagnahmten Güter an Bord von U-234 werden diese 560 kg Uranoxid erwähnt. Auch wird in den verschiedenen Berichten der Besatzung von

einer Bezeichnung der Gebinde mit U235 gesprochen.[60] Nun scheint auch in diesem Fall Uranoxid sehr frei als das Isotop U235 bezeichnet worden zu sein. Aber auch hier stehen dem Indizien gegenüber, die eine andere Theorie stützen: Die 560 kg Uranoxid waren auf zehn mit Gold ausgekleidete Metallzylinder aufgeteilt. Gold bietet einen hervorragenden Schutz vor dem äußerst reaktionsfreudigen Uranoxid, gleichermaßen vor radioaktiver wie Neutronenstrahlung. In einem weiteren Vernehmungsprotokoll warnte ein Besatzungsmitglied des U-Bootes die Amerikaner vor dem falschen Umgang mit den Zylindern.[61] Abgesehen von den chemischen Eigenschaften, mit denen die USA durchaus vertraut waren, wäre diese Warnung sinnfrei gewesen; es sei denn, die sich in den Gebinden befindliche Stoffmenge hätte bei Zusammenführung kernphysikalische Reaktionen hervorgerufen. Aufschluss hierüber gibt der 2016 veröffentlichte Bericht Delmar Bergens, seit 1957 in Los Alamos tätig und späterer, zeitweiliger Leiter des dortigen U. S.-amerikanischen Kernwaffenprogrammes. Nach Bewertung der verfügbaren Unterlagen zu den Vorgängen um U-234 war das Uran an Bord seiner Ansicht nach tatsächlich angereichert gewesen. Außerdem habe man wichtige Komponenten zur Zündung nach der Implosionsmethode, wie sie bald darauf im Trinity-Test zur Anwendung kam, beschlagnahmen können …[62]
Nun wird genau diese Theorie durch ein von Günter Nagel publiziertes Dokument aus dem Bundesarchiv möglicherweise konterkariert: Die japanische Firma Showa Tsussho Kaisha Ltd., die eine Niederlassung in Charlottenburg betrieb, orderte im März 1944 für die Kaiserlich-Japanische Armee bei der Roges 1.000 kg hochreines Uranoxid. Die 1935 mit dem Zweck der Beschaffung und Verwaltung von strategischen Rohstoffen (auch aus den potentiell zu besetzenden Gebieten) gegründete Rohstoff-Handelsgesellschaft (Roges) – mittlerweile dem RMfRuK zugeordnet – ließ das Produkt im Werk Grünau bereitstellen. Versendet werden sollte es in hölzernen Fässern von etwa 54 cm im Durchmesser.[63] Das Abmaß entsprach einem Torpedorohr bzw. passte es auch in die Minenschächte der entsprechenden U-Boote. Die Verwendung von Holzfässern erscheint jedoch aufgrund der chemischen Eigenschaften des Uranoxids als fragwürdig. Entscheidend ist jedoch, dass wiederum nur Uranoxid geordert

worden ist. Es erscheint hinsichtlich der Mangelwirtschaft im Deutschen Reich und der eng limitierten Möglichkeiten der Anreicherung abwegig, dass von den wenigen verfügbaren Ressourcen dieses Isotops Chargen veräußert worden sein sollen.
Zurück zu Iljitschow. Aus den bis heute nicht umfänglich aufgeklärten Ereignissen rund um die Ladung von U-234 kann die Bezeichnung U235 in seinem Bericht entweder ebenfalls unkorrekt sein oder es kam tatsächlich angereichertes Material zur Anwendung. Keine der beiden Varianten lässt sich mit Sicherheit ausschließen.

7.3.6 Das Prinzip der Zündung

Als Initiator sollte keine Polonium-Beryllium-Quelle (wie in den USA) Anwendung finden, sondern eine Hochspannungsentladungsröhre, wie sie mehrfach in dem Bericht erwähnt wird:
„Die Bombe besteht aus:
1. Einer Hochspannungsentladungsröhre, die ihre Energie von speziellen Generatoren bezieht …
Initiator oder Bombenzünder.
Besteht aus einer speziellen Röhre, die schnelle Neutronen erzeugt. Sie wird durch spezielle Generatoren aufgeladen, die Hochspannung im Inneren der Röhre erzeugt. Infolgedessen greifen die schnellen Neutronen das aktive Material an.
Zündung der Bombe
Das Zünden der Bombe wird mit Hilfe einer Hochspannungsentladungsröhre ausgeführt. Sie erzeugt einen Strom von Neutronen, der das aktive Material angreift."
Kurchatow schreibt dazu:
„Die Zündung des Urans erfolgt durch schnelle Neutronen, die mit Hilfe einer, durch spezielle Generatoren gespeisten Hochspannungs-Gasentladungsröhren erzeugt werden."
Die Entwicklung derartiger Röhren auf Basis der Gasentladung war in Deutschland sehr weit gediehen.

Bei der klassischen Gasentladung kommt es zwischen den Elektroden, der Kathode und der Anode, in einer mit einem Gas gefüllten Röhre mittels Stoßionisation zum Aufbau eines elektrischen Feldes (siehe auch in Kapitel 2 bei Ronald Richter). Im Gegensatz hierzu ist die Röhre zur Erzeugung von Röntgenstrahlung evakuiert, so dass die freigesetzten Elektronen der angelegten Hochspannung ungebremst auf die Anode einschlagen. Ist eine derartige Entladungsröhre nun mit Deuteriumgas gefüllt und die anliegende Spannung entsprechend hoch, entsteht ein Plasmazustand, in dem es zu D + D- (erzeugt Neutronen mit 2,5 MeV, für die Spaltung von U235 bereits ausreichend – Fusionsreaktionen aus gasförmigem Deuterium dienten in den USA während der Operation Tumbler-Snapper bei dem „Dog"-Test erfolgreich als Booster) oder D + T-Fusionsreaktionen kommt, die wiederum hochenergetische Neutronen mit 14,1 MeV emittieren (womit sich auch U238 spalten lässt). Die labortechnische Produktion von Tritium war seit den frühen 30ern ebenfalls bekannt, und geringe Stoffmengen wären hier ausreichend gewesen. Die Reaktionswahrscheinlichkeit kann durch Ausbildung der Elektroden aus Lithium erhöht werden, da sich in diesem Fall die Generierung von Tritium erhöht und sich dies, wie wir bereits gesehen haben, leichter, d. h. mit geringerem Energieaufwand, fusionieren lässt. Ob dieser Neutronengenerator tatsächlich in Bauform einer Röhre zum Einsatz gelangte, kann hinterfragt werden:

„Über diese Öffnung wird der Initiator eingeführt und anschließend wird die Öffnung mit einem Pfropfen aus Uran verschlossen."

Demnach wurde der Neutronengenerator direkt in den Hohlkugeln platziert. Doch hier stellt sich die Frage nach der Baugröße der betreffenden Komponenten: Die Kugel kann nicht sehr groß gewesen sein; hätte eine Hochspanungsentladungsröhre tatsächlich darin Platz gefunden? Zumindest müsste diese dann relativ kompakt gewesen sein. Dies könnte ein Derivat von Karl Nowaks Forschungen gewesen sein. In seinen Veröffentlichungen nach dem Krieg offenbart uns Diebner eine etwas simplere, konstruktive Alternative, die er 1962 in der Fachzeitschrift „Kerntechnik" publizierte (siehe Kapitel 2). Hier wurde die innerste Hohlkugel selbst mit gasförmigem Deuterium gefüllt, das unter Einwirkung der Schockwellen stark komprimiert werden sollte. Nun haben wir in den ersten Kapiteln bereits gesehen, dass unter derart einfachen kompressiblen Bedingungen keine vollständige Kernfusion möglich ist, aber durch bereits einleitende Fusionsreaktionen Neutronen generiert werden können. In seinem in der Publikation dargestellten Entwurf wurde jetzt zwischen zwei in das Zentrum der Hohlkugel eingeführten Lithiumelektroden durch eine Hochstromentladung ein Deuteriumplasma in Gestalt eines Lichtbogens erzeugt, das durch seine thermische wie selbsterregende, kompressible Wirkung (Pinch-Effekt) in Ergänzung zu dem äußeren, schockwellenbedingten Verdichtungsstoß auf das Deuterium in der Art einwirkte, dass eine erhebliche Anzahl an Fusionsneutronen freigesetzt wurde, die Spaltreaktionen in dem umliegenden Uran hervorrufen sollten. Bei der Zündung des Deuterium-Lichtbogens hätte das Elektronenmaterial Lithium sich an den Reaktionen beteiligen können, indem kurzfristig und in begrenztem Umfang Tritium hätte erbrütet werden können. Die grundsätzlich konstruktive Gestaltung dieser Bauweise wäre um einiges simpler als die Entwicklung einer leistungsstarken, neutronengenerierenden Entladungsröhre gewesen. Doch lässt sich diese theoretische Betrachtung weder durch den GRU-Bericht noch durch Diebners Nachkriegsambitionen untermauern.

Aber es besteht die Möglichkeit...

Zurück zur tatsächlich erwähnten Hochspannungsentladungsröhre:

Der Spaltstoff wird nun durch in einer derartigen Röhre erzeugte Neutronen beschossen, was die Kernreaktionen zur Auslösung bringt. Dieses Grundprinzip findet sich in modernen Kernwaffen wieder. Laut der Beschreibung stammt die notwendige Hochspannung dabei aus speziellen Generatoren. Welcher Bauart diese externe Spannungsversorgung war, bleibt unklar. Möglich wäre eine Kondensatorschaltung. Ob die Erwähnung der speziellen Generatoren sich tatsächlich ausschließlich auf die Entladungsröhre bezog oder weitere Komponenten (s. w. u.) miteinbezog, kann nicht abschließend gesagt werden. Festzuhalten sei jedoch die Tatsache, dass Neutronen mit hoher Energie generiert wurden und laut Bericht auf den Spaltstoff einwirken sollten.

Dies wirft wiederum die Frage auf, ob es sich bei dem Spaltstoff tatsächlich um U235 oder im Wesentlichen um metallisches Natururan mit seinem hohen U238-Anteil, und allenfalls mit geringfügig angereichertem U235 versetzt, handelte. Denn hochenergetische Neutronen mit über 14 MeV wären in der Lage, auch in U238 Spaltreaktionen auszulösen. Bezüglich der Wirkungsquerschnitte von schnellen Neutronen in Natururan waren von den Wissenschaftlern im Dritten Reich umfangreiche Forschungen angestrengt worden:

Friedrich Houtermanns hatte die Möglichkeit der Kernspaltung von Natururan mittels schneller Neutronen bereits in seinem 1941 verfassten Bericht „Zur Frage der Auslösung von Kern-Kettenreaktionen" im Abschnitt III „Kernreaktionen durch Kernspaltung mit schnellen Neutronen" behandelt, dabei die grundsätzliche Machbarkeit erkannt – aber auch die Notwendigkeit weitergehender Versuche auf diesem Gebiet.[64)] Mit diesem Thema befasste sich in Wien Georg Stetter, der über seine Resultate sechs geheim gehaltene Berichte über die Wirkung von schnellen Neutronen auf Uran verfasste.[65)] Nach dem 1941 verfassten Artikel „Maschinen mit Ausnutzung der Spaltung durch schnelle Neutronen" von Walther Bothe, dem Leiter des KWI für medizinische Forschung in Heidelberg (an dem er bei der Errichtung des dortigen Zyklotrone wesentlich beteiligt war), untersuchte er die Kernspaltung durch schnelle Neutronen in einem Reaktor und kam dabei zu einem negativen Ergebnis. Allerdings zog er die Beimengung von Protactinium in Betracht, das einen siebenmal größeren Spaltungsquerschnitt besitzt (aber als Zerfallsprodukt des Urans in der Natur sehr selten vorkommt und künstlich durch Transmutation erzeugt werden muss), und warnt vor der Möglichkeit, dass ein derartiger Reaktor explodieren könne.[66)] Aus dem gleichen Zeitraum datieren auch Bothes weitere Arbeiten wie „Über die Vermehrung thermischer und schneller Neutronen in Uran" oder „Die Neutronenvermehrung bei schnellen und langsamen Neutronen in 38 und die Diffusionslänge in 38 Metall und Wasser". Mit „38" war das Präparat 38 gemeint, ein Synonym für U238. Ähnliche Titel trugen auch Stetters Zusammenfassungen: „Schnelle Neutronen in Uran"[67)].

U238 lässt sich nur durch schnelle Neutronen spalten. Je höher die Energie des spaltenden Neutrons dabei ist, desto größer wird die Ausbeute an Spaltneutronen, die während des Spaltprozesses freigesetzt werden und ihrerseits wiederum Kernspaltungen auslösen können. Dies ist wesentlich,

da neben den Neutronenverlusten durch Leckagen nach außerhalb U238 einen hohen Absorptionsquerschnitt für Neutronen besitzt. Durch diesen Neutroneneinfang entstehen Transurane wie das Pu239, und zwar über den folgenden Weg:
Dabei wird aus dem Element 92 (U238) nach einem unmittelbaren Zwischenschritt über U239 nach weiteren 23,5 Minuten das Element 93 Neptunium (Np239) und nach weiteren 2,3565 Tagen schließlich das Element 94 Plutonium (unter Abgabe von β-Strahlung):

$$U238 + n \rightarrow U239 + \beta^- \rightarrow_{23{,}5\,min} \rightarrow Np239 + \beta^- \rightarrow_{2{,}3565\,d} \rightarrow Pu239$$

Hierbei handelt es sich um das so genannte Brüten des leicht spaltbaren Pu239 aus U238, wie es bei schnellen (steht für den Einsatz schneller Neutronen) Brutreaktoren zur Anwendung kommt.
Doch was hat dies mit der im Bericht beschriebenen Konfiguration zu tun? Dort finden wir den Hinweis:
„Im Prozess der Einwirkung des Neutronenstroms auf das Uran, bei dem Element 93 gespalten wird, der das Zustandekommen einer Kettenreaktion beschleunigt."
Kurchatow hinterfragte dies:
„Einige Aspekte, die, nach der Beschreibung zu urteilen, sehr überzeugend die Wirkung einer Atombombe belegen, bleiben mir unklar. Dazu gehören: [...] 2) der Hinweis, dass das radioaktive Element 93, das man aus Uran durch Bestrahlung mit Neutronen erhält, äußerst positiv auf den Zerfall von Uran-235 einwirkt."
Das Element 93 respektive Neptunium, auf dessen Existenz innerhalb der Konfiguration explizit verwiesen wird, mit der ergänzenden Bemerkung, dass dieses die Kettenreaktion positiv beeinflusst, kann nicht auf natürlichem Wege in die Konstruktion gelangen. Es entsteht, wie gezeigt, als Zwischenschritt auf dem Weg zur Gewinnung von Plutonium. Was bedeutet das für die Konfiguration selbst? Hat man hier auf die Erbrütung eines geeigneteren Kernsprengstoffes aus Natururan innerhalb der Testkonstruktion zurückgegriffen, um den Mangel an spaltbarem U235 zu kompensieren? Wäre ein derartiges Konzept denkbar, geschweige denn umsetz-

bar? Der Quellenlage nach, auf die der Verfasser seinen Bericht gründete, scheint hiervon zumindest ausgegangen zu sein und dies möglicherweise auch empirisch evaluiert zu haben. Die Nennung des Elements 93 in diesem Bericht innerhalb der Konfiguration, mit der eindeutigen Bezugnahme auf dessen besseres Spaltverhalten, ist im Kontext des vorliegenden Textes derart auffallend, dass ein simpler Übertragungsfehler eigentlich auszuschließen ist.

Dieses Wissen kann der Verfasser nicht ohne die entsprechenden physikalischen Grundlagen, die allesamt der Geheimhaltung unterlagen, besessen haben. Die besondere Erwähnung des Elements 93 an dieser Stelle lässt darauf schließen. Tatsächlich beschäftigten sich mehrere Forscher mit dem Element 93.

Bereits im September 1934 verfasste Ida Noddack ihren Artikel in der „Zeitschrift für Angewandte Chemie": „Über das Element 93" (siehe Kapitel 4).

In dem von Houtermanns verfassten Bericht wird unter dem Abschnitt IV „Kernspaltung durch thermische Neutronen" auf den Neutroneneinfang des U238 hingewiesen und dass sich daraus ein so genannter „23 Minuten-Körper" bildet. Wesentlich deutlicher wird er im Abschnitt VII „Die Bedeutung einer Kettenreaktion bei tiefen Temperaturen als Neutronenquelle und Apparatur zur Isotopenumwandlung":

„[...] Wir sahen oben, dass durch Ausschaltung des Neutroneneinfangs durch den Wasserstoff der einzige noch vorhandene Konkurrenzprozess, der in der Tat einen grossen Teil der Neutronen schluckt, die Resonanzeinfangung des U238 ist. Bei dieser Resonanzeinfangung entsteht bekanntlich zunächst der 23 Minuten-Körper, ein U239 92, aus dem durch β-Zerfall zunächst Eka Re239 93 entsteht, das wahrscheinlich selbst wieder β-Aktiv ist und einen weiteren Körper der (4n + 3) Reihe liefert. [...] Im letzteren Falle aber **muss das entstehende langlebige Isotop des Atomgewichts 239 selbst wieder Thermospaltung zeigen**. [...] Durch die Aufnahme eines Neutrons kommt aber mit U239 wieder ein Kern dieser Reihe zustande, der sicher nicht stabiler gegen Spaltung sein kann, als U235. Daher muss also ein entstehendes langlebiges Produkt der Masse 239 durch thermische Neutronen spaltbar sein. **Jedes Neutron, das anstatt an U235 Spaltung zu bewirken von U238 eingefangen wird, schafft also einen neuen, durch thermische Neutronen spaltbaren Kern.** [...]“ 68)

Ganz ähnlich äußerte sich 1940 auch Carl Friedrich von Weizsäcker in seinem Bericht „Eine Möglichkeit der Energiegewinnung aus U238“.
Unter Punkt 3 hält er fest:

„[...] Das erste Neutron erzeugt das Isotop U239, das nach Hahn in 23 Minuten zerfällt. Dabei muss 239 Eka Re entstehen. [...]“

Im Folgenden beschreibt er die Erzeugung des 239 Eka Re durch Neutroneneinfang des U238. Er vermutet weiter, dass sich dieses Element ebenfalls durch thermische Neutronen spalten lassen müsste, was aber noch nicht sicher sei. Da es sich chemisch vom Uran unterscheide, sei es leicht abtrennbar. Abschließend gibt er u. a. als mögliche Verwendung den Bau sehr kleiner Maschinen (Reaktoren) und als Sprengstoff an. 69)
Später leitete er daraus in einem weiteren Geheimbericht „Energieerzeugung aus dem Uranisotop der Masse 238 und anderen schweren Elementen (Herstellung und Verwendung des Elements 94)“ mehrere Patentansprüche ab:

„1. Verfahren zur Energieerzeugung aus U238, dadurch gekennzeichnet, dass U238 mit **zwei** thermischen Neutronen beschossen wird, wodurch ein zunächst über β-Zerfälle ein Element 94 der Masse 293 entsteht, das durch das zweite Neutron eine Kernspaltung erfährt, bei der sowohl eine ungeheure Energie abgegeben wird, als auch neue Neutronen und Kerne entstehen.

2. Verfahren zur Energiegewinnung aus U238 nach Anspruch 1, dadurch gekennzeichnet, dass die zur Umwandlung größerer Mengen des U238 in Element 94 notwendigen Neutronen in einer Uranmaschine erzeugt werden.
[...]

5. Verfahren zur **explosiven** Erzeugung von Energie und Neutronen aus der Spaltung des Elements 94, dadurch gekennzeichnet, dass das nach Anspruch 3 hergestellte Element 94 in solcher Menge an einem Ort gebracht wird, z. B. in eine Bombe, dass die bei einer Spaltung entstehenden Neutronen in der überwiegenden Mehrzahl zur Anregung neuer Spaltungen verbraucht werden und die Substanz nicht verlassen." 70)

Gleichfalls lässt er in seinem dritten Punkt die vergleichsweise einfache Separation des neuen Elementes aus dem entstehenden Isotopengemisch nicht unerwähnt. In seinen Berichten bezog sich von Weizsäcker auf die Ergebnisse von Otto Hahn, die er (wie oben wiedergegeben) explizit benennt. Was hatte es damit auf sich?
Bereits 1936 hatten Hahn, Meitner und Strassmann durch Neutronenbestrahlung von Uran ein neues Isotop entdeckt, das eine Halbwertzeit (HWZ) von 23 Minuten besaß und in ein neues Element, als 239X93 tituliert, übergehen musste, und extrapolierten daraus die Entstehung eines Elementes mit der Ordnungsnummer 94. Von 1937 bis etwa 1942 wurde am KWI für Chemie unter Hahn, Siegfried Flügge und Kurt Starke an dem Nachweis und der Separierung des Elements 93 und seiner Folgeprodukte geforscht. 71) Aus dieser Zeit stammt der Bericht „Zur Frage der Entstehung des 2,3 Tage-Isotops des Elements 93 aus Uran" von Hahn und Strassmann, in dem die Transmutation des mit Neutronen bestrahlten Urans beschrieben wurde, das zunächst für 23 Minuten in das Element 93, abfolgend nach 2,3 Tagen in einen weiteren α-strahlenden Körper überging. Interessanterweise wird dabei auf die Resultate von McMillan und Abelson in Berkeley verwiesen, 72) denen die Entdeckung des Plutoniums wie auch des Neptuniums offiziell zugeschrieben wird. Es gilt nach neueren Forschungen jedoch als wahrscheinlich, dass Kurt Starke während seiner bis 1941 andauernden Tätigkeit am KWI für Chemie den Amerikanern zuvorgekommen sein könnte. Unklar ist im Nebel der Wissenschaftsgeschichte jedoch, warum er seine Forschungen dort nicht fortsetzen konnte und nach seiner Ablehnung am Physikalisch-Chemischen Institut der Universität München unterkam. 73) Erst 1942 publizierte er seine wissenschaftlichen Ergebnisse auf diesem Gebiet in seinem Artikel „An-

reicherung des künstlichen radioaktiven Uran-Isotops U239 und seines Folgeproduktes Element 93". In diesem sagt er, dass seine Arbeit bereits im April 1941 abgeschlossen und das HWA darüber unterrichtet worden ist, welches Starkes Forschungsbericht, als geheim klassifiziert, auf den 20. Mai 1941 datierte. Schumann und Diebner erhielten definitiv Kenntnis über das Element 93.[74] Offiziell sind die Arbeiten von Hahn, Starke und Co. an dem neuen Element Namens 94 offenbar nicht fortgesetzt worden, wobei das Motiv im Dunkeln liegt. Denn spätestens von Weizsäckers Patentansprüche deuten auf die theoretische Nutzbarmachung des Elements 94 auch als Sprengstoff hin. Zog das HWA auch diese Forschungen an sich? In dem zusammenfassenden Bericht des HWA aus dem Februar 1942 heißt es:

„Aus 238 bildet sich nämlich durch die Absorption von Neutronen ein Stoff (Element 94), der noch leichter spaltbar sein muss als U235. Da dieser Stoff chemisch vom Uran verschieden ist, muss man ihn aus dem Uran einer stillgelegten Maschine [Reaktor] leicht abtrennen können. [...] Da sich in jeder Substanz einige freie Neutronen befinden, würde es zur Entzündung dieses Sprengstoffes genügen, eine hinreichende Menge (vermutlich 10–100 kg) räumlich zu vereinigen."[75]

Doch verfolgten die deutschen Wissenschaftler die Eigenschaften des Elements 93 respektive 94 durchaus weiter: So veröffentlichten Kurt Philipp, Johann Riedhammer und Marlene Wiedemann des KWI für Chemie den Artikel „Das Elektronenlinienspektrum des Elements 93" in der Ausgabe 32 der Fachzeitschrift „Naturwissenschaften" vom Juli/September 1944. Die beiden erstgenannten Autoren schrieben in derselben Ausgabe einige Seiten vorher einen gleichlautenden Artikel. In beiden Artikeln wurde über die notwendigen Energien im keV-Bereich zur Auslösung von Elektronen aus dem besagten Element referiert. Dabei wurde explizit auch die empirisch ermittelte Energie zur Auslösung eines Elektrons aus der äußeren Schale der Elektronenhülle des Elements 94 genannt.[76] Das lässt den begründeten Verdacht zu, dass mit *beiden* Elementen, und zwar separiert, experimentelle Forschungen vollzogen worden sind und beide Elemente zu diesem Zweck künstlich erzeugt wurden. Die tatsächliche Existenz des Elements 94 und seiner praktischen Generierung *muss* dem KWI für Chemie bekannt gewesen sein.

Das Wissen um ein Element 94, das aus U238 über den Zwischenschritt des Elements 93 entsteht, war also zumindest in der Basis vorhanden. Erstaunlich waren die Äußerungen Hahns und Bagges während eines Disputes über das Element 94 während ihrer Internierung nach dem Krieg in Farm Hall. Hahn monierte den Aufwand des Nachweises des mit einer HWZ von 10.000 Jahren zerfallenden 2,3 Tages-Elements und verwies so auf die fehlenden Resultate über die Charakteristika dieses Stoffes. Bagge entgegnete, bei der HWZ von 2,3 Tagen des Elements 93 solle man doch 20 Tage warten, und der größte Teil hätte sich in 94 umgewandelt.[77)] Wie weit war der Forschungsstand um das Element 93 und seinem Nachfolgeprodukt 94 (Plutonium) während des Dritten Reiches wirklich gediehen?

Wir wissen es nicht. Aber auf irgendeine Weise fand ebenjenes Wissen über den Basisgegenstand, besagtes Element 93, seinen Weg in den Bericht des GRU. Im folgenden Abschnitt kommen wir ein weiteres Mal auf das Element 93 zu sprechen, jedoch unter einem gänzlich anderen Weg der Generierung.

In einem modernen Brutreaktor, der ebenfalls Pu239 aus U238 „transmutiert", also erbrütet, kommen ebenfalls „schnelle" Neutronen, wie sie bei der Kernspaltung entstehen, zum Einsatz. Dies gelingt nur durch Spaltung des Natururans mittels schneller Neutronen, da dann wiederum genügend schnelle Neutronen für die Konversion durch Neutroneneinfang für den Brutprozess emittiert werden. Schnelle Neutronen lösen im Uran jedoch weniger Spaltprozesse aus als thermische. Aber der Vermehrungsfaktor der bei der Spaltung erzeugten und nach Abzug von Leckagen und dem Einfang zur Verfügung stehender Neutronen ist größer. Bei diesem als „Konversionsprozess" bezeichneten Ablauf wird innerhalb des Reaktors mehr Brennstoff durch Neutroneneinfang des U238 erbrütet als durch Spaltung verbraucht wird. Dieser Faktor wäre in dem hypothetisch betrachteten Funktionsprinzip, wie oben angenommen, nicht relevant, da der Kernbrennstoff schlagartig verbraucht werden kann.

7.3.7 Ein alternatives, innovativeres Prinzip der Zündung?

Verfolgen wir den GRU-Bericht weiter, stößt man auf einen Zusatz, der aus kernphysikalischer Betrachtungsweise einen noch innovativeren Ansatz ersichtlich werden lässt. Er eröffnet uns gleich zwei Ansatzpunkte:
„Zuvor, vor der Explosion, wird die Uran-Kugel mit Gammastrahlen bestrahlt, deren Energie 6 Millionen Elektronenvolt nicht übersteigt, was ihre Sprengkraft um ein Vielfaches erhöht."
Auch diese Aussage stellte Kurchatow in seiner analytischen Stellungnahme zur Disposition:
„Einige Aspekte, die, nach der Beschreibung zu urteilen, sehr überzeugend die Wirkung einer Atombombe belegen, bleiben mir unklar. Dazu gehören: 1) Die vorbereitende Bestrahlung von Uran mit Gamma-Strahlen, deren Energiepotential 6 Millionen Elektronenvolt nicht übersteigt [...].
Es ist schwer vorstellbar, dass eine irgendwie geartete Entwicklung von Gamma-Strahlen oder Neutronen die Explosionseigenschaften von Uran-235 entscheidend verändern könnte.
Nur bei starker Intensität dieser Bestrahlung unter Zuhilfenahme von Atomkesseln kann die Eigenschaft von Uran-235 merklich ändern. Hier ist die Rede eher von spezifischen Details zu Beginn des Explosionsprozesses, die basieren auf irgendwelchen neuen physikalischen Faktoren bei der Einwirkung von Neutronen auf die Atomkerne des Urans."
Hier wird beschrieben, dass das spaltbare Material der Konfiguration durch die Einwirkung von γ-Strahlung mit einem diskreten Energiespektrum von 6 MeV einen positiven Einfluss auf den folgenden Kernspaltungsprozess ausübt. Was ist damit gemeint? Rainer Karlsch hat bereits in seinem oft kritisierten Deutungsansatz seines Buches „Hitlers Bombe" zu der in dem

GRU-Bericht beschriebenen Konstruktion die, wenn auch oberflächliche, Erklärung hierzu abgegeben: Demnach erzeuge die γ-Strahlung einen „Protonenüberschuß, der in der Lage ist, Neutronen aus dem bestrahlten Material herauszulösen und einen Umwandlungsprozess ein[zu]leiten“[78].
Steht dies eventuell in Verbindung mit dem besagten Element 93?
In dem vorangegangenen Abschnitt haben wir uns auf das Neptuniumisotop 239 konzentriert, das sich in Pu239 umwandelt. Es kommt jedoch noch ein weiteres Isotop in Betracht: Np237. Neben U235, Pu239 und dem aus Thorium 232 transmutierten U233 stellt dieses einen weiteren, weitaus weniger bekannten Spaltstoff dar. Dass Np237 ein geeignetes Spaltmaterial darstellt, ist in zahlreichen Untersuchungen wie Experimenten, u. a. in den Los Alamos National Laboratories, nachgewiesen worden. Seine reine kritische Masse (ohne Reflektor oder Kompression) wird aktuell mit ca. 57 kg angegeben; auf seine gute Verwendbarkeit in Kernwaffen wird ebenfalls mehrfach verwiesen.[79] Doch die Gewinnung dieses Spaltstoffes ist komplexer Natur; zwei Verfahrenswege sind bekannt:

$$U235 + n \rightarrow_{120\,ns} \rightarrow U236 + \gamma;$$
$$U236 + n \rightarrow U237 + \beta^- \rightarrow_{6{,}75\,d} \rightarrow Np237$$

Aus dem U235 wird durch Neutroneneinfang in einem Zwischenschritt U236 und durch erneute Neutronenbestrahlung schließlich Np237 erbrütet bzw. transmutiert. Dieser doppelte Bestrahlungsprozess ist nicht nur aufwendig, sondern in der Praxis der Waffentechnik auch unsinnig, da man den aufwendig angereicherten Spaltstoff U235 selbst verwenden kann und nicht über Umwege Np237 generieren muss. Auch bestünde das Risiko, das Zielisotop Np237 in dem Isotopengemisch durch erneute Neutronenabsorption in Pu238 umzuwandeln. In der modernen Raumfahrt findet dieses Plutoniumisotop dagegen Anwendung in Nuklidbatterien, dank seiner Langlebigkeit und der dabei abgegebenen Zerfallswärme, die durch Elektrothermik nach dem Peltier-Effekt in elektrische Energie überführt wird. Das zweite Verfahren weist einen direkten Weg auf:

$$U238 + n \rightarrow U237 + 2n + \beta^- \rightarrow_{7\,d} \rightarrow Np237$$

Hierbei wird das natürlich vorkommende U238 mit schnellen Neutronen von mindestens 14 MeV bestrahlt, wobei es zwei vorhandene Neutronen aus ihrem Verbund schlägt und sich das Nuklid in Np237 umwandelt. Hierfür benötigt man eine leistungsfähige Neutronenquelle, andererseits ist U238 durch schnelle Neutronen selbst auch spalt- wie transmutierbar (zu Pu239), so dass man bei der Umwandlung auf diesem Weg Gefahr laufen kann, unbeabsichtigte Kernspaltungen auszulösen. Ein weiteres Verfahren, das wir hier nicht betrachten, sieht den Brutprozess von U238 über Pu239 bis hin zu Am241 (Isotop des Ameritium) vor, das über seinen radioaktiven Zerfall in Np237 übergeht. Da den deutschen Wissenschaftlern die Entdeckung des Ameritium bei Kriegsende in den USA aber nicht bekannt war, können wir diesen Prozess vernachlässigen. Wir sehen: Alle bekannten Verfahren waren und sind mit erheblichem Aufwand verbunden. Doch scheint es noch einen anderen Weg zu geben, den man selbst heute in der entsprechenden Fachliteratur kaum findet: Die photoneninduzierten (γ-Strahlen) Kernumwandlungsprozesse.

Tatsächlich können innerhalb des Atomkernes durch die Einwirkung entsprechend energiereicher γ-Strahlung zwei unterschiedliche Prozesse ausgelöst werden: Der Kernphotoeffekt und die Photodesintegration. Was hat es mit beiden auf sich?

Betrachten wir zunächst den Kernphotoeffekt. Bei diesem wird das einfallende γ-Quant (Photon) vollständig von dem Target-Kern absorbiert, wobei es mit den dortigen Nukleonen (Proton bzw. Neutron) zu einer Wechselwirkung kommt, indem eines der dortigen Nukleonen emittiert wird. Die einfallende Strahlung muss hierfür allerdings zwingend die Energie aufbringen, welche die einzelnen Nukleonen im Target-Kern als Bindungsenergie für ihren Zusammenhalt besitzen. Man spricht hierbei von der Separationsenergie. Zum Auslösen eines Kernbausteines ist also eine Mindestenergie, die Schwellenenergie, notwendig, die spezifisch für den jeweiligen Atomkern ist. Nun kann es zu einem der drei im Wesentlichen auftretenden Kernphotoprozessen kommen: Ein oder zwei Neutronen (γ,n bzw. γ,2n), ein Proton (γ,p) oder ein α-Teilchen (Kern eines Helium-Atoms) wird aus dem Verbund herausgelöst. Bei Unterschreitung der Schwellenenergie kommt es zur „Aussendung“ weiterer, niedrigenergetischer γ-Strahlung. Im Falle der Auslösung von Neutronen aus dem Kern entsteht ein angeregtes, radioaktives Nuklid mit Protonen-Überschuss. Durch die weitere Emission von β- +/- und γ-Strahlung oder Kernumwandlung geht dieses im Folgenden wieder in einen stabilen Grundzustand eines anderen Elements über, allerdings durch den Nukleonenverlust seines Kernes. Die Schwellenenergie für den Kernphotoeffekt von U238 liegt bei 5,08 +/- 0,15 MeV.[80)] Als resultierender Kern entsteht das radioaktive Isotop U237, das nach einer HWZ von etwa einer Woche in Np237 (Neptunium) übergeht:

$$U238 + \gamma \rightarrow U237 + n + \beta^- \rightarrow_{6,75\,d} \rightarrow Np237$$

Dieses Verfahren bietet darüber hinaus noch einen weiteren deutlichen Vorteil gegenüber den neutroneninduzierten Prozessen:
Die notwendige γ-Strahlungsenergie für den Kernphotoeffekt von U238 besitzt ein diskretes Spektrum, d. h., sie darf einen bestimmten Wert weder über- noch unterschreiten; der Effekt läuft nur in einem eng umrissenen und klar definierten Leistungsbereich ab. Und diese notwendige Energie übt keinen Einfluss auf das Zielisotop Np237 aus: Die Schwellenergie sowohl für den Kernphotoeffekt als auch für die Photodesintegration/Photokernspaltung von Np237 liegt etwas über den Werten des U238 – was allerdings in unserem Fall noch nicht bekannt gewesen ist.
Die in dem GRU-Bericht erwähnte γ-Bestrahlung des Spaltstoffes bezieht sich daher möglicherweise auf diesen Prozess:
Die angegebene Strahlungsenergie von nicht mehr als 6 MeV trifft auf den Kernphotoeffekt bei U238 zu. Dies wäre ebenfalls eine Erklärung für die Umhüllung des Spaltstoffes mit einem Mantel aus dem neutronenabsorbierenden/-abbremsenden Material Cadmium. Für die spontane Kernspaltung im Sinne einer explosionsartigen Energiefreisetzung wäre diese Umhüllung zwar als Moderator denkbar, bei einer anstehenden Neutronenemission im Vorfeld der beabsichtigten Explosion, um den hier beschriebenen Prozess einzuleiten, kann jedoch die Cadmiumumhüllung notwendig werden, um gleichzeitig die Strahlungsexposition auf das Umfeld zu minimieren.

Durch den Kernphotoeffekt entsteht durch den Umwandlungsprozess Np237, das in dem Bericht ebenfalls erwähnte Element 93 mit seinem im Vergleich zu U238 deutlich besseren Spaltungsquerschnitt durch schnelle Neutronen. Es wäre ein alternativer Weg zur Gewinnung des Spaltmaterials. Jedoch wäre im Falle einer γ-Bestrahlung aufgrund der Einwirktiefe der nahezu vollendeten Konfiguration lediglich ein äußerer Bereich des umzuwandelnden Spaltmaterials verändert worden. Zweckmäßigerweise sei dies aber eher bei dem innenliegenden Teil für eine Verbesserung der Kernspaltungsprozesse während der Zündung notwendig. In diesem Punkt ist der GRU-Bericht nicht eindeutig: Das Material kann durchaus vor dem Einbau der Bestrahlung unterzogen worden sein. Allerdings ist die auf diesem Wege zu erzielende Ausbeute an Np237 begrenzt bzw. sind längere Einwirkzeiten notwendig.

Einmal angenommen, das Spaltmaterial der Konfiguration sei also vorbereitend der hier genannten γ-Strahlungsenergie von 6 MeV ausgesetzt gewesen, und das über einen längeren Zeitraum hinweg, so kann sich hinreichend viel Np237 gebildet haben, um den Kernspaltungsprozess, initiiert durch die als Neutronengenerator fungierende Hochspannungsentladungsröhre und unterstützt durch das eventuell in geringer Menge vorhandene, marginal angereicherte U235, dominierend beeinflussen zu können. Hierzu wären weder große Mengen noch hoch angereichertes U235 notwendig geworden.

Wie sieht es mit der alternativen Anwendung der Photodesintegration, also der durch Photonen induzierten Kernspaltung, aus?

Der Prozess ist ein ähnlicher wie bei dem Kernphotoeffekt, nur dass der Target-Kern durch ein hochenergetisches γ-Quant mit einer ebenfalls für diese Reaktion (γ,f) obligatorische Schwellenenergie eine Kernspaltung auslöst. Die Schwellenenergie für die Photokernspaltung von U238 liegt hier bei 5,97 +/- 0,10 MeV.[81)] Die Eintrittswahrscheinlichkeit für diesen Prozess ist im Bereich dieser Energie aber deutlich niedriger anzusetzen. Allerdings wäre es ein äußerst eleganter Lösungsansatz, die Kernspaltung der Konfiguration hierdurch entweder gänzlich zu initiieren oder ergänzend zu unterstützen. Es stellt sich die Frage, inwieweit eine derartige Konzeption umsetzbar ist. 1952 erprobten die Amerikaner im Rahmen der bereits erwähnten Tumbler-Snapper-Testreihe für den Versuch „George“ die Anwendung der Photokernspaltung mit einem Betatron. Von der kalkulierten Explosionsstärke von 30 kt wurde nach https://nuclearweaponarchive.org jedoch nur die Hälfte erreicht. Der deutliche Hinweis des GRU-Berichtes auf die Maximalenergie, die nicht höher als ebenjene 6 MeV zu sein hatte, sofern hier kein Übertragungsfehler vorliegt, spricht eher für den Kernphotoeffekt als für die Photokernspaltung, die erst bei dieser Energieintensität anzulaufen beginnt. Genau aus diesem Grund könnte man darauf bedacht gewesen sein, bei der vorbereitenden Bestrahlung zur Umwandlung des Spaltmaterials nicht „aus Versehen“ Kernspaltungen hervorzurufen.

Doch bei aller Theorie, waren den Wissenschaftlern von einst beide Prozesse geläufig?

Die Entdeckung des Kernphotoeffekts im Jahre 1934 geht auf die Physiker James Chadwick und Maurice Goldhaber zurück, die diesen theoretisch belegten. 1937 konnten Walter Wilhelm Bothe und sein Mitarbeiter Wilhelm Gentner am KWI für medizinische Forschung in Heidelberg diesen an mittelschweren Kernen nachweisen.[82)] Verschiedentlich finden sich frühe Veröffentlichungen zu diesem Thema, wie beispielsweise jene von J. Chadwick, Norman Feather und Egon Bretscher über die Auswirkung der Strahlrichtung der Photonen beim Kernphotoeffekt oder der Artikel der norwegischen Wissenschaftler Johann Peter Holtsmark, R. Tangen und Harald Wergeland über den Effekt bei Kupferatomkernen aus dem Jahr 1939.[83)] Auch in der Schweiz beschäftigte man sich während des Krieges mit der Erforschung des Kernphotoeffektes bei verschiedenen Elementen.[84)] Die Photokernspaltung war nach der neutroneninduzierten Kernspaltung dagegen ein eher selten anzutreffender Gegenstand wissenschaftlicher Forschungsarbeiten. Dabei war diese bereits beim Deuteron nachgewiesen worden, bei dem die notwendige Schwellenenergie bei 2.2247 MeV liegt, die in dem oben erwähnten Artikel von Chadwick, Feather und Bretscher seinerzeit auf 2,25 MeV taxiert wurde und ebenfalls auf die Arbeit von Chadwick und Goldhaber zurückgeht. Hans Bethe gelang es 1938, die Bindungsenergie des Deuterons über den seinerzeit als Photozertrümmerung titulierten Prozess mit 2,17 +/- 0,04 MeV anzugeben.[85] Von Interesse in unserem speziellen Fall ist jedoch die Photokernspaltung des Urans. Aus dem Jahr 1941 datiert ein Artikel von Alois Langer und William E. Stephens über die Spaltprodukte der Photokernspaltung von Uran.[86] Auch Viktor Weisskopf weist im Folgejahr auf diese hin.[87] Kurz zuvor war ein Forschungsbericht sechs japanischer Physiker der Kaiserlichen Universität Kyoto publiziert worden, in dem sie über die Wirkungsquerschnitte verschieden intensiver γ-Strahlungsquellen bei der Photokernspaltung von Uran und Thorium referierten, wobei sie diese mit γ-Strahlung von bereits 6,3 MeV mittels der Beschießung von Fluor mit hochenergetischen Protonen auslösen konnten.[88] Sämtliche vorgenannten Artikel der Jahre 1941 und 1942 sind in den „Chemischen Zentralblättern" öffentlich gemacht worden und waren den deutschen Wissenschaftlern und Forschern auf diesem Wege zugänglich. Ob und wer sie zu welchem Zeitpunkt zur Kenntnis genommen hat, kann nicht verifiziert werden. Diese wenigen exemplarischen Beispiele belegen jedoch, dass die Welt der Physik diese Thematik aufgegriffen hatte und dies dem Deutschen Reich nicht verborgen geblieben war.

Indiziell muss diese Annahme bestätigt werden. Die explizite Begrenzung der γ-Strahlungsenergie auf ein diskretes Spektrum von 6 MeV lässt darauf schließen, dass der Quelle des Berichtes mindestens der japanische Artikel geläufig gewesen sein musste, der beinhaltete, dass die Photospaltung bei Uran oberhalb von 6 MeV beginne. Dieses Energiespektrum wäre bei der beabsichtigten Anwendung des reinen Kernphotoeffektes schließlich unerwünscht gewesen, da eine höhere Energieleistung in verfrühte Kernspaltungen gemündet hätte. Und dass die deutschen Wissenschaftler von diesem Sachverhalt Kenntnis erlangt hatten und dies auch publiziert worden ist, bestätigt uns der uns bereits begegnete Artikel Friedrich Houtermanns „Zur Frage der Auslösung von Kern-Kettenreaktionen", den er im August 1941 verfasste:

„Kernspaltung wurde bisher bekanntlich an den Atomkernen U238, U235, Th232, Pa231 und Jo230 beobachtet. Kernspaltung kann durch geladene Teilchen (Protonen oder Deuteronen) einer Energie von etwa 5–6 MeV,

γ-Quanten einer Energie der gleichen Größenordnung und durch Neutronen ausgelöst werden. […]“ [89)]

Zu dieser Zeit forschte er auf Basis der Empirie an der Kernspaltung und nutzte dazu die Laboratorien von Ardennes.

Kurchatow blieb in seiner Beurteilung des GRU-Berichtes skeptisch:

„Es muss angemerkt werden, dass ich auf der Grundlage des zur Kenntnis genommenen Materials nicht vollkommen überzeugt bin, dass die Deutschen tatsächlich Versuche mit einer Atombombe vorgenommen haben. Der Zerstörungsgrad einer Atombombe müsste größer sein, als angegeben, und sich über mehrere Kilometer und nicht nur einige hundert Meter ausbreiten. Die in den Unterlagen erwähnten Versuche sind möglicherweise vorbereitende Tests mit Atombomben-Konstruktionen, jedoch ohne einen Sprengkopf aus Uran-235 gewesen.“

Seine Einschätzung in Bezug auf den Einsatz des angereicherten U235 sind kernphysikalisch zutreffend. Wäre die Konfiguration tatsächlich mit diesem Spaltmaterial ausgerüstet gewesen, müsse die zerstörerische Wirkung der Explosion einen eindeutigen, und zwar vom Umfang her deutlich größeren Fingerabdruck in der Biosphäre hinterlassen haben. Dem ist nicht so. Deshalb kann seiner Einlassung gefolgt werden, dass es sich hier nur um eine zu testende Konstruktion handelte, bei der die prinzipiellen Grundlagen auf dem Prüfstand standen, um den Nachweis ihrer Praxistauglichkeit zu erbringen. Mehr nicht.

Doch hatten die beteiligten deutschen Wissenschaftler zu jener Zeit überhaupt Kenntnis von der Existenz des Isotops 237 des Elements 93? Dieser Umstand wäre essentiell für die hier vorgebrachte Theorie. Um diesen Hintergrund zu klären, müssen wir uns in die kernphysikalischen Forschungsaktivitäten nach Japan begeben. Der führende Kopf und Wissenschaftsorganisator der japanischen Kernphysik war Yoshio Nishina (1890–1951) im nuklearen Forschungslaboratorium am Institut für chemische und physikalische Forschungen (RIKEN) in Tokyo. Gemeinsam mit weiteren Wissenschaftlern der Universität Tokyo forschte er auf dem Gebiet der Transurane, speziell am Nachweis des Elements 93 und seiner Isotope. Verschiedene Artikel in den Fachzeitschriften „Nature" und „Physical Review" aus den Jahren 1938 bis 1941, in denen auch über die Bestrahlung mit Neutronen von Thorium referiert wird (siehe Kapitel 8), weisen auf seine Arbeiten seit 1937 hin.[90)] In ihren Experimenten kurz vor Ausbruch des Krieges mit den USA bestrahlten sie Th232 und U238 mit hochenergetischen Neutronen (wobei sein Team 1940 auch die Spaltbarkeit des U238 durch schnelle Neutronen aus Li + D-Reaktionen entdeckte[91)]). Durch die oben erwähnte n,2n-Reaktion erzeugten sie zwischen 1938 und 1940 an ihrem neuen Zyklotron die künstlichen Isotope Th231 und U237, wobei sich letzteres innerhalb weniger Tage in Np237 umwandelte, wie wir es schon betrachtet haben. Diese Isotope waren bis dato gänzlich unbekannt gewesen, Nishinas Pionierarbeit wurde umgehend publiziert. Es war tatsächlich das erste entdeckte Isotop des Elements 93, allerdings waren sich die japanischen Forscher darüber noch nicht gänzlich im Klaren, da es ihnen aufgrund der sehr langen Halbwertzeit des Np237 experimentell nicht gelang, dieses eindeutig als chemisch differentes Element neben U237 zu identifizieren. Erst 1940 stellten Abelson und McMillan fest, dass es sich bei dem U237 Derivat Nishinas um das Element 93 handelte, dem sie den Namen „Neptunium" verliehen. Und auch erst im Anschluss daran ist das weitere Np-Isotop 239 (auf dem Weg zum Plutonium) durch den Einfang langsamerer Neutronen durch das U238 entdeckt worden.[92)] Die Publikationen waren auch in deutschen Fachkreisen bekannt, stützten sich doch die deutschen Forschungen wie jene von Hahn, von Weizsäcker oder Starke nach den Transuranen auf die Resultate von Abelson und McMillan. Auch sind einige Artikel Nishinas in deutscher Sprache während des Krieges veröffentlicht worden.[91)] Daher kann angenommen werden, dass die Existenz des Isotops Np237 seit Kriegsbeginn in Deutschland bekannt gewesen war.

Doch wie können wir uns zusammengefasst die Funktion dieser Konfiguration vorstellen? Was ist aus der Gedankenlinie Schumanns, Dieb-

ners und Trinks' geworden, mittels hohlladungsinitiierter, konvergenter Schockwellen durch Hochdruckkompression Fusionsreaktionen auslösen zu wollen? Dies findet sich nicht in dem GRU-Bericht. Oder doch?
Wir stellen folgende Hypothese zur Diskussion:
In der dort beschriebenen Konstruktion kamen Hohlkugeln zum Einsatz, die mit leistungsverstärktem, konventionellem Sprengstoff zur Implosion zu bringen waren und ergo eine zum Zentrum hin gerichtete Kompression erzeugen sollten. Als Spaltstoff wird zwar das Isotop U235 genannt, aber, wie weiter oben dargestellt, unter Vorbehalt. Wenn überhaupt kamen nur sehr geringe Mengen mit niedrigem Anreicherungsgrad zur Anwendung, die selbst unter Kompression subkritisch bleiben mussten. Man scheint sich anderweitig beholfen zu haben: Durch die vorausgehende Bestrahlung von metallischem U238 durch γ-Strahlen erzwang man die durch den Kernphotoeffekt hervorgerufene Umwandlung eines Teils des Materials in das Element 93, Np237. Damit verfügte die Konstruktion nunmehr über einen höheren Spaltstoffanteil. In sehr geringem Umfang kann sich theoretisch durch die bei dieser Reaktion freigesetzten Neutronen über deren Einfang in das U238 auch Plutonium gebildet haben. Zum Zeitpunkt der Kompression (also der Zündung) konnte man sich im Folgenden zweier weiterer Verfahren bedienen: der Photokernspaltung durch fortlaufende γ-Bestrahlung und der Technik der Hochspannungsentladungsröhre. Letztere generierte im entscheidenden Moment einen Neutronenfluss, der die Kernspaltung initiierte. Laut Beschreibung befand sich dieser Neutronengenerator unbekannter Bauart im Inneren der Hohlkugel. Dieser dürfte maßgeblich für die gesamte Konstruktion gewesen sein. Man erkennt schnell den Unterschied zu der Waffenkonstruktion der USA, die zwar auch über einen den Kernspaltungsprozess initiierenden Primer in Gestalt einer Polonium-Beryllium-Neutronenquelle verfügte, aber eine ausreichende Menge an Spaltstoff besaß, die im Wesentlichen für die Folgereaktion verantwortlich war. Die deutsche Entwicklung, so sie denn in dieser Gestalt konstruiert worden ist, hätte dabei einige äußerst beachtenswerte Innovationen ausgewiesen, die sich – das darf nicht aus den Augen verloren werden – in der sich bietenden Situation Deutschlands 1944/45 als das Produkt des „armen Mannes" darstellt. Für die künstliche Erzeu-

gung des Np237 wäre aber eine entsprechende γ-Strahlungsquelle von 6 MeV unabdingbar gewesen. Die zur Verfügung stehenden Kaskadenanlagen waren jedoch zu leistungsarm hierfür – allein die wenigen im deutschen Einflussbereich vorhandenen Zyklotrone hätten abhelfen können. Aber auch hier bietet sich ein alternativer Ansatz in Form des Betatrons.

7.3.8 Eine potentielle Strahlungsquelle: das Betatron

Die vorausgegangene Annahme beruht auf der Bereitstellung einer 6 MeV starken γ-Strahlungsquelle, die überdies von derartiger Natur gewesen sein muss, dass sie möglichst kompakt und sogar transportabel zu sein hatte. Denn die Lokalisierung und Erprobung der Testkonfiguration auf einem militärischen Manövergelände – noch dazu unter der latenten Gefahr der Entdeckung durch die allgegenwärtige Luftaufklärung des Feindes – bedingte keine Anlage im industriellen Maßstab, unterzubringen in einem wetterfesten Gebäude, sondern eine eben möglichst mobile Einrichtung überschaubarer Abmessungen. Todd Rider vermutet hierfür den Einsatz eines Betatrons, wie ihn der Norweger Rolf Wideröe in Hamburg für das RLM und der Österreicher Konrad Grund bei Siemens in Erlangen entwickelt hatten. Die Entwicklungsgeschichte geht auf Max Steenbeck zurück, der 1935 in den Laboratorien der Siemens-Schuckert-Werke ein zunächst geheim gehaltenes Betatron erschuf. Wideröe hatte bereits während seiner Zeit an der RWTH Aachen mit der Entwicklung eines Betatron begonnen, war aber erfolglos geblieben. Seine Forschungen inspirierten Donald William Kerst in Illinois (USA) zum Bau eines derartigen Elektronenbeschleunigers. Erst nachdem Wideröe nunmehr 1941 von den Resultaten Kersts erfuhr, widmete er sich wieder seiner Konstruktion und publizierte 1942 in der Zeitschrift „Archiv der Elektrotechnik" den Artikel „Der Strahlentransformator".93) Das Interesse des RLM als auch des RMfRuK war geweckt worden. Im Auftrag der Luftwaffe entwickelte er nun gemeinsam mit dem Österreicher Bruno Touschek bei der Firma C. H. F. Müller in

Hamburg bis 1944 ein 15 MeV-Betatron. Direkten Kontakt hatte er dabei mehrfach mit Friedrich Geist aus dem Ministerium Speers. Das Interesse der Luftwaffe und später der SS (dort als „Hadubrandt" bezeichnet) bezog sich bei der Entwicklung vor allem auf die Generierung so genannter „Todesstrahlen" nach einer Idee von Ernst Schiebold, – unter denen das RLM gebündelte, hochenergetische Röntgen- und γ-Strahlung verstand, mit denen feindliche Flugzeuge derart zu bestrahlen waren, dass sie durch den Tod des Piloten zum Absturz gebracht werden konnten.[94)] Der ab 1936 bei den Siemens-Reiniger-Werken in Berlin tätige Konrad Gund entwickelte dort im Namen des RFR ebenfalls ein Betatron nach Kerst. Noch vor Wideröe konnte er im April 1944 sein 6 MeV leistendes Betatron betriebsfertig stellen.[95)] Es befindet sich heute im Deutschen Museum Bonn. Bei dem Betatron handelt es sich vereinfacht um einen Kreisbeschleuniger, bei dem die aus einer Elektrode emittierten Elektronen einerseits durch anliegende elektromagnetische Felder in einer Kreisbahn gehalten, andererseits durch Variierung der Magnetfeldstärke beschleunigt werden. Treffen die hochbeschleunigten Elektronen auf einen Target-Kern, wird Energie in Form von γ-Strahlung freigesetzt. In einem Report vom 11. August 1945 der USA werden die verschiedenen künstlichen Strahlungsquellen, die bei Kriegsende im deutschen Raum vorgefunden worden sind, gelistet. Unter der Rubrik „Ultra High Voltage Equipment" finden sich die Betatrone. Das 15 MeV-Gerät befand sich demnach in Wrist bei Kellinghusen (Schleswig-Holstein). Ein weiteres mit 200 MeV sollte nach den Konstruktionen von C. H. F. Müller bei Brown, Boverie & Cie. in Heidelberg erstellt werden, doch über die Konstruktionszeichnungen hinaus ist man nicht mehr gekommen. Bei den Siemens-Reiniger-Werken in Erlangen befanden sich zwei Exemplare mit jeweils 6 bzw. 7 MeV Leistung. Leistungsintensivere waren sowohl dort als auch bei den AEG in Planung. Wesentlicher Produktionsstandort der Siemens-Reiniger-Werke für die verwendeten Technologien war das Zweigwerk in Rudolstadt (Thüringen). Der amerikanische Report vermerkt hierzu, dass dieser Standort der größte seiner Art in Europa sei, unbeschädigt geblieben und dort sowohl die Forschung als auch die Produktion aller Hochvoltstrahlungsquellen gebündelt worden sei. Die Thüringer Dependance unterstand Albrecht Wölfel, das physikalische Forschungslabor leitete Theodor Zimmer unter Mitarbeit des Österreichers Werner Jakobi.[96)] Interessant bezüglich des 15 MeV-Betatrons ist der Vermerk eines weiteren US-BIOS-Berichtes („European Electron Induction Accelerators"), dass mit diesem bis zu 30 MeV erreicht werden konnten; auch hier finden die beiden kleineren von Siemens Erwähnung.[97)] Ein weiteres Dokument bezieht sich direkt auf diese und weist das Betatron Konrad Gunds als effiziente Quelle harter Röntgenstrahlung (γ-Strahlen) aus, die ein Äquivalent von 12 g Radium besitzen.[98)] Doch wenden wir uns dem Siemens-Betatron, das mit einer Leistung von 6MeV dem hier beschriebenen Anwendungsprofil entspricht, einmal genauer zu und hinterfragen, ob es überhaupt einen wissenschaftlichen Ansatz oder eine Verbindung zu den Aktivitäten in Thüringen gegeben hat oder hätte haben können. Abgesehen von Wideröes 15MeV Betatron, das primär von der Luftwaffe für ihr „Todesstrahlenprojekt" unter Schiebold konstruiert und gefördert wurde, findet man zur Siemens Konstruktion zumeist den Verweis auf eine humanitäre Anwendung zur Krebsbehandlung. Es war das erste funktionsfähige Gerät, mit dem wissenschaftliche Arbeiten durchgeführt wurden. Obwohl es erst 1947, im Anschluss der Überstellung nach Göttingen, so ertüchtigt worden sei, dass mit ihm ein stabiler Elektronenstrom erzeugbar war, rief dieses Betatron bereits zu Kriegszeiten die Aufmerksamkeit auch nicht medizinischer Institutionen hervor. So z.B. den in die Nuklearforschung involvierten Hans Kopfermann[99)]. Auch begann sich Walther Gerlach für diese Technologie intensiv zu interessieren; er orderte bei Siemens in seiner Funktion als Bevollmächtigter der Kernphysik drei weitere Geräte [100)]. Die von den Physikern Heinz Schmellenmeier und Richard Gans betriebene Abteilung in Erlangen verlagerte man mitsamt dem Equipment 1945 kriegsbedingt ins nordbayerische Burggrub an die Thüringer Landesgrenze, wo sie von den Amerikanern beschlagnahmt wurde[101)]. Burggrub befindet sich lediglich 55 Kilometer von Stadtilm entfernt. Eine Distanz, die relativ einfach mit dieser transportablen Einrichtung, dem Betatron, die auf jeden Sitz eines PKW Platz gefunden hätte, hätte überbrückt werden können. Zum Vergleich sei der Transport der A4/V2 Triebwerke von den Testständen in Lehesten in Thüringen mittels der Reichsbahn nach Nordhausen genannt – einem wesentlich auffälligeren wie aufwändigeren Unterfangen. Jedoch könnte das zu bestrahlende Material umgekehrt auch nach Burggrub gelangt sein. Doch über eins sollte man sich im Klaren sein: Wäre das Betatron als Initiator eines wie auch immer gearteten nuklearen Sprengsatzes zur Anwendung gelangt, hätte es dies nicht intakt überstanden. Für diese Theorie müssten also weitere Geräte praktisch zur Verfügung gestanden haben. Dieser Umstand spräche eher für den Einsatz zur Umwandlung von Spaltmaterial. Einen kleinen Einblick in die Anwendung dieses Betatrons während des Krieges liefert uns ein Bericht von Konrad Gund und Wolfgang Pauli aus dem Jahr 1950: *„Experiments with a 6-MEV Betatron"*[102]). Neben einer kompakten Beschreibung des Aufbaus und der Leistung des Betatrons wird auch auf die mit ihm durchgeführten wissenschaftlichen Experimente und Forschungen während der Kriegszeit eingegangen. Der erste erfolgreiche, sprich einen leistungsfähigen Elektronenstrahl generierende Einsatz erfolgte, wie angesprochen, im April 1944. Die später publizierte Einschränkung, dies sei erst 1947 konstant gelungen, bezieht sich nach diesem Bericht auf einen in jenem Jahr erfolgten Anbau einer Anlage zur Konzentration des Elektronenstrahls. Die im Wesentlichen medizinisch-strahlentherapeutisch motivierten Forschungen begannen erst nach dem Krieg in Göttingen, die der Krebsforschung demnach erst 1948. Lediglich Experimente zur biologischen Strahlenwirkung wurden noch vor Kriegsende begonnen. Doch bedeutsam in dem hier betrachteten Kontext ist der Abschnitt über die physikalischen Arbeiten mit dem Gerät bis Mai 1945:

„[…] Bereits 1944 wurde die von betatronbeschleunigten Elektronen verursachte Röntgenstrahlung genutzt, um die Neutronenausbeute des nuklearen Photoeffekts in Be und D in Abhängigkeit von der Endenergie des kontinuierlichen Röntgenspektrums bis 5 MeV zu untersuchen. Später ermöglichte der Einbau des Elektronendeflektors den Nachweis der direkten Spaltung eines Deuterons durch Elektronen, ein Vorgang, der bisher nur für Be durch die Untersuchungen von Collin, Waldmann und Wiedenbeck bekannt war.

Küvetten aus Kunststoff, die D2O enthalten, wurden gegen das Elektronenportal gestellt und die Neutronenausbeute in Abhängigkeit von der

Dicke des D2O gemessen. Zum Vergleich wurde die gleiche Beziehung im D(y,n)-Prozess gemessen, der durch Röntgenstrahlen innerhalb und außerhalb des D2O erzeugt wird. Zu diesem Zweck wurde das D2O durch eine Bleispitze abgeschirmt oder andererseits als Lösungsmittel für Uranylnitrat verwendet. Eine Analyse des erhaltenen Diagramms wird zeigen, dass in reinem D2O eine direkte Aufspaltung des Deuterons durch Elektronen sowie der Photoeffekt stattfinden werden.[...]"[103)]

Die Angaben deuten auf ein unmittelbar kernphysikalisch orientiertes Betätigungsfeld. Einerseits versuchte man die direkte Aufspaltung eines Deuterons durch den Elektronenstrahl, mit der ein freies Neutron erzeugt werden kann; andererseits wird hier direkt auf den Kernphotoeffekt (*nukleare Photoeffekt* und *D(y,n)*-Prozess) bei D und Be (Beryllium) hingewiesen. Es kann damit zumindest ein ansatzweiser Zusammenhang der Betatronforschung mit den kernphysikalischen Reaktionen, wie oben beschrieben, konstruiert werden. Der Einsatz des leicht wasserlöslichen Uranylnitrad diente sehr wahrscheinlich der Kontrastierung der Reaktanten zum Nachweis mittels Elektronenmikroskop; um die „Endprodukte" zu identifizieren und somit die durchgeführte Reaktion verifizieren zu können. Gewonnen wird Uranylnitrad durch die chemische Zersetzung von Uranverbindungen mit Salpetersäure und es dient als Ausgangsstoff für Uranhexafluorid zur Isotopentrennung.

Lassen wir folgendes Gedankenspiel einmal zu: Theoretisch wäre eine partielle Umwandlung des Grundstoffs Uran in das Isotop Np237 in der Stickstoff-Verbindung Uranylnitrad durch γ-Strahlung aus dem Betatron denkbar. Durch eine anschließende auf chemischem Wege zu realisierende Ausfällung des U238/Np237 Mixes aus der Stickstoffverbindung könnte man den benötigten Spaltstoff in Gestalt eines Isotopengemischs erhalten.

Alle Theorien unterliegen allerdings einer verbindlichen physikalischen Gesetzmäßigkeit: Der durch die γ-Strahlung manipulierbare Bereich des U238 zur Erzeugung von Np237 betrifft aufgrund der limitierten Eindringtiefe dieser nur einen gewissen Randbereich. Die somit zu erreichenden U238 Atome lassen sich unmittelbar aus der 2019 revidierten

Avogadro-Konstante errechnen, welche eine fest definierte Teilchenanzahl pro Mol, der SI-Einheit der Stoffmenge, angibt. Das Mol leitet sich direkt aus der atomaren Massenzahl des betreffenden Nuklids ab: Bei Uran 238 entspricht dies also einer Stoffmenge von 238 Gramm pro Mol. Auf die Details dieser Prozedur verzichten wir an dieser Stelle; wichtig ist für unsere Betrachtung, dass sich daraus die Anzahl der Teilchen (und ihr Gewicht) in einem spezifischen Volumen, z. B. 1 cm^3, errechnen lässt. Reziprok bedeutet dies, dass sich in 1 cm^3 U238 eine fest definierte Anzahl an Nukleonen befindet, die aufgrund der hohen Massenzahl 238 des Urans in einer im Vergleich zu leichteren Elementen begrenzte Stoffmenge innerhalb dieses Volumens resultieren. Der Urankern ist also relativ groß. Aus diesem Zusammenhang lässt sich ableiten, dass bei einer Bestrahlung des Materials pro Volumeneinheit sich auch nur eine begrenzte Konversionsrate hin zum Np237 einstellen wird. Die resultierende Stoffmenge an Np237 steht demnach in Abhängigkeit der bestrahlten Menge des Ausgangsstoffes, also des U238, und dem effektiven Zeitraum der Strahlungseinwirkung. Um eine größere Menge an Np237 zu generieren, bedarf es einer hinreichenden Menge an U238 sowie einer entsprechend langen Bestrahlungsdauer.
Letztere kann in dem hier betrachteten Szenario nicht definitiv angegeben werden, dafür fehlen sämtliche Bezugsdaten. Im Falle einer im Zeitfenster der unmittelbaren Vorbereitung eines Tests nach dem GRU-Bericht stattgefundenen Bestrahlung eines U238 Körpers, der lediglich auf einige Tage bis maximal wenige Wochen zu veranschlagen ist, ergibt sich approximiert auch nur eine geringe Menge an Np237. Diese reicht bei weitem nicht für eine auch durch Kompression und Rückstreumantel stark reduzierte kritische Masse aus. Davon ist in dem betreffenden GRU-Bericht, der das Element 93 erwähnt, auch nicht die Rede: Dieses hat hier lediglich unterstützenden Charakter. Unter dieser Annahme hingegen wäre die vorausgegangene Theorie um den Einsatz und die Produktion des Np237 durchaus in Betracht zu ziehen.

Zurück zum Betatron. Die Nähe der Produktions- und Entwicklungsstätten in Rudolstadt und Burggrub und die technische Grundlage, mit einem

Betatron über eine universelle wie mobile γ-Strahlenquelle verfügen zu können (neben weiteren Alternativen der Strahlungsgenerierung mittels aufwendigerer Beschleuniger), lassen auf den möglichen Einsatz eines Betatrons schließen, wie es auch bei Rider zu lesen ist. Die Erwähnung der speziellen Generatoren im GRU-Bericht könnten sich demnach auf den Einsatz eines Betatrons beziehen, da derartige für einen einmaligen Betrieb einer Hochspannungsentladungsröhre nicht notwendig erscheinen. Den Einsatz eines Betatrons auch für die Auslösung der Photokernspaltung ist nach dem Krieg weiter erprobt worden. Man scheint jedoch zu simpleren Lösungen gekommen zu sein.104) Ein entscheidender Beleg hierzu ist eine Auflistung der in Stadtilm aufgefundenen, dort von Diebners Gruppe zurückgelassenen Dokumente, von Frederic A. C. Wardenburg. Dieser war in zuarbeitender Funktion Teil der alliierten „ALSOS"-Mission, die sich mit der Aufklärung des deutschen Nuklearprogrammes befasste. Aus dem auf den 30. April 1945 datierten Bericht Wardenburgs ist eine Nomenklatur aufgeführt, in der die requirierten Dokumente in Washington aufzuführen sind:

„[...]
Organization
Financial
Pile Experiments
Heavy Water
Uranium
Ultra Zentrifuge [dies könnte ein Indiz auf die Anwesenheit einer Zentrifuge der Stadtilmer Forscher sein]
Isotope Separation Other
Betatron
[...]"105)

Punkt 8 weist darauf hin, dass die Forscher um Diebner mindestens Interesse an dem Betatron bekundet haben müssen, da sich ein entsprechender Aktenbestand eher beim RFR vermuten lassen würde und nicht in Stadtilm. Doch welcher Natur Diebners Interesse an dem Gerät war, kann nur gemutmaßt werden. Der Hinweis auf Unterlagen über die Zentrifuge könnte ein Indiz für die Anwesenheit einer derartigen Isotopenseparierung bei den Stadtilmer Forschern sein.

7.3.9 Was sagt die Fachwelt?

Die vorausgehende Beschreibung der Testkonfiguration des GRU-Berichtes war in den vergangenen Jahren bereits mehrfach Gegenstand kritischer Betrachtungen verschiedener Wissenschaftler, im deutschsprachigen Raum zumeist in TV-Dokumentationen. Deren Beurteilungen, auch wenn diese teilweise nur in kompakter Form vorliegen, sollen uns bei der Urteilsfindung zu den hypothetischen Tests Hilfestellung leisten und hier aufgeführt werden.

Erstmals befasste sich das Fernsehen mit der unter der Leitung von Guido Knopp ausgestrahlten „History"-Episode des ZDF am 20. März 2005 mit der brisanten Thematik und holte bezüglich der möglichen Testkonstruktion verschiedene Meinungen von Wissenschaftlern ein:

Dr. Klaus-Dieter Leuthäuser, der u. a. auch für das INT der Fraunhofer-Gesellschaft (Kapitel 3) tätig wurde, berichtet:

„Das war für die damalige Zeit, nehme ich mal an, ein sehr fortschrittliches Denken; wenn auch hochgradig spekulativ. Denn insbesondere für die waffentechnische Realisierung fehlten eigentlich die theoretisch-physikalischen Grundlagen. Die Skizzen von Schumann beispielsweise sind noch weit entfernt von einer technischen Realisierung. Aber die Umsetzung jetzt in ein technisches Produkt in ein System, erfordern meines Erachtens noch viele Zwischenschritte."

Dazu auch der von Rainer Karlsch konsultierte Plasmaphysiker Prof. Dr. Gerd Fußmann:

„[...] Dass also dieses Wissen Eingang gefunden hat zum Bau dieser Bombe; also einer kombinierten Bombe, wo man dann also auf der einen Seite einen Kern hatte aus angereichertem Uran und – drum herum eine Hohlentladung. Diese Hohlentladung hat eine Kompression verursacht – und dann waren noch andere Maßnahmen, von denen er spricht, die möglicherweise da das ermöglicht haben. Ich halte es insgesamt für sehr Zweifelhaft, aber 100 %ig ausschließen kann ich es nicht."
(Fußmann bezieht sich primär auf den Schumann-Entwurf.)

Der uns aus den vorangegangenen Kapiteln bekannte Physiker Friedwardt Winterberg wurde hierfür ebenfalls konsultiert, seine Einschätzung findet sich ausführlich bei Karlsch:

„Man hat also eine Schale gehabt aus angereichertem Uran, umgeben von Sprengstoff. Die Hohlladung wird hier nur dazu verwendet, um die Implosion der Kugel-schale zu verstärken. Aber die für das Experiment zur Verfügung stehende Menge U235 wäre allein nicht groß genug gewesen, um als kritische Masse eine Atombombenexplosion auszulösen. Jetzt hat man diese Neutronenquelle im Zentrum, und dann hat man noch schweren Wasserstoff. Nun ist es durchaus denkbar, dass eine gewisse Kopplung eintritt zwischen einer thermonuklearen Reaktion, die aber noch nicht eine gezündete thermonukleare Reaktion ist, und der Spaltreaktion. Die Energieausbeute fällt in diesem Fall größer aus. Um zu einer echten Atomexplosion zu kommen, hätte noch viel mehr hoch angereichertes Uran verwendet werden müssen. Physikalisch gesehen war das Konzept ziemlich klar." 106)

Der ehemalige sowjetische Kernwaffenexperte Sergej Lew Davidov gab in der im Auftrag des ZDF produzierten Dokumentation „Die Suche nach Hitlers Atombombe" der History-Reihe, die unter der Leitung von Stefan Brauburger, Christian Frey und Andreas Sulzer entstand und am 28. Juli 2015 ausgestrahlt wurde, zu der Beschreibung im GRU-Bericht an:

„Mich hat sehr beeindruckt, wie kenntnisreich und qualifiziert das Dokument ist. Dies kann nicht von einem normalen Agenten stammen, nur von einer speziell ausgebildeten Person, die entsprechende Kenntnisse besitzt. Da ist alles so genau beschrieben, als würde es vom Erfinder der Bombe selber kommen [...]. Sie ist wie eine Kopie unserer Bombe; oder unsere ist die Kopie."

Der Militärhistoriker Wladimir Sacharow der Lomonossow-Universität Moskau betrachtete die in dem GRU-Bericht beschriebenen Auswirkungen des Tests in dieser Dokumentation:

„Besonders interessant in der Beschreibung sind hier die Vernichtungsfaktoren nahe der Explosion, die sind ja für Atomwaffen typisch. Das bedeutet, dass der Agent entweder unmittelbar am Test teilgenommen hat oder er saß ein bisschen höher und der bekam vollzählige Informationen über den Test."

Auch der amerikanische Wissenschaftshistoriker Mark Walker, der sich intensiv mit der deutschen Kernphysik im Dritten Reich auseinandersetzt und bereits mehrfach über das Thema publizierte, nahm in dieser Sendung vor der Kamera zu der im GRU-Bericht beschriebenen Konstruktion vergleichend Bezug auf Schumanns Entwurf:

„Es ist nicht ganz klar, was es war. Ein eigener Typ von nuklearen Waffen, an dem Wissenschaftler am Ende des Krieges arbeiteten. Es ging darum, mit hohem explosiven Druck möglicherweise sogar Fusionsreaktionen hervor zu rufen unter Einbeziehung von Kernspaltung. [...] Es ist nicht klar, ob das funktionierte, aber es sollte auf jeden Fall mehr sein, als eine schmutzige Bombe, bei der durch die Explosion lediglich radioaktives Material verteilt wird. Hier ging es um eine eigene Strahlenwaffe. [...] Ich bin skeptisch, dass sie es tatsächlich geschafft haben. Allerdings muss gesagt werden, dass es sich hierbei nicht um eine Waffe wie der Hiroshima-Bombe handelte. Diese Gruppe arbeitete eben an anderen Typen. [...] Die Frage ist, ob so etwas unter den schwierigen Bedingungen kurz vor Ende des

Krieges von den Deutschen bewerkstelligt werden konnte. Das heißt nicht, das man es nicht versucht hat, und ich lege Wert auf diesen Unterschied. Es gibt keinen Grund daran zu zweifeln, dass es Menschen gab, die alles taten, um an das Ziel zu gelangen."

An anderer Stelle hatte sich Walker bereits früher ähnlich geäußert:

„Diese Waffe war nicht mit den Atombomben zu vergleichen, die im folgenden August über Japan abgeworfen werden sollten. Vielmehr wurde hierbei versucht, Sprengstoff in Form von Hohlladungen einzusetzen, um Kernspaltung in kleinen Proben entscheidend angereichertem Urans hervorzurufen und Kernfusion in einer kleinen Menge Lithiumdeuterid. Es ist nicht eindeutig erwiesen, ob diese Apparatur dergestalt funktionierte, dass sie es schaffte, Kernreaktionen zu produzieren. Zweifellos jedoch entwickelte und testete eine Gruppe deutscher Wissenschaftler nach eigenem Dafürhalten eine Kernwaffe. Diebner und Gerlach hielten diese Waffe und den damit verbundenen Test streng geheim. Keiner der anderen am Uranprojekt beteiligten Wissenschaftler, noch nicht einmal Heisenberg und Weizsäcker, erfuhren was davon."107)

Im Jahr 2020 wurde auf der Homepage der „Veterans Today, Journal for the Clandestine Services, Science 2004", einem Portal für nach eigener Darstellung unabhängigen, alternativen Journalismus, ein Artikel von Jeff Smith mit dem Titel „How the Nazi A-Bomb worked" veröffentlicht, der eine mögliche Konfiguration nach dem Entwurf von Schumann behandelt. Jeff Smith ist Physiker und ehemaliger Inspektor der IAEA, der auch für die amerikanische Regierung tätig war. In diesem referiert er über den von Schumann und Trinks eingeschlagenen Weg, mittels Hohlladungen, die anstelle eines Liners aus Kupfer (der den Explosionsstachel zur Penetrierung von Panzermaterialien bildet) mit einem aus Lithium ausgekleidet und mit Deuterium im Brennpunkt gefüllt sind, eine anlaufende thermonukleare Reaktion zur Neutronengenerierung herangezogen zu haben. Der so entstandene Neutronenfluss führte nach seiner Darstellung zu Spaltreaktionen in dem umgebenden, subkritischen Spaltstoff – was in Kapitel 1 bereits behandelt wurde. Zwischen zwei entgegengesetzten Hohlladungen, die mit Lithium beschichtet waren, wurde unter evakuierter Atmosphäre der mit Lithiumdeuterid und Berylliumoxid beschichtete Spaltstoff eingebettet. Nach der Zündung der Hohlladung bildet der Lithiumliner einen quasi fließenden Stachel in die Richtung des beschichteten Spaltmaterials aus. Dieses wird nun beidseitig mit hoher Geschwindigkeit und hohem Druck getroffen. Diese Schockwelle führt zu neutronenproduzierenden Reaktionen innerhalb des sich bildenden Lithium-Deuterium-Gemisches, wobei das Beryllium als erweiterte Neutronenquelle betrachtet werden kann. Smith beschreibt den Zustand zum Zeitpunkt der anlaufenden Reaktion zwischen den beiden primären Stoffen, die Röntgenstrahlung produziert und eine anlaufende Fusion zum Ergebnis hat, als einem Plasma ähnlich. Die Neutronen spalten wiederum das eigentlich dafür vorgesehene Material im Zentrum der Anordnung. Interessant ist sein abschließender Hinweis, dass Schumann und Trinks bereits 1941 eine wissenschaftliche Abhandlung aus Japan über den Kernphotoeffekt erhalten haben, wonach man ohne Reaktor U238 durch Bestrahlung in Plutonium umwandeln könne.[108)] Damit deutet er das oben beschriebene Verfahren mit relativ geringer Sprengkraft gegenüber klassischen Kernwaffen an. Diese Darstellung nähert sich dem Schumann-Entwurf an und beschreibt eine mögliche Anordnung, die aber von der im GRU-Bericht dargestellten Variante abweicht.

Eine weitere umfangreichere Abhandlung über die Geschehnisse der Kernphysik im Dritten Reich verfasste der Berliner Wilfried Babick in Gestalt seiner Abschlussarbeit des Studiums der deutschen Zeitgeschichte an der Freien Universität Berlin, welche die Geschichte der Waffentechnologie in Deutschland von 1936 bis 1945 zum Thema hatte. Diese war Basis seiner Publikation im Jahr 2018.[109)] Nach seinen eigenen Angaben hatte er in der DDR Physik studiert und war über 20 Jahre im Berliner Institut für Kriminaltechnik aktiv. In seiner Veröffentlichung fasst er die historischen Hintergründe des deutschen Atomprogrammes zusammen und evaluiert diese. Er zieht daraus den analytischen Schluss, dass Deutschland ab etwa 1942 wissenschaftlich wie technologisch in der Lage gewesen war, eine

Nuklearwaffe zu konstruieren und zu fertigen. Unter Berücksichtigung aller ihm verfügbaren Fakten und Aussagen, einschließlich der GRU-Berichte, kommt er zu der deduktiven Schlussfolgerung, dass es sich nicht um Kernwaffen im Sinne von technisch einsetzbaren Bomben, sondern um Testkörper im Entwicklungsstadium mit dem Ziel der Entwicklung einer praktischen Waffe gehandelt hat. Einsatzfähigen Kernwaffen im Dritten Reich erteilt er damit eine klare Absage, was sich mit unserer Einschätzung deckt. Er geht davon aus, dass es in Deutschland an Spaltstoff mangelte, während ein oder mehrere tragfähige Kernwaffenauslegungen und Zündmechanismen vorhanden waren. Ergänzend sind ihm Indizien zu drei weiteren Versuchen zur Zündung von Testkörpern nuklearen Charakters aus dem Jahr 1944 bekannt. Einschränkend muss aber mitgeteilt werden, dass er seine Abhandlung von Beginn an unter die Prämisse stellte, anhand objektiver Beweise den Beleg zu erbringen, dass Deutschland nie im Besitz einer einsatzfähigen Atomwaffe war. Wenn er sich auch sachbezogen korrekt äußert, präjudiziert er im Grunde genommen vorauseilend negativ seinen durch die wissenschaftliche Beweisführung zu evaluierenden Befund.

Auch in der bereits mehrfach herangezogenen Studie von Todd Rider findet sich eine umfangreiche Analyse über die mögliche Funktionsweise der Konfiguration nach dem GRU-Bericht, einschließlich einer Betrachtung der in Frage kommenden Komponenten und Einrichtungen zur Realisierung der Konstruktion.

Dort wird der Aufbau und die Funktionsweise als durchaus plausibel und tatsächlich umsetzbar beschrieben, wenn auch der GRU-Bericht lückenhaft in seiner wissenschaftlichen Darstellung ist. Auch für die reduzierte Explosionsstärke des zweiten Tests am 12. Mai 1945 ergibt sich die folgende Erklärung: Die von Diebner und Trinks angestrengten Experimente, mit Hohlladungen Fusionsreaktionen hervorzurufen, gelten nach offizieller Darstellung als gescheitert. Dass aber bei derartigen Kompressionsvorgängen mit schwerem Wasserstoff Neutronen emittiert werden, dürfte ihnen nicht entgangen sein, zumal die neutronengenerierenden Prozesse des Deuteriums zum damaligen Zeitpunkt bereits bekannt waren. Wie wir in dem Abschnitt über die Hochspannungsentladungsröhre aufgezeigt haben, können die mit ihr emittierten Neutronen die Wirkung eines Boosters auf den Spaltstoff ausüben. Laut Rider sei es aber vorstellbar, dass den Wissenschaftlern um Diebner oder ggf. Schumann sich diese Wirkung in ihrer ganzen Tragweite noch nicht vollumfänglich erschlossen habe, so dass der folgende zweite Test, eventuell ohne den Boosting-Effekt, zu einem geringeren Energieertrag führte. Andererseits ist auch die experimentelle Funktionsweise des reinen Fusionsmaterials ohne Spaltstoff bei dem zweiten Test denkbar, der seinem Charakter nach nur als weiterer Vorversuch für das finale Konstruktionsdesign gewertet werden kann. Diesbezüglich wird auf die wissenschaftlichen Arbeiten von Alfred Klemm, Heinrich Hinteregger und Philipp Hoernes verwiesen, die in einer 1947 erschienenen Publikation über ihre Forschungstätigkeiten während des Krieges referierten (die sie am 16. März 1945 an Gerlach übermittelt hatten). Es ging hierbei um die Separierung des für den Fusionsprozess besser geeigneten Li6-Isotops. Des Weiteren wird durch die im GRU-Bericht beschriebene Kompression des Spaltmaterials mittels einer Reduktion der kritischen Masse – hervorgerufen durch bei einer Implosion erzeugte Schockwellen – auf das 16-fache kalkuliert; bei Verwendung eines zusätzlichen Neutronenreflektors, wie er zum Beispiel aus Natururan oder dem erwähnten Cadmium bestehen könnte, sogar noch weniger! Die Einwirkung von Neutronen aus anlaufenden Fusionsreaktionen im Sinne des Boosting-Effektes (vgl. Kapitel 1) verringert die kritische Masse ganz wesentlich in den Bereich einiger hundert Gramm. Auch in neuen Kernwaffen anzutreffende Komponenten, wie Tamper (Neutronenreflektor) oder Pusher (zur Kompressionssteigerung), lassen sich in dem GRU-Bericht finden: der Spaltstoff aus metallischem Uran, der in seiner ergänzenden Eigenschaft die Rolle eines Reflektors mitübernehmen kann und die Umhüllung mit einer Kugel aus Aluminium. Letzteres gilt als typischer Pusher, da Aluminium beste Eigenschaften besitzt, um durch die von der Explosion hervorgerufene Kaltverformung des Materials in einen quasi fließenden Zustand überzugehen. Die erwähnte Cadmium-Beschichtung dient dabei (anders als in der weiter oben angenommenen Weise) dem Einfang der bei der Spaltung emittierten schnellen Neutronen, um eine Prädetonation in dem konven-

tionellen Sprengstoff zu verhindern und sie auf thermische Geschwindigkeiten herabzusetzen, die für die Kernspaltung im U235 effektiver sind. In den amerikanischen Konstruktionen „Gadget“/„Fat Man“ kam zu diesem Zweck Bor zum Einsatz. Der mit flüssigem Sauerstoff angereicherte Sprengstoff TNT dürfte nach den von Rider angestrengten Berechnungen hierbei die bei „Gadget“ bzw. „Fat Man“ zum Einsatz gekommenen Composition B und Baratol an Leistung übertroffen haben.[110)]
Im Weiteren zieht Rider einen theoretischen Vergleich zwischen der im GRU-Bericht behandelten, hypothetischen Kernwaffe mit der Option einer konventionellen Auslegung, um der Frage nachzugehen, ob die beschriebenen Details, wie in Zeugenaussagen u. a. von Kläre Werner, auch auf ein nichtnukleares Ereignis zu übertragen seien. Nach Abwägung der in Frage kommenden Metadaten und der potentiellen Einbeziehung von Aerosol- wie auch schmutzigen Bomben kommt er zu dem Ergebnis, dass alle möglichen nichtnuklearen Alternativen sich nicht mit den derzeit evaluierbaren Angaben in Einklang bringen lassen.[111)]

Blicken wir noch einmal auf die optionalen Konstruktionsweisen mit durch den Kernphotoeffekt generiertem Np237 und der Photokernspaltung mittels Betatron zurück. Um ansatzweise zu verifizieren, ob diese Konfigurationen realisierbar sind, wurden im Rahmen dieses Buches die Physiker Dr. Todd Rider aus den USA und Dr. Gernot Eilers vom Bundesministerium für Umwelt, Naturschutz und nukleare Sicherheit (BMU) konsultiert.
Beide halten die Produktion von Np237 auf dem oben beschriebenen Wege für möglich, obgleich er die Erbrütung von U233 und Pu239 für die einfacher umzusetzende Option hält. Den Deutschen hätte damit ein weiterer Spaltstoff zur Verfügung stehen können.
Dr. Todd Rider:

„[…] Nach [Kapitel D4.4 in Forgotten Creators – A. d. V.] könnte die kritische Masse durch Kompression theoretisch um den Faktor 16 und durch einen Reflektor um den Faktor 8 reduziert werden. Durch Fusionsverstärkung könnte sie noch weiter reduziert werden, aber der genaue Betrag ist

nicht leicht zu berechnen. Zumindest theoretisch könnte also viel weniger als 1 kg Np237 ausreichen. Natürlich würde ein reales Gerät nicht so effizient arbeiten wie diese Idealwerte.
Np237 hätte in einem Spaltreaktor oder durch elektronukleares Brüten mit einem auf die richtige Energie eingestellten Teilchenbeschleuniger erzeugt werden können, wie Sie vorschlagen. Ich vermute, dass die Herstellung schwieriger gewesen wäre als die von U233 oder Pu239 […], aber man hätte es auf jeden Fall herstellen können.
Sie haben also völlig Recht, dass es mindestens vier mögliche Spaltbrennstoffe gab: U235, U233, Pu239 und Np237.
Es gab mindestens drei mögliche Fusionsbrennstoffe: D+D, D+T, und D+Li.

Dies sind die grundlegenden wissenschaftlichen Prinzipien, die bestimmen, was hätte passieren können. Dann gibt es noch die historischen Beweise für das, was tatsächlich passiert ist. Die enorme Herausforderung besteht darin, dass die öffentlich bekannten historischen Beweise derzeit sehr, sehr unvollständig sind und dass sogar einige dieser Beweise falsch sein könnten oder für verschiedene mögliche Interpretationen offen sind. […] Wenn es sich bei dem Testgerät vom März 1945 um den ersten Kernwaffentest handelte, könnte es recht primitiv gewesen sein. Wenn die begrenzten Hinweise auf die beiden Tests Ende 1944 zutreffen, könnte das Testgerät vom März 1945 weiter fortgeschritten gewesen sein. Wenn es nach dem Test im März 1945 keine ernsthafte Möglichkeit gab, eine Kernwaffe einzusetzen, könnte das Testgerät eine technologische Sackgasse gewesen sein, ein verzweifeltes Experiment, das nicht weiter ausgebaut werden konnte. Wenn die verschiedenen Quellen in ‚Forgotten Creators', in denen von einsatzfähigen deutschen Waffen die Rede ist, korrekt sind, dann handelte es sich bei der Testvorrichtung vom März 1945 wahrscheinlich um eine Konstruktion, die eine viel größere Sprengkraft hätte erzeugen können, wenn sie mit einer größeren Menge/Qualität an Brennstoff geladen worden wäre, und diese größere Menge/Qualität an Brennstoff lag wahrscheinlich für die einsatzfähigen Waffen bereit.

Angesichts dieser Daten und dieser Einschränkungen gibt es mehrere mögliche Interpretationen und mehrere Möglichkeiten, was tatsächlich passiert sein könnte. Ihre Interpretation ist sicherlich eine gültige und sehr kluge Möglichkeit, und sie könnte sogar das sein, was wirklich passiert ist. Die Forscher müssen dringend mehr Beweise finden, um herauszufinden, welche Möglichkeiten richtig sind und tatsächlich passiert sind.

Iljitschew sagte, der Sprengstoff bestehe aus Blöcken oder Segmenten von speziell ausgewählter Form, aber wie Sie richtig bemerken, beschrieb er nicht ausdrücklich Sprengstofflinsen. Erich Schumann beschrieb jedoch die Verwendung von Sprenglinsen für eine kugelförmige Implosionsbombe mit einer Gesamtmasse von 2 Tonnen, was dem von Iljitschew beschriebenen Gerät ähnelt oder mit ihm eng verwandt ist. Natürlich können wir mit unseren sehr begrenzten Daten derzeit nicht mit Sicherheit sagen, ob bei diesem Test explosive Linsen verwendet wurden, ob sie bei einem anderen Test eingesetzt wurden oder ob ihre Verwendung für die Zukunft geplant war usw.
[…] Theoretisch könnten D+D, D+T oder D+Li mit Hochspannung verwendet werden, um zum richtigen Zeitpunkt eine kleine Anzahl von Neutronen zu erzeugen, die als Neutroneninitiator dienen. Nach Angaben von [Andre Gsponer, Jean-Pierre Hurni: The physical principles of thermonuclear explosives, inertial confinement fusion, and the quest for fourth generation nuclear weapons, Independent Scientific Research Institute Box 30, CH-1211 Geneva-12, Switzerland, January 20, 2009 – A. d. V.] sind nur D+T und D+Li für den Fusionsboost geeignet. Nach dieser Quelle erzeugt D+D unter diesen Bedingungen nicht genügend Neutronen. Es ist bekannt, dass reichlich D und Li zur Verfügung standen. Alfred Klemm erwähnte die T-Produktion, aber es ist derzeit nicht bekannt, wie viel T tatsächlich produziert wurde, oder ob und wie es verwendet wurde.
[…] Um die richtigen Antworten herauszufinden, müssen wir mehr Archivdokumente finden, und jemand muss an dieser und anderen vermuteten Nuklearstandorten in Europa eine industriearchäologische/wissenschaftliche Analyse durchführen, falls und sobald die Regierungen dies zulassen.“ 112)

Dr. Gernot Eilers:

„[…] Ihre vorgebrachte Annahme, nicht nur unwesentliche Beimengungen des Spaltstoffs Np-237 im seinerzeit verwendeten, uranhaltigen Material für den Kern der von GRU beschriebenen deutschen Anordnung hätten die Häufigkeit neutroneninduzierter Spaltungen erhöhen und so die Kernkettenreaktion insgesamt fördern können, ist aus meiner Sicht statthaft und plausibel. Ihrer Deutung zufolge sollte durch vorherige Gammabestrahlung des im Zentrum der Anordnung platzierten Uranmetalls ausgenutzt werden, daß mithilfe des Kernphotoeffekts am U-238 über die Zwischenstufe U-237 der Spaltstoff Np-237 gebildet wurde. Gegen diese Hypothese spricht kaum etwas. Idealerweise hätten über Laborversuche die grundsätzlichen neutronenphysikalischen Eigenschaften des Np-237 vor seiner Verwendung als Kernsprengstoff bekannt sein sollen. Von solchen Aktivitäten weiß man kaum etwas. Zur Herstellung des Np-237 im vermuteten Sinne hätte über die konstruktive Ausführung der Bestrahlungseinrichtung ein relativ hartes Photonenspektrum erzeugt werden müssen. Dieses Spektrum hätte zudem in der Umgebung des Energieschwellenwertes von ca. 5,1 MeV oder 5,2 MeV für die Einleitung des Kernphotoeffekts am U-238 vorzugsweise schmalbandig ausfallen sollen, denn gleichzeitig mußte der Schwellenwert von ca. 5,8 MeV für die Kernphotospaltung sicher unterschritten werden. Entscheidende technische Hindernisse sehe ich in derartigen Anforderungen nicht.

Ich stelle mir die Bestrahlung größerer Chargen von Uranmetall mithilfe eines vom Betatron generierten Photonenstrahlbündels schwierig vor. Die gewünschte Kernreaktion vom Zwischenprodukt U-237 und dem nachfolgenden Beta-minus-Zerfall hin zum Np-237 findet i. w. an der Oberfläche des Probenmaterials statt. Welche Ausbeute an Np-237 in welcher Zeitspanne auf diese Weise möglich gewesen wäre, läßt sich ohne Kenntnis des einwirkenden Gamma-Energiespektrums nicht schnell beantworten, jedoch mit den Wirkungsquerschnitten des Kernphotoeffekts unter Annahmen modellieren.

Falls auf diese Weise das Element 93 in Mengen, die für die Reaktivität der Kernkettenreaktion relevant gewesen wären, überhaupt hätte hergestellt werden können (also beispielsweise in der Größenordnung 100 g), so wäre eine technische Umarbeitung der bestrahlten Proben vonnöten gewesen, um das Np-237 geeignet zu verteilen. Eine Vergleichmäßigung des Np-237-Gehalts im Kern der Vorrichtung wäre waffentechnisch ggf. nicht so sinnvoll gewesen wie z. B. die Erhöhung des Np-Gehalts in der Nähe einer Einlage aus Fusionsstoff.

Solange man jedoch den Bauplan der Anfang März 1945 gezündeten deutschen Implosionsanordnung nicht besser kennt, stellt Ihr Vorschlag eine weitere, auf jeden Fall zulässige Spekulation dar. Ihre Anregung ist insbesondere deswegen diskussionswürdig, weil es im Deutschen Reich unter Kriegsbedingungen extrem schwierig gewesen sein muß, die für reine Spaltbomben benötigte Menge an waffenfähigem Uran herzustellen (dasselbe gilt für waffenfähiges Plutonium. Um ein paar Kilogramm davon zu erzeugen, hätten mehrere Reaktoren über etliche Monate in Betrieb sein müssen. Daß es derartige Brutreaktoren gegeben haben könnte, wird ja in den Memoiren von Mohammed Amin al-Husseini angeschnitten. Ein gegenständlicher Nachweis liegt natürlich nicht vor). Deutsche Urananreicherungsanlagen im U. S.-amerikanischen Stil, also mit Gasdiffusion und elektromagnetischer Isotopentrennung, existierten ganz offensichtlich nicht. Als seinerzeit noch umsetzbare Gewinnungstechniken für Spaltstoff könnten somit die Zentrifugen von Harteck bzw. Schwietzke und Holtz, der rätselhafte von Ardennesche Massentrenner sowie das elektronukleare Brüten von U-233 aus Thorium und/oder Pu-239 aus Uran mithilfe von Neutronenquellen (Teilchenbeschleuniger) gelten. Darüber hinaus hat Diebner während der Internierung in Farm Hall ein ihm vertrautes photochemisches Anreicherungsverfahren erwähnt. Erzeugung und Verwendung von Np-237 könnten nun dieser Verfahrenssuite hinzugefügt werden.

Mir fällt es insgesamt schwer zu glauben, es habe sich beim Versuch Anfang März 1945 um eine reine Uranspaltbombe gehandelt, zumal wichtige, vorangegangene Anstrengungen zur Einleitung von Kernkettenreaktionen zunächst auf der Fusion leichter Elemente beruhten. Nicht nur Gerlachs bekannter Brief an Göring zur Freisetzung der Kernenergie ‚auf anderem Wege als dem Zerfall', sondern auch die Nachkriegsveröffentlichungen und Patenteinreichungen von Kurt Diebner und nicht zuletzt die nicht aus der Welt zu schaffenden Gerüchte, es sei damals nur sehr wenig Spaltstoff zum Einsatz gekommen, legen nahe, die deutsche Anordnung könnte bereits im Vorgriff den Effekt der fusionsgestützten Spaltung ausgenutzt haben. Auch Sie sehen ja Ähnlichkeit zwischen der damaligen Vorrichtung und der ‚boosted fission' bzw. einer ‚Sloika'.

Die Beschreibung der nuklearen Implosionsanordnung im GRU-Bericht von Ende März 1945 geht zweifelsohne auf einen hochrangigen sowjetischen Spion im deutschen Lager zurück. Dieser Spion, der vielleicht sogar den Versuch am 4. März 1945 selbst beobachten konnte, war sicherlich kein beteiligter Kernphysiker. Er besaß jedoch ein grundsätzliches Verständnis vom Aufbau und Funktionsprinzip der Anordnung, ohne in entscheidende technische Details eingeweiht worden zu sein (ob es sich bei dieser Person um Oberst Friedrich Geist aus dem Rüstungsministerium handelte, wird bisweilen vermutet, der Nachweis läßt sich wohl nicht mehr erbringen).

Die beim Informationstransport eingetretenen Widersprüchlichkeiten und Unklarheiten des GRU-Berichts werden an folgenden Beispielen besonders deutlich:

1. Zur Frage, ob die notwendige träge Dämmschicht (aus Natururan) vorhanden war, wird zuerst ausgeführt: ‚Spaltstoff: Aktiver Stoff der Bombe ist Uran-235. Es stellt eine Kugel dar, in die durch eine Öffnung der Initiator eingeführt wird. Die Öffnung wird danach mit einem Pfropfen verschlossen, der aus Uran-235 besteht.' Wenig später heißt es: ‚Schutzmantel (Verzögerer): Die Urankugel wird in ein Gehäuse aus Aluminium eingeschlossen, das mit Kadmium beschichtet ist.' Hieran wird deutlich, daß der Informant zwischen angereichertem

Uran als Spaltstoff und Natururan als Dämmschicht nicht unterscheidet. Zur Impedanzanpassung des einlaufenden Stoßwellenzuges hätte eine Kugelschale aus Aluminium direkt außerhalb des Spaltstoffs nicht ausgereicht. Diese Tatsache war aber den deutschen Physikern m. E. bewußt.

2. Die Frage, ob der ‚Initiator' der ‚Hochspannungsröhre' gleichzusetzen ist, bleibt offen: Es heißt: ‚Zünder: Der Initiator oder der Zünder der Bombe besteht aus einer speziellen Röhre, die schnelle Neutronen erzeugt. Durch spezielle Generatoren wird in der Röhre hohe Spannung geschaffen. Im Ergebnis wirken die schnellen Neutronen auf den aktiven Stoff ein.' Danach wird aber ausgeführt: ‚Über diese Öffnung [in der Urankugel] wird der Initiator eingeführt und anschließend wird die Öffnung mit einem Pfropfen aus Uran verschlossen.' Schließlich heißt es wieder: ‚Der Zünder der Bombe: Das Zünden der Bombe wird mit Hilfe einer Hochspannungsentladungsröhre ausgeführt. Sie erzeugt einen Neutronenstrom, der den aktiven Stoff angreift.' Somit kann nicht geklärt werden, ob es eine doppelte Neutronenquelle in Gestalt eines neutronenerzeugenden Präparats im zentralen Hohlraum der Urankugel (Ra-Be-Quelle, Po-Be-Quelle) und einer Hochspannungsentladungsröhre gab. Eine im zentralen Hohlraum eingebrachte Entladungsröhre ist aufgrund der gegebenen linearen Abmessung schwer vorstellbar. Außerdem hatten Gerlach und Diebner kurz vor dem Versuch den gesamten Poloniumvorrat der PTR requiriert, was für eine ‚klassische' Auslösung der Kernkettenreaktion mit einem Präparat spricht. Die Auslösung der Kernkettenreaktion zum richtigen Zeitpunkt über den Neutronenpuls aus der Kernphotospaltung würde jedenfalls eine außerordentlich anspruchsvolle Leistung und kreative Innovation darstellen.

3. Gab es ein Sprengstofflinsensystem? Im GRU-Bericht findet man dazu keine eindeutigen Aussagen: ‚Sprengstoff: Hinter der Kadmiumschicht befindet sich Sprengstoff, der aus porösem Trinitrotoluol besteht, das mit flüssigem Sauerstoff durchtränkt ist. Das Trinitrotoluol besteht aus Blöcken, die eine spezielle Form haben. Die innere Oberfläche der Blöcke hat sphärischen Durchmesser, der mit der äußeren

Oberfläche des Kadmiums übereinstimmt. Zu jedem der Blöcke ist ein Detonator mit zwei Elektrozündern verlegt.' Zusätzlich erfährt man: ‚Ferner wird über die das Trinitrotoluol deckende Öffnung flüssiger Sauerstoff gepumpt. Danach ist die Bombe einsatzbereit.' Schließlich weist der Informant auf folgendes hin: ‚Ferner bringt die Sprengvorrichtung den Sprengstoff zur Explosion, worauf ein zum Zentrum gerichteter Schlag passiert, der durch die Explosion der äußeren Schicht des Trinitrotoluols in Mischung mit flüssigem Sauerstoff ausgelöst wird.' Also wurden pöröse, geformte Blöcke aus TNT verwendet, die zur Steigerung der Brisanz (Verbesserung der an sich negativen Sauerstoffbilanz) mit Flüssigsauerstoff getränkt wurden. Die ‚sprengstoffoptischen' Gesetze z. B. bei der Brechung von Stoßwellenfronten waren Physikern wie Schumann und Trinks bestens bekannt, worüber Schumann nach dem Krieg auch ausführlich berichtete. Ihnen war bewußt, daß die Kompression des Spaltstoffes absolut kugelsymmetrisch erfolgen mußte, wozu ein vergleichmäßigendes Linsensystem stets von Vorteil war. Man kann deshalb cum grano salis die Formulierung ‚äußere Schicht des Trinitrotoluols' im letztgenannten obigen Satz auch dahingehend interpretieren, daß nur äußere Teile der TNT-Blöcke mit Flüssigsauerstoff getränkt wurden. Somit hätten in Analogie zur U. S.-amerikanischen Variante die ‚schnellen' Sprengstoffböcke außen, die ‚langsamen' Sprengstoffblöcke innen gelegen.

Infolge dieser – möglicherweise damals unvermeidbaren – Unklarheiten bei der Abfassung und Verbreitung des Berichts nehme ich den Satz ‚Vor der Zündung wird die Urankugel mit Gamma-Strahlen, die eine Energie von nicht mehr als 6 Millionen Volt besitzen, bestrahlt, was zu einer Steigerung ihrer Sprengfähigkeit führen soll' nicht wörtlich! Vielmehr habe ich den Hinweis bislang immer so aufgefaßt, daß er in unmittelbarer Verbindung mit dem erwähnten Neutronengenerator (Hochspannungsentladungsröhre) stehen könnte, jedoch vom Informanten aus dem Zusammenhang gerissen bzw. falsch übertragen wurde.

In dieser meiner Deutung will der Informant vielmehr darauf verweisen, daß gerade eine Entladungsröhre, vielleicht ein Betatron, die Waffenzündung steuerte, indem die darüber erzeugte Gammastrahlung von mehr als 6 MeV im Spaltstoff die Kernphotospaltung auslöste und mit den dabei freigesetzten Spaltneutronen zum richtigen Zeitpunkt die Kernkettenreaktion in Gang setzte. Die zu frühe oder zu späte Zündung führt bekanntlich nicht zur ‚Steigerung der Sprengfähigkeit'. Aus unbekannten Gründen scheint mir der Inhalt dieser bemerkenswerten Aussage in einen nicht zutreffenden Sinn verkehrt worden zu sein. Tatsächlich wurde ein Betatron erstmalig am 1. Juni 1952 beim Versuch ‚George' der U. S.-amerikanischen Atombombenversuchsreihe ‚Tumbler-Snapper' in der beschriebenen Weise eingesetzt.

Mit ‚Bordmitteln' ist die Auswirkung von Np-237-Beimengungen auf die Neutronik (und Hydrodynamik) einer uranhaltigen Anordnung mit fusionsgestützter Spaltung leider nicht abzuschätzen. Allerdings ist dort wohl der Einfluß der schnellen Fusionsneutronen auf die Reaktionsgeschwindigkeit und den Wirkungsgrad der Kernspaltung entscheidend, nicht so sehr die Konzentration bzw. der Anreicherungsgrad des verwendeten Spaltstoffs".[113)]

7.3.10 Kalkulationen zum Energieertrag

Bislang haben wir die theoretisch mögliche Realisierbarkeit einer Test-Konfiguration, einige Konstruktionsdetails und physikalische Grundlagen nach dem GRU-Bericht betrachtet. Es stellt sich jedoch die Frage, welche Auswirkungen ein Test der beschriebenen Art und Weise auf die Umgebung ausgeübt haben könnte. Hiermit ist in erster Linie die potentielle Sprengkraft in TNT-Äquivalent gemeint, in zweiter Linie die radiotoxische Exposition auf die Biosphäre. Derzeit lassen sich hierfür drei Expertisen heranziehen. Als Quellenmaterial für deren Bewertung dienen sowohl die GRU-Berichte, die Zeugenangaben als auch die Luftbildaufnahmen des hypothetischen Testgeländes.

Die erste Abschätzung nahm Dr. Gernot Eilers vor. Seine Analyse bezieht sich auf die Gegenüberstellung der gemachten Beobachtungen zu den bekannten Effekten einer nuklearen Explosion. Er weist dabei explizit darauf hin, dass angesichts der „dürftigen Informationen [die] methodische Schwäche dieser Herangehensweise evident [ist]". Die zur Verfügung stehenden spärlichen Aussagen schildern eine kurze, intensive Lichterscheinung, eine auffällige, pilzförmige Wolke, einen deutlichen Luftzug, aufgetretene hohe Temperaturen und radiologische Effekte, die abfolgend zur gesundheitlichen Beeinträchtigung geführt haben. Eilers betont, dass die Qualität und Klassifizierung der Aussagen, deren Glaubwürdigkeit, bei seiner physikalischen Abschätzung nicht zur Disposition standen und als gegeben angesehen wurden. Auch ist für die Abschätzung der Sprengkraft die Positionierung des Testkörpers von Relevanz, da eine am Boden durchgeführte Zündung ein geringeres Zerstörungspotential aufweist als eine Detonation in der Höhe, da sich die Druckwelle einerseits weiter ausbreiten kann und es andererseits zu Reflexionen dieser im Bodenbereich kommt, welche die devastierende Wirkung erheblich verstärken. Es sei darauf verwiesen, dass sich Eilers als Ground Zero auf den anfänglich vermuteten Standort innerhalb des „Dreiecks" bezieht und nicht auf den westlich davon lokalisierten (s. o.). Die von ihm evaluierte Abschätzung der Sprengkraft ergibt eine Ladungsstärke im Bereich von 200 t. Diese würde seiner Ansicht nach auch mit dem im GRU-Bericht genannten Zerstörungsradius von 500 bis 600 m korrespondieren und den beobachteten Auswirkungen genügen; lediglich die auf der Wachsenburg wahrgenommenen starken Druckwirkungen sind hiermit nicht vereinbar. Allein die Angaben über die radiologischen Einwirkungen auf die Umgebung, wie die bei Wachsmut geschilderten in den umliegenden Ortschaften beobachteten gesundheitlichen Schädigungen, können nicht auf die Spontanstrahlung eines nuklearen Ereignisses dieser Größenordnung zurückgeführt werden. Eilers vermutet hierbei vielmehr, dass es sich um die zeitlich versetzte Auswirkung des Fallouts von Spaltprodukten handeln könne, wofür die Konfiguration einen erheblichen Anteil an spaltbarem Material hätte besitzen müssen. Ergänzend fügt er eine Abschätzung der im Boden eingelagerten Spaltprodukte an. Aufgrund der Unkenntnis über den tatsächlich anzunehmenden Explosionsabstand über dem Untergrund kann die nuklearspezifische Einwirkung, Sorption und Ausfällung der Spaltprodukte aus dem vor Ort vorhandenen Boden nicht annähernd bestimmt werden. Genau dieses signifikante Kriterium der chemisch-physikalischen Bodenbeschaffenheit scheint ihm bei den bisherigen Probeentnahmen auf dem Truppenübungsplatz vernachlässigt worden zu sein. Seiner Meinung nach sei es dem Zufall zuzuschreiben, wenn unter diesen unklaren Verhältnissen wie wissenschaftlich nicht fundierten Bodenanalysen die von der PTB im Jahr 2005 entnommenen Proben in korrekter Tiefe entnommen worden wären, was in Konsequenz eine Verfälschung der Messergebnisse nach sich ziehe. Auch moniert er in der abschließenden Pressemitteilung der PTB vom 15. Februar 2006 das Fehlen des zunächst festgestellten, signifikanten Isotops Li6 in den Proben. Auch der Strahlungsphysiker Walter Hauk forderte in gleichem Sinne eine umfassende analytische Bewertung nach wissenschaftlichen Methoden.114)

Die zweite Abschätzung der Explosionsstärke erfolgte durch die russischen Kernphysiker Vladimir Nikolaevich Mineev und Alexander I. Funtikov. Auch ihnen diente der GRU-Bericht und die Wachsmut-Aussage als Grundlage. Bei der Zugrundelegung des Wirkungsradius von 500 bis 600 m einschließlich der beschriebenen Waldzerstörung ermitteln beide eine Waffeneinwirkung in Bodenhöhe von 1,5 bis 2,2 kt, bei leichter Erhöhung reduziert sich der Wert auf 0,4 bis 0,6 kt. Wird als Basis die devastierende Wirkung des Luftdrucks auf die umgebende Flora innerhalb des bekannten Radius herangezogen, liegt das Ergebnis bei 0,9 kt. Es handelt sich hierbei lediglich um eine grobe und mit Unschärfen behaftete Abschätzung. Unter Einbeziehung der bekannten Fakten um den damaligen Wissenstand im deutschen Raum gelangen sie zu der Erkenntnis, dass alles für eine Kernexplosion spricht.115) Ihr Bericht ist allerdings in den entscheidenden Kriterien der kalkulierten Sprengkraftabschätzung relativ knappgehalten.

Eine wesentlich detailreichere Evaluierung der theoretischen Sprengkraft nahm Todd Rider in seiner Studie vor. Als Grundlage dienten ihm primär die in dem GRU-Bericht enthaltenen Angaben zum Zerstörungsradius und im Anschluss die Zeugenaussagen. In seiner Kalkulation setzt er den Punkt der Zündung nahe der Erdoberfläche an. Bei einer derartigen Explosion würde die Energie halbkugelförmig vom Zentrum der Reaktion ausgehen, wobei an ihrem äußersten Radius die auf die Umgebung devastierend einwirkende Schockwelle vorausliefe. Als Leistungsäquivalent wird sich auf TNT bezogen. Die Wirkung dieser Schockwelle nähme dabei permanent ab, bis der durch die Explosion hervorgerufene Druck gleich dem Umgebungsdruck wäre. Für seine Abschätzung hat er einen mittleren Wert ermittelt, der sich aus der Differenz zweier Berechnungen ergibt: Im ersten Fall wird angenommen, dass die zerstörerische Wirkung der Schockwelle, die durch den Explosionsdruck hervorgerufen würde, weit vor Erreichen des Umgebungsdruckes ende. Im zweiten Fall hielte diese Wirkung idealisiert bis quasi zum Erreichen des Gleichgewichtszustandes mit dem Umgebungsdruck an. Die realen Bedingungen werden zwischen beiden Fällen approximiert. Bei dem im GRU-Bericht angegebenen, zerstörerischen Wirkungsradius von 500 bis 600 m ergibt dies einen gemittelten Wert von 200 bis 350 t TNT-Äquivalent. Ein rein konventioneller Sprengsatz mit den Größenverhältnissen aus den GRU-Berichten und einem Gewicht von 2 t hätte nicht einmal ansatzweise eine derartige Wirkung. Weiter wird dort analysiert, dass ein Sprengsatz mit der hier kalkulierten Energieleistung eine nur sehr geringe direkte Einwirkung auf den Untergrund unmittelbar unter ihm haben und folglich nur zu einem kleinen Erdauswurf führen würde – das bedeutet, er hinterließe lediglich einen kleinen, flachen Krater. Erst ab Explosionsenergien ab 1.000 t sei das Spurenbild deutlich auszumachen.

In der Annahme, dass für die Energiefreisetzung hauptsächlich Spaltreaktionen verantwortlich waren, der Anteil der Fusion klein war und allein der Neutronengenerierung diente, und dass der hypothetische Spaltstoff U235 vollständig durchreagierte, kommt man bei einer Explosionsenergie von 200 bis 350 t reziprok auf eine Spaltstoffmenge von 11,3 bis 19,8 g. Da unter realen Bedingungen nur ein relativ kleiner Prozentsatz des Spaltmaterials tatsächlich zu den Spaltreaktionen beiträgt, läge die zum Einsatz gelangte Menge an U235 bei etwa 100 g. Ein Zahlenbeispiel: Um eine

Menge von 100 g nur theoretisch auf 100 % angereichertes U235 herzustellen, sind etwa 14 kg Natururan notwendig. Theoretisch! Wobei die real erreichbaren Werte der Anreicherung aus kostentechnischer Sicht deutlich darunter liegen. Jede Person, die sich bei der hier evaluierten Explosionsenergie in dem beschriebenen Wirkungsradius von 600 m befunden hätte, wäre durch die Auswirkungen der Druckwelle, Hitzeentwicklung und der Initialstrahlung sofort getötet worden. Die letale Strahlungsintensität wird dabei innerhalb des Radius auf 10 Gy geschätzt. Weiterhin kann nicht grundsätzlich ausgeschlossen werden, dass während der anzunehmenden Tests Kriegsgefangene oder KL-Häftlinge zu „Testzwecken" auf dem Areal zum Zeitpunkt der Explosion anwesend waren. Eine analoge, menschenverachtende Vorgehensweise durch die SS führt Rider bei den Experimenten mit chemischen Kampfstoffen an. Etwaige weitere kollaterale Schäden können durch den Fallout in der Umgebung entstanden sein. Hierbei ist zu berücksichtigen, dass der radioaktive Niederschlag (der nicht zwingend als Wetterereignis auftreten muss, sondern in Aerosolform als eine kontaminierte Staubwolke anfällt, die nicht als solche erkannt werden kann) sehr schnell zerfällt und 80 % seiner Strahlung binnen 24 Stunden emittiert. Da die potentiell in Frage kommende Region, die der Expositionierung durch den Fallout unterlag, sehr stark von äußeren Einflüssen, wie der Witterung, Windgeschwindigkeit und -richtung sowie der Topographie, abhängig ist, kann keine verifizierbare Angabe über deren Auswirkung gemacht werden. Als Beispiel zieht Rider ein 10 × 10 km großes Areal in Betracht. Entsprechend der oben angestellten Berechnungen würde dieses Areal im „Idealfall" einer Strahlendosisleistung von 0,15 bis 0,263 Gy innerhalb der ersten Stunde ausgesetzt sein, während die kumulative Exposition über 24 Stunden bei zwischen 1,13 und 1,97 Gy läge.[116)]

Diese Werte sind hypothetisch, teils abstrakt und mit den am theoretisch anzunehmenden Testort vorgekommenen Dosisleistungen nicht als identisch anzusehen, stellen sie lediglich den Versuch einer Näherung dar. Dennoch können aus ihnen folgende Ableitungen gezogen werden: Die hier geschätzte 24 Stunden-Dosisleistung liegt im Bereich der subletalen Strahlenwirkung unterhalb 2 Gy beim Menschen – man spricht von einer vorübergehenden Strahlenkrankheit, die sich durch mögliches, partielles Unwohlsein unmittelbar nach der Expositionierung auszeichnet. Erst nach einer Latenzzeit von mehreren Wochen können als Folge der Strahlungseinwirkung weitere Frühschadenssymptome wie Haarausfall, Appetitmangel, Mattigkeit, Unwohlsein, wunder Rachen und Hautausschlag auftreten. Aufgrund der bereits angesprochenen individuellen Wirkung ionisierender Strahlung auf den Menschen können diese Symptome ganz unterschiedlich oder gar nicht signifikant auftreten. Dementsprechend werden sie wahrgenommen und nicht unbedingt als unmittelbare Folge eines nuklearen Ereignisses, welches bereits möglicherweise Wochen zurückliegt und ihnen gar nicht im Bewusstsein ist, in Zusammenhang gebracht. Bei den hier betrachteten Tests in Thüringen würde das bedeuten, dass eventuelle Frühschäden durch Expositionierung bei der angenommenen Dosisleistung zeitversetzt zu den angesprochenen Symptomen geführt haben können, ohne dass das betreffende Personencluster diese überhaupt als solche erkannt hat. Die Tests selbst und deren kernphysikalische Komponente waren der Bevölkerung schließlich unbekannt. Da unter den gegebenen Bedingungen des Krieges eine medizinische Behandlung dieser als leicht zu bezeichnenden gesundheitlichen Beeinträchtigungen als relativ unwahrscheinlich anzusehen ist und diese demnach bei nicht allzu optimistischer Betrachtung auch nicht erfasst worden sind, ist eine medizinische Abschätzung des radiotoxischen Gefährdungspotentials auf die Bevölkerung nach heutigen Maßgaben nicht statthaft. Es liegt also sehr gut im Bereich des Wahrscheinlichen, dass es in der umliegenden Bevölkerung sehr wohl zu Symptomen einer vorübergehenden Strahlenkrankheit gekommen ist, die nie registriert wurden, weil sie als solche nicht erkannt worden sind. Die Symptome sind allzu leicht anderen Ursachen zuzuordnen; grippale Infekte (zu dieser Jahreszeit nicht unüblich) oder Mangelernährung (kriegsbedingt) etc. Auch die ärztliche Versorgung in der ländlich geprägten Region muss gewichtet werden. Welcher Mensch, der mit der biologischen Strahlenwirkung nicht ansatzweise vertraut ist, würde Wochen nach einer benachbarten Explosion bei einer leichten Abgeschlagenheit oder Übelkeit auf ein nukleares Ereignis schließen? Es kann nicht verwundern, dass in den umliegenden Gemeinden wie Bittstätt

oder Röhrensee keine Fälle von Strahlenkrankheit evident wie evaluierbar sind. Um eine seriöse wie belastbare Befundung vornehmen zu können, müssen sämtliche Krankheitsdaten aller zwischen Februar bis Ende April 1945 in den umliegenden Gemeinden permanent Anwesenden erfasst und mit einem Raster der Frühschäden abgeglichen werden. Derartige Metadaten potentiell Betroffener liegen kriegsbedingt nicht vor. Zumal nach den GRU-Berichten für das in Frage kommende Zeitfenster der hypothetischen Tests auf medizinisches Personal der SS zurückgegriffen wurde und die lokalen Ärzte demnach offenkundig ausgeschlossen waren. Eine narrative Grundsatzaussage, dass es mangels Informationen zu möglich aufgetretenen Frühschäden derartige in der Region a priori nicht gegeben hat, ist weder statthaft noch seriös.
In den Grothmann-Protokollen (siehe Kapitel 8) ist von zwei Waffentypen die Rede: einem kleineren für Testzwecke und einem finalen Einsatzmodell. Bei dem Ersteren soll demnach auch nur wenig Spaltstoff eingesetzt werden, bei der endgültigen Version kann die Menge – ausgehend von den Gewichts- und Abmaßangaben in den GRU-Berichten – in ähnlichen Dimensionen wie bei „Fat Man" vermutet werden: etwa 5 bis 10 kg U235. Während die amerikanische Kernwaffe ein TNT-Äquivalent von etwa 20 kt besaß, kann die deutsche Konstruktion mit ihren ergänzenden Technologien wie den leistungsfähigen Neutronengeneratoren, vergleichbar mit dem Boosting-Prinzip, auf einen potentiellen Wert in Richtung 100 kt taxiert werden.

Um aufzuzeigen, dass die hier genannten Zahlenspiele über den Energieertrag der hypothetischen Testkonfiguration – basierend auf approximierten Stoffmengen der eingesetzten Materialien – nicht blanke Fiktion sind, erinnern wir uns an das Patent 977825 von Schumann und Trinks aus dem Jahr 1952 (siehe Kapitel 2). Dort wurde ein Entwurf mit ganz ähnlichen Größenverhältnissen wie die in dem GRU-Bericht {B} erwähnten beschrieben: Eine eiserne Hohlkugel mit 1 m Durchmesser und 1 cm Wandstärke wiegt etwa 250 kg, ein 20 cm starker Sprengstoffbelag etwa 1.500 kg; zuzüglich Verdämmung liegt man bei etwa 2 t Gesamtgewicht. Der Einsatz von Sprenglinsen zur konkaven Druckwellenausbildung war vorgesehen, ebenso wie die in den anhängigen Patentschriften angegebene optionale Verschachtelung mehrerer sprengstoffbelegter Hohlkugeln ineinander und der Einsatz von Deuterium oder Li6D im Inneren. Auch in dem Artikel des Aerodynamikers Eugen Sänger findet man eine Sprengstoffmasse von 1.600 kg, nur etwas über den sowjetischen Angaben liegend.

7.3.11 Und später ...

Zum Abschluss der Analysen der GRU-Berichte ziehen wir eine Meldung von Marshall Georgi Schukow heran. Schukow kommandierte ab November 1944 die 1. Weißrussische Front und war maßgeblich an der Befreiung Warschaus und der Eroberung Berlins beteiligt. Er unterzeichnete am 09. Mai 1945 für die sowjetische Seite die Kapitulationsurkunde der Wehrmacht. Anschließend leitete er die Verwaltung der sowjetischen Besatzungszone und hatte sowohl dabei als auch bereits vorher Kontakt mit den Wissenschaftlern der Operation „Borodino", dem russischen Pendant zu „ALSOS".117) Am 02. Oktober 1945 übersandte er ein Memorandum an Stalin, in dem er nach seiner Evaluierung einer Auflistung der ihm bekannten deutschen Wissenschaftler und Institutionen des Nuklearprogramms zu folgendem Urteil kam:

„Aufgrund der von uns gesammelten Materialien kann man den Schluss ziehen, dass die Deutschen auf dem Gebiet der theoretischen und praktischen Forschung und Anwendung der Kernenergie bis zum Bau einer Atombombe gute Ergebnisse erzielt haben."

Er wies ebenfalls auf die Arbeiten von Diebners Gruppe in Stadtilm hin. Interessant ist in diesem Dokument der Hinweis auf die Urananreicherung mittels Zentrifugen der Firmen Anschütz und Hellige, wobei er auf den Zentrifugenbau in dem Betriebssitz von Hellige in dem von den Sowjets kontrollierten Breslau hinweist.118) Dies ist ein direktes Indiz für eine weitere Produktionsstätte von Ultrazentrifugen zur Urananreicherung, die wir bislang noch nicht miteinbezogen haben.

In dem später unter sowjetischer Kontrolle stehenden Thüringen ist vom Alliierten Kontrollrat und der Sowjetischen Militäradministration (SMA) am 01. März 1947 folgende Direktive über das „Verbot der Herstellung, der Einfuhr, der Ausfuhr und der Lagerung von Kriegsmaterial" herausgegeben worden:

„Zur Verhinderung der Wiederaufrüstung Deutschlands erläßt der Kontrollrat das folgende Gesetz:

Artikel I
1. Die Herstellung, Einfuhr, Ausfuhr, Beförderung und Lagerung des in dem beigefügten Verzeichnis A angeführten Kriegsmaterials ist verboten. Gemäß den Weisungen des zuständigen Befehlshabers [...] sind sämtliche Materialbestände dieser Art so bald wie möglich zu vernichten, zu beseitigen oder auf den notwendigen Friedensgebrauch umzustellen.
[...]
3. Der im Verzeichnis A gebrauchte Ausdruck ‚Kriegsmaterial' umfasst Bestandteile, Zubehörstücke und Ersatzteile solchen Materials, die eigens für militärische Zwecke bestimmt sind.
[...]"

Artikel IV verpflichtet jede Person, die im Besitz derartigen Materials ist oder über deren Verfügungsgewalt verfügt, dieses binnen einer Frist nach Inkrafttreten des Gesetztes bei dem zuständigen Zonenbefehlshaber zu melden. Ebenfalls werden alle Personen, die Kenntnis von der Existenz derartiger Materialien haben, dazu verpflichtet, dieses selbständig zur Meldung zu bringen.
Verstöße werden in Artikel VI mit langen bis lebenslänglichen Haftstrafen oder der Todesstrafe sanktioniert.

„[...]
Verzeichnis A
Gruppe I

(a) Sämtliche Waffen, einschließlich atomarer Kriegsführungsmittel, oder Vorrichtungen aller Kaliber und Arten, die geeignet sind, tödliche oder vernichtende Geschosse, Flüssigkeiten, Gase oder toxische Stoffe voranzutreiben sowie die dazugehörigen Lafetten und Gestelle.
(b) Sämtliche Geschosse für die obigen Waffen sowie deren Vortreib- oder Antriebsmittel [...].

Gruppe VI
Sämtliche Zeichnungen, Aufstellungen, Pläne, Modelle und Nachbildungen, die sich unmittelbar auf Entwicklung, Herstellung, Erprobung oder Prüfung von Kriegsmaterial oder auf Versuche und Forschung in Verbindung mit Kriegsmaterial beziehen.
[...]"119)

Der Alliierte Kontrollrat respektive die SMA erließ ein Gesetz zur Verhinderung der Wiederaufrüstung, dessen Missachtung sogar die Todesstrafe nach sich ziehen konnte. Der Umgang mit bestimmten, explizit genannten Kriegsmaterialien und deren Anwendung sind verboten worden. Kann diese Direktion noch als verallgemeinert angesehen werden, so sticht die Nennung der einzelnen Materialien und das diese betreffende Forschungsverbot deutlich hervor. Jene Materialien durften weder angeeignet, gehandelt oder produziert werden. Auch einzelne Komponenten, die der Nutzbarmachung dieser Waffengattungen dienlich sein konnten, waren untersagt. Ebenso waren sämtliche Forschungen und Experimente verboten. Während chemische Sprengmittel und Kampfstoffe in dem Gesetzestext an anderer Stelle in einer eigenen Rubrik nochmals separat geführt werden, werden hier speziell *atomare Kriegsführungsmittel* ausgewiesen, unter denen man Kernwaffen verstehen darf. Dass auch diese Waffengattung von den Siegermächten restriktiv gehandhabt wurde, erklärt sich eigentlich von selbst. Umso erstaunlicher mutet der Umstand an, ein entsprechendes Verbot in Gesetzesform aussprechen zu müssen. Denn folgt man dem tradierten Kontext, hat es *atomare Kriegsführungsmittel* nicht gegeben. Weshalb bedurfte es dann also deren Aufnahme in die Rechtsprechung des Alliierten Kontrollrates? Warum etwas unter Strafe stellen, wenn es nicht existent ist? Dass im Speziellen auch die Forschung und Entwicklung sowie die praktische Erprobung einbezogen worden ist, mag in Anbetracht aller waffentechnischer Projekte der Wehrmacht schlüssig erscheinen; nimmt man aber die Ereignisse in Thüringen und insbesondere die Aktivitäten der hier konzentrierten Forschungseinrichtungen hinzu, kann die Hypothese aufgestellt werden, dass die hier angesprochene Nachkriegsregelung das Produkt, die Reaktion auf das Vorangegangene in Thüringen, darstellt und unmittelbar in Bezug zu jenen Ereignissen zu sehen ist.

7.3.12 Die US-amerikanischen Aufzeichnungen

In den amerikanischen Dokumenten wie Archivalien finden sich im Vergleich zu denen in den GRU-Berichten keine derart detailreichen Beschreibungen. Dennoch lassen sich in ihnen zahlreiche Hinweise durch militärische wie geheimdienstliche Erfassung deutscher kernphysikalischer Forschungen wie Experimente in dieser Richtung erkennen. Es wird im Folgenden darauf verzichtet, die vielfältigen diesbezüglichen Pressemitteilungen einzubeziehen, deren Quellen in oder nahe von Militärkreisen zu vermuten sind und sich weniger oder nur in begrenztem Maße auf eigene Recherchen stützen dürften. Andererseits können einzelne Artikel auch durch *embedded journalists* – Kriegsberichterstatter – vor Ort entstanden sein. Die so während des Krieges verfassten medialen Publikationen können bei kritischer Betrachtung aus obengenannten Quellen stammen und als *public relation* – auf Deutsch: „Öffentlichkeitsarbeit" oder schlicht „Propaganda" – verstanden werden, da der Krieg noch nicht beendet war und sie bezogen auf das eigene Volk (das schließlich die Soldaten für Europa zu stellen hatte) gegen aufkeimende Kriegsmüdigkeit anzugehen hatten. Selbstverständlich kann auch die Wahrheitsnennung als Warnung an einen sich verzögernden Kriegsverlauf nicht ausgeschlossen werden.
Das Thema der Kernphysik als Waffe war während des Krieges zwar als populistisch anzusehen, unterlag aber im Einzelnen der Geheimhaltung. Deshalb konzentrieren wir uns auf die erfassten, belastbaren Dokumen-

te hierzu in den Unterlagen des Militärs oder der Geheimdienste, die aus dem Zeitraum seit der Operation „Overlord“ – der Landung in der Normandie – stammen. Ein Teil davon stammt aus den Aufzeichnungen des OSS. Das Office of Strategic Services war bis Kriegsende der Nachrichtendienst des Kriegsministeriums der Vereinigten Staaten und geht direkt auf die Initiative des amtierenden Präsidenten Franklin Delano Roosevelts zurück; nicht zu verwechseln mit dem Nachrichtendienst der amerikanischen Streitkräfte – dem G-2 (intelligence).

Auf den 21. Oktober 1944 datiert, findet sich ein OSS-Report mit dem Titel „Atom Smashing Secret Weapon“.

„1. Die deutschen haben eine Waffe fertig gestellt, die auf dem Prinzip des Zerfalls der Materie (Atomzertrümmerung) beruht. Es wurden Experimente durchgeführt, die sich als schlüssig erwiesen haben. Die Wirkung dieser Waffe ist wie die eines Blitzes, natürlich stark vergrößert.

2. Es wäre möglich, den Effekt dieser Waffe in eine bestimmte Richtung zu lenken. Möglicherweise handelt es sich um eine Art Projektil als um eine so genannte Waffe. Der Aktionsradiussoll drei Kilometer betragen. Die Verwüstung durch diese Waffe soll so groß sein, dass Hitler plant, sie nur in der Luft einzusetzen, zum Beispiel gegen Flugzeuge. Trotzdem sagen die Deutschen, dass sie im Notfall nicht zögern werden, sie auch vor Ort einzusetzen. Diese Waffe scheint tatsächlich für den Einsatz auf dem Schlachtfeld bereit zu sein, aber sie existiert nur in der Form eines Modells. Deutschland, braucht, und dies scheint absolut sicher zu sein, eine Verzögerung von mindestens drei Monaten. Praktisch gesprochen scheint es, dass diese Waffe erst innerhalb von fünf Monaten einsatzbereit sein könnte. [...]“120)

In Punkt 1 wird explizit auf bereits getestete Nuklearsprengmittel (Atomzertrümmerung) verwiesen. Ob es sich bei der Waffenwirkung unter Punkt 2 tatsächlich um eine nuklearen Charakters oder eine thermobare handelt, lässt sich nicht direkt sagen, kann aber aus dem Vorhergegangenen geschlussfolgert werden. Als urhebende Quellen weist der OSS-Report die Vernehmung der Direktoren der Deutschen Waffen- und Munitionsfabrik DWM in Karlsruhe (Vorläufer der heutigen Kuka) aus.

Am 16. November 1944 warnte John Edgar Hoover, Gründer des Federal Bureaus of Investigation (FBI), den Berater Roosevelts, Harry Hopkins, in einem Brief vor den deutschen Aktivitäten. Hoovers Aufgabenfeld betraf seinerzeit die Spionageabwehr. Ein gefasster deutscher Spion sollte den Stand der Entwicklung von nuklearem Sprengstoff und die Herstellung schweren Wassers eruieren. Neben diesen technischen Daten galt es, die wahrscheinliche Reaktion der amerikanischen Bevölkerung hinsichtlich des Einsatzes der aus der Urankernspaltung hervorgerufenen Sprengkraft einzuschätzen.121)

Bereits vier Tage später befasste sich ein weiterer OSS-Report mit „Secret Weapons". Ein namentlich nicht genannter, als prominenter Deutscher titulierter Informant habe angegeben, dass die V2- und V3-Entwicklungen durch die Invasion unterbrochen worden seien, nun aber intensiv fortgesetzt werden. Die V2 sei seiner Beschreibung nach eine Flugabwehrwaffe mit einem erheblichen Zerstörungsradius von einem Kilometer, in dem alles pulverisiert würde. Die Wirkung beruhe auf der Destruktion von Atomen (worauf im Original besonders verwiesen wird) – also der im deutschen Sprachgebrauch als „Atomzertrümmerung" bezeichneten Kernspaltung. Die identische V3 besitze einen Wirkradius von zwei Kilometern und sei für den Einsatz gegen Bodenziele konzipiert.122)
Diese Angaben sind allerdings interpretationswürdig und kritisch zu sehen. Wer war der Informant? Verwechselte er die Flugabwehrrakete „Wasserfall" mit der V2? Wie kam er auf die Einbeziehung der Kernspaltung und die großen Wirkungsradien? Letzteres wäre typisch für eine Kernwaffe. Das Zusammenbringen der beschriebenen Wirkung, ausgehend von einer charakteristischen Wirkung dieser Waffengattung, könnte ähnlich den GRU-Quellen von einer in die Entwicklung involvierten Person stammen, da sie nicht allgemein bekannt gewesen sein dürften.

Auch in den 1995 veröffentlichten Tagebüchern von Roosevelts Sekretärin Margarete Suckley hatte sich diese aus einem Gedächtnisprotokoll eine Konversation mit dem Präsidenten beim Abendessen vom 09. Dezember 1944 notiert. Ihm, Roosevelt, lag ein Geheimbericht einer in der Vergangenheit zuverlässigen deutschen Quelle vor, die von einer V3 berichtete, welche durch Gehirnerschütterung alles innerhalb einer Meile töten würde. Die Deutschen planten deren Einsatz gegen New York, um die amerikanische Moral zu unterminieren. Roosevelt jedoch war von der gegenteiligen Wirkung überzeugt. Der Generalstab sei angewiesen worden, alle Küstenschutzmaßnahmen für den Fall der Existenz einer V3 zu überprüfen. Außerdem seien die Deutschen den Amerikanern trotz aller investigativen Maßnahmen auf diesem Gebiet weit voraus ... 123)
Unklar ist, welche zuverlässige deutsche Quelle Roosevelt hier meinte und auf was für einen Typus an Waffe sich die devastierende Wirkung bezog.

Als Folge zweier früherer nachrichtendienstlicher Reporte von George Earle und James Edgar Hoover gingen im Dezember 1944 mehrere Memoranden vom Hauptquartier der US Air Force an den Assistenten des Stabschefs der Abteilung G-2. Sie trugen folgende Bezeichnungen:

„Evaluation of Reports of Very Long Range Secret German Weapons Capable of Devasting a Large Area“,
„Evaluation of German Guided Missiles Reports Requested by G-2“ und
„Evaluation of Two Reports on New German Guided Missiles“.

In diesen wird über Experimente mit einer größeren Rakete (als die zu diesem Zeitpunkt bereits bekannte A4/V2) berichtet, zu der es aber noch an spezifischen Daten mangelte. Kriegsgefangenenberichte aus Watten ergaben, dass auch hier von der Existenz weiterentwickelter Raketen gesprochen wurde. Eine Analyse der zugehenden Informationen des OSS ergab, dass die Deutschen im Begriff waren, eine neue Rakete mit größerer Reichweite und Zerstörungskraft in Produktion zu nehmen. Außerdem seien die Deutschen, basierend auf alliierten wissenschaftlichen Forschungen, in der Lage, einen neuen Sprengstoff mit verheerender Wirkung zu

entwickeln. Demnach soll von einer Zerstörungskraft von 40 km^2 die Rede gewesen sein. In Frage käme hierfür nach amerikanischer Evaluation nur eine atomare Waffe mit einem TNT-Äquivalent von 650.000.000 lbs – umgerechnet etwa 300 kt.124)
Es ist korrekt, dass zu jener Zeit in Peenemünde die Arbeiten an dem Interkontinental-Projekt A9/A10 wieder liefen. Doch erreichte die Konstruktion bis zum Kriegsende keinen Teststatus mehr. Dagegen scheint sich eine vergrößerte Version der A4 – und damit ist nicht die geflügelte Variante A4b gemeint – in Entwicklung befunden zu haben, wobei praktische Experimente nicht ausgeschlossen werden können (siehe Kapitel 8). Der Verweis auf Watten ist in diesem Zusammenhang interessant, da sich in dessen näherer Umgebung sowohl der als „Kraftwerk Nordwest" bezeichnete Bunkerbau von Éperlecques als auch bei Wizernes eine unter dem Decknamen „Schotterwerk" laufende unterirdische Bunkeranlage in Gestalt eines Raketensilos mit signifikanter Betonkuppel in Bau befanden. Keine der Anlagen konnte vollendet werden; nach wiederholten alliierten Bombardements wurden sie auch nur noch für eine partielle Nutzung vorgesehen. Zumindest bei letzter Einrichtung ist auffallend, dass die geplanten Einrichtungen für die aufgerichtete Rakete sehr großzügig bemessen wurden und deutlich mehr lichten Raum boten, als für die A4 notwendig.125) Die zerstörerische Energie wird mit einem nuklearen Einsatzmittel verglichen, wobei bei allem Wohlwollen Wirkungsradius und Sprengkraft überzogen sind. Dies reflektiert jedoch die latente Furcht vor einer deutschen Waffe dieser Bauart.

„Date: January 1945
Evaluation: C-3

Very urgent
Intelligence
Germany
Research on Secret Weapons
A Center of research has been set up at KAPPEL, 37 km north of Berlin, in a disguised woods. Near this Center, and camouflaged by the same woods, there is a whole of the E. M. de DOENITZ.

Researches are carried on vigorously upon the ‚atomic explosion', at the SS Technical Academy at ZELLENDORF (700 m south of the [RR] Station) and especially at BRNO in Bohemia. These Experiments are pursued intensively by the old Establishments of BAYER (the spezial section of the I. G. Farben near Berlin and in the vicinity of Regensburg)." 126)

Dieses weitere Dokument vom Januar 1945, das im Original mit einem ergänzenden Datum, dem 20. März 1945, versehen ist, spricht von energischen Forschungen in Bezug auf „atomic explosion", die nördlich Berlins bei Kappel, nahe dem Quartier Karl Dönitz', durch die Technische Akademie der SS in Zellendorf und besonders in Brünn sowie bei den IG Farben (Berlin und Regensburg) angestrengt werden. Eine Ortschaft mit dem Namen „Kappel" existiert weder in Brandenburg noch Mecklenburg-Vorpommern. Die Entfernungsangabe ist unkorrekt – eine Distanz von 370 km realistischer. Bei der Ortschaft „Kappel" dürfte es sich um Kappeln in Schleswig-Holstein gehandelt haben, einem Stützpunkt der Kriegsmarine für Kleinkampfmittel. Dort unterzeichnete Hans-Georg von Friedburg im Auftrag von Karl Dönitz in seiner Funktion als letzter Reichspräsident (nach Hitlers Tod) die Kapitulation aller deutschen Truppen im Nordraum. Ob hiermit nicht eher die Einrichtungen in dem 40 km südlicher gelegenen Dänisch-Nienhof gemeint waren oder eventuell beide in wissenschaftlicher Verbindung standen, ist unklar. Und mit der TA der SS bei „Zellendorf" nahe Jüterborg ist wahrscheinlich die Institution von Otto Schwab bei Trebbin gemeint. Auf was für Forschungen im Einzelnen bezog sich dieser Bericht?

Im Hessischen Staatsarchiv findet sich ein Schreiben vom 20. Juni 1947 eines in alliierter Kriegsgefangenschaft befindlichen Wilhelm Haus, das an den Vorsitzenden der Strafkammer des Amtsgerichts Limburg gerichtet ist. Offenbar ging es um seine Beteiligung einer Urteilsvollstreckung eines Standgerichts während der letzten Kriegsmonate. Darin gibt er Erstaunliches preis:

„Etwa Anfang Februar 1945 erzählte mir der damalige Ingenieur Marsch aus Gießen, im Beisein meines damaligen ständigen Kreiswirtschaftsberaters, Dr. Hans Hensoldt, in meinem Dienstzimmer von neuen Waffen und dem ‚schwerem Wasser', welche bald eingesetzt werden sollten und kriegsentscheidend wären.
Ebenfalls im Februar 1945 besuchte mich der Oberingenieur Coenders von den Röchling-Werken im Büro. Er erzählte mir von neuen Waffen, die aber nicht vor April eingesetzt werden könnten.
[...]

Am 26. März 1945 abends erschien auf meiner Dienststelle der damalige Gauamtsleiter von Koblenz, Andreas Bang. Er zeigte mir ein Flugblatt, welches über dem Westerwald und dem Siegerland abgeworfen wurde. Dieses Flugblatt vom Oberkommando der deutschen Wehrmacht forderte die Bevölkerung auf, eine Zone von 50 km vom Rhein zu räumen, da mit dem 1. April neue, kriegsentscheidende Waffen eingesetzt würden, die den deutschen Sieg verbürgten. Ein gleiches Flugblatt wurde mir am 28.3.1945 in Frankenberg/Eder gezeigt. [...]"127)

Bedeuteten diese Flugblätter den unmittelbar bevorstehenden Einsatz einer neuen Waffe mit derartigem Wirkradius und solchen Kollateralschäden, dass die eigene Bevölkerung gewarnt und zur Evakuierung aufgefordert werden musste? Um welchen Typus „Waffe" es sich hierbei gehandelt haben könnte, die derartige Voraussetzungen erfüllt, kann nur vermutet werden; der Schluss auf nichtkonventionelle Einsatzmittel wäre aber naheliegend. Die genannten Orte und Personen sind evident. Bei Hans Hensoldt handelt es sich um den Leiter der gleichnamigen Werke der seit 1928 zu Zeiss gehörenden Hensoldt AG mit einer Dependance in Wetzlar. Das von Moritz Carl Hensoldt gegründete Unternehmen war auf dem Rüstungssektor tätig und produzierte optische Geräte wie Zielfernrohre und Entfernungsmesser, war aber auch auf dem zivilen Markt mit astronomischen Ferngläsern und Mikroskopen vertreten und stieß weiter in den Bereich der Feinmechanik vor. Der ursprüngliche Firmensitz lag im thüringischen Sonneberg. In welcher Art der heutige Rüstungskonzern in die damalige Nuklearforschung involviert war, lässt sich derzeit nicht angeben. Unwahrscheinlich ist eine Beteiligung als Zulieferbetrieb von systemrelevanten Komponenten in Anbetracht seiner militärtechnischen Kooperation jedoch nicht.

Eine weitere Veröffentlichung stammt aus dem Jahr 1999 von dem bereits 1970 verstorbenen Oscar W. Koch. Als General der US Army arbeitete er für die Abteilung G-2 (intelligence) innerhalb George Pattons 3. Armee. Er schreibt von über 38.000 deutschen Kriegsgefangenen, die binnen einer Woche nach der durch die 1. Armee erfolgten Rheinüberquerung bei Remagen am 07. März 1945 gemacht wurden. Bei deren Vernehmungen blieb ihm vor allem die überzeugende Aussage eines Gefangenen nachhaltig in Erinnerung, da sie die US Army zu weiteren Aufklärungsmaßnahmen zwang.

„[...] Seine Einheit hatte an einer neuen und ungewöhnlichen Waffe gearbeitet, sagte der PW den Vernehmenden. Dann, sagte er, während er sich vorübergehend von seinem Posten entfernt hatte, habe es eine schreckliche Explosion gegeben. Alles auf dem Gelände war ein Durcheinander und die Bäume in einem weiten Bereich des umgebenden Waldes waren umgelegt worden. Kein Flugzeug war in der Nähe gewesen, und die Explosion – die heftigste, die ich jemals gesehen hatte – konnte unmöglich von einer Bombe herrühren. [...]“

Um welche Waffe es sich bei der Explosion handelte, konnte der Gefangene aufgrund der Geheimhaltung nicht sagen, jedoch den Ort des Geschehens präzise auf einer Karte angeben. In Anbetracht der bereits gemachten Erfahrungen mit neuartigen Waffen wie der V2 etc. stieß diese Schilderung bei den Geheimdiensten auf großes Interesse, obwohl die Angaben sich nicht verifizieren ließen und die Glaubwürdigkeit des Gefangenen durchaus angezweifelt wurde. Aber die potentielle Gefahr durch eine neuartige Waffe großer Zerstörungskraft konnte nicht ignoriert werden. Durch Luftbildaufnahmen des von dem Gefangenen ausgewiesenen Areals entpuppte sich die Aussage jedoch als unwahr, da dort noch alle Bäume standen. Ein anderer Gefangener berichtete von der Errichtung eines neuen unterirdischen Hauptquartiers, das in der Marschrichtung der 3. Armee lag. Er gab interessanterweise ein ähnliches Gebiet nahe Ohrdruf an. Die Angaben zu den allerdings noch unvollendeten, jedoch teilweise ausgestatteten unterirdischen Einrichtungen dort entsprachen größtenteils der Wahrheit.[128]) Es bleiben Fragen: Die Angaben zu dem großen Areal mit gefällten Bäumen korrespondiert mit jenen des GRU-Berichtes. Warum konnte die US Air Force nichts finden? Hatte sie am falschen Ort gesucht und deshalb nichts entdeckt? Wich die Ortsangabe des gefangenen Deutschen von dem tatsächlichen Explosionszentrum ab? Gab es dort gar nichts zu „finden"? Da die Originaldokumente der Vernehmung einschließlich der Luftbilder bislang nicht aufgefunden werden konnten, bleiben sie trotz einer gewissen Analogie zu den sowjetischen Angaben mit Zweifel behaftet.

Der Direktor der Schweizer OSS-Außenstelle, Allen Welsh Dulles, der entscheidend in die Vermittlungen der „Operation Sunrise" (der Teilkapitulation deutscher Streitkräfte, insbesondere der von Karl Wolff vertretenen SS, in Italien und dem Alpenraum) involviert war, übermittelte von seinem Amtssitz in Bern am 01. April 1945 ein Telegramm folgenden Inhaltes: In einem Gespräch zwischen Kesselring und Wolff habe man sich über die aussichtslose Lage ausgetauscht. Demnach gebe es in Berlin um Hitler eine kleine Gruppe von Beratern, die an eine letzte spezifische Geheimwaffe glauben, die sie als „Verzweiflungswaffe" bezeichnen. Diese könne den Krieg verlängern, nicht jedoch entscheiden, und ein schreckliches Blutbad verursachen. Er, Kesselring, werde sich dem Einsatz dieser Waffe verweigern.[129]) Sinngemäß findet dies auch durch einen Tagebucheintrag von Kay Summersby, der Assistentin wie Geliebten von Eisenhower, Bestätigung, als sie diesem am 04. April anvertraute:

„Wir haben eine deutsche Nachricht abgefangen. Wahrscheinlich haben die Deutschen irgendeine neue Waffe. Was es ist, eine Rakete oder irgendein Gas, darüber haben wir keine Kenntnis. Kesselring muß eine Nachricht gesendet haben, die besagt, dass er sich weigert diese neue Waffe einzusetzen, da sie nicht den Sieg bringt, sondern nur ein Blutbad auf beiden Seiten. Wir können zwar die Flugplätze bombardieren, aber mehr als das nicht tun."[130])

Dieser Eintrag bezog sich auf einen von den Alliierten abgefangenen Funkspruch vom 02. April zwischen Kesselring und Walter Model. Ähnlich klingende Informationen waren der Abteilung G-2 unter Koch bereits durch die Vernehmung des sich den Amerikanern am 19. März gestellten deutschen Nachrichtenoffiziers Helmut Arntz zugegangen. Der spätere Sprachwissenschaftler und Träger des Bundesverdienstkreuzes Arntz war Adjutant Albert Prauns, dem Chef des Heeresnachrichtenwesens im OKH. Er gab an, dass man bei der Wehrmacht nicht beabsichtigte, Kampfstoffe einzusetzen, da man Vergeltungseffekte befürchtete. Jedoch beabsichtigte die Wehrmacht den Einsatz einer ihm unbekannten Waffe gegen den alliierten Brückenkopf bei Remagen, sobald hier die Truppenkonzentration eine Offensive erwarten ließ. Auch erwähnte er ein etwa 3 km westlich von Arnstadt befindliches FHQ mit der Bezeichnung S3.131)

Das Office of War Information veröffentlichte am 25. August 1945 eine Pressemitteilung, in der sie verschiedene, in Deutschland aufgefundene neuartige Waffensysteme abstrakt auflistete. Hier ist von Transatlantikraketen wie Atombombenexperimenten die Rede. Explizite Erwähnung fanden die weit fortgeschrittenen Entwicklungen der Atombombe und der Schwerwasserproduktion (auch wird auf die sensationellen Entwicklungen von Langstreckenraketen, die nicht mit jenen vergleichbar seien, die gegen England zum Einsatz gelangten, und deutschen Kartellen mitsamt dem Kapital im neutralen Ausland hingewiesen).132)
Es erstaunt, dass hier relativ offen über Atombombenexperimente berichtet wurde. Wohlgemerkt über „Experimente", man hatte demnach den Status der reinen theoretischen Betrachtung bereits hinter sich gelassen. Ein weiterer G-2-Report äußerte sich am 15. September 1945 diesbezüglich ganz ähnlich. Auch hier ist von Langstreckenraketen, die funkferngesteuert seien, zu lesen. Ferner sei eine pilotengesteuerte Variante bereits entwickelt. Das neueste Modell der als „A9" bezeichneten Rakete habe eine Reichweite von 2.900 mi. Deutsche Raketenexperten haben überdies eingeräumt, dass diese Entwicklungen vom deutschen Oberkommando mit Blick auf den Einsatz eines nuklearen Sprengstoffes, der Hitler mehrfach vom KWI in kürzester Zeit in Aussicht gestellt wurde, geschehen sei-

en. Hierzu passten die ebenfalls gemachten Anstrengungen, kleinere Gefechtsköpfe für diese Raketen zu entwickeln.133) Verfasst worden ist dieser Bericht von dem US-General und G-2-Stellvertreter im Alliierten-Hauptquartier SHAEF in Europa, Thomas Jeffries Betts, und seinem britischen Berater des Versorgungsministeriums, Reginald Patrick Linstead, und basierte auf den CIOS-Ermittlungen. Das Combined Intelligence Objectives Subcommittee (CIOS) wurde von den beteiligten amerikanischen und britischen Stabschefs als erste wissenschaftliche Ermittlungsorganisation zur Aufklärung deutscher Technologien ins Leben gerufen. Primär liefen in ihr die organisatorischen wie administrativen Betätigungsfelder zusammen. Die praxisorientierten Aufgaben übernahm später die Field Information Agency, Technical (FIAT).
Signifikant ist der Widerspruch zu den öffentlichen „ALSOS"-Angaben über das deutsche Atomprogramm, da Letztere stets die Entwicklung einer deutschen Nuklearwaffe in Abrede stellten (auf diese differierenden wie diskrepanten Einlassungen seitens „ALSOS" werden wir noch zu sprechen kommen). Die CIOS-Vorsitzenden räumten damit nicht nur die theoretische Entwicklung einer Atomwaffe ein, sondern gingen mit ihren sicher nicht auf reiner Phantasterei fußenden Erläuterung auf deren praktische Umsetzung wie Einsatzabsicht ein.

Der amerikanische Generalstabschef George Catlett Marshall berichtet in seinen erst 1996 unter dem Titel „Biennial Reports of the Chief of Staff of the United States Army to the Secretery of War: 1 July 1939 – 30 June 1945" veröffentlichten Schriften über die Notwendigkeit der siegreichen Operation „Overlord". Die Landung auf dem Kontinent in der Normandie am 06. Juni 1944 durfte unter keinen Umständen scheitern. In Abwägung der sich ergebenden Situationen auf allen Schlachtfeldern in Europa, Japan und China war ein Angriff auf die Deutschen in Frankreich im Sommer 1944 unumgänglich geworden, besonders mit Blick auf die Fortschritte auf dem Gebiet der Entwicklung einer Atombombe seitens der Deutschen. Die Invasion hatte zu erfolgen, noch bevor eine derartige Waffe gegen die Alliierten gerichtet werden konnte. Deutschland musste niedergerungen werden, bevor mit neuartigen Waffen die Vereinigten Staaten hätten direkt erreicht werden können:

„[…] Diese Schlussfolgerungen schienen unausweichlich: Frankreich musste 1944 besetzt werden, den Krieg zu verkürzen indem den sowjetischen Kräften der Vormarsch in den Westen erleichtert wird. Gleichzeitig machten deutsche technologische Fortschritte wie bei der Entwicklung von Atomsprengstoffen den Angriff unabdingbar, bevor diese schrecklichen Waffen gegen uns gerichtet werden konnten. […]"134)

Bei Kapitulation hätten die Deutschen kurz vor diesem Punkt gestanden.135) Dabei war man sich im Sommer 1944 keineswegs sicher, dass alle Kraftanstrengungen ausreichen würden, um die Deutschen tatsächlich zu schlagen. Er spricht von übermenschlichen Anstrengungen und gigantischen Materialmengen.136) Auch warnt er vor dem Einsatz möglicher neuartiger Waffen großer Reichweite und Zerstörungskraft gegen die amerikanischen Küstenregionen in einem folgenden Krieg und erklärt den strategischen Hintergrund der Bombardierung deutscher und japanischer Städte; es galt, diesen Ländern bei ihrem Einsatz derartiger Waffen zuvorzukommen bzw. sie an der Weiterentwicklung und Vollendung zu hindern.137) Indirekt weist er damit die potentielle Gefahr der Entwicklung einer deutschen Atombombe als Ursache für die aus heutiger Sicht teilweise unnötigen Flächenbombardements der letzten Kriegsmonate aus. Am Ende sei er dankbar dafür, dass es gelungen war, den deutschen Vorsprung bei der Konstruktion einer Atombombe sogar zu überholen (wozu das Kriegsende in Europa seinen Teil beigetragen hat), warnte aber vor einer neuerlichen allzu großen Selbstgefälligkeit seines Landes für die Zukunft

„[…] Diese enorme Entdeckung [Nutzung der atomaren Energie] wird nicht ausschließlich unsers auf unbestimmte Zeit bleiben. In den Jahren des Friedens zwischen den beiden Weltkriegen haben wir es Deutschland gestattet, uns bei der Entwicklung von Instrumenten, die einen militärischen Nutzen haben könnten, weit zu übertreffen. […]"138).

Dank seiner Position hatte Marshall Zugang zu allen erdenklichen geheimdienstlichen Erkenntnissen, die Feindlage betreffend. Dieses Hintergrundwissen war für die operationelle Planung des militärischen Handelns von fundamentaler wie auch existenzieller Bedeutung. Wie er zu seiner hier veröffentlichten Lagebeurteilung gelangt ist, erscheint aus diesem Blickwinkel evident, ist aber nicht substantiell belegbar. Auch er widerspricht im Grunde den Ermittlungsergebnissen der „ALSOS"-Mission. Er habe nicht daran gedacht, die Atombombe gegen Deutschland einzusetzen. Sein Anliegen sei es gewesen, dass die Deutschen die Atombombe nicht gegen sie selbst einsetzen konnten, erklärte der Oberbefehlshaber der alliierten Streitkräfte in Europa, Dwight David Eisenhower, in der New York Times am 23. Februar 1946. Zwei Jahre später schrieb er eine ganz ähnlich lautende Begründung zum D-Day wie Marshall. Hiernach sei er wiederholt über die neuesten deutschen Entwicklungen bakteriologischer wie atomarer Waffen instruiert worden, was seinem Urteil nach eine so rasch wie möglich durchzuführende Invasion Frankreichs zwangsweise zur Folge gehabt habe. Als einzige wirksame Gegenmaßnahme vor „Overlord" kamen nur massive Bombenangriffe auf alle erdenklichen Produktions- wie Entwicklungszentren in Frage. Nur durch sie konnten die tatsächlichen Fortschritte dieser Waffentypen deutlich verzögert werden. Eisenhower sei der Meinung gewesen, dass – wenn es den Deutschen gelungen wäre, jene Waffen etwa sechs Monate früher zur Einsatzreife zu bringen – es den Alliierten vielleicht unmöglich geworden wäre, „Overlord" durchzuführen. Er berichtet sehr deutlich über die von der deutschen Atombombenentwicklung ausgehende Gefahr, über die man sich nicht nur bewusst war, sondern auch laufend nachrichtendienstlich informiert wurde.139)

Massive Bombenangriffe auf alle erdenklichen Ziele, die in die kernphysikalische Forschung involviert waren, als Allheilmittel gegen die Entwicklung von Atomwaffen? Der späte Angriff auf Oranienburg (Auergesellschaft) fällt definitiv hierunter. Aber auch das Bombardement Dresdens zwischen dem 13. und 15. Februar 1945 könnte demnach in einem neuen Licht betrachtet werden, war in der Elb-Metropole doch der elektrotechnische Großbetrieb Koch & Sterzel angesiedelt, der auch für die Kernphysik relevante Großapparate konstruierte wie Kaskadengeneratoren und Zyklotrone.

Charlotte Knight rekapituliert in ihrem Artikel „German Rocketeers: German Rockets and Guided Missiles almost Won the War for the Nazis" in der AAF (Army Air Force) Review im Juli 1946 die raketentechnische Entwicklung und deren Potential. Längst nicht alle Konstruktionen entstammten dem Propagandaministerium und selbst amerikanische Experten erkannten nunmehr, wie knapp der Sieg für die Alliierten ausgefallen war. Etlichen deutschen Kommandeuren sei die Situation bekannt gewesen, dass bei einer weiteren Verzögerung der Niederlage ein lokaler Sieg oder ein Patt hätte erreicht werden können, was zu einer wesentlich komfortableren Ausgangslage bei den folgenden Friedensverhandlungen geführt hätte. In diesem Zusammenhang verweist Knight auf die 1946 bekannte Sachlage, dass das Rennen um die Atombombe viel enger ausgegangen war als es den Amerikaner lieb gewesen ist. Nach Ansicht von Experten sei es die deutsche Intention gewesen, jenen neuen Atomsprengstoff als Gefechtskopf der Raketen einzusetzen.140)

Parallel zu den Amerikanern wie Marshall und Eisenhower machte auch der britische Premierminister Winston Spencer Churchill seiner Besorgnis Luft. Unmittelbar nach erfolgter Kapitulation aller deutschen Streitkräfte wandte er sich am 13. Mai 1945 über die BBC London an die Öffentlichkeit. Die Niederlage Deutschlands habe Großbritannien vor Schlimmerem bewahrt, da sich ein fortgeschrittener Kenntnisstand zu den „Wunderwaffen", wie den Raketen, seit der Landung in der Normandie abzeichnete. Erst jetzt sei man sich der latenten Gefahr, in der London schwebte, bewusst geworden. Neuartige Waffen befanden sich in Vorbereitung und die Niederringung des Feindes sei gerade noch rechtzeitig erfolgt, bevor London ebenso zerstört worden wäre wie Berlin:

„[...] Only just in time did the Allied armes blast the viper in his nest. Otherwise the autumn of 1944, to say nothing of 1945, might well have seen London as shattered as Berlin. [...] Therefore we must rejoice and give thanks, not only for out perservation when we were all alone, but for out timely deliverance from new suffering, new perils not easily to be measured." 141)

Die „nichtmessbaren, neuen Gefahren", auf die er sich in seinem Dankeszusatz bezogen haben mag, scheinen plausibel, sind aber nicht näher evaluierbar. In diesem Kontext erscheint jedoch sein berühmter Ausspruch als logisch und konsequent: Der Krieg sei fünf Minuten vor zwölf zu Ende gegangen. 142)

Die amerikanische Medienlandschaft wurde seit „Overlord" ebenfalls nicht müde, über derartige, massenvernichtende wie interkontinentale Waffen, welche sogar die Vereinigten Staaten ins Visier nehmen konnten, zu berichten. In der Los Angeles Times ist am 30. September 1944 von einem in Frankreich aufgefundenen 14-t-Projektil mit einem Wirkradius von 3 km die Rede. Der Artikel hat die militärische Zensur erfahren, wie sich aus dem Original durch einen angefügten Buchstabencode ersehen lässt. 143) In der Toronto Daily Star wurde der mögliche Termin für den ersten Einsatz einer deutschen Nuklearwaffe auf den 06. August 1945 terminiert. Da das Exemplar jener Zeitung bereits am 30. Juni 1945 gedruckt worden war, kann hier unmöglich ein Bezug auf die zum selben Termin über Hiroshima abgeworfene US-Atombombe „Little Boy" konstruiert werden, da das Einsatzdatum der Geheimhaltung unterlag. Ein weiteres Telegramm, versendet am 02. Juli 1945 an Leslie Groves, enthält das gleiche Datum mit demselben Zusammenhang. 144) Die Washington Post wusste am 27. August 1945 von weitreichenden, pilotengesteuerten Raketen zu berichten, die bereits das Teststadium erreicht hatten. Ebenfalls in der Erprobungsphase haben sich deutsche Atomwaffen befunden. Sinnigerweise begann der Artikel mit der Überschrift „God Blessed America". Ähnliches schrieben am gleichen Tage auch die London Times und die New York Times. Dies weist auf noch unenthüllte Geheimnisse hin, die sich auf die Entwicklung von Atombomben, Stealth-Technologien und bemannten Langstreckenraketen bezogen. 145) Im gleichen Monat, in dem der Report von Marshall auszugsweise parallel in der Londoner wie New York Times erschienen war, warnte er in Letzterer vor dem Einsatz überschallschneller Atomraketen.[146)] Die Kombination beider Waffensysteme war seiner Befürchtung nach also unmittelbar in den Bereich des Möglichen gerückt. Bereits im folgenden Jahr experimentierten die Amerikaner mit nachgebauten A4-Raketen, um deren Ortung mit Radar zu erforschen. Dies schien dem verantwortlichen William Richardson ein besonderes Anliegen, verwies er doch auf das nukleare Trägerpotential der Raketen, mit denen auch die USA angegriffen werden könnten. Die Entwicklung hatte „as quick as possible" zu erfolgen.[147)] Seine Befürchtungen konnten sich nur auf die UdSSR beziehen, die ebenfalls in den Besitz der A4 gelangt waren. Offenbar assoziierte er die Nuklearbewaffnung mit dieser Rakete mit früheren Erfahrungen, welcher Art diese auch immer gewesen sein mögen.

Waren die vielzitierten und durch das Propagandaministerium heraufbeschworenen Wunderwaffen doch keine bloße Chimäre?

Der engste Berater Roosevelts, Harry Hopkins, erläuterte später, dass die vom Präsidenten herausgegebene Doktrin „Germany First" gegenüber Japan definitiv *nicht* als Konzession an die Sowjetunion gerichtet war, sondern sich allein auf Deutschlands militärwissenschaftliches Potential bezog:

„[...] und wie sich aus den Ergebnissen erwies mit Recht – dass Deutschland in seiner Produktionskraft und an wissenschaftlicher Befähigung über ein viel größeres Potential (als Japan) verfüge und, wenn es für mehrere Jahre relativer Ruhe in Europa Zeit gewann, es zu entwickeln, umso schwerer oder am Ende überhaupt nicht mehr zu besiegen sein werde."[148)]

Der Präsident der Senatskommission für militärische Angelegenheiten zur parlamentarischen Kontrolle des Verteidigungsministeriums (Senate Committee on Armed Services) in den Jahren 1945 bis 1947, Elbert Duncan Thomas, äußerte sich nach dem Bekanntwerden des Status der deutschen Rüstung durch alliierte Aufklärung in den teilweise geheimen Standorten:

„Hätte unsere Invasion nur um sechs Monate verschoben werden müssen, so hätten die Deutschen die Überlegenheit nicht nur in Europa gehabt, sondern auch über den Kanal und England... Selbst wenn die deutschen keine Invasion durchgeführt hätten [womit eine Operation gegen die britischen Inseln gemeint ist] – wahrscheinlich hätten sie es aber doch getan –, so wäre ein bedingungsloser Frieden ohne Verhandlungen unser letzter Ausweg gewesen. Uns blieb nur ein enger Ausweg, den Krieg rechtzeitig zu beenden."[149)]

In etlichen weiteren Dokumenten finden sich Hinweise auf die Entwicklung nuklearer Bewaffnungen:
So taucht verschiedentlich die Entwicklung einer 6-t-Bombe mit radioaktivem Material auf, die noch vor Kriegsende getestet worden sein soll, wie dies beispielsweise in einem FIAT-Report vom 13. Juli 1946 Erwähnung findet.[150)] Diese fand ihren Weg auch in die zeitgenössischen Medien, wobei sich die New York Times am 04. Dezember 1946 interessanterweise der Angaben Wernher von Brauns bediente:

„Wernher von Braun, ein 34-jähriger deutscher Wissenschaftler, der die tödliche V2-Überschallrakete erfunden hat, gab heute bekannt, dass die Nazis eine 100 t Rakete bauten, um die Vereinigten Staaten anzugreifen. Von Braun berichtete Reportern, dass die 100 t Rakete auf dem Reißbrett war, als die Alliierten Europa überrannten. Er sagte, sie hätte eine Nutzlast von 6 t über tausende Meilen getragen um die Vereinigten Staaten zu schlagen."[151)]

Bei der 100-t-Rakete handelte es sich um den Entwurf der A9/10. Doch betreffen diese Berichte eine „schmutzige Bombe" oder eine „richtige" nukleare Waffe?
Ein Air Intelligence Report vom 15. Juni 1946, der sich mit den Trends der Entwicklungen in der Luftfahrt- und Raketentechnik befasst, weiß nicht nur von den deutschen Ambitionen, Raketen mit Nukleargefechtsköpfen auszustatten, zu berichten, sondern auch von den Forschungen einer „Heavy Hydrogen Bomb"[152)]. Die in Thüringen möglicherweise zur Er-

probung gelangten Konstruktionen wiesen in den Berichten ein Gewicht von 2 t auf. Todd Rider verweist in seiner Studie auf das frühe Stadium der Konzeption einer Wasserstoffbombe hin, bei der die Wissenschaft ebenfalls von einer recht großen Konstruktion zur Aufnahme aller Komponenten ausging, so dass die erwähnte 6-t-Bombe auf diesen Typus schließen lässt.[153)] Genährt wird diese Vermutung durch die Publikation des uns in Kapitel 2 begegneten österreichischen Kernphysikers Hans Thirring. In seinem 42. Kapitel „Die Superbombe" erläutert er die Grundprinzipien der Kernfusion zur waffentechnischen Anwendung. Wir erinnern uns: Neben der D + D-Reaktion verweist er dort auf den wesentlich effektiveren Einsatz von Lithium unter Protonenbeschuss, Li7 + p → He4 + He4. Die Startenergie zur Einleitung des Prozesses gibt er in Bezug auf amerikanische Quellen mit 0,1 MeV an. Der Energieauswurf bei der kompletten Umsetzung einer Stoffmenge von 1 kg sei dabei beinahe um den Faktor 3 größer als bei der Kernspaltung von U235.

„Dabei ist nun Lithium ein gar nicht so seltenes Element, so dass man in einer ‚Superatombombe' ungefähr ebensoviel Tonnen Lithiumhydrid verwenden könnte, als man jetzt Kilogramm Plutonium verwendet, derart, dass sich eine Wirkung ergäbe, die wiederum einige tausendmal gegenüber der bisher bekannten gesteigert werden könnte. Gott gnade jenem Lande, über dem eine Sechstonnenbombe von Lithiumhydrid zur Explosion gebracht wird!
Sofern die Idee überhaupt realisierbar ist, würde in einer Superatombombe die bisherige Uranbombe oder Plutoniumbombe nur die Rolle einer ‚Zündpille' spielen."[154)]

Thirring beschreibt die theoretische Grundlage späterer Thermonuklearwaffen, bei denen der Fissionsanteil im Inneren zur Initiierung der Fusionsreaktion im umliegenden Mantel dient. Doch woher stammt sein Bezug zu einer 6-t-Bombe? Basiert sein Wissen auf dem Forschungsstand des Krieges? Während er in diesem Abschnitt über die praktische Anwendung des Lithiumhydrids und den Einsatz als Waffe eher philosophiert als sie konkretisiert – gibt er auf der gleichen Seite doch lediglich eine grobe

Schätzung zur minimalen kritischen Masse des Plutoniums mit einer Breite von 1 bis 10 kg an –, nennt er explizit den Einsatz einer 6-t-Bombe. Nur Zufall? Oder wusste er mehr…

7.3.13 Was beinhalten die amerikanischen Dokumente?

Betrachten wir diese doch einmal differenziert, dann ist auffällig, dass die Ersteren eher von einer potentiellen, allgemeinen Gefahr hypothetischen Charakters sprechen, kaum nähere Details verraten und einzeln gesehen, trotz spezifischer Bezeichnung oder Beschreibung, sich nicht unbedingt auf ein nukleares Ereignis reduzieren lassen. Allerdings wird aus physikalischer Sicht mehrfach der Bezug auf „Atomzertrümmerung", „Destruktion von Atomen" oder „atomare Explosionen" genommen; Indizien, die eine Kernwaffenentwicklung nahelegen. Interessant ist dabei, dass auch hier nicht von Entwicklungen für zukünftige Einsatzmittel berichtet wird, sondern von bereits getesteten Konstruktionen. Hierunter fällt auch die ungeklärte Konstruktion einer 6-t-Bombe.
Konkreter und weniger abstrakt erscheinen dagegen die Berichte von Marshall, Eisenhower und Knight. Kann der Artikel Charlotte Knights noch auf zu rein propagandistischen Zwecken veröffentlichtem Material der amerikanischen Streitkräfte basieren, sieht es mit der Glaubwürdigkeit Marshalls und Eisenhowers anders aus. Analog zu der Vermutung, die sowjetischen Berichte seien in der beginnenden Ost-West-Konfrontation als Instrument der politischen Propaganda genutzt worden, um Desinformationen zu lancieren, zwingt uns diese Annahme auch hier zu einem Blick auf die Motivation der Publizierung durch ihre Urheber. Im Kern sprechen alle drei von einer in der Nähe eines realen Einsatzes stehenden Entwicklung der deutschen Kernwaffe und dem Zeitdruck der westlichen Alliierten, diesen zu unterbinden, um den eigenen Sieg nicht zu gefährden.
Der allgemeine Tenor, wie die erste in diesen Zeitraum fallende Veröffentlichung der „ALSOS"-Mission, besagt jedoch, dass den Deutschen

eine derartige Entwicklung auf nukleartechnischem Waffengebiet versagt geblieben war und dessen involvierte Wissenschaftler zwar vereinzelt das theoretische Know-how besaßen, es aber für eine Umsetzung in eine funktionsfähige Konstruktion nicht genügte. Die hier aufgezeigten Dokumente konterkarieren jene tradierte Auffassung. „ALSOS" war lediglich ein partikularer Teil der alliierten Anstrengungen gewesen, dessen strategische Köpfe Marshall und Eisenhower waren, von denen man erwarten kann, dass sie vollumfängliche Kenntnis aller in ihre Autorität fallenden Geschehnisse erlangten. Wussten sie mehr als „ALSOS"? Mit dem beginnenden Kalten Krieg wäre es politisch höchst gefährlich gewesen, den Deutschen einen überaus eminenten Anteil an der Nuklearwaffenentwicklung zuzuschreiben. Zu diesem Zeitpunkt war die Atombombe Staatsgeheimnis. Hätte man den Sowjets jetzt diese Karte in die Hand gespielt, sich der deutschen Technologie und deren Wissenschaftlern einmal intensiver zuzuwenden und ihrer nach Möglichkeit innerhalb des Hoheitsgebiets der SMAD habhaft zu werden oder sie gar dem Westen abzuwerben – mit der eindeutig militärisch orientierten Intention –, hätten sich die Amerikaner vorsätzlich selbst geschwächt. Ein eher unwahrscheinliches Szenario. Es ist keine Koinzidenz zur Annihilation des amerikanischen Standpunktes evident. Eine propagandistisch motivierte Intention Marshalls und Eisenhowers kann nicht impliziert werden. Sie scheint eher der wahren Besorgnis über den erfolgreichen Verlauf des Feldzuges auf dem Kontinent entwachsen zu sein. Marshalls Karriere als aktiver Stabschef war im Prinzip mit Kriegsende vorbei, Eisenhowers auf dem Weg zur Präsidentschaft gerade erst eingeschlagen. Er hätte am allerwenigsten Grund dafür gehabt, die sicherheitspolitische Position der Vereinigten Staaten zu schwächen, indem man den Sowjets potentielle Quellen über die Entwicklung und Konstruktion von Kernwaffen zukommen ließ. Ebenfalls in Analogie zu den GRU-Berichten sind die erwähnten amerikanischen ebenfalls für glaubwürdig zu erachten. Bedeutet, die Besorgnis um eine deutsche Kernwaffe war latent vorhanden und real. Die Einlassungen von Marshall und Eisenhower sowie der Knight-Publikation können nicht als reine Propaganda oder Desinformation abgehandelt werden.

Die Aufzeichnungen des OSS und Hoovers stützen deren Ansichten.

Das wirft einen novellierten Blick auf das militärische Vorgehen in jenen Jahren, können die massiven Luftangriffe auf deutsche Städte auch dieser Doktrin zugeordnet werden. Dass sie in einem Zusammenhang stehen, findet sich in den Berichten. Die extremen Bombardements auf bestimmte Ziele (Berlin, München, Würzburg, Dresden etc.) können mit ihren wissenschaftlichen wie industriellen Zentren in diesem Betrachtungswinkel stehen. Ebenso die exorbitanten Bombardierungen Duisburgs, Essens und Dortmunds zwischen dem 10. und dem 12. März 1945 – die zu den stärksten nichtnuklearen Luftangriffen zählen – könnten diesem Schemata zugeordnet werden. Nicht allein, um entweder die industriell noch vorhandenen Kapazitäten im Ruhrgebiet oder die militärische Verteidigungsbereitschaft zu zerschlagen, sie sind auch als eindringliche Warnung zu verstehen, falls die Westalliierten von dem ersten hypothetischen Test am 04. März in Thüringen Kenntnis erlangt hatten. Auch die zahlreichen Publikationen in den amerikanischen Medien, besonders während des noch anhaltenden Krieges, weisen eine eher als defaitistisch und demoralisierend einzuordnende Richtung auf: Die sich wiederholenden Veröffentlichungen über neuartige, massenvernichtende Waffen, wie die atomaren in den Arsenalen des Feindes, trugen nicht zwingend zum Enthusiasmus der Fortsetzung des Konfliktes bis zum ultimativen Ende bei. Natürlich ist eine sich dem Feind endgültig entgegenzustellende Haltung ebenfalls erkennbar und politisch opportun, kann man den Feind am Einsatz seiner Waffen doch am ehesten dadurch hindern, dass man ihn niederringt. Im Gegensatz dazu kann allerdings die Überzeugung Fuß fassen, dass dieser Gegner sich nicht so einfach bezwingen lässt und unter den Eigenen ein Blutbad ungeahnten Ausmaßes anrichtet – und man sich deswegen auch zum Gegenschlag gegen das eigene Territorium genötigt sehen kann. Ausgang ungewiss. Gekommen ist es glücklicherweise anders.

Zusammengefasst lässt sich von einer konkreten, den amerikanischen Militärs wie Nachrichtendiensten bekannt gewordenen Bedrohung durch nukleare Wirkmittel der Deutschen sprechen, die bereits das Stadium der praktischen Erprobung erreicht zu haben scheint. Wie real diese Bedrohung tatsächlich war, lässt sich aus den Einlassungen Marshalls und Eisenhowers direkt, Knights und einigen Zeitungsveröffentlichungen indirekt ableiten. Eins haben sie jedoch gemeinsam: Die Bedrohung durch eine kurz vor dem Einsatz stehende deutsche Atomwaffe. In welchem Kontext findet sich jetzt aber die allgemein anerkannte wie unstrittige Beurteilung der „ALSOS"-Mission, die derartigen Zielen der Deutschen eindeutig widerspricht?

7.3.14 Quo vadis, „ALSOS"?

Was ist „ALSOS"? Im Herbst 1943, nachdem die Alliierten in Italien gelandet waren, regte Generalstabschef Marshall die Bildung einer geheimdienstlichen Organisation an. Aufgaben dieser neuen Gruppierung war es, den Stand des deutschen Atomprogrammes zu eruieren, zu evaluieren, sensible Dokumente wie Materialien sicherzustellen und der beteiligten Wissenschaftler habhaft zu werden. Es galt die Fragen zu klären, ob und – wenn ja – wie weit die Deutschen mit der Konstruktion und Entwicklung einer nuklearen Waffe gekommen waren. Darüber hinaus hatte sichergestellt zu werden, dass nicht andere am Krieg beteiligte Parteien am Wissensstand der Deutschen partizipierten und den Vereinigten Staaten in irgendeiner Weise gefährlich werden konnten. Diese Intention spielte bereits ganz eindeutig auf den sich anbahnenden Ost-West-Konflikt mit der Sowjetunion an. Die zu gewinnenden Informationen schienen idealerweise bei dem militärischen Leiter des Manhattan Projects, Leslie Richard Groves, zur Bewertung zusammenzulaufen. In Anlehnung an seinen Nachnamen bezeichnete man die Einheit als „ALSOS"; der aus dem Griechischen stammende Begriff bedeutet auf Deutsch „Hain", im Englischen *grove*. Der militärische Verantwortliche für „ALSOS" wurde der russischstämmige Boris Theodore Pash (eigentlich Boris Fedorovich Pashkovsky), der in den 20ern zeitweise in Berlin lehrte – ein Vorteil, weil er der deutschen Sprache mächtig war. Nach seiner Ausbildung zum Sport- und Physiklehrer in den USA trat er als Reserveoffizier der US Army bei und wurde dem militärischen Geheimdienst zugewiesen. Es folgte eine Qualifikation für sein neues Arbeitsgebiet durch das FBI. Im Anschluss war er für die Spionageabwehr bei den Lawrence Livermoore National Laboratories und weiter für das Manhattan Project zuständig, was ihn für die „ALSOS"-Mission prädestinierte. Wissenschaftlicher Leiter wurde der aus den Niederlanden stammende Samuel Abraham Goudsmit. Er promovierte 1927 im Bereich der Kernphysik an der Universität Leiden, dozierte dann an der Universität Michigan, bevor er zum Massachusetts Institute of Technology wechselte. Seine in den Niederlanden verbliebenen Eltern wurden wegen ihrer jüdischen Religionszugehörigkeit 1943 von den Deutschen in ein KL deportiert und ermordet. Unterstellt wurde die „ALSOS"-Mission neben dem Manhattan Project der Abteilung G-2 (intelligence), dem Office of Naval Intelligence (ONI) und dem Office of Scientific Research and Development (OSRD) als übergeordnete Behörden zur Überwachung und Koordinierung aller wissenschaftlichen Aktivitäten während des Krieges.155) Wir sind der von Vannevar Bush verwalteten Institution bereits im Zusammenhang mit der Gründung des Manhattan Projects begegnet. Auch der bereits erwähnte Frederic Wardenberg wurde von Groves aufgrund seiner Deutsch- und Französischsprachkenntnisse, die er durch seine beruflichen Reisen durch das Vorkriegseuropa als technischer Vertreter der DuPont Company erworben hatte, von „ALSOS" angeworben. Ihn und Goudsmit verband zunehmend eine Art Freundschaft.156) Die gesamte Mission war in drei Sektionen unterteilt: Italien, Frankreich und Deutschland. Nach Sichtung aller relevanten Unterlagen und der Vernehmungen wichtiger beteiligter Wissenschaftler kam Goudsmit letztendlich zu dem Resultat, dass das Scheitern des deutschen Atombombenprojekts auf Faktoren wie mangelnde Koordination, Bürokratie, Einfluss der alliierten Bombardements und seine gescheiterte Führung durch Werner Heisenberg zurückzuführen waren. Letzterer soll die Entwicklung nach eigener Einlassung aus moralischen Beweggründen verzögert und sie somit den Nazis vorenthalten haben. Auch wurde ins Feld geführt, dass Deutschland die kritische Masse spaltbaren Materials falsch kalkuliert hatte, dieses Material nicht in genügender Menge zu produzieren in der Lage gewesen war und die technisch-physikalischen Prinzipien einer Kernwaffe nicht korrekt erfasst hatte.157) Bereits im Jahr 1947 veröffentlichte Goudsmit ein Buch über die „ALSOS"-Mission, gefolgt von Groves 1962 und Pash 1969.158)

Doch warum stehen die Ermittlungsergebnisse im deutlichen Widerspruch zu den Berichten von Marshall und Eisenhower?

Es darf nicht vergessen werden, dass Marshall die „ALSOS"-Mission als militärische Sondereinheit gebildet hat, Pashs Vorgesetzter war (und damit auch Goudsmits) und Eisenhower ranghöchster militärischer Verantwortlicher auf dem europäischen Schlachtfeld. „ALSOS" widersprach seinen Vorgesetzten. Dies geschah, weil „ALSOS" wissenschaftliche Erkenntnisse evaluiert hatte, die sie zu ihrem Befund führte. Allerdings war „ALSOS" weisungsgebunden und hatte zumindest Marshall zu berichten. Als dieser im Oktober seinen im Vorfeld verfassten Bericht teilweise in der Presse veröffentlichte, sollte er vom Dienstgrad her über „ALSOS"-Resultate informiert gewesen sein. Zwar schied er unmittelbar nach Kriegsende als Stabschef aus, was ihm den Zugriff auf geheimdienstliche Informationen fortan unmöglich machte, aber er konnte auf sein während der Amtszeit erworbenes Wissen zurückgreifen. Hatte ihm „ALSOS" Informationen vorenthalten? Warum schlug Eisenhower 1948 quasi in die gleiche Kerbe? Sind dem späteren Präsidenten trotz des bereits von Goudsmit veröffentlichten Buches diese Fakten nicht bekannt gewesen? Unwahrscheinlich, da er einen Verbindungsagenten des OSS, Donald Richardson, als stillen Beobachter und persönlichen Zuträger zu mehreren „ALSOS"-Aktionen in Deutschland entsandt hatte. Beabsichtigte er damit eine Korrektur entgegen Goudsmit? Blicken wir zurück in die Geschichte. Noch besaßen die Sowjets keine Kernwaffe (obgleich sie ihre erste bereits entwickelten und 1949 erfolgreich zündeten). Die in Bezug auf den deutschen kernphysikalischen Forschungstand negativ ausfallende „ALSOS"-Veröffentlichung spielte der amerikanischen antisowjetischen Propaganda schließlich in die Hände: Der „ALSOS"-Bericht sagte doch klar aus, dass es von den Deutschen nichts zu holen oder von deren wissenschaftlichen Kapazitäten nichts oder wenig zu erwarten war. Marshall und Eisenhower torpedierten nun diese Sichtweise ganz öffentlich. Dabei kann beiden keine assoziierende kommunistische Haltung angelastet werden. In einem juristischen Verfahren zur Unschuldsbekundung eines Belasteten (hier Deutschland) wäre demnach „ALSOS" respektive Goudsmit (im Weiteren Groves und Pash) wichtiger Zeuge der Verteidigung, während Marshall und Eisenhower das

genaue Gegenteil bewirken würden – die Belastung –, als „Zeugen der Anklage". Doch noch etwas anderes ist auffallend. Warum konnte und durfte eigentlich Goudsmit bereits 1947 öffentlich über „ALSOS" berichten? Zu einem Zeitpunkt, an dem Fachkenntnisse zur Kernphysik, insbesondere deren waffentechnisches Derivat, absolutes Staatsgeheimnis waren?
Wenn „ALSOS" relevante Forschungstätigkeiten auf dem nuklearen Sektor vorgefunden hätte, so ist evident, dass diese umgehend klassifiziert und nicht zur Publikation autorisiert worden wären. Es lässt sich nicht ganz von der Hand weisen, dass Goudsmits Buch eine propagandistische Desinformationskampagne darstellte, um die Sowjetunion über die deutschen Fähigkeiten zu täuschen. Blicken wir auf die politischen Geschehnisse zur Zeit der drei Publikationen von Goudsmit, Pash und Groves:
1947 begannen sich die West-Ost-Spannungen zu manifestieren – der Expansion Stalins und der Bildung weiterer kommunistischer Satellitenstaaten hielten die USA ihre Containment-Politik zur Eindämmung des sowjetischen Imperialismus entgegen, die schon bald darauf in die Berliner Blockade führte.
1962 hatte sich der Kalte Krieg verschärft: Chruschtschows Friedensultimatum an den Westen war 1959 nach der vorausgegangenen Berlin-Krise auf Ablehnung gestoßen, was die politischen Spannungen gerade Innerdeutschlands zuspitzen ließ und im Sommer 1961 zum Mauerbau führte. Parallel dazu eskalierte das nukleare Wettrüsten allmählich: Nach der Machtübernahme der Putschisten etablierte sich auf Kuba ein kommunistisches Regime unter Fidel Castro. Da Eisenhower Mittelstreckenwaffen in der Türkei wie auch auf den ersten strategischen U-Booten stationierte, folgte Chruschtschow mit der strategischen Aufrüstung Kubas – was in der gleichnamigen Krise gipfelte.
1969 war ebenfalls ein Jahr mit eskalierenden Ost-West Beziehungen: Die BRD bemühte sich (vergebens) um Entspannung mit der DDR, während Deutschlands Jugend sich zunehmend an kommunistischen Idealen orientierte und radikalisierte. International waren die Auswirkungen des Prager Frühlings spürbar. In Vietnam war die Tet-Offensive des Nordens gescheitert, der neue Präsident Nixon – bei zunehmender Pazifizierung der USA –

beabsichtigte mit seinem Ruf als Antikommunist und seiner als *madman theory* benannten Strategie, Nordvietnam zum Verhandeln zu zwingen. Diente „ALSOS" in zweiter Linie der Desinformation des Ostens, um die Sowjets von der deutschen Wissenschaft abzuhalten? Doch zurück zu den Fakten.

Dank einer Information der in Heidelberg am dortigen KWI am 15. März 1945 in Gewahrsam genommenen Wissenschaftler wurde „ALSOS" auf die Diebner-Gruppe in Stadtilm aufmerksam. Den eigenen Truppen von Pattons 3. Armee folgend, erreichten Mitglieder von „ALSOS", geführt von Pash und Wardenburg, am 12. April die Region. Eilig informierten sie Goudsmit in Paris über ihre Entdeckung:

„Sam, ALSOS schlug wieder zu – Pash.
Nachdem wir drei Stunden hier sind, ist offensichtlich, dass wir eine Goldmine haben. Dr. Diebner und das gesamte Personal (außer einem), das an dem Projekt arbeitete, samt Material, Geheimakten usw. wurden hier am Sonntag, 8. April, von der Gestapo abgefahren, Bestimmungsort unbekannt.
Trotzdem haben wir:
1. Dr. Berkei, der von Anfang an dem Projekt beteiligt ist und alles erzählt hat. [...]
2. Bände von sehr aufschlußreichen Akten
3. Teile der U-Maschine (d. h. Uranmaschine)
4. Viele Ausrüstungen, Zähler etc.
[...]"[159].

Es herrschte bei „ALSOS" demnach Euphorie über den von ihnen gemachten Fund. Am 30. April schrieb Wardenburg hierzu seinen weiter oben bereits erwähnten Bericht „Stadtilm Operations". Seine dortige Auflistung zur empfohlenen Katalogisierung der Archivalien ist um einige Punkte umfangreicher:

„[...]
1. Organization

2. Financial
3. Pile Experiments
4. Heavy Water
5. Uranium
6. Ultra Zentrifuge
7. Isotope Separation Other
8. Betatron
9. Medical
10. Miscellaneous
11. KWI for Chemistry
12. Personal
13. Instruments & Measurements
14. Target Data
15. Non-TA General Intelligence
[…]".

Der einleitende Abschnitt aus dem Wardenburg-Dokument lässt aufhorchen:

„[…] I. Instructions have been receeived to forward all captured TA documents to Washington for final Analysis. No further Analysis of Stadtilm documents will, therefore, be made by the Alsos Mission […]."[160)]

(Das verwendete Kürzel „TA" steht für „Tube Alloy" und war der Deckname von Uran innerhalb des Manhattan Projects.)

Die aufgefundenen Dokumente in Stadtilm sollten nach Anweisung zur Analyse direkt nach Washington verbracht werden. „ALSOS" hatte keine weiteren Untersuchungen mit ihnen anzustellen. Demnach wurde die „ALSOS"-Mission bewusst und mit Vorsatz aus den Stadtilmer Entwicklungen der Deutschen herausgehalten! Und diese immanente wie dominante Weisung findet sich in einem Dokument eines offiziellen Mitglieds der „ALSOS"-Mission. Durfte „ALSOS" nichts von den hier angestellten Forschungen erfahren?

Goudsmit selbst räumt in seinem Buch ein, dass die Möglichkeit bestehe, dass „ALSOS“ längst nicht alles hat aufklären können und es Personen geben könne, von denen sie bislang nichts gehört haben, die ihrerseits heimlich an Atombomben arbeiteten. Auch weist er auf wiederkehrende Gerüchte über entsprechende deutsche Aktivitäten hin, die sich nach ihm jedoch nicht haben verifizieren lassen. (Zwar bezieht sich diese Äußerung auf das wissenschaftliche Potential nach dem Krieg, impliziert jedoch zugleich das optionale Eingeständnis der eigenen Fehlbarkeit.) Und dann folgt eine seine eigene Arbeit reduzierende Einlassung: „ALSOS“ habe bereits vorher gewusst, wer ihre Hauptziele in Deutschland gewesen seien.161) Er stellt sich damit als objektiver Ermittler definitiv ins Abseits. Denn es belegt, dass er auf diese bestimmten Ziele fixiert war und eventuelle weitergehende Spuren nicht mit der ihnen gebotenen Sorgfalt nachgekommen sein könnte. Oder anders ausgedrückt: Seine Mission besaß eine Priorisierung, die Alternativen a priori zu bloßen Randerscheinungen degradieren musste.

Schumanns wissenschaftlichen Arbeiten konnte oder wollte Goudsmit laut seiner Publikation offenbar rein gar nichts abgewinnen, die Beurteilung fiel entsprechend negativ aus: Die Geheimnisse der Atomphysik seien wesentlich diffiziler als die Betrachtung der Schwingungen von Klaviersaiten! Eine Anspielung auf Schumanns Dissertation. Die von Schumann geleitete Fachgruppe sei jedenfalls als nicht hinreichend kompetent zu bewerten. Er galt in Goudsmits Augen als zweitklassiger Physiker, der um sich eine Schar noch inkompetenterer Forscher versammelt habe. Die akademischen Wissenschaftler (womit Heisenberg etc. gemeint sein dürften) haben sich empört über die unangemessene Materialbereitstellung dieser minderbemittelten Forschergruppierung, zu denen sie auch von Ardenne zählten. Wären alleine sie mit der Waffenentwicklung beauftragt worden und hätte der Führer diesen Scharlatanen keinerlei Aufmerksamkeit gewidmet, wäre man sicher zu einem probaten Resultat gelangt. Als Schumann bei Kriegsende Richtung Bayern floh, verlor „ALSOS“ endgültig das Interesse an dieser offenkundig so unwichtigen Personalie. In Goudsmits Buch wird dagegen Heisenberg zur leitenden Persönlichkeit des Atompro-

grammes emporgehoben, obwohl er und seine Gruppe auch fundamentale Aspekte der Anreicherung oder Plutoniumanwendung außer Acht gelassen und einen Reaktor als potentielle Bombe gesehen haben.162)
Bei der analytischen Betrachtung von Goudsmits Veröffentlichung kommt man nicht umhin, zu erkennen, dass er offenbar direkten Kontakt mit den Akademikern aus dem Umfeld Heisenbergs hatte, diese achtete und ihre Ansichten teilte – gehörte dieser Personenkreis doch zu seiner priorisierten Zielgruppe. Dagegen hatte er für Schumann, von Ardenne und deren Mitarbeiter nur Verachtung übrig. Das ist auffallend. Dies kann im Zusammenhang mit dem Tod seiner Eltern gesehen werden, die durch Mitwirkung des deutschen Militärs starben. Schumann war Mitglied des OKW und auch die Reichspostforschung arbeitete eng mit diesem zusammen. Vor diesem Hintergrund wären seine Ressentiments gegenüber Schumann und Co. evident. Unter Einbeziehung dieser Annahme ergibt sich jedoch die Tatsache, dass er den Personenkreis um Schumann nur unzureichend in seinen Recherchen berücksichtigte und ihnen kein wissenschaftliches Gewicht beimaß. Es ergibt sich erneut ein Indiz für seine sehr einseitige wie persönlich motivierte Berichterstattung, allein auf Heisenberg konzentriert. Dass es verschiedentlich zu Diskrepanzen zwischen Goudsmit und seinen Vorgesetzten wie Vannevar Bush oder OSS-Direktor William Donovan bezüglich seiner Zielausrichtung und Ansichten gekommen ist, bestätigen verschiedene Schriftwechsel mit diesen. So wurde er von Bush unmissverständlich und nachdrücklich darauf aufmerksam gemacht, dass für die Vernehmung der sich in Gewahrsam befindlichen deutschen Wissenschaftler nicht er (Goudsmit) verantwortlich sei, sondern diese in die Zuständigkeit der Abteilung G-2 und von Groves Abwehrberater John Landsdale fiel. Neben dieser strengen Rüge an Goudsmits Adresse darf nicht übersehen werden, dass er von Dezember 1944 bis März 1945 aus Europa abgezogen worden ist.163) Erneut wurde „ALSOS" und ihr wissenschaftlicher Kopf aus wichtigen Ermittlungen ausgeschlossen. Es erweckt geradezu den Verdacht, als solle sie gezielt kaltgestellt werden, um „ALSOS" zu behindern. Aber es gab auch Einwände und deutliche Kritik an der Einstellung Goudsmits vonseiten der mit ihm kooperierenden Offiziere. Demnach betrachtete er diverse Verdachtsorte deutscher Atomfor-

schung für nicht beachtenswert, weil er die dortigen Arbeiten nicht verstand.[164)]

Auch Pash deutet in seinem Werk in diese Richtung. Nach der Okkupation der Reichsuniversität Straßburg, an der Fleischmann und von Weizsäcker forschten, sichtete das „ALSOS"-Team tagelang die dort aufgefundenen Dokumente und wissenschaftlichen Abhandlungen. Sie kamen noch vor Ort zu dem weitreichenden Schluss, dass die Deutschen von der Entwicklung einer Atombombe noch weit entfernt waren. Diese Einstellung hat „ALSOS" im Weiteren begleitet.[165)] Man kann hier unvoreingenommen von einer präjudiziellen und sich unterschwellig, äußerst subtil allmählich manifestierenden Voreingenommenheit sprechen, der sich die Objektivität unterzuordnen hatte.

Demzufolge überrascht nicht, dass unmittelbar nach dem Krieg, am 12. Juli 1945, Groves dazu aufgefordert wurde, einen eigenen, quasi wissenschaftlichen Geheimdienst im besetzten Deutschland zu implementieren, um sämtliche deutsche Forschungsanstrengungen auf dem Gebiet der Kernphysik erneut und unabhängig zu evaluieren.[166)]

Wenn man den Ergebnissen von „ALSOS" Vertrauen geschenkt hätte, wäre diese Maßnahme absurd gewesen. Offenbar wurde das anders gesehen.

Alle Indizien weisen aus heutiger Betrachtung darauf hin, dass „ALSOS" der ihr aufgetragenen Mission nicht ordnungsgemäß nachgekommen ist, zahlreichen Hinweisen nicht nachkam oder gezielt unterminiert und behindert worden ist. Die von Goudsmit verfolgte Sichtweise adaptierte er als Basis von „ALSOS".

Auch sind Zweifel an seiner wissenschaftlichen Reputation angebracht, erbrachte er doch seine größten Leistungen noch während seiner Studienzeit. In der Beurteilung bei Rider (auf die sich hier gestützt wird) wird vermutet, dass man ihn gezielt zum Leiter ernannt hat, da er im Falle seiner Festnahme durch die Deutschen oder Russen praktisch nichts von dem Manhattan Project zu berichten wusste, weil er über die Materie der Nuklearwaffen kaum Kenntnis besaß. Als wissenschaftlicher Kopf einer Ermittlungsgruppe, die eben genau dieses Thema zur Aufgabe hatte, eine unmögliche Konstellation. „ALSOS"-Aktivitäten auf dem Territorium der späteren sowjetischen Besatzungszone, Polen und die ČSFR eingeschlossen, reduzierten sich auf einen extremen Kurzaufenthalt in Stadtilm. Dies gilt ebenso für Österreich, das von „ALSOS" nicht aufgesucht wurde. Abwegig, hier eine umfangreiche, profunde und seriöse Untersuchung zu unterstellen. Mannigfache Hinweise, wie die Arbeiten von Ardennes, Schumanns oder der SS, wurden nicht weiterverfolgt. In ermittlungstaktischer Hinsicht hatte die „ALSOS"-Mission unter Goudsmit versagt – oder sie war zum Versagen genötigt worden. Denn nach Straßburg, als Goudsmit monatelang in die USA beordert worden ist, wurde „ALSOS" mit der Auswertung aller möglichen neuartigen Waffensysteme betraut – eine Aufgabe, die nichts mit dem eigentlichen Kerngebiet gemein hatte und für die es in der alliierten nachrichtendienstlichen Landschaft weithin geeignetere Institutionen gab, die zudem speziell für diese Aufgaben ausgebildet worden waren.167) „ALSOS" durfte nicht wissen, was sie nicht wissen sollten. Kurzum: Mit den populistischen Worten des 45. amerikanischen Präsidenten Donald Trump gesagt: „ALSOS" = Fake News. Dass „ALSOS" wesentliche Objekte deutscher Nuklearforschung und Verdachtsmomente ausgelassen hat, lässt sich anhand eines Beispiels aus der Tschechoslowakei rekonstruieren:

In einem Bericht des Joint Intelligence Committee mit dem Titel „Exploration of German Scientists and Technicians" vom 05. Januar 1946 wird auf die potentielle Gefahr deutscher Wissenschaftler unter sowjetischer Führung in der nuklearen Forschung und Raketentechnologie in den sowjetisch besetzten Regionen hingewiesen. In einer folgenden Auflistung werden die Personen und Orte benannt, von denen derartige Forschungsaktivitäten bereits bekannt waren. Hier wird darauf verwiesen, dass das gesamte Team eines Prof. Huettig, das am Uranmotor-Projekt bei „Krazek" arbeitete, bereits für die USA tätig war. Mit „Krazek" sind die Krizik-Werke östlich Podmokly (Bodenbach) bei Decin/Labe (wenige Kilometer südlich Bad Schandaus gelegen) gemeint, die seinerzeit einer der größten Produzenten für Kupferkabel in der ČSFR waren. Die Anlagen erhielten den Decknamen „Zechstein". Was es allerdings mit dem Uranmotor auf sich hat, bleibt unklar.168) Die Anlage „Zechstein", genauer in Rabstein bei Böhmisch Kaunitz (Ceska Kamenice) gelegen, war zum Jahreswechsel 1942/43 durch die Verlagerung des Weserflugzeugbaus aus Bremen ent-

standen und erhielt umgangssprachlich den Beinamen „Weser-Werk", für das vier unvollendete Stollensysteme in unmittelbarer Umgebung aufgefahren worden sind.[169)]
Deutlicher zu den dort durchgeführten Entwicklungen wird sich in den Reporten, datiert auf den 11. Februar, 02. September und den 31. Oktober 1946, des amerikanischen Beobachters dieser Region, Vladimir Rychly der US Naval Intelligence, geäußert. Die USA sandten zahlreiche Inspektoren in die sowjetisch besetzten Gebiete, um den Stand der Forschung und Technik der Deutschen während des Krieges zu evaluieren. „ALSOS" hatte zu dem Zeitpunkt bereits ihren primären Zweck erfüllt – durfte man doch nicht in diesen Gebieten aktiv werden. Nach seinen Informationen haben dort Arbeiten auf dem Gebiet der Kernspaltung und der Zyklotron-Fertigung stattgefunden. Nachgewiesen wurde die Produktion von V1- und V2-Komponenten. Bei Vollmann in Celakovice, nordöstlich Prags, seien die drei dort erstellten Zyklotrone in die UdSSR abtransportiert worden. Obwohl Vollmann die Kernphysik von Haus aus fremd gewesen sei, so Rychly, sei hier die Montage der Zyklotrone in deutschem Auftrag erfolgt. Eines der Geräte ist für die Reichspostforschungsanstalt in Miersdorf bestimmt gewesen. Vollmann war als Montagewerk für Dritte tätig.[170)] Es ist naheliegend, dass Vollmann oder die Anlage „Zechstein" beispielsweise für Elin (Wien) oder Koch & Sterzel (Dresden) als Zulieferer und Endmonteur involviert waren. Bei den drei angesprochenen Zyklotronen könnte es sich, dieser Annahme folgend, um die beiden Apparaturen der Reichspost bzw. des Ardenne-Instituts und die für Leipzig bestellte gehandelt haben, die tatsächlich den Sowjets in die Hände gefallen sind.

Auch bei der sich im Rahmen der „ALSOS"-Mission anschließenden Operation „Epsilon", der Internierung deutscher Wissenschaftler auf dem britischen Landgut Farm Hall vom 03. Juli 1945 für sechs Monate, setzen sich die Zweifel an der Aussagewürdigkeit und Integrität fort. Operatives Ziel war es, sich durch Angaben der Gefangenen ein klares Bild vom Stand der Nuklearforschung und Waffenentwicklung zu machen. Im Einzelnen waren dies:

Otto Hahn, Karl Wirtz, Werner Heisenberg, Walther Gerlach, Carl Friedrich von Weizsäcker, Paul Harteck, Horst Korsching, Kurt Diebner, Max von Laue und Erich Bagge.

Bereits beim Anblick dieses Personenkreises fällt auf, dass etliche an der deutschen Nuklearforschung beteiligte Wissenschaftler gar nicht erst die „Ehre" hatten, zum auserwählten Kreis zählen zu dürfen. Diese Tatsache reflektiert die Voreingenommenheit der Alliierten gegenüber den deutschen Ambitionen in der Kernphysik, limitiert sie diese und ihre geistigen Urheber doch bereits von Beginn an. Nach Aufhebung der Klassifizierung der Protokolle konnten diese 1993 erstmals veröffentlicht werden,[171)] allerdings in überarbeiteter und reduzierter Version! Mittlerweile ist zu der Entstehung der Protokolle bekannt geworden, dass die Gefangenen sowohl vernommen als auch abgehört und die Tonträger nach erfolgter Auswertung durch Abschrift und Übersetzung erneut verwendet wurden. Nur etwa 10 % der gesamten Abhörprotokolle waren für die Alliierten von Interesse, da sie ihrer Einschätzung nach relevante Informationen aus technisch-physikalischer Sicht enthielten. Lediglich diese Transkripte sind heute verfügbar, da die Aufnahmen der deutschen Originalfassung selbst unveröffentlicht geblieben sind. Dieses Mittel der Zensur schränkt die Beweiskraft der Protokolle erheblich ein, stehen ja nur wenige, partielle, durch Dritte überlieferte und bearbeitete Aussagen zum eigentlichen Sachverhalt zur Verfügung. Die Gespräche sind chronologisch erfasst und weisen deutliche Lücken langer Zeitabschnitte aus, in denen sich die Wissenschaftler rein gar nicht sachdienlich geäußert haben sollen. In Anbetracht des Umfangs dieser protokollarisch nicht erfassten Zeitfenster ein wenig wahrscheinliches Szenario. Vorstellbar ist, dass sich die gefangenen Wissenschaftler ihrer Observation bewusst geworden sind und als Folge einerseits relevante Themen im Freien diskutierten und andererseits ihre Konversationen in Gegenwart der Alliierten sehr genau bedachten, um sich nicht selbst zu kompromittieren. Genau mit diesen Hintergründen hat sich bereits Todd Rider in seiner Studie befasst, weshalb wir auf diese zurückgreifen können.[172)] Kurz nach ihrer Ankunft in Farm Hall stellte Diebner die Frage nach der Installation von Abhöreinrichtungen. Heisenberg war darüber amüsiert und traute den Alliierten derart perfide Gestapo-Methoden offenbar nicht zu. Geschah diese Äußerung in einem Akt naiver Selbstverblendung oder verleugnete er diese Möglichkeit offen, mit dem Hintergedanken, vor den Alliierten positiver erscheinen zu können? Denn wenn er vor den Ohren seiner Mithörer deutlich bekundete, nicht in dieser Form observiert zu werden, könnte das seiner Glaubwürdigkeit deutlich an Gewicht verliehen haben. Einige Tage später diskutierten Wirtz und Harteck über Goudsmit, von dem sie sich keine Unterstützung erhoffen konnten, da seine Eltern bekanntlich durch Deutsche ermordet worden waren. Zu Goudsmits „Recherchen" äußerte sich Korsching zu einem späteren Zeitpunkt recht deutlich: Heisenberg hatte gerade über die Reaktorforschungen in Hechingen und Haigerloch und die darüber verfassten Geheimberichte gesprochen, als Korsching auf Bagges Nachfrage entgegnete, dass Goudsmit ihn lediglich darüber vernommen habe, ob die Berichte von ihm bereits veröffentlicht oder überhaupt etwas „Neues" seien. Darin erschöpfte sich dessen Interesse. Goudsmit betrachtete die anderen Wissenschaftler offensichtlich lediglich als Sekundanten gegenüber Heisenberg, worüber sich Korsching nun beklagte. Diese Episode kann als beispielhafter Beleg für die deutlich vorgefasste Ansicht von Samuel Goudsmit betrachtet werden.

Doch blicken wir einmal auf die objektive Verwertbarkeit der hier festgehaltenen Aussagen. Diese werden von der tradierten Geschichtswissenschaft immer wieder als belastbarer Beweis dafür bemüht, dass die deutsche Wissenschaft noch weit von einer Atombombe entfernt war und auch relativ wenig Fachwissen über deren Konzeption und physikalischen Bedingungen offenbart wurde. Dieses deduktive Argumentum impliziert das Nichtvorhandensein eines beabsichtigten deutschen Nuklearwaffenprogrammes und die inkonsequenten wie in differenzierten Arbeitsgruppen separiert ausgeübten wissenschaftlichen Disziplinen.

Die oben aufgeführten Wissenschaftler waren in Farm Hall „interniert", was eine verschönerte Darstellung für eine Inhaftierung in einem Lager darstellt. Unzweifelhaft waren sie privilegierte Gefangene, die sich auf dem Gelände zwischen den Vernehmungen relativ frei bewegen konnten, und auch ein limitierter Kontakt zu ihren Familien wurde gewährt. Die Vernehmungen selbst verliefen, wenn man den späteren Einlassungen beider Seiten und den Transkripten Vertrauen schenken darf, in Gestalt eines Dialoges. Dass diese Form der Konversation von Kriegsgefangenen, die verdächtigt wurden, an nichts Geringerem als einer Atombombe gearbeitet zu haben, auch tatsächlich frei von jeder Repression geblieben sei, wirkt geradezu grotesk; derartige Einflussnahmen lassen sich jedoch nicht belegen. Dass hier durchaus äußerst subtil auf die Psyche der Gefangenen eingewirkt wurde, kann quasi reziprok aus deren Befürchtungen geschlossen werden. In einem Gespräch, bei dem Heisenberg, Diebner, Harteck, Korsching, von Weizsäcker und Hahn nachweislich zugegen waren, machte Korsching seinen Befürchtungen Luft, dass man sie nie mehr nach Hause lassen würde. Abwiegelnd wirft Harteck ein: Wenn man in noch größerem Umfang gearbeitet hätte, wären sie vom Secret Service bereits getötet worden. Man solle froh darüber sein, dass man gar nicht so weit gekommen sei (was auf die Entwicklung einer nuklearen Waffe bezogen ist). Hahn hatte bereits darüber spekuliert, dass man sie nur dann in die Freiheit entlassen würde, wenn es ihnen gelänge, die Alliierten von der Tatsache zu überzeugen, dass ihre Aktivitäten als belanglos einzustufen seien, und sie sich nicht selbst kompromittieren. Als Kriegsgefangene von einem Gericht abgeurteilt zu werden, war zum Beispiel Diebners Befürchtung. Es gab also durchaus ernsthafte Besorgnis der Gefangenen um ihr eigenes Leben, die sie selbst versuchten, sich auszureden.

Eine durchaus nachvollziehbare psychologische Reaktion auf eine aufgenötigte Situation mit ungewissem Ausgang. Die Transkription ist mit besonderem Vorbehalt zu handhaben. Juristisch würde man die in Farm Hall protokollierten Aussagen als unter Anwendung mittelbaren Zwanges entstanden sehen, sie wären folglich als Beweis nicht zulässig.

Dass die internierten Wissenschaftler den Alliierten wichtige Aspekte ihrer Arbeiten mit anzunehmendem Vorsatz verschwiegen, kann mit folgenden Detaileinlassungen beispielhaft aufgezeigt werden. Da wäre der legendäre und von uns bereits betrachtete Disput zwischen Hahn und Heisenberg um die kritische Masse von U235. Zur Erinnerung: Hahn warf Heisenberg am Tag von Hiroshima vor, ihm während des Krieges diese Masse mit etwa

50 kg angegeben zu haben und nun zu behaupten, es seien 2 t. Heisenberg begab sich daraufhin in Klausur und präsentierte wie aus dem Nichts seine erneuten Kalkulationen. Er führte diese Berechnungen vor den Augen der Alliierten durch, die ihn observierten. Zwar findet sich darüber nichts in den Transkripten, in Anbetracht des aufgezeichneten Disputs beider Kontrahenten kann man den Alliierten aber unterstellen, in Kenntnis des Ereigneten gewesen zu sein. Hat man Heisenberg nun in Ruhe arbeiten lassen? Wurde er beeinflusst? Wollte man interessehalber beobachten, ob er in der Lage war, die kritische Masse korrekt zu bestimmen? Welche Motivation die Alliierten auch an den Tag legten, die deutschen Wissenschaftler schienen sich weitaus intensiver mit der Materie ausgekannt zu haben, als kolportiert wurde.

Im weiteren Verlauf jenes 06. August erzählte Harteck von seiner bei der IG (gemeint sind hier die IG Farben) gemachten Beobachtung während eines Besuches dort, die ihn habe erstaunen lassen. Und das sei mit lediglich zehn Mann bewerkstelligt worden! Dabei scheint es sich um die Urananreicherung gehandelt zu haben, wie sich aus dem Sinn des Gespräches ableiten lässt. Auf was sich seine Beobachtung bezieht, bleibt unklar – auch in welcher Niederlassung der IG er war. Denn kaum ausgesprochen, änderten die Herren spontan das Thema. Gleiches geschah kurz zuvor bei dem Thema der Isotopentrennung. Man sinnierte über das von den USA angewandte Verfahren zur Anreicherung. Harteck bezweifelte, dass derart große wie reine Mengen an U235 mit der Zentrifugaltechnologie realisierbar wären, worin ihn Wirtz bestätigte. Hahn warf das Prinzip des Massenspektrographen ein. Diebner wies auf einen photochemischen Prozess hin. Wirtz und Harteck wichen aus und kamen wiederum auf den Massenspektrographen – von denen man sehr viele zur Gewinnung adäquater Stoffmengen benötigen würde – und die Trennung mittels Diffusion zurück. Wirtz kam noch einmal auf Diebner zurück und hielt die Isotopentrennarbeit durch Diffusion oder jenes photochemische Verfahren für die am wahrscheinlichsten angewandte Methode. Harteck wich erneut auf die Massenspektroskopie aus. Die Fotochemie fand keine weitere Erwähnung. Das wiederholte Ausweichen bei diesem Gespräch deutet darauf hin, dass gezielt von diesem in der gesamten kernphysikalischen deutschen Forschungswelt bis dahin nicht genannten Verfahren abgelenkt werden sollte. Die Isotopentrennung durch Laser zählt heute zu den innovativsten Verfahren auf diesem Gebiet, stellt die Ingenieurswissenschaft jedoch vor große Herausforderungen. Mangels Unterlagen jeder Art können derzeit keine Angaben darüber gemacht werden, auf was sich Diebner und Wirtz hier explizit bezogen oder wie weit dieser Bereich in Deutschland überhaupt bekannt war. Als ein Indiz kann eine weitere beiläufige Bemerkung Korschings am 21. Juli gesehen werden: Während einer Unterhaltung mit Bagge und Diebner, ob die Kernenergie eine zukünftige finanzielle Einnahmequelle darstelle, bemerkte er, an Diebners Adresse gerichtet, dass die Erfindung von künstlichen Rubinen für die Uhrenindustrie durch ihn deutlich mehr Mittel freisetzen werde als die Kernenergie. Wenn dieser vage gehaltene Einwurf Korschings auch eher hypothetischer Natur für eine potentielle Entwicklung darstellt, ist die Tatsache, dass er von der Herstellung künstlicher Rubine spricht, allein schon bedeutend. Diese waren essentiell in den Kinderjahren der Lasertechnologie. Bezog er sich dabei lediglich sarkastisch auf eine für die industrielle Anwendung vereinfachte Fertigungsweise von synthetischen Rubinen aus Aluminiumoxid (Korund) – das sich bereits Ernst Moyat hatte patentieren lassen?173) Oder basierte seine Einlassung auf profunden empirischen Erkenntnissen kernphysikalischen Charakters? Wir wissen es nicht.

Anhand dieser Beispiele kann aber verdeutlicht werden, dass die in Gefangenschaft befindlichen deutschen Wissenschaftler gegenüber den Alliierten nicht ihr vollständiges Wissen preisgaben. Den Farm Hall-Protokollen unter all den hier aufgeführten Umständen ein hohes Maß an Glaubwürdigkeit einzuräumen, wäre grotesk wie absurd.

Wie viel bleibt von „ALSOS“?

7.4 Und die deutsche Aktenlage?

Welche belastbaren Aufzeichnungen von deutscher Seite, die immerhin die Urheberschaft des hier zur Diskussion Gestellten zu verantworten haben, liegen vor? Lassen Fakten und Indizien auf die hypothetischen Ereignisse schließen? Und hiermit sind explizit nicht die Einlassungen und Publikationen des Propagandaministeriums Goebbels gemeint. Konzentrieren wir uns auf den Kontext betreffende und in Frage kommende Ereignisse und Aussagen:

Mohammed Amin al-Husseini war der von Großbritannien in Jerusalem eingesetzte Mufti. Dieser Titel reflektiert in der arabischen Welt den höchsten islamrechtlichen Gelehrten, der als einziger die Befugnis zur Erteilung von Rechtsgutachten – der Auslegung des islamischen Rechtes –, der Fatwa, innehat. Husseini war ein Nationalist, der dem Dritten Reich sehr nahestand und antisemitische wie antizionistische Ansichten vertrat. Nach seiner durch die kriegerischen Ereignisse durch britische Intervention im Nahen Osten ihm aufgezwungenen Flucht im Jahre 1941 nach Deutschland, kam es am 04. Juli 1943 zu einem Treffen mit Himmler. Dabei verriet ihm der höchste SS-Führer das Geheimnis des Baus einer Atombombe:

„[...] Die deutschen kamen, erläuterte Himmler dem Großmufti, in der Atomforschung voran. Die Atomwaffe werde die stärkste Waffe sein, die den Sieg garantiere. Wir haben erfahren, dass die Engländer und Amerikaner auch begonnen haben, eine Atomwaffe zu erlangen. Jedoch sind wir ihnen um drei Jahre voraus. Wir werden die Atomwaffe wenigstens drei Jahre vor ihnen haben. [...]"

Nach dem Krieg soll der Großmufti von Infiltrationen und Sabotageakten durch alliierte Geheimdienste in Bezug auf das deutsche Atomwaffenprogramm gewusst haben. Er sprach von einer Anzahl angeblich getöteter deutscher Forscher, Atomreaktoren in Ostpreußen und der Verlagerung in unterirdische Anlagen auf eine Insel vor Dänemark.[174)]

Das Gespräch mit Himmler ist durch die von den Alliierten abgefangenen Botschaften al-Husseinis nach Damaskus belegt, seine späteren informativen Äußerungen dagegen fragwürdig – denn von einer Tötung der an der Kernforschung beteiligten Wissenschaftler ist überhaupt nichts bekannt. Die dänische Insel könnte Bornholm gewesen sein; für nukleare Laboratorien existiert trotz massiver Anwesenheit der SS und der Tatsache, dass Bornholm – vor Peenemünde, Misdroy und Rügenwalde (Darlowo) gelegen – als Schießplatz diente, derzeit kein weiterführendes Indiz.

Am 05. August 1944 war der rumänische Staatsführer Ion Antonescu, dessen Titel „Ministerpräsident" und „Marshall" Rumäniens seine diktatorische Position zu verharmlosen suchten, Gast bei Hitler. Andreas Hillgruber schrieb in seiner Zusammenfassung über die Besuche diplomatischer Vertreter bei Hitler über deren Gespräche:

„In diesem Zusammenhang machte der Führer noch technische Ausführungen über weitere neue Sprengstoffe, deren Entwicklung bis zum Experimentierstadium durchgeführt sei. Er habe den Eindruck, dass der Sprung von den jetzt gebräuchlichen Explosivstoffen bis zu diesen neuartigen Sprengmaterialien größer sei, als der vom Schwarzpulver bis zu den bei Kriegsbeginn gebräuchlichen Sprengmaterialien gewesen wäre. [...] Bei dieser Forschungstätigkeit müsse man zwei Richtungen unterscheiden: einmal die militärische Auswertung bereits vervollkommneter und voll durchentwickelter Waffen und andererseits die wissenschaftlich vorbereitete, experimentell allmählich erprobte und langsam bis zur fabrikatorischen Massenherstellung durchgeführte Entwicklung neuartiger Stoffe [...]."

Antonescu hoffte, die Zeit nicht mehr erleben zu müssen, in der die Explosivstoffe, die die ganze Erde vernichten könnten, zum Einsatz gelangen. Hitler konterte mit dem Verweis auf einen Schriftsteller, der die weiteren Schritte bei der Entwicklung derartiger Wirkmittel bis zu dem Punkt der Auflösung der Materie bereits vorausgesehen habe.

„[…] Ganz allgemein gelte bei der Einführung neuer Waffen der Grundsatz, dass man sie nur dann unverzüglich zur Anwendung bringen könne, wenn man der felsenfesten Überzeugung sei, dass sie mit einem Schlage den Krieg beenden würden. In der Mehrzahl der Fälle bestehe jedoch die Gefahr„ dass der Gegner sich nach Ablauf von zehn bis zwölf Monaten der gleichen Stoffe bedienen würde, so dass man solche Stoffe erst praktisch anwenden könne, wenn man selbst vorher ein Abwehrmittel entwickelt habe. […] Dabei sei V1 nur eine von 4 Waffen, die Deutschland einsetzen würde. Eine andere dieser Waffen habe z. B. eine so gewaltige Wirkung, dass in einem Umkreis von 3–4 km von der Einschlagstelle alles menschliche Leben vernichtet würde […].“[175)]

Diese Einlassungen Hitlers müssen sich nicht notwendigerweise allein auf eine potentielle Kernwaffe beziehen, auch ein Aerosolsprengkörper wäre vorstellbar. Auch ist unklar, von welchen weiteren Waffen aus dem Vergeltungsarsenal er hier schwadronierte. Einer Kalkulation Todd Riders nach beliefe sich die TNT-äquivalente Sprengkraft bei einem Radius von den genannten 3 km auf 40 kt![176)] Mit derartiger Wirkleistung wurde nicht einmal bei den hypothetischen Tests in Thüringen gerechnet.

Es existieren aber auch deutlich prominentere Indizien, die auf ein besonderes Ereignis Anfang März 1945 schließen lassen, aus dem Umfeld der Reichsführung.
Während der alljährlichen Gründungszeremonie der NSDAP in der Berliner Reichskanzlei am 24. Februar 1945 machte Hitler vor den versammelten Gauleitern die hoffnungsvolle Andeutung, dass in Ergänzung zu den bereits vorhandenen Vergeltungswaffen „noch etwas anderes [existiere], *über das ich schon jetzt verfüge*“, was die Gesamtlage zugunsten der Deutschen ändern werde. Er ließ allerdings den Gegenstand seiner Hoffnungen unerwähnt. Einen Tag vor dem ersten anzunehmenden Test besuchte der Führer die Stäbe der beteiligten Divisionen an der Oderfront. Dabei beschwor er den kommandierenden General Theodor Busse:

„Jeder Tag und jede Stunde sind kostbar, um die fürchterlichen Waffen fertig zu stellen, die die Wende bringen"[177].

Reine Propaganda in einem Akt totaler Selbsttäuschung zur Motivation des Militärs, die Agonie zu verzögern und damit das eigene Überleben zu sichern?

Nach einer diplomatischen Mission in Schweden kehrte der finnische Leibarzt Himmlers, Felix Kersten, am 03. März 1945 nach Deutschland zurück und begab sich nach Hohenlychen (bei Templin), dem Wohnsitz Himmlers. In seinen 1947 in den USA und Schweden veröffentlichten Memoiren erwähnt er ein Gespräch mit diesem, das am 05. März stattgefunden habe, bei dem dieser bei der Erwähnung der Geheimwaffen überraschenden Optimismus versprühte:

„Die meisten Menschen denken, wir haben den Krieg verloren. Ich kann nicht bestreiten, dass sie Gründe für diese Annahme haben. Doch noch haben wir unsere letzte Wunderwaffe nicht zum Einsatz gebracht. Die V1 und V2 sind zwar effektive Waffen, aber unsere entscheidende Wunderwaffe, die wir noch in petto haben, wird Wirkungen zeitigen, wie sie sich niemand vorstellen kann. Ein oder zwei Schüsse, und Städte wie New York oder London werden vom Erdboden verschwinden. Die alliierten Luftangriffe haben viele wichtige Fabriken für ihre Fertigung zerstört. Daher liegen wir hinter unserem Zeitplan zurück. Aber in ein bis zwei Monaten können Sie darüber in den Zeitungen lesen."[178]

Etwas weiter führte er ergänzend dazu aus:

„Das Gespräch weckte meine Neugier. Ich fing an, sehr wilde Gerüchte zu beachten, oder, so dachte ich, alles was mit Himmlers verschleierten Enthüllungen zu entsprechen schien. Und als Kriminalrat Obersturmführer Göring mir ein vertrauenswürdiger Mann (im Gegensatz zu seinem Homonym) etwas über Geheimwaffen erzählte, habe ich ihm geglaubt. Er sagte, dass in der Nähe von Auschwitz ein Dorf zum Experimentieren gebaut worden sei. Sie wollten die neue Waffe ausprobieren. Zu diesem Zweck waren zwanzigtausend jüdische Männer, Frauen und Kinder in dieses Dorf gebracht worden. Eine einzige Halle dieser Siedlung sei rot gewesen. Es verursachte eine Hitze von 6000 Grad, und die ganzen Dorfhäuser, Menschen und Tiere eingeschlossen, verbrannten zu Asche." 179)

Himmlers Chefastronom Wilhelm Wulff äußerte sich Jahre später nahezu gleichlautend. Gemeint ist Obersturmführer Franz Göring. Gegen Kriegsende war er von Walter Schellenberg, Leiter des SD, mit verschiedenen Sonderaufgaben des RSHA versehen worden, darunter auch mit der von Himmler initiierten Evakuierung von 1.200 Insassen des KL Theresienstadt in die Schweiz. Diese war eine von mehreren Aktionen zur Rettung von KL-Häftlingen, mit denen sich Himmler „reinwaschen" wollte und die dieser mit dem Schweizer Bundespräsidenten Jean-Marie Musy vereinbart hatte. Gab es einen Waffentest in einer eigens dafür angelegten Siedlung in der Region Auschwitz? Was hat es mit der genannten Anzahl von Toten auf sich? Das plötzliche Verschwinden von Häftlingen in dieser Größenordnung kann nicht gänzlich verborgen geblieben sein. Auch von einem gewaltigen Ereignis wie der Vernichtung eines Dorfes durch eine singuläre Primäreinwirkung kann angenommen werden, dass es irgendein Spurenbild hinterlässt. Wahrscheinlich ebenso vage wie in Thüringen. Vorausgesetzt, die von Kersten aufgezeichneten Gerüchte entsprachen auch nur ansatzweise der Realität. Der Bezug auf die Zerstörungswirkung von New York oder London mit ebenfalls einzelnen Wirkmitteln lässt als Gegenstand eine nukleare Waffe erahnen, da allen anderen bekannten Waffen eine derartige Voraussetzung fehlt. Am 19. März fand ein weiterer Dialog zwischen Himmler und Kersten, der den Krieg für unausweichlich verloren hielt, statt:

„Sagen sie das nicht. Noch steht der Einsatz unserer neuen Waffen bevor. Noch kann sich alles zum Guten wenden, auch wenn es augenblicklich sehr trübe aussieht. Sollte aber anderes über uns verhängt sein, dann ist es am besten, wenn inmitten dieses ganzen Weltuntergangs die Waffen-SS bis zum letzten Mann fällt, wie die Ostgoten am Vesuv." 180)

Interessant sind die Aufzeichnungen in Himmlers Dienstkalender: Sowohl am 06. als auch am 13. März weist dieser eine Zusammenkunft mit Kammler auf.[181] Ob bei diesen Terminen tatsächlich über die unmittelbar zuvor durchgeführten, hier angenommenen Tests in Thüringen Bericht erstattet wurde, bleibt spekulativ. Der zeitliche Zusammenhang könnte ein Indiz dafür sein. Für das zweite Treffen liegt die Aussage von Himmlers Chefadjutanten Grothmann vor. Seine sehr umfangreichen Angaben behandeln wir aus gesonderten Gründen in Kapitel 8. Da die beiden Unterredungen am selben Tag stattfanden, an dem sich Himmler mit Musy traf, kann davon ausgegangen werden, dass Kammler in die Pläne seines Dienstherren eingeweiht, wenn nicht gar involviert war. Schellenberg vermerkte dazu, dass er bei einem der Gespräche zwischen Himmler und Kammler mitbekommen haben will, dass sich beide über die Preisgabe der neuesten Raketentechnologien an die Amerikaner berieten.[182] Es ist sehr gut möglich, dass neben der Freilassung der KL-Häftlinge den Amerikanern gerade diese neuen Waffenentwicklungen, die nuklearen miteinbezogen, dargeboten wurden, um sich bei anstehenden Verhandlungen mit den Siegern in eine bessere Ausgangsposition zu bringen.

Nach einem Kurzaufenthalt in Stadtilm verschlug es auch Gerlach am 22. März per Flug nach Berlin, um Reichsleiter Bormann persönlich Bericht zu erstatten. Dieser gab den Amerikanern gegenüber an, Gerlach habe ihn über die erste erfolgreich verlaufene selbsterhaltende Kettenreaktion informiert.[183] Kann dies zutreffend sein? Zu diesem Zeitpunkt war Gerlach bereits darüber unterrichtet, dass der Reaktorversuch in Haigerloch zwar sehr nahe an einer sich selbst erhaltenden Kettenreaktion war, aber eben nur sehr nahe. Hat er Bormann belogen? War sein Besuch von ganz anderer Natur? Was hatte er Bormann so Dringendes mitzuteilen, was er nicht telegraphisch übermitteln konnte und weswegen er sich dabei einem nicht ungefährlichen Flug nach Berlin und der dortigen Landung unter sowjetischem Artilleriebeschuss auf einer Behelfspiste[184] aussetzte? Jedenfalls folgten für Bormann nun ein paar dienstintensive Tage: Am 25. war er gemeinsam mit dem Gauleiter Thüringens, Fritz Sauckel, bei Hitler. Am folgenden Tag suchte er zunächst Himmler, dann erneut Sauckel auf. Auch Gerlach zeigte eine deutliche Aktivität: Einen Tag nach dem Gespräch mit Bormann traf er sich zu einer Sitzung mit Reichspostminister Ohnesorge in der Hakeburg. Noch am selben Tag fand eine weitere Zusammenkunft im Harnack-Haus der KWG statt, bei der Schumann, Geist, Graue und Fischer und der eilends aus Thüringen herbeorderte Diebner teilnahmen.[185)] Die Inhalte dieser Unterredungen sind nicht überliefert. Sie könnten aber mit den Ereignissen bei Ohrdruf in Verbindung stehen, da auch genau an jenem Tag der GRU-Bericht verfasst worden ist. Ist es am 28. März zu einem weiteren Austausch hoher Funktionäre in Thüringen gekommen? An diesem Tag fuhr Gerlach zurück nach Stadtilm, um sich dort mit Otto Haxel und Wissenschaftlern der PTR zu treffen. Bereits seit dem Vortag weilte auch Kammler in Thüringen. Speer reiste an jenem Morgen von Würzburg aus durch Thüringen nach Berlin. Zwar vermerkte er dies nicht explizit in seinen Aufzeichnungen, erwähnt aber die Fahrt durch Sauckels Hegemonialbereich in seinen Erinnerungen. Erst am Folgetag erreichte er abends entgegen seines Dienstkalenders Berlin. Wo hatte er sich aufgehalten? Offiziell machte sich Himmler am 26. mittels Eisenbahn auf den Weg nach Wien. Goebbels hält am 28. dagegen fest, dass Himmler geflogen sei. Nach Grothmann sei es in Thüringen zu einem Treffen mit Speer gekommen.[186)] Wohnten diesem auch die ebenfalls dort verorteten Kammler und Gerlach bei, oder sind die zeitlichen Parallelitäten nichts als Zufall? Freilich kann in die vorangehenden zeitlichen Abläufe wild hineinspekuliert werden. Sämtliche Zusammenkünfte werden gute Gründe gehabt haben, dass sie so zeitnah hintereinander geschahen; hier lässt sich auf eine erhebliche Dringlichkeit schließen. Diese kann zwei Ursachen haben: Zum einen den Zusammenbruch des Reiches und die damit gebotene Eile zu allerletzten Briefings, zum anderen ein extraordinäres Ereignis. Nimmt man ursächlich die Tests in Thüringen aber als reales Ereignis wahr, so stellen sich die Aktivitäten der eben angeführten Protagonisten als chronologisch abfolgende Reaktionen dar und können durch das primäre Ereignis ausgelöst worden sein. Doch die vollständige Wahrheit liegt im Verborgenen.

Während der Nürnberger Prozesse wurde Speer vom amerikanischen Generalstaatsanwalt Robert Jackson zu den Kernforschungen vernom-

men. Er hielt Speer vor, Informationen zu bestimmten Experimenten der Nuklearforschungen zu besitzen, wonach in der Nähe von Auschwitz in einem provisorischen Dorf an die 20.000 Juden durch eine neuartige Zerstörungswaffe, die an die 5.000 Grad Celsius entwickelte, spontan und nahezu spurlos ausgerottet worden seien. Speer hatte nach eigenem Bekunden keinerlei Kenntnis von einer Waffe dieser Wirkung oder einem Experiment dieser Art. Er hielt diese Information für Propaganda und verwies spontan auf die Entwicklung von chemischen Waffen und deren Kriegsführung.187)
Über welche Informationen verfügte Jackson? Warum lenkte Speer auf die Frage nach Atomwaffentest die Diskussion auf Chemiewaffen?

Ähnlich dem im vorigen Kapitel detailliert betrachteten Vernehmungsbericht Fiebingers existiert ein wesentlich umfangreicheres Zeugnis des Wehrwirtschaftsführers Wilhelm Voss. Der wirtschaftlich omnipräsente Voss wurde während seiner Laufbahn in den NS-eigenen Reihen Mitgründer der Reichswerke Hermann Göring in Salzgitter, nach Übernahme durch die Reichswerke Aufsichtsratsvorsitzender der österreichischen Steyr-Daimler-Puch AG unter Georg Meindl, ebenso bei der Simmering-Graz-Pauker AG, Funktionär der Waffenwerke Brünn AG und Explosia a. s. in Prag und leitete als Präsident des Verwaltungsrates die Geschicke der Skoda-Werke. Der ihn betreffende Interrogationsreport ist datiert auf den 25. April 1946. In diesem behauptete er, wichtige Informationen über die Atombombenforschung zu besitzen. Unter Punkt 3 gibt er an, dass Kammler und sein Stellvertreter Purucker für die geheimsten Waffenentwicklungen bei Skoda verantwortlich waren. In einem weiteren Dokument vom 18. September des gleichen Jahres macht er Angaben zu den einzelnen Personen und den Rüstungs- bzw. Forschungsprojekten, in die sie involviert waren. In Kammlers Aufgabenportfolio sei demnach auch die Atomenergie gefallen. Sein Stellvertreter Erich Purucker, gleichzeitig Verbindungsmann zwischen dem HWA und dem RMfRuK, war mit einem umfangreichen Aktenbestand – die wissenschaftlichen Arbeiten unter Kammlers Regie betreffend – den Russen in die Hände gefallen. Eigentlich sollten diese nach Absprache den Amerikanern übergeben werden, dies scheiterte aber am Unverständnis des kontaktierten US-Offiziers. Auch die in Pribans erfolgten Raketenforschungen durch Rolf Engel auf dem Testgelände Helamünde (Versuchsanstalt der SS Großendorf, nördlich von Danzig) listete er auf.[188)] Inwieweit Kammler in die Nuklearforschung eingebunden und ob er es überhaupt war, ist durchaus strittig. Unter ihm sind gegen Ende des Krieges praktisch alle Geheimwaffenprojekte gebündelt worden. Die ihm von Himmler und Speer übertragene Machtfülle zur Umsetzung der neuesten Technologien bis hin zur Einsatzreife suchte vergeblich ihresgleichen. Dieser Linie folgend wäre es nur logisch gewesen, ihn auch in das kernphysikalische Forschungsprogramm zu involvieren, um auch hier die Synergien seines Machtapparates nutzbar zu machen, um die allerletzten Kraftanstrengungen und Ressourcen zu konzentrieren. Bis heute ist nicht näher bekannt, an welchen Projekten die SS im Protektorat Böhmen und Mähren beteiligt war oder welche ausschließlich unter ihr erfolgten. Die Arbeiten des Fachmanns für Feststoffraketen, Rolf Engel, im Protektorat können als Beispiel dafür gesehen werden.[189)]

Explizite Hinweise zur Lösung technischer Probleme und möglicher Anwendungsgebiete finden sich dagegen in Schumanns unveröffentlichtem Skript aus dem Jahr 1949, „Die Wahrheit über die deutschen Arbeiten und Vorschläge zum Atomenergie-Problem“:

„Eine Glättung der kugelförmigen, zum Mittelpunkt hinlaufenden Detonationsfront ist in Anlehnung an die Optik durch die Verwendung von Sprengstofflinsen möglich. Ähnlich wie dort die Lichtstrahlen kann man hier ein divergentes Bündel von Detonationsstrahlen in ein konvergentes umwandeln, indem man in den Sprengkörper [...] entweder konvexe Linsen aus einem Sprengstoff mit geringer Geschwindigkeit oder konkave Linsen aus einem Sprengstoff mit größerer Geschwindigkeit zwischen den Zünder und die zu beschleunigende Hohlkugeloberfläche einschiebt.“[190)]

Hier benennt er die Funktionsweise von Sprengstofflinsen, so dass eine Anwendung in der Konstruktion des GRU-Berichtes möglich erscheint und sogar wahrscheinlich ist. Doch noch ein weiteres wichtiges Detail findet Erwähnung: Schumann spricht von der Glättung der Detonationsfront. Dies könnte ein Hinweis auf die bei dieser Implosionsart durch Sprengstoff auftretende Taylor-Raleigh-Instabilität (die wir schon angesprochen haben) des zu komprimierenden Stoffes sein und nährt den Verdacht, dass das in diesem Kontext hier auftretende Phänomen den deutschen Wissenschaftlern wie auch ihren amerikanischen Kollegen in Los Alamos nicht entgangen war.

In seinem Skript erwähnt Schumann das einem Hinweis von Gerlach entstammende Grundprinzip des Boostings und eines wie im GRU-Bericht erwähnten Tampers:

„Wenn etwa die Innenwand der das Deuterium enthaltenden Hohlkugel mit einem Mantel aus Cadmium verkleidet wird, auf die eine Schicht Uran folgt, dann werden die Neutronen auf thermische Geschwindigkeit abgebremst, ehe sie die Uranschicht erreichen; dort werden sie nicht vom U238 eingefangen, sondern können an dem U235 Spaltungen hervorrufen [...].“ 191)

Dieser Satz enthält gleich eine ganze Reihe waffenrelevanter Angaben. Zunächst bleibt festzuhalten, dass der wissenschaftliche Hintergrund von Gerlach kam, was impliziert, dass er ganz speziell mit dieser Materie hinreichend vertraut war. Beschrieben wird der Einsatz eines Tampers, um die Neutronenenergie auf die für den Spaltungsquerschnitt des U235 relevante zu reduzieren. Obwohl dies im Original laut Karlsch nicht eindeutig zu lesen ist, scheint hierfür Cadmium erwogen worden zu sein. Bedeutend ist aber das hier von Gerlach *nicht* Angesprochene: die Neutronen sollen abgebremst in eine Uranschicht eindringen, um das in ihr enthaltene Isotop 235 zu spalten. Von einer Anreicherung ist nicht die Rede und eine solche ist für diese spezifische Herangehensweise auch gar nicht notwendig.

Ebenso wenig wie das Vorhandensein einer kritischen Menge des Spaltstoffes – denn die Neutronen werden aus Deuterium generiert. Die Kernspaltung war also gar nicht auf eine Selbsterhaltung mittels kritischer Masse ausgelegt, sondern bediente sich eines Neutronengenerators im Inneren

seiner Konfiguration. Die Neutronenquelle wird dabei lediglich mit Deuterium beschrieben. Nun haben wir aber bereits mehrfach gesehen, dass Deuterium ein probater Neutronenproduzent im Falle anlaufender D + D-Reaktionen durch Hochdruckkompression ist. Wenn bei einer Konsultation zwischen Gerlach und Schumann dieses Prinzip, beiläufig oder nicht, derart erwähnt wird, dass Letzterer es als potentielles Verfahren zur Initialzündung einer Kernwaffe heranzieht, darf davon ausgegangen werden, dass auch Gerlach selbst es für seine Arbeiten herangezogen hat. Und genau das wirft ein interessantes Licht auf die von ihm angestrengten wie betreuten wissenschaftlichen Forschungen auf diesem Gebiet gegen Kriegsende. Diese Konfiguration korrespondiert zwar nicht mit der in dem GRU-Bericht beschriebenen Konstruktionsweise, sie schließen sich aber gegenseitig auch nicht zwingend aus, sondern stehen sich korrelierend gegenüber.
Hypothetisch wäre es vorstellbar, dass sich beide Verfahrensweisen ergänzen. Denn sowohl der GRU-Bericht als auch die bei Schumann Einzug gehaltene Gerlach-Einlassung offerieren zwei oder zumindest eine potentielle Testkonfiguration für Thüringen.

7.5 Die Säulen der Geschichtsschreibung

In Anlehnung an den Titel Ken Follets literarischen Werkes ziehen wir eine analytische Bilanz der tradierten wie anerkannten Geschichtswissenschaft zu dem Kernthema dieses Kapitels. Halten wir uns dabei ein Zitat vor Augen:

„Das erste Opfer des Krieges ist die Wahrheit." (US-Senator Hiram Johnson)

Die offizielle Geschichtsschreibung in diesem Fall fundiert im Wesentlichen auf folgenden sechs sie tragenden Säulen:

1. Das Fehlen aussagekräftiger Dokumente:

Aus den derzeit verfügbaren Archivalien lässt sich die zielgerichtete Entwicklung und Konstruktion einer Nuklearwaffe oder eines nuklearen Testkörpers letztendlich nicht zweifelsfrei anführen. Die wenigen sich in dieser Hinsicht einlassenden Dokumente sind einer kritischen Betrachtung zu unterziehen und in einen evaluierbaren Kontext zu stellen. Doch greift dieses Narrativ zu kurz und entspricht eher der klassischen, naiven Kindheitssichtweise: „Was man nicht sieht, das gibt es auch nicht." Im übertragenen Sinn: Was nicht in den Unterlagen zu finden ist, hat es demnach auch nicht gegeben. Doch Fakt ist, dass längst nicht alle Aufzeichnungen einsehbar sind. So fehlen beispielsweise inhaltlich die Akten des von Wardenburg aufgeführten Rubrums.160) So hat Walther Bothe gegenüber den Amerikanern selbst eingeräumt, wichtige Dokumente der Forschungen in Heidelberg vor deren Eintreffen auf Anweisung hin vernichtet zu haben.192) Ähnlich argumentiert Erich Schuman in seinem nie veröffentlichten Skript:

„Wenn über die in Deutschland gegen Kriegsende geplanten und vorbereiteten Versuche bisher nicht berichtet worden ist, so hat das seinen Grund darin, das nur wenige Wissenschaftler darüber unterrichtet waren und die Akten im April 1945 vernichtet werden mussten."193)

2. Die „ALSOS"-Berichte:
Sie gelten gemeinhin in Assoziation mit den Farm Hall-Protokollen als belastbarer Beweis für die Unfähigkeit und das implizierte Desinteresse der Deutschen an dem Bau und der Entwicklung einer Nuklearwaffe. Von Tests jedweder Art ist gar nicht die Rede. Bei genauerer Betrachtung erweisen sich die Veröffentlichungen zu den nichteinsehbaren Originalaufzeichnungen der „ALSOS"-Mission als nur sehr eingeschränkt aussagefähig. Zu offen tritt zu Tage, wie limitiert der Handlungsspielraum von „ALSOS" tatsächlich war. Zahlreiche Standorte der Nuklearforschungen konnten nicht oder nur unzureichend partiell inspiziert werden. Etliche beteiligte Wissenschaftler wie Ingenieure oder Techniker wurden gar nicht vernommen. „ALSOS" ist vorsätzlich relevantes, recherchierbares Material, wie von Wardenburg erwähnt, vorenthalten worden. „ALSOS" wis-

senschaftlicher Kopf ist über einen längeren Zeitraum überhaupt nicht vor Ort gewesen. Seine Arbeit stieß sogar bei seinen Vorgesetzten auf wiederholte Kritik. Außerdem leitete er die Mission voreingenommen mit vorgefasstem Ziel und erheblichen Ressentiments gegenüber den Deutschen. Selbst die Alliierten trauten seinem Urteilsvermögen nicht und regten dringend die Einsetzung einer neuen Abteilung mit analoger Aufgabenstellung an. Erschwerend kommt der Umstand hinzu, dass „ALSOS" nach Erreichen des ursprünglichen deutschen Hoheitsgebiets mit nichtsachverwandten Aufgaben in Beschlag genommen und damit ihrer investigativen Ressourcen beschnitten wurde.

3. Die Farm Hall-Protokolle
Ihnen wird in der Geschichtsschreibung annähernd das gleiche Gewicht beigemessen wie den „ALSOS"-Publikationen. Dabei reflektieren die Transkriptionen nur partielle Einsicht in die während der sechs Monate andauernden Internierung stattgefundenen Konversationen und Vernehmungen. Das Zustandekommen der Aussagen ist kritisch zu sehen und nicht frei von alliierter Einwirkung. Zum Eigenschutz kann den Gefangenen nachgesagt werden, sich nicht selbst kompromittiert haben zu wollen – ob sie tatsächlich all ihr Wissen offenbarten, ist zu verneinen. Nach ihren eigenen und kurioserweise von den Alliierten protokollierten Aussagen verfolgten sie eine Intention der Ahnungslosigkeit – mit Erfolg.

4. Fehlender Spaltstoff
Das Nichtvorhandensein einer für eine Kernwaffe adäquaten Stoffmenge an spaltbarem Material mit dem notwendigem Grad der Anreicherung, im Allgemeinen auf U235 bezogen, dient als eindeutiger Beweis für die Unmöglichkeit der Realisierung einer solchen Waffe. Muss doch beides als zwingende Grundvoraussetzung gewährleistet werden, will man der klassischen Schulphysik arglos folgen. Doch beruht diese allgegenwärtige Ansicht auf der Koinzidenz zweier Faktoren: erstens der Voraussetzung, dass die kritische Masse von U235 unbedingt ca. 50 kg betragen und zweitens, dass eine Atombombe/Nuklearwaffe analog der amerikanischen Modelle konstruiert sein muss. Beides ist nicht zutreffend. Die kritische Masse des

Uranisotops kann sehr wohl deutlich unterschritten werden und bedarf bei einer externen Neutronenquelle oder Ähnlichem auch keiner hohen Anreicherung. Die Einbeziehung der Konzepte von Schumann oder des GRU-Berichts bleiben zudem unbeachtet.

5. Ein mangelndes funktionsfähiges Waffenkonzept
Zwar wird den beteiligten deutschen Forschern das theoretische Basiswissen für den prinzipiellen Aufbau einer nuklearen Waffe zugestanden, für eine finale Konstruktion fehlte es ihnen aber an hinreichenden Metadaten wie Konzeptionen zur Umsetzung in ein zu testendes oder fronttaugliches Einsatzmuster.
Auch in diesem Fall wird der direkte Vergleich mit den geradezu monumentalen Anstrengungen der Amerikaner auf ihrem Weg zu „Little Boy" oder „Fat Man" bemüht. Und wieder läuft man Gefahr, Alternativen gezielt zu übersehen. Erneut bleiben die Konzepte von Schumann respektive Gerlach und dem GRU-Bericht außenvor. Ob diese nun zu einem erfolgreichen Waffentyp geführt hätten oder nicht, sie waren Gegenstand der zeitgenössischen deutschen Forschung. Dass die Beteiligten auf den empirischen Nachweis ihrer Theorien verzichtet haben sollen, erscheint mit Blick auf Diebners und Trinks' Hohlladungsexperimente mit Deuterium unwahrscheinlich. Sollte auch nur die vage Möglichkeit zur praktischen Verifizierung bestanden haben, auch unter den Umständen des Krieges, so lag es in der Natur der Experimentatoren, den Versuch eines Funktionsnachweises zu erbringen. In Analogie zu den von Gerlach protegierten Arbeiten von Diebner und Trinks wäre diese praxisorientierte Vorgehensweise ohne methodische Grundlagenforschung und demnach das Fehlen langwieriger Testreihen wie theoretischer Kalkulationen und Analysen unter dem Druck der Ereignisse als typisch anzusehen. Ein a limine erfolgter Ausschluss praktischer Tests, welcher Art auch immer, ist nicht weiter anzunehmen.

6. Fehlende forensische Beweise eines Tests
Das Fehlen von eindeutigen forensischen Beweisen eines nuklearen Ereignisses sprechen ganz eindeutig gegen die Hypothese von durchgeführten

Tests zwischen Ohrdruf und Arnstadt. Nach der Analyse der Bodenproben durch die PTB ergeben sich auch keine derartigen Anhaltspunkte. Doch diese Analyse weist, wie weiter oben schon beschrieben, Unschärfen auf: die Umstände der Probenentnahme, die Analyse eingangs benannter und im Folgenden ausgelassener Isotope, insbesondere die Nichtbeachtung der Geomorphologie und ihrer spezifischen Eigenschaften in Bezug auf die Verweildauer radiotoxischer Partikel im Boden. Nach derzeitigem Kenntnisstand ist nicht einmal gewiss, ob die Probenentnahme am richtigen Ort erfolgte und es Referenzproben gegeben hat. Wie aussagekräftig ist der offizielle Befund der PTB tatsächlich? Die PTB weist allerdings deutlich darauf hin, dass mit der hier durchgeführten Stichproben-Analyse kein wissenschaftlich-fundierter Gegenbeweis zu den angenommenen Tests erbracht werden kann und die endgültige Bewertung offenbleiben muss. Wie verhält es sich mit der radiotoxischen Kontamination der Umgebung? Auch hier existiert keine belastbare, alle Faktoren einbeziehende analytische Studie. Lediglich allgemeine Einschätzungen regionaler Heimatforscher mit dem Hinweis auf die Ermangelung an durch die DDR-Administration durchgeführter Erhebungen. Hier sei nochmals auf die Wahrscheinlichkeit hingewiesen, mit der die in zeitlicher Differenz auftretenden typischen Symptome eines durch eine begrenzte Strahlenexposition hervorgerufenen Krankheitsbildes eines subletalen Frühschadens überhaupt erfasst und mit dem primären Ereignis in Zusammenhang gebracht werden können.

Es existieren derzeit weder radiologische Bodenanalysen mit Wichtung der geologischen Beschaffenheit des Untergrundes noch eine Evaluation einer radiotoxischen Expositionierung der regionalen Bevölkerung.

Das Fazit der die anzunehmenden nuklearen Erprobungsereignisse ablehnenden tradierten Geschichtswissenschaften steht auf äußerst tönernen Säulen geringster Tragfähigkeit. Unter juristischen Bedingungen hätte die Beweisführung der Letzteren sehr wahrscheinlich keinen Bestand. Der bereits mehrfach bemühte Vergleich mit der Rechtswissenschaft ist durchaus statthaft, da auch die Alliierten in den Nürnberger Prozessen nicht nur über das evident völkerrechtswidrige konkludente Handeln des Einzelnen zu urteilen hatten, sondern inkludiert auch über die anhängigen historischen Abläufe.

Betrachten wir das Vorliegende nun mit dem Mittel der Statistik. Hierzu werden zwei disjunkte, sich nicht überschneidende Hypothesenpaare konstruiert.
Als Basisannahme wird die tradierte und etablierte geschichtswissenschaftliche Betrachtung herangezogen. Diese stützt sich einerseits auf Fakten durch bisherige Quellenfunde und die Resultate der empirisch-forensischen Analysen am und im Testgebiet. Gemeinsam negieren diese Datensätze jeden denkbaren Test aller in Betracht zu ziehender Konstruktionen nuklearer Wirkmittel auf dem Truppenübungsplatz Ohrdruf. Dies ist allgemeiner Konsens. Hiermit definieren wir unsere Nullhypothese, die es zu widerlegen gilt. Als Alternativhypothese setzen wir die Annahme entgegen, es habe die hier angesprochenen Tests gegeben, gestützt auf vorliegenden Daten, die sich weitaus weniger faktengebunden als indiziell darstellen. Die Nullhypothese gilt dann als verworfen, wenn sie ein vorher definiertes Signifikanzniveau klar unterschreitet. Das Signifikanzniveau unseres statistischen Tests ist überaus hoch; das bedeutet, die Wahrscheinlichkeit der gemachten Annahme, es habe keinerlei Tests nuklearen Charakters bei Ohrdruf gegeben, ist aufgrund der vorliegenden historischen Daten relativ hoch.
Mit der Zielsetzung der Glaubhaftigkeitsbegutachtung einer aufgestellten Hypothese urteilte der Bundesgerichtshof wie folgt:

„Das methodische Grundprinzip besteht darin, einen zu überprüfenden Sachverhalt (hier: Glaubhaftigkeit einer spezifischen Aussage) so lange zu negieren, bis diese Negation mit den gesammelten Fakten nicht mehr vereinbar ist. Der Sachverständige nimmt daher bei der Begutachtung zunächst an, die Aussage sei unwahr (sog. Nullhypothese). Zur Prüfung dieser Annahme hat er weitere Hypothesen zu bilden. Ergibt seine Prüfstrategie, dass die Unwahrhypothese mit den erhobenen Fakten nicht mehr in Übereinstimmung stehen kann, so wird sie verworfen, und es gilt dann die Alternativhypothese, dass es sich um eine wahre Aussage handelt. [...] Die

Bildung relevanter Hypothesen ist daher von ausschlaggebender Bedeutung für Inhalt und (methodischen) Ablauf einer Glaubwürdigkeitsbegutachtung. Sie stellt nach wissenschaftlichen Prinzipien einen wesentlichen, unerläßlichen Teil des Begutachtungsprozesses dar. [...] Beispielsweise hängt von die Auswahl der für die Begutachtung in Frage kommenden Test- und Untersuchungsverfahren davon ab, welche Möglichkeiten als Erklärung für eine – unterstellte – unwahre Aussage in Betracht zu ziehen sind. [...] Dazu können neben einer bewußten Falschaussage etwa auto- oder (bewusst) fremdsuggerierte Angaben gehören [...].“194)

Ziehen wir nun explizit die sechs umschriebenen „Säulen“ (s. o.) zur Beweismittelwertung zu Rate und stellen diese ins Verhältnis zu unserer Nullhypothese. Tatsächlich ist die Beweiskraft der die Nullhypothese stützenden Fakten nach bereits oben erfolgter Analyse gering. Hinzu kommt der noch nicht vollumfänglich erfasste Faktor der Fremdsuggestion durch Dritte (wie die „ALSOS“-Publikationen oder Farm Hall-Protokolle), denen ein mangelndes Interesse an der Wahrheitsfindung (durch politische oder militärische Interessen motiviert) attestiert werden kann. Mit den hier aufgeführten Fakten, Aussagen wie Indizien kann die Nullhypothese nicht hinreichend gestützt werden, was ihre Verwerfung impliziert. Demnach gilt die Alternativhypothese. Das bedeutet vereinfacht, dass die allgegenwärtige Aussage, es habe grundsätzlich keinen nuklearen Test in Thüringen gegeben, statistisch nicht zu halten ist. Die nachweisbaren Abweichungen wie indiziellen Unschärfen dieser Annahme lassen keinen anderen Schluss zu. Betrachtet man die in der Alternativhypothese enthaltene Annahme, es sei tatsächlich zu derartigen Versuchen gekommen, entsprechend methodisch-analytisch, ist zwar die unmittelbare Faktenlage weitaus poröser, lässt sich aber in Indizienbeweisen immanent manifestieren. Der direkte und unmittelbare Beweis für die Alternativhypothese ist bislang nicht gefunden, was wiederum ihre Glaubwürdigkeit reduziert. Aber sie lässt sich in Form von Indizienbeweisen aus dem hier zusammengetragenen Konvolut wissenschaftlicher Anstrengungen (während und nach dem Krieg) wie nachrichtendienstlicher Erfassungen aus der tatsächlichen Ereignisperipherie unmittelbar implizieren. Nach aktuellem Sachstand ist die Wahrscheinlichkeit für durchgeführte Versuche mit nuklearen Sprengkörpern als entwicklungsseitige Vorstufe einer finalen Waffenkonstruktion enorm hoch und sollte im Rahmen zukünftiger geschichtswissenschaftlicher Evaluationen weder ignoriert noch wegdiskutiert werden. Im schlimmsten Fall ergibt das hier aufgestellte disjunkte Thesenpaar ein agnostisches Resultat: Keines von beiden kann eindeutig abgewiesen oder gestützt werden.

Doch was ergibt sich deduktiv aus der wissenschaftlichen Intention der hier analysierten Testkonfiguration eigentlich?
Was steht zur Diskussion?
Setzen wir als Fallstudie einmal die in dem GRU-Bericht beschriebene Testkonfiguration, ergänzt durch den in Schumanns Nachlass enthaltenen Hinweis Gerlachs, so oder ganz ähnlich als Tatsache an. Der Mangel an spaltbarem Material bedingte zusätzliche Komponenten, um einer subkritischen Anordnung zur Kritikalität zu verhelfen. Die hier laut Berichterstattung zur Anwendung gelangten Verfahren offenbaren uns nach gegenwärtiger Einschätzung ein äußerst fortschrittliches wie innovatives Denken, dem nach wissenschaftlichen Grundsätzen eine intensive Entwicklungsreihe vorausgegangen sein muss. Lässt sich eine derartige Ereigniskette nicht einmal im Ansatz evaluieren, wäre die Basis der hier anzunehmenden Tests in dem Bericht ad absurdum geführt.
Und genau hier liegt ein Logikfehler vor: Denn diese Art der Betrachtung einer wissenschaftlichen Entwicklung bis zu dem Status ihrer praktischen Erprobung stellt den gegenwärtige Stand deren Modus Operandi dar. Auch wird im Narrativ die US-amerikanische Entwicklungslinie des Manhattan Projects allzu simpel auf die deutsche Kernphysik jener Jahre projektiert. Dies ist streng genommen unzulässig, da eine derartige Sichtweise eine deutliche Kontingenzreduktion offenbart und das Scheitern aller deutschen Anstrengung impliziert. Werden hier Ursache und Wirkung verwechselt? Die Entwicklung der amerikanischen Kernwaffen konnte auf umfangreiche Ressourcen an Materialien, Laboratorien, industriellen Kapazitäten und Personal zurückgreifen. Noch dazu konnten jene Protagonisten gänzlich ohne die mortalen Interaktionen des laufen-

den Krieges agieren. Es war dies der Charakteristik nach das Handeln des *reichen Mannes.* Dieses Szenario der USA quasi analog auf die politische wie wirtschaftliche Situation des Dritten Reiches ab 1943 zu reflektieren, verbietet sich, weil kontrafaktisch. Das wissenschaftliche Know-how war zweifelsohne vorhanden. Jedoch reduzierten sich in der Agonie des Krieges die vorhandenen Ressourcen an Materialien, Laboratorien und industriellen Kapazitäten kontinuierlich bzw. wurden zusätzlich durch die Verlagerungsstrategie gehemmt. Wenngleich die geistigen, kernphysikalischen Kapazitäten zu ähnlichen oder sogar fortschrittlicheren, kreativeren Ideen kamen, konnten ihre Gedankengänge zumeist nicht mehr in umfangreichen, wissenschaftlichen Forschungsprogrammen umgesetzt werden. Es fehlte zunehmend an allem. An opulente Studien und Testreihen war nicht mehr zu denken. Genau dies bildet das wissenschaftliche Fundament der beschriebenen Tests. Es liegt hier das Handeln des *armen Mannes* vor. Sowohl der GRU-Bericht als auch der Gerlach-Hinweis beinhalten das Zusammenführen diverser wissenschaftlicher Disziplinen, dem nicht notwendigerweise umfangreiche Forschungen in dieser Komplexität vorausgegangen sein müssen. Gerlach war ein praxisorientierter Physiker, der als hervorragender Wissenschaftskoordinator fungierte, was er auch nach dem Krieg unter Beweis stellen konnte. Unter seiner Leitung kulminierten die verschiedensten Forschungsansätze. Mit Diebner, Harteck, Trinks und auch Schumann, Mentzel und Thiessen vereinte er Experimentatoren wie Organisatoren, Kategorien und Institutionen. Die Entwicklungsreihe von Diebners Reaktorlinie mit würfelförmigen Brennelementen entsprang einer nur sehr oberflächlichen Kalkulation und reiner Empirie seiner Kreativität. Analog verhält es sich mit seinen gemeinsam mit Trinks durchgeführten, rein empirischen Experimenten, mittels Hohlladungskompression mit D2O Fusionsreaktionen auszulösen. Bei der laut GRU-Bericht in Thüringen zur Anwendung gelangten Konstruktion könnte es ebenso gewesen sein. Man besaß das Wissen um den Aufbau einer Kernspaltungsbombe; es mangelte allein an den angesprochenen Ressourcen und dem Faktor Zeit. Warum nicht einmal die immanenten Errungenschaften der verschiedenen physikalischen Disziplinen konzentrieren und das Produkt empirisch auf den Prüfstand stellen?

Von einer kritischen Masse hochangereicherten Spaltstoffes, wie sie dank der amerikanischen Konstruktion in geradezu simpler Naivität mit allen anderen Projekten gleicher Intention assimiliert wird, ist in den vorliegenden Archivalien gar nicht die Rede. Folglich mangelte es den Deutschen an Grundsätzlichem, so dass diese logischerweise zu keinem probaten Ergebnis kommen mussten, sprich keine Nuklearwaffe kreieren konnten. Doch in Gerlachs Hinweis bei Schumann findet sich ein Indiz einer alternativen Konstruktion. Die Neutronen zur Urankernspaltung sollten sich nicht selbsterhaltend aus der hierfür notwendigen Mindeststoffmenge des Spaltmaterials generieren, sondern durch eine separate Quelle: durch eine D + D-Reaktion, eingeleitet durch Hochdruckkompression der kugelsymmetrischen Konfiguration und eventuell unter Zuhilfenahme einer Hochspannungsentladungsröhre (falls nicht beides konstruktiv kombiniert worden war). Dem umgebenden Spaltstoff, vielleicht mit geringen Mengen an schwachangereichertem Material versetzt, war dem GRU-Bericht nach durch vorherige Bestrahlung mittels des Kernphotoeffekts zusätzlich Neptunium mit verbesserten Spaltungseigenschaften durch kernphysikalische Umwandlungsprozesse zugefügt worden.

Wir sehen diese Konfiguration heute im Versuchsaufbau als *Resultat* einer Entwicklungsreihe. Dabei ist es absolut denkbar, dass sie erst den *Anfang* einer beabsichtigten Entwicklung bis zu einem fertigen Produkt darstellt. Denn wer den GRU-Bericht genau betrachtet, vergegenwärtigt sich relativ rasch, dass der dort beschriebene Versuchsaufbau bei weitem kein praxisnahes Produkt für den zeitlich nahenden Einsatz darstellt; dazu ist die Konstruktion mit all ihren notwendigen Anhängen zu komplex und umfangreich. Vorstellbar, dass die einzelnen Komponenten auf ihre hier ersonnene Zusammenführung praxisorientiert an separaten Schauplätzen im Labormaßstab ebenfalls empirisch auf ihre Anwendbarkeit hin geprüft wurden. In Thüringen konnten die involvierten Experimentalphysiker ihre Konstruktion erstmals in der Praxis erproben.

Detaillierte Resultate der Versuche liegen nicht vor. Aus den differierenden Analysen über die hypothetische Sprengkraft kann der Konstruktion reziprok zumindest ein Teilerfolg beschieden gewesen sein. Unklar ist bei

allen physikalischen wie historischen „Unschärfen“, welchen Einfluss die einzelnen Komponenten auf das Gesamtergebnis hatten.
Die Durchführung der hier angenommenen Tests würde der Arbeitsweise von Schumann und Diebner vollumfänglich entsprechen. Der Auffassung, dass Schumann nach seiner Demissionierung aus dem HWA jede Einflussnahme auf das Programm entzogen worden war, kann im Grundsatz durch sein Direktionsrecht innerhalb des OKW, seiner Position innerhalb des RFR und der Leitung seines in die Forschungen involvierten II. PI und durch den Inhalt seines unveröffentlichten Skripts widersprochen werden. So scheint nach diesem Skript auch Gerlach in die Entwicklung einer subkritischen Spaltanordnung unmittelbar involviert gewesen zu sein; ein Fakt, der lange Zeit unbeachtet geblieben ist und auf die direkte Weiterführung des Schumann-Konzeptes hinweist.

Dass sich derartige Konstruktionsdetails in heutigen Kernwaffen bislang nicht wiederfinden, kann ursächlich vier Gründe haben:

- Kernwaffen dieser Konstruktionsweise sind derart innovativ und erlauben relativ simple, subkritische Spaltstoffanordnungen, so dass sie erheblichen Restriktionen unterliegen und der öffentlichen Wahrnehmung aus Gründen, die in der Geheimhaltung zu suchen sind, vorenthalten werden.
- Kernwaffen dieser Konstruktionsweise sind grundsätzlich realisierbar, aber technisch derart komplex und praxisfern, dass für subkritische Konfigurationen alternative Lösungsansätze gefunden wurden.
- Kernwaffen dieser Konstruktionsweise sind grundsätzlich realisierbar, aber unter modernen Gesichtspunkten wie auch aufgrund der verfügbaren Materialwirtschaft zu aufwendig und daher nicht notwendig.
- Diese Konstruktionsweise für Kernwaffen hat sich als untauglich erwiesen.

Man könnte den Vergleich bemühen, dass auch die Herren Gottlieb Daimler, Wilhelm Maybach und Karl Benz verschiedene technische Komponenten ingenieurstechnisch-empirisch zusammenfügten und ohne wissenschaftliche Studien ein für die damalige Zeit äußerst innovatives Transportmedium schufen, an dessen Vollkommenheit auch zukünftig noch gearbeitet werden wird: das Automobil.

Der uns bereits in Kapitel 2 begegnete Physiker Friedwardt Winterberg gab zu diesem Thema bereits 2005, als durch Rainer Karlsch die These eines in Thüringen getesteten Kernsprengsatzes erstmals geschichtswissenschaftlich zur Diskussion gestellt worden ist, eine interessante und weitestgehend unbekannt gebliebene Erklärung: Im Rahmen einer offiziellen Veranstaltung der Random House Verlagsgruppe, zu der auch Mark Walker geladen war, erläuterte er seinerzeit die Grundlagen einer Nuklearwaffe. Dabei wies er direkt auf die mögliche Reduzierung des Spaltstoffes in die Größenordnung von etwa 100 g hin, die unter Anwendung von Fusionsreaktionen und Hohlladungstechniken erreichbar sei. An beiden Prinzipien habe Diebners Gruppe gearbeitet. Winterberg hielt es zwar für abwegig, dass die Nationalsozialisten bereits im Besitz einer vollendeten Kernwaffe waren, hielt es aber durchaus für möglich, dass sie zu Kernwaffentests in der Lage waren. Er, Winterberg, habe sich mehrmals mit seinem damaligen Chef Diebner über die Ereignisse der letzten Kriegsmonate unterhalten und unterstrich deutlich, dass er beschwören könne, dass dieser ihm dabei auch über die stattgefundenen Kernwaffentests berichtet habe.[195)] Doch fand diese Einlassung bei den Medienvertretern praktisch keine Aufmerksamkeit.

Abschließend soll noch einmal verdeutlicht werden, wie sich die klassische kritische Masse von U235 und Pu239 durch externe Maßnahmen reduzieren lässt:[196)]

	U233	U235	Np237	Pu239
Ohne Hilfsmittel	14,2 kg	45,9 kg	57 kg	16,7 kg
Zusätzlich max. Kompression	0,888 kg	2,87 kg	3,56 kg	1,04 kg
Zusätzlich mit optimalem Reflektor	0,111 kg	0,359 kg	0,445 kg	0,130 kg

	U233	U235	Np237	Pu239
Zusätzlich geboostet mit Fusionsneutronen	< 0,111 kg	< 0,359 kg	< 0,445 kg	< 0,130 kg

---

1) Marcus Landschulze: Geophysikalische Auswertung großer Sprengtests im Oktober 1944 und März 1945, in: Rainer Karlsch, Heiko Petermann: Für und Wider Hitlers Bombe. Studien zur Atomforschung in Deutschland, Münster, New York, München, Berlin, 2007, Waxmann Verlag, S. 141 ff.
2) Albrecht Ziegert: Gab es Sprengkörpertests im März 1945 bei Ohrdruf?, in: Geheimnis Jonastal – Vereinszeitschrift der Geschichts- und Technologiegesellschaft Großraum Jonastal e. V., Nr. 12, 2012, Arnstadt, Maempel-Druck Illmenau, S. 22.
3) Schreiben von Karim Rehm an den Verfasser vom 19.06.2006.
4) Albrecht Ziegert: Gab es Sprengkörpertests im März 1945 bei Ohrdruf?, in: Geheimnis Jonastal – Vereinszeitschrift der Geschichts- und Technologiegesellschaft Großraum Jonastal e. V., Nr. 12, 2012, Arnstadt, Maempel-Druck Illmenau, S. 22.
5) Albrecht Ziegert: Gab es Sprengkörpertests im März 1945 bei Ohrdruf?, Jena, 2011. Überarbeitete Aussage vom 20.05.2013 in der Digitalen Bibliothek Thüringen. Online abrufbar: www.db-thueringen.de.
6) Heiko Petermann: Unvergleichbar? Die Luftbildanalyse von White Sands und Ohrdruf, in: Rainer Karlsch, Heiko Petermann: Für und Wider Hitlers Bombe. Studien zur Atomforschung in Deutschland, Münster, New York, München, Berlin, 2007, Waxmann Verlag, S. 123 ff.
7) Vgl. Güteschutzgemeinschaft Kampfmittelräumung Deutschland e. V. – GKD – Die vergessene Gefahr im Untergrund, Broschüre der GKD Berlin, 2018. Online abrufbar: www.gkd-kampfmittelraumung.de. Sowohl die Unternehmen Mull & Partner als auch M. Muckel wurden mit dem Gütesiegel RAL-GZ 901 der Qualitätssicherungsstandards ausgezeichnet.
8) Matthias Muckel ist am 21. November 2000 durch das Bundesministerium für Verkehr, Bau und Wohnungswesen BMVBW zum Sachverständigen des Bundes für die Erkundung und Sanierung schädlicher Bodenveränderungen, Altlasten und schädlicher Grundwasserverunreinigungen ernannt worden und war für die Oberfinanzverwaltung Hannover aktiv. Vgl. Broschüre der OFD

Hannover: Arbeitshilfen 7 – Boden- und Grundwasserschutz. Online abrufbar: www.leitstelledesbundes.de.

9) Wolfgang Kampa: Das 5. Ohrdrufer Gespräch – Luftbildforschung im Großraum Jonastal, in: Geheimnis Jonastal – Vereinszeitschrift der Geschichts- und Technologiegesellschaft Großraum Jonastal e. V., Nr. 11, 2011, Arnstadt, Maempel-Druck Illmenau, S. 15 ff. Die Daten des 12.08.1944 und 30.06.1953 stammen von Heiko Petermann. Möglicherweise korrespondieren der 30.06.1953 mit jenem des 30.07.1953 und es handelt sich hier um einen Druckfehler bei Kampa.

10) Heiko Petermann: Unvergleichbar? Die Luftbildanalyse von White Sands und Ohrdruf, in: Rainer Karlsch, Heiko Petermann: Für und Wider Hitlers Bombe. Studien zur Atomforschung in Deutschland, Münster, New York, München, Berlin, 2007 Waxmann Verlag, S. 133.

11) Wolfgang Kampa: Das 5. Ohrdrufer Gespräch – Luftbildforschung im Großraum Jonastal, in: Geheimnis Jonastal – Vereinszeitschrift der Geschichts- und Technologiegesellschaft Großraum Jonastal e. V., Nr. 11, 2011, Arnstadt, Maempel-Druck Illmenau, S. 24.

12) Heiko Petermann: Unvergleichbar? Die Luftbildanalyse von White Sands und Ohrdruf, in: Rainer Karlsch, Heiko Petermann: Für und Wider Hitlers Bombe. Studien zur Atomforschung in Deutschland, Münster, New York, München, Berlin, 2007, Waxmann Verlag, S. 134 f.

13) Rainer Karlsch: Hitlers Bombe – Die geheime Geschichte der deutschen Kernwaffenversuche, München, 2005, Deutsche Verlags-Anstalt, S. 314.

14) Heiko Petermann: Unvergleichbar? Die Luftbildanalyse von White Sands und Ohrdruf, S. 135 ff., in: Rainer Karlsch, Heiko Petermann: Für und Wider Hitlers Bombe. Studien zur Atomforschung in Deutschland, Münster, New York, München, Berlin, Waxmann Verlag, 2007.

15) Ebd., S. 132. Damit steht die Aussage Posselts, dessen Qualifikation wie Einsatzmittel unklar sind, gegen die Expertise ausgewiesener Fachkräfte im Auftrage des Bundes auf diesem Spezialgebiet.

16) Ebd., S. 128 f.

17) Ebd., S. 132.

18) Todd H. Rider: Forgotten Creators. How German-Speaking Scientists and Engineers Invented the Modern World, And What We Can learn from Them, 01.06.2020, S. 2801 ff. (Abschnitt D2.7). Online abrufbar: www.riderinstitute.org.

19) Walter Schulte, Wolfgang Kampa: Büromöbelfabrik Kühn & Lefler, Gräfenroda, in: Geheimnis Jonastal – Vereinszeitschrift der Geschichts- und Technologiegesellschaft Großraum Jonastal e. V., Nr. 12, 2012, Arnstadt, Maempel-Druck Illmenau, Ausgabe 2012, S. 29.

20) Vgl. hierzu: Hans Michaelis, Carsten Salander: Handbuch Kernenergie – Kompendium der Energiewirtschaft und Energiepolitik, Frankfurt, 1995, VWEW Verlag, S. 559 ff.; Claus Gruben: Grundkurs Strahlenschutz, Berlin, Heidelberg, 2008 Springer-Verlag; Bundesamt für Strahlenschutz: Die Empfehlungen der ICRP von 2007 (ICRP Veröffentlichung 103). Online abrufbar: www.icrp.org.
21) Rainer Karlsch: Hitlers Bombe – Die geheime Geschichte der deutschen Kernwaffenversuche, 2005, München, Deutsche Verlags-Anstalt, S. 224 f. und 314 f.
22) Michael Odenwald: Atompilze über Thüringen, in: FOCUS Magazin, Nr. 11, 2005.
23) Rainer Karlsch: Hitlers Bombe – Die geheime Geschichte der deutschen Kernwaffenversuche, München, 2005, Deutsche Verlags-Anstalt, S. 315.
24) Michael Odenwald: Atompilze über Thüringen, in: FOCUS Magazin, Nr. 11, 2005.
25) Rainer Karlsch: Hitlers Bombe – Die geheime Geschichte der deutschen Kernwaffenversuche, München, 2005, Deutsche Verlags-Anstalt, S. 316.
26) Ebd., S. 227.
27) ZDF History: Hitlers Bombe, Guido Knopp, Stefan Brauburger, Erstausstrahlung 20.03.2005.
28) Rainer Karlsch: Hitlers Bombe – Die geheime Geschichte der deutschen Kernwaffenversuche, München, 2005, Deutsche Verlags-Anstalt, S. 317.
29) Messungen der Physikalisch-Technischen Bundesanstalt, in: Geheimnis Jonastal – Vereinszeitschrift der Geschichts- und Technologiegesellschaft Großraum Jonastal e. V., Nr. 5, 2005, Arnstadt, Maempel-Druck Illmenau, S. 8.
30) In Bodenproben keine Spur von „Hitlers Bombe", in: Geheimnis Jonastal – Vereinszeitschrift der Geschichts- und Technologiegesellschaft Großraum Jonastal e. V., Nr. 6, 2006, Arnstadt, Maempel-Druck Illmenau, S. 7.
31) Sowohl der Verfasser als auch Heiko Petermann insistierten zu unterschiedlichen Zeiten bei der PTB um die Offenlegung der vollständigen Analyse der Bodenproben. Bis zu dieser Veröffentlichung blieb die PTB die Resultate schuldig. Herr Uwe Keyser war nicht mehr zu sprechen und ging alsbald in den Ruhestand.
32) Alexandra Gerlach, Manuel Waltz: Goldgräberstimmung in Sachsen – Lithium im Erzgebirge, Deutschlandfunk, 29.03.2020. Online abrufbar: www.deutschlandfunk.de.
33) Todd H. Rider: Forgotten Creators. How German-Speaking Scientists and Engineers Invented the Modern World, And What We Can learn from Them, 01.06.2020, S. 3051 (Abschnitt D4). Online abrufbar: www.riderinstitute.org.
34) Vgl. ebd., S. 3054 (Abschnitt D4.3).

35) Ebd., S. 2819 (Abschnitt D2.7).

36) Rainer Karlsch: Hitlers Bombe – Die geheime Geschichte der deutschen Kernwaffenversuche, München, 2005, Deutsche Verlags-Anstalt, S. 214 f.

37) Todd H. Rider: Forgotten Creators How German-Speaking Scientists and Engineers Invented the Modern World, And What We Can learn from Them Online Edition: 1 June 2020 www.riderinstitute.org, S. 2814 f. (Abschnitt D2.7).

38) Rainer Karlsch: Was geschah im März 1945? Dokumente und Zeugenaussagen zu den Tests auf dem Truppenübungsplatz Ohrdruf, in: Rainer Karlsch, Heiko Petermann: Für und Wider Hitlers Bombe. Studien zur Atomforschung in Deutschland, Münster, New York, München, Berlin, 2007, Waxmann Verlag, S. 34 ff.

39) Klaus Schöllhorn, Wolf-Dieter Holz u. a.: Was ist dran an „Hitlers Bombe?", in: Geheimnis Jonastal – Vereinszeitschrift der Geschichts- und Technologiegesellschaft Großraum Jonastal e. V., Nr. 5, 2005, Arnstadt, Maempel-Druck Illmenau, S. 10 und 12 f.

40) Rainer Karlsch: Was geschah im März 1945? Dokumente und Zeugenaussagen zu den Tests auf dem Truppenübungsplatz Ohrdruf, in: Rainer Karlsch, Heiko Petermann: Für und Wider Hitlers Bombe. Studien zur Atomforschung in Deutschland, Münster, New York, München, Berlin, 2007, Waxmann Verlag, S. 34; ebenso Frank Döbert: Er muß allen älteren Arnstadtern bekannt sein – die Schöpfungsgeschichte der Jonastallegende, in: Geheimnis Jonastal – Vereinszeitschrift der Geschichts- und Technologiegesellschaft Großraum Jonastal e. V., Nr. 11, 2011, Arnstadt, Maempel-Druck Illmenau, S. 28 f. Döbert weist darauf hin, dass die angeblich vernehmenden Institutionen der DDR 1962 in der in den Protokollen dargestellten Konstellation nicht zusammengetreten wären. Ebenso Todd H. Rider: Forgotten Creators. How German-Speaking Scientists and Engineers Invented the Modern World, And What We Can learn from Them, 01.06.2020, S. 2809 (Abschnitt D2.7). Online abrufbar: www.riderinstitute.org.

41) Todd H. Rider: Forgotten Creators. How German-Speaking Scientists and Engineers Invented the Modern World, And What We Can learn from Them, 01.06.2020, S. 2811 f. (Abschnitt D2.7). Online abrufbar: www.riderinstitute.org.

42) Rainer Karlsch: Hitlers Bombe – Die geheime Geschichte der deutschen Kernwaffenversuche, München, 2005, Deutsche Verlags-Anstalt, S. 216.

43) Gernot Eilers: Abschätzungen zur Stärke der Explosion bei Ohrdruf, in: Rainer Karlsch, Heiko Petermann: Für und Wider Hitlers Bombe. Studien zur Atomforschung in Deutschland, Münster, New York, München, Berlin, 2007, Waxmann Verlag, S. 49 ff.

44) Todd H. Rider: Forgotten Creators. How German-Speaking Scientists and Engineers Invented the Modern World, And What We Can learn from Them, 01.06.2020, S. 2795 (Abschnitt D2.7). Online abrufbar: www.riderinstitute.org.

45) Rainer Karlsch: Was geschah im März 1945? Dokumente und Zeugenaussagen zu den Tests auf dem Truppenübungsplatz Ohrdruf, in: Rainer Karlsch, Heiko Petermann: Für und Wider Hitlers Bombe. Studien zur Atomforschung in Deutschland, Münster, New York, München, Berlin, 2007, Waxmann Verlag, S. 22. Vollständig in englischer Übersetzung auch in: Todd H. Rider: Forgotten Creators. How German-Speaking Scientists and Engineers Invented the Modern World, And What We Can learn from Them, 01.06.2020, S. 2756 (Abschnitt D2.7). Online abrufbar: www.riderinstitute.org.

46) Ebd., S. 25.

47) Ebd., S. 25 f. Bei Karlsch fehlt die detaillierte Beschreibung des Aufbaus und ihrer Montage. Der Bericht ist in Englisch vollständig wiedergegeben in: Todd H. Rider: Forgotten Creators. How German-Speaking Scientists and Engineers Invented the Modern World, And What We Can learn from Them, 01.06.2020, S. 2760 ff. (Abschnitt D2.7). Online abrufbar: www.riderinstitute.org. Anmerkung des Verfassers: Folgender Satz fehlt in der englischen Übersetzung Riders über den Zusammenbau: „Über diese Öffnung wird der Initiator eingeführt und anschließend wird die Öffnung mit einem Pfropfen aus Uran verschlossen."

48) Rainer Karlsch: Hitlers Bombe – Die geheime Geschichte der deutschen Kernwaffenversuche, München, 2005, Deutsche Verlags-Anstalt, S. 342 f. Vollständig in englischer Übersetzung auch in: Todd H. Rider: Forgotten Creators. How German-Speaking Scientists and Engineers Invented the Modern World, And What We Can learn from Them, 01.06.2020, S. 2771 f. (Abschnitt D2.7). Online abrufbar: www.riderinstitute.org.

49) Günter Nagel: Das geheime deutsche Uranprojekt 1939–1945 – Beute der Alliierten, Zella-Mehlis, 2016, Heinrich-Jung-Verlagsgesellschaft, S. 344 ff. und 389 ff.

50) Todd H. Rider: Forgotten Creators. How German-Speaking Scientists and Engineers Invented the Modern World, And What We Can learn from Them, 01.06.2020, S. 2777 (Abschnitt D2.7). Online abrufbar: www.riderinstitute.org.

51) Günter Nagel: Das geheime deutsche Uranprojekt 1939–1945 – Beute der Alliierten, Zella-Mehlis, 2016, Heinrich-Jung-Verlagsgesellschaft, S. 390 f.

52) Todd H. Rider: Forgotten Creators. How German-Speaking Scientists and Engineers Invented the Modern World, And What We Can learn from Them, 01.06.2020, S. 2780 und 2783 (Abschnitt D2.7). Online abrufbar: www.riderinstitute.org. In dem vollständigen Interview verweist Flerov darauf,

dass er seinerzeit in Dresden Informationen einer von der SS betriebenen kernphysikalischen Forschungseinrichtung in Waldenburg/Schlesien erfahren habe, die er aber nicht begehen durfte. Angeblich seien dort in einer unterirdischen Einrichtung mindestens zwei Zyklotrone installiert worden.

53) Rainer Karlsch: Was geschah im März 1945? Dokumente und Zeugenaussagen zu den Tests auf dem Truppenübungsplatz Ohrdruf, in: Rainer Karlsch, Heiko Petermann: Für und Wider Hitlers Bombe. Studien zur Atomforschung in Deutschland, Münster, New York, München, Berlin, 2007, Waxmann Verlag, S. 24 f.

54) Todd H. Rider: Forgotten Creators. How German-Speaking Scientists and Engineers Invented the Modern World, And What We Can learn from Them, 01.06.2020, S. 3039 f. (Abschnitt D4.1). Online abrufbar: www.riderinstitute.org.

55) Todd H. Rider: Forgotten Creators. How German-Speaking Scientists and Engineers Invented the Modern World, And What We Can learn from Them, 31. Dezember 2020, S. 3554 f. (Abschnitt „Bibliography"). Online abrufbar: www.riderinstitute.org.

56) Rainer Karlsch, Zbynek Zeman: Urangeheimnisse – Das Erzgebirge im Brennpunkt der Weltpolitik 1933–1960, Berlin, 2007, Christoph Links Verlag, S. 19 f.

57) Todd H. Rider: Forgotten Creators. How German-Speaking Scientists and Engineers Invented the Modern World, And What We Can learn from Them, 01.06.2020, S. 2940 (Abschnitt D2.10). Online abrufbar: www.riderinstitute.org.

58) Eberhard Rössler: Geschichte des deutschen U-Bootbaus, Bd. 1, Bonn, 1996, Bernhard & Graefe Verlag, S. 170 f. und 269.

59) Rainer Karlsch: Hitlers Bombe – Die geheime Geschichte der deutschen Kernwaffenversuche, München, 2005, Deutsche Verlags-Anstalt, S. 261 f. Siehe auch bei James Mahaffay: Atomic Adventures, New York, London, 2017, Pegasus Books, S. 203 f.

60) Todd H. Rider: Forgotten Creators. How German-Speaking Scientists and Engineers Invented the Modern World, And What We Can learn from Them, 01.06.2020, S. 2925 ff. (Abschnitt D2.10). Online abrufbar: www.riderinstitute.org.

61) Ebd., S. 2933 (Abschnitt D2.10).

62) Ebd., S. 2939 (Abschnitt D2.10).

63) Günter Nagel: Das geheime deutsche Uranprojekt 1939–1945 – Beute der Alliierten, Zella-Mehlis, 2016, Heinrich-Jung-Verlagsgesellschaft, S. 154.

64) Viktor J. Frenkel: Professor Friedrich Houtermanns – Arbeit, Leben, Schicksal. Biographie eines Physikers des zwanzigsten Jahrhunderts, Max-Planck-Institut für Wissenschaftsgeschichte, Internetfassung, 2011, S. 123 ff.

65) Günter Nagel: Das geheime deutsche Uranprojekt 1939–1945 – Beute der Alliierten, Zella-Mehlis, 2016, Heinrich-Jung-Verlagsgesellschaft, S. 62.

66) Paul Lawrence Rose: Heisenberg und das Atombombenprojekt der Nazis, Zürich, 2001, Pendo Verlag, S. 51 und 425.

67) Klaus Hentschel, Ann M. Hentschel: Physics and National Socialism. An Anthropology of Primary Sources, Basel, 1996, Berkenhäuser Verlag, S. 374.

68) Viktor J. Frenkel: Professor Friedrich Houtermanns – Arbeit, Leben, Schicksal. Biographie eines Physikers des zwanzigsten Jahrhunderts, Max-Planck-Institut für Wissenschaftsgeschichte, Internetfassung, 2011, S. 132 und 146 ff.

69) Geheimdokumente zum deutschen Atomprogramm 1938–1945, CD-ROM des Deutschen Museums München, Rubrik: Forschungszentren Wien, Heidelberg Straßburg, Abschnitt: #, Blatt 1–6, 2001.

70) Rainer Karlsch: Hitlers Bombe – Die geheime Geschichte der deutschen Kernwaffenversuche, München, 2005, Deutsche Verlags-Anstalt, S. 322 ff.

71) Reinhard Brandt, Rainer Karlsch: Kurt Starke und die Entdeckung des Elements 93. Wurde die Suche nach Transuranen verzögert?, in: Rainer Karlsch, Heiko Petermann: Für und Wider Hitlers Bombe. Studien zur Atomforschung in Deutschland, Münster, New York, München, Berlin, 2007, Waxmann Verlag, S. 294 ff.

72) Otto Hahn, Fritz Strassmann: Zur Frage der Entstehung des 2,3 Tage-Isotops des Elements 93 aus Uran, Archiv des Deutschen Museums München, 27.02.1942, Report G-151.

73) Vgl. hierzu: Reinhard Brandt, Rainer Karlsch: Kurt Starke und die Entdeckung des Elements 93. Wurde die Suche nach Transuranen verzögert?, in: Rainer Karlsch, Heiko Petermann: Für und Wider Hitlers Bombe. Studien zur Atomforschung in Deutschland, Münster, New York, München, Berlin, 2007, Waxmann Verlag, S. 293 ff.

74) Ebd., S. 302 und 307.

75) Ebd., S. 316.

76) Chemisches Zentralblatt, Nr. 9/10, 1945, II. Halbjahr, III. Quartal, S. 456. Online unter der Digital Library of the Slesian University of Technology Gliwice (Gleiwitz) abrufbar: www.delibra.bg.polsl.pl.

77) Reinhard Brandt, Rainer Karlsch: Kurt Starke und die Entdeckung des Elements 93. Wurde die Suche nach Transuranen verzögert?, in: Rainer Karlsch, Heiko Petermann: Für und Wider Hitlers Bombe. Studien zur Atomforschung in

Deutschland, Münster, New York, München, Berlin, 2007, Waxmann Verlag, S. 324.

78) Rainer Karlsch: Hitlers Bombe – Die geheime Geschichte der deutschen Kernwaffenversuche, München, 2005, Deutsche Verlags-Anstalt, S. 233. Karlsch verweist in diesem Zusammenhang in seinen Anmerkungen auf die Konsultationen Prof. Dr. Gerhard Fussmanns und des 2006 verstorbenen Kernphysikers Prof. Dr. Ulrich Schmidt-Rohr, ehemaliger Leiter des Max-Planck-Institutes für Kernphysik in Heidelberg, hin. Bei Ersterem dürfte es sich um Gerd Fußmann handeln, Direktor am Max-Planck-Institut für Plasmaphysik und Leiter des Lehrstuhls für experimentelle Plasmaphysik an der Berliner Humbold-Universität.

79) Vgl. hierzu: Rene Sanchez, David Loaiza, Robert Kimpland, David Hayes, Charlene Cappiello, Mark Chadwick: Criticality of a Np237 Sphere in American Nuclear Society, in: Nuclear Science and Engineering, 10.04.2017. Online abrufbar: www.ans.tandonline.com; und David Albright, Kimberley Kramer: Neptunium 237 and Americium: World Investors and Proliferation Concerns, 22.08.2005, Institute For Science And International Security, Washington D. C. Online abrufbar: www.isis-online.org; und Russell D. Mosteller, David J. Loaiza, Rene G. Sanchez: Creation of a Simplified Benchmark Model for the Neptunium Sphere Experiment, Los Alamos National Laboratory, in: PHYSOR 2004 – The Physics of Fuel Cycles and Advanced Nuclear Systems: Global Developments, Chicago/Illinois, 25.–29.04.2004 (CD-ROM der ANS). Online abrufbar: www.ipen.br/biblioteca/cd/physor/2004 (IPEN – Nuclear and Energy Research Institute, Cidade Univeritaria, Sao Paulo, Brasil).

80) Leopold Gmelin, Rudolf Warmcke et al.: Gmelin Handbuch der Anorganischen Chemie. Uran-Technologie und Verwendung, 8. Auflage, hrsg. vom Gmelin Institut für Anorganische Chemie der MPG, 1981, Berlin, Heidelberg, Springer-Verlag, S. 291 f.

81) Leopold Gmelin, Rudolf Warmcke et al.: Gmelin Handbuch der Anorganischen Chemie. Uran-Technologie und Verwendung, 8. Auflage, hrsg. vom Gmelin Institut für Anorganische Chemie der MPG, Berlin, Heidelberg, 1981, Springer-Verlag, S. 291 f.

82) Klaus Bethge, Gertrud Walter, Bernhard Wiedemann: Kernphysik – Eine Einführung, 3. Auflage, Berlin, Heidelberg, 2008, Springer-Verlag, S. 8.

83) Vgl. Chemisches Zentralblatt, Nr. 23, 07.06.1939, I. Halbjahr, S. 4430 und 4426. Online unter der Digital Lirbary of the Slesian University of Technology Gliwice (Gleiwitz) abrufbar: www.delibra.bg.polsl.pl.

84) Vgl. Otto Huber: Gammastrahlung – Die Elemente Titan bis Rubidium, Von der Eidgenössischen Technischen Hochschule in Zürich zur Erlangung der Würde

eines Doktors der Naturwissenschaften, Sonderabdruck aus Helvetica Physica Acta, XVII. Jahrgang, Nr. 3, Basel, 1944, Buchdruckerei Emil Birkenhäuser & Cie.

85) Hans Albrecht Bethe: Die Bindungsenergie des Deuterons, in: Chemisches Zentralblatt, Nr. 23, 07.06.1939, I. Halbjahr, S. 4430. Online unter der Digital Library of the Slesian University of Technology Gliwice (Gleiwitz) abrufbar: www.delibra.bg.polsl.pl.

86) Alois Langer, W. E. Stephens: Radioaktives Barium und Strontium aus der Photospaltung von Uran, in: Chemisches Zentralblatt, Nr. 19, 07.05.1941, I. Halbjahr, S. 2501. Online unter der Digital Library of the Slesian University of Technology Gliwice (Gleiwitz) abrufbar: www.delibra.bg.polsl.pl.

87) V. F. Weisskopf: Notiz über die Strahlungseigenschaften schwerer Kerne, in: Chemisches Zentralblatt, Nr. 13, 31.03.1942, I. Halbjahr, S. 1593 f. Online unter der Digital Library of the Slesian University of Technology Gliwice (Gleiwitz) abrufbar: www.delibra.bg.polsl.pl.

88) B. Arakatsu, Y. Uemuru, M. Sonoda, S. Shimizu, K. Kimura, K. Muraoka: Photokernspaltung von Uran und Thorium durch -Strahlen, die durch Beschießung von Lithium und Fluor mit schnellen Protonen erzeugt wurden, in: Chemisches Zentralblatt, Nr. 10, 11.03.1942, I. Halbjahr, S. 1218. Online unter der Digital Library of the Slesian University of Technology Gliwice (Gleiwitz) abrufbar: www.delibra.bg.polsl.pl.

89) Todd H. Rider: Forgotten Creators. How German-Speaking Scientists and Engineers Invented the Modern World, And What We Can learn from Them, 01.06.2020, S. 2474 (Abschnitt D2.1). Online abrufbar: www.riderinstitute.org.

90) Beispielhaft genannt seien: Y. Nishina, T. Yasaki, K. Kimura, M. Ikawa: Artifical Production of Uranium Y from Thorium, in: Nature, Vol. 142, 12.11.1938, S. 874; oder: Dieselben mit H. Ezoe: Induced β-Activity of Uranium by fast Neutrons, in: Physical Review, Vol. 57, Issue 12, 15.06.1940, S. 1182. Und u. a. Fission Products of Uranium by fast Neutrons, in: Physical Review, Vol. 59, Issue 8, 15.04.1941, S. 677.

91) Y. Nishina, K. Kimura, T. Yasaki, M. Ikawa: Einige Spaltprodukte aus der Bestrahlung des Urans mit schnellen Neutronen, in: Zeitschrift für Physik, Vol. 119, Berlin, 1942, Springer-Verlag, S. 195 ff.

92) Nagao Ikeda, Editor: Toshimitsu Yamazaki: The discoveries of uranium 237 and symmetric fission — From the archival papers of Nishina and Kimura, in: Proceedings of the Japan Academy, Series B, Physical and Biological Science, Vol. 87 (7), 25.07.2011, S. 371 ff. Online unter dem National Center for Biotechnology Information (NCBI) – US National Library of Medicine abrufbar: www.ncbi.nlm.nih.gov.

93) Rainer Karlsch: Hitlers Bombe – Die geheime Geschichte der deutschen Kernwaffenversuche, München, 2005, Deutsche-Verlagsanstalt, S. 376.
94) Vgl. Günter Nagel: Himmlers Waffenforscher – Physiker, Chemiker, Mathematiker und Techniker im Dienste der SS, Aachen, 2011, Helios Verlag, S. 131 ff.; und Rolf Wideröe, Pedro Waloschek: Als die Teilchen laufen lernten – Leben und Werk des Großvaters der modernen Teilchenbeschleuniger – Rolf Wideröe, Wiesbaden, 1993, Vierweg Verlag, S. 73 ff.
95) Interview von Peter Steiner, Deutsches Museum Bonn, mit dem Physiker Wolfgang Paul: „Sie müssen durch die Atomhülle hindurch", in: Kultur & Technik, Vol. 3, 1994. Online abrufbar: www.deutsches-museum.de. Zu Konrad Gund: www.deutsche-biographie.de.
96) Caperton B. Horsley: The X-Ray Industrie in Germany Final Report on the Investigation of tue X-Ray Industry in Germany U. S. Technical Industrie Intelligence Committee Combined Intelligence Objektives Sub-Committee – G-2 Division, Shaef (Rear), APO 413, S. 3 und 18. Online unter der U. S. National Library of Medicine (NIH) abrufbar: http://resource.nlm.nih.gov/101709466.
97) Todd H. Rider: Forgotten Creators. How German-Speaking Scientists and Engineers Invented the Modern World, And What We Can learn from Them, 01.06.2020, S. 2201 ff. (Abschnitt C1). Online abrufbar: www.riderinstitute.org.
98) Ebd., S. 2209 (Abschnitt C1).
99) Aashild Sørheim: Von einem Traum getrieben – Wie der Physiker Rolf Widerøe den Teilchenbeschleuniger erfand, Springer Verlag, Berlin, Open-Access-Publikation, 2022, S. 230 f.
100) Ebd. S. 433
101) Ebd. S. 236
102) Konrad Gund, Wolfgang Paul: Experiments with a 6-MEV Betatron, In: Nucleonics, Vol. 7, No. 1 Verlag McGraw-Hill, New York, Juli 1950, S. 36 ff. Mit freundlicher Überlassung durch Ralph Burmester M. A., Wissenschaftlicher Mitarbeiter, Deutsches Museum Bonn, www.deutsches-museum-bonn.de
103) Ebd. S. 40 f.
104) Todd H. Rider: Forgotten Creators, How German-Speaking Scientists and Engineers Invented the Modern World, And What We Can learn from Them, Online Edition: 1 June 2020, www.riderinstitute.org, S. 3060 ff. (Abschnitt D4.4)
105) ebd. S. 2494 (Abschnitt D2.1)
106) Rainer Karlsch: Hitlers Bombe – Die geheime Geschichte der deutschen Kernwaffenversuche, Deutsche-Verlagsanstalt München, 2005, S. 383
107) Mark Walker: Eine Waffenschmiede? Kernwaffen- und Reakorforschung am Kaiser-Wilhelm-Institut für Physik, Forschungsprogramm „Geschichte der

Kaiser-Wilhelm-Gesellschaft im Nationalsozialismus", Herausgegeben von Rüdiger Hachtmann im Auftrag der Präsidentenkommission der Max-Planck-Gesellschaft zur Förderung der Wissenschaften e. V., Vorabdruck, 2005, S. 33, www.mpiwg-berlin.mpg.de/kwg

108) Jeff Smith: How the Nazi A-bomb worked Veterans Today, 04.09.2020, www.veteranstoday.com

109) Wilfried Babick: ... und sie hatten sie doch nicht ..., in: Geheimnis Jonastal – Vereinszeitschrift der Geschichts- und Technologiegesellschaft Großraum Jonastal e. V., Nr. 18, 2018, Arnstadt, Maempel-Druck Illmenau, S. 34 ff.

110) Todd H. Rider: Forgotten Creators. How German-Speaking Scientists and Engineers Invented the Modern World, And What We Can learn from Them, 01.06.2020, S. 3055 ff. (Abschnitt D4.4). Online abrufbar: www.riderinstitute.org.

111) Ebd., S. 3075 f. (Abschnitt D5).

112) E-Mail von Dr. Todd Rider an den Verfasser, 07.11.2021.

113) E-Mail von Dr. Gernot Eilers an den Verfasser, 25.11.2021.

114) Gernot Eilers: Abschätzungen zur Stärke der Explosion bei Ohrdruf, in: Rainer Karlsch, Heiko Petermann: Für und Wider Hitlers Bombe. Studien zur Atomforschung in Deutschland, Münster, New York, München, Berlin, 2007, Waxmann Verlag, S. 49 ff.; und: Walter Hauk in der Kompilation: Was ist dran an Hitlers Bombe?, in: Geheimnis Jonastal – Vereinszeitschrift der Geschichts- und Technologiegesellschaft Großraum Jonastal e. V., Nr. 5, 2005, Arnstadt, Maempel-Druck Illmenau, S. 11.

115) Vladimir N. Mineev, Alexander I. Funtikov: Physikalische Analysen zur Energiefreisetzung bei den deutschen Atomtests von 1945, S. 82 ff., in: Rainer Karlsch, Heiko Petermann: Für und Wider Hitlers Bombe. Studien zur Atomforschung in Deutschland, Waxmann Verlag, Münster, New York, München, Berlin, 2007.

116) Todd H. Rider: Forgotten Creators. How German-Speaking Scientists and Engineers Invented the Modern World, And What We Can learn from Them, 01.06.2020, S. 3042 ff. (AbschnittD4.2). Online abrufbar: www.riderinstitute.org.

117) Vgl. Günter Nagel: Das geheime deutsche Uranprojekt 1939–1945 – Beute der Alliierten, Zella-Mehlis, 2016, Heinrich-Jung-Verlagsgesellschaft, S. 344 ff.

118) Todd H. Rider: Forgotten Creators. How German-Speaking Scientists and Engineers Invented the Modern World, And What We Can learn from Them, 31.12.2021, S. 3448 (Abschnitt D2.7). Online abrufbar: www.riderinstitute.org.

119) Regierungsblatt des Landes Thüringen, Nr. 2, 3. Jahrgang, März 1947, Gesetz Nr. 43, 20.12.1946, S. 9 f. Online unter dem Landesarchiv Freistaat Thüringen abrufbar: https://zs.thulb.uni-jena.de.

120) Todd H. Rider: Forgotten Creators. How German-Speaking Scientists and Engineers Invented the Modern World, And What We Can learn from Them, 01.06.2020, S. 2840 (Abschnitt D2.8). Online abrufbar: www.riderinstitute.org.
121) Ebd., S. 2842 (Abschnitt D2.8).
122) Ebd., S. 2843 (Abschnitt D2.8).
123) Ebd., S. 2844 (Abschnitt D2.8).
124) Todd H. Rider: Forgotten Creators. How German-Speaking Scientists and Engineers Invented the Modern World, And What We Can learn from Them, 31.12.2020, S. 3310 ff. (Abschnitt D2.8). Online abrufbar: www.riderinstitute.org.
125) Vgl. European Route of Industrial Heritage e. V. – La Coupole, Mitglied der European Commission Expert Group on Cultural Heritage. Online abrufbar: www.erih.de.
126) Wolfgang G. Schwanitz: Rezensur für „Hitlers Bombe", Deutsches Orient Institut, Hamburg, Philosophische Fakultät I, Humboldt-Universität Berlin. Online abrufbar: www.hsozkult.de/publicationreview/id/reb-7382.
127) Todd H. Rider: Forgotten Creators. How German-Speaking Scientists and Engineers Invented the Modern World, And What We Can learn from Them, 01.06.2020, S. 2849 (Abschnitt D2.8). Online abrufbar: www.riderinstitute.org.
128) Ebd., S. 2821 f. (Abschnitt D2.7).
129) Ebd., S. 2855 (Abschnitt D2.8).
130) Frank Döbert: Operationen im Verborgenen, in: Geheimnis Jonastal – Vereinszeitschrift der Geschichts- und Technologiegesellschaft Großraum Jonastal e. V., Nr. 20, 2020, Arnstadt, Zella-Mehlis/Meiningen, Heinrich-Jung-Verlagsgesellschaft, S. 43 f. und 63.
131) Ebd., S. 42 f. und 63.
132) Todd H. Rider: Forgotten Creators. How German-Speaking Scientists and Engineers Invented the Modern World, And What We Can learn from Them, 01.06.2020, S. 2861 f. (Abschnitt D2.8). Online abrufbar: www.riderinstitute.org.
133) Ebd., S. 2865 (Abschnitt D2.8).
134) Ebd., S. 2866 (Abschnitt D2.8); siehe in: George C. Marshall: Biennial Reports of the Chief of Staff of the United States Army to the Secretery of War: 1 July 1939–30 June 1945, Center Of Military History – United States Army – Washington D. C., 1996, S. 132.
135) Ebd., S. 210.
136) Ebd., S. 121.
137) Ebd., S. 110 f., wobei Marshall hier einen Bericht von General Henry Harley Arnold, Chef der US Air Force, heranzieht.
138) Ebd., S. 191.

139) Todd H. Rider: Forgotten Creators. How German-Speaking Scientists and Engineers Invented the Modern World, And What We Can learn from Them, 01.06.2020, S. 2868 (Abschnitt D2.8). Online abrufbar: www.riderinstitute.org,

140) Ebd., S. 2871 f. (Abschnitt D2.8).

141) Ebd., S. 3238 (Abschnitt E2.2).

142) Rainer Karlsch, Zbynek Zeman: Urangeheimnisse – Das Erzgebirge im Brennpunkt der Weltpolitik 1933–1960, Berlin, 2007, Christoph Links Verlag, S. 257.

143) Ebd., S. 2838.

144) Ebd., S. 2856.

145) Ebd., S. 2863.

146) Ebd., S. 2867.

147) Ebd., S. 2870.

148) Peter Kleist: Auch du warst dabei, Heidelberg, 1952, Kurt Vowinckel Verlag, S. 362 f. (Der Autor Kleist ist nicht unkritisch zu sehen, da er als ehemaliger führender Mitarbeiter Alfred Rosenbergs erheblich kompromittiert ist. Seine Publikationen enthalten nachgewiesen geschichtsverfälschende Inhalte in dem Sinne des Versuchs der Rehabilitation etlicher Verbrechen der Nationalsozialisten. Die hier eingefügten Zitate aus diesem Werk sind von Kleist in anderer Intention verwendet worden.)

149) Ebd., S. 363.

150) Todd H. Rider: Forgotten Creators. How German-Speaking Scientists and Engineers Invented the Modern World, And What We Can learn from Them, 01.06.2020, S. 2706 ff. (Abschnitt D2.4). Online abrufbar: www.riderinstitute.org.

151) Ebd., S. 2710 (Abschnitt D2.4).

152) Ebd., S. 2711 (Abschnitt D2.4).

153) Ebd., S. 2706 (Abschnitt D2.4).

154) Hans Thirring: Die Geschichte der Atombombe, in: „Neues Österreich“, Wien, 1946, Zeitungs- und Verlagsgesellschaft, S. 130 ff.

155) Siehe hierzu: „Alsos Mission“, in: Atomic Heritage Foundation, Washington D. C., 06.06.2014, National Museum of Nuclear Science & History. Online abrufbar: www.atomicheritage.org. Hier auch weiterführende Informationen zu Pash, Goudmit und Groves. Ebenso in: Günter Nagel: Wissenschaft für den Krieg – Die geheimen Arbeiten der Abteilung Forschung des Heereswaffenamtes, Stuttgart, 2012, Franz Steiner Verlag, S. 308 ff.

156) Robert Mcg. Thomas Jr.: Frederic A. C. Wardenburg 3d, 92, War Hero, in: New York Times, 17.08.1997.

157) Siehe hierzu „Alsos Mission“, in: Atomic Heritage Foundation, Washington D. C., 06.06.2014, National Museum of Nuclear Science & History. Online abrufbar: www.atomicheritage.org.

158) Samuel A. Goudsmit: Alsos, New York, 1947, Henry Schumann Verlag; Leslie R. Groves: Now it can bei told: the Story of the Manhattan Project, New York, 1962, Harper & Row Verlag; Boris T. Pash: The Alsos Mission, New York, 1969, Award House.

159) Günter Nagel: Wissenschaft für den Krieg – Die geheimen Arbeiten der Abteilung Forschung des Heereswaffenamtes, Stuttgart, 2012, Franz Steiner Verlag, S. 318.

160) Todd H. Rider: Forgotten Creators. How German-Speaking Scientists and Engineers Invented the Modern World, And What We Can learn from Them, 01.06.2020, S. 2494 (Abschnitt D2.1). Online abrufbar: www.riderinstitute.org.

161) Ebd., S. 2874 (Abschnitt D2.9).

162) Ebd., S. 2876 f. (Abschnitt D2.9).

163) Ebd., S. 2891 f. (Abschnitt D2.9).

164) Ebd., S. 2894 (Abschnitt D2.9).

165) Ebd., S. 2878 (Abschnitt D2.9).

166) Ebd., S. 2895 (Abschnitt D2.9).

167) Vgl. ebd., S. 2897 ff. (Abschnitt D2.9).

168) Ebd., S. 2543 f. (Abschnitt D2.1).

169) Stefan Büttner, Martin Kaule: Geheimprojekte der Luftwaffe – sowie Bauten und Bunker 1935–1945, 2. Auflage, Stuttgart, 2020, Motorbuch Verlag, S. 123.

170) Todd H. Rider: Forgotten Creators. How German-Speaking Scientists and Engineers Invented the Modern World, And What We Can learn from Them, 01.06.2020, S. 2546 f., 2550 f. (Abschnitt D2.1). Online abrufbar: www.riderinstitute.org.

171) Charles Frank: Operation Epsilon: The Farm Hall Transcripts, Bristol, Institute of Physics Publishing, 01.05.1993.

172) Im Folgenden wird sich in diesem Abschnitt auf Todd Riders Studie bezogen. Siehe: Todd H. Rider: Forgotten Creators. How German-Speaking Scientists and Engineers Invented the Modern World, And What We Can learn from Them, 01.06.2020, ab S. 2900 ff. (Abschnitt D2.9). Online abrufbar: www.riderinstitute.org.

173) Dieko H. Bruins: Werkzeuge und Werkzeugmaschinen für die spannende Metallbearbeitung, Bd. 1, München, 1968, Carl Hanser Verlag, S. 236.

174) Todd H. Rider: Forgotten Creators. How German-Speaking Scientists and Engineers Invented the Modern World, And What We Can learn from Them, 01.06.2020, S. 2829 (Abschnitt D2.8). Online abrufbar: www.riderinstitute.org.

175) Ebd., S. 2837 f. (Abschnitt D2.8).
176) Ebd., S. 2839 (Abschnitt D2.8).
177) Rainer Karlsch: Hitlers Bombe – Die geheime Geschichte der deutschen Kernwaffenversuche, München, 2005, Deutsche-Verlagsanstalt, S. 239.
178) Rainer Karlsch: Was geschah im März 1945? Dokumente und Zeitzeugenaussagen zu den Tests auf dem Truppenübungsplatz Ohrdruf, in: Rainer Karlsch, Heiko Petermann: Für und Wider Hitlers Bombe. Studien zur Atomforschung in Deutschland, Münster, New York, München, Berlin, 2007, Waxmann Verlag, S. 32.
179) Todd H. Rider: Forgotten Creators. How German-Speaking Scientists and Engineers Invented the Modern World, And What We Can learn from Them, 01.06.2020, S. 2747 f. (Abschnitt D2.6). Online abrufbar: www.riderinstitute.org.
180) Rainer Karlsch: Was geschah im März 1945? Dokumente und Zeitzeugenaussagen zu den Tests auf dem Truppenübungsplatz Ohrdruf, in: Rainer Karlsch, Heiko Petermann: Für und Wider Hitlers Bombe. Studien zur Atomforschung in Deutschland, Münster, New York, München, Berlin, 2007, Waxmann Verlag, S. 33 f.
181) Ebd., S. 28 f.
182) Rainer Karlsch: Hitlers Bombe – Die geheime Geschichte der deutschen Kernwaffenversuche, München, 2005, Deutsche Verlags-Anstalt, S. 242.
183) Ebd., S. 242 f.
184) Mit dieser Behelfspiste könnte die in „Das Buch Hitler“ von Henrik Eberle und Matthias Uhl erwähnte, von Hanna Reitsch und Robert Ritter von Greim bei ihrem Kurzaufenthalt bei Hitler als Landepiste genutzte Straße des 17. Juni – der Ost-West-Achse –, zwischen der Siegessäule und dem Brandenburger Tor, gemeint sein. Auch Hermann Fegelein hatte diese für seinen Fieseler-Storch genutzt. Nach den Recherchen von Christoph Neubauer existierte laut Aufzeichnungen des MfS ein Tunnelsystem, das direkt in den Garten der Reichskanzlei mündete und einen geschützten Zugang zum Führerbunker gewährte.
185) Rainer Karlsch: Hitlers Bombe – Die geheime Geschichte der deutschen Kernwaffenversuche, München, 2005, Deutsche Verlags-Anstalt, S. 243.
186) Ebd., S. 244 ff.
187) Todd H. Rider: Forgotten Creators. How German-Speaking Scientists and Engineers Invented the Modern World, And What We Can learn from Them, 01.06.2020, S. 2743 (Abschnitt D2.6). Online abrufbar: www.riderinstitute.org.
188) Ebd., S. 2946 f. (Abschnitt D2.10).
189) Günter Nagel: Himmlers Waffenforscher – Physiker, Chemiker, Mathematiker und Techniker im Dienste der SS, Aachen, 2011, Helios Verlag, S. 185 ff. Rolf Engel

hatte Verbindung sowohl zu zahlreichen Institutionen im Protektorat als auch zu den Versuchsanlagen der SS Großendorf und Rheinmetalls bei Leba. Auch war er in die Forschung der Explosia, eines Sprengmittelherstellers, involviert und unterhielt in diesem Zusammenhang engen Kontakt mit den etablierten Firmen auf diesem Gebiet, wie der WASAG oder HASAG. Des Weiteren zentrierten sich wesentliche Teile seiner Arbeiten in dem Wissenschaftlichen Forschungsinstitut der SS in Pibrans.

190) Rainer Karlsch: Hitlers Bombe – Die geheime Geschichte der deutschen Kernwaffenversuche, München, 2005, Deutsche Verlags-Anstalt, S. 154.

191) Ebd., S. 154 f.

192) Todd H. Rider: Forgotten Creators. How German-Speaking Scientists and Engineers Invented the Modern World, And What We Can learn from Them, 01.06.2020, S. 2881 (Abschnitt D2.9). Online abrufbar: www.riderinstitute.org.

193) Ebd., S. 2636 (Abschnitt D2.3).

194) BGH-Urteil vom 30.07.1999 (1 StR 618/98). Die Heranziehung dieses Urteils mag abstrakt erscheinen, da es sich um die Befundung des forensischen Gutachtens eines Kindesmissbrauches handelt; es legt aber die allgemein gültigen Standards für statistische Mittel bei Begutachtungen fest.

195) Sebastian Pflugbeil: Atomversuche – Hitlers Bombe, in: Strahlentelex, Nr. 438–439, 19. Jahrgang, 07.04.2005, S. 2. Online abrufbar: www.strahlentelex.de. Dr. rer. nat. Sebastian Pflugbeil war jahrelang Vorsitzender der Gesellschaft für Strahlenschutz e. V. GSS, Mitglied der Akademie der Wissenschaften und Berater während der Abwicklung der Wismut.

196) Todd H. Rider: Forgotten Creators. How German-Speaking Scientists and Engineers Invented the Modern World, And What We Can learn from Them, 31.12.2021, S. 3791 (Abschnitt D4.4). Online abrufbar: www.riderinstitute.org.

НАРОДНЫЙ КОМИССАРИАТ ОБОРОНЫ СОЮЗА ССР

ГЛАВНОЕ РАЗВЕДЫВАТЕЛЬНОЕ УПРАВЛЕНИЕ КРАСНОЙ АРМИИ

23 марта 1945

№ ...

г. Москва

Ex. № ...

НАЧАЛЬНИКУ ГЕНЕРАЛЬНОГО ШТАБА КРАСНОЙ АРМИИ

ГЕНЕРАЛУ АРМИИ тов. АНТОНОВУ

Докладываю:

Наш достоверный источник из Германии сообщает:

"Немцы в последнее время произвели два взрыва бомбы большой мощности в Тюрингии. Взрывы проводились в лесной местности в обстановке строжайшей секретности. От центра взрыва деревья повалены на расстоянии 500-600 метров. Уничтожены специально построенные для опытов укрепления и сооружения. Находящиеся в центре взрыва военнопленные погибли, причем зачастую от них не осталось следов. Военнопленные, находящиеся за центром взрыва, имеют ожоги лица и тела, сила которых зависит от расстояния от центра взрыва. Испытания проводились в максимально глухом районе. На объектах испытания режим секретности максимальный. Въезды и выезды разрешены только по особому удостоверению. Команды СС оцепили район испытания и опрашивали каждого приближающегося к этому району человека. Бомба предположительно снаряженная ураном 235 массой около двух тонн была привезена в место взрыва на специально построенной платформе. Вместе с ней были доставлены цистерны с жидким кислородом. При бомбе постоянно находились 20 человек охраны с собаками. Взрыв бомбы сопровождался образованием взрывной волны большой мощности, развитием высокой температуры. Кроме этого наблюдался мощный радиоактивный эффект. Бомба представляет из себя шар диаметром

Auszug aus dem GRU-Bericht vom 23. März 1945 über einen erfolgten Waffentest in Thüringen. *(Quelle: Todd Rider: Forgotten Creators)*

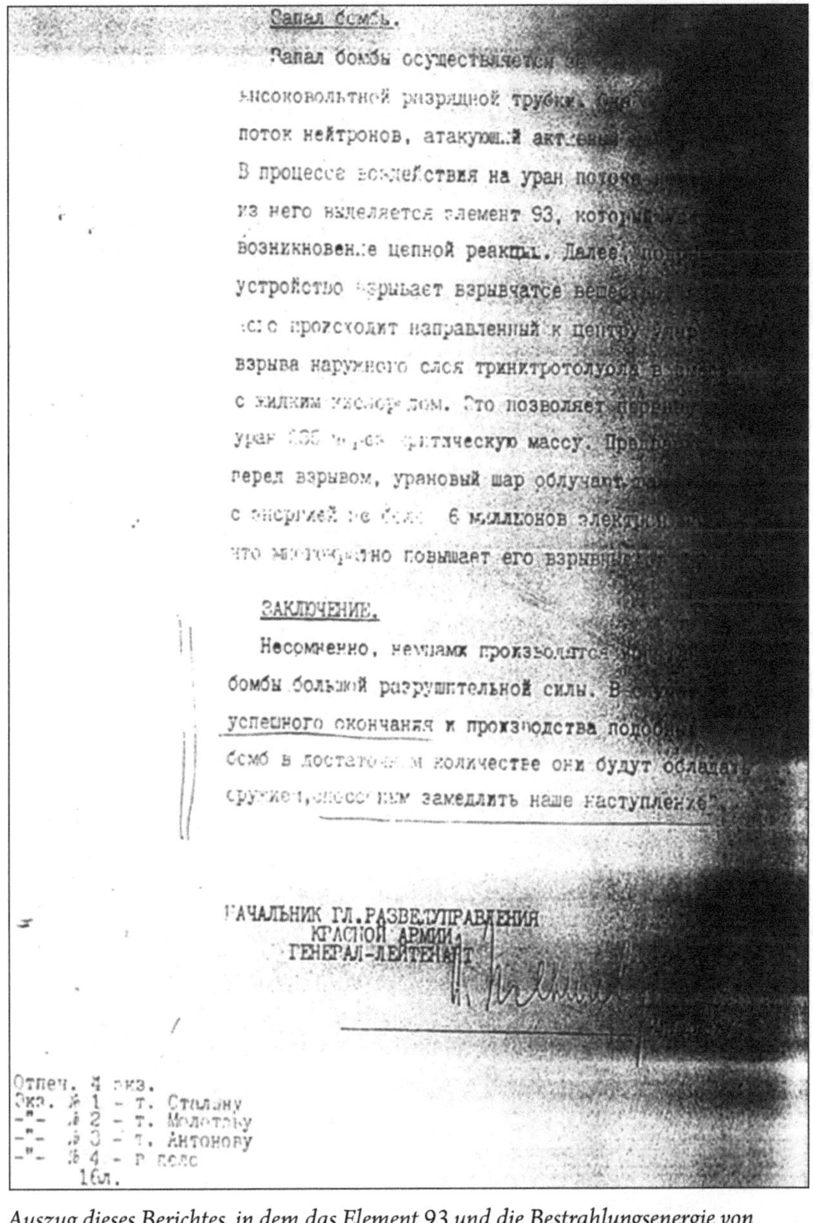

Запал бомбы.

Запал бомбы осуществляется [illegible]
высоковольтной разрядной трубки. [illegible]
поток нейтронов, атакующий акт[illegible]
В процессе воздействия на уран [illegible]
из него выделяется элемент 93, кото[illegible]
возникновение цепной реакции. Далее [illegible]
устройство взрывает взрывчатое веще[illegible]
[illegible] происходит направленный к центру [illegible]
взрыва наружного слоя тринитротолуола [illegible]
с жидким кислородом. Это позволяет [illegible]
уран [illegible] критическую массу. [illegible]
перед взрывом, урановый шар облучает[illegible]
с энергией [illegible] 6 миллионов электрон[illegible]
что многократно повышает его взрывн[illegible]

ЗАКЛЮЧЕНИЕ.

Несомненно, немцами производятся [illegible]
бомбы большой разрушительной силы. В [illegible]
успешного окончания и производства подобны[illegible]
бомб в достаточном количестве они будут обладать
оружием, способным замедлить наше наступление[illegible]

НАЧАЛЬНИК ГЛ.РАЗВЕДУПРАВЛЕНИЯ
КРАСНОЙ АРМИИ
ГЕНЕРАЛ-ЛЕЙТЕНАНТ

Отпеч. 4 экз.
Экз. № 1 - т. Сталину
-"- № 2 - т. Молотову
-"- № 3 - т. Антонову
-"- № 4 - [illegible]
16л.

Auszug dieses Berichtes, in dem das Element 93 und die Bestrahlungsenergie von 6 MeV genannt wird. (Quelle: Todd Rider: Forgotten Creators)

— 4 —

процессе, базирующийся на каких-то новых физических данных по процессу взаимодействия нейтронов с атомными ядрами урана.

Было бы исключительно важно получить по этим вопросам более подробную и точную информацию.

Еще более важно было бы знать подробности о процессе извлечения урана 235 из обычного урана.

Считаю нужным отметить, что было бы исключительно важно провести беседу наших физиков с лицами, давшими рецензируемую информацию.

И. Курчатов

30 марта 1945 г.
Экз. единств.

Копия направлена т. Ильичеву 31/III-45г.
за № [illegible] сс. см. расписку.

Напечатано в 1 экз.
[illegible]я - к.№16136

Auszug aus dem Antwortschreiben Kurchatows vom 30. März 1945.
(Quelle: Todd Rider: Forgotten Creators)

Chemisches Zentralblatt

1942. I. Halbjahr Nr. 10 11. März

A. Allgemeine und physikalische Chemie.

Béla Grenczer, *Die Königlich Ungarische Chemische Reichsanstalt und Zentralversuchsstation, Budapest.* Kurzer Bericht über Geschichte, allg. u. bes. Aufgaben der genannten Anstalt. (Fette u. Seifen **48**. 629—31. Okt. 1941.) O. BAUER.

J. A. Häfliger, *Naturforschende Gesellschaft und die Schweizer Apotheker.* Bericht über Apotheker als Mitglieder der Gesellschaft u. ihre Arbeiten u. Leistungen wissenschaftlicher u. industrieller Art. (Pharmac. Acta Helvetiae **16**. 140—48. 25/10. 1941.) HOTZEL.

Erich Schwarz v. Bergkampf, *Grundlagen der Dimensionslehre, der Vergleichsphysik und des Modellwesens; mit Ableitung der Modellverhältnisse für die Hauptarten der stofflichen Strömung.* Vf. leitet aus den für die Strömungslehre ausgewerteten Folgerungen der Dimensionslehre vergleichbare physikal. Beziehungen ab, die eine natürliche Einteilung aller physikal. Vorgänge u. die Aufstellung von Modellgesetzen gestatten. Die Modellverhältnisse werden direkt aus den Vers.-Ergebnissen für die Hauptarten der stofflichen Strömung berechnet. (Berg- u. hüttenmänn. Mh. montan. Hochschule Leoben **89**. 58—63. 72—76. Juni 1941. Dannenberg-Elbe.) R. K. MÜ.

Clara L. Deasy, *Beziehungen zwischen den Elektrodenpotentialen der Elemente und ihrer Stellung im periodischen System.* Vf. weist auf Gesetzmäßigkeiten zwischen den Elektrodenpotentialen der Elemente u. ihrer Stellung im period. Syst. hin. (J. chem. Educat. **18**. 514. Nov. 1941. Michigan, Nazareth Coll.) STRÜBING.

Frederic T. Martin, *Ein anderes periodisches System.* Vf. beschreibt eine anschauliche große Darst. des period. Syst. für Vorlesungszwecke, die auf 50 Fuß Entfernung zu lesen ist. Es handelt sich hierbei um die von MENDELEJEW gewählte Anordnung: im Unterschied zu dieser sind jedoch die zueinander gehörenden A- u. B-Gruppen durch dieselbe Färbung gekennzeichnet. Ein weiterer Vorteil besteht darin, daß jedes Element durch eine in seinem Feld befindliche Lampe angezeigt werden kann. (J. chem. Educat. **18**. 526—27. Nov. 1941. Orono, Maine Univ.) STRÜBING.

* **H. R. Heath**, **T. L. Ibbs** und **N. E. Wild**, *Die Diffusion und Thermodiffusion von Wasserstoff-Deuterium, mit einer Bemerkung über die Thermodiffusion von Wasserstoff-Helium.* Der Diffusionskoeff. von H_2-D_2 wird nach der von BOARDMAN u. WILD (C. 1938. I. 839) beschriebenen Meth. zu 1,24 $cm^2 \cdot sec^{-1}$ bei 15° u. 1 at Druck ermittelt. Der Wert stimmt mit dem aus der klass. Theorie geforderten Wert von 1,25 gut überein. Die Thermodiffusionsmessungen werden nach IBBS (C. **1938**. II. 1195) in einem Temp.-Gefälle zwischen 15 u. 100° bei variierten Mischungsverhältnissen durchgeführt. Aus dem Diffusions- u. dem Thermodiffusionskoeff. wird die Abstoßungskraft zwischen H_2 u. D_2, welche bei klass. Überlegungen auch für jedes der beiden Gase einzeln gelten muß, zu $F = 1{,}0 \cdot 10^{-70}\ r^{-8,6}$ bzw. unter Anwendung einer von GREW revidierten Berechnungsweise (vgl. nachst. Ref.) zu $3{,}8 \cdot 10^{-101}\ r^{-12,4}$ ermittelt. Messungen an H_2-He zeigen, daß dieses Mol.-Paar noch starrer ist als H_2-D_2. In diesem Fall ist aber das Verhältnis aus dem gemessenen u. dem für ein starres elast. Mol.-Modell berechneten Thermodiffusionskoeff., welches oben zur Berechnung des Abstoßungsexponenten verwendet wurde, nicht konstant. (Proc. Roy. Soc. [London]. Ser. A **178**. 380—89. 31/7. 1941. Birmingham, Univ., Phys. Dep.) REITZ.

K. E. Grew, *Thermodiffusion in Wasserstoff-Deuterium-Mischungen.* (Vgl. vorst. Ref.) Die Thermodiffusionsmessungen werden in einem Temp.-Gefälle zwischen 20° einerseits u. verschied. Tempp. zwischen —183 bis +425° andererseits ausgeführt. Sie stimmen mit den im voranst. Ref. beschriebenen Messungen gut überein. Der Thermodiffusionskoeff. wird für verschied. Werte des Exponenten im Kraftgesetz für punktförmige, einander abstoßende Zentren bei Annahme gleicher Wechselwrkg. zwischen gleichen u. ungleichen Teilchen nach CHAPMAN u. COWLING berechnet. Ein Vgl. mit den Meßwerten ergibt für das Kraftgesetz einen Exponenten 12,6, welcher gut übereinstimmt mit dem aus Viscositätsmessungen abgeleitete Wert 12,5 (vgl. VAN ITTERBEEK u. PAEMEL, C. **1940**. II. 3004 u. 3597). Der Wert ist höher als der-

*) Schwerer Wasserstoff vgl. auch S. 1215, 1218, 1221.

XXIV. 1. 79

Das Chemische Zentralblatt aus dem Frühjahr 1942.
(Quelle: www.delibra.bg.polsl.pl)

1218 A_1. AUFBAU DER MATERIE. 1942. I.

0.17 MeV besitzen. (Physic. Rev. [2] **58**. 1008; Bull. Amer. physic. Soc. **16**. Nr. 2. 8. 1/12. **1940**. Princeton, Univ., Palmer Phys. Labor.) NITKA.

O. Minakawa, *Die langperiodige Aktivität des Rhodiums.* Metall. Rhodium (KAHLBAUM) wurde mit schnellen (Li + D) sowie auch therm. Neutronen bestrahlt. Bei Bestrahlung mit langsamen Neutronen wurden die bekannten Aktivitäten von 44 Sek. u. 4 Min. gefunden, die man nach PONTECORVO (C. **1939**. I. 4282) zwei Isomeren des ^{104}Rh zuschreibt. Außerdem wurden zwei schwache Aktivitäten von 20 Stdn. u. von 70 Tagen Halbwertszeit gefunden, die jedoch auf Grund chem. Abtrennverss. einer Iridiumverunreinigung zugeschrieben werden müssen. Bei Bestrahlung des Rh mit den schnellen Li + D-Neutronen konnte die von POOL, CORK u. THORNTON (C. **1938**. I. 533) angegebene Periode von 1,1 Stdn. nicht bestätigt werden. Eine langlebige Aktivität von 210 ± 6 Tagen wurde entdeckt, die auf Grund der chem. Abtrennverss. dem Rhodium, keinesfalls aber dem Ruthenium oder Masurium, zugeschrieben werden muß. Bei dieser Aktivität werden, wie mittels dünnwandigen Zählers u. Ablenkmagnet festgestellt wurde, sowohl negative wie positive Elektronen emittiert, wobei das Häufigkeitsverhältnis beider Teilchenarten zu $e^-/e^+ = 1{,}2$ gefunden wurde. Die obere Grenzenergie der (positiven u. negativen) Elektronen ergab sich zu 1,1 ± 0,1 MeV. Der Vf. nimmt an, daß es sich hierbei um das Isotop ^{102}Rh handelt, welches aus dem häufigen stabilen Isotop ^{103}Rh durch einen (n, 2 n)-Prozeß entstehen soll. Das ^{102}Rh würde dann unter Emission von positiven oder negativen Elektronen in ^{102}Pd u. ^{102}Ru übergehen. (Physic. Rev. [2] **60**. 689—90. 1/11. 1941. Tokyo, Inst. Phys. a. Chem. Res.) BOMKE.

B. Arakatsu, Y. Uemura, M. Sonoda, S. Shimizu, K. Kimura und **K. Muraoka**, *Photokernspaltung von Uran und Thorium durch γ-Strahlen, die durch Beschießung von Lithium und Fluor mit schnellen Protonen erzeugt wurden.* Für den Wrkg.-Querschnitt für die Atomkernspaltung von Uran ergibt sich für die Li-γ-Strahlung (17 MeV) etwa $16{,}7 \cdot 10^{-27}$ qcm, für die F-γ-Strahlung (6,3 MeV) etwa $2{,}2 \cdot 10^{-27}$ qcm. Demnach ist der Wrkg.-Querschnitt etwa proportional zu $(h\nu)^2$ der einfallenden γ-Strahlung. Bei Th ergeben sich Wrkg.-Querschnitte, die etwa halb so groß sind. Das Verhältnis der Wrkg.-Querschnitte $\sigma_U : \sigma_{Th}$ ist prakt. wellenlängenunabhängig. (Proc. physico-math. Soc. Japan [3] **23**. 440—45. Juni 1941. Kyoto, Kaiserl. Univ., Atomkern-Forschungsinst. [Orig.: engl.]) NITKA.

Auszug aus diesem Exemplar der Chemischen Blätter mit dem japanischen Bericht über die notwendige Energie bei der Photokernspaltung 1942.
(Quelle: www.delibra.bg.polsl.pl)

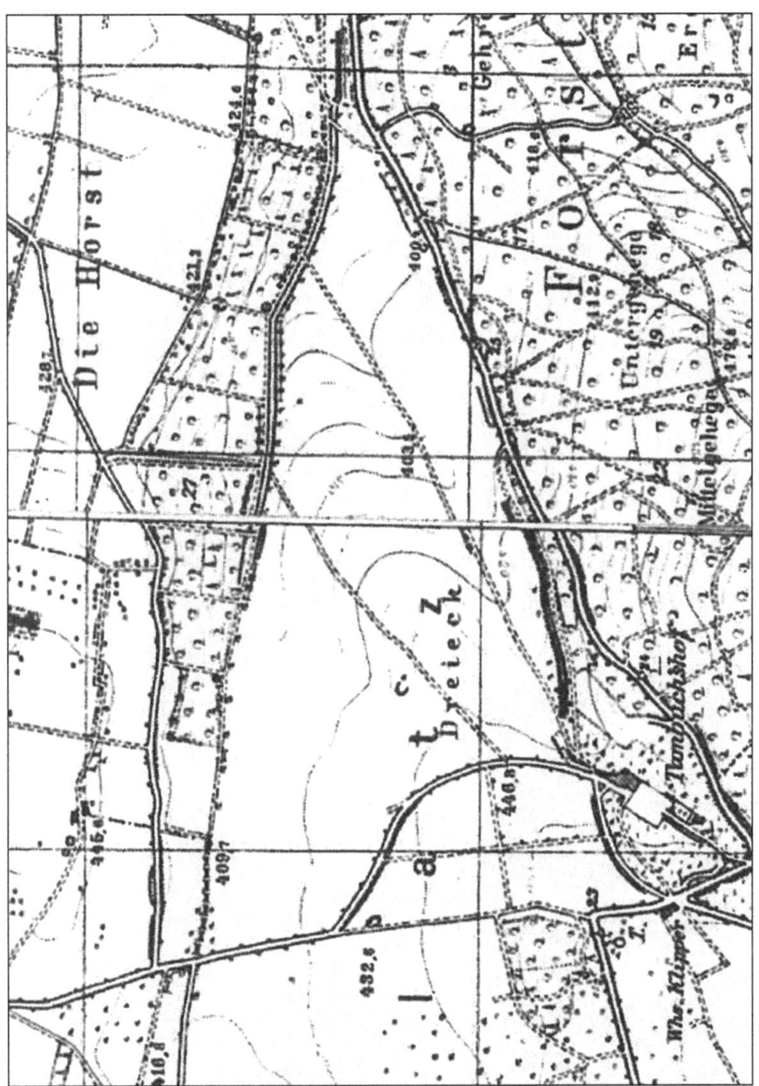

Das „Dreieck" auf dem TÜP Ohrdruf. Auffallend ist die Geometrie der Wegführung, die als Orientierungshilfe auf den kommenden Luftbildern dient; insbesondere die sichelförmige Wegführung an der Basis des Dreiecks. Das Areal darunter gilt heute als wahrscheinlicher Testort und nicht, wie anfangs vermutet, das Gebiet des Dreiecks selbst. (Quelle: Rainer Karlsch, Heiko Petermann: Für und Wider Hitlers Bombe)

In der Mitte des „Dreiecks“ sind, separat eingefasst und nummeriert, zwei kraterähnliche Strukturen unbekannter Herkunft erkennbar. Anfangs galt dieser Bereich als Testgebiet. Aufnahme vom 19. Juli 1945. Der sichelförmige Weg ist unten im Bild erkennbar. *(Quelle: Heiko Petermann)*

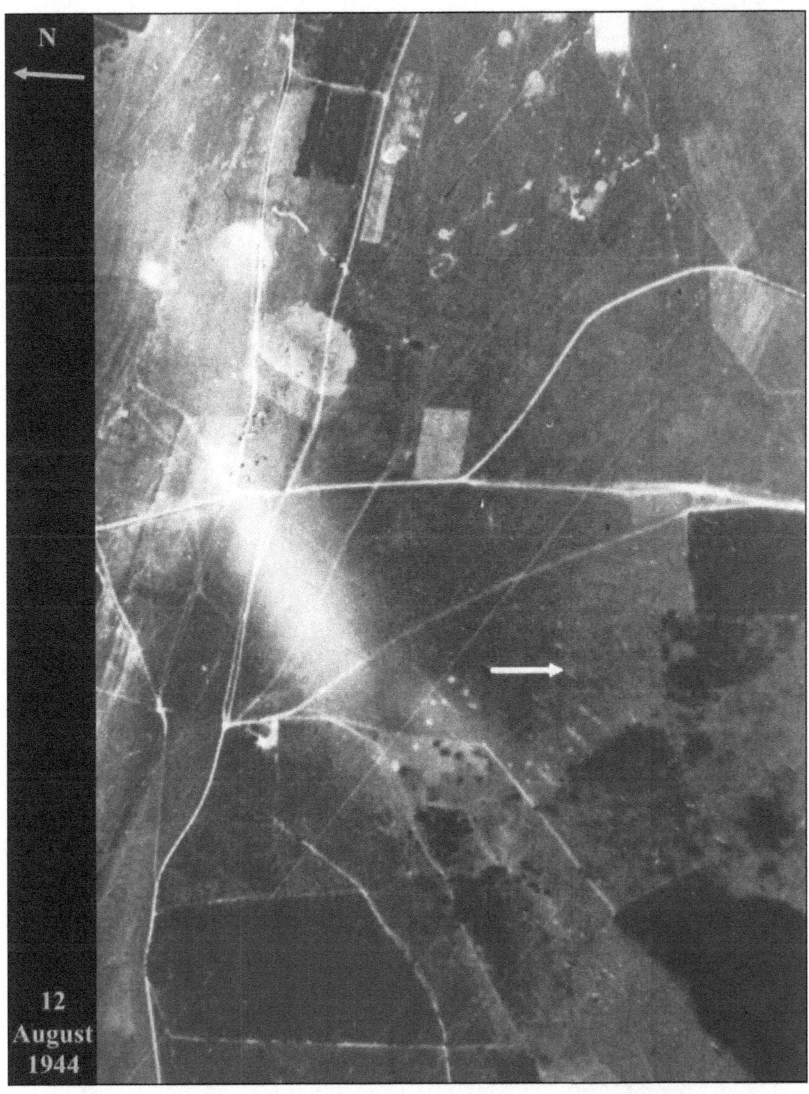

Das Testzentrum wird tatsächlich in dem mit dem Pfeil markierten Gebiet unterhalb des auffälligen, sichelförmigen Weges vermutet. Auf der Aufnahme vom 12. August 1944 sind links neben der Markierung gebäudeähnliche Strukturen vorhanden. Die Wege erscheinen alle hell. Unterhalb des Pfeiles tritt die Vegetation als dunkle Fläche hervor. *(Quelle: Gunther Hebestreit)*

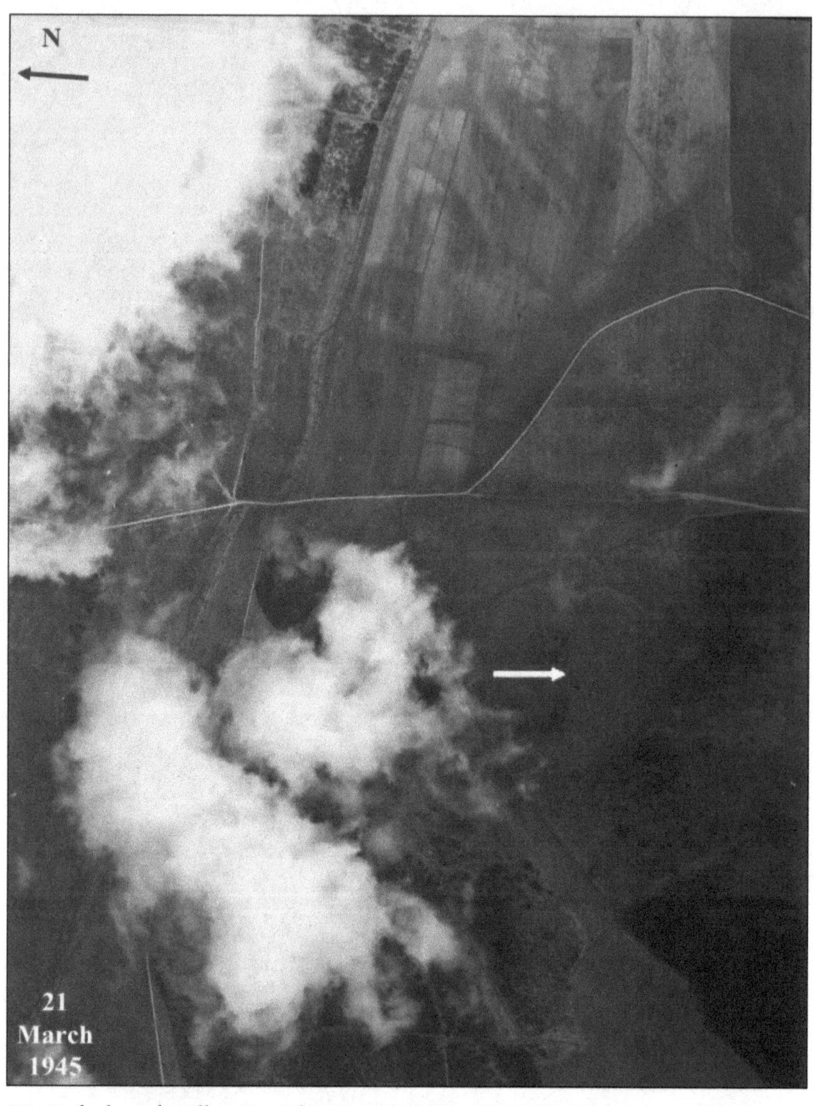

Die Aufnahme desselben Bereiches vom 21. März 1945. Die Vegetation und Wege haben sich verändert. *(Quelle: Gunther Hebestreit)*

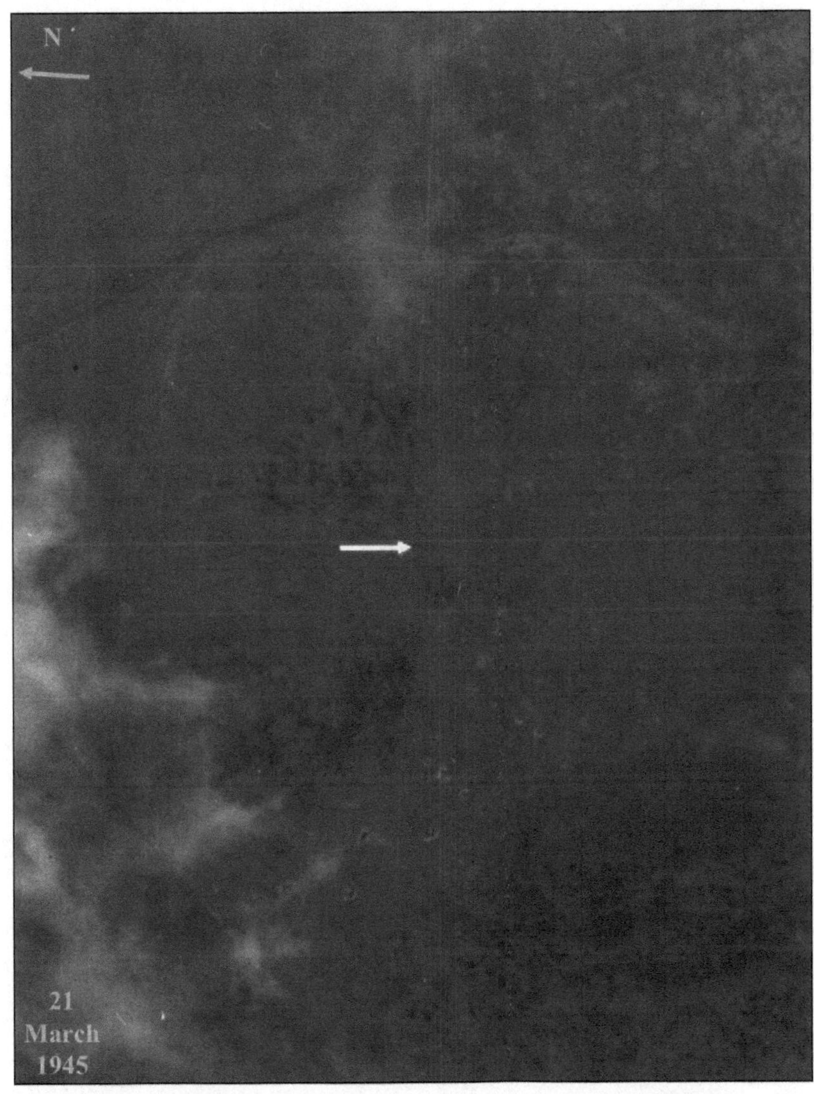

Auf einer starken Vergrößerung der gleichen Aufnahme erkennt man von der Pfeilspitze aus sternförmige Veränderungen der Bodenstruktur im Gelände. (Quelle: Gunther Hebestreit)

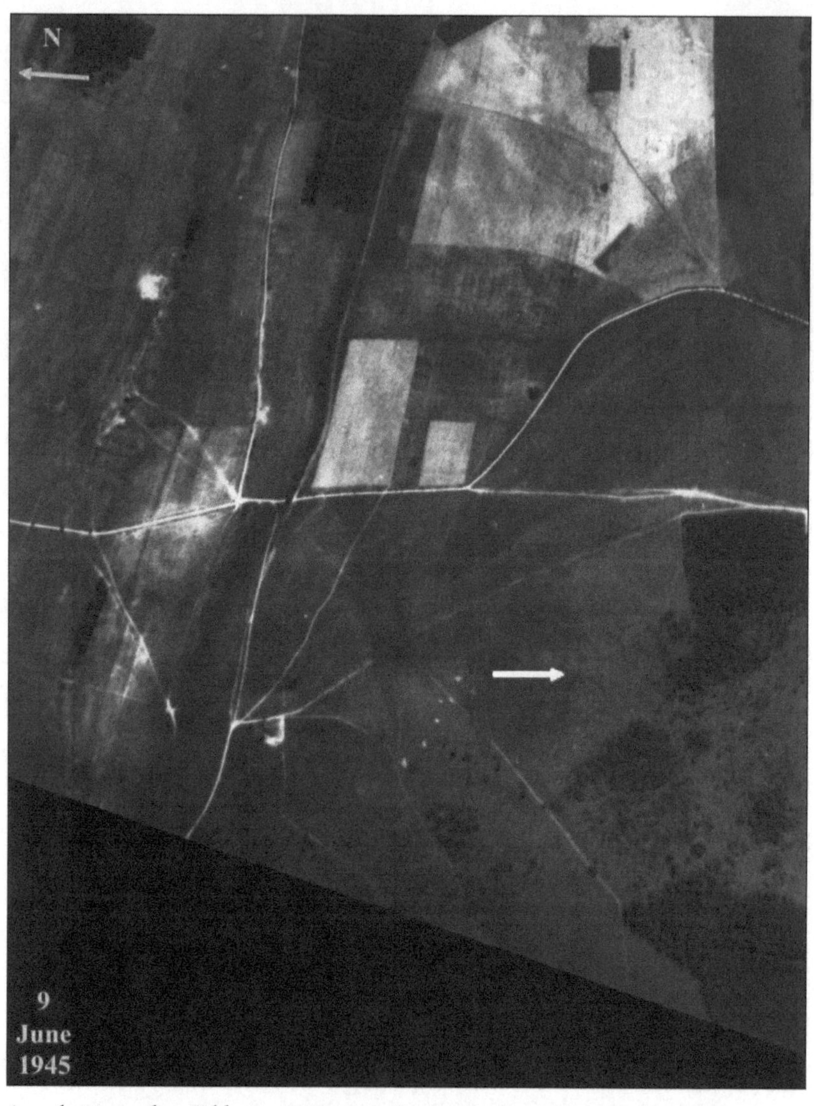

Ausschnitt aus dem Bild vom 09. Juni 1945. Der Testbereich ist mit dem Pfeil markiert. Deutlich sichtbar sind Veränderungen an der Wegführung. Auch die gebäudeähnlichen Strukturen sind verschwunden. *(Quelle: Gunther Hebestreit)*

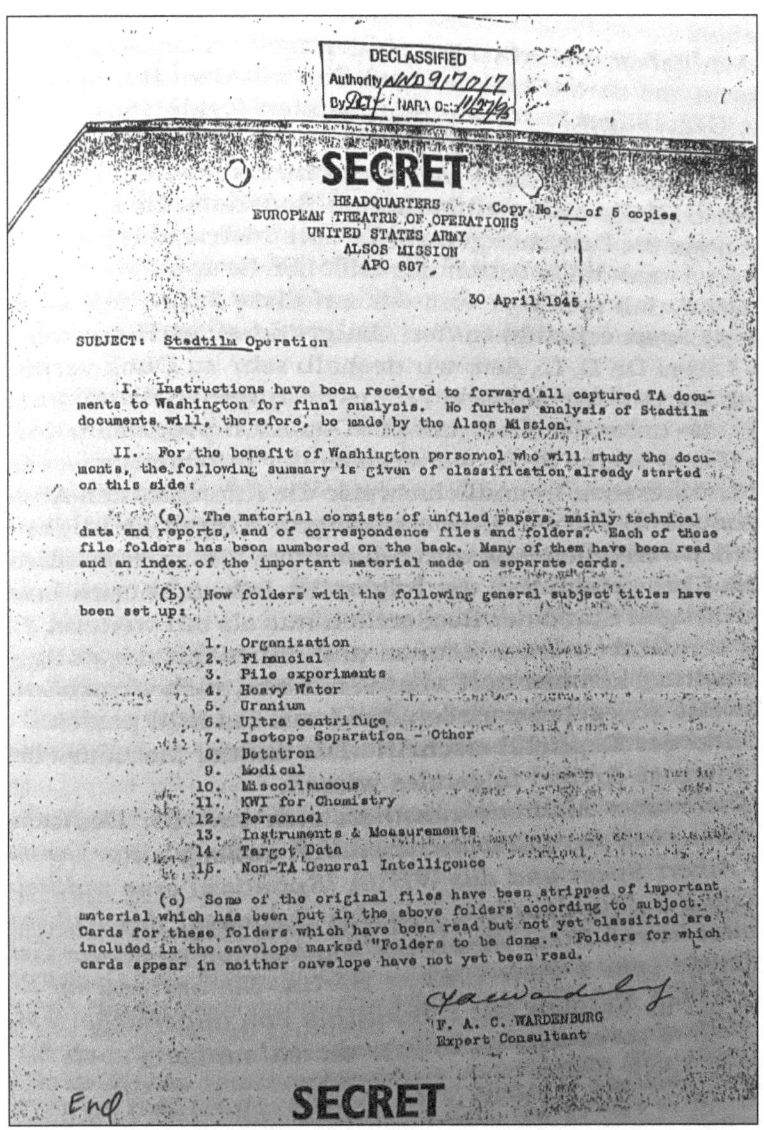

DECLASSIFIED
Authority NND 917017
By [illegible] NARA Date 11/27/[illegible]

SECRET

HEADQUARTERS
EUROPEAN THEATRE OF OPERATIONS
UNITED STATES ARMY
ALSOS MISSION
APO 887

Copy No. 1 of 5 copies

30 April 1945

SUBJECT: Stadtilm Operation

I. Instructions have been received to forward all captured TA documents to Washington for final analysis. No further analysis of Stadtilm documents will, therefore, be made by the Alsos Mission.

II. For the benefit of Washington personnel who will study the documents, the following summary is given of classification already started on this side:

(a) The material consists of unfiled papers, mainly technical data and reports, and of correspondence files and folders. Each of these file folders has been numbered on the back. Many of them have been read and an index of the important material made on separate cards.

(b) New folders with the following general subject titles have been set up:

1. Organization
2. Financial
3. Pile experiments
4. Heavy Water
5. Uranium
6. Ultra centrifuge
7. Isotope Separation - Other
8. Betatron
9. Medical
10. Miscellaneous
11. KWI for Chemistry
12. Personnel
13. Instruments & Measurements
14. Target Data
15. Non-TA General Intelligence

(c) Some of the original files have been stripped of important material which has been put in the above folders according to subject. Cards for these folders which have been read but not yet classified are included in the envelope marked "Folders to be done." Folders for which cards appear in neither envelope have not yet been read.

F. A. C. WARDENBURG
Expert Consultant

Encl

SECRET

Das Schreiben Wardenburgs bezüglich der Funde in Stadtilm, in dem unter II. „ALSOS“ aus den Thüringer Ermittlungen herausgenommen wurde und sowohl das Betatron als auch die Ultra-Zentrifuge aufgeführt werden. (Quelle: Gunther Hebestreit)

8. Noch mehr Rätsel des Dritten Reiches

8.1 Die Grothmann-Protokolle

Eine wichtige Quelle zu den in den letztwen Kapiteln beschriebenen Ereignissen sind die protokollierten Angaben Werner Grothmanns. Der Ende November 2002 verstorbene Grothmann war von Herbst 1941 bis Kriegsende Chefadjutant des Reichsführers SS Heinrich Himmler. Nach dem Krieg als „Mitläufer" klassifiziert und somit quasi entnazifiziert, wurde er auch in einem 1966 gegen ihn angestrengten Ermittlungsverfahren als Mittäter des Holocaust wegen Beihilfe zum Mord mangels individuell nachweisbarer Schuld entlastet. In den Jahren 2000 bis 2002 führte einer seiner Nachbarn, der Historiker Wolf-Ekkehard Krotzky, zahlreiche Interviews, deren Inhalte er als Transkripte (die Original-Tonbandaufnahmen der Gespräche wurden nicht konserviert) der Forschung zur Verfügung stellte.[1)] Zahlreiche seiner Aussagen wurden zwischenzeitlich quellenkritisch hinterfragt. Etliche in ihnen enthaltene Angaben zu Personen, Ereignissen und Orten waren zwar nur einem eingeschränkten Personenkreis bekannt, sie konnten aber teilweise durch die historische Faktenlage verifiziert werden.[2)] Andere Einlassungen, insbesondere die hier relevanten zur Kernphysik, dagegen nur ansatzweise; vieles blieb ungeklärt. Wie glaubwürdig sind Grothmanns Angaben? Gerald Flemming und Michael Th. Allen, britische Historiker, die sich auf den Holocaust spezialisiert haben, stuften seine Aussagen, die er ihnen gegenüber zu anderen Themen gemacht hatte, als zuverlässig ein.[3)] Die in seinen Angaben enthaltenen wissenschaftlichen Details müssen auf ihm zugängliches Quellenmaterial, beispielsweise durch Hörensagen, zurückgeführt werden, da er selbst keine physikalisch-technische Ausbildung genossen oder ein adäquates Studium absolviert hatte. Erst durch die Zugänglichkeit weiterer Archivalien in den folgenden Jahren nach seinem Tod fanden weitere Teile seines

Interviews zu geheimen Rüstungsvorhaben nachträgliche Bestätigung. So auch die vergleichbaren Äußerungen zu den angenommenen Tests in Thüringen in den GRU-Berichten. Grothmann selbst räumte in seinen Einlassungen wiederholt ein, dass er über spezifische technische Details keine Kenntnis besitze, er als Himmlers Sekretär diese aber auch nicht besitzen musste. Dieser Aspekt wird bei Rider hervorgehoben, da nach dessen Analyse einem Fälscher unterstellt werden kann, dass ein solcher die Schwerpunkte seines betrügerischen Schaffens mit essenziellen Daten untermauert, um in Summe glaubwürdiger zu erscheinen. Dies geschah in diesem Fall nicht, so dass weder Grothmann noch Krotzky ein derartig motiviertes Handeln unterstellt werden konnte. Auch beschreibt er verschiedentlich diverse neuartige Waffentechniken als unvollendet und ihrer Funktion nicht nachgewiesen, sowie diesbezügliche Differenzen und Dissonanzen mit den involvierten wie zuständigen Organen des Dritten Reiches einschließlich dessen Dignitäten. Im Falle einer vorsätzlichen Täuschung innerhalb der Transkription, die sich hier klar zugunsten der Waffenentwicklung Deutschlands äußert, darf von einem ebenfalls positiveren Narrativ in Bezug auf die Reichsführung ausgegangen werden – auch dieser Sachverhalt ist nicht zutreffend. Die Angaben Grothmanns seien nach Rider nicht ohne vorherige sorgfältige Analyse als unglaubwürdig abzulehnen – da sie in zahlreichen Punkten bereits nach derzeitigem Wissensstand Übereinstimmungen finden. Nachteilig ist bei der Bewertung der Glaubwürdigkeit Grothmanns und Krotzkys das Fehlen der angefertigten Gesprächsaufzeichnungen. Es besteht durchaus die Möglichkeit, dass Krotzky Grothmann zu bestimmten Aussagen nötigte, indem er diesem bestimmte Sachverhalte und technische wie wissenschaftliche Details vorgab. Auch könnte Krotzky die Transkripte glatt erfunden oder nachträglich manipuliert haben. Eines darf nicht übersehen werden: Krotzky kooperierte zum Zeitpunkt der von ihm geführten Gespräche mit Grothmann bereits mit Thomas Mehnert, der in seinen Veröffentlichungen seit Ende der 90er teils abenteuerlich anmutende Behauptungen und groteske wie absurde Theorien zu diesem Thema aufstellte und diese als Fakten auswies. Zu seiner Verteidigung kann aus heutiger Sicht jedoch gesagt werden, dass sich einige seiner Darstellungen zumindest annähernd als durchaus korrekt er-

wiesen haben. Auch wenn dieser Grothmanns Aussagen wahrheitsgemäß wiedergegeben hat, ist als weitere Unschärfe eine inkorrekte Erinnerung, gezielte Denunziation Beteiligter oder der persönlich motivierte Vorsatz in Grothmanns Angaben selbst zu suchen. Nach einer Zeitspanne von 55 Jahren sind kognitive Wissenslücken oder die zwischenzeitliche Einflussnahme durch extern zugetragene Informationen nicht ganz abwegig. Aufgrund dieser Unwägbarkeiten werden die Grothmann-Protokolle hier auch nicht als wissenschaftlicher Beleg angesehen und in dem entsprechenden Abschnitt geführt, sondern separat als ergänzende Informationsquelle mit Vorbehalt behandelt. Doch schauen wir uns seine Angaben zu den unsere Thematik betreffenden Bereichen doch einmal näher an.
Zur angewandten Nomenklatur: Die Grothmann-Protokolle werden hier partiell zu den ausgewählten Themenbereichen wiedergegeben. Die in den eckigen Klammern angegebene Seitenzahl entspricht der in den Original-Transkripten. Die Zusammenstellung wurde dabei im Wesentlichen aus der Studie von Todd Rider übernommen.

Zur Urananreicherung:

„Ich weiß allerdings nicht, woher das Material kommen sollte, denn unsere eigene Anlage im Erzgebirge lief ja auch erst ganz kurz und lieferte nur sehr wenig, wie ich hörte. [S. 6]
Die erste Schwierigkeit bestand in der Herstellung des Materials, also des Sprengstoffes. Das hat bis wenige Monate vor Kriegsende auch nicht drastisch verbessern lassen. Erst für 1946 rechneten wir eigentlich mit der Serienproduktion von Atombomben. [S. 32]
Auch ich habe manches erst sehr spät erfahren und einiges auch erst nach dem Krieg. Zum Beispiel die Sache mit der Anreicherung. Es stimmt wirklich, dass die Reichspost 1944 die großtechnische Trennung der erforderlichen Substanzen für die Bombenfabrikation hinbekommen hat. Es war von Ardennes verdienst. Die Einrichtung, die da lief, lag weit außerhalb Berlins und ist vermutlich nach Kriegsende unter Russischer Aufsicht noch eine Weile weiter betrieben worden. [...] Diebner hatte seine – ebenfalls begrenzten – Quellen und wir konnten für unsere Projekte

kurz vor Kriegsende auch auf eigene Anlagen zurückgreifen, die aber auch noch lange nicht soviel liefern konnten, wie wir uns damals wünschten. [S. 33]"[4)]

Wenn Grothmann hier von „wir" spricht, sind damit die internen Aktivitäten der SS gemeint. Dass in den Laboren der Reichspost und bei von Ardenne an der Isotopentrennung mittels der elektromagnetischen Massentrennung (gleich den Calutrons in Oak Ridge/Tennesse) geforscht wurde, ist bekannt. Ob mit den Einrichtungen außerhalb Berlin Miersdorfs die Hakeburg in Kleinmachnow oder Lichterfelde gemeint sein könnte, bleibt offen. Auch die Auerwerke in Oranienburg – allerdings nicht zur Reichspost gehörend – kämen in Frage. Auf welche Anlagen er sich bei Diebner bezog, kann nur vermutet werden. Handelte es sich um den in Kapitel 6 aufgezeichneten Weg in Thüringen? Und von welcher SS-eigenen Anreicherung im Erzgebirge ist hier die Rede? Die Schneeberger-Region um Bad Schlema war für sein uranhaltiges Gestein bereits bekannt. Schon Paracelsus hatte im Mittelalter über die „Schneeberger Krankheit", später „Bergsucht" genannt, berichtet. Erst zur Zeit der Industrialisierung erkannte man, dass es sich bei dieser Lungenerkrankung um Krebs handelt, hervorgerufen durch die untertägige Inhalation der Zerfallsprodukte des Urans, denen die Bergleute während ihres Schaffens permanent ausgesetzt waren.[5)] Ob die Region, in der später durch die Wismut das Uranerz im industriellen Maßstab abgebaut wurde, zu Kriegszeiten entsprechend prosperiert gewesen ist, kann nach derzeitiger Aktenlage eher verneint werden.

Zur Plutoniumgewinnung und Reaktoren:

„Es gab klare Erkenntnisse, dass nicht alleine das Uran als Sprengstoff dienen konnte, sondern auch Plutonium und weitere Stoffe, da kenne ich mich aber noch weniger aus als bei diesen Bezeichnungen. Jedenfalls ist wohl 1943 klar geworden, dass man mit Plutonium eine große Sache machen kann. Es war aber so, dass die Erzeugung ganz schwierig sein würde. [S. 40]

Das wussten wir schon, wenn ein Atomreaktor läuft, ist es viel leichter, Material für eine Bombe zu erhalten. [...] Das weiß ich noch ganz genau, dass Himmler danach eine Besprechung hatte bei der angeregt worden war, eine Verbindung zwischen Kammler und jemand von den Physikern zu schaffen, damit man die Bedingungen besprechen konnte, die man braucht, wenn man einen neuen Reaktor einrichten will. Was danach gemacht worden ist, weiß ich nicht, mir ist nur bekannt, dass unser eigener Reaktor auch noch laufen lernte, das war ein großer Tag für uns, leider war das aber schon kurz vor Kriegsende, deshalb konnte das nichts mehr bewirken. [...] Zu Diebner muß ich aber noch sagen, dass ich nicht sicher bin, ob sein Reaktor von ihm oder von seinen Leuten so geregelt worden ist, dass der deshalb angelaufen ist. Es war ja so, dass wir erfuhren, dass es ja einen Unfall gegeben hatte. Ich weiß nicht, war es ein Unfall im Betrieb, oder hat es einen Unfall gegeben, bei dem das Ding losging. Ich hörte verschiedene Gerüchte. [S. 43]
Es gab dann auch noch ein Unglück ohne schlimme Folgen in Gottow bei Diebner. Dem ist sein Reaktor vielleicht durchgegangen, wie ich ja sagte. [S. 31]
Unser Reaktor, der im März 45 anlief, war ja lange vorher schon eingebaut worden und auch nur noch mit viel Glück in Betrieb gegangen. [S. 8]
Ich bin mir bis heute fast sicher, dass zum Beispiel bis jetzt nur ganz wenige wirklich etwas über unseren eigenen Atomreaktor wissen und dass der wirklich gelaufen ist. Die Konstruktion war schon sehr modern, das hat ja Diebner doch begeistert, weil es seine Ideen ja letztlich nochmals bestätigt hatte und er hatte ja zuvor schon Erfahrungen mit seinem Reaktor gehabt. [S. 43]
Wichtig ist aber, dass dann später, als wir uns in die Forschung eingeklinkt hatten, auch versucht worden ist, Plutonium herzustellen, auch ohne einen Reaktor. [S. 40] [...] In der Theorie war das möglich, wie man Himmler erklärt hatte, in der Praxis so gut wie unwahrscheinlich. Zum Beispiel fehlten dazu erst mal die Geräte. Es hat aber Versuche gegeben, im Labormaßstab, also da sind in kleinstem Maßstab Versuche gemacht worden, Plutonium herzustellen. [...] Es hat dazu von Himmler den Auftrag gegeben, unsere technischen Möglichkeiten zu nutzen, um die ersten Geräte dafür zu bau-

en. Die Konstruktionszeichnungen dafür waren aber nicht von unseren Leuten. [...] Außerdem hatte die Reichspost in der Nähe eine eigene ganz geheime Forschungseinrichtung, zu der ich aber nichts weiß. Die Maschinenanlage für die Plutonium-Sache ist von österreichischen Firmen und im Protektorat hergestellt worden. Das war so, weil es ja bessere Kontakte österreichischer Wissenschaftler zu ihren eigenen Firmen gab, die arbeiteten übrigens hervorragend. [S. 41]"6)

Bei dem beschrieben Unfall eines Reaktors unter der Leitung von Diebner könnte es sich um den bislang wenig bekannten Versuchsaufbau GIV (siehe Kapitel 6) handeln. Nach seinen Angaben habe die SS einen eigenen Reaktor moderner Konstruktion in Betrieb genommen. Welcher Art war diese Konstruktion und wo könnte sie verortet werden? Durch wen wurde sie entwickelt?

Dieser bislang unbekannte Reaktor soll sich über einen längeren Zeitraum im Aufbau befunden haben und im März 1945 angefahren worden sein. Ist hiermit möglicherweise das Projekt BVIII von Heisenberg in Haigerloch gemeint? Wobei allerdings eine Differenz in den Zeitangaben bestünde (die sich aus dem langen Zeitraum zwischen dem tatsächlichen Ereignis und dem Zeitpunkt der Aussage in Gestalt von Erinnerungslücken oder kognitiven Verdrehungen ableiten lassen könnte). Der Aufbau eines SS-eigenen Reaktors ist geschichtswissenschaftlich bislang nicht bekannt geworden. Die alternative Plutoniumgewinnung durch Bestrahlung von U238 mit Neutronen in geeigneten Beschleunigern war bekannt, es mangelte allein an geeignetem Großgerät – insbesondere an den dafür prädestinierten Zyklotronen. Da es bei der Reichspost zwei derartige Gerätschaften im Aufbau gegeben hatte, an denen auch erste experimentelle Arbeiten stattgefunden haben, könnte sich Grothmann in seinen Schilderungen hierauf bezogen haben. Der Verweis auf die Entwicklung solcher Anlagen im österreichischen Raum und im Protektorat – gemeint ist die Tschechei – scheint sich auf die ELIN AG mit Hauptsitz in Linz zu beziehen, die sich am Bau der Zyklotrone für die Reichspost verantwortlich zeigte, und ihre Zulieferer, die sich beispielsweise im Raum Prag befanden. Grothmann, selbst kein Fachmann auf diesem Gebiet, beschreibt die Transmutation des Urans zu Plutonium durch Zyklotrone, ohne das Kind beim Namen genannt zu haben. Bezog er dieses Wissen aus den Fachpublikationen der Nachkriegszeit und blieb deshalb möglichst unkonkret, um glaubhaft zu bleiben (sich also vorsätzlich unwissend zu stellen), oder basieren seine Information tatsächlich auf zeitnahem Hörensagen?

Zur Entwicklung von nuklearen Waffen:

„Bloß war es so, dass die einzelnen Bearbeiter eines Projektes nicht über Dinge informiert wurden, die sie nichts angingen. Ich habe lange nach dem Krieg mal gelesen, wie die Amerikaner ihre Forschung und Entwicklung organisiert hatten. Ich glaube, das war besser und wirkungsvoller als bei uns. [...] Aber wenn man bedenkt, wie es bei uns geregelt war und dann sieht, wie viel trotzdem verraten wurde, glaube ich, dass durch die besondere Abschottung bei speziellen Projekten doch manches verzögert wurde. Bei der Atomforschung hatten wir ja extra eine Koordinierungsstelle eingerichtet. Das soll sich bewährt haben, wie ich hörte. [S. 1]
Wenn man sich überlegt, warum die Wissenschaftler und Techniker geschwiegen haben, muß man sehen, dass ja längst nicht alle, die an der Atombombe gearbeitet haben, auch erfahren mussten, wie weit die Entwicklung überhaupt kam. [S. 6]
Auch nach dem Befehl ist bei uns der Einsatz nicht gleich gewaltig erhöht worden. Das ging schon deshalb nicht, weil wir ja, ich meine Ohnesorge, Diebner und unsere Gruppen, besser Grüppchen, alles abgegrast hatten, was auf dem Markt war und was mit uns zusammenarbeiten wollte. Was jetzt einfach wurde, war die Abstimmung bezüglich der verschiedenen Systeme. Wie die im Einzelnen funktionieren sollten, kann ich nicht sagen, es gab aber drei unterschiedliche Stoßrichtungen:
Erstens die Uranbombe, das war Ohnesorges Leib- und Magen-Thema und an dem hat auch Diebner gearbeitet.
Zweitens die Plutonium-Waffe, zu der hat Ohnesorge die Grundlagen erarbeiten lassen und dazu ist auch in Österreich geforscht worden, neben anderen Richtungen. Man hat übrigens auch die Verwendung anderer Materialien neben dem Plutonium erforscht.

Drittens die Wasserstoffbombe. Zu der hat man auch gearbeitet, das war meiner Kenntnis eher ein akademisches Projekt und Himmler hat mal im kleinsten Kreis erwähnt, dass der erste Prototyp davon frühestens zwischen Juni und Oktober 1946 kommen könnte. [S. 31]
Übrigens, was die Physiker Himmler im Privatvortrag zur Wasserstoffbombe sagten, das hatte ihn wirklich elektrisiert, weil er hörte, dass die Sprengwirkung hundertmal größer sein würde als bei der Uranbombe. [S. 42]
Zu unserem Verbindungsbüro muß ich noch was sagen, Das sollte sicherstellen, dass bloß keine Doppelarbeit mehr gemacht würde. Das ist aber trotzdem so geblieben, weil ja die Reichspost ihre eigene Forschung weiterbetrieben hat, eigentlich bis zum Schluß. In den letzten Kriegsjahren, kann im Herbst 43 gewesen sein, ist aber zwischen Ohnesorge und Himmler eine enge Abstimmung beschlossen worden. Die Einzelheiten kenne ich bis heute nicht, Kammler war aber eingeweiht. [S. 7]"7)

Hier vermittelt uns Grothmann, dass die Institutionen der Reichspost und des HWA, explizit der HVA Gottow, eng mit der SS-Forschung im Bunde waren. Dies ist durch die Involvierung eines umfangreichen Kreises an Forschern als Mitglied der SS nicht unwahrscheinlich; im Gegenteil. Auch zählt Hans Kammler hiernach zumindest zu den Mitwissern. Wenn man seine Position und die in diese inkludierte, permanent zunehmende Machtfülle mitberücksichtigt, erscheint das vor diesem Hintergrund allzu logisch. Mehr noch: Es dürfte sicher nicht schwerfallen, sich vorzustellen, dass bei all den ihm überantworteten Aufgabenbereichen auch die Kernphysik zu irgendeinem Zeitpunkt hinzugekommen sein könnte. Zumindest kann die Entwicklung einer derartigen neuen Waffengattung durchaus in seinem Ressort zu suchen sein; dies wäre in Anbetracht der Konzentration aller Anstrengungen unter seiner Führung konsequent und ebenfalls ein logischer Schritt. Die grundsätzliche Differenzierung einzelner Forschungsbereiche mit Themenschwerpunkten ist aus heutiger Sichtweise absolut nachvollziehbar. Fragt sich, inwieweit tatsächlich auf die hier beschriebene Weise gearbeitet worden ist. Ob mit der Erforschung weiterer Materialien neben dem Plutonium, dem Element 94, ein Bezug zu der Anwendung und Erforschung des Neptuniums, Element 93, gemeint ist, kann nicht abgewiesen werden. Wie im vorigen Kapitel dargelegt, wurde das Element 93 tatsächlich separat erforscht und findet auch in dem GRU-Bericht Erwähnung. Ob es bei den Bezeichnungen der einzelnen Elemente Verwechslungen oder Vermischungen gegeben hat, ist an anderer Stelle bereits diskutiert worden und wird vom Verfasser als wenig glaubhaft eingestuft. Gänzlich ausgeschlossen wäre eine solche Verwechslung bei einem Außenstehenden wie Grothmann jedoch nicht. Seine Einlassungen zur Wasserstoffbombe werden im Grunde durch die Ambitionen Diebners, Trinks' und Schumanns gestützt. Auch die unmittelbare Nachkriegspublikation Thirrings nährt den Verdacht, dass die beteiligten Herren sich der Kernfusionswaffe zumindest als Theorem angenähert haben. Die Entwicklungslinie aus dem Schumann-Nachlass offenbart dagegen eher die einer Boosted-Konfiguration, wobei der Fusionsanteil marginal gehalten als Neutronengenerator dient.

Weiter:

„Was ich weiß ist die tatsächliche Vorbereitung für die Prototypenproduktion der zwei durchkonstruierten Atombombentypen für Uran und Plutonium. [...] Ich durfte davon nichts wissen, deshalb kann ich nur sagen, dass es um zwei Standarttypen für den Einsatz gegen Städte ging und noch zwei weitere unterschiedlich große, die sollten frontverwendungsfähig sein und kleinere Ladungen enthalten. Ich erfuhr erst nach dem Krieg davon, dass die eine von den beiden kleineren an Ladungsäquivalent, also eine vergleichbare Sprengmaterialmenge, von ich glaube 130 Tonnen gehabt hätte. Die sollte gegen Bahntunnels, Hafenanlagen und Militäreinrichtungen eingesetzt werden. Der Punkt war, dass die kleinen Waffen nur ganz wenig Material benötigten, denn daran bestand ja erstmal der Mangel. Von der größeren hörte ich nur eine Angabe, die ich nicht bestätigen kann, da ging es um drei Kilotonnen, das muß offen bleiben. [S. 9]
Was da im Einzelnen alles gelaufen ist, erfuhr ich nie. Es war aber so, dass es zwei ganz verschiedenen Konstruktionen gab, von einer dritten, zu der ich sonst nichts weiß, hörte ich erst recht nicht viel. [...] Zu den beiden anderen weiß ich, dass die kleinere ungefähr die Größe der SC 250 gehabt

hatte, aber das Gewicht war höher. Die größere Waffe hätte eine Kugelform besessen mit einem Durchmesser von über einem Meter. Die war sehr schwer, obwohl der Bombenkörper selbst aus Aluminium gewesen sein soll. Es hieß, wenn man das Gewicht reduziert, geht die Ladung nicht hoch. [...] Ich kann das jetzt nicht besser sagen, es ging jedenfalls darum, das Gewicht zu reduzieren und trotzdem eine richtig große Sprengkraft zu erhalten. [S. 18]"8)

Mehrere Konstruktionen? Grothmann spricht offensichtlich von strategischen und taktischen Waffen. Die Grundprinzipien von Kernspaltungswaffen auf der Basis von angereichertem U235 oder Pu239 waren den Deutschen bekannt. Ob dieses Wissen bereits zu einer finalen Konstruktion gereift war, bleibt fraglich. Zu den Angaben der Waffen taktischer Natur kämen die Konfigurationen von Schumann und Trinks oder die im GRU-Bericht beschriebenen in Betracht. Beide korrespondieren mit der obigen Beschreibung, was die Größe betrifft. Die kugelsymmetrische Anordnung erscheint schließlich relativ häufig in den Berichten und Patenten, auch in Bezug auf ihren Durchmesser. Ob es eine vergleichbare Konstruktion wie die der SC 250 gegeben hat, ist offen – kann es sich hierbei um eine von Diebner und Trinks ersonnene Zylinderkonfiguration handeln? Die Sprengbombe „Cylindrisch" (SC – alte deutsche Schreibweise) von 250 kg Gesamtgewicht hatte einen Durchmesser von 36,8 cm bei einer Gesamtlänge von 165,1 cm. In der konventionellen Bauweise betrug ihr Sprengstoffanteil etwas weniger als die Hälfte ihres Gewichtes.9) Die angegebene Sprengkraft von 130 t scheint auf den ersten Blick zwar geringer als die Resultate sämtlicher Evaluationen zu den hypothetischen Tests in Thüringen, allerdings sind Letztere mit modernen Rechenverfahren aus aktuell verfügbaren Vergleichsdaten, die realen Kernwaffentests entstammen, abgeleitet worden. Die damals ermittelte Sprengkraft dürfte mangels dieser mathematischen Basisdaten eher auf Approximationen konventioneller Sprengmittel beruhen und damit in ihrer Abschätzung fehlerbehaftet gewesen sein, was zu den Abweichungen führen kann – unterstellt man hier einmal den tatsächlich stattgefundenen Test.

Zu den hypothetischen nuklearen Testexplosionen:

„Also, es ist so: Mir ist bekannt, dass es vier Atomversuche gab. Der erste noch 1943 im Herbst in der Nordsee, der ist gescheitert. Dann zwei 1944 im Herbst und Spätherbst. Einer davon am Boden, also auf einem niedrigen Gestell, der spätere in der Atmosphäre am Fallschirm. Der im Winter 1944 in der Luft war brisant und die Ladung war auch größer. Das könnte im November gewesen sein. Der letzte Versuch war dann wieder mit kleiner Ladung im März 1945. [S. 31]
Ich kann aber mit Bestimmtheit erklären, dass mir von sechs Atombomben berichtet wurde, die aus drei verschiedenen Forschungsanlagen stammten. Alle waren Prototypen. Darüber hinaus gab es einige Kleinstkörper, die für Laborversuche vorgesehen waren. Für den Versuch im Winter 1944 ist allerdings eine größere Ladung verwendet worden, wie ich ja schon sagte. [S. 32]
Als im Oktober 1944 klar war, dass die Theorie zur Atombombe grundsätzlich stimmt, ist in verschiedenen Kreisen natürlich darüber nachgedacht worden, was man machen sollte, um den Krieg schnellstens zu beenden. [S. 13]
Ich möchte aber mal etwas zu dem Hintergrund sagen, warum Himmler nicht zu dem Atombombentest am vierten März nach Thüringen gekommen ist. [S. 17]
Dieser Versuch sollte den Beweis bringen, dass das Zündsystem stabil arbeitet und der Vorbereitung eines entsprechenden Angriffs dienen, der mit der Rakete geflogen werden sollte. [...] Das sind aber Projekte gewesen, wo die Industrie auf die eine oder andere Weise beteiligt war. [...] Natürlich lieferten die auch Einzelstücke oder Bauteile für Prototypen oder für die Versuche. Das war ja kein Problem, weil man einem Metallstück ja nicht ansieht, für welchen Zweck es gebraucht wird. Sehen Sie, das ging so weit, dass das Gestell für unseren Atomversuch in Thüringen von einer Schlosserei aus Thüringen hergestellt wurde. Ich weiß das deshalb, weil als man sich dort traf, Diebner auf die Frage von jemandem, ob den unsere Leute gebaut hätten erklärte, der wäre von einer Schlosserei aus der Gegend. [...] Der Versuch ist gerade dort durchgeführt worden, obwohl

das ja in einem bewohntem Gebiet liegt, weil wir durch den Kriegsverlauf nicht mehr viel Auswahl hatten und natürlich, weil ja auch die Zeit drängte. Also sind wir gleich dort geblieben, wo auch das erforderliche Material erzeugt und auch gelagert worden war. Außerdem hatten hier unsere Leute und die von Diebners anderer Gruppe ihre Labors und die Entwicklungsabteilung. Und hier in der Nähe war ja auch die Serienproduktion der Uran-Bombe geplant gewesen. [...] Diebner hatte angeblich versichert, die Sprengwirkung wäre bei der geringen Menge, die der Versuch kosten würde, ganz gering. Leider hat sich seine Vorhersage aber nicht bestätigt. Das was da geschehen ist, war scheußlich. Außerdem hat es in der Umgebung noch folgen gegeben, wobei ich nur hörte, dass Ärzte, die bei uns unter Vertrag standen, dort eingesetzt werden mussten. [S. 40]
Nach dem dritten Versuch, also das war dann der vom März in Thüringen, ist Hitler informiert worden. [...] Es war doch so, als der Versuch in Thüringen gelang, sind nach meiner Kenntnis unbeabsichtigt Arbeitskräfte aus einem Lager ums Leben gekommen. Die Leute, die bei dem Versuch dabei waren, hatten zum Teil größte Bedenken, ob man die Waffe einsetzen sollte, also ich meine, es war ja klar, dass im Einsatz nicht mit einem Testkörper operiert werden würde. [S. 13][10)]
Die Zweite Schwierigkeit bestand darin, dass die Zünder für die Waffe nicht so funktionierten, wie man sich das ursprünglich dachte. Die haben mit allem möglichen experimentiert. Es war, glaube ich, erst im Herbst 1944, dass jemand bei Diebner eine praktikable Lösung fand, die aber immer noch sehr aufwendig war. Und ungefähr zur selben Zeit hat dann bei uns jemand in Zusammenarbeit mit ..., glaube ich, und noch ein Unternehmen war beteiligt, oder dort ein Experte, mit Infrarot-Zündern einigen Erfolg. Wir nannten die Dinger damals Ultrarot-Zünder. [S. 32]
[...] Wenn ich jetzt überlege, was mir dazu noch einfällt, ist es die Ultra-Rot-Sache. An Zündern die auf dieser Basis funktionieren sollten, ist nach meiner Erinnerung von ganz wenigen Leuten bei einer Optik-Firma in Zusammenarbeit mit einem Elektro-Unternehmen gearbeitet worden. [...] Dieser Zünder soll noch kurz vor Kriegsende als Laborgerät für die erste Funktionsprüfung vorbereitet worden sein, mehr weiß ich dazu nicht [...]. [S. 45]

Für das hier verbürge ich mich aber: Aus unseren Forschungs- und Entwicklungslabors in Thüringen sind Teile des Materials verbracht worden, aber nicht alles. Warum das so geschah, weiß ich nicht. Zumindest das wenige radioaktive Material für die erste Bombe und einen Teil des Zündmechanismus sollen dann die Amerikaner mitgenommen haben. Die von den Amerikanern erbeutete Prototyp-Teile für unsere erste richtige ‚Atombombe' sind sofort von ihnen zum ‚Adlerhorst' gebracht worden [...]. [S. 34]"[11)]

Seine Erklärungen zu den nuklearen Versuchsexplosionen und den Ereignissen in Thüringen lassen erstaunen. Zunächst spricht er von sechs Kernwaffen-Prototypen. Dies ist nach derzeitigem Wissensstand durch nichts zu belegen. Zudem habe es vier Tests gegeben. Zu dem von Grothmann in der Nordsee lokalisierten ist ebenfalls nichts bekannt geworden, zumal die Zeitangabe mit 1943 ein sehr frühes Stadium der experimentellen Phase suggeriert. Falls es diesen Test überhaupt gegeben haben sollte, könnte es sich um eine ganz andere Waffengattung gehandelt haben. Oder war einer der Kompressionsversuche mit Deuterium, die Trinks gemeinsam mit Diebner etwa zu jener Zeit anstrengte, eventuell aus Sicherheitsgründen ans Meer verlagert worden? Bei dem einen Versuch im Herbst kann es sich um den von Rainer Karlsch vermuteten im Oktober im Bereich der Inseln Rügen, Hiddensee oder der Greifswalder Oie gehandelt haben. Dieser Test wurde nicht in die Betrachtungen dieses Buches aufgenommen, da er allzu spekulativ ist und sich lediglich auf sehr vages Material stützt, wie auf die Aussagen des italienischen Kriegsberichterstatters Luigi Romersa (der einer kernwaffengleichen Explosion irgendwo an der Ostseeküste beigewohnt haben will – eine genauere Lokalisierung war ihm dabei aber nicht möglich) und der Zeitzeugin Elisabeth Mestlin, die 2004 von einer heftigen Explosion mit anschließender großer Staubwolke auf der Halbinsel Bug (zu Rügen gehörend) am 12. Oktober 1944 berichtete.[12)] Noch bizarrer verhält es sich mit dem von ihm beschriebenen großen Test gegen Ende 1944. Hierüber lässt sich praktisch nichts eruieren. Lediglich ein Verdachtsmoment kann angeführt werden: die bereits erwähnten merkwürdigen wie diffusen Angaben zu einer großen Explosion in Ober-

schlesien, die im Großraum Auschwitz in einer eigens dafür installierten Modellortschaft vermutet wurde und bei der es angeblich tausende Tote gegeben haben soll. Wesentliche Übereinstimmungen finden sich dagegen mit dem Test in Thüringen, der sowohl mit den Alliierten-Berichten als auch den SED-Protokollen korrespondiert. Dass es sich bei den hier ums Leben gekommenen Arbeitskräften aus einem Lager um einen Unfall gehandelt haben soll, erscheint im Lichte der menschenverachtenden Praktiken der SS lediglich als Gefälligkeitsaussage zur Verschleierung möglichen Täterwissens seitens Grothmanns. Auch sind seine diesbezüglichen Schilderungen kritisch zu hinterfragen: Bezog er sein Wissen um den Versuch in Thüringen (und auch die anderen zur Diskussion stehenden nuklearen Tests) eventuell aus den ihm bereits verfügbaren Publikationen jener Jahre des Interviews? Er spricht von Forschungseinrichtungen in der Umgebung. In Kapitel 6 sind wir der Kumulierung kernphysikalischer Einrichtungen in Thüringen bereits nachgegangen. Ein SS-eigenes Laboratorium oder eine von der SS geführte Institution ist nicht bekannt – was den Sachverhalt nicht grundsätzlich negiert, da die Ambitionen der SS, sich in allen Bereichen der Technik wie Wissenschaft zu etablieren, um diese zu kontrollieren, mannigfach waren.
Der Versuch in Thüringen galt nach Grothmann als Test für die von den Wissenschaftlern und Technikern ersonnene Konfiguration eines offenbar neuartigen Zündsystems. Dessen Funktion hatte sich also zu bestätigen. Das gibt der Vermutung Raum, dass es sich hierbei um eine Innovation – vergleichbar mit den Beschreibungen der Konstruktion in dem GRU-Bericht – gehandelt haben könnte. Auch erfolgt der Hinweis, das fertige Einsatzprodukt mittels einer Rakete ins Ziel bringen zu wollen.
Offensichtlich stellte die Entwicklung eines geeigneten Zünders die Forscher vor besondere Herausforderungen. Die Äußerungen, dass ein funktionsfähiges Modell gegen Kriegsende den Laborstatus erreichte, will sich aber mit den bereits von ihm geschilderten gezündeten Versuchskonstruktionen nicht ganz in Einklang bringen lassen. Der Infrarotzünder kam dafür jedenfalls zu spät.
Haben die Amerikaner tatsächlich Komponenten einer waffenfähigen Konstruktion in Thüringen erbeutet, wie Grothmann es darstellt? Von

zahlreichen anderen die kernphysikalischen Forschungen tangierenden Aktenbeständen und Gerätschaften ist dies bekannt. Von welchen eigenen, also der SS angehörigen Institutionen der Nuklearforschung in Thüringen spricht er? Oder verallgemeinert er hier mit „unseren" Einrichtungen alle deutschen Forschungsstätten, die seinerzeit dorthin verlagert worden waren? Das ließe sich aus der Bemerkung, dass nicht alles Material hierhin ausgeliefert wurde, ableiten. Denn das wenige Uran war tatsächlich unter Diebner in Stadtilm und Heisenberg in Haigerloch aufgeteilt.

Zum Zeitpunkt der beiden angenommenen Versuche in Thüringen hielt sich Himmler bis zum 14. März in Hohenlychen auf. Wie bereits erwähnt, weilte Kammler laut des Dienstkalenders des Reichsführers am 06. März um 18.00 Uhr und erneut am 13. März ab 18.30 zur Unterredung bei diesem. Grothmann schilderte die Zusammentreffen wie folgt:

„Als Kammler bei Himmler zum Vortrag war, war er geradezu gelassen und gar nicht so ernst und in sich gekehrt, wie ich ihn so oft erlebt hatte. Ich meine, er hätte sogar gelächelt. Als er mit dem Chef sprach, waren sie alleine. Das Gespräch dauerte gar nicht einmal so lange, wie sonst manchmal."

Und einige Tage später zur zweiten Zusammenkunft:

„Als Himmler später mit uns in kleinsten Kreis zusammen war, ließ er Champagner kommen und hielt eine kurze Rede. Eigentlich war es gar keine Rede, es klang eher so, wenn sich jemand eine schwere Last von der Seele spricht. Ich hatte den Eindruck, Himmler hätte in der letzten Stunde, also wie lange das Treffen mit Kammler genau gedauert hatte, kann ich nicht mehr sagen, jedenfalls hat Himmler danach ganz enorm an Sicherheit und Tatendrang gewonnen. Ich erinnere mich nicht mehr an den genauen Wortlaut, er hat aber erklärt, dass die viele Arbeit und die unglaublichen Opfer in den letzten Jahren eben doch den immer erwarteten Erfolg gebracht hätten und dass die Kritiker Lügen gestraft würden, wenn es demnächst losgehen würde. Ich bin mir nicht sicher, meine aber, er hat damals betont, dass nach der letzten Planänderung im Januar ab jetzt mit höchstem Einsatz Tag und Nacht gearbeitet würde, so dass der erste Schuss noch im Juni die Welt vor vollendete Tatsachen stellen würde. [...] Jedenfalls hat Himmler betont, dieser neuen Waffe könne niemand mehr widerstehen. Die Wirkung solle ungeheuer sein und ohne jedes Beispiel. Die deutsche Wissenschaft hätte demnach mit uns zusammen etwas eigentlich Unmögliches geschafft. [...] Ich will dazu noch sagen, dass Himmler natürlich über den gelungenen Versuch sofort informiert worden war. Ich nehme an, dass es in dem Gespräch mit Kammler darum ging, wie man jetzt verfahren sollte, weil ja doch mehr von dem Sprengmaterial vorhanden war." 13)

Nach seinen Erinnerungen hat sich Himmler demnach mit Kammler über eine neuartige Waffe mit außergewöhnlicher Wirkung beraten. Ging es dabei um einen nuklearen Test? Oder war anderen Waffensystemen eine derartige Leistung zuzuschreiben? Jedenfalls führte das Resultat der Unterredungen zu einem positiven Stimmungsumschwung bei Himmler, der auch gegenüber anderen aus seiner Niedergeschlagenheit wegen des von ihm gefürchteten Kriegsausganges keinen Hehl mehr machte. Interessant ist hier, dass als potentieller Einsatzzeitpunkt für diese Konstruktionsvariante bereits der kommende Juni in Aussicht gestellt worden sein soll.

Zur Einsatzplanung:

„Himmler hat sich jedenfalls Bericht erstatten lassen und es wurde beraten, was wir jetzt noch machen können. Das eine Problem war die geringe Menge und immer noch die Unsicherheit, wie es im Einsatz klappen würde. Das andere war die Frage nach der tatsächlichen politischen Wirkung. [...] Manche meinten, ein Volltreffer auf Moskau müßte das erste Ziel sein. Dem ist aber widersprochen worden mit dem Argument, das würde an der Ostfront nichts mehr ändern. [S. 13]
Wenn wir also jetzt auf Hitlers Befehl eine solche Waffe zum Beispiel über London einsetzen würde, ergäbe sich eine völlig neue Situation, aber nicht in unserem Sinne. Wenn die Waffenwirkung den Berechnungen entspricht, fallen zwar wichtige Teile der politischen und militärischen Führung aus,

aber viele andere Ebenen, die außerhalb untergebracht waren, bleiben erhalten. Es gibt schwere Verluste unter der Zivilbevölkerung und wenn sich das Entsetzen gelegt hat stellt man fest, dass die Versorgung der englischen Truppen, die im Reich stehen, über ihre Häfen und unter ihrer Kontrolle weiter möglich ist. Außerdem stehen die Engländer eben auf unserem Gebiet. Und das wichtigste Argument: bei uns glaubte niemand wirklich daran, dass die dann abziehen. Ganz im Gegenteil. Ihre Reaktionen gegenüber unserer Bevölkerung konnten wir uns ausmahlen. [S. 14]
[...] Bei den Besprechungen, die ich erlebt hatte oder über die ich in Andeutungen erfuhr, war keiner so verrückt, eine Waffe einzusetzen, die uns nicht mehr helfen konnte, sondern nach Lage der Dinge alles nur noch viel schlimmer machen würde. [S. 15]
Also der erste Punkt war, dass die Entscheidungsträger wissen mussten, was ihnen persönlich blüht, wenn eine neue, furchtbare Massenvernichtungswaffe von unserer Seite eingesetzt würde, Wirkung erzielt, der Krieg aber trotzdem von uns verloren wird. Was die Sieger dann aus der Genfer Konvention herauslesen würden war klar.
Der zweite Punkt war der hier: Damals lag doch die Forderung nach bedingungsloser Kapitulation schon längst auf dem Tisch. Und die war das Ergebnis der normalen Kriegslage. Was hätte sich dann ergeben nach dem Einsatz unserer Atombombe? Ihnen sind bestimmt auch die Vorstellungen von Morgenthau bekannt. Es würde alles noch viel schlimmer kommen. [S. 16]“ 14)

Wenn diese Angaben Grothmanns auch nur ansatzweise der Realität entsprechen, würde dies ein ganz neues Licht auf die Rationalität der Führungsebene innerhalb der SS werfen. Im allgemein anerkannten und tradierten geschichtswissenschaftlichen Kontext unserer Zeit wird dieser Führungsentourage für gewöhnlich eine ausgesprochen menschenverachtende und dem Größenwahn verfallene, selbstüberschätzende Einstellung impliziert. Genau dieses Bild würde, wenn korrekt, durch Grothmann hier unterminiert. Denn einer der absoluten Selbstüberschätzung verfallenen politischen Führung wäre eine Waffe in Gestalt der Atombombe die Ultima Ratio ihrer Agonie. Bei Hitler lässt sich diese psychologische

Ausrichtung bei der Erteilung seines Nero-Befehles zur Zerstörung jeglicher wirtschaftlicher und infrastruktureller Basis Deutschlands ausmachen. Der Einsatz einer Kernwaffe als allerletztes Vermächtnis vor dem eigenen Untergang wäre in letzter Konsequenz zu erwarten gewesen. Die SS schien anders und weitaus realitätsnäher gedacht zu haben. Denn die Alliierten hätten als Vergeltungsaktion durchaus chemische oder atomare Waffen gegen unter der Kontrolle der Nationalsozialisten verbliebene Territorien einsetzen können. Dass sie selbst vor dieser Option auch bei einer unmittelbar bevorstehenden Kapitulation nicht zurückwichen, zeigt das Beispiel Japans. Der SS-Führung kann in letzter Sekunde des Krieges ein gewisses Maß an Humanität gegenüber der feindlichen Bevölkerung und den sich daraus ableitenden Folgen gegen das eigene Volk nicht absprechen lassen, wenn das auch schwerfallen mag. Wollten sich Himmler und Co als eine Art Märtyrer stilisieren lassen? Andererseits verhinderten sie den Einsatz dieser Waffe gerade deshalb, weil sie damit rechneten, zur Rechenschaft gezogen zu werden, und sie dem neuen Einsatzmittel dann doch keine kriegsentscheidende Wirkung mehr beimaßen. Was meinte er damit, dass die Wirkung eines Angriffes mit dieser Waffe auf London nicht in ihrem Sinne, also im Interesse der SS, lag? Lag die Motivation der SS gegenüber den Alliierten nicht nur darin, etwaigen Folgen entgehen zu können, sondern auch darin, ein Faustpfand bei den anstehenden Verhandlungen einbringen zu können? Oder einmal ganz abstrakt: Gab es bereits eine Regelung zwischen der SS und den westlichen Alliierten? Ganz abwegig ist dieser Gedanke nicht: Tatsächlich hatte es verschiedentlich Kontakte der SS zu den Alliierten, wie Allan Dulles in der Schweiz oder Graf Bernadotte in Schweden, gegeben. Als Hitler durch eine ausländische Rundfunkmeldung am 28. April 1945 von Verhandlungen eines Separatfriedens Himmlers mit Bernadotte erfuhr, war er außer sich. Gegenstand dieser Vereinbarung sei die Absetzung Hitlers durch Himmler, der ihm nachfolgen sollte, gewesen. Himmler wurde umgehend von allen Positionen und Aufgaben entbunden (in seinem politischen Testament ernannte er Karl Hanke zum neuen Reichsführer).15)

Doch kann man Grothmann vertrauen? Wenn man seine bisherigen Angaben als authentisch ansieht, kommt man zwangsläufig an den Punkt

des praktischen Einsatzes und warum dieser nicht erfolgte. Wäre dieser Aspekt von Grothmann ignoriert worden, so hätte das seine allgemeine Glaubwürdigkeit in Abrede gestellt. Die zweite Variante, nämlich die der simplen Einlassung, die Alliierten hätten sich der Konstruktion in Folge der Niederlage unmittelbar bemächtigt, würde wiederum die Rückfrage zulassen, warum sie nicht vorher zum Einsatz gekommen war. Das politische Statement, die Führung habe sie nicht mehr einsetzen wollen, weil sie die Konsequenzen fürchtete, erscheint plausibel. Eine noch einfachere Variante seiner Narration wäre jedoch das Leugnen einer potentiell einsatzfähigen nuklearen Konstruktion, die sich als Waffe eignete, gewesen – weil diese Ansicht bereits allgemein vertreten wird. Genau das tat er nicht. Wollte er seinem ehemaligen Arbeitgeber, der SS, Läuterung erteilen? Wir wissen es vom heutigen Standpunkt aus nicht. In dubio pro reo vermittelte er in Teilen möglicherweise doch die Wahrheit.
Gestützt wird dieser Abschnitt von Grothmanns Darstellungen durch den Interrogationsreport von Hans Fegelein, dem Vater von Hermann Fegelein. Hermann Fegelein war im letzten Kriegsjahr Himmlers Verbindungsoffizier im Führerhauptquartier und mit der Schwester Eva Brauns vermählt. Fegelein war bei Hitler in Ungnade gefallen. Schon bei der Alliiertenbesetzung der Region Weimar und Jena in Thüringen verlangte dieser eine Stellungnahme von Himmlers Verbindungsmann, der durch Abwesenheit auf sich aufmerksam machte.[16)] Im Zuge der anscheinenden Friedensverhandlungen Himmlers mit Graf Bernadotte verlangte Hitler nach Fegelein, um Rechenschaft einzufordern, doch dieser war im Begriff, sich abzusetzen. Als Folge seiner scheinbaren Desertion ließ man ihn am 28. April füsilieren.[17)] Sein Vater berichtete in dieser Zusammenfassung gegenüber den Alliierten von den dramatischen Ereignissen dieser letzten Tage:

„Hitler sei sehr erregt darüber gewesen, dass ihm Himmler die neue Atombombe vorenthalten hätte. Er wollte damit noch eine Kriegswende herbeiführen. Im Befragungsprotokoll heißt es: ‚Die Ingenieure, die zuletzt im Führerhauptquartier waren, und auch der Führer selbst erwarteten täglich den Gefechtseinsatz der Atombombe. Aber Saboteure verhinderten dies.‘ Wer die Saboteure gewesen sein sollen, erwähnte Hans Fegelein nicht.“ 18)

8.2 Der Verbleib von Hans Kammler

Seit dem 2005 erschienenen Buch „Hitlers Bombe“ von Rainer Karlsch ist Hans Kammler in den Fokus der historischen Aufarbeitung des Dritten Reiches, insbesondere der SS, gerückt.
In bundesdeutschen Quellen sowie im offiziellen internationalen Schrifttum ist dieser Person lange Zeit relativ gleichgültig gegenübergestanden worden. Bei der Aufarbeitung deutscher Kriegsverbrechen und ihrer Urheber wurde er lange ignoriert – dies ist schon als solches ein sehr fragwürdiges Moment –, Begründung fand dies wie folgt: Er sei relativ bedeutungslos, weil nur Glied der zweiten Reihe des Naziregimes gewesen und darüber hinaus zudem längst verstorben.
Mittlerweile hat sich die Betrachtung Kammlers aber grundlegend gewandelt. Über seine Vita, seine umfassende Machtfülle und die ihm während des Krieges übertragenen Kompetenzen wurde hier bereits mehrfach berichtet. Kammler gilt in Sachen neuer Waffenentwicklungen und deren Einsatzertüchtigung als eine Schlüsselfigur. Bezüglich der hier beschriebenen Ereignisse rund um Thüringen hätte er sicherlich zur Aufklärung beitragen können. Doch was wurde aus ihm?
Nach offizieller Lesart verstarb er gegen Kriegsende – sein Leichnam verschwand spurlos.
Versuchen wir, seine letzten Wege zu rekonstruieren:
Nach seiner letzten Unterredung mit Hitler am 02. April 1945 traf er sich am 13. April noch einmal mit Albert Speer. Dieser erinnert sich:

„Zum ersten Mal trat Kammler im Führerbunker während unserer vierjährigen Bekanntschaft nicht mit der sonst immer zur Schau getragenen Forschheit auf. Im Gegenteil, er wirkte unsicher und schlüpfrig, als er mir dunkle, sehr vage Andeutungen machte, warum ich mich mit ihm nach München absetzen sollte. Bei der SS seien Bestrebungen in Gange, den

Führer zu beseitigen. Er selbst aber, so deutete Kammler an, werde mit den Amerikanern Fühlung aufnehmen und ihnen als Gegenleistung für eine Garantie seiner Freiheit die gesamte Technologie unserer Strahlflugzeuge wie auch der A4-Rakete und wichtiger Weiterentwicklungen bis zur Rakete von Kontinent zu Kontinent anbieten. Zu diesem Zweck würde er nun in Oberbayern alle Fachleute der Entwicklung zusammenfassen und sie zur Übergabe an die Amerikaner um sich versammeln."19)

Kurz darauf inspizierte er die nach Oberammergau in die ehemalige Hötzendorf-Kaserne verlagerte Oberbayerische Forschungsanstalt, die eigentlich die entsprechende Abteilung der Messerschmidt AG repräsentierte, in der sich bereits die Raketenfachleute um Wernher von Braun und Walter Dornberger aufhielten. Nach einem kurzen Stopp in Salzburg erreichte er Ende April Ebensee im Salzkammergut, wo sich eine von seinem Baustab geleitete U-Verlagerung namens „Zement" – ursprünglich als Ausweichstandort für Peenemünde vorgesehen – befand. Von dort aus verlagerte er am 04. Mai seine dortigen Dienststellen nach Prag.20) Am 21. April übermittelte er Göring folgende Nachricht:

„Thema: Organisation der Strahljäger.
[...]
2. Ich beantrage, dass eine Entscheidung des Führers eingeholt wird, um eine Zerschlagung der sich im Raum Prag konzentrierenden Strahler-Einheiten zu vermeiden, bevor sie zum Einsatz gelangen. Die Bodenorganisation in Süddeutschland, einschließlich Versorgung und Wartung, sind zur Übernahme dieser Aufgabe bereit."21)

Als er Ebensee verließ, entgegnete er seinem dort verbleibenden Berliner Büroleiter Heinz Schürmann:

„Wenn es heißt, Hans sei tot, ist Hänschen noch lange nicht tot."22)

Noch bevor er am 04. Mai 1945 nach Prag fuhr, vertraute er seinem Adjutanten Artur Strack einen Brief an seine Frau an:

„Ich denke nicht daran, all den Menschen, die mir anvertraut sind, ein Ende zu bereiten, indem ich mich feige aus dem Leben schleiche"23).

Nach einem potentiellen Suizid klingen diese Worte nicht; deutete er ihr im Verborgenen eine optionale Flucht an? Doch nun befand er sich in Prag, wo er sogleich in den dort ausgebrochenen Aufstand geriet. Ob er in dieser Zeit tatsächlich noch einen Abstecher nach Leitmeritz, zur dortigen U-Verlagerung B5 „Richard", gemacht hat, wie aus einem von den Briten am 07. Mai abgefangenen Funkspruch hervorgeht, ist fraglich.24) Gemeinsam mit SS-Gruppenführer Carl Friedrich Graf von Pückler-Burghauss, dem Kommandanten der Waffen-SS im Protektorat, verließ er die Stadt am 09. Mai in Begleitung mehrerer Soldaten wieder.
Sein Konvoi durchquerte dabei in südlicher Richtung zunächst den Ort Jílové (Eule) und querte dann bei Davle die Moldau. Anschließend nahm man gegen Abend Kontakt mit den Amerikanern auf. Diese zeigten jedoch wenig Interesse an den sich ihnen überantwortenden Personen, mehr an einer Kapitulationsvereinbarung, und teilten den Deutschen mit, dass man sie in die Obhut der Sowjets übergeben werde. Schließlich gehörte die Tschechoslowakei zu den von ihnen beanspruchten Territorien. Derart ernüchtert kam er am gleichen Abend durch aktive Sterbehilfe oder die eigene Hand ums Leben.25)
Doch was wollte Kammler eigentlich in dieser Region südlich Prags?
Jílové u Prahy liegt ca. 20 km östlich der Moldau, Davle, an der Moldau gelegen, etwa 21 km südlich vom Prager Stadtzentrum entfernt. Die Ortschaften liegen keine 7 km voneinander entfernt. 36 km südwestlich davon befindet sich die Bergbaustadt Pribram, in der die SS ein Forschungsinstitut betrieb. Direkt nordwestlich der Stadt lag der Wehrmachts-Truppenübungsplatz Kammwald (Brdy). Geht man von Davle aus keine 25 km in südöstliche Richtung, so erreicht man die Stadt Benešov. Etwa auf gleicher Höhe mit Brdy liegend, befand sich hier während des Krieges der Truppenübungsplatz Böhmen der Waffen-SS. Für diesen wurden eigens etliche Ortschaften in der Umgebung, wie Neveklov und auch Benešov, zwangsevakuiert.26) Im Bereich beider militärischer Areale befanden sich bei Kriegsende noch erhebliche Truppenkontingente. Bereits am 07. Mai wa-

ren amerikanische Truppen von Pattons 3. Armee in Pribram eingerückt. Am 10. Mai lehnten die Amerikaner Pückler-Burghauss' Kapitulation ab. Partisanenverbände versperrten den deutschen Konvois mittlerweile den Weg zu den Amerikanern. Gemeinsam mit den Wehrmachtsverbänden des Feldmarschalls Ferdinand Schörner versammelte Pückler-Burghauss seine SS-Truppen bei Slivice, einem Ortsteil von Milin, unweit des nördlich gelegenen Pribram. Sie bildeten eine Verteidigungsstellung gegen die heranrückende Rote Armee, da die Amerikaner ihnen ein Überlaufen gen Westen verwehrten. Vom 11. bis zum 12. Mai kam es dort zu der letzten Schlacht des (bereits beendeten) Krieges auf europäischem Boden, die mit der Kapitulation der aufgeriebenen und in die Umgebung versprengten Deutschen ein Ende fand.[27)] Doch noch etwas anderes ereignete sich in dieser Zeit in jener Gegend: Genau zwischen beiden militärischen Übungsarealen gelegen, findet sich ganze 5 km südlich von Davle das ebenfalls an der Moldau gelegene Städtchen Štěchovice. Unmittelbar oberhalb davon ist der 1945 in Betrieb genommene gleichnamige Stausee gelegen, der Teil der heutigen Moldau-Kaskaden ist. Die enormen Ausmaße des Truppenübungsplatzes Böhmen reichten bis an den See heran. Gegen Ende April wurden dort durch die SS in alten Stollen der Schlucht Dusno zwei LKW-Ladungen mit 32 Kisten voller Dokumente eingelagert. Durch ein in französischer Gefangenschaft befindliches Mitglied der SS erfuhren die Amerikaner im November 1945 von diesem geheimen Depot. Unter dem Decknamen *„Operation: Hidden Documents“* fand im Februar 1946 eine geheime US-Mission auf dem tschechischen Territorium zur Aufbringung der durch Sprengfallen in den Stollen gesicherten Aktenbestände statt. Eine Analyse ergab, dass es sich bei den Dokumenten um Akten des deutschen Besatzungsamtes von 1940 bis 1945 (mit allen Aktivitäten innerhalb des Protektorates) und des SD handelte. Auch Edelmetalle sollen sich darunter befunden haben. Da man die tschechische Regierung nicht über das Ziel dieses Unternehmens unterrichtet hatte, legte diese abfolgend Protest ein und forderte die Rückgabe aller Archivalien, was im Mai auch geschah (nachdem die Amerikaner alle relevanten Unterlagen auf Mikrofilm kopiert hatten).[28)] Doch steht diese Operation in Štěchovice mit unserem Hauptthema in Verbindung: Zunächst erinnern wir uns, dass sich in Pribram Uranvorkommen befanden, die nach damaliger Aktenlage den Deutschen durchaus bekannt waren, und dass die Sowjets unmittelbar nach dem Krieg nicht nur dessen Förderung forcierten, sondern sich auch die dort vorhandenen Uranschmelzöfen zunutze machten (siehe Kapitel 6). Näheren Aufschluss hierzu geben die Briefe von Rybin Jaroslav aus dem Jahr 1986 an den Präsidenten der ČSFR. Sein erstes Schreiben vom 03. Juni entstand im Schatten des Reaktorunfalls in Czernobyl im April jenen Jahres. Rybin Jaroslav war in den 50er Jahren im tschechoslowakischen Innenministerium mit der Verfolgung von NS-Verbrechern, später mit der Aufarbeitung deutscher Aktivitäten auf dem Gebiet der ČSFR betraut. In Anbetracht der schwerwiegenden Folgen der radiotoxischen Kontamination infolge der Kernschmelze hielt er es für notwendig, seinen Präsidenten über eine weitere latente nukleare Gefahr aus der Zeit des Krieges hinzuweisen, die auf die deutschen Besatzer zurückging. Er führt darin auf, dass er im Zuge seiner vorangegangenen Recherchen durch Archivalien des tschechischen Innenministeriums an Informationen über die Einlagerung von ca. 200 Fässern mit angereichertem Uran im Bereich des ehemaligen SS-Geländes Benešov (Truppenübungsplatz Böhmen), nahe Štěchovice, gekommen war. Das Uran sei dort bei Kriegsende von den Deutschen, gemeinsam mit anderem Material und durch 1.200 t Sprengstoff gesichert, in unterirdischen Tunneln eingelagert worden. Das radiotoxische Gefährdungspotential bei ungewollter Expositionierung bereitete ihm Sorgen. Er bemängelte, dass es während seiner aktiven Dienstzeit kaum ernsthafte Bemühungen zum Auffinden des brisanten Materials gegeben habe, zumal das in Frage kommende Areal, das durch die SS, mit Hauptsitz im Schloss Konopiště, genutzt worden war, sehr groß sei. Ergänzend fügte er eine Auflistung der in Frage kommenden Einlagerungen an, die sich als Resultat seiner Untersuchungen dort befinden könnten. Neben zahlreichen Dokumenten der Besatzer aus dem Fundus der SS-Verwaltung, requiriertem Material aus der Tschechoslowakei, unbekanntem Material, das aus Deutschland ausgelagert worden war, könne sich sogar das Bernsteinzimmer darunter befunden haben (das nach Zeugenangaben im Bereich des Schlosses eingelagert worden sein könnte), ebenso wie Gold- und Silberbarren (von denen auch bei den Amerikanern die Rede war)

und eben das angereicherte Uran. In seinem zweiten Schreiben an den Präsidenten am 01. September wies er nicht nur erneut auf die Gefahren hin, die von dem Uran ausgingen, sondern auch auf drei mögliche Einlagerungsorte: in Tunneln bei Hradištko, wo sich einst die SS-Pionierschule befand, sowie bei Mědník und an einem von den Deutschen als „Bobkuv Kopec" bezeichneten Ort. Dort sollten sich unterirdische Anlagen befinden, die bisher weder aufgefunden worden waren noch konnte deren Existenz verifiziert werden.29) Doch was ist davon wahr und was nicht? Schon die bloße Erwähnung des Bernsteinzimmers in seinem Brief lässt im Allgemeinen auf den ersten Blick Zweifel aufkommen, ist dieses doch gerüchteweise in halb Deutschland versteckt worden. Doch bei näherer Betrachtung erscheint die Einlagerung von Uran (ob es sich hierbei tatsächlich um angereichertes Material handelte, ist dabei nicht relevant) im Bereich des SS-Truppenübungsplatzes gar nicht so abstrus, bedenkt man die relative Nähe zu den erwähnten Uranvorkommen in Pribram. Und auch im Decknamenverzeichnis deutscher Untertageverlagerungen stößt man auf zwei Ortschaften ganz in der Nähe: den Ort „Eule" bzw. Davle und „Wran" (Vrané nad Vltavou), bei denen sich in Tunneln die U-Verlagerungen „Blaumeise I-VI" befunden haben. Außer dass zu „Blaumeise" der Eintrag „Tunnel II bei Dawlo-AVIA AG Prag" zu finden ist, sind bislang keine weiteren Informationen verfügbar, außer deren Ordnungsnummern.30) Bei „Eule" handelt es sich nicht um das bereits genannte Jílové, sondern tatsächlich um Davle (in unmittelbarer Nachbarschaft zu Wran gelegen).
Ob diese Ereignisse rund um den offiziellen Todeszeitpunkt Kammlers mit diesem in irgendeiner Korrelation stehen, kann nicht gesagt werden. Sein Fluchtversuch südlich von Prag, genau in die besagte Region, nährt aber den Verdacht, dass die Wahl seiner Route nicht dem Zufall entsprang, sondern kalkuliert und beabsichtigt erscheint.

Doch was hat es mit seinem Tod auf sich?
Nicht allein die Art des Ablebens offeriert Nährboden des spekulativen Widerspruchs, vielmehr fällt der Umgang mit diesem äußerst negativ auf!

Gehen wir ins Detail:
Laut Beschluss des (noch von den alliierten Siegermächten kontrollierten!) Amtsgerichts Berlin Charlottenburg, AZ 14.II.344/48, wurde Kammlers Todeszeitpunkt am 09. Mai 1945, südlich Prags bei Jílové, gerichtlich festgestellt. Antragstellerin war seine Ehefrau Jutta Kammler. Beweis ist allein die eidesstattliche Erklärung Kurt Preuks (Kammlers damaliger Fahrer) vom 08. Mai 1948, der das Datum bestätigte und angab, die Leiche gesehen und einer eher spontanen Beerdigung beigewohnt zu haben. Dies wurde auch vorbehaltlos im Rahmen des am 09. Dezember 1957 in Arnsberg angestrengten Verfahrens gegen seine Untergebenen und ihn selbst (in Abwesenheit) wegen des von seiner Einheit in dem Zeitraum vom 20. bis zum 22. März 1945 begangenen Massakers an Fremdarbeitern im Arnsberger Wald in die Entscheidung des Arnsberger Landgerichtes vom 12. Februar 1958, Nr. 580212 3Ks1/57, Verfahren 458, übernommen.
Bei einem späteren Verfahren änderte sich dies wie folgt:
In seiner eidesstattlichen Versicherung in der Versorgungssache Kammler vom 16. Oktober 1959 gibt Preuk den Todeszeitpunkt nun mit dem 10. Mai 1945 an, Todesursache unklar.
Das von der Zentralstelle Nordrhein-Westfalens für die Bearbeitung von nationalsozialistischen Massenverbrechen in Konzentrationslagern durchgeführte Ermittlungsverfahren gegen Kammler bezüglich seiner Tätigkeiten in Sachsenhausen – STA Köln, AZ 24 AR 1/62 (Z), SH XLVIII, durch den leitenden Oberstaatsanwalt – fand am 03. Oktober 1963 aufgrund des Beschlusses des Amtsgerichtes Berlin Charlottenburg seine Erledigung.[31)]
Die Landesjustizverwaltung Ludwigsburg ermittelte 1965 im Rahmen einer Untersuchung gegen ehemalige Mitglieder des SS-Wirtschafts- und Verwaltungshauptamtes, die von der Generalstaatsanwaltschaft des Oberlandesgerichts Frankfurt/Main initiiert wurde, erneut gegen Kammler. Eine Überprüfung von Preuks Aussage, die bei bisherigen Verfahren auf positive Resonanz gestoßen war, führte dort zu folgendem Befund:

„Es bestehen [...] Zweifel an der Richtigkeit der damaligen eidesstattlichen Versicherung Preuks.“[32)]

Auch eine weitere Angabe Preuks hielt einer historischen Überprüfung nicht stand: Nach seiner Behauptung soll sich der Berliner Industrielle, Wehrwirtschaftsführer und seit 1942 Koordinator der Waffenfertigung im RMfRuK, Erich Purucker, Mitglied der SS, ebenfalls Kammlers Tross angeschlossen haben sowie unmittelbar bei dessen Suizid anwesend gewesen sein. Er habe als höchster Dienstgrad die provisorische Beerdigung geleitet und seine mitgeführten Akten an sich genommen. Weder in den Protokollen der später von den Sowjets durchgeführten Vernehmungen Puruckers in russischer Gefangenschaft noch in seinen privaten Aufzeichnungen finden sich über diesen Vorgang irgendwelche Vermerke, die Preuks Schilderung bestätigen würden.[33)] In einem amerikanischen Report vom 25. April 1946 bezüglich der Vernehmung Wilhelm Voss’ findet sich der Vermerk, dass sich Purucker, als Kammlers Stellvertreter agierend, am 10. Mai 1945 gemeinsam mit Voss in die Hände der Amerikaner zu begeben beabsichtigte. In dem von ihm geführten Fahrzeug, das später in die Hände der Sowjets fiel, haben sich zahlreiche Pläne, u. a. zur Konstruktion einer Kernwaffe, befunden. Bis zur endgültigen Abschiebung durch die Amerikaner an die Russen habe man sich bis zum 12. Mai in der Region Pribram/Štěchovice aufgehalten.[34)] 1947 gab Voss bei Vernehmungen an, dass nach seinen Informationen Kammler am 09. Selbstmord begangen haben soll.[35)]

Am 07. September 1965 bezeugte Kammlers ehemaliger Begleitoffizier Heinz Zeuner den Tod am 07. Mai 1945 bei Davle/Moldau, wobei dieser nun angab, den Leichnam Kammlers, der eindeutige Zeichen einer selbstbeigebrachten Intoxikation aufwies, im Beisein Preuks und anderen in Augenschein genommen zu haben.[36)]
Die suizidalen Absichten Kammlers werden auch in einer Korrespondenz der seinerzeit ebenfalls in Prag bei der SS tätigen Ingeborg-Alix Prinzessin zu Schaumburg-Lippe an Jutta Kammler thematisiert. In ihrem ersten Brief vom 29. April 1951 bezog sie sich auf die in den Tagen nach Kamm-

lers Tod ihr gegenüber abgegebenen Erklärungen Pückler-Burghauss' zu seinem Tod. Er bezeichnete sich dabei selbst als Augenzeuge, nannte aber keine genaueren Umstände, weder über den Ort noch die Art und Weise seines Ablebens. In ihrem am 31. März 1955 verfassten zweiten Brief an Kammlers Witwe in Kassel ließ sie sich nochmals, wenngleich ebenfalls oberflächlich, zu Kammlers Tod ein:

„[…] Sein Blick ging über dieses Leben hinaus und brannte in einem tiefen Schmerz. Dann ereilte ihn kurz nachher der Tod. Das war an einem sonnigen, heissen Tag im Mai nahe der Moldau. Ich glaube heute, dass er eine Gefangenschaft kaum überlebt haben würde, er wäre menschlich kaputt gegangen – er hätte für alles gerade gestanden, was er entsprechend seinem Eide tat, und die Feinde hätten ihm daraus einen Strick gedreht, den sie ihm sowieso zugedacht hatten. Darüber hinaus hätte er aber eine Verachtung gezeigt, die allein schon genügt hätte, sein Leben zu verwirken! So starb er auch den Tod des freien Mannes nach seinem Wunsch! Lewer dot as Sklav! Er wusste, dass die Amerikaner ihm als Fachmann Angebote machen würde, dafür hatte er Beweise. Nie hätte er sie angenommen. Das allein hätte sein Schicksal besiegelt.“ 37)

In diesem fast poetisch gehaltenen Schreiben wird der mögliche Suizid Hans Kammlers eingeräumt. Der Aussagewert ist aber außerordentlich gering, da ihr Wissen allein auf Hörensagen beruhte und das hier angegebene Zitat lediglich spekulativer, hypothetischer Natur ist. Details schien sie nicht zu kennen. Worauf bezog sich ihre Annahme, dass Kammler sich unter keinen Umständen in amerikanische Gefangenschaft begeben wollte? Was lag ihm für ein Angebot derer vor? Alexander vom Hofe attestiert ihr in seinem Werk über die vier Prinzen von Schaumburg-Lippe eine äußerst eingeschränkte Glaubwürdigkeit, standen sie und ihre Familie der SS doch sehr nahe.

Welches Bild ergibt sich? Welche Fragen werden aufgeworfen?
Die Feststellung des Todes Hans Kammlers ist nach den Vorgaben sowohl des StGB als auch der StPO ein wahres Gaunerstück!

1. Die Zeugenschaft:
Kurt Preuk und Heinz Zeuner waren Kammlers Mitarbeiter bzw. Erfüllungsgehilfen, die in seine Machenschaften mindestens wissentlich involviert waren und hierarchisch unter seiner Befehlsgewalt standen und damit in weisungsbedingter Abhängigkeit zu diesem. Jutta Kammler dagegen war als seine Ehefrau teils auf emotionaler, teils auf wirtschaftlicher Basis abhängig von ihm. Evident sind motivierte Befangenheit und Gefälligkeitsaussagen.
Purucker wird ebenfalls als Zeuge aufgeführt, äußert sich aber weder in den Vernehmungen noch seinen Aufzeichnungen zu diesem Sachverhalt.
Sämtliche Einlassungen von Ingeborg-Alix Prinzessin zu Schaumburg-Lippe beruhen dagegen sehr wahrscheinlich nur auf Hörensagen, gibt sie als Quelle ihres Wissens doch ein Gespräch mit Pückler-Burghauss an. Letzterer konnte seine Äußerungen nicht bestätigen, da er im Laufe des 12. Mai Suizid beging (er wurde in Brünn beigesetzt). Warum die Prinzessin mit ihren Schreiben an Kammlers Ehefrau so lange zögerte, ist unklar. Eventuell war ihr deren neuer Wohnsitz nicht gegenwärtig. Es fällt bei ihren späteren Umschreibungen der Ereignisse auf, wie Alexander vom Hofe – juristischer Vertreter eines der noch lebenden Familienmitglieder des Adelsgeschlechtes des Hauses Schaumburg-Lippe – es bereits angemerkt hat, dass diese immer spärlicher in den Ausführungen ausgefallen sind. Wenn ihr das Ableben Kammlers doch derart viel bedeutet hat, dass sie sich – an den Grenzen der Poesie bewegend – dessen Witwe verpflichtet fühlte, sich mit ihr in Kontakt zu setzen, warum schilderte sie die Zusammenhänge später nie in der ihr gewohnten „Ausführlichkeit" gegenüber anderen Medien?
Die Glaubwürdigkeit der Zeugen ist zweifelhaft.

2. Der Todeszeitpunkt
Heinz Zeuners Einlassung nach verstarb Hans Kammer zwei Tage bevor er gemeinsam mit SS-Gruppenführer Graf von Pückler-Burghauss gegenüber den Amerikanern am 09 Mai 1945 abends kapitulieren wollte. Dies wäre eine Falschaussage! War es der 07. Mai, etwa der 09. Mai oder gar der 10. Mai 1945? Entdeckt wird ein Widerspruch in Kurt Preuks Angaben,

die er an Eides statt tätigte. Dies ist eine meineidliche Falschaussage! Der Wert von Preuks diversen und inhaltlich differierenden Aussagen wurde von einem Gericht als unglaubwürdig befunden.
Die Angaben der „anderen“ Zeugen sind juristisch noch diffuser.
Die Glaubwürdigkeit der Zeitangabe ist zweifelhaft.

3. Die Motivation
Ihren Angaben folgend beabsichtigte Hans Kammler gemeinsam mit Graf von Pückler-Burghauss – und dieser Teil ist kriminalpsychologisch von besonderem Interesse –, am 09. Mai 1945 gegenüber den Amerikanern zu kapitulieren.
Begeht eine Person, die in dem Wissen ihrer begangenen Verbrechen und der daraus zu erwartenden Strafverfolgung ist, Suizid, nachdem (!) sie sich freiwillig in Gewahrsam begeben wollte? (Beging er aus Angst vor dem Tod etwa Selbstmord?) Nach psychologischer Einschätzung war Hans Kammler eine Person autoritären, durchsetzungsfähigen, politisch gewandten und kreativen Charakters sowie – aufgrund seines sich aus seinem Aufgabenfeld ergebenden, situationsbedingten Modus Operandi – aus heutiger Sicht der Forensik nicht gerade der suizidale Charakter, eher ein widerstehender Nichtaufgebender!
Die Glaubwürdigkeit der Tat ist zweifelhaft.

Auf diesen widersprüchlichen Angaben beruhen die Beschlüsse, die einem der verantwortlichen Beteiligten am Genozid quasi einen Persilschein in Gestalt seines Ablebens ausstellen, um diesen damit aus der Schusslinie jeglicher Bemühungen investigativer Verfahren zu entfernen (mindestens ein Gerichtsbeschluss beruht auf einem Meineid – einer Straftat also). Selten wird ein Urteil trotz derartig mangelhafter Beweisführung in analoger Weise ausgesprochen. Und in dubio pro reo ist hier inakzeptabel!

Doch scheint es nach jüngeren Erkenntnissen Verdachtsmomente auf sein Überleben zu geben: Erste Indizien hatte Rainer Karlsch bereits 2014 in seinem Artikel „Ein inszenierter Selbstmord. Überlebte Hitlers letzter Hoffnungsträger, SS-Obergruppenführer Hans Kammler den Krieg?“ publiziert. Demnach zweifelte auch CIOS an den Gerüchten um Kammlers Tod, konnte im Sommer 1945 jedoch keine Belege für dessen Verbleib auffinden.[38)] Ein weiteres Dokument unbekannter Urheberschaft stammt vom 07. Mai 1945, ist mit „Top Seccret“ gekennzeichnet und beinhaltet den Interrogationsreport von Hans Kammler. In dem teilweise geschwärzten Report wird seine Kapitulation gegenüber den Amerikanern auf den 06. Mai terminiert. Bislang ungeklärt ist die Herkunft und damit die Authentizität dieses Papiers.[39)] Im September 1949 lag ein Bericht des Sonderermittlers Oskar Packe, der für die für die Entnazifizierung zuständige amerikanische Militärregierung in Hessen tätig war, vor. Dieser befasste sich auch mit Kammler. Nach einem CIC-Report sei dieser am 09. Mai 1945 bei Oberammergau von der US-Armee gefangengenommen worden, mit weiteren SS-Mitgliedern soll ihm dann die Flucht gelungen sein. Packe stufte deshalb den von Zeugen bestätigten Freitod Kammlers als unglaubwürdig ein:

„Der von den Zeugen vermutete und angeblich bestätigte Selbstmord des Probanden wird durch die genauen Informationen des CIC über seine Gefangennahme und Flucht im Mai 1945 widerlegt. Der Nachweis, dass sich der Betreffende jetzt in sowjetischem Gewahrsam befindet und in der sowjetischen Besatzungszone Deutschlands arbeitet, konnte hier nicht erbracht werden.“[40)]

Geriet Kammler tatsächlich in Gefangenschaft und entkam kurz darauf? Wurde seine Flucht inszeniert, um die Öffentlichkeit, Sowjets und im Folgenden auch die Justiz (bei der Aufklärung der Shoah) darüber hinwegzutäuschen, dass man ihn als essentiellen Wissensträger in die USA verbringen wollte? Oder stimmen die Angaben ebenfalls nicht?

Wesentlich belastbarer sind dagegen folgende Quellen:
Loyd K. Pepple war in Europa im Hauptquartier der amerikanischen strategischen Luftstreitkräfte tätig. Eine auf den 30. Mai 1945 datierte Übersicht von ihm gibt Auskunft über alle den Alliierten bei Kriegsende zugefallenen Positionen aus dem Bereich der Luftwaffe. Neben technischen

Gerätschaften befindet sich auch eine Namensliste sowohl von in Kriegsgefangenschaft befindlichen Wissenschaftlern, Technikern und Ingenieuren als auch nicht-technischem Personal mit speziellen Fachkenntnissen auf diesen Gebieten, die zur Vernehmung festgehalten wurden. Unter Punkt 47 wird neben Göring, Speer, Milch und anderen auch Hans Kammler aufgeführt – und zwar als „Inspektor aller Einheiten der Luftwaffe/Arbeiten mit raketengetriebenen Waffen"[41]. Dort befindet er sich in der Rangfolge auf Position 18, direkt nach Protagonisten wie Josef Kammhuber (dem Begründer der organisierten Nachtjagd) und Hubert Weise (bis Anfang 1944 für die Organisation der Reichsverteidigung zuständig) und gefolgt von Karl Bodenschatz (Görings Adjutant im FHQ und Chef aller Fliegertruppen). War diese Eingruppierung Zufall? Kammhuber wurde 1945 zum „Sonderbeauftragten zur Bekämpfung der viermotorigen Feindflugzeuge", Weise erhielt den Titel des „Sonderbeauftragten zur Verteidigung gegen feindliche Langstreckenwaffen". Beide waren direkt Göring unterstellt; in Kammhubers Aufgabenfeld fiel außerdem der Bereich des „Sonderbevollmächtigten für Strahlflugzeuge", der Kammler war. So könnte sich hinter der namentlichen Abfolge in Pepples Liste eine hierarchische Struktur der Zuständigkeiten auf administrativer Ebene verbergen.
Kammhuber, Weise und Kammler werden im Zuge einer Überprüfung der Organisationsstrukturen der Luftwaffe in einem weiteren Bericht vom 10. Juli 1945 erneut in derselben Reihenfolge aufgeführt. Während sich alle anderen Personen diesem Bericht nach bereits in Großbritannien befanden, waren die drei hiervon ausgenommen und müssen sich demnach noch in Gewahrsam der USAF auf dem Kontinent befunden haben. Von Kammhuber und Weise ist bekannt, dass sie zwischen 1947 und 1948 in die USA verbracht worden sind. Und Kammler?

Der Direktor des militärischen Nachrichtendienstes der USAF betraute seinen stellvertretenden Stabschef, George McDonald, mit der Auswertung deutscher U-Verlagerungen, um deren konstruktive Details und die mögliche Einlagerung industrieller Fertigung zu analysieren, um deren Vorzüge für eigene, zukünftige Untertage-Anlagen zu nutzen. McDonald

war zu diesem Zeitpunkt verantwortlich für das Aufspüren und Auswerten der neuesten deutschen Waffentechnologien.
Sein Interesse an diesen Anlagen begründet sich in einer früheren Korrespondenz an den Befehlshaber der USAF in Europa, in der er seine Eindrücke über die von ihm aufgesuchten und begutachteten U-Verlagerungen „Bergkristall“ (Gusen), „Schlier“ (Redl-Zipf), „Zement“ (Ebensee), „Lachs“ (Kahla) und „Albit“ (Rothenstein/Jena) schilderte. Am 02. November 1945 erteilte er Ernst Englander die Weisung, dass es für die Durchführung der Studie zu den U-Verlagerungen dringend erforderlich sei, alle notwendigen Vorkehrungen für eine nochmalige, persönliche Befragung von Speer, Kammler und Saur zu treffen und ihm umgehend die Ergebnisse zu übermitteln. Englander war Vernehmungsspezialist desselben Nachrichtendienstes wie McDonald und arbeitete in dieser Funktion dem US-Staatsanwalt der Nürnberger Prozesse, Robert Jackson, zu.42)
Dieser Vernehmungsauftrag gibt zu denken: Hier wurde ein Fachmann für die Vernehmung Gefangener vom Experten der USAF für moderne Waffentechnik mit der Befragung Kammlers beauftragt. Da Englander, wie gesehen, in dieser Funktion auch in das Nürnberger Verfahren involviert war, kann davon ausgegangen werden, dass ein derartiger Auftrag von diesen nur dann erteilt worden ist, wenn man des zu Vernehmenden auch tatsächlich habhaft war. Wären die obersten Kreise des Nachrichtendienstes einem Phantom nachgejagt und Ressourcen im Sinne der Ermittlungsökonomie unnötig gebunden? In dem Moment, in dem McDonald Englander anwies, Kammler zu vernehmen, wird sich Ersterer nicht nur im Klaren über Kammlers Rolle in der deutschen Rüstungshierarchie gewesen sein, sondern mit Sicherheit auch über die mögliche Durchführung der Befragung durch Englander, da Kammler auch verfügbar war. Wäre dies nicht der Fall gewesen, kann man unterstellen, dass McDonalds Weisung an Englander entweder in dieser Form nicht erteilt worden ist oder er ihn zur Auffindung der Zielperson aufgefordert hatte – eine Aufgabe, die zweifelsohne nicht zu Englanders Einsatzportfolio zählte. Doch das sind bloß Vermutungen.

Deutlich obskurer verhält es sich mit den von den Amerikanern aufgedeckten Finanztransaktionen der SS in Österreich. Es ging hierbei um die finanzielle Abwicklung auch der von Kammler beaufsichtigten Baustellen der U-Verlagerungen. Am 15. Juli 1949 lag der abschließende Bericht „Source of certain funds held for Sammelkonto Accounts by the Austrian National Bank at Linz, upper Austria“ der Property Control Branch der US-Militärregierung vor: Zur Finanzierung der Bauprojekte hatte die Reichsbank demnach im März 1944 ein Sammelkonto bei der Bank von Oberösterreich und Salzburg eröffnet, dessen Zugriffsberechtigte der Finanzverwalter Ebensees, Hans Baldus, der dortige Baustellenleiter Karl Engelhardt und Kammler selbst waren.43) Erstaunlich ist eine Passage:

„Kurz nach der Okkupation erschien Hans Kammler beim CIC in Gmunden und machte eine ausführliche Erklärung über die Operationen und Aktivitäten auf der Baustelle Ebensee sowie über das Konto und über seine eigene Vollmacht und die von Karl Engelhardt. Keiner der in Gmunden gegenwärtig anwesenden amerikanischen Offiziere des CIC ist mit seiner Aussage vertraut, aber sie sollte sich in den Akten dort befinden. […]“44)

Sollte diese Angabe korrekt sein, hieße das, dass ein amerikanischer Offizier das Überleben Kammlers bestätigte und sich dieser in die Obhut des CIC begeben hatte. Doch an dieser Version gibt es berechtigte Zweifel. Hätte sich Kammler wegen einer simplen finanziellen Angelegenheit in Gefangenschaft begeben? Oder nutzte er diese Situation lediglich als Anlass, sich den Amerikanern zu ergeben? Jedoch geht aus einem anderen Schreiben der Linzer Bankfiliale hervor, dass sich Baldus bereits vor seiner Gefangennahme dem CIC zur Aufklärung zur Verfügung gestellt hatte. Eine schriftliche Erklärung Karl Fiebingers, des zuständigen Bauingenieurs, vom 30. Juni 1945 bestätigt diese Version, in der Baldus die relevanten Unterlagen der Militärregierung in Gmunden überreichte. Es scheint sich also nicht um Kammler gehandelt zu haben, sondern lediglich um einen Übertragungsfehler bei den Namen.45)

1964 erschien das Buch „Crossbow and Overcast“ von James McGovern. Dort beruft er sich auf einen Bericht zweier investigativer, wissenschaftlicher Mitarbeiter aus Eisenhowers Stab während des Krieges. Hierbei ging es um die Vernehmung der Raketenwissenschaftler um von Braun. Es befand sich auch ein gewisser von Plötz unter den Befragten, der Kammlers Verbindungsmann zum Nachrichtendienst war. Bei dem Verhör eines der Wissenschaftler habe der zuständige Ermittler, Robert B. Staver, diesem vorgehalten, dass von Braun, Steinhoff und die anderen sich in Garmisch-Partenkirchen in Gewahrsam befanden und Offiziere des Militärgeheimdienstes der US Army bereits mit von Plötz, Dornberger, Rossmann und Kammler gesprochen haben. Bis heute ist es unklar, ob Staver sich auf Tatsachen berief oder seine Aktion ein Bluff war, um dem zu Vernehmenden Informationen zu entlocken. Das Problem dabei ist jedoch, dass die Vorspiegelung falscher Tatsachen nur dann zum Erfolg führen kann, wenn der Vernommene tatsächlich von dem Wahrheitsgehalt des ihm Vorgehaltenen überzeugt ist. Sprich, Straver musste darauf bauen, dass der befragte Wissenschaftler vom Überleben Kammlers und dessen Gefangenschaft durch die Alliierten Kenntnis hatte. Diese Schlüsselinformation hätte man dem Gefangenen vor seiner Vernehmung subtil unterbreiten müssen, damit sie glaubhaft wirken konnte, doch stand ein derartiges Manöver auf extrem tönernen Beinen. Hätte der Gefangene nämlich von Kammlers Ableben gewusst, wäre der Bluff als solcher entlarvt worden. Dass dies nicht geschah, kann darauf deuten, dass der Wissenschaftler entweder erfolgreich mit Desinformationen versorgt worden war oder er tatsächlich von Kammlers Gefangenschaft Kenntnis hatte.
Letztendlich bleibt die Frage ungeklärt.46)

Zu derzeit guter Letzt existiert eine Aussage aus dem Jahr 2006 von John Richardson, nach der sich Kammler in US-Gewahrsam etwa 1947 das Leben durch Erhängen nahm. Sein Wissen stammte direkt von seinem Vater, Donald Richardson, der Kammler in einer Hochsicherheitseinrichtung quasi betreut haben will und aus Gründen der Geheimhaltung erst viele Jahre später über das Geschehene sprechen konnte:

„[…] Ich fragte Vater, ob er ihn wirklich verhört hat. Er sagte: Ja, Hans Kammler, ein promovierter Ingenieur, brachte einen besonderen Schatz aus Österreich in die Vereinigten Staaten. Er bot uns modernste Waffen an, die für Tod und Zerstörung stehen. Für die Zeit des kalten Krieges verschaffte uns das eine Grundlage für die Rüstung. Es galt diesen uns nützlichen Deutschen rüberzubringen, damit er nicht in die Hände des russischen Geheimdienstes fällt. Das war der Auftrag meines Vaters."

Bei den Vernehmungen sei man nicht zimperlich in der Wahl der Mittel gewesen, nach Richardson waren diese „brutal, erbarmungslos und so umfassend wie nur irgendwie möglich". Zu den weiteren Hintergründen der Verhaftung und des Transportes in die USA konnte er keine Angaben machen. Wer war Donald W. Richardson? Richardson war Agent des Office of Stategic Services (OSS), dortiger Kommandeur der Maritime Unit (Vorläufer der Navy SEALs) und Eisenhower direkt als dessen Sicherheitsoffizier unterstellt. Er nahm in dieser Funktion an allen großen Konferenzen Eisenhowers mit Churchill und Stalin, wie in Jalta, Teheran und Potsdam, teil. Auch wurde er unter Boris Pash in „ALSOS" integriert. Auch war er an dem Einsatz des Abwurfes der amerikanischen Atombomben über Japan involviert. Eine detaillierte Vita über ihn lässt sich nicht finden, da er als Träger äußerst sensiblen Wissens gilt und an Operationen selben Charakters beteiligt war. Ob er, wie sein Sohn es kolportierte, tatsächlich mit 136 Pfund waffenfähigem Uran der Reichspost in die USA zurückkehrte, ist ebenfalls unklar. Inwieweit also die Schilderungen John Richardsons der Wahrheit entsprechen, liegt weiterhin im Verborgenen. Denn trotz der Freigabe zahlreicher Dokumente auf der Grundlage des „Nazi War Crimes Disclosure Act" im Jahr 2006, die sich auf eine Zusammenarbeit amerikanischer Geheimdienste mit den Nationalsozialisten beziehen, gibt es zu diesen Vorgängen nach Frank Döbert keinen Eintrag; Kammler selbst findet dort nirgends Erwähnung (was bei einem Status als bloßer Kriegsgefangener auch nicht weiter verwundert). Was hatte Kammler bei einer möglichen Ingewahrsamnahme alles zu bieten? Informationen über militärisch relevante Hochtechnologie und deren Forschungs-, Erprobungs- wie Produktionsstandorte, nukleares Material?47)

Abgesehen von den Schilderungen John Richardsons, deren Authentizität derzeit nicht verifiziert werden kann, besteht noch eine andere alternative Deutungsvariante der amerikanischen Protokolle: Am 09. Mai versuchte Kammler samt Gefolge sich den Amerikanern zu stellen. Nach den mit den Sowjets geschlossenen Vereinbarungen durften diese dem nicht Folge leisten und wiesen die Deutschen zurück. Es ist nun denkbar, dass die Personalien der sich Ergebenden über die zuständigen Sicherheitsoffiziere Einzug in das entsprechende Rubrum der POW (Prisoner of War) gefunden haben, ohne dass man ihrer tatsächlich habhaft geworden war. Ganz abwegig mag auch dieses Szenario nicht sein, verhielt es sich mit der Feststellung des Sammelkontos ganz ähnlich: Hier wurde Hans Kammler explizit in den Unterlagen des CIC geführt, obwohl er dies nachweislich nicht gewesen war. Von daher besteht die durchaus realistische Möglichkeit, dass es sich bei dem Namen Kammler innerhalb der Akten um einen kardinalen Übertragungsfehler handelt, der weiterhin verschleppt wurde. Als bald darauf Experten verschiedener nachrichtendienstlicher Kategorien mit dem Ziel der Feindaufklärung in den Unterlagen auf diesen Namen aufmerksam wurden, müssen sie im Interesse ihrer eigenen Angelegenheiten beabsichtigt haben, diesen weiteren Vernehmungen zuzuführen. Später mag die Inkorrektheit aufgefallen sein, was der Weiterführung der Suche nach Kammler durch die Alliierten Plausibilität verleiht.
Andererseits müsste man aber aufgrund der bestehenden Regelungen mit der Sowjetunion, die eine Auslieferung aller Deutschen an die Russen vorsah, die sich zum Zeitpunkt der allgemeinen Kapitulation auf von ihnen beanspruchten Territorien aufhielten, eine Gefangennahme Kammlers verheimlicht haben, um keine militärischen Provokationen oder politische Kompromittierungen hervorzurufen.

Doch lässt sich aus dem Faktenkonvolut um Kammlers Ableben auch folgendes Theorem ableiten:
Das Ende Kammlers kann sich, ungeachtet der amerikanischen Unklarheiten, allerdings auch anders abgespielt haben, was die späteren Abweichungen und Widersprüche in den deutschen Zeugenaussagen erklären würde. Lassen wir uns auf diese parallele Ereigniskette einmal ein: Hans Kammler

war am Tag der Ablehnung der Gefangenschaft durch die Amerikaner in Begleitung von Pückler-Burghauss und Purucker. Der Weg der Protagonisten hatte dabei aus Prag heraus über Davle nach Štěchovice in die Region Pibrams geführt. Noch verfügte man über einen Trumpf: wissenschaftliche wie technische Entwicklungen neuester Waffentechnologien, die man als Verhandlungsbasis feilzubieten gedachte. Doch die lokale Situation entwickelte sich weitaus bedrohlicher: Der tschechische Widerstand begann mit einer Blockade des Weges nach Westen und die Sowjets kreisten die verbliebenen Verbände ein. Einem ersten Kapitulationsangebot war die US Army am 10. Mai nicht nachgekommen. Infolgedessen kam es zur Schlacht bei Slivice. Am 12. Mai unterzeichnete Pückler-Burghauss in Gegenwart der Sowjets und Amerikaner schließlich die Kapitulation aller noch verbliebenen Verbände, einschließlich des von GFM Schörner befehligten, und beging im Anschluss Suizid. Sowohl Schörner als auch Purucker gerieten in sowjetische Gefangenschaft. Und wo ist hier Platz für Kammler? In Anbetracht der jetzt hier zu unterstellenden Umstände hätte Kammler während dieser letzten Kampfhandlungen folgende sich ihm stellende Aufgabe zu bewältigen gehabt: eine freiwillige Gefangenschaft bei den Amerikanern mit Aushandlung der Bedingungen auf Basis der mitgeführten Dokumente oder die Gefangenschaft in der Sowjetunion. Letzteres kam für ihn wohl nicht in Frage, wie sich aus seinem tatsächlich eingeschlagenen Weg ableiten lässt. Ob er im Zuge der Schlacht durch Feindeinwirkung, die eigene Hand oder mittels Tötung auf Verlangen verstarb, bleibt offen. Im Umfeld der Gefechtsereignisse besteht die Möglichkeit, dass es a) keine eindeutige Zeugenschaft gab – somit auch die Todesart unklar blieb –, b) auch die genaue Position nicht feststellbar war und c) sein Leichnam entweder nicht wieder lokalisiert werden konnte oder durch Waffeneinwirkung unkenntlich wurde.
Während der Gefechte in den Schützengräben des Ersten Weltkrieges war jenes „Verschwinden" von Soldaten situationsbedingt an der Tagesordnung.
Auf diese Weise könnte Kammler in der Region ums Leben gekommen sein, ohne dass man seine sterblichen Überreste hat identifizieren und seinen Tod definitiv verifizieren können. Doch wie verhält es sich mit den

1948 an Eides statt gemachten Erklärungen Preuks zur Todessache Kammler? Die Feststellung seines Todes durch ein ordentliches Gericht durch Jutta Kammler dürfte aus verwaltungspolitischer Sicht durch die Gewährung von Versorgungsansprüchen der Witwe motiviert gewesen sein. Um ihr diese Sozialleistungen zu gewähren, musste der Tod ihres Mannes eindeutig festgestellt werden. Eine eidesstattliche Erklärung eines an dem Ableben unmittelbar Beteiligten wie auch zur engsten Entourage ihres Gatten zählenden Mitarbeiters kam dabei wie gerufen. Als im Laufe der Zeit weitere Verfahren gegen Kammler eröffnet wurden, war er gezwungen, an seiner Aussage festzuhalten. Schließlich wurden noch weitere Protagonisten wie Zeuner hinzugezogen. Beide könnten sich in den Inhalten ihrer Aussagen versucht haben, abzusprechen; was zweifelsohne nicht von Erfolg gekrönt war. Die Einlassungen von Preuk variierten derart, dass schließlich sogar ein Gericht an seiner Aussagequalität begründete Zweifel erhob. Im Grunde genommen kann eine derartige kognitive Erinnerungsstörung darauf zurückgeführt werden, dass es sich bei dem eigentlichen Kern der Aussage um eine glatte Lüge handelt.

War ein Zeuge bei dem von ihm geschilderten Erlebnis tatsächlich selbst zugegen und beruhen seine Angaben auf eigenen Beobachtungen, so ist es in der Sache unerheblich, ob er diese der realen Zeitachse des Ereignisses folgend beschreibt, in umgekehrter Reihenfolge, von irgendeinem Punkt während des laufenden Ereignisses aus oder zu einzelnen Punkten befragt wird. Im Resultat wird der Inhalt seiner Aussage stets den Sachverhalt in identischer Weise widerspiegeln. Ist die zu bezeugende Handlung frei erfunden, folgt der Aussagende in aller Regel einem stets wiederkehrenden Schemata. In seiner Phantasie hat sich ein bestimmtes, selbstkreiertes Bild eines erwünschten Ereignisses manifestiert. Leider ist es dem menschlichen Verstand nicht ohne weiteres möglich, ein derartiges Lügenkonstrukt a) spontan aus verschiedenen Blickwinkeln wiederzugeben und b) es auf Dauer konstant zu konservieren. Bei späteren Befragungen hat der Betreffende Zeit, seine Lüge zu „überarbeiten", um sie glaubhafter wirken zu lassen, oder er hat bereits wesentliche Details seiner ersten Angaben vergessen. Bei der Vernehmung selbst treten Ungereimtheiten zu Tage, da die erfundene Handlung linear wiedergegeben wird und ein punktuelles Abfragen einzelner Positionen den Aussagenden in der von ihm geschaffenen Konzeption des Wünschenswerten in Unordnung bringt; es kommt zu widersprüchlichen Angaben. Mit anderen Worten: Frei erfundene Handlungsstränge halten einer wiederholten und von mehreren Betrachtungswinkeln durchgeführten Vernehmung selten stand, sofern der Befragte nicht psychologisch geschult ist, er sich ein solides Fundament seiner Einlassungen geschaffen und sich dieses pedantisch eingeprägt hat.

Die Abweichungen in Preuks Einlassungen scheinen genau auf dieses Szenario hinzuweisen. Später ergänzt durch Zeuner und andere, die sich untereinander, wenn überhaupt, nur unzureichend abgestimmt hatten. Wir wagen es an dieser Stelle, die provokante Behauptung zu erheben, dass überhaupt keiner von den selbsterklärten Augenzeugen eine realitätsnahe Beobachtung getätigt hat und ihre Angaben auf Vermutungen, Annahmen und Spekulationen – oder glatten Erfindungen – beruhen. Denn zu keiner Einlassung existieren Indizienbeweise oder belastbares Faktenmaterial. Aufbauend auf dieser Basis können wir durchaus konstatieren, dass diese möglicherweise auf reiner Fiktion aus Gefälligkeit gegenüber Jutta Kammler beruhen und sich über die Jahre hinweg quasi selbsterregend aufrechterhielten.

Ist diese Version zu gewagt und provokativ? Es existiert ein ähnlich veranlagter Fall mit gleicher Intention, nämlich der Sicherung von Unterhaltsansprüchen bei unsicherer Beweislage. In dem analogen Exempel handelt es sich um die Nachkriegsansprüche Paula Hitlers. Paula, Adolfs jüngere Schwester, war neben diesem das einzige Kind von Alois und Klara Hitler, das seine Kindheit überlebte – vier weitere Geschwister verstarben bereits im Kindesalter an verschiedenen Krankheiten. Während der Zeit des Nationalsozialismus war sie arbeitslose Fürsorgeempfängerin. Ihr Bruder unterstützte die zeitweise in Wien und Berchtesgaden lebende Schwester finanziell. Das geschwisterliche Verhältnis war in Teilen relativ herzlich, wie es Hitlers persönlicher Adjutant Heinz Linge später beschrieb. Da der Führer gegenüber der Öffentlichkeit seine familiäre Herkunft nach Möglichkeit geheim hielt und Paula aus diesen Gründen ihren Nachnamen in „Wolf" ändern ließ, sind Zuwendungen auf offizieller Ebene wahrscheinlich ausgeschlossen und werden eher diskreter Natur gewesen sein. Nach dem

Krieg lebt sie in ärmlichen Verhältnissen. Das Vermögen ihres Bruders ist von den Alliierten konfisziert worden. Genau aus dieser prekären Situation heraus klagte sie 1948 staatliche Führsorge und ihren Erbanspruch ein; ähnlich wie Jutta Kammler. Aber im Gegensatz zum Ableben Hans Kammlers, dessen Tod durch Zeugenangaben nachgewiesen und darauf bauend gerichtlich „verfügt" werden musste, existierte bei Adolf Hitler ein politisches Testament; wenn auch sein Tod zu diesem Zeitpunkt ebenfalls noch nicht vollends aufgeklärt und bestätigt war. In diesem vermachte er sein gesamtes Vermögen der Partei und – falls diese nicht mehr existent sein sollte – dem Staat. Zum testamentarischen Vollstrecker ernannte er Reichsleiter Martin Bormann.

„[…] Er ist ihm gestattet, alles das, was persönlichen Erinnerungswert besitzt oder zur Erhaltung eines kleinen bürgerlichen Lebens notwendig ist, meinen Geschwistern abzutrennen, ebenso vor allem der Mutter meiner Frau […]."

Auf diesen Passus des Testaments bezogen sich ihre eingeklagten Ansprüche. Hinsichtlich des noch offenen Todes ihres Bruders berief man sich ebenfalls auf zwei Passagen seiner Verfügung:

„[…] Sie [Eva Braun] geht auf ihren Wunsch als meine Gattin mit mir in den Tod […]."

„[…] Ich selbst und meine Gattin wählen, um uns der Schande des Absetzens oder der Kapitulation zu entgehen, den Tod […]."

Als testamentarische Zeugen wurden durch ihr Signum Martin Bormann, Dr. Joseph Goebbels und Nicolaus von Below benannt. Tatsächlich nennt er in seiner letzten Willenserklärung seine Schwester nicht namentlich, sondern nimmt nur indirekten Bezug auf familiäre Erbberechtigte. Finanziell sieht es nur eine spärliche Apanage zur Gewährung eines Lebens am Rande des – nach heutigen Maßstäben – Existenzminimums vor. Da Paula Hitler 1948 gerichtlich eine staatliche Unterstützung verweigert wurde, klagte sie ihren Erbanspruch ein. Die Spruchkammer München I stellte in ihrem Urteil vom 15. Oktober 1948, Az I 3568/48, aufgrund des Gesetzes zur Befreiung des Nationalsozialismus und Militarismus vom 05. März 1946, jedoch fest, dass der gesamte in Bayern liegende Nachlass Adolf Hitlers eingezogen und beschlagnahmt werde. Dies geschah in dem Sinne der Wiedergutmachung des von ihm verursachten Schadens. Ein Erbanspruch der Schwester wurde abgewiesen. Eine wirtschaftliche Notlage der Anspruchseinklagenden wurde nicht erkannt. Das eigentliche Problem bestand aber in zwei wesentlichen Punkten: Erstens zweifelten die Behörden die Authentizität des Testamentes an. Hitler hatte es am 29. April 1945 seiner Sekretärin Traudel Junge diktiert und es nicht selbst handschriftlich verfasst, wie es juristisch vorgesehen war. Zweitens ließ sich der Tod Hitlers nach behördlicher Auffassung nicht rechtsverbindlich feststellen. Es fehlten belastbare, forensische Beweise (die wenigen Fragmente seines Leichnams hatten die Sowjets konfisziert und jahrzehntelang unter Verschluss gehalten). Seine testamentarischen Einlassungen eines beabsichtigten Suizides genügte den Juristen wegen der zweifelhaften Urheberschaft des letzten Willens nicht. Auch die Vernehmungen von Vertrauten aus Hitlers Umfeld waren widersprüchlich, so dass an seinem Ableben Zweifel angebracht waren. Vergleichbares wurde Jutta Kammler durch die eidesstattlichen Todesbezeugungen ihres Mannes erspart. Erst nach längerem Verwirrspiel wurde Hitlers Tod durch Beschluss des Amtsgerichts Berchtesgaden vom 25. Oktober 1956 behördlich festgestellt. Nachdem Erbansprüche der Familie Eva Brauns mit der Begründung, sie sei Minuten vor ihrem Mann durch eigene Hand verstorben, abgewiesen worden waren, stand Paula formaljuristisch demnach als alleinige Anspruchsberechtigte fest. Nach drei weiteren Jahren des Rechtsstreits wurde sie am 17. Februar 1960 gerichtlich zur Haupterbin erklärt. Allerdings verstarb sie wenige Monate darauf, bevor sie ihre Ansprüche geltend machen konnte.48)

8.3 Die Frage nach dem Transportsystem

In dem sich anschließenden Abschnitt beschäftigen wir uns mit der Frage nach einem Transportsystem für eine potentielle Kernwaffe des Dritten Reiches. Da dieser Bereich das Kernthema dieses Werkes lediglich tangiert und derart umfangreich ist, dass er einer eigenen Abhandlung bedürfte, wird sich nur auf wesentliche, signifikante Entwicklungen bezogen, die hierfür in Betracht gekommen wären.

Um eine Kernwaffe in das ihr zugedachte Zielgebiet zu verbringen, bedurfte es eines adäquaten Lastenträgers. Da dieser Prozess, wie auch in den USA, auf dem Luftweg erfolgen sollte, hatten entsprechende Flugzeuge zur Verfügung zu stehen. In Deutschland kamen mangels der Entwicklung strategischer Bomber lediglich die Heinkel He 177 als in Serie gefertigte schwere Bomber in Frage. Die in wenigen Prototypen erstellten Muster, wie die Langstreckenbomber Heinkel He 274 oder der Messerschmidt Me 264 und die Transportflugzeuge Junkers Ju 290 und 390, wären für den Transport zu ertüchtigen gewesen, allerdings bestand bei diesen kolbenmotorgetriebenen Varianten das Risiko des Abschusses durch die generische Luftabwehr. Entsprechende Düsenbomber existierten bis Kriegsende lediglich auf dem Papier. Bis zum projektierten Einsatz einer Kernwaffe gegen Ende 1945 wären diese auch nicht mehr rechtzeitig einsatzbereit geworden. Im Übrigen wurde von den Wissenschaftlern wie involvierten Militärs auch die Rakete präferiert. Hier stand die A4/V2 bereits zur Verfügung, jedoch mangelte es dieser sowohl an Reichweite als auch an Nutzlastkapazität. Und das zweistufige Interkontinentalprojekt, der A9/A10, konnte kriegsbedingt auch nicht mehr realisiert werden. Welche Alternativen standen zur Verfügung? Der Originalgefechtskopf der A4 wog ca. 1.000 kg, die militärische Nutzlast betrug dabei 735 kg an Sprengmitteln; der Rest entfiel auf das Hüllenmaterial und die Zündtechnik.[49)] Erprobt wurde die Ertüchtigung des Sprengkopfes mit brisanteren Sprengstoffen. Auch ringförmige Zusatzladungen von 200 kg oder 340 kg oder alternativ ein Hohlladungsgefechtskopf sind praktisch getestet worden, fanden jedoch keinen Einzug in die Serienfertigung.[50)] Eine weitere Option stellte die geflügelte Rakete dar: Die hohe Geschwindigkeit vor dem Aufschlag sollte auf aerodynamischem Wege in eine Gleitbahn umgewandelt werden. Man erhoffte sich mit dieser Methode eine Reichweitensteigerung auf 600 bis 750 km. Zum Jahreswechsel 1944/45 fanden einige Versuche mit der nun A4b/A9 genannten Konstruktion statt, die wenig erfolgreich verliefen: Der erste, am 27. Dezember 1944 durchgeführte Start mit der nun als „Bastard“ bezeichneten A4b endete genauso schnell wie er begann. Starke Seitenwinde wirkten auf die vergrößerten aerodynamischen Ruder ein und brachten die Rakete direkt nach dem Abheben aus ihrer stabilen Fluglage zum Absturz. Ihr Stabilisierungssystem – für die Standard-A4 konzipiert – erwies sich als zu schwach. Auch ein Startversuch am 08. Januar 1945 misslang. Eine überarbeitete Version stieg am 24. Januar 1945 auf; diesmal gelang der Start. Nach dem Wiedereintritt im Anschluss an die ballistische Flugparabel brach jedoch zu Beginn der Gleitphase ein Flügelholm. Die Rakete stürzte erneut ab. Obwohl die Entwicklung an einem finalen Konzept fortgeführt wurde, bekamen ihre Konstrukteure durchaus Zweifel, ob sich eine Gleitrakete während ihrer gesamten Flugbahn überhaupt hinreichend stabilisieren lasse und ob sie während des Sinkfluges auf größere Entfernung mit dem Funkleitstrahl zur Kurssteuerung überhaupt noch erreichbar sei.[51)] Bleiben wir noch einmal bei dem gescheiterten Testflug vom 24. Januar: Hierzu findet man in der Literatur ganz unterschiedliche Angaben. Während Neufeld (wie beschrieben) von einem Scheitern spricht, weist Dornberger darauf hin, dass abgesehen von dem Flügelbruch kurz nach dem Einschwenken der Rakete in die Gleitbahn der Test ein Erfolg gewesen sei: Sie sei sowohl im Über- als auch Unterschallbereich stabil geflogen, habe dabei eine Höhe von 80 km bei einer Geschwindigkeit von 1.200 m/s problemlos erreicht.[52)] Weiterhin findet man die Angaben, dass aufgrund des Flügelbruchs die „volle Schußweite“ der errechneten Reichweite von 750 km nicht erreicht werden konnte.[53)] An anderer Stelle ist zu lesen, dass der Flug 17 Minuten dauerte und bereits eine Distanz von 550 bis 600 km bis zum Aufschlag zurückgelegt worden sein soll.[54)] Eine weitere Reichweitensteigerung auf 400 bis 500 km konnte der A4 durch eine Nutzlastreduzierung um etwa die Hälfte bei gleichzeitiger Erhöhung des mitzuführenden Treibstoffes abgerungen werden. Einer Reduzierung des Sprengkopfes stand man bei dem arbeits- wie kostenintensiven Produkt jedoch skeptisch gegenüber. Eine fast beiläufige Anmerkung zur erfolgten Reichweitensteigerung finden wir ebenfalls bei Dornberger: Man habe mit einzelnen Versuchsgeräten der A4 Schussweiten von bis zu 480 km erzielt, und zwar durch die Vergrößerung der Treibstofftanks.55) Wir werden im Folgenden noch einmal darauf zurück kommen. Doch sah man in dem seit Juni 1944 wiederbegonnenen Entwicklungsprogramm der A9 als Derivat der A4 die Zukunft.56) Sämtliche Langstreckenprojekte waren im Sommer 1942 zugunsten der Vollendung einer einsatzfähigen A4 zurückgestellt worden. Zur Steigerung des Antriebsschubs und daraus resultierend der Reichweite wurden auch synthetische Treibstoffe in Erwägung gezogen worden. Gerade der problematische Transport und die Lagerung des flüssigen Sauerstoffs der A4/V2 führte zu einem zeitweisen Protegieren eines Gemisches aus Salpetersäure als Oxidator und Kerosin. Das dazugehörige Raketenprojekt auf Basis der A4 trug die Bezeichnung „A8". Jedoch stoppte der Mangel an allen synthetischen Erzeugnissen diese Ambitionen.57) Doch was hatte es mit der Leistungssteigerung des Triebwerkes auf sich? Der Schub eines Raketentriebwerkes wird im Wesentlichen durch seine Verbrennungstemperatur, Verbrennungsgeschwindigkeit und den Massendurchsatz der eingesetzten, verbrannten Treibstoffe definiert. Bei der in der A4 eingesetzten Kombination aus flüssigem Sauerstoff und einem 75 % Ethanol/25 % Wasser-Gemisch betrug die Verbrennungstemperatur innerhalb der Brennkammer etwas über 2.500 Grad Celsius, bei einem Druck von 16,6 bar. Die Treibstoffe selbst wurden dabei durch eine Turbopumpe mit höheren Drücken eingespritzt. Mit einer Austrittsgeschwindigkeit von 2.160 m/s und einem Massendurchsatz an Treibstoffen von 128 kg/s ergab dies einen Schub von 27 t. Ohne wesentliche Änderungen der Konstruktion ließen sich mit diesen Treibstoffen keine weiteren Leistungssteigerungen mehr erwarten. Das führte zu zwei alternativen Entwicklungsmöglichkeiten: erstens der Auswahl der Treibstoffe. Das erwähnte Kerosin-Salpetersäure-Gemisch besitzt zwar einen etwas geringeren spezifischen Energiegehalt, durch seine höhere Dichte liegt jedoch der Massendurchsatz deutlich höher. Bei gleicher Volumenleistung der Turbopumpe konnten nun 168 kg/s an Treibstoff eingespritzt werden, die bei gleichem Innendruck mit einer ebenfalls geringeren Brenngeschwindigkeit von etwa 1.800 m/s einen Schub von 30 t entwickelten. Bei praktischen Versuchen in Peenemünde wurde mit einem der A4 baugleichen Triebwerk durch Erhöhung des Innendrucks auf über 39 bar eine Brenngeschwindigkeit – annähernd wie die der Originaltreibstoffe – von 2.100 m/s erreicht; das ergab eine Leistung von 35 t. Mit einer weiteren Erhöhung auf die möglichen 3.000 m/s wären sogar 50 t Schub erreichbar gewesen. Zur Differenzierung von der A4 ist diese Variante als „A8" bezeichnet worden. Die zweite Option, hier parallel beschrieben, war die Erhöhung des Verbrennungsdruckes innerhalb des Triebwerkes durch eine effizientere Zerstäubung und Vermischung, der Vaporisation, der Treibstoffkomponenten. Die Leistungsfähigkeit des relativ einfach konstruierten 18 Einzelmischkammer-Einspritzsystems der A4 war begrenzt und sollte durch eine an der Technischen Hochschule in Dresden durch den Ingenieur Georg Beck, Leiter der dortigen Arbeitsgemeinschaft Peenemünde, entwickelten Ringspalteinspritzdüse höherer Effizienz ersetzt werden. Trotz Priorisierung dieses Einspritzsystems konnte es nicht rechtzeitig zur Serienreife gebracht werden, was mit dem frühen Unfalltod Becks 1943 in Zusammenhang stehen könnte, so dass man weiterhin auf das vorherige Verfahren zurückgreifen musste. Erst 1945 war die Entwicklung so weit fortgeschritten, dass ein derart verbessertes Triebwerk für die A4 vor der Einführung stand.[58)] Zeitweise dachte man, offensichtlich zur besseren Flugsteuerung und Zielfindung, auch an eine bemannte Version.[59)] Neuere Quellen belegen jedoch weitaus ehrgeizigere und fortgeschrittenere Arbeiten an der Weiterentwicklung der A4 als bislang bekannt. In einem Bericht des Hauptquartiers der US Air Force in Europa, des Office of the Director of Intelligence vom 19. Januar 1945, ist von einer längeren Rakete als der A4/V2 die Rede, die im Gegensatz zur eingesetzten Variante nicht mit 14 m Länge, sondern mit 21 m angegeben wird, die einen größeren Gefechtskopf tragen könne.[60)] Weitere ähnliche Reporte enthalten Hinweise zu Raketen mit 68 bis 75 t Gewicht, womit nicht mehr die nur 12,5 t wiegende A4/V2 gemeint sein konnte.[61)] Eine bemannte Version der A4/V2 soll nach dem US-Astronauten Gordon Cooper bei Kriegsende einsatzbereit in Peenemünde bereitgestanden haben.[62)] Auch in einem G2-

Report der US Army wird im Raume Weimar vom Auffinden einer als „V4" bezeichneten Waffe, die zwei Personen aufnehmen konnte, berichtet.[63]) Von einer neuen Vergeltungswaffe wurde am 18. April 1945 auch in britischen wie französischen Printmedien geschrieben, die als „V4" bezeichnet wurde, etwa 18 bis 21 m lang gewesen sei und kurz vor ihrer Einsatzreife gestanden habe.[64]) Auf einer technischen Zeichnung des an der Entwicklung beteiligten Ingenieurs Heinz Stoelzel, der nach Kriegsende in die Schweiz gegangen war, wird die Anordnung der Astronauten- bzw. Pilotenkapsel in der Spitze der Rakete deutlich. Auffallend ist, dass die in dieser Zeichnung dargestellte Konstruktion zwar der A4/V2 mit Flügeln gleicht, aber deutlich länger ist: Für seinen Entwurf bezieht er sich auf eine 18 m lange Version der Rakete, wie eindeutig den angegebenen Abmaßen zu entnehmen ist; auch der Durchmesser wurde gegenüber den bestehenden Ausführungen leicht vergrößert.[65]) Zwei der vorsitzenden Mitglieder von CIOS, Thomas Jeffreis Betts und Reginald Patrick Linestead, verfassten am 15. September 1945 eine an die Abteilung G2 gerichtete Abhandlung, in der sie über die V-Waffen-Entwicklungen resümierten. Von verschiedenen Varianten der A9 wird berichtet, ebenso von bereits durchgeführten Experimenten mit bemannten Raketen dieser Baureihe und der Verwendung nuklearer Gefechtsköpfe.[66]) Auch bei Dornberger findet man einen direkten Hinweis auf die Experimente mit Piloten:

„[...] Vom unbemannten, vollautomatisch gesteuerten A9 zur bemannten A9 war nur ein kleiner Schritt. Diesem Schnellstflugzeug mit einer Tragflügelfläche von nur 13,5 qm kam keine militärische Bedeutung zu. Es konnte mit Hilfe von Einrichtungen, die die Landegeschwindigkeit herabsetzten, nach Überbrückung einer Entfernung von rund 600 km in 17 Minuten mit einer Geschwindigkeit von nur 160 km in der Stunde landen [...]."[67])

Demnach war die bemannte A9 nicht für militärische Zwecke konstruiert worden, obgleich ihr eine deutlich größere Reichweite beschieden gewesen sein soll? Beachtet man sowohl den Stil als auch die Darstellung der Zeit bei Dornberger, so fällt auf, dass er sich nicht der Ausdrucksweise eines projektierten Vorhabens bedient, sondern eines, das bereits in die

Praxis umgesetzt und erprobt worden ist. Er schreibt, die bemannte A9 *konnte* die bei ihm angegebenen Betriebsparameter *erreichen*. Bei einer projektierten Version, der aber noch keine empirischen Daten zugrunde liegen, hätte es besser heißen müssen: Die bemannte A9 *hätte* folgende Betriebsparameter *erreichen können*! Oder haben wir ihn zu wörtlich genommen?

Ein weiterer CIOS-Report, „German Guided Missiles Research" aus dem Jahr 1945 (nicht näher datiert), beinhaltet eine Auflistung der A-Serie (wobei sich das Kürzel „A" der Raketen auf die deutsche Bezeichnung „Aggregat" bezieht) mit einer Kurzbeschreibung ihrer jeweiligen technischen Spezifikationen. Die A9 wird dabei als Ergebnis der Entwicklungslinie aus der A4 gesehen, was dank ihrer geflügelten Konstruktion zu einer Reichweite von über 600 km geführt habe und damit England von deutschem Territorium aus erreicht hätte. Bei der A10 habe es sich um ein – wörtlich – „Experimental-Model" gehandelt, auf das eine A4 oder A9 als zweite Stufe aufzusetzen war und somit zu einer Vergrößerung des Einsatzradius führen sollte. Nun wird von „Development Models", den Projekten A11 bis A15, geschrieben, mit denen man versuchte, ein Langstreckenprojektil für Angriffe gegen die USA zu realisieren.[68)] Man beachte die genaue Wortwahl des Dokuments: Bei den letzteren Projekten wird explizit von „Entwicklungsmodellen", also noch zu entwickelnden und damit theoretischen Varianten gesprochen. Die Beschreibung der A9 klingt im Original dagegen nach einem praxisnahen Einsatzmuster, während die A10 als ein „experimentelles Modell" aufgeführt wird. Diese Titulierung suggeriert, dass mit diesem Baumuster bereits Experimente durchgeführt worden sind, also bereits die Erprobungsphase erreicht worden war. Carl Andrew Spaatz schrieb am 08. Dezember 1945, dass die Deutschen ein transatlantisches Raketenmodell bei Kriegsende vorbereiteten.[69)] 1949 erwähnte Henry Arnold: „The V-10 (A-10), a very large rocket intended especially for New York, was beging built"[70)]. Nach seinen Angaben ist eine A10 tatsächlich gebaut worden. Wie glaubhaft mögen diese Darstellungen sein? Spaatz war von Anfang 1944 Kommandeur der amerikanischen Luftstreitkräfte auf dem europäischen Kontinent, nachdem er zuvor mit diesen

Aufgaben bereits im Stab von Henry Harley Arnold betraut worden war. Arnold bekleidete die Position des Befehlshabers der US Army Air Force (USAAF) und war damit Mitglied des Generalstabes unter Marshall.

Eine weitere Verbesserung wäre der Konstruktion durch die Verwendung kryogener Treibstoffe, wie flüssigem Sauerstoff in Verbindung mit flüssigem Wasserstoff, zugekommen. Beide waren aber schwer zu handhaben, wie dies bereits mit dem Sauerstoff in verflüssigter Form bei der A4/V2 der Fall gewesen war. Dennoch scheint auch diese Kombination in den näheren Fokus gerückt zu sein. Schon Dornberger erwähnt, dass die Triebwerkskonstrukteure um Walter Thiel in Peenemünde dessen Vorzüge bereits erkannt hatten.[71)] Zudem ist auch in diversen Schilderungen und Berichten von kryogenen Treibstoffen die Rede. So wird in einem G2-Report von einer Demontage der Schwarzenberger Wasser- und Sauerstoffwerke gesprochen.[72)] In der Studie von Todd Rider werden im Abschluss mehrere Kalkulationen zur Verbesserung der A4/V2 dargestellt. Mit den herkömmlichen Kraftstoffen, flüssigem Sauerstoff und einem Gemisch aus 25 % Wasser und 75 % Ethanol, wurde eine geringere, spezifische Ausströmtemperatur und ein geringerer Massendurchsatz des Triebwerkes – als dies bei kryogenen Treibstoffen möglich ist – erzielt. Was bedeutet, dass bei der Anwendung von Wasserstoff bei gleichen Abmessungen der Rakete sich deren Reichweite auf über 1.200 km hätte steigern lassen![73)] Ob allerdings hieran schon im Experimentellen gearbeitet wurde, ist derzeit unklar.

Die Entwicklung der Raketentechnologie scheint in Deutschland bereits weiter fortgeschritten zu sein, als allgemeinhin bekannt ist. Hat es größere Varianten der A4/V2 gegeben? Fanden bereits Testflüge mit bemannten Versionen statt? Wurden kryogene Treibstoffe erprobt? Zu welchen Resultaten ist man gelangt? Konnte eine Nutzlaststeigerung oder alternativ eine Erhöhung der Reichweite erzielt werden? Waren dies lediglich theoretische, konstruktive Kalkulationen oder empirische Evaluationen? Während sich uns eine ganze Reihe neuer Fragen stellt, scheint dagegen die für diese Konstruktionen gedachte Nutzlast umso deutlicher umrissen worden zu sein: die eines nuklearen Gefechtskopfes. So erfuhren die Sowjets nach Kriegsende von deutschen Ingenieuren, dass man beabsichtigt habe, die Raketen mit nuklearen Gefechtsköpfen auszustatten.74) Wie in dem GRU-Bericht in Kapitel 7 angegeben, sollte die deutsche Kernwaffenkonstruktion einen Durchmesser von 1,30 m besitzen. Der Maximaldurchmesser der A4 betrug 1,65 m – im Bereich des Waffenkopfes aufgrund der ballistischen Formgebung analog eines Projektils etwas weniger –, was die Aufnahme durchaus ermöglicht hätte, wenn entweder dessen Gewicht reduziert oder der Standschub der Rakete erhöht worden wäre. Zur Erinnerung: Die Sprengkraft in TNT-Äquivalent wurde von Todd Rider mit 200 bis 300 t veranschlagt. Die des ersten sowjetischen Nuklearsprengkopfes der unmittelbaren Weiterentwicklung der A4 (der Originaldurchmesser blieb dabei konstant) betrug ebenfalls nur 400 t.75) Auch in einer französischen Publikation aus dem Jahr 1947 von Albert Ducrocq wird von der Absicht, die V2 mit Atomwaffen auszurüsten, berichtet.76) Aus einem amerikanischen Report aus dem August 1946 geht hervor, dass die Deutschen es korrekt erfasst hätten, die Rakete als ideales Transportmedium von Atomwaffen anzusehen und die begrenzte Kapazität der Rakete zur Entwicklung kleiner Sprengköpfe geführt habe.77)

Auch wird die neue Raketenentwicklung mit dem Arnstädter Raum in Verbindung gebracht. Grundsätzlich ist dies nicht abwegig, da die hiesigen Polte-Werke und Siemens als Komponentenfertiger in den Produktionsablauf eingebunden waren, ebenso wie Rheinmetall in Sömmerda, nördlich von Erfurt. Dass in der Region doch experimentelle Starts durchgeführt worden sein sollen, ist äußerst umstritten, zumal es keinerlei verifizierbare Spuren von diesen Ereignissen gibt. Dabei gilt zu berücksichtigen, dass der Einsatz der A4/V2 auch aus dicht bewaldeten Gebieten, wie dem Westerwald, erfolgte und sich auch dort nicht mehr nachweisen lässt. Die Startflamme der Rakete hinterließ auf ihrem Abschussgestell nur geringe Verbrennungen der Natur.78) Denn für die Arnstädter Region existieren mehrere Berichte über mindestens einen erfolgten Raketenstart. Hierbei handelt es sich ebenfalls um Transkripte der SED von 1962, wie sie auch in Kapitel 7 zu den hypothetischen Nukleartests bereits vorgestellt wurden.

Die Quellensituation ist analog zu jenen durchaus kritisch zu hinterfragen, dennoch sollen die Aussagen hier auszugsweise wiedergegeben werden:

Cläre Werner:
„Am 16. März 1945 war ein weiteres Ereignis. [...] Diesmal hatten die Leute Ferngläser mit, und es wurde nicht in Richtung Übungsplatz gesehen, sondern in Richtung Ichtershausen.
Dort wurde es gegen 23.00 Uhr sehr hell, es war aber nicht so wie die beiden ersten Male davor, sondern es stieg etwas gegen den Himmel mit einem grossen Feuerschweif, es ging immer höher, aber es entfernte sich von uns in Richtung Norden. [...] Hans verbot uns wieder alles Gesehene und sagte nur: Wir waren bei einer Sache dabei, die in der Welt einmalig ist und in jedem Geschichtsbuch stehen wird."

Die vermeintliche Zeugin befand sich bei ihrer Beobachtung auf der Wachsenburg. Mit den beiden ersten hellen Erscheinungen sind ihre Beobachtungen zu den Tests auf dem Truppenübungsplatz gemeint. Ichtershausen befindet sich nördlich von Arnstadt, dort waren mehrere Rüstungsbetriebe wie Polte (im Ortsteil Rudisleben) beheimatet.

Werner Kaspar:
„Auf dem Gelände der Polte Rudisleben gab es ebenfalls eine Versuchsanlage und einen Nachbau für Raketenabschüsse, so wie in Peenemünde. Auch dafür mußten wir verschiedenen Tanks aus verschiedenen Stahl errichten, die im Gelände jeweils zu Sechsergruppen gebracht wurden. Auch hier waren Sauerstoff, Stickstoff, verschiedenen Treibstoffe und auch verschiedenen Gase als Füllungen in den Tanks bzw. Behältern in der Größe von 1000 bis 20.000 Liter. Es wurden verschiedene Abschüsse in Rudisleben durchgeführt. Höhepunkt war der 16. März 1945 in der Nacht gegen 11 Uhr. So einen Feuerschein bei einem Abschuß habe ich nie wieder gesehen. [...] Von Nordhausen wurden immer Nachts Teile gebracht, und Fachleute von Peenemünde und Berlin waren ständig da. [...] Am 13. März war eine Kupferleitung verstopft, und ich mußte mit einem Kupferschmied ins Objekt. Wir wurden in einem geschlossenen LKW mit SS-

Leuten hingefahren. Was wir dort sahen, war einmalig: Diese Aggregate und dieses riesige Ding. Es muß über 30 m hoch gewesen sein und über 4 m im Durchmesser. Unten waren große Flügel und oben kleine Flügel. [...] Daher nehme ich an, dass am 16. März dieses riesige Ding in die Luft ging, Flugrichtung Norden. Es war einmalig."

Die Ortsangaben zur Polte in Rudisleben bei Ichtershausen entsprechen der vorherigen Aussage. Die Beschreibung des „riesigen Dings" korrespondiert mit der A9/A10.

Albin Kummer:
„Das größte Flugobjekt wurde am 16. März 1945 in der Nacht abgeschossen. Dieses Flugobjekt wurde als Wunderwaffe bezeichnet. Es war über 30 m hoch und hatte unten einen Durchmesser von über 4 m. Zum Tanken dieser Waffe wurden zwei Tage benötigt.
Es war einmalig, wie das große Ding gegen den Nachthimmel ging. [...]
Es war wohl ein großer Erfolg der Wissenschaft und der Forschung. Ein zweites Flugobjekt wurde vorbereitet, [...] [d]och dann war auf einmal alles ruhig, das Objekt wurde sogar abgebaut."

Seine Schilderungen ähneln den vorangegangenen und sprechen sogar von einem zweiten, nicht zum Abschuss gelangten Objekt. Auch der relativ lange Betankungszeitraum kommt aus technischer Sicht für die Mengen an Treibstoffen in Betracht, wobei der schnell flüchtige, flüssige Sauerstoff als letzter zugeführt werden müsste.

Alfred Gründler:
„[...] Am 1. Juli 1938 wurde die Produktion der Siemens & Halske AG Berlin in Arnstadt aufgenommen. Ab 1. September war hier gleichzeitig das Wernerwerk und das Siemens-Schuckert-Werk untergebracht. [...]
Im März 1945 (den Tag kann ich nicht mehr sagen) wurde eine A-4 und dann sogar eine A-9/A-10 von der Polte in Rudisleben abgeschossen. Die große Rakete war so gut, sie ging in im Norden Norwegens mit einer Abweichung von nur sechs Metern ins Ziel."

Nach Dokumenten des amerikanischen Nachrichtendienstes aus den Jahren 1944 bis 1946 wurden in den Siemenswerken Arnstadt tatsächlich Steuergeräte für Fernwaffen entwickelt und gebaut. Die geschilderte Distanz zum nördlichen Teil Norwegens beträgt etwa 2.200 km. Gründler verfügte offenbar über detaillierteres Wissen, da er die interne Raketennomenklatur verwendete und nicht die propagandistischen Synonyme.79)
Mitunter ist bei den SED-Protokollen auffällig, dass sich bestimmte Angaben zu dem Datum des vermeintlichen Raketenstarts und technische Angaben zu diesem sowie zum Ort des Geschehens verblüffend ähneln.

Otto Skorzeny:
„[...] Zu dieser Zeit wurde viel über deutsche Geheimwaffen gesprochen, und Dr. Goebbels Propaganda bemühte sich, diese Gerüchte zu nähren. [...] Die meisten sprachen jedoch von einer anderen, schrecklichen Waffe, die auf künstlich erzeugter Radioaktivität beruhte. [...] Zum V-Waffen-Programm gehörte der Bau einer Rakete, mit der New York oder Moskau bombardiert werden konnten. Diese Rakete wurde Ende März 1945 praktisch fertig gestellt und hätte ab Juli in Serie gehen können [...].“80)

Bei Otto Skorzeny handelte es sich um einen österreichischen SS-Offizier, der ab 1943 für den innerhalb des RSHA angesiedelten SD-Ausland für Kommando- und Sabotageaktionen im Feindgebiet zuständig war. Genau am 16. März geriet er als Organisator des Widerstandes im Alpenraum in amerikanische Gefangenschaft. Sind seine Einlassungen fiktive Kriegsverherrlichungen? Basieren sie auf Hörensagen?

Auch Werner Grothmann ließ sich in seinen Interviews dazu ein:

„Dabei fand ich es doch amüsant, dass ausgerechnet unser bestes Stück, die Riesenrakete, die nach Amerika fliegen sollte, gerade in einer Anlage gebaut werden sollte, die überhaupt nicht groß war. Na ja, das waren ja auch erstmal die Prototypen für die Flugversuche. Der Serienbau wäre näher am Truppenübungsplatz vorgehsehen gewesen, wo es eine gute Möglichkeit gab, die enormen Dinger bis zur Flugklar-Meldung in einer Bodensenke zu tarnen. So hätte man die Rakete in einer sehr großen Anlage gebaut, in die eigentlich auch die Produktion einer der Atombombenserien hineinkommen sollten. Das wäre zwar auf zwei unterschiedlichen Geschossen geschehen, aber man hätte dann für beide Teile einen gemeinsamen Weg gehabt [...]. [S. 9]

Gerlach ist aber erst dann zu Bormann gefahren, nachdem wir den ersten gelungenen Start unserer Grossrakete oder der grossen Rakete für die Entfernung Thüringen bis London, das war auch eine Neuentwicklung, mitbekommen haben. Das war am 16. März [...]. [S. 11]

[...] Die große Rakete war ja schon längere Zeit im Bau und die sie gesehen hatten, also die Teile dafür, waren doch beeindruckt. Wir waren jedenfalls von der technischen Vorbereitung für die Waffe und den Träger her überzeugt, dass es dann klappen wird. Früher wäre es keinesfalls gegangen. Ich kenne einiges von der Literatur, die dazu so überzogenen Angaben macht. Einige Autoren übersehen nur, dass man einen umfassenden Angriff auf Städte in Amerika nur mit strategischen Waffen führen kann, nicht mit taktischen. Dann musste auch die Technik sicher funktionieren. Stellen Sie sich vor, man wirft das ‚Ei' über New York ab und es zündet nicht! Am Ende liefern es die Amerikaner vier Wochen später bei einem selbst ab [...]. [S. 18]

Wir konnten damals nichts erreichen bis auf den dringenden Wunsch Himmlers, wir brauchten schnellstens eine Rakete, die bis nach Amerika fliegen kann. Die Leute dort waren aber sehr zurückhaltend. Was uns überraschte, war dann allerdings folgendes. Ich glaube, es war von Ploetz, der hatte wohl persönliche Beziehungen zu jemanden aus der Peenemünder Gruppe und Kammler darüber infomiert, dass nach seiner Kenntnis die Planungen für eine Rakete mit übergroßer Reichweite eigentlich fertig sind und dass man mit etwas gutem Willen schnellstens damit beginnen könnte, die in die Realität umzusetzen [...]. [S. 48]

[...] Entweder steuert jemand die Rakete ins Ziel, oder die muß vollautomatisch gehen. Himmler war skeptisch, ob ein Pilot bei der Geschwindigkeit überhaupt reagieren kann. [...] Dann gab es auch keine Fernsteuerung, die auf die Entfernung wirklich sicher funktionierte. Da hatte Himmler schon früher mit mal Ohnesorge darüber gesprochen und ich glaube, der hat dazu auch was arbeiten lassen. Was sich da ergeben hat, weiß ich aber nicht. Nur an eins kann ich mich noch erinnern, nämlich unsere Raketenleute hatten ja eine kleine Abteilung von, heute müsste man sagen Elektronikern, die haben zur völligen Überraschung von uns und auch von Ohnesorge im Winter 44 eine Sende- und Empfangsanlage entwickelt, die man nicht mehr stören konnte, weil sie selbstständig dauernd die Funkfrequenz änderte. Außerdem waren die ganz klein, richtig winzig. Die hatten ungefähr ein kg, der Empfänger meine ich [...]. [S. 48]"81)

Hier verhält es sich mit der qualitativen Bewertung seiner Schilderungen genauso wie oben. Tatsächlich suchte Gerlach Bormann am 22. März, also in zeitlich stimmiger Abfolge, auf. Mit welcher Intention, bleibt auch an dieser Stelle offen. Hat es den Start einer Rakete aus der Umgebung Arnstadts gegeben, wie auch immer der zum Einsatz gelangte Typ konstruktiv auch gestaltet gewesen sein mochte? Im Gegensatz zu den im vorigen Kapitel vorgebrachten Fakten und Indizien zu den hypothetischen nuklearen Testkörpern auf dem Truppenübungsplatz ist die quantitative Quellenlage hierzu weitaus spärlicher und deren qualitative Belastbarkeit äußerst fragil.

Doch lassen sich eventuell die leistungsgesteigerten Variationen der A4 durch die Nachkriegsentwicklungen der Siegermächte verifizieren? Interessant ist, dass es ihnen in relativ kurzer Zeit gelungen ist, die *offizielle* Version der A4 derart weiterzuentwickeln, dass sie bei gleichgebliebener Nutzlast deutlich größere Reichweiten aufweisen konnte. Einerseits durch Vergrößerung der Kraftstoffkapazität mittels Verlängerung des Raketenkörpers – das Mehrgewicht bedingte eine ebenso schnell vorangetriebene Leistungssteigerung des Triebwerks – oder andererseits durch eine alleinige Steigerung des Standschubs. Ein Beispiel wäre die im Mai 1946 vom französischen Laboratoire de recherches balistiques et aerodynamiques, LRBA, in Vernon gemeinsam mit Wissenschaftlern aus dem deutschen Raketenprogramm entwickelte „Super-V2". Bei gleichen Abmaßen wie dem Original sollte eine Leistungssteigerung durch Verwendung alternativer, synthetischer Brennstoffe, in diesem Fall Kerosin und Salpetersäure, erreicht werden. Das im Landkreis Emmendingen getestete Triebwerk besaß einen Standschub von 40 t, die verschiedenen Varianten der Rakete sollten eine Reichweite von 1.500 bis 2.250 km (mit Starthilfsraketen sogar noch mehr) erreichen.[82)] Tatsächlich geht die Entwicklung von Triebwerken mit diesen Kraftstoffkomponenten ebenfalls auf die deutschen Forschungen in Peenemünde zurück. Waren dort unter der Bezeichnung „A8" ja bereits mehrere Entwürfe auf Basis der A4, auch einer verlängerten Version mit 35 und 50 t Schub, mit erhöhter Nutzlast oder vergrößerter Reichweite entstanden. Auch ein Projekt der A9/A10 sah diesen Treibstoff vor.[83)] Aber auch die Sowjetunion widmete sich der V2/A4. Entgegen westalliierter Darstellungen waren diesen die Entwicklungs- und Produktionsstandorte in Peenemünde, Nordhausen, (Mittelwerk), Bleicherode (Auslagerungsstandort der Heeresversuchsanstalt Peenemünde), Lehesten (Triebwerksteststand), aber auch Breslau (Triebwerksherstellung) und Kattowitz sowie Dombrowa Górnicza (Komponentenfertigung) relativ intakt in die Hände gefallen. Mithilfe des Instituts „Rabe" (Raketenbau Bleicherode) konnte die A4 rekonstruiert werden. Das Institut „Rabe" wurde bereits im Juli 1945 unter sowjetischer Leitung gebildet; deutsche Wissenschaftler und Ingenieure, die sich dem Zugriff der Amerikaner entzogen hatten, bildeten den personellen Grundstock – nicht immer ganz freiwillig –, allen voran Helmut Göttrup. Göttrup, seit 1939 in Peenemünde tätig, war für die Bordsysteme wie die Steuerung der Rakete zuständig. Sein Büro arbeitete in Koexistenz zum Institut „Rabe" und diesem zu. Trotz widriger Umstände unmittelbar nach Kriegsende, als Resultat der Zerstörung und Demontage – es mangelte an technischem Gerät genauso wie an Rohstoffen –, gelang es den Russen relativ rasch, die Rakete nachzubauen. Bereits Mitte 1946 lief die sowjetische Serienfertigung der A4 unter der Bezeichnung „R1" an. Die praktische Erprobung zog sich allerdings aufgrund mangelnder Entwicklungsstruktur und technischen Know-hows noch lange hin. Erst im November 1950 nahm die Rote Armee das Waffensystem R1 offiziell in ihren Bestand auf. Jedoch war den Russen die Reichweite zu gering.[84)] Und genau an dieser Stelle beginnt unser Interesse: Denn etliche „Neuerungen" des nun „R2" genannten Projekts einer leistungsgesteigerten Rakete stammten noch aus dem deutschen Programm. Die der A4 sehr ähnliche R2 besaß bei einer Länge von 17,65 m ein Startgewicht von 20,4 t. Sie entsprach damit einer verlängerten A4. Der Gefechtskopf von gleichbleibend 1.000 kg Gesamtlast war nun abtrennbar – das Problem der bei Wiedereintritt in dichtere Luftschichten auftretenden „Luftzerleger" der V2 (die als Ganzes im Ziel einschlug) konnte somit vermieden werden.[85] Das Grundkonzept hierzu hatten bereits die Deutschen ins Auge gefasst und ging auf einen Vorschlag Wernher von Brauns im April 1944 zurück.[86] Die um 6 t schwerere R2 erreichte eine Maximalgeschwindigkeit von 2.100 m/s – ca. 600 m/s mehr als die A4. Damit konnte eine Reichweite von 600 km erzielt werden. Möglich wurde dies durch eine notwendige Leistungssteigerung des ansonsten kaum veränderten Triebwerkes auf 37 t Standschub und einen größeren Treibstoffvorrat. Diese Mehrleistung ging auf mehrere Einzelmaßnahmen zurück: die Verwendung eines energiehaltigeren Brennstoffes – 95 % Ethanol/Wasser-Mischungsverhältnis – und eine Erhöhung der Förderleistung der Einspritzpumpe. Somit erhöhte sich mit ingenieurstechnisch relativ überschaubaren Maßnahmen die Brenndauer und der spezifische Massendurchsatz des Triebwerkes. Auch in der Steuerung finden sich Modifikationen deutschen Ursprungs wieder: So wurde anstelle der bisher eingesetzten Gyroskope, des „Vertikants" und des „Horizonts" sowie des Brennschlussgeräts, eine zusammengefasste, integrale, kreiselstabilisierte Steuereinheit verwendet, die auf der Entwicklung der stabilisierten Plattform SG 70 der Kreiselgeräte GmbH basierte.[87] Warum erwähnen wir diesen Umstand? Er soll veranschaulichen, mit welch simplen Veränderungen auch unter deutscher Entwicklungsleitung eine Vergrößerung der A4 möglich gewesen wäre – wie sie in den Dokumenten der Alliierten mehrfach Erwähnung findet (s. o.). Eine Reichweitensteigerung bei gleichbleibender Nutzlast lag also durchaus in Reichweite deutscher Entwicklungsbemühungen. Verschiedene Wege mit alternativen Konzeptionen standen den Raketenpionieren zur Verfügung. Anscheinend waren die Fundamente in diese Entwicklungsrichtungen bereits gelegt; es fragt sich, inwieweit das sich kriegsbedingt rasch schließende Zeitfenster die Konstruktion oder gar eine experimentelle Erprobung einer oder mehrerer der hier angesprochenen Variationen überhaupt noch zugelassen hat. Da sich der mechanische Änderungsaufwand in Grenzen hielt und sich einzelne Komponenten bereits in der Konstruktionsphase befanden, scheint aus ingenieurstechnischer Sicht eine Realisierung zumindest von einzelnen Testexemplaren und Versuchsmustern durchaus möglich gewesen zu sein. Das würde auch die Alliierten-Reporte erklären.

Es wurden aber auch weitaus phantastischere Projekte als möglicher Raketenantrieb ins Auge gefasst: Am 16. September 1942 wurde zwischen Peenemünde (HWA, Abteilung WaPrüf 11) und der Forschungsanstalt der deutschen Reichspost eine Vereinbarung zur Übernahme von Forschungsarbeiten auf dem Gebiet des Rückstoßgerätes – des Raketenantriebes – geschlossen. Neben den oben genannten alternativen Treibstoffen auf Salpeterbasis und weiteren Zusätzen ist auch die Kernspaltung zum Gegenstand eines neuen Antriebsverfahrens gemacht worden; seine Nutzbarkeit galt es zu erforschen. Die Reichspost erhielt hierzu absolut freie Hand. Auch in verschiedenen US-Reporte, die unmittelbar in den Jahren nach dem Krieg entstanden sind, ist von dem deutschen Forschungsansatz, Raketen nuklear zu betreiben, die Rede; so auch in den Vernehmungen Wernher von Brauns und seines Mitarbeiters Krafft Arnold Ehricke. Von Braun hatte 1943 diesbezüglich Kontakt mit Heisenberg aufgenommen. In seinem von John Sloop 1978 verfassten Buch „Liquid Hydrogen as a Propulsion Fuel, 1945–1959“ zitierte dieser ein Interview mit Ehricke. Demnach war der für die Triebwerkskonstruktion in Peenemünde verantwortliche, bei dem britischen Luftangriff im August 1943 ums Leben gekommene Walter Thiel von den Arbeiten auf dem Gebiet der Kernspaltung fasziniert, obwohl er flüssigen Wasserstoff für die Zukunft favorisierte. Ehricke gab an, er, Thiel, habe sich gegenüber der Reaktorforschungen Heisenbergs und Pohls interessiert gezeigt.88) Neben den seinerzeit abenteuerlich anmutenden Ambitionen, die Kernspaltung als reinen Raketenantrieb nutzbar zu machen, fallen insbesondere zwei weitere Angaben auf: Zunächst scheint die Reichspost intensiver in die wissenschaftlichen Arbeiten der Kernphysik eingebunden gewesen zu sein – was wir ebenfalls bereits behandelt haben –, so dass die nicht an ihrer Ernsthaftigkeit anzuzweifelnde Forschung in Peenemünde ausgerechnet diese Institution zu Rate zog und mit einem derartigen Entwicklungsauftrag versah. Auch die Erwähnung des Namens „Pohl" in dem Interview Ehrickes lässt aufhorchen: Könnte es sich hierbei entweder um den universitären Mitarbeiter Robert Pohl in Göttingen handeln, wie Todd Rider es in seiner Studie vermutet, oder um Oswald Pohl, den Leiter des SS-Wirtschafts- und Verwaltungshauptamtes und damit Vorgesetzten von Hans Kammler? Dass sich die SS zunehmend auch in die Belange der Kernphysik einbrachte, haben wir bereits gesehen. Dies wäre in das Ressort Pohls gefallen. Könnte Ehrickes Angabe ein Indiz für die intensivere Involvierung der SS auf diesem Gebiet sein? Das bliebe zu klären…

Doch kommen wir an dieser Stelle noch einmal auf die direkte Weiterentwicklung zur Reichweitensteigerung des A4/V2 zurück. Wie oben erwähnt, ist in alliierten Berichten verschiedentlich von einer verlängerten Version mit 18 bis 21 m Länge die Rede. Bei Dornberger finden wir folgendes:

„[…] Wenn wir neben den schon aufs äußerste herabgesetzten Leergewicht der Rakete eine beträchtliche Nutzlast auf große Entfernungen bringen wollten, konnte uns auch die Verwendung anderer Treibstoffe keinen wesentlichen Gewinn mehr bringen. Die einzige Ausnahme wäre eine Treibstoffkombination Wasserstoff=Sauerstoff mit einer theoretischen Ausströmungsgeschwindigkeit von 3100 m/sec gewesen. Diese kam aber wegen der Schwierigkeit der Handhabung des flüssigen Wasserstoffs zunächst nicht in Frage. Auch eine Vergrößerung der Rakete hätte nicht viel genützt. Die jahrelang an den Hochschulen und bei uns durchgeführten Forschungsarbeiten über die Verwendungsmöglichkeit der verschiedensten Treibstoffe hatten gezeigt, daß alle verwendbaren – und das war entscheidend – verfügbaren Treibstoffe nur um ca. 20 % in der Leistung auseinanderlagen. Das brachte uns nicht weiter. Wir wollten ganz andere Entfernungen überbrücken.
Wir konnten mit dem A4 Typ der Einstufenrakete nach einigen technischen Verbesserungen wie Vergrößerung der Tanks und Gewichtseinsparungen vielleicht 400–500 km Reichweite erreichen. Das ging aber in erster Linie auf Kosten der Sprengladung, d.h. der Nutzlast. [..]"[89)]

Darin erteilte er exotischen Treibstoffen wie der Salpeter-Kombination eine direkte Absage. In Bezug auf die Reichweitensteigerung waren den Peenemünder Konstrukteuren offenbar die erreichbaren Distanzen von 400 bis 500 Kilometern zu gering, man präferierte hier ganz offen eine mehrstufige Rakete mit ganz anderen Entfernungen; also in die Richtung der A9/A10 Entwicklung. Doch entsprach diese Sichtweise nicht unbedingt der des Militärs.
Als im Sommer 1944 aufgrund des alliierten Vormarsches die Abschussbasen entlang der Kanalküste geräumt werden mussten, intervenierte Kammler in Peenemünde insistent auf eine Steigerung der Reichweite des A4. Glücklicherweise blieben weite Teile der Niederlande noch länger unter deutscher Kontrolle, so dass man aus den improvisierten neuen Abschussräumen das etwa 300 Kilometer entfernt liegende Ziel „London" weiterhin erreichen konnten. Jedoch konnte ein weiterer Rückzug auch nicht mehr ausgeschlossen werden. Hitler war es sehr wichtig, dass auch im Falle eines solchen Szenarios die Option, London und England weiterhin unter Beschuss zu nehmen, erhalten bliebe[90]. Dies konnte einerseits durch den Erhalt der Standorte um Den Haag und Rotterdam mit der A4 gewährleistet werden; andererseits durch eine Steigerung der Schussweite auf etwa 500 Kilometer auch von norddeutschem Terrain (der Linie Dorsten – Coesfeld – Ahaus) aus. Hierzu entwickelte man die geflügelte A4b/A9. Interessant ist in diesem Zusammenhang auch die im Dezember 1944 gestartete deutsche Ardennenoffensive, dessen Intention das Erreichen Antwerpens war. Der britische Historiker Anthony Beevor hält es für möglich, dass das strategische Ziel der Offensive der Erhalt der Abschussplätze an der holländischen Kanalküste gewesen sein könnte[91]
Diese pragmatische, unter militärischen Prämissen eingeforderte Reichweite von 500 Kilometern entsprach aber auch durchaus den anscheinend von Dornberger verworfenen Projekten. Doch ist dies korrekt?

„Durch kleinere, in der Standarttype der Rakete ausgeführte Verbesserungen wie der Erhöhung der Druckmindereinstellung, d. h. Erhöhung des Verbrennungsdrucks durch Wegfall der durch das Integrationsgerät überflüssig gewordenen elektrischen Apparate, durch geringe Erhöhung der

Betankungsmengen usw. konnten wir die Schußweite der Einsatzgeräte auf 320 km steigern. Einzelne Versuchsgeräte mit noch größeren Treibstoffbehältern erreichten bei Versuchsschießen von Peenemünde aus eine Schußweite von 480 km."[92)]

Diese Reichweite hätte den Erwartungen Kammlers durchaus entsprochen, von deutschem Boden aus London ins Visier nehmen zu können. Doch müssen wir Dornbergers Worte physikalisch-technisch einmal genauer analysieren. Von der A4b/A9 ist hier nicht die Rede, da diese bei Dornberger separat beschrieben wird. Eine Erhöhung des Brennkammerdrucks führt, wie oben schon erläutert, zu einer Leistungssteigerung des Triebwerks. Die vergrößerten Tanks erlauben die Mitnahme größerer Treibstoffmengen, was eine längere Brenndauer des Triebwerks gestattet; ergo eine Steigerung der Reichweite mit sich bringt. Doch ließen sich die Tanks des A4 nicht einfach so vergrößern. Die Bestandsrakete wurde mit ca. 8600 kg beider Treibstoffkomponenten (flüssiger Sauerstoff und Ethanol/Wasser) befüllt. Die Sektion, in der sich beide Behälter befanden, war 6215 mm lang[93)]. Die Reichweite des Original A4 betrug laut Dornberger max. 320 km; nach Fritz Hahn 340 km[94)]. Eine Steigerung auf 480 km bedeutet im Vergleich zu 340 km eine Zunahme von über 41 %. Um einen ähnlichen Betrag (in der Praxis etwas geringer) muss auch die mitzuführende Treibstoffmenge erhöht werden. Das ergibt approximiert ein Treibstoffgewicht von ca. 12100 kg und in einem Tankraum von etwa 8700 mm Länge – bei gleichbleibendem Durchmesser. Durch das gestiegene Gesamtgewicht wäre ebenfalls ein stärkeres Triebwerk mit 30 bis 35 t Schub notwendig geworden. Dies kann durch die oben angesprochene Optimierung der Einspritzanlage, der Erhöhung des Brennkammerdrucks und durch eine Erhöhung des Massedurchsatzes mittels Leistungssteigerung der Förderpumpe realisiert werden. Durch hierdurch bedingte bautechnische Anpassungen gelangt man in der Gesamtlänge in den Bereich von 18 m. In jedem Fall führt es zu einer Verlängerung über die bekannten 14 m hinaus. Die militärische Nutzlast bliebe bei dieser Konstruktion konstant. Soweit diese theoretische Betrachtung. Aber man darf hierbei nicht aus den Augen verlieren, dass diese Approximation nicht auf einem Theorem, sondern auf Empirie basiert. Laut Dornberger sind die 480 km in der Praxis bei Probeschüssen tatsächlich erreicht worden.

Doch ist noch eine andere Variante des A4 für uns interessant. Philip Henshall veröffentlichte im Jahr 2000 zwei technische Zeichnungen eines modifizierten Typs95). Diese Zeichnungen mit der deutschen Originalsignatur „E 2460 B“ und der Detailzeichnung „E 2450 B“ aus dem März 1943 stammen aus einem Konvolut von Raketen-Konstruktionsplänen, das sich im britischen Nationalarchiv befindet96). Sie zeigen einen Entwurf, in dem gegenüber der Standart-Variante die Treibstofftanks um etwa die Hälfte verkürzt worden sind. Der nach Henshall dadurch resultierende Freiraum für Nutzlasten aller Art wird mit einer effektiven Länge von 1820 mm bei einer Gesamtlänge von 2566 mm angegeben. Der Außendurchmesser von 1651 mm bleibt unverändert. Aus der Zeichnung ergibt sich eine Verstärkung dieses Bereichs zur Aufnahme aller entstehenden Kräfte mittels Längsträger und Querspante, den oberen Abschluss dieses Segments bildet ein „Kordonring“, den unteren ein „Federfesselungsring“ und einem Ausgleichstrimmgewicht anstelle des Sprengkopfes zur aerodynamischen Austarierung. Doch handelt es sich bei dieser Konstruktion überhaupt um einen alternativen Raum für Nutzlasten oder stellen die Zeichnungen ein Korsett zur Aussteifung der Rakete gegen die gefürchteten Luftzerleger dar? Gehen wir der Frage einmal nach:
Nachdem man aufgrund der im August 1943 erfolgten Bombardierung Peenemündes mit dem Erprobungsschießen des A4 im November auf dem SS Truppenübungsplatz Heidelager bei Blizna begonnen hatte, traten beim Wiedereintritt des A4 in die Atmosphäre zunehmend Luftzerleger auf; die Rakete zerbrach einfach. Da man nach zahlreichen Versuchsstarts eine Strukturschwächung der Konstruktion durch die Reibungshitze ausschließen konnte, kam Von Braun etwa im April 1944 der Gedanke, dass sich der in den Tanks verbliebene Restkraftstoff dermaßen erhitzt hatte, so dass sich ihr Innendruck bis zum Bersten gesteigert habe. Eine die Tanks umhüllende Isolierung aus Glaswolle schien das Phänomen zu lindern, doch die Lösung des Problems war dies nicht. Die rätselhaften Luftzer-

leger traten weiterhin auf. Dabei schlug der vordere Teil der Rakete mit dem unbeschädigten Gefechtskopf dennoch auf dem Boden auf und zeigte Wirkung. Die ohnehin eingeschränkte Zielgenauigkeit war damit jedoch vollends verlorengegangen. Selbst mit dem Beginn des Gefechtseinsatzes im September 1944 wiesen die Abschüsse noch eine Rate von 20 % Luftzerleger aus. Erst in den letzten Kriegsmonaten fand man eine Antwort: Durch die Erwärmung der Außenhülle im vorderen Bereich reduzierte sich dessen Festigkeit. Sie hielt den aerodynamischen Belastungen beim Wiedereintritt nicht mehr Stand und gab nach. Durch eine zusätzliche dünne, aufgenietete Blechmanschette konnte man sich der andauernden Luftzerleger endgültig entledigen[97)]. Bei den Testschüssen wurde übrigens auch kein scharfer Gefechtskopf verwendet, sondern dieser zum aerodynamischen Ausgleich mit Sand gefüllt[98)].

Dies sagt uns in Bezug auf die Bedeutung der oben beschriebenen technischen Zeichnungen sechs Dinge:

1. Stammen die Zeichnungen aus dem März 1943. Die Luftzerleger sind erst ab November direkt beobachtet und nachfolgend analysiert worden.

2. Ist die konstruktive Änderung in Form einer Manschette zur Stabilisierung erst nach September 1944 durchgeführt worden.

3. Ist diese Manschette in Gestalt eines auf die Außenhaut aufgenieteten Blechringes realisiert worden.

4. Befand sich diese Manschette im oberen Teil des A4, der infrage kommende neue Nutzlastbereich jedoch im unteren.

5. Ist den Zeichnungen zu entnehmen, dass ein Teil der Verstärkungen sich im äußeren Bereich befinden. Auf allen bekannten Bilddokumenten des A4/V2 ist so etwas jedoch nicht erkennbar.

Und 6. finden sich in dem besagten Konvolut Peenemündes im britischen Nationalarchiv weit über 2000 Zeichnungen, auch späteren Datums in Richtung der Einsatzrakete, in dem die konstruktive Änderung des unteren Mittelteils nicht mehr behandelt oder in irgendeiner Form einbezogen wird.

Hieraus darf geschlossen werden, dass die in den Zeichnungen abgebildeten konstruktiven Veränderungen nicht zum Selbstzweck der strukturellen Verstärkung gegen die potentiellen Luftzerleger dienten, sondern tatsächlich einer Aussteifung der Struktur aufgrund eines darunter befindlichen Leerraums. Die speziellen Angaben zur Verschraubung dieses Segments können ebenfalls mit Blick auf die Mitführung einer Nutzlast in diesem Bereich gesehen werden: Alle Abschnitte des A4 waren durch Schraubverbindungen miteinander verbunden und bis auf die Spitze komplett montiert. Lediglich der Gefechtskopf, zum Einsatzort aus Sicherheitsgründen separat transportiert, wurde vor Ort vor dem scharfen Gefechtsschuss aufgesetzt. Eine im unteren Mittelteil befindliche militärische Nutzlast dürfte auch erst unmittelbar vor dem Abschuss eingebracht worden sein. Insbesondere wenn diese einen sensiblen Handhabungscharakter besaß oder kurzfristigen Justierungen unterlag.

Nehmen wir nun einmal einen Raum für Nutzlasten an. Was würde das für die klassische konstruktive Auslegung des A4 bedeuten?

Geht man von einem gleichbleibenden Gesamtstartgewicht von 12900 kg des vollgetankten A4 aus, kalkuliert man das Trimmgewicht mit konservativen 700 kg (dies entspricht etwas weniger als dem eigentlichen Sprengstoffgewicht) und die verbliebene Treibstoffkapazität anhand des ausgewiesenen Tankraums von nunmehr etwa 3650 mm Länge auf, was 58 % der ursprünglich für diesen Zweck vorgehaltenen Länge entspricht, mit max. 4980 kg, ergibt sich ein Mindergewicht von 3620 kg. Hiervon dürften etwa 1000 kg auf die Veränderungen der Konstruktion zugeschlagen werden, so dass sich ein verfügbares Nutzlastgewicht von um die 2500 kg ergibt; bei gleichzeitiger Reduzierung der Reichweite auf grob geschätzte 150 km bis 170 km (diese Werte entstammen einer überschlägigen Kalkulation anhand der verfügbaren Daten). Diese Reichweite genügte grenzwertig allenfalls, um aus dem Raum Pas de Calais und den dortigen Bunkeranlagen Éperlecques bei Watten oder La Coupole bei Helfaut-Wizernes London gerade noch zu erreichen; der niederländische Bereich schied damit aus. Legt man die Theorie eines vergrößerten A4 zugrunde, ließe sich bei der beschriebenen 18 m Variante die ursprüngliche Treibstoffkapazität und die ursprünglichen Standartschussweiten in etwa wieder erreichen.

Diese konstruktive Option birgt aber noch eine weitere wesentliche Verbesserung: Ein Projektil wie das A4 besitzt zwei physikalisch relevante Bezugspunkte: Einen Massenschwerpunkt, der sich aus der Gewichtskraft ergibt, und einen aerodynamischen, Druckpunkt genannt, in dem sich alle Strömungskräfte, die auf das Projektil während seiner Flugphase durch die umgebende Luftströmung wirken, mathematisch zusammenfassen lassen. Vereinfacht ausgedrückt, wirken die aerodynamischen Strömungskräfte innerhalb der Atmosphäre primär auf das Leitwerk und die Projektilnase – die Spitze. Idealerweise befindet sich der Schwerpunkt vor dem Druckpunkt (zwischen dem 1- bis 5fachen des maximalen Durchmessers des Projektils), dann fliegt das Projektil stabil. Stabilität liegt auch dann noch vor, wenn die Position beider Punkte identisch ist. Allerdings wirken sich dann äußere Einflüsse – wie etwa Seitenwind – verstärkt und negativ auf das Flugverhalten aus. Liegt der Druckpunkt vor dem Schwerpunkt, ist das Projektil instabil und kann abstürzen. Beide Bezugspunkte sind während der angetriebenen Steigflugphase jedoch nicht fix: Der Schwerpunkt verändert sich mit dem Leerfliegen der Treibstofftanks; bei dem Standart A4 – aufgrund seiner Konstruktionsweise (nur das Gewicht des Gefechtskopfes vorn und des Antriebsblocks hinten bleiben als signifikante Einflussgrößen konstant) – verlagert er sich nach hinten. Der Druckpunkt verschiebt sich beim Anliegen äußerer Umströmung zunehmend nach vorne zur Projektilnase hin, da diese die Luft vor dem Projektil „teilt" bzw. umlenkt. Dadurch kommen sich beide Bezugspunkte relativ nah; die resultierende Zunahme der Instabilität muss zunächst mit den Ruderflächen des Leitwerks und anschließend der Abgasstrahlruder am Triebwerk kompensiert werden. In den dünneren Luftschichten nehmen die Strömungskräfte deutlich ab; der Druckpunkt wandert erneut – diesmal weiter nach hinten. Die sich anschließende Flugbahn gleicht mehr einer Ellipse als einer idealen Parabel, wobei das Projektil nicht im Scheitelpunkt, sondern erst in der Phase des freien Falls – vergleichbar mit einer gewöhnlichen Bombe – „wendet", um mit der Nase voran Richtung Zielpunkt zu stürzen. In dieser Umlenkphase des Projektils ist dieses enormen Kräften ausgesetzt, die beim Wiedereintritt in die Atmosphäre bzw. in dichtere Luftschichten auftreten. Neben der starken Erwärmung der Hülle vor allem im vorderen Bereich ist die Struktur des Projektils erheblichen mechanischen Kräften ausgesetzt, da dieser von der anliegenden Luftströmung abrupt abgebremst wird, während sich diese Verzögerung dank der Massenträgheit auf den hinteren Teil noch nicht auswirkt. Diese Kräfte können das Projektil zum Zerbrechen bringen, falls es nicht stabil genug ausgelegt worden ist oder in einem ungünstigen Winkel wieder eintritt. Bei einem abtrennbaren Gefechtskopf ist dies weniger relevant, das A4 leitete den Zielanflug aber als Ganzes ein. Diese Effekte verursachten die Luftzerleger. In der Fallphase sowie am Rande der Atmosphäre haben dagegen Druck- und Schwerpunktlage quasi keine Bedeutung. Die Stabilität in der Startphase lässt sich jedoch konstruktiv beeinflussen:

1. Durch einen höheren Ballast in der Nase, der den Schwerpunkt generell mehr im vorderen Bereich ansiedelt;
2. Durch die Vergrößerung der Flügelfläche, die somit zu einer Zunahme der aerodynamischen Kräfte führt und den Druckpunkt weiter nach hinten in den Bereich der Flügel verschiebt;
3. Oder durch die Verlängerung des Projektils, durch die sich beide Bezugspunkte weiter auseinanderlegen lassen.

Bei der hier angesprochenen alternativen Nutzlasteinbringung befindet sich der Schwerpunkt auch bei allmählich leergeflogenen Treibstofftanks nahe dem Druckpunkt. Allerdings ist anzunehmen, dass der Schwerpunkt dank der hintereinander platzierten Treibwerks- und Nutzlastsegmente und des konstruktiv eingebrachten Kontergewichts in der Nase sich stets vor dem Druckpunkt bewegt haben dürfte. Insbesondere bei einer optionalen Verlängerung auf etwa 18 m. Es kann also konstatiert werden, dass eine derartige Ausführung des A4 eine deutlich verbesserte Flugstabilität aufgewiesen hätte. Dieser kleine Einblick in die Raketenkonstruktion lässt auch erahnen, dass eine geflügelte A4b dank der auf die Gleitflügel einwirkenden Strömungskräfte einen sehr weit nach vorne verlagerten Druckpunkt (vor dem Schwerpunkt) besessen haben muss, der generell in einer deutlich systemimmanenten Instabilität resultierte.

Doch schauen wir uns die alternative A4 Konstruktion einmal im Kontext unseres eigentlichen Themas an:

Der neu geschaffene Nutzlastraum für etwa 2500 kg führt uns direkt auf die in Kapitel 7 beschriebene, hypothetische Versuchsanordnung von ca. 2000 kg Gewicht inklusive Verdämmung und 1300 mm Durchmesser (nach dem GRU-Bericht). Der real zu erreichende absolute Durchmesser dürfte etwas darüber vermutet werden. Dieser nukleare Sprengsatz hätte theoretisch sowohl vom Gewichts- als auch Raumbedarf in einem derart aufgebauten Raketentypus Platz gefunden. Kritisch wäre in diesem Fall jedoch die Hinzunahme des Betatrons als Initiator zur Auslösung einer Kernspaltung. Das von den Alliierten in Wrist vorgefundene 15MeV Betatron Rolf Wideröe's besaß ein Gesamtgewicht von 1200 kg und Abmaße von 920 mm in der Breite und 560 mm in der Höhe[99)]. Das 6MeV Betatron von Siemens war deutlich kleiner: Mit einer Breite von 465 mm besitzt es eine Länge von 760 mm bei einer Höhe von 460 mm. Das Gewicht des heute im Deutschen Museum, Außenstelle Bonn beheimateten Geräts beträgt 272 Kilogramm[100)]. Letzteres hätte in dem Raum für die Nutzlast zwar ebenfalls untergebracht werden können. Jedoch wären zusätzliche Installationen wie die Stromversorgung beispielsweise aus Kondensatoren erforderlich gewesen. Auch die Steuerung dieser Technologie zur Einleitung der Kernspaltung zum exakt richtigen Zeitpunkt noch vor dem Aufschlag der Rakete, an sich bereits eine besondere technische Herausforderung, hätte Platz finden müssen. In der angesprochenen Zeichnung findet sich ein Bereich hinter der neuen Nutzlastsektion für einen in seiner Funktion nicht näher beschriebenen Geräteraum von 746 mm Länge (als Teil des 2566 mm messenden Abschnittes). Das bei Betrieb des Betatrons entstehende elektromagnetische Feld und sein Einfluss auf die Avionik des A4 kann in diesem Fall weitestgehend vernachlässigt werden, da das Betatron erst zur Zündung, also unmittelbar vor der Zerstörung der Rakete, aktiviert werden würde. Dies und die praktische Zündung durch ein mitgeführtes Betatron erscheint jedoch konstruktiv derart aufwändig, dass diese Option doch unwahrscheinlich ist.

8.4 Die Artushof-Rede

Am 01. September 1939 eröffnete Deutschland nach fingierten Grenzzwischenfällen seinen Feldzug gegen Polen, woraufhin bereits zwei Tage später Frankreich und Großbritannien ihrerseits dem Dritten Reich den Krieg erklärten. Entsprechend eines Zusatzprotokolls des deutsch-sowjetischen

Nichtangriffspaktes marschierte die Rote Armee ab dem 17. September ebenfalls in Polen ein. Noch vor der endgültigen Kapitulation der polnischen Streitkräfte am 06. Oktober 1939 hielt Hitler im Saal des Danziger Artushofs eine Siegesrede. Hierbei überzog er die westlichen Demokratien mit massiver Kritik und sprach gegen diese (Ziel seiner Tiraden war vor allem Großbritannien, das er mehrmals erwähnte) unverhohlen eine Drohung aus, mit der sich der britische Geheimdienst im Anschluss näher zu beschäftigen hatte:

„[...] Über eins aber kann es keinen Zweifel geben: Der Fehdehandschuh, den nehmen wir auf und wir werden so kämpfen, wie die Gegner kämpfen. Und England hat bereits wieder mit Lug und Heuchelei den Kampf gegen Frauen und Kinder begonnen. Man hat eine Waffe, von der man glaubt, dass man in ihr ungreifbar ist, nämlich die Seemacht. Und sagt nun: Und weil wir in dieser Waffe nicht selber angegriffen werden können, sind wir berechtigt, mit dieser Waffe die Frauen und Kinder nicht nur unserer Feinde, sondern auch der Neutralen wenn notwendig zu bekriegen. Man soll sich auch hier nicht täuschen: Es könnte sehr schnell der Augenblick kommen, da wir eine Waffe zur Anwendung bringen, in der wir nicht angegriffen werden können. Hoffentlich beginnt man dann nicht plötzlich, sich der Humanität zu erinnern und der Unmöglichkeit, gegen Frauen und Kinder Krieg zu führen. Wir Deutsche möchten das gar nicht. Es liegt uns nicht. Ich habe auch in diesem Feldzug den Befehl gegeben, wenn irgend möglich, Städte zu schonen. Wenn natürlich eine Kolonne über einen Marktplatz marschiert und sie wird von Fliegern angegriffen, dann kann es passieren, dass auch leider ein Anderer dem zum Opfer fällt. Grundsätzlich haben wir dieses Prinzip aber durchgehalten. Und in Orten, in denen nicht durch wahnsinnige Verrückte oder verbrecherische Elemente Widerstand geleistet wurde, ist nicht eine Fensterscheibe zu Grunde gegangen. In einer Stadt wie Krakau ist außer dem Bahnhof, der ein militärisches Subobjekt ist und dem Flugplatz, nicht eine Bombe in die Stadt gefallen. Wenn man umgekehrt nun in Warschau nun den Krieg beginnt, des Zivils in allen Straßen aus allen Häusern, dann wird selbstverständlich dieser Krieg auch die ganze Stadt überziehen. Wir haben uns schon an diese Regeln gehalten. Wir möchten uns auch in Zukunft an diese Regeln halten [...]."[101]

Die historischen Unkorrektheiten wollen wir an dieser Stelle unbeachtet lassen, mit Ausnahme der Tatsache, dass Luftangriffe – in der Art wie zuvor auf Warschau, wenn auch im kleineren Umfang – während des Spanischen Bürgerkrieges gegen Guernica geflogen worden waren. Doch was versetzte London in Aufregung und beschäftigte den britischen Geheimdienst an dieser Rede? Nach einer fehlerhaften Übersetzung des britischen Außenministeriums des deutschen Textes ins Englische hieß es, dass Hitler von einer neuen, noch unbekannten Geheimwaffe gesprochen habe, gegen die es keine Verteidigungsoption gebe. Dies bezog sich explizit auf den Satz: „Es könnte sehr schnell der Augenblick kommen, da wir eine Waffe zur Anwendung bringen, in der wir nicht angegriffen werden können." Da man sich in London nicht sicher war, ob dies eventuell nur eine von Hitlers bereits bekannten Prahlereien war oder sich Deutschland tatsächlich im Besitz einer neuen Geheimwaffe befand, übertrug Premierminister Neville Chamberlain die Aufklärung und Analyse dem Auslandsgeheimdienst des Secret Intelligence Service (SIS), dem MI6. Eine eigene Abteilung zur wissenschaftlichen Aufklärung existierte in jenem Jahr noch nicht. Auf Anraten des Chemikers Henry Thomas Tizard, dem Vorsitzenden des Committee fort the Scientific Survey of Air Defence (CSSAD), dem auch der Churchill vertraute deutschstämmige Physiker Frederick Lindeman angehörte, wechselte der junge Wissenschaftler Reginald Victor Jones als Berater zum MI6.[102] Seine erste Aufgabe bestand in der Analyse von Hitlers „Geheimwaffe" aus der Artushof-Rede. Nach dem erfolglosen Studium aller vorhandenen Hinweise und Aktenbestände der Feindaufklärung über Deutschlands potentiell neueste Waffenentwicklungen, die sich teils als ungenau, spekulativ und unpräzise erwiesen, ließ er sich Hitlers Rede erneut und wesentlich detailgetreuer ins Englische übersetzen. Jones wollte damit sicherstellen, den genauen Wortlaut hinterfragen zu können und dass nicht etwaige Details durch landesübliche Redewendungen verlorengegangen waren. Er konstatierte schließlich, dass in der Rede Hitlers nicht von einer neuartigen, unbekannten Geheimwaffe, gegen die es keine

Abwehr gab, gesprochen wurde, sondern er erkannte, dass der Inhalt sehr viel allgemeiner gehalten war. Nach seiner Interpretation war diese Waffe die deutsche Luftwaffe, zu dem Zeitpunkt eine der schlagkräftigsten Luftstreitmächte überhaupt, der die britische RAF längst noch nicht gleichwertig schien. Dies war die Waffe, mit der Deutschland selbst nicht angegriffen werden konnte![103]) Seine Analyse beruhte dabei auf dem in der Rede vorangegangenen Vergleich mit der britischen Marine, die ihrerseits der Deutschen quantitativ weit überlegen war, und Hitlers im Text folgender Einlassung zu Luftangriffen gegen die Zivilbevölkerung in den Städten des Feindes. Hitler selbst beschrieb diese Form des Bombardements als Kollateraleffekt bei Angriffen auf militärisch relevante Einrichtungen oder, im Falle einer organisierten Gegenwehr, als beabsichtigten, flächendeckenden Schlag zur Vernichtung des Feindes in seinem urbanen Umfeld: „[D]ann wird selbstverständlich dieser Krieg auch die ganze Stadt überziehen." An diesen Vorgaben wollte er sich auch zukünftig orientieren. Was das für andere Städte für Konsequenzen nach sich ziehen konnte, falls deren Bevölkerung sich nicht kapitulationswillig zeigte, daran konnte kein Zweifel mehr bestehen. Die Interpretation von R. V. Jones, dass es sich bei der angesprochenen Waffe zwangsläufig um die Luftwaffe handele, hat bis heute bestand. Wenn wir nun aber den aktuellen Stand der geschichtswissenschaftlichen Betrachtung der Kernphysik in Koinzidenz stellen, ergibt sich möglicherweise eine alternative Option der Interpretation von Hitlers Rede vom 17. September 1939. Wir erinnern uns: Bereits im März 1939 begann Schumann innerhalb des HWA mit der Erfassung aller kernphysikalischen Berichte, die sich auf die Kernspaltung bezogen, und damit, den Kontakt mit den jeweiligen Forschungseinrichtungen aufzunehmen und zu halten. Mit den Arbeiten wurde Diebner betraut. Im April wurde das REM involviert; gleichzeitig wiesen Harteck und Groth in ihrem Brief an das HWA offen auf die Möglichkeit eines neuartigen Sprengstoffes ungeahnter Wirkung hin. Im Juni berief der Chef des HWA, Becker, eine erste Konferenz mit dem Thema „Kernspaltung und ihre potentielle Nutzbarmachung" ein. Diebner ernannte man in Folge zum zuständigen Referatsleiter. Bis Mitte September erfolgten weitere koordinierende und forschungsseitige Maßnahmen zwischen dem HWA, der PTR und den involvierten Institutionen. Dabei ging es nicht nur um die Rohstoffbeschaffung und die Konstruktionsweise eines Testreaktors, latentes Bestreben blieb die Entwicklung einer neuartigen Waffe mittels des „Supersprengstoffes". Dass diese Anstrengungen dem OKH als übergeordnetem, weisungsberechtigtem Organ vollständig verborgen geblieben waren, kann nicht unterstellt werden. Auch das OKW dürfte Kenntnis von jenen Ambitionen erlangt haben. Somit ist es trotz mangelnder Quellenlage nicht gänzlich auszuschließen, dass auch die Reichsführung in irgendeiner Art und Weise von der Entwicklung eines neuen „Supersprengstoffes" erfahren hat. Auch diese These ist spekulativ, aber der Satz „Es könnte sehr schnell der Augenblick kommen, da wir eine Waffe zur Anwendung bringen, in der wir nicht angegriffen werden können" kann sich auch auf die Entwicklung jenes Supersprengstoffes bezogen haben – also einer Kernwaffe, die gegen Städte des Feindes zum Einsatz gelangen könnte, sollten diese sich dem deutschen Willen nicht unterwerfen.

Nimmt man Hitler in diesen Textpassagen wörtlich, lässt sich Folgendes ableiten:

„Man hat eine Waffe, von der man glaubt, dass man in ihr ungreifbar ist, nämlich die Seemacht." Dieser Abschnitt ist im Präsens, der Gegenwartsform, gehalten. Die britische Seemacht ist vorhanden und geht nach Hitlers Auffassung davon aus, dass England zur See unangreifbar sei. Der Kriegsmarine war ihre Unterlegenheit zur See durchaus bewusst, das war auch Hitler bekannt: Die neuen Schlachtschiffe F und G („Bismarck" und „Tirpitz") befanden sich noch in der Ausrüstung bzw. Erprobung, die weiterführenden Schiffe der H-Klasse, die beiden Flugzeugträger wie auch die ergänzenden Kreuzer befanden sich alle in verschiedenen Stadien des Baus oder waren nicht einmal aufgelegt. Und die U-Boot-Waffe beschränkte sich auf eine geringe Zahl an Einsatzbooten. Der Neubau lief schleppend und genoss noch keine maritime Priorität.

Seine Aussage „Es könnte sehr schnell der Augenblick kommen, da wir eine Waffe zur Anwendung bringen, in der wir nicht angegriffen werden können" hat durch die Formulierungen „könnte [...] kommen" einen eher hypothetischen, zukunftsgerichteten Charakter. Dabei war die Luftwaffe bereits Realität, wie die britische Marine. Und die Aussage, dass man von feindlichen Luftstreitkräften nicht angegriffen werden könne, konterkariert die Bemühungen des RLM in Sachen des Reichsluftschutzes und der im Aufbau befindlichen Luftabwehr. Mit den britischen Flugzeugtypen hatte man sich noch nicht messen können. Dass diese qualitativ hochwertiger waren als die polnischen Einsatzmuster war bekannt. Selbst vor der zahlenmäßig überlegenen französischen Armee de l'Air hatte man Respekt, immerhin führte diese nahezu 5.000 Kampfflugzeuge in ihrem Bestand, davon etwa die Hälfte Jäger.

Oder doch alles nur propagandistische Eigeninszenierung? Welche Waffe hatte Hitler bei seiner Rede tatsächlich im Sinn? War es die existierende Luftwaffe, die in ähnlicher Weise wie in Polen gegen England zum Tragen kommen sollte, bei der man dank Görings Arroganz und Überheblichkeit schlicht davon ausging, dass es gegen sie kein Mittel der Abwehr gebe? Oder hatte Hitler bereits von den kernphysikalischen Entwicklungen des HWA oder des REM Kenntnis erhalten? Wir wissen es nicht und es wird sich wahrscheinlich auch nicht mehr klären lassen.

8.5 Heisenbergs und von Weizsäckers „Ambivalenz"

In Kapitel 2 haben wir die Nachkriegsaktivitäten einiger Wissenschaftler betrachtet, die sich unmittelbar mit der Kernphysik befassten oder mittelbar mit dieser Disziplin in Kontakt standen. Zwei wesentliche Namen fehlen jedoch in diesem Konvolut: Werner Heisenberg und Carl Friedrich von Weizsäcker. Ihre Verstrickung in das Nuklearprogramm der Nationalsozialisten ist in dem vorhergehenden Kapitel bereits beschrieben. Nach dem Krieg traten beide auf dem Gebiet der Kernphysik bei weitem nicht mehr so prägnant in Erscheinung. Sie versuchten ihren Part an der Mitwirkung der nuklearen Forschung zu relativieren, entwickelten sich zu politischen Pazifisten, wie es sich bei den „Göttinger 18" widerspiegelte, was sich insbesondere bei von Weizsäcker in einer gewissen Radikalisierung manifestierte. Dabei steht ihr später gezeigtes Verhalten konträr und ambivalent zu ihren Ambitionen während der NS-Ära. In Sachen Heisenberg versuchten sich bereits mehrere Autoren daran, seine dispositive Persönlichkeit zu analysieren, wie es beispielsweise bei Paul Lawrence Rose, dessen Literatur wir zu Rate ziehen, der Fall ist. Hat Heisenberg Hitler eine Kernwaffe vorsätzlich vorenthalten oder war der Nobelpreisträger mangels Wissen nicht imstande, sie zu bauen? Hat er an einer Atombombe nur deshalb mitgewirkt, um einige seiner Kollegen vor dem Militärdienst an der Front zu bewahren? Dies kann wohl verneint werden. Bereits während der Internierung in Farm Hall zeigte er sein wankelmütiges Gesicht. Mit seinem Disput mit Hahn bezüglich der notwendigen kritischen Masse des U235 haben wir uns schon an anderer Stelle auseinandergesetzt. So lässt er dort die Bemerkung fallen, man hätte es während der Konferenzen 1942 gar nicht gewagt, der Reichsführung die Empfehlung für den Start dieses Projektes zu geben, für das man eine Personalstärke von 120.000 benötigt hätte. Abgesehen davon, dass sich diese Zahl auf das Manhattan Project bezog, von der die Internierten im Radio gehört hatten, zeugt es auch von den nicht vorhandenen moralischen Schranken Heisenbergs, sich an einer nuklearen Waffenentwicklung zu beteiligen; vielmehr waren es berufliche und finanzielle Bedenken, die ihn trieben – wie Rose es bezeichnet.[104)] Ganz besonders zeigt sich seine Art der selektiven Erinnerungen in einem wissenschaftlichen Kapitel Farm Halls, als es um die Spaltungsquerschnitte des U235 mit schnellen Neutronen ging: Am 09. August 1945 sprach er von $0{,}5 \times 10^{-24}\,\text{cm}^2$, ein Wert Heisenbergs, an den sich auch Otto Haxel erinnern konnte. Jedoch wenige Tage später, am 14. August, lag dieser Wert in einem Spektrum von $0{,}5 \times 10^{-24}\,\text{cm}^2$ bis $2{,}5 \times 10^{-24}\,\text{cm}^2$. In einem am 10. Juni 1966 geführten Interview mit dem Historiker David Irvine rekapitulierte Heisenberg diesen Wert auf einer ihm bekannten Grundlage der Physiker Willibald Jentschke und Karl Lintner und datierte seine Kalkulation auf den 08. August vor. Das Problem dabei ist allerdings, dass sich Heisenberg hier irrte oder bewusst log – der von Jentschke und Lintner 1943/44 berechnete Wert war $3{,}7 \times 10^{-24}\,\text{cm}^2$! Nach Rose glich Heisenberg seine Erinnerungen stets an die sich gebenden notwendigen Moralvorstellungen an. So bemühte er sich, seine Mitgliedschaft innerhalb der NSDAP und der SS dadurch zu verwässern und abzumildern, dass es in seinen Vorstellungen „gute“ und „böse“ Nazis gegeben habe, abhängig von deren Verhältnis zur Wissenschaft und wahrscheinlich auch zu seiner Persönlichkeit. Den schlechten Nationalsozialismus habe er abgelehnt[105)] – den guten demnach nicht. Gegenüber einem aus Deutschland geflohenen Wissenschaftler betonte er 1947, dass man die Nazis 50 Jahre hätte an der Regierung belassen sollen, dann wären sie alle anständig geworden. Auch zeigte er 1953 gegenüber Max Born deutlich seine Verbitterung und offene Neigung zum Antisemitismus, als er seinen jüdischen Kollegen in England vorwarf, antideutsche Ressentiments, insbesondere auch gegen ihn, zu hegen: Er warf ihnen ständiges Herumreiten auf dem Holocaust ebenso vor wie die Forderungen nach Reparationen, denen er kein Verständnis entgegenbringen konnte. Er fühlte sich und Deutschland von diesen Juden verraten. 1955 übte er in einem Nachruf massive Kritik an der moralischen Einstellung Albert Einsteins. Einstein habe als Flüchtling vor den antijüdischen Repressalien der Nazis und als bekennender Kriegsgegner nichts Besseres zu tun gewusst, als 1939 einen Brief an Roosevelt zu schreiben, um diesen zum Bau der Atombombe aufzufordern; und dass ihre ersten Opfer viele tausend unschuldige Frauen und Kinder gewesen seien, ebenso wie die von den Deutschen getöteten, für die sich Einstein nun einsetze.[106)] Ein Antisemit und verkappter Nazi? Einige Fragen scheinen die Briefe Heisenbergs an seine Frau klären. So kann die Frage, warum er nicht den Angeboten aus den USA gefolgt, sondern in Deutschland geblieben sei, – wie es ein Journalist kurzfasste – mit „Heimatliebe“ beantwortet werden. Ein Patriot, dem deutschen Vaterland verbunden, auch im Zeichen des Hakenkreuzes? In diesen differenzierte er zwischen „seiner Physik“ an den Hochschulen und dem Atomwaffenprojekt, das ihn ständig von Ort zu Ort zwängte. Nach seinen privaten Einlassungen lebte er nach der Philosophie, im Alltag seiner Dienstpflicht nachzukommen und das von ihm Geforderte zu erfüllen; er habe aber nicht im Traum daran gedacht, eine Atombombe zu bauen. Er sei weit weg von der Physik gewesen, die man von ihm verlangt habe.[107)] Doch ist das glaubwürdig? Seine antisemitischen Tendenzen, seine Ambitionen im Nuklearprogramm der Nazis nur Camouflage? Seine belegbaren Aktivitäten weisen genau das Gegenteil auf. Bereits vor dem Krieg geriet er in den Fokus der SS, als ihn die SS-Zeitung

„Das schwarze Korps“ wegen seines politischen Verhaltens bei der Entlassung jüdischer Forscher – wobei es ihm hier mehr um den Verlust geistiger Kapazitäten an den Universitäten als um einen humanitären Bezug ging – und seinem Missfallen gegenüber einigen nazitreuen Wissenschaftlern – auch hier ging es um persönliche Motivationen – massiv anging. Durch persönliche Intervention seiner Familie, die mit den Himmlers bekannt waren, wurde er durch Heinrich Himmler persönlich rehabilitiert. In einem Schreiben an den Reichsführer bekräftigte er seinen Patriotismus und seine Loyalität gegenüber dem nationalistischen Deutschland.[108)] Dass sich die SS zunehmend in die kernphysikalische Forschung einschaltete, schien in ihm auch keine Skrupel hervorzurufen. So besuchte er 1943 seinen ehemaligen Schulfreund Hans Michael Frank, Generalgouverneur des besetzten Polen, der auf der Krakauer Burg Wawel „residierte“. Hier erfuhr er von Maßnahmen gegenüber der jüdischen Bevölkerung, sogar in Form eines Berichtes, wie sich seine Frau später erinnerte.[109)] Auch der Einsatz von KL-Häftlingen zur Produktion der von ihm für seine Reaktorexperimente so dringend benötigten Uranplatten in Sachsenhausen ist von ihm selbst begünstigt worden.[110)] Auch bei der Zielsetzung der Entwicklung einer potentiellen Kernwaffe weist er ein ambivalentes Verhalten wie Erinnerungsvermögen auf. Trifft seine antizipierte Deutungsstrategie jener Epoche, es sei nicht seine Physik gewesen und er habe nur aus aufgenötigter Motivation heraus gehandelt, tatsächlich zu?
Schon zu Beginn des Uranvereins, am 06. Dezember 1939, als er dem HWA seine ersten Ergebnisse über die Gewinnung von U235 und die Konstruktionsprinzipien eines einfachen Reaktors, seiner Uranmaschine, erläuterte, sprach er im Zuge der Anreicherung über einen neuartigen Sprengstoff:

„Sie [die Anreicherung] ist ferner die einzige Methode, um Explosivstoffe herzustellen, die die Explosionskraft der bisher stärksten Explosivstoffe um mehrere Zehnerpotenzen überreffen“.

Hier wird die Möglichkeit, sich das neue Material militärisch nutzbar zu machen, noch als Option erwogen; dennoch wies er auf diese hin. In seinem überarbeiteten Bericht aus dem Februar 1940 fehlte dieser Hinweis allerdings.[111)]

In der Konferenz vom 26. Februar 1942 war es ebenfalls Heisenberg, der die Anwesenden direkt und unmissverständlich auf den Brutprozess von Pu239 in einem Reaktor hinwies:

„[...] Das reine Isotop 235/92U stellt also zweifellos einen Sprengstoff von ganz unvorstellbarer Wirkung dar. Allerdings ist dieser Sprengstoff sehr schwer zu gewinnen. Sobald eine solche Maschine einmal in Betrieb ist, erhält auch, nach einem Gedanken von Von Weizsäcker, die Frage nach der Gewinnung des Sprengstoffs eine neue Wendung. Bei der Umwandlung des Urans in der Maschine entsteht nämlich einen neue Substanz (Element der Ordnungszahl 94), die höchstwahrscheinlich wie reines 235/92U ein Sprengstoff der gleichen unvorstellbaren Wirkung ist. Diese Substanz ist viel leichter als 235/92U aus dem Uran zu gewinnen, da sie chemisch von Uran getrennt werden kann [...]."

Am 4. Juni wurde er noch deutlicher, als er wiederum den Teilnehmenden aus den Waffenämtern und dem RMfRuK von der Bedeutung sowohl des U235 als auch des Elements 94 als Kernsprengstoff erzählte und wie man daraus eine Waffe herstellen könne. Es folgte sein berühmter Ananas-Vergleich.[112)] Zu seiner Verteidigung kann gesagt werden, dass er Speer im Anschluss scheinbar nicht auf die relativ geringe kritische Masse, sofern er sie denn kannte, hingewiesen hatte. Denn es kann gemutmaßt werden, dass, wenn Speer von der relativ geringen Stoffmenge, die für den Bau einer Kernwaffe notwendig gewesen wäre, erfahren hätte, sofort ein Programm zur Gewinnung des Spaltmaterials in Angriff genommen worden wäre. Auch bei seinen Besuchen bei anderen Physikern im Ausland wurde Heisenberg deutlich. Der bekannteste fand im September 1941 statt, als er gemeinsam mit von Weizsäcker in Kopenhagen Nils Bohr besuchte. Seinen späteren Erinnerungen folgend, habe es in seiner Intention gelegen, darüber zu spekulieren, dass zu jener Zeit eine Handvoll internationaler Physiker die Möglichkeit besessen hätte, die Entwicklung einer Kernwaffe zu unterbinden. Auch hielt er den Krieg für eine biologische Notwendigkeit mit einem siegreichen Ende für die Deutschen.113) Wahrer Hoffnungsschimmer oder absoluter Realitätsverlust? In seinen unmittelbaren Nachkriegserinnerungen gibt Heisenberg an, sich zwar mit Bohr über das Reaktorproblem und die moralische Verantwortung, während des Krieges an der Kernphysik zu arbeiten, und die noch mögliche kriegerische Verwendung dieser Technologie noch während des Konfliktes ausgetauscht zu haben, aber der Däne habe seine Andeutungen wohl in der Form falsch interpretiert, dass er von einer Bombe und nicht von einem Reaktor gesprochen habe. Dies wäre durchaus plausibel, wenn sich Heisenberg gegenüber Irving nicht selbst widersprochen hätte:

„Wir sahen eigentlich vom September 1941 eine freie Straße zur Atombombe vor uns. Wir sahen, also im Prinzip kann man jetzt doch Atombomben machen. Jedenfalls, es wird sehr gefährlich. Wir fanden das nun eine gefährliche Situation für alle Physiker, insbesondere für uns deutsche, und zwar für die deutschen Physiker noch schrecklicher als die anderen, denn damals waren die Vorstellungen, dem Hitler Atombomben in die Hand zu geben, gräßlich“114).

Er gab also zu, Bohr direkt auf die nun mögliche Kernwaffenentwicklung hingewiesen zu haben. Seine Aversionen, das Dritte Reich mit diesen Waffen auszustatten, scheinen dagegen dem Zeitgeist der 60er, in denen Irving mit ihm sprach, geschuldet gewesen zu sein, da sein oben aufgezeigtes Mitteilungsbedürfnis gegenüber den nationalsozialistischen Dignitäten in dieser Angelegenheit fortwährend ungebremst schien. Die Alternative, sich der Entwicklung für Hitler zu verweigern oder diese zu unterminieren, hätte gewiss anders ausgesehen. Auch scheinen ihn keine moralischen Bedenken am Weitermachen gehindert zu haben.
Kurz nach dem Krieg verfasste Bohr mehrere Briefentwürfe an Heisenberg, die er aber nie abschickte:

„In vagen Worten hast Du Dich so ausgedrückt, dass ich zu dem unbedingten Eindruck gelangen musste, dass in Deutschland unter Deiner Leitung alles dafür getan wurde, atomare Waffen zu entwickeln, und dass Du sagtest, es sei nicht notwendig, über die Details zu sprechen, da Du mit ihnen vollständig vertraut wärst und die letzten beiden Jahre mehr oder weniger ausschließlich an solchen Vorbereitungen gearbeitet hättest."[115]Auch Bohrs Sohn gab in den 60ern an, dass es in dem Gespräch seines Vaters um die militärische Nutzung der Kernenergie gegangen sei und dass Heisenberg die Ansicht vertreten habe, dass die neuen Möglichkeiten den Ausgang des Krieges entscheiden könnten, wenn sich dieser noch hinauszögere.[116] Beide Bohr-Einlassungen implizieren, dass Heisenberg doch eine Waffenentwicklung im Auge hatte und diese den Nationalsozialisten zum Sieg hätte verhelfen können. Denn auch von Weizsäcker gab bezüglich des Treffens von Heisenberg mit Bohr später zu, dass dieser ihm berichtet habe, er habe Bohr mitgeteilt, „dass man daraus eine Bombe machen kann, und wir arbeiten daran."[117] Über seine politischen Ansichten schrieb auch Lise Meitner am 26. Juni 1945 in ihrem Brief an einen Schweizer Kollegen, wobei sie ihre Abneigung gegen Heisenberg und von Weizsäcker offen äußerte.

„[…] ich glaube, daß Heisenberg, wenn auch in anderer Weise, an Unehrlichkeit leidet. Ich habe von jungen dänischen Kollegen sehr merkwürdige Dinge über ihn gehört, als er 1941 zusammen mit W[eizsäcker] nach Kopenhagen gekommen war […]. Er war ganz erfüllt von dem Wunschdenken eines deutschen Sieges und entwickelte die Theorie der höher stehenden und der Helotenvölker, über die Deutschland herrschen sollte… […]"[118].

Im selben Jahr weilte er in Holland und sprach dort mit dem Physiker Hendrik Casimir vom Philips Natuurkundig Laboratorium (Forschungslaboratorium von Philips) in Eindhoven. Heisenberg hatten sich die anderen anglofranzösischen Nationen dem Ansturm östlicher Horden auf das Abendland als nicht wehrhaft erwiesen; so sei es Deutschlands historische Mission, den Westen und seine Kultur zu verteidigen. Die von den Deutschen begangenen Gräueltaten und ihren Antisemitismus leugnete oder rechtfertigte Heisenberg zwar nicht, machte aber klar, dass man bei Kriegsende mit einer Veränderung zum Besseren zu rechnen habe. Deutschland müsse herrschen! Die Demokratien entwickelten nicht genug Energien, um Europa zu regieren. So zumindest erinnerte sich Casimir im Juni 1945 an die Zusammenkunft.[119)]

Insofern die Angaben korrekt sind, offenbaren sie nicht einen zu einer bestimmten Handlung genötigten und in einem unliebsamen politischen Umfeld agierenden Heisenberg, sondern einen willigen Kombattanten, der je nach politischer Wetterlage seine Involvierung in den Nationalsozialismus zu kaschieren versucht war. Er soll kein Freund von Hitlers Politik gewesen sein, aber er distanzierte sich auch nicht wirklich und vertrat teilweise dessen antisemitische Ansichten. Er beabsichtigte, Hitler keine Atombombe zu verschaffen und doch wies er ihnen den direkten Weg und forschte illuster weiter in diese Richtung. Waren ihm die Arbeiten im und für das Dritte Reich tatsächlich zuwider oder sympathisierte er mit diesem? Denn wenn sein Handlungsmuster nicht willentlich und in Absicht geboren wurde, sondern das Produkt aus Willkür und Unstetigkeit ist, stellt sich nicht ganz unberechtigt die Frage nach Heisenbergs kognitiven wie voluntativen Fähigkeiten.

Wenden wir uns nun seinem wissenschaftlichen „Ziehsohn" Carl Friedrich von Weizsäcker zu.

„Wie nähert man sich Carl Friedrich von Weizsäcker, dem Universalgelehrten? Dem vielleicht letzten, den es im deutschen Sprachraum gegeben hat? Einem Mann, der naturwissenschaftliche Empirie mit Geist versöhnen wollte, einem Mann des Wissens also, einem mit Weltbildung?
[…] Was dieses Denken des Carl Friedrich von Weizsäcker fundiert, ist etwas, das man eine naturwissenschaftlich geprägte Metaphysik nennen könnte. Wie jeder Wissenschaftler strebt auch Weizsäcker nach Erkenntnis."[120)]

Seine moralische Reputation beruhte nicht zuletzt auf der Erzählung, er habe gewissermaßen verhindert, dass die Atombombe für Hitler fertig wurde. Diese ist eine fragwürdige Selbstdarstellung dieses Universalgelehrten des 20. Jahrhunderts, der sich als radikaler Pazifist darbot; aber sein Denken offenbarte ganz anderes. Nach dem Krieg entwickelte er sich, zunächst gemeinsam mit seinem Mentor Heisenberg, zu einem militanten Nukleargegner. Seine Doktrin war: Wenn man der Entwicklung von Kernwaffen nicht Einhalt gebieten konnte, dann musste man der „Institution" Krieg eine Absage erteilen. Das mag naiv klingen, war während des Kalten Krieges aber ein nicht unpopulärer Beitrag zum Pazifismus. Von Weizsäcker sprach sich wiederholt gegen eine nukleare Aufrüstung der Bundesrepublik aus. Im Kalten Krieg dagegen engagierte er sich permanent für den Frieden. Ab 1970 bis zu seiner Pensionierung im Jahr 1980 leitete er zusammen mit Jürgen Habermas das Max-Planck-Institut zur Erforschung der Lebensbedingungen der wissenschaftlich-technischen Welt, das sich mit der gemeinsamen Problematik der Weltwirtschaft in Verbindung mit der Verteidigungspolitik, der Umwelt und der Soziologie beschäftigte. Später schloss die MPG das „Institut für unbequeme Fragestellungen", wie es von Weizsäcker einmal tituliert hatte, mit der Begründung, keinen geeigneten Nachfolger gefunden zu haben. Jahrelang vertrat er die Sichtweise der Paradoxie des Friedens: Erst mit der realen Schaffung der Atombombe wurde die Institution Krieg surreal, da es keiner mehr wagte, ihn zu beginnen. Auch er behauptete lange Jahre, im Dritten Reich nur an einem Reaktor geforscht zu haben. Jedoch änderte er später diese Ansicht. Schon früh, im Juli 1940, wies er in seinem Bericht an das HWA – „Eine Möglichkeit der Energiegewinnung aus U238" – darauf hin, dass aus U238 durch Neutroneneinfang das instabile U239 entstehe, das wiederum nach etwa 23 Minuten in ein wahrscheinlich stabiles Element 93, Eka Re 239, zerfallen werde. Dieses könne man zum Bau sehr kleiner Maschinen, als Sprengstoff und zur Umwandlung anderer Elemente verwenden.[121)] Noch bemerkenswerter ist sein bereits genanntes Patent „Energieerzeugung aus dem Uranisotop der Masse 238 und anderen schweren Elementen (Herstellung und Verwendung des Elements 94)", in dem nicht nur die Herstellung des Elements 94 und die Energiegewinnung aus diesem beschrieben, sondern explizit über die höhere Leistung als Sprengstoff gegenüber U235 und über ein „Verfahren zur **explosiven** Erzeugung von Energie und Neutronen aus der Spaltung des Elements 94 […]", das „[…] in solcher Menge an einen Ort gebracht wird, z. B. eine Bombe […]", sinniert wird. Offenbar weckte die offene Erwähnung einer Bombe auf Basis des Elements 94 jetzt doch den Unmut einiger Weggefährten, so dass eine überarbeitete Version des Patentes am 28. August 1941 zur Anmeldung gelangte, in dem nur noch von der Uranmaschine, nicht jedoch von einer Bombe die Rede war.[122)] Dies impliziert, dass es nicht auf von Weizsäckers Bestreben hin geschah! Das Patent findet sich im Februar 1942 als „P1. Patentanmeldung Technische Energiegewinnung" in einer Auflistung des HWA/WaF wieder und war den beteiligten Wissenschaftlern bekannt, wie aus der Korrespondenz zwischen Basche und Harteck in jenem Frühjahr hervorgeht.[123)] Mit dem HWA war es auch Schumann bekannt. Die frühen Aussagen von Weizsäckers, er habe sich nicht mit der potentiellen Kernwaffenentwicklung beschäftigt, sind also falsch. Auch über das Interesse der SS an der Kernphysik im letzten Kriegsjahr zeigte er sich später überrascht, obwohl er bereits 1942 mit dieser korrespondierte.[124)] Zu dem gemeinsamen Treffen Heisenbergs mit Bohr 1941 schrieb Meitner im Frühjahr 1942 an Max von Laue:

„[…] Halb amüsant und halb betrüblich war sein Bericht über einen Besuch von Werner und Carl Friedrich. Neben anderen Merkwürdigkeiten scheint C. F. sehr eigenartige Gedankenwege zu gehen, an besondere ‚Constellationen' zu glauben, aber ich bitte Sie, das als vertraulich zu behandeln. Ich war ziemlich traurig über das gehörte, ich hatte einmal menschlich viel von beiden gehalten. Es war ein Irrtum."[125)]

In Farm Hall persiflierte er seine Beteiligung und die eigentliche Intention des deutschen Nuklearprogrammes bis hin zur pathologischen Selbstverleugnung und einer äußerst kreativen Geschichtsmodulation; er erfand ein selbstgerechtes, moralisches Alibi, um in Opposition zur deutschen Atombombe stehen zu können, wie es Rose beschreibt. U. a. dort finden sich in den Farm Hall-Transkriptionen einige interessante Darstellungen von Weizäckers:

„[…] Ich glaube, es ist uns nicht gelungen, weil alle Physiker im Grunde gar nicht wollten, daß es gelang. Wenn wir alle gewollt hätten, daß Deutschland den Krieg gewinnt, hätte es uns gelingen können.
[…] Vielmehr ist es eine Tatsache, daß wir alle überzeugt waren, daß die Sache während des Krieges nicht zu Ende gebracht werden konnte.
[…] Wenn wir die Sache rechtzeitig genug angefangen hätten, hätten wir es irgendwie schaffen können…
[…] Ich meine, wir sollten uns jetzt nicht in Rechtfertigungen ergehen, weil es uns nicht gelungen ist, vielmehr müssen wir zugeben, daß wir gar nicht wollten, daß die Sache gelingt.
[…] Man kann sagen, es wäre für die Welt ein viel größeres Unglück gewesen, wenn Deutschland die Uranbombe gehabt hätte. Stellen Sie sich einmal vor, wenn wir London mit Uranbomben zerstört hätten, würde das den Krieg noch lange nicht beendet haben […].“ 126)
„[…] Wenn die [Amerikaner] im Sommer 1945 fertig werden konnten, hätten wir mit ein wenig Glück im Winter 44/45 fertig sein können.“ 127)

Dass alle Physiker der Entwicklung einer Kernwaffe entsagt hätten, wie er es angibt, erntete einerseits direkten Widerspruch von Bagge und Diebner, andererseits war es schlichtweg gelogen. Seiner Darstellung nach hätte niemand ernsthaft eine Kernwaffe bauen wollen, weil man es denn auch gar nicht hätte schaffen können. Reziprok impliziert dies: Hätte man es denn schaffen können, hätte man sie auch bauen wollen. Denn mit seiner hypothetischen Vollendung zur Jahreswende 1944/45 vor den Amerikanern unter besseren Rahmenbedingungen gesteht er sich gegenüber bereits ein, dass eine Realisierung ihm nicht nur möglich erschien, sondern auch – mit ihm – umgesetzt worden wäre.
Seine Logik erscheint schizophren anmutend. Lediglich der letzte Absatz offenbart seine eigentlichen Befürchtungen, die rationalen Charakters sind. Am 07. März 1996 führten Michael Schaaf und Hartwig Spitzer ein Interview mit ihm. Darin bekundete er seine Rolle in dem Uranprogramm mit der eines Wissbegierigen, der erkennen wollte, ob man eine Atombombe bauen könne. Nachdem er seinem Freund und Philosophen Georg Picht 1939 berichtet hatte, dass es möglich sein werde, mit einer

Bombe London zu zerstören, seien sie zu dem Schluss gekommen, dass es nicht angeraten sei, sich der Sache zu verweigern. Vielmehr könne man der Welt ein derartiges Geheimnis nicht vollends vorenthalten, da irgendein anderer sie dann bauen werde. Deshalb habe er sich beteiligt, obgleich er diesen Schritt heute kritisch sehe und nicht wiederholen würde, da er sich als einer der wenigen Leute gesehen habe, die etwas davon verstanden haben, um damit Einfluss auf die Politik nehmen zu können. Der Gedanke sei natürlich naiv gewesen, aber er war der Meinung, das sei immer noch besser, als Hitler die Bombe direkt zu überlassen; der hätte sie zum Einsatz gebracht. Zu dem Treffen mit Bohr 1941 blieb er bei der Ansicht, Heisenberg habe von einem Reaktorkonzept gesprochen und Bohr habe das überhaupt nicht realisiert. Im Weiteren gibt er sich diesbezüglich eher arglos und philosophiert über seine Einstellung zur Kernphysik.128) Gerade seine theoretisierte Absicht, die Kernwaffe als politisches Lenkungsorgan in seinen Händen zu wissen, interpretierte der Wissenschaftshistoriker Ernst Peter Fischer 2012 im Deutschlandfunk folgendermaßen:

„[…] Er hat Patente auf Plutoniumbomben eingereicht und ich kann mir nicht vorstellen, dass er das gemacht hat, um zu beweisen, dass er nicht eine Bombe bauen kann.
[…] Ich glaube, dass dahinter der dringende dramatische Versuch von Carl Friedrich von Weizsäcker steht, mit der Bombe die Macht in die Hand zu bekommen, die er gerne hätte, um irgendwie Politik zu machen. Ich glaube, was man sogar mal dem Philosophen Heidegger unterstellt hat, dass er den Führer führen wollte, das kann man Carl Friedrich von Weizsäcker auch unterstellen: Er wollte auch den Führer führen, mit der Bombe eben, oder mit dem Versprechen einer Bombe.
[…] Klar ist nur, dass die Bewunderung, die wir ihm in der Nachkriegszeit als dem großen Pazifisten und Friedensforscher entgegengebracht haben, dass die nicht trägt und dass die eigentlich zurückgenommen werden sollte, und ich verstehe nicht, dass man immer noch an dieser großen Figur als leuchtendes Vorbild festhält.“129)

Sollte man die Charaktere Heisenberg und von Weizsäcker einmal neu beleuchten? Heisenbergs schillernde Persönlichkeit und die auf seinem Nobelpreis fundierte Reputation sind bei aktuellen Wertevorstellungen und der heutigen distanzierenden Position zum Nationalsozialismus nicht hinreichend, ihn weiterhin als Charakter mit Vorbildfunktion zu akzeptieren. Zu groß waren seine Affinität und Akzeptanz von Akteuren und deren Dogmen des Dritten Reichs. Von Weizsäcker zeigte ein anderes, kontroverses, antagonistisches Verhaltensmuster zu seiner NS-Vergangenheit auf, zu der er sich auch häufigen Quasi-Disputationen stellte. Sein Interesse an der Kernphysik war durchaus dem Zeitgeist geschuldet; Kernphysik galt als en vogue. Als junger Wissenschaftler trieb ihn die Neugier, unbekanntes Terrain zu erforschen und der sich damals stellenden, opportunen Frage nach der Machbarkeit einer Kernwaffe nachzugehen. Ob er seinerzeit tatsächlich von dem naiven Glauben beseelt war, im Besitz dieses Wissens ganze Regierungen direkt oder suggestibel manipulieren zu können, kann eine spätere Schutzbehauptung sein; sie ist in jedem Fall von einem gewissen Geist der Konspiration geschwängert. Wie dem auch sei, er realisierte schließlich konsterniert, dass die Wissenschaft die Büchse der Pandora geöffnet hatte und an der Schwelle stand, Dantes Inferno über die Menschheit zu bringen – um es mit seinen Gedanken auszudrücken. Den Politikern diese neue Technologie vorzuenthalten, war nicht mehr möglich: Fortan setzte er sich als Friedensaktivist ein, um die determinierenden Faktoren einer Anwendung dieser neuen Waffentechnik so minimal wie möglich zu halten. Wissen bedeutet Verantwortung. Das führte ihn zu der den Pazifismus konterkarierenden Einstellung des *si vis pacem para bellum* – so du den Frieden willst, bereite den Krieg vor. Er mahnte damit auch eine Entideologisierung eines potentiellen nuklearen Konfliktes und einen Ausgleich politisch unterschiedlicher Interessen ohne militärische Mittel an. Beenden wir diesen Abschnitt mit seinem berühmten Ausspruch:

„Technische Vorgänge können gesteuert werden soweit die Vernunft ausreicht. Technik aber kann kein Versagen der Vernunft ausgleichen.“

Dies gilt im heutigen Zeitalter eines zunehmend informatischen Lebens, in dem elektronisch datenverarbeitende Systeme und die Schaffung einer künstlichen Intelligenz den eigenen Verstand sukzessive zu degenerieren scheint – nicht nur die Informationsvermittlung und deren Inhalte als solche, auch der eigene daraus abzuleitende Entscheidungsfindungsprozess wird progressiv einem digitalen Kosmos geopfert –, umso mehr.

8.6 Das Thorium-Rätsel

In den bisherigen Betrachtung über einen möglichen Spaltstoff in Kapitel 7 sind wir auf angereichertes U235 sowie die exotischeren Transurane Pu239 und Np237 eingegangen. Bereits erwähnt, aber noch nicht näher analysiert haben wir die mögliche Anwendung des Uranisotops 233. Dieses hat annähernde Spalteigenschaften wie Pu239, ist jedoch instabil, wobei es dank seiner sehr langen Halbwertzeit von etwa 160.000 Jahren im technischen Maßstab als quasi stabil bezeichnet werden kann. Aus diesem Grund ist es sowohl für die Reaktor- wie auch Waffentechnik interessant. Der Gewinnungsprozess ist nahezu analog mit dem des Plutoniums; es muss aus einem Ausgangselement durch Transmutation erbrütet werden:

$$\mathrm{Th232} + \mathrm{n} \rightarrow \mathrm{Th233} + \beta^- \rightarrow_{21{,}8\ \mathrm{min}} \rightarrow \mathrm{Pa233} + \beta^- \rightarrow_{27\ \mathrm{d}} \rightarrow \mathrm{U233}$$

Um diese Reaktion in die Praxis umzusetzen, wäre entweder ein kritischer wie auch unkritischer Reaktor (ein Neutronenfluss wie in den Experimentalreaktoren L-IV in Leipzig oder G-III in Gottow wäre ausreichend gewesen) notwendig. Alternativ könnte die notwendige Neutronenquelle auch durch Beschleuniger bereitgestellt werden. Zumindest über Letztere verfügte man in Deutschland in begrenzter Anzahl. Da Th232 einen hohen Wirkungsquerschnitt für hochenergetische Neutronen ab 1 MeV besitzt und seine relative Bestrahlungsdauer zur Umwandlung bei vergleichbaren Parametern deutlich kürzer ist als die zur Erzeugung des Plutoniums, ist der optionale Spaltstoff U233 wesentlich „einfacher" zu produzieren als das Plutonium. Todd Rider kommt in seiner Studie „Forgotten Creators" zu dem Schluss, dass es im deutschen Hegemonialbereich während des Krieges durchaus möglich gewesen wäre, U233 in den entsprechenden Mengen zu produzieren.[130]) Doch auch hier muss kritisch hinterfragt werden, welches Wissen um den Th232 → U233-Weg im Dritten Reich vorhanden war.

Im Juli 1938 veröffentlichten Lise Meitner, Otto Hahn und Fritz Strassmann einen Artikel über ihre experimentelle Bestrahlung von Thorium mit schnellen und langsamen Neutronen. Dabei hatten sie vier verschiedene Umwandlungsreihen entdeckt, wobei eine von ihnen durch Neutronenanlagerung an das Thorium ein neues, dem Uran nahestehendes Isotop ergab: Th233.[131]) Kurz darauf erfolgte eine darauf aufbauende Publikation Yoshio Nishinas, in der über die Wiederholung des deutschen Experiments und die Generierung des Th233 berichtet wird.[132]) Das Problem bestand in der Rohstoffbeschaffung. Thoriumverbindungen finden sich hauptsächlich in Monazitsanden wieder, die importiert werden mussten, da es in Zentraleuropa keine geeigneten Lagerstätten gab. Pionier auf dem Gebiet der Thoriumoxidverarbeitung waren die Auerwerke Oranienburg. Der von Freiherr Auer von Welsbach 1885 entwickelte Prozess der Thoriumgewinnung aus dem preiswerten Monazit war aufwendig und kostenintensiv; dennoch gelang ihm mit seinem Thoriumglühstrumpf für die seinerzeit aufkommende Gasbeleuchtung in den Städten ein finanzieller Erfolg. Im Jahr 1934 übernahm die DEGUSSA in Frankfurt die Auergesellschaft. Dort wurde ab 1937 eine thermische Reduktionsanlage auf Calciumbasis zur Gewinnung von metallischem Thorium aufgebaut, das wiederum bei Auer verarbeitet wurde. Thoriummetall fand vielfältigen Einsatz: als Poliermittel, in Glühstrümpfen, als Legierungszusatz für Spezialglas, in der Feinmetallurgie und als Auskleidung von Schmelztiegeln. Bis 1945 wurden etwa 6,4 t Thoriummetall produziert.[133]) Eine besondere Anwendung fand man pharmazeutisch als Inhaltsstoff der von 1940 bis 1945 produzierten Zahncreme Doramad, die ihren Anwendern „strahlend weiße Zähne" versprach, was im wahrsten Sinne wörtlich zu nehmen war.[134]) Günter Nagel verwies 2003 darauf, dass die in Deutschland angehäuften relativ großen Mengen an Monazit und an aufgearbeitetem metallischen Thorium in keinem Zusammenhang mit den kernphysikalischen Anstrengungen standen. Im August 1944 hatte man während des militärischen Rückzuges nahezu sämtliche Thoriumbestände Frankreichs nach Deutschland verbracht, wie aus einem „ALSOS"-Dokument von Goudsmit an Wardenburg vom 17. Oktober 1944 hervorgeht. Demnach gab der Direktor der französischen Gesellschaft für Seltene Erden (Société des Terres Rares) in Paris, M. Paul Gregory, zu Protokoll, dass die Deutschen bereits während der Besatzungszeit etwa 850 t Monazit erworben hatten, was etwa 86 t Thoriumoxid entsprach. Bei ihrer Evakuierung beschlagnahmten sie weitere 85 t Thoriumsulfat. Er konnte sich das deutsche Interesse zwar nicht erklären, deutete aber dessen Verwendung seitens der IG Farben für das Fischer-Tropsch-Verfahren zur katalytischen Gewinnung von Benzinen aus Kohle an.135) Auch ein BIOS-Report der Amerikaner verweist auf die umfangreiche Produktion von Thoriummetall durch die DEGUSSA. Dieses sei größtenteils an Auer übergeben worden oder in einigen Ausnahmefällen unter deren Kontrolle an potentielle Kunden direkt weitergeleitet worden. Ebenfalls wird in diesem Zusammenhang auf die großen Rohstoffbestände an Ausgangsmaterialien der DEGUSSA hingewiesen.136) Im Bestand des Deutschen Museums München finden sich dagegen zwei Dokumente, die einen anderen Nutzungszweck andeuten. Zum einen ein weiterer „ALSOS"-Bericht vom 02. November 1944 über die Vernehmung des promovierten Chemie-Ingenieurs Ernst Nagelstein (1905–1984) durch Frederic Wardenburg. Seiner Aussage nach wurde die Atombombe entweder aus Uran oder Thorium hergestellt, allerdings war er sich nicht ganz sicher. Zudem bezog er seine Informationen aus dritter Hand. Es war ihm zugetragen worden, dass bei Auer metallisches Thorium produziert wurde, für das ihm keine Verwendung bekannt gewesen sei.137) In dem zusammenfassenden Tätigkeitsbericht Georg Stetters über das II. Physikalische Institut in Wien wird von experimentellen Forschungen der Spaltbarkeit Thoriums berichtet, mit der man sich näher befasst habe. Neben den Bestimmungen der Halbwertszeit verschiedener Thorium- wie Uranisotope konnte auch der Beweis der Spaltbarkeit des Th230, seinerzeit „Ionium" genannt, erbracht werden. Interessant ist als Ergänzung zu der in Kapitel 7 vorgestellten Theorie, dass man sich in Wien zur exakten Bestimmung der Neutronenmasse Neutronen bediente, die mittels des Kernphotoeffektes aus Deuterium generiert wurden.[138)] Demnach ist zumindest eine kernphysikalische Anwendung des Thoriums untersucht worden. Ob es aber möglicherweise zur Transmutation in den Spaltstoff U233 herangezogen wurde, ist nicht eindeutig verifizierbar, aber wahrscheinlich. Unmittelbar nach dem Kriegsende, am 03. September 1945, entstand durch den Niederländer Gerard Peter Kuiper, Mitarbeiter der „ALSOS"-Mission, das Vernehmungsprotokoll Friedrich Houtermans', dem wir schon mehrfach begegnet sind. Wir erinnern uns: Houtermans arbeitete zeitweise in den Laboratorien Manfred von Ardennes und beschäftigte sich intensiv mit der Kernspaltung. Der Interrogationsbericht lässt aufhorchen, trägt dieser doch den Titel „Wie man Thorium zur Erzeugung von Kernenergie durch Kernspaltung nutzt":

„Man nehme reines Thorium oder Thoriumoxid und mische dazu etwas von U238 abgetrenntes U 235 oder Pu 239. Die Menge an U235 oder 239 wird vermutlich weniger als 0,7 % betragen, da der Resonanzeinfang in Th stärker zu sein scheint als in U238. Durch Neutroneneinfang wird Th233 gebildet. Das Gemisch sollte so bemessen sein, dass in schwerem Wasser, möglicherweise auch in metallischem Beryllium oder sogar BeO, oder in Graphit die Kettenreaktion gerade erst in Gang gesetzt und nur durch Resonanzeinfang von Th232 gebremst wird.
Es mag sein, dass die Kettenreaktion nur bei niedrigen Temperaturen funktioniert, wenn die Breite des Th-Resonanzeinfangs durch Doppler-Verbreiterung gegeben ist. Dies gilt umso mehr, je schwerer das Material ist, dass die Neutronen verlangsamt, z. B. bei Graphit.
Es könnte notwendig sein, die bei der Kettenreaktion freigesetzte Energie auch bei niedrigen Temperaturen abzukühlen, aber jedes verlorene Neutron bildet ein Atom Th 233, das mit T=23 min zu Pa 233 zerfällt, einem Körper, von dem bekannt ist, dass er auch β-Strahlen aussendet und in U 233 zerfällt. U 233 scheint eine ziemlich lange Halbwertszeit zu haben und könnte α-aktiv sein.
Aber aus allgemeinen Überlegungen, entsprechend denen von Bohr-Wheeler, würde ich eher davon ausgehen, dass U 233 eine ausreichend

niedrige Spaltschwelle hat, dass thermische Neutronen in der Lage sind, eine thermische Spaltung auszulösen. Da man durch die Kettenreaktion in dem abgetrennten Isotop U235 oder 239 wägbare Mengen an Neutronen erhält, kann man entweder U 233 so weit anreichern, dass die Kettenreaktion bei normalen Temperaturen einsetzt oder man trennt U 233 chemisch aus dem Thoriumgemisch ab und verwendet es wie U235 oder 239 als Brennstoff für die Maschine.“[139)]

Wie Houtermans an sein Wissen gelangte, ist nicht bekannt. Vermutlich durch seine Forschungen oder Informationen Dritter während der Zeit des Dritten Reiches. Aufgrund der sehr zeitnahen Vernehmung nach Kriegsende kann auch praktisch ausgeschlossen werden, dass er sich dieses Wissen durch anderweitige Publikationen seitens der Siegermächte hatte aneignen können. Festzuhalten bleibt, dass zumindest er selbst den Weg des Th232 über das Zwischenprodukt Pa233 in U233 kannte und damit einen weiteren Spaltstoff. Seine Aussage impliziert, dass sich entweder er oder andere Wissenschaftler nicht allein theoretisch, sondern empirisch mit der Umwandlung des Thoriums durch Neutronenbestrahlung beschäftigt hatten.Es ist jedoch wenig wahrscheinlich, dass er alleiniger Wissensträger dieser Materie war. Doch hier kann nur gemutmaßt werden; Beweise liegen derzeit nicht vor. So kann das Rätsel um die kernphysikalische Anwendung des Thoriums nicht abschließend geklärt werden.

---

1) Todd H. Rider: Forgotten Creators. How German-Speaking Scientists and Engineers Invented the Modern World, And What We Can learn from Them, 01.06.2020, S. 2399 (Abschnitt D2.1). Online abrufbar: www.riderinstitute.org.

2) Rainer Karlsch: Was geschah im März 1945? Dokumente und Zeugenaussagen zu den Tests auf dem Truppenübungsplatz Ohrdruf, in: Rainer Karlsch, Heiko Petermann: Für und Wider Hitlers Bombe. Studien zur Atomforschung in Deutschland, Münster, New York, München, Berlin, 2007, Waxmann Verlag, S. 29; siehe auch Günter Nagel: Himmlers Waffenforscher – Physiker, Chemiker, Mathematiker und Techniker im Dienste der SS, Aachen, 2011, Helios Verlag, S. 64 f.

3) 3) Ebd., S. 30.

4) 4) Todd H. Rider: Forgotten Creators. How German-Speaking Scientists and Engineers Invented the Modern World, And What We Can learn from Them, 01.06.2020, S. 2469 ff. (Abschnitt D2.1). Online abrufbar: www.riderinstitute.org.

5) Friedrich Hugo Harting, Werner Hesse: Der Lungenkrebs, die Bergkrankheit in den Schneeberger Gruben, 1879. Online unter der Industry Documents Library der University of California, San Francisco, abrufbar: www.industrydocument.ucsf.edu.

6) Todd H. Rider: Forgotten Creators. How German-Speaking Scientists and Engineers Invented the Modern World, And What We Can learn from Them, 01.06.2020, S. 2497 ff. und 2532 ff. (Abschnitt D2.1). Online abrufbar: www.riderinstitute.org.

7) Ebd., S. 2402 ff. (Abschnitt D2.1) und 2670 (Abschnitt D2.4).

8) Ebd., S. 2669 ff. (Abschnitt D2.4).

9) Heinz J. Nowarra: Die deutsche Luftrüstung 1933–1945, Bd. 4, Koblenz, 1993, Bernard & Graefe Verlag, S. 137.

10) Todd H. Rider: Forgotten Creators. How German-Speaking Scientists and Engineers Invented the Modern World, And What We Can learn from Them, 01.06.2020, S. 2732 ff. (Abschnitt D2.5). Online abrufbar: www.riderinstitute.org.

11) Ebd., S. 2988 f. (Abschnitt D2.10).

12) Wolfgang Ebsen: Der Interrogations-Report des Rudolf Zinsser, in Rainer Karlsch, Heiko Petermann: Für und Wider Hitlers Bombe. Studien zur Atomforschung in Deutschland, Münster, New York, München, Berlin, 2007, Waxmann Verlag, S. 163.

13) Rainer Karlsch: Was geschah im März 1945? Dokumente und Zeugenaussagen zu den Tests auf dem Truppenübungsplatz Ohrdruf, in: Rainer Karlsch, Heiko Petermann: Für und Wider Hitlers Bombe. Studien zur Atomforschung in Deutschland , Münster, New York, München, Berlin, 2007, Waxmann Verlag, S. 28 ff.

14) Todd H. Rider: Forgotten Creators. How German-Speaking Scientists and Engineers Invented the Modern World, And What We Can learn from Them, 01.06.2020, S. 2853 ff. (Abschnitt D2.8). Online abrufbar: www.riderinstitute.org.

15) Henrik Eberle, Matthias Uhl: Das Buch Hitler, Bergisch Gladbach, 2007, Verlagsgruppe Lübbe, S. 431.

16) Ebd., S. 347.

17) Ebd., S. 429 ff.

18) Todd H. Rider: Forgotten Creators. How German-Speaking Scientists and Engineers Invented the Modern World, And What We Can learn from Them, 01.06.2020, S. 2855 (Abschnitt D2.8). Online abrufbar: www.riderinstitute.org.

19) Rainer Karlsch: Ein inszenierter Selbstmord. Überlebte Hitlers letzter Hoffnungsträger, SS-Obergruppenführer Hans Kammler den Krieg?, in: Zeitschrift für Geschichtswissenschaft, Heft 6, 2014, Metropol Verlag, S. 485 ff. (Vgl. Albert Speer: Der Sklavenstaat – Meine Auseinandersetzung mit der SS, S. 342.)

20) Ebd., S. 52.

21) Frank Döbert, Rainer Karlsch: Hans Kammler, Hitler's Last Hope, in: American Hands, hrsg. vom Woodrow Wilson International Center For Schoolers, Cold War International History Project, Working Paper 91, Washington D. C., August 2019. Online abrufbar: www.wilsoncenter.org.

22) Todd H. Rider: Forgotten Creators. How German-Speaking Scientists and Engineers Invented the Modern World, And What We Can learn from Them, 01.06.2020, S. 2949 (Abschnitt D2.10). Online abrufbar: www.riderinstitute.org.

23) Frank Döbert, Rainer Karlsch: Hans Kammler, Hitler's Last Hope, in: American Hands, hrsg. vom Woodrow Wilson International Center For Schoolers, Cold War International History Project, Working Paper 91, Washington D. C., August 2019. Online abrufbar: www.wilsoncenter.org.

24) Ebd.

25) Rainer Fröbe: Hans Kammler – Technokrat der Vernichtung, in: Ronald Schmelzer, Enrico Syring: Die SS – Elite unter dem Totenkopf, Paderborn, 2003, Verlag Ferdinand Schöningh, S. 316 f.

26) Jörg Skriebeleit: Hradschinsko, in: Wolfgang Benz: Der Ort des Terrors: Geschichte der nationalsozialistischen Konzentrationslager, München, 2006, Verlag C. H. Beck, S. 154.

27) Jaroslav Krupka: Posledni bitva druhe svetove valky. Nemci rozpoutali u Milina nesmyslny teror (Die letzte Schlacht des Zweiten Weltkrieges. Die Deutschen haben in der Nähe von Milin sinnlosen Terror ausgelöst), DOTYK Historie, 11.05.2018. Online abrufbar: www.dotyk.cz.

28) T. Dennis Reece: Mission to Stechovice – How Americans Took Nazi Documents From Czechoslovakia and Created a diplomatic Crisis, in: Prologue Magazin, Vol. 39, Nr. 4, Winter 2007. Online unter der U. S. National Archives and Rekords Administration NARA abrufbar: www.archives.gov.

29) Todd H. Rider: Forgotten Creators. How German-Speaking Scientists and Engineers Invented the Modern World, And What We Can learn from Them, 31.12.2020, S. 2878 ff. (Abschnitt D2.1). Online abrufbar: www.riderinstitute.org.

30) Hans Walter Wichert: Decknamenverzeichnis deutscher unterirdischer Bauten, Ubootbunker, Ölanlagen, chemischer Anlagen und WIFO-Anlagen des zweiten Weltkrieges, Marsberg, 1999, Verlag Joh. Schulte, S. 26 und 116. Blaumeise I-III

(Tunnel Luk) trug die Ordnungsnummer 275/76/77; Blaumeise IV-VI (Tunnel Libritz) die Nummer 278/80 des Amtes Bau-OT, Amtsgruppe Technik.

31) Walter Naasner: SS-Wirtschaft und Verwaltung (Schriften des Bundesarchivs 45a), Düsseldorf, 1998, Droste Verlag, S. 341.

32) Frank Döbert: Über das Wirken von Hans Kammler in den letzten Kriegswochen 1945 und Erklärungsansätze über seinen Verbleib, in: Betrifft Widerstand, Zeitschrift des Vereins für Zeitgeschichte Museum und KZ-Gedenkstätte Ebensee, Nr. 119, Dezember 2015, S. 9. Online abrufbar: www.memorial-ebensee.at.

33) Rainer Karlsch: Ein inszenierter Selbstmord. Überlebte Hitlers letzter Hoffnungsträger, SS-Obergruppenführer Hans Kammler den Krieg?, in: Zeitschrift für Geschichtswissenschaft, Heft 6, 2014, Metropol Verlag, S. 485 ff.

34) Todd H. Rider: Forgotten Creators. How German-Speaking Scientists and Engineers Invented the Modern World, And What We Can learn from Them, 01.06.2020, S. 2946 ff. (Abschnitt D2.10). Online abrufbar: www.riderinstitute.org.

35) Frank Döbert: Über das Wirken von Hans Kammler in den letzten Kriegswochen 1945 und Erklärungsansätze über seinen Verbleib, in: Betrifft Widerstand, Zeitschrift des Vereins für Zeitgeschichte Museum und KZ-Gedenkstätte Ebensee, Nr. 119, Dezember 2015, S. 10. Online abrufbar: www.memorial-ebensee.at.

36) Walter Naasner: SS-Wirtschaft und Verwaltung (Schriften des Bundesarchivs 45a), Düsseldorf, 1998, Droste Verlag, S. 341.

37) Alexander vom Hofe: Vier Prinzen zu Schaumburg-Lippe, Kammler und von Behr, Madrid, 2013, Vierprinzen, S. L. (Verlag/Editoral), S. 67 ff. Online im Repositorium der Freien Universität Berlin abrufbar: www.refubrium.fu-berlin.de.

38) Rainer Karlsch: Ein inszenierter Selbstmord. Überlebte Hitlers letzter Hoffnungsträger, SS-Obergruppenführer Hans Kammler den Krieg?, in: Zeitschrift für Geschichtswissenschaft, Heft 6, 2014, Metropol Verlag, S. 485 ff.

39) Todd H. Rider: Forgotten Creators. How German-Speaking Scientists and Engineers Invented the Modern World, And What We Can learn from Them, 01.06.2020, S. 2950 (Abschnitt D2.10). Online abrufbar: www.riderinstitute.org.

40) Rainer Karlsch: Ein inszenierter Selbstmord. Überlebte Hitlers letzter Hoffnungsträger, SS-Obergruppenführer Hans Kammler den Krieg?, in: Zeitschrift für Geschichtswissenschaft, Heft 6, 2014, Metropol Verlag, S. 485 ff.

41) Todd H. Rider: Forgotten Creators. How German-Speaking Scientists and Engineers Invented the Modern World, And What We Can learn from Them, 01.06.2020, S. 2953 ff. (Abschnitt D2.10). Online abrufbar: www.riderinstitute.org.

42) Frank Döbert, Rainer Karlsch: Hans Kammler, Hitler's Last Hope, in: American Hands, hrsg. vom Woodrow Wilson International Center For Schoolers, Cold War International History Project, Working Paper 91, Washington D. C., August 2019. Online abrufbar: www.wilsoncenter.org. Siehe hierzu auch Todd H. Rider: Forgotten Creators. How German-Speaking Scientists and Engineers Invented the Modern World, And What We Can learn from Them, 01.06.2020, S. 2957 f. (Abschnitt D2.10). Online abrufbar: www.riderinstitute.org.

43) Frank Döbert: Über das Wirken von Hans Kammler in den letzten Kriegswochen 1945 und Erklärungsansätze über seinen Verbleib, in: Betrifft Widerstand, Zeitschrift des Vereins für Zeitgeschichte Museum und KZ-Gedenkstätte Ebensee, Nr. 119, Dezember 2015, S. 12. Online abrufbar: www.memorial-ebensee.at.

44) Todd H. Rider: Forgotten Creators. How German-Speaking Scientists and Engineers Invented the Modern World, And What We Can learn from Them, 01.06.2020, S. 2957 (Abschnitt D2.10). Online abrufbar: www.riderinstitute.org; und in: Rainer Karlsch: Ein inszenierter Selbstmord. Überlebte Hitlers letzter Hoffnungsträger, SS-Obergruppenführer Hans Kammler den Krieg?, in: Zeitschrift für Geschichtswissenschaft, Heft 6, 2014, Metropol Verlag, S. 485 ff.

45) Frank Döbert: Über das Wirken von Hans Kammler in den letzten Kriegswochen 1945 und Erklärungsansätze über seinen Verbleib, in: Betrifft Widerstand, Zeitschrift des Vereins für Zeitgeschichte Museum und KZ-Gedenkstätte Ebensee, Nr. 119, Dezember 2015, S. 12 f. Online abrufbar: www.memorial-ebensee.at.

46) Todd H. Rider: Forgotten Creators. How German-Speaking Scientists and Engineers Invented the Modern World, And What We Can learn from Them, 31.12.2020, S. 3430 f. (Abschnitt D2.10). Online abrufbar: www.riderinstitute.org.

47) Frank Döbert: Über das Wirken von Hans Kammler in den letzten Kriegswochen 1945 und Erklärungsansätze über seinen Verbleib, in: Betrifft Widerstand, Zeitschrift des Vereins für Zeitgeschichte Museum und KZ-Gedenkstätte Ebensee, Nr. 119, Dezember 2015, S. 15 ff. Online abrufbar: www.memorial-ebensee.at.

48) Vgl. hierzu Wolfgang Zdral: Die Hitlers – Die unbekannte Familie des Führers, Frankfurt, New York, Campus Verlag, 2005.

49) Fritz Hahn: Waffen und Geheimwaffen des deutschen Heeres 1933–1945, Bd. 2, Koblenz, 1987, Bernard & Graefe Verlag, S. 162 ff.

50) Wolfgang Gückelhorn, Detlev Paul: V2 – gefrorene Blitze. Einsatzgeschichte der V2 aus Eifel, Hunsrück und Westerwald 1944/1945, Aachen, 2012, Helios Verlag, S. 182 f.

51) Michael J. Neufeld: Die Rakete und das Reich – Wernher von Braun, Peenemünde und der Beginn des Raketenzeitalters, Berlin, 1999, Henschel Verlag, S. 301.

52) Walter Dornberger: Peenemünde – Die Geschichte der V-Waffen, Berlin, 2008, Ullstein Verlag, S. 274.

53) Fritz Hahn: Waffen und Geheimwaffen des deutschen Heeres 1933–1945, Bd. 2, Koblenz, 1987, Bernard & Graefe Verlag, S. 170 f.

54) Joachim Engelmann: Geheime Waffenschmiede Peenemünde – V2 – Wasserfall – Schmetterling, Eggolsheim, 2006, Dörfler Verlag, S. 45.

55) Walter Dornberger: Peenemünde – Die Geschichte der V-Waffen, Berlin, 2008, Ullstein Verlag, S. 158 und 266.

56) Michael J. Neufeld: Die Rakete und das Reich – Wernher von Braun, Peenemünde und der Beginn des Raketenzeitalters, Berlin, 1999, Henschel Verlag, S. 299 f.

57) Ebd., S. 191 f.

58) Thomas Kliebenschedel: A4/V2 Raketenfertigung in Friedrichshafen, Kapitel 6: Das Triebwerk und die Reichweite sowie Kapitel 7: Das Aggregat 8 Version, 2004. Online abrufbar: www.v2werk-oberradebach.de.

59) Michael J. Neufeld: Die Rakete und das Reich – Wernher von Braun, Peenemünde und der Beginn des Raketenzeitalters, Berlin, 1999, Henschel Verlag, S. 191.

60) Todd H. Rider: Forgotten Creators. How German-Speaking Scientists and Engineers Invented the Modern World, And What We Can learn from Them, 01.06.2020, S. 3188 (Abschnitt E2.2). Online abrufbar: www.riderinstitute.org.

61) Ebd., S. 3181 (Abschnitt E2.2).

62) Ebd., S. 3199 (Abschnitt E2.2).

63) Ebd., S. 3210 (Abschnitt E2.2).

64) Ebd., S. 3220 ff. (Abschnitt E2.2).

65) Ebd., S. 3230 (Abschnitt E2.2).

66) Ebd., S. 3253 f. (Abschnitt E2.2).

67) Walter Dornberger: Peenemünde – Die Geschichte der V-Waffen, Berlin, 2008, Ullstein Verlag, S. 158 f.

68) Todd H. Rider: Forgotten Creators. How German-Speaking Scientists and Engineers Invented the Modern World, And What We Can learn from Them, 01.06.2020, S. 3242 (Abschnitt E2.2). Online abrufbar: www.riderinstitute.org.

69) Ebd., S. 3270 (Abschnitt E2.2).

70) Ebd., S. 3271 (Abschnitt E2.2).

71) Walter Dornberger: Peenemünde – Die Geschichte der V-Waffen, Berlin, 2008, Ullstein Verlag, S. 157.

72) Todd H. Rider: Forgotten Creators. How German-Speaking Scientists and Engineers Invented the Modern World, And What We Can learn from Them, 01.06.2020, S. 3305 (Abschnitt E2.2). Online abrufbar: www.riderinstitute.org.

73) Ebd., S. 3515 ff. (Abschnitt E4.3).

74) Matthias Uhl: Stalins V2. Der Technologietransfer der deutschen Fernlenkwaffen in die UdSSR und der Aufbau der sowjetischen Raketenindustrie 1945 bis 1959, Bonn, 2001, Bernard & Graefe Verlag, S. 217.
75) Ebd., S. 220.
76) Todd H. Rider: Forgotten Creators. How German-Speaking Scientists and Engineers Invented the Modern World, And What We Can learn from Them, 31.12.2020, S. 3610 (Abschnitt E2.1). Online abrufbar: www.riderinstitute.org.
77) Ebd., S. 3743 (Abschnitt E2.2).
78) Vgl. Wolfgang Gückelhorn, Detlev Paul: V2 – gefrorene Blitze. Einsatzgeschichte der V2 aus Eifel, Hunsrück und Westerwald 1944/1945, Aachen, 2012, Helios Verlag.
79) Todd H. Rider: Forgotten Creators. How German-Speaking Scientists and Engineers Invented the Modern World, And What We Can learn from Them, 01.06.2020, S. 3190 ff. (Abschnitt E2.2). Online abrufbar: www.riderinstitute.org.
80) Ebd., S. 3198 (Abschnitt E2.2).
81) Ebd., S. 3200 ff. (Abschnitt E2.2).
82) Jürgen Michels: Peenemünde und seine Erben in Ost und West: Entwicklung und Weg deutscher Geheimwaffen, Koblenz, 1997, Bernard & Graefe Verlag, S. 277 f.
83) Fritz Hahn: Waffen und Geheimwaffen des deutschen Heeres 1933–1945, Bd. 2, Koblenz, 1987, Bernard & Graefe Verlag, S. 169.
84) Vgl. hierzu: Matthias Uhl: Stalins V2. Der Technologietransfer der deutschen Fernlenkwaffen in die UdSSR und der Aufbau der sowjetischen Raketenindustrie 1945 bis 1959, Bonn, 2001, Bernard & Graefe Verlag.
85) Ebd., S. 178 f.
86) Michael J. Neufeld: Die Rakete und das Reich – Wernher von Braun, Peenemünde und der Beginn des Raketenzeitalters, Berlin, 1999, Henschel Verlag, S. 268.
87) Matthias Uhl: Stalins V2. Der Technologietransfer der deutschen Fernlenkwaffen in die UdSSR und der Aufbau der sowjetischen Raketenindustrie 1945 bis 1959, Bonn, 2001, Bernard & Graefe Verlag, S. 177 ff.
88) Todd H. Rider: Forgotten Creators. How German-Speaking Scientists and Engineers Invented the Modern World, And What We Can learn from Them, 31.12.2020, S. 3989 ff. (Abschnitt E2.5). Online abrufbar: www.riderinstitute.org.
89) Walter Dornberger: Peenemünde – Die Geschichte der V-Waffen, Ullstein Verlag, Berlin, 2008, S. 157 f.
90) Michael J. Neufeld: Die Rakete und das Reich – Wernher von Braun, Peenemünde und der Beginn des Raketenzeitalters, Henschel Verlag, Berlin, 1999, S. 299 f.
91) Vgl.: Antony Beevor: Die Ardennen-Offensive 1944: Hitlers letzte Schlacht im Westen, C. Bertelsmann Verlag, München, 2016

92) Walter Dornberger: Peenemünde – Die Geschichte der V-Waffen, Ullstein Verlag, Berlin, 2008, S. 266

93) Wolgang Gückelhorn, Detlev Paul: V2 – gefrorene Blitze, Einsatzgeschichte der V2 aus Eifel, Hunsrück und Westerwald 1944/1945, Helios Verlag, Aachen, 2012, S. 7

94) Fritz Hahn: Waffen und Geheimwaffen des deutschen Heeres 1933–1945, Band 2, Bernard & Graefe Verlag, Koblenz, 1987, S. 167

95) Philip Henshall: The Nuclear Axis, Sutton Publishing Limited, Gloucestershire, 2000, S. 123 f.

96) Aktenbestand: „ERPROBUNGSAUFBAU (experimental structure), Ministry of Supply: Guided Projectile Establishment: German Rocket Research, Drawings. A4 ROCKET (V2). 2000 series. ERPROBUNGSAUFBAU (experimental structure). Other references: E2460B, Held by: The National Archives, Kew – Ministry of Aviation, Date: 1943, Reference: AVIA 40/717, Subjects: Weapons", www.nationalarchives.gov.uk, A. d. V.: „AVIA" steht für „Ministry of Aviation"

97) vergl. hierzu: Walter Dornberger: Peenemünde – Die Geschichte der V-Waffen, Ullstein Verlag, Berlin, 2008, S. 234, S. 240 f., S. 244 und S. 247, Michael J. Neufeld: Die Rakete und das Reich – Wernher von Braun, Peenemünde und der Beginn des Raketenzeitalters, Henschel Verlag, Berlin, 1999, S. 266 ff.

98) Walter Dornberger: Peenemünde – Die Geschichte der V-Waffen, Ullstein Verlag, Berlin, 2008, S. 235

99) Rudolf Kollath, Gerhard Schumann: Untersuchungen an einem 15-MV-Betatron, Zeitschrift für Naturforschung, 2 a, 1947, S. 634–642, www.zfn.mpdl.mpg.de

100) Information durch: Ralph Burmester M.A, 15. 03. 2022., Wissenschaftlicher Mitarbeiter Deutsches Museum Bonn, www.deutsches-museum-bonn.de

101) Adolf Hitler: Rede im Artushof Danzig am 19. September 1939. Online abrufbar: www.archive.org/details/19390919AdolfHitlerRedeImArtushofInDanzig1h02m.

102) David Rennert: Der Oslo-Report – Wie ein deutscher Physiker die geheimen Pläne der Nazis verriet, Salzburg, Wien, 2021, Residenz Verlag, S. 27 ff.

103) Ebd., S. 32 ff.

104) Paul Lawrence Rose: Heisenberg – Und das Atombombenprojekt der Nazis, Zürich, 2001, Pendo Verlag, S. 335.

105) Ebd., S. 345 f.

106) Ebd., S. 351 ff.

107) Ernst Peter Fischer: Carl Friedrich von Weizsäcker hat wohl gelogen, in: Die Welt online, 03.11.2011. Online abrufbar: https://www.welt.de/kultur/history.

108) Paul Lawrence Rose: Heisenberg – Und das Atombombenprojekt der Nazis, Zürich, 2001, Pendo Verlag, S. 295 f.

109) Ebd., S. 319.

110) Ebd., S. 348.

111) Rainer Karlsch: Hitlers Bombe – Die geheime Geschichte der deutschen Kernwaffenversuche, München, 2005, Deutsche Verlags-Anstalt, S. 39 f.

112) Paul Lawrence Rose: Heisenberg – Und das Atombombenprojekt der Nazis, Pendo Verlag, Zürich, 2001, S. 204 ff.

113) Rainer Karlsch: Hitlers Bombe – Die geheime Geschichte der deutschen Kernwaffenversuche, München, 2005, Deutsche Verlags-Anstalt, S. 79.

114) Paul Lawrence Rose: Heisenberg – Und das Atombombenprojekt der Nazis, Zürich, 2001, Pendo Verlag, S. 308 f.

115) Rainer Karlsch: Hitlers Bombe – Die geheime Geschichte der deutschen Kernwaffenversuche, München, 2005, Deutsche Verlags-Anstalt, S. 80.

116) Paul Lawrence Rose: Heisenberg – Und das Atombombenprojekt der Nazis, Zürich, 2001, Pendo Verlag, S. 309 f.

117) Ebd., S. 315.

118) Ebd., S. 339 f.

119) Ebd., S. 317 f.

120) Bernd Graff: Von einem höheren Himmel – 100 Jahre Carl Friedrich von Weizsäcker, in: Süddeutsche Zeitung, 28.06.2012. Online abrufbar: https://www.sueddeutsche.de.

121) Ebd., S. 164 f.

122) Rainer Karlsch: Hitlers Bombe – Die geheime Geschichte der deutschen Kernwaffenversuche, München, 2005, Deutsche Verlags-Anstalt, S. 75 und 322 ff.

123) Paul Lawrence Rose: Heisenberg – Und das Atombombenprojekt der Nazis, Zürich, 2001, Pendo Verlag, S. 178 ff.

124) Ebd., S. 69 f.

125) Ebd., S. 312.

126) Ebd., S. 336.

127) Zitat von C. F. von Weizsäcker in Michael Stürmer: Im Banne des Atoms (Nachruf auf C. F. von Weizsäcker), in: Die Welt, 30.04.2007, S. 10.

128) Michael Schaaf, Hartwig Spitzer: Interview mit C. F. von Weizsäcker, Starnberg, 07.03.1996, in: Physik unserer Zeit, 39. Jahrgang, 2006. Online abrufbar: www.phiuz.de.

129) Ernst Peter Fischer im Gespräch mit Burkhard Müller-Ullrich: Von Weizsäcker wollte mit der Bombe „den Führer führen", in: Deutschlandradio, 26.06.2012. Online abrufbar: https://www.deutschlandfunk.de.

130) Todd H. Rider: Forgotten Creators. How German-Speaking Scientists and Engineers Invented the Modern World, And What We Can learn from Them, 31.12.2020, S. 3524 (Abschnitt D3.6). Online abrufbar: www.riderinstitute.org.

131) Lise Meitner, Fritz Strassmann, Otto Hahn: Künstliche Umwandlungsprozesse bei Bestrahlung des Thoriums mit Neutronen. Auftreten isomerer Reihen durch Abspaltung von α-Strahlen, in: Zeitschrift für Physik, Vol. 109, Berlin, 1938, Springer Verlag, S. 538 ff.

132) Y. Nishina, T. Yasaki, K. Kimura, M. Ikawa: Artifical Production of Uranium Y from Thorium, in: Nature, Vol. 142, 12.11.1938, S. 874.

133) Günter Nagel: Atomversuche in Deutschland, Zella-Mehlis/Meiningen, 2003, Heinrich-Jung-Verlagsgesellschaft, S. 108 ff.

134) Karl-Heinz Szeifert: Radioaktive Zahncreme Doramad – für „strahlend" weiße Zähne, in: MTA-R-radiologie/technologie, 08.03.2019. Online abrufbar: https://www.mta-r.de.

135) Todd H. Rider: Forgotten Creators. How German-Speaking Scientists and Engineers Invented the Modern World, And What We Can learn from Them, 31.12.2020, S. 2899 (Abschnitt D2.1). Online abrufbar: www.riderinstitute.org.

136) Ebd., S. 2899 (Abschnitt D2.1).

137) Geheimdokumente zum Deutschen Atomprogramm 1938–1945, CD-ROM des Deutschen Museums, Rubrik: ALSOS Berichte, Abschnitt: Protokoll der Befragung von Ernst Nagelstein, November 1944, 2001, Blatt 1.

138) Ebd., Rubrik: Forschungszentren Wien, Heidelberg, Straßburg, Abschnitt: Tätigkeitsbericht des II. Physikalischen Institutes der Universität Wien, Blätter 20 und 21.

139) Todd H. Rider: Forgotten Creators. How German-Speaking Scientists and Engineers Invented the Modern World, And What We Can learn from Them, 31.12.2020, S. 2898 (Abschnitt D2.1). Online abrufbar: www.riderinstitute.org.

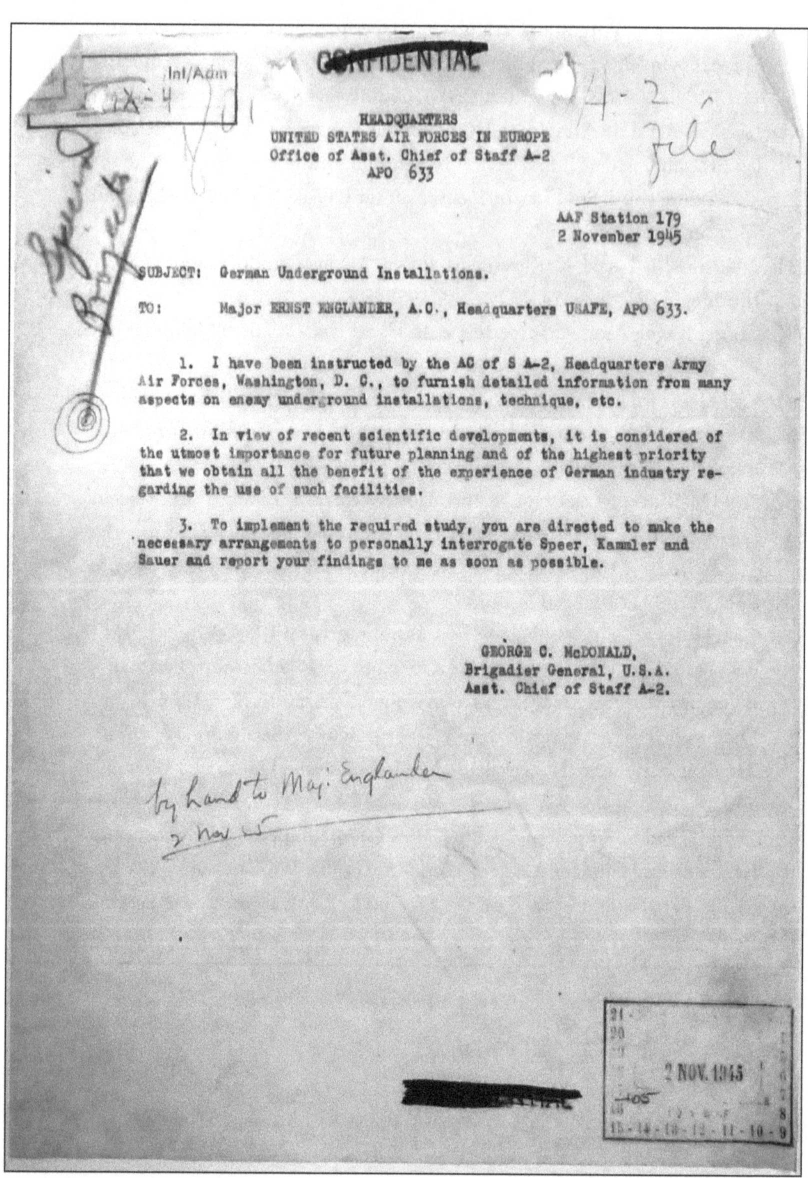

CONFIDENTIAL

HEADQUARTERS
UNITED STATES AIR FORCES IN EUROPE
Office of Asst. Chief of Staff A-2
APO 633

AAF Station 179
2 November 1945

SUBJECT: German Underground Installations.

TO: Major ERNST ENGLANDER, A.C., Headquarters USAFE, APO 633.

1. I have been instructed by the AC of S A-2, Headquarters Army Air Forces, Washington, D. C., to furnish detailed information from many aspects on enemy underground installations, technique, etc.

2. In view of recent scientific developments, it is considered of the utmost importance for future planning and of the highest priority that we obtain all the benefit of the experience of German industry regarding the use of such facilities.

3. To implement the required study, you are directed to make the necessary arrangements to personally interrogate Speer, Kammler and Sauer and report your findings to me as soon as possible.

GEORGE C. McDONALD,
Brigadier General, U.S.A.
Asst. Chief of Staff A-2.

by hand to Maj. Englander
2 Nov 45

2 NOV. 1945

Aufforderung vom 2. November 1945 an Major E. Englander unter Punkt 3, Speer und Kammler nochmals zu vernehmen.
(Quelle: Todd Rider: Forgotten Creators/NARA)

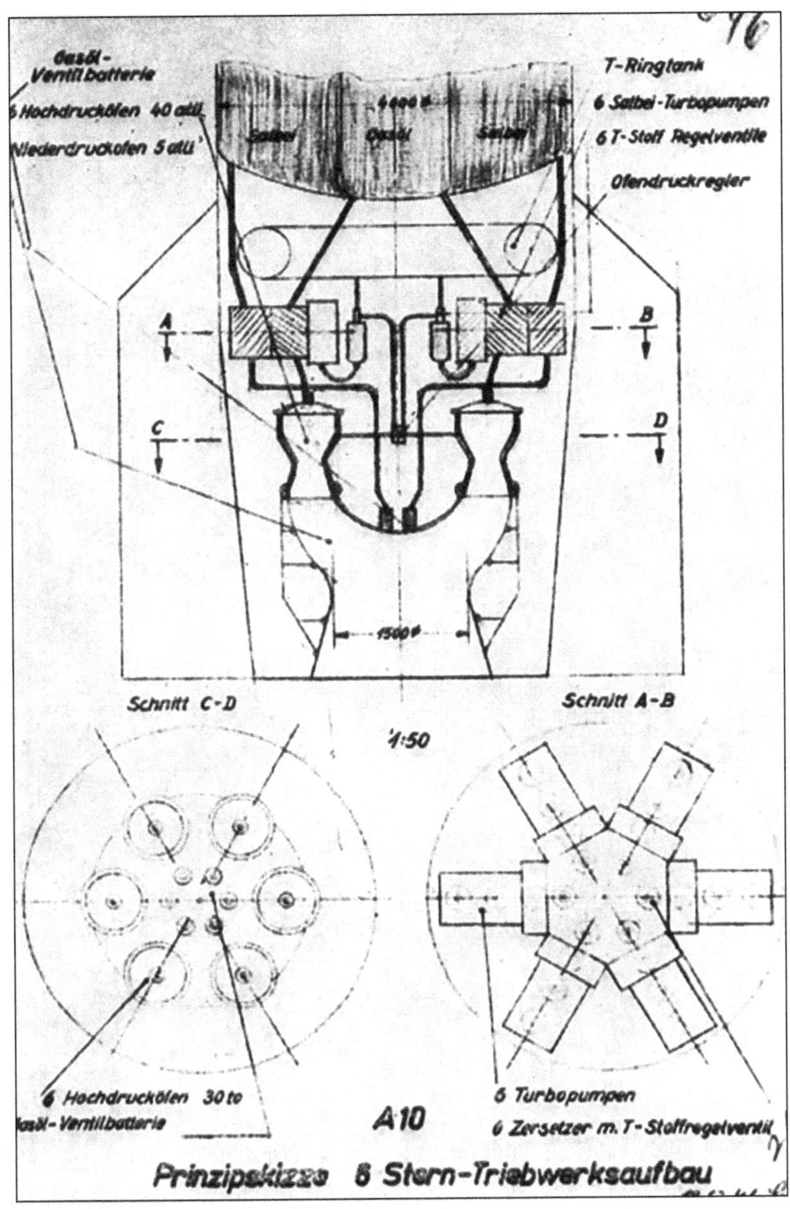

Mögliche Hexagonalanordnung des A4-Triebwerks für eine größere Rakete. (Quelle: DMA München)

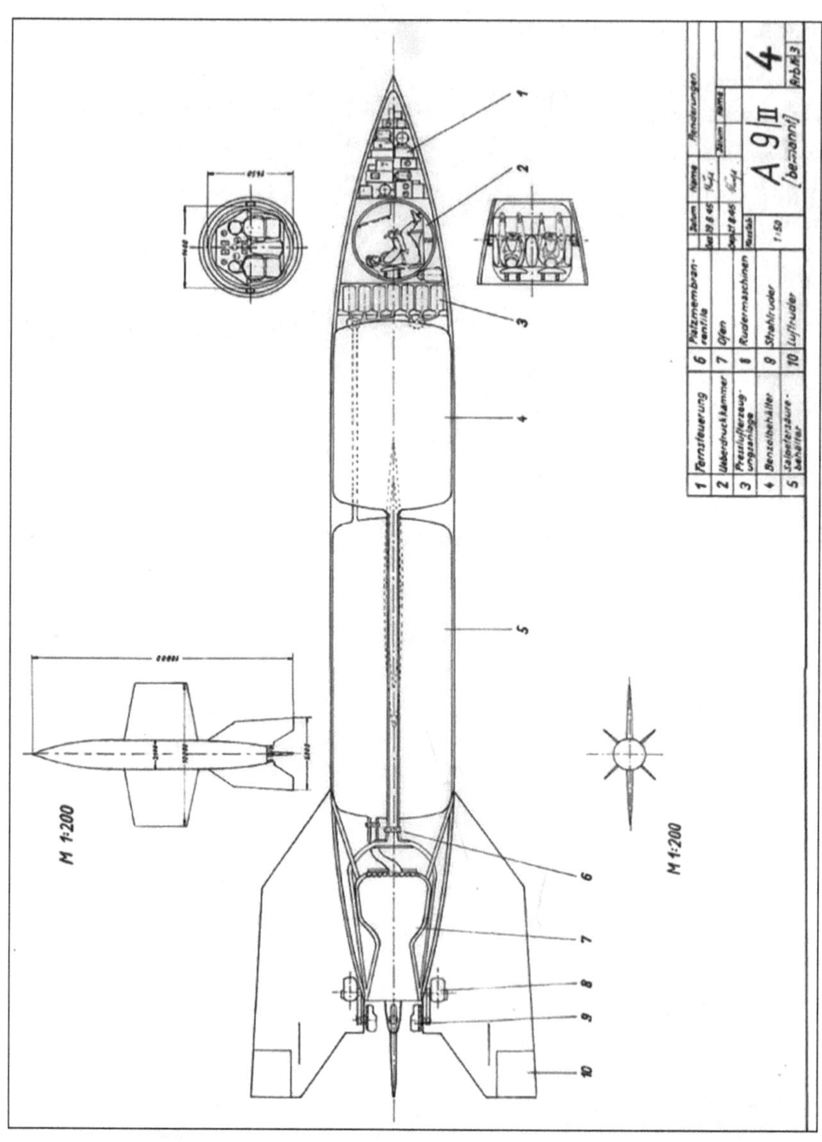

Der Entwurf einer bemannten Rakete auf A4-Basis von Heinz Stoelzel mit der Bezeichnung „A9/II". (Quelle: Todd Rider: Forgotten Creators)

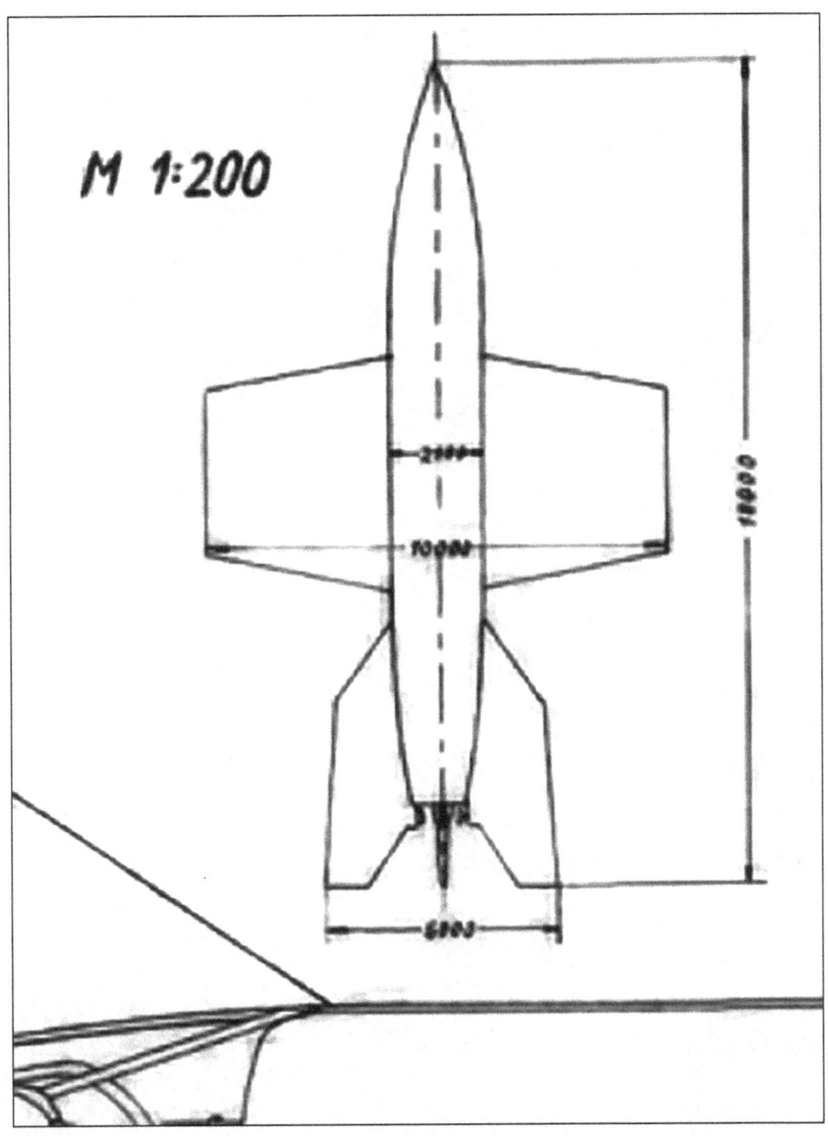

Der vergrößerte Ausschnitt aus dem Stoelzel-Plan zeigt eine A4b-gleiche Rakete, die allerdings deutlich länger ist und einen etwas größeren Durchmesser besitzt. (Quelle: Todd Rider: Forgotten Creators)

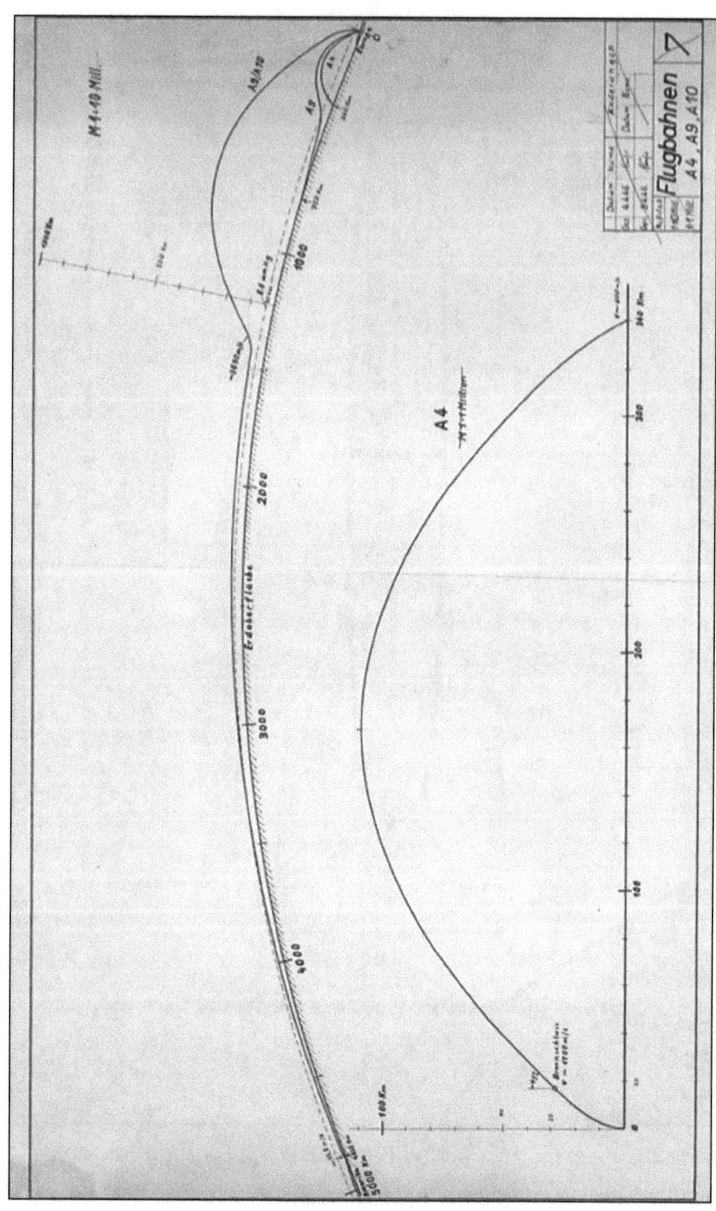

Die geplante ballistische Flugbahn nach Stoelzel.
(Quelle: Todd Rider: Forgotten Creators)

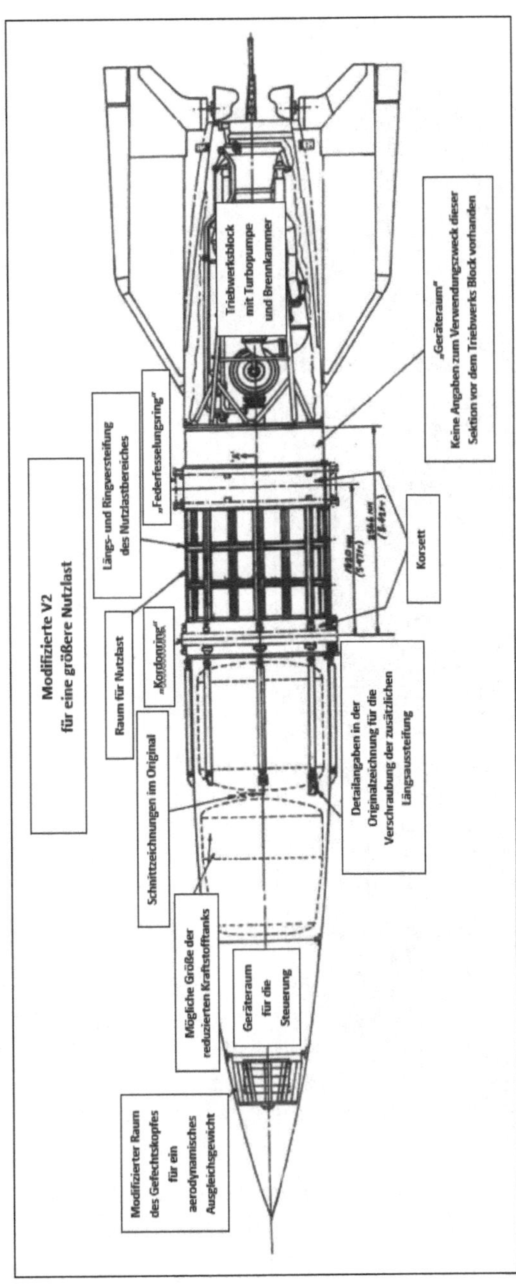

Auf Basis der technische Zeichnung E 2460 B entstandene Skirzze und weist im Vergleich zur Standart A4 einen Nutzlastraum in der mitte der Rakete aus. (Quelle: Vom Autor überarbeitete Skizze auf Basis der Zeichnung von Philip Herschall und des Originals des Britischen Nationalarchivs)

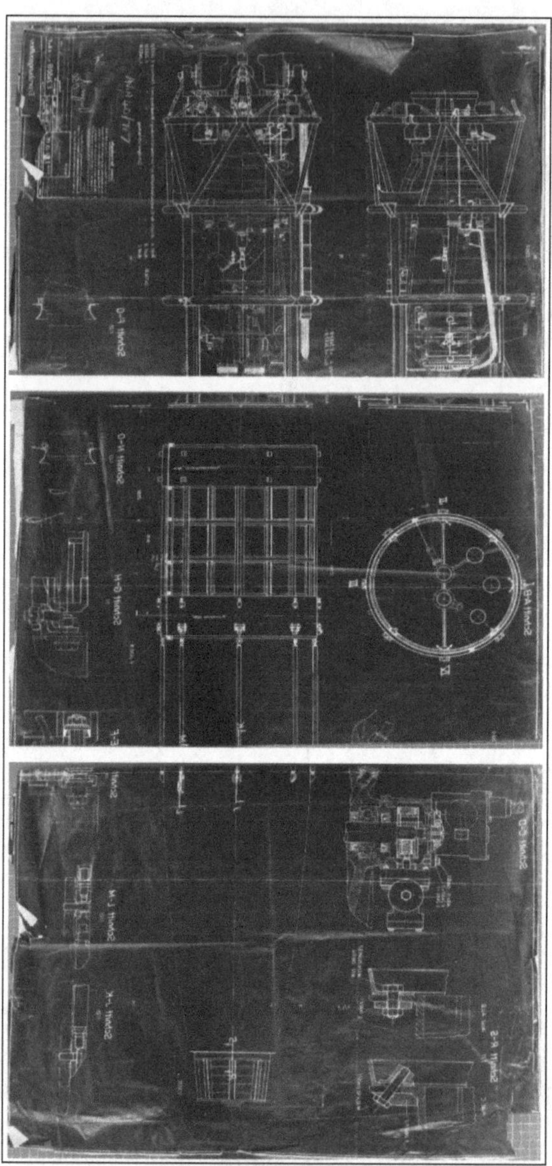

Abbildung der technischen Zeichnung E 2460 B. Im Mittelteil befindet sich der Bereich des möglichen Nutzlastraums. Das Original ist spiegelverkehrt erhalten. (Quelle: Britisches Nationalarchiv, London)

9. Nachwort und Zusammenfassung

Hier wurden einige der sensibelsten wie kritischsten Themen der atomaren Rüstungsentwicklung angesprochen, die sich der öffentlichen Wahrnehmung zumeist entziehen; sei es aus Geheimhaltungsgründen der Regierungen, einem gesteigerten Geltungsdrang der Anti-Atomwaffen-Lobby – die sich in ihrem Repertoire bevorzugt auf die vermeintlich „großen" Waffen beziehen –, sei es die mangelnde Vorstellungskraft all derjenigen (m/w/d), in deren Welt Mini-Nukes mit alternativen Technologien lediglich in James Bonds Abenteuern oder Ethan Hunts unmöglichen Missionen real erscheinen, liegt es an jenen Historikern, die mangels nachweisbarer Fakten oder Sachkenntnis gewissen Ereignissen im Grundsatz skeptisch begegnen, könnte es an der meinungsbildenden Beeinflussung bestimmter Publizisten im Staatsauftrag liegen – so genannten „Amphibien"? Einem ordinären, allgemein gängigen Grundsatz folgend sei die Wahrheit meist offensichtlich. Und gäbe es mehrere Optionen der Wahrheit, sei in der Regel die simpelste Variante die wahrscheinlichste. Vor allem dann, wenn diese nach klassischer Goebbels-Manier medial einem breiten Publikum aufbereitet zugänglich gemacht und omnipräsent wie gebetsmühlenartig wiederholt wird. Ist die Materie jedoch komplex und abstrakt und sind multiple politische Interessen involviert, verliert sie sich in Unverständnis und Desinteresse, falls sie überhaupt den Weg in die Öffentlichkeit findet. Doch die Wahrheit ist niemals offensichtlich. Sie wird von all denjenigen im Verborgenen gehalten, die sie und ihre Auswirkungen fürchten und ein beredtes Interesse daran haben, sie in einer Weise zu kreieren, wie es ihren eigenen Zielen dienlich ist, Regierungen eingeschlossen. Demgegenüber stehen aber auch schützenswerte Interessen, da nicht jede wahrheitsbildende Information der Öffentlichkeit zugänglich gemacht werden kann. Insbesondere, wenn es sich um Waffentechnologien handelt, bei denen man Proliferation unbedingt unterbinden sollte. Autonome oder über Distanz manipulierbare Systeme zählten vor wenigen Jahren noch zum Genre der Science-Fiction; heute sind Drohnen bereits ein fester Bestandteil unserer technologisierten Gesellschaft, autarkes Fahren steht auf der Schwelle zur Einführung. Adaptive Eigenschutzmaßnahmen und Energiewaffen (Directed-Energy Weapons – DEW), wie Laser- und fokussierte, mikrowellenbasierte Systeme (auch nichtletaler Natur, wie das Active Denial System) oder Plasmawaffen (Pulsed Energy Projectile) für vulnerable Ziele, befinden sich längst in der Erprobung, Einführung oder Nutzung.

Das Kernthema dieses Werkes war es, der Frage nach den deutschen Ambitionen hinsichtlich der Entwicklung einer nuklearen Waffe nachzugehen. Die Konzeption dieser umfasste keine Waffe des strategischen Arsenals, sondern rein taktischen Naturells – wobei einzuschränken ist, dass diese bereits die Leistung der bekannten Wirkung von Hiroshima oder Nagasaki übertreffen können. Um den internationalen Vertragsverpflichtungen ordnungsgemäß nachzukommen, galt (und gilt) es, Konstruktionen zu wählen, die nicht von diesen Kontrakten erfasst werden. Das schränkt konsequenterweise den Handlungsspielraum drastisch ein, macht aber eine Kernwaffenentwicklung nicht grundsätzlich unmöglich. Ausgespart wurden Waffenkonzeptionen, die nicht auf der Anwendung von kritischen Stoffmengen an Spaltmaterialien, wie U233, U235, Np237 oder Pu239 etc., beruhen, sondern sich hauptsächlich Fusionsreaktionen bedienen, unter möglicher Beihilfe moderner oder bereits bekannter Technologien, die adaptiert wurden. Dies beinhaltet auch das Hinzuziehen kleinster Mengen an Spaltstoffen oder deren Ausgangsmaterial, dem Natururan. In der klassischen Literatur zur Kernphysik ist darüber vergleichsweise wenig zu lesen, was seinen Grund in der Gefahr der Proliferation hat. In der diesbezüglichen Fachliteratur dagegen ist dieses Thema sehr umfangreich aufgearbeitet. So versuchte man sich an der reinen Kernfusion durch sprengstoffinitiierte Höchstdruckkompression, was zwar laborseitig zu veritablen Resultaten führte, aber in dieser reinen Konfiguration sehr wahrscheinlich der Erfolg als Waffe verwehrt blieb. Dagegen erwies sich diese Konstruktionsart als sehr probater Neutronengenerator, um stark reduzierte Stoffmengen an Spaltmaterial zur Kernspaltung zu bringen. In einem weiterführenden, evolutionären wie innovativen Schritt war man bemüht, jene Höchstdruckkompression des Fusionsmaterials durch zusätzliche Maßnahmen zu einer reinen und eigenständigen Waffengattung zu entwickeln. Magnetische Kompression, Massenablation, Lasertechnik, Teilchenstrahlung und Antimaterie stießen bislang hinzu. In diesem Kontext verglichen wir die deutschen Forschungsanstrengungen mit analoger Intention: die Bestrebungen deutscher Wissenschaftler in der Nachkriegszeit bis in die frühen Jahre der noch jungen Bundesrepublik (mit einem weiterführenden Ausblick) und jener Wissenschaftler, die größtenteils schon während der Ära des Nationalsozialismus in diese Thematik involviert waren. Das brachte uns zu der Frage nach den Forschungen genau während dieser Zeit und den kernphysikalischen Gründerjahren. Hierzu war ein Überblick über die Geschichte der Kernphysik mit Blick auf die Fusionsforschungen unabdingbar. Was geschah in dieser Hinsicht während des Manhattan Projects, wie konstituierten sich die Kernphysik und ihre Forschungslandschaft in Nazi-Deutschland, woran wurde geforscht und was waren die Resultate? Wie weit war man gekommen und welche Schlüsse lassen sich mit den späteren Arbeiten assoziieren? Bei der Behandlung dieser Themen sind wir unweigerlich auf die Fährte der in jüngerer Zeit kontrovers diskutierten Hypothese einer während des Krieges von den Deutschen zur Zündung gebrachten nuklearen Sprengsatzes gekommen. War man in Deutschland wissenschaftlich überhaupt schon so weit? Welche Technologien könnten zum Einsatz gelangt sein? Bisweilen wird das Problem der Spaltstoffproduktion als Ultima Ratio zur Ablehnung eines jeden Denkansatzes in dieser Richtung angeführt. Von Teilen des geschichtswissenschaftlichen Spektrums im Grundsatz vollständig abgelehnt, in der zivilen Welt der Physik mit außerordentlicher Skepsis begegnet, nahmen wir uns diesem sensiblen Komplex an und hinterfragten ihn. Dabei half die derzeit noch zu aktualisierende Studie des amerikanischen Physikers Dr. Todd H. Rider („Forgotten Creators"), der sich zuvor am MIT bei der experimentellen Entwicklung der Kernfusion (INFERNO [Interspecies Nonclassical Flow of Energy for Reduced Neutron Output] advanced fusion reactors) einen Namen gemacht hatte. Da man sich hierbei jedoch nicht nur auf die

Geschehnisse in Thüringen selbst konzentrieren darf, sondern auch das Umfeld zu evaluieren hat, in dem die Experimente zur Ausführung gelangt sein sollen, wurde dieser Abschnitt besonders intensiv behandelt und analysiert.

Doch zu welchem Ergebnis haben uns die vorausgegangenen Kapitel eigentlich geführt? Praktisch mit dem Nachweis der Durchführbarkeit einer künstlichen Kernfusion hat sich im deutschen Einflussbereich das Bestreben nach einer derartigen Waffe herausgebildet und manifestiert. Oder einer Waffe, der diese Technologie zu Grunde liegt und die ihre Vorzüge auszunutzen versteht. Gänzlich außer Acht gelassen wird dabei allzu häufig die Möglichkeit der Spaltstoffreduktion mittels konvergenter Höchstdruckkompression sowie ergänzender externer „Zündhilfen", wie fusionsbasierter Neutronengeneratoren oder hochenergetischer Strahlungseinwirkungen durch ein Betatron. Zieht man diese Alternativen im Kontext nuklearer Waffenkonfigurationen mit in Betracht, so gelangt man deduktiv zu einer optionalen, hypothetischen, funktionsfähigen Waffenkonfiguration. Die deutschen Nachkriegsforschungen verweisen exakt auf diesen Kurs. Zieht man die zeitgenössischen sowjetischen GRU-Berichte zu Rate, offenbart sich eine noch weit innovativere wie revolutionärere Konstruktionsweise. Und genau diese Ereignisfolge hat internationale politische wie rechtliche Auswirkungen auf Nachkriegsdeutschland. Ist Deutschland ein Kernwaffenstaat, ja oder nein? Dass Deutschland ein vitales Interesse an der Verfügungsgewalt über Kernwaffen hat, ist evident, jedoch nur im Rahmen internationaler Partnerschaften und Abkommen legitim, oder?

Wie weit man in Deutschland bis 1945 tatsächlich gekommen war, ist bis heute ein noch längst nicht vollends ergründetes Terrain. Die eminent wichtige Frage nach einem probaten Spaltstoff und seiner Gewinnung, sei es die Anreicherung von U235 oder die Transmutation des U233 und Pu239, alternativ die des Np237, bleibt ebenso offen. Wir wissen heute aufgrund vorliegender und veröffentlichter Archivalien, dass es Indizien für eine weitaus umfangreichere Produktion von Isotopentrennanlagen respektive Ultrazentrifugen gegeben zu haben scheint als bislang angenommen. Gleiches bezieht sich sinngemäß auch auf das schwere Wasser. Der

Weg zur Erzeugung des U233 und Pu239 durch Neutronenbestrahlung war Teilen der Wissenschaftlern ebenso bekannt. Anhand der Dokumentenlage ergibt sich, dass beide Isotope im labortechnischen Maßstab zur näheren Analyse produziert worden sein müssen. Als alternative Spaltstoffoption wurde hier das Np237-Isotop vorgestellt. Wie aus zeitgenössischen Publikationen entnommen werden konnte, waren die Informationen zu diesem Isotop spätestens ab 1940 auch den Deutschen zugänglich. Ebenso dessen Generierung durch die Bestrahlung von U238 mit schnellen Neutronen. Hinzu kommt jener Pfad über den bereits grundsätzlich bekannten Kernphotoeffekt; hier insbesondere in Bezug auf das Element 93. Doch welcher Spaltstoff wurde in welchen Mengen produziert? Wurden die verschiedenen in Frage kommenden Isotope gar miteinander vermischt? Genügte dies für eine waffenfähige Konfiguration? Hinzu kommt die Möglichkeit der erheblichen Reduktion der kritischen Masse einerseits durch Höchtsdruckkompression mittels konvergenter Schockwellen, andererseits oder ergänzend durch optionales Boosting aus D + D- oder D + T-Reaktionen. Die Theorie zur Entwicklung einer Kernwaffe war definitiv vorhanden. Was konnte davon unter der sich gebenden Kriegssituation noch empirisch umgesetzt und allenfalls getestet werden? Die bislang allgemein gültige wie populäre Auffassung, dass man nichts mehr erreicht habe, weil man es entweder nicht konnte oder wollte, scheint indes nicht mehr haltbar zu sein.
Ebenso kann nicht mit Sicherheit gesagt werden, inwieweit man an der Entwicklung und Konstruktion derartiger Waffen seit 1945 auf eigenem Hoheitsgebiet beteiligt gewesen ist. Oder im Rahmen bilateraler Kooperation mit Partnernationen. Die Indizien sprechen für sich. Doch soll das vorliegende Werk hier zu weiteren Nachforschungen inspirieren und ergänzende Aspekte oder Fakten offerieren.

Lassen Sie uns gemeinsam noch einmal zurück zum Anfang gehen. Es stellt sich wahrscheinlich die Frage, warum hier nicht chronologisch vorgegangen worden ist.
Der hier gewählte Modus Operandi hat folgenden Hintergrund:

Wir haben die internationalen wissenschaftlichen Arbeiten auf diesem Gebiet zur Übersicht vorangestellt, alsdann die analogen deutschen Aktivitäten insbesondere derer, die sich auch während des Krieges damit profilierten, herangezogen. Nach einem „Sprung" in die Kernphysik vor dem Krieg, um den allgemein erlangten Wissensstand evaluieren zu können, konzentrierten wir uns auf eines: Wesentlicher Kern der Betrachtung waren die Ereignisse in Thüringen 1945, auf denen sich die kernphysikalische Geschichtswissenschaft quasi aufbaut. Sind die hypothetischen Ereignisse dort mit den Forschungen und deren Resultaten in dem gesamtwissenschaftlichen Spektrum der Kernphysik in Einklang zu bringen? Und wie verhält es sich mit den beteiligten Protagonisten?
Hilfestellend bedienen wir uns hier den Mitteln der Kriminalanalytik. Dabei stellt das Ereignis in Thüringen stellvertretend die „Tat" dar. Da diese sich aber nicht eindeutig verifizieren und forensisch als objektiver Tatbestand belegen lässt und auch das „Opfer" der Tat (hier die potentielle Kernsprengvorrichtung) praktisch nicht greifbar ist, fallen die klassischen Ermittlungsansätze, die Viktimologie (Opferforschung) und die Tatortanalyse, weitestgehend aus. Da die für den Kreis der „Täterschaft" in Frage kommenden Personen (deutsche Wissenschaftler) jedoch bekannt sind, kann ein anderer Ansatz im Sinne der operativen Fallanalytik verfolgt werden. Dieser zeichnet sich durch das Verhaltensmuster der Verdachtsperson vor der Tatbegehung als auch nach dieser ab – quasi durch ein Täterprofil. Vereinfacht ausgedrückt: Woran arbeiteten die Betreffenden vor den „Tests" und wie machten sie nachher weiter und in welcher Weise hat sich ihr Verhalten hinsichtlich ihrer Forschungen verändert. Neben den Charakteren eines dritten Fallmusters, deren Verhalten sich in beiden Zeitfenstern ohne signifikante Auffälligkeiten ausweist, kommen bei den hier Betrachteten vor allem zwei differierende Muster in Betracht: Im ersten Fall tritt eine allmähliche, kumulative Zunahme eines äquivalent kausalen Handlungsstranges des Tatverdächtigen hinsichtlich des zu begehenden Tatbestands in Erscheinung, der sich nach der Tatbegehung noch weiter intensivierend fortsetzt und zu Folgereaktionen führen kann. Im zweiten Fall haben wir ein bezüglich der Tatkausalität unspezifisches, unauffälliges Verhalten des Verdächtigen. Dieser Tätertypus weist nach der Tat in der

Regel einen Verhaltens-Peak auf; er reagiert emotionell mit irrationalen Tendenzen, vergleichbar einem Schockzustand, den die Tat bei ihm ausgelöst hat, was von seinem bisherigen Verhaltensmuster deutlich abweicht. Abfolgend fällt er zukünftig in einen neuen „Normalzustand" zurück, der sich aber für gewöhnlich in einem etwas anderen Verhaltensmuster als dem vorausgegangenen abbildet.

Hier können wir Personen wie Diebner, Trinks und Bagge der ersten, Schumann, Thirring und Nowak eher der zweiten, Heisenberg der dritten Gruppe zuordnen: Die erste Gruppe arbeitete kontinuierlich mit der Intention der Schaffung einer Kernwaffe auf ein konkretes Ziel hin (die Tat) und verfolgte dies auch später mit deutlicher Intensivierung weiter. Das Verhalten der zweiten Gruppe lief hier beginnend zwar teilweise in ähnlicher Form ab – Thirring und Nowak blieben unauffällig, während bei Schumann eine deutliche Zunahme seines Interesses (vorwiegend in administrativer Gestalt) hervortrat – mit auffallenden Abweichungen ihrer Verhaltensweisen nach der „Tat". Beide suchten den Weg, ihr Wissen schnellstmöglich durch Publikationen zu verbreiten. Anschließend fielen beide in einen neuen „Normalzustand". Schumann schlug einen komplett neuen Weg in Bezug auf sein Betätigungsfeld ein – er hätte mit seinem Wissen durchaus militärische Optionen wahrnehmen können; auch Thirring widmete sich zunehmend der Politik und der allgemeinen Physik. Nowak dagegen engagierte sich erheblich auf dem Gebiet der Kernfusion. Ausgesprochene Ambivalenzen weist das Verhalten Heisenbergs auf: Erst beschritt er kontinuierlich den Weg in Richtung einer Kernwaffe, ab einem bestimmten Zeitpunkt wendete er sich primär der Reaktorentwicklung zu, stellte sich nach der „Tat" offen gegen die Zielausrichtung „Kernwaffe" seiner Forschungen, opponierte auch gegen diese Waffengattung selbst, wobei er je nach politischer Situation gewisse „Schwankungen" an den Tag legte. Was die Kohärenz seines Verhaltens in Bezug auf sein Mitwirken während des Krieges zu seiner nur temporär ausgeprägten pazifistischen Einstellung nach diesem in Korrelation mit seinen wissenschaftlichen Aktivitäten anbelangt, lässt sich konstatieren, dass ihn die eigene „Täterschaft" kaum tangierte, er sich vielmehr um die amerikanischen Ambitionen sorgte. Vergleichbar ist das Verhaltensmuster seines Intimus von Weizsäcker, der sich aber später zu den kernwaffenschaffenden Absichten vor der „Tat“ bekannte. Dabei kann vorausgesetzt werden, dass sich alle in Frage kommenden „Tatverdächtigen“ ihrer qualifizierten „Tatherrschaft“ (objektive Zurechen- und Vorhersehbarkeit) – also der Resultate ihrer Anstrengungen und deren Auswirkungen im Einsatzfall – voll bewusst gewesen bzw. diese rational zu kalkulieren imstande waren. Während diese ihr „Ziel“ subjektiv, kognitiv und voluntativ in voller Absicht anstrebten, kann bei Heisenberg respektive von Weizsäcker ein Eventualvorsatz angenommen werden, da beiden das primäre Ziel, die Schaffung einer Kernwaffe in ultimo, nicht hinreichend nachgewiesen werden kann.

Wie hilft uns die kriminalanalytische Betrachtungsweise weiter? Die Verhaltensmuster der beteiligten Personen, die hier nur beispielhaft wiedergegeben wurden, können indiziell auf ein Ereignis in der Endphase des Krieges hinweisen.

Somit stehen für eine ausführliche Befundung nicht nur die historischen Fakten, sondern sowohl auch die kernphysikalischen „Möglichkeiten“ als auch die Verhaltensmuster der involvierten Personen zur Verfügung. Darüber hinaus könnte man sich dem Mittel der vollumfänglichen Bodenanalyse – geophysikalisch wie radiologisch – bedienen, sofern es die zuständigen Administrationen in Zukunft gestatten.